Guido Pelzer, Dagmar Gerigk

Google Ads

Das umfassende Handbuch

Liebe Leserin, lieber Leser,

Sie möchten durch gezieltes Marketing mehr Kunden und Websitebesucher gewinnen? Mit Google Ads steht Ihnen hierzu ein mächtiges Tool zur Verfügung, mit dem Ihre Website genau dann von potenziellen Kunden gefunden wird, wenn diese bei Google nach entsprechenden Produkten und Dienstleistungen suchen. Sie können Ihre Zielgruppe exakt mit Werbeanzeigen adressieren: zum richtigen Zeitpunkt, am gewünschten Standort! Und dabei haben Sie Ihr Werbebudget immer fest im Blick.

Doch wenn Sie das komplexe Tool effizient einsetzen möchten, benötigen Sie fachkundige Hilfe, damit Sie die richtige Strategie für eine erfolgreiche Werbekampagne bei Google Ads wählen können. Gut, dass Sie sich für dieses Buch entschieden haben! Denn es bietet Ihnen alles, was Sie im täglichen Umgang mit dem Werbeprogramm von Google wissen und beachten müssen. Sie erfahren, wie Sie eine Ads-Kampagne von Beginn an planen, wie Sie die relevanten Keywords finden, wie Sie Ihr Budget festlegen, und wie Sie eine laufende Kampagne analysieren und optimieren.

Die erfahrenen Autoren führen Sie behutsam in das Suchmaschinenmarketing ein und zeigen Ihnen viele spezielle Themen der Ads-Werbung. So profitieren Sie vom umfangreichen Displaynetzwerk, den Werbemöglichkeiten für mobile Endgeräte sowie den Google-Shopping-Kampagnen.

Dieses Buch wurde mit großer Sorgfalt lektoriert und produziert. Sollten Sie dennoch Fehler finden oder inhaltliche Anregungen haben, scheuen Sie sich nicht, mit mir Kontakt aufzunehmen. Ihre Fragen und Änderungswünsche sind jederzeit willkommen.

Ich wünsche Ihnen viel Spaß und Erfolg!

Ihr Stephan Mattescheck
Lektorat Rheinwerk Computing

stephan.mattescheck@rheinwerk-verlag.de
www.rheinwerk-verlag.de
Rheinwerk Verlag · Rheinwerkallee 4 · 53227 Bonn

Auf einen Blick

Wir hoffen, dass Sie Freude an diesem Buch haben und sich Ihre Erwartungen erfüllen. Ihre Anregungen und Kommentare sind uns jederzeit willkommen. Bitte bewerten Sie doch das Buch auf unserer Website unter **www.rheinwerk-verlag.de/feedback**.

An diesem Buch haben viele mitgewirkt, insbesondere:

Lektorat Stephan Mattescheck, Patricia Schiewald
Korrektorat Friederike Daenecke
Herstellung Kamelia Brendel
Typografie und Layout Vera Brauner
Einbandgestaltung Bastian Illerhaus
Coverfoto iStockphoto: 165943789 © jdillontoole
Satz SatzPro, Krefeld
Druck Beltz Grafische Betriebe, Bad Langensalza

Dieses Buch wurde gesetzt aus der TheAntiquaB (9,35/13,7 pt) in FrameMaker.
Gedruckt wurde es auf chlorfrei gebleichtem Offsetpapier (90 g/m²).
Hergestellt in Deutschland.

Bibliografische Information der Deutschen Nationalbibliothek:
Die Deutsche Nationalbibliothek verzeichnet diese Publikation in der Deutschen Nationalbibliografie; detaillierte bibliografische Daten sind im Internet über *http://dnb.d-nb.de* abrufbar.

ISBN 978-3-8362-7684-9

3., aktualisierte und erweiterte Auflage 2020
© Rheinwerk Verlag, Bonn 2020

Informationen zu unserem Verlag und Kontaktmöglichkeiten finden Sie auf unserer Verlagswebsite **www.rheinwerk-verlag.de**. Dort können Sie sich auch umfassend über unser aktuelles Programm informieren und unsere Bücher und E-Books bestellen.

Inhalt

3   Keywords

4   Ihre erste Google-Ads-Kampagne

5   Displaynetzwerk-Kampagnen

6   Navigation im Google-Ads-Konto   323

7 Google Ads goes mobile 351

8 Spezielle Google-Ads-Werbestrategien 393

9 Google-Ads-Tools

10 Reporting und Conversion-Tracking

11   Google Analytics 555

12 Google Ads optimieren

15   Die größten Google-Ads-Fehler

16   Wichtige Fragen und Antworten rund um Google Ads

17 Die Zukunft von Google Ads – wie geht es weiter? 795

18 Was ist was? Buttons, Symbole und mehr im Google-Ads-Konto 807

19   Optimierungstipps für Google-Ads-Kampagnen   839

Vorwort

Sie haben gerade das erste und bislang einzige umfassende Google-Ads-Buch seit der Umstellung auf die neue Google-Ads-Oberfläche aufgeschlagen. Herzlichen Glückwunsch! Damit werden Sie schon bald in der Lage sein, erfolgreich online für Ihr Unternehmen oder Ihren Bereich zu werben. Vor allem aber verschaffen Sie sich mit dem Wissen aus diesem Buch einen deutlichen Vorsprung vor den meisten Ihrer Wettbewerber.

Vorab möchten wir Ihnen kurz skizzieren, wie Sie dieses Buch am besten einsetzen können, um einen möglichst großen Nutzen aus den Informationen zu ziehen.

Google Ads – warum dieses Buch?

Wahrscheinlich arbeiten Sie schon mit Google Ads oder haben zumindest davon gehört. Google Ads ist seit 2000 das Werbeprogramm der Suchmaschine Google, und Google ist eines der ersten Unternehmen, die genannt werden, wenn der Begriff *Internet* fällt. Ob in der Schule, im Studium, am Arbeitsplatz oder zu Hause bei der Suche nach Geschenkideen, der Urlaubsplanung und so weiter – überall wird »gegoogelt«. Googeln hat als Synonym für »online suchen« längst Einzug in unseren Sprachgebrauch gehalten.

Google Ads liefert Werbeeinblendungen passend zur Suchanfrage. Die Vermarktung der Google-Ads-Werbung ist bis heute immer noch die Haupteinnahmequelle für Google. Google Ads ist ein wichtiger Baustein im Online-Marketing vieler erfolgreicher Unternehmen, da über diesen Kanal viel Traffic auf die beworbenen Webseiten gelenkt wird und Produkte und Dienstleistungen einfach vermarktet werden können.

Warum aber haben wir ein Buch über diese Online-Marketing-Möglichkeit geschrieben? Wurde das Grundprinzip nicht bereits vielfach erklärt? Werden nicht ohnehin alle Fragen in der umfangreichen, aktuellen Online-Hilfe beantwortet? Gibt es nicht eine Vielzahl weiterer Ressourcen wie Webseiten und Blogs, die als Hilfestellung zur Verfügung stehen?

Unser Argument ist ganz einfach: Selbstverständlich gibt es online eine Menge einzelner Informationen zu diesem umfangreichen Thema. Wenn Sie also viel Zeit haben und genau wissen, wonach Sie suchen, können Sie sich aus der Vielzahl an Quellen gewiss mit der Zeit die nötigen Inhalte beschaffen. Unsere Erfahrung allerdings zeigt, dass die wenigsten Unternehmer oder Marketing-Entscheider eben diese Zeit und Geduld haben. Sie suchen vielmehr nach einer Mach-erst-dies-und-dann-das-Anleitung, um möglichst schnell erste Erfolge ihrer Google-Ads-Werbemaßnahmen verbuchen zu können. Und genau aus diesem Grund haben wir das vorliegende Buch zusammengestellt.

Neben den Google-Ads-Grundlagen zeigen wir auch die weiterentwickelten, aktuellen Möglichkeiten des Suchmaschinenmarketings mit Google Ads auf. Außerdem konnten auch wir uns in den fast 20 Jahren mit Google Ads weiterentwickeln. Wir haben in dieser Zeit viele Dinge in der Praxis getestet und aus den Ergebnissen gelernt. Anders als in der Google-Online-Hilfe vermittelt dieses Buch Praxiswissen, echte Beispiele sowie Tipps, die nicht immer der offiziellen Google-Meinung folgen, sich aber als erfolgreiche Vorgehensweisen herausgestellt haben.

Was lernen Sie in diesem Buch?

In diesem Buch teilen wir mit Ihnen – ganz egal, ob Sie Google-Ads-Neuling oder bereits fortgeschrittener Anwender sind – eine Fülle an Hinweisen, Strategien und Erfahrungen. Das »Tun« steht dabei im Vordergrund. Der Großteil der Inhalte ist darauf ausgelegt, dass Sie bei bestehenden oder neuen Google-Ads-Kampagnen aktiv »Hand anlegen«. Daher ist es ratsam, dieses Buch tatsächlich in der Nähe Ihres Google-Ads-Accounts zu lesen, denn Sie werden bereits nach wenigen Seiten feststellen, dass Sie das Erlernte unmittelbar ausprobieren wollen.

Wir wünschen Ihnen an dieser Stelle, dass Sie dieses Buch gleichermaßen als Informations- und Inspirationsquelle für erfolgreiche Google-Ads-Kampagnen nutzen können. Der praktische *Return on Investment (ROI)* dieses Buches wird für Sie umso höher ausfallen, je detaillierter und umfangreicher Sie die Funktionen von Google Ads aktiv anwenden.

Machen Sie sich eines der erfolgreichsten Werbeprogramme der Gegenwart zunutze, um mit Ihrer Dienstleistung, Ihrem Produkt bzw. Ihrem Unternehmen weiter zu wachsen!

Für wen ist dieses Buch?

Sie lernen in unserem Buch alles Notwendige zu Google Ads. Wir müssen jedoch vorwegschicken, dass Google Ads sich laufend weiterentwickelt. Dies haben wir auch bei der Arbeit erfahren müssen, und so haben wir während des Schreibens bis kurz vor Schluss noch aktuellste Google-Ads-Neuerungen eingebaut. Möglicherweise werden sich einige Details bereits wieder geändert haben, wenn Sie dieses Buch lesen. Dennoch erwerben Sie hiermit ein solides Wissen – von den Grundlagen bis zu den speziellen Google-Ads-Kampagnen –, sodass Sie nach etwas Übung absolut in der Lage sein werden, etwaige Änderungen schnell zu verstehen und in Ihre tägliche Arbeit einzubauen. Wichtiger ist, dass Sie das Erlernte möglichst zügig in der Praxis anwenden. Wir zeigen Ihnen verschiedene Möglichkeiten und geben Ihnen Beispiele aus echten Google-Ads-Konten sowie Praxistipps mit auf den Weg. Diese Beispiele und Tipps können Sie dann an Ihre Dienstleistung, Ihre Produkte oder Ihr Unternehmen anpassen.

Das Buch richtet sich vor allem an folgende Gruppen:

▶ **Webmaster und Website-Betreiber**: Sie haben eine Website, aber noch keine bzw. zu wenige Besucher? Perfekt! Denn mit einfachen Google-Ads-Kampagnen können Sie schnell und effizient gezielt Besucherverkehr auf Ihre Website lenken. Wie das geht, lernen Sie vor allem im ersten Drittel des Buches.

▶ **(Online-)Marketer und Marketingplaner**: Sie haben Kampagnenbudgets zur Verfügung und wollen Google Ads in Ihren Marketingplänen berücksichtigen? Unabhängig davon, ob Sie persönlich für die unmittelbare Kampagnenschaltung verantwortlich sind oder Dritte (externe Teams, Partner oder Agenturen) damit beauftragen: Ein umfangreiches Fachwissen ist in beiden Fällen unerlässlich. Beginnend bei den Grundlagen – und hier vor allem bei den strategischen Überlegungen – lernen Sie, wie Google Ads optimal in den Marketingmix integriert werden kann. Ob es dann rein textorientierte Suchkampagnen sind, Banner-Schaltungen im Google Displaynetzwerk oder erweiterte Videokampagnen auf YouTube: Sie erhalten in diesem Buch einen umfassenden Überblick, um optimal bewerten zu können, welche Rolle Google Ads in Ihrem Marketingplan spielen kann.

▶ **Search Engine Marketer**: Sie haben bereits erste praktische Erfahrungen mit Google Ads gemacht? Auch dann kann Ihnen dieses Buch weiterhelfen! Vertiefen Sie Ihr Wissen, um Ihre Kampagnen noch besser zu machen. Es spielt hier keine Rolle, ob Ihre bisherige Erfahrung nur wenige Euro Budgetausgaben oder aber bereits Tausende von erzielten Klicks umfasst. Schauen Sie sich vor allem die Tipps zur Analyse und Optimierung sowie die speziellen Google-Ads-Kampagnen an. Optimieren Sie Ihr Fachwissen und damit auch Ihre Kampagnen!

▶ **(Klein-)Unternehmer und Existenzgründer**: Sie haben eine neue Geschäftsidee und möchten diese am Markt auf ihre Praxistauglichkeit untersuchen? Hierfür ist Google Ads ein sehr geeignetes Instrument: Nutzen Sie es zunächst weniger als »Werbemaßnahme« denn als Marktforschungs- und Vertriebsinstrument! Wie viele potenzielle Interessenten an einem Produkt gibt es? Es spielt bei Google Ads keine Rolle, ob Sie die Zielgruppe für Ihre neue Unternehmung in der unmittelbaren Nähe Ihres Standortes oder auch in – vermeintlich exotischen – Regionen wie z. B. Südafrika finden möchten. Lernen Sie mithilfe dieses Buches, wie Sie Google-Ads-Kampagnen als internationale »Testballons« aufsetzen können, um wertvolle Details über Quantität und Qualität Ihrer potenziellen Kunden- und Zielgruppen herauszufinden. Nach der Testphase und einem erfolgreichen Start Ihres Unternehmens können Sie Google Ads in Ihren Marketingplan aufnehmen und spezielle Google-Ads-Werbekampagnen aufsetzen.

Bei den meisten Leserinnen und Lesern dieses Buches gehen wir davon aus, dass sie bereits einige Vorkenntnisse mitbringen, was die Materie (Online-)Marketing betrifft. Vorkenntnisse in folgenden Bereichen sind zwar nicht zwingend notwendig, aber beim Thema Google Ads durchaus von Vorteil:

▶ **Basiskenntnisse in Sachen Internet**: Sie sollten beispielsweise wissen, was eine Website, ein Browser oder eine URL ist. Für die Arbeit mit Google Ads müssen Sie nicht zwingend Kenntnisse oder Erfahrung in der Erstellung bzw. Wartung und Bearbeitung von Websites haben. Es ist jedoch sehr vorteilhaft, wenn Sie kleine Änderungen auf den Websites, die Sie in den Google-Ads-Kampagnen verwenden, selbst durchführen können.

▶ **Basiskenntnisse im Marketing**: Da der strategische Part in diesem Buch einige allgemeingültige Marketingthemen beinhalten bzw. zumindest anschneiden wird, ist es von Vorteil, wenn Sie zum Beispiel bereits vom *AIDA-Modell* oder der Berechnung des *Return on Investment (ROI)* gehört haben.

Der Aufbau des Buches – wie sollten Sie es lesen?

Sie können dieses Buch vom Einstieg in das Suchmaschinenmarketing (Kapitel 1) bis hin zur Analyse des Google-Ads-Kontos (Kapitel 13) durchlesen, um einen umfassenden Einblick in das Thema Google Ads zu erhalten. Im ersten Teil des Buches geht es vor allem um die Grundlagen des Suchmaschinenmarketings und des Google-Ads-Programms. Beim Einstieg in Google Ads haben wir besonderen Wert auf die Themen Keyword-Recherche und Conversion-Tracking gelegt, weil diese in der Praxis oft vernachlässigt werden, aber einen entscheidenden Anteil am Erfolg der Google-Ads-Werbung haben. Zum Einstieg in die Google-Ads-Welt gehört auch die Beschreibung, wie eine erste Kampagne aufgesetzt wird und wie man sich schneller in dem umfassenden und sehr leistungsstarken Google-Ads-Backend zurechtfindet.

Falls Sie die Grundlagen schon beherrschen, erhalten Sie ab Kapitel 5 einen Einblick in die speziellen Themen der Google-Ads-Werbung, zum Beispiel:

▶ das umfangreiche Google Displaynetzwerk inklusive des hauseigenen Videoportals von Google namens YouTube, über das Sie Ihre potenziellen Website-Besucher und Kunden zusätzlich mit intelligenten Bewegtbild-Kampagnen erreichen können

▶ Tipps und Hinweise zu den mobilen Werbemöglichkeiten, um die stetig stark wachsende Anzahl an Nutzern auf mobilen Endgeräten wie Smartphones und Tablets gezielt anzusprechen

▶ eine Einführung in die besonderen Möglichkeiten der Google-Shopping-Kampagnen mit Tipps zu den Datenfeeds und Hinweisen zum Benchmarking

Ab Kapitel 14 finden Sie spezielle Informationen zu unterschiedlichen Themen, wie zum Beispiel die Beschreibung eines Google-Ads-Verwaltungskontos, das speziell für

Agenturen gedacht ist, sowie auch ein Kapitel mit den Antworten auf häufig gestellte Fragen zu Google Ads.

In Kapitel 18 beschreiben wir die verschieden Buttons und Symbole im Google-Ads-Konto, die Ihnen die Arbeit erleichtern. Da wir davon ausgehen müssen, dass Google auch zukünftig neue Elemente hinzufügt, erhalten Sie hier Hinweise zu den Prinzipien der Bedienung, die auch auf neue Funktionen angewendet werden können. In unserem Glossar können Sie noch einmal die wichtigsten Begriffe nachschlagen, die im Zusammenhang mit dem Google-Ads-Programm auftauchen.

Sie können also das vorliegende Buch auch stets als Nachschlagewerk nutzen, wenn Sie eine bestimmte Fragestellung haben oder eine neue Werbekampagne aufsetzen möchten. Neben dem Inhaltsverzeichnis hilft Ihnen auch der umfangreiche Index zu diesem Buch, schnell die gesuchte Information zu finden.

Zum Schluss noch ein Hinweis zu den Beispielen und Screenshots: Für unsere Beispiele haben wir nicht eine Firma, eine bestimmte Branche oder ein Produkt verwendet, sondern verschiedene Produkte und Dienstleistungen aus diversen Branchen genutzt, sodass vom lokalen Geschäft über den Dienstleistungssektor bis hin zu Online-Webshops Beispiele aus ganz unterschiedlichen Unternehmensgrößen und Geschäftsmodellen auftauchen. Da es kein Google-Ads-Konto mit Testdaten gibt, haben wir Screenshots aus echten Google-Ads-Konten genommen, die wir jedoch verändert oder anonymisiert haben.

Danke

Wir bedanken uns bei sämtlichen Arbeitgebern, Kunden, Kollegen und Partnern, die uns mit ihren anspruchsvollen Zielsetzungen, herausfordernden Briefings und kniffligen Detailfragen die Möglichkeit gegeben haben, immer weiter in die Tiefen des Google-Ads-Universums einzutauchen.

Außerdem bedanken wir uns bei dem Team vom Rheinwerk Verlag und den Lektoren, die unser Buchprojekt professionell begleitet und mit ihren Anmerkungen und Tipps stets optimiert haben.

Last, but not least gilt unser Dank allen Menschen, die uns im Rahmen dieses Buchprojekts unterstützt und unaufhörlich mit Motivation und Energie gestärkt haben. Dies gilt vor allem für unsere Familien und Freunde, die manche Abende und Wochenenden auf uns verzichten mussten.

Lassen Sie uns nun gemeinsam loslegen: Wir wünschen Ihnen viel Freude beim Lesen und Anwenden dieses Buches sowie viel Erfolg mit Google Ads!

Guido Pelzer, Dagmar Gerigk

Kapitel 1

Suchmaschinenmarketing (SEM) und Google

Die Google-Suche hat unser Leben verändert. Es ist ganz selbstver-ständlich, Informationen, Anleitungen, Tipps, Dienstleistungen und Produkte im Internet zu suchen. Wir googeln und finden schnell die passenden Informationen. Zukünftig wird Google uns sogar Ant-worten liefern, bevor wir selber wissen, was wir suchen!

In diesem ersten Kapitel erfahren Sie zunächst grundlegende Dinge zum Thema »Suchmaschinen und Marketing«. Wir beleuchten dabei, was und wie gesucht wird, und erörtern die Rolle, die Google in diesem Zusammenhang spielt. Sie lernen außerdem die grundlegende Funktionsweise und die Möglichkeiten des Werbeprogramms Google Ads kennen. Diese Vorkenntnisse sind wichtige Grundlagen, damit Sie später die richtigen Entscheidungen für Ihre Suchmaschinenmarketing-Strategie treffen können.

Der Begriff *Suchmaschinenmarketing* beschreibt die Möglichkeit, mithilfe einer Suchmaschine im Internet interessierte, potenzielle Kunden auf die eigene Website zu leiten. In einem zweiten Schritt sollten dann die Besucher auf der eigenen Webseite in Interessenten oder noch besser in Kunden umgewandelt werden.

Marketing mithilfe einer Suchmaschine ist aus den folgenden zwei Gründen das wichtigste Online-Marketing-Instrument geworden: Zum einen beginnen fast alle Internetaktivitäten auf der Startseite einer Suchmaschine, und zum anderen sind die Webseitenbesucher, die über eine Suchmaschine Ihre Webseite erreichen, sehr interessierte und engagierte Besucher. Diese Besucher haben nämlich zuvor aktiv nach Begriffen gesucht, die mit Ihren Produkten, Dienstleistungen oder Ihrer Marke in Verbindung stehen.

Diese aktive Suche unterscheidet sich ganz grundlegend von der passiven Aufnahme einer Werbebotschaft, wie wir sie von Plakatwänden, Zeitschriften oder auch aus der Radio- und Fernsehwerbung kennen. In diesen Medien kommt die Werbung nämlich eher zufällig daher und muss erst um Aufmerksamkeit kämpfen. Wenn Sie gerade kein Kleinkind haben, dann sind Sie garantiert nicht an einer Werbung für Baby-windeln interessiert – da kann diese noch so gut sein! Falls Sie jedoch »Ferienhaus

Toskana mieten« in eine Suchmaschine eingegeben haben, dann ist ein gesteigertes Interesse an einem Urlaub in einem Ferienhaus in der Toskana zu vermuten.

Das Suchmaschinenmarketing oder auch *Search Engine Marketing*, kurz SEM, wird sehr oft in Verbindung mit der Suchmaschine Google genannt, weil Google, zumindest in der westlichen Welt, die mit Abstand meistgenutzte Suchmaschine ist. Dieses Grundlagenbuch beschäftigt sich daher nicht zufällig mit Google Ads, dem Werbeprogramm der Google-Suchmaschine. Wenn das Suchmaschinenmarketing für Sie eine interessante Werbestrategie ist, dann kommen Sie an Google Ads nicht vorbei.

1.1 Warum benötigen wir Suchmaschinen?

Suchmaschinen helfen, wie der Name es schon andeutet, bei der Suche nach Informationen im Internet. Da die Informationsflut im World Wide Web immer stärker ansteigt, werden Suchmaschinen ebenfalls immer wichtiger.

Die folgenden Kennzahlen belegen die zunehmenden Daten- und damit Informationsmengen im Internet sowie die steigende Anzahl der Domains. Laut DENIC (Deutsches Network Information Center, *https://www.denic.de*) waren im Januar 2020 unter der deutschen TLD (Top-Level-Domain) DE 16,3 Millionen Websites angemeldet.

Weltweit waren im Jahr 2019 ca. 349 Millionen Top-Level-Domains registriert. Nun hat nicht jede Top-Level-Domain auch Inhalte in Form von eigenen Unterseiten. Viele Domains werden nur zum Schutz der eigenen Marke oder als Domain für einzelne Produkte registriert, aber nicht genutzt. In anderen Fällen werden einprägsame Namen registriert, um diese dann auf eine andere Domain weiterzuleiten. Andererseits gehören jedoch zu einer Domain, die Inhalte besitzt, auch mehrere Unterseiten. Eine Site-Abfrage bei Google zu »wikipedia.org« (*https://www.google.de/#q=site:wikipedia.org*) liefert z. B. allein für diese Domain ca. 5,2 Milliarden Treffer (siehe Abbildung 1.1). Das heißt, die Domain besitzt ca. 5,2 Milliarden Unterseiten, die alle einzelne Ergebnisse bei der Google-Suche darstellen können.

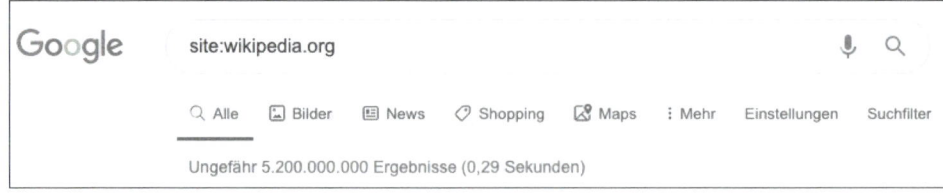

Abbildung 1.1 Google-Site-Abfrage zu Wikipedia

Der Informationsgehalt im Internet ist also immens hoch. Dies wird beispielsweise deutlich, wenn Sie eine Suchanfrage zu einem sehr allgemeinen Keyword, z. B. *Sonnenbrillen*, im Internet durchführen (siehe Abbildung 1.2). Oberhalb der Suchergebnisse liefert Google eine ungefähre Anzahl der einzelnen Webseiten, die zu dem eingegebenen Suchbegriff gefunden wurden. Unser Test liefert knapp 25 Millionen Webseiten, PDF-Dokumente oder andere Dokumente (Word-, PowerPoint-, Excel-Dokumente etc.), die zum Begriff *Sonnenbrillen* gefunden wurden.

Abbildung 1.2 Google zeigt die ungefähre Anzahl der Suchergebnisse an.

Ob es wirklich 24,9 Millionen Seiten sind, können wir natürlich nicht nachprüfen – aber allein diese ungefähre Zahl von knapp 25 Millionen Google-Treffern zu einem einzelnen Suchbegriff vermittelt einen Eindruck davon, welche Datenmengen im Internet auffindbar und demzufolge vorher von der Suchmaschine Google in einer Datenbank registriert worden sind.

Doch letztlich sind die 25 Millionen Seiten für einen Nutzer auch uninteressant, denn in den meisten Fällen werden nur die ersten 30 Treffer angeschaut, also die ersten drei Seiten der Google-Ergebnisse. Suchmaschinennutzer gehen davon aus, dass am Anfang der Ergebnisliste die besten Treffer versammelt sind. Die Treffer nach der dritten Seite sind daher meistens uninteressant und werden kaum noch beachtet.

Ein weiterer Vorteil der Suchmaschinen besteht für die Nutzer also darin, dass Informationen bereits vorgefiltert und sortiert werden, sodass die vermeintlich besten Ergebnisse direkt zu Beginn angezeigt werden. Somit sparen Suchmaschinennutzer jede Menge Zeit und tauchen in den meisten Fällen auch nicht tiefer in die weiteren Ergebnisseiten ein, sondern sind mit den ersten Treffern zufrieden. Falls sie dort nichts finden, verändern die Nutzer eher die Suchanfragen, anstatt sich die Ergebnisseite 4 und folgende anzusehen.

Nicht nur die Anzahl der registrierten Domains und der Suchtreffer beeindruckt. Wir haben noch weitere Kennzahlen zusammengetragen, die zeigen, welche riesigen Informationsmengen im Internet zu finden sind. So werden beispielsweise jede Minute 4,5 Millionen Videos auf YouTube angeschaut und 500 Stunden neues Video-Material hochgeladen.

Darüber hinaus finden innerhalb einer Minute im Internet folgende Aktivitäten statt:[1]

- ▶ Es werden ca. 3,8 Millionen Suchanfragen auf Google gestellt.
- ▶ Es werden ca. 1,0 Millionen Logins bei Facebook vorgenommen.
- ▶ Es werden ca. 2,1 Millionen Snaps geschrieben.

Bei so vielen Informationen benötigt der Internetnutzer auf jeden Fall entsprechende Hilfestellungen: Suchmaschinen zeigen schnell jeweils die passenden Informationen zu den eingegebenen Keywords. Suchmaschinen orientieren sich zunehmend mehr an der aktuellen Situation des Suchenden. Anfragen mit lokalem Interesse enthalten verstärkt Hinweise zu Geschäften vor Ort inklusive einer Wegbeschreibung zu einem nahegelegenen Standort. Außerdem lernt die Suchmaschine aus dem Suchverhalten. Falls Sie z. B. über den Routenplaner eine bestimmte Wegstrecke gesucht haben und danach die Frage »Wie wird das Wetter?« stellen, so erhalten Sie Wetterauskünfte, die sich nicht auf Ihren Standort, sondern auf die gesuchte Zielregion beziehen. Diese Funktionen zementieren die Bedeutung der Suchmaschine als Startpunkt jeder Art von Webrecherche. Die gewaltigen Informationsmengen des Internets werden nur durch eine Suchmaschine einigermaßen beherrschbar.

1.1.1   Wer sucht im Internet?

Auf die simple Frage »Wer sucht im Internet?« passt die einfache Antwort: »Alle!« Die Nutzung des Internets hat mittlerweile fast alle Altersgruppen durchdrungen. So sind beispielsweise die Altersgruppen bis 49 Jahre unter den Internetnutzern überdurchschnittlich vertreten.

Abbildung 1.3 aus den *daily digital facts* der *Arbeitsgemeinschaft Online Forschung e.V.* (AGOF) zeigt, dass erst ab der Altersgruppe der 50-Jährigen und älter die Internetnutzung auf einen Anteil von unter 43,7 % fällt.

Internetnutzung bedeutet gleichzeitig auch Suchmaschinennutzung! Eine zweite Grafik der AGOF daily digital facts vom November 2019 zeigt, dass neben der Nutzung von E-Mails und dem Wetterdienst vor allem der Aufruf einer Suchmaschine zu den häufigsten Aktivitäten zählt (siehe Abbildung 1.4). Laut dieser Studie nutzen 92,6 % der Onliner eine Suchmaschine. Diese wird vor allem als Einstieg in eine Internet-Session genutzt, wobei zunächst meistens Informationen, Produkte oder Dienstleistungen gesucht werden.

---

1   Quelle: https://t3n.de/news/1-minute-internet-1151664/

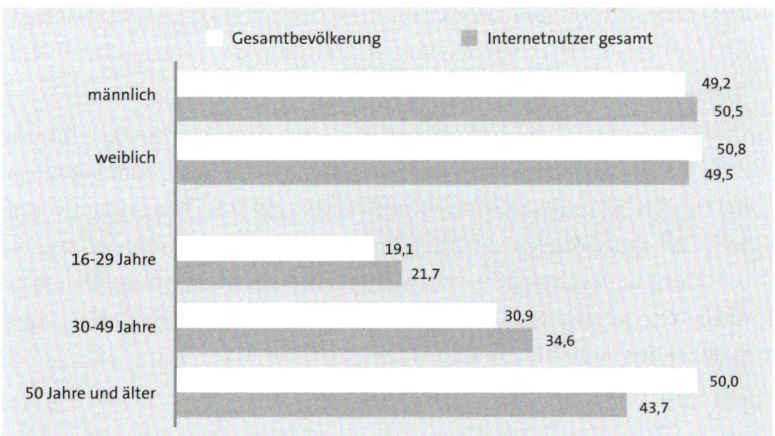

Abbildung 1.3 AGOF daily digital facts, November 2019, Soziodemographie der Internetnutzer (Angaben in Prozent)

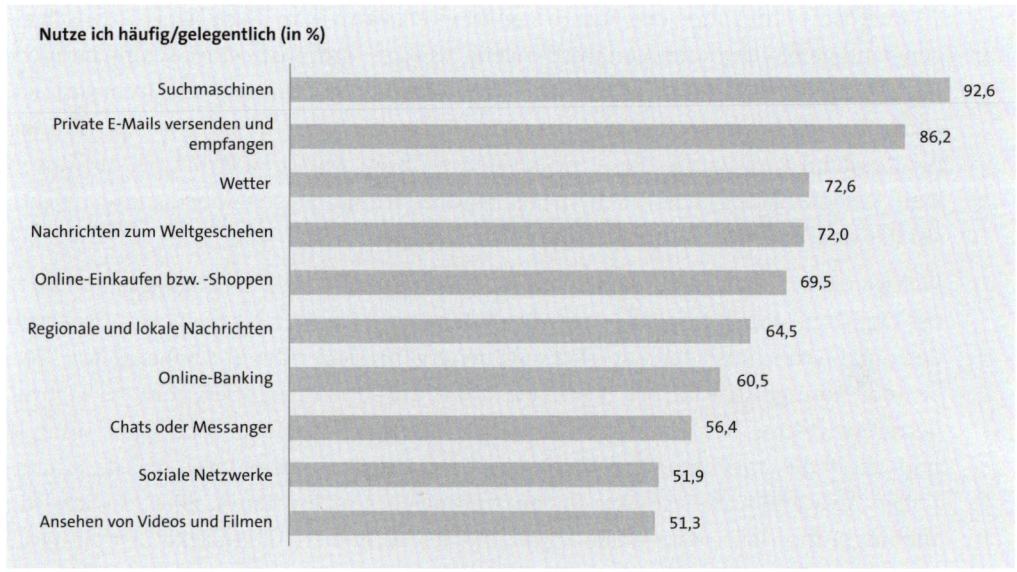

Abbildung 1.4 AGOF daily digital facts, November 2019, Top 10 genutzte Themen (Angaben in Prozent)

1.1.2   Wie viele Suchmaschinen gibt es?

Unsere Lieblingsfrage zu Beginn eines jeden Vortrags lautet: »Wie viele Suchmaschinen gibt es?« Die Antworten variieren zwischen einer Handvoll an Suchmaschinen und Hunderten von unterschiedlichen Suchanbietern. Wir geben zu, dass wir nie alle

Suchmaschinen wirklich gezählt haben. Wir können ad hoc auch keine wissenschaftliche Untersuchung nennen, die wirklich alle Suchmaschinen des Internets auflistet. Daher lässt sich die Anzahl letztlich nicht genau beziffern.

Manchmal kommt jedoch auch folgende Antwort aus dem Auditorium: »Es gibt nur eine Suchmaschine!« Damit nähern wir uns der Lösung, auf die wir hinauswollten. Suchmaschinen, die für das Thema Suchmaschinenmarketing und Werbung interessant sind, gibt es wirklich nur wenige. Natürlich bezieht sich Suchmaschinenmarketing auf alle Suchmaschinen! Faktisch gibt es in Europa und vor allem in Deutschland jedoch nur drei Anbieter, die aus Marketingsicht interessant sind, weil diese drei Suchmaschinen ca. 99 % der täglichen Suchanfragen abdecken.

Diese drei Big Player sind:

- Google
- Yahoo (ist seit 2016 Mitglied der Verizon-Unternehmensgruppe)
- Bing (die Microsoft-Suchmaschine)

Da Microsoft und Yahoo eng zusammenarbeiten, kann man diese zwei historisch eigenständigen Suchmaschinen mittlerweile als eine vereinte Suchmaschine betrachten. Also gibt es in Deutschland nur zwei wichtige Suchmaschinen. International kommen außerdem noch zwei bedeutende Suchmaschinen hinzu, und zwar Yandex für Russland und Baidu, die in China den größten Anteil an Anfragen aufweisen kann. Google hatte sich nämlich im Jahr 2010 nach einem Streit über die Internetzensur der staatlichen Stellen aus China zurückgezogen.

Weltweit ist jedoch Google die wichtigste Suchmaschine, weil der Gigant knapp 90 % der täglichen Suchanfragen[2] beantwortet. Eine gute Platzierung bei Google, sei es in den organischen (also den natürlichen) Suchergebnissen, oder in den bezahlten Werbeeinblendungen, ist für alle Branchen und Unternehmensgrößen immens wichtig. Betriebswirtschaftlich gesehen lohnt es sich deswegen, zunächst seine ganze Energie und Zeit in die Optimierung einer Google-Platzierung zu investieren und den finanziellen Aufwand auf diese eine Suchmaschine zu konzentrieren. Eine Ausrichtung auf Bing/Yahoo ist somit nur als Ergänzung des Suchmaschinenmarketings sinnvoll. Aus diesem Grunde beschäftigt sich dieses Buch auch nur mit Google Ads.

1.1.3 Die Vormachtstellung von Google

Da Google der Vorreiter bei den Suchmaschinen ist, wirkt sich dies auch auf die Analyse-Tools aus. Die Recherche nach Begriffen und die Analyse von Suchtrends führen

---

2 Quelle: *https://de.statista.com/statistik/daten/studie/225953/umfrage/die-weltweit-meistgenutzten-suchmaschinen/*

unweigerlich zu Tools der Firma Google, weil sie in diesem Bereich die beste Expertise und die größten Datenbanken besitzt.

Die Suchmaschine Google bietet also als Schnittstelle zwischen den Suchenden im Internet und der gigantischen Menge an Informationen auf Webseiten eine hervorragende Möglichkeit, um die eigene Webseite den Internetnutzern zu präsentieren. Der große Vorteil des sogenannten Suchmaschinenmarketings bezieht sich dabei auf die Tatsache, dass Suchmaschinen qualifizierte Besucher auf die eigene Webseite lenken können. Die Besucher sind insofern qualifiziert, weil diese Gruppe über die Eingabe in das Suchfeld bereits geäußert hat, welche Informationen oder Produkte sie benötigt.

Sicher haben Sie selbst schon vielfach die Google-Suche genutzt und einen Suchbegriff bzw. eine Kombination von Suchbegriffen in das Google-Suchfeld eingegeben und dann ⏎ auf Ihrer Tastatur gedrückt bzw. mit der Maus auf den blauen Button mit der Lupe geklickt. Danach wurde im Browser eine Google-Suchergebnisseite, die *Search Engine Result Page* oder abgekürzt SERP, bereitgestellt (siehe Abbildung 1.5).

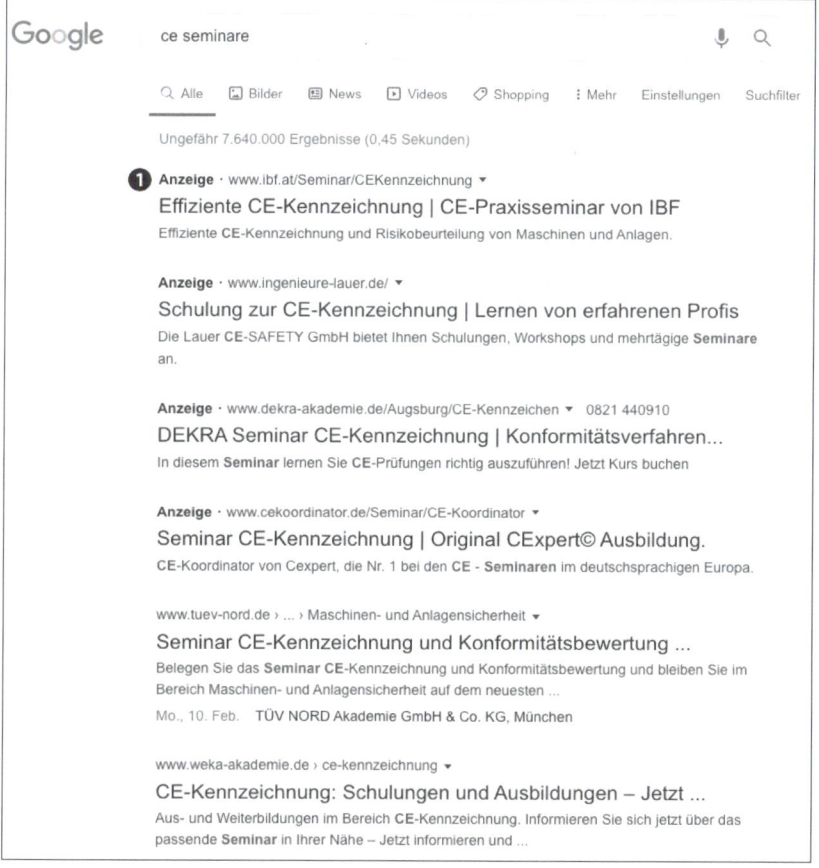

Abbildung 1.5 Google-Suchergebnisseite (SERP)

Diese Google-Suchergebnisseite besteht grundsätzlich aus zwei »Ergebnisblöcken«:

▸ aus den *organischen*, nach Relevanz sortierten Ergebnissen aus den Google-Datenbanken

▸ aus den *bezahlten*, in Bezug auf Qualität sortierten Ergebnissen aus dem Google-Werbeprogramm

---

Wie wird die Werbung bei Google gekennzeichnet?

Seit März 2014 werden die Google-Ads-Anzeigen mit kleinen Markern und der Aufschrift *Anzeige* (❶ in Abbildung 1.5) gekennzeichnet. Google hat zur Kennzeichnung der bezahlten Ergebnisse in der Vergangenheit bereits verschiedene Möglichkeiten getestet. So wurden unter anderem die Werbebereiche mit unterschiedlichen Hintergrundfarben gekennzeichnet. Hier bestand das Problem, dass die Einfärbung oft nicht wirklich von dem weißen Hintergrund der organischen Rankings zu unterscheiden war.

Inwiefern Google in Zukunft die Kennzeichnung mit den Markern beibehält, ist nicht sicher, da auch diese Markierung aktuell kontrovers diskutiert wird. Für manche Werbetreibenden ist die Kennzeichnung als Werbung zu auffällig – und darum werden Besucherrückgänge über die Werbeanzeigen befürchtet. Andere Internetexperten sind genau der entgegengesetzten Meinung und kritisieren, dass die Kennzeichnung noch zu unauffällig ist und so organische und bezahlte Suchergebnisse nicht gut zu unterscheiden sind.

Für das Suchmaschinenmarketing (SEM) sind grundsätzlich beide Ranking-Möglichkeiten auf der Google-Ergebnisseite interessant. Während die Platzierung des organischen Rankings durch Suchmaschinenoptimierung (SEO = *Search Engine Optimization*) unterstützt wird, wird die bezahlte Werbung unter dem Begriff SEA (= *Search Engine Advertising*) zusammengefasst.

Verwirrung bei der richtigen Bezeichnung

Bitte beachten Sie die unterschiedliche Nutzung der Begriffe. SEM und SEA werden oft gleichgesetzt, da Suchmaschinenmarketing nur mit der bezahlten Werbung in Suchmaschinen verbunden wird. Zu SEM gehört für viele Experten jedoch auch die Platzierung in den organischen Ergebnissen, die mithilfe von SEO verbessert wird. Auch eine vordere Positionierung der Webseite im organischen Ranking ist Marketing und bringt interessierte Besucher, also potenzielle Kunden, auf die eigene Website. Daher ist es begrifflich sauberer, wenn *Suchmaschinenmarketing* (SEM) als Oberbegriff genutzt wird, der die Suchmaschinenoptimierung (SEO) und die bezahlten Anzeigen auf der Suchergebnisseite (SEA) vereint.

Ein weiterer Fehler bei der korrekten Wortwahl besteht darin, SEA nur mit Google Ads gleichzusetzen. Da es Werbung aber auch in anderen Suchmaschinen (z. B. Bing) gibt, ist eine Reduzierung auf das Google-Werbeprogramm nicht ganz korrekt.

1.1.4   Wie wird gesucht? Verschiedene Arten von Suchanfragen

Es gibt verschiedene Arten der Suche. Google unterscheidet dabei grundsätzlich drei Arten von Suchanfragen. Diese werden auch als *Do-Know-Go* bezeichnet. Was steckt nun hinter diesen drei Begriffen?

Do-Anfragen

Zum einen gibt es Suchanfragen, die auf eine bestimmte Aktion hinauslaufen. Das sind die sogenannten Do-Anfragen. »Do« bedeutet hier, dass die Google-User etwas tun möchten. Ein Beispiel für Do-Anfragen sind Suchanfragen, die den Download eines Programms oder die Ausführung eines Dienstes zum Ziel haben. Wer z. B. eine Inhaberabfrage zum Auffinden der entsprechenden Domain stellen möchte, der gibt meistens nicht die URL eines entsprechenden Dienstleisters in die Adresszeile des Browsers ein, sondern stellt die Suchanfrage nach *domaininhaber herausfinden* oder *whois* bei Google ein. Das gleiche Verhalten erkennt man auch bei der Suche nach dem PDF-Reader von Adobe, der installiert werden soll. Da die entsprechende Adobe-Unterseite nicht bekannt oder als Favorit gespeichert ist, werden einfach die Begriffe *adobe* und *reader* in das Google-Suchfeld eingegeben (siehe Abbildung 1.6).

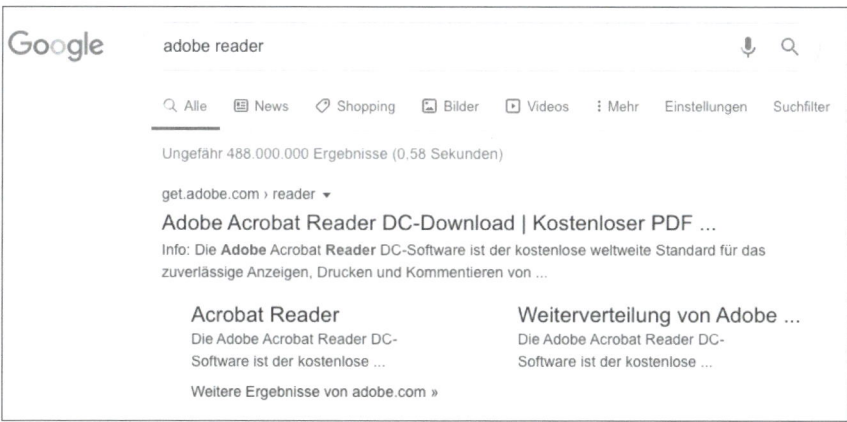

Abbildung 1.6 Do-Suche nach dem Adobe-PDF-Reader

Weitere typische Do-Anfragen sind:

▶ Aufruf von Online-Games

▶ Musikdownload

▶ Abspielen von Videofilmen

▶ Dienstleister, die dem Suchenden bekannt sind, z. B. ein Blumenversand

Know-Anfragen

Bei der zweiten Art von Suchanfragen handelt es sich um sogenannte Informationsanfragen bzw. Know-Anfragen. Der Google-Nutzer möchte also etwas wissen
(»know«).

Zu dieser Gruppe zählen sicher die meisten Anfragen, die täglich bei Google gestellt
werden. Eine Informationsanfrage kann z. B. eine Recherchearbeit für ein Referat
sein, wobei dann letztlich eine spezielle Wikipedia-Seite gefunden wird. Es kann aber
auch um Problemlösungen gehen, die später in vielen Fällen zum Kauf eines Produkts führen. Falls Sie beispielsweise ein individuelles Geschenk für Ihre Tochter
zum Geburtstag suchen, kann dies Sie zunächst zu Webseiten führen, die Geschenkideen zum Geburtstag auflisten. Die Ergebnisse dieser Suche bringen Sie dann auf
eine spezielle Geschenkidee, sodass Sie im zweiten Teil Ihrer Recherche vielleicht
nach der Möglichkeit für einen individuellen T-Shirt-Druck suchen (siehe Abbildung
1.7). Beide Arten der Suchanfrage gehören jedoch zum Bereich Informationsanfrage.

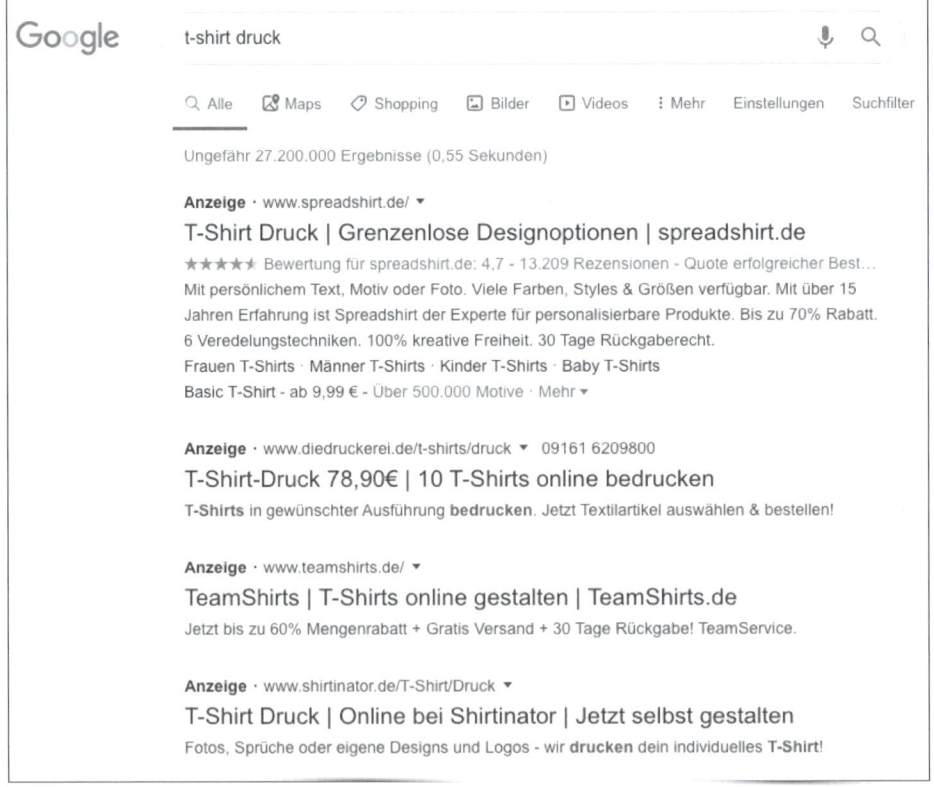

Abbildung 1.7 Beispiel für eine Informationsanfrage

Eine Anfrage bei Google kann aber auch direkt mit einer Kaufabsicht starten, wenn es nur noch darum geht, das passende Sommerkleid zu einem günstigen Preis online zu erwerben oder einen Anwalt in der Umgebung zum Thema Baurecht zu finden. In beiden Fällen ist die Entscheidung, ein Produkt zu kaufen bzw. einen Auftrag zu vergeben, schon gefallen. Die Suchmaschine wird nur noch dazu genutzt, den passenden Anbieter zu finden.

Zu Informationsanfragen gehört aber auch die Suche nach:

- Produktbewertungen
- Preisvergleichen
- Installations- oder Bauanleitungen

Mit den unterschiedlichen Arten der Informationsanfrage sollten Sie sich auf jeden Fall beschäftigen, wenn Sie Google-Ads-Werbung schalten oder schalten möchten. Sie sollten immer versuchen, sich selbst in die Situation Ihrer potenziellen Kunden hineinzuversetzen. Sind Ihre gebuchten Google-Ads-Keywords nämlich zu allgemein gehalten, so erscheinen Ihre Anzeigen oft bei Suchanfragen, bei denen kein Kaufinteresse besteht. Dies kann hohe Werbekosten verursachen, weil zwar Klicks, aber keine Kunden generiert werden. Auf der anderen Seite können aber auch Informationsanfragen bereits potenzielle Kunden auf das eigene Angebot aufmerksam machen. Sie sollten also bei der Keyword-Recherche und später dann bei der Analyse bestehender Keywords genau überprüfen, welche Effekte Sie mit Ihren Keywords erreichen.

Go-Anfragen

Die dritte Gruppe, die Google unterscheidet, sind sogenannte Navigationsanfragen (Go-Anfragen). Hier ist das Unternehmen, die Marke oder die Webseite zwar grundsätzlich bekannt, aber der Suchende ist sich über die genaue Schreibweise der Webseiten-URL oder einer speziellen thematischen Unterseite im Unklaren. Bevor der Internetnutzer daher zu viel Zeit mit der direkten Eingabe verliert, die eventuell noch einmal korrigiert werden muss, wird einfach direkt die Suchmaschine zurate gezogen. Der Unternehmensname oder auch die Domain werden in das Google-Suchfeld eingegeben. Daher sind z. B. auch Suchanfragen nach *xing*, aber auch die Eingabe von *www xing de* bei Google keine Seltenheit, obwohl die Eingabe von *xing.de* in das Adressfeld des Browsers auf einfachere Weise direkt zum Ziel führen würde (siehe Abbildung 1.8).

Zur Gruppe der Go-Anfragen gehören z. B. Suchanfragen nach:

- Markennamen
- Firmennamen
- Namen sozialer Netzwerke

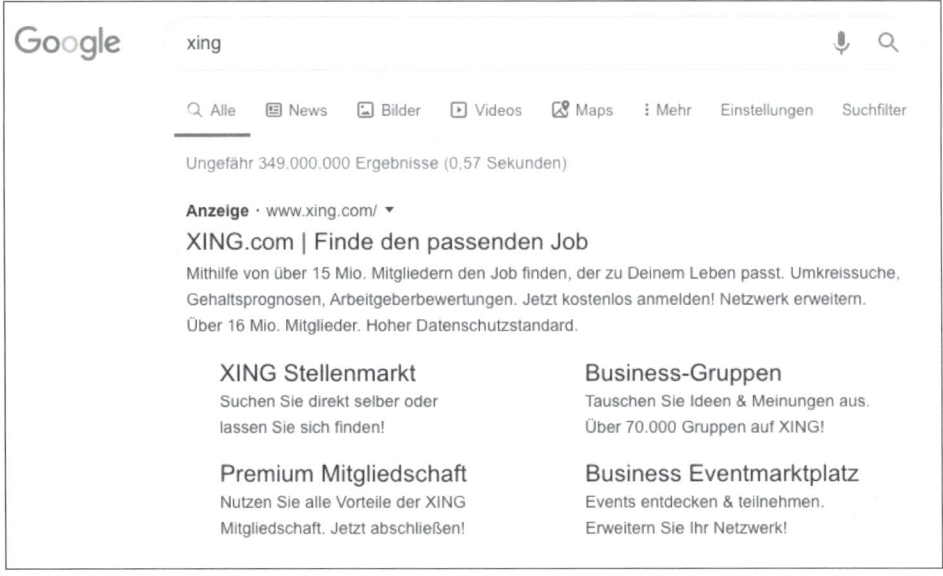

Abbildung 1.8 Suche nach »xing« als Beispiel für eine Go-Anfrage

Suchintentionen

Es gibt natürlich auch Suchanfragen, die nicht ganz exakt in eine bestimmte Schublade gesteckt werden können, sondern Mischformen darstellen. Außerdem schlagen Experten auch noch eine weitere Einteilung nach bestimmten Suchintentionen vor. Die Suchanfragen werden z. B. in *Navigational Queries* eingeteilt. Diese kombinieren Produkte mit bestimmten Webseiten. So werden oft Produkte in Kombination mit den Begriffen *ebay* oder auch *amazon* gesucht. Andererseits suchen Google-User Musikstücke in Kombination mit *youtube*. Der Suchende hat bereits die gewünschte Website vor Augen, startet die tiefergehende Suche zu dieser Website aber nicht vor Ort im Suchbereich der Webseite, also direkt bei Amazon, eBay oder YouTube, sondern bereits vorher im Google-Suchfeld.

Eine zweite Suchintention wird *Informational Query* genannt. Hier werden oft Fragen zu bestimmten Produkten oder Dienstleistungen gestellt. Erwartet werden dann z. B. Testberichte oder Testimonials zu den Produkten/Dienstleistungen. Eine Informational Query könnte z. B. *bestes Smartphone für Einsteiger* lauten.

Anfragen mit sehr konkreter Kaufabsicht werden dagegen als *Transactional Queries* bezeichnet. Hier spielt die Transaktion, also letztlich der Kauf, bei der Suchanfrage schon eine wichtige Rolle. Diese Suchanfragen werden oft in Form einer Suchphrase gestellt, weil damit mehrere Informationen kombiniert werden. Bei den Transactional Queries wurden bereits vorher genügend Informationen gesammelt; der Online-Kauf ist quasi schon beschlossene Sache. Typische Transactional Queries lauten dann

z. B. *webshop laufschuhe* oder ganz konkret zu einem speziellen Produkt: *iPhone 11 kaufen*.

Viele Google-User haben die Erfahrung gemacht, dass ein einzelner Suchbegriff oft wenig weiterhilft, darum wird der Hauptbegriff meistens mit einem zweiten oder dritten Begriff kombiniert. Eine Google-Suche beinhaltet daher meistens keinen richtigen Satz, sondern stellt eine Aneinanderreihung von Begriffen dar. Die sogenannten *Stopp-Wörter* wie *der, einer* und *an* werden in den meisten Suchanfragen nicht genutzt. Es gibt aber auch Google-Nutzer, die eine komplette Frage formulieren, z. B. *wie ersetze ich windows 8 durch windows 10*, und diesen Satz dann in das Google-Suchfeld eingeben (siehe Abbildung 1.9).

Abbildung 1.9 Sucheingabe eines kompletten Satzes

Eine Anfrage als kompletten Satz zu formulieren, ist momentan noch die Ausnahme, weil es einfach zu viel Arbeit bedeutet, ganze Sätze in das Suchfeld einzutippen – und der Mensch, vor allem der Internetnutzer, ist zunächst einmal bequem.

Komplette Fragen werden aber hauptsächlich deswegen eingegeben, weil der Suchende davon bessere Ergebnisse erwartet. Diese Suchanfragen nehmen jedoch zu, da immer häufiger mithilfe der Spracherfassung, vor allem über Smartphones, gesucht wird. Die Eingabe über Tastatur entfällt. Mit der Spracherfassung wird die Suche dann eher als kompletter Satz formuliert.

Für manche User ist die Google-Suche auch eine Art Zeitvertreib, um lustige Seiten zu finden. Es werden nämlich durchaus viele sinnlose Dinge gesucht. *Google Suggest* nennt man die automatischen Vorschläge (engl. »to suggest« – dt. »vorschlagen«), die von der Google-Suche angeboten werden. Gibt man bei Google die Keywords *google ist* ein, so erscheinen teilweise lustige Ergänzungen. Dabei ist anzumerken, dass die Vorschläge das Suchverhalten der Google-User widerspiegeln. Die Ergänzungen zeigen in Abbildung 1.10, was andere Google-Nutzer in Zusammenhang mit den vorgegebenen Begriffen in der Vergangenheit bereits gesucht haben.

Abbildung 1.10 Google Suggest zur Eingabe »google ist ...«

In einem zweiten Beispiel erfahren wir über Google Suggest, was Bayern München so alles hat (siehe Abbildung 1.11).

Abbildung 1.11 Google Suggest zur Eingabe »bayern münchen hat ...«

Google Suggest können Sie allerdings auch sinnvoll nutzen, denn mithilfe der Live-Vorschläge (siehe Abbildung 1.12) erhalten Sie thematisch passende Ergänzungen zu den eigenen Keywords. Geben Sie dazu einfach Ihre wichtigsten Keywords in das Google-Suchfeld ein, und schauen Sie, was Suggest als Erweiterung vorschlägt. So analysieren Sie live, wonach potenzielle Kunden im Zusammenhang mit Ihren Keywords suchen.

Diese interessanten Vorschläge sollten Sie auf jeden Fall in Ihre Keyword-Liste aufnehmen. Auf diese Weise erhöhen Sie die Chance auf passende Treffer und interessierte Webseitenbesucher. Andererseits sollten Sie Vorschläge von Google Suggest, die zwar oft im Zusammenhang mit Ihren Keywords eingegeben werden, aber nicht zu Ihrem Webseitenangebot passen, direkt in Ihre ausschließende Keyword-Liste übernehmen. Weitere Informationen zur Keyword-Recherche und den jeweiligen Listen erhalten Sie in Kapitel 3, »Keywords«.

Bedenken Sie, dass Google Suggest auf Google-Statistiken zurückgreift und bei Ihren wichtigsten Keywords daher auch immer das Suchverhalten Ihrer potenziellen Kunden widerspiegelt. Dieses Google-Tool ist somit ein wertvoller Baustein Ihrer Keyword-Recherche.

Abbildung 1.12 Google Suggest zur Eingabe »sonnenbrillen online ...«

1.1.5   Ein Wust von Suchergebnissen – Welche führen zum Ziel?

Die Google-Suchergebnisseite war in früheren Zeiten sehr übersichtlich und aufgeräumt. Damals dominierte eine weiße Fläche mit wenigen »Textinseln«, die dann die interessantesten Suchtreffer lieferten. »Dekoriert« wurden diese organischen Ergebnisse von wenigen Anzeigen, die zum Teil oberhalb der organischen Treffer platziert waren, aber größtenteils rechts neben den natürlichen Suchergebnissen standen.

Heutzutage ist das Erscheinungsbild der Google-Ergebnisseite jedoch viel bunter und durch verschiedene Spezialergebnisse geprägt. Diese unterschiedlichen Ergebnisse werden wir uns in den folgenden Abschnitten einmal näher anschauen. Denn die Google-Ergebnisse sind auf das jeweilige Suchbedürfnis der User abgestimmt. Dadurch entstehen sehr unterschiedliche Darstellungen. Vermutet Google eine Produktsuche, so werden z. B. Produktbilder in Form von Shopping-Ergebnissen ausgeliefert. Ordnet Google die Suchanfrage als Anfrage mit lokalem Interesse ein, so wird direkt ein Kartenausschnitt von Google Maps ausgespielt und eine Liste mit Google-Places-Einträgen angeboten. Bei einer Hotel- oder Flugsuche werden spezielle Reiseergebnisse mit zugehörigen Preisvergleichen angezeigt. Wird jedoch der Name eines Prominenten in das Google-Suchfeld eingegeben, so werden News, Bilder und Videos zu diesem Prominenten auf der Ergebnisseite bereitgestellt.

In den folgenden Abschnitten schauen wir uns die verschiedenen Bereiche der Google-Suchergebnisseite genauer an.

Obere Positionen der Ergebnisse

An den ersten Positionen auf der linken Seite befinden sich oberhalb der organischen Ergebnisse oft ein bis maximal vier sogenannte Top-Ergebnisse (siehe Abbildung 1.13). Dieser Bereich oberhalb der organischen Suchanfragen war historisch gesehen für große Google-Werbepartner bestimmt, die diesen Bereich in der Google-Ads-Anfangszeit als Werbefläche buchen konnten. Google hat dies jedoch bereits wenige Monate nach Einführung von Google Ads geändert. Aktuell finden sich auf den oberen Positionen diejenigen Google-Ads-Anzeigen, die sich von der Konkurrenz vor allem durch eine höhere Qualität unterscheiden. Google macht dies z. B. an einer vergleichsweise besseren Klickrate fest. Zusätzlich müssen die Anzeigen auf den ersten Positionen natürlich auch einen guten *Ad Rank* besitzen. Der Ad Rank wird von Google bei jeder Suchanfrage neu berechnet. Der Ad Rank oder Anzeigenrang gibt an, welche Stelle die Anzeige auf der Google-Ergebnisseite einnimmt. Die Berechnung des Ad Ranks stellen wir Ihnen später in Abschnitt 1.3.5 vor.

Die obersten Positionen bieten bestimmte Vorteile in der Darstellung der Textanzeige (siehe Abbildung 1.13). So können in diesen Positionen sogenannte Sitelinks ❶, also zusätzliche Verlinkungen auf individuelle Unterseiten, in die Google-Ads-Anzeigen eingebaut werden. Eine weitere Besonderheit in der Darstellung bieten die erweiterten Textanzeigen. Statt bislang zwei sind nun drei Anzeigentitel möglich ❷. Außerdem stehen zwei Textfelder mit jeweils neunzig Zeichen für die Beschreibung zur Verfügung ❸.

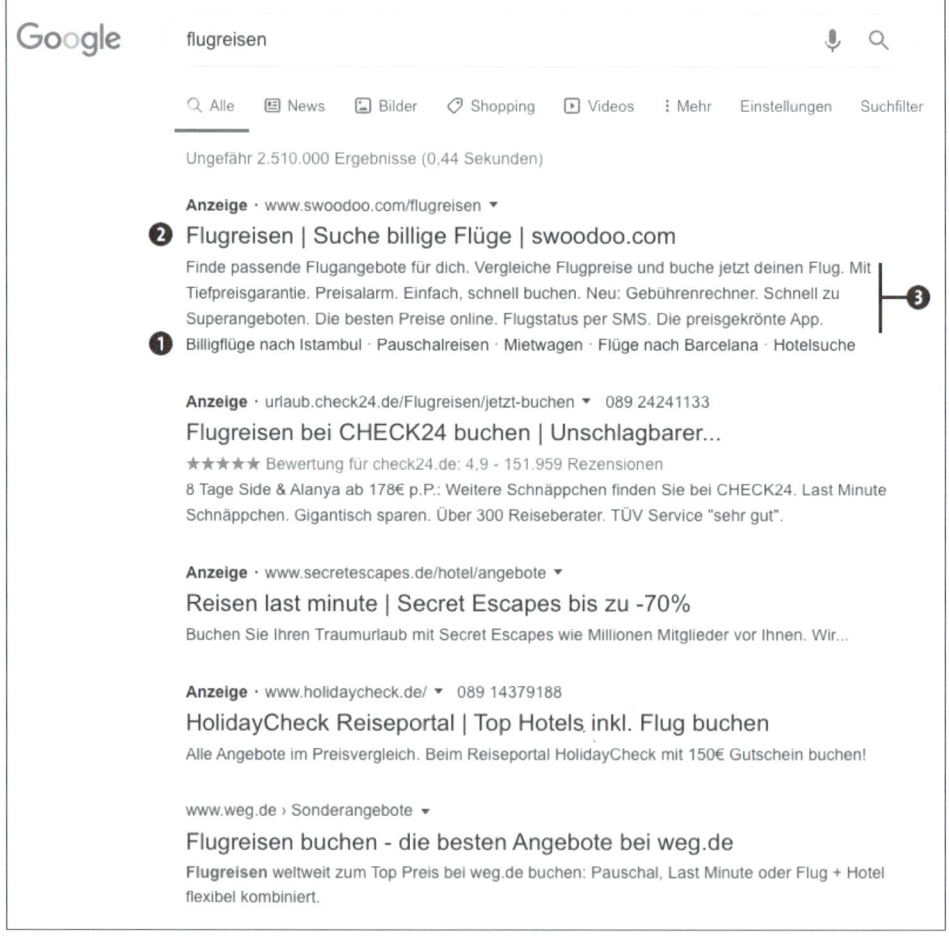

Abbildung 1.13 Top-Suchergebnisse

1

> **Ergebnisse unterhalb der organischen Treffer**
>
> Google zeigt auch Google-Ads-Anzeigen unterhalb der organischen Treffer an.
>
> Als Begründung für die Schaltung unterhalb der organischen Treffer nennt Google das Nutzerverhalten: Ergebnisseiten werden gescannt, und dabei werden die gelisteten Ergebnisse heruntergescrollt, sodass ein Teil der Google-User auch der Werbefläche am Ende der SERPs besondere Aufmerksamkeit schenkt.

Produktanzeigen

Die Google-Shopping-Ergebnisse (siehe Abbildung 1.14), die seit 2013 als bezahlte Anzeigen über Google Ads gesteuert werden, dominieren das Bild der Ergebnisseiten, sobald nach einem bestimmten Produkt gesucht wurde.

Diese Werbemöglichkeit ist normalerweise nur für Webshops interessant, wobei zukünftig auch noch andere Formate denkbar sind, z. B. Schulungsangebote. Aktuell können Webshop-Besitzer neben den Beschreibungen und Preisangaben etc. die Bilder ihrer Produkte bei Google Ads als Link hinterlegen. Anzeigen mit Bildern funktionieren recht gut in der Google-Suche, weil Bilder die Blicke der Suchenden »anziehen« und somit die Anzeige mehr Aufmerksamkeit erhält. Sie können sich also darauf einstellen, dass die Google-Ergebnisse zukünftig noch bunter werden, d. h., mit Bildern geschmückt werden.

Die Shopping-Anzeigen befinden sich auf der Google-Ergebnisseite meist oberhalb der organischen Ergebnisse. Die Shopping-Anzeigen (siehe Abbildung 1.14) enthalten neben dem Bild ❶ einen kurzen Titel ❷, der Informationen zu dem Produkt liefert, den Namen des jeweiligen Webshops ❸, eine Angabe zu den Versandkosten ❹ sowie die Quelle der Anzeige ❺.

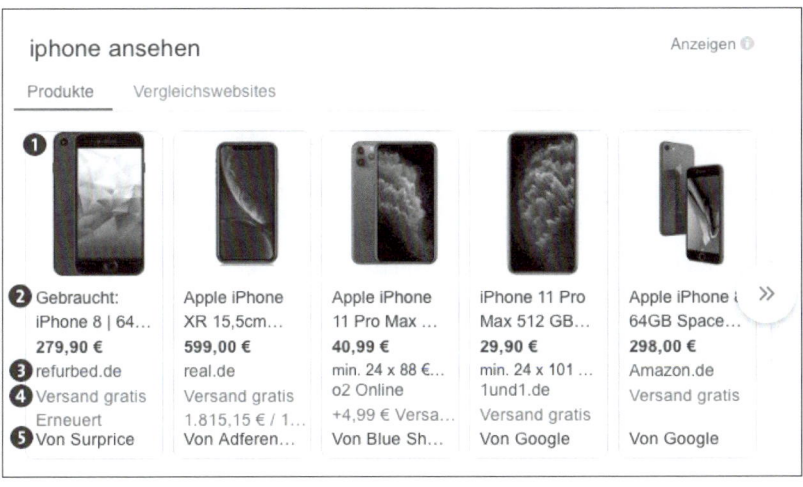

Abbildung 1.14 Shopping-Anzeigen mit Bildern

Weitere Textanzeigen

Die Standardanzeigen des Google-Ads-Programms befinden sich oberhalb und unterhalb der organischen Suchergebnisse. In Ausnahmefällen sind sie auf Desktop-Computern auch noch auf der rechten Seite oberhalb der allgemeinen Informationen ❶ zum gesuchten Produkt zu sehen (siehe Abbildung 1.15). Diesen Bereich nutzt Google in der Regel für eigene Zwecke, nämlich um dort generelle Suchergebnisse zum gesuchten Begriff anzuzeigen ❷. Dies umfasst beispielsweise allgemeine Informationen, Bilder und den Hinweis »Andere suchten auch nach«.

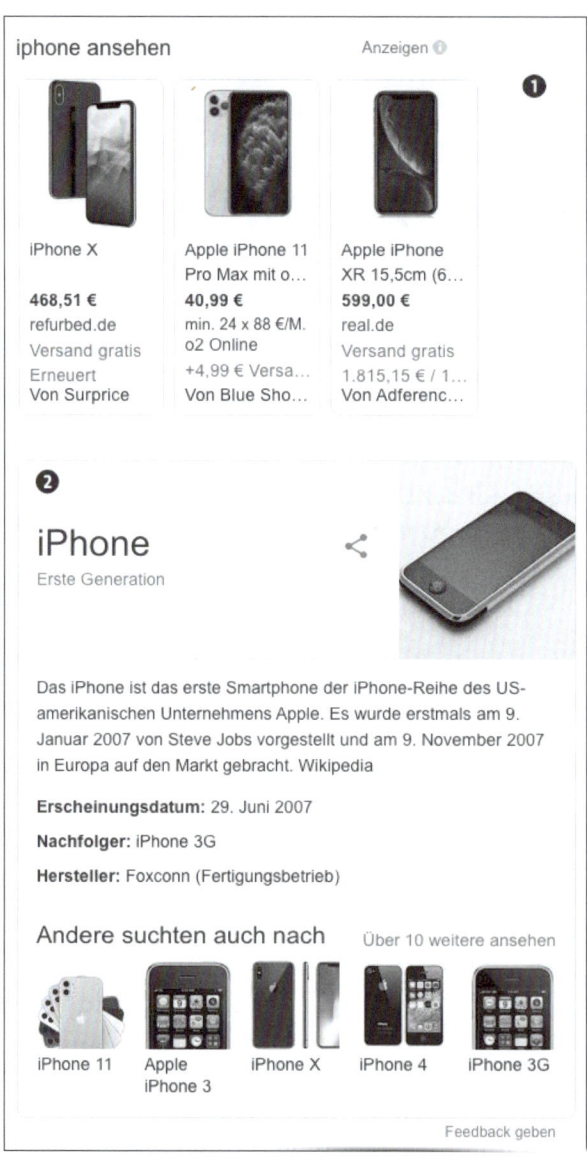

Abbildung 1.15 Google-Suchergebnisse auf der rechten Seite

Organische Ergebnisse

Die organischen Suchergebnisse bilden die eigentliche Grundlage des Google-Such-dienstes. Auf der Qualität dieser Ergebnisse fußt der ganze Erfolg von Google. Die organischen Ergebnisse sind ähnlich aufgebaut wie die Google-Ads-Textanzeigen, weshalb Textanzeigen von ungeübten Google-Nutzern auch häufig mit den organischen Suchergebnissen verwechselt werden.

Bei den organischen Ergebnissen gibt es eine Titelzeile in blauer Schrift, die als Link auf die zugehörige Webseite verweist. In grauer Farbe wird darüber die URL oder der Navigationspfad zur Ergebnisseite dargestellt, und zwei Textzeilen in Schwarz geben eine kurze Beschreibung zur Ergebnisseite. Es ist kein Zufall, dass sich die organischen und bezahlten Ergebnisse sehr ähnlich sehen. Google testet ständig, welche Darstellungen der Ergebnisse von den Suchenden angenommen werden. Die User Experience, also das Nutzererlebnis, steht immer im Vordergrund.

Google ist hierbei nicht selbstlos, sondern weiß natürlich auch, dass zufriedene User der Suchmaschine treu bleiben und somit zum Erfolg des Unternehmens beitragen. Manche Darstellungen, z. B. die Erweiterung der Ergebnisse um die sogenannten Bewertungssterne, wurden zuerst in den bezahlten Anzeigen getestet und dann in den organischen Ergebnissen übernommen. Auf der anderen Seite wurden Sitelinks zunächst in den organischen Ergebnissen getestet und danach als erweiterte Sitelinks auch in die bezahlten Ergebnisse aufgenommen.

Universal Search- bzw. OneBox-Ergebnisse

Die organischen Suchergebnisse werden bei bestimmten Anfragen durch Ergebnisse aus der Google-Spezialsuche unterbrochen. Diese Darstellung der Suchergebnisseite nennt man auch *Universal Search*. Google mischt die Standard-Google-Ergebnisse mit Ergebnissen aus anderen Google-Datenbanken (siehe Abbildung 1.16), z. B. Images (der Google-Bildersuche) ❶, Google News (den aktuellen Nachrichten) ❷, Google Videos (Google-Videosuche) etc. Diese Ergebnisse werden innerhalb sogenannter *OneBoxes* dargestellt. Am bekanntesten und auffälligsten sind die Google Images ❶. Sie sind im Zuge der letzten Umstellung an den prominenten rechten Rand der Suchergebnisseite gerückt.

Wann die Ergebnisse aus der Spezialsuche in die SERPs eingebaut werden, hängt wieder sehr stark von der Art der Suche ab. Wird z. B. nach aktuellen Ereignissen oder auch nach Persönlichkeiten gesucht, so besteht eine große Chance, dass auf der ersten Seite Ergebnisse aus den Google News angezeigt werden. Bei der Suche nach einem Produkt ist es unwahrscheinlicher, aber auch nicht ausgeschlossen, dass eine News eingestreut wird. Ein neues Produkt, über das in den Nachrichten berichtet wird, kann mit einem Newsbeitrag auf der Ergebnisseite rechnen.

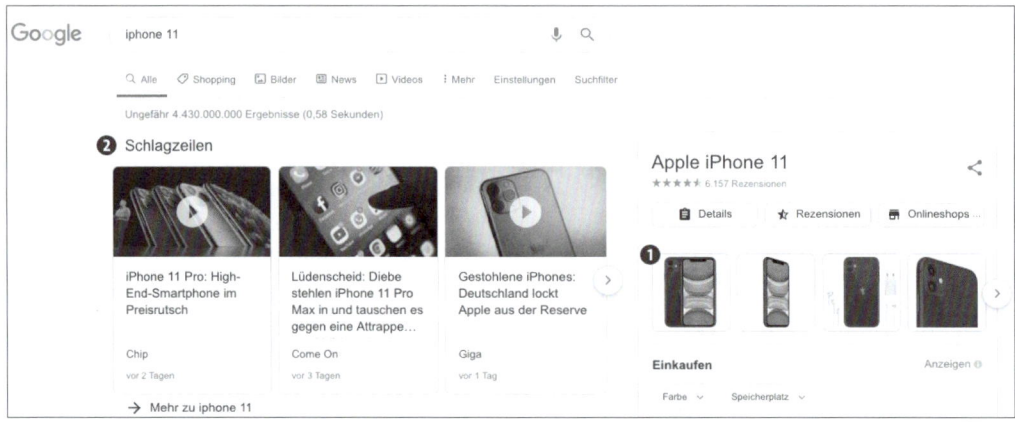

Abbildung 1.16 OneBox-Ergebnisse mit Bildern und News

Die Ergebnisse, die in den OneBoxes dargestellt werden, kann man auch als Spezial-suche bei Google abrufen. In den meisten Fällen nutzen Google-User diesen speziel-len Google-Ergebnisdienst jedoch nicht. Die Darstellung der OneBoxes innerhalb der organischen Suchergebnisse ist für Google daher auch eine Art Eigenwerbung für die Spezialsuche. Es gibt verschiedene Möglichkeiten zu einer spezialisierten Google-Suche. Diese Möglichkeiten werden von Zeit zu Zeit durch Google auch verändert bzw. ausgetauscht. Aktuell werden folgende Unterbereiche der Google-Suche aufge-führt:

▶ BILDER

▶ BÜCHER

▶ FINANZEN

▶ FLÜGE

▶ MAPS

▶ NEWS

▶ SHOPPING

▶ VIDEOS

Sie finden die speziellen Suchmöglichkeiten oberhalb der Suchergebnisse auf der Google-Ergebnisseite, nachdem eine Suche durchgeführt wurde (siehe Abbildung 1.17). Die Reihenfolge der Begriffe variiert je nach eingegebenem Suchbegriff. Die wichtigsten Spezialsuchen, z. B. SHOPPING ❶, sind direkt als Link anklickbar. Weitere Optionen zeigen sich nach einem Klick auf MEHR ❷.

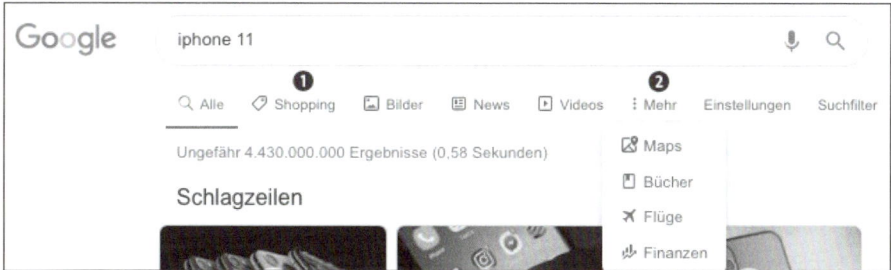

Abbildung 1.17 Verschiedene Möglichkeiten für die Spezialsuche

Google Knowledge Graph und Unternehmensdarstellung

Bei der Suche nach Persönlichkeiten, Marken oder Unternehmen zeigt Google in der rechten oberen Ecke der SERPs immer häufiger zusätzliche Informationen an, die den Wissensdurst der Suchenden auf einem Blick befriedigen sollen. Bei Persönlichkeiten kommen die Informationen aus dem Google Knowledge Graph, einer speziellen Google-Wissensdatenbank. Bei der Suche nach Persönlichkeiten, z. B. Steve Jobs, werden dann Bilder, persönliche Daten und weitere Informationen angezeigt (siehe Abbildung 1.18).

Abbildung 1.18 Informationen aus dem Google Knowledge Graph

Verfügt ein Unternehmen über Google-Bewertungen, werden diese Bewertungen zur Unternehmenssuche auf der rechten Seite angezeigt (siehe Abbildung 1.19).

Abbildung 1.19 Google-Bewertungen

Bei der Suche nach Marken oder Unternehmen können ebenfalls Zusatzinformationen aus einem Wikipedia-Eintrag in Kombination mit dem Logo (siehe Abbildung 1.20) und bei lokalen Unternehmen die Informationen und Bilder aus dem Google-Places-Eintrag rechts oben angezeigt werden.

Abbildung 1.20 Unternehmensinformationen

Lokale Treffer aus Google Places

Vermutet Google ein lokales Interesse bei der Eingabe eines Suchbegriffs, also z. B. bei der Suche nach einem Arzt, dem Friseur, Bäcker oder Anwalt etc., so erscheint neben einem Google-Maps-Ausschnitt oberhalb von den organischen Suchergebnissen eine Liste mit lokalen Ergebnissen, bei der Google auf Google-My-Business-Einträge zurückgreift. Diese Einträge beinhalten neben dem Namen und der Website-URL Hinweise zur Bewertung des Unternehmens ❶, die Adresse mit Telefonnummer ❷ und einen Marker ❸, der auf der entsprechenden Google-Karte den Standort identifiziert (siehe Abbildung 1.21). Weitere Informationen zu Google My Business finden Sie in Abschnitt 8.1.

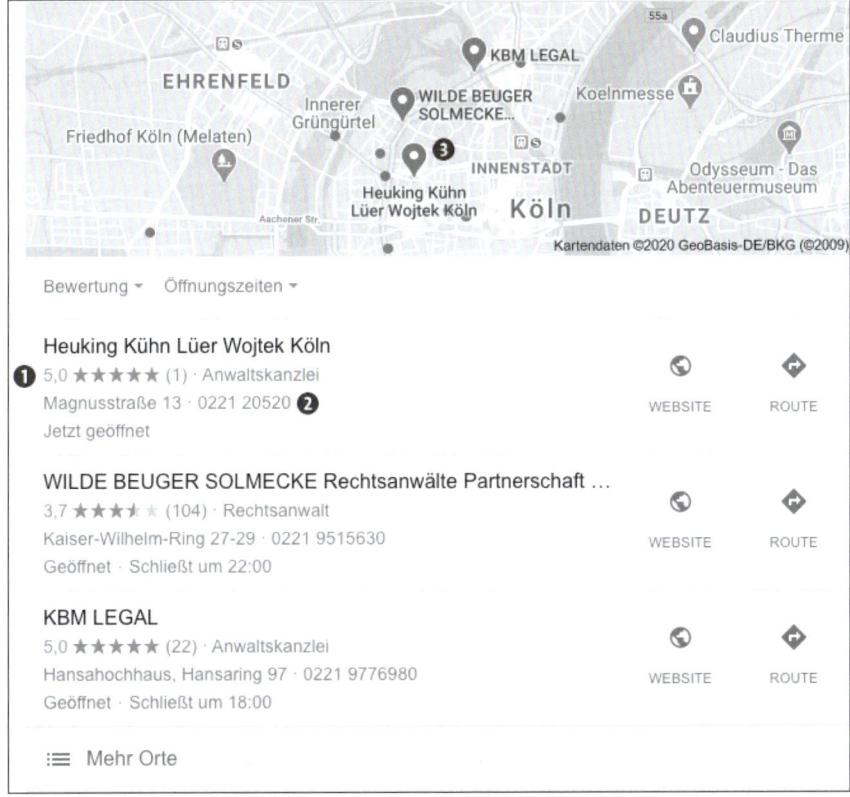

Abbildung 1.21 Lokale Ergebnisse mit Adresse und Marker

1.2 Die Grundidee des Suchmaschinenmarketings

Die Idee des Suchmaschinenmarketings lässt sich einfach in folgender Aussage zusammenfassen: »Internetnutzer suchen aktiv nach Ihren Produkten bzw. Dienstleistungen.«

Eine große Anzahl von Usern, die täglich das Internet in Kombination mit einer gezielten Fragestellung nutzen, aus der sehr oft auch ein konkreter kommerzieller Bedarf abgeleitet werden kann, hat die Suchmaschinen zu einer ganz besonderen Schnittstelle im Internet gemacht.

Eine Suchmaschine ist ein wundervoller Marktplatz, der regelmäßig besucht wird. Genau hier hat sich die Idee des Suchmaschinenmarketings entwickelt. Denn die Suchmaschinen verbinden im Internet die Suchenden mit den Informations-, Produkt- und Dienstleistungsanbietern. Die Suchmaschine präsentiert dabei Webseiten, auf denen neben Informationen auch die zur jeweiligen Suchanfrage passenden Produkte oder Dienstleistungen angezeigt werden.

Beim Suchmaschinenmarketing geht es nun nur noch darum, dass die eigene Webseite zu den angefragten Begriffen möglichst weit vorne auf der ersten Suchergebnisseite der Suchmaschine erscheint. Neben dem SEM gibt es natürlich auch noch andere Formen des Online-Marketings, z. B. die Bannerwerbung oder das E-Mail-Marketing. Suchmaschinenmarketing ist jedoch bei richtiger Strategie sehr effektiv, weil es auf potenzielle Kunden trifft, die oft schon einen Bedarf in Form einer Suchanfrage geäußert haben. SEM ist daher ein sehr bedeutender Bestandteil des Online-Marketings. Es geschieht zwar öfter, dass Suchmaschinenmarketing direkt mit dem Online-Marketing gleichgesetzt wird. Wie Sie nun wissen, ist das jedoch nicht ganz korrekt.

1.2.1 Push-Marketing vs. Pull-Marketing

Um Ihnen die Idee des Suchmaschinenmarketings noch besser zu verdeutlichen, schauen wir uns kurz die beiden Klassiker im Bereich der Marketingstrategien an: die Push-Strategie und die Pull-Strategie. Diese Strategien werden immer wieder zur Erläuterung der Google-Ads-Werbeformen herangezogen.

Push-Strategie

Bei der Push-Strategie versucht man, mit geeigneten Kommunikationsmaßnahmen die Produkte oder Dienstleistungen in den Markt zu drücken. Die Konsumenten kennen das beworbene Produkt noch nicht und suchen daher nicht aktiv danach. Sie wissen auch nicht, dass bereits bestimmte Lösungen für ihre Probleme existieren.

Mit der Push-Strategie wird also zunächst auf das Produkt aufmerksam gemacht. Informationen zum Produkt werden im Internet verteilt. Auf diese Weise wird ein gewisses Bedürfnis erst geweckt. Falls Sie z. B. eine neue Erfindung in Form einer Flüssigkeit, die Marmortische vor Säure schützt, vertreiben möchten, so benötigen Sie eine Push-Strategie. Ihre zukünftigen Kunden wissen ja noch nicht, dass Ihre tolle Erfindung existiert. Daher müssen Sie mit entsprechenden Maßnahmen im Internet über Ihr Produkt informieren und Neugierde wecken, sodass dann dieser spezielle Säureschutz für Marmortische angefragt und online bestellt wird.

Für diese Push-Strategie eignen sich z. B. Bannerwerbungen, die gezielt auf Seiten mit Haushaltstipps geschaltet werden. Eine Push-Strategie benötigen Sie also vor allem, wenn Sie neue und/oder unbekannte Produkte in einen bestehenden Markt einführen möchten.

Merkmale des Push-Marketings im Internet

Beim Push-Marketing muss erst ein Bedürfnis geschaffen werden. Dies gilt vor allem für Produkte/Dienstleistungen, die noch nicht so bekannt sind und daher auch selten gesucht werden. Mithilfe des Online-Marketings soll vor allem die Bekanntheit durch eine große Reichweite der Werbung gesteigert werden. Hierzu eignet sich vor allem Bannerwerbung, die auf thematisch passenden Webseiten geschaltet wird.

Pull-Strategie

Bei der Pull-Strategie erzeugt der Konsument eine Nachfrage. Das Produkt oder eine Lösung für sein Problem ist dem Suchenden bereits bekannt. Nun nutzt er das Internet, um ein passendes Unternehmen, günstige Preise oder Lieferkonditionen zu finden. Oft werden auch Referenzen oder Produkterfahrungen online gesucht. Wenn Sie beispielsweise bestimmte Office-Seminare online anbieten, können die räumliche Nähe zum Kunden, der Preis, aber auch bestehende Kundenreferenzen wichtige Gründe für eine Anfrage sein. Beim Pull-Marketing sind die Produkte und Dienstleistungen also bekannt und werden vom Kunden nachgefragt. Im Internet ist daher das Suchmaschinenmarketing die geeignete Form des Pull-Marketings.

Merkmale des Pull-Marketings im Internet

Beim Pull-Marketing im Internet soll vor allem ein vorhandenes Bedürfnis befriedigt werden. Über eine Suchmaschine werden Produkte, Hilfestellungen und Lösungen für Probleme gesucht. Eine Textanzeige direkt als Suchergebnis wirkt quasi als Problemlöser für den Suchenden. Mit Sponsored Ads können Internetnutzer sehr zielgerichtet die passende Werbebotschaft erhalten. Suchmaschinenmarketing ist daher das geeignete Mittel für das Pull-Marketing im Internet.

1.2.2   Suchmaschinenoptimierung (SEO)

Eine vordere Position bei den organischen Ergebnissen zu erzielen, ist die Aufgabe der Suchmaschinenoptimierung, kurz SEO. Die Suchmaschinenoptimierung beinhaltet, vereinfacht gesagt, zum einen verschiedene Verbesserungen des Webseiten-Codes sowie eine optimierte Darstellung des Webseiteninhalts für die Suchmaschinen. Dadurch können die Programme der Suchmaschinenbetreiber (sogenannte Robots, Spider bzw. Crawler) die gefundenen Texte einfacher nach bestimmten Kriterien, Wörtern und Bedeutungen filtern, zuordnen und in riesigen Datenbanken ablegen. Die Programme ordnen die Begriffe oder Kombinationen von Begriffen den einzelnen Webseiten zu.

Der zweite und, wie die Experten betonen, wichtigere Bereich der Suchmaschinenoptimierung besteht aus der sogenannten *Off-Page-* und *Off-Site-Optimierung*. Dieser SEO-Bestandteil ist nicht so leicht zu beeinflussen. Hier geht es zum größten Teil darum, Webseitenempfehlungen in Form von Backlinks aufzubauen. Dieses Online-Empfehlungsmarketing zur Verbesserung des Google-Rankings wird für die SEOs immer schwieriger, da Google verstärkt darauf achtet, dass es wirklich echte Empfehlungen sind.

Man kann heutzutage also nur nachhelfen und die echten Fans (Linkgeber) motivieren, auch wirklich einen Backlink zu setzen, wenn sie eine Empfehlung aussprechen möchten. Ein »unnatürlicher Linkaufbau« wird immer öfter von Google entdeckt und bestraft. Dies geschieht zum einen durch einen kompletten Ausschluss aus den Suchergebnissen oder als mildere Strafe durch Herabstufung im Ranking.

Ein unnatürlicher Linkaufbau resultiert meistens aus dem Ankauf von Backlinks. Dieser Aufbau ist oft sehr schematisch und läuft nach einem gleichen Muster ab. Daher wird er auch von Google aufgedeckt. Ein Muster könnte beispielsweise ein schneller Aufbau innerhalb kurzer Zeit sein oder eine Linkempfehlung, die immer den genau gleichen Linktext beinhaltet. Diese Muster sind im Vergleich mit der Verlinkung, die Google aus einer großen Anzahl an Linkanalysen aus dem Netz ziehen kann, unnatürlich.

Wenn eine Website Empfehlungen erhält, ohne diese Verlinkung bewusst zu beeinflussen, dann gibt es, auf lange Zeit gesehen, eine gleichmäßige zeitliche Verteilung. Externe Linkgeber werden zudem öfters das Logo oder den Firmennamen sowie die Domain verlinken und nicht nur die wichtigen Keywords, zu denen eine Website bei Google rankt.

SEO wird also in Zukunft noch kreativer sein müssen. Der natürliche Linkaufbau und eine stärkere Markenbildung werden dabei im Vordergrund stehen.

Als Zusammenfassung kann man SEO so beschreiben: Google berechnet aus den Informationen zum Webseiteninhalt und den Verlinkungen der Webseite ein Ranking für jede einzelne Webseite in Verbindung mit einem Suchbegriff bzw. einer Suchphrase (Kombination mehrerer Begriffe).

Auf diese Weise ergeben sich Rankings zu bestimmten Suchbegriffen im organischen Teil der Suchergebnisseite – unterhalb der Top-Suchbegriffe (siehe Abbildung 1.22).

Google erhält aber nicht nur Informationen aus der Programmierung und den Inhalten der Webseite sowie aus den externen Empfehlungen, sondern Google zieht auch Schlüsse aus dem Such- und dem Klickverhalten der Nutzer auf der Google-Ergebnisseite.

Werden also Firmen in Kombination mit bestimmten Keywords öfter gesucht, so merkt Google sich die Marke in Kombination mit den Keywords, also z. B. *MisterSpex* und *Brille*. Zusätzlich registriert Google auch, ob das organische Ergebnis, das oben gelistet wird, auch entsprechend häufig angeklickt wird. Falls ein Ergebnis mit schlechterem Ranking im Verhältnis besser angeklickt wird, so wird es zukünftig im Ranking steigen.

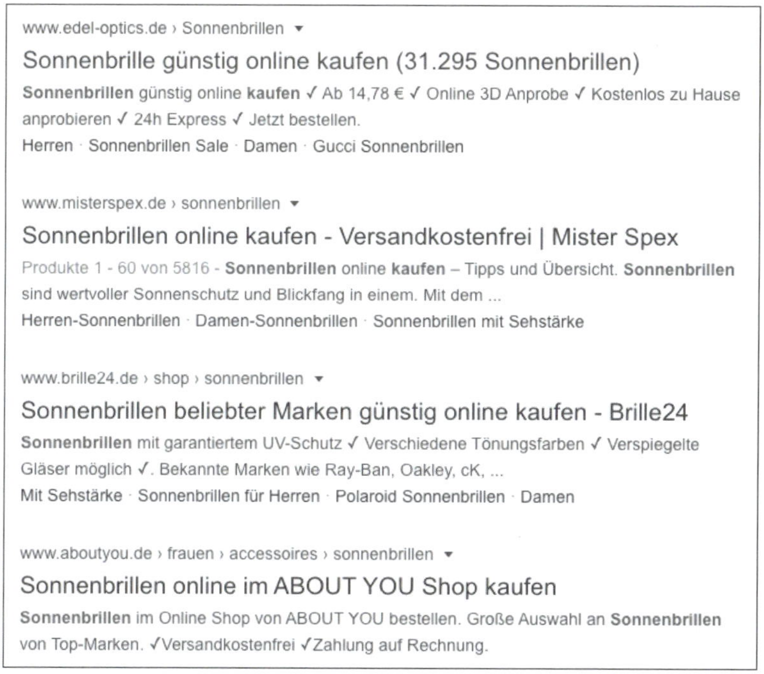

Abbildung 1.22 Organische Rankings – SEO

Im nächsten Schritt registriert Google auch noch, ob Besucher innerhalb einer Session nach kurzer Zeit die gefundene Website verlassen, auf die Suchergebnisseite zurückkehren und sich einem anderen Ergebnis zuwenden. Dies ist ein eindeutiges Signal für Google, dass der gesuchte Begriff bzw. – noch wichtiger – die gesuchte Information auf der Landingpage nicht gefunden wurde. Wird ein Ausstieg zu einem Keyword sehr häufig einer Website zugeordnet, so erhält diese Website virtuelle Minuspunkte bei Google in Verbindung mit dem Suchbegriff. Dies kann Google alles leisten, da der Suchmaschinengigant über große Datenmengen und daher über eine sehr aussagekräftige Statistik verfügt.

Alle diese Analysen führen dazu, dass SEO nicht, wie oft vermutet, aus einer Art »Zauberei« und Programmiertricks besteht, sondern dass auch klassisches Marketing, z. B. eine Positionierung als Marke, in diesem Bereich immer wichtiger wird!

1.2.3   Bezahlte Suchergebnisse – Anzeigen mit PPC (SEA)

Die bezahlte Suchmaschinenwerbung (SEA) in Form von Textanzeigen wird für die Suchmaschine Google über das eigene Werbeprogramm (Google Ads) geschaltet. Die Textanzeigen findet man auf der Google-Suchergebnisseite oberhalb der organischen Suchergebnisse. Hier können bis zu vier Anzeigen eingeblendet werden (siehe Abbildung 1.23).

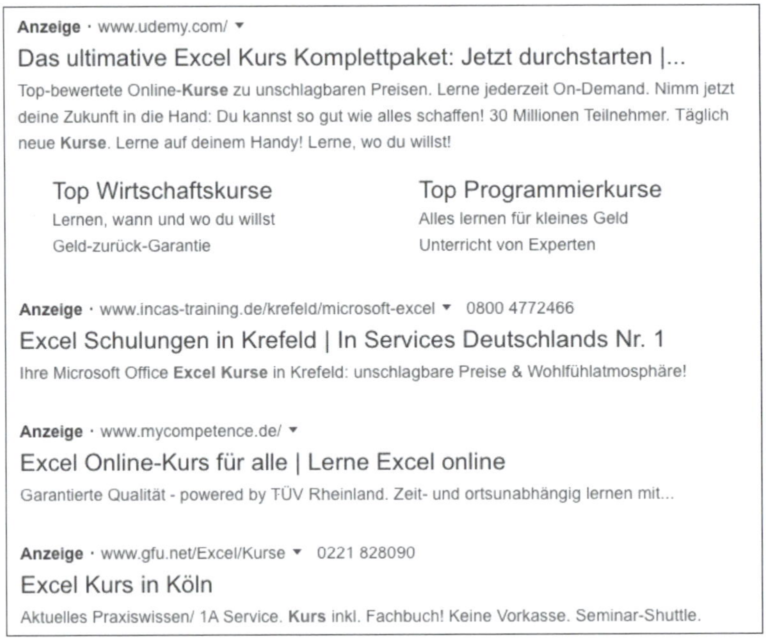

Anzeige · www.udemy.com/ ▾

Das ultimative Excel Kurs Komplettpaket: Jetzt durchstarten |...

Top-bewertete Online-**Kurse** zu unschlagbaren Preisen. Lerne jederzeit On-Demand. Nimm jetzt deine Zukunft in die Hand: Du kannst so gut wie alles schaffen! 30 Millionen Teilnehmer. Täglich neue **Kurse**. Lerne auf deinem Handy! Lerne, wo du willst!

Top Wirtschaftskurse	Top Programmierkurse
Lernen, wann und wo du willst	Alles lernen für kleines Geld
Geld-zurück-Garantie	Unterricht von Experten

Anzeige · www.incas-training.de/krefeld/microsoft-excel ▾   0800 4772466

Excel Schulungen in Krefeld | In Services Deutschlands Nr. 1

Ihre Microsoft Office **Excel Kurse** in Krefeld: unschlagbare Preise & Wohlfühlatmosphäre!

Anzeige · www.mycompetence.de/ ▾

Excel Online-Kurs für alle | Lerne Excel online

Garantierte Qualität - powered by TÜV Rheinland. Zeit- und ortsunabhängig lernen mit...

Anzeige · www.gfu.net/Excel/Kurse ▾   0221 828090

Excel Kurs in Köln

Aktuelles Praxiswissen/ 1A Service. **Kurs** inkl. Fachbuch! Keine Vorkasse. Seminar-Shuttle.

Abbildung 1.23 Paid Listings – SEA

Zusätzlich schaltet das Google-Ads-System in vielen Fällen auch Anzeigen unterhalb der organischen Suchergebnisse. Die Experimente der Google-Suchmaschine gehen jedoch immer weiter, sodass in Zukunft auch bezahlte Ergebnisse innerhalb des organischen Rankings nicht unwahrscheinlich sind.

Folgende Begriffe werden ebenfalls häufig als Beschreibung der bezahlten Textanzeigen in Suchmaschinen genutzt und beziehen sich daher immer auf die gleiche Methode im Suchmaschinenmarketing:

▶ PPC

▶ Paid Listings

▶ Sponsored Links

▶ Sponsored Listings

▶ Pay-per-Click Advertising

▶ Keyword Advertising

1.2.4   SEO vs. SEA – Was ist besser?

Viele Webseitenbetreiber stellen sich die Frage, wo die eigene Website bei den Google-Suchergebnissen besser positioniert ist. Ist eine vordere Platzierung bei den organischen Suchergebnissen zu den wichtigsten Suchbegriffen nicht ausreichend?

Wo sollte also Ihre Website bei den Google-Suchergebnissen auftauchen, welche Art des Suchmaschinenmarketings ist besser und effektiver? Die Antwort auf diese Frage ist nicht so einfach, wie Sie dies sicher gerne hätten.

Es gibt viele SEO-Berater, die zur reinen Optimierung von Webseiten raten, um das Geld für Google Ads zu sparen. Es gibt sogar Google-Ads-Partner, die diesen Status als Werbung für Ihre SEO-Angebote nutzen. Andere Online-Marketer schwören auf die Vorteile von Google Ads und verweisen auf die Schwierigkeiten der Suchmaschinenoptimierung. Nach unserer Auffassung gibt es bei dieser Frage nicht die *eine* Lösung, die für jedes Unternehmen und jedes Produkt bzw. jede Dienstleistung gilt. Als Unternehmens- oder Marketingverantwortlicher sollten Sie die Vor- und Nachteile der verschiedenen Ansätze kennen und sich dann Ihre Strategie zur Positionierung Ihrer Website in der Suchmaschine Google zurechtlegen. Unserer Erfahrung nach liegt die Wahrheit meistens in der Mitte. Es ist somit oft eine Mischung beider Möglichkeiten des Suchmaschinenmarketings, die letztlich zum Erfolg führt.

Die Aussage, dass SEO kostenlos ist, während SEA bezahlt werden muss, ist aber auf jeden Fall zu relativieren. Sie müssen verstehen, dass auch die Suchmaschinenoptimierung Kosten verursacht. Je nach Suchbegriff und Konkurrenz können diese Kosten sogar erheblich sein. Bei der Suchmaschinenoptimierung muss zuerst die bestehende Webseite programmiertechnisch angepasst werden. Neben einer Änderung der Programmierung müssen Partner gefunden werden, die Ihre Webseite verlinken. Hinzu kommt die laufende Pflege der Webseiteninhalte, um für Google auch über einen längeren Zeitraum interessant zu bleiben, außerdem die Kontrolle und Pflege der alten Linkbeziehung sowie die Beobachtung der Konkurrenzseiten, um rechtzeitig auf Veränderungen reagieren zu können.

Bei grundlegenden Änderungen durch Google-Updates passiert es oft, dass ein Teil der Arbeiten auch wieder verloren geht. Es kann sogar vorkommen, dass plötzlich Optimierungen durchgeführt werden müssen, die völlig konträr zu Ihren vorangegangenen Optimierungsarbeiten sind. Es ist beispielsweise bemerkenswert, dass viele SEO-Agenturen lange Zeit Geld damit verdienten, um Links abzubauen, die vorher als Linkaufbau teuer erkauft worden sind.

Diese SEO-Optimierungsarbeiten binden entweder die Zeit des Unternehmers oder Marketingleiters in einer Firma oder kosten Geld, das an externe Dienstleister bezahlt werden muss. Der entscheidende Punkt ist jedoch, dass eine vordere Position nicht garantiert werden kann und eine Optimierung oft nur auf wenige Hauptsuchbegriffe beschränkt ist.

Außerdem kann Google zukünftig, wie bereits erwähnt, die Spielregeln ändern. Dann gehen vorher schwer erkämpfte Ranking-Positionen auch schnell wieder verloren. Der Vorteil einer vorderen Position in dem organischen Listing besteht natürlich darin, dass keine zusätzlichen Klickkosten entstehen.

Das heißt, wenn Sie in der organischen Listung einmal vorne stehen, ist es in Bezug auf die Kosten egal, ob zwei oder hundert Besucher am Tag über dieses Suchergebnis auf Ihre Webseite kommen. Ein Klick auf die Google-Ads-Werbung hingegen verursacht natürlich bei jedem neuen Besuch eines Interessenten entsprechende Klickkosten. Da die Google-Ads-Werbung prominent oberhalb der organischen Suchergebnisse erscheint, fällt sie dem Google-User auf jeden Fall auf.

Vor allem bei der relevanten Zielgruppe, die auf der Suche nach Produkten oder Dienstleistungen ist, steht die Google-Ads-Werbung stärker im Fokus und wird auch öfter geklickt.

> **Analysieren Sie das Klickverhalten in Bezug auf Ihre Ranking-Position**
> Das Klickverhalten Ihrer Zielgruppe bei den unterschiedlichen Positionierungen sollten Sie in jedem Fall analysieren. Ziehen Sie dann Ihre Rückschlüsse in Bezug auf Ihre optimale Position.

Schauen wir uns im Vergleich zu SEO einmal die Vorteile der bezahlten Anzeigenwerbung in Suchmaschinen an. Diese Punkte sollten Sie in Ihre Entscheidung für oder gegen die SEA einfließen lassen.

Keywords und Positionen bestimmen

Mit Google Ads können Sie Keywords relativ frei wählen. Darunter fallen auch sehr stark umkämpfte Suchbegriffe, bei denen Sie im organischen Ranking keine Chance haben, da starke Marken mit einer langen Historie die vorderen Rankings belegen. Mit SEA können Sie bei entsprechenden Klickgeboten auch vordere Anzeigepositionen erreichen und in gewissem Umfang bestimmen.

Dabei muss die erste Position nicht für jedes Produkt die beste Position sein. Selbst die vierte Position auf der ersten Seite der SERPs bei den bezahlten Textanzeigen hat eine bessere Sichtbarkeit als die neunte Position im organischen Ranking. Eine Beobachtung der Positionsergebnisse in Kombination mit entsprechender Anpassung Ihrer Google-Ads-Gebote ermöglicht es, bestimmte Ranking-Positionen zu erzielen, auch wenn diese nicht ganz exakt vorherzusagen sind. Bei SEA können im Gegensatz zu SEO abhängig von den finanziellen Ressourcen die Platzierungen in gewissen Positionen »garantiert« werden.

Zeitfaktor

Die Google-Ads-Werbung ist nach der Erstellung direkt innerhalb von ca. 15 Minuten auf der ersten Seite bei Google sichtbar, während die Auswirkungen von SEO-Maßnahmen teilweise erst nach Wochen oder Monaten spürbar sind. Wie viel Zeit vergeht, bis SEO-Maßnahmen wirken, hat immer mit dem jeweiligen Keyword und der entsprechenden Konkurrenz im Internet zu tun.

Individuelle Werbetexte

Ein weiterer Vorteil der Google-Ads-Anzeigen liegt in der Möglichkeit, individuelle Werbeaussagen in Ihren Anzeigentexten zu platzieren. Die Anzeigentexte können zudem schnell geändert werden. So ist es möglich, innerhalb sehr kurzer Zeit mithilfe der Google-Ads-Anzeigen auf neue Aktionen, Angebote oder Änderungen Ihres Werbe-Slogans zu reagieren. Dies dauert bei den organischen Suchergebnissen natürlich viel länger und ist außerdem nicht so exakt zu steuern. Hinzu kommt, dass Sie für Änderungen im SEO-Bereich meistens Unterstützung von Programmierern und SEO-Fachleuten benötigen.

Kurzfristige Trends bewerben

Bei Keyword-Trends wie z. B. *Coronavirus*, die nur für eine kurze Zeit aktuell sind und danach wieder aus den Suchanfragen verschwinden, macht nur eine bezahlte Werbung Sinn. Ein Trend-Suchbegriff ist nach relativ kurzer Zeit für Werbende wieder uninteressant. Hier lohnt sich der Aufwand für die Suchmaschinenoptimierung erst gar nicht.

Achten Sie auch auf kurzfristige Trends

Reagieren Sie schnell auf neue »Suchtrends«. Die Schaltung einer Google-Ads-Anzeige lohnt sich bei solch neuen Begriffen, die dann zum Hype werden, meist nur zu Beginn, weil danach die Keywords zu teuer werden. Ein gutes Hilfstool zur Beobachtung neuer Entwicklungen im Suchmarkt ist *Google Trends* (*https://trends.google. de/trends*).

Besondere Möglichkeiten der Darstellung

Bei den bezahlten Anzeigen entwickelt Google immer wieder neue Möglichkeiten, damit Google-Ads-Anzeigen auffällig platziert werden können. Neben den zusätzlichen Sitelinks und den Bewertungssternen werden aktuell vermehrt Bilder als Eyecatcher in die Google-Ads-Werbung aufgenommen. Sie können dies zum einen bei den bezahlten Shopping-Kampagnen sehen, mit denen die Produkte aus Webshops beworben werden, zum anderen werden auch die Top-Ergebnisse in bestimmten Branchen bereits mit zusätzlichen Fotos verziert. Fotos ziehen die Blicke der Google-User unwillkürlich an und erhöhen somit die Aufmerksamkeit und letztlich die Klickrate der Anzeigen.

Spezielle Landingpage zum Keyword und zur Anzeige

Mit SEA können Sie viel gezielter die Inhalte der Unterseite bestimmen, die als Google-Ergebnis erscheinen soll. Denn die Unterseite wird direkt als Ziel zum Anzeigentext vom Werbenden selbst festgelegt, während die Zielseite im organischen Ranking in letzter Konsequenz durch Google bestimmt wird. Sie können zwar auch bei SEO im organischen Ranking Google die passende Zielseite »anbieten«. Aber Google kann sich, anders als bei der bezahlten Werbung, auch für eine andere Zielseite entscheiden. Es gibt also bei SEO im Gegensatz zu SEA nicht die Sicherheit, die gewünschte Zielseite in den Google-Ergebnissen zu platzieren.

Fazit

Es sprechen also einige Gründe für Google-Ads-Anzeigen. Dagegen sprechen jedoch die Kosten, die ein Klick auf einen Sponsored Link verursacht, und der geringere Trust (Vertrauen), den die bezahlten Anzeigen bei manchen Google-Nutzern immer noch haben. Sie sollten versuchen, möglichst beide Positionen (organisches und bezahltes Listing) zu besetzen. Verschiedene Studien haben gezeigt, dass viele Suchergebnisse zu einem Unternehmen in den SERPs das Vertrauen in eine Webseite stärken und dass letztlich die Klicks insgesamt zunehmen.

Aus Marketingsicht ist dies auch verständlich. Ein Firmen- bzw. Markenname oder eine Website, die öfter in den Suchergebnissen auftaucht, stärkt die Markenbildung und wird dann auch öfter aus einer großen Anzahl an Suchergebnissen »unbewusst« ausgewählt und angeklickt.

Grundsätzlich bedeutet Suchmaschinenmarketing immer auch »testen, testen, testen«. Analysieren Sie daher auf jeden Fall, welche Platzierungen Ihnen bessere Ergebnisse in Form potenzieller Kunden liefern.

Falls Sie mit einer neuen Website starten und Ihr SEO-Projekt noch ganz am Anfang ist, sollten Sie auf jeden Fall mithilfe von Google Ads die Möglichkeiten des Suchmaschinenmarketings mit Bezug auf Ihre Produkte/Dienstleistungen und Ihre Website testen.

Durch die Schaltung Ihrer Anzeigen über einen begrenzten Zeitraum können Sie aus Ihrer Google-Ads-Statistik folgende wichtige Informationen gewinnen:

- die durchschnittliche Anzahl der Suchanfragen für Ihre Suchbegriffe
- die Klickrate auf die wichtigsten Begriffe
- lohnende Suchbegriffe, die zu Conversions führen
- Anzeigentexte, die Ihre Zielgruppe ansprechen
- Landingpages, die Conversions erzeugen

Während des Testzeitraums sollten Sie täglich Ihr Google-Ads-Konto kontrollieren und Anpassungen vornehmen. Statten Sie Ihre Testkampagne auch mit genügend Budget aus, damit Sie relevante Zahlen für Ihre Statistik sammeln können. Auf Grundlage Ihrer Marktforschung erhalten Sie zum einen wichtige Kennzahlen zur Planung Ihrer Hauptkampagnen und zum anderen finden Sie die lohnenden Suchbegriffe für Ihre SEO-Optimierung.

Sie sparen außerdem Geld bei Google Ads und für Ihr SEO-Projekt, wenn Sie z. B. direkt zu Beginn erkennen, dass Ihre Webseite gar nicht zum Verkauf oder zur Kontaktaufnahme animiert. In diesem Fall sollten Sie zunächst möglichst schnell eine veränderte Landingpage testen. Erst wenn Ihre Webseite auch Kunden oder Kontakte generiert, lohnen sich weitere Investitionen in SEO oder SEA.

Kann SEA das SEO-Ranking beeinflussen?

Immer wieder taucht die Vermutung auf, dass man sich mit Google-Ads-Werbung ein gutes SEO-Ranking bei Google »erkaufen« könne. Da es dafür bis jetzt keine Beweise gibt, kann man diese Vermutung nur in den Bereich der Mythen einordnen. Ein strikter Grundsatz der Google-Politik ist die Trennung bezahlter Werbung in der Google-Suchmaschine von der Platzierung in der organischen Suche. Sollte es nachweisbare Beeinflussungen geben, würde Google große Probleme bei der Kundenakzeptanz bekommen. Es gibt weder eine Bevorzugung noch einen Ausschluss in der organischen Listung, wenn eine Webseite bei Google-Ads zu einem Begriff vorne gelistet ist.

Es gibt jedoch oft einen persönlich empfundenen Einfluss auf die Suchergebnisseiten, da die Suchergebnisse auf anderen Computern ein abweichendes Ergebnis von dem liefern, was man auf dem eigenen Rechner sieht. Es passiert z. B., dass die eigene Webseite aus unerklärlichen Gründen bei der Google-Ads-Werbung und auch bei der organischen Suche steigt oder fällt.

Diese Phänomene sind jedoch eher auf die Personalisierung der Google-Suchergebnisse zurückzuführen. Google personalisiert Ihre Suchergebnisse, auch wenn Sie nicht bei einem Google-Dienst wie Google Mail, dem Google-Ads-Programm, den Google Webmaster-Tools etc. angemeldet sind. Die Personalisierung funktioniert über sogenannte Browser-Cookies.

Durch die Personalisierung kann es passieren, dass Ihre eigene Werbung im Anzeigenrang fällt, da Sie ja nicht auf die eigenen Anzeigen klicken und Google somit Ihre Werbung als nicht relevant für Ihre Suche einstuft.

1.3 Die Google-Revolution

Man glaubt es zwar heutzutage nicht mehr, aber die Suchmaschinen wurden nicht durch Google erfunden, sondern es gab bereits Suchmaschinen, bevor Google die Bühne des Internets betrat. Ehemalige Suchmaschinen wie *Lycos* (die mit dem schwarzen Schnüffelhund) oder auch *Excite* hatten jedoch andere Vorstellungen davon, wie mit einer Suchmaschine im Internet Geld verdient werden sollte.

Die Suchergebnisseiten von Lycos und Excite waren z. B. sehr bunt und mit vielen Informationen und Werbefenstern überzogen. Die Geschäftsidee bestand darin, auf den Suchseiten Werbeplätze zu verkaufen. Die Technik, die als Grundlage der Suchmaschinen von Lycos oder Excite diente, war jedoch bei Weitem nicht so gut wie die von Google bzw. *BackRub*. So hieß die erste Suchmaschine, die der Google-Mitgründer Larry Page 1996 entwickelt hatte.

Interessanterweise wollte Larry Page BackRub 1997 an Excite verkaufen. Bei einem Treffen von Larry Page und George Bell, einem Aufsichtsrat von Excite wurde darum im Vorfeld der Verkaufsverhandlungen ein Suchexperiment durchgeführt. Hier ein Auszug aus dem Buch *Google Inside*, das dieses Treffen beschreibt:

> »*Die erste Testabfrage lautete ›Internet‹. Laut Hassan handelte es sich bei den ersten Excite-Ergebnissen um chinesische Webseiten, in denen sich das englische Wort ›Internet‹ in einem Durcheinander chinesischer Zeichen verbarg. Dann gab das Team ›Internet‹ in BackRub ein. Die ersten beiden Ergebnisse führten zu Seiten, auf denen die Nutzung verschiedener Browser erklärt wurde. Das waren genau die hilfreichen Ergebnisse, die jemand, der eine derartige Abfrage eingäbe, zufriedenstellen würden.*«[3]

Zusammenfassend kann man sagen, dass die Suchmaschine BackRub zum einen schneller war und zum anderen bessere Ergebnisse lieferte als die Excite-Suchmaschine. Dies führte jedoch dazu, dass Bell als Verantwortlicher von Excite den Kauf von BackRub ablehnte. Die Begründung war aus Sicht der Excite-Manager sehr simpel und einleuchtend. Aus ihrer Sicht war die Schlussfolgerung sogar richtig, weil es

---

3 Steven Levy: Google Inside. mitp-Verlag, 2012, S. 41.

einen anderen Denkansatz gab: Die Suchmaschine von Larry Page war einfach zu schnell und lieferte dadurch direkt passende Suchergebnisse. Dies bedeutete aber in der Logik der Excite-Verantwortlichen auch eine kürzere Kundenkontaktzeit in ihrem Suchportal. Die Excite-Nutzer wären also schneller zu den Suchergebnissen gelangt und hätten damit das Suchportal schneller wieder verlassen. Dadurch hätte aber das Geschäftsmodell gelitten, denn eine wichtige Argumentation bei der Schaltung von Werbebannern waren die Kundenkontaktzeiten: Je länger sich Besucher in einem Portal aufhalten, desto besser können die Werbeflächen vermarket werden.

Die Google-Revolution bestand nun darin, dass die Google-Startseite fast nur aus weißer Fläche bestand und das Suchfeld – und nicht die Werbung! – im Vordergrund stand. Ganz im Sinne der Nutzer konzentrierte man sich auf den Suchvorgang und auf entsprechend gute Ergebnisse. Für Google war die Suchergebnisseite wichtiger, denn hier wurde die Werbung verkauft – und zwar nach dem Pay-per-Click-Modell. Nicht die Einblendung der Werbung kostete also Geld, sondern der Klick auf die Werbung! Das war die Revolution. Interessanterweise ergaben Befragungen in den Anfangszeiten von Google Ads, dass die Werbung von den Google-Usern gar nicht als Werbung wahrgenommen wurde.

Andere Google-Geschäftsmodelle wie die Vermarktung über AdSense oder die Videowerbung auf YouTube kamen erst später hinzu. Der große Erfolg von Google beruht aber auf der Pay-per-Click-Werbung sowie auf den schnellen und mit Blick auf die Konkurrenz qualitativ besseren Suchergebnissen.

Was ist AdSense?

Google AdSense ist ein spezielles Programm von Google, das die Möglichkeit zur Vermarktung von Werbeplätzen außerhalb des Google-Suchnetzwerks anbietet. Mithilfe des AdSense-Programms können kleine und große Webseitenbetreiber Werbeplätze auf ihren Webseiten über Google vermarkten.

Diese Webseiten werden als Placements im Google Displaynetzwerk angeboten. Zunächst wurden über dieses Netzwerk nur Textanzeigen angeboten, seit 2009 besteht jedoch auch die Möglichkeit, Werbebanner über Google AdSense zu vermarkten. Während Google also über Google Ads die Nachfrage nach Werbeplätzen organisiert, wird über AdSense das Angebot an Werbeplätzen im Content-Netzwerk gesteuert.

AdSense wurde 2003 von Google gestartet. 2013 hatte die Plattform weltweit bereits über zwei Millionen Publisher, deren Werbeflächen über Google Ads gebucht werden konnten. Für viele kleine Webseitenbetreiber ist AdSense eine der wichtigsten Einnahmequellen.

Das Geschäftsmodell *Pay-per-Click*, also für einen Klick auf ein Ergebnis zu bezahlen, revolutionierte das Modell des Suchmaschinenmarketings. Statt für Anzeigen auf der Plattform zu bezahlen, bezahlten die Werbetreibenden für die Suchergebnisse, die Suchende auf ihre Webseite führten. Dies war eine Win-Win-Situation für beide Gruppen: für Google und für die Werbetreibenden.

Die Google-Idee ging jedoch noch weiter, denn Google wollte immer auch eine Gewinnsituation für die Suchenden generieren. Darum bestand Google von Anfang an auf einer gewissen Qualität bei den Werbeanzeigen. Google-User finden also nicht nur passende Ergebnisse im organischen Teil, sondern auch die Werbeeinblendungen sollen idealerweise passende Informationen zu den gesuchten Problemen, Produkten und Dienstleistungen liefern.

1.3.1 Google Ads, die Grundlage des Google-Systems

Das Pay-per-Click Advertising, Google Ads, bildet also die Grundlage des kommerziellen Erfolgs von Google. Mit der Idee, Werbende für einen Klick auf ihre Anzeige bezahlen zu lassen, hat Google bis jetzt den bei Weitem größten Teil seines Geldes verdient. Die bezahlten Anzeigen in der Suchmaschine und bei den Google-Suchpartnern, ergänzt um die Anzeigen im Google Displaynetzwerk, verhelfen Google zu einem riesigen Umsatz in Milliardenhöhe – 37,9 Milliarden Dollar waren es beispielsweise im Jahr 2019.[4]

Googles wichtige Aufgabe in der Zukunft wird es sein, die Möglichkeiten der Google-Suche weiter zu optimieren und die Suchergebnisse laufend zu verbessern. Solange die Internetnutzer Google als Suchmaschine annehmen, ist die Vermarktung der Google-Ads-Anzeigen gesichert.

1.3.2 Für das Ranking bieten: Anzeigenpositionen als Auktionsmodell

Wie funktioniert die Vermarktung der Werbung in der Google-Suchmaschine? Vereinfacht gesagt, bieten die Werbenden in einer Auktion um die besten Plätze im Google-Ranking. Diese Auktion startet jedes Mal aufs Neue, wenn ein Suchender einen Begriff in das Google-Suchfeld eingibt. Bei jeder neuen Suchanfrage wird also in Bruchteilen von Sekunden berechnet, mit welchem Gebot welche Anzeige platziert werden kann und in welcher Reihenfolge das geschieht.

Der Werbende legt mithilfe eines sogenannten *maximalen CPC*, also des maximal gewünschten Klickpreises, vorher fest, welchen Höchstbetrag er für einen Klick auf seine Anzeige bezahlen möchte. Die Gebote beziehen sich dabei auf das Keyword, das die Schaltung der Anzeige auslösen wird. Der berechnete Klickpreis, der meistens niedriger als der maximale Klickpreis ist, fällt erst dann an, wenn auch auf die Anzeige geklickt und der Google-User dann auf die Webseite des Werbenden weitergeleitet wurde.

---

4 Siehe: *https://abc.xyz/investor/*

1.3.3   Qualität ist wichtig: Anzeigenrelevanz beachten

Der wichtigste Unterschied zwischen der Google-Ads-Anzeigenauktion und einer normalen Auktion besteht im sogenannten *Qualitätsfaktor*. Die Qualität der Google-Ads-Anzeigen spielt eine wichtige Rolle. Denn für die Schaltung und die Position einer Anzeige ist nicht allein das maximale Gebot für das jeweilige Keyword wichtig, sondern aus Google-Sicht muss die Werbeanzeige auch optimal zur Suchanfrage passen. Dies macht Google, vereinfacht gesagt, an dem Faktor Qualität fest. Besitzt der Werbende eine gute (d. h. qualitativ hochwertige) Anzeige, die gut zum geschalteten Keyword bzw. zur Suchanfrage des Google-Users passt, und bietet der Werbende darüber hinaus auch noch eine passende Landingpage zur Textanzeige an, so bewertet Google dies mit einer hohen Qualität. Google weist dem Keyword anhand verschiedener Daten einen Qualitätsfaktor auf einer Skala von 1 (niedrig) bis 10 (hoch) zu. Weitere Details zum Qualitätsfaktor zeigen wir Ihnen in Abschnitt 12.2.

Achten Sie auf den Qualitätsfaktor

Als Werbender bei Google sollten Sie immer auf eine hohe Qualität Ihrer Keywords, Anzeigen und Landingpages achten. Denn eine hohe Qualität bedeutet, dass Sie im Vergleich zu Ihren Konkurrenten entweder weniger für Ihre Anzeigenposition bezahlen – oder dass Sie bei gleichem Gebot höher platziert werden. Falls Sie also mit einem niedrigeren Ranking zufrieden sind, so spart die verbesserte Qualität bares Geld. Ihr Google-Ads-Ranking, sprich Ihre Anzeigenposition, setzt sich nämlich aus dem maximalen CPC, multipliziert mit dem Qualitätsfaktor, zusammen.

1.3.4   Der Google Ads Discounter

Der *Google Ads Discounter* ist ein spezielles Tool, das in Google Ads integriert ist. Dieses Tool sorgt dafür, dass der Bieter nicht automatisch sein Maximalgebot bezahlen muss, sondern nur das Gebot, das notwendig ist, um den nächsttiefer platzierten Konkurrenten zu überbieten. Der Discounter überwacht alle Mitbewerber der jeweiligen Auktion und senkt automatisch den effektiven Cost-per-Click. So funktioniert der Google Ads Discounter in der Praxis.

Stellen wir uns für ein einfaches Beispiel vor, dass für einen Suchbegriff (Keyword) zu einem bestimmten Zeitpunkt drei Anbieter Gebote abgegeben haben. Zum besseren Verständnis lassen wir in der vereinfachten Version zunächst den Qualitätsfaktor außen vor.

Die drei Anbieter haben folgende maximalen CPC-Gebote eingestellt (siehe Abbildung 1.24):

- ▶ Anbieter A bietet 1,00 €.
- ▶ Anbieter B bietet 2,00 €.
- ▶ Anbieter C bietet 3,00 €.

Abbildung 1.24 Maximale Klickgebote je Anbieter

Die Anzeigen würden in diesem Beispiel nach dem Auktionsprinzip in folgender Reihenfolge geschaltet. An erster Stelle steht die Anzeige von Anbieter C, gefolgt von Anbieter B und zum Schluss erscheint dann Anbieter A.

Dabei würde Anbieter A, der an letzter Stelle mit seiner Anzeige steht, in dieser vereinfachten Version 1,00 € pro Klick bezahlen. Anbieter B, der zwar 2,00 € bietet, würde aufgrund des Google-Ads-Discounters nur 1,01 € bezahlen (siehe Abbildung 1.25). Dies wäre das Gebot, das notwendig ist, um Anbieter A zu übertrumpfen.

Anbieter C wiederum, der in unserem kleinen Beispiel an erster Stelle der Suchergebnisse steht, würde 2,01 € bezahlen. Auch dieser Klickpreis ist für ihn das niedrigste Gebot, das erforderlich ist, um Anbieter B zu überbieten.

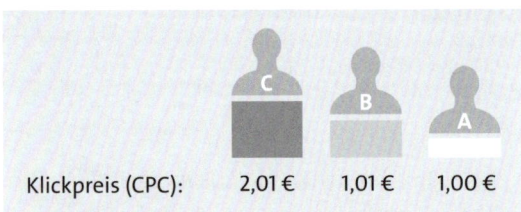

Abbildung 1.25 Positionen und Klickpreise – vereinfachte Version!

Die Funktionsweise des Google Ads Discounters basiert also auf der Unterscheidung zwischen dem maximalen Cost-per-Click-Gebot eines Werbekunden und dem tatsächlichen Klickpreis, der notwendig ist, um eine höhere Position als der direkte Konkurrent zu erreichen. Diese Funktionsweise wurde von vielen Werbekunden als fair anerkannt und begründete den schnellen Erfolg von Google Ads in den Anfangszeiten dieses Werbeprogramms.

1.3.5 Der Qualitätsfaktor nimmt Einfluss auf die Platzierung

Jetzt kommt jedoch noch der Qualitätsfaktor ins Spiel. Denn bei Google Ads zählen nicht nur die reinen Gebote für eine Platzierung, sondern auch die Qualität der Anzeigen sowie die Zielseite zum angefragten Keyword spielen, wie bereits erwähnt, eine sehr wichtige Rolle für das Ranking. Zudem hat der Qualitätsfaktor auch Einfluss auf den tatsächlich zu zahlenden Klickpreis. Unser aufgeführtes Beispiel muss also noch um den Qualitätsfaktor erweitert werden (siehe Abbildung 1.26).

Dabei ist es zuerst wichtig, dass Sie wissen, wie die Anzeigenpositionen von Google Ads berechnet werden. Dafür wird zunächst der Ad Rank, das Anzeigen-Ranking, berechnet. Für diese Berechnung wird der maximale CPC, also das Gebot, das der Anbieter maximal für einen Klick auf seine Anzeige ausgeben möchte, mit dem Qualitätsfaktor des Keywords multipliziert. Aus diesem Anzeigen-Ranking wird dann die Anzeigenposition bestimmt, wobei der Anbieter mit dem höchsten Ad Rank dann an Position eins steht.

Erweitern wir also unser Beispiel nun um den Qualitätsfaktor:

- Anbieter A bietet 1,00 € und besitzt den Qualitätsfaktor 8.
- Anbieter B bietet 2,00 € und besitzt den Qualitätsfaktor 2.
- Anbieter C bietet 3,00 € und besitzt den Qualitätsfaktor 3.

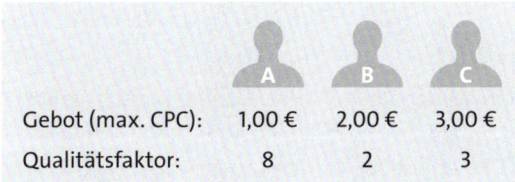

	A	B	C
Gebot (max. CPC):	1,00 €	2,00 €	3,00 €
Qualitätsfaktor:	8	2	3

Abbildung 1.26 Gebote und Qualitätsfaktoren der einzelnen Anbieter

Aus diesen Vorgaben ergeben sich folgende Rankings:

- Ad Rank A: $1,00 \times 8 = 8$
- Ad Rank B: $2,00 \times 2 = 4$
- Ad Rank C: $3,00 \times 3 = 9$

Aus den Ad Ranks wird dann die Reihenfolge der Anzeigenschaltung ermittelt, wobei die Anzeige zum Keyword mit dem höchsten Ad Rank an erster Stelle steht. Für unser Beispiel ergibt sich daher folgende Reihenfolge der Anzeigenschaltung (siehe Abbildung 1.27): Anbieter C, Anbieter A, Anbieter B.

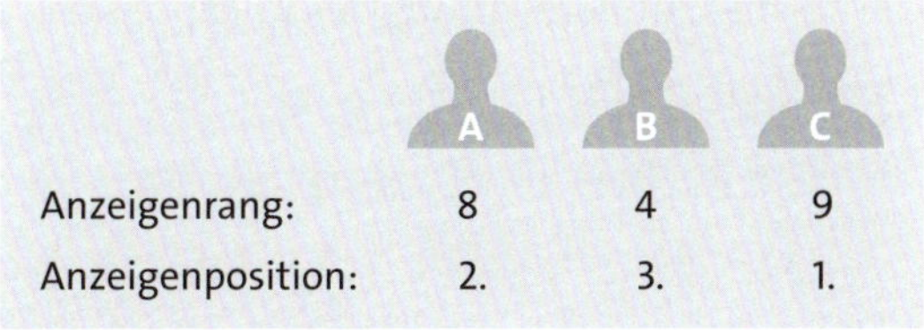

	A	B	C
Anzeigenrang:	8	4	9
Anzeigenposition:	2.	3.	1.

Abbildung 1.27 Berechnung zu Anzeigenrang und -position

Wenn die Reihenfolge feststeht, dann kann mit der folgenden Formel der tatsächliche Klickpreis berechnet werden:

Anzeigenrang des nächsttiefer gelegenen Konkurrenten ÷
eigenen Qualitätsfaktor in € + 0,01 €

Der Anbieter an der untersten Position (in unserem Beispiel Position 3) bezahlt jedoch immer nur sein Mindestgebot. Dieses Mindestgebot wird von Google Ads für jeden Anbieter unter Einbeziehung seines Qualitätsfaktors individuell berechnet. In unserem Beispiel belegt Anbieter B den letzten Platz (siehe Abbildung 1.28).

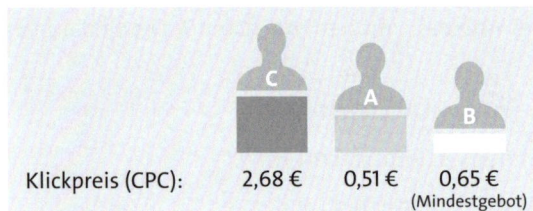

Abbildung 1.28 Klickpreis unter Berücksichtigung des Qualitätsfaktors

> **Was ist ein Mindestgebot bei Google Ads?**
>
> Google Ads legt für jedes Keyword ein Mindestgebot fest. Dieses Mindestgebot hängt zum großen Teil vom jeweiligen Qualitätsfaktor des Keywords ab. In Abhängigkeit vom eingegebenen maximalen CPC erhält der Kontomanager im Google-Ads-System eine Rückmeldung, ob das Gebot für das Keyword den Anforderungen des Mindestgebots entspricht. Wird das Gebot nicht erhöht, dann wird das Keyword quasi von der Auktion um die Anzeigenplätze ausgeschlossen.

Zurück zu unserem Beispiel: Anbieter A, der eine Position über B gelistet ist, bezahlt nur den Klickpreis, der notwendig ist, um den direkten Konkurrenten zu überbieten.

Auch unter Berücksichtigung des Qualitätsfaktors orientiert sich der Klickpreis zunächst an dem Höchstgebot des direkten Konkurrenten. Hinzu kommt nun jedoch auch noch das Verhältnis der Qualitätsfaktoren beider Konkurrenten.

Der Zusammenhang zwischen maximalem CPC und den beiden Qualitätsfaktoren wird deutlich, wenn wir die Formel einmal »auseinandernehmen«.

Hier sehen Sie zunächst noch einmal die Formel zur Berechnung des Klickpreises:

Anzeigenrang des nächsttiefer gelegenen Konkurrenten ÷
eigenen Qualitätsfaktor in € + 0,01 €

Dabei setzt der Anzeigenrang sich folgendermaßen zusammen:

Anzeigenrang = max. CPC × Qualitätsfaktor

Daraus ergibt sich:

[max. CPC (Konkurrent) € × Qualitätsfaktor (Konkurrent) ÷
Qualitätsfaktor (eigener)] + 0,01 €

Diese Formel kann man noch etwas übersichtlicher schreiben:

[Qualitätsfaktor (Konkurrent) ÷ Qualitätsfaktor (eigener) ×
max. CPC (Konkurrent) €] + 0,01 €

Besitzen beide Konkurrenten den gleichen Qualitätsfaktor, dann ergibt sich unsere Berechnung aus dem vereinfachten Beispiel. Der höher gelistete Anbieter zahlt nur einen Cent mehr als das maximale Gebot des direkten Konkurrenten:

1 × max. CPC (Konkurrent) € + 0,01 €

1.3.6   Das Budget – Was kostet Google Ads?

Sie haben bereits gesehen, dass es keine einheitlichen Klickpreise bei Google Ads gibt. Die Klickpreise sind immer abhängig von der grundsätzlichen Nachfrage nach einem bestimmten Keyword, von der Anzahl der Konkurrenten zu einer speziellen Suchanfrage und natürlich auch vom Qualitätsfaktor der Keywords und des gesamten Google-Ads-Kontos.

Grundsätzlich kann man sagen, dass sehr allgemeine Keywords auch relativ teuer sind, da sie sehr oft gesucht und dabei dann auch oft angeklickt werden. Allgemeine Keywords haben auch viele Konkurrenten, was zu einer schlechten Klickrate und damit auch zu einem schlechten Qualitätsfaktor führt. Spezifischere Keywords sind darum entsprechend günstiger.

Da es schon sehr schwierig ist, Aussagen über Klickpreise für einzelne Keywords zu tätigen, ist es noch schwieriger, grundsätzlich zu sagen, welches Budget bei Google Ads eingesetzt werden soll.

Weil es keine allgemeinen Aussagen zum Budget gibt, müssen Sie zunächst das ungefähr notwendige Budget für Ihre Kampagnen ermitteln. Sie sollten also jedes Mal eine Abschätzung zu einer neuen Google-Ads-Kampagne durchführen. Für eine erste Abschätzung sollten Sie sich zunächst sehr intensiv mit Ihren Keywords beschäftigen, die Sie für eine neue Kampagne nutzen möchten.

Der *Google Ads Keyword-Planer* ist dabei ein sehr hilfreiches Tool, das Sie auch für Ihre Budgetabschätzungen nutzen sollten. Nachdem Sie Ihre wichtigsten Keywords ausgewählt haben, können Sie die Anzahl der Anfragen, die geschätzten Klicks, die durchschnittlichen Positionen und das Tagesbudget, abhängig von Ihren jeweiligen Vorgaben, mithilfe des Keyword-Planers errechnen lassen. Bitte bedenken Sie jedoch, dass dies immer nur grobe Schätzungen sind. Diese reichen jedoch für eine erste Budgetabschätzung aus.

Nachdem Sie also eine Einschätzung von Google zum notwendigen Budget mithilfe Ihrer wichtigsten Keywords für Ihre Kampagnen ermittelt haben (siehe Abbildung 1.29), sollten Sie diesen Wert dem zur Verfügung stehenden Werbebudget gegenüberstellen. Grundsätzlich sollten Sie (bzw. der Budgetverantwortliche im Unternehmen) Ihr Werbebudget immer selbst bestimmen und nicht die Vorgaben des Google-Tools ungefragt übernehmen. Die Handhabung des Google Ads Keyword-Planers mit den Möglichkeiten der Budgetabschätzung zeigen wir Ihnen in Abschnitt 2.7.1.

Keyword ↑	Klicks	Impressionen	Kosten	CTR	Durchschn. CPC
"adwords schulung"	0,80	22,90	3,38 €	3,5 %	4,23 €
"adwords seminar"	0,90	26,16	3,40 €	3,4 %	3,78 €
"seminar online marketing"	1,85	55,48	6,91 €	3,3 %	3,73 €

Abbildung 1.29 Budgetabschätzung mit dem Keyword-Planer

Weicht die Budgetvorgabe aus dem Keyword-Planer zu stark von Ihren Möglichkeiten ab, so müssen Sie überlegen, durch welche Maßnahmen Sie Ihre Kampagnen beschränken können, um so das notwendige Budget zu reduzieren. Bei unbegrenztem Budget können Sie natürlich alles machen, was Google vorschlägt – aber diese Situation kommt in der Praxis sehr selten vor.

Sie müssen daher Ihre Kampagnen eventuell begrenzen. Dies kann beispielsweise dadurch erfolgen, dass Sie Ihre Kampagnen nur in ausgewählten Zielregionen schalten oder die Kampagnen auf bestimmte Tage oder Tageszeiten beschränken. Auch eine Reduktion auf die wichtigsten Keywords kann eine sinnvolle Möglichkeit sein, um die Kosten Ihrer Google-Ads-Kampagnen zu deckeln. Bei allen Beschränkungen müssen Sie jedoch immer darauf achten, dass Sie genug Tagesbudget zur Verfügung haben, damit auch die teuren Keywords Ihrer Kampagne eine Chance zur Ausspielung haben, sodass zu diesen Keywords Anzeigen geschaltet werden und die Chance auf Conversions besteht.

Führen Sie also Ihre Google-Ads-Werbung zunächst als Test in einem beschränkten Umfang durch. Wenn Ihre Kampagne mit entsprechenden Optionen und passenden Texten sowie der Landingpage optimiert ist, dann können Sie diese Kampagne Schritt für Schritt erweitern, das heißt neue Regionen, Zeiten und Keywords hinzuzunehmen. Gleichzeitig erhöhen Sie dazu dann Ihr Kampagnenbudget.

1.3.7   Lokal, regional, global – die Welt als Markplatz für Ihr Geschäft

Unter den Begriffen *Geotargeting* oder auch *Geolocation* werden die Möglichkeiten zusammengefasst, Google-Ads-Werbung sehr zielgerichtet auf unterschiedliche Regionen auszurichten.

Obwohl Sie grundsätzlich mit Suchmaschinenmarketing Ihre Kunden auf der ganzen Welt via World Wide Web erreichen können, kann es auch sinnvoll sein, Ihre Google-Ads-Werbung nur für Ihre Stadt zu schalten. Das Geotargeting ist dabei immer abhängig von Ihrem Produkt- oder Dienstleistungsangebot und Ihrer spezifischen Zielgruppe. Für einen Unternehmer, der beispielsweise eine Dienstleistung als Handwerker anbieten möchte, macht es Sinn, Google Ads nur in einem bestimmten Umkreis (z. B. 100 km rund um seine Firmenadresse) anzubieten. Ein Web-Shop-Besitzer möchte jedoch verständlicherweise im gesamten deutschsprachigen Raum (Deutschland, Österreich, Schweiz) mithilfe von Ads gefunden werden. Und dazwischen gibt es noch unzählige Kombinationen von Zielregionen, die für bestimmte Zwecke sinnvoll sind. Die verschiedenen regionalen Ausrichtungen der Werbung sind alle in Google Ads möglich. Sie können Ihre Werbung also lokal, regional, national, aber auch international schalten. Welche Regionen Sie dafür auswählen, hat mit Ihrer Online-Strategie zu tun.

Dabei ist die Ausrichtung auf verschiedene Zielregionen nicht nur für die Suche möglich, auch im Displaynetzwerk können Sie z. B. bei großen Online-Zeitschriften Ihre Werbung nur für Besucher aus Ihrer Stadt buchen. In allen übrigen Zielregionen (also außerhalb Ihrer Stadt) erscheint währenddessen auf derselben Werbefläche Werbung von anderen Google-Kunden.

1.3.8   Google Ads, mehr als nur SEM: Image, Video und Rich Media

Wie bereits erwähnt, wird Google Ads zwar primär mit dem Thema Suchmaschinenmarketing verbunden, dieses Werbeprogramm bietet jedoch mehr Möglichkeiten als nur die Schaltung von Textanzeigen auf Google-Suchergebnisseiten. Mithilfe des Google-Ads-Programms können Sie auch Banneranzeigen und animierte Bilder bis hin zu Videoclips auf verschiedenen Webseiten, in verschiedenen Portalen und Foren sowie auf YouTube schalten.

Der größte Werbebereich neben der Google-Suche nennt sich *Google Displaynetzwerk* (GDN). Für dieses Netzwerk gibt es zwei grundlegende Anzeigen, die dort geschaltet werden können. Im Unterschied zum Suchnetzwerk besteht im Displaynetzwerk die Möglichkeit, Werbebanner zu schalten (siehe Abbildung 1.30). Diese Werbeform sollten Sie nutzen, wenn Sie eher Branding-Effekte erzielen möchten. Die Botschaften dieser Image-Anzeigen werden zum Teil auch unbewusst wahrgenommen, selbst wenn kein Klick auf die Anzeigen erfolgt.

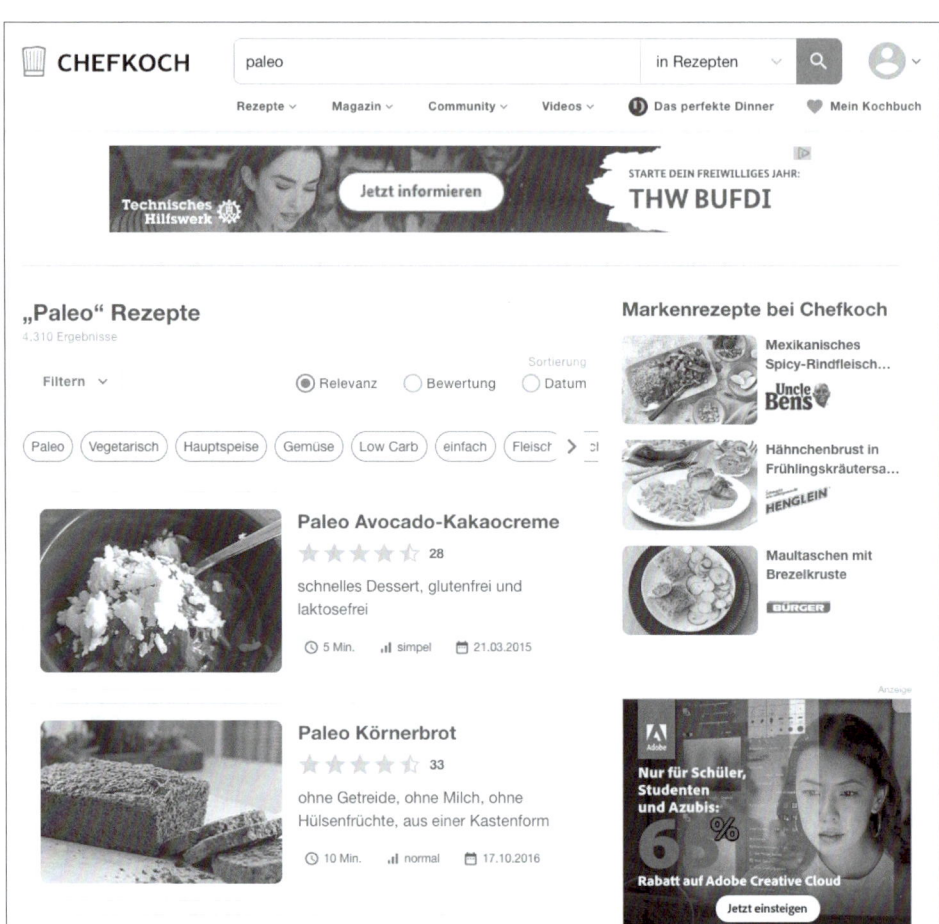

Abbildung 1.30 Image-Anzeige im Displaynetzwerk

Neben der Schaltung von Image-Anzeigen ist es im GDN jedoch auch möglich, die Textanzeigen zu schalten, die Sie aus der Google-Suche kennen. Sie können sogar die gleichen Anzeigen aus dem Suchnetzwerk auch für das Displaynetzwerk verwenden. Teilweise werden diese Anzeigen auf den Content-Seiten dann ein wenig anders und somit – im Vergleich zu den einfachen Textanzeigen auf den Google-Suchergebnisseiten – auch interessanter (siehe Abbildung 1.31) dargestellt.

Auch in YouTube, der nach der Google-Suche zweitgrößten Suchmaschine, können Sie über das Google-Ads-Backend Werbung in Form von Videofilmen schalten. Bei der Suche in YouTube werden diese gesponserten Videos, deutlich als Anzeigen gekennzeichnet, an den ersten Positionen der Suchergebnisse gelistet (siehe Abbildung 1.32).

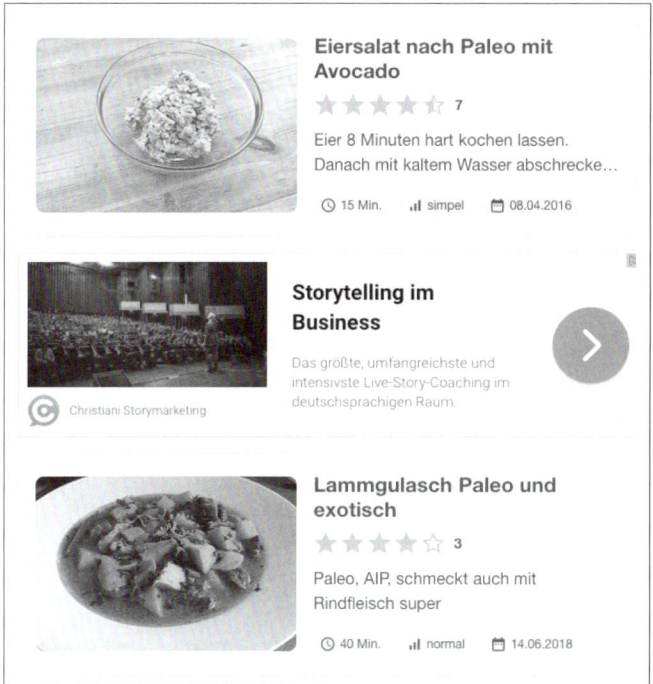

Abbildung 1.31 Textanzeigen im Displaynetzwerk

Abbildung 1.32 Video-Anzeigen auf der YouTube-Suchergebnisseite

1.3.9 Werbung in verschiedenen Google-Netzwerken

Wie Sie gesehen haben, können Sie mithilfe von Google Ads Ihre Anzeigen in verschiedenen Netzwerken schalten. In Abbildung 1.33 haben wir noch einmal die verschiedenen Möglichkeiten und die Angabe von Beispielseiten in einem Überblick zusammengefasst.

Der größte und auch wichtigste Bereich ist dabei die Suche im Google-Suchnetzwerk. Das *Google-Suchnetzwerk* beinhaltet alle Google-Seiten, bei denen auch eine Suchfunktion eingesetzt wird.

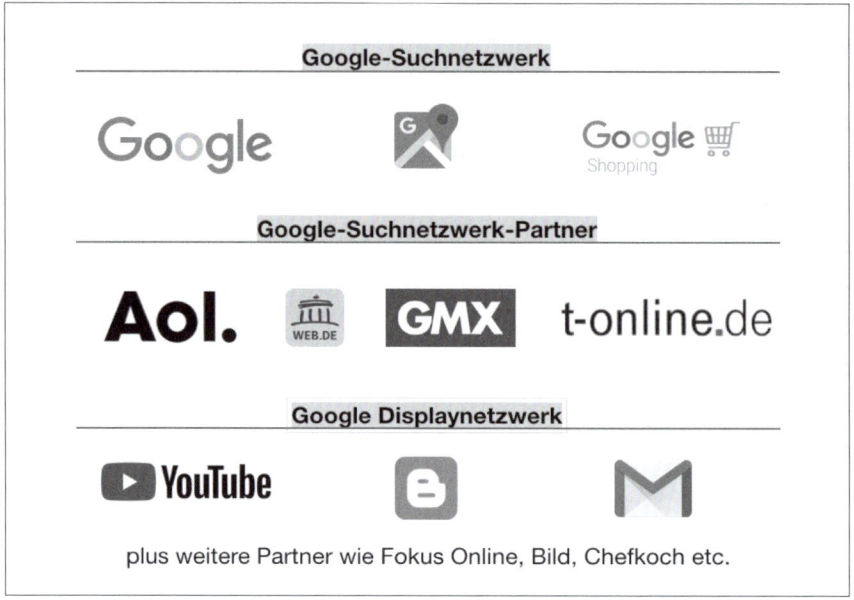

Abbildung 1.33 Google-Ads-Netzwerke zur Anzeigenschaltung mit Beispielseiten

Die Erweiterung des Google-Suchnetzwerks sind dann die *Google-Suchnetzwerk-Partner*, denn hierzu gehören auch alle Google-Suchpartner, wie z. B. T-Online (siehe Abbildung 1.34), Web.de, Aol.de und weitere.

Abbildung 1.34 Suchfeld beim Google-Partner »T-Online«

Auch bei den Partnern funktioniert die Suche analog zur Google-Suche. Neben den organischen Treffern, die aus der Google-Datenbank kommen, werden dort auch die Google-Ads-Textanzeigen geschaltet (siehe Abbildung 1.35).

Der dritte große Bereich der Google-Ads-Werbung besteht aus dem *Google Displaynetzwerk* (GDN). In diesem Netzwerk bietet Google z. B. die Seiten der AdSense-Partner als Werbefläche an. Die Werbung wird im GDN auf Webseiten wie z. B. Foren, Informationsportalen, Online-Magazinen, Blogs, Community-Seiten etc. geschaltet. Im Google Displaynetzwerk können Textanzeigen, Image-Anzeigen, animierte Bilder bis hin zu Videos geschaltet werden. Im mobilen Bereich ist auch die Schaltung von Anzeigen innerhalb von Apps möglich.

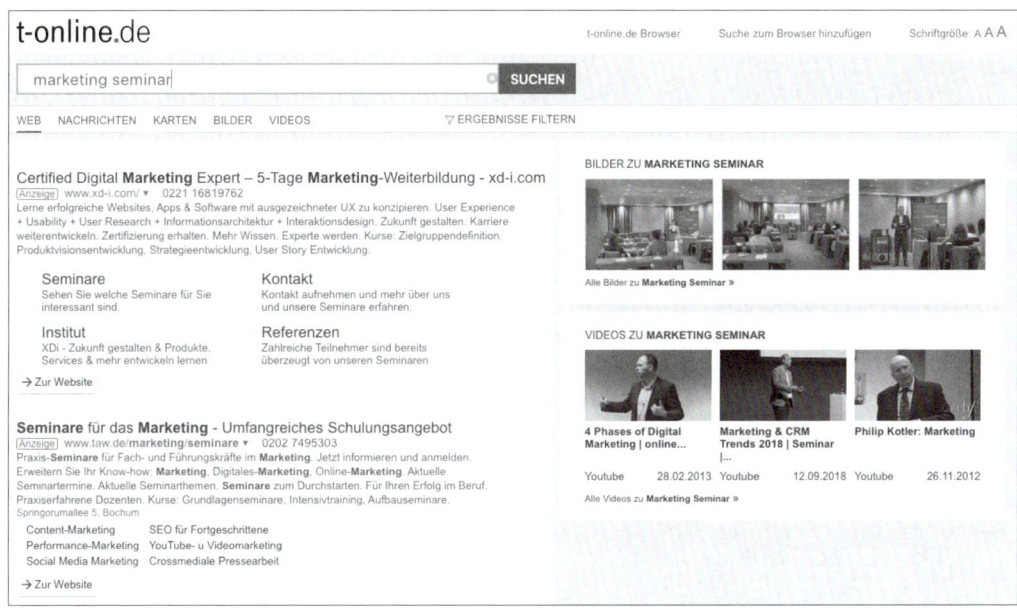

Abbildung 1.35 Google-Ads-Anzeigen auf der T-Online-Ergebnisseite

Als eigenständige Plattform der Google-Werbung ist schließlich YouTube zu nennen. Auch bei dieser Google-Tochter können verschiedene Werbeformate platziert werden. Dabei sind vor allem Videofilme interessant, die zu einem bestimmten Themenbereich auf YouTube platziert werden können.

1.4   Die Grenzen des Suchmaschinenmarketings

Suchmaschinenmarketing ist ein wichtiger Bestandteil des Online-Marketings, aber es hat auch seine Grenzen. Mithilfe der Suchmaschinen können Sie zwar neue, potenzielle Kunden auf Ihre Webseite lenken, Sie haben aber keine Garantie, dass aus den Webseitenbesuchern dann auch echte Kunden werden. Die Bedeutung von Suchmaschinen für den Kaufvorbereitungsprozess ist natürlich sehr groß, aber nicht jeder Webseitenbesucher bestellt dann auch online. Darum ist es manchmal schwierig, den gesamten Weg des Kunden (die *Customer Journey*) von der Suchmaschine bis zum Kauf zu verfolgen.

Ein weiteres Problem des Suchmaschinenmarketings besteht darin, dass Suchmaschinen nur Traffic auf die Webseite bringen können, wenn die passenden Suchbegriffe, das Produkt oder die Dienstleistung auch bekannt sind oder wenn der Suchende vermutet, dass es eine bestimmte Lösung für sein Problem gibt. Unbekannte bzw. neue Produkte, die noch nicht so bekannt sind, werden selten oder gar nicht bei Google gesucht. Hier versagt dann das Medium Suchmaschine. Für diese Produkte müssen andere Strategien entwickelt werden. Bei unbekannten Produkten macht es z. B. eher Sinn, entsprechende Werbung auf thematisch passenden Seiten mithilfe von Image-Anzeigen oder Videoclips zu präsentieren. So kann dann mithilfe der Push-Strategie ein Bedürfnis für ein bestimmtes Produkt geschaffen werden.

1.5 Fazit

In diesem ersten Kapitel haben Sie das Suchmaschinenmarketing und die Rolle von Google für diese Marketingstrategie kennengelernt. Sie kennen nun auch die grundlegenden Möglichkeiten von Google Ads und wissen, wie Ihr Gebot und der Google-Qualitätsfaktor zusammen das Ranking und den Klickpreis Ihrer Google-Ads-Werbung beeinflussen.

1.6 Checkliste

Welche der unterschiedlichen Werbemöglichkeiten mit Google Ads ist am besten für Ihre Dienstleistung oder Ihr Produkt geeignet? Machen Sie einen »Quick-Check«.

Ich möchte folgende Produkte/ Dienstleistungen bewerben	Google-Ads-Werbeform
Ich habe eine bekannte Dienstleistung bzw. ein bekanntes Produkt.	SUCHNETZWERK • TEXTANZEIGEN
Ich habe eine unbekannte Dienstleistung bzw. ein unbekanntes Produkt.	DISPLAYNETZWERK • IMAGE- BZW. RESPONSIVE-ANZEIGEN
Ich habe eine Lösung für ein Problem.	SUCHNETZWERK • TEXTANZEIGEN DISPLAYNETZWERK • TEXTANZEIGEN und DISPLAYNETZWERK • IMAGE- BZW. RESPONSIVE-ANZEIGEN
Ich habe ein lokales Geschäft.	SUCHNETZWERK • TEXTANZEIGEN (regionale Ausrichtung)
Ich habe einen Online-Webshop.	SUCHNETZWERK • TEXTANZEIGEN und SUCHNETZWERK • GOOGLE SHOPPING
Ich möchte die Bekanntheit meiner Marke stärken.	DISPLAYNETZWERK • TEXTANZEIGEN und DISPLAYNETZWERK • IMAGE- BZW. RESPONSIVE-ANZEIGEN

Tabelle 1.1 Vorgaben und passende Google Ads Werbemöglichkeit

1

Ich möchte folgende Produkte/ Dienstleistungen bewerben	Google-Ads-Werbeform
Ich möchte zu meiner Marke oder meiner Firma gefunden werden.	SUCHNETZWERK • TEXTANZEIGEN
Ich habe bereits unterhaltsame Werbevideos erstellt und möchte meine Dienstleistungen bzw. Produkte einer breiten Zielgruppe vorstellen.	DISPLAYNETZWERK • VIDEOKAMPAGNEN YOUTUBE • VIDEOKAMPAGNEN

Tabelle 1.1 Vorgaben und passende Google-Ads-Werbemöglichkeit (Forts.)

Tipps, Tricks und Lustiges zur Google-Suche

So machen Sie sich die Suche mit Google-Suchoperatoren leichter:

▶ **Suchergebnisse filtern:** Durch Auswahl von ALLE, BILDER, NEWS, VIDEOS, MAPS bzw. MEHR unterhalb des Sucheingabefelds können Sie die Suchergebnisse nach den jeweiligen Kategorien filtern. Wenn Sie rechts in dieser Navigationsleiste auf SUCHFILTER klicken, erscheint eine zusätzliche Navigation mit vier Dropdown-Menüs, in denen Sie Ihre Suchergebnisse weiter eingrenzen können, und zwar nach Land, Sprache, Zeit und Genauigkeit der Wortgruppe.

▶ **Suchoperatoren:** Neben Filtern können Sie Ihre Suchbegriffe direkt durch bestimmte Zeichen enger eingrenzen. Hier stellen wir Ihnen die wichtigsten vor.

  – **Anführungszeichen (""):** Wenn Sie Ihren Suchbegriff oder die gesuchte Wortgruppe in Anführungszeichen setzen, dann liefert die Google-Suche als Ergebnis nur solche Seiten, in denen exakt dieser Suchbegriff vorkommt.

  – **Minuszeichen (-):** Mit dem Minuszeichen schließen Sie aus Ihren Suchergebnissen bestimmte Begriffe aus. So liefert »filmfestspiele -cannes« z. B. nur Ergebnisse zu Filmfestspielen, die nicht in Cannes stattfinden.

  – **Sternchen (*):** Das Sternchen ergänzt ein Wort in Zitaten oder Redewendungen, das Ihnen im Moment nicht einfällt. Zum Beispiel wird »dreimal abgeschnitten und *« mit »noch zu kurz« ergänzt.

  – **Der Operator** *All In* **(allin):** Mithilfe von »allin« erhalten Sie nur Suchergebnisse, die alle von Ihnen gesuchten Begriffe enthalten, und zwar bei »allintext« im Text der Seite, bei »allintitle« im Seitentitel und bei »allinurl« in der URL der Seite. So liefert »allinurl:google faq« alle Seiten, in deren URL sowohl »Google« als auch »FAQ« vorkommt.

▶ **Umrechnungen:** Geben Sie einfach direkt ins Suchfeld den Wert für eine Einheit und die Zieleinheit ein (beispielsweise »1 euro in dollar«), und schon erhalten Sie direkt von Google das Ergebnis. Das funktioniert für Währungen, Gewicht und Masse, Längenangaben und Temperatur.

▶ **Lustige** *Easter Eggs*: So nennt man die Spiele oder Funktionen, die die Google-Entwickler im Code versteckt haben. Schauen Sie einfach einmal, was passiert, wenn Sie folgende Begriffe in den Suchschlitz eintragen: »askew« oder »blink html« oder »the loneliest number«. Das sind nur einige der Google Easter Eggs. Viel Spaß beim Ausprobieren.

Kapitel 2
Google Ads – die Vorbereitung

»Starten Sie mit Google Ads – Ihre Werbung ist in wenigen Minuten online.« So ähnlich klingt die Werbeaussage zum Thema Google Ads. Ihre neue Google-Ads-Kampagne ist in der Tat in wenigen Minuten online erstellt und in der Google-Suchmaschine sichtbar. Damit Ihre Google-Ads-Werbung jedoch gut funktioniert, sollten Sie sich auf jeden Fall mehr Zeit als die wenigen Minuten nehmen!

Bevor Sie gleich Ihre erste Google-Ads-Kampagne erstellen, sollten Sie etwas Zeit in die Planung Ihrer Kampagne stecken. Überlegen Sie sich, welche Ziele Sie erreichen möchten und wen Sie in welcher Form mit Ihrer Werbung ansprechen möchten. Je mehr Sie im Vorfeld planen, desto einfacher können Sie später starten. Wir zeigen Ihnen, welche wichtigen Vorüberlegungen notwendig sind, um eine Google-Ads-Kampagne an den Start zu bringen. Die Erstellung einer Werbekampagne über Google Ads ist mit einigen Vorbereitungen und daher also mit einem gewissen Arbeitsaufwand verbunden. Für diejenigen, die ohne großen Aufwand ganz einfach eine erste Werbung bei Google platzieren möchten, hält Google eine Alternative bereit. *Smart Campaign* ist quasi die kleine Schwester von Google Ads. Wir zeigen Ihnen, wie Sie auch dort eine Werbekampagne für die Suchmaschine schalten können.

2.1 Vor dem Start – die Vorbereitung ist wichtig

Sind Sie schon einmal dem Schritt-für-Schritt-Einstieg bei Google Ads gefolgt und haben unter Google-Anleitung eine erste Google-Ads-Kampagne eingestellt? Wenn Sie dies gemacht haben, sind Sie sicher auf Einstellungen und Eingabefelder gestoßen, wo Sie konkrete Entscheidungen treffen mussten, auf die Sie vielleicht noch gar nicht vorbereitet waren. Denn Sie müssen beim Anlegen einer neuen Google-Ads-Kampagne die Frage nach Ihrem Tagesbudget beantworten, einen ersten Klickpreis für Ihre Keywords eingeben und entscheiden, welche Keywords passend sind. Zusätzlich müssen Sie auch noch eine sinnvolle Textanzeige erstellen – die Betonung liegt dabei auf »sinnvoll«! Das sind noch nicht einmal alle Entscheidungen, die beim Anlegen einer Kampagne auftauchen. Ohne entsprechende Vorbereitung werden diese Angaben mehr aus dem Bauch heraus getroffen, anstatt auf fundierte Fakten zu setzen.

Der bessere Weg ist also, vorher die wichtigsten Fakten zu recherchieren und sich Strategien und Vorgaben zu notieren. Vor dem Start einer Google-Ads-Kampagne sollten Sie zum Beispiel interessante und sinnvolle Suchbegriffe zusammentragen, die sich auf Ihre Produkte oder Ihre Dienstleistungen beziehen. Sie müssen außerdem Ihre Zielgruppe vor Augen haben und definieren, welche Google-Nutzer Sie zu welchen Zeiten und an welchen Orten mit Ihrer Google-Ads-Werbung erreichen möchten.

Um optimale Anzeigen zu verfassen, sollten Sie die Vorteile Ihrer Produkte/Dienstleistungen genau kennen und auch wissen, wo Sie Ihrer Konkurrenz voraus sind bzw. wo Sie nicht konkurrenzfähig sind. Setzen Sie mit Ihrer Werbung nicht auf Themen, bei denen Sie schlechter als die Konkurrenz abschneiden, z. B. falls Sie höhere Lieferkosten nehmen müssen. Zu diesem Zweck sollten Sie vorher natürlich auch Ihre direkten Online-Konkurrenten analysiert haben. Sie sollten z. B. wissen, welche Begriffe und Anzeigenthemen Ihre direkte Konkurrenz bei Google Ads schaltet. Wenn Sie wissen, mit welchen Vorteilen Sie punkten können, dann haben Sie bereits einen guten Ansatz für eine Top-Anzeige.

Bevor wir uns jedoch diesen Fragen widmen, erhalten Sie zunächst einen Überblick über das Google-Ads-Programm. Die Ungeduldigen erfahren dabei, wie man quasi per Kaltstart in das Google-Ads-Programm einsteigt.

2.2   Der Google-Login und das Google-Ads-Konto

Um das Google-Ads-Werbeprogramm nutzen zu können, benötigen Sie zunächst einen Google-Login. Dieser besteht immer aus einer E-Mail-Adresse und einem Passwort. Wenn Sie erst einmal einen Google-Login besitzen, können Sie ihn nicht nur für Google Ads, sondern auch für alle anderen Google-Produkte nutzen. Die folgenden Produkte sind vor allem für Unternehmen wichtig:

- ▶ Google Analytics (*https://marketingplatform.google.com/about/analytics*)
- ▶ Google My Business (*https://www.google.de/business*)
- ▶ Google Merchant-Center (*https://www.google.com/retail/solutions/ merchant-center*)
- ▶ Google Webmaster-Tools (*https://www.google.com/intl/de_de/webmasters*)

> **Unser Tipp: Nutzen Sie einen Google-Login für alle Produkte!**
>
> Erstellen Sie einen Google-Login mit Admin-Rechten für Ihren Firmen-Account, der nicht zur privaten Nutzung anderer Google-Produkte genutzt wird – vermischen Sie dies nicht! Legen Sie mit diesem Login alle Firmenkonten für die unterschiedlichen Google-Produkte an, die Sie nutzen möchten. Durch diese Vorgehensweise können die einzelnen Produkte später bei Bedarf einfacher miteinander verknüpft werden.

Zur Erstellung Ihres Google-Logins klicken Sie auf der Startseite der Google-Suche einfach auf den blauen Button Anmelden (siehe Abbildung 2.1).

Abbildung 2.1 Der »Anmelden«-Button auf der Google-Startseite

Falls Sie bereits ein Google-Konto besitzen, können Sie sich im nächsten Schritt per E-Mail-Adresse oder Telefonnummer ❶ anmelden und nach einem Klick auf den Button Weiter ❷ das Passwort eingeben. Ansonsten klicken Sie auf den Link Konto erstellen ❸ (siehe Abbildung 2.2).

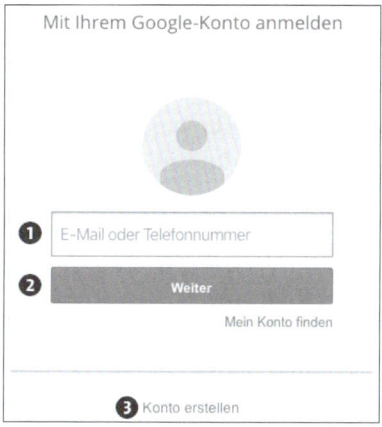

Abbildung 2.2 Google-Login oder neues Konto erstellen

Nach dem Klick auf Konto erstellen erscheint ein Eingabeformular zur Aufnahme der persönlichen Daten (siehe Abbildung 2.3). Sie können in dem Anmeldeformular mit der Anmeldung des Google-Logins entweder eine neue Google-Mail-Adresse registrieren, die dann zukünftig als Login dient, oder eine existierende E-Mail-Adresse (z. B. eine Firmen-Mail-Adresse) verwenden.

> **Warum ist eine Google-Mail-Adresse vorteilhaft?**
>
> Falls Sie eine Google-Mail-Adresse für Ihr Google-Konto nutzen, so reicht es zukünftig, für den Login nur Ihren Nutzernamen einzutippen, also den Namen, der vor dem @ steht. Sie benötigen im Gegensatz zu einer gewöhnlichen Mail-Adresse nicht die komplette E-Mail-Adresse für den Login.

Die Verwaltung des Google-Ads-Kontos ist immer an den Login einer Person mit zugehörigem Google-Konto gebunden. Wir empfehlen Ihnen daher, sich einen eigenen Google-Ads-Account für das berufliche Umfeld zu erstellen. Nutzen Sie dazu nicht Ihre private Mail-Adresse. In einem größeren Unternehmen ist es sinnvoll, den

Google-Login so weit wie möglich »neutral« zu halten. Auf diese Weise kann ein Login später eventuell von einem anderen Mitarbeiter übernommen werden.

Anmerkung

Die Tatsache, dass Google mittlerweile Name und Geburtsdatum abfragt, erschwert die Möglichkeit, einen echten Firmen-Login zu erstellen. Dies ist für größere Unternehmen ein Problem, das kreativ gelöst werden muss.

Wir haben die Erfahrung gemacht, dass es beim Anlegen eines Google-Kontos – auch aufgrund der allgemeinen Datenschutz-Diskussion – zwei kritische Punkte gibt:

1. **Das Geburtsdatum wird abgefragt.**

   Hier die Google-Begründung zur Abfrage:

   »Geburtsdatum: Geben Sie Ihr Geburtsdatum ein. Für manche Google-Dienste ist ein bestimmtes Alter erforderlich. [...] Ihr Alter bzw. Ihr Geburtstag ist nur dann für andere sichtbar, wenn Sie dies generell oder für bestimmte Nutzer erlauben.«[1]

2. **Eine Mobiltelefon-Nummer soll angegeben werden.**

   Hier die Google-Begründung zur Abfrage:

   »Wenn Sie ein Mobiltelefon besitzen, sollten Sie diese Information bereitstellen, müssen es aber nicht. Je nachdem, wie Sie Ihrem Konto eine Telefonnummer hinzufügen, kann diese in verschiedenen Google-Diensten verwendet werden. Beispielsweise kann Ihnen die Telefonnummer zur Kontowiederherstellung bei der Kontoanmeldung helfen, falls Sie Ihr Passwort vergessen haben.«[1]

Das Mindestalter für ein Google-Ads-Konto beträgt 18 Jahre. Das sollten Sie beim Anlegen Ihres Google-Kontos beachten. Es lässt sich aber auch im Nachgang noch korrigieren.

Anstatt einer Mobiltelefonnummer können Sie aber auch eine alternative E-Mail-Adresse im Feld AKTUELLE E-MAIL-ADRESSE angeben, an die dann ein geändertes Passwort geschickt werden kann.

Die erforderliche Angabe eines Geburtsdatums führt oft zu Diskussionen, vor allem bei der Einrichtung eines Google-Accounts für große Unternehmen. Hierzu gibt es jedoch keine einfache Lösung. Die Angabe des Geschlechts ist freiwillig.

Nach einem Klick auf den Button NÄCHSTER SCHRITT müssen Sie noch in einem separat aufgehenden Pop-up-Fenster die Datenschutzbestimmungen von Google akzeptieren. Danach erscheint ein Fenster mit der Willkommensmeldung, dass Ihr Google-Konto erfolgreich angelegt wurde.

---

1 *https://support.google.com/accounts/answer/1733224?hl=de*

Nach dem Anlegen des Google-Logins können Sie nun Ihr Google-Ads-Konto erstellen. Für Analytics & Co. können Sie natürlich Ihren neuen Google-Login ebenfalls nutzen (siehe Abbildung 2.3).

Abbildung 2.3 Einen neuen Google-Nutzer anlegen

2.3   Der schnelle Einstieg in Google Ads

Nachdem der Google-Login erstellt ist, können wir uns nun dem Anlegen eines Google-Ads-Kontos widmen. Rufen Sie dazu zunächst in der Adresszeile Ihres Browsers folgende URL auf:

https://ads.google.com/intl/de_de/home/

Auf der Google-Ads-Startseite erscheinen Hinweise und Tipps zu Google Ads sowie eine Telefonnummer für den kostenlosen Support. Für den schnellen Einstieg empfehlen wir den Klick auf JETZT LOSLEGEN (siehe Abbildung 2.4).

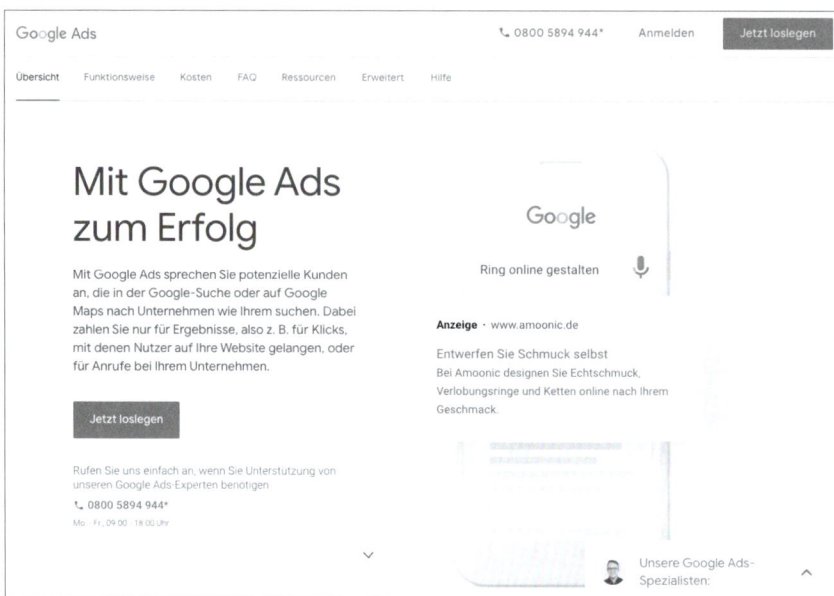

Abbildung 2.4 Google-Start für Newbies – »Jetzt loslegen«

Im nächsten Zwischenschritt wählen Sie Ihr Werbeziel aus (siehe Abbildung 2.5).

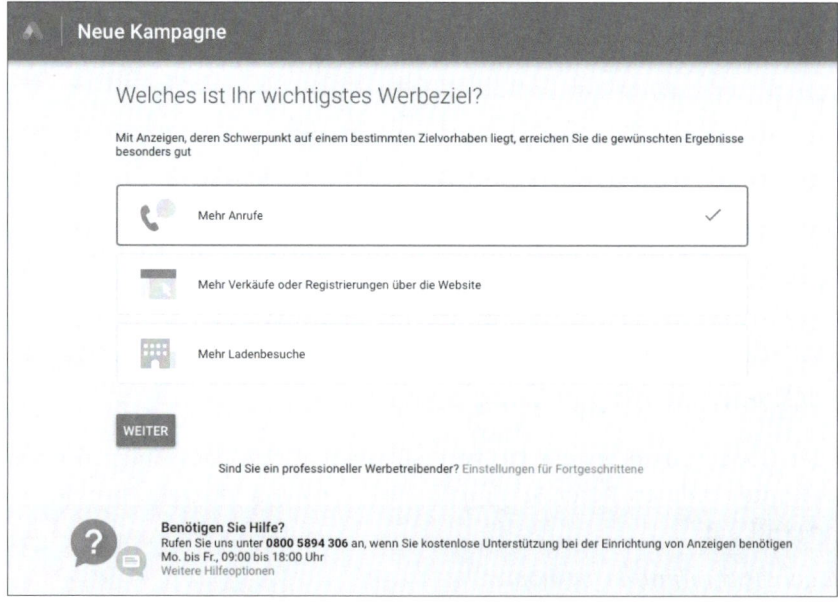

Abbildung 2.5 Google Ads – Auswahl des Werbeziels

Nach einem Klick auf den Button WEITER erscheint ein Bildschirm, in dem Sie Ihr Unternehmen beschreiben und die Webseite angeben können (siehe Abbildung 2.6).

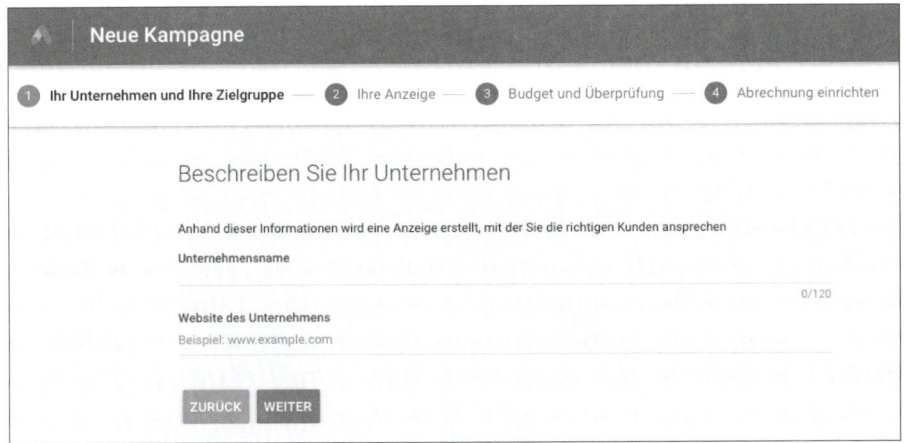

Abbildung 2.6 Maske zur Unternehmensbeschreibung

Nach erneutem Klick auf den Button WEITER definieren Sie im folgenden Schritt den Standort Ihres Unternehmens und die Region, in der Sie werben möchten (siehe Abbildung 2.7). Das kann entweder ein bestimmtes Gebiet ❶ sein oder ein Umkreis ❷ von 5 bis 65 km um den Standort Ihres Unternehmens.

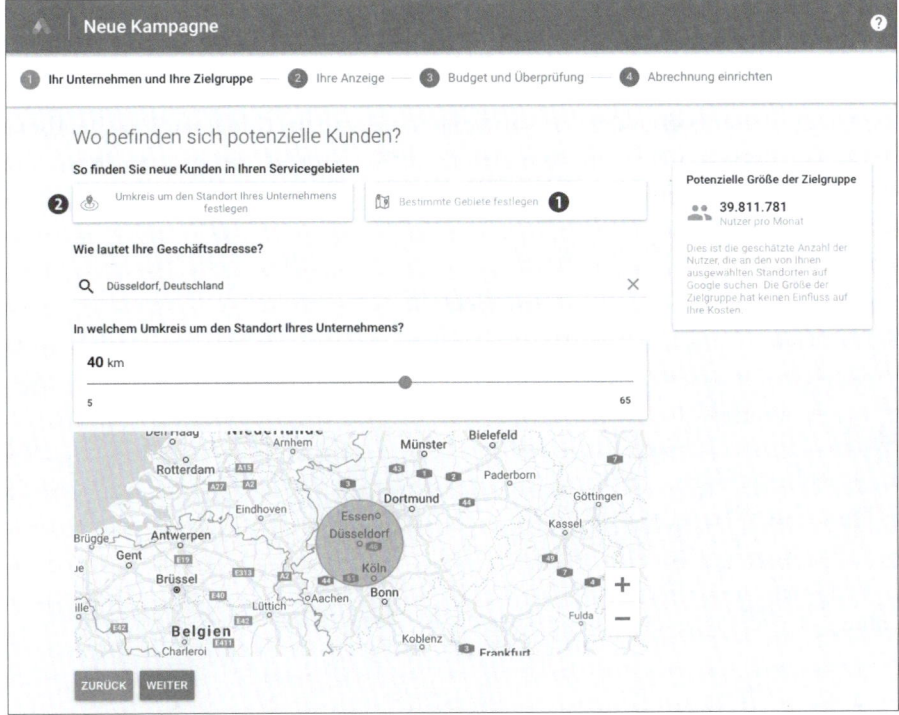

Abbildung 2.7 Standort und Umkreis bestimmen

Nun können Sie Ihre erste Google-Ads-Kampagne erstellen. Bevor wir jedoch gemeinsam die nächsten Schritte gehen, sollten Sie mit der grundlegenden Idee und Struktur eines Google-Ads-Kontos vertraut sein.

2.3.1 Ihr Google-Ads-Konto

Im Normalfall besitzt jedes Unternehmen ein Google-Ads-Konto. Falls sich die Werbung auf unterschiedliche Inhalte bezieht, kann ein Besitzer auch für verschiedene Werbethemen unterschiedliche Google-Ads-Konten einrichten. Google verbietet es jedoch in den Google-Ads-Richtlinien, dass ein Unternehmen zu einer Suchanfrage mehrere Anzeigen schaltet.

Diese Doppelbuchung von Begriffen für das gleiche Unternehmen und/oder die gleiche Website kommt bei den Google-Usern nicht gut an und würde daher Google schaden. Aus einem Konto heraus ist dieses sogenannte *Double-Bidding* (zwei Anzeigen des gleichen Unternehmens zu einer Suchanfrage) oder sogar *Triple-Bidding* (drei Anzeigen) nicht möglich, da aus einem Konto heraus immer nur eine Anzeige zu einer Suchanfrage geschaltet wird. Falls Double- oder Triple-Bidding vorkommen, so werden verbotenerweise mehrere Konten von einem Unternehmen bzw. einer Unternehmensgruppe zum gleichen Thema genutzt.

2.3.2 Kampagnen

Das Google-Ads-Konto ❶ ist die erste und oberste Ebene bei Google Ads (siehe Abbildung 2.8). Ein Google-Ads-Konto teilt sich danach weiter in Kampagnen ❷ auf, die wiederum in Anzeigengruppen ❸ unterteilt sind.

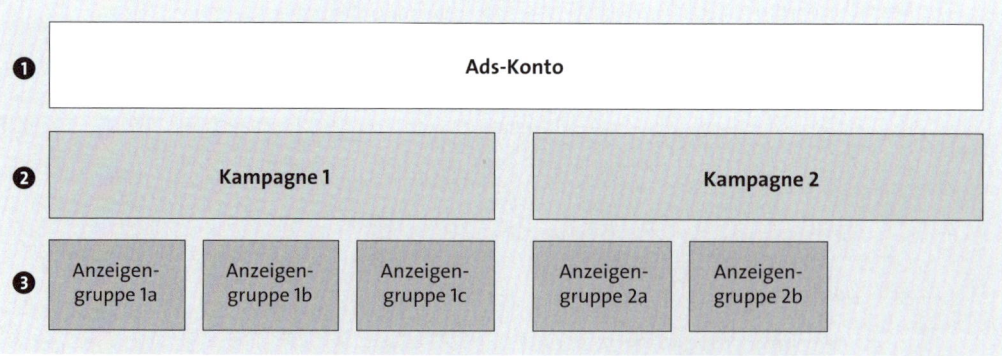

Abbildung 2.8 Grundlegender Aufbau eines Google-Ads-Kontos

Der Unterschied zwischen Kampagnen und Anzeigengruppen ist vielen Google-Ads-Nutzern nicht ganz klar und führt dazu, dass Kampagnen und Anzeigengruppen in vielen Konten nicht zielgerichtet eingesetzt werden.

Mit *Kampagnen* wird die zweite Ebene unterhalb der Kontoebene bezeichnet. Fälschlicherweise wird oft angenommen, dass sich die Bezeichnung »Kampagne« auf den Marketingbegriff bezieht – nach dem Motto: »Ich erstelle eine neue Kampagne, um ein neues Produkt zu bewerben.«

Im Google-Ads-Konto bezieht sich der Begriff *Kampagne* jedoch vor allem auf die technischen Grundeinstellungen einer bestimmten Gruppe von Werbeanzeigen. Sie benötigen in Ihrem Google-Ads-Konto eine eigene Kampagne, um

▶ Werbung in unterschiedlichen Werbenetzwerken zu schalten,

▶ unterschiedliche Zielregionen zu bewerben,

▶ unterschiedliche Zeiträume (Frühjahrskampagne, Weihnachtskampagne etc.) abzudecken,

▶ unterschiedliche Werbebudgets zu verwalten,

▶ spezielle Google-Ads-Strategien aufzusetzen und zu testen,

▶ individuelle Gebotsstrategien für stärker umkämpfte Suchbegriffe zu nutzen und um

▶ individuelle Gebotsstrategien für Ihre erfolgreichsten oder wichtigsten Produkte bzw. Dienstleistungen zu entwickeln.

2.3.3   Anzeigengruppen

Anzeigengruppen stellen die dritte Ebene bei Google Ads dar. Eine Kampagne teilt sich in verschiedene Anzeigengruppen auf. Gruppen von thematisch zusammenhängenden *Keywords* bzw. Suchbegriffen und dazu passende, individuelle Anzeigentexte bilden zusammen eine Anzeigengruppe. Die Suchbegriffe und die Anzeigen verschmelzen quasi in der Anzeigengruppe.

In Google Ads können Sie das maximale Klickpreisgebot pro Anzeigengruppe festlegen. So übernehmen dann alle Keywords der jeweiligen Anzeigengruppe den festgelegten maximalen Klickpreis, wobei Sie diesen später auch noch individuell für jedes einzelne Keyword festlegen können. Eine feine Unterteilung in einzelne, individuell abgestimmte Anzeigengruppen unterhalb der Kampagnenebene wird bedauerlicherweise von vielen Werbetreibenden nicht richtig genutzt. Dabei sind unterschiedliche Anzeigengruppen jedoch extrem wichtig, um verschiedene Produkte/

Dienstleistungen Ihres Komplettangebotes individuell und gezielt zu bewerben. Normalerweise gibt es nicht die eine Anzeige, die zur kompletten Palette Ihrer Produkte/Dienstleistungen passt.

So spricht beispielsweise eine Werbeanzeige mit einem Angebot zu speziellen Laufschuhen für Marathonläufer natürlich viel stärker eine entsprechende Käufergruppe »Aktive Marathonläufer« an als eine Anzeigengruppe mit einem allgemeinen Anzeigentext zu »Laufschuhe online kaufen«. Je feiner Sie also die Anzeigengruppen an Ihre Produkte/Dienstleistungen anpassen und Ihre jeweiligen Themen in verschiedene Anzeigengruppen aufteilen, umso stärker erreichen Sie die Aufmerksamkeit Ihrer unterschiedlichen Zielgruppen, die jeweils ganz spezielle Interessen haben.

Im Laufe der Zeit müssen Sie mithilfe Ihrer Google-Ads-Statistiken herausfinden, wie speziell Sie einzelne Anzeigengruppen unterteilen müssen. Einerseits ist es optimal, die Anzeigengruppen so fein wie möglich aufzuteilen, andererseits muss der Aufwand für die Unterteilung Ihrer Kampagnen im Verhältnis zum Erfolg stehen, der an Webseitenbesuchern und Kunden gemessen wird. Für Produkte/Dienstleistungen, die wenig nachgefragt werden und bei denen die Margen nicht so hoch sind, lohnt sich eine eigene Anzeigengruppe meistens nicht. Diese Produkte/Dienstleistungen können Sie daher ruhig in einer Anzeigengruppe unter einem übergeordneten Thema zusammenfassen.

Sie sollten also verschiedene Anzeigengruppen nutzen, um

▸ unterschiedliche Klickpreise festzulegen und

▸ Anzeigentexte inhaltlich genau auf einzelne Keywords abzustimmen.

2.3.4   Schnelleinstieg ins Anzeigenkonto

Nachdem Sie den grundsätzlichen Aufbau Ihres Google-Ads-Kontos kennen, widmen wir uns nun wieder dem Schnelleinstieg in Ihr Konto.

Nach der Eingabe Ihrer Unternehmensdaten (siehe Abbildung 2.6 und Abbildung 2.7) werden Sie im nächsten Schritt aufgefordert, relevante Suchbegriffe einzugeben. Hier reicht für den Anfang ein Keyword aus. Später können Sie mehrere hinzufügen. Google schlägt Ihnen auf Basis Ihrer eingegebenen URL verschiedene Keywords vor (siehe Abbildung 2.9).

Bei einem ganz neuen Konto muss zunächst eine erste Kampagne erstellt werden. Durch Klick auf WEITER gelangen Sie zur entsprechenden Eingabemaske für die erste Pflichtanzeige in dieser Kampagne (siehe Abbildung 2.10).

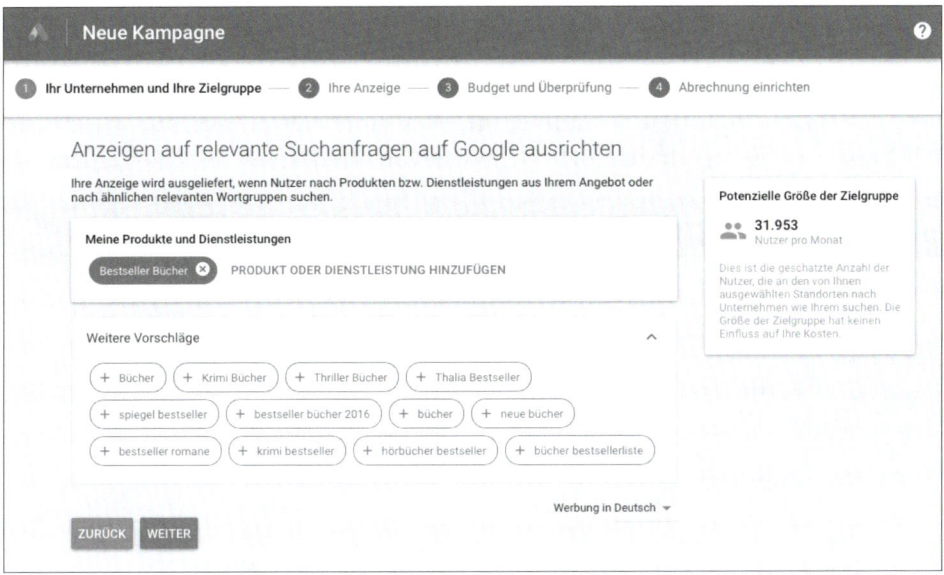

Abbildung 2.9 Auswahl eines oder mehrerer Keywords

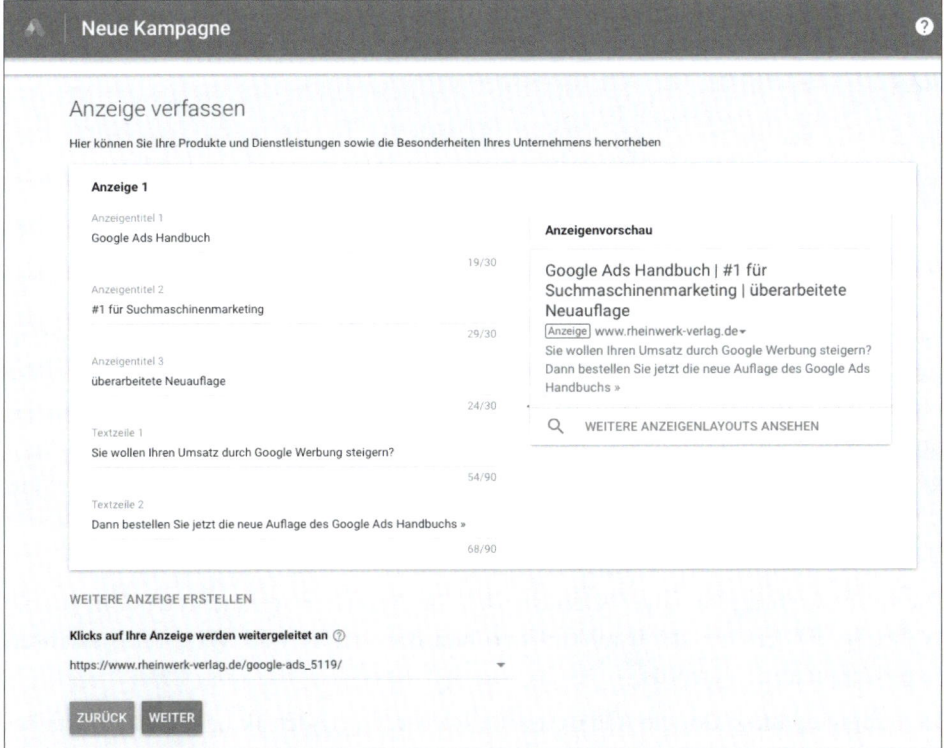

Abbildung 2.10 Eingabemaske für die erste Anzeige

Nach einem Klick auf WEITER legen Sie das Budget fest. Beim Budget (siehe Abbildung 2.11) schlägt Google Ihnen einen Betrag ❶ vor, mit dem Sie aus Google-Sicht die besten Ergebnisse für Ihre Anzeige erzielen. Sie haben allerdings auch die Möglichkeit, das Budget selbst zu bestimmen ❷. Hier empfiehlt es sich, für diese erste Pflichtanzeige das niedrigste mögliche Budget von mindestens 1,65 € zu wählen.

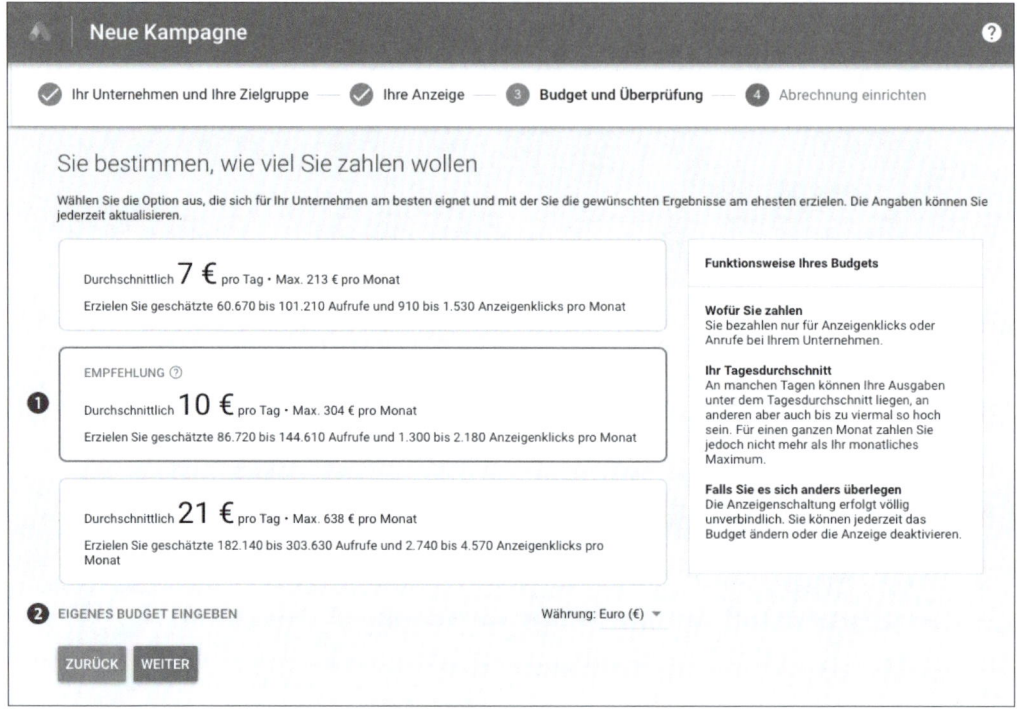

Abbildung 2.11 Definition des Anzeigenbudgets

Danach müssen Sie Ihre Anzeigeneinstellungen kontrollieren sowie Ihre Abrechnungsdaten eingeben. Bei den Abrechnungsdaten ist es wichtig zu wissen, dass die eingegebene Zeitzone nachträglich maximal einmal verändert werden darf, und das auch nur durch eine zeitliche Verschiebung nach Osten. Die Zeitzone hat Auswirkungen auf die Möglichkeit der zeitgesteuerten Ausspielung Ihrer Kampagnen und auf die Angaben in Ihren Berichten. Alle späteren Angaben im Konto nehmen dann Bezug auf die hier festgelegte Zeitzone!

Die zweite wichtige Eingabe bezieht sich auf das Abrechnungsland und damit auf die Währung des Kontos, denn hierauf beruhen die Gebote und Klickpreise zu Ihren Kampagnen und Keywords.

Heutzutage schlägt Google Ads unter Berücksichtigung des aktuellen Standorts bereits die passenden Werte vor. Nachdem Sie das Abrechnungsland und die Zeitzone sowie Ihre Zahlungsinformationen eingegeben bzw. kontrolliert haben, klicken Sie auf den Button SENDEN und werden damit zu Ihrem neu erstellten Google-Ads-Konto weitergeleitet (siehe Abbildung 2.12).

Abbildung 2.12 Bestätigung des neuen Google-Ads-Kontos

2.4 Hinweise zum Google-Ads-Login

Möchten Sie sich nach der Einrichtung Ihres Google-Ads-Kontos zu einem späteren Zeitpunkt wieder neu anmelden, so nutzen Sie einfach den Hinweis zur Anmeldung auf der Google-Ads-Startseite. Für die Anmeldung benötigen Sie, wie bereits besprochen, Ihre E-Mail-Adresse und das zugehörige Passwort, wobei die E-Mail-Adresse oft über eine Browsereinstellung schon gespeichert ist und entsprechend vorgegeben wird (siehe Abbildung 2.13).

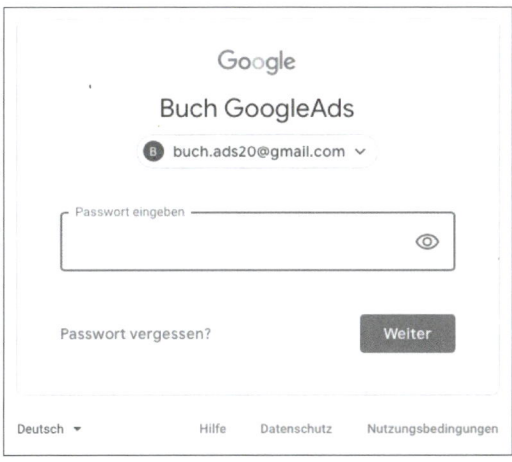

Abbildung 2.13 Der Google-Login bei einer neuen Session

Es kann passieren, dass Sie nach dem erneuten Einloggen in Ihr Konto einen Hinweis erhalten, Ihr Konto entweder mit einer Telefonnummer oder einer E-Mail-Adresse zwecks Wiederherstellung zu schützen (siehe Abbildung 2.14).

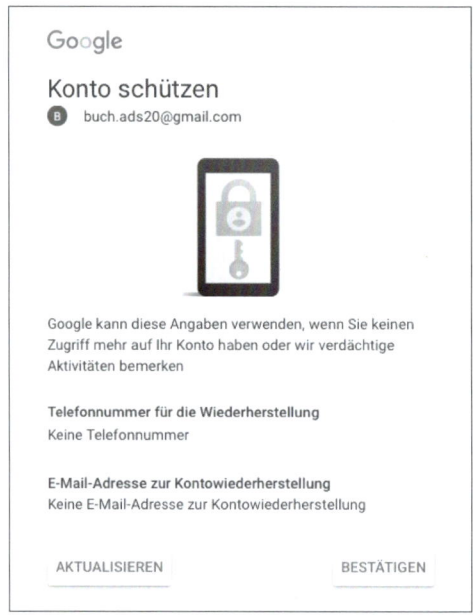

Abbildung 2.14 Hinweise zum Schützen des neuen Google-Ads-Kontos

Sie sollten in jedem Fall eine Möglichkeit zur Wiederherstellung nutzen, ansonsten wird es schwierig, beim Verlust Ihres Passwortes an Ihre Kontodaten zu gelangen.

Unternehmen sollten dafür sorgen, dass immer ein Kontozugang besteht

Aus der Praxis wissen wir, dass es immer wieder einmal vorkommt, dass gleichzeitig mit dem Mitarbeiter, der ein Unternehmen verlässt, auch der Google- bzw. Google-Ads-Login des Unternehmens »abwandert«. Als Unternehmensinhaber bzw. Marketingleiter sollten Sie darauf achten, dass der Zugriff auf Ihre Google-Logins immer im Unternehmen verbleibt. Login-Daten sollten beim Ausscheiden von Mitarbeitern übergeben werden. Eventuell müssen mehrere Mitarbeiter gleichzeitig Logins mit Admin-Rechten besitzen.

2.5   Google Smart Campaign ist Teil von Google Ads

Google Smart Campaign bildet in verbesserter Funktion das ab, was in der Vergangenheit *AdWords Express*-Kampagnen geboten haben. Der Hauptunterschied besteht darin, dass *Smart Campaign* nunmehr Bestandteil des Google-Ads-Kontos sind und dass jeweils zwischen beiden Modi gewechselt werden kann. AdWords Express war in der Vergangenheit eine separate Anwendung.

Google Smart Campaign ist quasi die »kleine Schwester von Google Ads« und soll als Einstieg für lokale Klein- und Kleinstbetriebe dienen. Denn schon mit wenigen Angaben zum Standort, einer Produktkategorie und der Angabe eines Budgets lassen sich schnell Werbeanzeigen in Google Smart Campaign schalten. So ist beispielsweise die erste Pflichtkampagne im neu erstellten Ads-Konto ist eine smarte Kampagne. Weitere Informationen zu den neuen Smart Campaigns finden Sie unter dieser URL:

https://support.google.com/google-ads/answer/9175396?hl=de&ref_topic=1719919

Google Smart Campaign macht ausschließlich für lokale Unternehmen mit einem oder mehreren physischen Standorten Sinn. Von Second-Hand-Läden über Handwerksbetriebe bis hin zu Restaurants soll es ein einfacher Einstieg für jene Werbekunden sein, die bei Google auch ohne großen Zeit- und Budgetaufwand präsent sein möchten. Sie können damit sehr schnell Kampagnen online schalten, um Anzeigen für Nutzer in ihrer unmittelbaren Umgebung in der Google-Suche zu platzieren. Für die Kampagnenschaltung sind praktisch keine Vorkenntnisse erforderlich.

2.5.1   Anwendungsfälle für Google Smart Campaign

Google bewirbt Google Smart Campaign als »eine intelligente und einfache Werbelösung von Google für kleine Unternehmen« und damit, dass »smarte Kampagnen innerhalb von 15 Minuten eingerichtet werden können«.

Im Folgenden geben wir Ihnen eine Hilfestellungen, anhand derer Sie entscheiden können, ob Smart Campaigns für Sie geeignet sind.

Je mehr der nun folgenden Punkte Sie mit »Ja« beantworten können, desto eher können Sie davon ausgehen, dass Sie bei Google Smart Campaign fürs Erste richtig sind:

▶ Sie betreiben ein oder mehrere lokale Unternehmen, z. B. Handwerksbetriebe, Restaurants und Lokale, Fachgeschäfte, Hotels und Unterkünfte.

▶ Sie wissen, dass Sie den vollen Leistungsumfang von Google Ads (vorerst) nicht benötigen.

▶ Sie haben keine eigene Webseite und möchten stattdessen auf Ihren Google-My-Business-Eintrag verlinken.

▶ Sie möchten Werbung via Google Ads ohne Fachwissen und großen zeitlichen Aufwand selbst schalten.

▶ Sie möchten lediglich das Werbebudget steuern, aber keinen Aufwand mit Betreuung und Optimierung haben.

▶ Sie vertrauen den automatischen Funktionen von Google Smart Campaign zur Anzeigen- und Keyword-Steuerung.

▶ Sie können oder möchten sich internen oder externen Aufwand zur professionellen Verwaltung von Google Ads (noch) nicht leisten.

▶ Sie wollen maximal eine Landingpage pro Kampagne nutzen.

Google Smart Campaign wird Ihren Anforderungen nicht entsprechen, sobald mindestens einer der folgenden Punkte auf Sie zutrifft:

▶ Sie betreiben ein Unternehmen, dessen Produkte oder Dienstleistungen keine lokale Relevanz haben, z. B. einen Online-Shop, eine Online-Community oder einen Blog- bzw. Nachrichtendienst.

▶ Sie möchten überregionale oder internationale Google-Ads-Kampagnen ohne Ländereinschränkungen schalten.

▶ Sie möchten den vollen Funktionsumfang von Google Ads nutzen.

▶ Sie möchten alle Suchbegriffe, die eine Anzeigenschaltung auslösen, individuell verwalten können.

▶ Sie möchten auch andere Anzeigenformate wie beispielsweise Videoanzeigen und Shopping-Anzeigen nutzen und nicht ausschließlich auf Textanzeigen limitiert sein.

▶ Sie können und möchten persönliche oder externe Ressourcen zur professionellen Kampagnenerstellung und -optimierung bereitstellen.

▶ Sie haben eine professionelle Webseite oder einen Online-Shop und möchten die Verlinkung der Anzeigen individuell steuern.

2.5.2 Produktvergleich

Vergleichen Sie Google Ads und Google Smart Campaign durch einen Blick auf Tabelle 2.1.

	Google Smart Campaign	Google Ads
Abrechnungsmodell	Cost-per-Click	Cost-per-Click
Ohne eigene Website nutzbar	Ja	Nein
Automatische Verwaltung	Ja	Nein
Umfangreiche Einstellungs- und Optimierungsmöglichkeiten	Nein	Ja

Tabelle 2.1 Der Produktvergleich zwischen Google Smart Campaign und Google Ads zeigt Ihnen die Vorteile und Einschränkungen auf einen Blick.

	Google Smart Campaign	Google Ads
Anzeigen in der Google-Suche, bei Google Maps, bei Suchnetzwerkpartnern und im Google Displaynetzwerk	Ja	Ja
Anzeigenauslieferung ist frei wählbar	Nein	Ja
Keywords frei definierbar	Ja	Ja
Keyword-Recherche notwendig	Nein	Ja
Keyword-Optionen	Ausschließlich die Option WEITGEHEND PASSEND	Alle
Textanzeigen	Ja	Ja
Ausführliche Statistik	Nein	Ja
Erweiterte Anzeigenformate (z. B. Video- oder Shopping-Anzeigen)	Nein	Ja
Mobile Anzeigen	Ja	Ja
Geografische Ausrichtung	Ausrichtung auf Umkreis (5 bis 65 km), Stadt, Bundesland und Land	International
Conversion-Tracking (Messung von Shop-Bestellungen oder Formularanfragen)	Nein	Ja
Google Analytics-Verknüpfung	Ja	Ja
Monatliches Mindestbudget	Ja (50 € pro Kategorie)	Nein

Tabelle 2.1 Der Produktvergleich zwischen Google Smart Campaign und Google Ads zeigt Ihnen die Vorteile und Einschränkungen auf einen Blick. (Forts.)

2.5.3   Anzeigenerstellung mit Google Smart Campaign

In Ihrem neu angelegten Ads-Konto haben Sie bereits mit der Pflichtkampagne die erste Smart Campaign angelegt (siehe Abbildung 2.15 für unser Beispiel zum »Google Ads Handbuch«). Wenn Sie in der Übersicht Ihrer Pflichtkampagne im Kasten ANZEIGENVORSCHAU unten auf BEARBEITEN klicken, öffnet sich ein neues Fenster, in dem

Sie eine WEITERE ANZEIGE ERSTELLEN ❶ können (siehe Abbildung 2.16). Das Prozede-re ist identisch mit dem bei der initialen Pflichtkampagne (siehe Abschnitt 2.3.4, »Schnelleinstieg ins Anzeigenkonto«).

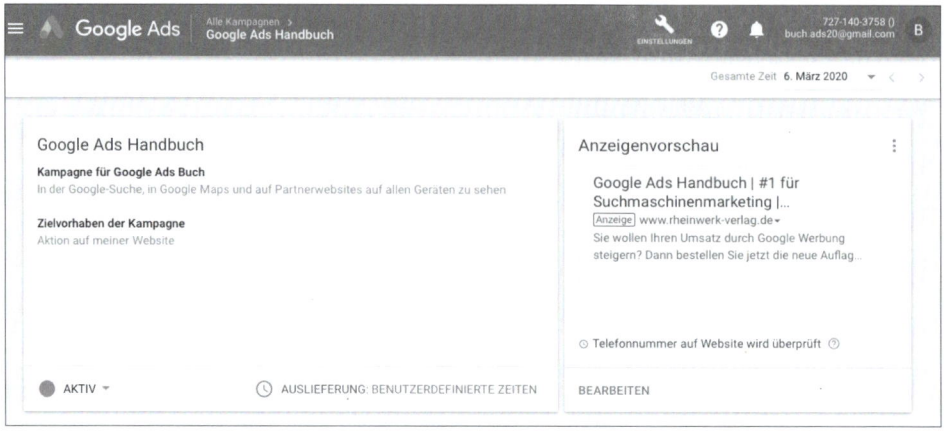

Abbildung 2.15 Übersicht der Pflichtkampagne

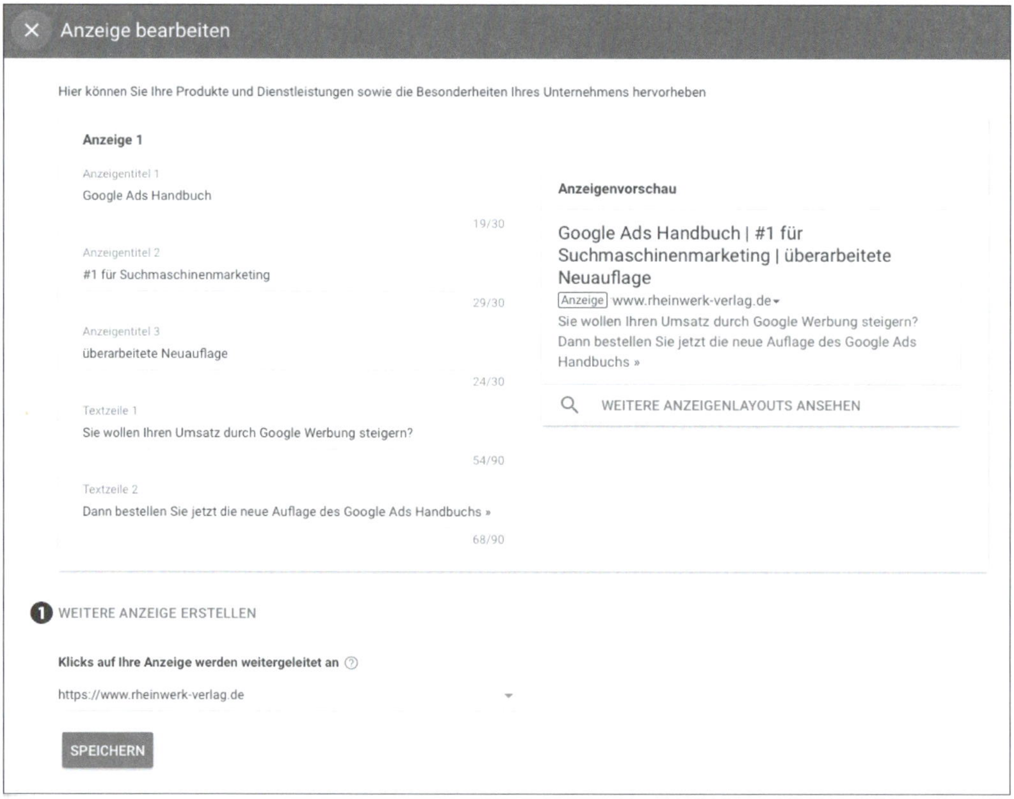

Abbildung 2.16 Eine weitere Anzeige erstellen

2.5.4   Unternehmenswebseite oder My Business Profil

Sofern Sie über keine Unternehmenswebseite verfügen, können Sie stattdessen auch die URL Ihres *Google My Business*-Profils ❶ im Bereich UNTERNEHMENSINFORMATIONEN hinterlegen (siehe Abbildung 2.17).

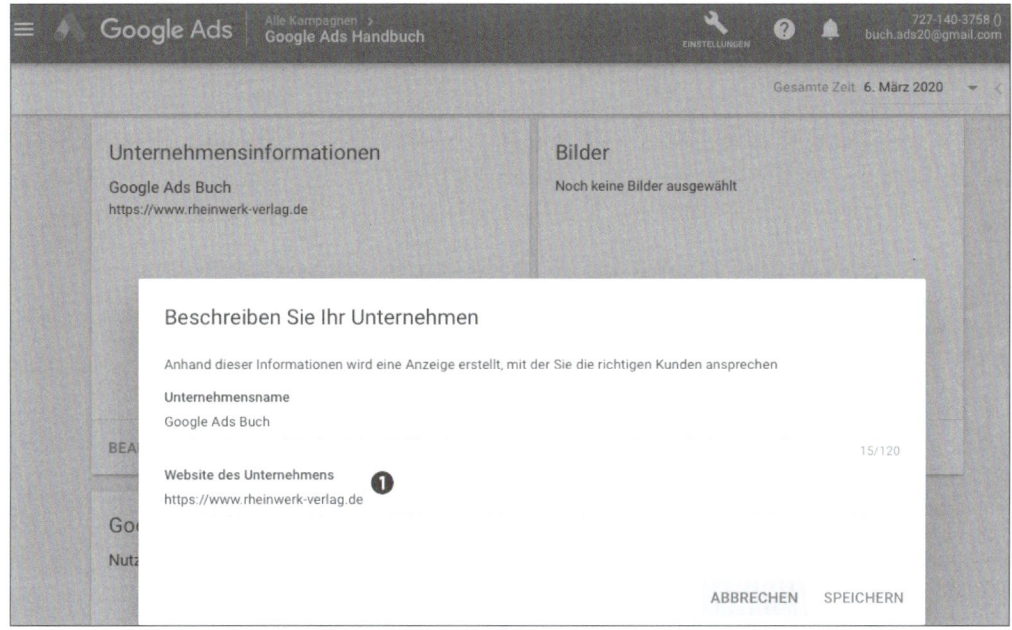

Abbildung 2.17 Unternehmensinformationen editieren

Wenn Sie lediglich möchten, dass potenzielle Neukunden über Google-Anzeigen Ihren Standort sowie Ihre Telefonnummer bzw. E-Mail-Adresse finden können, reicht diese Variante aus.

Die meisten von Ihnen werden aber bereits über eine eigene Webseite verfügen, die Sie entweder hier im ersten Schritt oder auch später noch angeben können.

Google My Business-Profil

Sofern Sie keine eigene Internetseite besitzen, können Sie kostenlos bei Google ein *Google My Business*-Profil einrichten, um damit grundlegende Informationen zu Ihrem Geschäft wie die Adresse, Telefonnummer und Öffnungszeiten bereitzustellen, die in Diensten wie der Google-Suche, Google Maps oder eben Google Smart Campaign zum Einsatz kommen.

In diesem Fall kann die Zielsetzung der Anzeigen nur sein, dass potenzielle Interessenten an Ihren Produkten oder Dienstleistungen direkt mit Ihnen in Kontakt treten, indem sie einen Telefonanruf tätigen oder gleich direkt persönlich bei Ihnen vorbeikommen. Denn über eine My-Business-Seite bei Google können Sie deutlich weniger

Informationen bereitstellen, als es Ihnen eine individuell angepasste Webseite ermöglicht.

Google My Business-Seiten als Webseitenersatz?

Die von Google Smart Campaign angebotene Alternative, auch ohne eigene Webseite Suchmaschinenwerbung schalten zu können, klingt aufregend. Sollten Sie sich an
dieser Stelle fragen, ob Sie nun auf Ihre Webseite verzichten sollen, lautet die schnelle Antwort vorweg: Nein!

Google My Business wurde im Frühjahr 2014 von Google im Zusammenhang mit
Google+ ursprünglich unter dem Namen *Google+ Local* angeboten. In der Zwischen-
zeit hat Google die Dienste Google+, Google+ Local und Google Places wieder aufge-
geben und stattdessen Google My Business weiter optimiert und tiefer in die verblei-
benden Google-Services integriert.

Eine *Google My Business*-Seite zeichnet sich unter anderem durch folgende Merkmale aus: Neben Informationen zu Standort, Kontaktmöglichkeiten und Öffnungszeiten können Interessenten dort zum Beispiel auch Empfehlungen und Erfahrungsbe-
richte anderer Google-Nutzer finden. Auch für Bilder und Beiträge, die sowohl vom
Geschäftsinhaber als auch von Gästen erstellt werden können, bietet diese Seite
Platz. Ein Auftritt auf Google My Business ist eine sehr empfehlenswerte Ergänzung
zu Ihrem bestehenden Online-Auftritt.

Diese kostenlose Unternehmenspräsenz bei Google kann jedoch kein Ersatz für Ihre
eigene Webseite sein, da Sie sich bei Art und Form der Inhalte stets an die vorgegebenen Rahmenbedingungen halten müssen und dort nur wenig Platz für individuelle
Angaben finden. Zudem sind Sie hinsichtlich der Auffindbarkeit im Internet hundertprozentig auf Google angewiesen und haben keine Garantie, sich auf den derzeit
kostenlos bereitgestellten Service auch langfristig verlassen zu können.

Lediglich für Klein- und Kleinstunternehmer, die sich für erste Online-Erfahrungen
keine Webseite leisten möchten, halten wir diese Variante in Kombination mit
Google Smart Campaign für ein denkbares Einstiegsszenario. Interessenten können
unter der folgenden URL mehr zu Google My Business erfahren und ihren Unternehmensstandort bei Bedarf gleich anlegen: *https://www.google.de/intl/de/business/*

Aus unserer Praxiserfahrung wird deutlich, dass es eigentlich nicht mehr darum
geht, ob sich eine Website auch für ein kleines Unternehmen lohnt. Eine Visitenkarte
im Netz ist für jedes Unternehmen »Pflicht«. Die »Kür« ist es, im Internet auch gefunden zu werden und eine gute Darstellung auf mobilen Endgeräten zu erzielen.

2.5.5 Weitere Kampagnen erstellen

Wenn Sie beispielsweise ein neues Werbeziel oder eine alternative Zielregion mit
Ihrer Werbung erreichen wollen, dann erstellen Sie eine neue Kampagne, indem Sie

am oberen linken Bildschirmrand durch Klick auf die drei Striche ❶ (umgangssprachlich das *Hamburger-Menü*-Icon) klicken und so das Navigationsmenü einblenden. Alternativ können Sie auch auf ADS KAMPAGNEN ❷ in der Breadcrumb-Liste am oberen Bildschirmrand klicken (siehe Abbildung 2.18).

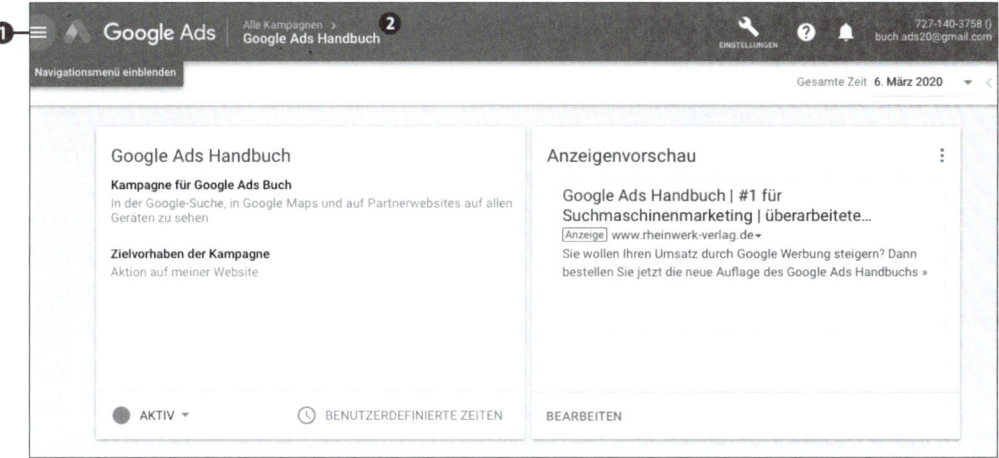

Abbildung 2.18 Pfad zum Erstellen einer neuen Kampagne

In dem Fenster aus Abbildung 2.19 wählen Sie dann NEUE KAMPAGNE ERSTELLEN und gehen anschließend Schritt für Schritt so vor, wie bei der ersten initialen Pflichtkampagne. Das bedeutet, Sie wählen im nächsten Schritt Ihr Werbeziel.

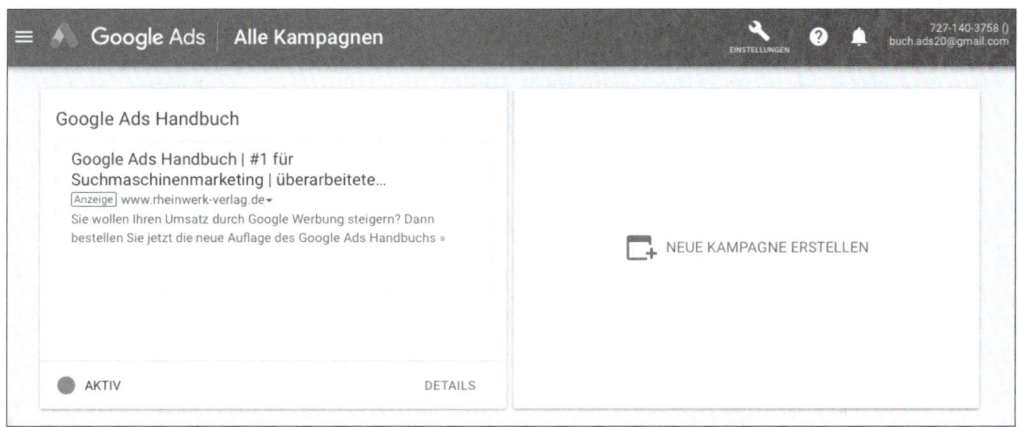

Abbildung 2.19 Neue Kampagne erstellen

Danach entscheiden Sie, ob die Kampagne für dasselbe Unternehmen geschaltet werden soll wie die vorherige oder ob Sie gegebenenfalls ein neues Unternehmen anlegen möchten (siehe Abbildung 2.20).

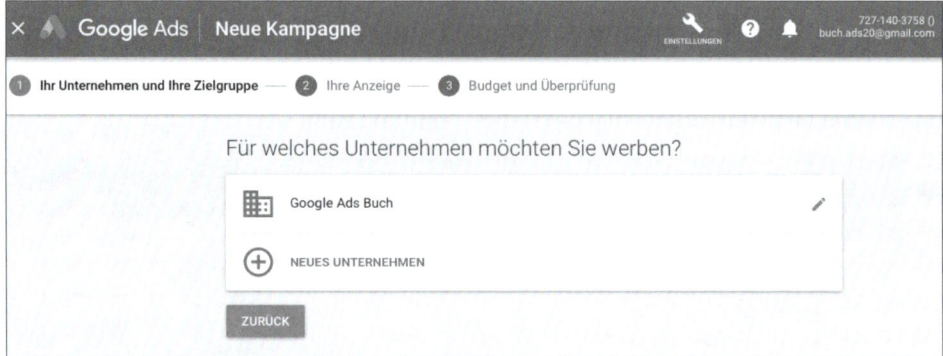

Abbildung 2.20 Bestehendes oder neues Unternehmen auswählen

Dann folgen die Ihnen schon bekannten Schritte: Standortauswahl, Definition der Suchbegriffe, Erstellen der Anzeige(n), Budgetfestlegung und Kontrolle.

2.5.6   Standortauswahl

Welche Auswahl bezüglich der Standortwahl sinnvoll und effizient ist, hängt nicht zuletzt von der Branche und der Zielgruppe Ihres Unternehmens ab. Wir können uns vorstellen, dass für Restaurants und Cafés eher kleinere Entfernungen gewählt werden. Da Ihre Google-Smart-Campaign-Anzeigen auch auf Mobilgeräten geschaltet werden, kommen so nur potenzielle Neukunden infrage, die sich in unmittelbarer Nähe Ihres Lokals befinden, es vielleicht sogar zu Fuß erreichen können.

Für ein Autohaus hingegen ist auch der größtmögliche Umkreis von 65 km denkbar. Interessenten, die auf der Suche nach einem Neu- oder Gebrauchtwagen sind, sind bestimmt bereit, für ein spezielles Angebot oder gewünschtes Gebrauchtwagenmodell eine Anreise von maximal einer Autostunde in Kauf zu nehmen. Sofern Sie Ihre geografische Ausrichtung individueller als mit dem Umkreisradius bestimmen wollen, sollten Sie jedoch berücksichtigen, dass Sie keinen zu großen Einzugsbereich auswählen, selbst wenn es an dieser Stelle theoretisch möglich ist. Speziell bei eingeschränkten (Test-)Budgets sollten Sie zunächst mit der im wahrsten Sinne des Wortes naheliegendsten Zielgruppe starten.

2.5.7   Definition der Suchbegriffe

Bei PRODUKTE UND DIENSTLEISTUNGEN legen Sie die Suchbegriffe bzw. Keywords für Ihre Anzeigen fest. Wenn Sie hier einen neuen Eintrag hinzufügen, zeigt Google Ihnen über sogenanntes Auto-Vervollständigen weitere Vorschläge ❶ an (siehe Abbildung 2.21). Sie beginnen einfach, eine passende Bezeichnung einzutippen, und erhalten sofort automatische Vorschläge mit tatsächlich vorhandenen Suchbegriffen.

Beginnen Sie beispielsweise mit »Auto«, erhalten Sie Vorschläge wie »Autoteile«, »Autoreifen« oder »Autoversicherung«. Dadurch erhalten Sie Ideen für mögliche weitere relevante Keywords.

Sie können hier nach Belieben weitere Einträge hinzufügen und so Ihr Keyword-Set verfeinern. Möchten Sie mehrere Produkte oder Dienstleistungen bewerben, können Sie für ein Unternehmen in einem späteren Schritt auch mehrere Kampagnen mit jeweils unterschiedlichen Sets an Suchbegriffen erstellen.

Basierend auf der Auswahl der Keywords zeigt Google Ihnen am rechten Rand automatisch ein Zielgruppenpotenzial ❷ an, also wie viele geschätzte Nutzer im gewählten Einzugsgebiet pro Monat nach Ihren Produkten oder Dienstleistungen suchen. Damit erhalten Sie einen schnellen Überblick, mit welchem Interesse und welchem durch Google Smart Campaign zusätzlich generierten Besucheraufkommen Sie rechnen können. Ist das Zielgruppenpotenzial für die gewählte Branchenkategorie sehr klein, sollten Sie nach Möglichkeit die geografische Ausrichtung bearbeiten oder überlegen, ob Sie für andere passende Suchbegriffe weitere Anzeigen erstellen können, um die Zielgruppe zu vergrößern.

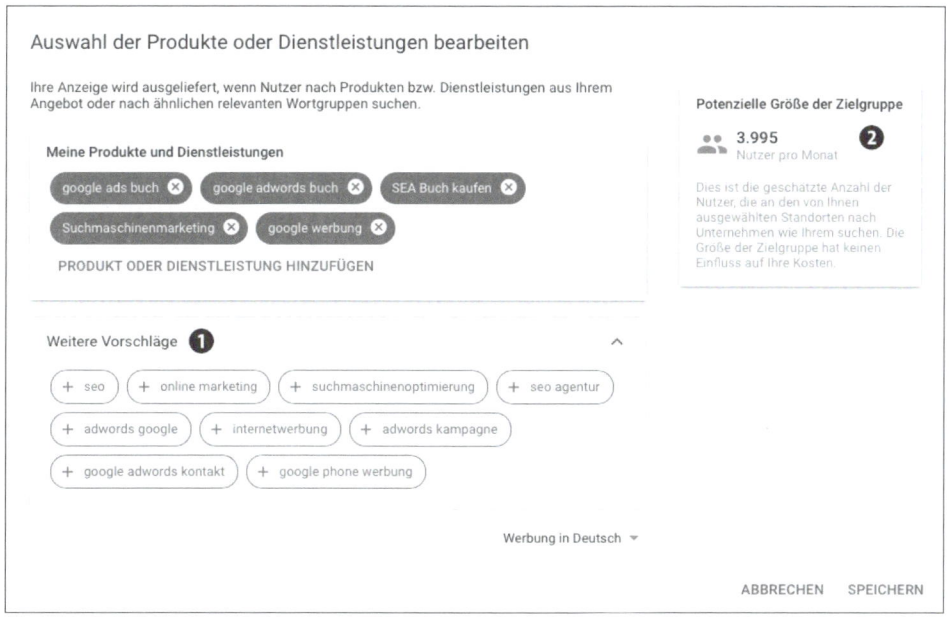

Abbildung 2.21 Definition der Suchbegriffe

2.5.8   Erstellen der Anzeigen

Wie Sie eine weitere Anzeige erstellen, haben wir ja bereits im Abschnitt 2.5.3, »Anzeigenerstellung mit Google Smart Campaign«, angeschaut. Hier geht es um die grundlegenden Vorgaben, Einschränkungen und Empfehlungen für Google-Ads-Text-anzeigen, die später in Abschnitt 4.3 noch näher ausgeführt werden.

Anzeigentitel und -text

Die ANZEIGENTITEL 1 bis 3 (siehe Abbildung 2.22) dürfen maximal 30 Zeichen lang sein. Neu ist, dass Ihnen jetzt drei Anzeigentitel statt der bisherigen zwei Titel zu Verfügung stehen.

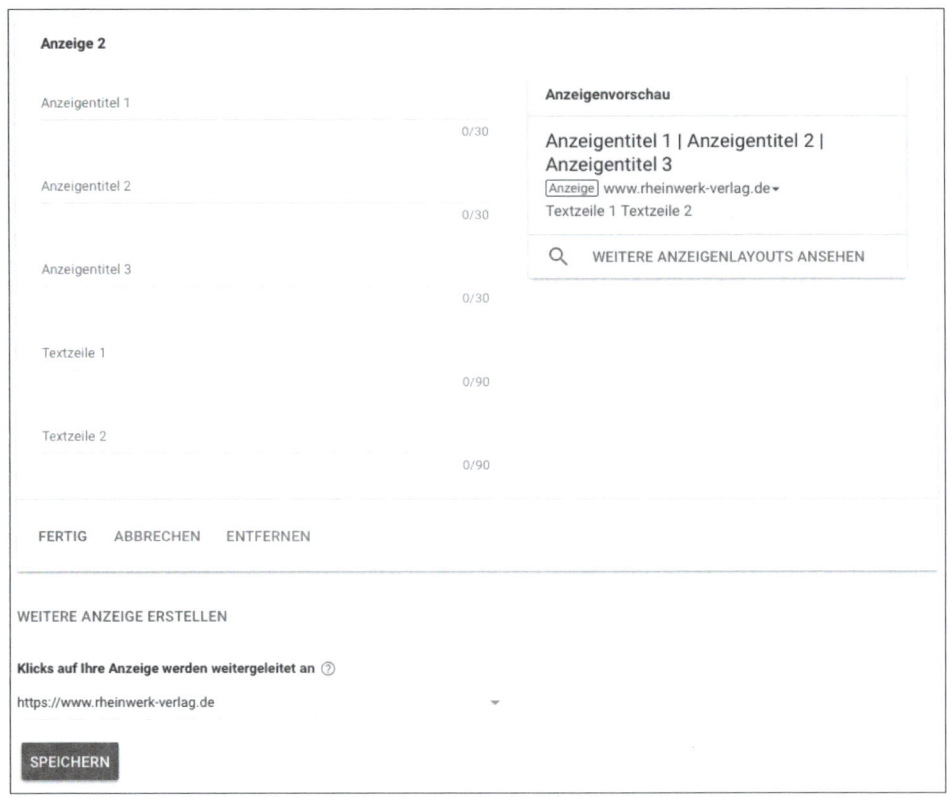

Abbildung 2.22 Vorgaben bei der Anzeigenerstellung

Die Beschreibung für den Anzeigentext darf maximal eine Zeichenlänge von 90 Zeichen haben. Sie können beim Texten Ihrer Kreativität freien Lauf lassen, sollten dabei aber folgende Faktoren berücksichtigen:

▶ Formulieren Sie treffende Texte, die Ihre potenziellen Kunden bestmöglich ansprechen.

▶ Integrieren Sie eine klare Handlungsaufforderung (z. B. »kaufen«, »buchen« oder »anfragen«).

- ▶ Heben Sie jene Eigenschaften hervor, durch die Sie sich vom Mitbewerber abgrenzen (z. B. Standort, Angebotsvielfalt, Service, Expertise, Preis).
- ▶ Beschreiben Sie konkrete Produkte, Leistungen oder zeitlich begrenzte Angebote, um die Aufmerksamkeit auf sich zu lenken.
- ▶ Nutzen Sie keine Übertreibungen oder unbestätigte Angaben wie »Wir haben die besten Reifen in der Stadt«.
- ▶ Verwenden Sie keine unerlaubten Hilfsmittel, um die Aufmerksamkeit auf Ihre Anzeige zu lenken, wie beispielsweise übertriebene Großschreibung oder übermäßige Zeichensetzung.

Neben den Textzeilen beinhaltet die Anzeige noch weitere Informationen: Die URL Ihres Unternehmens bzw. alternativ die URL Ihrer *Google My Business*-Seite ist ebenfalls zu sehen.

Anzeigenvorschau

Wie Sie in Abbildung 2.23 erkennen können, zeigt Google Smart Campaign Ihnen rechts von den Eingabefeldern eine Anzeigenvorschau an.

Abbildung 2.23 Das Anzeigenlayout erscheint rechts von den Eingabefeldern.

Durch Klick auf WEITERE ANZEIGENLAYOUTS ANSEHEN können Sie die Ansicht auf einem Computer mit der auf einem Smartphone vergleichen (siehe Abbildung 2.24).

Sie sollten jedoch berücksichtigen, dass Google anhand der von Ihnen bereitgestellten Angaben auch noch weitere Anzeigenvarianten automatisch erstellt. Google sagt dazu: »Wir erstellen automatisch – und unter Verwendung der von Ihnen bereitgestellten Inhalte – weitere Versionen dieser Anzeigen, damit Ihre Werbung künftig noch effektiver ist.« Sie müssen aber damit rechnen, dass es dieser Algorithmus nicht immer schafft, jeweils in Ihrem Sinne zu texten. Wundern Sie sich also nicht, sollten

Sie Anzeigen finden, die zwar auf Ihr Unternehmen hinweisen, aber Ihnen unbekannte Texte verwenden!

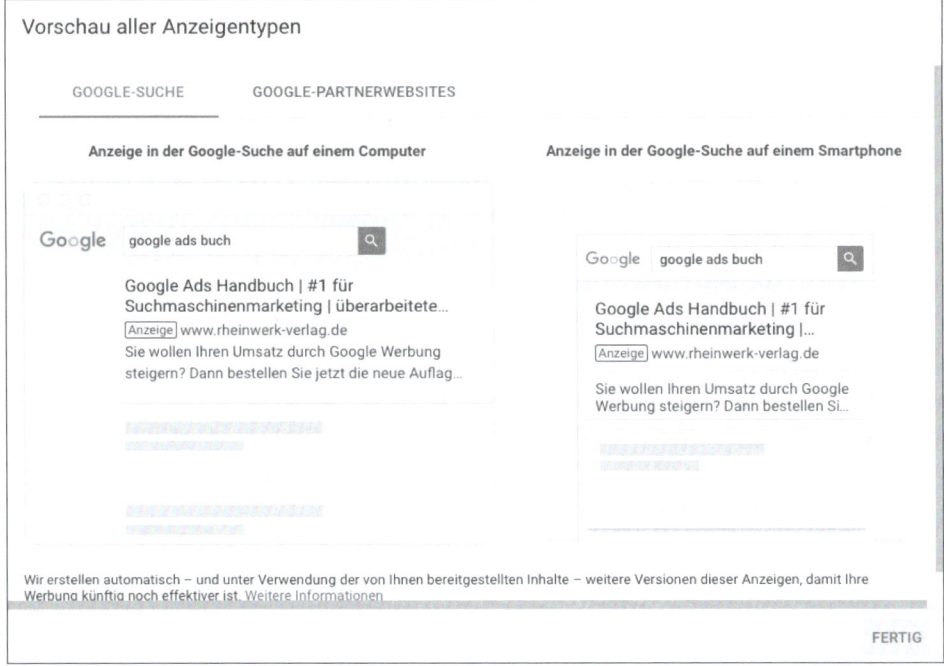

Abbildung 2.24 Weitere Anzeigenlayouts

2.5.9   Budgetfestlegung

Während Sie Ihre Anzeigen einrichten, müssen Sie auch ein Tagesbudget festlegen, wie bereits bei der Pflichtkampagne beschrieben (siehe Abbildung 2.11 im Abschnitt 2.3.4, »Schnelleinstieg ins Anzeigenkonto«). Damit stellen Sie sicher, dass Ihnen durch Google Smart Campaign nicht mehr Kosten entstehen, als Sie dafür eingeplant haben. Google schlägt an dieser Stelle einen typischen Budgetrahmen vor, der anhand der von Ihnen ausgewählten Kategorie und des dafür vorhandenen Wettbewerbs automatisch errechnet wird. So erhalten Sie sofort eine Prognose über potenzielle tägliche und monatliche Kosten, inklusive einer groben Schätzung, wie viele Klicks Sie pro Monat erhalten können.

Es liegt nun an Ihnen, ob Sie einfach auf einen der Google-Vorschläge eingehen oder ein eigenes Budget festlegen. Berücksichtigen Sie an dieser Stelle, dass Sie Ihr Tagesbudget auf mindestens 1,65 € festlegen müssen, um das bei Google Smart Campaign verpflichtende monatliche Mindestbudget von 50 € zu erreichen.

Des Weiteren sollten Sie beachten, dass hier ein *durchschnittliches* Tagesbudget gewählt wird. Es wird also in der Praxis vorkommen, dass die tatsächlichen täglichen

2

Ausgaben unterschiedlich hoch sind. Dies ist ein normales Verhalten, das von technischen Faktoren sowie von dem nicht vorhersehbaren täglichen Suchinteresse bestimmt wird. Sie können jedoch sicher sein, dass Ihr monatliches Budget nicht überschritten wird. Beträgt Ihr Tagesbudget beispielsweise 15 €, werden Ihnen im Monat nicht mehr als 450 € an Werbeausgaben entstehen (15 € multipliziert mit 30 Tagen pro Monat).

Mindestbudgets in Theorie und Praxis

Das seitens Google veranschlagte monatliche Mindestbudget von 50 € ist sehr gering gewählt. Wir möchten Ihnen hier anhand eines Beispiels veranschaulichen, wie Sie ein sinnvolles Monatsbudget finden können.

Bleiben wir bei den 50 € Mindestbudget, und nehmen wir an, dass ein Klick auf die Anzeige Sie ca. 0,66 € kostet. Auf diese Weise würden Sie über Google Smart Campaign nicht mehr als ungefähr 76 neue Besucher im Monat – oder umgerechnet nur 2,5 Interessenten pro Tag – erzielen können. Wenn wir davon ausgehen, dass Sie eine Webseite betreiben, die auch ohne Kampagnen tägliche Besucherzahlen im mindestens zweistelligen Bereich aufweist, werden Sie also die zusätzlich gewonnenen Besucher kaum wahrnehmen können. Sie sollten also das Kampagnenbudget in jedem Fall so wählen, dass Sie täglich einen »spürbaren« Besucherzuwachs auf Ihrer Webseite generieren können. Mit 200 € würden Sie mit dem hier im Beispiel genannten Klickpreis bereits 303 neue monatliche Interessenten (oder etwa 10 pro Tag) gewinnen können.

Wir schlagen vor, dass Sie bei Google Smart Campaign nicht unter einem Monatsbudget von 100 € schalten. Sie möchten schließlich von dieser Maßnahme unmittelbar durch einen messbaren Besucherzuwachs auf Ihrer Website oder eine höhere Kundenfrequenz in Ihrem Geschäft profitieren. Wenn Sie das Budget sehr gering ansetzen und dadurch nur wenige Klicks pro Tag generieren, sparen Sie womöglich an der falschen Stelle, weil Ihre Anzeigen zu kurz und eventuell zur falschen Tageszeit online sind.

2.5.10 Kontrolle

Nachdem Sie eine Budgetauswahl getroffen haben, bietet Ihnen der Assistent im folgenden Schritt die Möglichkeit, alle in den vorherigen Schritten angegebenen Informationen zusammengefasst auf einer Seite zu überprüfen und bei Bedarf noch einmal zu ändern. Prüfen Sie an dieser Stelle Zielgruppen, Anzeigen und vor allem Ihre Budgetauswahl genau, bevor Sie Ihre Eingabe bestätigen und mit dem finalen Schritt fortfahren, um die Anzeigen online zu schalten (siehe Abbildung 2.25).

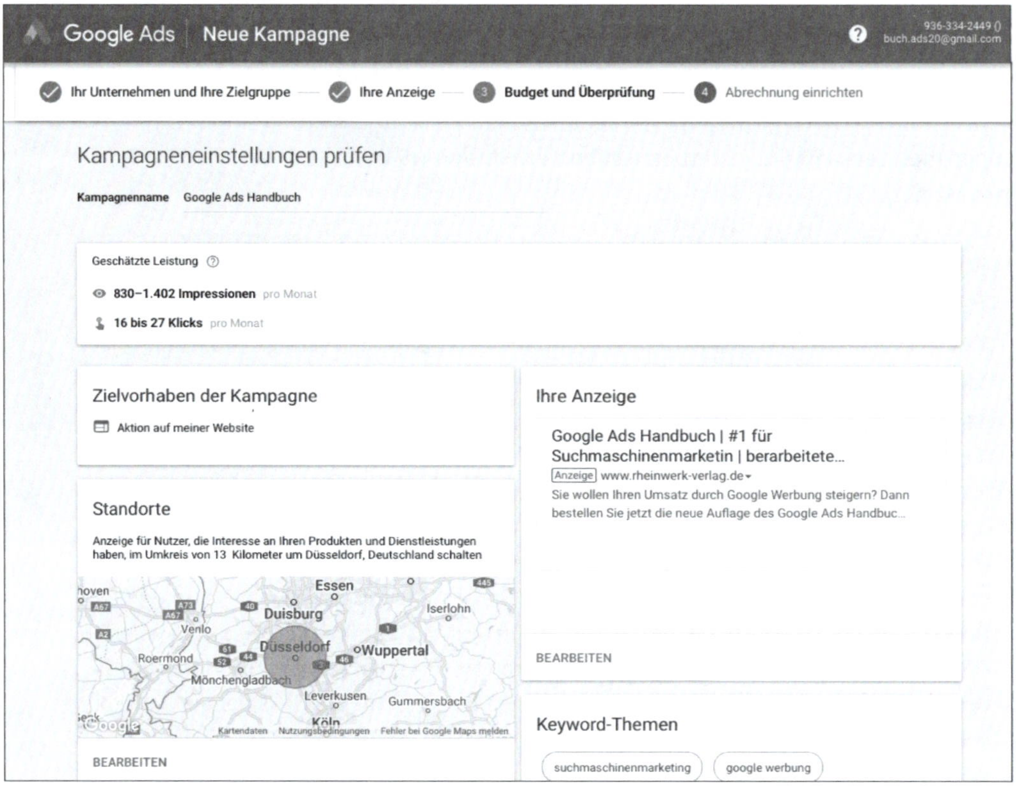

Abbildung 2.25 Kontrolle der Kampagneneinstellungen

2.5.11   Zahlungsinformationen eingeben

Nachdem Sie Ihre Anzeigen erstellt und überprüft haben, müssen Sie im letzten Schritt noch Ihre Zahlungsinformationen hinterlegen (siehe Abbildung 2.26). Was dabei zu beachten ist, haben wir bereits in Abschnitt 2.3.4 beschrieben.

Abschließend gilt auch für Google Smart Campaign: Mit wenig Aufwand und praktisch keinem finanziellen Risiko haben Sie die Möglichkeit, Ihre Produkte und Dienstleistungen einem relevanten Online-Publikum in der nach wie vor mit Abstand beliebtesten Suchmaschine im deutschsprachigen Raum zu präsentieren. Kosten entstehen Ihnen erst dann, wenn Ihre Anzeigen geklickt wurden und Interessenten auf Ihre Webseite geführt haben. Sobald dieser Fall eintritt, füllt sich Ihr Konto mit Daten und Berichten, mit deren Hilfe Sie Ihren Budgeteinsatz weiter optimieren können. Natürlich gestalten sich die Möglichkeiten nicht so umfangreich wie bei der »großen Schwester« im Google-Ads-Interface. Wo Sie dennoch auch bei Google Smart Campaign in der Optimierung ansetzen können, möchten wir Ihnen nun kurz erklären.

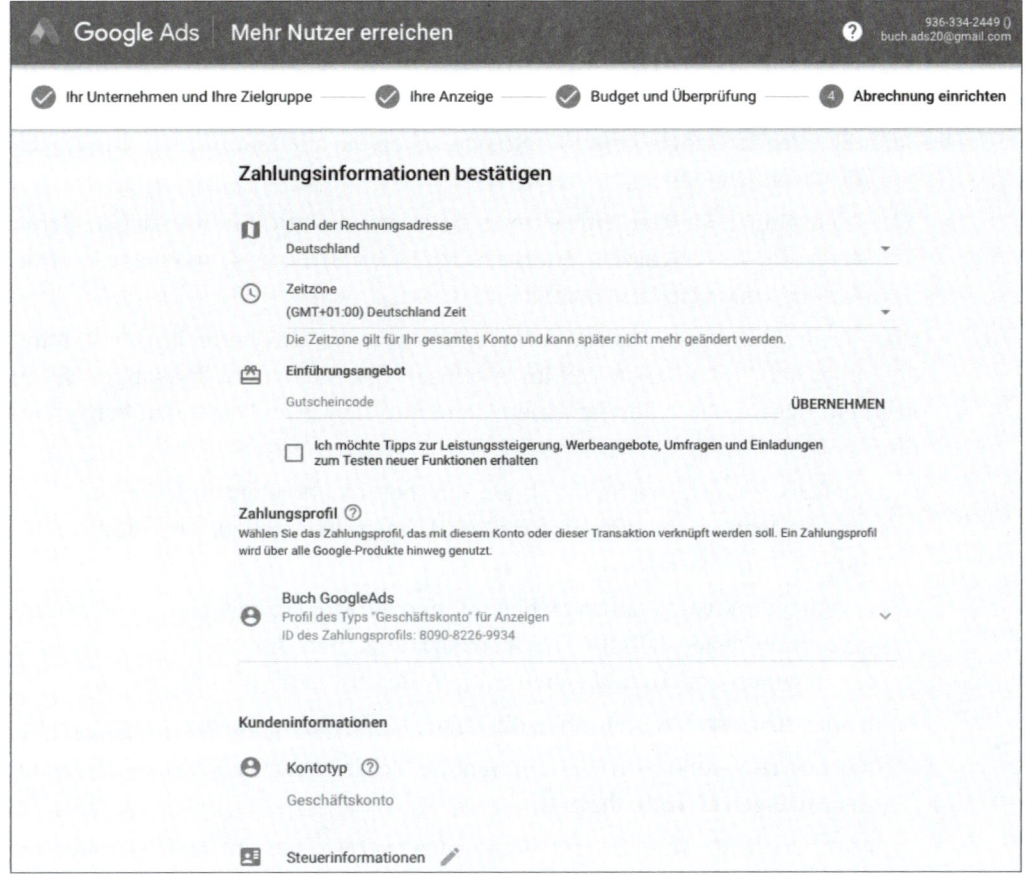

Abbildung 2.26 Zahlungsinformationen eingeben

2.5.12   Anzeigenverwaltung und -optimierung von Google Smart Campaign

Gehen wir davon aus, dass Sie die vorhergehenden Schritte erfolgreich abschließen konnten und Ihre Anzeigen nun bei Google geschaltet werden. Es kann einige Zeit (laut Google bis zu 24 Stunden) dauern, bis diese Anzeigen tatsächlich auch bei den passenden Suchergebnissen erscheinen. Wenn alles klappt, informiert Google Sie zusätzlich auch per E-Mail, dass Ihre Anzeigen aktiv sind. Auch über eventuelle Probleme und Fehler bei der Einrichtung werden Sie per E-Mail informiert.

Sie wissen bereits, dass Ihre Möglichkeiten, die Anzeigen aktiv zu verwalten und zu optimieren, stark einschränkt sind. Dennoch gibt es in der Benutzeroberfläche ein paar wichtige Bereiche, die Sie für die laufende Arbeit mit Google Smart Campaign kennen sollten. Wir empfehlen Ihnen, Ihre Anzeigen nicht gänzlich unbeobachtet laufen zu lassen.

2.5.13 Benutzeroberfläche

Die Menüauswahl von Google Smart Campaign ist im Vergleich zu Google Ads sehr reduziert:

▶ Beim Einstieg in Google Smart Campaign sehen Sie alle Kampagnen und Anzeigen, die Sie erstellt haben.

▶ Außerdem finden Sie hier Hinweise zur GESAMTLEISTUNG Ihrer Anzeigen, deren AUSRICHTUNG sowie WEITERE EINSTELLUNGEN wie BUDGET, STANDORTE, UNTERNEHMENSINFORMATIONEN, BILDER und GOOGLE ANALYTICS

▶ Über die drei Punkte rechts von ANZEIGENVORSCHAU am oberen linken Bildrand oder über den Link BEARBEITEN im jeweiligen Übersichtsfenster gelangen Sie zu Bearbeitungsansichten der einzelnen Elemente, die wir im Folgenden kurz erläutern:

  – ANZEIGEN ist die Ansicht, die Ihnen Ihre bereits erstellten Anzeigen auflistet sowie die Möglichkeit gibt, eine weitere Anzeige zu erstellen, wie bereits in Abschnitt 2.5.8 beschrieben.

  – TELEFONNUMMER BEARBEITEN bietet Ihnen die Möglichkeit, eine Telefonnummer zu hinterlegen, falls Ihr Anzeigenziel lautet, mehr Anrufe für Ihr Unternehmen zu generieren. Darauf gehen wir in Abschnitt 12.11.5 detaillierter ein.

  – BUDGET BEARBEITEN gibt Ihnen die Möglichkeit, Ihr Tagesbudget anzupassen.

  – STANDORTE BEARBEITEN bietet Ihnen die Möglichkeit, die lokale Ausspielung Ihrer Anzeigen zu verändern.

  – PRODUKTE UND DIENSTLEISTUNGEN BEARBEITEN bezieht sich auf die von Ihnen ausgewählten Keywords. Hier können Sie neue Suchbegriffe hinzufügen oder bestehende entfernen.

  – Unter ÄNDERUNGSVERLAUF ANZEIGEN sehen Sie alle Änderungen, die an dem Ads-Konto vorgenommen wurden.

  – Über KAMPAGNE ENTFERNEN können Sie eine Kampagne jederzeit löschen.

  – UNTERNEHMENSINFORMATIONEN enthält die Informationen zu Ihrem Unternehmen wie den Namen und die Unternehmenswebseite oder alternativ die *Google My Business*-Seite.

▶ Oben in der grau hinterlegten horizontalen Navigation finden Sie durch Klick auf das Werkzeugsymbol EINSTELLUNGEN:

  – ABRECHNUNG UND ZAHLUNGEN – Dieser Bereich unterscheidet sich nicht von den Google-Ads-Abrechnungseinstellungen. Sie finden dort relevante Informationen zu Ihren Zahlungen, können Rechnungen einsehen, Zahlungsmittel ändern und auch Gutscheincodes einlösen.

  – EINSTELLUNGEN – Hier finden Sie Angaben zu Ihrer Kundennummer, Ihrem verknüpften Google-Konto und den regionalen Einstellungen, z. B. die Zeitzone des Kontos. Außerdem legen Sie hier fest, welche Arten von (Werbe-)Benachrichtigungen Sie von Google und Google Smart Campaign im Speziellen erhalten möchten. Wichtige Systemnachrichten, wie etwa Probleme mit den Anzeigen oder Budgets, erhalten Sie auch ohne eine Aktivierung dieser Benachrichtigungen.

– Hinter dem Fragezeichen in der oberen horizontalen Navigation befindet sich der Bereich HILFE und FEEDBACK GEBEN. In ihm finden Sie die Google-Ads-Hilfe-Artikel mit entsprechender Suchfunktion.

– WELTWEITER TELEFONSUPPORT – Alternativ zur Google-Ads-Hilfe können Sie auch direkt telefonischen Support durch einen Google-Mitarbeiter beanspruchen.

▶ Wenn Sie oben in der grau hinterlegten Navigation rechts von Ihrem Unternehmensnamen auf das Profilbild klicken, können Sie zwischen mehreren Google-Ads-Konten wechseln bzw. ein neues anlegen, sofern gewünscht. Außerdem können Sie hier Details zu Ihrem Konto einsehen bzw. sich abmelden.

2.5.14   Anzeigenoptimierung

Möchten Sie Ihre aktiven Anzeigen bearbeiten, um beispielsweise Texte, Kategorienzuordnungen oder Budgets anzupassen, wählen Sie aus der Übersicht zunächst die entsprechende Kampagne aus. Dann sehen Sie die soeben beschriebene Übersicht für die Kampagne, wo Sie Ihre gewünschten Änderungen vornehmen können.

Optimierung von Anzeigentexten

Sie werden eventuell bei der ursprünglichen Erstellung der Anzeigentexte bemerkt haben, dass es durchaus eine Herausforderung sein kann, die Vorteile Ihres Unternehmens und dessen Angebote, Produkte oder Dienstleistungen auf begrenztem Raum bestmöglich hervorzuheben. Wir geben Ihnen als Google-Smart-Campaign-Nutzer ein paar Tipps, die Ihnen das Verfassen von passenden und erfolgreichen Anzeigentexten ermöglichen sollen:

▶ **Wodurch heben Sie sich von den Mitbewerbern ab?**
Versuchen Sie, mindestens eine Eigenschaft Ihres Angebots hervorzuheben, um in der Vielzahl an Anzeigen aufzufallen, die auf einer Seite konkurrieren.

▶ **Bieten Sie etwas Exklusives an?**
Konkrete Preisangaben und Hinweise auf zeitlich limitierte Angebote können die Leistung Ihrer Anzeige verbessern, indem Sie bessere Klickraten erzielen. Weisen Sie in Ihren Anzeigen auf besondere Angebote, Spezialpreise und Aktionen hin, und generieren Sie so wertvolle zusätzliche Klicks.

▶ **Ist ein Bezug zu Kategorie- und/oder Suchbegriffen gegeben?**
Versuchen Sie, ein oder mehrere Wörter, bei denen Sie die Schaltung Ihrer Anzeigen erwarten, auch in den Texten wiederzuverwenden. Der unmittelbare Bezug zwischen dem Suchbegriff des Nutzers und Ihrer Anzeige wird auf diese Weise besser hergestellt.

▶ **Welche Aktion sollen Interessenten durchführen?**
Abhängig von Ihrem Unternehmensziel werden Sie von den Interessenten, die auf Ihre Anzeigen klicken, unterschiedliche Aktionen erwarten. Kaufen, anmelden oder anrufen sind nur drei Beispiele für konkrete Handlungsaufforderungen, die Sie idealerweise in Ihren Anzeigen platzieren sollten.

▶ **Hält die Webseite, was die Anzeige verspricht?**
Prüfen Sie sorgfältig, ob Interessenten alle in den Anzeigentexten beworbenen Angebote, Preise oder Produkte rasch und korrekt auf Ihrer Webseite finden können. Wenn Sie zeitlich begrenzte Preise und Angebote in den Anzeigen verwenden, müssen Sie auch Zeit für deren regelmäßige Prüfung und Aktualisierung einkalkulieren. Programmieren Sie automatische Erinnerungen in Ihrem Kalender, um falschen Anzeigeninhalten und somit potenziell verärgerten Interessenten vorzubeugen.

▶ **Ist die Anzeige zu 100 Prozent fehlerfrei?**
Es gibt nichts Lästigeres und aus Konsumentensicht Unprofessionelleres als Rechtschreib- oder Grammatikfehler in den Anzeigen. Prüfen Sie daher Ihre Texte vor der Veröffentlichung genau, und stellen Sie sicher, dass Sie den zur Verfügung stehenden Platz optimal nutzen.

Haben Sie Optimierungspotenzial für Ihre bestehenden Anzeigentexte erkannt? Zögern Sie nicht, unpassende Anzeigentexte schnellstmöglich zu verbessern!

Optimierung von Keyword-Themen

Wie Sie bereits gelernt haben, können Sie bei Google Smart Campaign Ihre eigenen Keywords bestimmen. Google schlägt dazu passende Begriffe vor, die zum einen aus der Analyse Ihrer eingegebenen Unternehmenswebseite stammen und zum anderen Ergänzungen zu den von Ihnen definierten Begriffen sind (siehe Abbildung 2.27).

Einige Fälle, in denen Sie eine Überarbeitung der Keywords in Betracht ziehen sollten, möchten wir Ihnen hier nennen:

▶ **Ihr Unternehmensbereich hat sich geändert oder Sie möchten mehrere Bereiche, Produkte, Dienstleistungen bewerben?**
Fügen Sie einfach neue Anzeigen mit jeweils neuen Keyword-Themen hinzu, um Ihre Produkte und Dienstleistungen effektiver zu bewerben.

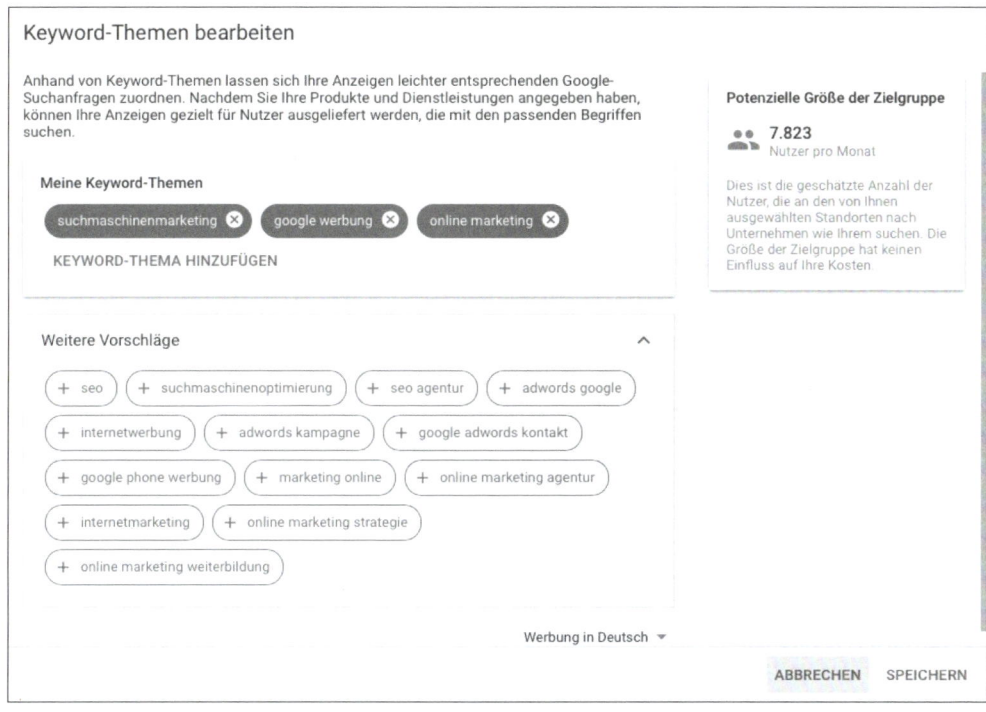

Abbildung 2.27 Keyword-Themen bearbeiten

▶ **Ihre primäre Keyword-Auswahl ist zu allgemein?**
Sobald Sie auf der Übersichtsseite bei den Suchwortgruppen völlig irrelevante Keywords vorfinden, ist dies ein Zeichen dafür, dass Sie Ihre Suchbegriffe möglicherweise zu generisch gewählt haben. Prüfen Sie, ob Sie Begriffe finden können, die besser zu Ihrem Unternehmen passen.

▶ **Sie verwenden Kategorien mit indirektem Bezug?**
Als Autohändler für die Marke Mercedes-Benz möchten Sie auch potenzielle BMW- und Audi-Käufer für sich gewinnen? Verwerfen Sie solche Werbestrategien in Google Smart Campaign, und wählen Sie nur Keywords, von denen Sie wissen, dass diese Ihrem Angebot tatsächlich entsprechen.

▶ **Sie haben zu viele Keywords gewählt?**
Selbst wenn Googles Vorschläge für Suchbegriffe mannigfaltig sind, sollten Sie sich auf den Kernbereich Ihres Unternehmens fokussieren und unpassende Vorschläge einfach ignorieren.

▶ **Sie möchten die Anzeigenschaltung für spezielle Keywords stärken?**
Ihre Anzeigen und Budgets werden nicht zentral, sondern je Kampagne einzeln definiert. Möchten Sie zum Beispiel, dass in der Kampagne *Café* 5 €, für *Eissalon* in den Sommermonaten jedoch 20 € pro Tag ausgegeben werden, so legen Sie ein-

fach unterschiedlich hohe Budgets fest, um den Fokus der jeweiligen Anzeigen auf die von Ihnen präferierte Kampagne zu legen.

Wie bereits erwähnt, empfehlen wir die Erstellung mehrerer Kampagnen und Anzeigen, wenn Sie mit Ihrem Unternehmen mehr als eine Kategorie abdecken und mit den jeweils bestmöglichen individuellen Suchworten gefunden werden möchten.

2.5.15 Fragen zu Google Smart Campaign

Selbst beim einfachen und schnellen Google Smart Campaign gibt es einige wichtige Aspekte, die Sie im Rahmen der Konto- und Anzeigenerstellung berücksichtigen sollten. Vermeintlich kleine Fehler oder ein falscher bzw. nicht getätigter Klick im Einrichtungsprozess können Sie im schlechtesten Fall viel Geld kosten. Auf einige Fragen, die im Rahmen der Verwendung von Google Smart Campaign auftreten können, finden Sie in den folgenden Abschnitten die passenden Antworten.

Wie funktioniert die geografische Ausrichtung?

Die geografische Ausrichtung ist im Unterschied zum Google-Ads-Programm bei Google Smart Campaign wesentlich schlechter steuerbar. Um den Standort auszuwählen, an dem Ihre Anzeigen geschaltet werden, nutzt Google Smart Campaign die folgenden zwei Faktoren:

► **Umkreis um den Standort Ihres Unternehmens?**
Sie können einen geografischen Umkreis zwischen fünf bis fünfundsechzig Kilometern um einen definierten Standort, idealerweise Ihren Unternehmensstandort, auswählen. In diesem Radius werden Ihre Anzeigen dann geschaltet.

► **Bestimmte Gebiete**
Alternativ können Sie bestimmte Gebiete, Städte oder Länder festlegen, in denen Ihre Anzeigen ausgespielt werden sollen.

Welche Keywords werden bei der automatischen Auswahl berücksichtigt?

Die von Nutzern eingegebenen Suchbegriffe und Phrasen, die eine Anzeigenschaltung auslösen, sind ein zentraler Bestandteil jeder Google-Ads-Kampagne. In der Smart-Campaign-Variante spielen diese auch eine wichtige Rolle. Wie bereits erwähnt, können Sie eigene Suchbegriffe hinterlegen. Google liefert dazu passende Ergänzungen und Alternativen. Diese Suchbegriffe werden von Google automatisch sogenannten *Suchwortgruppen* zugeordnet, auf die Sie in Google Smart Campaign nur bedingt Einfluss nehmen können.

Diese als Suchwortgruppen bezeichneten Keyword-Listen werden zwar regelmäßig aktualisiert, jedoch geschieht das nur generisch innerhalb der Kategorien, nicht aber

2

an Ihr Unternehmen angepasst. Berücksichtigen Sie daher auch die weiteren Faktoren, um besser zu verstehen, wie das Google-Smart-Campaign-System die automatische Auswahl optimal passender Keywords steuert:

▶ **Unternehmensname**
Google nutzt auch den Namen Ihres Unternehmens als Keyword zur Schaltung
von Google-Smart-Campaign-Anzeigen. Diese Praxis macht durchaus Sinn und
bietet Ihnen unter anderem folgenden Vorteil: Sie können die Überschriften und
Texte Ihrer bezahlten Anzeigen jederzeit ändern. Das ist zum Beispiel dann hilfreich, wenn Sie kurzfristige Angebote oder neue Produkte unmittelbar im Anzeigentext darstellen möchten. In organischen Suchergebnissen hingegen haben Sie
keine kurzfristigen Einflussmöglichkeiten auf die dargestellten *Snippets* – also auf
die Titelzeile und den Beschreibungstext des Suchresultats, das für Ihr Unternehmen erscheint.

▶ **Keyword-Optionen**
Bei Google Smart Campaign kommt lediglich die Keyword-Option WEITGEHEND
PASSEND zum Einsatz. Dies kann dazu führen, dass die Anzeigen auch bei thematisch nicht optimal passenden oder gänzlich irrelevanten Suchbegriffen geschaltet werden. Das Thema Keyword-Optionen haben wir in Abschnitt 4.4.3 für Sie umfassend aufbereitet.

▶ **Suchwortgruppen**
Während Sie bei Google Ads alle verwendeten Keywords aktiv verwalten und
deren Leistungsdaten auch detailliert in den Reports einsehen können, stellt
Ihnen die Smart-Campaign-Variante in der Benutzeroberfläche lediglich eine
Übersicht der genutzten Suchwortgruppen im gleichnamigen Fenster Ihrer Kampagnenübersicht dar. Im Normalfall werden diese Keywords genau zu Ihrem Unternehmen und den für die Anzeige festgelegten Suchbegriffen passen. Sollten Sie
in den Smart-Campaign-Reports unpassende Suchwortgruppen finden, können
Sie sie jederzeit ausschalten oder auch wieder einschalten, sofern Sie es sich anders überlegen.

Zusammengefasst bedeutet das, dass Google Smart Campaign für Sie als Alternative
ausscheidet, sobald Sie einen unmittelbaren Einfluss auf Keywords und Keyword-
Optionen haben möchten.

Wie kann ich Google-Smart-Campaign-Kampagnen stoppen?

Google macht es Ihnen mit Google Smart Campaign sehr einfach, Ihre Anzeigen und
Kampagnen erstmalig zu erstellen und rasch online zu schalten. Ebenso leicht ist es,
Ihre aktiven Anzeigen zu stoppen. Dazu rufen Sie die Kampagnenübersicht auf (siehe
Abbildung 2.28). Hier können Sie entweder die jeweilige Kampagne über das Drop-
down-Menü ❶ von AKTIV auf KAMPAGNE PAUSIEREN setzen oder über BEARBEITEN

im Bereich ANZEIGENVORSCHAU einzelne Anzeigen entfernen. Die Anzeigen selbst lassen sich allerdings im Gegensatz zu Google Ads in Smart Campaign nicht pausieren.

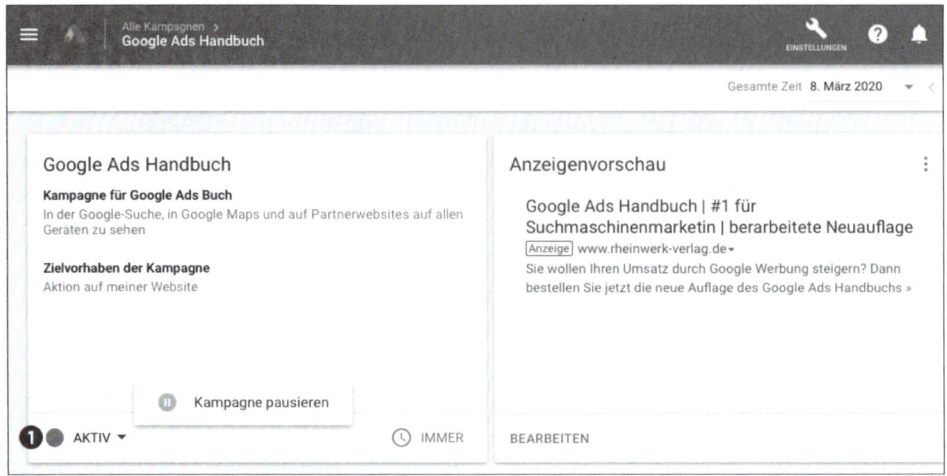

Abbildung 2.28 Eine Kampagne pausieren

Kann ich Google Smart Campaign und Google Ads gemeinsam nutzen?

Im Gegensatz zum bisherigen *AdWords Express* ist es beim neuen Google Smart Campaign technisch grundsätzlich nicht möglich, dass Sie es parallel zu Google Ads nutzen. Sobald Sie einmal von Smart Campaign zu Ads umgeschaltet haben (siehe Abschnitt 2.5.16), können Sie nicht mehr zurückwechseln.

Sie haben in diesem Kapitel umfangreiche Informationen zu den Vor- und Nachteilen von Google Smart Campaign erhalten, sodass Ihnen eine Entscheidung leichtfallen sollte. Sobald Sie mindestens eine der folgenden grundlegenden Funktionen benötigen, ist Google Smart Campaign für Sie nicht geeignet: Displaynetzwerk inklusive YouTube, geräteabhängige Kampagnen, Keywords und Keyword-Optionen, erweiterte Analysen mit Google Analytics sowie internationale Kampagnen mit erweiterter geografischer Ausrichtung.

> **Google Smart Campaign oder doch Google Ads?**
>
> Google Smart Campaign ist sehr einfach einzurichten und zu verwalten. Der Nutzer muss sich weder um die zeitintensive Keyword-Suche oder die Gebotseinstellungen kümmern noch muss er unterschiedliche Anzeigen texten. Das Google-System kümmert sich um fast alles. Das sind aber auch schon die einzigen Vorteile, die jedoch für viele Nutzer entscheidend sind.

Als Nachteil fällt bei Google Smart Campaign auf, dass die Suchwortgruppen automatisch angelegt und zudem relativ hohe Klickpreise festgelegt werden. Sie haben keine Möglichkeit der Anpassung. Die automatisch erstellten Suchbegriffe werden mit der Keyword-Option WEITGEHEND PASSEND geschaltet. Dies bedeutet vereinfacht gesagt, dass Google zu den vorgegebenen Keywords viele Variationen und Kombinationen von Suchbegriffen schalten kann. Damit sind Streuverluste in alle Richtungen möglich. Zielgerichtete Ergebnisse sind bei Google Smart Campaign aufgrund vieler automatisierter Vorgänge geringer als in einem optimierten Google-Ads-Konto. Es geht bei Smart Campaign primär darum, eine große Aufmerksamkeit in einem regionalen Bereich zu erzielen. Doch die Kosten pro Klick erscheinen vor allem alten Hasen im Bereich Google Ads sehr hoch. Das wiegt umso schwerer, als dass diese Kosten zudem nicht durch Optimierung beeinflusst und gesenkt werden können. Die Automatisierung der Google-Ads-Werbung spart zwar Zeit, kostet jedoch auf der anderen Seite viel Geld.

Sie kennen also nun Google Smart Campaign, dessen Funktionsumfang und seine Vor- und Nachteile und können auf dieser Basis selbst entscheiden, ob dieses Produkt für Ihr Geschäft interessant ist. Die folgenden Ausführungen in diesem Buch beziehen sich nur auf das vollständige Google-Ads-Programm. Die dort beschriebenen Ausrichtungs- und Optimierungsfunktionen stehen für die »kleine Schwester« nicht zur Verfügung. Falls Sie den Zeitaufwand als Nachteil in Kauf nehmen, Ihre Werbung dafür besser optimieren und stärker an Ihrer Zielgruppe ausrichten möchten, so sollten Sie doch eher auf Google Ads setzen. Dazu sind jedoch zunächst weitere wichtige Vorbereitungen notwendig.

2.5.16   Wechsel von Google Smart Campaign zu Google Ads

Sie können jederzeit aus der Google-Smart-Campaign-Ansicht in die eigentliche Google-Ads-Ansicht wechseln, indem Sie in der horizontalen Navigation oben auf das Werkzeugsymbol für EINSTELLUNGEN ❶ und dann auf EINSTELLUNGEN FÜR FORTGESCHRITTENE klicken. Dann öffnet sich ein Pop-up-Fenster, in dem Sie auswählen können, ob Sie IM SMART-MODUS BLEIBEN ❷ oder tatsächlich zu den EINSTELLUNGEN FÜR FORTGESCHRITTENE ❸ wechseln möchten (siehe Abbildung 2.29).

Hinweis: Wenn Sie in Ihrem Konto zu den Einstellungen für Fortgeschrittene wechseln, können Sie nicht mehr in den Smart-Modus zurückkehren. Smarte Kampagnen lassen sich jedoch weiterhin genau wie andere Kampagnen bearbeiten.

Abbildung 2.29 Wechsel zu Google Ads bzw. Einstellungen für Fortgeschrittene

2.6   Was möchten Sie mit Google Ads erreichen?

Bei der Vorbereitung einer Google-Ads-Werbekampagne sollten Sie zunächst darüber nachdenken, was Sie mit Ihrer Online-Marketing-Kampagne erreichen möchten. Obwohl sich dies relativ einfach anhört, fällt es oft schwer, exakt zu formulieren, was man mit der Google-Ads-Werbung genau erreichen möchte. Natürlich will jeder am Ende mehr Kunden haben, aber daneben gibt es auch noch andere Ziele. Versuchen Sie zunächst einmal, alle Ihre Vorstellungen zu definieren, und halten Sie diese Punkte am besten schriftlich fest.

2.6.1   Definieren Sie Ihre Ziele

Ihre Ziele sind wichtig! Der chinesische Philosoph Laotse hat gesagt: »Nur wer sein Ziel kennt, findet den Weg.« Ohne Ziele können Sie keine Aussage über die Wirkung Ihrer Online-Werbung treffen. Darum sollten Sie zu Beginn Ihrer Google-Ads-Kampagne Ihre Ziele überdenken und klare Zielaussagen treffen. Falls Sie Erfahrungen mit vergleichbaren Werbekampagnen im Internet haben, können Sie auch durchaus konkrete Zielvorgaben treffen, z. B. »fünfzig Produktverkäufe pro Tag« oder »fünf verkaufte Inhouse-Schulungen pro Monat«. Anhand dieser Vorgaben können Sie dann festlegen, wie Sie die Erreichung der Ziele online messen wollen. Anhand Ihrer konkreten Ziele können Sie nach einem vorher definierten Zeitraum Vorgaben und erreichte Ziele vergleichen. Abhängig von dem erzielten Ergebnis können Sie dann wiederum Optimierungen vornehmen oder eine veränderte Werbestrategie testen.

2.6.2   Besucher sind (noch) keine Kunden

Das erste und wichtigste Ziel einer Google-Ads-Kampagne sind neue Webseitenbesucher, die über den Klick auf die Google-Ads-Anzeige auf Ihre Webseite kommen. Google vermittelt als Suchmaschine ja sehr schnell interessierte Besucher, die wie erläutert aufgrund der gestellten Suchanfrage bereits vorgefiltert sind. Die Besucher sind umso wertvoller, je besser ihre Suchanfragen zu Ihren Produkten oder Dienstleistungen passen.

Falls der Suchende Ihre Produkte oder Dienstleistungen nicht kennt, so führt die Google-Ads-Werbung in vielen Fällen auch Besucher auf Ihre Webseite, die Lösungen für bestimmte Probleme suchen und über diesen Umweg Ihr Unternehmen kennenlernen. Die erste Hürde ist also geschafft. Sie haben mithilfe des Suchmaschinenmarketings interessierte Besucher auf Ihre Seite geführt. Bedenken Sie jedoch eine wichtige Weisheit im Online-Marketing: Besucher sind noch keine Kunden!

Allein der steigende Traffic auf Ihrer Webseite ist in den meisten Fällen noch kein befriedigendes Ziel. Sie müssen also weitere Ziele definieren, um diese später entsprechend messen und bewerten zu können. Unterscheiden Sie dabei zwischen Makrozielen und Mikrozielen. Ein *Makroziel* ist immer das bedeutendste Ziel. Ein solches ist zum Beispiel erreicht, wenn ein Kunde ein Produkt in Ihrem Online-Shop bestellt hat. Ein weiteres Makroziel wäre die Buchung eines Seminarplatzes oder eine konkrete Kundenanfrage per Kontaktformular. Ein *Mikroziel* hingegen wäre nur ein Zwischenschritt, der später zu einem Auftrag oder einem Verkauf führt. Dies könnte beispielsweise die Anmeldung zu einem Newsletter sein oder sogar der Besuch einer wichtigen Unterseite Ihrer Webpräsenz. Nutzen Sie Mikroziele, um das Verhalten Ihrer Besucher in kleinen Schritten zu analysieren.

Jedes Unternehmen verfolgt natürlich individuelle Ziele. Zur Anregung Ihrer Überlegungen haben wir eine Liste möglicher Ziele für eine Webseite zusammengestellt. Außerdem enthält Tabelle 2.2 entsprechende Tipps, wie Sie die das Erreichen der jeweiligen Ziele messen können.

Welches Ziel wird verfolgt?	Was wird gemessen?
Unternehmen/Website/Produkt bekannt machen = Visits	Anzahl der Besucher der Webseite
Bekanntheit der Marke bzw. des Unternehmens erhöhen	Anzahl der wiederkehrenden Besucher
Interesse für ein Produkt wecken	Engagement der Besucher (Anzahl der besuchten Webseiten und/oder die Zeit auf der Website)

Tabelle 2.2 Unterschiedliche Ziele und Messverfahren

Welches Ziel wird verfolgt?	Was wird gemessen?
Potenzielle Kunden = Leads generieren	Newsletter-Anmeldungen
	Anfragen zu Produkttests, z. B. Software-Download
	Bestellung von Infomaterial oder Katalogen etc.
	Anfragen für Rückruf
Echte Kunden = Sales	Produktbestellungen im Shop
	Anfragen über ein Kontaktformular
Kundenkontakte	Telefonanrufe mit speziellen Rufnummern
	Anfragen per E-Mail
E-Mail-Adressen generieren	Newsletter-Anmeldungen
	Kontaktformulare mit Abfrage der Mail-Adresse
Postadressen	Kontaktformulare mit Abfrage der Postadresse

Tabelle 2.2 Unterschiedliche Ziele und Messverfahren (Forts.)

2.6.3   Conversions = die Ziele Ihres Online-Marketings

Alle Ziele, die für Sie interessant sind, sollten aufgezeichnet (getrackt) werden. Wir empfehlen Ihnen, in Google Ads jedoch nur die Makroziele, also Ihre wichtigsten Ziele, zu messen. Das Google-Ads-System ordnet die erreichten Ziele den Keywords, den Anzeigentexten, den Anzeigengruppen sowie den Kampagnen zu. Diese Zahlen können Sie in verschiedenen Statistiken abrufen.

Früher hat Google alle Conversions unter einer Gruppe zusammengefasst, sodass es nicht möglich war, zwischen einzelnen Conversions zu unterscheiden. Somit war die Conversion *Newslettereintrag* genauso wichtig wie die Conversion *Produktkauf*, was dem unterschiedlichen finanziellen Gegenwert der Conversion nicht gerecht wurde. Neuerdings haben Sie die Möglichkeit, Ihren Kampagnen gezielt einzelne ausgewählte Conversions als Ziel zuzuordnen.

Dazu klicken Sie in den Kampagneneinstellungen auf Weitere Einstellungen ❶ (siehe Abbildung 2.30). In dem Zusatzmenü, das dann aufklappt, wählen Sie Conversion-Aktionen für diese Kampagne auswählen ❷ (siehe Abbildung 2.31) und klicken anschließend auf Conversion-Aktionen auswählen ❸.

Hier können Sie jetzt die gewünschten Conversion-Aktionen auswählen. Voraussetzung ist natürlich, dass Sie vorab eine oder mehrere Conversion-Aktionen angelegt haben. Wie das geht, wird gleich in Abschnitt 2.6.4 erklärt.

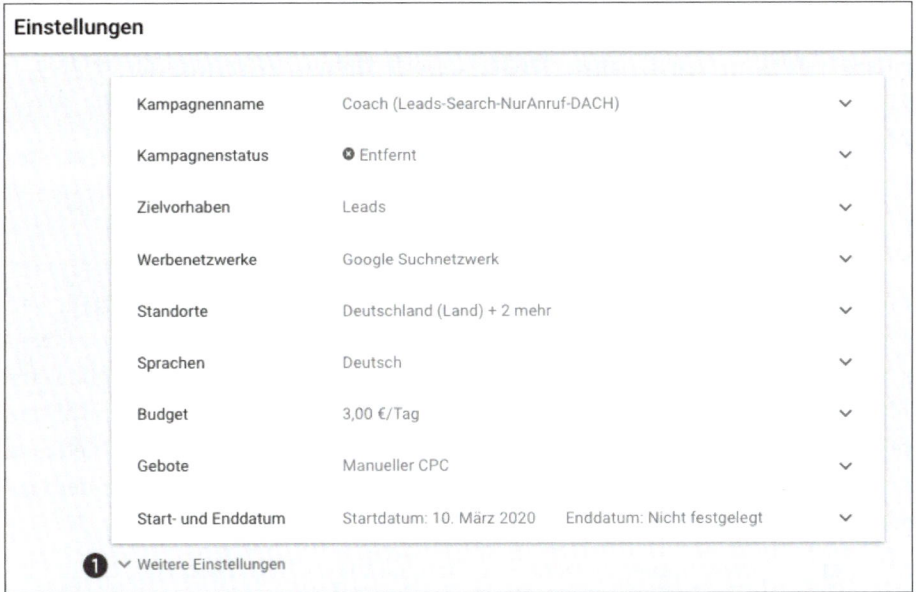

Abbildung 2.30 »Weitere Einstellungen« in den Kampagneneinstellungen

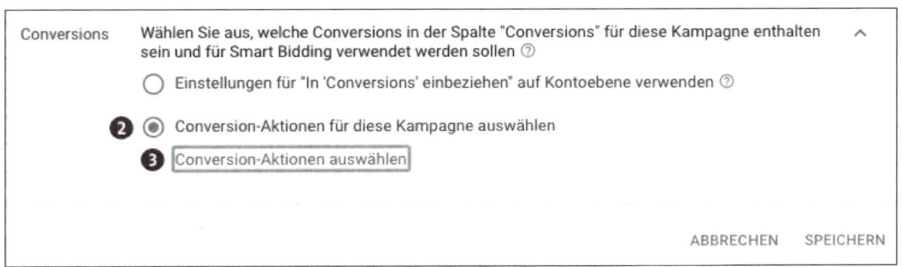

Abbildung 2.31 Conversion-Aktionen für Kampagne auswählen

Durch die neue Option der gezielten Conversion-Zuteilung bekommen Ihre Statistikberichte bezüglich Conversions deutlich mehr Aussagekraft. Hinzu kommt, dass die Conversions auch im Google-Ads-Tool genutzt werden, um z. B. automatisiert mithilfe des Conversion-Optimierungstools stärker für Keywords mit höheren Conversions zu bieten. Dies ist nur sinnvoll, wenn hinter den Conversions auch echter Umsatz in Form von Verkäufen oder Kundenanfragen steht.

Was ist eine Conversion?

Conversion oder auf Deutsch Konversion bedeutet »Umwandlung«. Im Online-Marketing ist eine Conversion im eigentlichen Sinne der Punkt, an dem sich ein Besucher in einen Kunden verwandelt. Es werden jedoch auch schon geringere Ereignisse als Conversion bezeichnet. Wenn sich z. B. ein Interessent für einen Newsletter einträgt,

> wird er ja nicht unbedingt schon zum Kunden – aber auch das kann als Conversion
> gemessen werden. Online werden hauptsächlich bestimmte Webseiten, die aufgeru-
> fen werden, oder bestimmte Klickereignisse (auf Buttons oder Links) als Zielpunkt
> gemessen, um eine Aktion als Conversion zu werten.

2.6.4 Conversions in Google Ads erstellen

Damit Sie eine Conversion in Google Ads messen können, muss ein Code erstellt werden, der danach auf einer bestimmten Unterseite Ihrer Webpräsenz eingebaut werden muss. Wird diese Seite später von einem Besucher aufgerufen, der über eine
Ihrer Google-Ads-Kampagnen kam, so wird diese Aktion als Conversion in Ihrem
Google-Ads-Konto aufgezeichnet. Die Conversion können Sie dann in verschiedenen
Berichten in Ihrem Konto der entsprechenden Kampagne, Anzeigengruppe, dem zugehörigen Keyword und der Anzeige zuordnen.

Um Ihre erste Conversion einzurichten, gehen Sie folgendermaßen vor: Klicken Sie
zunächst in Ihrem Google-Ads-Konto oben rechts auf das Werkzeugsymbol TOOLS
UND EINSTELLUNGEN ❶ und dann unter MESSUNG auf den Unterpunkt CONVER-
SIONS ❷ (siehe Abbildung 2.32).

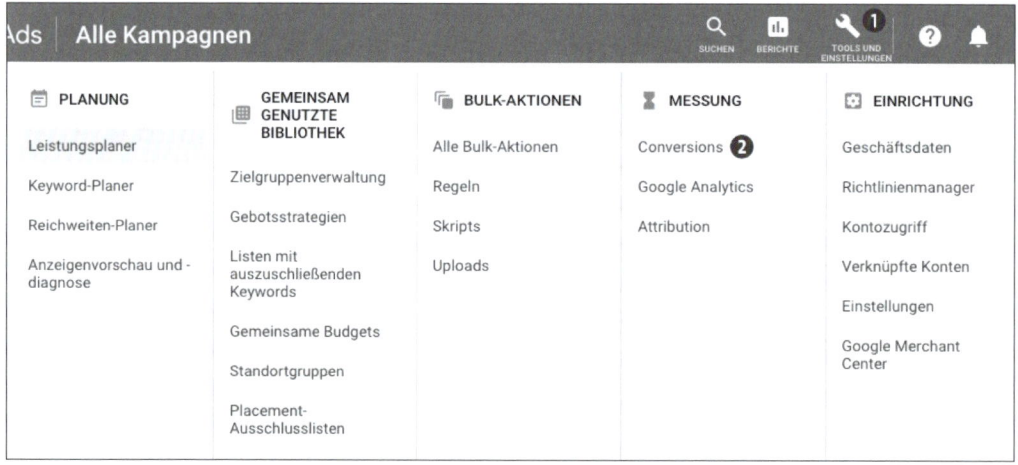

Abbildung 2.32 »Conversions« unter »Messung« erstellen

Im neuen Fenster klicken Sie dann auf das Symbol, um Ihre Conversion zu erstellen.
Wurden bereits Conversions angelegt, so finden Sie hier eine Tabelle mit allen Conversions, die Hinweise zur Quelle und Kategorie aus Ihrem Konto enthält.

Im nächsten Fenster können Sie die Grundeinstellung für Ihre neue Conversion festlegen. Als wichtigste Einstellung müssen Sie hier zunächst die Quelle Ihrer Conver-

sion bestimmen. Dies ist im Normalfall der erste Unterpunkt (WEBSITE) der Auswahl-liste. Zu den weiteren Auswahlmöglichkeiten (siehe Abbildung 2.33) zählen auch:

▶ APP
Mit diesem Conversion-Code können Sie zum einen Downloads von Apps erfas-sen; zum anderen können Sie auch Aktionen in Ihren mobilen Apps als Conver-sions erfassen.

▶ ANRUFE
Mit dieser Funktion können Sie drei unterschiedliche Conversions aus dem Anruf-bereich erfassen. Sie können Anrufe tracken, die direkt über die Google-Ads-Anzei-gen erfolgt sind, Sie können Anrufe über Telefonnummern tracken, die auf einer mobilen Webseite aufgerufen wurden, und sogar Anrufe zu Telefonnummern, die auf Ihrer Webseite eingeblendet werden.

▶ IMPORT
Mit dieser Funktion können Sie Conversions aus Drittanbietersystemen in Ihr Google-Ads-Konto importieren, also Aktionen, die Sie nicht unmittelbar digital im Google-Ads-Konto messen können.

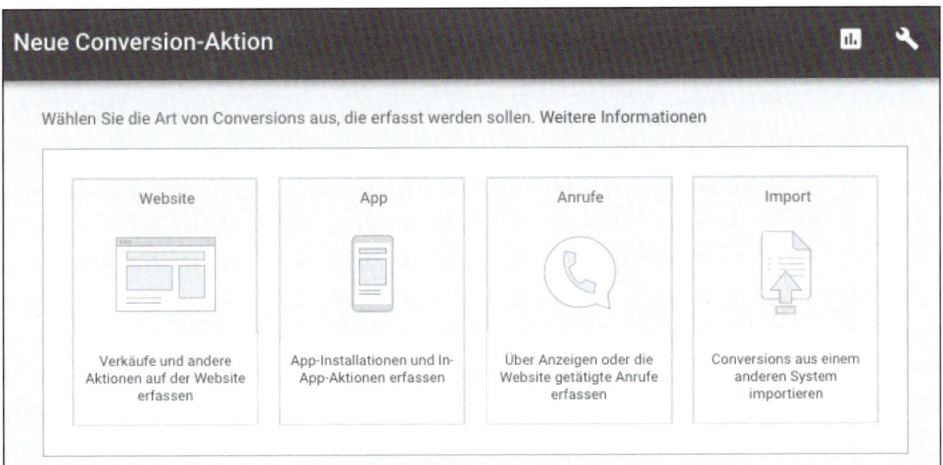

Abbildung 2.33 Grundeinstellung für eine Conversion

Nachdem Sie die gewünschte Quelle ausgewählt haben, werden Sie im nächsten Schritt auf eine Seite weitergeleitet, auf der Sie die entsprechenden Einstellungen für Ihre Conversion vornehmen (siehe Abbildung 2.34).

Wählen Sie zunächst eine passende KATEGORIE ❶ aus. Hier können Sie aus verschie-denen vorgegebenen Kategorien wählen, wobei diese Angaben nur der einfacheren Sortierung und Zuordnung dienen. Versuchen Sie trotzdem, eine möglichst passen-de Kategorie auszuwählen. Geben Sie zum Beispiel KAUF an, falls Sie eine Bestellung tracken möchten. Danach geben Sie Ihrer Conversion einen aussagekräftigen Namen ❷, damit Sie diese später auch einfach zuordnen können.

Zusätzlich können Sie beim Unterpunkt WERT ❸ noch festlegen, was Ihnen das erreichte Ziel wert ist. Dabei können Sie einen echten Gegenwert in Euro hinterlegen. Es ist sogar möglich, mithilfe Ihres Programmierers über ein Formular z. B. den Wert einer Seminarbuchung zu übergeben.

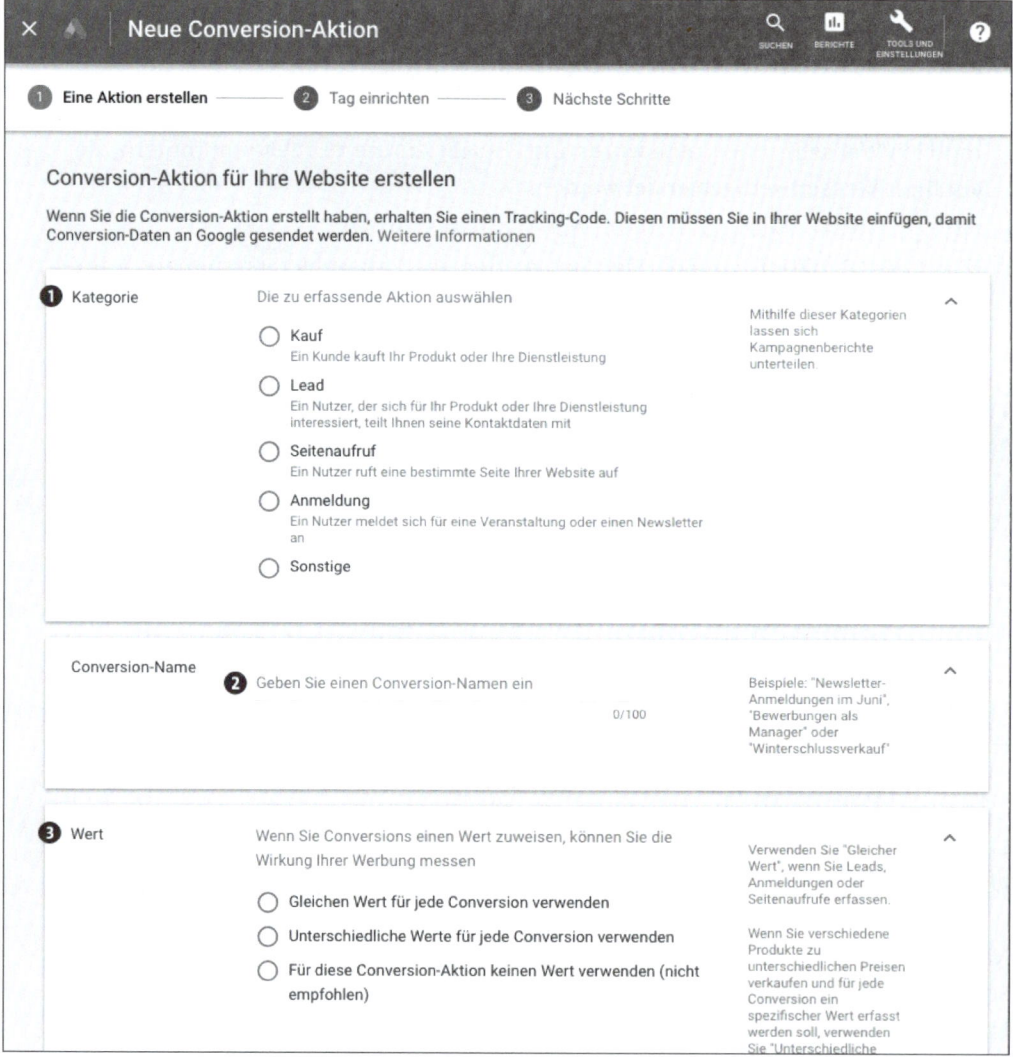

Abbildung 2.34 Weitergehende Einstellungen für Conversions (Teil 1)

Sie können aber auch mit fiktiven Werten arbeiten. Hinterlegen Sie dazu bestimmte Kennzahlen, mit denen Sie intern weiterrechnen können. Legen Sie z. B. fest, dass

Conversion A den Wert 10 besitzt und B den Wert 5, so wissen Sie, dass ein erreichtes Ziel A doppelt so wertvoll wäre wie ein erreichtes Ziel B, ohne dass Sie genaue Eurobeträge angeben müssen. Diese Beträge können in vielen Fällen auch nur einen geschätzten Durchschnittswert darstellen, weil Sie oft nicht genau wissen, wie viel Umsatz Sie mit einem Kunden erzielen.

In jedem Fall sollten Sie Werte für Conversions hinterlegen, weil Sie später besser bestimmen können, welche Conversion in welchem Umfang zu Ihrem Erfolg beigetragen hat. Für bestimmte Budgetstrategien, die Sie in Google Ads festlegen können, ist es wichtig, den erzielten Umsatz zu kennen. So können Sie z. B. in Ihren Google-Ads-Kampagnen eine Strategie unter Berücksichtigung eines angegebenen durchschnittlichen Ziel-ROAS festlegen.

ROAS steht für *Return On Advertising Spending*. Dies bedeutet, dass der Umsatz, der durch Werbung entsteht, mit den Kosten für die Werbung zueinander ins Verhältnis gesetzt wird.

Ihre Conversion-Werte sind sichtbar

Da der Wert mit dem Conversion-Code auf der Zielseite als JavaScript eingebaut wird, ist im Quellcode auch der entsprechende Gegenwert für einen neuen Kunden sichtbar. Falls Sie also hier echte Werte hinterlegen, so ist es auch immer möglich, dass ein Webseitenbesucher diese Kennzahlen ausliest, wenn er die Conversion-Seite erreicht und im Quellcode nachschaut. Daher bietet es sich an, mit fiktiven Werten zu arbeiten, die Sie intern in echte Werte umrechnen.

Im zweiten Teil der weitergehenden Einstellungen (siehe Abbildung 2.35) legen Sie beim Unterpunkt ZÄHLMETHODE ❹ fest, wann eine Conversion gezählt wird. Sie können z. B. durch ALLE ❺ festlegen, dass jedes Mal, wenn die Zielseite besucht und der Code ausgelöst wird, eine Conversion gezählt wird. Dies kommt wiederum auf Ihre Ziele an. Wenn Sie z. B. einen Webshop besitzen, so möchten Sie typischerweise jeden einzelnen Kauf als Conversion zählen, weil Sie mit jedem einzelnen Kauf zusätzlichen Umsatz generieren. Besteht Ihr Ziel jedoch darin, dass ein Kunde eine Mitgliedschaft abschließt, was nur einmal durchgeführt werden kann, so sollten Sie auch nur eine einzelne Conversion als Ziel registrieren. Dann sollten Sie hier den Wert EINE für eine einzelne Conversion ❻ einstellen. Falls sich der gleiche Kunde aus Versehen zweimal anmeldet, so ändert dies nichts an Ihrem Umsatz. In diesem Fall muss die Conversion also nur einmal pro Kunde gezählt werden – die Einstellung EINE wäre demzufolge also richtig.

Jetzt legen Sie mit dem CONVERSION-TRACKING-ZEITRAUM ❼ die Zeitspanne fest, innerhalb derer ein Klick auf eine Google-Ads-Anzeige noch mit einer späteren Conversion verbunden wird. Der Standardwert beträgt hier 30 Tage. Wenn Ihr Kunde also innerhalb von 30 Tagen, nachdem er auf eine Anzeige geklickt hat, ohne weiteren Google-Ads-Klick zu Ihrer Webseite zurückkehrt und dann den Conversion-Code auslöst, so wird er immer noch der Quelle Google-Ads-Anzeige zugeordnet.

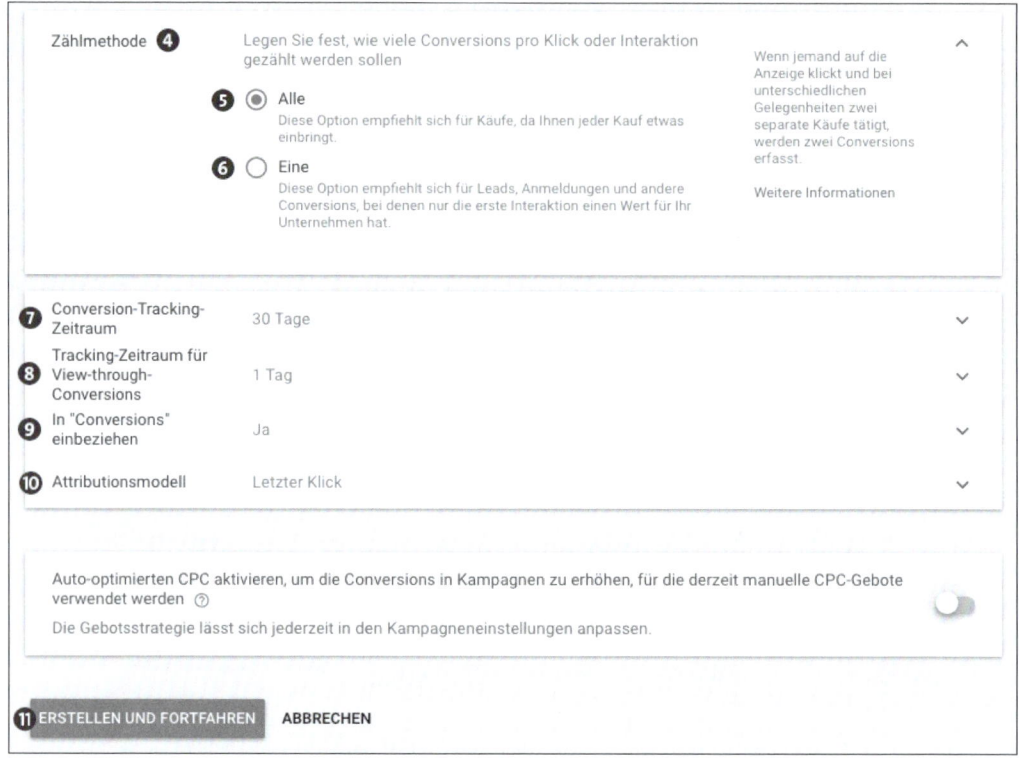

Abbildung 2.35 Weitergehende Einstellungen für Conversions (Teil 2)

Dies funktioniert natürlich nur, wenn der Besucher zwischendurch seine Cookies nicht gelöscht hat. Die Cookies werden im Browser hinterlegt und identifizieren den jeweiligen Webseitenbesucher. Der Zeitraum von 30 Tagen kann hier verändert werden. Wir empfehlen jedoch, diesen Wert beizubehalten, weil dann Berichte und Statistiken mit Durchschnittswerten oder aus anderen Tools vergleichbar bleiben. Wenn die Conversions mit unterschiedlichen Zeiträumen berechnet werden, so entfällt die Möglichkeit des Vergleichs.

Cookies: Ein »Keks« speichert Informationen zu Webseitenbesuchen

Der englische Begriff *Cookie* heißt übersetzt »Keks« oder »Plätzchen«. Im Internet-Jargon versteht man unter Cookies kleine Textdateien auf einem Computer, die vereinfacht gesagt Informationen über besuchte Webseiten enthalten. Die Cookies werden vom jeweiligen Webbrowser mit Informationen gefüttert. Dies bedeutet jedoch auch, dass mit einem Wechsel des Browsers auf dem gleichen Computer auch die gespeicherten Informationen des Cookies verloren gehen.

Über die Einstellungen des jeweiligen Browsers können außerdem die Cookies auch wieder gelöscht werden. Falls Sie als Nutzer also von wiederkehrender Werbung auf besuchten Webseiten genervt sind, sollten Sie öfter mal die Cookies in Ihrem Webbrowser löschen, denn auch dieses bekannte Phänomen wird über die Cookies gesteuert.

Unter TRACKING-ZEITRAUM FÜR VIEW-THROUGH-CONVERSIONS ❽ definieren Sie den Zeitraum, innerhalb dessen eine Conversion getrackt werden soll, nachdem eine Anzeige im Displaynetzwerk ausgespielt wurde. Dieser Zeitraum beträgt standardmäßig einen Tag und sollte im Normalfall nicht geändert werden. Früher lautete die Standardeinstellung hier ebenfalls 30 Tage, was von Google mittlerweile auf einen Tag geändert wurde, da das bloße Ausstrahlen einer Displaynetzwerk-Anzeige im Gegensatz zu einem Klick auf eine Google-Ads-Anzeige eher einen kurzfristigen Einfluss auf die Conversion hat.

Was sind View-through-Conversions?

Mit View-through-Conversions möchte Google Ihnen den Nutzen von Imageanzeigen im Displaynetzwerk aufzeigen. Eine View-through-Conversion wird nämlich aufgezeichnet, wenn eine Conversion von einem User registriert wird, dem vorher bereits eine Anzeige im Google Displaynetzwerk (GDN) angezeigt wurde. Obwohl kein Klick auf die Anzeige im Displaynetzwerk erfolgte, wird auch dieser Anzeige im GDN ein Beitrag zur Conversion über die View-through-Conversion angerechnet.

Mit IN "CONVERSIONS" EINBEZIEHEN ❾ legen Sie fest, ob Sie diese Conversion der Spalte *Conversions* hinzufügen wollen. Jetzt müssen Sie nur noch unter ATTRIBUTIONSMODELL ❿ definieren, welchem Klick Sie Ihre Conversion zuordnen wollen. Details zu den verschiedenen Optionen des Attributionsmodells finden Sie in Abschnitt 9.2. Standardmäßig ist hier LETZTER KLICK voreingestellt. Mit ERSTELLEN UND FORTFAHREN ⓫ schließen Sie die weitergehenden Einstellungen.

Danach werden Sie zum Fenster TAG EINRICHTEN weitergeleitet. Hier können Sie zwischen drei Möglichkeiten wählen, wie Sie das Tag für Ihre Conversion auf Ihrer Webseite einbinden möchten (siehe Abbildung 2.36):

▶ das Tag selbst in den Websitecode einfügen

▶ das Tag per E-Mail an jemand senden

▶ das Tag mittels Google Tag Manager einfügen

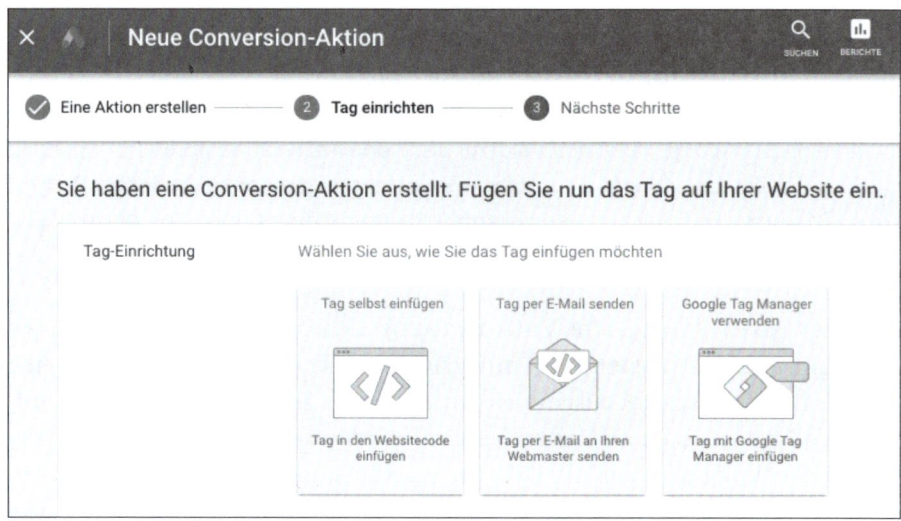

Abbildung 2.36 Drei Optionen der Tag-Einrichtung

Google Tag Manager

Der Google Tag Manager ist ein Tool von Google, das es Ihnen erheblich erleichtert, verschiedene Tags in Ihre Webseite einzubinden. Denn mit dem Tag Manager müssen Sie nur einmal Ihren Webseitencode verändern, und zwar in dem Moment, in dem Sie den Tag Manager selbst einbinden. Alle weiteren Tags lassen sich dann später ohne jegliche Programmierkenntnisse über die Weboberfläche des Tagmanagers hinzufügen. Der Tag Manager ist ein kostenloses Angebot von Google. Weitere Details sowie die Möglichkeit, sich zu registrieren, finden Sie unter der URL *https:// marketingplatform.google.com/about/tag-manager* bzw. im Hilfeartikel unter *https:// support.google.com/tagmanager/answer/6102821?hl=de*.

Sofern Sie über Programmierkenntnisse verfügen oder einen Programmierer beauftragen wollen, der Ihnen die Tags einbindet, können Sie die Option eins oder zwei wählen.

Wenn Sie das Conversion-Tracking nutzen möchten, müssen sowohl das ALLGEMEINE WEBSITE-TAG (siehe Abbildung 2.37) als auch das EREIGNIS-SNIPPET (siehe Abbildung 2.38) für die Conversion auf Ihrer Website vorhanden sein.

Beide Codes werden Ihnen auf dieser Seite angezeigt. Mit SNIPPET HERUNTERLADEN können Sie die jeweiligen Code-Schnipsel als Textdatei auf Ihrem Rechner speichern, um sie an Ihren Programmierer weiterzuleiten. Alternativ können Sie natürlich auch einfach den Code kopieren und selbst in Ihre Webseite einfügen.

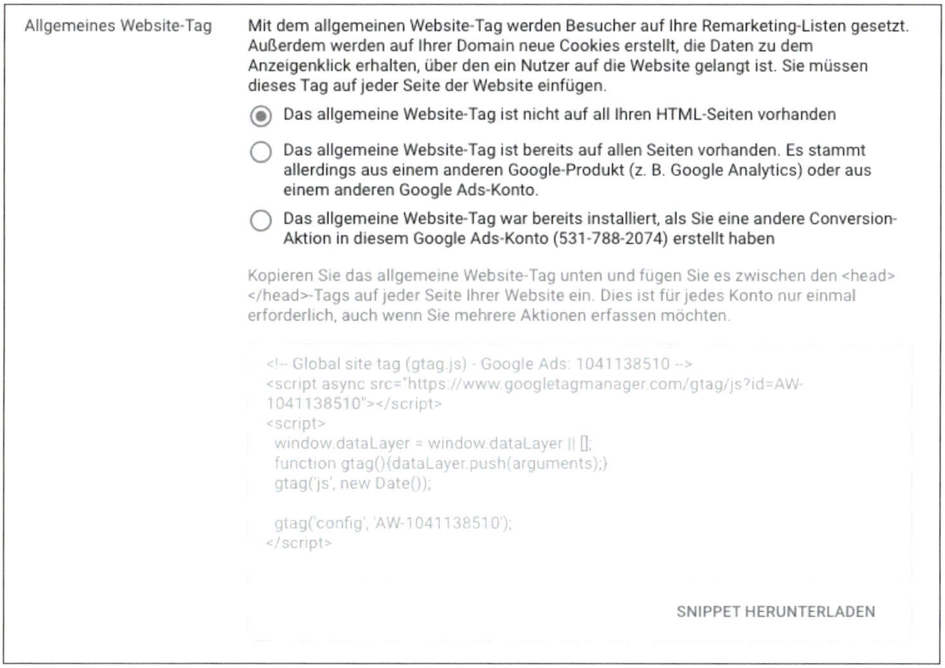

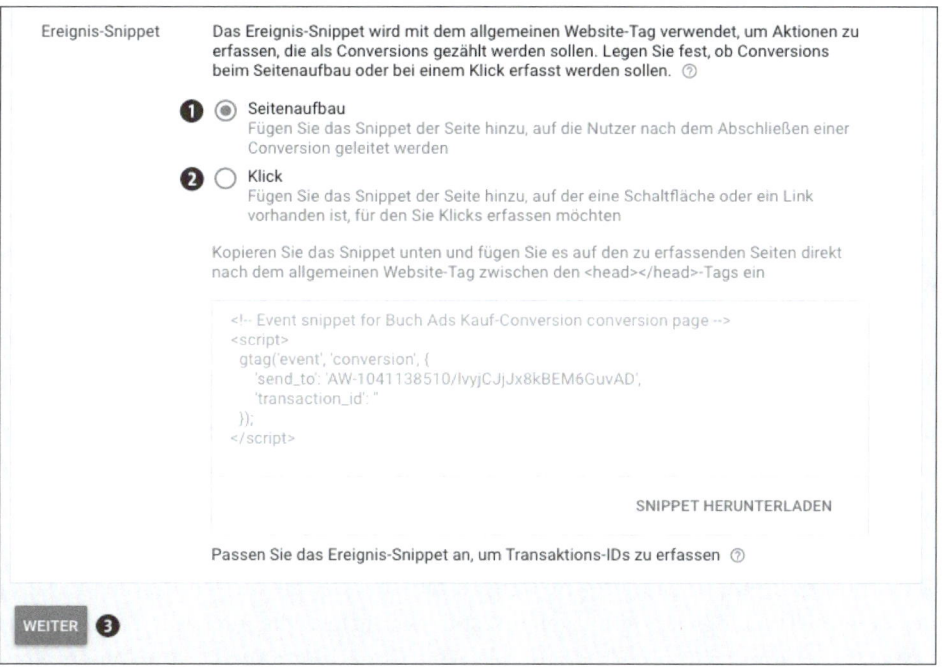

Abbildung 2.37 Beispiel für ein allgemeines Website-Tag

Abbildung 2.38 Beispiel für ein Ereignis-Snippet

Beim Ereignis-Snippet müssen Sie vor dem Kopieren oder Herunterladen auswählen, ob Sie es zum SEITENAUFBAU ❶ oder beim KLICK ❷ auf eine Schaltfläche verwenden möchten, da der generierte Code je nach gewählter Option unterschiedlich ist. Bei der Auswahl von SEITENAUFBAU werden Conversions gezählt, wenn die Nutzer eine neue Seite wie beispielsweise eine Bestellbestätigungsseite laden. Bei der Auswahl von KLICK werden Conversions gezählt, wenn die Nutzer auf einen Link oder eine Schaltfläche wie z. B. »Jetzt kaufen« klicken.

Beide Code-Schnipsel müssen jetzt noch in den HTML-Code Ihrer Webseite eingefügt werden, und zwar zwischen den <head></head>-Tags. Dabei ist zu beachten, dass das allgemeine Website-Tag auf jeder Seite eingefügt sein muss und das Ereignis-Snippet lediglich auf der Seite, auf der die entsprechenden Conversions erfasst werden sollen.

Der Code enthält alle Informationen, die Sie vorher in den Einstellungen hinterlegt haben. Jeder Conversion-Code ist daher individuell und auf Ihr Google-Ads-Konto abgestimmt. Es würde also nicht funktionieren, wenn Sie z. B. das Code-Beispiel aus Abbildung 2.38 in Ihre Seite einbauen.

Der Conversion-Code wird ausgelöst und sendet dabei bestimmte Informationen an Ihr Konto, wenn die Seite mit dem eingebauten Code aufgerufen (besucht) wird. Darum müssen Sie genau überlegen, wo Sie den Code einbauen. Wenn Sie z. B. Anfragen über ein Kontaktformular als Conversion tracken möchten, so gehört der Code nicht auf die Formularseite. Der Code muss in die Seite eingebaut werden, die aufgerufen wird, nachdem das Formular abgeschickt wurde. Dies ist z. B. die Webseite, die für den Besucher folgenden (oder einen ähnlichen) Satz bereithält: »Vielen Dank für Ihre Kontaktanfrage! Wir werden uns werktags innerhalb von 24 Stunden bei Ihnen melden.« Diese »Danke-Seite« ist ein eindeutiger Konversionspunkt, weil Sie an dieser Stelle sicher sein können, dass die Anfrage abgeschickt wurde.

Wenn Sie den Code für beide Snippets heruntergeladen oder kopiert haben, dann beenden Sie durch Klick auf WEITER ❸ die Erstellung Ihrer Conversion. Sie gelangen nun zu einer Bestätigungsseite.

2.6.5   Sonderfall: Anruf als Conversion

Einen Anruf als Conversion zu messen, war in der Vergangenheit immer schwierig, da ein neues Medium genutzt und somit das Tracking unterbrochen wurde.

Alles, was auf der Webseite passiert, ist ja relativ leicht zu messen, da hier immer Informationen über das Internet erfasst werden können. Wenn jedoch jemand zum Telefonhörer greift, so ist dies schwierig zu messen. Google hat jedoch die Messung des Telefon-Trackings stetig ausgebaut, sodass mittlerweile auch ein Telefonanruf getrackt und somit z. B. einer Google-Ads-Kampagne, einer Anzeige und einem Keyword zugeordnet werden kann.

Um Anrufe zu tracken, wählen Sie beim Erstellen einer neuen Conversion-Aktion (siehe Abbildung 2.33) ANRUFE aus.

Abbildung 2.39 zeigt die neuen Möglichkeiten, Conversions von Telefonanrufen zu tracken. Diese wollen wir Ihnen in den nächsten drei Abschnitten kurz vorstellen und uns die neuste Möglichkeit anschauen: Sie können sogar mithilfe einer speziellen Telefonnummer auf der Landingpage den Google-Ads-Erfolg messen.

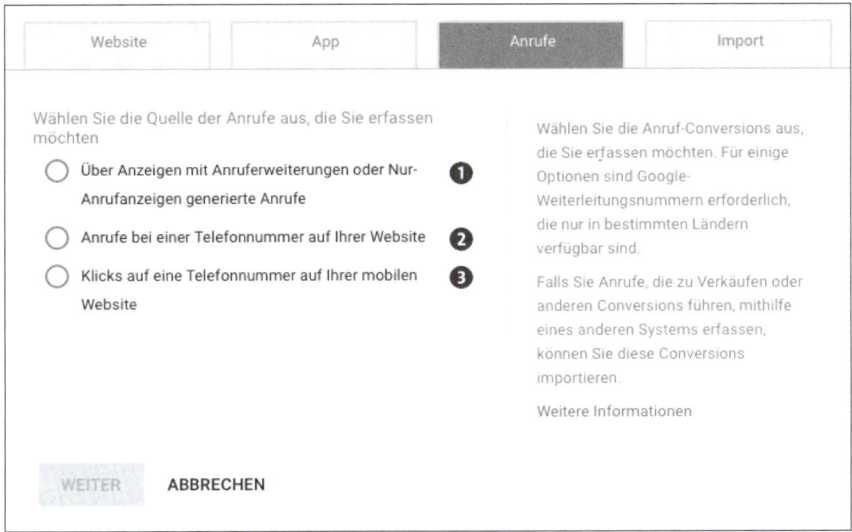

Abbildung 2.39 Neue Möglichkeiten des Trackings von Telefonanrufen

Anrufe über Anzeigen mit Anruferweiterungen ❶

Über Anruferweiterungen, die Sie später noch kennenlernen werden, und in Kombination mit speziellen Google-Weiterleitungsrufnummern können Sie die Anrufe Ihrer Kunden als Conversions tracken. Bei der Auslieferung auf Smartphones können Kunden sich direkt mit dem Werbenden verbinden lassen, indem sie auf die Telefonnummer in der Anzeige tippen. Werden die speziellen Google-Tracking-Nummern auf Computern oder Laptops angezeigt, so müsste der potenzielle Kunde die Nummer natürlich ablesen und eintippen. Dies kann dann zwar getrackt werden, aber potenzielle Kunden wollen meist zunächst einmal das Produkt bzw. die Dienstleistung auf der Webseite betrachten und werden eher auf die Anzeige klicken, als einen Anruf zu tätigen. Ein Anruftracking über stationäre Rechner, Laptops und Tablet-PCs funktioniert nicht über die Anzeigenerweiterung. Werden jedoch die Google-Weiterleitungsnummern auf Webseiten genutzt, so können die Anrufe als Conversions getrackt werden.

Anrufe bei einer Telefonnummer auf Ihrer Webseite ❷

Eine spannende und mittlerweile einfache Tracking-Möglichkeit ist das Messen von Telefonanrufen zu Nummern auf Ihrer Website. Mithilfe dieser Tracking-Funktion kann auch der Anruf einer Telefonnummer nachverfolgt werden, die auf einer nicht mobilen Website erscheint und nicht über ein mobiles Telefon angerufen wird. Dazu werden spezielle Google-Telefonnummern dynamisch auf der Landingpage oder anderen Unterseiten eingeblendet. Die Telefonnummern sind sogenannte Servicenummern, auch als *0800-Nummern* bekannt.

Diese Funktion kann mittlerweile ganz einfach erstellt werden. Wählen Sie zunächst unter NEUE CONVERSION AKTION den Tab ANRUFE aus, und selektieren Sie den Radio-Button vor ANRUFE BEI EINER TELEFONNUMMER AUF IHRER WEBSITE. Danach füllen Sie die Angaben zu den Conversions aus, wie Sie dies bereits von den anderen Conversion-Aktionen kennen. Zum Schluss folgen zwei entscheidende Einstellungen, die das Conversion-Tracking über Ihre Telefonnummer vereinfachen:

1. Nach den Grundeinstellungen geben Sie die Telefonnummer an, die auch auf Ihrer Landingpage steht. Diese Nummer wird dann automatisch in das Code-Snippet eingebaut. Danach klicken Sie auf SNIPPET ERSTELLEN (siehe Abbildung 2.40).

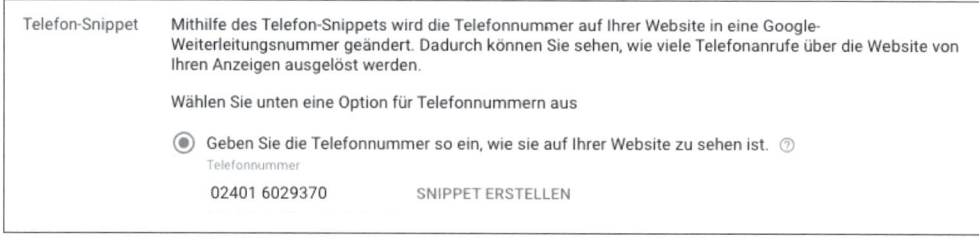

Abbildung 2.40 Geben Sie Ihre Telefonnummer an, damit diese automatisch in das Tag integriert wird.

Das fertige Snippet können Sie herunterladen oder per E-Mail versenden. Es muss dann nur noch von Ihnen oder Ihrem Programmierer in die Webseite bzw. in die Landingpage zur Google-Ads-Anzeige eingebaut werden.

Der fertige Code des Conversion-Snippets sieht dann so ähnlich aus:

```
<script>
  gtag('config', 'AW-845072495/IrIRCL-WvMkBEO-Q-5ID', {
    'phone_conversion_number': '02401 6029370'
  });
</script>
```

Listing 2.1 Beispiel des Google-Ads-Conversion-Snippets

2. Erstellen Sie für die gleiche Kampagne, bei der Sie den Webseitenanruf messen möchten, mindestens eine Anruferweiterung mit einer Google-Weiterleitungsnummer. Die Anruferweiterung muss sich natürlich auf die gleiche Telefonnummer beziehen wie das Code-Snippet.

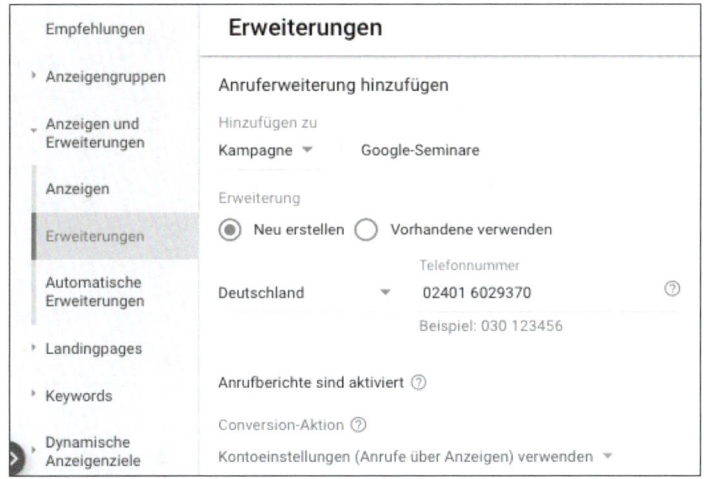

Abbildung 2.41 Anruferweiterung zur Kampagne erstellen

Das Conversion-Tracking läuft nach diesen vorbereitenden Maßnahmen folgendermaßen ab: Ihre Google-Ads-Anzeige erscheint ganz normal ohne Telefonnummer bei Google.

Der Klick auf die Anzeige führt den Suchenden dann auf die Landingpage, die den Conversion-Tracking-Code enthält. Der Tracking-Code überschreibt die vorhandenen lokalen Telefonnummern auf der Landingpage mit einer Servicenummer, die von Google bereitgestellt wird. Da zusätzlich eine Anruferweiterung mit Conversion Tracking für die Google-Weiterleitungsrufnummern existiert, wird der Anruf der Servicenummer normal an die Firmennummer weitergeleitet, kann jedoch von Google als Conversion registriert werden. Da der Anruf den Umweg über Google nimmt, kann auch die Dauer des Anrufs gemessen werden. Bei der Erstellung der Conversion können daher individuell die Anrufzeiten bestimmt werden, für die eine Conversion registriert werden soll. Wenn für Ihre Dienstleistungen oder Produkte erst eine intensivere Telefonberatung notwendig ist, können Sie bei der Conversion bestimmen, dass z. B. erst der Anruf ab zwei Minuten Gesprächsdauer als Conversion registriert werden soll.

Klicks auf eine Telefonnummer auf Ihrer mobilen Website ❸

Sie können mit Google Ads einen Conversion-Code erstellen, den Sie dann auf Ihrer mobilen Webseite einbauen. Statt in der Anzeige erscheint diese spezielle Google-

Telefonnummer für das Tracking nun auf der Webseite. Ein Klick auf diese Telefonnummer mit dem entsprechenden Anruf über das Mobiltelefon kann dann auch wieder getrackt werden. Ein Tracking-Code, der so ähnlich aussieht wie der folgende, muss unter CONVERSIONS erstellt und dann in die mobile Webseite eingebaut werden:

```
<!-- Event snippet for Mobile Conversion conversion page
In your html page, add the snippet and call gtag_report_
conversion when someone clicks on the chosen link or button. -->
<script>
function gtag_report_conversion(url) {
  var callback = function () {
    if (typeof(url) != 'undefined') {
      window.location = url;
    }
  };
  gtag('event', 'conversion', {
      'send_to': 'AW-1041138510/loiCCIr_2skBEM6GuvAD',
      'event_callback': callback
  });
  return false;
}
</script>
```

Listing 2.2 Conversion-Code für mobile Webseiten

Der Conversion-Code allein reicht jedoch nicht für das Tracking. Sie müssen auf Ihrer mobilen Seite noch definieren, bei welcher Aktion das Tracking ausgelöst wird. So können Sie zum Beispiel einen Link einbauen, der bei einem Klick (onclick) eine Funktion (und zwar goog_report_conversion) aus Ihrem Conversion-Code aufruft. Dieser Code könnte zum Beispiel folgendermaßen aussehen:

```
<a onclick="goog_report_conversion('tel:0049-123-1234')" href="#" >
Weitere Informationen? Hier direkt anrufen</a>
```

Der Klick auf den Link »Weitere Informationen? Hier direkt anrufen« verbindet dann den Nutzer des Smartphones mit dem Kundenservice des Werbenden. In unserem Beispiel hat der Kundenservice die Nummer 0049-123-1234, intern wird jedoch eine Google-Tracking-Nummer gemessen, mit der dann die Klicks auf die Telefonnummer und die Google-Ads-Anzeige für das Tracking verknüpft werden können. Weitergehende Informationen und noch andere Möglichkeiten zum Einbau des Trackings auf einer mobilen Webseite finden Sie unter:

https://support.google.com/adwords/answer/1722054?hl=de

Google Ads und das Telefon-Tracking in der Praxis – ein Beispiel

Ein Anwalt weiß, dass neue Mandanten, die über Google Ads auf seine Webseite kommen, sich zunächst informieren und dann für ein erstes Gespräch oder eine Terminabsprache sehr oft den Telefonkontakt nutzen. Daher wird zu jeder Anzeigengruppe eine messbare Servicenummer geschaltet, die auf eine Zielrufnummer weiterleitet. Auf diese Weise wird der Anruf mit den Google-Ads-Daten verknüpft. Damit kann auch der Erfolg eines Ziels gemessen werden, das nicht direkt auf der Webseite erreicht wird.

Der große Nachteil der vorgestellten Google-Weiterleitungsrufnummern besteht darin, dass diese Nummern als spezielle Werbenummern erkannt werden, weil Google wie erwähnt 0800-Nummern schaltet. Dieser Vorwahlnummer stehen viele Verbraucher misstrauisch gegenüber, weil sie nicht wissen, ob die Nummer nun kostenpflichtig ist oder nicht. Im Gegensatz zu 0800-Nummern strahlen dagegen lokale Telefonnummern mehr Vertrauen aus und führen daher auch öfter zum Ziel, sprich zum telefonischen Kundenkontakt.

Falls Sie eine Conversion mit einer lokalen Vorwahlnummer messen möchten, die zu Ihrer Firmenadresse passt, so müssen Sie auf externe Dienstleister zurückgreifen.

2.6.6   Sonderfall: Offline-Conversions importieren

In der Realität wird das Internet auch oft nur als Informationsquelle genutzt, der Kauf findet dann jedoch in der »Offline-Welt«, also z. B. in einem Ladengeschäft statt. Es wäre natürlich fantastisch, wenn man auch diese Offline-Conversions in die Google-Ads-Statistiken einfließen lassen könnte. Google Ads bietet hierfür eine Import-Funktion an. Mit dieser Funktion können auch Offline-Käufe – zumindest unter gewissen Umständen – per Datenimport in die Google-Ads-Statistiken aufgenommen werden.

Google bietet mit der Option IMPORT die Möglichkeit, Conversions aus einer anderen Quelle in Google Ads zu importieren (siehe Abbildung 2.42). Dabei kann die Quelle entweder ein verknüpftes Konto (z. B. Google Analytics) sein bzw. ein Salesforce-Konto oder auch eine Datei aus einem anderen CRM-System. Im Folgenden gehen wir auf den letzten Fall näher ein, also auf den Import aus einer Datei.

Bitte beachten Sie, dass für jede Art von Offline-Conversion, die Sie messen möchten, eine neue Conversion vom Typ IMPORT erstellt werden muss. Ohne diese individuelle Conversion anzulegen, können Sie keinen Import durchführen! Um eine externe Datei zu importieren, wählen Sie beim Erstellen der Offline-Conversion vom Typ IMPORT ❶ die Option ANDERE DATENQUELLEN ODER CRM-SYSTEME ❷ aus. Hier wählen

Sie, ob Sie eine KLICK-CONVERSION ❸ oder eine ANRUF-CONVERSION ❹ importieren wollen. Die Auswahl ist insofern wichtig, als Sie leicht unterschiedliche Einstellungen vornehmen müssen, je nachdem, ob Ihre Conversion mit einem Klick auf Ihre Anzeige oder mit einem Anruf aufgrund Ihrer Anzeige startet.

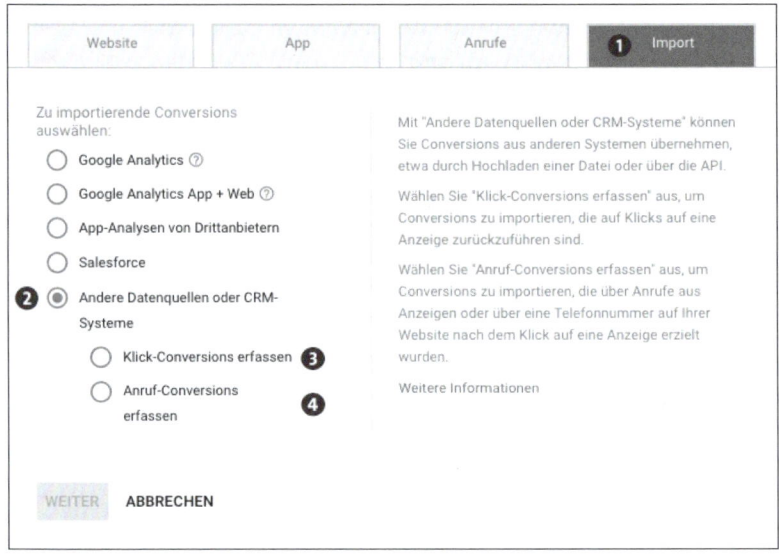

Abbildung 2.42 Offline-Conversions aus anderen Quellen importieren

Auf der nächsten Seite vergeben Sie zunächst einen individuellen Namen für Ihre Conversion, z. B. »Vertragsabschluss«. Merken Sie sich diesen Namen gut, denn Sie müssen ihn später genau so eingeben, wenn Sie Offline-Conversion-Informationen hochladen. Danach wählen Sie wie bei anderen Conversions auch die Kategorie, den Wert und die Zählmethode aus. Beim Conversion-Tracking-Zeitraum schlägt Google hier 90 Tage vor, die Sie übernehmen oder ändern können. Durch Klick auf ERSTELLEN UND FORTFAHREN erstellen Sie die Conversion-Aktion.

Anruf-Conversion

Im Falle einer Anruf-Conversion können Sie im nächsten Fenster nun die Telefonnummer Ihrer Webseite eintragen, sofern Sie Anrufe über diese Telefonnummer erfassen möchten. Dazu wählen Sie zunächst, ob Sie das Tag selbst einfügen oder per E-Mail senden wollen, geben anschließend die Telefonnummer unter TELEFON-SNIPPET ein, laden das Snippet herunter und klicken auf WEITER (siehe Abbildung 2.43). Das entsprechende Code-Schnipsel müssen Sie in Ihre Webseite einbinden. Wenn Sie nur Anrufe über Ihre Anzeigen erfassen möchten, können Sie diesen Schritt überspringen.

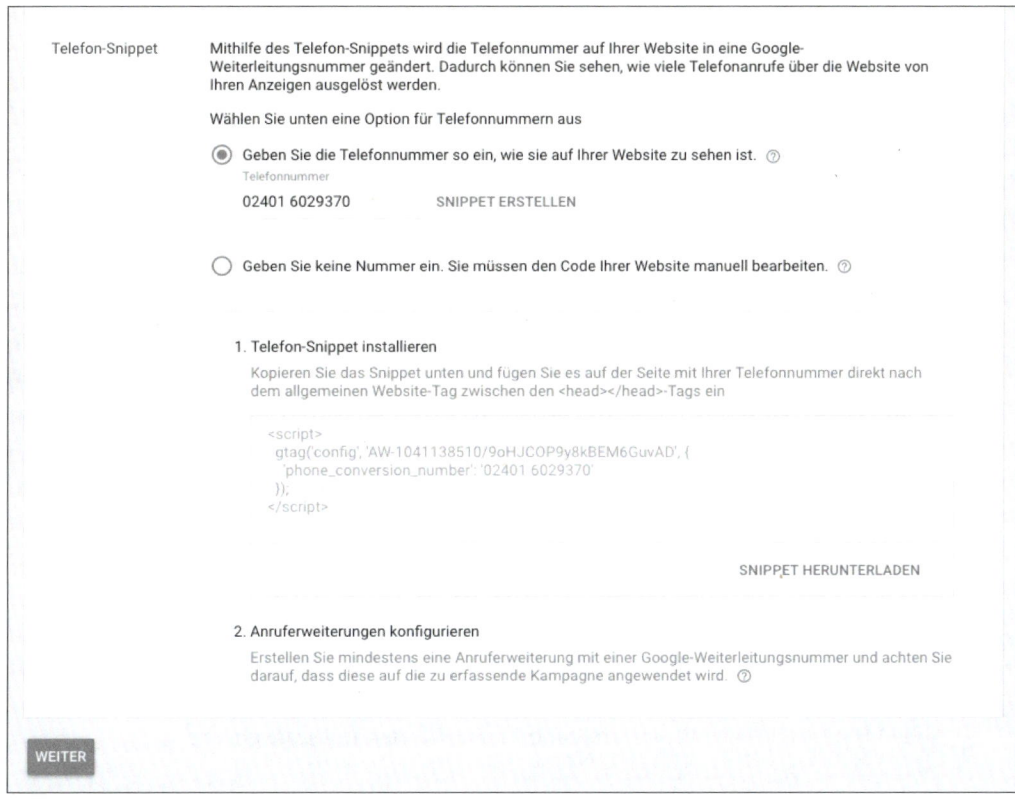

Abbildung 2.43 Eingabe der Telefonnummer Ihrer Webseite

Klick-Conversion

Google Ads versieht jeden Klick auf Ihrer Website, der über eine Google-Ads-Anzeige zustande kommt, mit einer eindeutigen ID (*Google Click ID*, kurz GCLID). Über diese GCLID können Sie später beim Upload Ihrer Offline-Conversion-Daten die jeweilige Aktion dem ursprünglichen Klick auf die Anzeige zuordnen. Die Schwierigkeit besteht also lediglich darin, den Klick auf die Google-Ads-Anzeige – sprich: die GCLID – an eine Kundenanfrage oder einen Kauf zu übergeben. Sofern der Kunde ein Kontaktformular mit Rückrufbitte ausfüllt oder aber einen Gutschein online generiert und ausdruckt, ist es recht einfach. Weitere Details dazu finden Sie in der Google-Hilfe unter *https://support.google.com/adwords/answer/2998031*.

Offline-Conversions für den Import erfassen

Nachdem Sie nun die Import-Conversion angelegt haben, müssen Sie zu einem späteren Zeitpunkt die entstandenen Offline-Conversions importieren. Dazu erfassen Sie die Conversions in einer Excel-Tabelle oder einer CSV-Datei. Für einen reibungslosen Import nutzen Sie die Datei-Vorlagen von Google Ads für den Import von

Anruf-Conversions (siehe Abbildung 2.44) oder den Import von Klick-Conversions (siehe Abbildung 2.45). Diese können Sie unter folgenden Links herunterladen:

- Anruf-Conversions importieren: *https://support.google.com/adwords/answer/ 6275629*

- Klick-Conversions importieren: *https://support.google.com/adwords/answer/ 7014069*

Beachten Sie dabei, dass Sie in der Zeile »Parameters:TimeZone« ❶ die Zeitzone korrekt eintragen, in der die Conversions entstanden sind. Für Berlin wäre das z. B. »+0100« oder alternativ »Europe/Berlin«. Auch für die Angabe der *Conversion Time* ❷ sind spezielle Datenformate zu beachten. In der Spalte *Conversion Name* ❸ geben Sie pro eingetragener Conversion jeweils den Namen der Conversion in exakt der Schreibweise an, wie Sie ihn zuvor in Ihrem Google-Ads-Konto angelegt haben. In den Spalten *Conversion Value* und *Conversion Currency* tragen Sie Ihre individuellen Werte ein, wie wir es in Abschnitt 2.6.4 beschrieben haben.

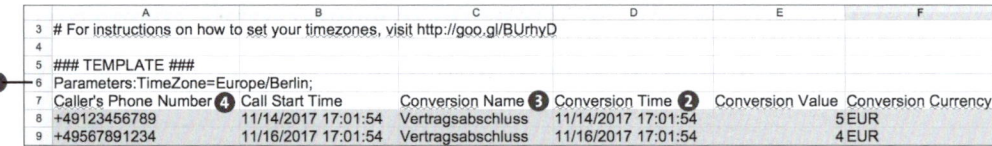

Abbildung 2.44 Excel-Tabelle zum Import von Offline-Anruf-Conversions

Zur Wiedererkennung des Google-Ads-Besuchers dient bei Click-Conversions die übergebene GCLID ❺ und bei Anruf-Conversions die *Caller's Phone Number* ❹. Weitere technische Informationen, z. B. die Vorlagen zur Excel-Tabelle, finden Sie auf den bereits erwähnten Google-Hilfeseiten unter *https://support.google.com/adwords/ answer/6275629* und *https://support.google.com/adwords/answer/7014069*.

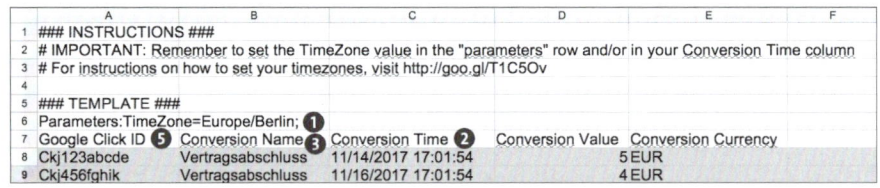

Abbildung 2.45 Excel-Tabelle zum Import von Offline-Klick-Conversions

Hochladen der Offline-Conversion-Datei

Wenn Sie die Datei mit Ihren Offline-Conversion-Daten gefüllt haben, laden Sie sie hoch, indem Sie in Ihrem Google-Ads-Konto zu CONVERSIONS navigieren und dort den Punkt UPLOADS auswählen. Dort klicken Sie auf das Symbol, um einen neuen Upload anzustoßen (siehe Abbildung 2.46).

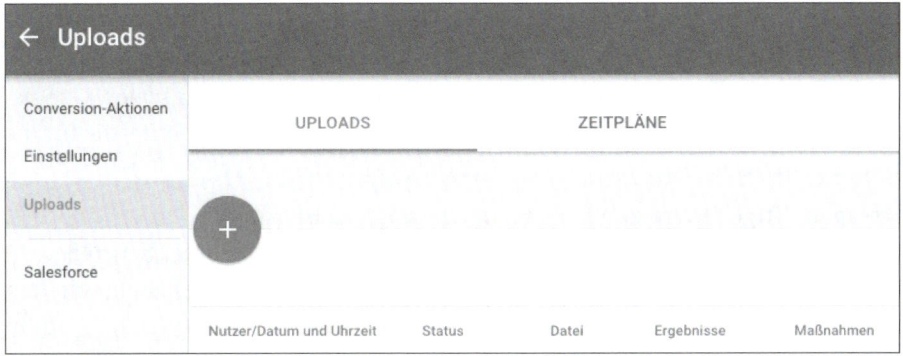

Abbildung 2.46 Einen neuen Daten-Import bzw. Upload anstoßen

Nach dem Klick auf den Button erscheint ein neues Fenster (siehe Abbildung 2.47). Dort wählen Sie als Quelle DATEI HOCHLADEN ❶ und dann über den Button DATEI AUSWÄHLEN Ihre Excel- oder CSV-Datei auf Ihrer Festplatte bzw. Ihrem Laufwerk aus. Vor dem endgültigen Hochladen Ihrer ausgewählten Datei ❷ sollten Sie über den Link VORSCHAU ❸ prüfen, ob die Datei fehlerfrei ist, denn es gibt später keine Möglichkeit mehr, diesen Conversion-Import rückgängig zu machen oder die Conversions zu löschen. Wenn alles korrekt ist, dann können Sie durch Klick auf ÜBERNEHMEN ❹ die Datei importieren oder entsprechend über ABBRECHEN ❺ den Vorgang abbrechen, wenn Sie die Datei nochmals verändern möchten.

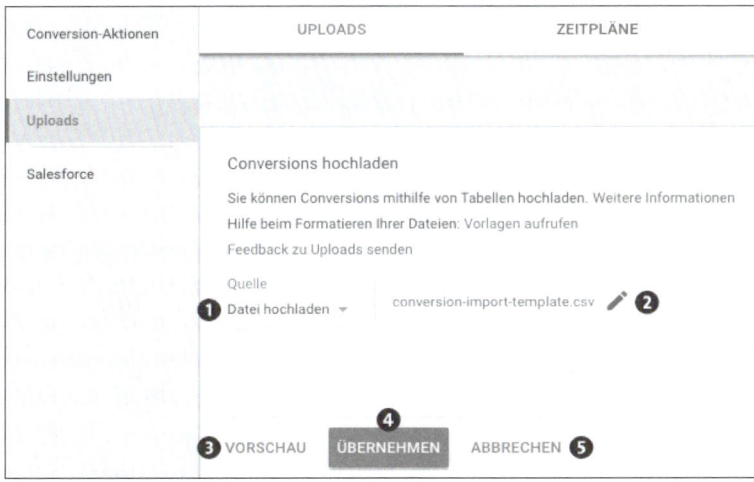

Abbildung 2.47 Import-Datei suchen und hochladen

2.6.7   Conversions im Google-Ads-Konto

Nachdem wir Ihnen die verschiedenen Möglichkeiten des Conversion-Trackings gezeigt haben und Sie dabei gelernt haben, dass dieses mit Aufwand in Form von Zeit und Technik verbunden ist, so ist natürlich die Frage gestattet: Wozu der ganze Aufwand?

Aus Erfahrung können wir sagen, dass das Conversion-Tracking in vielen Google-Ads-Konten vernachlässigt wird. Es gibt jedoch zwei wichtige Argumente, die für die Einrichtung inklusive des Imports externer Daten sprechen:

1. **Aussagekräftige Statistiken zur Grundlage der Optimierung**
   Sie benötigen Conversions, um Ihre Google-Ads-Aktivitäten besser beurteilen zu können. Nur nachdem Sie das Conversion-Tracking eingerichtet haben, erhalten Sie die unterschiedlichsten Conversion-Daten (siehe Abbildung 2.48) in Ihren Google-Ads-Statistiken. Auf Grundlage dieser Daten können Sie dann Ihre Kampagnen optimieren und diese zielgenauer ausrichten, um sie rentabler zu machen.

2. **Grundlage zur automatisierten Optimierung**
   Google Ads kann verschiedene automatische Optimierungen in Ihren Kampagnen auf Grundlage historischer Conversion-Daten steuern. So können z. B. bestimmte Gebotsstrategien oder Tests zu unterschiedlichen Anzeigen im Hinblick auf Conversion-Daten durchgeführt werden. Vereinfacht kann man sagen, dass Google Ads auf Grundlage der Conversion-Daten öfter automatisiert auf die Keywords bietet und auch häufiger die Anzeigen schaltet, die Ihnen in der Vergangenheit mehr Kunden gebracht haben.

Kosten/Conv.	Conversions	Conv.-Rate
2,86 €	178	3,05 %

Abbildung 2.48 Drei Beispiele für Conversion-Daten im Google-Ads-Konto

2.6.8   Welche Zielgruppen sind für Sie interessant?

Überlegen Sie auch, bevor Sie eine Google-Ads-Kampagne erstellen, welche Zielgruppe Sie mit der neuen Werbekampagne ansprechen möchten. Visualisieren Sie Ihre Zielgruppe; machen Sie sich also im wahrsten Sinne des Wortes ein Bild von ihr. Es gibt Agenturen, die echte Bilder von Personen aufhängen, die zu einer potenziellen Zielgruppe gehören. Dies führt dazu, dass man sich stärker mit der jeweiligen Kundengruppe beschäftigt.

Verhalten und Gewohnheiten einer Zielgruppe können Sie auch mithilfe unterschiedlicher Statistiken analysieren. Dabei sollte geklärt werden, wie die Zielgruppe das Internet nutzt. Es ist auch interessant, welche Geräte (Laptops, Tablets, Smartphones) hauptsächlich zum Surfen im Internet genutzt werden. Änderungen im Nutzerverhalten Ihrer Zielgruppe haben auch Auswirkungen auf die Werbeformen und Ausrichtungen Ihrer Online-Werbung. Spannend ist auch, wie und wo das Internet z. B. zu Recherchezwecken und für Einkäufe genutzt wird.

Folgende Webseiten bieten Ihnen Informationen zu unterschiedlichen Zielgruppen in Bezug auf Internetnutzung, Einkommen, Kaufverhalten, verfügbare Endgeräte etc.:

▸ **AGOF:** umfassende Datenbasis zum Online-Werbemarkt *https://www.agof.de/studien/daily-digital-facts/*

▸ **OVK – Online-Vermarkterkreis:** Daten und Fakten zum Werbemarkt *http://www.ovk.de/ovk/ovk-de/online-werbung/daten-fakten.html*

▸ **Statistisches Bundesamt:** Statistiken zur Internetnutzung, Haushaltseinkommen nach Regionen etc. *https://www.destatis.de/DE/Startseite.html*

▸ **ARD-ZDF-Onlinestudie:** Internetnutzung/Internetzugang *http://www.ard-zdf-onlinestudie.de*

▸ **Studien von Google:** Verschiedene Studien zur Internetnutzung und zum Suchverhalten

https://www.thinkwithgoogle.com/intl/de-de

Wenn Sie zudem besser verstehen möchten, welche Produktmerkmale für Ihre Zielgruppe wichtig sind und welchen Service Ihre Zielgruppe wünscht, so sollten Sie sich mit den Rezensionen im Internet zu Ihren Produkten beschäftigen. Falls Sie noch keine Bewertungen zu eigenen Produkten haben, so hilft es, dass Sie die Kundenmeinungen zu Ihrer Konkurrenz oder bestimmten Produkten bei eBay, Amazon und anderen Online-Portalen studieren. Lernen Sie aus den Kommentaren, und begreifen Sie, welche Produktmerkmale und begleitenden Dienstleistungen (Service, Versandgeschwindigkeit, Telefonsupport, Rücknahme etc.) für Ihre Zielgruppe im Vordergrund stehen. Diese Informationen können Sie auf verschiedene Weise nutzen:

▸ Ergänzen Sie Ihre Suchbegriffe entsprechend.

▸ Erstellen Sie passende Textbausteine für Ihre Anzeigen.

▸ Nutzen Sie die Themen der Kundenrezensionen für Ihre Landingpage, indem Sie auf Ihren Service hinweisen.

Beispiel: Rezensionen zu einer Smartwatch

Bei Amazon finden Sie sowohl positive als auch negative Kritik zu einem Produkt. Sie sollten immer unterschiedliche Bewertungen (gute und schlechte) analysieren. Denken Sie daran, dass Sie vor allem die relevanten Themen herausfiltern möchten.

In unserem Beispiel (siehe Abbildung 2.49 bis Abbildung 2.51) geht es z. B. um die Qualität einer Smartwatch. Wenn man mehrere Aussagen vergleicht, so erkennt man, dass gute Produktleistung wie beispielsweise die Akku-Standzeit oder die Genauigkeit des Schrittzählers wichtig sind. Neben den Produktmerkmalen tauchen aber auch Hinweise zum Service auf. So wird zum Beispiel vor Bewertungsmanipulation gewarnt. Außerdem scheint es für die Käufer wichtig zu sein, dass die Lieferung schnell erfolgt und die Verpackung ansprechend ist.

☆☆☆☆☆ **Schickes Smartwatch mit einem fairen Preis und vielen Funktionen**
Rezension aus Deutschland vom 29. Dezember 2019
Farbe: Schwarz | Verifizierter Kauf

Bis jetzt habe ich verschiedene Smartwatches von 3 Anbietern bestellt, aber diesmal ist wirklich anders. Dieses Smartwatch ist schick, funktioniert sehr gut, einfach verwendbar, der Akku ist sehr gut. Letzte Woche hab ich es einmal aufgeladen, und bis vorhin hatte es immer noch 62% Prozent Akku. Es wird sehr schnell aufgeladen. Es hat einen genauen Schrittzähler. Es hat schöne Thems mit 4 verschiedene Designs. Ich kann mit diesem Smartwatch meine Aktivitäten regelmäßig überwachen bzw. kontrollieren. Man bekommt Benachrichtigungen von Instagram, Facebook usw. Die Aktivitäten sowie Nachrichten werden auf dem Bildschirm des Smartwatches angezeigt. Das ist

Abbildung 2.49 Kundenrezension bei Amazon: Produktmerkmale

 hd

★☆☆☆☆ **Leider viel Fake und unechte Bewertungen.**
Rezension aus Deutschland vom 28. Dezember 2019

Schade , optisch sehr gute Uhr, der Bildschirm ist gelungen, auch bei Sonnenlicht sehr gut lesbar.
Aber leider hat die Uhr auch große Schwachstellen UND ACHTUNG HERSTELLER BIETET BEI RÜCKNAHME schlechter Bewertungen Geld an!!

Abbildung 2.50 Kundenrezension bei Amazon: Warnung vor Bewertungshandhabung

 Susa Bu

☆☆☆☆☆ **Super Smartwatch**
Rezension aus Deutschland vom 29. Februar 2020
Farbe: Schwarz | Verifizierter Kauf

Versand und Lieferung waren wie gewohnt super.

Die Smartwatch funktioniert mit der dazugehörigen App problemlos. Die Uhr erfüllt ihren Zweck. Nachrichten von WA werden angezeigt, nur antworten kann man nicht direkt über die Uhr. Aber dafür wäre das Display auch wohl etwas zu klein.

Abbildung 2.51 Kundenrezension bei Amazon: Lieferzeit

Aus diesen Beispielen von Amazon-Kundenrezensionen ergeben sich schon wichtige Argumente, mit denen Sie in einer Google-Ads-Anzeige punkten könnten:

▶ Produktqualität

▶ transparenter Umgang mit Bewertungen

▶ schnelle Lieferung

2.6.9   Ziele definieren und aufschreiben

Eine solide Planung ist die Grundlage für erfolgreiches Internetmarketing. Halten Sie daher zunächst fest, welche Erfolge Sie erzielen möchten. Nennen Sie konkrete Zahlen, und recherchieren Sie, was realistisch erscheint. Welche Besuchszahlen, welche Umsätze, wie viele Kundenkontakte sind möglich? Errechnen oder schätzen Sie auf Grundlage bekannter Größen aus Ihren bisherigen Marketingaktivitäten die Ziele, die Sie mit Ihren Google-Ads-Kampagnen erreichen möchten.

Notieren Sie Ihre Ziele

Halten Sie alle Ziele schriftlich in einem Dokument fest, das Sie später immer wieder zur Hand nehmen können, um aktuelle Zahlen mit Ihren definierten Vorgaben zu vergleichen. Die Zielplanung bildet die Grundlage für Ihre laufende Kontrolle und muss somit regelmäßig angepasst und mit den realen Zahlen verglichen werden. Auf diese Weise schaffen Sie Anhaltspunkte, an denen Sie sich orientieren können. Zudem sollten Sie Antworten auf folgende Fragen finden:

▸ Welche Kunden möchten Sie erreichen?

▸ Was erwarten Sie von Ihren Kunden?

▸ Warum sollten die Kunden gerade Ihre Produkte/Dienstleistungen kaufen?

▸ Was möchten Sie mit Ihrer Werbung erreichen?

Auch die Antworten auf diese Fragen sollten Sie notieren, denn sie sind hilfreich beim Erstellen und Formulieren von Anzeigentexten für Google Ads. Auch bei der Überprüfung Ihrer Webseite sollten Sie stets die Vorteile Ihrer Produkte bzw. Dienstleistungen vor Augen haben, da die Vorteile auf der Landingpage auch genannt werden müssen.

2.7   So nutzen Sie Google Ads richtig

Nachdem Sie sich mit Ihren Zielen und Zielgruppen auseinandergesetzt haben, geht es nun an die Umsetzung Ihrer Werbekampagne mithilfe des Google-Ads-Programms. Da die Werbung mit Google Ads hauptsächlich auf der Idee des Suchmaschinenmarketings fußt, spielen dabei logischerweise die Suchbegriffe (Keywords) eine entscheidende Rolle. Mit diesen sollten Sie sich zunächst ausgiebig beschäftigen.

Es gilt interessante Keywords zu finden, aber auch zu verstehen, was Ihre Zielgruppe im Internet sucht. Im Laufe der Keyword-Recherche merken Sie vielleicht, dass bestimmte Suchanfragen zu Ihren Produkten bzw. Dienstleistungen gar nicht so stark über Suchmaschinen gesucht werden, weil diese Produkte vielleicht sehr innovativ sind oder weil bestimmte Lösungen nicht bekannt sind. Es kann auch sein, dass für

Ihr Angebot nur sehr spezielle Keywords interessant sind, die dann nur von einer kleinen Zielgruppe im Internet gesucht werden. Auch wenn diese Erkenntnisse Sie zunächst vielleicht etwas frustrieren, so helfen sie Ihnen, später die passende Strategie für Ihre Online-Kampagne zu wählen.

2.7.1   Google Ads Keyword-Planer

Zur Vorbereitung einer Google-Ads-Kampagne gehört die intensive Recherche der Keywords. Mit den Keywords entscheiden sich Erfolg und Misserfolg einer Kampagne. Sie sind von so grundlegender Bedeutung beim Suchmaschinenmarketing, dass wir diesem Thema ein eigenes Kapitel gewidmet haben. Sie finden daher in Kapitel 3 verschiedene Ideen sowie Tipps zu externen Tools für Ihre Keyword-Recherche.

Google Ads hält natürlich auch selbst ein eigenes Tool, den *Keyword-Planer*, zur Keyword-Recherche bereit. Sie sollten jedoch nicht nur auf dieses Tool setzen, sondern den Planer in Kombination mit den Möglichkeiten aus Kapitel 3, »Keywords«, nutzen. Wir stellen Ihnen den Keyword-Planer an dieser Stelle der Vorbereitung vor, weil das Tool neben der Keyword-Recherche zusätzlich eine wichtige Rolle bei der Abschätzung des Werbebudgets spielt. Bitte denken Sie daran, dass auch die Budgeteinschätzung zu einer vernünftigen Vorbereitung gehört. Ihre Keywords und Ihr Budget sollten vor der Einrichtung einer ersten Kampagne bei Google Ads bereits ermittelt worden sein. Erst nach diesem Schritt macht die Einrichtung einer Kampagne richtig Sinn. Der Keyword-Planer ist vielleicht manchem Leser noch unter der Bezeichnung *Google Keyword Tool* bekannt.

Mit dem Keyword-Planer stellt Google Ads also eine ausführliche Möglichkeit zur Keyword-Recherche inklusive einer Kostenabschätzung der ausgewählten Keywords zur Verfügung. Mithilfe dieses Tools können Sie direkt aus Ihrem Konto heraus neue Keyword-Ideen generieren und zusätzlich noch die Gebote und das benötigte Gesamtbudget für Ihre Kampagne abschätzen lassen, wobei die Betonung auf »abschätzen« liegt. Da der Keyword-Planer immer nur auf Werte aus der Vergangenheit zurückgreifen kann und es verschiedene Einflüsse, angefangen bei der Änderung des Suchverhaltens über die Anzahl der Anbieter bis hin zum Qualitätsfaktor gibt, kann der Planer somit nur eine grobe Annäherung zum Klickpreis und zum Suchvolumen bieten. Den Keyword-Planer starten Sie, indem Sie auf das Werkzeugsymbol TOOLS UND EINSTELLUNGEN in der horizontalen Navigation klicken (siehe Abbildung 2.52) und in der ersten Spalte unter PLANUNG die Option KEYWORD-PLANER wählen.

Neuerdings hat Google die Nutzung des Keyword-Planers an mindestens eine aktive Kampagne geknüpft. Mit anderen Worten: Sofern Sie keine aktive Kampagne geschaltet haben, erhalten Sie lediglich eine Suchvolumen-Bandbreite (z. B. 1000–10000) statt konkreter Zahlen. Das Problem lässt sich umgehen, indem Sie für die

Dauer der Keyword-Recherche eine Anzeige mit einem geringen Budget schalten, in der Sie möglichst exotische Keywords nutzen, die nicht häufig geklickt werden, sodass die Anzeige keine oder nur geringe Kosten produziert.

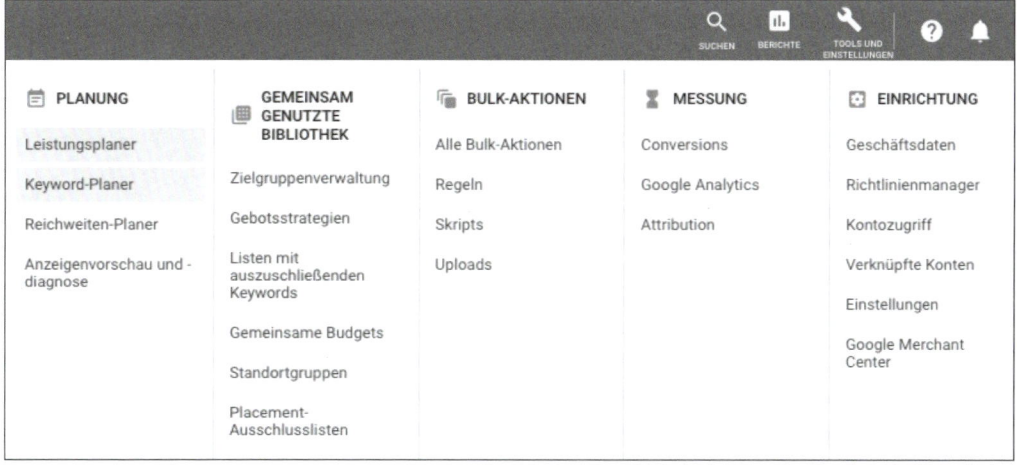

Abbildung 2.52 Den »Keyword-Planer« unter »Tools und Einstellungen« aufrufen

Kostenfreie Alternativen zu Googles Keyword-Planer

Eine bis vor Kurzem noch komplett kostenfreie Alternative zum Google Keyword-Planer bietet das Tool *Ubersuggest* (*https://www.ubersuggest.io*), auf das wir in Kapitel 3 noch näher eingehen. Ubersuggest arbeitet mit den Funktionsmechanismen von *Google Suggest*, der Autovervollständigung bei einer Google-Suche, und ermittelt relevante Keywords, die häufig in Kombination mit Ihrem eingegebenen Begriff gesucht werden. Der Vorteil gegenüber dem Google Keyword-Planer ist, dass Sie so auch sogenannte Longtail-Keywords identifizieren können. Das sind Keywords, die aus mehreren Wörtern bestehen. Ähnlich arbeitet auch *https://answerthepublic.com*. Auch hier geben Sie Ihre Keywords ein und erhalten auf Basis reeller Suchanfragen Vorschläge zu Fragen und Formulierungen für Ihre Webseite bzw. Ihre Anzeigen. Beide Tools, sowohl Ubersuggest als auch Answerthepublic, sind seit kurzer Zeit nur noch in der Basisvariante kostenlos, als solche dennoch sehr nützlich.

Den Google Keyword-Planer nutzen

Im Google Keyword-Planer können Sie aus zwei unterschiedlichen Aufgaben auswählen (siehe Abbildung 2.53).

Die wichtigste Funktion besteht hier in der Möglichkeit, neue Keywords zu finden. Klicken Sie daher auf den ersten Unterpunkt NEUE KEYWORDS ENTDECKEN. Falls Sie bereits fertige Keyword-Listen besitzen bzw. die Listen aus Ihren umfangreichen Recherchen überprüfen lassen möchten, können Sie auch SUCHVOLUMEN UND PRO-

GNOSEN ABRUFEN auswählen. Es besteht die Möglichkeit, bestehende Keyword-Listen per Copy & Paste einzufügen und entsprechend analysieren zu lassen.

Abbildung 2.53 Zwei grundlegende Möglichkeiten des Keyword-Planers

Nach einem Klick auf NEUE KEYWORDS ENTDECKEN erscheint ein weiteres Fenster, in dem Sie entweder MIT KEYWORDS BEGINNEN oder MIT EINER WEBSITE BEGINNEN auswählen (siehe Abbildung 2.54). Bei MIT KEYWORDS BEGINNEN geben Sie ein oder auch mehrere Suchbegriffe in das Suchfeld ein und lassen sich durch Klick auf den Button die ERGEBNISSE ANZEIGEN. Sie können hier maximal zehn Begriffe gleichzeitig eingeben.

Abbildung 2.54 Die Suche mit Keywords oder einer mit Webseite beginnen

Alternativ können Sie auch die URL einer bestehenden Website ❶ analysieren, und zwar die komplette Website ❷, oder eine einzelne Unterseite der Seite ❸ auf Keywords analysieren lassen (siehe Abbildung 2.55). Das bietet sich zum Beispiel an, um zu prüfen, welche Suchbegriffe Ihre Marktbegleiter verwenden.

Abbildung 2.55 Die Suche mit einer bestehenden Website beginnen

Nach Eingabe Ihrer Suchbegriffe und einem Klick auf ERGEBNISSE ANZEIGEN wechselt die Ansicht auf KEYWORD-IDEEN (siehe Abbildung 2.56). Hier sehen Sie nun unter den VON IHNEN EINGEGEBENEN BEGRIFFEN weitere KEYWORD-IDEEN. Aus der vorgeschlagenen Liste wählen Sie nun weitere geeignete Suchbegriffe aus, indem Sie das Kästchen vor dem jeweiligen Keyword anhaken ❶. Nun wählen Sie in der blauen Navigationsleiste, ob Sie die Begriffe dem PLAN oder einer Kampagne ❷, einer bestehenden oder einer neu anzulegenden Anzeigengruppe ❸ zuordnen wollen und welche Keyword-Option Sie vergeben möchten, also ob Sie sie als a) WEITGEHEND PASSEND, b) PASSENDE WORTGRUPPE oder c) GENAU PASSEND ❹ hinzufügen möchten. Auf die Keyword-Optionen gehen wir in Abschnitt 4.4.3 noch näher ein. An dieser Stelle sei lediglich gesagt, dass sie von Option a) bis c) immer spezifischer werden. An einem Beispiel erklärt: Ihr Suchbegriff lautet »Schuhe für Damen«. Option a) spielt Ihre Anzeige auch für »Damen Freizeitschuhe« oder »Damen Laufschuhe kaufen« aus, während Option c) Ihre Anzeige nur exakt dann ausspielt, wenn der Benutzer »Schuhe für Damen« eingibt. Wenn Sie nach einer Weile Erfahrungen gesammelt haben, welche Keywords für Sie gut funktionieren, dann können Sie die Keyword-Option strikter einstellen, um so gezieltere Suchanfragen zu erhalten und damit bares Geld zu sparen.

Nachdem Sie die Einstellungen für die Keywords vorgenommen haben, übernehmen Sie sie in Ihren Plan, indem Sie in der blauen Navigationsleiste ganz rechts auf KEYWORDS HINZUFÜGEN klicken ❺.

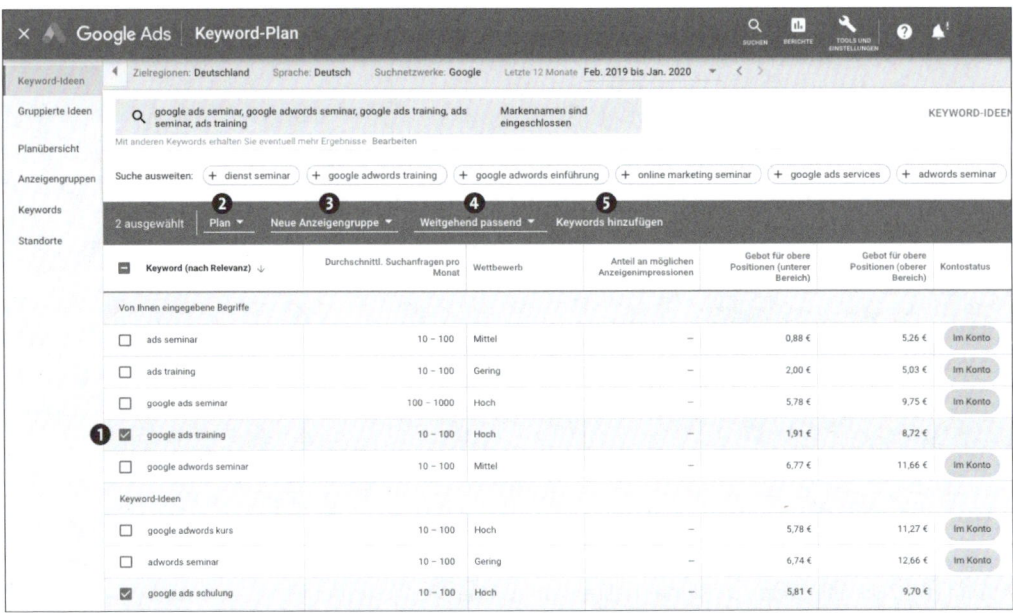

Abbildung 2.56 Keyword-Ideen dem Plan oder einer Kampagne hinzufügen

Bei den Keyword-Ideen werden die Keywords, die bereits in Ihrem Konto oder Ihrem Plan enthalten sind, entsprechend unter KONTOSTATUS mit einem grauen bzw. grünen Button markiert (siehe Abbildung 2.57).

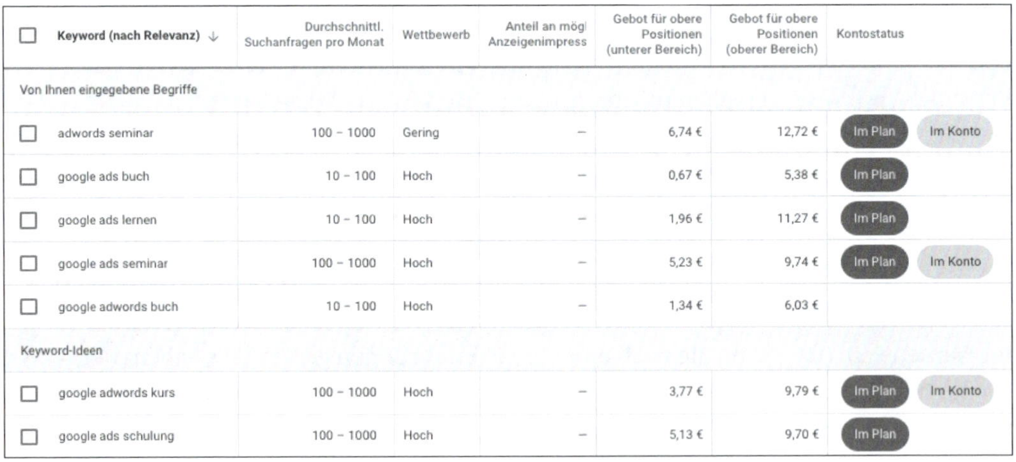

Keyword (nach Relevanz) ↓	Durchschnittl. Suchanfragen pro Monat	Wettbewerb	Anteil an mögl Anzeigenimpress	Gebot für obere Positionen (unterer Bereich)	Gebot für obere Positionen (oberer Bereich)	Kontostatus	
Von Ihnen eingegebene Begriffe							
adwords seminar	100 – 1000	Gering	–	6,74 €	12,72 €	Im Plan	Im Konto
google ads buch	10 – 100	Hoch	–	0,67 €	5,38 €	Im Plan	
google ads lernen	10 – 100	Hoch	–	1,96 €	11,27 €	Im Plan	
google ads seminar	100 – 1000	Hoch	–	5,23 €	9,74 €	Im Plan	Im Konto
google adwords buch	10 – 100	Hoch	–	1,34 €	6,03 €		
Keyword-Ideen							
google adwords kurs	100 – 1000	Hoch	–	3,77 €	9,79 €	Im Plan	Im Konto
google ads schulung	100 – 1000	Hoch	–	5,13 €	9,70 €	Im Plan	

Abbildung 2.57 Diese Keywords sind bereits im Plan oder im Konto vorhanden.

Neben der Liste KEYWORD-IDEEN können Sie die Suchbegriffe auch als GRUPPIERTE IDEEN ❶ (siehe Abbildung 2.58) anschauen. Hier gruppiert Google die gefundenen Suchbegriffe bereits thematisch, um Ihnen das Erststellen von Anzeigengruppen zu erleichtern. Nutzen Sie diese Gruppierung als Inspiration, übernehmen Sie sie allerdings nicht einfach ungeprüft, denn unter Umständen befinden sich in den Gruppen Keywords, die für Ihr Unternehmen nicht wirklich passend sind. In unserem Beispiel wollen wir einen physischen Google-Ads-Kurs bewerben. Somit wären die Begriffe »google adwords online kurs« und »adwords online kurs« in diesem Fall unpassend.

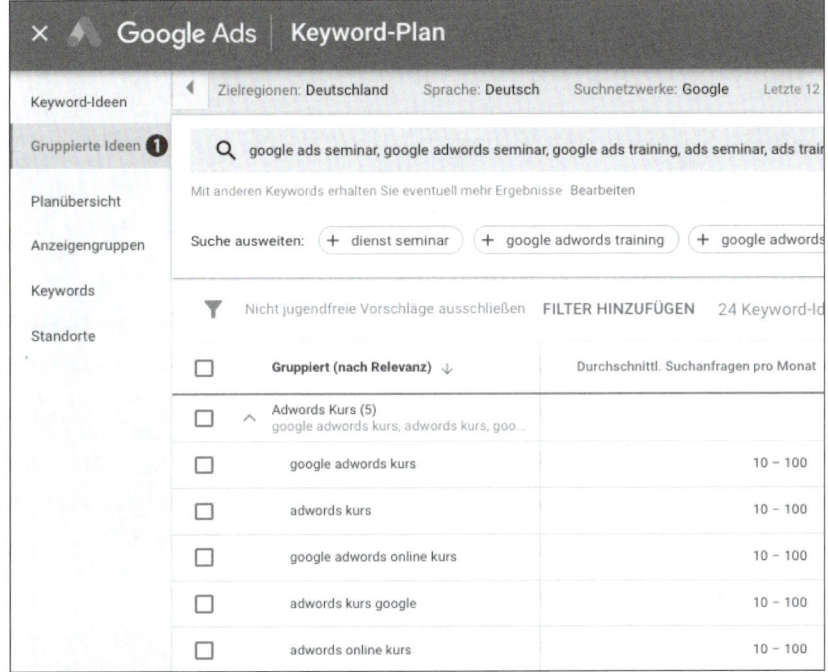

Abbildung 2.58 »Gruppierte Ideen« liefern Anregungen für mögliche Anzeigengruppen.

Um die Anzahl der vorgeschlagenen Keyword-Ideen zu begrenzen, können Sie sowohl ein- als auch auszuschließende Keywords vorgeben. Auszuschließende Keywords werden auch als *negative Keywords* bezeichnet und stehen für Suchbegriffe, zu denen die Google-Ads-Anzeigen *nicht* erscheinen sollen. In unserem Beispiel aus Abbildung 2.59 möchten wir Vorschläge zu den Begriffen »sea agentur, seo agentur, suchmaschinenmarketing agentur« ausschließen, ergo nehmen wir sie in unsere Liste mit ALS AUSZUSCHLIESSENDE KEYWORDS HINZUFÜGEN ❷ auf. In der Praxis sollte diese Liste natürlich viel ausführlicher sein. So müssen Sie später nicht unnötig große Keyword-Listen durchforsten.

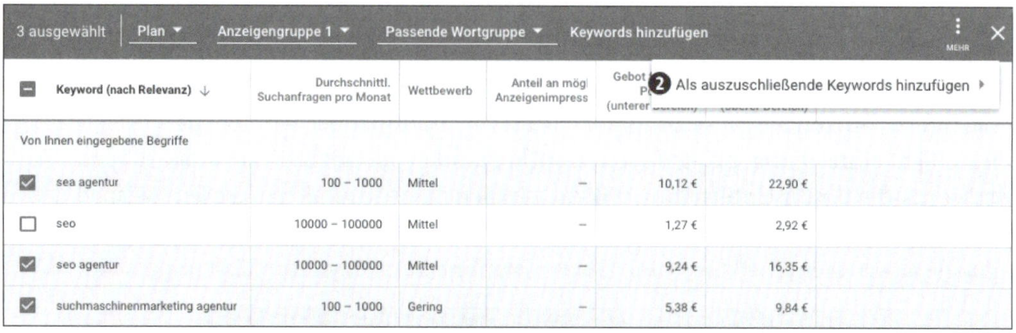

Abbildung 2.59 Beschränkung der Ergebnisse zum Keyword-Ausschluss

---

Auszuschließende Keywords sind wichtig

Die hier erwähnten ausschließenden oder negativen Keywords werden Ihnen in diesem Buch noch öfter begegnen. Leider werden diese ausschließenden Keywords in der Google-Ads-Praxis häufig vernachlässigt. Diese Suchbegriffe sind jedoch sehr wichtig, denn sie umschreiben alle Themen, zu denen Sie nicht mit Ihrer Google-Ads-Werbung angezeigt werden möchten. Je größer Ihre Liste mit negativen Keywords ist, die Ihrer Google-Ads-Kampagne hinzugefügt wurde, desto besser passt Ihre Anzeige zur Suchanfrage. Bei unpassenden Anfragen werden Sie nämlich einfach nicht geschaltet. Aber auch bei der Recherche im Keyword-Planer erleichtern Ihnen die negativen Keywords das Leben, da unpassende Suchvorschläge erst gar nicht auf die Keyword-Liste gelangen. So wird die Liste am Ende viel übersichtlicher und passt besser zu Ihren Produkten bzw. Dienstleistungen. Jeder Plan darf maximal 1000 ausschließende Keywords enthalten.

Nachdem Sie dem Keyword-Planer entsprechend Suchbegriffe und auszuschließende Keywords hinzugefügt haben, können Sie den Plan in der PLANÜBERSICHT bearbeiten (siehe Abbildung 2.60). Sie können ihm einen individuellen Namen ❶ geben, die Zielregion ❷ definieren, worauf sich der Plan bezieht, die entsprechende Sprache ❸ festlegen und bestimmen, auf welche Suchnetzwerke ❹ er sich bezieht. Sie können außerdem den Zeitraum ❺ definieren, den Sie betrachten wollen. Er wird im Fenster PROGNOSEN FÜR DAS NÄCHSTE JAHR ❻ weiß hinterlegt wird. Außerdem können Sie hier Ihr CPC-Gebot (Cost-per-Click) ❼ anpassen und so prüfen, wie sich das auf Ihre Klicks, Impressionen, Kosten etc. auswirkt. Unter Geräte ❽ und Standorte ❾ sehen Sie die unterschiedliche Leistung je nach Gerät oder Zielregion.

Sie können so lange mit dem Plan herumspielen, bis Sie ein für sich zufriedenstellendes Ergebnis erzielt haben. Über KAMPAGNE ERSTELLEN am oberen rechten Bildrand können Sie Ihren Plan dann in eine neue Kampagne überführen.

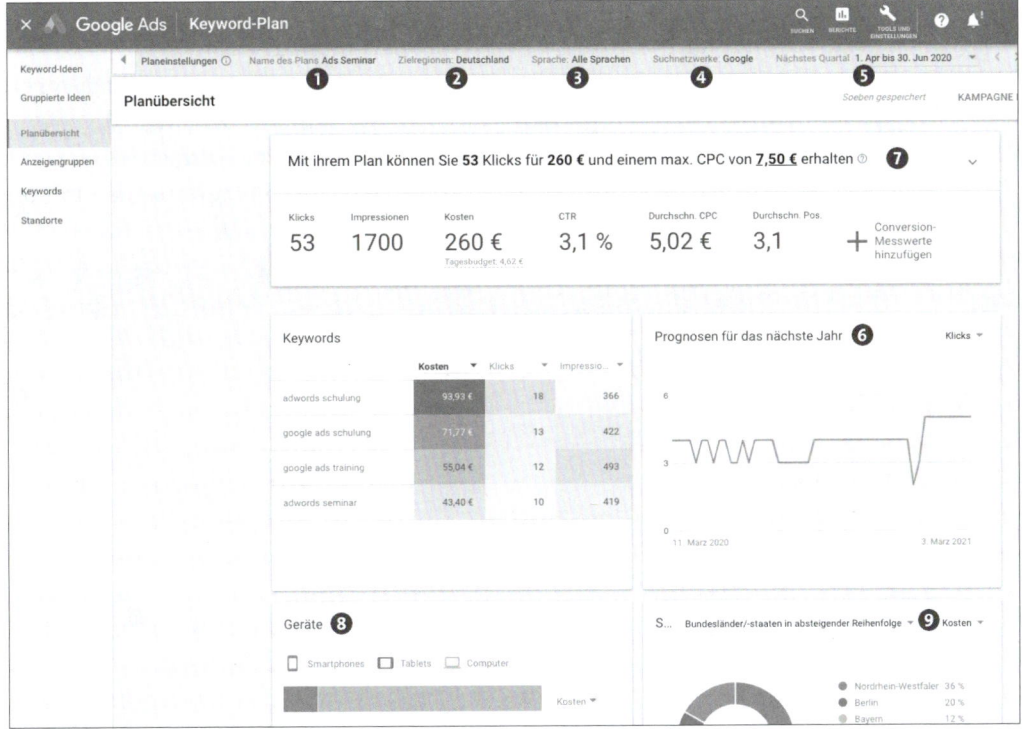

Abbildung 2.60 Planübersicht bearbeiten

Keywords im Planer bearbeiten

Durch einen Klick auf Keywords in der linken Navigation oder im gleichnamigen Fenster gelangen Sie zur Detailansicht der Suchbegriffe in Ihrem Keyword-Planer (siehe Abbildung 2.61). Hier finden Sie zu jedem Keyword bzw. jeder Keyword-Phrase weitere Informationen, z. B. die jeweilige Keyword-Option ❶, die zugehörige Anzeigengruppe ❷, die zu erwartenden Klicks ❸ und Impressionen pro Tag ❹ für jedes einzelne Keyword sowie die Kosten ❺, die zu erwartende CTR (*Click-Through-Rate*) ❻ sowie einen Hinweis auf den durchschnittlichen ❼ und den maximalen ❽ CPC (*Cost per Click*). Falls Sie nicht alle genannten Spalten sehen oder bei Ihnen die Reihenfolge anders erscheint, dann können Sie das über das Icon Spalten ❾ am rechten Bildschirmrand ändern.

Oberhalb der Keyword-Tabelle wird Ihnen die Prognose für Ihren Plan angezeigt. Hier sehen Sie, welche Ergebnisse Sie mit den gewählten Suchbegriffen und dem definierten CPC erreichen können. Den maximalen CPC ❿ können Sie an dieser Stelle beliebig ändern bzw. auch individuell für einzelne Keywords in der Spalte Max. CPC ❽ anpassen. Durch Klick auf den Dropdown-Pfeil ⓫ können Sie sich die Prognose auch in einer interaktiven Grafik anzeigen lassen (siehe Abbildung 2.62). In dieser Grafik können Sie den blauen Punkt ⓬ bewegen und auf diese Weise mit den Werten spielen, bis Sie Ihre Keyword-Liste nach Ihren Wünschen optimiert haben. Die Liste können Sie am Ende auch in einem CSV-Format herunterladen. Klicken Sie dazu einfach auf das Symbol für Download-Optionen ⓭. Hier stehen Ihnen zwei Möglichkeiten zur Verfügung: erstens Prognosen zum Plan und zweitens bisherige Messwerte des Plans. Diese Keyword-Dateien können Sie dann noch mit zusätzlichen, extern recherchierten Keywords anreichern oder direkt in bestimmte Kampagnen importieren.

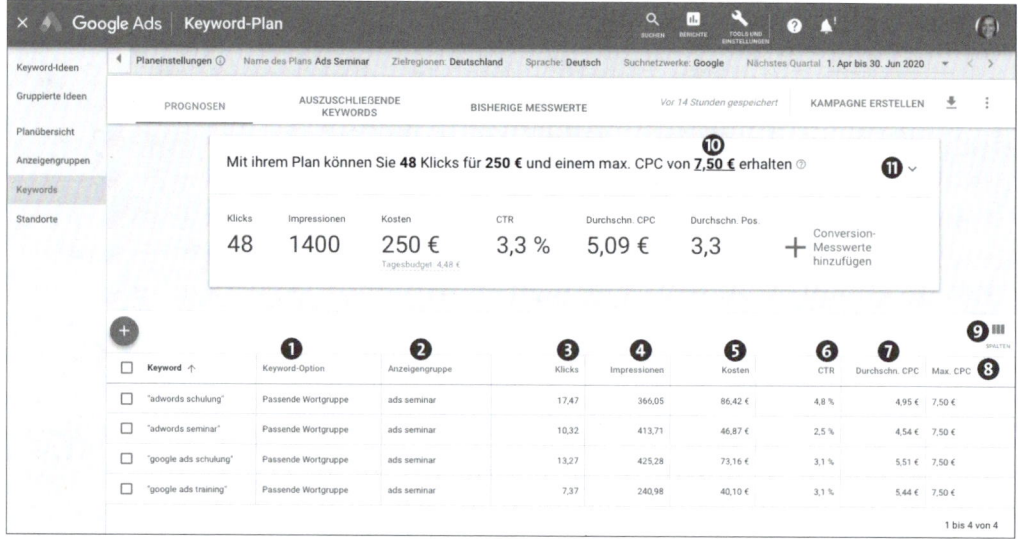

Abbildung 2.61 Keywords im Plan bearbeiten

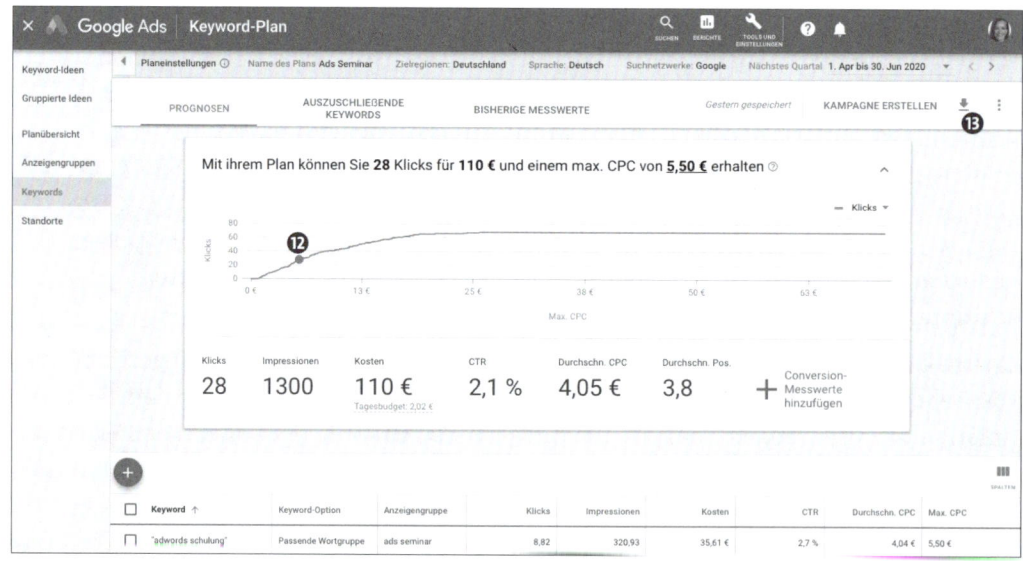

Abbildung 2.62 Interaktive Grafik zum Modellieren der Werte

Nutzen Sie die Webseitenanalyse des Keyword-Planers, um neue Ideen auf unterschiedlichen Webseiten zu finden. Testen Sie den Planer beispielsweise für folgende Webseitenanalysen:

- eigene Webseiten inklusive Unterseiten
- Webseiten der Konkurrenz inklusive Unterseiten
- passende Themenseite von Wikipedia
- Social-Media-Seiten zu Ihren Produkten bzw. Dienstleistungen
- Webseiten von Foren, Blogs, Online-Magazinen zu Ihrer Branche

2.7.2 Das Google-Ads-Budget planen

Die meisten Fragen, die im Zusammenhang mit Google Ads gestellt werden, beziehen sich auf das Budget: Wie viel Geld muss ich für eine Google-Ads-Kampagne einplanen? Was kostet mich die Werbung für meine Produkte? Die Antwort lautet: Wie so häufig kommt es auf die Rahmenbedingungen an. Ihre Google-Ads-Kosten sind abhängig von Ihren Zielen, dem Umfang Ihrer Werbekampagne und Ihrer Konkurrenzsituation.

Eine Besonderheit bei Google Ads sind die unterschiedlichen Kosten in Bezug auf die gebuchten Keywords. Keywords, die häufig verwendet und gesucht werden, sind härter umkämpft und haben daher im Schnitt immer höhere Klickpreise. Für viele, die den Wettkampf um die heiß begehrten Keywords unbedingt gewinnen möchten, explodieren dann die Kosten. Daher ist es immer besser, im Vorfeld bestimmte Strategien festzulegen und diese dann zu verfolgen, anstatt sich auf das reine Überbieten von Klickpreisen einzulassen.

Grundsätzlich gibt der Nutzer bei Google ein Tagesbudget an, das dann auf den Monat (30 bis 31 Tage) hochgerechnet wird. Praktischerweise kann man das Tagesbudget ständig ändern, sogar mehrmals täglich. Das einmal verbrauchte Budget kann jedoch nicht wieder reduziert werden.

Manchmal überschreitet das Google-System das vereinbarte Budget ein wenig und produziert zum Beispiel anstelle der Vorgabe von 10,00 € am Ende des Tages vielleicht 10,45 € an Klickkosten. Gleich am nächsten Tag bietet das Google-Ads-System jedoch vorsichtiger, um das Defizit wieder auszugleichen, sodass Sie am Ende des Monats Ihr vorgegebenes Budget nicht überschreiten. Bitte beachten Sie, dass ein Budget immer pro Tag gilt und dann wieder neu zur Verfügung steht. Es wird nicht aufgebraucht und muss auch nicht jeden Tag wieder neu bestätigt werden. Mithilfe des eingegebenen Budgets können Sie eine Kampagne nicht zeitlich beschränken. Hierfür müssten Sie ein Enddatum eingeben oder die Kampagne manuell stoppen.

Da Sie die Budgetfrage spätestens beim Erstellen Ihrer Google-Ads-Kampagne beantworten müssen, sollten Sie sich hierzu auf jeden Fall vorher Gedanken machen. Die

Daten aus dem Keyword-Planer liefern einen ersten Ansatzpunkt zur Budgetabschätzung. Sie können grob die Kosten zu Ihren wichtigsten Keywords abschätzen. Diese Angabe soll jedoch nur als Anhaltspunkt dienen. Eine grundsätzliche Empfehlung zu einem Standardbudget für Google-Ads-Kampagnen kann nicht von externen Beratern oder dem Google-System vorgegeben werden. Sie sollten das eingesetzte Budget vor allem von folgenden Faktoren abhängig machen:

► Halten Sie sich zunächst an das Werbebudget, das Ihnen zur Verfügung steht.

► Kontrollieren Sie, ob Sie Ihre Ziele erreichen und welchen Gewinn Sie mit Google Ads generieren. Erreichen Sie Ihre Ziele und steigt der Gewinn, kann auch mehr in Werbung investiert werden.

► Beachten Sie auch Ihre Konkurrenzsituation: Müssen Sie sich mit wichtigen Keywords gegen viele oder finanzstärkere Konkurrenten durchsetzen, dann benötigen Sie ein höheres Budget – oder Sie müssen Beschränkungen bei der Anzahl der Keywords, der beworbenen Regionen oder der Werbezeiten vornehmen.

Ermittlung des Werbebudgets anhand wirtschaftlicher Kennzahlen

Viele Firmen berechnen ihr Werbebudget anhand der Geschäftszahlen des Vorjahrs. Meist wird ein bestimmter Prozentsatz des Gewinns in die Werbung des aktuellen Jahres investiert. Oft taucht das Argument auf, dass man das Budget lieber auf Grundlage der zukünftigen Umsatzzahlen bestimmen möchte. Wenn Sie jedoch noch keine Erfahrung aus früheren Jahren haben, können Sie keine fundierte Einschätzung der Online-Umsätze vornehmen.

2.7.3   Keywords analysieren und bewerten

Am Ende Ihrer umfangreichen Recherche mit dem Keyword-Planer und den Tools aus Kapitel 3, »Keywords«, sollten Sie Ihre umfassende Keyword-Liste analysieren und bewerten. Denken Sie daran, dass die Keywords, die Sie letztlich für Ihre Google-Ads-Kampagnen nutzen möchten, auch wirklich auf Ihrer Webseite als Produkt, Dienstleistung oder Information zu finden sind. Keywords, die nichts mit Ihrer Webseite zu tun haben, bringen nicht den gewünschten Erfolg, sondern erzeugen nur Frust: Sie erzielen mit diesen Keywords nur Klicks, die Geld kosten, aber keine Kunden generieren.

Bilden Sie aus den Keyword-Listen thematisch passende Keyword-Gruppen, die maximal 10 bis 15 Keywords enthalten. Falls Sie den Keyword-Planer im Google-Ads-Konto genutzt haben, erhalten Sie mithilfe dieses Tools bereits Vorschläge, wie Sie die Keywords nach Anzeigengruppen unterteilen können. Verwenden Sie diese Vorschläge für Ihre erste, grobe Einteilung. Sie können dann später bei Bedarf noch weitere Unterteilungen vornehmen oder wichtige Keywords auch anders gruppieren. Dies hängt von der weiteren Optimierung Ihrer Kampagnen ab. Hinweise zur Optimierung durch Verfeinerung der Anzeigengruppen finden Sie in Abschnitt 12.4.2.

Entfernen Sie auch später Keywords zügig, wenn Sie anhand der Statistiken sehen, dass diese nicht für Ihre Werbung geeignet sind. Wenn Sie beispielsweise als Reiseagentur Hotels in Tokio vermarkten möchten, so kann die eigentlich passende Suchphrase »Tokio Hotel« ungünstig sein, weil viele Google-Nutzer unter dem Begriff nach einer Band suchen, die in den Musik-Charts steht. Wenn die Musiker dann nicht mehr aktuell sind, kann die Keyword-Kombination auch für die Reisebranche wieder interessant werden. Und der Suchbegriff »Jaguar« kann sowohl dem zoologischen Bereich als auch der Automobilbranche zugeordnet werden.

Anhand dieser zwei kleinen Beispiele erkennen Sie schon, dass Maschinen zwar Keywords recherchieren können, dass Sie jedoch mit Ihrem gesunden Menschenverstand diese Keywords noch bewerten müssen. Eine erste Auswahl treffen Sie also am Ende Ihrer Keyword-Recherche und natürlich laufend auf Grundlage der Statistiken zu Impressionen, Klicks und Conversions.

2.7.4   Die richtige Strategie wählen

Das Besondere am Suchmaschinenmarketing ist, dass Sie sich im Medium Internet ständig in einer Konkurrenzsituation zu Mitbewerbern befinden, die um die gleichen Keywords buhlen. Es gilt also, mithilfe einer Strategie Nischen zu finden, individuelle Gebotsstrategien festzulegen und eigene Keyword-Kombinationen zu finden, um sich von der Konkurrenz zu unterscheiden und das vorhandene Werbebudget möglichst gewinnbringend einzusetzen.

Dabei sind diejenigen, die sich professionell vorbereiten und strategisches Internetmarketing betreiben, logischerweise im Vorteil. Dieser Vorsprung vor der Konkurrenz kann sich in günstigeren Klickpreisen, mehr Besuchern oder höheren Conversions (Anzahl der gewonnenen Kunden) ausdrücken.

In Kapitel 5, Kapitel 7 und Kapitel 8 zeigen wir Ihnen verschiedene Werbestrategien mit den dazugehörigen Google-Ads-Kampagnen.

Obwohl der Einstieg in das Suchmaschinenmarketing mit Google Ads von Google als besonders schnell und einfach beschrieben wird, sollten Sie sich ein wenig intensiver auf Ihre Google-Ads-Kampagnen vorbereiten. Die folgende Checkliste hilft Ihnen bei der Kontrolle Ihrer gezielten Vorbereitung.

2.8   Checkliste zur Vorbereitung einer Google-Ads-Kampagne

Nutzen Sie die Checkliste aus Tabelle 2.3, um Ihre Vorbereitungen zu kontrollieren.

To-do-Liste zur Vorbereitung einer Google-Ads-Kampagne	Erledigt (☑)
Ich habe meine Ziele notiert.	
Ich habe meine Zielgruppe(n) bestimmt.	
Ich habe die Bedürfnisse/Wünsche meiner Zielgruppe analysiert.	
Ich habe meine Zielregion(en) festgelegt.	
Ich habe eine Liste mit passenden Keywords erstellt.	
Ich habe eine Liste mit ausschließenden Keywords erstellt.	
Ich habe die Vorteile meiner Produkte/Dienstleistung notiert.	
Ich habe eine Liste mit meinen Serviceleistungen erstellt.	
Ich habe eine Liste mit meinen Call-to-Actions erstellt.	
Ich kenne meine Landingpages bzw. habe eine Landingpage erstellt.	
Ich habe Schätzungen zum Werbebudget durchgeführt.	
Ich weiß, welches Werbebudget zur Verfügung steht.	

Tabelle 2.3 Google-Ads-Vorbereitungen – die Checkliste

2.9   Fazit

In diesem Kapitel haben Sie erfahren, wie Sie schnell eine Google-Ads-Kampagne starten können und was sich hinter Google Smart Campaign verbirgt. Sie wissen nun, wie wichtig eine gute Vorbereitung mit vorheriger Analyse ist. Erst wenn Sie Ihre Ziele, Ihre Zielgruppen und die wichtigsten Keywords kennen und notiert haben, macht es Sinn, eine Google-Ads-Kampagne zu starten. Mit der richtigen Vorbereitung und den Vorgaben aus Ihren Analysen fällt es viel leichter, eine gute Google-Ads-Kampagne zu erstellen.

Gut geplant ist halb gewonnen!

Bei neuen Kampagnen gehen wir in der Regel so vor, dass wir zunächst genau überlegen, was wir erreichen wollen, denn nur wer ein Ziel hat, kann auch ankommen. Außerdem definieren wir am Anfang, woran wir unseren Erfolg, sprich die Zielerreichung, messen wollen. Sind es z. B. Downloads auf der Webseite oder Besuche in einem physischen Ladenlokal? Wir durchlaufen im Prinzip immer dieselben vier Phasen: Strategie – Vorbereitung – Umsetzung – Optimierung.

Strategie

▶ Ziele definieren: Was bzw. wen will ich mit Google Ads erreichen?

▶ Erfolgsmessung: Mit welchen Kennzahlen messe ich meinen Erfolg?

Nach dieser grundlegenden strategischen Entscheidung sammeln wir nun Informationen für die präzise Zielgruppendefinition und die passenden Keywords. Dazu lassen wir uns von Google und Mitbewerberseiten inspirieren.

Vorbereitung

▶ Zielgruppendefinition über verschiedene Recherche-Quellen

▶ Suchbegriffe googeln und über den Keyword-Planer finden

▶ Seiten und Anzeigen der Wettbewerber analysieren

▶ auszuschließende Keywords definieren

▶ Google-Ads-Budget festlegen

Umsetzung

Nachdem klar ist, wen wir wo mit welchen Begriffen abholen, erfolgt die Umsetzung der einzelnen Schritte bis zur fertigen Anzeige:

▶ zielgruppenspezifische Landingpage mit passenden Keywords erstellen

▶ Tracking für die Ziele auf der Webseite einbauen

▶ den passenden Kampagnen-Typ wählen und einstellen

▶ Anzeigengruppen definieren

▶ Anzeigentexte passend zur Landingpage erstellen

▶ Anzeigenerweiterungen festlegen

Optimierung

Nachdem die Anzeigen passend zu der Landingpage nun mit dem definierten Budget angelaufen sind, ist es wichtig, regelmäßig ihre Leistung zu kontrollieren und bei Bedarf anzupassen. Das ermöglicht es uns, im Laufe der Zeit immer günstigere Anzeigenpreise zu realisieren und bessere Conversion-Raten zu erzielen. Und genau da fängt Google Ads an, erst so richtig Spaß zu machen!

Kapitel 3
Keywords

Die Grundlage des Suchmaschinenmarketings sind Keywords. Was liegt also näher, als den Suchbegriffen (Keywords) ein eigenes Kapitel zu widmen? Es gibt zu ihnen viele Aspekte, Quellen, Methoden und Tools, die es nicht verdient haben, sich anderen Kapiteln und Abschnitten unterzuordnen. Lernen Sie hier, womit und wie Sie Ihre Keyword-Sets erstellen, verfeinern und schließlich in den Kampagnen einsetzen können.

Im vorigen Kapitel haben Sie gelernt, dass Keywords im wahrsten Sinne des Wortes der Schlüssel dafür sind, dass Ihre Google-Ads-Kampagnen nicht nur erfolgreich werden, sondern in den meisten Fällen überhaupt erst funktionieren. Wir möchten an dieser Stelle vorausschicken, dass wir den Begriff *Keyword* in diesem Kapitel sowohl für ein einzelnes Suchwort als auch für die Kombination mehrerer Suchbegriffe einsetzen werden. Er wird darüber hinaus auch als Synonym für »Suchwort«, »Suchphrase«, »Suchanfrage« oder »Schlüsselwort« verwendet.

Der Ausgangspunkt eines jeden neuen Google-Ads-Projekts ist stets eine ausführliche Keyword-Recherche. Darum haben wir in diesem Kapitel eine umfangreiche Liste mit unterschiedlichen Ansätzen zur Keyword-Recherche aufgestellt. Suchen Sie sich die Möglichkeiten aus, die für Sie sinnvoll und umsetzbar sind. Beachten Sie jedoch, dass Sie grundsätzlich immer mehrere Ideen und Tools nutzen und Ihre Suchbegriffe immer aus verschiedenen Blickwinkeln betrachten sollten.

Wie kommen Sie nun zu Keywords für Ihre Kampagnen? Wo finden Sie diese? Mit welchen Prozessen und Vorgehensweisen erstellen Sie passende Keyword-Sets? Dies sind lauter berechtigte Fragen, auf die wir Ihnen im Verlauf dieses Kapitels die eine oder andere aufschlussreiche Antwort geben können. Folgende zwei Grundprobleme werden wir in diesem Kapitel behandeln:

▶ **Woher** nehmen Sie Keywords? Wir nennen potenzielle Informationsquellen, bei denen Sie Keyword-Kombinationen und -Ideen finden können.

▶ **Womit** gruppieren Sie Keywords? Wir stellen Ihnen Methoden und Tools vor, mit denen Sie die gesammelten Keyword-Ideen verfeinern und für den Einsatz in Ihrer Kampagne vorbereiten können.

**Bauen Sie neben Ihrer Keyword-Liste auch eine
Liste mit unpassenden Suchbegriffen auf!**

Wie bereits in Kapitel 2 erwähnt, raten wir Ihnen zwecks besserer Optimierung Ihrer Kampagnen, immer eine Liste mit negativen Suchbegriffen aufzubauen, den ausschließenden Keywords. Das sind Begriffe, die nicht zu Ihrer Website bzw. zu Ihren Angeboten passen und zu denen Ihre Anzeigen gar nicht erst ausgespielt werden sollen.

Ein Lebensmittelhändler, der Reis verkauft, sollte beispielsweise Begriffe wie *Reisen* oder *Reise* gleich vorweg in seine Ausschlussliste aufnehmen. Zusätzlich sollten Sie aber auch spezielle Begriffe notieren, die sehr oft im Zusammenhang mit Ihren wichtigen Keywords auftauchen, die Sie aber nicht anbieten können oder möchten. Zum Beispiel sollten Sie »beflocken« im Zusammenhang mit Fußballtrikots ausschließen, falls Sie zwar Trikots verkaufen, aber keine Trikotbeflockung anbieten.

Die Liste mit negativen Keywords wird sich später noch als sehr wertvoll für die Optimierung Ihrer Kampagnen erweisen und Ihnen mit jedem hinzugefügten Wort unnötige Klicks und somit Werbekosten sparen.

Bei allen Keywords, die in Ihren Kampagnen eingesetzt werden, steht im Vordergrund, dass diese bestmöglich jenen Suchbegriffen und -phrasen entsprechen, die Ihre potenziellen Kunden bei einer Suche nach Ihren Produkten, Services und Angeboten möglicherweise in das Google-Suchfeld eingeben.

Ihre Keyword-Liste kann erfahrungsgemäß – selbst bei einem großen Rechercheaufwand – niemals von Beginn an die höchstmögliche Effizienz aufweisen. Sie können mit einem gut recherchierten initialen Keyword-Set jedoch die Rahmenbedingungen dafür schaffen, dass Ihnen bzw. dem Team, das mit der Betreuung der Google-Ads-Kampagne betraut ist, die spätere Optimierung und Verfeinerung umso leichter fällt.

Effektivität vs. Effizienz

Da Sie eben etwas über die Effizienz von Keyword-Listen gelesen haben, möchten wir kurz auf den Unterschied zwischen Effektivität und Effizienz eingehen. Auch bei Ihren Google-Ads-Kampagnen wird es für Ihren Kampagnenerfolg maßgeblich sein, dass Sie langfristig nicht nur effektive Suchbegriffe einsetzen, sondern auch effizient Keywords und Anzeigentexte kombinieren. *Effektiv* sind Suchbegriffe, die zum gewünschten Ergebnis führen, wie beispielsweise zu einem Klick auf Ihre Webseite, einem Anruf in Ihrem Unternehmen, einem Kauf eines Produktes. *Effizient* sind die Suchbegriff-Kombinationen, die mit möglichst geringem Aufwand, also möglichst wenigen Kosten, zu Ihrem Ziel führen. Denn das zahlt sich unmittelbar in barer Münze aus, weil Ihre Kosten für die Akquise eines neuen Kunden dadurch sinken.

Folgendes Beispiel finden wir als einfache Eselsbrücke sehr gelungen. Es hilft, jederzeit die korrekte Abgrenzung der beiden Begriffe sowohl zu verstehen als auch erklären zu können. Nehmen wir an, Sie müssen ein Feuer löschen und können bei der Löschflüssigkeit zwischen Champagner und Wasser wählen. Fällt Ihre Wahl auf die erste Option, haben Sie zweifellos eine *effektive* Variante gewählt: Champagner auf die Flamme, Feuer aus, Ziel erreicht! *Effizient* war die Aktion jedoch nicht, weil Champagner im Vergleich zum Wasser wesentlich teurer ist.

Dasselbe Prinzip können Sie nun auf das hier im Buch behandelte Thema ummünzen: *Effektiv* wird nahezu jede Google-Ads-Kampagne sein, da sie ab ihrem Einschalten und dem Einsatz des ersten Euros an Werbebudget für neue Besucher auf Ihrer Webseite sorgen wird. Die *Effizienz* der Kampagne jedoch – und in diesem Zusammenhang ist stets von *Wirtschaftlichkeit* die Rede – hängt maßgeblich von der Qualität und Relevanz ihrer Keywords ab. Ob Ihre durchschnittlichen Klickpreise 4 € oder 50 Cent betragen, wird sich nicht in der reinen Besucherstatistik, wohl aber in der Kosten- und ROI-Berechnung widerspiegeln. Achten Sie also darauf, jederzeit mit *effizienten* Kampagnen und Keyword-Listen zu arbeiten!

Auch bei Kampagnen für das *Displaynetzwerk* spielt die kontextuelle Ausrichtung über Keywords eine nach wie vor wichtige Rolle. Welche Unterschiede Sie dabei in der Keyword-Recherche zu berücksichtigen haben und welche weiteren Ausrichtungsmethoden (die im Unterschied zu Kampagnen im Suchnetzwerk nicht ausschließlich auf Keywords basieren) es dort noch gibt, erfahren Sie in Kapitel 5.

3.1   Das optimale Keyword-Set

Die Überschrift klingt zugegeben verlockend, und in der Tat wäre es wunderbar, wenn man auf ein paar wenigen Buchseiten zusammenfassen könnte, wie Sie als Leser für jede Aufgabenstellung und Branche ein optimales Set an Keywords zusammenstellen. Wir müssen Sie aber gleich zu Beginn enttäuschen: Es kann nie ein *perfektes* Keyword-Set geben, und selbst ein *optimales* Set erfordert viel Arbeit in der Vorbereitung und permanenten Betreuung Ihrer Kampagnen.

Natürlich werden sich Ihre Keywords hinsichtlich Umfang und Kategorisierung mit fortlaufendem Optimierungsgrad stetig verbessern. Auf diese Weise erreichen Sie langfristig einen besseren Qualitätsfaktor, eine höhere Anzeigenrelevanz und nicht zuletzt einen geringeren Klickpreis. Aufgrund des dynamischen Umfeldes und der Tatsache, dass Tag für Tag wieder neue Informationen über gut oder schlecht performende Keywords hinzukommen werden, wird eine Kampagne jedoch aus Keyword-Sicht niemals »fertig optimiert« sein können. Selbst wenn sich das Angebot, das Sie auf Ihrer Website präsentieren, nicht häufig ändert, lassen sich nahezu täglich neue

Erkenntnisse über für Sie erfolgreiche und weniger erfolgreiche bzw. irrelevante Suchanfragen gewinnen.

In diesem Zusammenhang möchten wir Ihnen die folgende Tatsache vor Augen führen: Nach Informationen, die von Mitarbeitern aus Googles Suchspezialisten-Team bestätigt wurden, beinhaltet ungefähr jede siebte bei Google getätigte Suchanfrage eine nie zuvor verwendete Kombination aus Suchbegriffen – und das tagtäglich aufs Neue. Laut John Wiley, dem Chefentwickler der Google-Suche, handelt es sich dabei um eine Situation, mit der sich Google praktisch seit Anbeginn auseinandersetzen muss. Es sind zwar »nur« ungefähr 15 %, aber in Anbetracht dessen, dass Google über 100 Milliarden Suchanfragen pro Monat beantwortet, bedeutet das aus Ihrer Sicht als Google-Ads-Nutzer Tag für Tag neues Keyword-Potenzial, das Sie berücksichtigen müssen. Weltweit entstehen so laufend Millionen neuer Suchkombinationen, die für Google-Ads-Anzeigenkunden relevant sein könnten. Auch Google selbst ist laufend bestrebt, diesen Prozentsatz zu senken. Der Hauptgrund dafür ist der Versuch, die Suchergebnisse – organisch wie bezahlt – präziser auszuliefern und damit das Nutzererlebnis zu verbessern.

Bevor Sie sich in die aktive Recherche stürzen, empfehlen wir Ihnen, sich einige Hilfsmittel zurechtzulegen. Wir möchten Ihnen hier vor allem digitale Werkzeuge vorstellen, da Ihre Keywords früher oder später in die interaktive Benutzeroberfläche von Google Ads eingegeben werden und somit in digitaler Form vorliegen müssen. Natürlich spricht auch nichts dagegen, sollten Sie es bevorzugen, erste Recherchen mithilfe von Notizblättern, Post-its oder Flip-Charts umzusetzen. Moderne Online-Tools, wie die im Folgenden vorgestellten, können jedoch altbewährte und analoge Prozesse oft vereinfachen. Sollten Sie diese noch nicht kennen und anwenden, können wir Ihnen nur empfehlen, sie für diese Aufgabenstellung auszuprobieren. Spätestens wenn es darum geht, Informationen zu teilen und in räumlich getrennten Teams zu bearbeiten, stoßen Flip-Charts & Co. schnell an ihre Grenzen.

Gratis, aber keineswegs umsonst

Der Großteil der in diesem Abschnitt erwähnten Produkte und Dienste steht Ihnen – zumindest in ihrem grundlegenden Funktionsumfang – kostenlos zur Verfügung. Damit profitieren Sie von einem Trend, der sich im Internet nicht zuletzt mit Unterstützung von Google etabliert hat. Leistungsstarke Dienste, wie es zweifelsohne auch die Google-Suche ist, werden Anwendern kostenlos zur Verfügung gestellt.

Die Refinanzierung ergibt sich sehr oft über Werbung (Google macht das besonders gut und erwirtschaftet nach wie vor einen Großteil seiner Umsätze einzig und allein mit Google Ads ☺) oder über alternative Bezahlmethoden. Häufig kommt hier das sogenannte *Freemium*-Modell zum Einsatz. Bei ihm sind die Basisdienste einer Anwendung zwar zeitlich uneingeschränkt gratis nutzbar, der volle Leistungsumfang für den Nutzer erschließt sich aber erst durch kostenpflichtige Erweiterungen oder

Abonnements. Die Vorgehensweise, dass Sie zunächst ein Softwareprodukt kaufen, es dann lokal installieren und auf nur einem Gerät nutzen, verliert zunehmend an Bedeutung und Beliebtheit. Das ist umso besser für Sie, denn so bleibt Ihnen oder Ihrem Auftraggeber mehr Budget für den Einsatz in Ihren Google-Ads-Kampagnen, um wiederum neue Kunden und Nutzer für das von Ihnen beworbene Produkt zu generieren.

3.1.1   Brainstorming

Bei der Keyword-Recherche starten Sie zunächst mit eigenen Überlegungen zu Ihrem Produkt bzw. Ihren Dienstleistungen. Diese Überlegungen werden durch Austausch mit anderen Personen erweitert. Bevor wir Ihnen verschiedene Tools vorstellen, sollten Sie folgende drei Tipps auf jeden Fall in die Recherche einbeziehen.

1. Tipp: Brainstorming – das eigene Gehirn nutzen

Der wichtigste Grundsatz bei der Suche nach den richtigen Keywords lautet: Denken Sie wie Ihre Kunden, denn der Wurm (Ihr Keyword) soll dem Fisch (Ihrem Kunden) schmecken und nicht dem Angler (Ihnen). Überlegen Sie also genau, wonach Ihre potenziellen Kunden suchen würden, um Ihre Produkte oder Dienstleistungen auf den Google-Ergebnisseiten zu finden.

Konzentrieren Sie sich dabei nicht auf Fachbegriffe, die Ihre Kunden nicht kennen. Nutzen Sie im Gegenteil bewusst auch fachlich »falsche Begriffe«, die jedoch gängige Ausdrücke in der Welt Ihrer Kunden sind. Denken Sie auch an Probleme Ihrer potenziellen Kunden, wenn diese Ihre Produkte oder Ihre Dienstleistungen noch nicht kennen. Notieren Sie alle Begriffe, die Ihnen einfallen, und denken Sie daran, dass es beim Brainstorming zunächst nicht um die Auswahl der Suchbegriffe geht. In dieser Phase gibt es daher keine falschen Suchbegriffe.

2. Tipp: Diskussion mit Kollegen und externen Personen

Erweitern Sie Ihre Liste durch ein Gespräch mit Ihren Mitarbeitern oder Kollegen. Oftmals ergeben sich noch andere Gesichtspunkte, weil unterschiedliche Personen aus unterschiedlichen Blickwinkeln auf ein Problem schauen. Sprechen Sie auch mit Freunden und Bekannten, die nichts direkt mit Ihrem Business zu tun haben. Stellen Sie einfach die Frage, wonach Ihr Gegenüber bei Google suchen würde, um Ihre Produkte oder Dienstleistungen zu finden. Auch hierbei ist es wichtig, den anderen Blick auf Ihr Unternehmen und Ihre Produkte zu erhalten. Der Blick von externen Beobachtern entspricht schon eher der Sicht eines Kunden. So erweitern Sie Ihre Keyword-Liste um wertvolle Ideen. Schreiben Sie alle Ideen auf, und markieren Sie danach die Keywords, die von verschiedenen Gruppen genannt wurden, da diese Begriffe auch in der Praxis wahrscheinlich häufiger gesucht werden.

3. Tipp: Kundenbefragung

Die beste Einschätzung zu den wichtigsten Suchbegriffen erhalten Sie natürlich direkt von den Kunden, die Ihre Produkte gekauft oder Ihre Dienstleistungen in Anspruch genommen haben. Wonach haben diese Menschen vorher gesucht bzw. mit welchen Begriffen verbinden sie Ihre Dienstleistungen oder Produkte?

Diese Daten sind meistens jedoch nur sehr schwierig zu erhalten, und viele Unternehmer scheuen den Aufwand zur ihrer Erhebung. Aus unserer Sicht sind diese Daten jedoch so wertvoll, dass es sich auf jeden Fall lohnt, etwas Zeit und Mühe zu investieren. Erstellen Sie z. B. eine Online-Befragung, oder verbinden Sie Ihre After-Sales-Maßnahmen mit einer Frage nach den Keywords. Sie können sich beispielsweise nach dem Online-Kauf per E-Mail bedanken und um drei Suchbegriffe bitten, mit denen der Kunde Ihr Produkt bzw. Ihre Dienstleistung suchen würde. Sie können die Befragung auch mit einem kleinen Dankeschön verbinden, z. B. mit einem Fünf-Euro-Gutschein für den nächsten Einkauf. Eine interessante Keyword-Liste entsteht aus der Kombination der eigenen Suchbegriffe mit den Keywords der Kunden. Die Schnittmenge enthält die Keywords, die für Sie die größte Relevanz besitzen.

Speziell in der frühen Phase der Keyword-Recherche werden Sie eine Vielzahl an Informationen und Themen für Ihre Kampagnen sammeln. Dabei sind Sie aber noch ein paar Schritte davon entfernt, konkrete und bereits strukturierte Keyword-Listen erstellen zu müssen. Hier empfiehlt es sich, dass Sie sich zunächst einen »digitalen Notizzettel« zurechtlegen.

Wir haben dafür zum Beispiel mit dem Online-Mind-Mapping- und Brainstorming-Tool *Mindmeister* (Infos und Anmeldung unter *www.mindmeister.com*, siehe Abbildung 3.1) sehr gute Erfahrungen gemacht. Nutzer können damit nach einer einfachen Registrierung bis zu drei Mindmaps kostenlos erstellen, bearbeiten und teilen. Erst wenn Sie über dieses Limit hinaus Mindmaps erstellen, erweiterte Bearbeitungs- und Exportfunktionen erhalten oder den Dienst auch über mobile Apps nutzen möchten, müssen Sie sich für eines der kostenpflichtigen Nutzungsmodelle entscheiden.

Wie in Abbildung 3.1 ersichtlich, können Sie so Ihre Gesprächsnotizen, Gedanken und ersten Fragen nicht nur bequem erfassen, sondern auch exportieren, ausdrucken oder mit anderen Nutzern teilen.

Sie werden feststellen, dass im Zuge der Keyword-Recherche ein sprichwörtliches Elefantengedächtnis von Vorteil ist. Genau in diese Kerbe schlägt ein weiteres Tool: *Evernote* (siehe Abbildung 3.2). Es stellt sich potenziellen Nutzern auf der Unternehmenswebsite *https://evernote.com/intl/de/* als »virtuelles Gedächtnis« vor und kann

Ihnen auch bei Ihren Recherchearbeiten als genau solche digitale Speichererweiterung dienen.

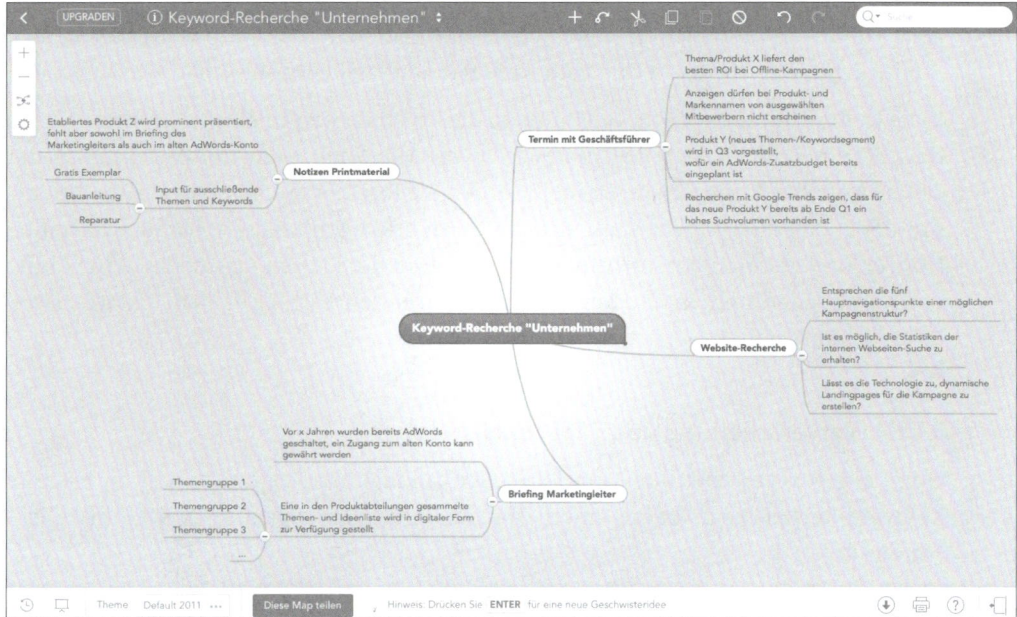

Abbildung 3.1 Erste Keyword-Ideen können Sie mit »Mindmeister« einfach festhalten und visualisieren.

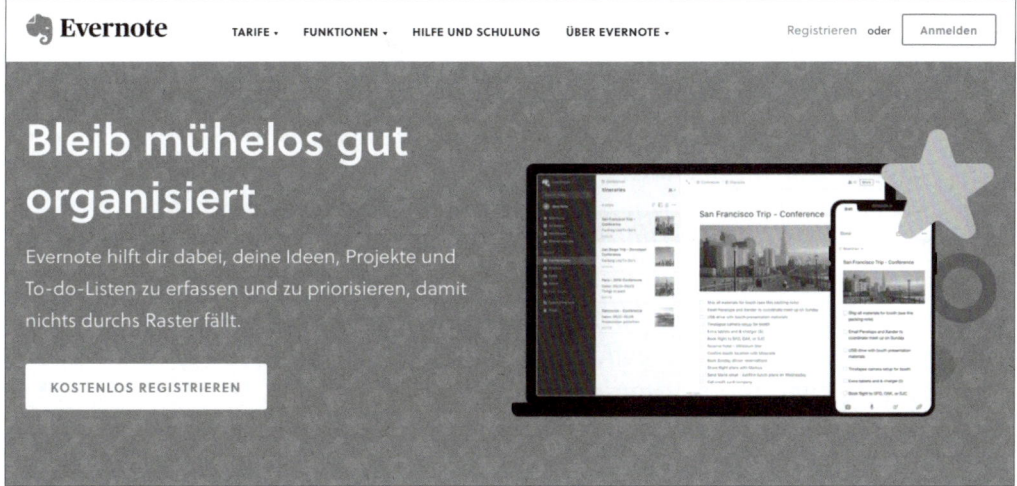

Abbildung 3.2 Das digitale »Elefantengedächtnis« von Evernote

Legen Sie bei diesem Tool, das sowohl in der Browser- als auch in der App-Variante kostenlos angeboten wird, nicht nur Textnotizen, sondern auch Sprachaufzeichnun-

gen oder Bilder ab. Sie genießen damit nicht nur den Vorteil eines digitalen Notiz-
blocks, sondern profitieren von der geräteübergreifenden Verfügbarkeit aller auf
diese Weise gesammelten Informationen. Lesen Sie dazu auch den nächsten Kasten
zum Thema »Cloud Computing«. Eventuell haben Sie als Windows-Nutzer bereits
Erfahrungen mit *Microsoft OneNote*, dem Pendant zu Evernote.

Viele weitere ähnliche Tools, die Ihnen in dieser Phase behilflich sind, können Sie im
Netz bei einer Suche nach Begriffen wie *Online Mindmap*, *Online Brainstorming* oder
Online Notizblock entdecken. Schnell werden Sie Ihre persönlichen Favoriten finden,
mit denen Sie die Aufgaben am effizientesten erledigen können. Parallel zu reinen
Notizen und ersten Brainstormings werden Sie an der Erstellung und Strukturierung
von Kampagnenthemen und Keyword-Listen arbeiten und somit auch Bedarf an weiterer Software haben.

3.1.2   Textverarbeitung und Tabellenkalkulation

Ohne ein Textverarbeitungs- und Tabellenkalkulationsprogramm sollten Sie Ihre
Keyword-Recherche nicht beginnen. Die drei dafür naheliegenden Auswahlmöglichkeiten sind:

▶ Sie nutzen die in Microsoft Office integrierten Programme Word und Excel.

▶ Sie setzen auf kostenlose, im Betriebssystem enthaltene oder freie Open-Source-
Produkte wie Notepad oder TextEdit zur Textverarbeitung bzw. auf Apache Open-
Office als freie Bürosoftware (*https://www.openoffice.org/de/*).

▶ Sie verwenden cloudbasierte Dienste wie zum Beispiel den Google-eigenen Dienst
Google Docs. Google bietet unter der URL *https://www.google.de/intl/de/docs/
about/* die Anwendungen *Docs*, *Google Tabellen*, *Präsentationen* und *Formulare* an.

Die letztgenannte Variante, auf Google Docs bzw. Google Drive zu setzen, empfiehlt
sich dabei aus mehreren Gründen. Erstens können Sie den Dienst kostenlos mit
Ihrem bereits für die Nutzung von Google Ads erstellten Google-Konto verwenden.
Geben Sie die oben genannte URL im selben Browser ein, mit dem Sie bereits Google
Ads nutzen, können Sie auf diese Weise ohne eine Neuregistrierung bei weiteren
Drittunternehmen gleich drauflosarbeiten und Ihre Dokumente anlegen. Gleichzeitig benötigen Sie zur Verwendung von Google Drive nur einen Internetbrowser und
die Login-Informationen Ihres Google-Kontos. Software-Installationen? Administra-
tor-Rechte? Erweiterte Computerkenntnisse? Nicht erforderlich!

Zweitens spricht für Google Drive, dass viele Export- und Bearbeitungsfunktionen,
die Sie später kennenlernen werden – sowohl in Google Ads als auch Analytics – mit
einer nahtlosen Integration des Google-eigenen Dokumentenformates aufwarten.
Beispielsweise können Sie bei der Keyword-Bearbeitung und -Optimierung durch die
enge Verknüpfung dieser Dienste um einiges effizienter arbeiten.

Ein drittes Argument ist die Tatsache, dass Google-Drive-Dokumente in der sogenannten *Cloud* gespeichert werden und somit online von jedem Internetgerät aus
und an einem beliebigen Standort weltweit abgerufen werden können, ohne eine
Software-Installation durchführen zu müssen. Natürlich ist ein Internetzugang die
Voraussetzung für einen Zugriff auf die Dokumente. Da Sie ohne einen solchen wohl
auch das Google-Ads-Interface nicht erreichen würden, können Sie an dieser Stelle
davon ausgehen, dass Sie bei der Erstellung, Bearbeitung und Optimierung Ihrer
Kampagnen Ihre bei Google Drive gespeicherten Dokumente und Tabellen (beispielsweise Keyword-Listen, Vorlagen für Anzeigentexte etc.) jederzeit abrufbereit
haben.

Der vierte und gleichzeitig letzte offensichtliche Vorteil ist die Möglichkeit, dass
jedes in der Google-Wolke erstellte Dokument auch mit weiteren Nutzern geteilt
werden kann. Das ist dann hilfreich, wenn zum Beispiel mehrere Personen in einem
Unternehmen an denselben Kampagnen arbeiten und daher auf zentrale Keyword-
Listen oder Kampagnen- und Themenpläne zugreifen müssen. Sie können als Erstel-
ler eines Dokumentes zusätzlich jederzeit entscheiden, ob Mitnutzer dieses nur lesen
oder auch aktiv verändern können. Dass der Zugriff auf Google Drive auch bequem
über mehrere Gerätetypen hinweg – von Desktop-PCs über Tablets bis hin zu Smartphones – erfolgen kann, ist ein zusätzlicher und sehr angenehmer Nebeneffekt. Sie
haben Ihren Keyword-»Spickzettel« in diesem Fall tatsächlich immer und überall mit
dabei. Selbst wenn Sie unterwegs auf neue Keyword-Ideen stoßen: Ein schneller Klick
am Smartphone, und Ihr Google-Drive-Dokument ist geöffnet, um neue Keywords
oder Notizen hinzuzufügen.

Cloud Computing: Internetdienste und Speicherplatz für alle – nicht nur bei Google

Allen Lesern, die mit dem *Cloud Computing* noch wenig Erfahrung haben, empfehlen
wir, sich nicht nur in Zusammenhang mit Google Ads näher mit diesem Thema zu
beschäftigen. Es liegt nahe, dass wir *Google Drive* an dieser Stelle aufgrund der nahtlosen produktübergreifenden Integration mit den anderen Diensten aus dem Hause
Google hervorheben. Natürlich bieten zum Beispiel auch Unternehmen wie Apple
oder Microsoft vergleichbare Dienste an, die sich dann *iCloud* oder *Office 365* nennen. Für die reine Dateiablage lassen sich darüber hinaus zum Beispiel *Dropbox*
sowie als persönlicher geräteübergreifender Notizblock die digitalen Tools des An-
bieters *Evernote* empfehlen.

All diese Dienste haben eines gemein: Dokumente und Dateien werden in der sogenannten Cloud gespeichert. Liegen diese Daten an einem entfernten, über Daten-
netzwerke zugänglichen Ort (also in einer fernen, abstrakten »Wolke«) und nicht auf
dem eigenen Computer, ergibt sich ein wesentlicher Vorteil im Vergleich zu lokal gespeicherten Daten: Sie können standortunabhängig und jederzeit auf Ihre Daten zugreifen.

Darüber hinaus ermöglichen diese Dienste es Ihnen, auch anderen Nutzern Zugriff auf Ihre Dokumente, Dateien, Fotos oder Videos zu gewähren. So können Sie zum Beispiel ein Textdokument, das Sie früher eventuell per E-Mail oder USB-Stick an mehrere Personen verteilt hätten (wodurch Sie viele Kopien des Ausgangsdokuments in Umlauf gebracht hätten), über Dienste wie Google Drive freigeben. Feedback, Ergänzungen und Änderungen können so bequem und auch von mehreren Personen in der zentralen Quelldatei erfolgen. Auch Fotos, die einen größeren Speicherplatz einnehmen und somit eventuell zu groß für einen Versand per E-Mail wären, können Sie mit cloudbasierten Diensten einfach weiterleiten und teilen.

Da der zur Verfügung gestellte Speicherplatz meist mehrere Gigabyte groß ist (in der kostenlosen Variante von Google Drive sind es zum Beispiel 15 GB), werden Sie selbst bei größeren Datenmengen nicht so schnell an die Grenzen stoßen, wenn Sie Ihren »virtuellen USB-Stick« mit Inhalten füllen.

Abschließend darf man einen der augenscheinlichsten Nachteile all dieser durchaus bequemen und oft kostenlosen Services aber nicht unerwähnt lassen: Ohne Internetzugang bleibt Ihnen der Zugriff auf die bei diesen Anbietern abgelegten Dateien verwehrt. Sobald Sie offline sind, sind alle in der »Cloud« gespeicherten Dokumente genau so fern und unerreichbar wie die Wolken am Himmel.

Haben Sie sich nun für eine lokale oder cloudbasierte Lösung zur Text- und Tabellenverarbeitung entschieden, können Sie mit der eigentlichen Keyword-Recherche beginnen.

3.2 Die Keyword-Recherche

In diesem Abschnitt lernen Sie, wie Sie eine umfangreiche Keyword-Recherche planen und selbstständig durchführen können. Eine Keyword-Recherche nehmen Sie übrigens nicht ausschließlich in der Vorbereitungsphase von Google-Ads-Kampagnen vor, sondern zum Beispiel auch im Vorfeld von Maßnahmen zur Suchmaschinenoptimierung von Webseiten.

Darüber hinaus liefern Keyword-Recherchen mit den hier beschriebenen Maßnahmen und Tools wertvolle Informationen bei vielen weiteren Vorhaben, die eine Marktforschungstätigkeit voraussetzen. Sie können solche Keyword-Recherchen nämlich auch als praktisches und vergleichsweise einfaches Marktforschungsinstrument einsetzen, wenn Sie beispielsweise eine Unternehmensgründung oder die Entwicklung von neuen Produkten planen. Aus den gewonnenen Erkenntnissen zum Suchverhalten können Sie heute sehr einfach ableiten, wie das Potenzial für neue Produkte oder Dienstleistungen in der realen Welt einzuschätzen ist. Dass diese Vorgehensweise rascher und budgetschonender umzusetzen ist als eine »richtige« in Auftrag gegebene Marktforschung, wird Sie darüber hinaus freuen.

Wir möchten Ihnen dazu ein Beispiel nennen: Nehmen wir an, Sie haben die Geschäftsidee, Reisen für laufsportinteressierte Personen aus dem deutschsprachigen Raum zu organisieren. Möchten Sie Prognosen erstellen, damit Sie das praktische Potenzial dieser Idee besser einschätzen können, muss eine Recherche in der potenziellen Zielgruppe nicht in jedem Fall auch aussagekräftige Ergebnisse liefern.

Fragen Sie beispielsweise zehn Leute, ob sie Ihr Laufsport-Reiseangebot in Anspruch nehmen würden. Egal ob es sich um bekannte oder unbekannte laufsportinteressierten Personen handelt, die Vorstellung von an balearischen Küstenlandschaften entlang führenden Laufausflügen mit dem Meer als Begleiter und der aufgehenden Sonne am Horizont würde bei den Befragten sofort für helle Begeisterung und damit für eine klare Unterstützung Ihrer Idee sorgen.

Aber was würde passieren, wenn Sie allen begeisterten Personen gleich eine verbindliche Anmeldung – womöglich begleitet von einer sofortigen Anzahlung – zum nächsten Reisetermin anbieten? Und was, wenn Sie den Startpreis gleich dazu nennen? Schließlich ist es kein unbeträchtlicher Aufwand, das Programm auf die Beine zu stellen, die Reise inklusive aller Transporte und Unterkünfte zu organisieren, und auch die den Teilnehmern zur Seite gestellten erfahrenen Lauftrainer müssen etwas verdienen.

So schnell kann aus heller Begeisterung große Ernüchterung werden, wenn viele der Befragten zwar zunächst aus Gründen der eigenen Überschwänglichkeit oder auch aus Freundlichkeit Ihnen gegenüber Interesse zeigen, aber in der Praxis dann doch Bedenken äußern, sobald Geld ins Spiel kommt – oder gleich wieder abspringen.

Google Ads – die bessere Marktforschung?

Passend zum Thema »Keyword-Recherche« möchten wir Ihnen den Hinweis mit auf den Weg geben, die Macht von Suchmaschinen zu nutzen. Mithilfe von Google Ads können Sie nämlich nicht nur Werbung für Ihre Produkte bzw. Dienstleistungen machen, sondern auch das Potenzial für noch nicht existierende Produkte testen.

Mithilfe von Google Ads, wenigen Hundert Euro und ein paar Tagen Zeit können Sie viele wertvolle Erkenntnisse über Themen gewinnen, die Ihre Zielgruppe über die Google-Suche äußert. Das erspart oft eine teure Marktforschung. Keywords spielen dabei auch eine essenzielle Rolle. Welche Keywords möchten Sie, basierend auf Ihrer Produkt- bzw. Service-Idee, testen? Schlägt Ihnen Google vielleicht sogar automatisch bessere Varianten vor? Gibt es überhaupt ein Suchvolumen dafür? Wenn ja, wie hoch ist dieses, in welchen Ländern und Regionen wird danach gesucht und wo liegt der Betrag für die durchschnittlichen Kosten pro Klick? Haben Sie sich dem Thema einmal aus dieser Perspektive gewidmet, werden Sie viel Freude daran haben, mit Google Ads nicht nur Werbung im klassischen Sinne zu machen, sondern mit dem hier gewonnenen Know-how Suchwortmarketing kreativ auch anderweitig zu nutzen.

Warum also befragen Sie für solche Zwecke nicht »das Internet«? Eine kleine Landingpage mit stimmungsvollen Bildern und einem vorläufigen Reiseablauf sowie einer groben Preisübersicht ist schnell zusammengestellt. Über ein einfaches Formular können Interessenten eine – zunächst ebenfalls unverbindliche – Anmeldung absenden. Sie müssen dann, nach der obligatorischen Keyword-Recherche, nur eine Google-Ads-Kampagne online stellen, um über diese Vorgehensweise deutlich qualifiziertere Interessenten zu gewinnen. Weil Sie keine verbindliche Buchung anbieten und das Zustandekommen der Reise noch immer an weitere Bedingungen (wie z. B. eine Mindestteilnehmerzahl) knüpfen können, gehen Sie dabei nur ein geringes finanzielles wie rechtliches Risiko ein. Sie können durch diesen Mikrotest mithilfe von einigen relevanten Keywords und einer Google-Ads-Testkampagne nur gewinnen. Zunächst gewinnen Sie wertvolle Erkenntnisse über die tatsächliche Zielgruppe:

▶ Aus welchen (Bundes-)Ländern stammen die Interessenten?

▶ Mit welcher Zeit und welchen Kosten ist es verbunden,
  eine Formularanfrage zu generieren?

▶ Entsprechen Quantität und Qualität der Rückmeldungen Ihrer Erwartung bzw. den Mindestanforderungen, die Sie in einem Businessplan kalkuliert haben?

Wenn Sie beim Formular auch ein optionales Kommentarfeld anbieten, können Sie darüber hinaus auch noch an die eine oder andere hilfreiche Frage oder Bemerkung kommen, die Ihnen verrät, was Interessenten aus Ihrer potenziellen Zielgruppe von Ihrem Service zusätzlich oder alternativ erwarten würden:

▶ »Bieten Sie auch Laufreisen nach Nordeuropa und Skandinavien an?« – Viele Ihrer Mitbewerber haben sich womöglich schon auf südeuropäische Ziele und Laufrouten spezialisiert.

▶ »Gibt es die Möglichkeit, Gruppen- und Firmenbuchungen zu machen?« – Andere Anbieter konzentrieren sich eventuell in der Programm- und Preisgestaltung auf Singles und Paare.

▶ »Bieten Sie die Möglichkeit zur digitalen Vernetzung der Teilnehmergruppe vor, während und nach der Reise an?« – Mit einer solchen Technologie könnten Sie ein Instrument schaffen, das unter anderem zur Kundenbindung und Weiterempfehlung beiträgt.

Wie Sie sehen, kann Ihnen Google Ads mithilfe seines umfangreichen Keyword-Potenzials eine große Hilfe auch für nicht alltägliche oder offensichtliche Aufgabenstellungen sein. Wir hoffen, dass wir mit diesem kurzen inhaltlichen wie geografischen »Ausflug« Ihr Potenzial hinsichtlich der kreativen Nutzung von Keyword-Recherchen – und nicht nur Ihr Interesse an einem Laufurlaub auf Mallorca – wecken konnten.

Kommen wir nun aber nach den genannten unterschiedlichen Argumenten, *warum* Sie der Recherche von Suchbegriffen entsprechend hohe Aufmerksamkeit schenken sollten, dazu, *wie* Sie diese wichtige Liste aus einzelnen Suchwörtern und Mehrwort-Suchphrasen zusammenstellen können. In Abbildung 3.3 ist klar ersichtlich, dass es online keinesfalls zu wenige Informationsquellen zum Thema Keyword-Recherche gibt. Sie werden eher auf das Problem stoßen, dass Sie bei der Fülle an Informationen und Links nicht wissen, welcher Quelle Sie vertrauen sollten.

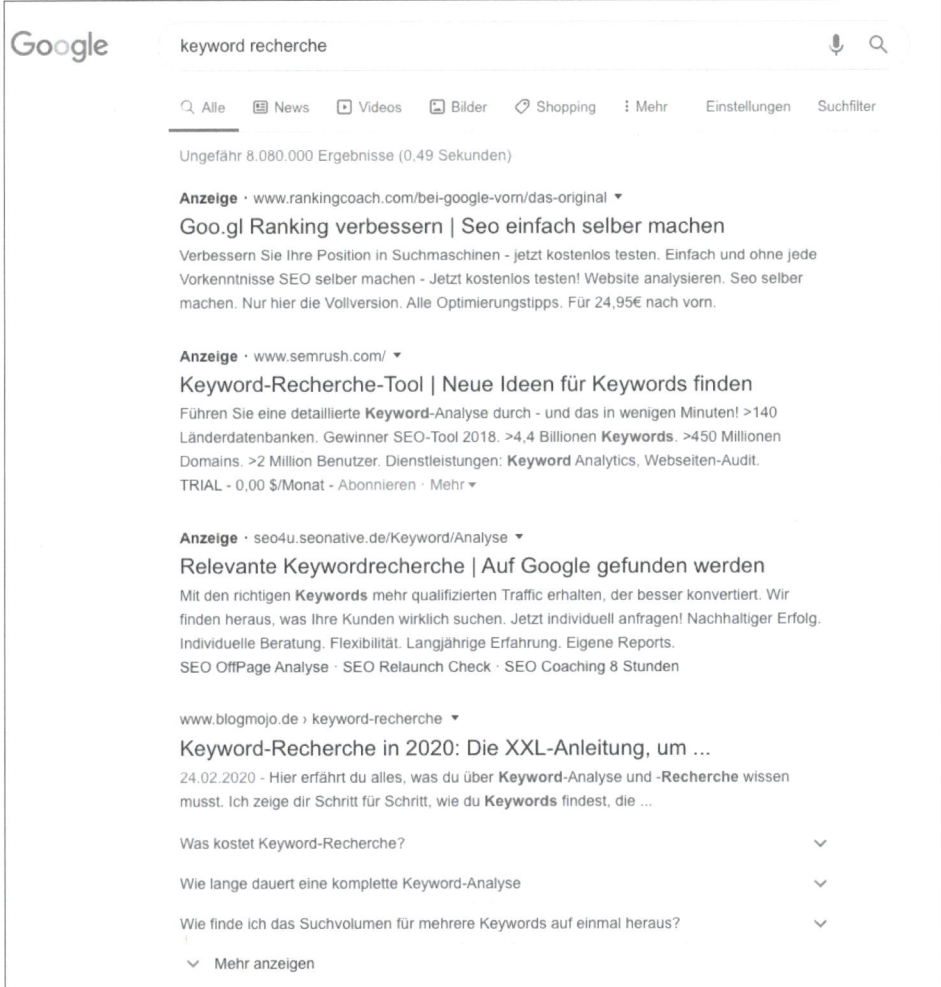

Abbildung 3.3 Lassen Sie sich von gut 8 Millionen Ergebnissen zum Suchbegriff »keyword recherche« nicht abschrecken!

Ist ein bereits 2015 erstellter Artikel überhaupt noch relevant? Oder hält sich dieser möglicherweise deshalb so lange in den obersten Suchergebnissen, weil er auf möglichst allgemeine Tipps eingeht, die unabhängig von kurzfristigen Tools und Trends auch heute noch gültig sind? Sind Hinweise aus Google-internen Quellen und Foren besser und vertrauenswürdiger als solche von externen Dienstleistern, Experten und Agenturen, die ja möglicherweise nur sich selbst promoten möchten?

Wir möchten in diesem Kapitel größtenteils auf nummerierte Listen (egal ob »Top-10« oder »Flop-5«) verzichten und Ihnen ein möglichst neutrales Bild davon vermitteln, wie Sie bei einer Keyword-Recherche am besten vorgehen. Vorausschicken möchten wir an dieser Stelle, dass Sie bei jedem der im Folgenden beschriebenen Vorgänge zur Gewinnung und Strukturierung von Suchwörtern Ihren gesunden Menschenverstand einsetzen sollten. Nicht jedes von diversen Tools vorgeschlagene Keyword passt auch für Ihren individuellen Anwendungsfall. Benötigen Sie wirklich Tausende Keywords oder reichen zum Start vielleicht ein paar wenige (Dutzend)?

Unter Berücksichtigung der Tatsache, dass es wohl für jeden von Ihnen unterschiedliche Prioritäten in diesem wichtigen Kapitel geben wird, lassen Sie uns – noch lange bevor wir auf konkrete Tools eingehen – gleich mit der ersten wichtigen Quelle für potenzielle Keywords für Ihre Google-Ads-Kampagnen beginnen.

3.2.1 Keyword-Quellen im Unternehmen

Fangen Sie direkt bei sich bzw. Ihrem Unternehmen an. Wir empfehlen Ihnen, vor der Nutzung diverser externer Quellen und Tools zunächst innerhalb des Unternehmens nach möglichen Suchbegriffen und Wortkombinationen für Ihre Google-Ads-Kampagne zu suchen.

Ihre Website

Bereits ein Blick auf die Homepage der Unternehmenswebsite wird Ihnen in den meisten Fällen konstruktiven Input zur Strukturierung und Erstellung Ihres Keyword-Sets liefern. Nicht zuletzt ist die jeder Website zugrunde liegende Navigationshierarchie zumindest eine gute Orientierungshilfe zur Gruppierung Ihrer Keywords. Speziell bei kleineren Websites kann sie des Öfteren bereits als vollständige Vorlage zum Aufbau Ihrer Themen- bzw. Anzeigengruppen dienen.

Abbildung 3.4 zeigt die Homepage des bekannten Online-Versenders Amazon. Diese liefert aufgrund ihres Aufbaus bereits sehr gute Hinweise, um unmittelbar mit der Erstellung einer Keyword-Liste zu beginnen. Wie würden wir in diesem Fall vorgehen? Nun, zunächst wäre es sinnvoll, sich einige Hinweise zu suchen, um die Keywords erst mal grob und auf Kampagnenebene einzuordnen. Amazon hat diese Keywords aufgrund der Fülle des Angebots im Dropdown-Menü ALLE aufgelistet:

- Alexa Skills
- Amazon Geräte
- Amazon Global Store

- ...
- Baby
- Baumarkt
- Beauty
- ...

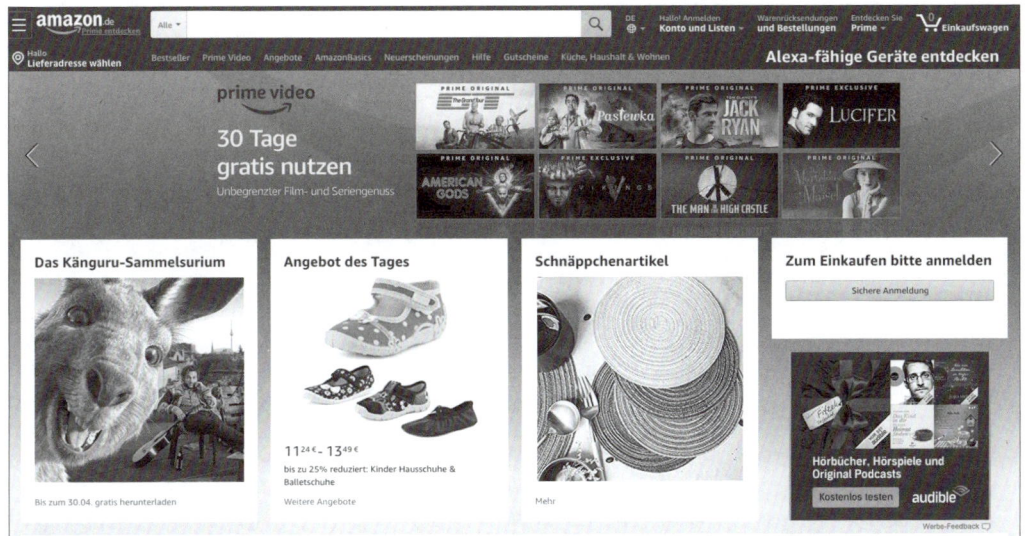

Abbildung 3.4 Jede Keyword-Recherche beginnt auf der eigenen Unternehmenswebsite. (Beispiel/Quelle:»www.amazon.de«)

Beachten Sie dabei, dass Sie in der Priorisierung von Themen und Kampagnen nicht ausschließlich die Größe des Navigationselements im Design heranziehen sollten. So wäre in diesem Beispiel das Thema »Gutscheine« nur ein wenig auffälliger Begriff in der Navigation am oberen Seitenrand. In Hinblick auf Ihre Google-Ads-Kampagne würde dieser Begriff aber einen nicht unwesentlichen und möglicherweise sehr gewinnbringenden Part einnehmen. Erfreuen sich doch online bestellbare Gutscheine zunehmender Beliebtheit, in ihrer Variante als Ausdruck am heimischen Computer vor allem als praktisches Last-Minute-Geschenk. Ob zum Geburtstag, an Weihnachten oder zu Ostern – solche Keywords haben praktisch das ganze Jahr über Saison.

Sie sehen: Mit nur einem Blick auf ein vermeintlich kleines Navigationselement auf der Unternehmenshomepage eröffnet sich uns ein erster Einstiegspunkt für eine Teilkampagne rund um Angebote, die bereits nach einem umfassenden, weil saison- und themenübergreifenden Keyword-Set verlangen würde. In Tabelle 3.1 möchten wir Ihnen noch einmal aufzeigen, wie Sie aus dem simplen Menüpunkt GUTSCHEINE bereits eine grobe Kampagnenstruktur für Ihr Unternehmen erarbeiten können.

Wichtig ist dabei, dass Sie sich beim Sammeln und Kategorisieren der Keywords stets in Ihre potenziellen Kunden hineinversetzen. Stellen Sie sich bei jedem Suchbegriff vor, welches Suchergebnis und welche Zielseite ein Interessent in dessen Kontext erwarten würde, und entscheiden Sie, ob dieser Begriff für Ihre Zielsetzung ein wertvolles oder irrelevantes und somit ausschließendes Keyword ergeben würde.

Kampagne	Anzeigengruppen	Keywords	Ausschließende Themen/Keywords
Gutscheine – generisch	Generisch	Gutschein kaufen Online Gutscheine Wertgutschein online bestellen ...	Wellness Abenteuer ...
Gutscheine – generisch	Bekleidung	Bekleidungsgutschein kaufen Online Gutschein für Bekleidung ...	Amazon Otto H&M ...
Gutscheine – Anlässe	Geburtstag	Geschenkgutschein zum Geburtstag Gutschein als Geburtstagsgeschenk ...	Essen und Getränke Wellness und Therme Reise und Urlaub ...
Gutscheine – Anlässe	Hochzeitstag	Hochzeitstag Geschenkideen Was schenken zur Hochzeit Gutscheine Hochzeitstag	Gedichte Hochzeitstisch Goldene Hochzeit Hochzeitsjubiläen Kreuzfahrt ...
Gutscheine – Marken	Levis	Gutschein Levis Jeans Levis Gutscheine kaufen Levis Jeans Geschenkgutschein	Diesel Replay Seven For All Mankind ...

Tabelle 3.1 Beispiel zur ersten Gruppierung von Keyword-Ideen rund ums Thema »Gutschein«

Ob Sie solche Gedanken bereits tabellarisch und somit ideal vorbereitet für die späte-re Keyword-Listenerstellung oder erst in einem – virtuellen oder realen – Notizblock festhalten, ist dabei Ihnen überlassen. Wichtig ist an dieser Stelle zunächst nur, alle inhaltlichen Aspekte der Homepage zu berücksichtigen, um so zu potenziellen Key-word-Ideen zu gelangen. Sie werden sehen, dass Sie in vielen Fällen bereits nach Prü-fung der Homepage eine große Menge an Potenzial und womöglich bereits mehrere Dutzend oder Hunderte konkrete Keywords finden konnten. Wiederholen Sie diesen Schritt für sämtliche Unterbereiche, Channels und Detailseiten der zu bewerbenden Website, und Sie werden – noch bevor Sie auf weitere, möglicherweise kostenpflich-tige Tools zurückgreifen müssen – einen wertvollen Schatz an Suchbegriffen erarbei-tet haben.

Zugegeben, es kann bei umfangreichen Websites ein großer Aufwand sein, diesen Teil der Recherche Schritt für Schritt durchzuführen. Der Großteil der manuellen und kreativen Arbeit wird Ihnen hier leider nicht erspart bleiben. Vor allem das aktive Mit- und Vorausdenken kann Ihnen leider kein Computerprogramm abnehmen. Wofür es jedoch sehr wohl eine Software gibt, ist das automatische Erstellen einer In-haltsübersicht Ihrer Website.

Diese Software übernimmt für Sie das sogenannte *Crawlen* der Webinhalte, indem sie beginnend bei der von Ihnen angegebenen URL einer Ausgangsseite (zumeist der Homepage) allen über einen Hyperlink verknüpften internen Seiten folgt und das Er-gebnis anschaulich in einer Tabelle darstellt. Speziell bei inhaltlich umfangreichen Websites erhalten Sie so auf effiziente Weise einen gut sortierten Überblick über die Seiteninhalte. Noch dazu ist dieser Überblick gleich automatisch in einem Dateifor-mat vorbereitet, das Sie einfach in einem Tabellenkalkulationsprogramm weiterver-wenden können.

In Abbildung 3.6 sehen Sie ein Beispiel, wie ein solches Ergebnis aussehen kann. Dort haben wir den in Abbildung 3.5 dargestellten *Google Merchandise Store* (Googles firmeneigenen Online-Shop für Merchandising-Artikel, *https://store.google.com*) einem Crawl unterzogen, um so Erkenntnisse für Keyword-Ideen und die dahinter-liegende Webseitenstruktur zu gewinnen.

Die hier vorstellten Tools sind somit keine Tools zur unmittelbaren Keyword-Recher-che, sondern vielmehr weitere vorbereitende Hilfsmittel, die Ihnen das Erledigen der in diesem Abschnitt behandelten Aufgabe etwas erleichtern sollten. Sie tun damit im Prinzip nichts anderes als das, was Google mit seinen automatischen Programmen tagtäglich für jede einzelne im Web verlinkte Seite macht: Sie folgen und »durchfors-ten« Links auf einer Website und versuchen, deren Struktur und Inhalte so gut es geht zu verstehen – mit dem »kleinen« Unterschied, dass Sie keinen Suchindex auf-bauen und permanent mit Daten füttern, sondern lediglich einmalige Erkenntnisse über den Aufbau einer Website gewinnen möchten, deren Struktur auf andere Art und Weise nicht erkennbar ist.

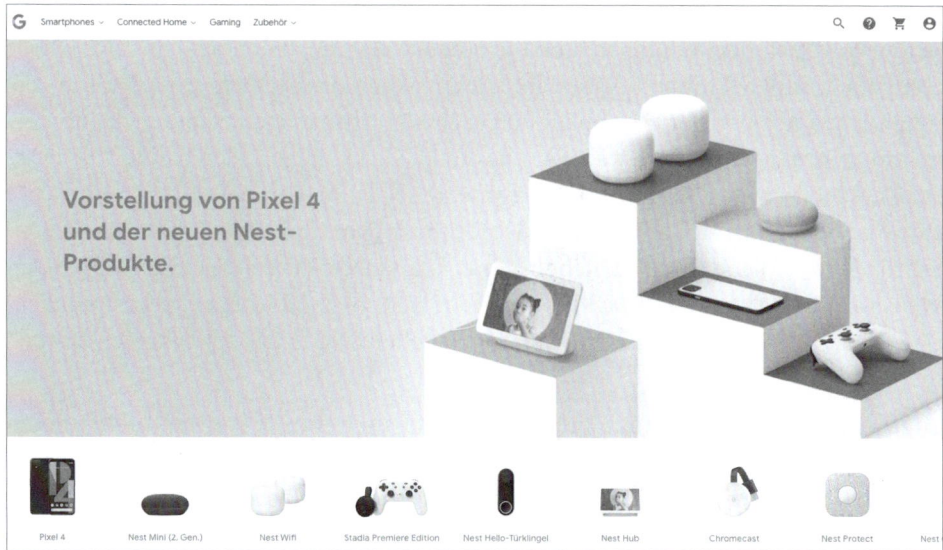

Abbildung 3.5 Viele Websites (wie z. B. der »Google Merchandise Store«) verfügen über Inhalte, jedoch über keine Sitemap.

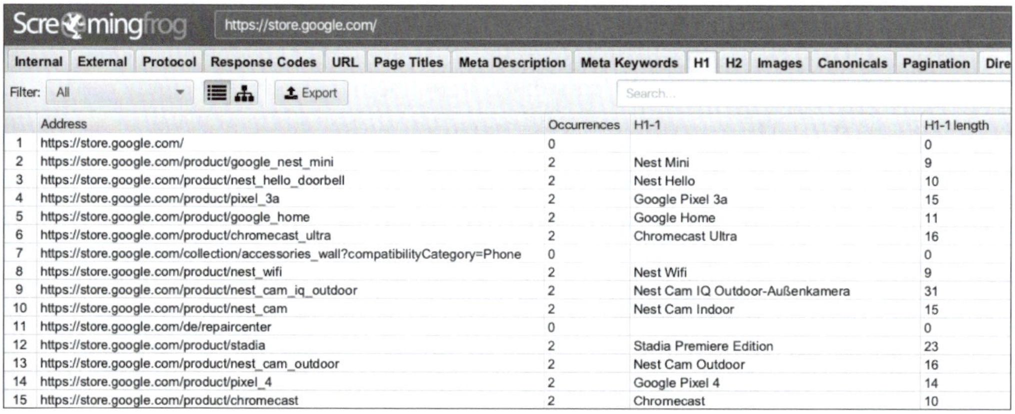

	Address	Occurrences	H1-1	H1-1 length
1	https://store.google.com/	0		0
2	https://store.google.com/product/google_nest_mini	2	Nest Mini	9
3	https://store.google.com/product/nest_hello_doorbell	2	Nest Hello	10
4	https://store.google.com/product/pixel_3a	2	Google Pixel 3a	15
5	https://store.google.com/product/google_home	2	Google Home	11
6	https://store.google.com/product/chromecast_ultra	2	Chromecast Ultra	16
7	https://store.google.com/collection/accessories_wall?compatibilityCategory=Phone	0		0
8	https://store.google.com/product/nest_wifi	2	Nest Wifi	9
9	https://store.google.com/product/nest_cam_iq_outdoor	2	Nest Cam IQ Outdoor-Außenkamera	31
10	https://store.google.com/product/nest_cam	2	Nest Cam Indoor	15
11	https://store.google.com/de/repaircenter	0		0
12	https://store.google.com/product/stadia	2	Stadia Premiere Edition	23
13	https://store.google.com/product/nest_cam_outdoor	2	Nest Cam Outdoor	16
14	https://store.google.com/product/pixel_4	2	Google Pixel 4	14
15	https://store.google.com/product/chromecast	2	Chromecast	10

Abbildung 3.6 Komplexe Webseitenstrukturen anschaulich darstellen

Wir hoffen, Ihnen damit zunächst den Zugang zu einer obligatorischen und – weil für jedermann öffentlich zugänglichen – am nächsten liegenden Keyword-Quelle eröffnet zu haben, nämlich zu der Unternehmenswebsite, die im Mittelpunkt Ihrer Kampagnen steht. Unabhängig davon, ob Sie sich als interner Verantwortlicher oder externer Dienstleister mit der Keyword-Recherche beschäftigen, zeigen unsere Erfahrungen, dass Sie genau hier mit Ihrer Suche nach relevanten Themen, Wörtern und Begriffskombinationen beginnen sollten.

So »durchschauen« Sie auch umfangreiche Websites

Wie oben erwähnt, nutzen wir hier keine deklarierten Keyword-Recherche-Tools, sondern »leihen« uns diese vielmehr von den Kollegen aus der Suchmaschinenopti-mierungs- bzw. SEO-Branche. Beide Tools haben einen ähnlichen Leistungsumfang, um den hier vordergründigen Zweck zu erfüllen, nämlich die tabellarische Darstel-lung einer Websitestruktur zu liefern.

Das Programm *Xenu's Link Sleuth* (*https://xenus-link-sleuth.de.softonic.com/*) ist als »Broken Link Checker« deklariert, während die Software *Screaming Frog* (*https://www.screamingfrog.co.uk/seo-spider/*) sich als »SEO Spider« versteht. Erstgenannte Software ist beim besten Willen kein Fall für Design-Ästheten, erfüllt ihren Zweck aber problem- und vor allem uneingeschränkt kostenlos. Bei Brancheninsidern er-freut sich Xenu daher einer nahezu uneingeschränkten Beliebtheit. Ein kleiner Nach-teil von Xenu ist, dass es nur auf Windows-Betriebssystemen läuft. Mac-User können daher nur über Umwege und mithilfe von Betriebssystem-Emulatoren auf die Hilfe dieses Programms zählen.

Der *»schreiende Frosch«* dagegen hat bei einem ähnlichen Funktionsumfang den Vorteil einer wesentlich bedienerfreundlicheren Benutzeroberfläche und wartet zudem mit einer nativen Mac-Version auf. Will man dort jedoch mehr als 500 Seiten crawlen (bei mittleren bis großen Websites ist das nicht unwahrscheinlich), dann muss man auf die kostenpflichtige Variante umsteigen. Probieren Sie einfach beide Angebote aus, um Ihren persönlichen Gewinner zu ermitteln.

Webseiten- und interne Statistiken

Eine weitere Keyword-Quelle wird häufig vergessen: die Auswertung der eigenen Webseitensuchfunktion, falls diese eingesetzt wird und falls Sie entweder intern Zu-gang zu den Daten haben oder als externer Kampagnenmanager diese entsprechend anfordern können. Unabhängig davon, ob Sie einen umfangreichen Online-Shop oder einen kleinen Blog betreiben, sollten Sie Ihren Besuchern eine Möglichkeit zur websiteinternen Suche bereitstellen. Das ist nicht nur bequem für die Besucher, son-dern auch eine zusätzliche, sehr wertvolle und gleichzeitig kostenlose Keyword-Quelle (siehe Abbildung 3.7). Hier teilen Ihnen nämlich jene Nutzer, die Ihre Website bereits besuchen, mit, was sie auf ihr gern finden möchten.

Noch dazu tun sie dies in ihren eigenen Worten und nicht in einem vorgegebenen, vielleicht von Marketing- oder PR-Strategen erfundenen Jargon. Während der Marke-ting-Jargon auf der Website einer Urlaubsdestination zum Beispiel eine neue »3D Real View Cam« promoten und daher auch eine Seite mit diesem Namen erstellen würde, werden die Besucher möglicherweise nach wie vor nach einer »Webcam« suchen, um sich online ein aktuelles Bild vom Urlaubsort zu machen.

Suchbegriff	Einmalige Suchen gesamt ? ↓	Ergebnisse für Seitenaufrufe/Suche ?	% Suchausstiege ?	% Verfeinerungen der Suche ?	Zeit nach Suche ?
	1.897 % des Gesamtwerts: 92,22 % (2.057)	**1,40** Website-Durchschnitt: 1,39 (0,56 %)	**12,18 %** Website-Durchschnitt: 11,62 % (4,80 %)	**24,36 %** Website-Durchschnitt: 24,06 % (1,26 %)	**00:03:34** Website-Durchschnitt: 00:03:38 (-1,80 %)
1. Suchbegriff	220	1,60	8,64 %	15,01 %	00:03:09
2. porec	42	1,52	9,52 %	15,62 %	00:04:59
3. italien	32	2,00	0,00 %	15,62 %	00:03:34
4. umag	32	1,50	6,25 %	27,08 %	00:03:29
5. rovinj	26	1,12	7,69 %	6,90 %	00:03:08
6. ferienhaus	18	1,39	16,67 %	20,00 %	00:01:30
7. vrsar	18	1,17	5,56 %	14,29 %	00:03:23
8. lignano	17	1,71	5,88 %	3,45 %	00:02:43
9. stella maris	17	2,24	5,88 %	15,79 %	00:07:28
10. kroatien	16	1,19	18,75 %	15,79 %	00:02:42

Abbildung 3.7 Aus den Statistiken der internen Suchfunktion einer Website gewinnen Sie wertvolle Keyword-Hinweise.

Neben der Verwendung zur Keyword-Recherche für Google-Ads-Kampagnen empfehlen wir, dass Sie diese Daten darüber hinaus auch für die Suchmaschinen- bzw. die allgemeine Websiteoptimierung in Betracht ziehen.

Abbildung 3.7 zeigt sehr gut, welches Potenzial sich Ihnen hier eröffnen kann: Zum einen müssten Sie in diesem Fall unbedingt die Usability der Suchbox optimieren. Ein nicht unwesentlicher Teil der Besucher nutzt die interne Suche offensichtlich, ohne einen individuellen Suchbegriff einzugeben, was durch die Darstellung des Wortes *Suchbegriff* (also des automatisch dargestellten exemplarischen Platzhalters) auf Platz eins der Liste sofort ins Auge sticht. Des Weiteren finden Sie auf diese Weise heraus, dass auf dieser Reisebüro-Website Nutzer, die nach dem istrischen Ferienort Poreč suchen, nicht nur quantitativ in der Mehrzahl, sondern auch qualitativ wesentlich involvierter sind als diejenigen Nutzer, die sich für den italienischen Badeort Lignano interessieren. Berücksichtigen Sie solche Erkenntnisse sowohl zur Optimierung Ihrer Webseiteninhalte als auch bei der Recherche und Priorisierung Ihrer Keywords hinsichtlich Tagesbudgets und Klickpreis-Geboten.

Wenn Sie wissen möchten, ob und wie die interne Suche Ihrer Website gemessen wird, kontaktieren Sie dazu am besten Ihren Webmaster. Dieser sollte zumindest auf eine interne Auswertung der Suche zurückgreifen können.

Werbe- und PR-Material

Die nächste Inspirationsquelle für weitere Themen und Keywords sind die Werbe- und PR-Unterlagen des zu bewerbenden Unternehmens. Interne Kampagnenmanager werden kein Problem damit haben, einfach an diese Informationen zu kommen. Externe Partner und Agenturen können Print-Kataloge, Jahresberichte sowie jegliche Formen von Werbematerial ebenso problemlos anfordern. Wir empfehlen Ihnen an dieser Stelle, sich auch auf die Suche nach periodischen Aussendungen (wie Pressemeldungen) oder sowohl öffentlichen als auch internen Newslettern zu machen und dieses Material nicht nur rückwirkend zu verwenden, sondern durch ein bequemes Abonnement (über RSS, E-Mail, Social Media etc.) auch künftig im Auge zu behalten.

Erfahrungsgemäß ist es sinnvoll, wenn Sie diesen sehr oft in analoger Form vorliegenden, beispielsweise gedruckten Unterlagen die gleiche Beachtung schenken wie digitalen Quellen und Tools. Es ist dies nicht nur eine sehr willkommene Abwechslung in einer von Bildschirmarbeit dominierten Branche, sondern oft eine gute Möglichkeit, unternehmensrelevante Informationen auch zwischen den Zeilen zu finden – seien es Hinweise, die Ihnen das präzisere Formulieren Ihrer Textanzeigen oder das ansprechendere Gestalten von grafischen Werbemitteln wie Bannern oder Videos ermöglichen, oder solche, die Ihnen neue Ideen für Keywords eröffnen. Wir konnten schon oft die Erfahrung machen, dass sich in solchen nicht immer offensichtlichen Unterlagen, die auch einmal älter und damit den involvierten Personen nicht mehr unmittelbar bewusst sein können, wahre Perlen für Ihre Keyword-Liste finden lassen. Sehr häufig sind das Nischenbegriffe, die zwar über kein hohes Suchvolumen verfügen, aber dafür mit einer umso höheren Keyword-Leistung in Sachen Klickpreis oder ROI aufwarten.

Unternehmensfachbereiche

Nun gut, jetzt haben wir erste digitale und analoge Quellen erschlossen, um an relevante Keywords für Ihre Google-Ads-Kampagne zu gelangen. Eine dritte nicht unwesentliche Säule stellt die persönliche Recherche im Unternehmen dar. Verlassen Sie sich niemals ausschließlich auf digital veröffentlichtes und analoges Material, sondern weiten Sie Ihre Recherchen auch auf Teams und Einzelpersonen in dem Unternehmen aus, dessen Produkte oder Dienstleistungen es zu bewerben gilt.

Wir gehen davon aus, dass Sie von Ihren Auftraggebern ein persönliches Briefing über Kampagnenthemen, -ziele und -budgets erhalten haben. Entweder erstellen Sie eine Kampagne für Ihr eigenes Unternehmen und wissen auf diese Weise selbst, worauf es Ihnen ankommt, wie viel Budget Sie einsetzen und mit welchen Keywords sowie zu welchem Klickpreis Sie arbeiten möchten. Alternativ haben Sie von Auftraggebern wie z. B. Marketingleitern, Online-Verantwortlichen, dem Webmaster oder auch von der Geschäftsleitung persönlich entsprechende Informationen erhalten.

Ohne die Kompetenz Ihrer Ansprechpartner in ein schlechtes Licht rücken zu wollen, haben diese möglicherweise zu allgemeine oder zu spezifische und damit jedenfalls unvollständige Ansichten, was mögliche Ziele, Themen und Keywords anbelangt. Auf Geschäftsführerebene würden Sie eventuell nur ein kurzes Briefing bekommen, eine bestmöglich kostenoptimierte Online-Kampagne zu schalten, die bestimmten Performance- und ROI-Zielen entspricht. Details zu Keywords gibt es von dieser Stelle oftmals nicht, aber Sie erhalten nicht unwesentliche Informationen darüber, was Sie mit Google Ads aus allgemeiner Unternehmenssicht erreichen müssen. Direkte Ansprechpartner aus Marketing-, PR- oder Online-Abteilungen würden Ihnen hingegen detailliertere Briefings zu Keywords geben, jedoch möglicherweise nicht in vollem Umfang auf die unternehmerischen Hintergründe und Ziele eingehen können. Wenn es Ihnen möglich ist, suchen Sie Kontakt zu möglichst vielen Stakeholdern im Unternehmen, um die Keyword-Potenziale der geplanten Google-Ads-Kampagne bestmöglich zu erschließen. Speziell wenn Sie vor der Herausforderung stehen, ein bestimmtes Produkt zu bewerben, kann es sich bezahlt machen, wenn Sie auch den direkten Kontakt zu Produktmanagern und -teams suchen.

Abschließend möchten wir anhand einer kurzen Checkliste noch einmal zusammenfassen, worauf Sie bei der unternehmensinternen Keyword-Recherche achten sollten:

► die Website (inklusive interner Suchstatistiken)

► sämtliches Werbe- und Infomaterial

► kampagnenrelevante Personen und unternehmensinterne Stakeholder

Gehen wir nun in der Keyword-Recherche einen Schritt weiter, und bewegen wir uns damit aus dem direkten Umfeld des zu bewerbenden Unternehmens hinaus.

3.2.2   In der Branche

Dehnen Sie Ihre Keyword-Recherche aus, indem Sie die Branche der zu bewerbenden Produkte und Dienstleistungen näher beleuchten. Sie können in den meisten Fällen davon ausgehen, dass Ihr Unternehmen oder Ihre neuen Kunden weder als erste noch als einzige die Nutzung des Google-Ads-Werbeprogramms in Erwägung ziehen. Es ist sehr unwahrscheinlich, dass Sie damit konfrontiert werden, komplett neuartige Branchen oder Produkte mit Google Ads zu bewerben. Darüber hinaus möchten wir wiederholen, dass vor allem Google-Ads-Kampagnen im Suchnetzwerk für die Vermarktung von unbekannten Produkten, Modell- und Markennamen ohnehin nicht die erste Wahl sein werden. Ohne Suchvolumen würden Ihre Anzeigen aufgrund der Relevanzkriterien des Google-Ads-Algorithmus gar nicht erst geschaltet werden. Erst im Displaynetzwerk und mit dessen über Keywords hinausgehenden Möglichkeiten zur Zielgruppenansprache eröffnet sich auch für solche Anforderungen ein Potenzial.

Speziell für Suchkampagnen werden Sie also in den meisten Fällen auf bereits bestehende Informations- und Datenquellen zugreifen können, um bei Ihrer Keyword-Recherche von diesen Branchenerfahrungen (lokal, national, international) zu profitieren.

Websites

Der erste Schritt führt Sie auch hier über eine Internetsuche. Sie möchten Google Ads für ein lokales Steuerberatungsunternehmen schalten? Führen Sie ein paar generische Suchen durch – zum Beispiel mit dem Suchbegriff *Steuerberater* –, und gehen Sie wie folgt vor, um weitere potenzielle Keyword-Ideen zu finden. Sammeln Sie zunächst einige URLs von Suchergebnissen, die Sie ansprechen. Sie können sich dabei ruhig auf die ersten zwei Suchergebnisseiten beschränken, da Sie davon ausgehen können, dass die dort auffindbaren Unternehmen (egal ob bezahlte oder organische Einträge) zumindest bisher einiges richtig gemacht haben. Ansonsten würden Sie diese ja nicht in den Top-Suchergebnissen wiederfinden. Achten Sie dabei auf die folgenden Bereiche:

- **Google Ads:** Welche Anzeigen bewerben Produkte und Dienstleistungen, die den Ihren am ähnlichsten sind? Welche Formulierungen sprechen Sie am meisten an?

- **Lokale Suchergebnisse:** Welche Unternehmen befinden sich in Ihrer unmittelbaren Nähe? Welche Anbieter sind aus geografischen Gründen starke oder zu vernachlässigende Mitbewerber?

- **Weitere organische Suchergebnisse:** Welche Unternehmen haben es hier in die Top-Ergebnisse geschafft? Welche Text-Snippets versprechen einen professionellen Online-Auftritt?

Haben Sie auf diese Weise ein paar URLs ähnlicher Unternehmen aus Ihrer Branche gesammelt, die aufgrund ihrer vorderen Platzierungen zweifelsfrei bereits in Suchmaschinenmarketing bzw. -optimierung investiert haben, so wiederholen Sie die empfohlenen Schritte aus dem vorhergehenden Abschnitt, in dem wir die Keyword-Recherche auf der eigenen Unternehmenswebsite beschreiben. Gewinnen Sie so neue Erkenntnisse und Ideen für Themen, die Sie bisher noch nicht berücksichtigt haben, bzw. auch weitere (auszuschließende) Keywords, mit denen Sie bei einer Suchanfrage (nicht) assoziiert werden wollen. Natürlich werden Sie bei diesen Websites keine Informationen über interne Statistiken erhalten, Sie können sich aber von allem, was öffentlich verfügbar ist, inspirieren lassen.

Werbe- und PR-Material

Ebenfalls nicht verboten ist es, bei den vorhin recherchierten Unternehmen auch einen Blick auf über die Website hinausgehendes Werbe- und Präsentationsmaterial zu werfen. Gibt es die Möglichkeit, auf den Websites weiterführende Unterlagen, zum Beispiel Prospekte und Kataloge, Studien oder auch Preislisten anzufordern oder herunterzuladen? Werden Sie auch hier kreativ, um Ihre Recherchen zu komplettieren.

Branchen-Nachrichten

Bevor wir uns weg von den vorbereitenden Recherchearbeiten hin zur Vielfalt an Online-Tools bewegen, möchten wir – last, but not least – noch eine weitere Quelle erwähnen, um Branchen-Keywords nicht nur initial zu finden, sondern auch langfristig im Blick zu behalten. Genauso wie Sie den Online-Aktivitäten Ihrer unmittelbaren thematischen und/oder lokalen »Kollegen« Beachtung schenken sollten, sind auch übergeordnete Brancheninformationen eine wertvolle Inspiration für Keywords. Vor allem, um herauszufinden, was zukünftige Trends betrifft, empfehlen wir Ihnen, diesen Sektor zu berücksichtigen.

Beispiel gefällig? Nehmen wir an, dass Sie als Einzelunternehmer oder Agentur Dienstleistungen rund um die Erstellung, Verwaltung und Optimierung von Google-Ads-Kampagnen anbieten. Als solcher werden Sie eine Auswahl an Nachrichtenquellen abonniert haben, um in der Branche auf dem Laufenden zu bleiben. Das können diverse Twitter-Accounts, Personen, Seiten oder Facebook-Gruppen sein, denen Sie permanent folgen, oder auch die etwas »altmodischeren« Varianten eines RSS- oder E-Mail-Abos: Legen Sie sich eine gut durchdachte Strategie zur Branchenbeobachtung mithilfe von entsprechend strukturierten Nachrichten-Feeds zu, um bestmöglich informiert zu sein.

Haben Sie beispielsweise gestern Abend in einem amerikanischen Branchen-Blog eine Ankündigung über eine in Kürze vorgestellte Google-Ads-Neuerung gelesen? Nutzen Sie dazu passende Keywords sofort in Ihren lokalen Kampagnen, um daran interessierte Suchmaschinennutzer in den darauffolgenden Tagen gleich auf Ihre Website oder Ihren Blog zu leiten. Mit Ihren Google-Ads-Anzeigen strahlen Sie so nicht nur Aktualität und Kompetenz aus, was diese Neuerung betrifft, sondern gewinnen möglicherweise mittelfristig auch einen Neukunden dazu, der Ihre Leistungen oder den neuen Unternehmensstandort in seiner Nähe bis dato nicht kannte.

Wir hoffen, Sie können aus diesem Beispiel weitere Anwendungsfälle für Ihre Google-Ads-Kampagnen ableiten, um mittelfristig von solchen Branchen-News und Trends für die Erstellung und Optimierung Ihrer Keyword-Listen zu profitieren. Das beliebte Tool *Feedly* macht das Suchen, Filtern und Lesen von RSS- und Newsfeeds leichter. Es ist in der Basisvariante kostenlos (weitere Details unter *https://feedly.com/i/welcome*).

Branchenbeobachtung als Schlüssel zum Erfolg

Erfolgreiche Google-Ads-Kampagnen beruhen letztlich auch auf der Kreativität des jeweils verantwortlichen Kampagnenmanagers. Mit bekannten und damit von einem großen Publikum genutzten Tools werden Sie zwar weniger Aufwand bei der Keyword-Recherche haben, im Endeffekt aber aus demselben Topf schöpfen wie die meisten Ihrer Mitbewerber.

Das führt dazu, dass viele Google-Ads-Kunden mit denselben empfohlenen Keywords und womöglich auch ähnlichen Geboten arbeiten, um mit ihren Anzeigen auf der Suchergebnisseite zu erscheinen. Je weniger Sie bei der Keyword-Recherche in die Tiefe gehen und je weniger Sie sich abseits beliebter Pfade und Tools um Keyword-Ideen bemühen, umso wahrscheinlicher ist es, dass Sie zwar mit Massen-Keywords gute Erfolge erzielen, in Richtung Nischen- und Longtail-Begriffen Ihr Potenzial jedoch nicht optimal nutzen.

Wir freuen uns, wenn Sie die hier genannten Tipps nutzen, um abseits von diversen Recherche-Tools kreative Keyword-Ideen zu finden. Es wird sich für Sie mittelfristig auszahlen, wenn Sie nicht ausschließlich automatisch vorgeschlagene Suchbegriffe verwenden, sondern stets auch einen wachsamen Blick über den Tellerrand werfen – weg von Online-Tools, hinein in Unternehmen und Branchen.

Nun haben Sie schon einige Abschnitte und Seiten zum Thema Keyword-Recherche gelesen, wir befinden uns aber nach wie vor in der ersten Phase des »Sammelns«. Idealerweise haben Sie in Ihren Dokumenten und Tabellen bereits eine bestimmte Kategorisierung vorgenommen, damit Sie es später beim aktiven Einbuchen der Keyword-Listen entsprechend einfacher haben. Wir hoffen, dass Sie bis hierher bereits eine Fülle an wertvollen Informationen in Ihren Mindmaps, Textdokumenten oder Tabellen sammeln konnten. Diese können wir mit den nun vorgestellten Tools einerseits validieren, andererseits ergänzen und schließlich – zumindest fürs Erste – vervollständigen. Wieder einmal blicken wir am Beginn des Abschnittes auf die am nächsten liegenden Möglichkeiten, nämlich auf jene Tools, die Google selbst bereitstellt.

3.2.3 Google Suggest

Wer sollte in Sachen Keywords mehr wissen als der Marktführer? Sie ahnen es: Das einfachste Tool ist die Google-Suche selber. Sobald Sie im Suchfeld einen Begriff eingeben, werden weitere passende Ergänzungen vorgeschlagen (siehe Abbildung 3.8).

Dieses Feature nennt sich Google Suggest. Die Vorschläge greifen dabei auf Statistiken zurück und zeigen so, was andere Google-User als Ergänzung gesucht haben. Geben Sie in das Google-Suchfeld jeweils einen wichtigen Suchbegriff ein, und schauen Sie, was als Ergänzung vorgeschlagen wird. Diese Keyword-Kombinationen sind sehr wertvoll, weil die Wahrscheinlichkeit sehr hoch ist, dass Google-User genau mit diesen Kombinationen suchen. Der Mensch ist grundsätzlich bequem und übernimmt daher oft die Google-Vorschläge als Suchbegriff.

Abbildung 3.8 Google Suggest zum Keyword »gartenmöbel«

Als möglichen Nachteil halten wir der Vollständigkeit halber fest, dass die automatischen Vorschläge den Nutzer bevormunden bzw. vom eigentlichen Suchvorhaben ablenken könnten. Google Suggest basiert schließlich auf einer kollektiven Intelligenz, jene Anfragen automatisch vorzuschlagen, die momentan im jeweiligen Land und in der passenden Sprache im wahrsten Sinne des Wortes »gefragt« sind. Aber was populär ist, muss nicht immer Ihrem aktuellen Interesse entsprechen. Da Sie an dieser Stelle die automatisch vorgeschlagenen Suchphrasen für Ihre Google-Ads-Keyword-Listen nutzen, können Sie in jedem Fall von dieser Dynamik profitieren.

Sind es nur ein paar schnelle Keyword-Ideen, die Sie sammeln möchten, nutzen Sie Google Suggest einfach direkt über die Suchmaschine. Notieren Sie die Vorschläge, Suchergebnisse und möglicherweise auch URLs von Mitbewerbern, die in diesem Zusammenhang bereits Google-Ads-Anzeigen schalten. Beachten Sie dabei, dass die automatischen Vorschläge je nach Land und eingestellter Sprache der Google-Suchmaschine variieren. Auch der Standort, von dem aus Sie die Suchanfrage absetzen, kann Einfluss auf Inhalt und Reihenfolge automatisch vervollständigter Suchphrasen nehmen.

So erhalten Sie auf *www.google.de* in Berlin für einen generischen Suchbegriff wie zum Beispiel *Steuerberater* andere Vorschläge, als wenn Sie in Wien auf *www.google.at* suchen. Möglicherweise denken Sie sich jetzt: »Cooles Feature, aber jede Menge händische Recherche – klingt nach einer Sisyphusarbeit.« Wir können Sie beruhigen. Sie müssen nicht alles manuell eingeben. Es gibt ein Tool, das Ihnen dabei hilft, den Prozess der Keyword-Recherche mit Google Suggest dramatisch zu erleichtern.

Ubersuggest

Die Lösung nennt sich *Ubersuggest* oder ehemals Übersuggest (siehe Abbildung 3.9). Auch wenn es sich hierbei um kein offizielles Google-Tool handelt, möchten wir Ihnen dieses Tool auf keinen Fall vorenthalten. Die Website *https://ubersuggest.io* wurde vor einer Weile von Neil Patel gekauft, laut Forbes einem der Top-10-Vermarkter im Internet. Die meisten Funktionen sind kostenfrei, sofern Sie sich mit Ihrem Google-Konto dort registrieren. Das Tool ist sehr lohnenswert und eine Bereicherung für jeden Online-Marketer, denn es konsolidiert Daten aus verschiedenen Suchdiensten und unter anderem auch von Google Suggest.

Außerdem liefert es die Ergebnisse so aus, dass Sie es in Sachen Weiterverwendung für Ihre Keyword-Listen so einfach wie möglich haben. Im Startbildschirm dieses Tools können Sie entweder ein Keyword oder eine Domain eingeben und die gewünschte Sprache auswählen. Der Klick auf den Button SUCHEN startet die Generierung der Keyword-Liste.

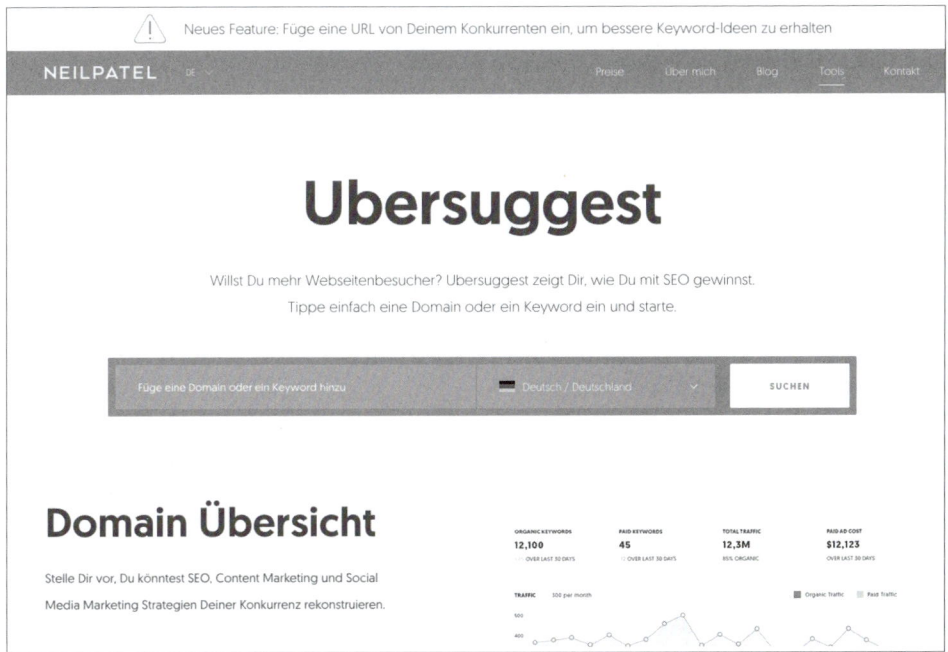

Abbildung 3.9 Startbild zu Ubersuggest

Anders als bei den Live-Vorschlägen von Google werden in diesem Tool teilweise Hunderte von Keyword-Kombinationen generiert. Auf der folgenden Übersichtsseite erhalten Sie zu Ihrem Suchbegriff die wichtigsten Kombinationen, das Suchvolumen über die Zeit sowie wertvolle Informationen über das Nutzerverhalten und die Wettbewerbssituation für dieses Keyword. In unserem Beispiel sehen Sie die Ergebnisse für *Gartenmöbel* (siehe Abbildung 3.10).

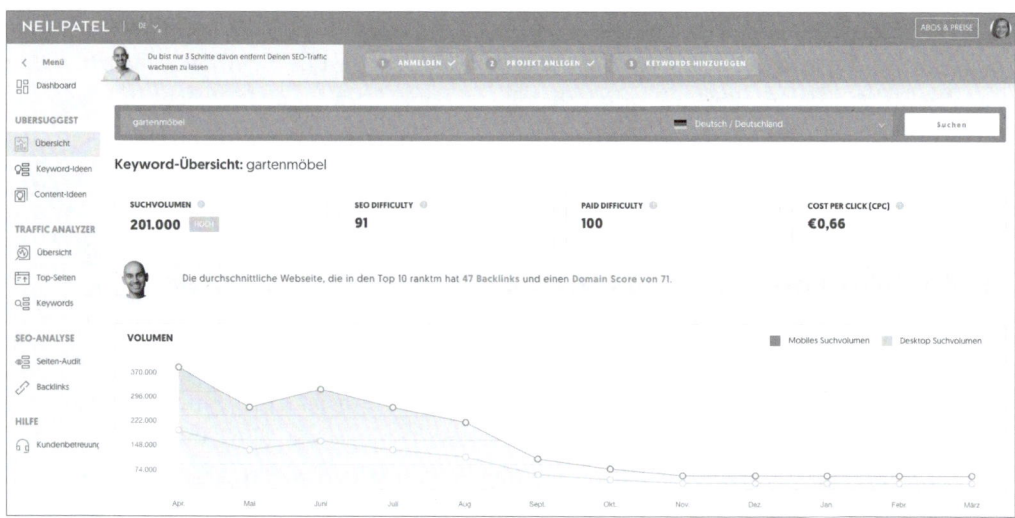

Abbildung 3.10 Wichtigste Vorschläge zum Begriff »gartenmöbel«

Über die linke Navigationsleiste können Sie sich zu Ihrem Suchbegriff weitere Key-word-Ideen und vieles mehr anzeigen lassen. Auf der folgenden Seite sehen Sie dann verschiedene Keyword-Kombinationen auf der linken Seite sowie die Top-Seiten auf der rechten Seite, die zu diesem Suchbegriff gut in Google ranken. Hier werden Sie ga-rantiert auf der Suche nach geeigneten Suchbegriffen fündig (siehe Abbildung 3.11).

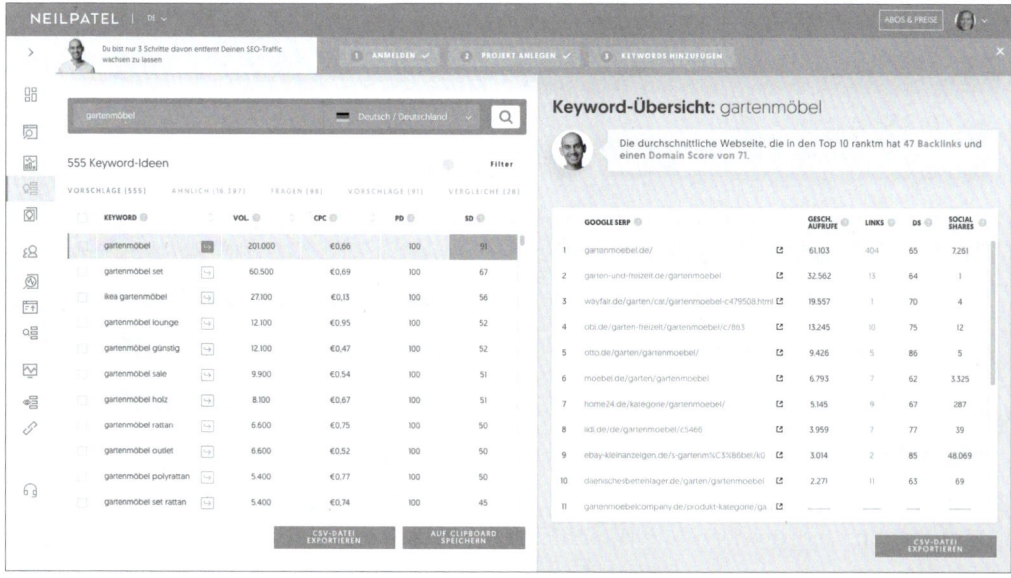

Abbildung 3.11 Keyword Ideen und Top-Rankings in Google

Vor allem Suchphrasen mit zwei oder drei Suchbegriffen, sogenannte Longtail-Keywords, sind für die Google-Ads-Werbung interessant, weil die Anfragen dann zielgerichteter sind. Alle so gefundenen Keywords lassen sich als CSV-Datei exportieren.

Google Trends

Ein weiteres interessantes Tool stammt wieder aus dem Hause Google. Unter *Google
Trends* (*https://trends.google.de/trends/*) erfahren Sie, was die Welt in den letzten Monaten oder Jahren gesucht hat. Dazu geben Sie einfach auf der Startseite (siehe Abbildung 3.12) einen Suchbegriff ein.

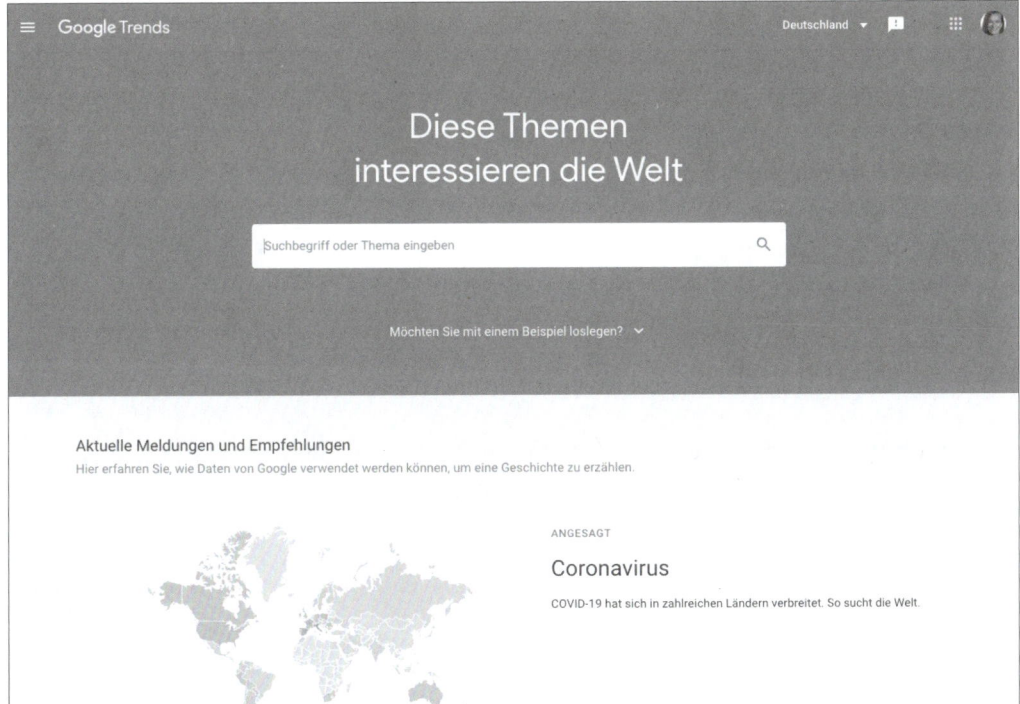

Abbildung 3.12 Die Eingabemaske von Google Trends

Auf der folgenden Seite können Sie die Ergebnisse in Bezug auf die Region ❶, und den
Zeitraum ❷, die Kategorien ❸ sowie das Suchmedium ❹ analysieren (siehe Abbildung 3.13).

Die Grafik visualisiert den zeitlichen Verlauf des Interesses ❺ und darunter wird das
Interesse nach Unterregion sowohl grafisch als auch als Liste dargestellt ❻. Dies hilft
zum Beispiel bei der zeitlichen Steuerung und der regionalen Ausrichtung einer
Google-Ads-Kampagne.

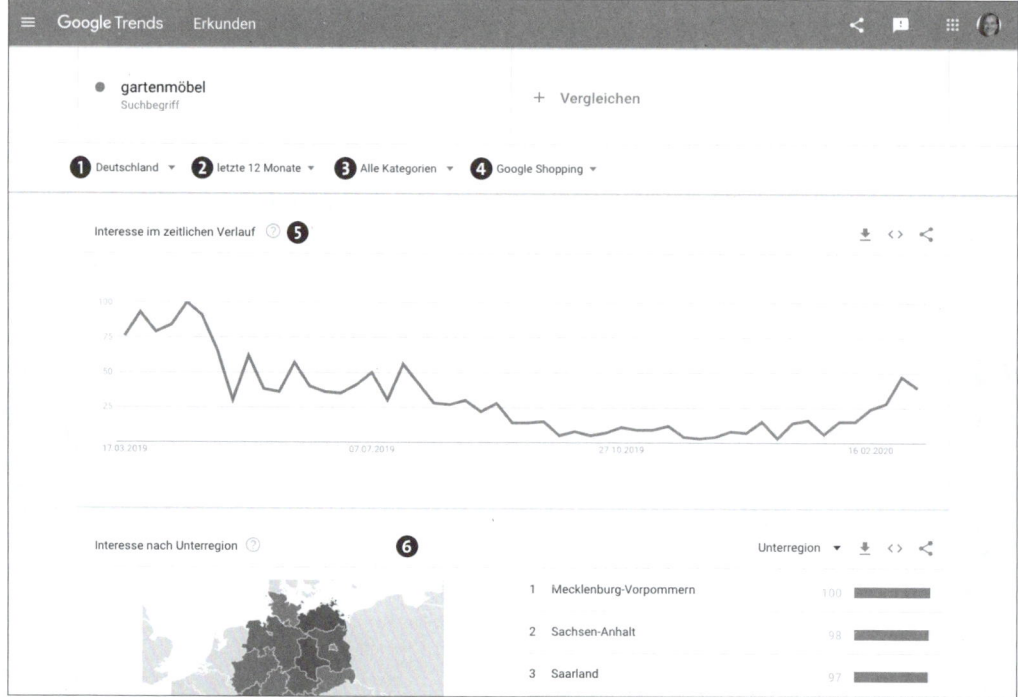

Abbildung 3.13 Google-Trends-Ergebnisseite

Interessanter für die Keyword-Analyse sind jedoch die Daten am Ende dieser Google-Statistik. Hier werden verwandte Themen und ähnliche Suchanfragen im Zusammenhang mit dem eingegebenen Keyword aufgelistet (siehe Abbildung 3.14).

Abbildung 3.14 Verwandte Themen und ähnliche Suchanfragen

Google Trends – das mächtigste Tool der Welt?

Der deutsche Internetunternehmer und Social-Media-Experte Ibrahim Evsan hat im Mai 2013 in seinem Blog unter dem Titel »Googles Big Data: Ich sehe etwas, das Du nicht siehst« (abrufbar unter der URL *https://www.ibrahimevsan.de/2013/05/24/googles-bigdata*) die interessante These aufgestellt, dass Google Trends mittelfristig zum mächtigsten Tool der Welt werden könnte.

Wie kommt Evsan zu dieser Ansicht? Nun, er nennt unter anderem ein Beispiel aus dem Finanzbereich, um das Potenzial und die Macht von Google Trends zu verdeutlichen. Im Zuge einer Auswertung von börsenrelevanten Daten und Begriffen über einen längeren Zeitraum in der Vergangenheit konnten Informationen über potenzielle Marktchancen bestimmter Themen gewonnen werden. Richtig interpretiert und geschickt investiert, hätten solche Informationen Gewinne von etwa 300 Prozent ergeben.

Es ist Ihnen überlassen, ob und wofür Sie Google Trends auch außerhalb von Google Ads für Recherchezwecke heranziehen. Allerdings: Eine Garantie, dass solche Trends aus der Vergangenheit zukünftige Entwicklungen korrekt »vorhersagen«, gibt es selbstverständlich nicht.

Ähnliche Suchanfragen

Auch *ähnliche Suchanfragen*, die von Google in Zusammenhang mit vielen Suchergebnissen am unteren oder rechten Seitenrand dargestellt werden, können Ihnen weiteren wertvollen Input im Zuge einer Keyword-Recherche liefern. Im Unterschied zu Google Suggest werden die Begriffe hier nicht aufgrund bestimmter Buchstabenfolgen, sondern rein anhand des Kontexts Ihrer Suchanfrage dargestellt. Auf diese Weise erhalten Sie bis zu acht Links, die zu neuen Suchergebnissen mit weiteren, dem neuen Suchbegriff ähnlichen Suchanfragen führen. Je anspruchsvoller Ihr Recherche-Ziel ist, desto umfangreicher können Sie sich dieser Methode bedienen.

Abbildung 3.15 Ähnliche Suchanfragen als Input für Ihre Keyword-Liste

Nehmen wir das Thema *Steuerberater*, und sehen wir uns am Beispiel von Abbildung 3.15 an, welche Suchanfragen der Algorithmus damit assoziiert. Für den Fall, dass Sie mit Google Ads beispielsweise die Dienstleistungen einer Steuerberatungskanzlei bewerben möchten, finden Sie hier vor allem Ideen für ausschließende Suchbegriffe. Denn Nutzer, die nach Steuerberater-Ergebnissen in Zusammenhang mit *Beruf*, *Gehalt* oder *Studium* suchen, sollten Ihre Anzeigen idealerweise nicht sehen. Bei einem Publikum, das sich offensichtlich eher an der Ausbildung als an einer konkreten Beauftragung dieser speziellen Berufsgruppe interessiert zeigt, wäre deren Relevanz nicht gegeben, was die Leistungsdaten wie Klickraten und CPCs unnötig verschlechtern würde.

Mit dieser weiteren Quelle für Keyword-Ideen schließen wir nun den Input ab, den die unmittelbare Suche bei Ihrer Recherche liefern kann, und wechseln zu ein paar hauseigenen – mehr oder weniger bekannten – Google-Tools.

Internationalisierung mit dem Google Translator Toolkit

Wenn Sie in andere Länder expandieren möchten und die entsprechenden Keywords in der jeweiligen Landessprache suchen, lohnt sich ein Blick auf den *Google Übersetzer* (*https://translate.google.com/*). Es handelt sich abermals um ein kostenloses Tool, mit dem Sie nicht nur einzelne Wörter, sondern auch ganze Texte bis zu 5.000 Zeichen automatisch übersetzen lassen können.

Es ist klar, dass diese maschinengenerierte Übersetzung nicht von Haus aus »perfekt« sein kann. Daher empfiehlt es sich, zusätzlich auch Übersetzer, idealerweise Muttersprachler, zurate zu ziehen. Allerdings lernt der Google-Algorithmus mit jeder neuen Übersetzungsanfrage und permanentem Nutzerfeedback stets dazu. Der Google Übersetzer ist ein sehr nützliches Tool – vor allen dann, wenn's mal schnell gehen soll oder Übersetzerbudgets (z. B. für Testkampagnen) nicht vorhanden sind.

Google Search Console

Ein weiteres Tool zur Keyword-Recherche ist die *Google Search Console*, ehemals *Google Webmaster-Tools* (siehe Abbildung 3.16). Wie Sie dem Namen nach bereits erahnen können, beheimatet dieser Google-Dienst sowohl Einstellungs- als auch Analysemöglichkeiten für Webseitenbetreiber. Viele der verfügbaren Funktionen spielen für die Verwendung im Google-Ads-Kontext keine unmittelbare Rolle, weshalb wir auf sie an dieser Stelle auch nicht weiter eingehen werden. Sind Sie selbst als Webmaster sowie in den Disziplinen Webseiten- oder Suchmaschinenoptimierung aktiv, werden Sie diese Tools idealerweise bereits kennen und im praktischen Einsatz lieben gelernt haben. Falls nicht, empfehlen wir Ihnen, sie zu verwenden, um nicht nur sämtliche technischen »Hausaufgaben« für eine stabile und Google-freundliche Website zu erledigen, sondern um auch auf potenzielle Probleme hingewiesen zu werden.

Auch wenn sich die Search Console primär an eine technikaffinere Anwendergruppe richtet, ist es auch für Sie als Google-Ads-Werbetreibenden nicht unbedeutend, dass die aus Ihren Kampagnen generierten Websitebesucher funktionierende und den Google-Richtlinien entsprechende Zielseiten vorfinden. Probleme mit der Erreichbarkeit von einzelnen Webseiten bzw. des kompletten Webservers würde die Search Console ebenso rasch aufzeigen wie potenzielle Hürden, die die Inhalte oder Links betreffen.

Denken wir an dieser Stelle kurz an den Qualitätsfaktor, der Kosten und Leistung Ihrer Kampagnen-Keywords maßgeblich beeinflusst. Die Ladezeit der mit den Anzeigen verknüpften Zielseite ist einer der vielen Aspekte, die in die Berechnung des Qualitätsfaktors mit einfließen. Spätestens damit ist die Google Search Console kein reines Werkzeug für »Techniker« mehr, da schlechte oder unzuverlässig funktionierende Zielseiten auch Sie als Google-Ads-Kunden negativ beeinflussen und so wertvolles Kampagnenbudget kosten können.

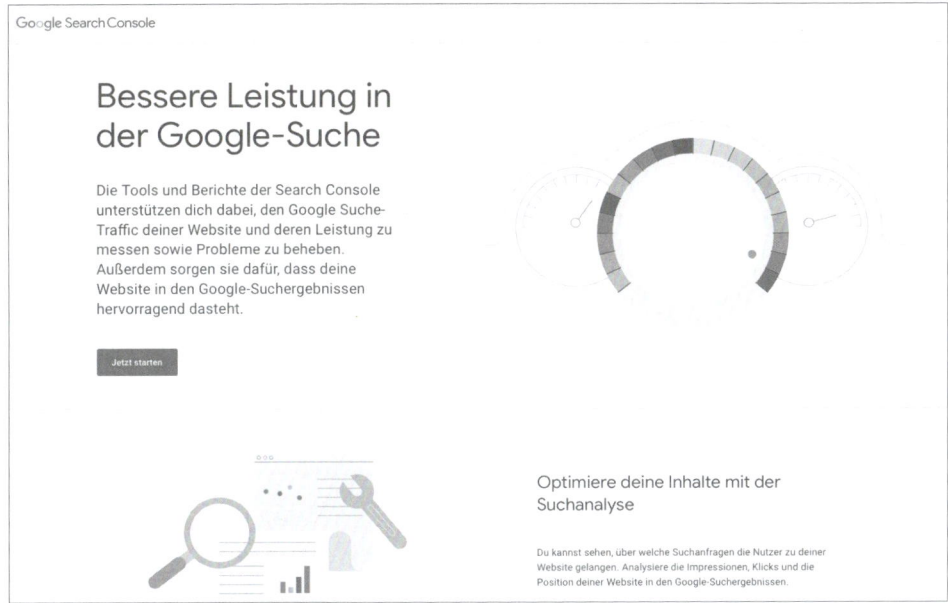

Abbildung 3.16 Nutzen Sie die Google Search Console!

Kommen wir zurück zum eigentlichen Thema – der Keyword-Recherche –, zu der Sie in der Leistungsübersicht Ihrer Search Console wertvolle Informationen finden (siehe Abbildung 3.17). Hierzu schauen wir uns besonders folgende Berichte an:

▶ **Suchanfragen**

Im Reiter SUCHANFRAGEN erhalten Sie Informationen darüber, bei welchen Suchanfragen die Google-Websuche Ergebnisse mit Inhalten Ihrer Webseite geliefert hat. Die Grafik oberhalb der Tabelle liefert Ihnen Informationen zu Klicks, Impressionen, Klickraten und zu der durchschnittlichen Position in den organischen Suchergebnissen. Sie können diese Grafik pro Keyword einsehen, wenn Sie auf den entsprechenden Suchbegriff klicken. Dadurch erhalten Sie Erkenntnisse für Ihre bezahlten Suchkampagnen. Womit werden nicht nur Impressionen, sondern auch Klicks erzielt? Lassen sich aus diesem Report möglicherweise auszuschließende Keywords ableiten, für die Ihre Anzeigen nicht ausgespielt werden sollen?

▶ **Seiten**

Die gelisteten Suchanfragen führten auf Google zu den unter SEITEN angezeigten Seiten auf Ihrer Website. Sind das die Seiten, die Ihr Unternehmen bestmöglich präsentieren? Wollen Sie für diese Themen gefunden werden? Welche Themen fehlen gegebenenfalls noch? Hier erhalten Sie Ideen für mögliche neue Landing-pages.

▶ **Länder**

Der Reiter LÄNDER zeigt Ihnen, aus welchen Regionen Ihre Interessenten stammen. Sind das die Länder, die Sie mit Ihren Anzeigen im Fokus haben? Oder gibt es eventuell Länder, die Sie bewusst ausschließen wollen, weil Sie gegebenenfalls einen Online-Shop haben und die Versandkosten in ein bestimmtes Land zu hoch sind?

▶ **Geräte**

GERÄTE gibt Ihnen die Information, woher Ihre Klicks und Impressionen stammen, ob von Mobil-, Desktop- oder Tabletgeräten. Sofern das Gros Ihrer Klicks von Mobilgeräten stammt, sollte Ihre Seite auf jeden Fall responsive und für Mobilgeräte optimiert sein.

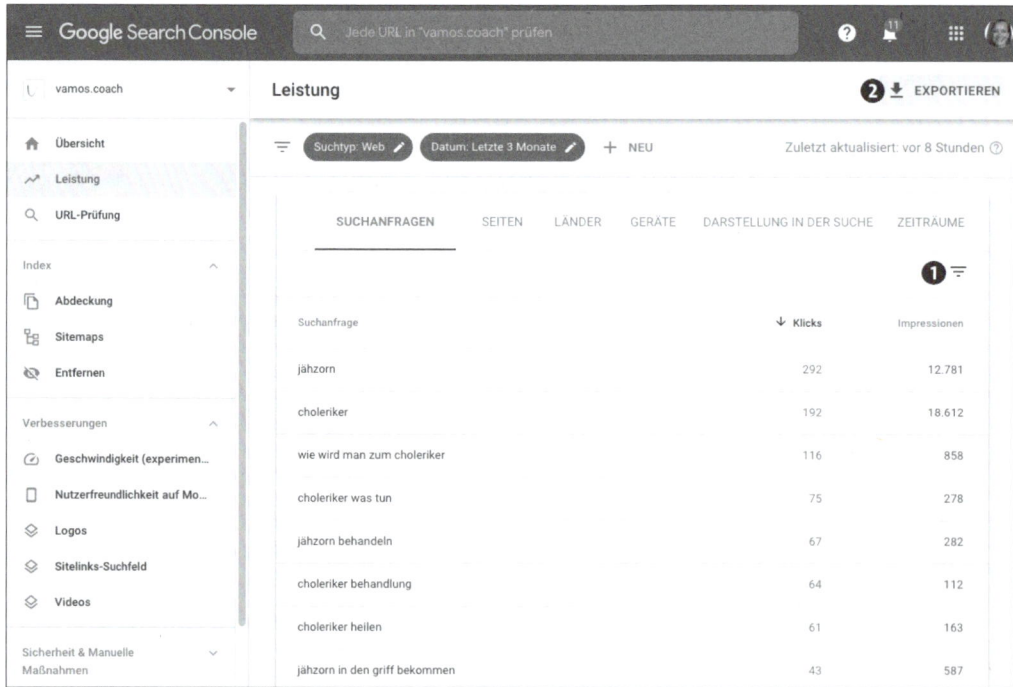

Abbildung 3.17 Leistungsübersicht Ihrer Website in der Search Console

Die Search Console können Sie bequem über Ihr bereits mit Google Ads verwendetes Google-Konto nutzen. Beginnen Sie, indem Sie die URL *https://search.google.com/ search-console/about?hl=de* im Browser aufrufen. Wenn Sie nicht unmittelbar an der Erstellung und Wartung der zu bewerbenden Website beteiligt sind, wie dies unter anderem bei externen Google-Ads-Dienstleistern der Fall ist, können Sie sich vom eigentlichen Websiteinhaber bzw. Webmaster auch einen temporären Nutzerzugriff einrichten lassen, um Zugang zu den gewünschten Daten zu erhalten. Wie das geht, können Sie bei Bedarf einfach in diesem Hilfeartikel nachlesen:

https://support.google.com/webmasters/answer/7687615

Erfahrungsgemäß können die Suchanfragen-Reports aus der Search Console einen wesentlichen Beitrag zur Keyword-Recherche leisten. Sie tun dies einerseits, um sich bereits getätigte Recherchen und Vorannahmen bestätigen zu lassen – schließlich zeigen die Daten ja das aktuelle Interesse und Verhalten der Nutzer, was die organischen Suchergebnisse betrifft. Andererseits erhalten Sie auch oft überraschenden Keyword-Input, weil beispielsweise Suchanfragen dargestellt werden, auf die Sie zuvor mit keinem der anderen Tools gestoßen sind.

Selbstverständlich lassen sich die Daten, wie Sie es von Google gewohnt sind, durch einen Klick auf das Filter-Symbol ❶ nach allen Kriterien filtern. Außerdem können Sie alles auch exportieren ❷, um die Informationen an anderer Stelle weiterzuverarbeiten.

Mit der Google Search Console haben Sie ein weiteres kostenloses und gleichzeitig wertvolles Instrument kennengelernt – nicht nur für die Keyword-Recherche. Da Sie mittlerweile erfahren haben, dass die Leistung der Google-Ads-Anzeigen unter anderem auch von der Technik und Qualität der Zielseiten beeinflusst wird, sind die hier gelieferten Hintergründe sowohl für Programmierer und Webmaster als auch für Sie als Online-Marketer von Bedeutung. Es lohnt sich also, regelmäßig dieses Tool zurate zu ziehen.

Google Ads

Wundern Sie sich, warum Ihnen Google Ads selbst als weiteres »Google-internes« Tool zur Keyword-Recherche vorgeschlagen wird? Nun, unsere Erfahrung hat gezeigt, dass es in vielen Fällen historische Google-Ads-Kampagnen gibt, an denen Sie sich orientieren können. Selbst wenn diese bereits länger zurückliegen, kann es sich lohnen, einen Blick auf sie zu werfen. Falls Sie bereits Google-Ads-Kampagnen geschaltet haben, so sollten Sie auch hier in die Kampagnenreports schauen.

Der Hauptgrund, warum wir Sie darauf hinweisen, ist schlichtweg jener, dass Sie es vermeiden sollten, in Ihren neuen Google-Ads-Kampagnen alte Fehler zu wiederholen. Historische Kampagnendaten liefern neben wertvollem Keyword-Input nämlich zum Beispiel auch Einblicke in Kampagnenstrukturen sowie Erkenntnisse zu erfolgreichen bzw. nicht erfolgreichen Anzeigentexten. Unabhängig davon, ob Google Ads bisher vom Kunden bzw. Websitebetreiber selbst oder über andere Agenturen geschaltet wurden – bestehen Sie im Sinne der zukünftigen Kampagnenleistung auf die Möglichkeit, Erkenntnisse daraus für Ihre Recherchen nutzen zu dürfen.

3.2.4   Externe Tools zur Keyword-Recherche

Neben den oben genannten potenziellen Keyword-Quellen innerhalb Ihres Unternehmens und der Branche sowie der nicht zu verachtenden Auswahl an kostenlosen, »hauseigenen« Google-Diensten steht Ihnen auch eine zunehmend größer werdende Palette an externen Keyword-Tools zur Verfügung. Diese unterstützen Sie zusätzlich – teils kostenlos, teils kostenpflichtig – bei der Recherche und der Strukturierung umfangreicher Keyword-Sets.

Die kostenpflichtigen Tools, die Sie meistens monatlich mieten können, sind leistungsfähiger und liefern daher mehr Informationen als kostenlose Tools. Zudem schauen die externen, kostenpflichtigen Tools nicht so sehr durch die »Google-Brille«, wie dies bei den Google-Tools der Fall ist. Manche dieser externen Tools können vorher mit beschränkten Möglichkeiten getestet werden.

Wir stellen Ihnen nun eine Auswahl an Tools in alphabetischer Reihenfolge vor. Aufgrund der Tatsache, dass bei diesen Tools eine starke Marktdynamik erkennbar ist, möchten wir bei der folgenden Aufzählung keinen Anspruch auf Vollständigkeit erheben. Im Unterschied zu den im vorherigen Abschnitt vorgestellten Google-Tools werden wir deutlich weniger ins Detail gehen, was den konkreten Umgang mit den Werkzeugen betrifft. Sobald Sie herausgefunden haben, welche Angebote für Ihre Bedürfnisse am besten geeignet sind, können Sie sich dank der in den meisten Fällen sehr einfach gestalteten Benutzerführung erfahrungsgemäß sehr rasch mit den jeweiligen Anwendungsschritten vertraut machen.

Alexa

Bei *Alexa* handelt es sich in diesem Fall nicht um bekannten ein Voice-Service von Amazon, sondern vielmehr um einen Dienst, der relevante Traffic-Daten von Webseiten sammelt und den Nutzern auf der Website *https://www.alexa.com* darstellt. Auch wenn der Dienst vor allem im englischsprachigen Raum sehr beliebt ist, finden sich dort ebenfalls Daten vielfrequentierter deutscher Webseiten. Wenn Sie beispielsweise die Webseite *https://www.alexa.com/siteinfo/spiegel.de* aufrufen, erhalten Sie eine Analyse von *Spiegel Online*. Diese enthält neben diversen Informationen eine Angabe zu den Top-Keywords, für die die Seite rankt, Vergleichszahlen zur Beliebtheit der Seite und eine Information zu ähnlichen Seiten (siehe Abbildung 3.18).

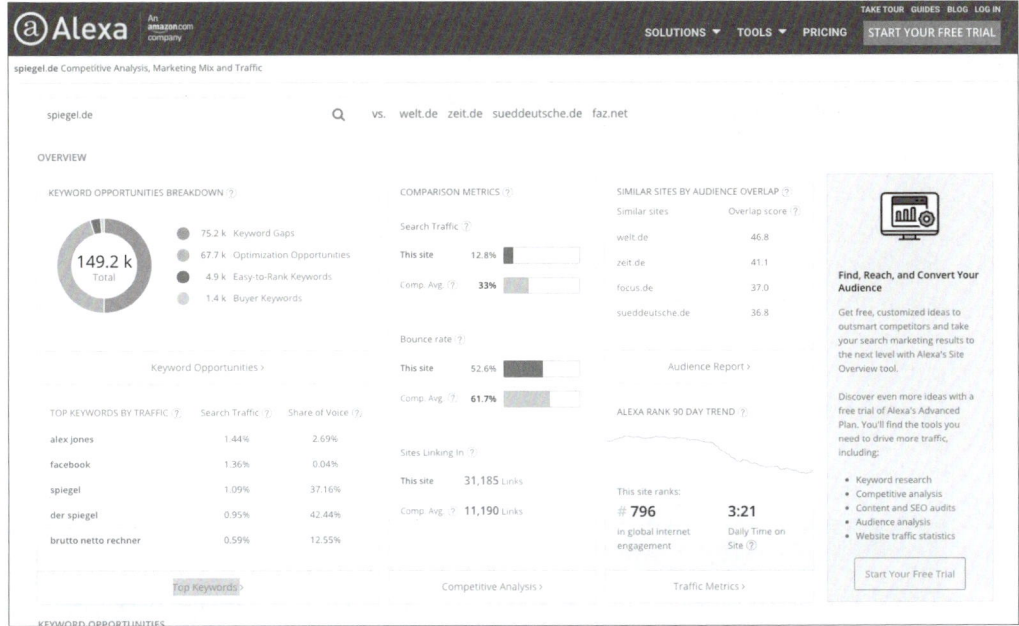

Abbildung 3.18 Die Reports von Alexa zeigen unter anderem Suchvolumen und Keyword-Analysen beliebter Webseiten.

Was können Sie nun für Ihre Ads-Kampagnen und Keyword-Listen von diesem Tool mitnehmen? Nun, vor allem im Bereich der Mitbewerberanalyse kann Alexa hilfreich sein. Da Ihnen von solchen Seiten wohl kaum unternehmensinterne Webanalysedaten wie zum Beispiel von Google Analytics zur Verfügung stehen werden, lohnt sich in solchen Fällen ein Blick in die Search Analytics Reports von Alexa. Sollten Sie dabei für deutschsprachige Seiten keine oder nur wenig relevante Daten finden, können Sie optional auch auf deren internationale Pendants blicken, um mögliche zusätzliche Keyword-Ideen zu gewinnen und eventuelle Branchentrends zu erkennen.

Abschließend möchten wir noch kurz darauf eingehen, wie Alexa zu diesen Daten kommt. Mithilfe einer Browser-Erweiterung, der sogenannten Alexa-Toolbar, die Millionen von Internetnutzern installiert haben, wird deren Surfverhalten gemessen und mithilfe firmeninterner Algorithmen hochgerechnet. Die bereitgestellten Analysen sind somit jeweils nur Näherungswerte, da schließlich nicht jeder Internetnutzer die für die Datenerhebung nötige Toolbar installiert hat. Alexa-Daten sind also weder akkurat noch aktuell und schon gar nicht vollständig. Für einen kurzen Blick in

Nachbars Garten – das heißt in diesem Fall: auf beliebte Keywords von Mitbewerber-Webseiten – ist das Tool jedoch allemal einen Klick wert, und auch in der SEO-Branche ist es nach wie vor auf jeder Checkliste für Keyword-Recherchen zu finden. Alexa bietet eine freie Testdauer von 14 Tagen an und ist danach kostenpflichtig.

Searchmetrics Suite

Searchmetrics ist ein deutsches Unternehmen, das neben einem Standort in Berlin auch international am Markt auftritt und sich seit seinen Anfängen im Jahr 2007 zum Marktführer im Bereich Search-Analytics-Software entwickelt hat. Vor allem in den Disziplinen *Inbound Marketing* und SEO wird das Tool auch von großen und namhaften Unternehmen für Recherchen und Analysen eingesetzt. Unter *https://suite.searchmetrics.com/de/research/* können Sie Ihre eigene Domain oder die eines Mitbewerbers analysieren lassen und bei Bedarf einen kostenlosen Account für die Basisvariante einrichten (siehe Abbildung 3.19).

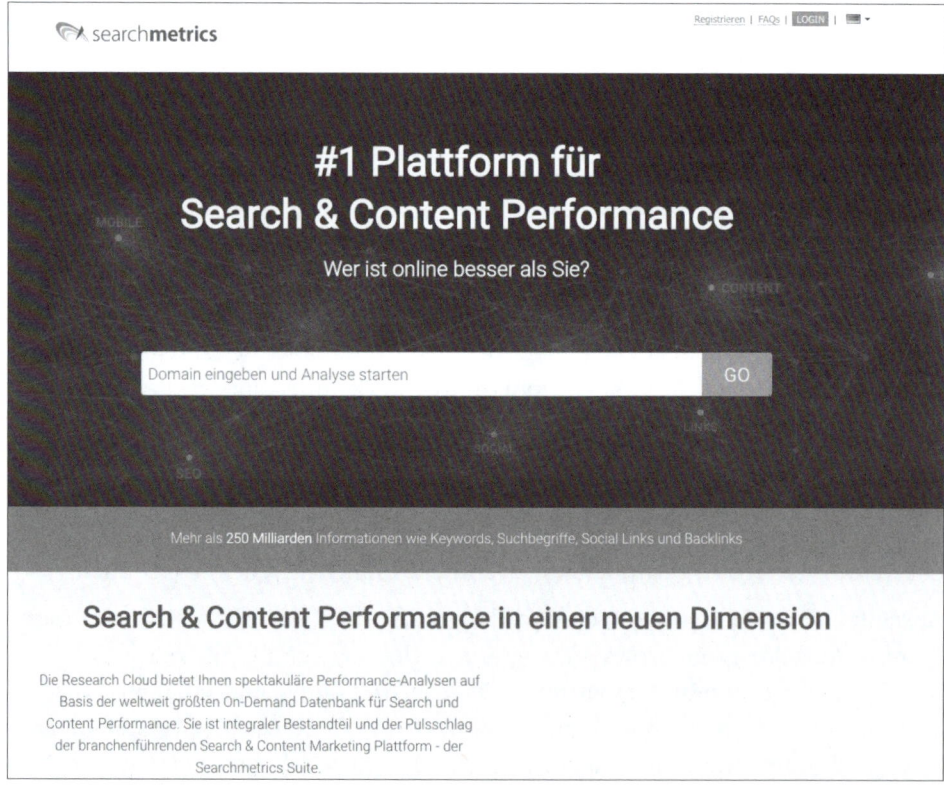

Abbildung 3.19 Das Tool von Searchmetrics ermöglicht Domain-Analysen für organische und bezahlte Keywords.

Folgende, über die Daten interner Google-Tools hinausreichende Zusatzinformationen können Sie als Google-Ads-Kampagnenmanager dort finden:

▶ Paid Keywords: Wofür schalten Ihre Marktbegleiter Werbung?

▶ Positionsverteilung: aktuell und historisch

▶ Wettbewerber: Wer sind vergleichbare Anbieter?

Damit gewinnen Sie nicht nur Keyword-Ideen für Ihre eigenen Kampagnen, sondern auch Erkenntnisse darüber, welche Themen andere Unternehmen mithilfe von Google-Ads-Kampagnen besetzen und welche ungefähren CPCs und somit Budgets damit einhergehen.

semaGER – semantische Suche

Die sogenannte *semantische Suche* ist ein Thema, das in Zukunft noch stärker an Bedeutung gewinnen wird. Google versucht zum Beispiel anhand der Gruppierung verschiedener Keywords in einem Text zu verstehen, welche Suchbegriffe miteinander in Verbindung stehen, also semantisch verbunden sind. Wenn beispielsweise die Begriffe *Schule* und *Lehrer* sehr oft in gleichen Texten auftauchen, so können auch Maschinen eine entsprechende Verbindung zwischen den beiden Begriffen entdecken. Das Thema Semantik ist natürlich noch viel komplexer.

Bei dem Tool semaGER geht es jedoch darum, dass es diese verwandten Suchbegriffe auf Webseiten findet und statistisch auswertet. Dies führt zu Begriffslisten, die thematisch verwandt sind und oft Synonyme enthalten. Diese Begriffe vervollständigen natürlich sehr schön unsere Keyword-Listen.

Sie finden das Tool unter *https://www.semager.de/keywords/*. Zur Keyword-Recherche nutzen wir den Umstand, dass semaGER die Wortbeziehungen zwischen verschiedenen Keywords analysiert und auflistet. Dabei gibt semaGER anhand der eingegebenen Keywords andere Begriffe vor, die mit den Keywords im Zusammenhang stehen. Entweder finden sich die vorgeschlagenen Begriffe statistisch häufiger auf der gleichen Webseite oder die Begriffe finden sich auf anderen Webseiten, die mit der Webseite, die das Keyword enthält, verlinkt sind.

In Abbildung 3.20 haben wir als Beispiel *gartenmöbel* in das Suchfeld eingegeben. semaGER listet nun unterschiedliche verwandte Wörter auf, die auf den Webseiten im Zusammenhang mit *gartenmöbel* stehen. Hinzu kommen dann noch Begriffe, die auf verlinkten Webseiten (entweder mit eingehendem Link oder mit ausgehendem Link) stehen. Einige Begriffe sind zur Erweiterung unserer »Gartenmöbel-Keyword-Liste« sicher nicht geeignet, aber bei tiefergehender Analyse stößt man auch mit dieser Methode auf interessante Begriffe.

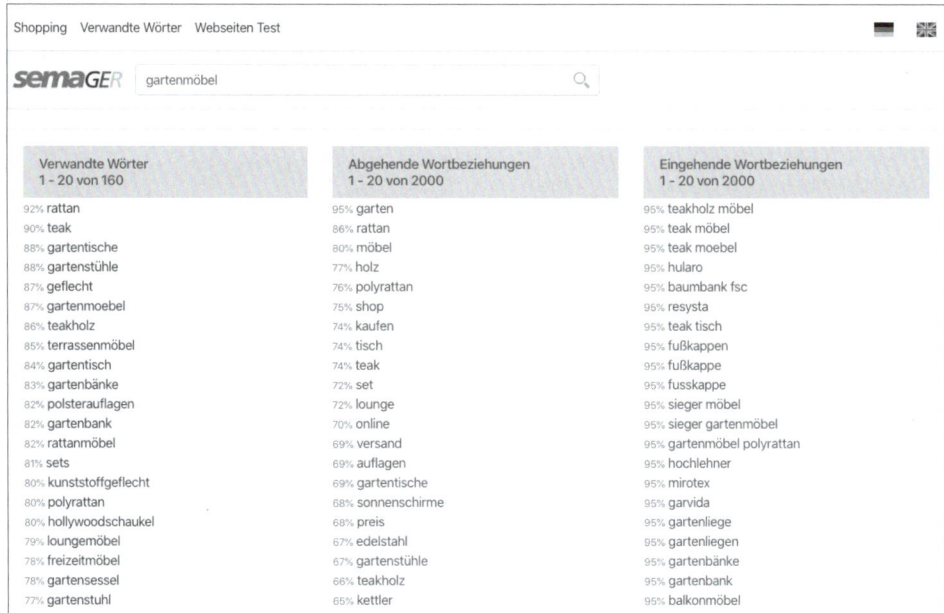

Abbildung 3.20 Semantische Keyword-Vorschläge von semaGER

SEMrush

Das nächste kostenpflichtige Tool nennt sich SEMrush und wurde von einem amerikanischen Unternehmen entwickelt. Auch mit diesem Tool können Sie SEO- und SEA-Analysen sowie eine Keyword-Recherche für den deutschsprachigen Raum durchführen. SEMrush bietet auch tiefergehende Analysemöglichkeiten für internationale Kampagnen, wie z. B. Daten aus den USA, England, Benelux, Frankreich, Spanien etc. an. Weitere Informationen zum Tool finden Sie unter *https:// de.semrush.com*.

Zur Keyword-Recherche geben Sie zunächst wieder ein Keyword ein, das näher analysiert werden soll, und wählen das gewünschte Zielland aus. Um allerdings erste Ergebnisse zu erhalten, müssen Sie ein Konto erstellen.

Das Tool listet verschiedene Keyword-Ideen auf sowie Informationen zu Klickpreisen und Suchvolumina. Mithilfe von SEMrush können Sie auch analysieren, welche Konkurrenten zu bestimmten Keywords Werbung schalten. Per Klick auf ein einzelnes Keyword aus der Keyword-Liste startet die tiefergehende Analyse zu diesem Keyword. Auf diese Weise können Sie ausgiebig Ihre wichtigsten Keywords analysieren.

SEO DIVER

Den SEO DIVER der *ABAKUS Internet Marketing GmbH* finden Sie unter der URL *https://de.seodiver.com/*. Die SEO-Agentur ABAKUS gibt es bereits seit 2002. Das

ABAKUS SEO-Forum könnte der eine oder die andere von Ihnen vielleicht schon kennen: *https://www.abakus-internet-marketing.de/foren/*. Nicht zuletzt aufgrund seines Themenbereichs zu Google Ads & Co. zeigt sich auch hier, dass Sie Tools, Foren oder Unternehmen, die *SEO* in ihrer Bezeichnung tragen, nicht von vornherein bei Ihren Recherchen und für Aufgaben im Suchmaschinenmarketing ignorieren sollten.

Der SEO DIVER besitzt mehrere Module, z. B. ein Performance-Modul zur Kontrolle des allgemeinen Webseiten-Rankings, das Link-Modul zur Analyse und zum Aufspüren von interessanten Backlinks sowie das Monitoring-Modul zur Kontrolle einzelner Keyword-Rankings. Neuerding können Sie gegen eine Registrierung die komplette Vollversion des SEO DIVERS kostenlos nutzen.

SISTRIX-Toolbox

Ein weiteres Tool, das vor allem unter Suchmaschinenoptimierern (SEOs) sehr bekannt ist, ist das Tool der SISTRIX GmbH aus Bonn. Das SISTRIX -Tool finden Sie unter *https://www.sistrix.com/*. Sie können es 14 Tage kostenlos testen. Auch dieses Tool besteht aus verschiedenen Modulen (SEO-Modul, Link-Modul, Social-Modul, Optimizer-Modul, Ads-Modul, Marketplace-Modul), die auch einzeln buchbar sind.

Mit SISTRIX können Sie der Konkurrenz in die Karten schauen und deren Keyword-Listen analysieren. Nach Eingabe eines Suchbegriffs zeigt SISTRIX Ihnen verschiedene Domains an, die Werbung zu dem vorgegebenen Keyword schalten. Wenn Sie aus der Liste einen Keyword-Konkurrenten auswählen, erhalten Sie die Keyword-Liste der Konkurrenz mit der durchschnittlichen Ranking-Position, der angezeigten URL sowie Hinweisen zur Wettbewerbsdichte und dem geschätzten Traffic zum jeweiligen Keyword. Mithilfe dieser Analyse erfahren Sie also zum einen mehr über Ihre Konkurrenz und finden zum anderen auch noch interessante Ideen für Ihre Keyword-Liste.

XOVI

Zu guter Letzt möchten wir in dieser Runde das Tool XOVI vorstellen, das sich laut Eigendefinition mit »We Simplify SEO« positioniert. Unter der URL *https://www.xovi.de/* können Sie nicht nur detaillierte Informationen zum Leistungsumfang abrufen, sondern auch einen kostenlosen Testzugang bestellen.

Der Name des Tools leitet sich vom *Online Value Index* (OVI) ab. Dieser berechnet die Sichtbarkeit von Domains in Suchmaschinen und hilft Ihnen ebenfalls wie die zuvor vorgestellten Services vordergründig dann, wenn Sie Maßnahmen zur Optimierung organischer Suchmaschineneinträge durchführen möchten.

XOVI besitzt jedoch nicht nur SEO-Tools, sondern kümmert sich in der Rubrik SEA (siehe Abbildung 3.21) auch um die Analyse bezahlter Suchmaschinenwerbung.

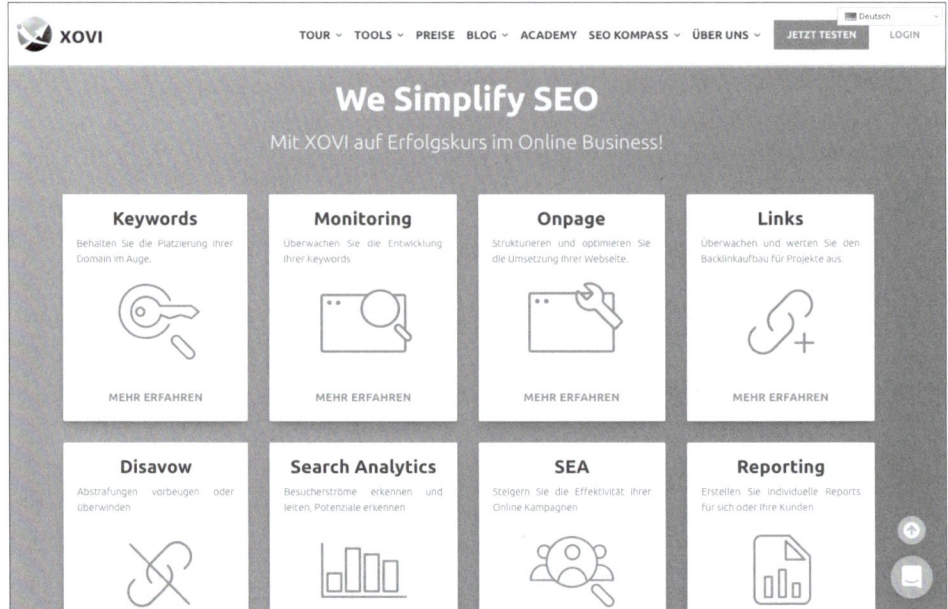

Abbildung 3.21 Der Funktionsumfang von XOVI

Mit dem XOVI-Tool erhalten Sie zu einer beliebigen Domain (z. B. zur Domain Ihres Konkurrenten) tiefe Einblicke in die Google-Ads-Aktivitäten. Für diese Analyse geben Sie die gewünschte Domain in das Formularfeld ❶ ein und wählen in der linken Navigation unter ADS den Unterpunkt ANZEIGEN-KEYWORDS.

Folgende Informationen können Sie unter anderem von einer eingegebenen Domain einsehen (siehe Abbildung 3.22):

▶ Wie lauten die Keywords ❷ für einen ausgewählten Zeitraum?

▶ Welche Daten zu Position ❸, Mitbewerberdichte ❹, Suchvolumen ❺ und durchschnittlichem CPC ❻ gibt es jeweils dazu?

Möchten Sie bei Ihren Recherchen nicht die Aktivitäten der Mitbewerber, sondern bestimmte Keyword- und Themensets sehen, so finden Sie in der linken Navigation beim Unterpunkt KEYWORDS ebenfalls ein Tool zur Keyword-Recherche. Dort geben Sie das Keyword ein, zu dem Sie weitere Vorschläge erhalten möchten. Mit dem Keyword-Ergebnis erhalten Sie weitere Informationen zum Suchvolumen, zum durchschnittlichen CPC-Gebot sowie zur Mitbewerberdichte.

Außerdem können Sie sich die Anzeigentexte Ihrer Mitbewerber anzeigen lassen und so Ideen für Ihre eigenen Kampagnen generieren. Dazu klicken Sie in der linken Navigation auf ADS und dann auf den Unterpunkt ANZEIGEN-TITEL (siehe Abbildung 3.23).

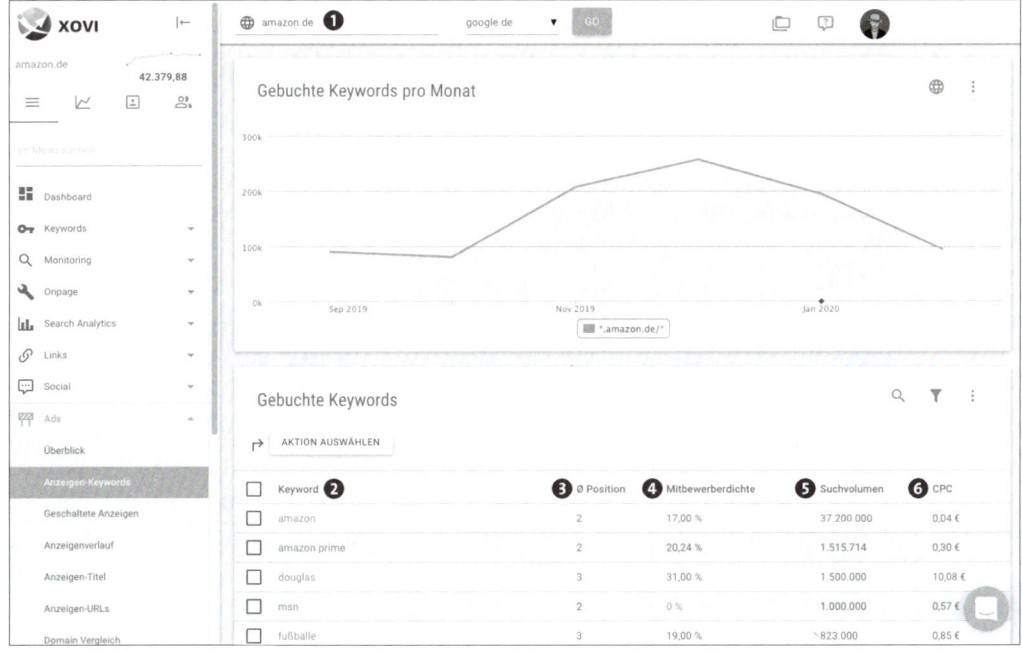

Abbildung 3.22 Mit XOVI analysieren Sie die SEM-Aktivitäten beliebiger (Mitbewerber-)Domains.

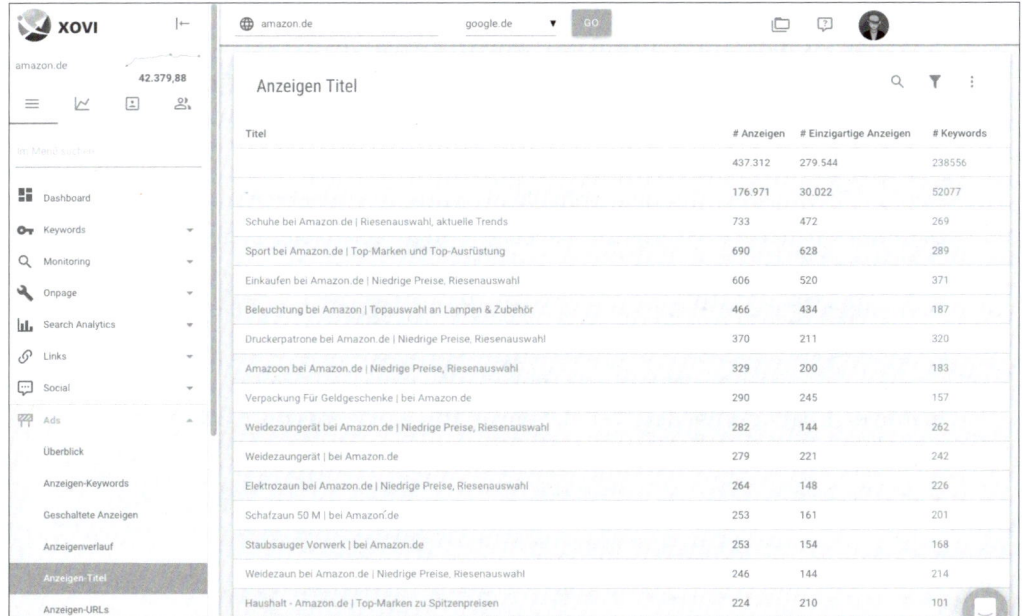

Abbildung 3.23 Anzeigentitel am Beispiel von amazon.de

»A fool with a tool …«

Ein bekanntes englisches Sprichwort lautet: »A fool with a tool is still a fool«, also etwa: »Ein Narr mit einem Werkzeug ist noch immer ein Narr.« Das bedeutet, jedes Tool ist nur so gut wie der Anwender, der es mit Daten füttert. Wir empfehlen Ihnen, sich bei der Auswahl und Anwendung dieser technischen Hilfsmittel auf einige wenige zu beschränken und mehr Fokus auf das erlernte Fachwissen im Umgang mit Keywords zu legen. Die ausgewählten Werkzeuge sollen Ihnen lediglich die Schritte zur Ergänzung und Automatisierung vereinfachen.

Wir möchten Ihnen davon abraten, dass Sie ungeprüft Hunderte bzw. Tausende Keywords in Ihre Kampagnen importieren — nur weil ein Tool sie gefunden hat. Das würde Ihre Kampagnenleistung nach unten und die Kosten nach oben treiben. Auch zu lange und »überoptimierte« Keyword-Listen können für eine schlechte Kampagnenleistung sorgen, bei der am Schluss nur Google profitiert, nicht aber Sie bzw. das zu bewerbende Unternehmen. Prüfen Sie also bei allen Vorschlägen aus den Tools immer wieder mit Ihrem gesunden Menschenverstand, wie relevant diese Keywords für Ihr Ziel sind.

3.2.5 Fazit zur Keyword-Recherche

Wir haben Sie im Laufe dieses Abschnitts ausreichend auf potenzielle Keyword-Quellen für Ihre geplanten Kampagnen aufmerksam gemacht und hoffen, dass Sie auch einige davon bereits im Rahmen Ihres Projekts ausprobiert haben. Wie beim Umgang mit großen Informationsmengen »leider« üblich, werden Sie feststellen, dass Sie um eine bestimmte Gruppierung der recherchierten Keywords nicht umhinkommen.

Eine einzige Google-Ads-Anzeigengruppe mit Hunderten oder Tausenden Keywords steht nicht unbedingt für eine hohe Relevanz und Kampagnenqualität. Demnach ist es unerlässlich, dass wir uns als Nächstes den Möglichkeiten zur Gruppierung von Keyword-Listen widmen. Dass Sie Ihre Keywords in Anzeigengruppen unterteilen, steht außer Frage. Welche Art und Weise der Kategorisierung Sie wählen, hängt jedoch von Ihrem Kampagnenthema und der jeweiligen Zielsetzung ab. Lernen Sie nun ein paar Gruppierungsvarianten kennen, mit denen Sie Ihre Keywords bestmöglich in Ihre Kampagne einbauen. Versuchen Sie, Ihre Keywords mit Blick auf die Optimierung so granular wie möglich aufzusplitten.

3.3   Die Keyword-Gruppierung

Es ist wichtig, dass Sie bei der Gruppierung Ihrer Keywords sowohl die Intention des Suchenden als auch den Detailgrad der von ihm verwendeten Suchphrase in Ihre Entscheidungen mit einbeziehen.

3.3.1 Gruppierung nach Suchabsicht

Gehen Sie bei der hier beschriebenen Segmentierung der Suchbegriffe möglichst darauf ein, was der Interessent vom jeweiligen Suchergebnis erwarten könnte, um so die Leistung der jeweiligen Anzeigengruppen zu optimieren. Sucht der Nutzer nach Informationen, werden Sie solche Keywords anderswo einordnen müssen, als wenn er eine Suchanfrage mit einer klaren Kaufabsicht stellt (z. B. durch die Angabe der Begriffe *kaufen* oder *online buchen*). In Kapitel 1 haben Sie ja bereits die verschiedenen Arten von Suchanfragen kennengelernt. Hier gilt es jetzt, die dazu gehörigen Keywords zu unterscheiden:

- Navigations-Keywords bei Go-Anfragen
- Informations-Keywords bei Know-Anfragen
- Transaktions-Keywords bei Go-Anfragen

Navigations-Keywords

In die Kategorie der *Navigations-Keywords* fällt ein Begriff dann, sobald der Nutzer bereits vor seiner Suchanfrage weiß, zu welchem Unternehmen, Service oder Produkt er im Browser navigieren möchte. Wenn Sie beispielsweise eine Internetsuche nach *Red Bull* oder *Mercedes-Benz* durchführen, teilen Sie damit der Suchmaschine unmissverständlich mit, dass Sie einen Link zur jeweiligen Unternehmenswebsite finden möchten.

Sie genießen dabei nicht nur den Vorteil, sich ein »Erraten« der Internetadresse zu sparen, sondern können auch davon profitieren, dass das Suchergebnis den relevantesten Link zu einem lokalen Internetauftritt des Unternehmens darstellen wird. Wenn Sie so wollen, geschehen Suchanfragen mit Navigations-Keywords häufig schlicht und einfach aus Bequemlichkeit, weil die Nutzer mittlerweile gelernt haben, dass der Umweg über Google & Co. ohnehin nur wenige (Milli-)Sekunden Zeit beansprucht und dafür mit großer Gewissheit die richtige Seite in den Top-Positionen des Suchergebnisses erscheint.

Einige solcher Suchanfragen geschehen jedoch auch unbewusst. Viele moderne Browser unterscheiden heute nicht mehr zwischen der Eingabe einer URL oder eines Suchbegriffs. In einer sogenannten *Unified Search Bar* oder *Omnibox*, also einem einzigen zentralen Eingabefeld, können Sie beispielsweise in Googles eigenem Browser Chrome selbst entscheiden, ob Sie dort eine komplette URL eingeben, um direkt zum gewünschten Inhalt zu gelangen, oder eben den »bequemen« Umweg über eine Suchanfrage wählen. Diese Vorgehensweise der Browserhersteller – in diesem Beispiel handelt es sich um Google selbst – ist dabei nicht ganz uneigennützig: Anstatt die Nutzer direkt auf die Webseiten zu schicken, lässt sich auf diese Weise geschickt zusätzlicher Suchmaschinen-Traffic generieren. Das bedeutet mehr Suchanfragen, einen hilfreichen Beitrag zur Reichweitenausdehnung und nicht zuletzt den einen oder anderen zusätzlich verdienten Euro, der durch auf diese Weise ebenfalls eingeblendete Google-Ads-Anzeigen generiert wird.

Sie sehen also, dass eine solche Vorgehensweise nicht nur bequem für den Anwender ist – schließlich wird dieser mithilfe der Suchmaschine weniger Probleme damit haben, die gewünschte Seite zu erreichen. Auch der Suchmaschinenanbieter profitiert davon.

Auch Sie können davon profitieren, bei einer solchen Navigationssuchanfrage präsent zu sein. Sehen wir uns dazu das Beispiel in Abbildung 3.24 an: Wenn man bei Google Deutschland nach *Red Bull* sucht, möchte man wohl sehr wahrscheinlich die deutsche Variante der Unternehmenswebsite finden. Und siehe da: *https:// www.redbull.com/de-de/* ist auf Platz eins der organischen Suchergebnisse zu finden.

Was aber macht Red Bull an dieser Stelle im Bereich Google Ads? In dem Wissen, dass der Nutzer in dieser Phase seiner Suche möglicherweise noch kein spezifisches Produktinteresse hat, werden sowohl Inhaltsstoffe als auch ein konkretes Produkt in der Anzeige angezeigt. Ob ein Klick entsteht oder nicht, spielt an dieser Stelle nur eine geringe Rolle, schließlich geht es dieser Marke ja auch um Reichweite und Impressionen – und Letztere kosten ja bekanntlich bei Google Ads nichts.

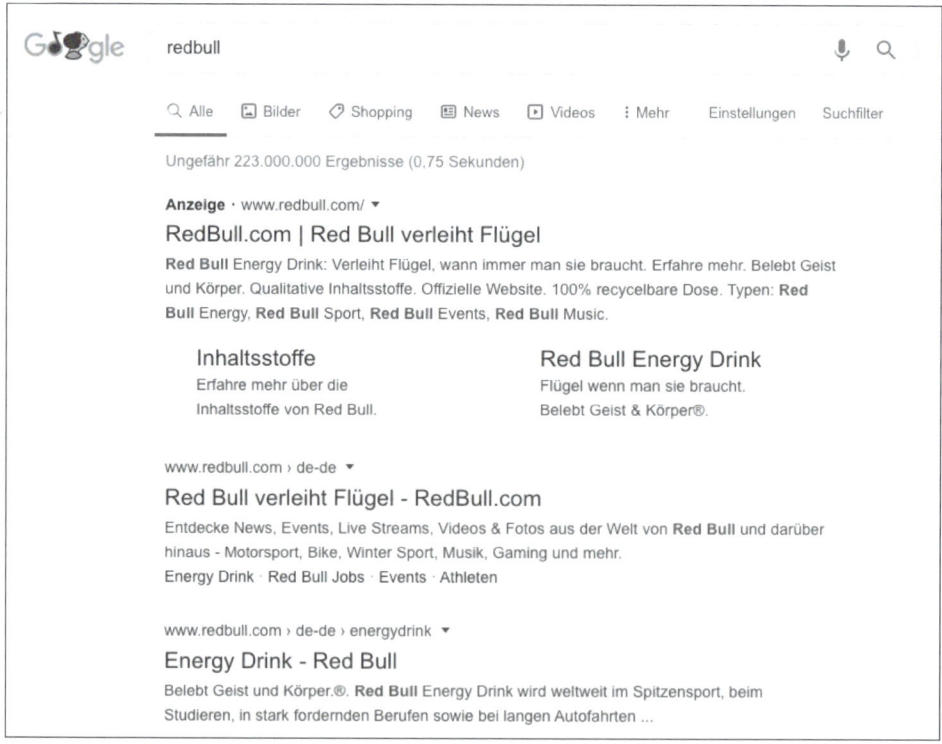

Abbildung 3.24 Aktionen und Produkthinweise bei der Markensuche

Vergessen Sie nicht den »Full Value of Search« für Ihre Marke!

Eine ältere Google-Studie zur Wirkung von Google Ads auf Markenaufbau und -pflege liefert aufschlussreiche Ergebnisse, was die Buchung von Navigations- bzw. im konkreten Fall von Marken-Keywords betrifft. Unter anderem konnte evaluiert werden, dass auch Bestandskunden bzw. solche User, die eine Marke bereits kennen und deren Produkte nutzen, Google zu Recherchezwecken nutzen. Die Annahme, dass diese Nutzergruppe stets die URL der Markenwebseite eingibt, wäre laut dieser Studie falsch.

Auch unsere Erfahrungen zeigen, dass die Investition in die Buchung von Marken- und Navigations-Keywords bei Google Ads in den meisten Fällen für neue, zusätzliche Besucher sorgt und dabei nur selten andere Quellen untergräbt (z. B. Direktzugriffe oder solche aus organischen Suchergebnissen).

Weitere Details, Fallbeispiele und Studienergebnisse zur Rolle der Suche für Branchen, Unternehmen und Marken finden Sie unter *https://www.thinkwithgoogle.com/advertising-channels/search/*. Folgen Sie auf dieser Webseite auch den weiteren Links, um zusätzliche Informationen abzurufen.

Klar zu berücksichtigen ist, dass Sie ein solches Keyword-Set separaten Kampagnen bzw. Anzeigengruppen zuordnen. Auch wenn die Verwendung von Marken-Keywords generell mit relativ geringen CPCs einhergeht, werden die Conversion-Raten einer solchen Keyword-Gruppierung eher gering bleiben. Steuern Sie daher über individuelle Tagesbudgets und Gebote, welchen Anteil Kampagnen mit Navigations-Keywords in Ihrer Gesamtstrategie einnehmen sollen bzw. dürfen.

Sie haben nun also die Kategorie der Navigations-Keywords kennengelernt und wissen, dass und wie Sie mit solchen Suchbegriffen Ihre Kampagnenstrategie ergänzen können. Wir hoffen, Sie haben erkannt, dass die Einstellung »Leute, die mein Unternehmen bereits kennen, finden mich im Internet ohnehin« nicht unbedingt zielführend ist. Vor allem unter Berücksichtigung der im oben stehenden Kasten genannten Studie tun Sie gut daran, Navigations-Keywords in Ihren Google-Ads-Kampagnen mitzuberücksichtigen.

Kennen Sie den meistgesuchten Begriff der Suchmaschine Bing?

Während offizielle Quellen der alternativen Suchmaschinenanbieter Bing und Yahoo nicht näher darauf eingehen, macht ein unbestätigtes Gerücht in der Branche die Runde: *Google* soll dort einer der meistgesuchten Begriffe sein! Die Begründung dafür ist nicht unlogisch, wenn man davon ausgeht, dass sehr viele Nutzer eine dieser Alternativen automatisch als Startseite oder bevorzugte Suchmaschine in ihren Browsern eingerichtet haben. Da diese Nutzer dennoch »googeln« möchten, führen sie zunächst eine Suche mithilfe eines Navigations-Keywords durch, um zur gewünschten bzw. ihnen bekannten Suchmaschine zu gelangen.

Informations-Keywords

Kommen wir als Nächstes zu den *Informations-Keywords*. Nutzer mit dieser Suchabsicht geben meist Mehrwort-Begriffe in die Suchzeile ein, um sich online nähere Informationen zu beispielsweise einem Produkt, einem Unternehmen oder einem Thema zu holen. Einem thematischen Begriff folgt dabei jener, der die Informationsart näher beschreibt. So lassen sich beispielsweise Suchanfragen mit »Test«, »Anreise« oder »Wetter« in die Kategorie der informellen Suchabsicht einordnen.

Im Beispiel aus Abbildung 3.25 wird nach *digitalkamera test* gesucht. Damit teilen wir der Suchmaschine unmissverständlich mit, dass wir zunächst weder an Produktdetails einer konkreten Digitalkamera noch an unmittelbaren Shopping-Möglichkeiten interessiert sind. Der Google-Algorithmus kann unsere Suchabsicht sehr gut zuordnen und zeigt uns folglich Anzeigen und organische Ergebnisse zu Tests an.

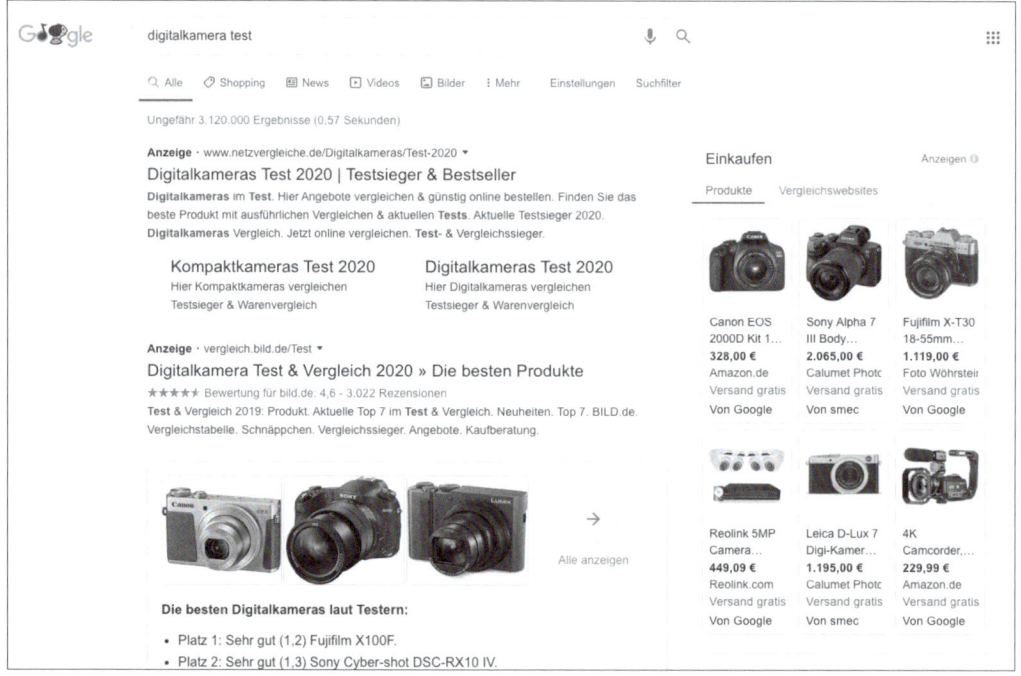

Abbildung 3.25 Informations-Keywords suchen z. B. nach Testberichten.

Sie können also erkennen, dass Nutzer mit dieser rein informellen Suchabsicht zwar noch kein konkretes Kaufinteresse haben, sich aber in einer nicht unwesentlichen Phase ihrer Kaufentscheidung befinden. Man würde nicht nach Digitalkamera-Testberichten im Internet suchen, wäre man nicht mittelfristig auch an einer Anschaffung interessiert. Deshalb werden am rechten Bildschirmrand Anzeigen zu Google-Shopping Ergebnissen gezeigt.

Auch bei Nutzern, die zum Beispiel nach dem aktuellen Wetter oder den idealen Anreiserouten zu einem bestimmten Ferienort suchen, können Sie mit hoher Wahrscheinlichkeit davon ausgehen, dass diese in der nächsten Zeit dort einen Aufenthalt planen. Als Werbetreibender dürfen Sie also auch solche Keyword-Kombinationen in Ihrer Google-Ads-Strategie nicht unberücksichtigt lassen. Ordnen Sie Informations-Keywords unbedingt separaten Kampagnen und Anzeigengruppen zu, um auf deren Leistung hinsichtlich Budgetsteuerung und Optimierung explizit eingehen zu können.

Um bei den Testberichten zu bleiben, wäre es für Sie als Anbieter des Testsiegers eines speziellen Digitalkamera-Modells durchaus sinnvoll, dass Sie diese Tatsache interessierten Nutzern über Google-Ads-Anzeigen zu relevanten Suchanfragen auch mitteilen. Solche Maßnahmen werden klarerweise nicht die Leistung konkreter Abverkaufskampagnen erreichen können, spielen aber sowohl im Kaufentscheidungs- als auch im zuvor erwähnten Markenbildungsprozess eine nicht zu vernachlässigende Rolle. Stoßen potenzielle Interessenten, Käufer oder Urlaubsgäste in dieser Phase nicht auf Ihre Anzeigen, sondern im schlechtesten Fall auf jene von Mitbewerbern oder Vergleichsplattformen, bei denen Sie möglicherweise nicht im besten Licht präsentiert werden, dann verschenken Sie hier unnötig Potenzial.

Transaktions-Keywords

Aller guten Dinge sind drei. Die dritte Variante ist wohl die beste, da sie für Sie im Hinblick auf die Kampagnenleistung die erfolgversprechendste ist: Die Rede ist von sogenannten *Transaktions-Keywords* – also jenen Begriffskombinationen, mit denen Sie als Suchmaschinennutzer eine klare Kaufabsicht ausdrücken.

Für viele von Ihnen mag es faszinierend erscheinen, wie unterschiedlich Googles Suchergebnisseiten plötzlich aussehen, sobald Sie den Begriff *Testbericht* durch *kaufen* ersetzen. Statt der Auflistung relevanter Testberichte mit mehr oder weniger dezenten Shopping-Anzeigen am rechten Bildschirmrand sehen Sie jetzt ausschließlich Kauf-Appelle (siehe Abbildung 3.26). Die Google-Shopping-Ergebnisse befinden sich jetzt oberhalb der organischen Suchergebnisse, also deutlich dominanter im Blickfeld des Betrachters, als es bei der Eingabe von Informations-Keywords der Fall war. Solche konkreten Produktanzeigen, die, unterstützt von Produktbildern, für eine hohe Sichtbarkeit Ihres Online-Shops sorgen, können Sie ebenfalls mithilfe von Google Ads schalten.

Demnach ist es nur logisch, dass Sie Transaktions-Keywords in Ihrer Kampagnenstruktur eine spezielle Beachtung schenken, sind diese doch für die Leistung Ihrer Anzeigen zur Bewerbung eines Online-Shops am wichtigsten und in den Conversion-Reports wohl jene mit den besten ROI-Daten.

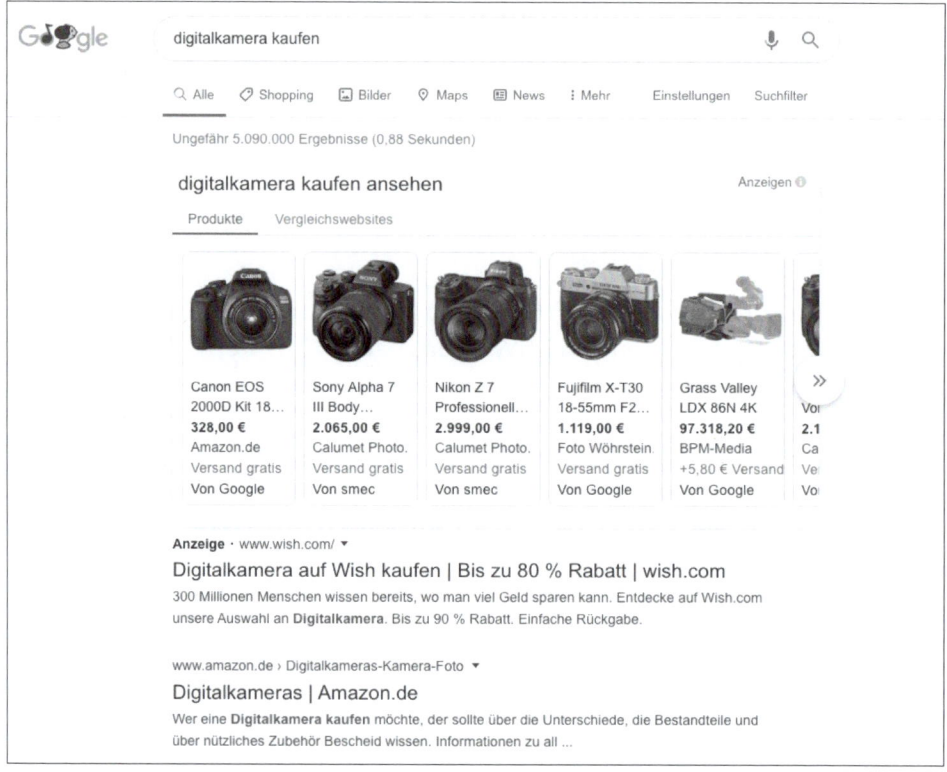

Abbildung 3.26 Shopping-Ergebnisse zu einem Transaktions-Keyword

Wir hoffen, Sie konnten die drei unterschiedlichen Suchabsichten mithilfe dieser einleitenden Erklärung verstehen und wissen nun, wie bedeutend es ist, diese in Ihren Google-Ads-Keyword-Listen nicht zu vermischen. Nicht nur, dass Sie bei einer unstrukturierten Vorgehensweise die Relevanz einzelner Anzeigengruppen unnötig verringern würden, auch im Analyse- und Optimierungsprozess bliebe Ihnen ein klarer und schneller Blick darauf verwehrt, wie die Leistung spezieller Keywords und Keyword-Gruppen unter Berücksichtigung der Suchabsichten ausfällt. Neben dieser Form der Keyword-Gruppierung gibt es noch weitere Möglichkeiten, die wir im Folgenden beschreiben.

3.3.2   Gruppierung nach Suchtiefe

Blicken wir zunächst auf die Gruppierung nach Suchtiefe, um darauf einzugehen, wie detailliert ein Suchmaschinennutzer seine Anfrage stellt. Erfahrungsgemäß verhält sich die Suchtiefe unmittelbar proportional zur Anzahl der eingegebenen Keywords. Je mehr Keywords zur Verfeinerung der Suchanfrage verwendet werden, umso größer ist die Suchtiefe.

Sie müssen berücksichtigen, dass Ihre Anzeigengruppen mit Keywords geringerer Suchtiefe zwar viel Traffic, aber wahrscheinlich nicht den höchsten ROI liefern werden. Gleichzeitig können Sie nicht ausschließlich auf sehr detaillierte Keyword-Kombinationen setzen. Was nützt Ihnen deren Conversion-Rate von bis zu 100 %, wenn im Monat nur wenige Klicks damit generiert werden? Starten Sie also zunächst mit kurzen Keyword-Kombinationen, und vergrößern Sie die Suchtiefe erst im Zuge des Optimierungsprozesses schrittweise (u. a. durch die Auswertung der konkreten Suchanfragen).

Schauen wir uns das Ganze an einem Beispiel mit Transaktions-Keywords an. Tabelle 3.2 zeigt, wie sich die Suchtiefe von Keyword-Kombinationen auch auf den Anzeigeninhalt und die Zielseite auswirkt.

Keyword	Eigenschaft	Anzeige	Zielseite
Digitalkamera kaufen	Kaufabsicht ist klar, Modell und Markenwunsch sind jedoch unbekannt.	Generischer Text mit Hinweis auf »Digitalkamera Online Shop«	Relevante Überblicksseite mehrerer Modelle und Marken
Nikon Digital Online Shop	Marke und Kaufabsicht sind klar.	Spezifischer Text mit Hinweis auf »Nikon«-Markenschwerpunkt	Nikon-Marken-Kanal Ihres Online-Shops
Nikon D5200 Kit Online kaufen	Konkrete Kaufabsicht inklusive Modellwunsch	Konkreter Text, passend zum gesuchten Modell, optional mit konkreter Preisangabe bzw. Hinweisen auf Aktionen	Modell- bzw. Angebotsseite für das gesuchte »Nikon D5200 Kit«

Tabelle 3.2 Gruppieren Sie Ihre Keywords nach Suchtiefe, um in granularen Anzeigengruppen eine optimale Kampagnenleistung zu erzielen.

3.3.3   Weitere Gruppierungsvarianten

Die zuvor genannten Beispiele sollten Ihnen einen ausreichenden Eindruck davon vermitteln, wie essenziell eine granulare Keyword-Struktur für den Erfolg jeder Google-Ads-Kampagne ist. Auch wenn viel vom zuvor Genannten für Sie logisch und selbstverständlich erscheinen mag – Sie würden sich wundern, wie viele Konten wir bis heute einsehen konnten, in denen ein heilloses Durcheinander an Kampagnen, Anzeigengruppen und Keywords vorzufinden war. Gründe dafür können Unwissenheit oder schlichtweg Zeitmangel sein.

Jedenfalls helfen Anzeigengruppen, in denen eine große Zahl an unterschiedlichen Keyword-Gruppen »wie Kraut und Rüben« durcheinandergewürfelt sind, letzten Endes nur einem: der Portokasse von Google. Eine fehlende Struktur sorgt nicht nur für eine unnötig geringe Anzeigenrelevanz für den Suchenden, sondern gleichzeitig für hohe Ausgaben Ihrerseits. Deshalb möchten wir Ihnen am Ende dieses Abschnitts noch einmal nahelegen, wie wichtig eine saubere Keyword-Gruppierung für den Erfolg Ihrer Ads-Kampagnen ist, auf die wir in Kapitel 4 näher eingehen.

3.4   Fazit

Dieses Kapitel hat Sie sehr ausführlich über die verschiedenen Aspekte der Keyword-Recherche informiert. Sie kennen nun die unterschiedlichen Möglichkeiten, die Google bietet, aber auch viele interessante externe Tools, die zum Teil ebenfalls kostenlos sind. Daneben sollten Sie jedoch auch einen Blick auf die kostenpflichtigen SEA-Tools werfen, die viele interessante Funktionen bieten. Das eine oder andere Tool erleichtert die Arbeit beim Aufsetzen einer neuen Kampagne. Dieses Keyword-Kapitel ist aus dem Grund so umfangreich ausgefallen, weil ein solides Keyword-Set die Basis einer erfolgreichen Google-Ads-Kampagne bildet.

> **Zusätzliche Tipps: Hilfe bei Ihren Keyword-Listen**
>
> ▶ Recherchieren Sie ausgiebig, aber halten Sie Ihre erste Keyword-Liste relativ klein. Diese kann später immer noch ergänzt werden.
>
> ▶ Wenn die Keywords zu den Produkten oder Dienstleistungen nicht richtig funktionieren, sollten Sie auch immer einmal einen anderen Blickwinkel wählen. Was sind die Probleme und Bedürfnisse Ihrer Kunden? Gibt es dazu passende Suchbegriffe?
>
> ▶ Anfangs können Sie mit der Keyword-Option *Weitgehend passend* starten, um erste Erfahrungen zu sammeln. Allerdings sollten Sie auf Grundlage Ihrer Statistiken relativ schnell einzelnen Keywords die restriktiveren Optionen *Passende Wortgruppe* oder *Genau passend* zuweisen, um nicht unnötig Werbebudget zu verschenken. Details zu den einzelnen Keyword-Optionen erfahren Sie in Kapitel 4.
>
> ▶ Halten Sie die Anzahl der Keywords in Ihren Anzeigengruppen klein, und erstellen Sie lieber neue, thematisch passende Anzeigengruppen. Wir empfehlen 10 bis 15 Keywords pro Anzeigengruppe.

3.5   Checkliste

Die Keyword-Recherche ist ein wichtiger Baustein Ihrer Google-Ads-Kampagne im Suchnetzwerk. Haben Sie an alles gedacht?

Wichtige Punkte bei der Keyword-Recherche	Erledigt (☑)
Analyse der eigenen Website	
Analyse von Werbematerial	
Brainstorming	
Austausch mit Kollegen und Freunden	
Kundenbefragung	
Aufbau einer Keyword-Liste	
Recherche mit dem Keyword-Tool von Google Ads	
Recherche mit unterschiedlichen Google-Tools	
Nutzung von Google Suggest	
Recherche mit kostenlosen externen Tools	
Recherche mit kostenpflichtigen Profi-Tools	
Gruppierung der Keyword-Ideen	

Tabelle 3.3 Keyword-Recherche – Checkliste

Kapitel 4
Ihre erste Google-Ads-Kampagne

Es geht los! In diesem Kapitel erarbeiten wir schrittweise die Benutzer-oberfläche des Google-Ads-Kontos. Unser Ziel ist es, dass Sie danach ein effizientes erstes Kampagnen-Setup erstellen können, bei dem einige erweiterte Einstellungen noch bewusst außen vor gelassen werden.

Wechseln Sie in Ihrem neu erstellten Google-Ads-Konto zum Unterpunkt KAMPAGNEN, um von dort aus die Erstellung Ihrer ersten Kampagne in Angriff zu nehmen. Beginnen Sie mit einem Klick auf ⊕.

Abbildung 4.1 Eine neue Kampagne auf dem Tab »Kampagnen« anlegen

Bevor Sie jedoch Ihre erste Kampagne erstellen, lassen Sie uns noch kurz das anstehende Prozedere in diese vier grundlegenden Schritte aufteilen:

1. **Kampagnen**
   Im Register nehmen Sie globale Kampagneneinstellungen vor, beispielsweise die Auswahl der gewünschten Werbenetzwerke, Standorte, Sprachen und Budgets.

2. **Anzeigengruppen**
   Eine Kampagne benötigt mindestens eine Anzeigengruppe. Die Anzeigengruppe verbindet die Textanzeige mit den Keywords. Sie ist quasi die Klammer um Keywords und Textanzeige.

3. **Keywords**
   Pro Anzeigengruppe benötigen Sie mindestens ein Keyword. Sie hinterlegen einen, meistens jedoch mehrere Suchbegriffe bzw. eine oder mehrere Suchwortkombinationen. Für die jeweiligen Keywords können noch Keyword-Optionen und individuelle Keyword-Gebote festgelegt werden.

4. **Textanzeige**

Pro Anzeigengruppe benötigen Sie auch mindestens eine Anzeige, die optimaler-weise auf die Keywords in der Anzeigengruppe abgestimmt ist. In Abbildung 4.2 haben wir für Sie die Anatomie eines Google-Ads-Kontos dargestellt. Sie werden schnell erkennen, dass auch die Logik der Kampagnenerstellung dieser grundle-genden Hierarchie folgt. Diese ist übrigens unabhängig von der Unternehmens-größe, der Zielsetzung und dem Werbebudget und gilt somit für alle Google-Ads-Konten gleichermaßen.

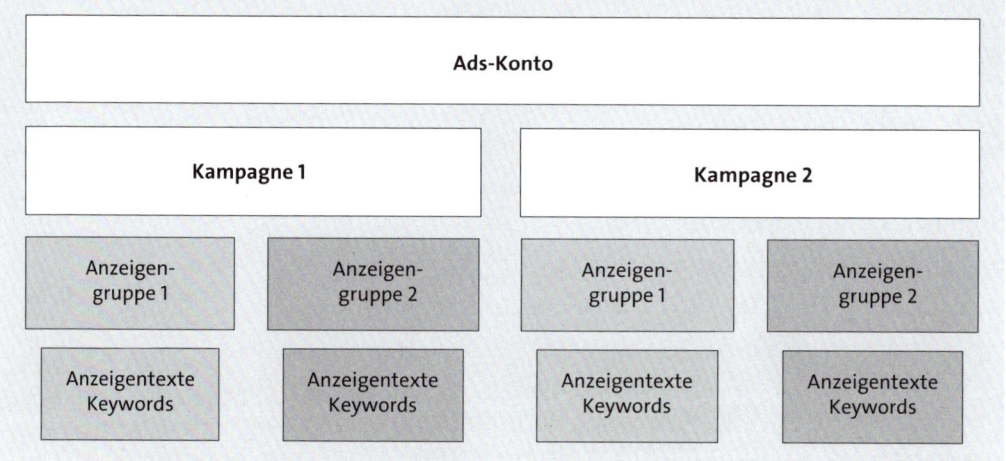

Abbildung 4.2 Die Anatomie eines Google-Ads-Kontos mit dem hierarchischen Aufbau von Kampagnen und Anzeigengruppen

4.1   Bevor Sie beginnen

Bevor Sie mit der Erstellung Ihrer ersten Kampagne beginnen, möchten wir mit Ihnen an dieser Stelle noch einmal klären, ob Sie alle erforderlichen Vorbereitungs-arbeiten abgeschlossen haben. Die Kampagnenvorbereitungen erhalten in der Praxis leider zu wenig Aufmerksamkeit, sind aber sehr wichtig für die Erstellung einer guten Ads-Kampagne!

Sie sollten grundlegend mit den Inhalten aus den vorhergehenden Kapiteln vertraut sein, in denen wir die Funktionsweise von Google Ads erklärt und mit Ihnen Über-legungen zu Strategie und Zielen angestellt haben. Zudem setzen wir voraus, dass Sie sich bereits eine erste Keyword-Liste zurechtgelegt haben, die Sie, basierend auf Ka-pitel 3, »Keywords«, bearbeiten und strukturieren konnten.

4.1.1   Bereit für Google Ads? Die finale Checkliste

Die folgende Checkliste hilft Ihnen, noch einmal zu prüfen, ob Sie auch wirklich startklar sind:

▶ **Budget**
Sie müssen sich darüber im Klaren sein, welches Budget Sie für Google Ads einsetzen möchten. Wir gehen davon aus, dass Sie sich einen klaren Budgetrahmen für einen definierten Zeitraum gesetzt haben. Das ist wichtig, weil Sie gleich zu Beginn des Setup-Prozesses ein maximales Tagesbudget für Ihre Kampagne festlegen müssen.

▶ **Website**
Sie haben sichergestellt, dass Sie eine einwandfrei funktionierende Website besitzen, die für die über Google Ads gewonnenen neuen Besucher optimal aufbereitet ist. Von der Ladezeit über das Design bis hin zu den Inhalten muss die Website dahingehend optimiert sein, neue Interessenten bestmöglich abzuholen. Funktioniert zum Beispiel ein für die Neukundengewinnung wichtiges Formular nicht, wäre jeder einzelne über Google Ads generierte Klick eine Verschwendung.

▶ **Anzeigenausrichtung**
Sie haben sich darüber Gedanken gemacht, in welchen Zielregionen und Sprachen Sie Ihre erste Kampagne schalten möchten. Wir empfehlen Ihnen, dass Sie erste Erfahrungen zunächst am Heimatmarkt und in Ihrer Landessprache sammeln – vorausgesetzt natürlich, Branche und Zielsetzung Ihres Unternehmens erlauben es. Ist Ihr Budget begrenzt, denken Sie gleich an eine Einschränkung auf spezielle erfolgversprechende Bundesländer, Regionen oder Städte, bevor Sie eine landesweite Kampagne schalten.

▶ **Angebot**
Sie wissen, welche Angebote, Produkte und Dienstleistungen Sie bewerben möchten. Das ist gleich für zwei Bereiche wichtig: Einerseits können Sie so gezieltere Anzeigentexte verfassen, andererseits wissen Sie gleich, welche der Anzeigen Sie mit welcher Zielseite auf Ihrer Website verknüpfen müssen. Sie werden später noch erfahren, warum es durchaus sinnvoll und empfehlenswert ist, nicht alle Anzeigen ausschließlich auf die Homepage Ihrer Unternehmenswebsite zu lenken.

▶ **Zielsetzung**
Sie haben für Ihre Kampagne eine konkrete Zielsetzung festgelegt. Möchten Sie qualifizierte Besucher generieren, Anfragen oder Anmeldungen über Online-Formulare erhalten oder Produkte in einem Online-Shop verkaufen? Gehen Sie bereits im Anzeigentext darauf ein, welche Tätigkeit der Interessent auf Ihrer Website durchführen soll, und verweisen Sie ihn auf inhaltlich abgestimmte Unterseiten.

▸ **Anzeigentexte**

Sie haben sich wichtige Textpassagen und Kernaussagen oder sogar konkrete Preise und Angebotsdetails zurechtgelegt, die Sie unbedingt in Ihren Anzeigen darstellen möchten. Wie Sie wissen, bieten die Textanzeigen von Google Ads nur beschränkten Platz für Ihre Anzeigenformulierungen. Unser Tipp: Erstellen Sie ein Word- oder Excel-Dokument mit wichtigen Textbausteinen. Je besser Sie diesbezüglich vorbereitet sind, umso leichter wird Ihnen die Eingabe der Anzeigentexte bei der Kampagnenerstellung fallen. Vergessen Sie nicht, einen USP wie beispielsweise »Kostenloser Versand« und eine passende Call-to-Action wie »Jetzt bestellen!« in Ihre Texte zu integrieren. Erfahrungsgemäß werden zu »brave« oder ohne klare Handlungsaufforderung formulierte Anzeigentexte weniger gut geklickt.

▸ **Suchbegriffe**

Sie haben sich, basierend auf den zu bewerbenden Produkten oder Dienstleistungen, bereits passende Suchbegriffe und Keyword-Listen zurechtgelegt, für die Sie Ihre ersten Google-Ads-Anzeigen schalten möchten. In Kapitel 3, »Keywords«, haben Sie Tools und Prozesse zur umfangreichen Recherche Ihrer Keywords kennengelernt.

4.1.2   Namenskonventionen

Wir möchten noch ein weiteres wichtiges Thema ansprechen, bevor Sie aktiv werden. Legen Sie sich – beginnend bei der ersten Kampagne – eine aussagekräftige und allgemein verständliche Namenskonvention zurecht, die Sie dann möglichst im gesamten Google-Ads-Konto einhalten sollten. Auf diese Weise stellen Sie sicher, dass Sie einerseits die Namen von Kampagnen und Anzeigengruppen nachträglich nicht mehr ändern müssen und so auch Berichte über einen längeren Zeitraum vergleichen und analysieren können. Andererseits können bei einer »sprechenden« Namenskonvention auch andere Personen (neue Mitarbeiter oder betreuende Agenturen) schnell einen Einblick gewinnen, wie die Konto- und Kampagnenstruktur in Ihrem Konto aufgebaut ist. Sie können sich nicht vorstellen, mit welchen kuriosen Konto-, Kampagnen- und Anzeigengruppenbezeichnungen wir im Zuge unserer Google-Beratungs- und Betreuungsprojekte bereits konfrontiert wurden. *Kampagne 1* ist dabei der »Klassiker«, weil es sich hier um den früher von Google Ads automatisch vorgeschlagenen Kampagnennamen handelte, den viele Anwender einfach nicht geändert haben. Aktuell nennt Google die Neuanlage einer Suchkampagne automatisch passenderweise *Search-1*, *Search-2* usw. – was das grundlegende Problem nicht verbessert.

Wir möchten, dass Sie solche Bezeichnungen so früh wie möglich vermeiden. Dem Vorteil, den Sie und andere Personen später haben werden, stehen nur wenige Minuten Aufwand gegenüber, die Sie der Benennung Ihrer Kampagnen widmen. Unabhängig davon, ob Sie wenige manuell betreute oder eine Vielzahl an automatisierten Kampagnen benennen müssen, halten Sie sich stets an eine solide und aussagekräftige Namenskonvention.

Es gibt hierfür keine allgemeine »Regel« oder feste Standards. Erfahrungsgemäß ist es jedoch zielführend, wenn Sie versuchen, die wichtigsten Informationen wie das ausgewählte Werbenetzwerk, die geografische Ausrichtung bzw. Sprache sowie die Kampagnenstrategie und idealerweise auch die Art der Werbemittel im Namen unterzubringen. Auch Hinweise auf die betreffende Saison oder Jahreszahlen sind »erlaubt«, wenn Ihre beworbenen Produkte und Dienstleistungen dies erfordern. So wird man beispielsweise bei unterschiedlichen Kampagnen für eine Urlaubsdestination diese je nach Jahreszeit oder Ferienperiode bzw. je nach Saison mit einem passenden Namen benennen, um die laufende Analyse und Optimierung durch unterschiedliche Verantwortliche so einfach wie möglich zu gestalten.

Nutzen Sie bei verwandten Kampagnen auch gleiche Namensbestandteile. So können Sie später bei Automatisierungsprozessen einfacher auf eine Gruppe zurückgreifen, indem Sie alle Kampagnen ansprechen, die zum Beispiel den Begriff »Shop« enthalten, oder alle Kampagnen, bei denen beispielsweise »Weihnachten« im Kampagnennamen vorkommt.

Beispiele für Kampagnennamen:

▶ Google-Suchnetzwerk-AT_Generisch

▶ SEA_AT_Generic

▶ Google-Displaynetzwerk-DE_Brand

▶ GDN_DE_Brand

▶ Google-Displaynetzwerk-EN_Banner

▶ GDN_EN_Banner

▶ YouTube-Imagekampagne-DE_2013

▶ 001_Sportbekleidung

▶ 002_Sportschuhe

Beispiele für nicht empfohlene Kampagnennamen:

▶ Google Ads

▶ Neue Kampagne 1

▶ Search-1

▶ XF3_379_OPT

▶ »Test«, »Diverse« oder »Sonstige«

Nachdem wir Sie nun auch mit einer der wohl wichtigsten Eigenschaften einer Google-Ads-Kampagne – nämlich deren eindeutigem und aussagekräftigem Namen –

konfrontiert haben, sind Sie endgültig bereit dafür, mit der Erstellung Ihrer ersten Google-Ads-Kampagne zu beginnen.

Kontolimits in Google Ads

Selbst wenn die meisten Leser in dieser frühen Phase wohl noch keine Probleme damit haben sollten, an die Grenzen der erlaubten Konto- und Kampagnenlimits zu stoßen, ist diese Information für die künftige Planung Ihrer Maßnahmen nicht unwichtig: Seit 2012 gelten erweiterte und für den Großteil der Google-Ads-Kunden wohl langfristig ausreichende Beschränkungen.

Ein Konto kann in der Summe 10.000 Kampagnen beinhalten, wobei es keine Rolle spielt, ob diese aktiv sind oder gerade pausieren. Pro Kampagne sind dann bis zu 20.000 Anzeigengruppen erlaubt, die jeweils weitere 20.000 einzelne Keywords oder andere für das Displaynetzwerk relevante Ausrichtungselemente (z. B. Placements oder Zielgruppen) enthalten können.

Pro Anzeigengruppe sind zudem bis zu 300 Bild-/Galerieanzeigen möglich. Die Grenze bei den Textanzeigen liegt bei 50 aktiven Anzeigen pro Anzeigengruppe. Die Kontolimits belaufen sich in der Summe auf maximal 4 Millionen aktive oder pausierende Anzeigen und 5 Millionen Ausrichtungselemente (Keywords, Placements etc.). Die speziellen responsiven Anzeigen, die Sie später auch noch kennenlernen werden, sind auf 3 pro Anzeigengruppe beschränkt.

Alle vorgegebenen Grenzen reichen für die Standardnutzung von Google Ads aus, größere Mengen wären auch mit den normalen Möglichkeiten eines Google-Ads-Admins nicht mehr zu verwalten. Falls Sie jedoch einmal die aktuell geltenden Beschränkungen benötigen, dann rufen Sie einfach das folgende Dokument der Google-Ads-Hilfe auf, um eine vollständige Liste der Google-Ads-Kontolimits zu erhalten:

https://support.google.com/google-ads/answer/6372658

4.2   Grundlegende Einstellungen

Da die theoretische Erklärung der Funktion von Google Ads schon wieder einige Kapitel und Seiten zurückliegt und wir davon ausgehen müssen, dass einige von Ihnen auch als »Quereinsteiger« diesen Abschnitt lesen werden, halten wir es für wichtig, den grundsätzlichen Ablauf einer Google-Suche noch einmal kurz zusammenfassen: Ein Nutzer mit Informationsbedarf oder einer konkreten Kaufabsicht ruft zum Beispiel die Seite *www.google.de* auf und gibt dort seine Suchanfrage ein. Daraufhin erscheint die Suchergebnisseite, deren Einträge am oberen sowie am unteren Bereich der Ergebnisseite aus mehreren bezahlten Textanzeigen bestehen, die zum Suchbegriff passen und (mehr oder weniger deutlich – mehr dazu im nächsten Kasten) als

Anzeige gekennzeichnet sein müssen. Bei Interesse an einer der auf diese Weise beworbenen Webseiten wird der Nutzer auf eine der Anzeigen klicken.

Im Beispiel aus Abbildung 4.3 haben Sie als Interessent durch die Eingabe der Suchphrase *iphone 8 kaufen* Ihr klares Interesse am Kauf eines Apple iPhone bekundet.

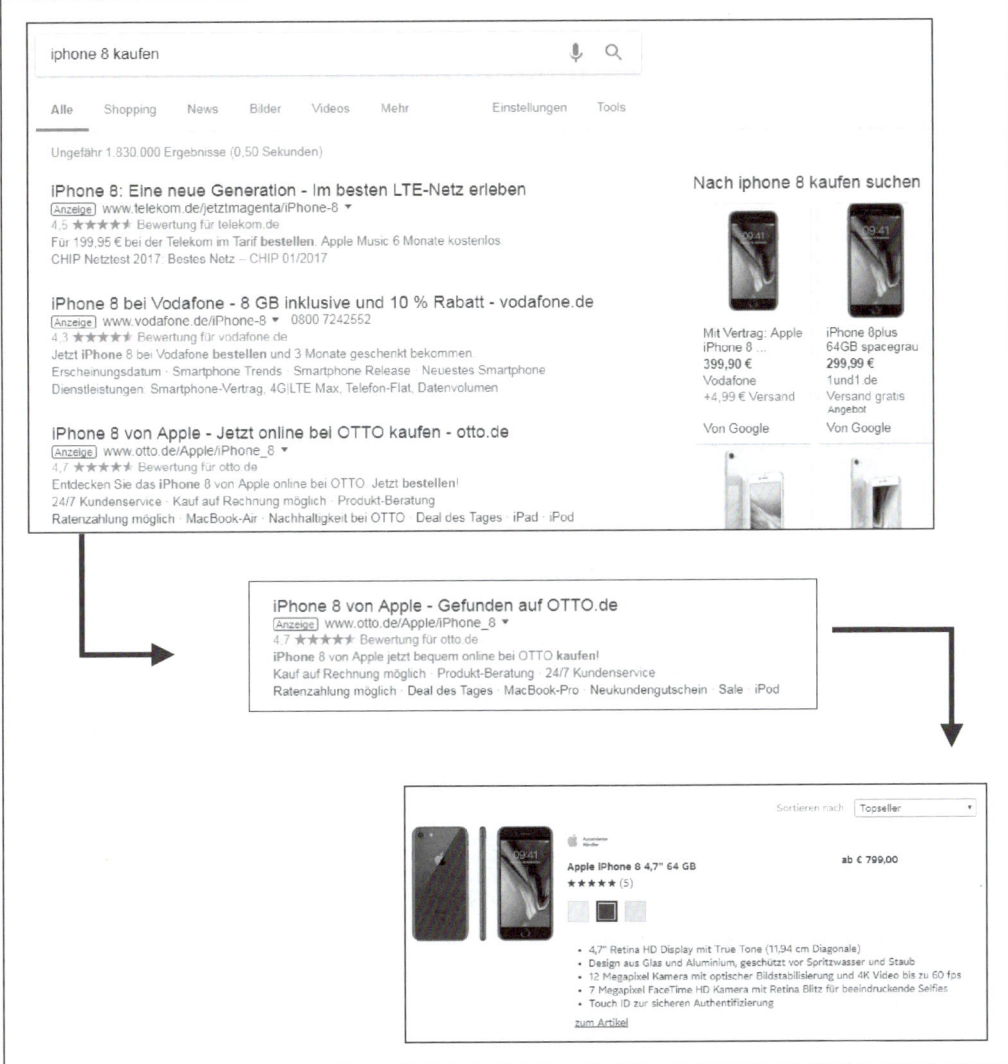

Abbildung 4.3 »Suchen, klicken, kaufen« – einfach für den Google-Nutzer, anspruchsvoll für Sie als Google-Ads-Werbetreibenden

Diese Eingabe löst nun über Google Ads die Anzeigenschaltung mehrerer Anbieter aus. Darunter finden sich zum Beispiel Telefonanbieter oder auch Webshops. Da Sie eher ein Angebot ohne Telefonvertrag wünschen, klicken Sie in diesem Fall auf die

Anzeige der Firma OTTO. Der Klick führt Sie nun zur Zielseite (*Landingpage*) der Kampagne, auf der Sie sofort alle Informationen zum gewünschten Gerät finden können, um Ihre Kaufentscheidung zu treffen und eine Online-Bestellung im Bestfall sofort abzuschließen.

Die Kennzeichnung von Google-Ads-Anzeigen: ein ewiges Experiment

Über die Art und Weise, wie deutlich Google die Unterscheidung der bezahlten von den organischen Suchergebnissen kennzeichnet, wird nicht nur viel diskutiert. Es wird auch permanent experimentiert.

Während man bei Endanwendern oft mit landläufigen und gleichzeitig widersprüchlichen Aussagen konfrontiert wird (von »Ich habe noch nie auf eine Anzeige geklickt!« – woher hätte Google dann wohl seine milliardenhohen und noch immer wachsenden Quartalserfolge? – bis »Sind nicht alle Suchergebnisse bezahlt?« – Nein!), beschäftigt sich der Suchmaschinenriese selbst hochwissenschaftlich mit diesem Thema. Auch Branchenexperten setzen sich mit der Frage auseinander, ob und wenn ja welche Vorteile für alle Beteiligten durch die permanente Optimierung der Anzeigenkennzeichnung entstehen.

Im Laufe der Zeit hat Google die Kennzeichnung schon öfter geändert und mit verschiedenen Farben experimentiert. Früher wurde der Anzeigenbereich rosa, hellgrün oder blau hinterlegt. Ab 2013 erschien dann vor jeder Textanzeige im oberen Bereich ein kleiner gelber Sticker mit dem Hinweis *Anzeigen*. Diese Farbe wechselte im Juni 2016 zu Grün. Diese Farbgestaltung passte sich somit hervorragend an den grünen Link der direkt angrenzend angezeigten URL an. Bis Ende 2019 und Anfang 2020 wurde im deutschsprachigen Bereich das Wort *Anzeige* in grüner Farbe als Sticker mit einem dünnen grünen Rand dargestellt, was noch unauffälliger daherkam. Gleichzeitig experimentierte Google aber auch schon mit einer Darstellung dieser Variante in Schwarz (mit entsprechend angezeigter URL, also ebenfalls in schwarzer Farbe). Das Experiment gab es zunächst nur in mobilen Anzeigen, es wurde jedoch auch schon auf Desktop-Computern gesichtet. Untersuchungen haben interessanterweise gezeigt, dass selbst gravierende Änderungen wohl nur eine kurzfristige Auswirkung auf das Klickverhalten der Suchmaschinennutzer haben. Nur wenige Nutzer sind wohl wirklich in der Lage, bezahlte von organischen Suchergebnissen zu unterscheiden. Wenn Sie dieses Buch in der Hand halten, kann es also sein, dass Google schon wieder eine andere Darstellung des Anzeigenhinweises ausspielt. Dies ändert jedoch nichts an der grundsätzlichen Darstellung der Suchergebnisse.

Auch wenn es sich aus Anwendersicht einfach darstellt, haben Sie als Google-Ads-Werbekunde einiges zu berücksichtigen, bis Ihre Kampagne online ist. Wir wissen, dass Sie nun schon darauf brennen werden, endlich Ihre eigenen Anzeigen bei Google zu schalten. Fahren Sie fort, indem Sie zur Google-Ads-Benutzeroberfläche zurückkehren. Die grundlegenden Schritte, die im Folgenden zu erledigen sind, sind in Abbildung 4.4 schematisch gezeigt.

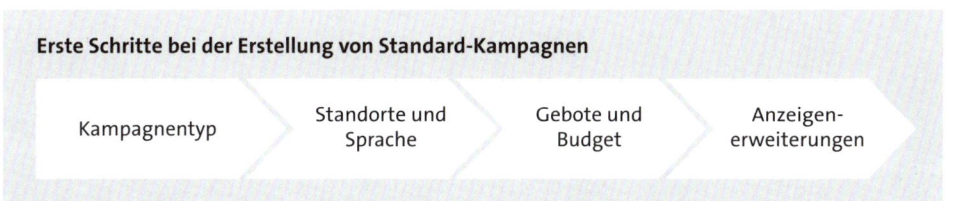

Abbildung 4.4 Bei der Erstellung Ihrer ersten Kampagne müssen Sie vor der Auswahl von Keywords und Anzeigentexten wichtige Entscheidungen treffen.

Dieser Abschnitt behandelt den gängigsten Anwendungsfall für Google Ads: eine Kampagne, die im Suchnetzwerk von Google geschaltet wird und ausschließlich Textanzeigen enthält. Wir befinden uns auf dem Tab KAMPAGNEN und klicken im linken oberen Bereich auf den Plus-Button oder auf + NEUE KAMPAGNE (siehe Abbildung 4.5).

Abbildung 4.5 Der Plus-Button als Startpunkt für eine neue Kampagne

Google möchte, dass Sie sich beim Start einer neuen Kampagne für ein Ziel entscheiden. Achtung: Auch wenn ein Ziel natürlich immer wichtig ist und Sie auch ein Ziel für Ihre Google-Ads-Kampagnen haben, können Sie an dieser Stelle ruhig KAMPAGNE OHNE ZIELVORHABEN ERSTELLEN anklicken (siehe Abbildung 4.6). Eine andere Auswahl beschränkt Sie ansonsten nur in Ihren Möglichkeiten, die wir Ihnen hier jedoch vollständig vorstellen möchten. Mit diesem Wissen können Sie dann selbst entscheiden, welche Einstellungen für Ihren Erfolg wichtig sind. Für Google ist die Auswahl nur eine Hilfe, damit automatisiert weniger Entscheidungsmöglichkeiten vom Programm vorgeschlagen werden müssen.

Nachdem Sie auf KAMPAGNE OHNE ZIELVORHABEN ERSTELLEN geklickt haben, wählen Sie im nächsten Schritt den Kampagnentyp SUCHNETZWERK aus, wenn Ihre Google-Ads-Kampagne bei der Google-Suche erscheinen soll.

In Abbildung 4.7 erkennen Sie, dass es noch eine Reihe anderer Möglichkeiten gibt. Wir stellen Ihnen daher zum besseren Verständnis die unterschiedlichen Kampagnentypen kurz vor.

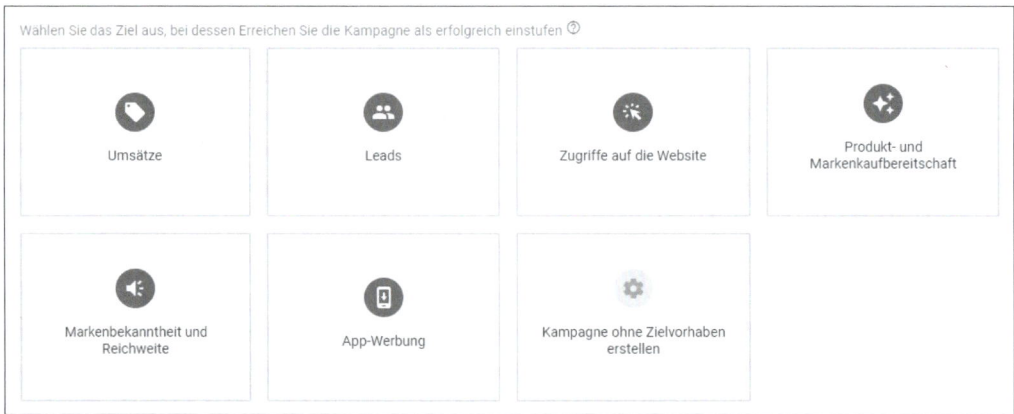

Abbildung 4.6 Vorgabe der Kampagnenziele – kann übergangen werden.

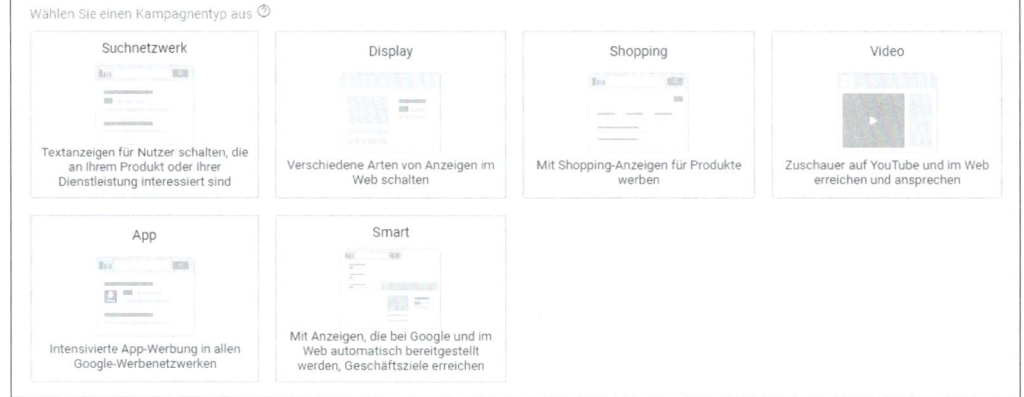

Abbildung 4.7 Ihre erste Kampagne soll nur im Suchnetzwerk von Google erscheinen.

4.2.1   Kampagnentypen

Die Auswahl des Kampagnentyps ist eine der ersten Entscheidungen, die Sie bei der Kampagnenerstellung treffen müssen. Abhängig davon stehen Ihnen in weiterer Folge unterschiedliche Optionen und Einstellungsmöglichkeiten zur Verfügung. Sie müssen sich hier grundlegend entscheiden, ob Sie eine Kampagne für das SUCH-NETZWERK und/oder für das DISPLAY(-Netzwerk) schalten möchten. Wie Sie in Abbildung 4.7 sehen, stehen auch noch die Kampagnen SHOPPING, VIDEO, APP und SMART zur Auswahl. Weitere Informationen zu Shopping-, Video- und App-Kampagnen finden Sie in Kapitel 8, »Spezielle Google-Ads-Werbestrategien«. Das Thema Smart-Kampagnen, die keine »echten« Ads-Kampagnen sind, haben wir bereits in Abschnitt 2.5, »Google Smart Campaign ist Teil von Google Ads«, (früher AdWords Express) erläutert.

Suchnetzwerk

Die Schaltung der Anzeigen im Suchnetzwerk erfolgt zunächst auf den offensichtlichsten Webseiten, nämlich auf allen infrage kommenden Google-Suchergebnisseiten. Abhängig von der geografischen Ausrichtung Ihrer Kampagnen werden die Anzeigen im Suchnetzwerk auf den unterschiedlichen Google-Seiten (beispielsweise *www.google.de*, *www.google.at*, *www.google.ch* oder in der internationalen Version *www.google.com*) geschaltet.

Display (Kurzform für Displaynetzwerk)

Sie haben in den vorhergehenden Kapiteln bereits einiges über das Google Displaynetzwerk gelesen und kennen dessen Eigenschaften, um damit in Millionen von Webseiten, Videos und Mobile-Apps oder auch Textanzeigen schalten zu können. Möchten Sie kontextabhängige Anzeigen schalten (wie im Beispiel aus Abbildung 4.8 noch einmal zu Auffrischungszwecken dargestellt), wählen Sie diese Variante aus.

Abbildung 4.8 Ein Beispiel für die kontextabhängige Anzeigenschaltung im Google Displaynetzwerk (Quelle: www.kleinezeitung.at)

Bei der ersten Kampagne, die wir gemeinsam in diesem Kapitel erstellen, bleibt das Displaynetzwerk jedoch deaktiviert.

Shopping

Diese Kampagnenvariante ermöglicht Ihnen die einfache Erstellung von Anzeigen mit Produktinformationen. Diese unterscheiden sich von klassischen Ads-Text-anzeigen nicht nur durch die Darstellung in einem separaten Bereich auf der Such-ergebnisseite, sondern auch in der Art, wie sie aufgesetzt werden. Die Shopping-Kampagnen auf den Google-Suchergebnisseiten fallen direkt ins Auge, weil sie Pro-duktbilder enthalten.

Video

Die Erstellung einer Kampagne vom Typ VIDEO zählt zu einer fortgeschrittenen Möglichkeit bei der Nutzung von Google Ads. Mit diesen Kampagnen können Sie Video-Werbung bei YouTube und auf bestimmten Webseiten im Google Displaynetz-werk schalten.

App

Die APP-Werbekampagnen können für Android- oder iOS-Apps in verschiedenen Formaten automatisch erstellt werden. Diese Werbung kann sowohl im Suchnetz-werk als auch im Displaynetzwerk, aber auch bei Google Play, in anderen Apps sowie auf YouTube geschaltet werden. Für diese Werbung muss natürlich zunächst einmal eine App erstellt werden, die hier beworben werden kann. Daher ist diese Werbeform für viele mittelständische Unternehmen zunächst einmal nicht so interessant.

Google will den Nutzer führen

Wenn Sie eine neue Google-Ads-Kampagne anlegen, fragt Google Ads direkt zu Be-ginn nach Ihren Zielen, um Einstellungen vorwegzunehmen und eigene Vorschläge anzubieten. Abbildung 4.9 und Abbildung 4.10 zeigen die beiden Zielabfragen, die Sie einfach durch einen Klick auf den Link KAMPAGNE OHNE ZIELVORHABEN ERSTELLEN bzw. durch einen Klick auf den Button WEITER ignorieren können.

Dabei geht es jedoch nicht darum, dass Sie keine Ziele haben oder ohne Ziele eine Kampagne starten sollen. Sie lernen jedoch mehr über die verschiedenen Einstel-lungsmöglichkeiten einer Kampagne und verstehen auch deren Auswirkungen bes-ser, wenn Sie die Grundeinstellungen manuell vornehmen. Außerdem sollten Sie grundsätzlich immer vorsichtig sein, wenn Google Ads Ihnen automatisierte Einstel-lungen anbietet. Das System ist immer nur so gut wie die Vorarbeit, die Sie geleistet haben. Testen Sie die automatisierten Einstellungen zu einem späteren Zeitpunkt, wenn Sie mehr über die Auswirkungen wissen und Ihre Kampagnen, Keywords, An-zeigen und Zielseiten bereits optimiert haben.

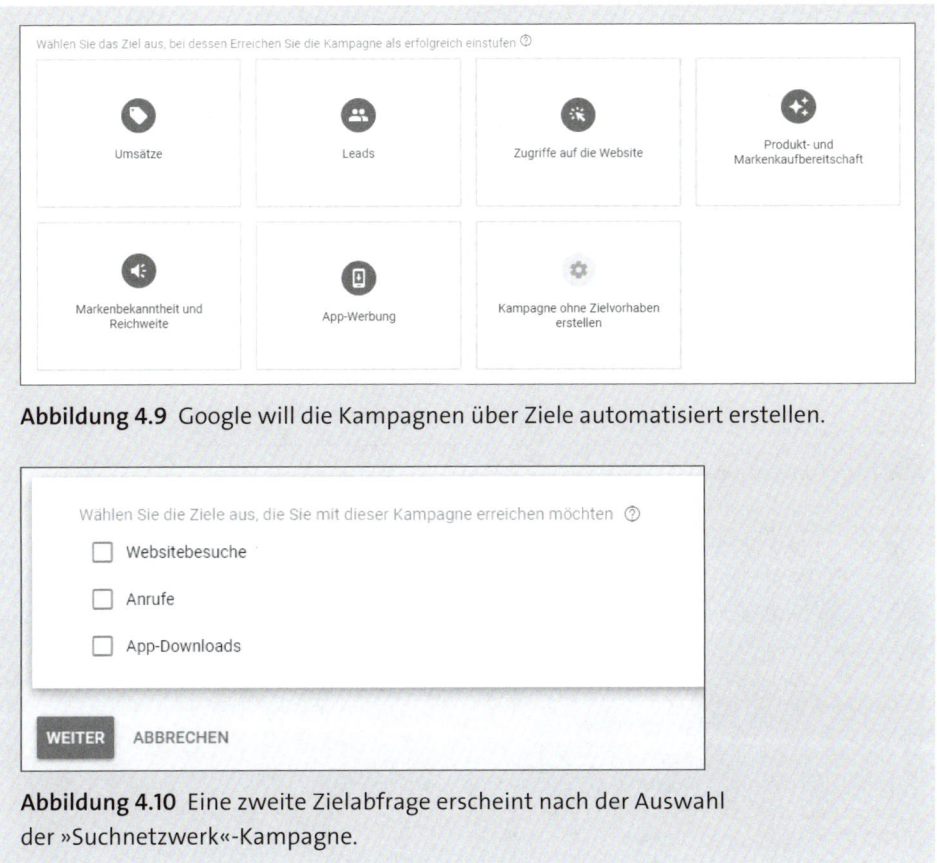

Abbildung 4.9 Google will die Kampagnen über Ziele automatisiert erstellen.

Abbildung 4.10 Eine zweite Zielabfrage erscheint nach der Auswahl der »Suchnetzwerk«-Kampagne.

4.2.2   Suchnetzwerk-Partner und Displaynetzwerk hinzufügen

Als Nächstes wählen Sie den Kampagnentyp SUCHNETZWERK aus und vergeben einen Namen für Ihre Kampagne. Dann müssen Sie unter WERBENETZWERKE die erste Entscheidung zur Kampagnenausrichtung treffen. Wollen Sie die GOOGLE SUCHNETZWERK-PARTNER EINBEZIEHEN? Diese Auswahl ist, wie in Abbildung 4.11 dargestellt, zunächst einmal mit einem Häkchen in einer blauen Checkbox aktiviert. Schauen wir uns einmal an, was dies bedeutet.

Suchnetzwerk-Partner

Die Partnerseiten im Suchnetzwerk bestehen aus anderen Google-Produkten, z. B. Google Maps, und Partnerwebseiten mit Suchfunktionen. Dort können Ihre Anzeigen zusätzlich ausgespielt werden. In Deutschland zählen zum Beispiel die Webseiten *web.de* (siehe Abbildung 4.12) oder *www.T-Online.de* zu den Partnern für das Google-Suchnetzwerk.

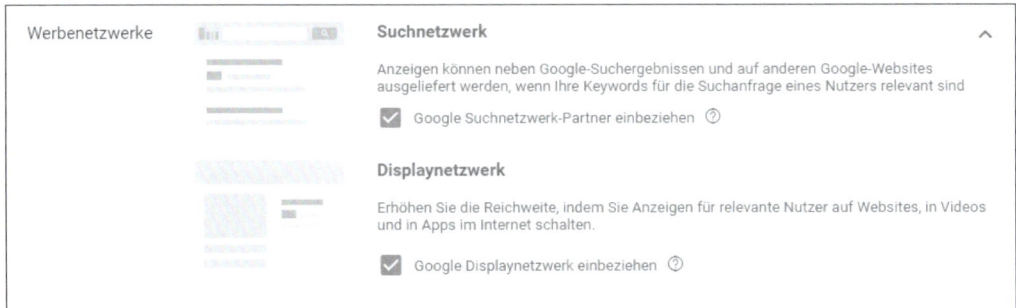

Abbildung 4.11 Weitere Partnerseiten im Suchnetzwerk einbeziehen und Displaynetzwerk hinzufügen

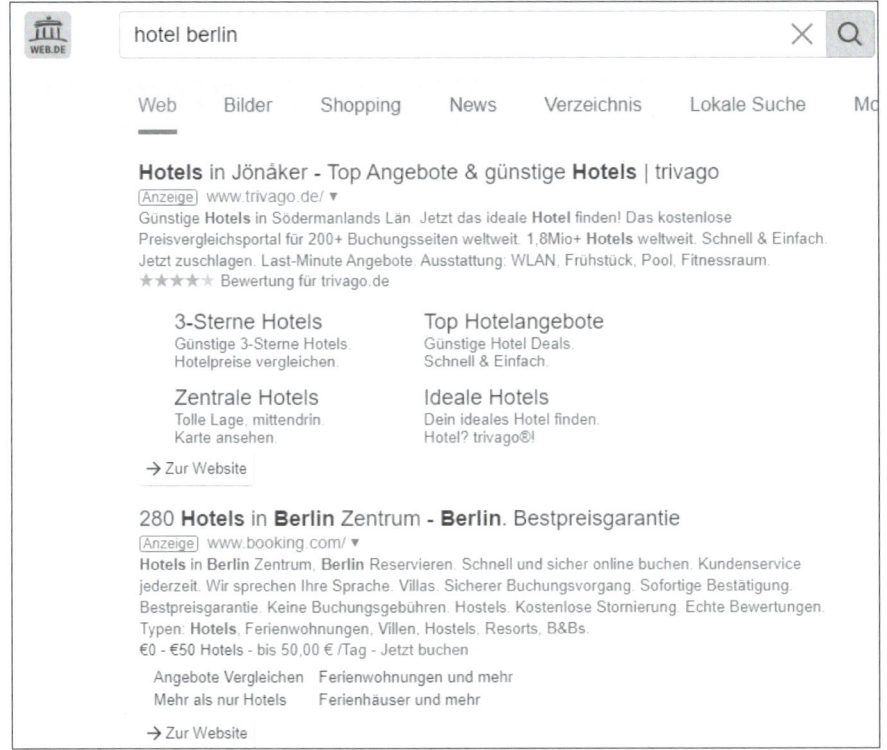

Abbildung 4.12 WEB.DE als Beispiel für einen Partner im Suchnetzwerk

Leider können Sie das Partner-Suchnetzwerk nur komplett ein- oder ausschalten. Eine Unterscheidung zwischen einzelnen Diensten ist nicht möglich, obwohl dies schon einmal von Google in Aussicht gestellt wurde. Die Partnerseiten im Suchnetzwerk sind einerseits eine gute Möglichkeit, die Kampagnenreichweite ohne großen Aufwand einfach zu vergrößern. Unsere Erfahrungen zeigen jedoch andererseits, dass es sowohl bei kleinen Budgets als auch bei anspruchsvollen Conversion-Zielen empfehlenswert sein kann, Ihre Werbemaßnahmen rein auf die Google-Suche zu beschränken und die Partnerseiten nicht mit einzubeziehen. Denn über gezielte Auswertungen lässt sich oft herausfinden, dass die Werbepartner hinsichtlich Klick- und Conversion-Raten nicht mit der Anzeigenleistung der Google-Suchmaschine mithalten können.

Deaktivieren Sie also die Schaltung zu den Partnern im Suchnetzwerk über die dafür vorgesehene Checkbox, falls Sie Ihr Budget für eine bestmögliche Leistung und Kontrolle ausschließlich auf den Suchmaschinenseiten von Google einsetzen wollen.

Möchten Sie noch mehr Details zu den Partnern im Suchnetzwerk erfahren, informieren Sie sich bitte in diesem Hilfe-Artikel:

https://support.google.com/google-ads/answer/2616017

Das Displaynetzwerk zur Suche hinzufügen

Google schlägt oft vor, doch beide Netzwerke (Suchnetzwerk und Displaynetzwerk) in einer einzigen Kampagne zu bedienen. Dabei lautet das Argument, dass dies »die beste Möglichkeit« sei, um eine größtmögliche Reichweite zu erzielen. Diese Kombination ist oft schon voreingestellt (siehe Abbildung 4.11). Hier sollten Sie jedoch den Haken vor GOOGLE DISPLAYNETZWERK EINBEZIEHEN deaktivieren.

Wir empfehlen Ihnen unbedingt, im Fall einer geplanten Reichweitenmaximierung jeweils separate Kampagnen zu erstellen und nicht auf Googles Vorschlag einzugehen. Warum sollten Sie so vorgehen? Nun, die Charakteristika dieser beiden Netzwerke führen dazu, dass Sie von der Kampagnenausrichtung über die Zielgruppenansprache in den Anzeigentexten bis hin zu Leistungsdaten und Optimierungsmaßnahmen auf große Unterschiede stoßen werden. Gehen Sie auf diese in jeweils separaten Kampagnen für das Such- und das Displaynetzwerk ein. Darüber hinaus können Sie damit auch das Budget besser aussteuern.

Blicken wir beispielsweise auf den Aufmerksamkeitszustand des Nutzers: Bei einer Google-Suche ist dieser in einem aktiven Zustand und definiert sein klares Bedürfnis durch die Eingabe eines Suchbegriffs oder einer längeren Suchphrase. Im Displaynetzwerk lesen Nutzer Nachrichten- und Blog-Artikel oder Foreneinträge zu relevanten Themen und sehen Ihre Anzeigen jeweils im Kontext dazu. Aus diesem Grund unterscheiden sich unter anderem die Klickraten, die Klickpreise und die tägliche Reichweite (potenzielle Impressionen) zwischen dem Such- und dem Displaynetzwerk dramatisch. Berücksichtigen Sie dies unbedingt durch die Erstellung jeweils separater Kampagnen. Wenn Sie eine eigene Display-Kampagne erstellen, können Sie außerdem noch zusätzlich andere Targeting-Möglichkeiten nutzen, zum Beispiel die Schaltung auf bestimmten Placements oder die Ausrichtung nach Websitethemen.

Sie werden im späteren Verlauf noch herausfinden, warum die strikte Kampagnentrennung eine wichtige Rolle spielt – und weswegen die Kampagnenvariante mit dem hinzugefügten Displaynetzwerk für Sie nicht die beste Möglichkeit ist und Sie damit weder die meisten noch die richtigen Kunden effizient erreichen.

4.2.3   Start- und Enddatum

Bei manchen Kampagnen steht bereits zu Beginn fest, dass sie nur für einen bestimmten Zeitraum aktiv sein sollen, z. B. eine Kampagne, die zur Vorweihnachtszeit geschaltet wird, oder eine Kampagne, die einmal im Jahr ein Ereignis bewirbt. Für solche Kampagnen können Sie bei der Erstellung direkt das Start- und/oder Enddatum eingeben. Unabhängig davon können Sie natürlich eine Kampagne jederzeit stoppen oder aktivieren. Klicken Sie dazu zunächst auf den Link WEITERE EINSTELLUNGEN ANZEIGEN, und wählen Sie dann den Unterpunkt START- UND ENDDATUM aus (siehe Abbildung 4.13).

Abbildung 4.13 Eine neue Kampagne zum Wunschdatum starten und beenden

> **Hinweis**
>
> Die weiteren Funktionen unter WEITERE EINSTELLUNGEN ANZEIGEN wie URL-OPTIONEN und EINSTELLUNGEN FÜR DYNAMISCHE SUCHANZEIGEN sind für unsere erste Standard-Suchkampagnen nicht interessant und werden daher an anderer Stelle erklärt.

4.2.4   Standorte

Als nächste Entscheidung steht die Standortausrichtung an. Google Ads zeichnet sich dadurch aus, dass Sie Kampagnen sehr präzise auf Standorte und Sprachen ausrichten können, und hebt sich mit dieser Eigenschaft von vielen Mitbewerbern im Online-Werbegeschäft ab. Auf diese Weise können auch Werbekunden mit kleinen bzw. kleinsten Budgets sicherstellen, nur die richtigen, weil im wahrsten Sinne des Wortes »naheliegendsten« Nutzer zu erreichen.

Gleichzeitig bieten sich durch die Kombination der Standort- und Sprachauswahl viele Möglichkeiten zur kreativen Anzeigenschaltung. Möchten Sie beispielsweise eine Kampagne für deutschsprachige Nutzer auf Mallorca schalten, ist das mit Google Ads kein Problem – und wir sind uns sicher, dass Sie bei diesem Beispiel in der Praxis eine genügend große Zielgruppe vorfinden würden. Sie wollen die türkischsprachige Gemeinschaft in Wien ansprechen? Auch diese Selektion ist technisch möglich. Während Sie die Spracheinstellungen erst im nächsten Schritt anpassen können, werfen wir nun einen Blick darauf, wie Sie die Standortauswahl in der Benutzeroberfläche vornehmen.

Einfache Standortauswahl

In Abbildung 4.14 stellen wir Ihnen die drei Möglichkeiten vor, mit denen Sie die Standortauswahl für Ihre Kampagne treffen:

▶ Als erste Option schlägt Ihnen das Google-Ads-System ALLE LÄNDER UND GEBIETE vor.

▶ Die zweite Wahlmöglichkeit fällt auf das Land, in dem Sie Ihr Google-Ads-Konto angemeldet haben (im vorliegenden Beispiel DEUTSCHLAND).

▶ Zuletzt finden Sie den Vorschlag WEITEREN STANDORT EINGEBEN, um eigene Standorte vorzugeben.

Die erste Option, ALLE LÄNDER UND GEBIETE, wird man in der Praxis für eine einzelne Kampagne nur in äußerst seltenen Fällen auswählen. Selbst bei größeren Budgets und einer internationalen Kampagnenausrichtung wird Ihre Standortauswahl gezielter ausfallen. Wir können uns trotz langjähriger Kampagnenerfahrung mit internationalen Kampagnen für Kunden verschiedener Branchen nicht daran erinnern, jemals eine Kampagne für die Schaltung in allen Ländern und Gebieten aktiviert zu haben.

Etwas praktikabler fällt hier der zweite Vorschlag aus, da es schon wesentlich wahrscheinlicher ist, Ihre Kampagnen in dem Land zu schalten, das Ihrem Google-Ads-Konto zugeordnet ist. Die beste und von Ihnen wohl auch in Zukunft am meisten genutzte Variante wird aber jene sein, die Auswahl von Ziel- und eventuellen Ausschlussstandorten individuell vorzunehmen.

Standorte	Standorte für die Ausrichtung auswählen ⓘ		⌄
	○ Alle Länder und Gebiete		
	○ Deutschland		
	◉ Weiteren Standort eingeben		

Übereinstimmungen	Reichweite ⓘ		
Deutschland Land	55.144.370	AUSRICHTEN AUF	AUSSCHLIESSEN
Deutschlandsberg, Steiermark, Österreich Stadt	21.130		
Bayern, Deutschland Bundesland	17.388.520		
Nordrhein-Westfalen, Deutschland Bundesland	20.056.426		

Abbildung 4.14 Mit der Standortausrichtung können Sie Nutzer in einer oder mehreren geografischen Zielregionen auswählen oder ausschließen.

Erweiterte Suche

Wählen Sie die ERWEITERTE SUCHE, um ein Fenster mit individuellen Möglichkeiten zur Standortauswahl zu öffnen. Dort sehen Sie mit einer Suchmaske die praktikabelste Methode, um die passenden Zielregionen zu finden. Beginnen Sie einfach damit, einen Orts-, Städte- oder Ländernamen einzutippen, und Sie erhalten automatisch passende Vorschläge. Neben den Namens- und Reichweitenangaben finden Sie in der eingeblendeten Standortliste folgende zwei Möglichkeiten:

▶ AUSRICHTEN AUF

▶ AUSSCHLIESSEN

Je nachdem, auf welchen Link Sie klicken, können Sie Standorte für die Anzeigenschaltung auswählen oder ausschließen. Auch der Ausschluss ist in der Praxis durchaus üblich; bei der Standortstrategie spielen solche Überlegungen vor allem bei Produkten und Dienstleistungen eine Rolle, deren physischer Standort maßgeblichen Einfluss auf die weiteren Aktionen eines potenziellen Kunden hat.

Stellen Sie sich beispielsweise ein ostösterreichisches Ferienhotel vor, das zwar eine österreichweite Werbestrategie verfolgt, aber die mit einer vergleichsweise sehr langen Anreise verbundenen Bundesländer Vorarlberg und Tirol ausschließen möchte. Im Gegensatz dazu hätte ein in Deutschland angesiedelter Online-Shop keinen Grund, seine Kampagnen nicht auch in weiter entfernten Bundesländern zu schalten. Bei einheitlichen Versandgebühren spielt es keine Rolle, ob ein inländischer Kunde 20 oder 800 Kilometer vom Unternehmensstandort entfernt ist.

Möchten Sie noch weitere Standorte recherchieren, die zu Ihrer Suche passen? In diesem Fall klicken Sie auf den Link IN DER NÄHE. Sie erhalten sofort passende Vorschläge zu Ihrer Vorauswahl.

Mehr Reichweite als Einwohner?

Auf mehreren Abbildungen in diesem Abschnitt sehen Sie Reichweitenangaben, die Google für viele Länder, Regionen und Städte zur Verfügung stellt. Dabei handelt es sich um eine Google-Schätzung, wie viele Google-Nutzer Ihre Anzeigen im gewählten Gebiet theoretisch sehen können. Laut Google basiert dies auf der Anzahl angemeldeter Nutzer, die Google Sites-Websites besuchen.

So wird beispielsweise für Deutschland eine Reichweite von 63,1 Millionen (Stand: Januar 2020, siehe Abbildung 4.15) angegeben, während die Bevölkerungsstatistik vom Dezember 2018 ungefähr 83,02 Millionen Einwohner ausweist.[1]

---

[1] Quelle: Statistische Ämter des Bundes und der Länder, Zensus 2011, siehe *https://de.statista.com/themen/27/bevoelkerung*

Sie müssen also berücksichtigen, dass die Reichweitenschätzung auf eindeutigen Cookies aller Nutzer basiert, die Google-Webseiten besuchen. Die Reichweite muss auch nicht immer unterschiedliche Personen beinhalten. Stellen Sie sich vor, dass Sie zum Beispiel im Tagesverlauf die Google-Suche sowohl von Ihrem Bürorechner aus als auch über Ihren privaten Tablet-Computer und via Smartphone aufrufen. So würden allein Sie für eine theoretische Reichweite von drei potenziellen Nutzern in dieser Berechnung sorgen. Verwenden Sie diese Reichweitenschätzung also nur zum groben Vergleich einzelner Standorte untereinander, denn die bloße Zahlenangabe sagt noch nichts über die wirklichen Anzeigenimpressionen und Klicks aus.

Abbildung 4.15 Erweiterte Standortauswahl mit Kartenvorschau

Umkreisbezogene Ausrichtung

Als Alternative zur Ausrichtung auf konkrete Regionen oder Städte können Sie auch RADIUS als Ausrichtung wählen (siehe Abbildung 4.16). Diese Variante ist unter anderem für viele lokale Unternehmen wie Restaurants, Handwerker oder auch Ausflugsziele interessant. Für das in der folgenden Abbildung gezeigte Beispiel haben wir eine Zielregion ausgewählt, die den Umkreis von 75 Kilometern zur bayrischen Stadt Erding abdeckt. Auf diese Weise könnte zum Beispiel der Betreiber der bekannten *Therme Erding* eine Google-Ads-Kampagne für kurzentschlossene Tagesgäste schalten, bei denen sichergestellt ist, dass die Anreise nicht mehr als eine gute Autostunde beträgt.

Berücksichtigen Sie dabei, dass die Umkreisangaben nicht hundertprozentig akkurat sind. Technisch bedingt, lässt sich der Standort der potenziellen Zielgruppe nämlich nicht auf den (Kilo-)Meter genau erfassen. Das hat damit zu tun, dass der Standort eines Nutzers oft über die IP-Adresse bestimmt wird. Wenn man sich per Router mit dem Internet verbindet, dann legt der Internetprovider (zum Beispiel die Telekom) fest, welcher Einwahlknoten genutzt wird. Die IP-Adresse des Einwahlknotens bestimmt dann auch den »Standort« des Google-Nutzers – und der kann einige Kilometer von seinem tatsächlichen Standort entfernt sein. Bei der mobilen Nutzung über das Smartphone ist die Standortbestimmung wiederum viel genauer, da dort die sogenannten Funkzellen den Standort festlegen oder auch GPS-Daten genutzt werden können.

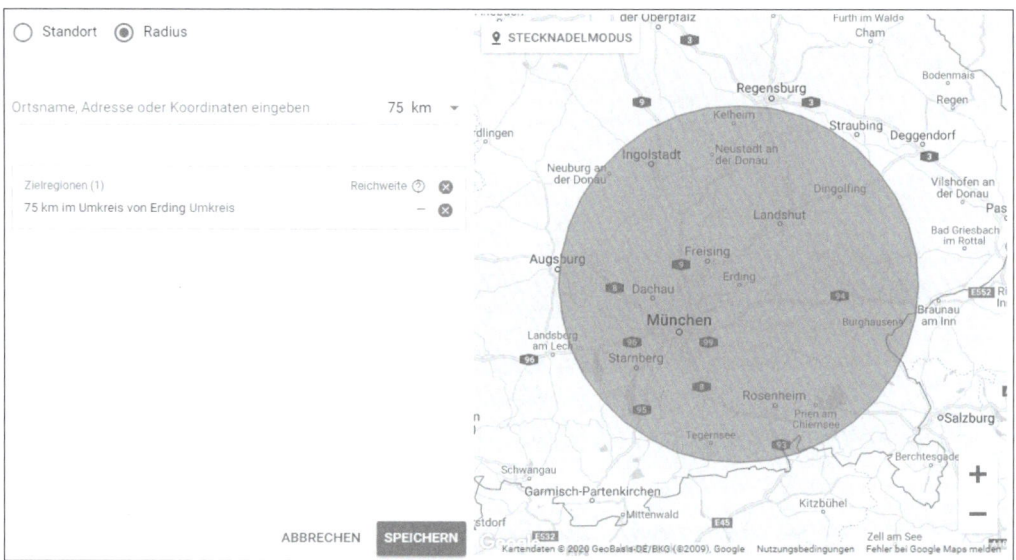

Abbildung 4.16 Die Ausrichtung »Radius« deckt alle Orte in einem gewählten Abstand zum Zentrum ab.

Wie funktioniert die Standortermittlung in Google Ads?

Sie möchten bestimmt wissen, wie Google den Standort der Google-Ads-Nutzer so genau festlegen kann, um Ihnen eine Schaltung »im Umkreis von 25 Kilometern« eines beliebigen Zentrums zu ermöglichen. Ausschlaggebend dafür ist eine mehrstellige Adresse, die jedes Gerät besitzt, das sich mit dem Internet verbindet. Keine Sorge, Google kennt hier nicht Ihre persönliche Postadresse oder gar Telefonnummer.

Um den geografischen Standort von Internetnutzern zu bestimmen, wird vielmehr die sogenannte *IP-Adresse* Ihres Internetgerätes herangezogen. Das ist eine eindeutige, in mehrere Blöcke unterteilte Zeichenkombination, die nach dem alten IPv4-Schema nur Zahlen, im neuen IPv6-Schema auch Buchstaben enthält. Sowohl für den Desktop-Computer im Büro oder zu Hause als auch fürs Tablet und Smartphone unterwegs gilt: ohne IP-Adresse kein Internetzugang. Auf der Website *https://whatismyipaddress.com* können Sie einfach prüfen, mit welcher IP-Adresse Sie zurzeit im Internet surfen.

Mehrere Standorte hinzufügen

Die dritte zur Verfügung stehende Ausrichtungsmethode verbirgt sich hinter der Checkbox STANDORTE PER BULK-VERFAHREN HINZUFÜGEN (siehe Abbildung 4.17).

Fortgeschrittene Anwender können bei dieser geografischen Ausrichtungsmethode bis zu 1.000 Standorte auf einmal bearbeiten. Diese Standorte können in einem Textfeld über Städte- und Ländernamen oder auch Postleitzahlen angegeben werden.

Abbildung 4.17 Beispiel zur Auswahl mehrerer Standorte über Postleitzahlen

Über eine Suche gleichen Sie Ihre Eingabe zunächst mit den tatsächlich verfügbaren Standorten ab und wählen anhand des Suchergebnisses mit nur einem Klick aus, ob Sie alle gelisteten Standorte hinzufügen oder ausschließen möchten. Sie können aber auch ein einzelnes Ergebnis hinzufügen oder entsprechend ausschließen. Für schnelle und eindeutige Ergebnisse sollten Sie pro Land eine eigene Suche ausführen. Bitte beachten Sie auch, dass Google beispielsweise nicht alle Postleitzahlennamen kennt. Sie erhalten jedoch eine Information, welche Postleitzahlen nicht zugeordnet werden konnten (siehe Abbildung 4.18). Hier müssen Sie eine zusätzliche Suche nach den Städtenamen durchführen oder das Gebiet über einen Radius abdecken.

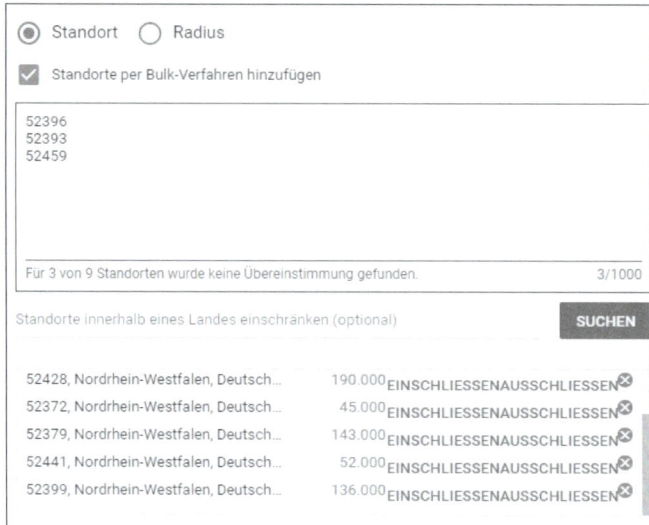

Abbildung 4.18 Gefundene Standorte über die Postleitzahl hinzufügen oder ausschließen

Länderspezifische Ausrichtungsmöglichkeiten

Google Ads bietet länderabhängig unterschiedliche Ausrichtungsmöglichkeiten. Nicht nur Steckdosen, Sprachen und Benimmregeln variieren von Land zu Land, auch Google muss in der Standortausrichtung auf bestimmte Eigenheiten und unterschiedliche regionale Details eingehen. Ob Schweizer Kantone, französische Départements oder japanische Präfekturen, Sie können bei der geografischen Zielgruppenauswahl mit Google Ads aus dem Vollen schöpfen.

Sie können davon ausgehen, dass Google permanent daran arbeitet, die Ausrichtungsmöglichkeiten weiter zu verfeinern. So gibt es zum Beispiel ausschließlich in den USA zurzeit die Möglichkeit, Google-Ads-Kampagnen nach Bundeswahlkreisen auszurichten. Das Angebot für einzelne Länder wird jedoch auch zukünftig noch weiter ausgebaut. In Tabelle 4.1 zeigen wir Ihnen ein paar Beispiele für allgemein gültige und länderspezifische Ausrichtungstypen.

Ausrichtungstyp	Beispiele
Land	Deutschland, Österreich, Spanien
Bundesstaat/Bundesland	Kalifornien/USA, Burgenland/Österreich, Bayern/Deutschland
Stadt	Berlin/Deutschland, Marseille/Frankreich, Salzburg/Österreich

Tabelle 4.1 Beispiele für allgemein gültige und länderspezifische geografische Ausrichtungsmöglichkeiten

Ausrichtungstyp	Beispiele
Postleitzahl	(nur Deutschland, Vereinigtes Königreich, Kanada und USA)
Autonome Gemeinschaft (nur Spanien)	Asturien, Katalonien, Valencia
Kanton (nur Schweiz)	Zürich, Bern, Luzern
Département (nur Frankreich)	Nord, Paris, Loire
TV-Sendegebiet (nur Vereinigtes Königreich)	London, Midlands

Tabelle 4.1 Beispiele für allgemein gültige und länderspezifische geografische Ausrichtungsmöglichkeiten (Forts.)

Unter der folgenden URL finden Sie alle Details zu länderspezifischen Ausrichtungsmöglichkeiten und weitere Beispiele:

https://support.google.com/google-ads/answer/1722075?hl=de

Sie haben nun die vielfältigen Möglichkeiten zur geografischen Auswahl Ihrer Kampagnenzielgruppe und auch ihre technische Funktionsweise kennengelernt. Dennoch befinden Sie sich nach wie vor bei den ersten wesentlichen Schritten, um Ihre erste Google-Ads-Kampagne aufzusetzen. Wir sind noch ein paar Klicks von der Einrichtung der Anzeigengruppen und der Auswahl der Keywords entfernt und widmen uns nun im nächsten Schritt der Sprachauswahl.

4.2.5   Sprachen

Während bei der eben getroffenen Standortauswahl einzig und allein der geografische Standort der Google-Nutzer eine Rolle spielt, muss das Google-Ads-System bei der Sprachausrichtung gleich mehrere Faktoren mit einbeziehen, um eine optimale Aussteuerung Ihrer Anzeigentexte zu gewährleisten: So wird nicht nur die Spracheinstellung von Google-Produkten (z. B. Google-Suche, Gmail etc.) berücksichtigt, sondern auch die Sprache aktueller sowie häufig besuchter Seiten im Displaynetzwerk analysiert, um die richtigen Nutzer anzusprechen.

Dabei gibt es natürlich einige Ausnahmen und Eigenheiten. Die meisten Google-Seiten weisen eine Standardsprache auf. So ist – wenig überraschend – beispielsweise bei *Google.de* die Sprache Deutsch voreingestellt. Die internationale Domain *Google.com* hat Englisch als Standardeinstellung, wobei in den USA lebende spanischsprechende Nutzer die Standardsprache auf Spanisch umstellen können. In diesem Fall würden diese Nutzer auf die USA ausgerichtete, englischsprachige Anzeigen nicht eingeblendet bekommen. Ausnahmen gibt es bei den wenigen Sprachen mit einem eigenen Zeichensatz wie beispielsweise Griechisch: Würden Sie auf *Google.de* bei eingestellter deutschsprachiger Benutzeroberfläche eine Suchanfrage unter Verwendung des griechischen Alphabets stellen, könnten Sie dort dennoch Anzeigen einer auf Griechisch ausgerichteten Kampagne eingeblendet bekommen.

Auch im Displaynetzwerk berücksichtigt Google die Historie Ihrer besuchten Seiten. Haben Sie beispielsweise für Urlaubsrecherchen eine Vielzahl spanischsprachiger Webseiten und Foren besucht, kann es später vereinzelt vorkommen, dass Sie auch auf den in Ihrer Hauptsprache verfassten Webseiten auf Spanisch ausgerichtete Anzeigen eingeblendet bekommen.

Anhand dieser Beispiele können Sie leicht erkennen, dass Google die grundlegenden Spracheinstellungen und Kampagnenzuordnungen nur dann »übergeht«, wenn es für den Suchenden auch sinnvoll und relevant ist. Andernfalls können Sie grundlegend mit der Regel »Google-Domain = Landessprache = Kampagnensprache« arbeiten.

In Abbildung 4.19 sehen Sie, dass wir für Deutschland zusätzlich noch Englisch als Sprachauswahl für die zuvor eingestellte Zielregion Deutschland hinzugefügt haben. Macht das Sinn? Erfahrungsgemäß ist eine solche Vorgehensweise dann zu empfehlen, wenn Sie Ihre Zielgruppe in einem bestimmten Land erweitern möchten. Beispielsweise könnten Sie bei einer in Deutschland geschalteten Kampagne das vorgeschlagene Englisch ebenso gut zusätzlich zu Deutsch auswählen wie Türkisch, Kroatisch oder Polnisch – vorausgesetzt, Sie gehen davon aus, dass Sie damit auch solche Nutzer erreichen würden, die möglicherweise eine alternative Spracheinstellung für ihr alltägliches Surf- und Suchverhalten gewählt haben bzw. die viel auf den jeweiligen anderssprachigen Websites unterwegs sind, aber dennoch aufgrund ihres Standortes in Deutschland als Zielgruppe für die Einblendung deutschsprachiger Anzeigen infrage kommen. In großen Unternehmen könnte in Deutschland Englisch als Standardspracheinstellung genutzt werden.

Abbildung 4.19 Nach der Standortwahl müssen Sie die Sprachausrichtung Ihrer Google-Ads-Kampagne vornehmen.

Wenn Sie Kampagnen beispielsweise in der Schweiz oder in Belgien schalten, müssen Sie sich auch mit der Mehrsprachigkeit auseinandersetzen. Bitte beachten Sie jedoch, dass diese Einstellung keinen Einfluss auf die Keywords und die Anzeigen hat. Diese werden nicht automatisch in andere Sprachen übersetzt. Sie müssen also, wenn Sie in einem Land mit drei unterschiedlichen Sprachen werben, für jede Zielgruppe eine eigene Kampagne mit passenden Keywords, Anzeigen und Zielseiten erstellen.

Noch einmal zurück zu Abbildung 4.19 Falls Sie noch andere Sprachen hinzufügen möchten, so können Sie auch hier einfach die Suchfunktion nutzen, um noch andere Sprachen aufzurufen.

Nachdem Sie nun geografisch und sprachlich festgelegt haben, für welche Nutzer Ihre Kampagne erscheinen soll, schauen wir uns die nächsten Einstellungen an.

4.2.6 Zielgruppen

Zielgruppen erst später zufügen

Als nächsten Schritt zur Erstellung einer Google-Ads-Kampagne bietet Google nun Zielgruppen an. Die unterschiedlichen Möglichkeiten der Ausrichtung nach Zielgruppen benötigen unser Ansicht nach jedoch ein wenig Erfahrung und auch etwas Zeit. Wir empfehlen daher beim ersten Aufsetzen einer Kampagne auch zukünftig die Zielgruppen zu überspringen und diese danach erst im zweiten Schritt zwecks Kampagnenoptimierung hinzuzufügen. Weitere Überlegungen und Tipps zum Thema Zielgruppen und Remarketing finden Sie daher in Abschnitt 8.4.10. Ergänzende Hinweise zu den Zielgruppen erhalten Sie in Abschnitt 17.1.

4.2.7 Budget und Gebotsstrategie

Nach den ersten Grundeinstellungen der Kampagnen geht es im nächsten Block um die Kosten und die Gebotsstrategie. Sie müssen nun zunächst das Tagesbudget für Ihre Kampagnen festlegen (siehe Abbildung 4.20). Hierbei ist es natürlich sehr hilfreich, wenn Sie sich vorher dazu Gedanken gemacht haben und (wie in Abschnitt 2.7.2, »Das Google-Ads-Budget planen«, geschildert) Ihr optimales Tagesbudget recherchiert haben.

Budget	Geben Sie ein, wie viel Sie durchschnittlich pro Tag ausgeben möchten
	50,00 €
	Aus der gemeinsam genutzten Bibliothek übernehmen

Abbildung 4.20 Legen Sie das Tagesbudget für Ihre Kampagne fest.

Anhand der Keyword-Recherche und der Prognosen mit dem Keyword-Planer haben Sie vielleicht schon eine Vorstellung von dem benötigten Budget, das Google für Ihr Thema bzw. für Ihre Keywords vorschlägt. Denken Sie jedoch immer daran: Sie sind der Chef und bestimmen letztlich, welches Budget Sie für die Kampagnen einsetzen möchten. Das Tagesbudget kann auch in einer laufenden Kampagne jederzeit angepasst werden.

Tipp

Sie sollten bei wenig Google-Ads-Erfahrung das Tagesbudget zunächst auf einen Wert setzen, der deutlich unter dem theoretisch verfügbaren Betrag liegt. Damit vermeiden Sie in den ersten Stunden bzw. Tagen der Laufzeit Ihrer neuen Kampagne eventuell zu hohe Ausgaben mit noch unvollständigen oder im schlechtesten Fall sogar fehlerhaften Einstellungen.

Falls Sie eine Kampagne nur zu Testzwecken anlegen oder später einmal länger pausieren möchten, sollten Sie zusätzlich zum Pausieren der Kampagne das Tagesbudget noch auf 0,01 € setzen. Auf diese Weise kann auch bei unbeabsichtigter Aktivierung kein Geld ausgegeben werden, denn für 0,01 € werden Sie bei Google kaum eine Anzeigenauslieferung und einen Klick erzielen können.

Tagesbudget

Legen Sie nun für Ihre erste Google-Ads-Kampagne ein durchschnittliches Tagesbudget fest. Google schlägt vor, dass Sie zur einfachen Ermittlung des einzugebenden durchschnittlichen Tagesbudgets Ihr verfügbares Monatsbudget durch 30,4 teilen. Berücksichtigen Sie bei mehreren Kampagnen, dass sich diese das zur Verfügung stehende Budget teilen müssen. Die Budgets der einzelnen Kampagnen summieren sich also auf das maximale Budget, das ausgegeben werden kann.

Alternativ können Sie in der Bibliothek ein gemeinsam genutztes Budget für mehrere Kampagnen definieren. Das eingetragene durchschnittliche Tagesbudget ist jedoch kein Garant dafür, dass Ihre täglichen Ausgaben diesen Betrag nicht überschreiten. Während früher das Tagesbudget maximal um 20 % überschritten werden durfte, hat Google im Oktober 2017 angekündigt, dass bei hochwertigem Traffic, sprich Conversions, auch das Doppelte des Tagesbudgets ausgegeben werden kann. Google möchte letztlich immer verhindern, dass ein zu knappes Tagesbudget Kundenanfragen oder ein Geschäft verhindert.

Der Google-Ads-Algorithmus hält demnach das Tagesbudget nicht genau ein. Die Ausgaben pro Monat können jedoch trotzdem beschränkt werden, da das 30,4-Fache des Tagesbudgets am Monatsende nicht überschritten wird. Sollte dieser Wert im Abrechnungszeitraum dennoch überschritten werden, spricht man von einer sogenannten *Mehrauslieferung*. Prüfen Sie Ihre Abrechnung, um festzustellen, dass Google Ihnen beim Überschreiten Ihres Budgets eine Gutschrift ausstellt.

Merken Sie sich demzufolge, das Tagesbudget als Faktor für eine grobe tägliche bzw. monatliche Kostenkalkulation zu nutzen. Die tatsächlich entstandenen Kosten entnehmen Sie im Nachhinein am besten den Google-Ads-Reports und Abrechnungsinformationen.

Nutzen Sie die folgende Formel, um ein Tagesbudget für das an dieser Stelle benötigte Eingabefeld zu ermitteln:

Tagesbudget = Monatsbudget $\div$ 30,4

Die folgenden Formeln beschreiben die mögliche Mehrauslieferung, die Sie als Gutschrift in der Abrechnung wiederfinden:

Monatliche Belastungsgrenze = Tagesbudget $\times$ 30,4

Mehrauslieferung = monatliche Kosten − monatliche Belastungsgrenze

---

Gemeinsame Budgets

In Abbildung 4.20 erkennen Sie, dass es durch einen Klick auf den Link Aus der gemeinsam genutzten Bibliothek übernehmen noch eine zweite Möglichkeit zur Budgetfestlegung gibt. Diese Möglichkeit existiert aber nur, wenn Sie vorher unter Tools und Einstellungen in Gemeinsam genutzte Bibliothek unter Gemeinsame Budgets ein entsprechendes Budget hinterlegt haben.

Die Idee hinter dieser Möglichkeit ist, die Gesamtkosten bei mehreren Kampagnen zu kontrollieren, weil – wie der Name schon andeutet – ein gemeinsames Budget für mehrere Kampagnen angelegt werden kann. Die entsprechenden Kampagnen werden dann diesem gemeinsamen Budget zugeordnet und alle bedienen sich aus einem Budgettopf. Nachteil: Es ist nicht möglich, eine Verteilung, z. B. eine prozentuale Verteilung des gemeinsamen Budgets, zu bestimmen. Die Kampagne mit dem meisten Suchtraffic und den zugehörigen Klicks wird auch immer den höchsten Anteil am Budget nutzen.

Gebotsstrategie

Sie wissen bereits, dass die von Ihnen abgegebenen Gebote in Kombination mit dem Qualitätsfaktor eine maßgebliche Rolle bei der Berechnung des Rankings und somit bei der Positionierung Ihrer Anzeigen auf der Suchmaschinenergebnisseite spielen. Zu geringe Gebote haben zur Folge, dass Sie sehr wahrscheinlich auch nur wenige Klicks erhalten werden, da Ihre Anzeigen entweder nur an hinteren Positionen oder im schlechtesten Fall gar nicht geschaltet werden. Mit höheren Geboten werden Sie zwar mehr Impressionen und sehr wahrscheinlich auch mehr Klicks auf Ihre Anzeigen erzielen, Sie laufen jedoch gleichzeitig Gefahr, unnötig hohe Ausgaben zu verursachen.

Das Gebot stellt dabei stets jenen Höchstbetrag dar, den Sie pro Klick zu zahlen bereit sind. Geben Sie beispielsweise ein Gebot von einem Euro ab, werden die Kosten pro Klick diesen Betrag niemals übersteigen, solange Sie nicht automatisierte Google-Ads-Strategien aktiviert haben. Bei den Geboten sollten Sie zunächst mit einer manuellen CPC-Einstellung ❶ starten (siehe Abbildung 4.21).

Abbildung 4.21 Starten Sie mit der Gebotsstrategie »Manueller CPC«.

Spezielle Gebotsstrategien sollten Sie erst später testen, wenn Sie erste Erfahrungen mit Ihren Kampagnen gesammelt und erste Optimierungen durchgeführt haben. Die Aktivierung des auto-optimierten CPCs ❷ macht erst Sinn, wenn Conversion-Ziele angelegt und in einer statistisch signifikanten Anzahl erreicht wurden. Der auto-optimierte CPC hat nämlich die Funktion, dass Google Ads für bestimmte Keywords, die in der Vergangenheit Conversions erzielt haben, die Gebote steigern und für Keywords ohne Conversions die Gebote reduzieren kann. Somit gelten Ihre maximalen CPCs nicht mehr. Nutzen Sie die Automatisierung daher erst, wenn Ihre Kampagne mit Blick auf die Optimierungsmöglichkeiten gut eingestellt ist und Ihre Conversions funktionieren.

Wenn Sie bereits Kampagnen besitzen und auch schon erste Conversions angelegt haben, erhalten Sie unter GEBOTE immer Vorschläge von Google. Sie können neben dem manuellen CPC aber auch Ihre Gebotsstrategie selber auswählen – auch wenn das nicht von Google empfohlen wird! Aber gerade diese Verbote von Google sollten Sie immer reizen. Wir empfehlen Ihnen jedoch für den Anfang, ein manuelles Gebot einzutragen und von den automatisierten Gebotsstrategien zunächst abzusehen. So stellen Sie sicher, dass die Klickpreise den von Ihnen bestimmten Betrag nicht übersteigen. Neben dem manuellen Gebot haben Sie immer die Möglichkeit, zu verschiedenen automatisierten Gebotsstrategien (siehe Abbildung 4.22) zu wechseln.

Diese automatisierten Varianten steuern die Gebote nach der jeweiligen Strategie, die Sie individuell im bestimmten Rahmen selbst definieren können. Dafür benötigen Sie jedoch Erfahrung und ein »Gefühl« für Ihre Kampagnen.

Abbildung 4.22 Auswahl der automatisierten Gebotsstrategien

Die Strategie zur Maximierung der Klicks bedeutet nämlich nicht grundsätzlich, dass Sie mehr Kundenanfragen erhalten oder mehr Produkte verkaufen. Die automatische Aussteuerung durch Google könnte auch den Nebeneffekt haben, dass einige für Sie weniger wichtige Keywords mehr Traffic erhalten, nur weil diese einfach günstige Klicks verursachen. Wie bereits erwähnt, müssen Sie für viele Strategien zunächst einmal Conversions anlegen. Damit die Strategien dann auch richtig funktionieren, muss zudem noch eine ausreichende Anzahl an wichtigen Conversions (also Kundenanfragen, Leads etc.) erzielt worden sein. Da die Strategien auf Statistiken beruhen, sollten Sie jedoch immer viel mehr als das Minimum besitzen (oft wird eine Anzahl von mindestens 15 Conversions genannt). Dies bedeutet, dass Sie für eine gut funktionierende, automatisierte Gebotsstrategie zunächst einmal viel Arbeit in Ihre Conversion-Optimierung stecken sollten.

Schauen wir uns im folgenden Kasten einmal alle aktuellen Gebotsstrategien aus Abbildung 4.22 an, um daraus zu lernen. Bitte beachten Sie in diesem Zusammenhang, dass Google immer mal wieder die Gebotsstrategien geändert hat, sodass die aktuellen Strategien in Ihrem Konto wieder etwas anders ausschauen könnten.

Gebotsstrategien im Google-Ads-Konto

Ziel-CPA

CPA steht für *Cost per Acquisition*. Mit dem Ziel-CPA kann man also angeben, was ein neuer Kunde (genauer gesagt: eine wichtige Conversion) kosten darf. Wird hier zum Beispiel 40 € hinterlegt, so hat das Google-Ads-System die Vorgabe, mit einer Ausgabe von 40 € Klickkosten im Schnitt mindestens eine neue Conversion zu generieren.

Ziel-ROAS

ROAS bedeutet *Return on Advertising Spend*. Mit ROAS wird das Verhältnis von Werbekosten zu dem Gewinn aus einer Conversion beschrieben. Diese Strategie funktioniert daher nur, wenn bei der Conversion auch ein Conversion-Wert übergeben wird. 500 % ROAS bedeuten übersetzt, dass für einen Euro Google-Ads-Werbung fünf Euro Umsatz generiert werden müssen. Das wäre also wiederum eine Gebotsvorgabe an das Google-Ads-System, wenn Sie 500 % ROAS vorgeben. (Eigentlich wird mit ROAS das Verhältnis von Kosten zu Gewinn beschrieben, aber die Gewinnangabe wäre noch schwerer zu ermitteln als der reine Umsatz einer Conversion.)

Klicks maximieren

Die Strategie ist eigentlich selbsterklärend. Google Ads generiert innerhalb des Budgets möglichst viele Klicks. Diese Strategie kann jedoch sehr gefährlich sein, denn Klicks sind noch keine Kunden! Wenn Sie hingegen nur möglichst viele Besucher auf Ihre Seite holen möchten, dann wäre das die richtige Strategie.

Conversions maximieren

Conversions – also Kundenanfragen, Bestellungen, Kundenkontakte etc. – zu maximieren, ist grundsätzlich eine gute Strategie. Diese funktioniert aber nur, wenn es ausreichend gute, d. h. wichtige Conversions gibt, damit Google die Strategie auch auf einem guten statistischen Fundament aufbauen kann. Eine reine Conversion-Maximierung ist jedoch nur sinnvoll, wenn Ihre Conversions alle gleichwertig sind. Bei sehr unterschiedlichen Conversion-Werten auf einer Webseite (z. B. ein Sportsockenkauf für 15 € im Gegensatz zu einem Sportanzugkauf für 150 €) macht die Messung der reinen Conversion wenig Sinn.

Conversion-Wert maximieren

Die Maximierung des Conversion-Wertes als Gebotsstrategie sollten Sie nutzen, falls Ihre Ziele sehr unterschiedliche Conversion-Werte besitzen. Damit diese Strategie funktioniert, müssen diese Werte jedoch dann auch bei der Conversion-Messung übergeben werden. Der Kauf eines Sportanzugs für 150 € (also 1 Conversion) wäre dem Besitzer des Webshops für Sportbekleidung nämlich immer noch lieber als 9 Conversions von Sportsocken für 15 € pro Kauf. Vor allem bei Webshops ist es daher sinnvoll, die Gebotsstrategie CONVERSION-WERT MAXIMIEREN zu wählen.

Angestrebter Anteil an möglichen Impressionen

Bei dieser Gebotsstrategie liegt Ihr Hauptaugenmerk auf einer gewissen Präsenz in den Suchergebnissen. Das wäre also das Gegenteil der Conversionsmaximierung, denn hier geht es zunächst nur darum, möglichst viele Impressionen zu erreichen. Die Anzahl der Impressionen gibt ja noch keine Informationen über Klicks und Conversion preis. Bei dieser Strategie der angestrebten Impressionen können Sie angeben, welchen Anteil an Impressionen Sie in Prozent erreichen möchten. Dabei spezifizieren, ob Sie.

▶ Irgendwo auf der Suchergebnisseite

▶ Oben auf der Suchergebnisseite (= Platz 1 bis 4)

▶ Ganz oben auf der Suchergebnisseite (= Patz 1)

erscheinen möchten. Weiterhin lässt sich ein Limit für das maximale CPC-Gebot einstellen, damit extrem hohe Gebote vermieden werden.

4

Gebotseinstellung zur ersten Kampagne

Legen Sie nun für Ihre erste Kampagne wie empfohlen die Gebotsstrategie auf Manueller CPC ❶ fest, und deaktivieren Sie die Checkbox vor Mit auto-optimier-
tem CPC mehr Conversions erzielen ❷ (siehe Abbildung 4.21).

Weitere Einstellungen

Nachdem wir für unsere erste Kampagnen das Budget und die Gebotsstrategie eingetragen haben, werfen wir per Klick auf Weitere Einstellungen anzeigen noch
einen Blick auf zusätzliche Einstellungsmöglichkeiten.

Conversions

Hinter Conversions befindet sich eine interessante Einstellungsmöglichkeit, auf
die Google-Ads-Admins lange warten mussten. Nachdem Sie Conversions angeklickt haben, können Sie nun festlegen, ob Sie auf alle Conversions in Ihrem Google-
Ads-Konto optimieren möchten oder ob Sie vielleicht doch nur bestimmte Conversions für Ihre Kampagnen auswählen möchten. Wenn Sie also beispielsweise eine
Kampagne mit dem Ziel einer Newsletter-Generierung erstellt haben, konnten Sie
früher zwar auch auf Conversions optimieren, dabei war es aber gleich, ob die Conversion ein Newsletter-Eintrag oder der Kauf eines Produktes oder eine ganz andere
Conversion war. Dies hat sich nun mit dieser Einstellungsmöglichkeit verändert: Sie
können Ihren Kampagnen nun ausgewählte Conversions als Ziel zuordnen. In Abschnitt 2.6.3, »Conversions = die Ziele Ihres Online-Marketings«, haben wir auf diese
Möglichkeit bereits hingewiesen.

Werbezeitplaner

Mithilfe des Werbezeitplaners können Sie die Zeiten definieren, zu denen Ihre Anzeigen ausgespielt werden sollen. Dabei dürfen auch mehrere Zeitfenster pro Tag eingestellt werden, aber die Zeitfenster dürfen sich nicht überschneiden. Falls Sie die Surf-
und Kaufgewohnheiten Ihrer Zielgruppe noch nicht gut kennen, sollten Sie Ihre
Kampagne zunächst ständig (24/7) – dies ist die Default-Einstellung – laufen lassen

und dann später anhand Ihrer Statistikdaten entscheiden, welche Zeitfenster für Ihren Zweck am besten geeignet sind.

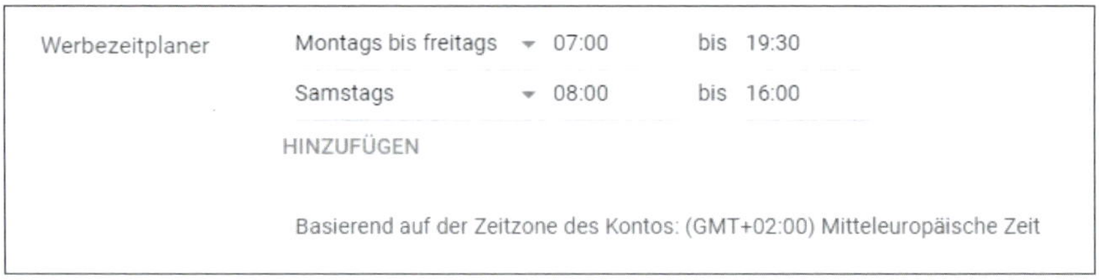

Werbezeitplaner	Montags bis freitags	▾	07:00	bis	19:30
	Samstags	▾	08:00	bis	16:00
	HINZUFÜGEN				
	Basierend auf der Zeitzone des Kontos: (GMT+02:00) Mitteleuropäische Zeit				

Abbildung 4.23 Definieren Sie Ihre Werbezeiten, wenn Ihre Anzeigen nicht laufend ausgespielt werden sollen.

Anzeigenrotation

Die Einstellungen zur ANZEIGENROTATION finden Sie ebenfalls hinter dem Link WEITERE EINSTELLUNGEN ANZEIGEN. Google möchte hier eigentlich keine Änderung der empfohlenen Einstellung OPTIMIEREN: LEISTUNGSSTÄRKSTE ANZEIGEN BEVORZUGT BEREITSTELLEN und hat die Möglichkeiten von vier auf zwei begrenzt (siehe Abbildung 4.24). Die Standardeinstellung mit der Bevorzugung der leistungsstärksten Anzeige ist ja auch grundsätzlich eine gute Idee. Aber auch in diesem Fall versucht Google wieder, das Steuer zu übernehmen, und optimiert mit eigenen Daten, und zwar sehr schnell.

Bei der zweiten Auswahlmöglichkeit, NICHT OPTIMIEREN: UNBESTIMMTE ANZEIGENROTATION, lassen wir den Anzeigen mehr Zeit und können dann nach einer längeren Testphase anhand der Statistik entscheiden, welche Anzeige besser performt. Da die Anzeigenrotation auf Kampagnenebene festgelegt wird, jedoch konkrete Auswirkung die Anzeigenauslieferung in der Anzeigengruppe hat, verwirrt diese Einstellung an dieser Stelle viele Google-Ads-Nutzer. Es gibt jedoch auch eine Möglichkeit, die »Rotationseinstellung« jeweils auf Anzeigengruppen-Ebene festzulegen.

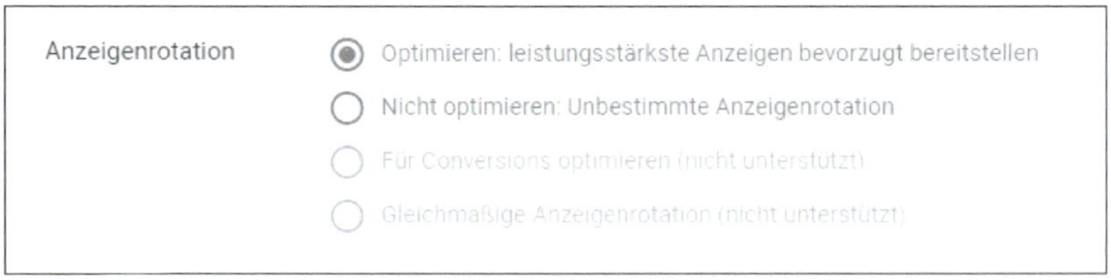

Anzeigenrotation	◉ Optimieren: leistungsstärkste Anzeigen bevorzugt bereitstellen
	○ Nicht optimieren: Unbestimmte Anzeigenrotation
	○ Für Conversions optimieren (nicht unterstützt)
	○ Gleichmäßige Anzeigenrotation (nicht unterstützt)

Abbildung 4.24 Legen Sie hier auf Kampagnen-Ebene fest, wie Ihre Anzeigen in den Anzeigengruppen rotieren sollen.

Anzeigenerweiterungen

Die letzten wichtigen Bestandteile einer optimierten Google-Ads-Kampagne sind die sogenannten *Anzeigenerweiterungen*. Obwohl Google die Anzeigenerweiterungen schon hier bei der Kampagnenerstellung anbietet, empfehlen wir Ihnen aufgrund unserer Erfahrungen in langjähriger Kampagnenbetreuung, die Anzeigenerweiterungen erst nach Anlage der Anzeigentexte hinzuzufügen. Sie können nämlich dann die Erweiterungen viel besser auf Ihre bestehenden Anzeigen abstimmen und kontrollieren, was sinnvollerweise besser in Ihren Anzeigentexten und was dann in den Erweiterungen erscheinen soll.

Da auch viele bestehende Kampagnen die Erweiterungen gar nicht oder nur zum Teil nutzen, stellen wir Ihnen diese wichtigen Erweiterungen ausführlich in Kapitel 12, »Google Ads optimieren«, vor. Außerdem spielen die Erweiterungen für spezielle Strategien, z. B. lokale Werbung oder mobile Kampagnen, eine besondere Rolle und werden an der entsprechenden Stelle vorgestellt.

Sie werden nachträglich jederzeit die Möglichkeit haben, die Anzeigenerweiterungen zu bearbeiten und zu ergänzen. Da Sie die Erweiterungen auf Konto-, Kampagnen- oder Anzeigengruppenebene hinzufügen können, empfehlen wir Ihnen, die Erweiterungen nach der Erstellung Ihrer kompletten Kampagne bzw. aller Kampagnen durchzuführen. Sie können dann besser entscheiden, welche Erweiterung auf welcher Ebene Sinn macht.

Außerdem sollten Sie in regelmäßigen Abständen einen Blick auf die Möglichkeiten der Anzeigenerweiterungen werfen, da Google Ads in diesem Bereich in den letzten Monaten und Jahren stets neue Möglichkeiten eingeführt hat.

Bitte denken Sie aber auch daran, dass die Nutzung aller theoretisch zur Verfügung stehenden Erweiterungen nicht für alle Kampagnentypen und Zielsetzungen Sinn macht. In Abbildung 4.25 erkennen Sie, dass Google drei wichtige Anzeigenerweiterungen direkt anteasert und erläutert. Es gibt jedoch noch andere Möglichkeiten der Anzeigenerweiterungen, die sich hinter dem Link + ANZEIGENERWEITERUNG ❶ verbergen.

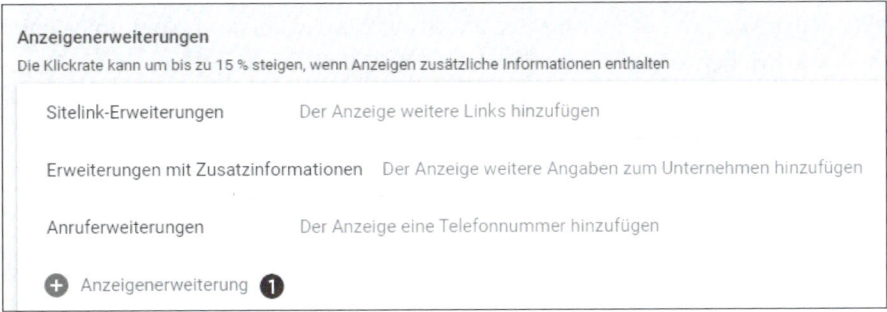

Abbildung 4.25 Anzeigenerweiterungen ergänzen Ihre Textanzeigen um wertvolle Zusatzinformationen.

Speichern und fortfahren

Nachdem Sie die wichtigsten Grundeinstellungen der Kampagne vollständig ausgefüllt haben, klicken Sie auf SPEICHERN UND FORTFAHREN, um im nächsten Schritt eine erste Anzeigengruppen inklusive Keywords und Textanzeige zu erstellen.

Wichtig

Ihre erste Google-Ads-Werbung kann an den Start gehen, wenn Sie neben der Kampagne mindestens eine Anzeigengruppe mit mindestens einem Keyword und mindestens einer Anzeige erstellt haben. Sie könnten nach dem Erstellen und Speichern der Kampagne die Einrichtung einer Anzeigengruppe auch zunächst abbrechen. Die Kampagne würde dann trotzdem erstellt und in Ihrem Konto angezeigt, wäre dann aber nur ein leeres Template ohne Funktion.

4.3   Eine Anzeigengruppe erstellen

Nachdem Sie also alle wichtigen Punkte für eine gute Kampagne angelegt und am Ende auf den Link SPEICHERN UND FORTFAHREN geklickt haben, leitet Google Sie direkt zur ersten Anzeigengruppe weiter. Sie haben bisher den Kampagnentyp ausgewählt, die geografische Zielgruppenauswahl getroffen und auch erste Entscheidungen zu Keyword-Geboten sowie dem Tagesbudget gefällt. Das waren fürs Erste schon eine Menge Informationen und Entscheidungen, die Sie eintragen bzw. treffen mussten.

Sie wissen aber auch, dass Ihre Kampagne ohne mindestens eine Anzeigengruppe, die wiederum mindestens eine Textanzeige und ein Keyword enthält, nicht geschaltet werden kann. Daher widmen wir uns nun dem nächsten Schritt und erläutern, wie Sie die Anzeigengruppe einrichten. Eine Anzeigengruppe können Sie natürlich jederzeit auch später im Register ANZEIGENGRUPPEN anlegen, wenn Sie zum Beispiel wie oben beschrieben den geführten Prozess nach dem Anlegen einer neuen Kampagne abgebrochen haben oder wenn Sie noch zusätzliche Anzeigengruppen zu einer bereits bestehenden Kampagne zufügen möchten.

4.3.1   Kampagnen und Anzeigengruppen strukturieren

In Abbildung 4.26 möchten wir Ihnen noch einmal kurz die Struktur einer Google-Ads-Kampagne vor Augen führen. Überlegen Sie gut, wie Sie die Anzeigengruppen Ihrer ersten Kampagne gliedern möchten – schließlich müssen Sie ab der Benennung der ersten Anzeigengruppe wissen, welches Bezeichnungsschema Sie einsetzen.

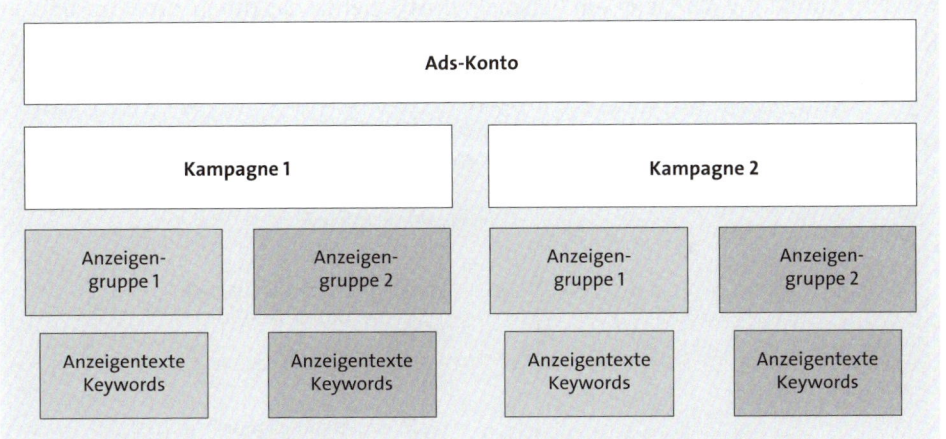

Abbildung 4.26 Die Struktur von Kampagnen und Anzeigengruppen in Google Ads (Quelle: Google Ads)

Natürlich lassen sich Anzeigengruppennamen auch jederzeit im Nachhinein ändern. Berücksichtigen Sie dabei jedoch, dass nachträgliche Änderungen möglicherweise den Vergleich von Berichtsdaten innerhalb von Google Ads oder auch in Google Analytics und weiteren Drittanbieter-Tools beeinflussen können. Damit wären Sie bei Ihren Analysen und Reports gefordert, sowohl alte als auch neue Kampagnen- und Anzeigengruppenbezeichnungen in den Auswertungen zu berücksichtigen. Nicht zuletzt aufgrund dieser potenziellen Fehlerquelle bei nachträglichen größeren »Umbauten« im Google-Ads-Konto empfehlen wir Ihnen, gleich von Beginn an eine saubere Nomenklatur festzulegen und einzuhalten.

Im Rahmen von Kampagnenübernahme- und Optimierungsprojekten haben wir leider schon zu viele Konten gesehen, die mit Bezeichnungen wie »Neue Kampagne« oder »SEA-01« für Kampagnen bzw. »Anzeigengruppe 1«, »Alle Keywords« und »AG 7« für Anzeigengruppen eine – vorsichtig formuliert – »bedingt selbsterklärende« Struktur aufwiesen. Aus diesem Grund möchten wir Ihnen diese Empfehlung lieber einmal zu viel als einmal zu wenig mit auf Ihren Weg zum professionellen Google-Ads-Anwender geben. Als Tipp können wir Ihnen an dieser Stelle nahelegen, sich bei der Strukturierung der Kampagnen an der Hierarchie Ihrer Website (bzw. deren Sitemap) zu orientieren. So können Sie sicherstellen, dass Sie nicht mehr Kampagnen oder Anzeigengruppen als nötig planen und auch keine wichtigen Themen und Seitenbereiche vergessen.

Nehmen wir für das folgende Beispiel an, Sie betreiben einen Online-Shop für Bekleidung und möchten sowohl auf Produktgruppen- als auch auf Produktebene dafür sorgen, dass Suchmaschinen-Nutzer relevante Anzeigen und abgestimmte Ziel-URLs vorfinden. Zunächst müssen Sie planen, mit wie vielen Teilkampagnen Sie arbeiten werden. Abbildung 4.27 zeigt ein beispielhaftes Schema, das Ihnen zunächst bei der Kampagnenstrukturierung helfen wird.

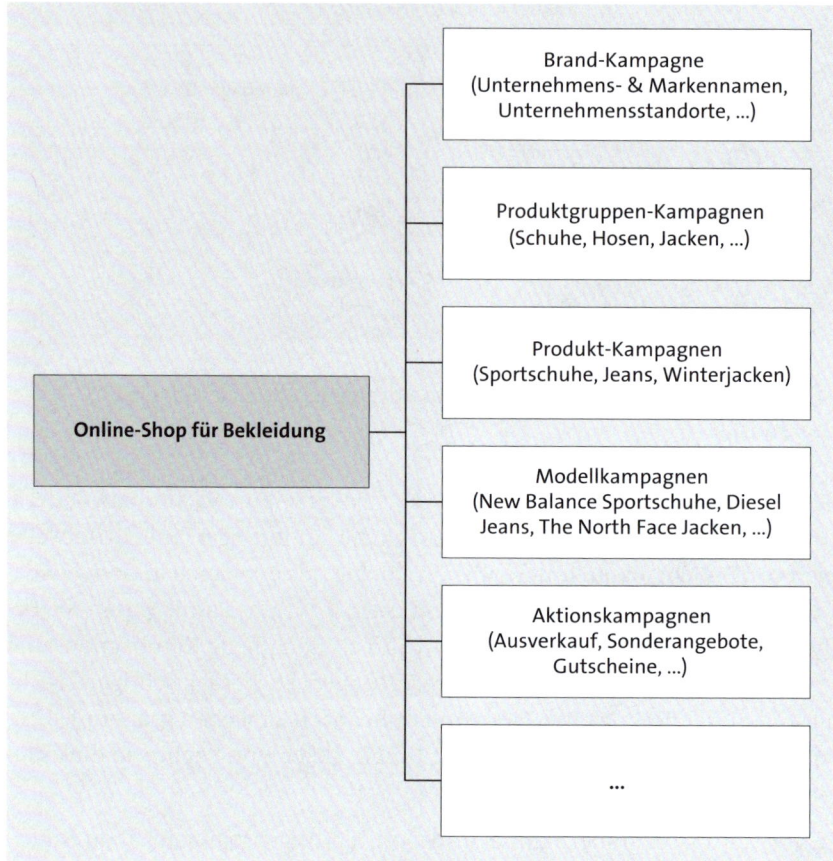

Abbildung 4.27 Beispiel für eine Kontostruktur

Sie erinnern sich, dass wichtige Einstellungen wie die geografische Ausrichtung, eine tages- und uhrzeitabhängige Anzeigenschaltung oder das Tagesbudget auf Kampagnenebene gesteuert werden. Bündeln Sie daher jeweils in einer Kampagne jene Anzeigengruppen, die auf dieselben Regionen ausgerichtet sind sowie zur selben Zeit geschaltet werden und sich ein definiertes Budget teilen sollen.

Sie sehen, dass der exemplarische Online-Shop einige Teilkampagnen vorsieht, um seine Produkte und Aktionen mit Google-Ads zu bewerben. Auf diese Weise kann beispielsweise sichergestellt werden, dass die *Produktgruppen-Kampagnen* permanent und landesweit aktiv sind, während spezielle *Produktkampagnen* (z. B. jene für *Winterjacken*) nur in den kalten Monaten sowie zusätzlich nur in kälteren Regionen mit erfahrungsgemäß besseren Umsatzzahlen geschaltet werden.

Würden Sie alle Anzeigengruppen in einer Kampagne unterbringen, dann könnten Sie eine solche Aussteuerung nicht vornehmen und würden damit eine wichtige Einflussmöglichkeit auf die Steuerung von Budgets, Besucherzahlen und Shop-Umsätzen verlieren.

Sehen wir uns nun diese Teilkampagnen im Detail an, um einen besseren Einblick in die weitere Strukturierung der Anzeigengruppen zu erhalten.

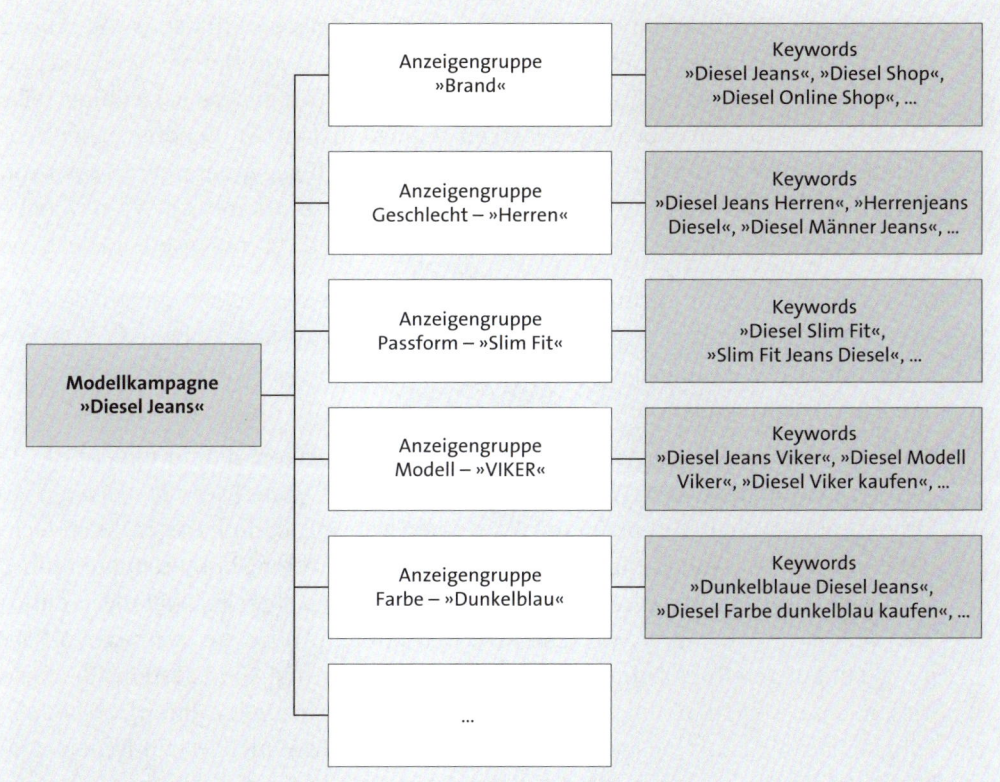

Abbildung 4.28 Beispiel für eine Kampagnenstruktur

Die Struktur in Abbildung 4.28 zeigt Ihnen, wie granular Sie eine Kampagne konzipieren sollten, um sowohl alle Vorkehrungen für eine optimale Anzeigenleistung zu treffen als auch eine bestmögliche Nutzererfahrung für den Interessenten zu bieten. Aus folgenden Gründen ist diese Vorgehensweise zielführend:

▶ **Suchergebnisseite**
Sucht ein Nutzer zum Beispiel nach einer *Diesel Jeans für Herren*, steigt die Wahrscheinlichkeit für einen Klick auf Ihre Anzeige, wenn der Text nicht auf einen *Händler für viele Hosenmarken*, sondern eben auf einen *Online-Shop für Herren Jeans der Marke Diesel* hinweist. Passt der Anzeigentext zum Suchergebnis, wer-

den die übereinstimmenden Phrasen automatisch fett markiert, womit in weiterer Folge auch die Klickraten und der Qualitätsfaktor der jeweiligen Anzeigen und Keywords steigen.

▶ **Zielseite**

Haben Sie in der Abstimmung von Anzeigentexten und Keywords alles richtig gemacht, können Sie noch immer an einem weiteren Punkt scheitern – nämlich dann, wenn das in der Anzeige beworbene und damit dem Suchenden quasi »versprochene« Ergebnis auf der Zielseite nicht unmittelbar zu finden ist. Verlinken Sie aus der oben genannten detaillierten Suchanfrage (*Jeans Herren Diesel*) auf Ihre Homepage oder einen Teil des Online-Shops, der auch andere Bekleidungsteile, Modelle für Damen oder andere Marken beinhaltet, dann ist Ihr potenzieller Neukunde entweder verwirrt oder im schlechtesten Fall sogar verärgert. Dies kann dazu führen, dass er den Besuch auf Ihrer Webseite sofort abbricht, zum Google-Suchergebnis zurückkehrt und auf die Anzeige eines Ihrer Mitbewerber klickt.

Natürlich muss dieser exemplarische Online-Shop die Möglichkeit bieten, dass Sie aus Ihren Anzeigen direkte Links auf thematisch passende Shop-Inhalte (z. B. eigens programmierte Landingpages) oder maßgeschneiderte Suchergebnisse setzen können. Mit diesen sogenannten *Deep Links* steht und fällt Ihr Konzept.

Wenn Sie wie oben dargestellt eine Anzeigengruppe planen, die für eine optimale Performance auf eine nach Hosentyp, Marke und Farbe (*Jeans Diesel dunkelblau*) gefilterte Detailsuche in Ihrem Online-Shop verweisen soll, dann muss es Ihnen technisch möglich sein, eine URL, die zu genau diesen gefilterten Shop-Produkten führt, bei den dazu passenden Anzeigen zu hinterlegen. Sollten Sie selbst Webmaster und/ oder Programmierer Ihrer Webseite sein und ohnehin über die technischen Rahmenbedingungen Ihres Content-Management- oder Online-Shop-Systems Bescheid wissen, dann stellen Sie im Idealfall bereits vor der Konzeption Ihrer Google-Ads-Kampagnen den Funktionsumfang der Website in Hinblick auf die technischen Möglichkeiten für das Setzen von Deep Links sicher. Planen Sie die Anzeigengruppenstruktur nicht unnötig tiefer, als es Ihre Websiteinhalte zulassen.

Warum ist die Anzeigengruppenstruktur so wichtig?

Relevanz ist das oberste Gebot beim Google-Ads-Werbeprogramm. Das ist an dieser Stelle nichts Neues – jedoch können wir es nicht vermeiden, dass Sie mehr als einmal, wenn nicht Dutzende Male in nahezu allen Kapiteln dieses Buches darauf stoßen werden. Wenn Sie sprichwörtlich »Äpfel und Birnen« in eine einzige Anzeigengruppe werfen, dort eine hohe Zahl an beliebigen Keywords hinterlegen und für alle Suchanfragen einen zentralen Link auf Ihre Homepage setzen, dann wird Ihre Kampagnenleistung mäßig zufriedenstellend ausfallen. Natürlich werden Sie Klicks auf Ihre Anzeigen und damit neue Besucher auf Ihrer Webseite generieren können, aber Sie werden dafür auch vergleichsweise tiefer in die Tasche greifen müssen. Sie zahlen für die Klicks mehr als nötig – und auch viel mehr im Vergleich zu allen Mitbewerbern mit einer professionelleren Kampagnenstruktur.

Entscheidungen, die Sie hier treffen, wirken sich maßgeblich auf die Kampagnenleistung und Ihren Erfolg mit Google Ads aus. Hohe Klickraten, die ein optimal strukturiertes Anzeigengruppenset im Idealfall aufweist, tragen maßgeblich zu einem besseren Qualitätsfaktor und somit auch zu besser gereihten Anzeigenpositionen und nicht zuletzt zu den Ihnen berechneten Kosten pro Klick bei. Sparen Sie an dieser Stelle Zeit, bezahlen Sie später mit wertvollem Google-Ads-Budget, was letztlich nur Google freut, aber weder Ihnen noch Ihren potenziellen Kunden weiterhilft.

Wir hoffen, dass Sie mithilfe dieser Tipps und Denkanstöße eine Struktur für Ihre Kampagne erarbeiten konnten. Damit gelangen Sie zum nächsten Schritt, in dem Sie Ihre erste Anzeigengruppe benennen. Wir möchten dazu beim oben genannten Beispiel bleiben und weiterhin mit dem Online-Shop für Bekleidung arbeiten.

4.3.2   Der Anzeigengruppenname

Wenn Sie eine neue Kampagne über die Google-Ads-Benutzeroberfläche im Browser erstellen, definieren Sie alle Inhalte der ersten Anzeigengruppe – Name, Anzeigentexte und Keywords – über einen eigens angepassten Benutzerdialog. Daher werden wir die Anzeigengruppenerstellung anhand der im Folgenden abgebildeten einfachen Bildschirmdialoge beschreiben. Bestehende Kampagnen und Anzeigengruppen können auch über andere Wege bearbeitet werden.

Wir gehen nun davon aus, dass Sie Ihre Kampagnenstruktur vorbereitet haben und daher einfach den ersten ANZEIGENGRUPPENNAMEN vergeben können. Nachdem dieser eingetragen ist, wird noch das STANDARDGEBOT für die Anzeigengruppe hinterlegt (siehe Abbildung 4.29).

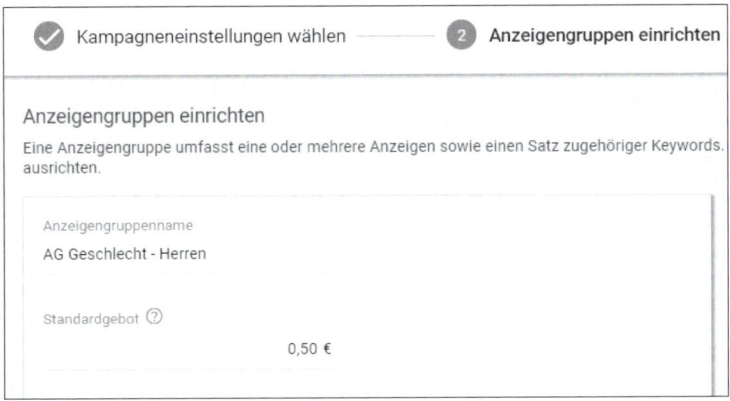

Abbildung 4.29 Tragen Sie den Namen der ersten Anzeigengruppe im entsprechenden Feld ein.

Das Gebot ist ein Durchschnittswert für die Keywords der jeweiligen Anzeigengruppe und beruht auf unserer Keyword-Recherche im Google Ads Keyword-Planer. Im nächsten Schritt geht es nun darum, dass Sie Ihre Keywords hinterlegen und schließlich eine Google-Ads-Textanzeige verfassen – denn erst dann haben Sie Ihre erste Anzeigengruppe vollständig angelegt.

4.3.3   Keywords

Wir werden uns in Abschnitt 4.4 noch umfassend mit dem Thema Keyword-Eingabe und Keyword-Optionen beschäftigen. Diese Angaben können in der Benutzeroberfläche einer fertig erstellten Kampagne wesentlich einfacher und umfangreicher erfolgen und daher wird diese Benutzeroberfläche auch künftig Ihre erste Anlaufstelle zur Keyword-Verwaltung sein.

Dennoch müssen Sie an dieser Stelle des Kampagnenerstellungsassistenten ein paar erste Keywords für Ihre Anzeigengruppe auswählen. Fassen Sie sich hier fürs Erste kurz, und geben Sie nur ein paar offensichtlich passende Keywords ein.

Google ermöglicht es Ihnen zudem, mithilfe eines Assistenten ein paar weitere Keyword-Ideen direkt einzubuchen. Dazu können Sie Ihre Zielseite zur Werbekampagne eingeben oder Keywords zu Produkten bzw. Dienstleistungen.

In Abbildung 4.30 erkennen Sie, dass Google Ads daraufhin passende Keyword-Ideen inklusive Hinweise zum ungefähren monatlichen Suchvolumen auflistet.

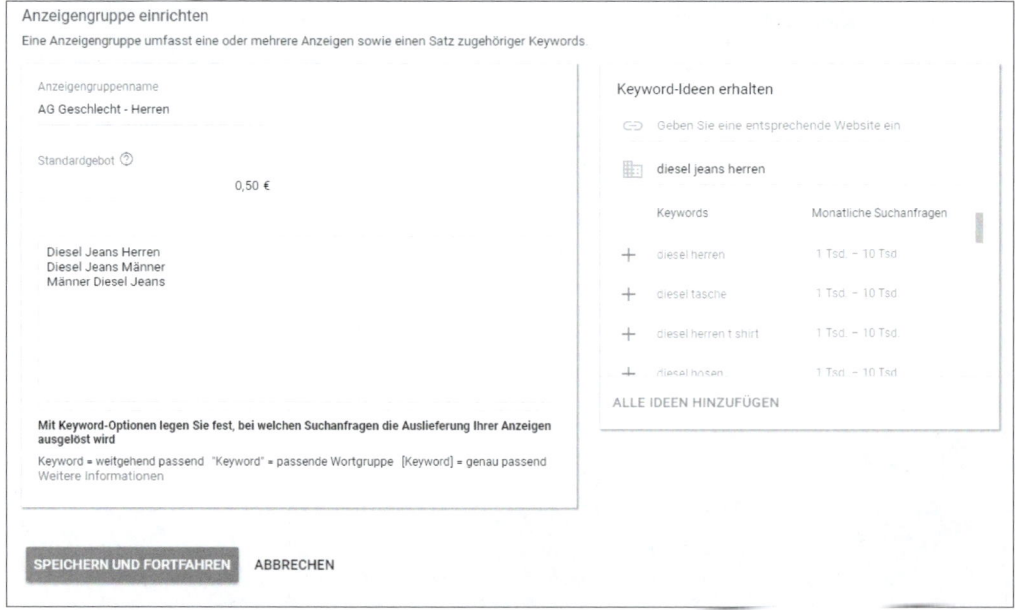

Abbildung 4.30 Die Keyword-Eingabe wird durch automatische Keyword-Ideen vereinfacht.

Bitte beachten Sie, dass diese Keywords in der Keyword-Option WEITGEHEND PAS-SEND eingebucht werden. (Die verschiedenen Keyword-Optionen erläutern wir ausführlich in Abschnitt 4.4.3.) Wir möchten Sie jedoch darauf hinweisen, dass die weitgehende Keyword-Schaltung meistens nicht optimal ist; Sie können die Keyword-Option jedoch jederzeit ändern.

Nachdem Sie einige für Ihre erste Anzeigengruppe passende Keywords eingegeben haben, klicken Sie auf SPEICHERN UND FORTFAHREN, um sich im nächsten Schritt den Anzeigentexten zu widmen.

4.3.4   Anzeigentexte

Es ist kurios, dass die Materie Google Ads einerseits ganze Bücher füllen kann, der wichtigste Teil – die Textanzeigen – aber oft zu wenig Aufmerksamkeit erhält. Vor allem für die Suchkampagnen sind die Textanzeigen das Schlüsselelement, damit eine Werbekampagne funktioniert. In Abschnitt 12.9 zeigen wir daher noch verschiedene Praxisbeispiele und geben Tipps zur Optimierung von Textanzeigen.

Jetzt beginnen wir jedoch mit dem Grundaufbau einer Standardtextanzeige: Die wichtige Überschrift besteht aus bis zu drei Anzeigetiteln (die Ausspielung des dritten Titels ist nicht garantiert), gefolgt von einer angezeigten URL und bis zu zwei etwas ausführlicheren Anzeigentexten (die Ausspielung des zweiten Anzeigentextes ist nicht garantiert). Das ist das Grundschema einer Anzeige, das sehr stark dem organischen, nichtbezahlten Google-Ergebnis ähnelt.

Das Grundgerüst einer Textanzeige wird seit einiger Zeit von Google immer stärker durch Erweiterungen ausgebaut, sodass im Suchergebnis die Anzeigengröße oft stark variiert. Die Erweiterungen behandeln wir ausführlich in Abschnitt 12.11. Lernen Sie zunächst wichtige Informationen und Tipps kennen, um dafür zu sorgen, dass Ihre Textanzeigen von Beginn an sowohl den Anforderungen und Zielen Ihres Unternehmens als auch den Google-Ads-Richtlinien entsprechen.

Anatomie einer Textanzeige

Bevor Sie munter drauflostexten, müssen Sie zunächst den Aufbau und die Bestandteile einer Textanzeige kennenlernen. Abbildung 4.31 zeigt die exemplarische Darstellung eines Anzeigentextes. Die Vorgaben in Hinblick auf die maximal erlaubten Zeichenmengen finden Sie in Tabelle 4.2, die weiter unten folgt.

❶ Diesel® Jeans Online Shop | Gratis & Rückversand ❷
Anzeige   www.bekleidungshop.de/jeans ❸
Große Auswahl an Diesel® Jeans - Direkt online bestellen. Versand: Schnell & kostenlos. Große Auswahl an Waschungen und Passformen. Entdecken Sie Trends & Klassiker.

Abbildung 4.31 Aufbau einer Google-Ads-Textanzeige

Sie sehen, dass die beiden Anzeigentitel (❶, ❷) visuell durch die blaue Farbe hervorstechen. Die beiden Titel werden aktuell durch einen vertikalen Trennstrich |, eine sogenannte Pipe, getrennt. Wir empfehlen Ihnen, dass Sie den Suchbegriff bzw. das Thema der Anzeigengruppe bereits im Titel nennen, da der Titel bekanntermaßen die größte Aufmerksamkeit erzielt. Die Angezeigte URL bzw. das Feld ANGEZEIGTER PFAD ❸ enthalten den Domain-Namen Ihrer Webseite sowie idealerweise einen ebenfalls thematisch passenden Dateipfad – vorausgesetzt, die Zeichenlimits lassen diesen zu.

Möglicherweise fragen Sie sich an dieser Stelle, warum denn die URL, mit der Sie Ihre Anzeige verknüpfen, überhaupt eine Zeicheneinschränkung aufweist. Bei langen Dateipfaden oder Online-Shops kann es ja durchaus vorkommen, dass Sie mit sehr langen URLs arbeiten müssen. Nun, das hat den Grund, dass Google hier die folgenden zwei URLs unterscheidet:

▶ angezeigte URL (in der Google-Ads-Anzeige dargestellte URL) – z. B. *www.bekleidungs-shop.de/jeans*

▶ finale URL (funktionierende, auf die Webseite verweisende URL) – z. B. *www.bekleidungs-shop.de/hosen/jeans/diesel/herren*

Es ist wichtig, dass Sie den Unterschied zwischen diesen beiden URL-Eingabefeldern erkennen und in der Praxis anwenden. Die angezeigte URL dient dazu, die Anzeigenrelevanz für den Suchmaschinen-Nutzer zu steigern (indem Sie wie oben dargestellt durch die zusätzliche Angabe von *jeans* darauf hinweisen, dass der Link hinter der Anzeige auf die entsprechende Unterseite Ihres Online-Bekleidung-Shops führt). Die angezeigte URL kann, muss aber nicht tatsächlich durch eine Eingabe im Browser erreichbar sein.

Im Unterschied dazu müssen Sie bei der finalen URL den vollständigen Pfad zu Ihrer gewünschten Zielseite hinterlegen. Diese URL muss gleichermaßen für das Google-Ads-Programm wie auch jeden Internetnutzer aufrufbar und natürlich jederzeit funktionstüchtig sein. Tippfehler wären in diesem Zusammenhang sehr ärgerlich, da Sie dann für Klicks bezahlen, die nicht zum Ziel führen. Die finale URL sollten Sie daher immer aus der Adresszeile Ihrer Landingpage kopieren und dann in das entsprechende Feld Ihrer Anzeige einfügen.

Google musste diese beiden URL-Typen nicht zuletzt deshalb einführen, weil in der Textanzeige der limitierte Platz nicht ausreichen würde, um lange Ziel-URLs vollständig einzublenden, die möglicherweise noch aus unleserlichen Zahlen und Zeichenkombinationen bestehen sowie um diverse Trackingcodes ergänzt wurden. Auch wenn Google sich auf die reine Einblendung der Webseiten-Domain hätte beschränken können, wurde mit der Möglichkeit zur Eingabe einer angezeigten URL ein aus unserer Sicht sehr guter Kompromiss geschaffen, um einerseits für die Interessenten auf Google attraktive und relevante URLs einzublenden, gleichzeitig aber den

Google-Ads-Werbekunden die Nutzung von nahezu unbeschränkt langen tatsächlichen URLs Ihrer Zielseiten zu ermöglichen. Tabelle 4.2 fasst nun die maximalen Zeichenlängen aller Felder einer Textanzeige auf einen Blick zusammen.

Anzeigenelement	Maximale Zeichenlänge (inklusive Leerzeichen)
Finale URL	Keine Beschränkung
Anzeigentitel 1	30 Zeichen
Anzeigentitel 2	30 Zeichen
Anzeigentitel 3	30 Zeichen
Pfad 1 (optional)	15 Zeichen
Pfad 2 (optional)	15 Zeichen
1. Textzeile	90 Zeichen
2. Textzeile	90 Zeichen

Tabelle 4.2 Maximale Zeichenlänge der einzelnen Anzeigenelemente

Responsive Suchanzeige (RSA)

Google hat im Laufe der Zeit immer wieder Änderungen an den Suchanzeigen vorgenommen. Die Titelzeile ist zum Beispiel von einem über zwei auf mittlerweile drei Anzeigentitel angewachsen. Mit der Anzeigenform RESPONSIVE SUCHANZEIGE (RSA) ist 2018 sogar eine zusätzliche Möglichkeit einer Anzeige erschienen, die laut Google-Empfehlungen auch fast immer neben den Standard-Textanzeigen genutzt werden sollte. In Abschnitt 12.12 erklären wir genau, welche Vorteile RSA-Anzeigen haben und wie man diese zur Optimierung nutzen kann. Falls Sie bei der Bearbeitung oder Erstellung einer Anzeige einmal einen anderen Anzeigenaufbau sehen, sollten Sie überprüfen, ob es vielleicht neue Eingabemöglichkeiten für die Standardanzeige gibt oder ob Sie sich vielleicht gerade im Eingabeformular einer RSA-Anzeige befinden.

Warum Google Ads die URL zur tatsächlichen Zielseite nicht darstellt

Um das Thema »angezeigte vs. finale URL« kurz zu veranschaulichen, möchten wir Ihnen ein Beispiel der Hotelplattform *Booking.com* nennen: Bei einer Google-Suche nach *Hotel Wien* lautet die angezeigte URL *www.booking.com/Wien-Hotels*. Sie ist schön anzusehen und leicht verständlich – so weit, so gut. Damit jedoch sowohl die Website als auch die Kampagnenmessung funktionieren, muss die tatsächliche Ziel-URL länger ausfallen. Im konkreten Fall lautet sie wie folgt:

*http://www.booking.com/city/at/vienna.de.html?aid=301584;label=vienna-u_
PedMjyjdTpsKEKjlhYWgS43891532461:pl:ta:p1860:p2260.000:ac:ap1t1:neg;ws=&
gclid=COPhubbP4MACFYMewwodT04AuA*

Sie sehen, dass die finale URL nicht nur einen anderen Seitenpfad, sondern auch eine
Menge URL-Parameter einhält. Diese Parameter können einerseits für die Funktion
der Webseite erforderlich sein, beinhalten meistens aber auch wertvolle Informationen für Kampagnentracking und -analyse. Auch wenn Sie nicht alle in der Ziel-URL
vorhandenen Parameter zuordnen können, verstehen Sie sicherlich, weshalb Google
Ads zwischen angezeigter und tatsächlich verlinkter URL unterscheiden muss.

Der im Beispiel genannte Google-Ads-Werbekunde betreibt seine Kampagnen darüber hinaus so gewissenhaft, dass auch für die angezeigte URL eine Weiterleitung eingerichtet wurde: Geben Sie *www.booking.com/Wien-Hotels* manuell im Browser ein,
werden Sie zu einem Suchergebnis mit Hunderten von Unterkünften in der Stadt
Wien weitergeleitet. Die dort hinterlegte URL sieht – um Sie am Ende dieses Kastens
schließlich komplett zu verwirren – noch einmal anders aus:

*http://www.booking.com/searchresults.html?si=ai%2Cco%2Cci%2Cre%2Cla
%2Cdi;ss=Wien-Hotels;ifl=1;label=short-Wien-Hotels*

Die Vorgabe, dass eine angezeigte URL auch bei einer manuellen Eingabe im Browser
funktioniert, möchten wir an dieser Stelle für Google-Ads-Anfänger als »Fleißauf-
gabe« einordnen. Professionelle Google-Ads-Kunden mit groß angelegten Kampagnen, hohen Tagesbudgets und strengen Zielvorgaben sollten die Einrichtung und
Prüfung dieser Weiterleitungen – wie im hier genannten Beispiel – hingegen als verpflichtend ansehen.

Erste Tipps zur Erstellung erfolgreicher Textanzeigen

Da Sie jetzt den grundlegenden Aufbau einer Textanzeige kennen, wollen wir Sie natürlich auch mit den wichtigsten Tipps zur Gestaltung guter Textanzeigen versorgen.
Die ausführlicheren Optimierungstipps folgen, wie oben bereits angedeutet, in Kapitel 12, da die vielen Möglichkeiten den aktuellen Rahmen sprengen würden.

Obwohl sich die Anzahl der möglichen Zeichen in Google-Ads-Textanzeigen im Laufe
der Zeit immer mehr gesteigert hat, bleibt es eine Herausforderung, alle relevanten
Informationen zu Ihrem Produkt, Service oder Unternehmen so kurz zu fassen, dass
sie den Google-Ads-Vorgaben entsprechen. Falls Sie Erfahrung mit der Gestaltung
klassischer Werbetexte, z. B. in Magazinen haben, so wissen Sie, dass auch die dort gebuchten Anzeigenformate bestimmten Richtlinien unterliegen. Bei Google-Ads-Anzeigen sind die Herausforderungen jedoch meistens größer. Benötigen Sie nur ein
Zeichen mehr, als die einzelnen Anzeigenbausteine (Anzeigentitel, Pfad, Beschreibung) zulassen, so wird die Anzeige nicht geschaltet. Aus eigener langjahriger Erfahrung können wir berichten, wie grausam es sich anfühlt, eine vermeintlich »perfek-

te« Textzeile formuliert zu haben, die dann genau um ein Zeichen zu lang ist. Entweder kann ein wichtiges Satzzeichen nicht mehr gesetzt werden oder ein Produkt- oder Markenname lässt sich beim besten Willen nicht wie gefordert unterbringen.

Wir möchten Ihnen nun ein paar Tipps geben, wie Sie dieser Sache am besten Herr werden. Schließlich sind die Anzeigentexte – bei allen wichtigen im Hintergrund getroffenen Einstellungen – jener Google-Ads-Bestandteil, der auf Suchergebnisseiten und in Googles Displaynetzwerk permanent »in der Auslage« steht und dort im Verlauf der Kampagne von Millionen potenziellen Interessenten gesehen werden kann. Weder Tippfehler noch inhaltliche Fehler dürfen hier passieren. Gleichzeitig müssen Sie sich bewusst sein, dass Ihr Angebot niemals alleine, sondern stets im Umfeld mehrerer Anzeigen der unmittelbaren Mitbewerber eingeblendet wird:

▶ Sie bieten geringe Versandkosten? Mitbewerber versenden eventuell gratis.

▶ Sie sind Marktführer in Deutschland? Internationale Mitbewerber können auf Ihrem Heimatmarkt eventuell günstigere Preise anbieten.

▶ Sie haben eine wenige Tage gültige Aktion mit 10 % Rabatt? Die Anzeige neben Ihnen bietet 12 % noch für den ganzen Monat.

»Präzise, zielgerichtet, überzeugend« sollte Ihr Mindestanspruch an jede formulierte Textanzeige lauten. Nehmen Sie sich daher Zeit für die folgenden sechs – auch von Google hervorgehobenen – Hinweise, bevor Sie sich Ihrem ersten selbst erstellten Anzeigentext in der Praxis widmen:

1. **Besondere Stärken (USP)**
   Heben Sie jene Aspekte hervor, die Sie von anderen Unternehmen und Mitbewerbern auf Google Ads abheben: Von Geschwindigkeit über Quantität und Qualität bis hin zu geografischen Vorteilen werden Sie bestimmt mindestens einen Vorteil finden, den Sie in den Anzeigen kommunizieren möchten.

2. **Preise und Angebote**
   Erfahrungsgemäß funktionieren Google-Ads-Anzeigen in einigen Branchen sehr gut, wenn sie konkrete Preise oder Angebote beinhalten. Interessenten mit einer Kaufabsicht können so bereits sehr früh herausfinden, ob Ihr Unternehmen die gesuchten Produkte zum gewünschten Preis anbietet.

3. **Konkrete Handlungsaufforderungen**
   Machen Sie in Ihrer Textanzeige klar, was Interessenten nach dem Klick auf Ihrer Webseite tun sollen. Inkludieren Sie Handlungsaufforderungen wie *Jetzt kaufen*, *Hier anmelden* oder *Gratis anfragen*, um klar zu vermitteln, welche Aktion Sie vom Nutzer nach einem Klick auf Ihre Anzeige erwarten. Banale Aufforderungen wie *Hier klicken* sollten Sie jedoch tunlichst vermeiden: Diese verstoßen nämlich gegen die Qualitätskriterien und werden vom Google-Ads-System sofort abgelehnt.

4. **Keywords**

Verwenden Sie mindestens ein passendes, repräsentatives Keyword aus der Anzeigengruppe auch im Anzeigentext. Alle Wörter aus der Suchanfrage, die auch in der Anzeige vorkommen, werden automatisch fett markiert. Je mehr Wörter also übereinstimmen, umso auffälliger ist Ihre Anzeige. Das lenkt einerseits die Aufmerksamkeit des Suchenden wahrscheinlicher auf Ihr Angebot und erhöht auch die Relevanz für den Google-Ads-Algorithmus.

5. **Abstimmung mit der Zielseite**

Es ist unerlässlich, dass das in der Anzeige angepriesene Angebot unmittelbar auf der Zielseite wiederzufinden ist. Findet der Interessent es nicht sofort wieder, weil Sie beispielsweise auf die Homepage oder eine zu allgemeine Zielseite verweisen, steigt die Wahrscheinlichkeit, dass er – anstatt bei Ihnen weiterzusuchen – Ihre Webseite gleich wieder verlässt und zurück zu Google wechselt, um einen anderen Anbieter zu finden.

6. **Testen von Anzeigenvarianten**

Der letzte, aber keinesfalls unerhebliche Tipp lautet: Erstellen Sie jeweils mehr als eine Textanzeige pro Anzeigengruppe. Es sollten mindestens zwei unterschiedliche Anzeigen sein, Google empfiehlt aktuell sogar mindestens drei Anzeigen pro Anzeigengruppe oder zwei Standardanzeigen plus eine Responsive-Suchanzeige. Führt das Nennen eines konkreten Preises zu mehr Klicks und Verkäufen oder ist die Erfolgsquote höher, wenn Sie allgemeine Texte formulieren? Sie werden es so lange nicht wissen, bis Sie es nicht ausprobiert haben! Google Ads stellt Ihnen eine bequeme Möglichkeit bereit, mit der Sie in Ihren Kampagnen mehrere Anzeigen parallel erstellen und rotierend ausliefern können. Bevor Sie lange herumraten und probieren, welche Anzeige denn am besten funktioniert, können Sie so diese wichtige Entscheidung gleich den richtigen Personen überlassen: nämlich Ihren Interessenten und potenziellen Kunden, die auf die Anzeigen klicken und Ihnen auf diese Weise wertvolle Informationen darüber zukommen lassen, was sie am meisten anspricht.

Finale URLs als »Deep Links«

Wenn Sie die finale URL hinterlegen, achten Sie bitte darauf, diese möglichst genau auf den Anzeigentext und auf die in der jeweiligen Anzeigengruppe verwendeten, thematisch gruppierten Keywords abzustimmen. Sie sollten es vermeiden, alle über Google Ads gewonnenen Interessenten auf nur eine einzige Zielseite zu schicken — im schlimmsten Fall auf Ihre Unternehmenshomepage.

Sucht eine Interessentin beispielsweise nach einem roten Kleid in Größe 36, wird jene Anzeige am erfolgreichsten sein, die nicht nur im Anzeigentext auf diesen Suchbegriff eingeht, sondern auch auf der dazu passenden Zielseite eine Übersicht aller roten Kleider in Größe 36 auflistet. Würden Sie hier als Betreiber eines Online-Shops für Damenbekleidung lediglich auf die Startseite verweisen, wäre das Benutzererlebnis suboptimal, da sich die Interessentin noch einmal auf die Suche machen müsste, um das gewünschte Produkt zu finden. Sobald hier nur die geringste Frustration auftritt, wechselt der Nutzer zum nächsten Unternehmen und Sie haben nicht nur ein paar Cent bzw. Euro umsonst für den Anzeigen-Klick bezahlt, sondern auch einen potenziellen Kunden verloren.

Den aktuellen redaktionellen Standards für Anzeigentexte hat Google in der Google-Ads-Hilfe übrigens einen eigenen Bereich gewidmet:

https://support.google.com/adspolicy/answer/6021546

Die Textanzeige erstellen

Nachdem Sie sich über den Aufbau einer Textanzeige informiert und auch ein paar Tipps zu deren Erstellung gelesen haben, kehren Sie nun wieder zur Google-Ads-Benutzeroberfläche zurück, um die Inhalte Ihrer Textanzeige wie in Abbildung 4.32 dargestellt einzugeben.

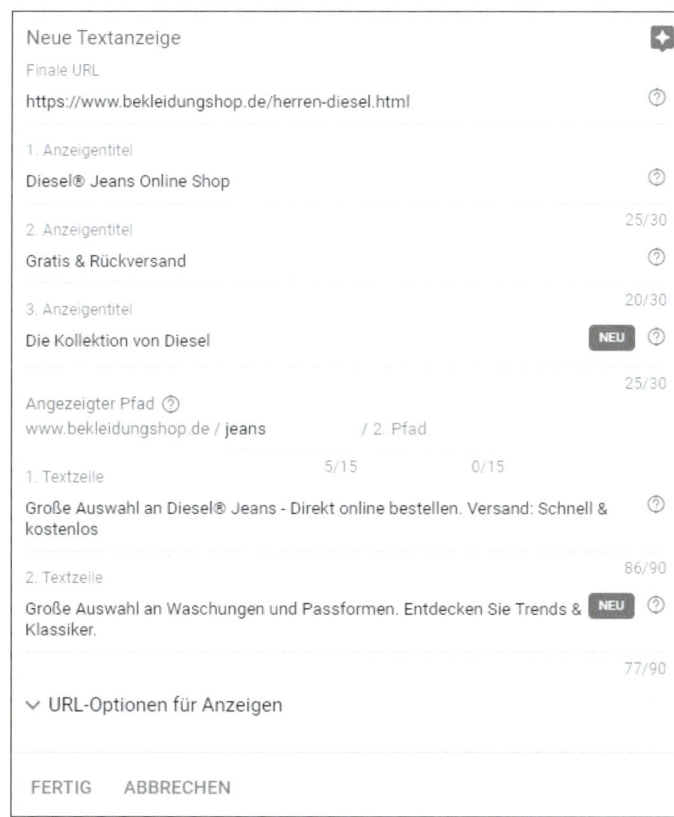

Abbildung 4.32 Textanzeige in Google Ads anlegen

Sie beginnen mit der finalen URL, indem Sie einfach die URL Ihrer Landingpage zu dieser Anzeige kopieren und in das Feld einfügen. Füllen Sie danach die weiteren Felder aus; Google Ads zeigt zur Unterstützung jeweils die maximal erlaubte und bereits genutzte Zeichenanzahl im jeweiligen Feld an. Obwohl es nicht unbedingt notwendig ist, sollten Sie auch den dritten Anzeigentitel ausfüllen. Denken Sie jedoch daran, dass die Ausspielung des dritten Titels nicht (!) garantiert ist – hier sollte also nicht Ihr wichtigstes Argument stehen.

Die Domain und TLD der finalen URL wird automatisch als angezeigte URL übernommen. Sie können dazu optional bis zu zwei angezeigte Pfade hinzufügen.

Zum Schluss fügen Sie noch zwei Textzeilen mit jeweils bis zu 90 Zeichen hinzu. Achtung: Auch hier gilt, der zweite Text kann, muss aber nicht im Suchergebnis erscheinen. Die zweite Textzeile ist also wiederum nur eine Ergänzung, die nicht entscheidend für unsere Anzeige ist.

Wir hoffen, Sie kommen dabei unter Berücksichtigung dessen, was Sie bisher gelernt haben, gut zurecht. Uns zumindest macht das Texten von Google-Ads-Anzeigen nach wie vor großen Spaß. Wir tüfteln so lange an den Formulierungen, bis wir die gewünschte Botschaft – bei bestmöglicher Nutzung der vorgegebenen Zeichenlängen – »auf den Punkt« gebracht haben.

Den aktuellen Fortschritt und das Endprodukt Ihres Schaffens können Sie live in unterschiedlichen Vorschaubildern verfolgen (siehe Abbildung 4.33).

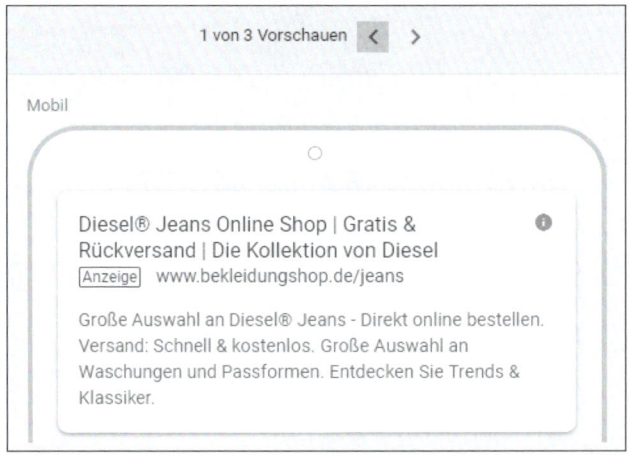

Abbildung 4.33 Mobile Vorschau der erstellten Anzeige

Interessanterweise gilt auch hier das Google-Motto »Mobile First«, sodass die Standardeinstellung Ihre Anzeige in der mobilen Vorschau zeigt. Sie können jedoch über die Blätterfunktion im Kopfbereich auch auf die Desktop-Variante (siehe Abbildung 4.34) umschalten. Falls die Option zur Schaltung der Suchanzeigen in Kombination mit dem Displaynetzwerk aktiviert ist, wird sogar eine Variante der Textanzeige für das Displaynetzwerk gezeigt (siehe Abbildung 4.35). Da die jeweilige Darstellung der Anzeige auf jedem Netzwerk immer etwas unterschiedlich ist, lohnt sich das Umschalten der Vorschau, um einen genauen visuellen Eindruck von Ihrer Textanzeige zu erhalten.

Abbildung 4.34 Eine Vorschau der neuen Anzeige ist auch als Desktop-Variante möglich.

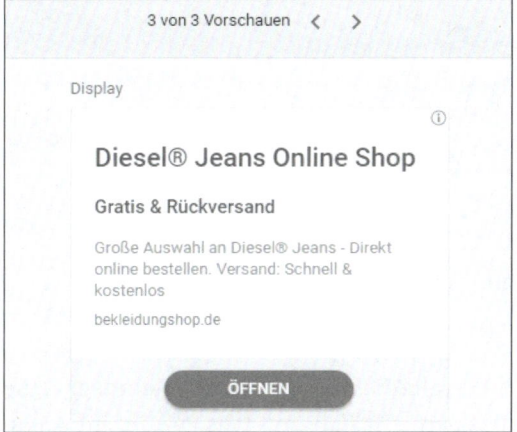

Abbildung 4.35 So sähe Ihre Textanzeige dann auf Content-Seiten im Displaynetzwerk aus.

Den weiter oben genannten sechsten Tipp, mehrere Textvariationen zu formulieren, können Sie direkt nach der Speicherung Ihrer ersten Textanzeige umsetzen. Die Anzeigenerweiterungen sollten ganz genau auf Ihre Kampagne und Anzeigengruppen abgestimmt werden. Daher sollten Sie diese Erweiterungen zwar nicht vergessen, aber zu einem späteren Zeitpunkt hinzufügen. Ausführliche Erläuterungen dazu finden Sie in Abschnitt 12.11. Zum Abschluss speichern Sie Ihre erste Anzeigengruppe so ab, wie in Abbildung 4.36 dargestellt.

Gratulation! Nun ist es so weit und Sie haben Ihre erste Kampagne eingerichtet, passende Keywords definiert, die Zielseite für Ihre Anzeige ausgewählt und mindestens einen Anzeigentext formuliert. Damit haben Sie folgende Schritte erfolgreich abgeschlossen:

- ▶ Kampagne erstellen
- ▶ wichtige Grundeinstellungen auf Kampagnenebene setzen
  - – Werbenetzwerke
  - – geografische und sprachliche Ausrichtung
  - – Tagesbudget und Gebotsstrategien
- ▶ Anzeigengruppen strukturieren und erstellen
- ▶ Keywords eingeben
- ▶ Anzeigentexte verfassen

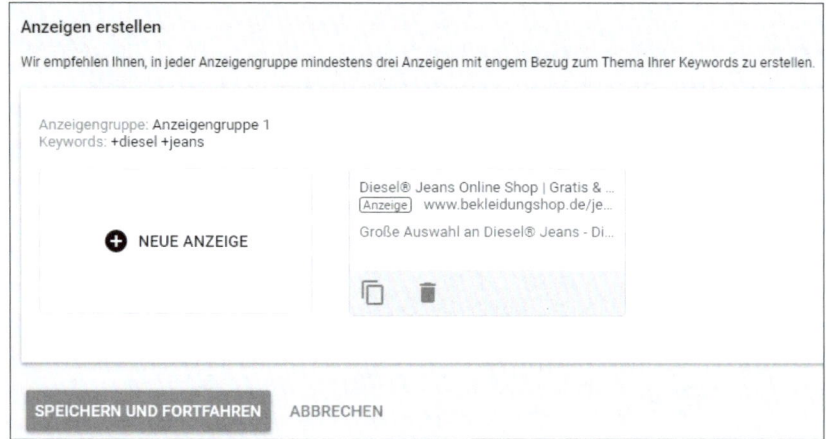

Abbildung 4.36 Fügen Sie Ihrer Anzeigengruppe noch weitere Anzeigen hinzu, und speichern Sie die Anzeigengruppe ab.

Sie können nun jederzeit in Ihrem Konto (siehe Abbildung 4.37) die Kampagne, die Anzeigengruppe, die Keywords oder Anzeigen aufrufen und falls gewünscht Änderungen vornehmen, indem Sie z. B. Textanzeigen verändern oder neue Keywords hinzufügen.

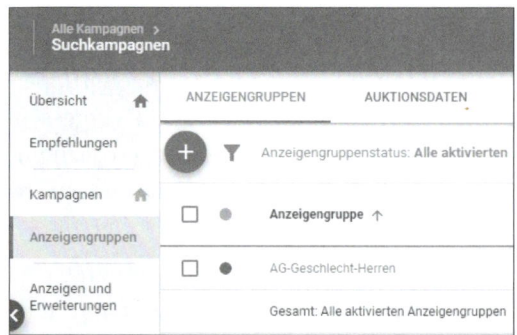

Abbildung 4.37 So präsentiert sich die Google-Ads-Benutzeroberfläche, sobald Sie Ihre erste Kampagne erstellt haben.

4.4 Keywords

Auf Grundlage Ihrer Keyword-Recherche aus Kapitel 3, »Keywords«, sollten Sie bereits wissen, welche Begriffe Internetnutzer in die Suchmaschine eingeben, um Ihre Produkte, Dienstleistungen oder Informationen zu finden. Wir sind uns sicher, dass Sie die ausführlichen Erklärungen im folgenden Schritt gleich in die Praxis umsetzen können.

4.4.1 Keyword-Recherche

Natürlich wird es einige offensichtliche Keywords geben, die Sie ohne großen Rechercheaufwand intuitiv in Ihrer Kampagne verwenden können. Für die zuvor erstellte Beispielkampagne haben wir es zunächst auch dabei belassen.

Wenn Sie beispielsweise ein Steuerberatungsunternehmen in Wien betreiben, liegt die Verwendung der Keyword-Kombination *Steuerberater Wien* auf der Hand. Sie könnten also eine Kampagne aufsetzen, die zunächst nur diese eine Wortkombination beinhalten und damit erste Klicks generieren würde.

Aber es wird nicht nur darauf ankommen, Keywords einzubuchen, die den offensichtlichen Fachbereich bzw. die Branche Ihres Unternehmens beschreiben. Es ist gleichermaßen wichtig, auch solche Begriffe einzusetzen, die Ihre Tätigkeit (Dienstleistungen bzw. Produkte) näher beschreiben. Suchmaschinennutzer werden nicht nur danach suchen, wer Sie *sind*, sondern auch danach, was Sie *machen*.

Als Steuerberater werden Sie also sinnvollerweise auch Ihre Leistungen wie z. B. *Buchhaltung*, *Personalverrechnung* oder das *Erstellen von Steuererklärungen* als Basis für Ihre Keyword-Liste verwenden. Jedoch werden Sie auch hier bald feststellen, dass diese Überbegriffe maximal als Kampagnen- oder Anzeigengruppenbezeichnung verwendet werden können und es dahinter wiederum eine Vielzahl an Suchwort-Kombinationen geben wird, die tatsächlich zum Einsatz kommen.

Keyword-Recherche mit Sach- und Hausverstand

In diesem Buch zeigen wir Ihnen hilfreiche Methoden und praktische Tools zur Recherche, Einbuchung und Optimierung umfangreicher Keyword-Sets. So viel zum Thema Sachverstand. Es gibt jedoch einen weiteren wichtigen Aspekt im Umgang mit Keywords, der allein von Ihnen abhängt: den *Hausverstand* bzw. gesunden Menschenverstand.

Leider haben wir schon oft erleben müssen, dass unerfahrene Kunden, Agenturen oder Kampagnenmanager zwar Hunderte, wenn nicht sogar Tausende Keyword-Kombinationen, die irgendwelche Tools vorgeschlagen hatten, in ihre Kampagnen einbuchen. Gleichzeitig fehlten jedoch wichtige Suchbegriffe, die teilweise sogar klar auf der Startseite der Firmenwebsite ersichtlich waren.

Widmen Sie daher unabhängig davon, ob Sie Google-Ads-Kampagnen für Ihre eigene Website oder jene von Kunden und Geschäftspartnern erstellen, den Keywords die nötige Aufmerksamkeit aus persönlicher Sicht. Schließlich sitzt am »anderen Ende« Ihrer Kampagnen ebenfalls ein Mensch – unabhängig davon, an welchem Gerät oder in welchem Teil der Erde er sich befindet.

Überlegen Sie zunächst selbst, welche Suchanfragen ein potenzieller Interessent in den Suchschlitz eintippen könnte. Beginnen Sie dann, danach zu suchen, und lassen Sie sich von den gefundenen bezahlten und organischen Suchergebnissen sowie von Googles Vorschlägen weiter inspirieren (z. B. vom Auto-Vervollständigen der Suchanfrage, während Sie tippen, von verwandten Suchbegriffen auf der Ergebnisseite etc.). Ein Klick führt dabei zum nächsten, und mithilfe dieses Prozesses werden Sie erste wertvolle Informationen über Keywords erhalten, die für Sie relevant sind. Tauchen im Themenkontext Begriffe auf, bei denen Sie definitiv keine Anzeigenschaltung auslösen möchten, halten Sie auch diese in Ihren Notizen fest.

Erfahrungsgemäß funktionieren solche Rechercheansätze auch gut, wenn Sie themen- und branchenfremde Personen damit »beauftragen« (warum nicht zum Beispiel Ihre Eltern, Kinder oder Bekannten?), einfach mal nach möglichen Produkten, Dienstleistungen oder Unternehmen bei Google zu suchen. Sie werden erstaunt darüber sein, wie Ihnen diese Personen mit jeweils individuellen Ansätzen beim Finden von Keywords behilflich sein können.

Mithilfe der zuvor beschriebenen Prozesse und Tools greifen Sie nun bereits auf ein Keyword-Set zurück, das als Basis für die Verwendung in den Kampagnen bereitsteht. Bevor Sie sich gleich ins Interface Ihres Google-Ads-Kontos – und damit bei Nichtberücksichtigen dieses Abschnittes möglicherweise direkt ins Verderben – stürzen, müssen wir Ihnen noch eine wichtige, für jede Suchkampagne typische Google-Ads-Eigenschaft vorstellen: die *Keyword-Optionen* bzw. *Keyword-Übereinstimmungstypen* (engl. *Match Types*). Wir werden bei unseren Ausführungen vorwiegend den ersten Begriff nutzen, auch wenn die Google-Ads-Dokumentation und die Benutzeroberfläche in unterschiedlicher Häufigkeit von beiden Bezeichnungen Gebrauch machen.

4.4.2   Groß- und Kleinschreibung von Keywords

Vorausschicken möchten wir auch, dass bei der Eingabe der Google-Ads-Keywords die Groß- und Kleinschreibung nicht beachtet wird. Sie müssen also zum Beispiel die beiden Suchbegriffe *Hotel* und *hotel* nicht doppelt eingeben, da Google Ads beide Schreibweisen berücksichtigt. Auch wenn Sie in diesem Abschnitt unterschiedliche Varianten in der Groß- und Kleinschreibung finden werden, bleibt es schließlich

Ihnen überlassen, wie Sie mit diesem Thema in Ihren Konten umgehen. Persönlich können wir die konsequente Kleinschreibung aller Keywords vor allem aus Gründen der besseren Übersicht nur empfehlen.

Wie gehen Sie jedoch vor, wenn Sie sich ebenfalls für die durchgehende Kleinschreibung entschieden haben, aber einige Ihrer umfangreichen Keyword-Listen eine inkonsequente Groß- und Kleinschreibung aufweisen? (Dabei ist es egal, ob Sie die Keyword-Listen selbst recherchiert oder von Dritten erhalten haben.)

Machen Sie sich keine Sorgen über unnötigen manuellen Zusatzaufwand, denn glücklicherweise gibt es einige sehr hilfreiche Dienste, die Ihnen hier eine Menge Arbeit abnehmen können. Zunächst helfen Ihnen die zuvor im Kapitel erwähnten Tabellenkalkulationsprogramme Microsoft Excel sowie Google Sheets (aus dem kostenlosen Google Drive Account) über einfache Formeln weiter. Sehen Sie sich dazu das Beispiel in Abbildung 4.38 an, das Ihnen die schnelle spaltenweise Umwandlung von unterschiedlicher Groß- und Kleinschreibung in eine einheitliche Kleinschreibweise zeigt.

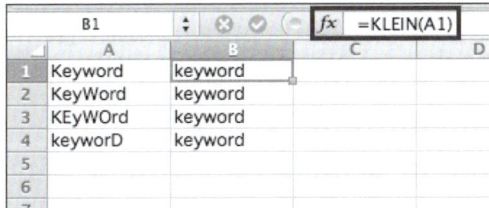 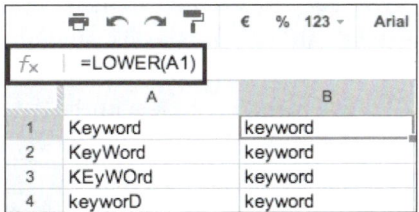

Abbildung 4.38 Einfache Möglichkeit zur automatischen Umwandlung von Groß- in Kleinschreibung in Microsoft Excel (links) bzw. Google Sheets (rechts)

Alternativ können Sie auch online nach solchen Tools suchen. Eines davon ist zum Beispiel *https://convertcase.net*. Damit können Sie grundlegende Schreibweisen-Umwandlungen bequem im Browser erledigen, um die Ergebnisse danach in Ihren Keyword-Listen oder durch einfaches Kopieren und Einfügen gleich in der Google-Ads-Benutzeroberfläche weiterzuverwenden.

Der Google-Ads-Blog geht übrigens in diesem schon etwas älteren Artikel noch einmal offiziell auf dieses Thema ein:

http://adwords-de.blogspot.de/2009/08/keyword-tipps-2-grokleinschreibung-und.html

Nachdem Sie in diesem Abschnitt mehr über die Hintergrundinformationen und Empfehlungen zur generellen Schreibweise von Keywords erfahren haben, kommen wir jetzt zu den Keyword-Optionen bzw. Keyword-Übereinstimmungstypen. Denn diese haben im Unterschied zur Groß- und Kleinschreibung einen wesentlichen Einfluss auf die Schaltung und Leistung Ihrer Google-Ads-Anzeigen.

4.4.3 Die Keyword-Optionen

Unter den Keyword-Optionen in Google Ads können Sie sich eine zusätzliche Kennzeichnung vorstellen, die auf Basis jedes einzelnen eingebuchten Suchbegriffs optional vergeben wird. Allen Google-Ads-Nutzern raten wir dringend, diese Keyword-Optionen zu verwenden, um ihre Keyword-Sets spezifischer auszurichten.

Leider zeigt die Praxis, dass viele Anwender in ihren Kampagnen komplett auf die Nutzung der Keyword-Optionen verzichten und somit sehr wahrscheinlich – meist unbewusst bzw. mangels besserer Kenntnis – mehr Budget als nötig ausgeben.

Keyword-Optionen: obligatorisch oder optional?

Wir empfehlen Ihnen, bei der Erstellung Ihrer Anzeigengruppen und Keyword-Sets abhängig von Ihrer Zielsetzung jederzeit einen Fokus auf die Anwendung der Keyword-Optionen zu legen. Zu wenige bzw. keine Keyword-Optionen einzusetzen, bedeutet zunächst eine größere Reichweite bei geringerem Setup-Aufwand, was vor allem Einsteigern bzw. jenen Anwendern verlockend erscheint, die ihren Kampagnen weniger Zeit widmen können oder wollen. »Google weiß bestimmt, welche Keywords am besten passen« ist ein Ansatz, der Sie langfristig viel Geld kosten kann. Denn die Wahrscheinlichkeit, dass Sie auf diese Weise auch eine Menge irrelevanter Klicks generieren, ist sehr hoch.

Beispiel gefällig? Google interpretiert die Keyword-Option WEITGEHEND PASSEND bisweilen tatsächlich – sowohl thematisch als auch geografisch – nur als sehr grobe Vorgabe. So kann zum Beispiel bei einem weitgehend passenden Keyword *Hotel Salzburg* ohne Nutzung der Keyword-Optionen eine Anzeige durchaus für die Suchanfrage *Ferienwohnung am Chiemsee* geschaltet werden. Natürlich hat eine Ferienwohnung im weitesten Sinne ähnliche Eigenschaften wie ein Hotel – immerhin kann man in beiden gegen Bezahlung übernachten. Und von der Stadt Salzburg bis zum Chiemsee ist es auch nicht weit. Was also Google und die Definition weitgehend passender Keywords betrifft, ist die Vorgehensweise also in Ordnung. Aber für den Anzeigenkunden ist dies doch ein deutliches »Thema verfehlt«.

Wir hoffen, Sie verstehen anhand dieses kleinen Beispiels, dass die Nutzung der Keyword-Optionen keine bloße Option darstellt, sondern dass deren Berücksichtigung vielmehr eine unbedingte Pflicht jedes Google-Ads-Werbetreibenden ist.

Anhand dieses Abschnitts werden Sie rasch erkennen, dass der Einsatz von Keyword-Optionen quasi verpflichtend für jede Suchkampagne ist. Je offener Sie diese Optionen lassen, umso mehr Freiheiten gewähren Sie dem Google-Algorithmus bei der Entscheidung, Ihre Anzeigen bei bestimmten Suchanfragen zu schalten oder nicht. Je enger Sie Ihre Keywords eingrenzen, umso mehr behalten Sie selbst diese Entscheidung in der Hand. Gleichzeitig bedeuten engere Keyword-Optionen jedoch einen umfangreicheren Rechercheaufwand für Sie. Für Kampagnen im Displaynetzwerk sind die Keyword-Optionen übrigens nicht relevant. Werden dort Keywords hinterlegt, haben diese jeweils die Standardoption WEITGEHEND PASSEND, auf die wir gleich unten näher eingehen werden.

Nun, da Sie von den Keyword-Optionen und deren essenzieller Bedeutung vor allem für Suchkampagnen wissen, wird es Sie bestimmt interessieren, welche und vor allem wie viele solcher Optionen es ab sofort zu berücksichtigen gilt. Folgende fünf Optionen werden Sie in diesem Abschnitt genauer kennenlernen:

▶ **Weitgehend passend** (engl. *Broad Match*)
▶ **Modifizierer für weitgehend passende Keywords**
  (engl. *Broad Match with Modifier*)
▶ **Passende Wortgruppe** (engl. *Phrase Match*)
▶ **Genau passend** (engl. *Exact Match*)
▶ **Auszuschließendes Keyword** (engl. *Negative Match*)

Wie Sie in Abbildung 4.39 erkennen können, nimmt die Keyword-Option einen nicht unwesentlichen Einfluss auf die Reichweite und Relevanz Ihrer Suchanzeigen. Je breiter die Keyword-Option ist, umso mehr Reichweite und Traffic-Potenzial hat ein Keyword. Je enger eine Keyword-Option ist, umso mehr steigt die Relevanz, jedoch bei gleichzeitig sinkender Reichweite.

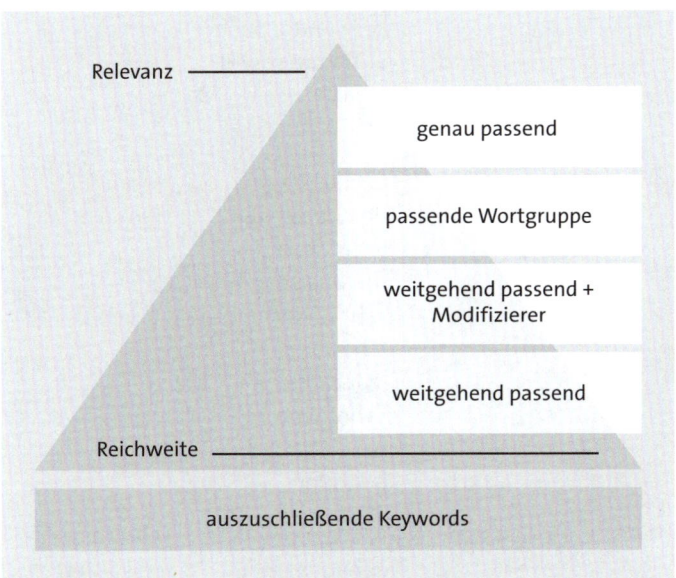

Abbildung 4.39 Die Keyword-Optionen wirken sich unmittelbar auf Reichweite und Relevanz Ihrer Google-Ads-Kampagnen aus.

Im Allgemeinen gilt also, dass Sie mit uneingeschränkten, größtenteils weitgehend passenden Keyword-Sets sehr wahrscheinlich mehr Besucher erhalten werden. Kampagnen, die nur genau passende Keywords enthalten, werden höchstwahrscheinlich sehr relevante und hinsichtlich Ihrer Zielsetzung »bessere«, jedoch auch deutlich weniger Besucher liefern.

Auszuschließende Keywords nehmen dabei eine Sonderrolle ein, da sie in Kombination mit den anderen Optionen eingesetzt werden können, um Ihnen eine weitere Eingrenzung des Keyword-Sets zu ermöglichen.

Bevor wir uns den einzelnen Details widmen, möchten wir Ihnen anhand der Beispiele in Tabelle 4.3 einen ersten Überblick zu den wesentlichsten Eigenschaften und Unterschieden der Keyword-Optionen bieten. Dort lernen Sie auch die Möglichkeiten zur Kennzeichnung der jeweiligen Option kennen, mit der Sie dem Google-Ads-Programm mitteilen, ob und in welcher Form Sie ein Keyword näher eingrenzen möchten.

Keyword-Option	Kennzeich-nung	Beispiel-Keyword	Kriterien für die Anzeigen-schaltung	Beispiel-Suchanfrage
Weitgehend passend	Keyword	Hose für Herren	Synonyme des Keywords, ähnliche bzw. verwandte Suchanfragen sowie weitere relevante Varianten	Herren Freizeithose kaufen
Modifizierer für weitgehend passende Keywords	+Keyword	+Hose für +Herren	Suchanfrage beinhaltet den leicht geänderten Begriff oder sehr ähnliche Varianten, jedoch keine Synonyme, in beliebiger Reihenfolge	Hosen für Herren
Passende Wortgruppe	"Keyword"	"Hose für Herren"	Wortgruppe in genauer Reihenfolge	Hose für Herren kaufen

Tabelle 4.3 Übersicht und Beispiele für Keyword-Optionen

Keyword-Option	Kennzeich-nung	Beispiel-Keyword	Kriterien für die Anzeigen-schaltung	Beispiel-Suchanfrage
Genau passend	[Keyword]	[Hose für Herren]	Genauer Begriff	Hose für Herren
Auszuschlie-ßendes Key-word	-Keyword	-Jeans	Nur Suchanfra-gen ohne den ausgeschlosse-nen Begriff	Jeans Hose für Herren (löst keine Anzeigen-schaltung aus!)

Tabelle 4.3 Übersicht und Beispiele für Keyword-Optionen (Forts.)

In der Hoffnung, den meisten von Ihnen mithilfe dieser Tabelle bereits ein erstes »Aha-Erlebnis« in Sachen Keyword-Optionen beschert zu haben, möchten wir den fünf möglichen Varianten auch im Einzelnen jeweils ein paar Zeilen widmen.

Weitgehend passend

Weitgehend passende Keywords stellen die von Google vorgegebene Standardoption dar. Aus diesem Grund gibt es dafür auch keine spezielle Kennzeichnung. Sie buchen ein einzelnes Keyword oder eine aus mehreren Wörtern bestehende Phrase in Google Ads ein und überlassen die »weitgehende« Zuordnung dem Google-Ads-Algorithmus. Dabei sind in der Auswahl, bei welchen tatsächlichen Suchanfragen Ihre Anzeigen geschaltet werden, folgende Varianten möglich:

▶ Die Suchanfrage muss das eingebuchte Keyword nicht unbedingt in der richtigen Reihenfolge enthalten.

▶ Die Suchanfrage kann mehrere andere, nicht eingebuchte Begriffe enthalten.

▶ Die Suchanfrage kann »ähnliche« (jedoch nicht unbedingt für Ihre Zwecke passende) Begriffe enthalten.

▶ Die Suchanfrage kann falsche Schreibweisen, Singular- und Pluralformen sowie Synonyme des eingebuchten Keywords beinhalten.

Lassen Sie uns nun anhand von Tabelle 4.4 ansehen, wie sich das in der Praxis auswirken kann.

Weitgehend passendes Keyword	Anzeigenschaltung bei diesen Suchanfragen
Skiurlaub Tirol	Winterurlaub in Tirol
	Skifahren im Urlaub in Südtirol
	Skiurlaub Österreich buchen
	Nach Tirol in den Schiurlaub
	Im Winterurlaub nach Tirol fahren
	Hotels Tirol Skiurlaub Bewertung

Tabelle 4.4 Beispiele für die Option »Weitgehend passend«

Sie sehen, dass Google Ihre Anzeigen unter Verwendung der weitgehend passenden Keyword-Option bei sehr vielen Suchanfragen schaltet, ohne dass Sie eine aufwendige Keyword-Liste erstellen müssen. Diesen vermeintlichen Vorteil können Sie aber dann rasch einbüßen, wenn eine für den Algorithmus vermeintlich logische Zuordnung für Sie keinen Sinn ergibt.

Wenn Sie, wie oben dargestellt, beispielsweise als Tiroler Skigebiet in der Google-Suche werben, werden Sie gut daran tun, die Begriffe *Südtirol* oder *Italien* als auszuschließende Keywords zu hinterlegen, um die Relevanz Ihrer Anzeigen für Suchmaschinen-Nutzer zu steigern. Ebenfalls werden Sie in diesem Beispiel auch *Bewertung* als weiteres auszuschließendes Keyword festlegen, sollten Sie eine Info- und Buchungswebsite ohne Hotelbewertungen betreiben.

Aus diesen – wie wir hoffen offensichtlichen – Gründen lässt sich also feststellen, dass ein kleines und hauptsächlich weitgehend passendes Keyword-Set eine umso längere Liste an auszuschließenden Keywords erfordert, um dennoch nicht gänzlich an Relevanz einzubüßen.

Modifizierer für weitgehend passende Keywords

Kommen wir zu einer leicht abgewandelten und daher bereits eine Stufe spezifischeren Keyword-Option: zu jener, bei der Sie die weitgehend passenden Keywords mit einem sogenannten »Modifizierer« versehen. Er lässt sich durch das Voranstellen eines Pluszeichens (+) vor das jeweilige Keyword aktivieren. Wie Sie gleich sehen werden, kann dieser Modifizierer dabei auch bei mehreren Wörtern einer Keyword-Phrase zum Einsatz kommen. Seine Nutzung hat im Unterschied zur erstgenannten Option die Auswirkung, dass keine Anzeigenschaltung für Synonyme oder ähnliche, verwandte Suchanfragen ausgelöst wird.

Setzen wir das zuvor genannte Beispiel fort, würde also die Verwendung des Keywords *+Skiurlaub +Tirol* für Suchanfragen, die *Winterurlaub* oder *Südtirol* beinhalten, keine Anzeigenschaltung mehr auslösen. Bei mehr Kontrolle müssen Sie bei der Nutzung dieser Keyword-Option nicht gänzlich darauf verzichten, dass Übereinstimmungen für Singular- und Pluralformen oder Tippfehler dennoch automatisch berücksichtigt werden. Wie die Nutzung des Modifizierers bei weitgehend passenden Keywords in der Praxis aussieht, veranschaulicht Tabelle 4.5.

Modifizierer für weitgehend passende Keywords	Anzeigenschaltung bei diesen Suchanfragen	Keine Anzeigenschaltung bei diesen Suchanfragen
+Skiurlaub +Tirol	Skiurlaub in Tirol Skiurlaub Tirol buchen Angebote für Schiurlaub in Tirol	Winterurlaub in Tirol Skiurlaub in Südtirol

Tabelle 4.5 Beispiele für die Option »Weitgehend passend mit Modifizierer«

Passende Wortgruppe

Noch einen deutlichen Schritt spezifischer wird es, wenn wir uns die *passende Wortgruppe* als nächste Keyword-Option ansehen. Wie der Name schon sagt, muss dabei die Suchanfrage als Wortgruppe – die Sie übrigens durch das Setzen von doppelten Anführungszeichen ("Keyword") definieren – mit dem eingebuchten Keyword übereinstimmen. Vereinfacht bedeutet das, dass der Suchende vor und/oder nach dem als passende Wortgruppe eingebuchten Keyword noch beliebige Begriffe ergänzen kann, um dennoch eine Anzeigenschaltung auszulösen. Diese Option ist, wenn man so will, das »Mittelding« zwischen weitgehend und genau passend ausgerichteten Keywords. Sie ist nicht zu spezifisch, aber dennoch mit deutlich geringerer Wahrscheinlichkeit, sodass Ihre Anzeigen bei gänzlich unpassenden Suchbegriffen nicht erscheinen (siehe Tabelle 4.6).

Passende Wortgruppe	Anzeigenschaltung bei diesen Suchanfragen	Keine Anzeigenschaltung bei diesen Suchanfragen
"Skiurlaub in Tirol"	Skiurlaub in Tirol Skiurlaub in Tirol buchen Günstiger Skiurlaub in Tirol	Günstiger Winterurlaub in Tirol Schiurlaub in Tirol Skiurlaub buchen in Tirol

Tabelle 4.6 Beispiele für die Option »Passende Wortgruppe«

Genau passend

Last, but not least erreichen wir mit der Keyword-Option *Genau passend* die Spitze der in Abbildung 4.39 dargestellten Pyramide. Eine hohe Relevanz zeichnet diesen Übereinstimmungstyp genauso aus wie die damit einhergehende geringere Reichweite. Ihre Anzeigen werden nur dann geschaltet, wenn die Suchanfrage – Sie haben es erraten – genau mit dem Keyword übereinstimmt, das in diesem Fall mithilfe von eckigen Klammern eingebucht wird: [Keyword].

Sowohl verwandte oder hinzugefügte Begriffe als auch Falschschreibweisen müssen hier außen vor bleiben und lösen daher in diesem Fall keine Anzeigenschaltung aus. Sie müssen sich darüber im Klaren sein, dass Sie bei der ausschließlichen Verwendung von genau passenden Keywords entweder eine Menge von ihnen einbuchen müssen, um eine ausreichend große Interessentengruppe zu erreichen, oder dass Sie eben – was auch eine Variante Ihrer Kampagnenzielsetzung sein kann – nur wenige, aber umso zielgerichtetere Impressionen und auch Klicks pro Tag erzielen. Das Beispiel aus Tabelle 4.7 lässt somit für eine mögliche Anzeigenschaltung nur mehr eine einzige Option offen.

Genau passendes Keyword	Anzeigenschaltung bei diesen Suchanfragen	Keine Anzeigenschaltung bei diesen Suchanfragen
[Skiurlaub in Tirol]	Skiurlaub in Tirol	Günstiger Skiurlaub in Tirol Skiurlaub in Tirol Hotel Skiurlaub in Tirol buchen

Tabelle 4.7 Beispiele für die Option »Genau passend«

Google weicht die Keyword-Einschränkungen immer weiter auf

Bitte beachten Sie, dass die dargestellten Keyword-Optionen die Grundregeln darstellen, an die sich Google lange Zeit auch strikt gehalten hat. Im Laufe der Zeit wurden die Einschränkungen jedoch immer stärker »aufgeweicht«, sodass zunächst Singular-/Pluralformen sowie bekannte Falschschreibweisen auch bei Wortgruppen und genau passenden Optionen zugelassen wurden. Als letzte Änderung akzeptiert Google nun auch kleine Füllwörter bei genau passender Vorgabe, wenn der Sinn der Suchanfrage durch die Füllwörter nicht verändert wird. Somit wird beispielsweise bei der Vorgabe *[rote schuhe damen]* auch die Suchanfrage *rote schuhe* **für** *damen* akzeptiert. Bei [Genau passend] wurden sogar schon Suchanfragen gesichtet, die nur ein Synonym der exakten Vorgabe waren.

Achtung: Sie können sich gegen diese »aufgeweichte Schaltung« Ihrer Suchbegriffvorgaben nur wehren, indem Sie zusätzlich ungewollte Suchbegriffe mit genau passender Option als auszuschließende Keywords hinzufügen.

Bei den negativen, auszuschließenden Keywords bleibt Google weiterhin sehr »streng« und schließt nur die Begriffe in der vorgegebenen Schreibweise aus, sodass Sie weiterhin alle Varianten und auch fehlerhafte Schreibweisen als negative Begriffe hinzufügen müssen.

Auszuschließende Keywords

Die letzte Übereinstimmungsmethode der *auszuschließenden Keywords* ist, wie bereits eingangs dargestellt, keine fünfte und zusätzliche, sondern vielmehr eine weitere Keyword-Option, die alle vier zuvor genannten ergänzt. Sie sollten auszuschließende Keywords daher in jeder Ihrer Kampagnen einsetzen, um eine Anzeigenschaltung mit thematisch und/oder geografisch überhaupt nicht passenden Suchbegriffen von vornherein zu vermeiden.

Auszuschließende Keywords werden durch ein vorangestelltes Minus-Zeichen (-Keyword) markiert, wenn sie neben den anderen Keywords in das Standardformularfeld für Keyword eingegeben werden. In der Praxis werden die auszuschließenden Keywords aber in speziellen Eingabefeldern auf Anzeigengruppen- oder Kampagnenebene oder zentral über Listen für die Kontoebene festgelegt. Dann entfällt das vorangestellte Minus-Zeichen.

Enthält die Suchanfrage eines Interessenten eines der von Ihnen definierten auszuschließenden Keywords, erfolgt keine Anzeigenschaltung. Aus diesem Grund ist es unerlässlich, dass Sie bereits bei der Recherche der ausdrücklich gewünschten Keywords auch solche Begriffe notiert haben, mit denen Sie nicht gefunden werden wollen. Bei unserer Beispielsuche nach *Skiurlaub Tirol* könnten wir uns gut vorstellen, dass Sie als Skigebiet sowohl bei sämtlichen Wetterrecherchen als auch bei negativ behafteten Suchanfragen wie Unglücken oder Todesfällen keine Anzeigen schalten möchten (siehe Tabelle 4.8).

Ausschließendes Keyword	Anzeigenschaltung bei diesen Suchanfragen	Keine Anzeigenschaltung bei diesen Suchanfragen
-Hotelbewertung -Bewertung -Wetter -Gletscher -Unfall	Skiurlaub in Tirol Winterurlaub in Tirol Skiurlaub Tirol buchen	Wetter Skiurlaub Tirol Jänner Unfall beim Skiurlaub in Tirol Gletscher Skiurlaub in Tirol
	(Weitgehend passendes Keyword: Skiurlaub Tirol)	

Tabelle 4.8 Beispiele für die Verwendung der Option »Auszuschließendes Keyword«

Auszuschließende Keywords werden in der Benutzeroberfläche in einem separaten Bereich festgelegt. Diese Keyword-Option hat die Eigenschaft, dass sie sich mit den anderen zuvor genannten Keyword-Optionen kombinieren lässt. Welche Auswirkungen das in der Praxis auf die Anzeigenschaltung hat, sehen Sie in Tabelle 4.9.

Auszuschließendes Keyword	Anzeigenschaltung bei diesen Suchanfragen	Keine Anzeigenschaltung bei diesen Suchanfragen
-"Gletscher Tirol"	Gletscher Skiurlaub in Tirol	Gletscher Tirol Skiurlaub
-[Skiurlaub Tirol Unfall]	Unfall beim Skiurlaub in Tirol	Skiurlaub Tirol Unfall
-Wetter	Skiurlaub in Tirol Webcam	Wetter Skiurlaub Tirol Vorhersage Wetter im Skiurlaub Tirol
	(Weitgehend passendes Keyword: Skiurlaub Tirol)	

Tabelle 4.9 Kombination des auszuschließenden Keywords mit anderen Keyword-Optionen

Wir hoffen, Sie konnten bis hierher feststellen, wie wichtig es ist, dass Sie in jeder Ihrer Kampagnen im Suchnetzwerk von den Keyword-Optionen intensiven Gebrauch machen. Auszuschließende Keywords zu definieren, ist für uns ohnehin obligatorisch.

Sehen wir uns nun an, wie Sie mit Ihrem vorbereiteten Keyword-Set in Google-Ads weiterarbeiten. Wo werden die Keywords und ihre Optionen eingetragen, wo werden die Ausschluss-Keywords hinterlegt? Zuvor möchten wir Ihnen aber noch eine relativ neue und nicht unwesentliche Änderung bei den Keyword-Optionen vorstellen. Im folgenden Abschnitt erfahren Sie, wann und warum Google diese Veränderung eingeführt hat und wie Sie sie nicht nur berücksichtigen, sondern vielmehr zu Ihrem Vorteil einsetzen können.

4.4.4   Die Keyword-Optionen in der Praxis

Sie konnten nun herausfinden, dass ein (wenn nicht *der*) Schlüssel zu erfolgreichen Suchkampagnen in der Nutzung der Keyword-Optionen liegt. Doch wie sollten Sie das eben Gelernte nun in der Praxis umsetzen? Sind nicht *weitgehend passende* Keywords die beste Methode, um viele Impressionen zu erhalten? Gleichzeitig wird für eine optimale Relevanz und Anzeigenleistung der Einsatz von möglichst vielen *genau passenden* Keywords empfohlen. Schauen wir uns nun an, wie Sie daraus eine Vorgehensweise ableiten können, um den Spagat zwischen Setup-Aufwand, Reichweite und Performance Ihrer Anzeigen bestmöglich hinzubekommen.

Wir werden dabei vor allem auf die Möglichkeit eingehen, auszuschließende Keywords zu hinterlegen. Nicht zuletzt steht und fällt damit Ihr Kampagnenerfolg. Und je mehr dieser auszuschließenden Begriffe und Wortkombinationen Sie gleich am Beginn der Kampagnenschaltung festlegen, desto weniger Impressionen, Klicks und nicht zuletzt Kosten entstehen Ihnen durch irrelevante Suchanfragen.

Auszuschließende Keywords auf Kontoebene

Eine erfahrungsgemäß in der Praxis zu selten genutzte Möglichkeit zum Festlegen von auszuschließenden Keywords ist jene auf Kontoebene. Sie steuern diesen Ausschluss über die LISTEN MIT AUSZUSCHLIESSENDEN KEYWORDS. Diese finden Sie unter GEMEINSAM GENUTZTE BIBLIOTHEK (siehe Abbildung 4.40). Klicken Sie im Kopfbereich Ihres Google-Ads-Kontos auf den Werkzeugschlüssel (TOOLS UND EINSTELLUNGEN), und rufen Sie hier die Listen in der gemeinsam genutzten Bibliothek auf.

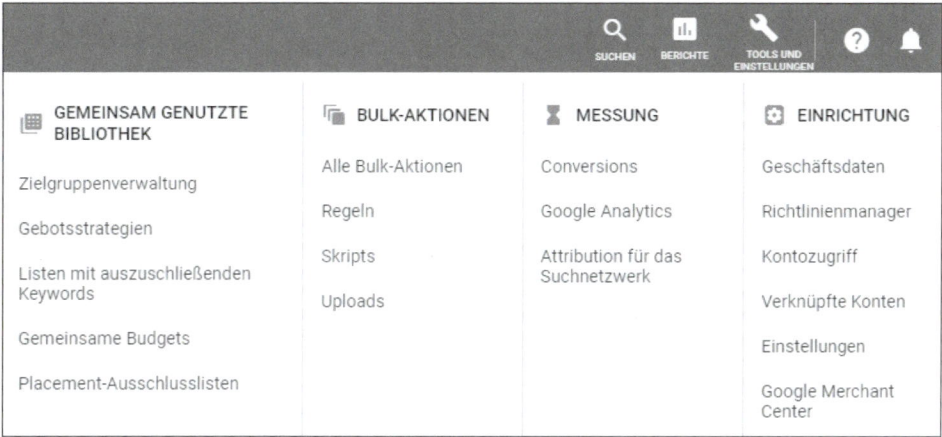

Abbildung 4.40 Nutzen Sie die eine Liste in der Bibliothek, um Keywords für mehrere Kampagnen auszuschließen.

In Ihrem neuen Konto gibt es natürlich zunächst noch keine Liste. Sie können jedoch über den bereits bekannten Plus-Button ⊕ eine Liste anlegen und diese mit ersten Ausschluss-Keywords füllen. Versuchen Sie dabei möglichst einzelne Begriffe mit weitgehend passender Option hinzuzufügen (siehe Abbildung 4.41). Auf diese einfache Weise decken Sie mit wenig Aufwand eine große Gruppe an Suchanfragen ab.

Wenn Sie z. B. *ebay* als negatives Keyword hinterlegt haben, dann werden alle Suchanfragen verhindert, die den Begriff *ebay* enthalten (beispielsweise *jeans bei ebay*, *ebay herren jeans kaufen* usw.). Denken Sie jedoch auch an Varianten, die vielleicht öfter in der Suche vorkommen können, also auch falsche Schreibweisen, wie *eebay*, *ebai* oder Ähnliches. Die Erfahrung zeigt, dass die Listen nicht von Anfang an komplett sind, sondern im Laufe der Zeit stetig anwachsen.

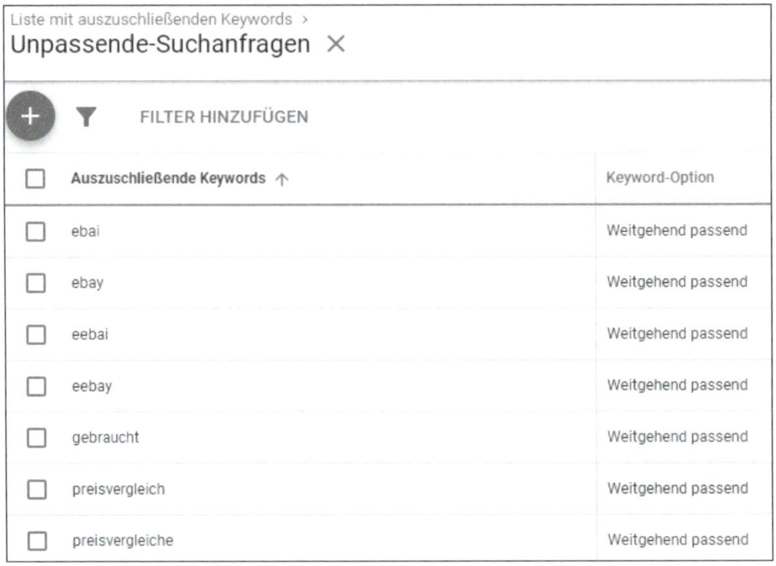

Liste mit auszuschließenden Keywords ›
Unpassende-Suchanfragen ✕

➕   ▼   FILTER HINZUFÜGEN

☐ Auszuschließende Keywords ↑	Keyword-Option
☐ ebai	Weitgehend passend
☐ ebay	Weitgehend passend
☐ eebai	Weitgehend passend
☐ eebay	Weitgehend passend
☐ gebraucht	Weitgehend passend
☐ preisvergleich	Weitgehend passend
☐ preisvergleiche	Weitgehend passend

Abbildung 4.41 Auszuschließende Keywords in der gemeinsam genutzten Bibliothek hinterlegen

Einer der wesentlichen Vorteile davon, auszuschließende Keywords bereits auf über-geordneter Kontoebene festzulegen, besteht darin, dass hier definierte Listen gleich mit mehreren Google-Ads-Kampagnen verknüpft werden können. Darüber hinaus können Sie einer Kampagne nicht nur eine, sondern bei Bedarf auch mehrere solcher Ausschlusslisten zuordnen.

Diese zentrale Verwaltung bietet Ihnen nicht nur beim erstmaligen Setup, sondern auch im Zuge der permanenten Kampagnenoptimierung neue Möglichkeiten, um Ihre auszuschließenden Keywords so effizient wie möglich zu managen. Sie erstellen eine neue Kampagne? Weisen Sie ihr eine oder mehrere Ihrer bestehenden Aus-schlusslisten zu, um von Beginn an für eine optimale Anzeigenrelevanz zu sorgen. Sie verwalten im Google-Ads-Konto eine große Anzahl an aktiven Kampagnen? Fügen Sie eine neue auszuschließende Keyword-Liste einfach zentral zu Ihren beste-henden hinzu, und sie gelten sofort für die jeweils zugeordneten Kampagnen.

Wie in Abbildung 4.42 ersichtlich, könnten Sie nach diesem Schema eine Liste (z. B. mit dem Namen *Unpassende-Suchanfragen*) erstellen, die allgemein für alle Such-kampagnen gelten soll. Würden Sie einen Online-Shop bewerben, wären möglicher-weise Begriffe wie *free, gratis, gebraucht, probe* oder *muster* in einer solchen zentralen Ausschlussliste vorhanden. Diese Vorgehensweise können Sie beliebig vertiefen. Für eine aktuelle Kampagne könnten Sie zum Beispiel eine Liste mit Marken erstellen, die momentan nicht beworben werden sollen, aber in einer anderen späteren Kam-pagne durchaus als Suchbegriffe interessant wären.

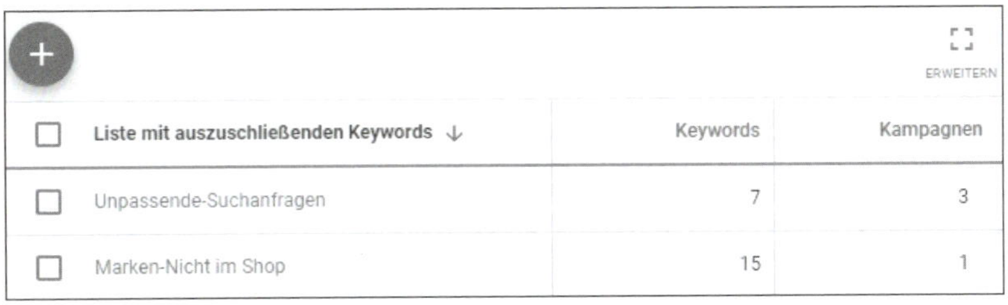

Liste mit auszuschließenden Keywords ↓	Keywords	Kampagnen
Unpassende-Suchanfragen	7	3
Marken-Nicht im Shop	15	1

Abbildung 4.42 Haben Sie zentrale Ausschlusslisten definiert, können Sie jederzeit sowohl die Anzahl der darin enthaltenen Keywords als auch die Zahl der zugeordneten Kampagnen einsehen.

Es liegt also an Ihrer Kampagnenstruktur und Werbestrategie, ob Sie nur mit einer oder mit mehreren negativen Keyword-Listen arbeiten möchten. Eine Liste mit den wichtigsten Suchanfragen, zu denen Sie Ihre Anzeigen nicht schalten möchten, sollten Sie auf jeden Fall nutzen. Unabhängig davon, ob Sie nun in den Listen auf Kontoebene zehn oder mehrere Tausend Begriffe hinterlegt haben, können Sie diese Keywords mit nur einem Klick einer Kampagne zuordnen und somit als auszuschließende Keywords mit ihr verknüpfen.

Auf zwei Nachteile im Umgang mit den zentralen Listen möchten wir an dieser Stelle hinweisen. In der Praxis können folgende Szenarien auftreten:

▶ Sie erstellen neue Kampagnen und vergessen, die zentral definierten Ausschlusslisten mit diesen zu verknüpfen. Denken Sie also immer daran, eine neue Kampagne einmal zumindest mit Ihrer allgemeinen Liste auszuschließender Keywords zu verknüpfen.

▶ Sie analysieren bzw. optimieren bestehende Kampagnen und denken nicht daran, dass eine zentrale Ausschlussliste möglicherweise ein oder mehrere Keywords enthalten kann, die einem Ihrer aktiv eingebuchten Begriffe »in die Quere« kommen. Wenn neue Keywords keine Impressionen erzeugen, sollten Sie auf jeden Fall auch diese Möglichkeit abchecken.

Wir können trotz dieser potenziellen Fehlerquelle den Einsatz zentraler Listen für auszuschließende Keywords nur empfehlen. Probieren Sie es einfach aus, und legen Sie Anzahl und Umfang der Ausschlusslisten individuell für Ihre Bedürfnisse fest. Sorgen Sie jedoch gleichzeitig dafür, dass Sie bzw. Ihr mit der Kampagnenverwaltung betrautes Team beim Einsatz von auszuschließenden Keywords eine klare Strategie verfolgt.

Auszuschließende Keywords anlegen

Sie haben wie bereits erwähnt drei Möglichkeiten, die auszuschließenden Keywords anzulegen:

- in Listen auf Kontoebene für alle oder einige Kampagnen,
- auf Kampagnenebene für die jeweilige Kampagne oder
- auf Anzeigengruppenebene für die jeweilige Anzeigengruppe.

Google hat diese Möglichkeiten in dem neuen Interface seit 2017 an einer zentralen Stelle gebündelt.

Neben den übergeordneten Listen können Sie einzelne Keywords oder Keyword-Gruppen auch auf Kampagnen- oder Anzeigengruppenebene ausschließen. Zur Eingabe der auszuschließenden Keywords gehen Sie folgendermaßen vor (siehe auch Abbildung 4.43):

1. Wählen Sie zunächst in der linken Navigation die gewünschte Kampagne, zu der Sie auszuschließende Keywords hinzufügen möchten. Die aktuell ausgewählt Kampagne finden Sie dann oben in der Breadcrumb-Navigation ❶ (Hinweis: Sie können auch ALLE KAMPAGNEN wählen, müssen dann aber im späteren Verlauf die gewünschte Kampagne bestimmen.)

2. Wählen Sie danach in der mittleren Menüleiste den Unterpunkt KEYWORDS ❷ aus.

3. Im nächsten Schritt klicken Sie auf AUSZUSCHLIESSENDE KEYWORDS ❸ (Hinweis: Google zeigt diesen Unterpunkt mittlerweile als untergeordneten Navigationspunkt in der Menüleiste an.) und klicken nun noch auf den Plus-Button ⊕ Sie können nun aus den drei vorher genannten Möglichkeiten auswählen:

   – Falls bereits mindestens eine Liste mit auszuschließenden Keywords besteht, klicken Sie auf den Radiobutton LISTE MIT AUSZUSCHLIESSENDEN KEYWORDS VERWENDEN ❹. Daraufhin erhalten Sie eine Auswahl der bestehenden Liste(n), die Sie per Checkbox bestätigen und abspeichern können.

   – Sie möchten negative Keywords einer Kampagne hinzufügen? Dann wählen Sie den Radiobutton vor AUSZUSCHLIESSENDE KEYWORDS HINZUFÜGEN ODER NEUE LISTE ERSTELLEN 5 und füllen ein Formularfeld mit den auszuschließenden Keywords (je ein Keyword oder eine Keyword-Phrase pro Zeile, ohne Minuszeichen). In der Dropdown-Liste kontrollieren Sie noch, ob die Auswahl auf Kampagne ❻ eingestellt ist, und speichern dann Ihre Eingabe ab.

   – Möchten Sie Ihre auszuschließenden Keywords nur einer bestimmten Anzeigengruppe hinzufügen, dann entspricht die Vorgehensweise dem vorigen Punkt, nur mit dem Unterschied, dass Sie nun in der Dropdown-Liste ANZEIGENGRUPPE ❼ wählen. Die gewünschte Anzeigengruppe müssen Sie auf Nachfrage des Google-Ads-Systems noch bestimmen.

Nachdem Sie neue negative Keywords in das Eingabefeld eingetragen haben, können Sie alternativ zur zweiten oder dritten Möglichkeit auch die Checkbox vor IN EINER NEUEN ODER BESTEHENDEN LISTE SPEICHERN aktivieren, um direkt aus dieser Eingabe eine neue Liste mit auszuschließenden Keywords zu erstellen.

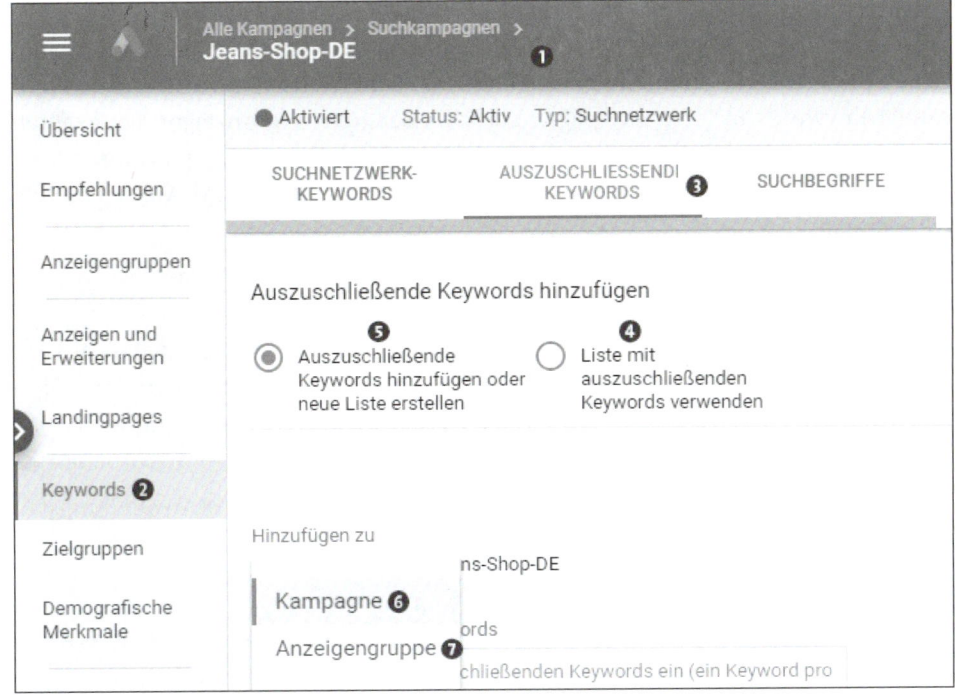

Abbildung 4.43 Zur Eingabe der auszuschließenden Keywords bietet Google Ads verschiedene Möglichkeiten an.

Auszuschließende Keywords auf Kampagnenebene

Jetzt, da Sie die verschiedenen Eingabemöglichkeiten kennen, sollten wir auf jeden Fall noch klären, wann Sie nun am besten auszuschließende Keywords auf Kampagnenebene festlegen sollten. Zum einen empfiehlt sich diese Vorgehensweise immer dann, wenn Ihre Kampagnen inhaltlich so wenig gemeinsam haben, dass sich die Einrichtung und Verwaltung zentraler Ausschlusslisten nicht lohnt. Zum anderen kann es am Anfang bei Konten mit einer Kampagne praktisch sein, die Keywords direkt auf Kampagnenebene einzugeben. Sobald aber weitere Kampagnen hinzukommen, ist es durchaus sinnvoll, dass Sie Ihre auf Kampagnen- oder Anzeigengruppenebene festgelegten auszuschließenden Keywords Schritt für Schritt in zentrale Listen migrieren.

Wie wir bereits in diesem Abschnitt erwähnt haben, sollten Sie unbedingt auszuschließende Keywords nutzen, sobald Sie mit den Keyword-Optionen *weitgehend passend* oder *passende Wortgruppe* arbeiten. Da bei diesen beiden Übereinstimmungstypen beliebige Variationen oder Ergänzungen der Suchanfrage durch den Nutzer ebenfalls eine Anzeigenschaltung auslösen können, sollten Sie offensichtlich unerwünschte bzw. irrelevante Begriffe unbedingt als auszuschließende Keywords festlegen.

Beachten Sie an dieser Stelle, dass Sie auch die auszuschließenden Keywords in den drei Übereinstimmungsvarianten *Weitgehend passend*, *Passende Wortgruppe* und *Genau passend* festlegen können. So können Sie zum Beispiel eine Reihe genau passender Keywords in Ihrer Kampagne ausschließen, um Ihre Anzeigen bei exakten Übereinstimmungen mit bestimmten Suchanfragen nicht anzuzeigen. Währenddessen würden ähnliche und falsche Schreibweisen sehr wohl für eine Anzeigenschaltung sorgen.

Auszuschließende Keywords auf Anzeigengruppenebene

Wann sollte man diese Variante in Betracht ziehen? Die Erfahrung zeigt, dass auf Anzeigengruppenebene festgelegte auszuschließende Keywords vor allem dann Sinn machen, wenn Sie viele thematisch und semantisch ähnliche Anzeigengruppen parallel aktiviert haben, in denen Sie mit weitgehend passenden Keywords arbeiten.

Sehen Sie sich das Beispiel aus Tabelle 4.10 an, um den konkreten Anwendungsfall besser zu verstehen.

Anzeigengruppe und weitgehend passendes Keyword	Anzeigeninhalt und Ziel-URL	Auszuschließende Keywords auf Anzeigengruppenebene
Familienurlaub	Angebote für Familienurlaub (familienspezifischer Anzeigentext)	-Kinderurlaub, -Babyurlaub
Kinderurlaub	Angebote für Familien mit Kindern (kinderspezifischer Anzeigentext)	-Familienurlaub, -Babyurlaub
Babyurlaub	Angebote speziell für Familien mit Babys (babyspezifischer Anzeigentext)	-Familienurlaub, -Kinderurlaub

Tabelle 4.10 Beispiel für den Einsatz von auszuschließenden Keywords auf Anzeigengruppenebene

Durch die in der Tabelle gezeigte Vorgehensweise können Sie klar festlegen, dass Google Ads grundsätzlich dann die Anzeigen schaltet, wenn es weitgehend passende Übereinstimmungen mit dem jeweiligen Anzeigengruppenthema gibt. Sobald jedoch ein konkreter Begriff aus einer der anderen Anzeigengruppen in der Suchanfrage vorkommt, würde die jeweils relevanteste Anzeige für die Anzeigenschaltung herangezogen. Ohne diese Vorgehensweise hätten Sie beim oben stehenden Beispiel keine Kontrolle darüber, ob bei einer Suchanfrage nach *Familienurlaub* tatsächlich auch eine Anzeige aus der Familienurlaub-Anzeigengruppe geschaltet wird oder ob der Google-Algorithmus nicht etwa eine der beiden anderen Anzeigengruppen als relevanter erachtet.

Fazit zu den auszuschließenden Keywords

Wir hoffen, dass wir Sie mit den vielen Möglichkeiten, auszuschließende Keywords in Google Ads zu hinterlegen, nicht komplett verwirrt haben. Zugegeben, es ist durchaus in Ordnung, wenn Sie sich zunächst nicht sicher sind, welche Keywords Sie mit welchem Übereinstimmungstyp auf welcher Ebene ausschließen sollten. In der Praxis werden Sie sich jedoch schnell mit den Unterschieden und Vorzügen der jeweiligen Ebenen vertraut machen können. Für einen schnellen Start können wir Ihnen guten Gewissens die folgende Vorgehensweise empfehlen:

▶ auszuschließende Keywords auf Kampagnenebene (vor allem, wenn Sie zunächst nur eine Kampagne online schalten)

▶ auszuschließende Keyword-Listen auf Kontoebene (vor allem, wenn Sie eine Auswahl an Begriffen hinterlegen möchten, die für alle Ihre Kampagnen irrelevant sind)

▶ auszuschließende Keywords auf Anzeigengruppenebene (vor allem, wenn Sie wie oben gezeigt viele semantisch ähnliche Anzeigengruppen parallel schalten)

Kurioserweise ist die Erklärung rund um die Eingabemöglichkeiten auszuschließender Keywords aufwendiger als das Einbuchen der gewünschten (positiven) Begriffe, die schließlich eine Anzeigenschaltung auslösen sollen. Wie Sie Letzteres umsetzen und worauf Sie dabei achten sollten, sehen wir uns als Nächstes an.

Keyword-Eingabe in der Google-Ads-Benutzeroberfläche

Bei einer bestehenden Kampagne können Sie neue Keywords auf folgende Weise hinzufügen:

1. Wählen Sie zunächst in der linken Navigation die gewünschte Kampagne aus. Klicken Sie danach in der mittleren Menüleiste auf den Tab KEYWORDS ❶ (siehe Abbildung 4.44) und danach auf ⊕.

2. Im nächsten Schritt müssen Sie noch die Anzeigengruppe bestimmen. Alternativ können Sie die Anzeigengruppe auch schon zu Beginn bei der Auswahl im linken Menü festlegen. In der Praxis werden Sie schnell erkennen, welcher Weg in Abhängigkeit von Ihrer Kampagnen-/Anzeigengruppen-Struktur einfacher ist. Die aktive Anzeigengruppe ❷ wird Ihnen über dem Keyword-Eingabefeld angezeigt. Wie Sie bereits wissen, können Keywords nur auf Anzeigengruppenebene hinzugefügt werden.

3. Anschließend können Sie in das Formularfeld ❸ Ihre im Vorfeld recherchierten Keywords mit den jeweiligen Keyword-Optionen eingeben.

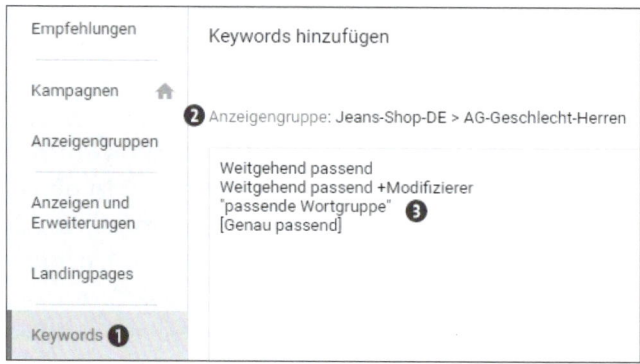

Abbildung 4.44 Im »Keywords«-Tab fügen Sie einer Anzeigengruppe neue Begriffe mit den gewünschten Übereinstimmungstypen hinzu.

Falls Sie noch weitere Ideen benötigen, erhalten Sie auf der rechten Seite neben dem Eingabefeld zusätzliche Ideen, die Google auf Grundlage der bestehenden Keywords und Ziel-URL mit einem automatischen Scan ermittelt hat. Übernehmen Sie solche Vorschläge aber nicht einfach, denn diese müssen auch in die konkrete Anzeigengruppe passen. Sie sollten außerdem darauf achten, dass Sie auch bei den Vorschlägen noch zusätzlich die Keyword-Optionen aktiv festlegen. Tun Sie das nicht, werden die Vorschläge automatisch als weitgehend passend übernommen.

In dieser Phase werden Sie sich sehr wahrscheinlich mit folgenden Fragen beschäftigen:

▶ Wie viele Keywords soll, darf bzw. muss ich pro Anzeigengruppe eingeben?

▶ Wie lautet die Empfehlung für den Umgang mit den Übereinstimmungstypen?

Um zunächst die erste Frage zu behandeln, erinnern wir Sie kurz an die *technischen* Google-Ads-Limits. Mit jeweils 20.000 maximalen Anzeigengruppen je Kampagne bzw. maximalen Keywords und anderen Ausrichtungselementen je Anzeigengruppe können wir diese Einschränkungen jedoch außen vor lassen. Wir empfehlen, nicht zu viele Keywords pro Anzeigengruppe einzustellen. 10 bis maximal 15 Keywords je Anzeigengruppe sollten reichen; schließlich soll ja ein optimaler Zusammenhang mit den Anzeigentexten und der Ziel-URL gegeben sein. Bei extremer Optimierung kann es sogar vorkommen, dass Sie nur jeweils ein Keyword einer Anzeigengruppe zuordnen. Es kann auch vorkommen, dass spezielle Anzeigengruppen auch nur ein Keyword enthalten.

Hinsichtlich der Übereinstimmungstypen gibt es ebenfalls keine *technischen* Einschränkungen, da Sie, wie oben gezeigt, alle vier Varianten in einer Anzeigengruppe bunt »durcheinanderwürfeln« können. Empfehlenswert ist das jedoch in der Praxis nicht. Wie Sie bereits gelernt haben, wird sich die Leistung weitgehend passender Keywords von jener der genau passenden gleich in mehrerlei Hinsicht unterscheiden. Während ein weitgehend passendes Keyword wesentlich mehr Traffic erzielen kann, werden gleichzeitig die Relevanz, der Qualitätsfaktor und auch die Leistungsdaten geringer sein als bei genau passenden Keywords. Diese werden hingegen bei einer besseren Leistung für wesentlich weniger Traffic-Volumen sorgen. Daher liegt es nahe, dass Sie auch die unterschiedlichen Keyword-Optionen in Ihrer Anzeigengruppenstruktur berücksichtigen und jeweils nur gleiche Optionen je Anzeigengruppe einbuchen. Damit können Sie in der Optimierung sofort die Leistung der jeweiligen Kombinationen aus Themen und Übereinstimmungstypen erkennen. Nutzen Sie also für drei unterschiedliche Keyword-Optionen zu einem Wort auch drei unterschiedliche Anzeigengruppen.

4.5   Fazit

Was haben Sie nun in diesem Kapitel gelernt? Sie konnten eine erste Google-Ads-Kampagne für das Suchnetzwerk selbstständig erstellen und online schalten. Sie haben die zentralen Themen wie Kampagneneinstellungen, Anzeigengruppen und -texte sowie den Umgang mit den letztlich für jede Kampagne maßgeblichen Keywords kennengelernt.

Es ist uns wichtig, dass Sie an dieser Stelle zunächst das Grundprinzip von Google Ads verstanden und eine eigene Kampagne erstellt haben. In dem Wissen, dass wir mit diesen ersten Schritten erst an der Oberfläche dieser umfangreichen Materie gekratzt haben, wollen wir uns in den nächsten Kapiteln des Buches der weiteren Praxis widmen. Sie lernen den vollen Funktionsumfang von Google Ads kennen und erfahren, wie Sie Ihre Kampagnenstruktur schrittweise verfeinern und ausbauen können.

Zusätzlicher Tipp – Kampagnen einfach kopieren

Sie haben Ihre erste Kampagne erstellt, nun fängt die Arbeit aber erst an, denn Sie müssen vielleicht noch weitere, zum Teil ähnliche Kampagnen erstellen. Dafür müssen Sie jedoch nicht den ganzen Weg wieder von vorne gehen. Je nach Kontostruktur haben Sie zwei Möglichkeiten, sich die Arbeit zu vereinfachen:

► **Bestehende Kampagneneinstellungen laden:** Sie müssen neben der bestehenden Kampagne noch eine weitere erstellen, die zwar die gleichen Grundeinstellungen besitzt, nun jedoch statt Ihrer Produkte Ihre Dienstleistungen bewerben soll. In diesem Fall können Sie die Grundeinstellungen der Kampagne mit Kampagnentyp, Zielregion etc. nutzen, indem Sie einfach bei der Erstellung der neuen Kampagne die Grundeinstellungen einer bestehenden Kampagne laden (siehe Abbildung 4.45).

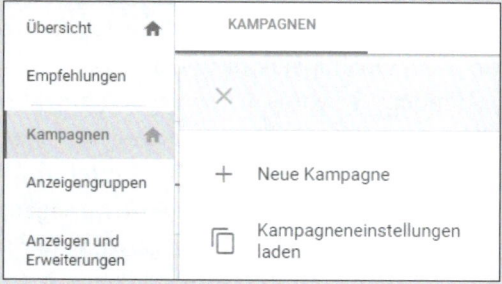

Abbildung 4.45 Sie können Zeit und Konfigurationsaufwand sparen, wenn Sie bestehende Kampagneneinstellungen kopieren.

▶ **Bestehende Kampagne kopieren:** Sie können auch eine bestehende Kampagne markieren, kopieren (siehe Abbildung 4.46) und dann unter Kampagnen wieder einfügen.

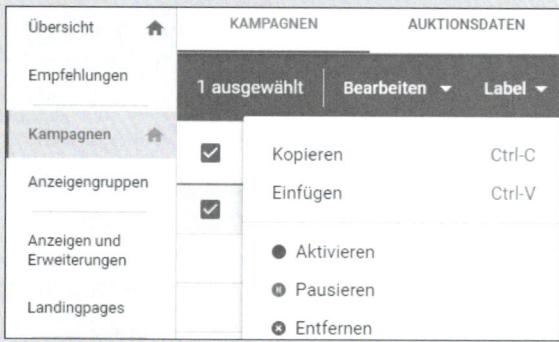

Abbildung 4.46 Kampagne markieren und kopieren

Da Sie diese neue Kampagne dann noch anpassen müssen, macht dies jedoch nur Sinn, wenn Sie möglichst viele Einstellungen der alten Kampagne auch wieder nutzen können. Das Kopieren einer Kampagne ist zum Beispiel dann sinnvoll, wenn Sie neben Ihrer Deutschland-Kampagne noch Kampagnen für Österreich und/oder die Schweiz erstellen möchten. Sie müssten in der Kopie vielleicht nur die Einstellungen zur Region und Sprache ändern und können die komplette Kampagnenstruktur für die neuen Zielregionen übernehmen. Das spart viel Zeit. Also probieren Sie es aus, falls Sie vor dieser oder einer ähnlichen Herausforderung stehen.

4.6 Checkliste

Sie möchten Ihre erste Google-Ads-Kampagne erstellen? Dann sollten Sie folgende Fragen geklärt haben.

Entscheidungen bei der Erstellung einer Google-Ads-Kampagne	OK (☑)
Welches Werbenetzwerk soll genutzt werden?	
Welche Zielregion soll beworben werden?	
Welche Spracheinstellung nutzt die Zielgruppe?	
Welche Gebotsstrategie möchten Sie nutzen?	
Welches Budget steht zur Verfügung?	
Welche Keywords sind relevant?	
Möchten Sie die Keywords breit oder sehr zielgerichtet schalten?	
Wie sollen die Keywords in Anzeigengruppen strukturiert werden?	
Welche Anzeigentexte sollen eingestellt werden?	

Tabelle 4.11 Ihre erste Google-Ads-Kampagne – Checkliste

Kapitel 5
Displaynetzwerk-Kampagnen

Google Ads wird ja zunächst einmal nur mit Werbung in der Google-Suche in Verbindung gebracht. Aber das ist nur ein Teil der Möglichkeiten: Mit Google Ads können Sie auch Image-Anzeigen schalten und Ihre Textanzeigen bei großen Online-Magazinen oder in Apps platzieren. Das Zauberwort heißt GDN – Google Displaynetzwerk. Schauen wir uns einmal an, wie dieses Werbenetzwerk funktioniert.

Bis jetzt haben wir hauptsächlich über die Verknüpfung der Google-Suche mit dem Google-Ads-Werbeprogramm gesprochen. In diesem Kapitel geht es nun um die Google-Ads-Displaynetzwerk-Kampagnen, die eine weitere Möglichkeit bieten, um Anzeigen im Internet zu platzieren. Beim GDN erscheint die Google-Ads-Werbung auf den sogenannten *Content-Seiten*. Diese Werbung ist nicht so zielgerichtet wie die Werbung im Suchwerbenetzwerk, weil die Webseitenbesucher vorher nicht aktiv nach einem bestimmten Begriff gesucht haben. Dafür ist die Verweildauer auf den Seiten im Displaynetzwerk jedoch höher. Daher ist Werbung an dieser Stelle hervorragend geeignet, um sogenannte Branding-Effekte zu erzielen. Die Google-Ads-Werbung taucht themenbezogen in einer Umgebung auf, in der Internetnutzer sich ausführlich informieren möchten und zudem interessante Texte (Nachrichten, Hilfestellungen, Testberichte) erwarten.

5.1 Das Google Displaynetzwerk (GDN)

Damit Sie das GDN innerhalb der Google-Ads-Werbung besser einordnen können, stellen wir Ihnen zunächst einmal verschiedene Werbemöglichkeiten vor, die Sie aktuell in Google Ads nutzen können:

▶ Werbung in der Google-Suche und im Google-Suchnetzwerk

▶ Werbung im Suchnetzwerk der Google-Partner

▶ App-Anzeigen bei der Suche, im Displaynetzwerk, bei YouTube, in anderen Apps und im Play Store

▶ Video- und Textanzeigen bei YouTube

▶ Bild-, Video- und Textanzeigen im Google Displaynetzwerk

5.1.1   Werbung in der Google-Suche

Das Standardnetzwerk ist die Google-Suche. Hier werden die meisten Anzeigen ge-schaltet, hier verdient Google auch das meiste Geld. Diese Werbeform wird daher von dem überwiegenden Anteil der Internetnutzer direkt mit dem Thema »Google-Wer-bung« in Verbindung gebracht.

5.1.2   Werbung im Google-Suchnetzwerk

Neben der Google-Websuche gehören auch die Suche bei *Google Maps* (siehe Abbil-dung 5.1) oder auch bei *Google Shopping* zum Suchnetzwerk. Auch dort werden An-zeigen als Ergebnis eines Suchvorgangs zu den entsprechenden Keywords angezeigt. Bei Google Shopping werden spezielle Anzeigen mit Produktbildern ausgespielt. Diese Werbeform ist aktuell nur für Webshops interessant.

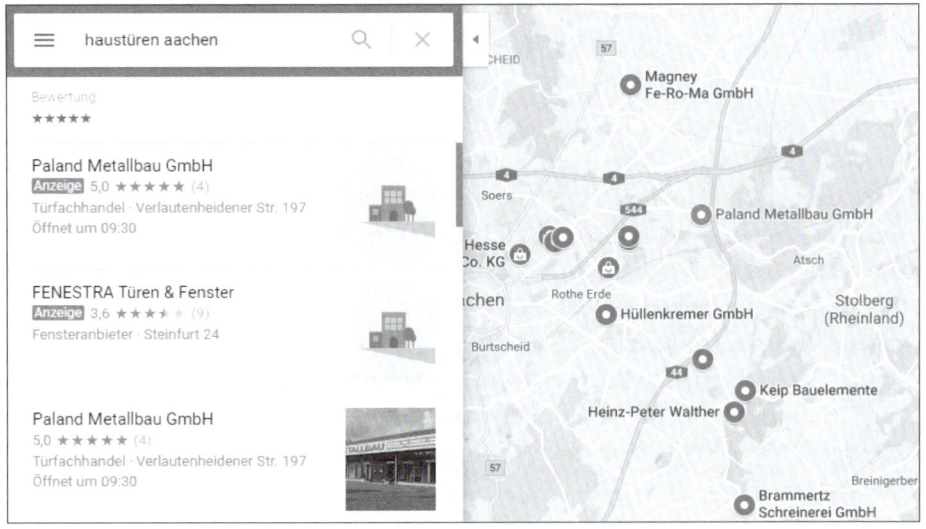

Abbildung 5.1 Google-Ads-Anzeige bei Google Maps

5.1.3   Werbung bei Google-Partnern im Suchnetzwerk

Ein großes Netzwerk (Google spricht von Hunderten an Websites) besteht aus den Suchwebsites von sogenannten Partnern im Suchnetzwerk. Zu diesen Google-Part-nern gehören unter anderem T-Online (*http://www.t-online.de*) oder auch Web.de (*https://web.de*). Falls Sie auf den Webseiten dieser Partner (siehe Abbildung 5.2) eine Suchanfrage stellen, so greift der Partner neben den organischen Google-Treffern auch auf die Google-Ads-Anzeigen zurück. In den Kampagneneinstellungen können Sie festlegen, ob die Google-Partner und die Suche der anderen Google-Produkte au-tomatisch in Ihrer Kampagne enthalten sein sollen. Sie können jedoch leider nicht einzelne Suchnetzwerkpartner auswählen.

Abbildung 5.2 »Web.de« mit Google-Suchfunktion

5.1.4   Werbung in Apps und im App Store

Für den mobilen Bereich, der immer wichtiger wird, sind auch App-Kampagnen interessant, falls Sie eine App vermarkten möchten. Sie können dabei zum einen für den Download und die Neu-Installation Ihrer App werben, Sie können aber auch Werbung für Besitzer Ihrer App schalten, die dann zur Interaktion mit dieser App auffordert.

5.1.5   Werbung bei YouTube

Als weiterer Kanal ist die Werbung bei YouTube zu nennen. Neben Text- und Image-Anzeigen sind hier vor allem die Videokampagnen interessant. Die Werbung bei dem Google-Tochterunternehmen erfolgt hauptsächlich über die Videokampagnen im Google-Ads-Konto. Zwischen den Video- und den Displaynetzwerk-Kampagnen (siehe unten) gibt es jedoch Überschneidungen. Falls Sie ein Werbevideo besitzen, müssen Sie nicht unbedingt eine Videokampagne anlegen, sondern Sie können dieses Video auch über das Displaynetzwerk schalten. Andererseits müssen die Werbeeinblendungen bei YouTube nicht aus einer Google-Ads-Videokampagne kommen: Sie können auch über das Displaynetzwerk mit Text-, Image- und Video-Anzeigen werben, ohne eine spezielle Videokampagne anzulegen.

5.1.6   Werbung im Google Displaynetzwerk

Ein wichtiger Bereich der Werbenetzwerke, dem wir uns in diesem Kapitel näher widmen möchten, ist das bereits erwähnte Google Displaynetzwerk oder kurz GDN. Zu diesem Netzwerk gehören verschiedene Content-Seiten. Das können große Online-Portale, Magazin-Webseiten, aber auch Foren oder Blogs etc. sein. Zusätzlich können über das Displaynetzwerk auch Anzeigen in Apps oder Videos geschaltet werden. Websitebesitzer, z. B. Blogbetreiber, die Werbepartner im Displaynetzwerk werden möchten, können ihre Seiten über das Google-AdSense-Programm (*https://www. google.de/adsense/start*) als Werbefläche bei Google anbieten.

Daneben gibt es auch noch andere Vermarktungsnetzwerke, mit denen Google Ads zusammenarbeitet. Google spricht von »über zwei Millionen Websites, Videos und Apps«, auf denen die Google-Ads-Anzeigen ausgeliefert werden können. Das Google-

Ads-Programm vermittelt quasi die Schaltung der Anzeigen auf den jeweiligen Seiten der Webadministratoren.

Im Gegensatz zum Suchnetzwerk werden im Displaynetzwerk nicht nur die bekannten Textanzeigen, sondern auch Image-Anzeigen und Videos geschaltet. Neben Standard-Bildanzeigen gibt es hier auch die Möglichkeit, animierte und interaktive Bilder als Anzeigen zu hinterlegen.

Google versucht im Displaynetzwerk immer stärker, sogenannte responsive Anzeigen durchzusetzen. Diese Anzeigenform passt sich der Webseite und dem Endgerät an, sodass die Größe und die Gestaltung einer Anzeige nicht mehr als limitierende Faktoren wirken.

Ein gravierender Unterschied zum Suchnetzwerk betrifft die Grundidee des Suchmaschinenmarketings. Die Werbung erscheint im Displaynetzwerk nicht auf Grundlage einer Suche, sondern in einem thematisch passenden Umfeld oder weil der aktuelle Webseitenbesucher als potenzieller Kunde identifiziert wurde und gleichzeitig dazu passende Ausrichtungen in den Kampagneneinstellungen bei Google Ads gewählt wurden.

Displaynetzwerk und Branding

Branding oder *Markenbildung* nennt man die Entwicklung einer starken Marke, die von den Internet-Usern als Marktführer oder zumindest als wichtiges Unternehmen in der jeweiligen Branche identifiziert wird. Ein wichtiger Punkt ist dabei immer der Aufbau von Vertrauen zu einer Marke oder auch zu einem Unternehmen. Dies steigert die Loyalität der Internet-User, und die Wahrscheinlichkeit, dass diese nach Alternativen suchen, sinkt.

Durch Schaltung einer Google-Ads-Werbung vor allem in Form von Image-Anzeigen im Displaynetzwerk taucht ein Produkt zusammen mit dem jeweiligen Firmennamen und dem Logo immer wieder auf relevanten, oft thematisch passenden Seiten auf. Dies ist vor allem dann interessant, wenn sich ein potenzieller Kunde gerade zu einem speziellen Thema informiert. Eine Präsenz auf unterschiedlichen und vor allem thematisch passenden Webseiten ruft größtenteils unbewusst den Eindruck von Wichtigkeit und Bedeutung hervor. Dies führt dann zu einer entsprechenden Stärkung der jeweiligen Marke und somit zum *Branding-Effekt*. Dabei muss eine Anzeige im Displaynetzwerk nicht unbedingt geklickt werden, um diesen Effekt zu erzielen. Die Werbebotschaften und vor allem die Bilder werden wahrgenommen, ohne dass ein Klick erfolgen muss. Daher kann ein entsprechender Werbeeffekt auch mit geringem Budget erzielt werden.

Dadurch ergibt sich im Displaynetzwerk auch ein ganz anderes Klickverhalten, d. h., die Klickraten sind im Vergleich zu den Suchergebnisseiten viel geringer. Dies bedeutet, dass eine Click-Through-Rate (CTR) von unter 1 % ganz normal ist. Dafür ist jedoch der Branding-Effekt im Displaynetzwerk größer, weil der Werbende mithilfe von Bildern und Logos die Wiedererkennung seiner Marke bzw. von Produkten oder Dienstleistungen steigern kann.

Im Folgenden sehen Sie drei Beispiele, wie die Google-Ads-Anzeigen im Displaynetzwerk dargestellt werden können. Die Standard-Textanzeigen (siehe Abbildung 5.3) werden im Displaynetzwerk zum Teil etwas anders, sprich auffälliger, präsentiert. Zu dieser auffälligeren Darstellung gehören unter anderem größere, bunte Überschriften, zusätzliche Symbole (hier Pfeile) oder auch Werbeblöcke, die zunächst nur aus Überschriften bestehen und dann bei einer Mouseover-Bewegung aufklappen. Die Grundlage dieser Werbung bilden jedoch die gleichen Textanzeigen, die Sie auch auf der Google-Suchergebnisseite wiederfinden.

Abbildung 5.3 Textanzeigen im Google Displaynetzwerk

Das zweite Beispiel sind die Banner, die auf den Webseiten der Werbepartner an verschiedenen Positionen platziert werden können, z. B. im Header (siehe Abbildung 5.4), auf der rechten oder linken Seite als sogenannter Skyscraper (Wolkenkratzer), im Footer einer Webseite oder auch als Block zwischen den Webseitentexten.

Abbildung 5.4 Image-Anzeigen im Google Displaynetzwerk

Für die Image-Anzeigen gibt es bestimmte Größenvorgaben, wobei von der kleinen quadratischen Anzeige mit 200 × 200 Pixeln bis zu Bannern im Kopfbereich mit 728 × 90 Pixeln viele Variationen möglich sind.

Die dritte Möglichkeit verbindet Text- und Image-Anzeigen. Die sogenannten responsiven Anzeigen bietet Google Ads nun bei reinen Displaynetzwerk-Kampagnen neben den Image-Anzeigen an. Die responsiven Anzeigen stellt Google je nach Möglichkeiten und Endgerät individuell zusammen. Dabei werden aus der gleichen Vorlage zum einen Textanzeigen (siehe Abbildung 5.5) oder auch eine Kombination von Bild- und Textanzeigen (siehe Abbildung 5.6) erzeugt.

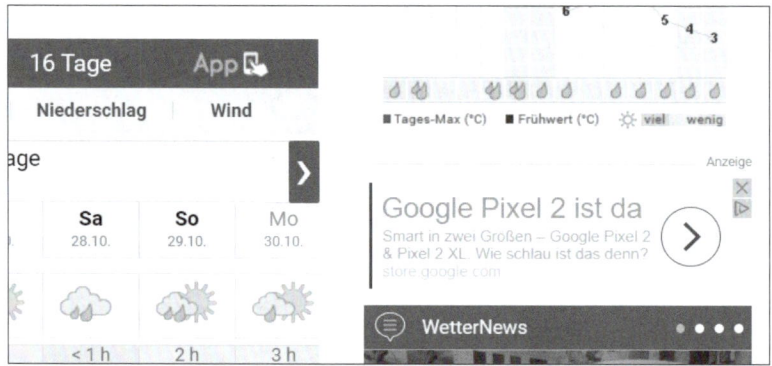

Abbildung 5.5 Responsive Anzeige zum Smartphone »Pixel 2« als Textanzeige

Abbildung 5.6 Responsive Anzeige zum Smartphone »Pixel 2« als Bild mit Textanzeige

5.2   Sollte man die Suchnetzwerk- und die Displaynetzwerk-Kampagne verbinden?

Google Ads versucht grundsätzlich, durch Hinweise (»Erhöhen Sie die Reichweite ... «) mit gleichzeitiger aktiver Entscheidung für oder gegen das Displaynetzwerk (GOOGLE DISPLAYNETZWERK EINBEZIEHEN) beim Aufsetzen einer Kampagne für das Suchnetzwerk seine Nutzer davon zu überzeugen, die Suchkampagnen mit den Displaynetzwerk-Kampagnen zu verbinden. Die Praxiserfahrung zeigt jedoch, dass es sinnvoller ist, die Suchnetzwerk- und die Displaynetzwerk-Kampagnen getrennt zu schalten.

Unsere Empfehlung lautet: Erstellen Sie für die Werbung im Displaynetzwerk eine eigenständige Kampagne. Dies hat folgende Vorteile:

▶ eine übersichtlichere Kampagnenstatistik

▶ verbesserte Möglichkeiten der Ausrichtung

▶ ein eigenes Budget für Displaynetzwerk-Kampagnen

Zur Erläuterung: Da die Klickrate im Displaynetzwerk viel geringer als im Suchnetzwerk ist, erschwert die Zusammenlegung der beiden Kampagnenarten einen schnellen Überblick zur Klickrate. Der Klickerfolg einer Werbekampagne ist also nicht so schnell und einfach zu erkennen. Die Statistik wird zwar noch einmal nach Netzwerk unterteilt, dies ist jedoch erst auf den zweiten Blick ersichtlich.

Der wichtigste Nachteil besteht jedoch in der Standardausrichtung über Keywords. Im Displaynetzwerk müssen die Keywords nicht so fein unterteilt werden. Es reichen hier allgemeinere Keywords, damit die Anzeigen auf inhaltlich passenden Webseiten erscheinen können. Zudem sind andere Targeting-Möglichkeiten (z. B. Anzeigen direkt auf thematisch passenden Seiten zu schalten) viel besser für die Displaynetzwerk-Werbung geeignet. Auch die Aufteilung eines gemeinsamen Werbebudgets, das auf zwei ganz unterschiedliche Werbestrategien verteilt wird, ist ein Nachteil. Die Google-Ads-Schaltung zu passenden Suchanfragen benötigt normalerweise ein eigenes Budget. Eine Mischung des Budgets für Suchkampagnen mit dem Budget des Displaynetzwerks, das vor allem Branding-Effekte und eine große Werbereichweite als Ziel hat, ist daher nicht sinnvoll.

Falls Ihre Suchanzeigen nach einer ersten Optimierung im Hinblick auf die gewünschten Ziele (Conversions) gut funktionieren und Sie Ihr Werbebudget nicht voll ausschöpfen, können Sie zur Gewinnung zusätzlicher Interessenten für einen Monat natürlich auch einmal die Ausrichtungsoption GOOGLE DISPLAYNETZWERK EINBEZIEHEN austesten. Sie können diese Auswahl unter den Einstellungen einer Suchkampagne jederzeit beim Unterpunkt WERBENETZWERKE aktivieren oder deaktivieren. Ein Test neuer Funktionen oder Einstellungen bei Google Ads ist grundsätzlich eine Überlegung wert. Nach einem Testzeitraum (z. B. nach einem Monat) können Sie dann immer noch entscheiden, ob Sie die Zuschaltung des GDN auf Dauer nutzen möchten.

5.3 So legen Sie eine eigene Displaynetzwerk-Kampagne an

Eine neue Displaynetzwerk-Kampagne starten Sie genauso, als würden Sie eine Kampagne im Suchnetzwerk anlegen. Klicken Sie zunächst auf den Tab KAMPAGNEN, dann auf den blauen Plus-Button, und wählen Sie dann aus der Dropdown-Liste den Unterpunkt + Neue Kampagne aus. Damit Sie sich alle Einstellungsmöglichkeiten offen halten, können Sie analog zur Suchnetzwerk-Kampagne auch für das Displaynetzwerk die Auswahl Kampagne ohne Zielvorhaben erstellen treffen und danach auf Weiter klicken. Im nächsten Schritt wählen Sie nun jedoch als Kampagnentyp Display aus (siehe Abbildung 5.7).

Abbildung 5.7 Wählen Sie zu Beginn den Kampagnentyp »Display« aus.

In der Standardeinstellung ist die Displaykampagne dann schon ausgewählt (siehe Abbildung 5.8). An dieser Stelle könnten Sie sich auch für eine Gmail-Kampagne ❶ entscheiden, mit der Sie Werbung im Gmail-Konto schalten können. Diese Werbung ist jedoch bei potenziellen Kunden nicht sehr beliebt. Wir empfehlen die Schaltung der Standard-Displaykampagne. Falls Sie vorher keine Keyword-Ideen recherchiert haben, können Sie optional auch Ihre Website ❷ eintragen, damit Google automatisiert Keyword-Vorschläge ermitteln kann. Klicken Sie danach auf den Button Weiter, um die nächsten Einstellungen vorzunehmen.

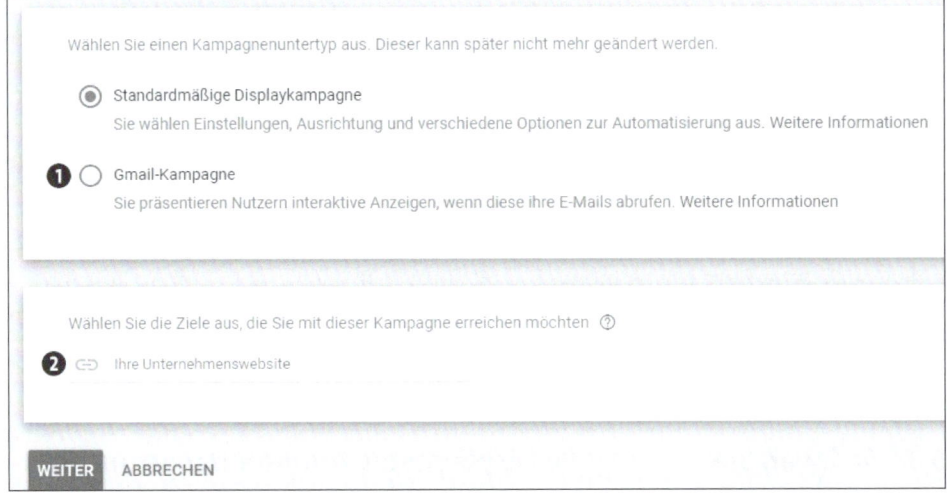

Abbildung 5.8 Neben der Displaynetzwerk-Kampagne kann auch eine Gmail-Kampagne erstellt werden.

Alle weiteren Kampagneneinstellungen, z. B. STANDORTE, SPRACHEN, GEBOTE, usw. (siehe Abbildung 5.9), bearbeiten Sie danach gemäß Ihrer Ziele und Ihrer Strategie. Bei diesen Einstellungen können Sie die Empfehlungen nutzen, die Sie bereits von den Grundeinstellungen der Suchnetzwerk-Kampagne kennen.

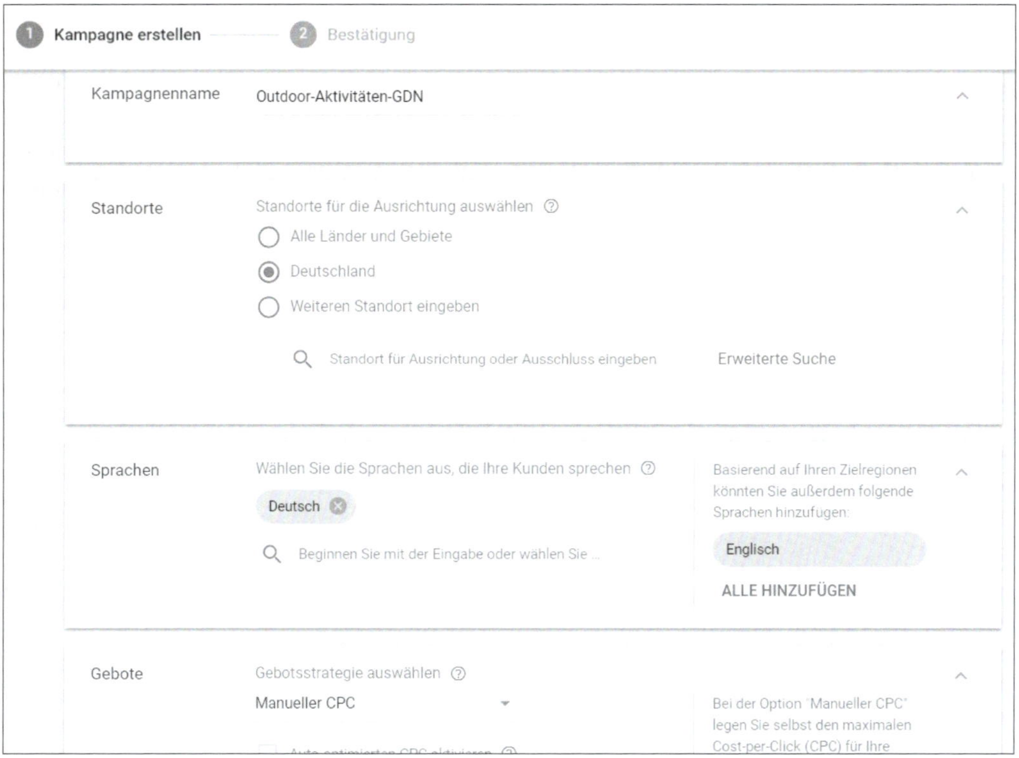

Abbildung 5.9 Legen Sie die Grundeinstellungen der Displaynetzwerk-Kampagne fest.

Sichtbarer CPM

Neben der bereits bekannten Gebotsstrategie aus Abschnitt 4.2.7 gibt es für Display-netzwerk-Kampagnen noch eine besondere Gebotsstrategie, die *Sichtbarer CPM* heißt (oder auch vCPM = visible Cost-per-1000-Impressions). Hierbei zahlen Sie den von Ihnen festgelegten Betrag für 1.000 Einblendungen im Displaynetzwerk, wenn Ihre Anzeige auch wirklich gesehen wurde. Sie zahlen bei dieser Strategie dann unabhängig davon, ob die Anzeige auch angeklickt wurde.

Nachdem Sie die wichtigsten Grundeinstellungen Ihrer Kampagne angelegt haben, finden Sie jedoch unter WEITERE EINSTELLUNGEN noch spezielle Einstellungsmöglichkeiten für die Displaynetzwerk-Kampagne, die wir uns jetzt in einem eigenen Abschnitt gemeinsam anschauen werden.

5.4   Spezielle Grundeinstellungen für Displaynetzwerk-Kampagnen festlegen

5.4.1   Geräte

Das Displaynetzwerk bietet im Gegensatz zum Suchnetzwerk direkt die Möglichkeit, einzelne Endgerätetypen (Computer, Smartphones, Tablets) für die Anzeigenauslieferung zu bestimmen. Außerdem können Sie sogar festlegen, für welche Gerätemodelle oder Mobilfunknetzwerke die Anzeigen ausgeliefert werden sollen (siehe Abbildung 5.10). Das kann beispielsweise dann interessant sein, wenn Sie eine bestimmte kaufkräftige Zielgruppe identifiziert haben, die mit Apple-Produkten im T-Mobil-Netzwerk unterwegs ist. Diese Nutzer können Sie nun mithilfe der Geräteeinstellungen gezielt mit Ihrer Werbung ansprechen.

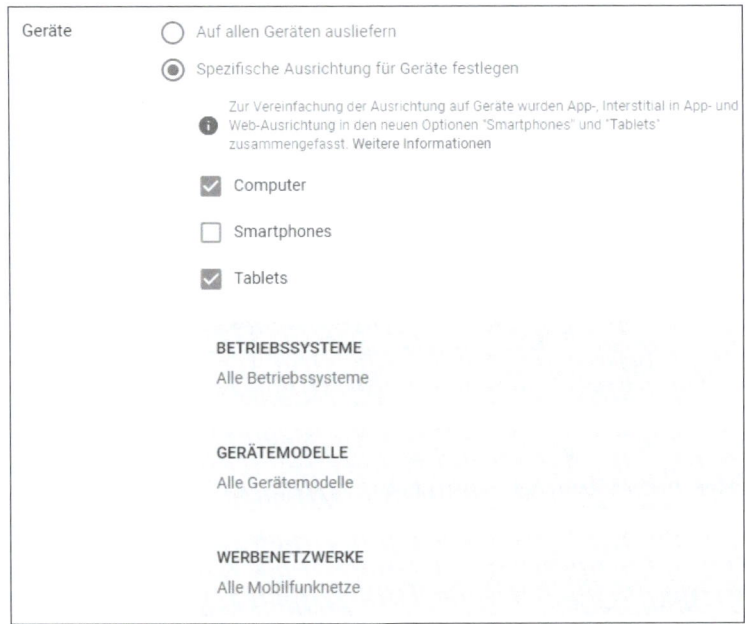

Abbildung 5.10 Sie können Ihre Display-Werbung auch ganz gezielt auf Gerätemodelle oder Mobilfunknetzwerke festlegen.

5.4.2   Begrenzung der Häufigkeit (Frequency Capping)

Da die Werbung im Displaynetzwerk häufig auf das Userverhalten (z. B. Interessen, Remarketing, beliebte Seiten der Zielgruppe usw.) abgestimmt ist, kann es auch vorkommen, dass Sie Ihre Zielgruppe mit häufigen Werbeinblendungen nerven. Dies haben Sie sicher schon einmal selbst im Internet so wahrgenommen.

Für eine zukünftige Geschäftsbeziehung ist es natürlich schlecht, wenn der potenzielle Kunde sich verfolgt und genervt fühlt. Ein regelmäßiger Werbekontakt mit einem Produkt und einer Marke beeinflusst andererseits natürlich eine Kaufentscheidung positiv. Hier muss die richtige Balance gefunden werden, sodass der Kontakt mit der Werbung nicht zu gering, aber auch nicht übertrieben ist. Daher haben Sie unter FREQUENCY CAPPING die Möglichkeit, die Auswahl BEGRENZUNG FESTLEGEN zu aktivieren. Sie können dann die Anzahl der Impressionen pro Tag/Woche/Monat und auf Kampagnen-, Anzeigengruppen- oder Anzeigenebene beschränken (siehe Abbildung 5.11).

Diese Beschränkung müssen Sie auf Ihre Strategie, die Anzahl der unterschiedlichen Anzeigen und Ihre Zielgruppe abstimmen. Es gibt dazu keine verbindlichen Vorgaben, aber wenn Ihr potenzieller Kunde Ihre Anzeige circa fünf- bis achtmal pro Tag gesehen hat, sollte dies eigentlich reichen.

Anmerkung: Auch an diesem Punkt empfiehlt Google wieder, die Einstellung der Begrenzung automatisiert durch Google verwalten zu lassen. In diesem Falle haben Sie natürlich keine echte Kontrolle und müssen wieder voll und ganz auf Google vertrauen. Anders als in früheren Zeiten, in denen es gar keine Beschränkung der Anzeigenfrequenz gab, ist die optimierte Begrenzung jedoch in jedem Fall ein Schritt in die richtige Richtung.

Abbildung 5.11 Mit »Frequency Capping« reduzieren Sie den »Nervfaktor«.

5.4.3   Auszuschließende Inhalte

Damit Sie mit Ihrer Werbung in einem passenden und für den Kunden positiven Umfeld (sprich: auf passenden Websites) dargestellt werden, haben Sie die Möglichkeit, grundlegende Einschränkungen festzulegen. So können Sie zum Beispiel bestimmen, ob Sie auch auf Seiten werben möchten, die Inhalte für Erwachsene anbieten, oder auf Seiten, die problematische Inhalte wie beispielsweise Konflikte, Katastrophen oder schockierende Nachrichten beinhalten (siehe Abbildung 5.12).

Hier sollten Sie genau überlegen, in welchem Werbeumfeld Sie mit Ihren Anzeigen erscheinen möchten. Sie können hier aber auch festlegen, ob Sie nur bei Werbung *Above the fold* erscheinen möchten – also im direkt sichtbaren Bereich einer Webseite. Als *Below the fold* bezeichnet man dagegen den Bereich einer Webseite, der nur durch Scrollen erreichbar und somit für einen bedeutenden Prozentsatz der Webseitenbesucher oft nicht sichtbar ist, da Internetnutzer Webseiten in der Regel nicht bis zum Ende herunterscrollen. Wird eine Anzeige nur in diesem Bereich eingeblendet, so geht der gewollte Werbeeffekt des Brandings zum Beispiel verloren, weil Ihre Anzeige erst gar nicht in den Sichtbereich eines Großteils der potenziellen Kunden gelangt.

Bitte beachten Sie, dass Google ausdrücklich betont, dass »nicht alle entsprechenden Inhalte vom Ausschluss erfasst werden«. Für den Ausschluss problematischer Seiten gibt es also keine Garantie. Darum sollten Sie zusätzlich, wie wir später noch beschreiben, regelmäßig auch über die Google-Ads-Statistiken kontrollieren, auf welchen Seiten die Anzeigen ausgeliefert werden.

Google schränkte die auszuschließenden Inhalte ein

In Abbildung 5.12 können Sie erkennen, dass zwei Inhaltstypen, nämlich Spiele ❶ und Mobile Apps ❷, *inaktiv* sind. Google-Ads-Admins haben diese Bereiche früher öfter ausgeschlossen, weil die Displaynetzwerkanzeigen in Spiele-Apps oft ungewollt angeklickt wurden und so nur Budget verbraucht haben. Dies Ausschlüsse fand Google wohl nicht so toll – darum hat es diese Inhaltstypen selbst deaktiviert. Sie können diese Inhaltstypen aktuell nur noch umständlich über das negative Themen-Targeting (zum Beispiel Games-Themen) deaktivieren. Weitere Ausführungen zum Targeting folgen in Abschnitt 5.6.

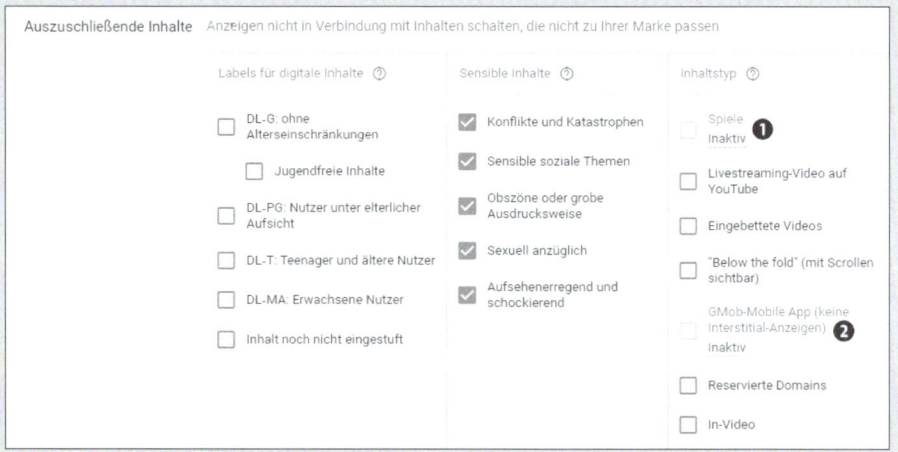

Abbildung 5.12 Schließen Sie Webseiten mit Inhalten aus, die problematisch für Ihr Image sein können.

Noch mehr Einstellungen für das Displaynetzwerk

Alle weiteren Kampagneneinstellungen, die wir hier nicht besprochen haben, sind aktuell für Ihre Displaynetzwerk-Kampagne nicht wichtig und werden an passenderer Stelle besprochen. Konzentrieren Sie sich zunächst auf das Wesentliche Ihrer Displaynetzwerk-Kampagne.

5.5   Legen Sie eine erste Anzeigengruppe für Ihre Displaynetzwerk-Kampagne an

Nachdem Sie alle Standard- und alle erweiterten Einstellungen der neuen Kampagne hinterlegt haben, fehlt nur noch eine erste Anzeigengruppe zur Vervollständigung der Displaynetzwerk-Kampagne. Sie können unterhalb von WEITERE EINSTELLUNGEN Ihre Anzeigengruppe erstellen, indem Sie einen Namen für die erste Anzeigengruppe ❶, ein Gebot ❷ und eine erste Anzeige ❸ eingeben bzw. anlegen (siehe Abbildung 5.13).

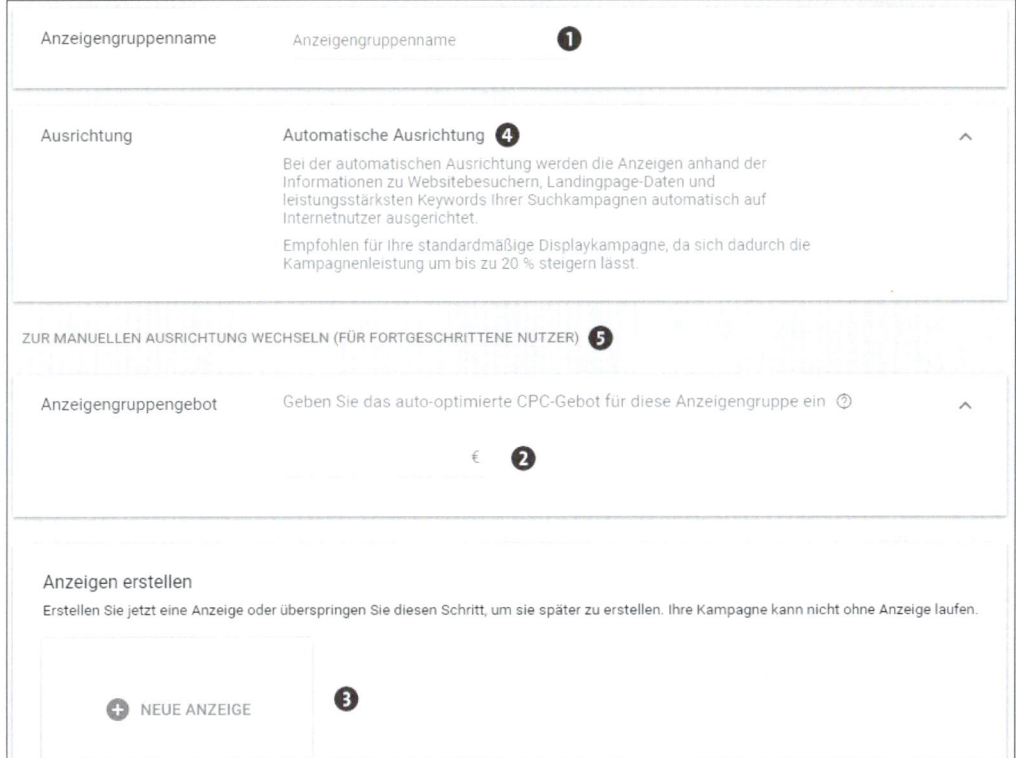

Abbildung 5.13 Legen Sie Ihre erste Anzeigengruppe für die Displaynetzwerk-Kampagne an.

Soll man die automatische Ausrichtung nutzen?

Da ist sie wieder, die Frage nach der automatischen, von Google gesteuerten Ausrichtung. Google bietet auch für die Werbung im Displaynetzwerk eine automatische Ausrichtung ❹ an. Das vereinfacht die Sache einerseits, andererseits gibt man aber auch wieder die Kontrolle aus der Hand. Da wir die Kontrolle über unsere Werbung behalten wollen, klicken wir auf ZUR MANUELLEN AUSRICHTUNG WECHSELN ❺. Die verschiedenen Targeting-Möglichkeiten zeigen wir Ihnen gleich in Abschnitt 5.6.

Sie benötigen mindestens eine Anzeigengruppe für eine vollständige Kampagne. Sie können jedoch jederzeit neue Anzeigengruppen hinzufügen, indem Sie zu ANZEI-GENGRUPPEN navigieren und auf ⊕ klicken (siehe Abbildung 5.14).

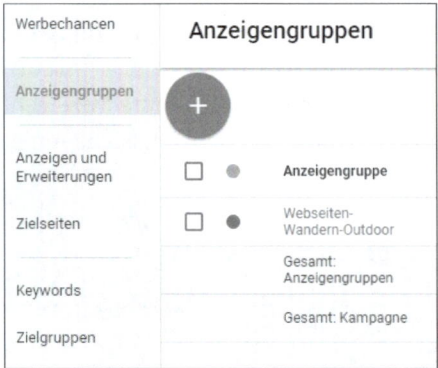

Abbildung 5.14 Zu einer bestehenden Kampagne können Sie jederzeit neue Anzeigengruppen hinzufügen.

Da die Ausrichtung (das Targeting) in einer Displaynetzwerk-Kampagne auf Anzeigengruppenebene eingestellt wird, kommt nun der entscheidende Punkt für Ihre neue Displaynetzwerk-Kampagne: Sie sollten jeder Anzeigengruppe mindestens eine Ausrichtung hinzufügen. Sie können grundsätzlich auch mehrere Targeting-Einstellungen kombinieren. Für den Beginn ist es jedoch ratsam, ein Targeting pro Anzeigengruppe zu nutzen und dafür unterschiedliche Anzeigengruppen anzulegen, wenn Sie verschiedene Targeting-Möglichkeiten nutzen bzw. testen möchten.

Targeting im Online-Marketing

»Target« ist das englische Wort für »Ziel« und kommt eigentlich aus dem militärischen Sprachgebrauch. Im Online-Marketing geht es beim *Targeting* auch um ein Ziel, hier besteht dieses jedoch aus einer Gruppe potenzieller Kunden. Durch Targeting soll die Werbung also zielgruppengerecht präsentiert werden. Als Werbender erhöhen Sie Ihre Chancen, einen Kunden zu gewinnen oder zumindest Interesse für Ihr Produkt bzw. Ihre Dienstleistung zu wecken, wenn Sie speziell diejenigen Internetnutzer ansprechen, die ein vermutetes Interesse und/oder einen Bedarf an Ihren Angeboten haben.

5.6 Besonderheiten des Targetings im GDN

Das Targeting wird im Google Displaynetzwerk direkt bei der Erstellung einer neuen Anzeigengruppe mitgegeben. Bei einer bestehenden Anzeigengruppe kann diese zunächst ausgewählt werden. Danach wird über die entsprechenden Tabs der vertikalen Navigationsleiste das gewünschte Targeting (z. B. Keywords, Zielgruppen, Themen etc.) bestimmt und mit dem Stiftsymbol oder dem Plus-Button bearbeitet. Dabei werden Ihnen zwei grundsätzliche Möglichkeiten angeboten, deren Unterscheidung nicht immer ganz klar erkennbar ist.

▶ **Ausrichtung bearbeiten bzw. hinzufügen**
Sie bearbeiten nur die Ausrichtungsmethode (Thema, Placements etc.), die Sie zuvor ausgewählt haben. Dabei können Sie immer zwischen einer *positiven Aktion* (= hinzufügen) und einer *negativen Aktion* (= Ausschluss) wählen.

▶ **Ausrichtung der Anzeigengruppe bearbeiten**
Unter diesem Punkt können Sie die Ausrichtung aller Targeting-Möglichkeiten für die jeweilige Anzeigengruppe bearbeiten.

Bevor wir das Targeting für unsere neue Anzeigengruppe einstellen, möchten wir Ihnen die aktuell (Stand: Juli 2020) möglichen Ausrichtungsmethoden für das Displaynetzwerk vorstellen:

1. Ausrichtung mithilfe von Keywords

2. Ausrichtung auf bestimmte Zielgruppen
   – Charakteristik der Zielgruppe
   – Interessen und Kaufverhalten
   – Aktives Suchverhalten
   – Remarketing

3. Ausrichtung auf demografische Merkmale
   – Alter
   – Geschlecht
   – Elternstatus
   – Haushaltseinkommen (*nicht für Deutschland und Europa verfügbar*)

4. Ausrichtung auf die Themen der jeweiligen Content-Webseiten

5. Ausrichtung auf ausgesuchte Placements
   (Websites oder bestimmte Bereiche von Websites)

Die genannten Ausrichtungsmethoden können Sie zum einen jeweils einzeln nutzen, zum anderen können Sie Ihre Targetings jedoch auch kombinieren. Beim Anlegen einer neuen Anzeigengruppe werden die oben genannten Ausrichtungsmethoden in folgender Reihenfolge angeboten:

▶ **Zielgruppen** – unterteilt in:
   – Charakteristik = detaillierte demografische Merkmale
   – Interessen und Kaufverhalten

- – aktives Suchverhalten = kaufbereite Zielgruppe
- – bisherige Interaktionen mit Ihrem Unternehmen = Remarketing
- ▶ **demografische Merkmale** – unterteilt in:
  - – Geschlecht
  - – Alter
  - – Elternstatus
- ▶ **contentbezogene Ausrichtung** – unterteilt in:
  - – Keywords
  - – Themen
  - – Placements

Aus der Reihenfolge ist schon ersichtlich, dass für Google aktuell das Thema *Zielgruppe* höchste Priorität hat. Allgemein wird im Online-Marketing die Werbung immer stärker auf die jeweilige Zielgruppe ausgerichtet, um stets im richtigen Moment zur passenden Zeit das entsprechende Angebot für potenzielle Kunden zu präsentieren.

5.7   Anzeigengruppen auf Zielgruppen ausrichten

Mit der Ausrichtung auf Zielgruppen können Sie Internetnutzer auf Grundlage ihrer speziellen Interessen ansprechen, unabhängig davon, auf welchen Seiten sie gerade unterwegs sind.

Abbildung 5.15 Google liebt die Ausrichtung auf Zielgruppen.

Aktuell können Sie beim Unterpunkt ZIELGRUPPEN nach einem Klick auf das Register SUCHEN Ihre Werbung nach folgenden Kriterien ausrichten (siehe Abbildung 5.15)

▶ Charakteristik der Zielgruppe

▶ Interessen und Kaufverhalten der Zielgruppe

▶ Aktives Suchverhalten bzw. Absichten der Zielgruppe

▶ Bisherige Interaktionen mit Ihrem Unternehmen (Remarketing)

Da sich hinter diesen Unterpunkten einige interessante Möglichkeiten verstecken, stellen wir Ihnen diese in den folgenden Abschnitten im Einzelnen vor.

5.7.1 Charakteristik der Zielgruppe

Eine relativ neue Möglichkeit, die seit 2019 angeboten wird, verbirgt sich hinter dem Schlagwort *Charakteristik*. Anhand des Nutzerverhaltens, der Suchanfragen, der besuchten Seiten etc. ordnet Google seine Nutzer bestimmten Kategorien zu. Mithilfe dieser Targeting-Möglichkeiten können Sie Ihre Werbung beispielsweise für Eltern, für Singles, für Studenten oder auch für Mieter ausspielen (siehe Abbildung 5.16).

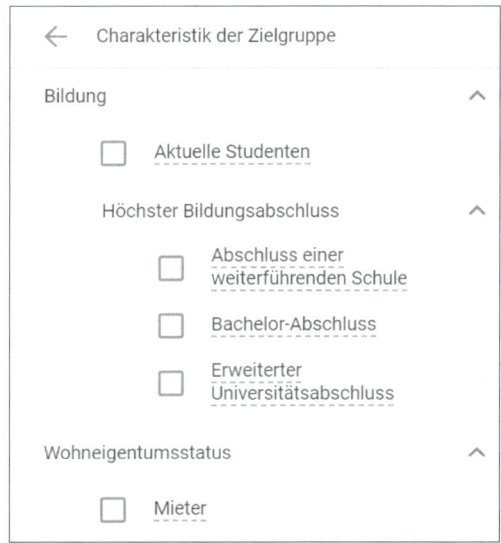

Abbildung 5.16 Sie können Ihre Display-Werbung speziell auf Studenten oder auf die Zielgruppe »Mieter« ausrichten.

Wie schätzt Google Sie ein?

Man muss wissen, dass die Google-Einschätzungen nicht hundertprozentig genau sind, was ja auch sein Gutes hat. Bei großen Datenmengen funktioniert das Targeting statistisch betrachtet aber ganz gut. Möchten Sie wissen, was Google über Sie denkt?

> Dann loggen Sie sich einmal mit Ihrem persönlichen Google-Konto ein, und rufen Sie folgenden Link in Ihrem Browser auf: *https://adssettings.google.com/authenticated*. Hier finden Sie die Grundlagen für Ihre personalisierte Werbung.

5.7.2   Interessen und Kaufverhalten der Zielgruppe

Mithilfe der webseitenübergreifenden Cookies von der Google-Firma *DoubleClick* (*https://www.doubleclickbygoogle.com/de*) und der im vorherigen Abschnitt beschriebenen Beobachtung der User hat Google gelernt, wofür sich der einzelne Internetsurfer hauptsächlich interessiert. Sie können diese Informationen nutzen und aus verschiedenen Zielgruppen auswählen, die aus Ihrer Sicht potenzielle Kunden sind. So könnten Sie beispielsweise passende Werbung für Hautcremes schalten, die nur für Nutzer mit Interesse an BEAUTY UND WELLNESS (siehe Abbildung 5.17) ausgeliefert wird, oder Sie bewerben Küchengeräte und Kochutensilien für Ihre Zielgruppe KOCHEN UND GENIESSEN. Es gibt ca. 12 Hauptgruppen, die sich jedoch noch tiefer in viele untergeordnete Gruppen unterteilen. Sie können für Ihr Targeting natürlich eine einzelne Teilgruppe auswählen, aber auch mehrere Gruppen kombinieren, zum Beispiel die Gruppen MODEFANS und VIELKÄUFER.

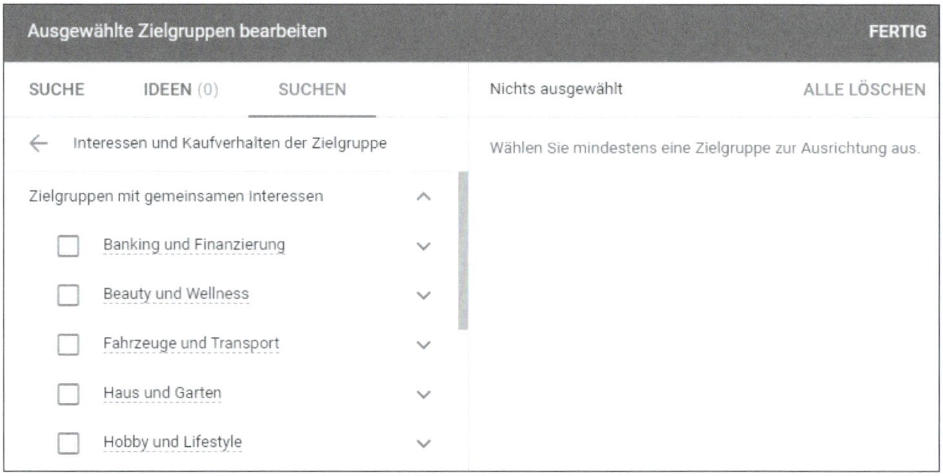

Abbildung 5.17 Zielgruppen mit gemeinsamen Interessen auswählen

Auch wenn die Diskussion um Cookies und Personalisierung Anfang 2020 sehr kontrovers geführt wird, können Sie sicher sein, dass Google bzw. die Onlinevermarkter allgemein auch weiterhin neue Wege finden werden, um Werbung passend für eine anonymisierte Zielgruppe zu schalten.

Der Unterschied zwischen Interessen und Themen

Das Targeting auf Grundlage des Interesses beruht auf dem Verhalten der Internet-nutzer. Google bzw. die Google-Tochter DoubleClick protokolliert, auf welchen Web-seiten sich die Nutzer aufgehalten haben, und speichert dies in Cookies ab. Hinzu kommen die Fragen, die der User an Google gestellt hat. Diese Informationen kön-nen Sie zusätzlich noch mit einer eigenen Remarketing-Aktion verknüpfen. Beim Re-marketing werden die Besucher der eigenen Webseite über einen Cookie markiert. So können diese Besucher im Netz auf Content-Seiten »aufgespürt« und mit passen-der Werbung »bespielt« werden.

Auf Grundlage ihrer Interessen werden die Nutzer mit einer passenden Werbung sehr zielgerichtet angesprochen. Sie haben sicher auch schon einmal die Erfahrung gemacht, dass Sie passende Werbung zu einer Webseite sehen, die Sie unlängst ein-mal besucht haben – dieses Phänomen nennt sich *Remarketing* und gehört zum Tar-geting auf Grundlage von Interesse.

Wenn Sie die Schaltung Ihrer Anzeigen nach Themen ausrichten, dann sind dies die Themen der Webseiten, auf denen Ihre Werbung angezeigt wird. Dazu werden die verschiedenen Seiten, die Google-Ads-Werbung erlauben, von Google analysiert und dann den unterschiedlichsten Themenbereichen zugeordnet (z. B. Motorsport-Web-sites). Bitte beachten Sie bei der Auswahl Ihrer Targeting-Strategie diese Unterschei-dung.

5.7.3   Aktives Suchverhalten bzw. Absichten der Zielgruppe

Die Liste zu dem AKTIVEN SUCHVERHALTEN BZW. ABSICHTEN DER ZIELGRUPPE, die in der Praxis aufgrund der früheren Google-Bezeichnung auch »Kaufbereite Ziel-gruppe« genannt wird, geht im Vergleich zur Zielgruppe mit gemeinsamen Interes-sen noch einen Schritt weiter. Hier können Sie eine oder mehrere Zielgruppen aus-wählen, die sich schon intensiv um ein bestimmtes Produkt oder eine Dienstleistung bemüht haben, weil die Mitglieder dieser Gruppen zum Beispiel Preisvergleichssei-ten oder Testberichte aufgerufen haben.

Im Automobilsektor haben die Mitglieder vielleicht schon mal einen Konfigurator gestartet. Auf Grundlage dieser Informationen haben Sie die Möglichkeit, z. B. Ihre BMW-Werbung sehr gezielt auf Google-Nutzer auszurichten, die sich bereits im Netz über die neuesten BMW-Modelle informiert oder eine entsprechende Fahrzeugkon-figuration gestartet haben (siehe Abbildung 5.18).

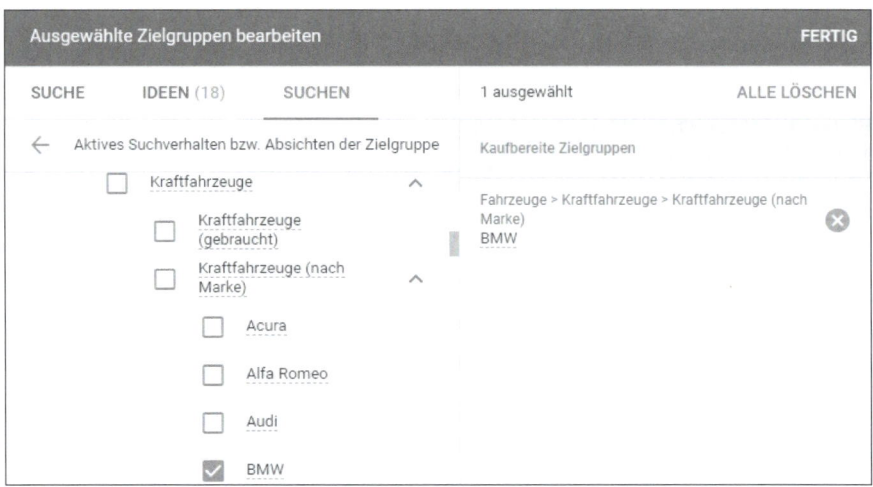

Abbildung 5.18 Die Gruppe potenzieller BMW-Käufer auswählen

Zur Liste AKTIVES SUCHVERHALTEN BZW. ABSICHTEN DER ZIELGRUPPE gehört aber auch die Untergruppe LEBENSEREIGNISSE (siehe Abbildung 5.19). Hierunter können Sie Werbung für Zielgruppen schalten, die z. B. geheiratet oder den Job gewechselt haben.

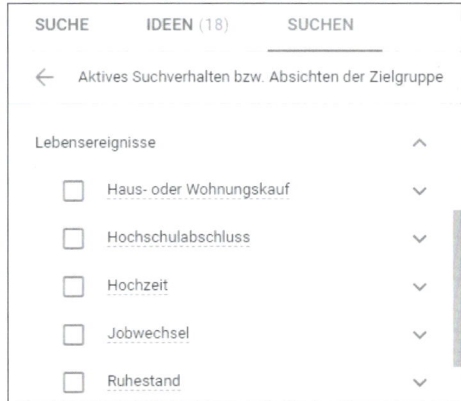

Abbildung 5.19 Eine Ausrichtung auf Lebensereignisse ist ebenfalls möglich.

5.7.4   Remarketing

Beim Remarketing, das oft auch als *Retargeting* bezeichnet wird, kennzeichnen Sie zunächst die Besucher Ihrer Webseite durch Cookies und bauen damit Remarketing-Listen auf. Der entscheidende Unterschied zu den vorherigen Listen besteht also darin, dass Sie auf Ihrer Webseite den Cookie setzen, während die bereits vorgestellten Listen von Google kommen und die Zielgruppen in diesen Google-Listen nicht unbedingt vorher Ihre Webseiten besucht haben müssen. Unter BISHERIGE INTERAKTIO-NEN MIT IHREM UNTERNEHMEN können Sie später auf die Remarketing-Listen zugreifen und für ehemalige Besucher Ihrer Webseite individuelle Werbung ausspielen, die dann auf unterschiedlichen Seiten im Displaynetzwerk angezeigt wird. Bevor Sie jedoch hier eine Remarketing-Liste auswählen können, sind einige Vorbereitungen erforderlich. So müssen Sie unter anderem zusätzlichen Code auf Ihrer Website einbauen oder Ihr Google-Ads-Konto mit Google Analytics verknüpfen. Das interessante und komplexe Thema Remarketing werden wir näher in Abschnitt 8.4 behandeln.

Die Remarketing-Listen werden in Ihrem Google-Ads-Konto unter TOOLS UND EIN-STELLUNGEN • GEMEINSAM GENUTZTE BIBLIOTHEK • ZIELGRUPPENVERWALTUNG erstellt und dort auch aufgelistet.

5.8 Anzeigengruppen im GDN nach demografischen Merkmalen ausrichten

Neben der Auswahl einer speziellen Zielgruppe gibt es auch die Möglichkeit, potenzielle Kunden auf Grundlage demografischer Merkmale zielgerichtet anzusprechen. In der Standardeinstellung sind alle demografischen Merkmale aktiviert. Sie können durch Aktivierung bzw. Deaktivierung der Checkboxen (siehe Abbildung 5.20) festlegen, welches GESCHLECHT und welche Altersgruppe (ALTER) Ihre Werbung sehen soll. Zudem können Sie sogar den ELTERNSTATUS einbeziehen, was vielleicht für Kinderwagen oder spezielle Weihnachtsgeschenke hilfreich sein kann. Am Surfverhalten kann Google also erkennen, ob jemand Kinder hat und deswegen für bestimmte Angebote der passende Ansprechpartner ist.

Dabei sollten Sie jedoch immer berücksichtigen, dass diese Einteilung nicht hundertprozentig passend ist, sondern eher auf statistischen Google-Berechnungen beruht. Über den Vergleich entsprechender Kennzahlen mit dem Verhalten einzelner Internet-User können Alter, Geschlecht und Elternstatus durch Google abgeschätzt werden. Diese Werte sind aber nie ganz genau, was Sie auch beim Blick in eine bestehende Statistik erkennen können. Dort wird der Anteil UNBEKANNT in allen Gruppen noch recht hoch sein.

Die Ausrichtungsziele werden sicherlich zukünftig durch Google noch erweitert und verfeinert werden. Das Merkmal HAUSHALTSEINKOMMEN wird beispielsweise bereits im Konto angezeigt, ist aber derzeit (Stand: Juli 2020) nur in Australien, Brasilien, Hongkong, Indien, Indonesien, Japan, Mexiko, Neuseeland, Singapur, Südkorea, Thailand und in den USA verfügbar und spielt im deutschsprachigen Raum keine Rolle. Falls HAUSHALTSEINKOMMEN als Targeting zukünftig verfügbar ist, könnten hochpreisige Dienstleistungen oder Produkte gezielter für die passende Kundschaft beworben werden.

Aktuell können Sie Ihre Anzeigen im Displaynetzwerk jedoch nur auf Grundlage folgender demografischer Faktoren ausrichten:

- Geschlecht
- Alter
- Elternstatus

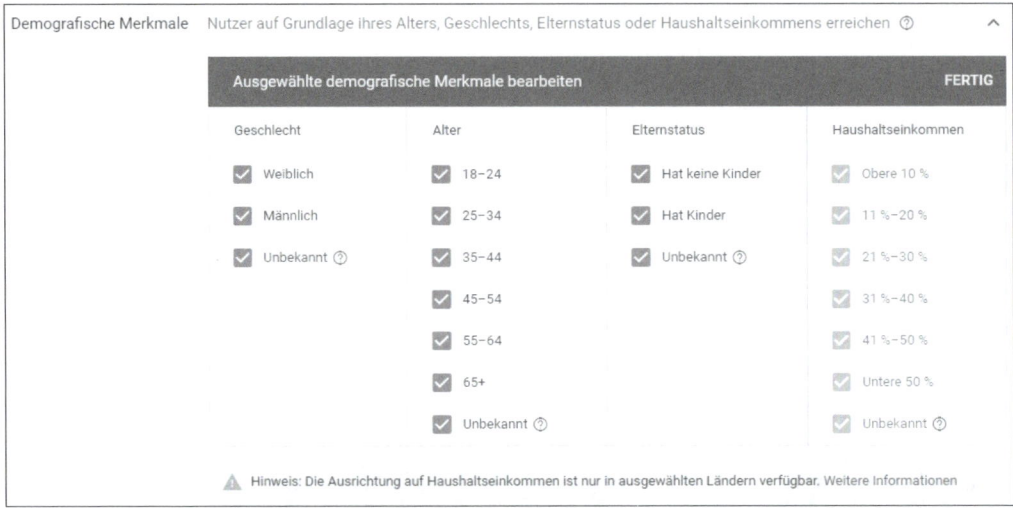

Abbildung 5.20 Ausrichtung auf demografische Merkmale im Displaynetzwerk

5.9   Anzeigengruppen im GDN auf Keywords ausrichten

Nach der Ausrichtung auf Zielgruppen und der Auswahl bestimmter demografischer Faktoren bietet Google für die Displaynetzwerk-Kampagnen eine Ausrichtung auf Inhalte an, die in folgende drei Kategorien unterteilt werden (siehe Abbildung 5.21):

- Keywords
- Themen
- Placements

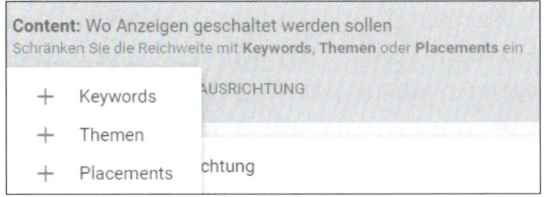

Abbildung 5.21 Das Targeting im Displaynetzwerk über Inhalte festlegen

Analog zu Ihren Kampagnen im Suchnetzwerk können Sie auch im Google Display-netzwerk Ihre Werbung auf der Grundlage von Keywords ausrichten. Bitte beachten Sie jedoch, dass Sie hier nicht die Keywords vorgeben, die gesucht werden. Es genügt bei dieser Werbemethode im Google Displaynetzwerk daher völlig, wenn Sie eher allgemeinere Keywords zum Thema vorgeben. Es ist also wichtiger, dass die vorgegebenen Keywords das Themenfeld beschreiben, als eine genaue Keyword-Anfrage eines potenziellen Kunden zu simulieren. Das Eingabefeld für die Keywords wird ähnlich der Keyword-Eingabe für Suchnetzwerk-Kampagnen gefüllt. Sie können sich zur Eingabe der Keywords wie gewohnt auch noch zusätzlich Ideen von Google vorschlagen lassen.

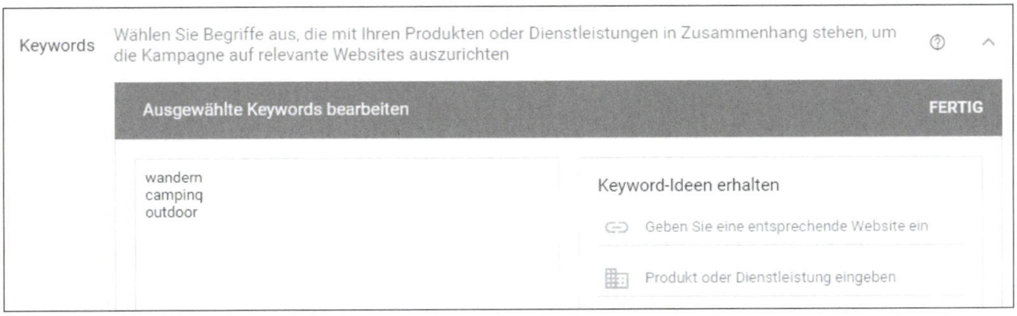

Abbildung 5.22 Eingabe der Keywords als Zielvorgabe für das Displaynetzwerk

Nach der Eingabe der Keywords können Sie festlegen, worauf die vorgegebenen Begriffe abzielen sollen. Die Standardeinstellung nutzt aktuell (Stand: Juli 2020) das kontextbezogene Modell zur Auslieferung. Dies bedeutet, dass Ihre Anzeigen auf Webseiten geschaltet werden, die einen Bezug zu den von Ihnen vorher bestimmten Keywords haben (siehe Abbildung 5.23). Ihre Anzeigen sollen also im passenden Umfeld geschaltet werden. Dazu werden die Keywords auf den Webseiten, die zur Schaltung von Google-Anzeigen zur Verfügungen stehen, mit den vorgegebenen Suchbegriffen abgeglichen. Die Alternative, also Anzeigen für Google-Nutzer zu schalten, die an diesen Begriffen interessiert sind, wurde früher von Google bevorzugt, ist aber aktuell nicht wählbar. Wir können gespannt sein, wohin zukünftig die Reise noch geht.

Abbildung 5.23 Google konzentriert sich aktuell wieder auf das kontextbezogene Marketing.

5.10   Anzeigengruppen im GDN nach Themen ausrichten

Eine weitere Möglichkeit der kontextbezogenen Ausrichtung besteht darin, Ihre Anzeigengruppen nach den Themen der Webseiten auszurichten. Diese Möglichkeit eignet sich hervorragend, wenn Sie noch keine konkrete Vorstellung von wichtigen Webseiten (Placements) haben, auf denen Sie Ihre Werbung schalten möchten. Vielleicht haben Sie auch keine Zeit, im Vorfeld eine intensive Recherche zu starten, um neue Placement-Ideen zu finden. Mithilfe der Themen können Sie Ihre Werbung dennoch nur auf den Seiten schalten, die zu Ihrem Produkt bzw. zu Ihrer Dienstleistung passen.

Klicken Sie sich von den übergeordneten Themen bis hin zu den Spezialthemen durch, und übernehmen Sie dann das gewünschte Thema durch Aktivierung der Checkbox (siehe Abbildung 5.24). So könnten für unser Beispiel der Wanderbekleidung verschiedene Webseiten mit den Themen *Wandern und Camping* sowie *Outdoor* allgemein als Werbeumfeld interessant sein.

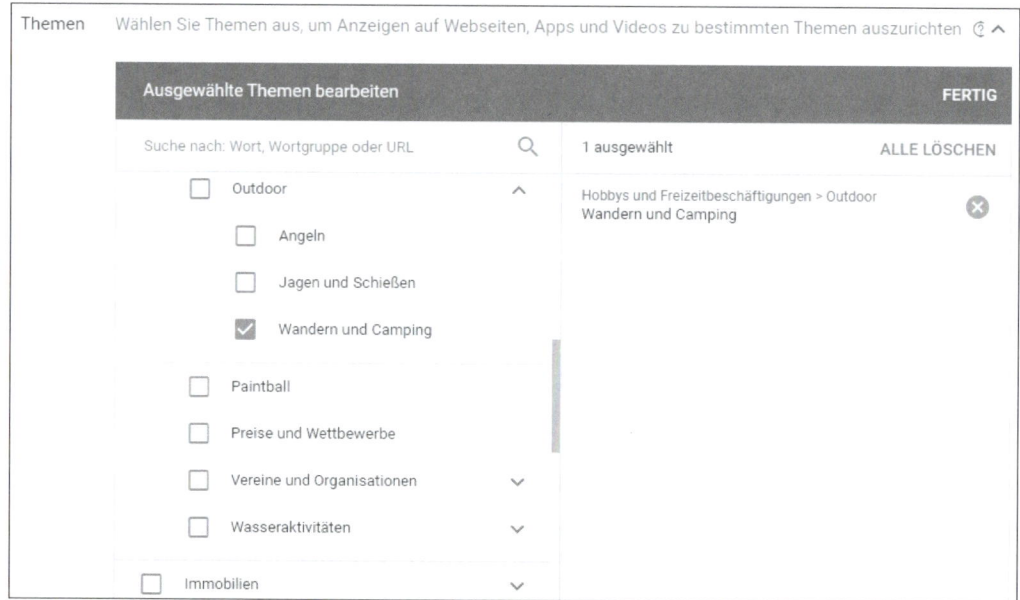

Abbildung 5.24 Ausrichtung der Anzeigengruppe für thematisch passende Webseiten

Nachdem eine Displaynetzwerk-Kampagne mit der auf themenspezifische Webseiten ausgerichteten Anzeigengruppe die ersten Wochen oder Monate gelaufen ist, können Sie in der Statistik recherchieren, welche Webseiten gut funktioniert haben, weil diese viele Klicks und noch besser erfolgreiche Conversions erzielt haben. Dann können Sie entscheiden, ob Sie von der Themenausrichtung zur Placement-Ausrichtung wechseln, die wir im folgenden Abschnitt vorstellen.

5.11   Placements im GDN auswählen

Die Ausrichtung auf Placements ist sehr zielgerichtet und liefert darum auch oft sehr gute Ergebnisse. Es ist jedoch etwas aufwendiger, die Placements auszuwählen. Placements sind, wie bereits erwähnt, hauptsächlich Webseiten oder auch Unterbereiche von Webseiten, auf denen Ihre Werbung platziert werden kann. Daneben können Sie für das Displaynetzwerk bei Google-Ads zusätzlich aus folgenden Placements auswählen:

- ▶ YouTube-Kanäle
- ▶ YouTube-Videos
- ▶ Apps
- ▶ App-Kategorien

Sie können beim Anlegen der Placements im ersten Schritt die gewünschte Kategorie (z. B. WEBSITES) auswählen und geben im nächsten Schritt dann den oder die gewünschte(n) Suchbegriff(e) ein. Google schlägt dazu die passenden Placements vor, aus denen Sie dann Ihre Favoriten für Ihre Anzeigengruppe auswählen können (siehe Abbildung 5.25).

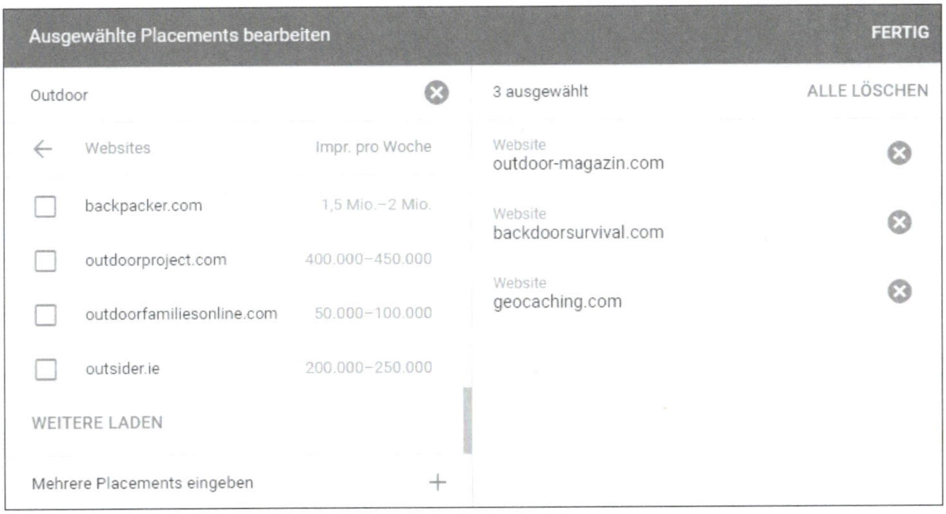

Ausgewählte Placements bearbeiten		FERTIG
Outdoor ⊗	3 ausgewählt	ALLE LÖSCHEN
← Websites	Impr. pro Woche	Website outdoor-magazin.com ⊗
☐ backpacker.com	1,5 Mio.–2 Mio.	Website backdoorsurvival.com ⊗
☐ outdoorproject.com	400.000–450.000	Website geocaching.com ⊗
☐ outdoorfamiliesonline.com	50.000–100.000	
☐ outsider.ie	200.000–250.000	
WEITERE LADEN		
Mehrere Placements eingeben	+	

Abbildung 5.25 Placement-Vorschläge und Auswahl zum Thema »Outdoor«

Es müssen aber nicht nur Webseiten sein; Sie können diesen Vorgang mit anderen Kategorien wiederholen und auf diese Weise zum Beispiel YouTube-Kanäle oder auch Apps als Placement-Vorgaben kombinieren. Beim Targeting durch Placements bestimmen Sie aktiv, wo Ihre Werbung erscheinen soll. Nach der Auswahl speichern Sie diese Ausrichtung wie gewohnt ab.

5.12   Die Targeting-Möglichkeiten in der Kombination

Wir hatten bei der Einführung des Targetings empfohlen, dass Sie zunächst jede Anzeigengruppe nur auf ein Ziel ausrichten sollten. Für fortgeschrittene Nutzer besteht jedoch auch die Möglichkeit, unterschiedliche Zielvorgaben zu kombinieren, um potenzielle Kunden noch genauer mit der passenden Werbung anzusprechen.

Möchten Sie Ihre bestehende Zielvorgabe mit einer zusätzlichen Ausrichtungsmöglichkeit kombinieren, so haben Sie zwei Möglichkeiten, die Sie auswählen können. Zuvor müssen Sie noch auf den großen blauen Bearbeitungsstift oder den Plus-Button klicken und dann AUSRICHTUNG DER ANZEIGENGRUPPE BEARBEITEN wählen. Die erste Möglichkeit nennt sich AUSRICHTUNGSKRITERIEN EINGRENZEN, und weiter unten finden Sie noch eine Auswahl, die mit BEOBACHTUNGEN HINZUFÜGEN gekennzeichnet ist (siehe Abbildung 5.26).

Abbildung 5.26 Mit zusätzlichen Kriterien eingrenzen oder nur weitere Zielvorgaben beobachten

Ausrichtungskriterien eingrenzen

Wenn Sie die Auslieferung eingrenzen möchten, können Sie andere Targeting-Möglichkeiten, die Sie noch nicht aktiviert haben, zu Ihrer Anzeigengruppe hinzufügen. Wenn Sie beispielsweise bereits Webseitenthemen vorgegeben haben, könnten Sie noch + ZIELGRUPPEN auswählen (siehe Abbildung 5.27) und so die beworbene Gruppe eingrenzen. Die Anzeigen würden dann nur noch auf den Placements angezeigt, die zu den ausgewählten Themen gehören, und zusätzlich eingeschränkt nur für die Nutzer, die mit der vorgegebenen Zielgruppe übereinstimmen. Sie schalten Ihre Werbung also im Vergleich zur Ausgangseinstellung für eine begrenzte Schnittmenge. Diese Gruppe ist dann kleiner, aber entspricht vielleicht eher der Kundengruppe, die Sie ansprechen möchten.

Abbildung 5.27 Sie können das Targeting für Ihre Anzeigen-gruppe mit zusätzlichen Kriterien eingrenzen.

Beobachtungen hinzufügen

Die zweite Option nennt sich BEOBACHTUNGEN HINZUFÜGEN (siehe Abbildung 5.28). Im Gegensatz zur ersten Option wird hier die Zielgruppe nicht eingeschränkt, sondern es werden eher Optimierungen vorgenommen. Sie können hierbei ebenfalls andere Targeting-Möglichkeiten hinzufügen. Dabei wirken diese Kriterien nicht als Einschränkung, sondern es wird nur festgelegt, welche Zielgruppen, Placements etc. Sie zusätzlich beobachten möchten. Diese Beobachtungen werden dann in eigenen Spalten der Google-Ads-Statistik aufgeführt, und Sie können diese Beobachtungen somit individuell auswerten.

Wenn Sie also Ihre Anzeigengruppen beispielsweise auf Webseitenthemen zum Wandern und Outdoor ausgerichtet haben, könnten Sie interessante Zielseiten (z. B. die Website *ich-geh-wandern.de* und ähnliche Seiten) als Placements zur Beobachtung hinzufügen. Später können Sie für diese ausgewählten Placements die CPC-Gebote erhöhen, um dort eine bessere Präsenz für Ihre Anzeige zu erzielen.

Abbildung 5.28 Beobachtungen hinzufügen, um gegebenen-falls individuelle Gebotsanpassungen einzustellen

Weitere Optimierungsmöglichkeiten

Google möchte sehr oft und gern automatisiert arbeiten, um möglichst viel Werbung für die von Ihnen definierte Zielgruppe auszuliefern. Wir haben bereits an mehreren Stellen die Vor- und Nachteile der automatisierten Anzeigenauslieferung thematisiert. Auch für das GDN bietet Google auf Anzeigengruppenebene eine weitere

Möglichkeit an, um zusätzliche Besucher für Google Ads zu gewinnen, indem Sie über einen Schieberegler zusätzliche Reichweite aktiveren können.

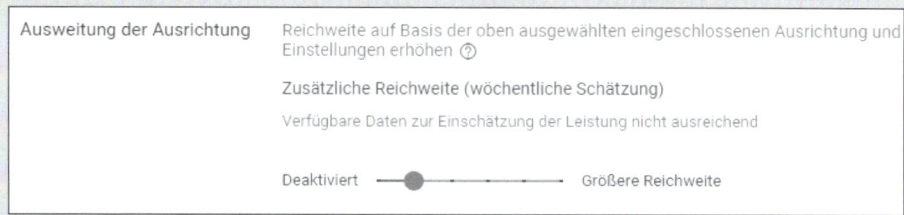

Abbildung 5.29 Ausrichtungsoptimierung – Optimierungstool

Diese Ausrichtungsoptimierung für das Displaynetzwerk nutzt standardmäßig eine niedrigere zusätzliche Reichweite (in der Nähe von Deaktiviert, siehe Abbildung 5.29). Sie können diese Einstellung durch Verschieben nach rechts in Richtung Größere Reichweite erhöhen. Wir empfehlen Ihnen, zunächst Ihre Vorgaben zu testen und die Reichweitensteigerung auf der Standardeinstellung zu belassen bzw. ganz auf Deaktiviert einzustellen. In einem zweiten Schritt können Sie dann später testen, ob Sie mit einer größeren Reichweite Ihre Ziele besser erreichen können.

5.13 Ausschlüsse für Kampagnen und Anzeigengruppen

Für die Ausrichtung Ihrer Displaynetzwerk-Werbung haben wir Ihnen zunächst nur gezeigt, wie Sie Zielgruppen hinzufügen können. Wie Sie sich denken können, ist es jedoch auch möglich, alle Ausrichtungen auch als Ausschlüsse zu nutzen. Dazu wechseln Sie innerhalb der jeweiligen Targeting-Möglichkeit einfach im oberen Bereich auf das Register Ausschlüsse (siehe Abbildung 5.30). Den Unterpunkt Ausschlüsse finden Sie für die folgenden Ausrichtungen:

- ▶ Zielgruppen
- ▶ Themen
- ▶ Placements

Im Bereich Keywords bezeichnet Google die negative Ausrichtung als Auszuschliessende Keywords, wie Sie dies schon von Kampagnen im Suchnetzwerk kennen.

Für den Unterpunkt Demografische Merkmale gibt es kein Register »Ausschlüsse«. Bei den demografischen Merkmalen klicken Sie einfach auf den grünen Punkt, der das jeweilige Merkmal als aktiviert kennzeichnet, und wählen dann aus der Auswahlliste die Möglichkeit Aus der Anzeigengruppe ausschliessen.

Abbildung 5.30 Sie finden die Ausschlüsse innerhalb der jeweiligen Ausrichtungsmöglichkeiten, hier z. B. unter »Themen«.

Mithilfe der negativen Ausrichtungsmerkmale (Ausschlüsse) können Sie die Ausrichtung Ihrer Werbung auf bestimmte Kundengruppen noch genauer einstellen. Bitte beachten Sie, dass Sie immer die Ausschlüsse und Ihre Targeting-Ziele aufeinander abstimmen sollten. Sie müssen ja nur diejenigen Bereiche ausschließen, die in den positiven Zielvorgaben enthalten sind. Wenn Sie beispielsweise nur Suchbegriffe als Targeting-Ziel vorgeben, macht es Sinn, einzelne Placements auszuschließen, auf denen Sie nicht mit Ihrer Werbung erscheinen möchten. Falls Sie jedoch direkt die Placements vorgeben und keine Keywords eingestellt haben, macht der Placement-Ausschluss keinen Sinn.

Bei der Vorgabe von Keywords sind wiederum negative Keywords analog zur Vorgehensweise bei den Kampagnen im Suchwerbenetzwerk nützlich. Achten Sie auf Ihre Einstellungen, und nutzen Sie nur sinnvolle Kombinationen von Zielen und Ausschluss, um Ihren Arbeitsaufwand gering zu halten.

5.14 Anzeigen für das Displaynetzwerk

Nachdem Sie die Kampagne mit den grundlegenden Einstellungen angelegt und die Ausrichtung der ersten Anzeigengruppe definiert haben, fehlen nur noch die Anzeigen, um Ihre Displaynetzwerk-Kampagne zu vervollständigen. Unterhalb der Einstellungen für das Targeting der Anzeigengruppe finden Sie den Hinweis zum Anlegen einer neuen Anzeige (siehe Abbildung 5.31).

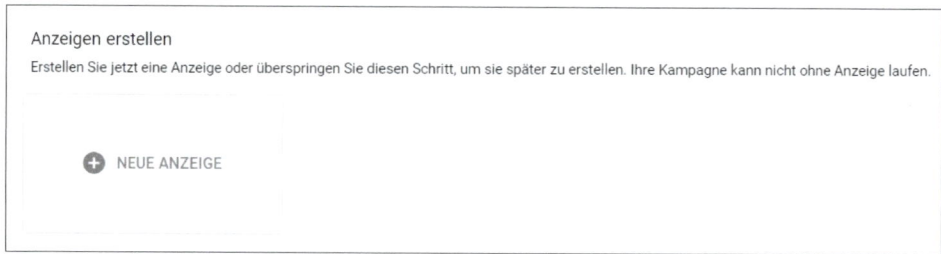

Abbildung 5.31 Eine neue Anzeige für das Displaynetzwerk erstellen

Bei einer bestehenden Displaynetzwerk-Kampagne navigieren Sie über die Kampagne zur gewünschten Anzeigengruppe. Falls er noch nicht aktiviert ist, wählen Sie in der vertikalen Navigation den Unterpunkt ANZEIGEN UND ERWEITERUNGEN aus. Im Kopfbereich ist dort das Register ANZEIGEN standardmäßig aktiviert. Nun klicken Sie auf den blauen Plus-Button, um eine zusätzliche Anzeige hinzuzufügen.

Für eine Displaynetzwerk-Anzeige haben Sie zwei Auswahlmöglichkeiten, die wir uns nun einmal näher anschauen (siehe Abbildung 5.32):

▸ Sie erstellen eine responsive Anzeige.

▸ Sie laden bestehende Image-Anzeigen hoch.

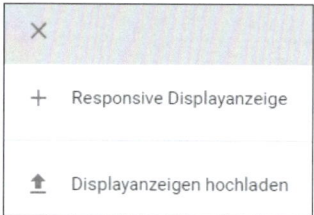

Abbildung 5.32 Responsive Anzeige erstellen oder Anzeigen hochladen?

Responsive Anzeigen

Google setzt aktuell stark auf die sogenannten responsiven Anzeigen, weil diese sich in der Größe, aber auch in der Darstellung so anpassen, dass mit einer einzigen Anzeigenvorlage unterschiedliche Größen und Werbeformen ausgeliefert werden können. Neben einer Anpassung an die unterschiedlichen Werbeplätze der Webseiten kann Google sich mit responsiven Anzeigen auch auf die Bedürfnisse unterschiedlicher Endgeräte einstellen. Da dieses Format sehr flexibel ist, hat Google einfach mehr Chancen, Anzeigen auch auszuspielen. Das ist nicht nur ein Vorteil für Google, sondern auch für den Werbenden: Werden feste Anzeigengrößen hochgeladen, kann ein Werbender die Ansprache potenzieller Kunden verpassen, weil bestimmte Displaygrößen, die eine spezielle Werbeseite verlangen, beim Anlegen der eigenen Anzeigen nicht berücksichtigt wurden.

Google Ads unterstützt die Nutzer beim Anlegen einer responsiven Anzeige, indem Google zum Beispiel nach Werbematerial auf Ihrer Seite sucht oder lizenzfreie Werbebilder zur Verfügung stellt. Wir zeigen Ihnen, wie Sie einfach die *responsiven Displayanzeigen* erstellen.

Nachdem Sie auf + NEUE ANZEIGE und danach auf den Unterpunkt + RESPONSIVE DISPLAYANZEIGE geklickt haben (siehe Abbildung 5.32), erscheint ein Formular, in dem Sie alle notwendigen Bilder, Logos, eventuell Videos und auch die Textbausteine für das flexible Anzeigenformat hinterlegen können (siehe Abbildung 5.33).

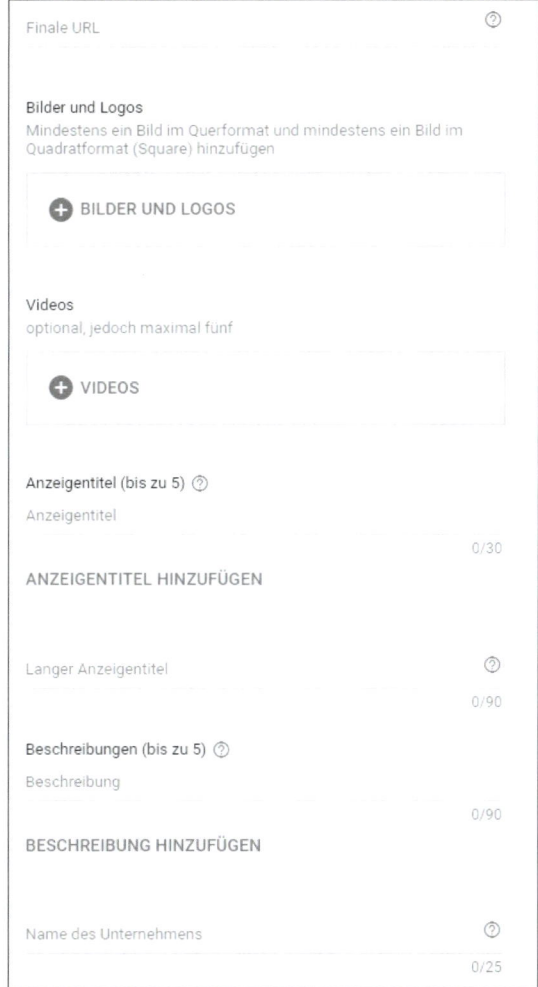

Abbildung 5.33 Eingabeformular zum Anlegen einer responsiven Anzeige

Nach der Eingabe Ihrer Landingpage (FINALE URL) werden über + BILDER UND LOGOS zunächst neue Bilder und Logos hinzugefügt. Dabei können Sie nach kostenlosen Bildern suchen lassen oder auch eigene Bilder von Ihrem Computer hochladen. Später können Sie bei neuen Anzeigen auch auf bereits eingestellte Bilder zurückgreifen. Eine sehr interessante Funktion befindet sich hinter dem ersten Unterpunkt AUF DER WEBSITE SUCHEN. Geben Sie hier eine zur Anzeige passende Unterseite Ihrer Website als Landingpage ein. Google scannt dann diese Seite nach Bildern und Logos. Werden passende Elemente gefunden (siehe Abbildung 5.34), können Sie diese dann ebenfalls für Ihre Werbung nutzen.

Abbildung 5.34 Passende Bilder und Logos werden über einen Webseiten-Scan ermittelt.

Optional können Sie auch noch bis zu fünf Videos (mit + VIDEOS) zu Ihrer responsiven Anzeige hinzufügen. Falls Sie bereits gute, kurze Werbevideos zu Ihren Produkten oder Ihrem Unternehmen besitzen, sollten Sie diese Möglichkeit auf jeden Fall in Erwägung ziehen,

Im nächsten Schritt hinterlegen Sie ähnlich wie bei einer Anzeige für das Suchnetzwerk verschiedene Textbausteine. Sie können hier jedoch bis zu fünf Titel mit je 30 Zeichen, einen langen Anzeigentitel (90 Zeichen) und bis zu fünf Beschreibungen (90 Zeichen) eintragen. Diese verschiedenen Bausteine werden benötigt, um die wichtige Überschrift bei kleinem und größerem Platzangebot in jedem Fall prominent darzustellen und in verschiedenen Situationen jeweils passende Anzeigen auszuliefern. Die responsive Anzeige wird durch Ihren Unternehmensnamen komplettiert.

Nachdem Sie auf der linken Seite im Eingabeformular Ihre Bausteine für Ihre neue responsive Displayanzeige hinterlegt haben, werden auf der rechten Seite in der Vorschau direkt unterschiedliche Beispiele angezeigt (siehe Abbildung 5.35). Damit Sie besser verstehen, wie Ihre Anzeigen in verschiedenen Situationen bei Ihrer Zielgruppe ausgeliefert werden, können Sie zwischen unterschiedlichen Darstellungsformen wählen, z. B. zwischen einer Vorschau für WEBSITES UND APPS ❶ sowie einer Vorschau für GOOGLE-PRODUKTE ❷. Zu diesen Bereichen können Sie auch jeweils noch unterschiedliche Anzeigenformate ❸ als Vorschaubeispiel auswählen, z. B. Textanzeigen, Bildanzeigen oder Anzeigen bei YouTube. Zu guter Letzt können Sie auch für alle Anzeigen durch Klick auf das passende Symbol noch bestimmen, ob eine Smartphone- ❹ oder eine Desktopversion ❺ angezeigt werden soll.

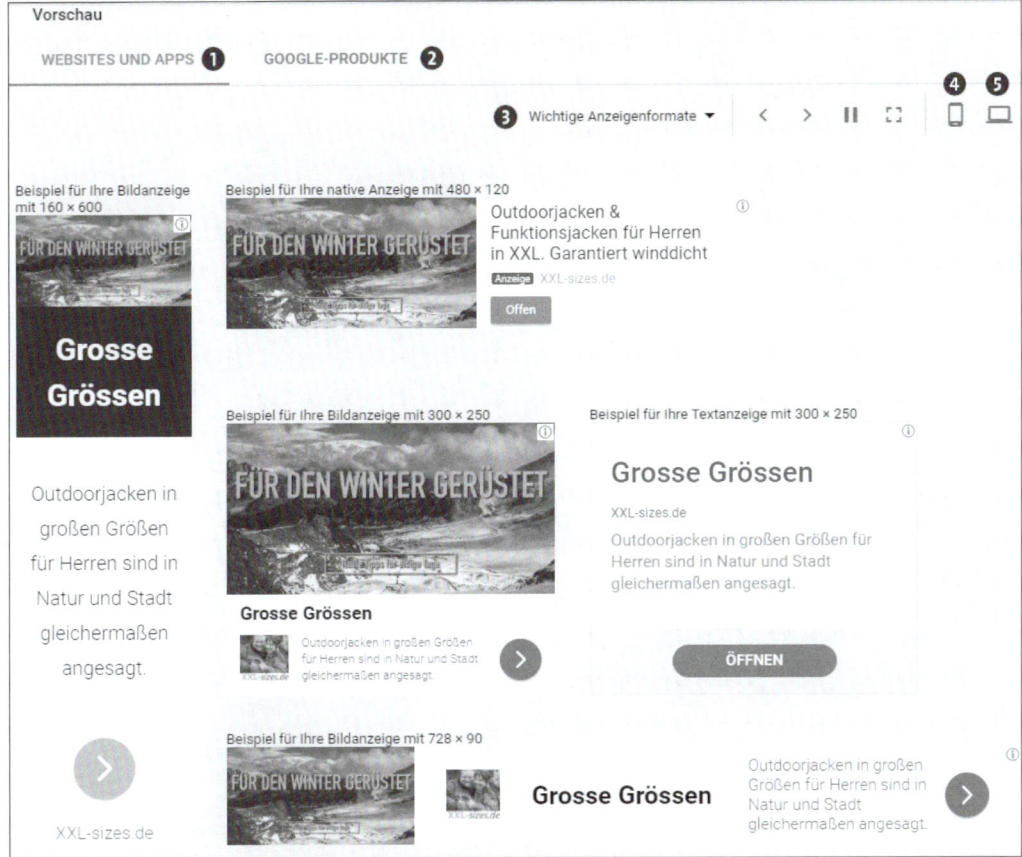

Abbildung 5.35 Vorschau der responsiven Anzeigen für unterschiedliche Formate und Endgeräte

Auf den beiden folgenden Abbildungen möchten wir Ihnen noch einmal zwei unterschiedliche Anzeigenbeispiele präsentieren, die aus denselben Vorgaben erstellt werden können. In Abbildung 5.36 sehen Sie eine reine Textanzeige, die aus der kurzen Überschrift und dem Beschreibungstext zusammengesetzt ist, und Abbildung 5.37 ist eine Bildanzeige, die zusätzlich den langen Anzeigentitel nutzt.

Abbildung 5.36 Textanzeige mit kurzem Titel und Beschreibungstext

Abbildung 5.37 Bildanzeige mit langer Titelzeile

Nachdem die Bilder und die Textbausteine eingetragen wurden, ist die Hauptarbeit für responsive Anzeigen erledigt. Es gibt jedoch noch vier weitere Einstellungsmöglichkeiten, die wir uns noch einmal kurz anschauen möchten. Unter ERWEITERTE URL-OPTIONEN können zum einen wie bei jeder anderen Google-Ads-Anzeige zusätzliche Tracking-Optionen genutzt werden, um spezielle Informationen mit dem Klick auf eine Anzeige zu verbinden. Außerdem finden Sie hier auch eine Möglichkeit, um nach Auswahl einer Checkbox eine eigene finale URL für Mobilgeräte zu hinterlegen. Dies ist für diejenigen interessant, die gesonderte, mobiloptimierte Webseiten besitzen.

Die dritte und vierte Einstellungsmöglichkeit finden Sie unter dem Link WEITERE OPTIONEN. Hier können Sie zum einen Ihren speziellen Call-to-Action-Text auswählen, der genau zu Ihrer Anzeige und Ihren Produkten bzw. Dienstleistungen passt (siehe Abbildung 5.38), um eine optimale Ansprache Ihrer Zielgruppe zu gewährleisten.

Abbildung 5.38 Bestimmen Sie den passenden Call-to-Action-Text für Ihre Anzeige.

Als letzte Möglichkeit können Sie nach Auswahl der Checkbox Benutzerdefinierte Farben sowohl die Haupt- als auch die Akzentfarbe für Ihre responsiven Anzeigen bestimmen, damit die Anzeigen besser zu Ihrem Corporate Design passen – eine kleine, interessante Möglichkeit, die häufig übersehen wird.

Displayanzeigen hochladen

Responsive Anzeigen haben viele Vorteile, jedoch den entscheidenden Nachteil, dass es nicht vollständig in Ihrer Hand liegt, wie Ihre Anzeigen schließlich ausgeliefert werden. Falls Sie stets dasselbe Look & Feel wünschen und Ihre Anzeigen auf allen Werbeplattformen gleich aussehen sollen, dann müssen Sie diese Anzeigen selbst erstellen bzw. von einem Grafiker erstellen lassen. Danach laden Sie diese Bilddateien in das Google-Ads-Konto hoch. Dazu nutzen Sie beim Erstellen einer neuen Anzeige für das Displaynetzwerk den Link Displayanzeigen hochladen.

Im nächsten Schritt klicken Sie auf die Schaltfläche Dateien zum Hochladen auswählen. Auf diese Weise können Sie ausgewählte Bilddateien von Ihrem Computer hochladen. Zusätzlich müssen Sie auf der linken Seite im oberen Bereich noch eine Finale URL für Ihre Bildanzeige hinterlegen, damit ein Klick auf Ihre Werbung direkt zur passenden Landingpage führt. Auch für die fertigen Image-Anzeigen können Sie unter URL-Optionen für Anzeigen die weiter oben beschriebenen Tracking-Parameter und eine mobile Landingpage eintragen.

Für die hochgeladenen Dateien gibt es bestimmte Vorgaben, die genau einzuhalten sind. Dies bedeutet, dass die Bilddateien nur in den vorgegebenen Dateiformaten mit passender Pixelgröße akzeptiert werden und dass die Daten der Bilddatei nicht größer als 150 KB sein dürfen. Die Abmessungen müssen pixelgenau eingehalten werden, ansonsten können die Anzeigen nicht geschaltet werden. Abbildung 5.39 listet einige Anzeigengrößen für die extern erstellten Werbeanzeigen auf. Wenn Sie im Vergleich zu den responsiven Anzeigen ähnliche Chancen zur Schaltung auf unterschiedlichen Webseiten haben möchten, sollten Sie möglichst viele – am besten alle – unterschiedlichen Anzeigengrößen hochladen. Dies bedeutet dann natürlich einen höheren Aufwand bei der Erstellung der Image-Anzeigen.

Unterstützte Größen und Formate

Dateitypen

Bildformate	GIF, JPG, PNG
HTML5-Formate	ZIP mit HTML und optional CSS, JS, GIF, PNG, JPG, JPEG, SVG (responsive oder Standardanzeigen)
AMPHTML-Formate	ZIP-Datei mit genau einem HTML-Dokument und bis zu 39 Media-Assets.
Max. Größe	150 KB

Anzeigengrößen

Quadratisch und rechteckig		**Leaderboard**	
200 × 200	Small Square	468 × 60	Banner
240 × 400	Vertical Rectangle	728 × 90	Leaderboard
250 × 250	Quadrat	930 × 180	Top Banner
250 × 360	Triple Widescreen	970 × 90	Large Leaderboard
300 × 250	Inline Rectangle	970 × 250	Billboard
336 × 280	Large Rectangle	980 × 120	Panorama
580 × 400	Netboard		

Skyscraper		**Mobil**	
120 × 600	Skyscraper	300 × 50	Mobiles Banner
160 × 600	Wide Skyscraper	320 × 50	Mobiles Banner
300 × 600	Halbseitig (Half Page)	320 × 100	Großes mobiles Banner
300 × 1050	Hochformat		

Responsiv

Die Größe von responsiven HTML5-Anzeigen hängt vom verfügbaren Platz ab.

Abbildung 5.39 Spezifikation für extern erstellte Google-Ads-Anzeigen

5.15 Auswertungen zum Displaynetzwerk

Natürlich liefert Google auch Auswertungen zu Ihren Kampagnen im Displaynetzwerk. In Kapitel 10 besprechen wir noch ausführlich die verschiedenen Möglichkeiten der Reportings. Da Sie Ihre Statistiken beim Neuanlegen jedoch stets zeitnah beobachten sollten, werfen wir schon einmal einen ersten Blick in die Reports.

Zunächst stellen Sie in der rechten oberen Ecke ein, welchen Zeitraum Sie aktuell analysieren möchten. Bei einer neuen Kampagne sollten Sie sich zu Beginn tägliche oder wöchentliche Daten anschauen. In der linken Navigation wählen Sie Ihre Kampagne und die entsprechende Anzeigengruppe aus, da das Targeting auf dieser Ebene festgelegt wurde. Je nach Targeting erhalten Sie unterschiedliche Informationen. Eine Auswertung macht dann nur auf dieser Ebene Sinn, da Sie so auch den Erfolg unterschiedlicher Targeting-Strategien vergleichen können. Die Leistungsdaten, die Sie abrufen können, richten sich zum Teil nach dem Targeting, das Sie als Ausrichtung oder Beobachtung vorgegeben haben.

Wenn Sie zum Beispiel bestimmte Themen als Targeting nutzen, dann erhalten Sie auch entsprechende Auswertungen zu diesen Themen. Für die demografischen Merkmale erhalten Sie andererseits immer Daten. Obwohl ein Teil immer noch als »unbekannt« eingeordnet wird, können Sie grob einschätzen, ob die Zielgruppe, die Sie laut Google-Ads-Statistik erreichen, auch mit Ihren Vorstellungen übereinstimmt. Denken Sie daran, dass Sie immer bestimmte demografische Merkmale als auszuschließende Gruppen hinzufügen können, um Ihre Ausrichtung zu verbessern.

Für die Displaynetzwerk-Kampagnen sind die Auswertungen zu den Placements in jedem Fall interessant. Hier finden Sie die Leistungsdaten zu den Webseiten, auf denen Ihre Werbung erschienen ist. Bei der Auswertung gilt es, Augenmerk auf Webseiten mit vielen Klicks und hohen Kosten, aber ohne Conversions zu legen. Diese Placements sollten Sie ausschließen. Andererseits sind natürlich die Webseiten sehr interessant, die viele Verkäufe, Kundenanfragen oder Kontakte geliefert haben. Hier könnte man das Engagement durch höhere CPCs verstärken.

Eine erste Leistungsanalyse zu Ihren Placements (siehe Abbildung 5.40) erstellen Sie auf folgende Weise: Wählen Sie zunächst wie beschrieben die Anzeigengruppe aus Ihren Displaynetzwerk-Kampagnen sowie den gewünschten Zeitraum aus. Dann klicken Sie in der mittleren vertikalen Navigation auf den Unterpunkt PLACEMENTS. Die Statistik passen Sie über die Auswahl der gewünschten Spalten an. Bei den Placements sind vor allem die Leistungsdaten (Klicks, Impressionen, Kosten etc.) sowie die Informationen zu den Conversions als Qualitätsmerkmal interessant.

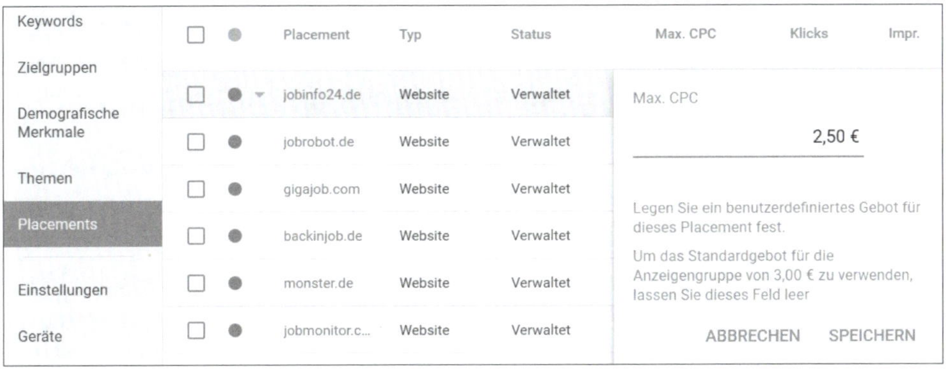

Abbildung 5.40 Passen Sie in den Google-Ads-Statistiken zu den Placements den »Max. CPC« bei Bedarf an.

Da die Analyse stets der erste Schritt für neue Optimierungsideen ist, können Sie den Placement-Bericht auch direkt nutzen, um den maximalen CPC für die Webseiten anzupassen, die gut performen. So können Sie beispielsweise mehr für die Webseiten bieten, die Ihnen gute Conversions geliefert haben.

5.16 Fazit

In diesem Kapitel haben Sie gelernt, wie Sie zusätzliche Werbung bei Google Ads über das Displaynetzwerk schalten können. Die Werbemöglichkeiten mit einer Display-netzwerk-Kampagne eignen sich hervorragend, um auf Ihr Unternehmen aufmerksam zu machen. Dies funktioniert zwar auch über Textanzeigen, den stärkeren *Branding-Effekt* erreichen Sie jedoch, wenn Sie responsive oder Image-Anzeigen als Werbeform im Displaynetzwerk nutzen.

Denken Sie vor dem Anlegen Ihrer Kampagne jedoch immer an Ihre Strategie. Falls Sie einen Nischenmarkt bewerben möchten, so erzielen Sie über das Displaynetzwerk den größten Erfolg, wenn Sie selbst die passenden Seiten für Ihre Werbung recherchieren. Während zum Beispiel die Werbung zu Webshops für Damenschuhe auf fast allen Seiten funktioniert, sprechen Sie beim Thema »Laufschuhe« auf Freizeit- und Fitness-Seiten Ihre Zielgruppe bei geringeren Klickkosten viel effektiver an.

Bitte bedenken Sie immer, dass im Displaynetzwerk nicht gezielt gesucht wird. Klickraten (CTR) von deutlich unter einem Prozent sind ganz normal und nicht mit der CTR im Suchwerbenetzwerk vergleichbar.

> **Zusätzlicher Tipp: Benutzerdefinierte Zielgruppe erstellen**
>
> Das Displaynetzwerk zeichnet sich durch vielfältige Targeting-Möglichkeiten aus, daher möchten wir Ihnen in diesem Tipp noch eine besondere Möglichkeit vorstellen, die oft übersehen wird: die benutzerdefinierten Zielgruppen.
>
> Beim Targeting nach Zielgruppen verbirgt sich am Ende der Liste Interessen und Kaufverhalten der Zielgruppe sowie der Liste Aktives Suchverhalten bzw. Absichten der Zielgruppe jeweils noch ein Unterpunkt zur Erstellung benutzerdefinierten Gruppen. Ein Klick auf + Neue Benutzerdefinierte Zielgruppe mit ... eröffnet eine neue Möglichkeit, um eine eigene Gruppe zu definieren. Hier können Sie die Interessen der gewünschten Zielgruppe hinterlegen, aber auch Websites, die Ihre potenziellen Kunden interessieren (siehe Abbildung 5.41).
>
> Bitte beachten Sie beim Anlegen der benutzerdefinierten Gruppen, dass es auch hier eine Unterscheidung zwischen der Gruppe mit dem Interesse an Ihren Produkten/ Dienstleistungen (schwächer im Hinblick auf das Ziel, aber dafür eine größere Reichweite) und der Zielgruppe mit Kaufabsicht (kleinere Gruppe, aber größere Chance auf Conversion) gibt.

Als einfaches Beispiel könnten Sie sowohl bei dem Thema »Interesse« als auch bei der »Kaufabsicht« die Webseiten Ihrer Konkurrenten angeben. Sie können also auf diese Weise Zielgruppen aufbauen, die nicht unbedingt auf Ihren Webseiten waren, sich aber für die Seiten Ihrer Konkurrenten interessiert haben. Auch diese Liste benötigt eine gewisse Zeit, um analog zu den Remarketing-Listen eine Zielgruppe aufzubauen. Danach können Sie eine eigene Anzeigengruppe auf diese Liste ausrichten.

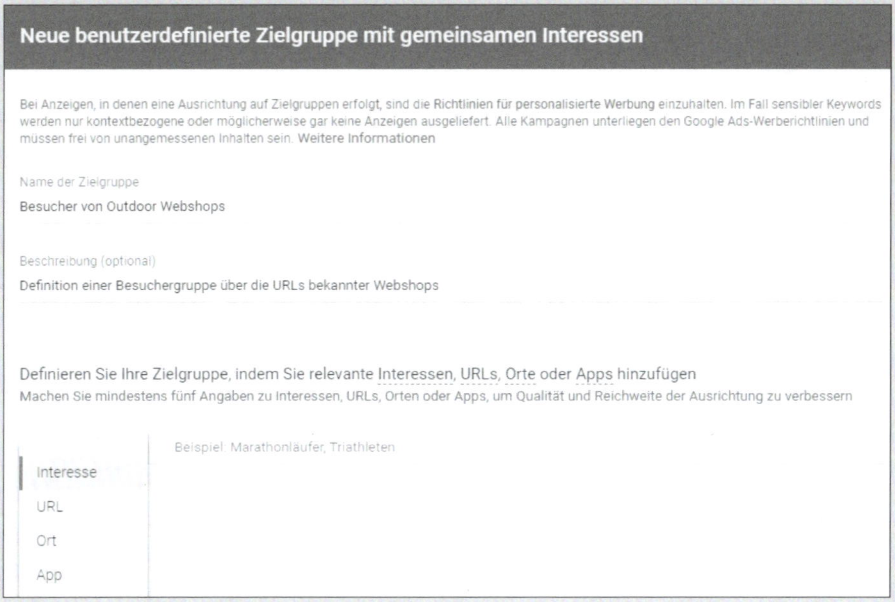

Neue benutzerdefinierte Zielgruppe mit gemeinsamen Interessen

Bei Anzeigen, in denen eine Ausrichtung auf Zielgruppen erfolgt, sind die Richtlinien für personalisierte Werbung einzuhalten. Im Fall sensibler Keywords werden nur kontextbezogene oder möglicherweise gar keine Anzeigen ausgeliefert. Alle Kampagnen unterliegen den Google Ads-Werberichtlinien und müssen frei von unangemessenen Inhalten sein. Weitere Informationen

Name der Zielgruppe
Besucher von Outdoor Webshops

Beschreibung (optional)
Definition einer Besuchergruppe über die URLs bekannter Webshops

Definieren Sie Ihre Zielgruppe, indem Sie relevante Interessen, URLs, Orte oder Apps hinzufügen
Machen Sie mindestens fünf Angaben zu Interessen, URLs, Orten oder Apps, um Qualität und Reichweite der Ausrichtung zu verbessern

Beispiel: Marathonläufer, Triathleten

Interesse
URL
Ort
App

Abbildung 5.41 Eine eigene Zielgruppe mithilfe von Interessen und URLs definieren

5.17 Checkliste

Sie möchten eine Displaynetzwerk-Kampagne erstellen? Treffen Sie die folgenden Vorbereitungen:

Wichtige Punkte zum Erstellen einer Google-Ads-Displaynetzwerk-Kampagne	OK (☑)
Legen Sie ein Budget für Ihre Displaynetzwerk-Kampagne fest.	
Bestimmen Sie, welche Anzeigen Sie schalten möchten.	
Erstellen Sie die gewünschten Textbausteine für Ihre responsiven oder Image-Anzeigen.	

Tabelle 5.1 Displaynetzwerk-Kampagne – Checkliste

Wichtige Punkte zum Erstellen einer Google-Ads-Displaynetzwerk-Kampagne	OK (☑)
Erstellen Sie die gewünschten Image-Anzeigen (nach Bedarf).	
Bestimmen Sie das gewünschte Targeting.	
Erstellen Sie eine Keyword-Liste für das GDN (nach Bedarf).	
Erstellen Sie eine Placement-Liste für das GDN (nach Bedarf).	
Erstellen Sie eine Themenliste für das GDN (nach Bedarf).	
Erstellen Sie eine Interessenliste für das GDN (nach Bedarf).	
Erstellen Sie rechtzeitig eine Remarketing-Liste (nach Bedarf).	
Legen Sie die auszuschließenden Merkmale fest.	
Legen Sie die Optionen zum Ausschluss für das GDN fest.	

Tabelle 5.1 Displaynetzwerk-Kampagne – Checkliste (Forts.)

Kapitel 6
Navigation im Google-Ads-Konto

Kampagnen, Empfehlungen, Bibliothek und mehr: Das Google-Ads-Konto ist komplex, denn es besitzt verschiedene Menüpunkte und versteckte Bereiche. Manche Menü- oder Unterpunkte benötigen Sie öfter, andere weniger oft oder gar nicht. Verschaffen Sie sich einen Überblick, damit die vielfältigen Navigationspunkte im Google-Ads-Konto ihren Schrecken verlieren – und damit Sie in Zukunft schnell den passenden Menüpunkt finden.

In diesem Kapitel möchten wir Sie kurz durch das Google-Ads-Konto führen, damit Sie einen Überblick über die verschiedenen Navigationsmöglichkeiten erhalten. Wir schauen uns gemeinsam die wichtigsten Navigationspunkte an und besprechen vor allem die Grundeinstellungen zu Kontonutzern, Kontoverwaltung und Kontoabrechnung.

Google hat im Jahr 2017 das Design und die Aufteilung des Google-Ads-Kontos grundlegend überarbeitet. Sofern Sie in der Vergangenheit bereits mit Google Ads gearbeitet haben, haben Sie danach einen gravierenden Unterschied in der Benutzeroberfläche feststellen können. Google arbeitet fortwährend an der Benutzeroberfläche. Das bedeutet, dass sich gegebenenfalls an der einen oder anderen Stelle immer wieder geringfügig etwas an der Optik ändern kann. Grundlegende Veränderungen am neuen Design sind allerdings nicht zu erwarten, sodass Sie sich anhand der hier abgebildeten Screenshots gut in Ihrem Google-Ads-Konto zurechtfinden werden.

Unter *https://support.google.com/google-ads/announcements/9048695* liefert Google eine Übersicht, wann welche neuen Funktionen in Google Ads aktualisiert wurden.

6.1   Die Google-Ads-Struktur

Nachdem Sie sich in ein Google-Ads-Konto eingeloggt haben, das bereits mindestens eine Kampagne enthält, sehen Sie zunächst die Startseite (siehe Abbildung 6.1). Sie liefert Ihnen eine Übersicht über die wesentlichen Kennzahlen sowie Kampagnen und Veränderungen Ihres Google-Ads-Kontos.

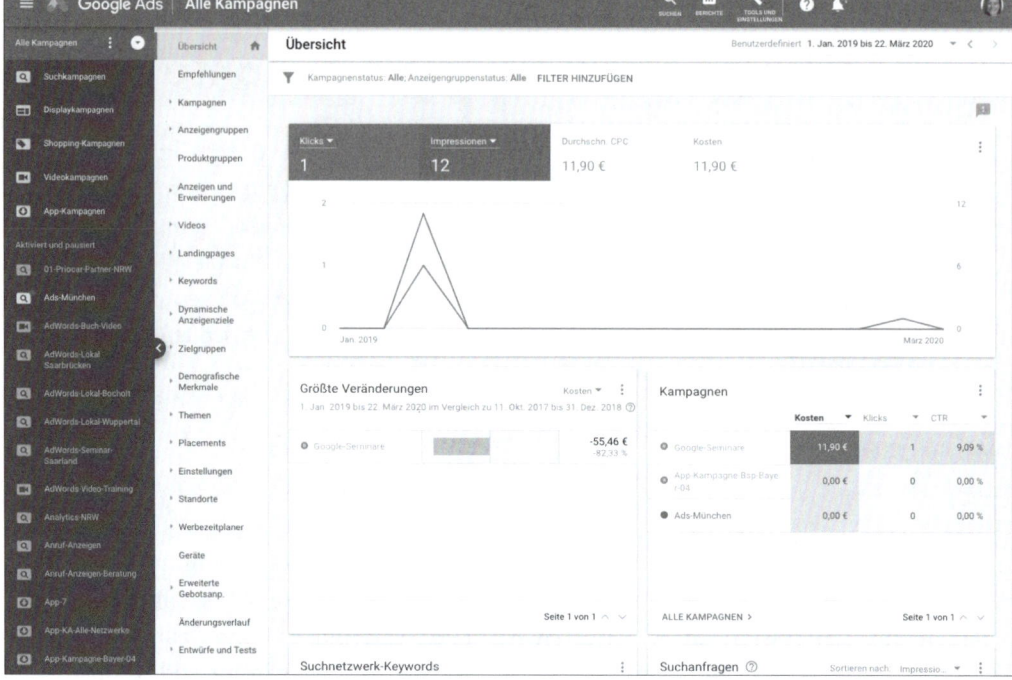

Abbildung 6.1 Die Einstiegsseite im Google-Ads-Konto

Google hat die komplexe Navigation der Vergangenheit durch zwei ineinander verschaltete Navigationsebenen abgelöst. Die Inhalte der ersten Navigationsebene sind dunkel hinterlegt. Google nennt diese primäre Navigation den *Navigationsbereich*. In der zweiten Navigationsebene finden sich alle Tabs aus der alten Google-Ads-Navigationsleiste. Neu ist, dass die Navigation jetzt vertikal statt horizontal verläuft. Google nennt diese sekundäre Navigationsebene das *Seitenmenü*. Die einzelnen Bereiche werden wir Ihnen nun etwas näher vorstellen. Beginnen wir mit dem Navigationsbereich.

6.1.1 Der Navigationsbereich – die erste Navigationsebene

Viele Google-Ads-Nutzer, die in einem großen Konto mit vielen Kampagnen und Anzeigengruppen einen schnellen Überblick erhalten möchten, klicken zunächst auf ALLE KAMPAGNEN. Da Google Ads nun alle Kampagnen einblendet, haben Sie von diesem Startpunkt aus einen Überblick über Ihr Konto. Nun können Sie in die unterschiedlichen Bereiche navigieren. Deshalb hat Google ALLE KAMPAGNEN zum zentralen Dreh- und Angelpunkt Ihres Google-Ads-Kontos gemacht. Hier finden Sie alle Kampagnen, die Sie im Laufe der Zeit angelegt haben, und können zu Anzeigengruppen, Anzeigentexten, Keywords usw. wechseln. Dabei sind die Kampagnen nach den jeweiligen Kampagnentypen gruppiert und mit einem entsprechenden Icon gekennzeichnet. Der dunkle Navigationsbereich füllt sich also erst im Laufe Ihrer Arbeit mit dem Google-Ads-Konto, wenn Sie mehrere Kampagnen mit unterschiedlichen Kampagnentypen anlegen (siehe Abbildung 6.2).

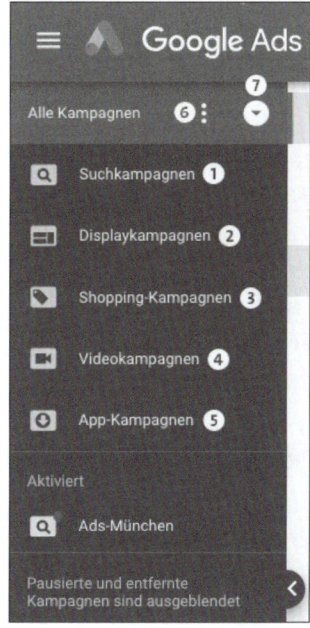

Abbildung 6.2 Linke Navigation »Alle Kampagnen«

Die verschiedenen Kampagnentypen

▶ Suchnetzwerk-Kampagnen ❶

▶ Displaynetzwerk-Kampagnen ❷

▶ Shopping-Kampagnen ❸

▶ Videokampagnen ❹

▶ App-Kampagnen ❺

Über das Menü KAMPAGNENSTATUSFILTER, das sich hinter den drei vertikalen Punkten verbirgt ❻, können Sie definieren, was Ihnen in der Übersicht ALLE KAMPAGNEN angezeigt werden soll. Zusätzlich können Sie über den Button rechts davon ❼ zwischen den Ansichten ALLE KAMPAGNEN und ALLE KAMPAGNENGRUPPEN wechseln.

Google-Ads-Kampagnengruppen

Mit den Kampagnengruppen stellt Google eine neue Funktion zur Verfügung, mit der Sie Ihre Kampagnen besser im Blick behalten können. Sie können mit Kampagnengruppen mehrere Kampagnen gruppieren, die ähnliche Leistungsziele haben.

Kampagnengruppen können eine beliebige Kombination von Shopping-, Display- und Videokampagnen sowie Suchnetzwerk-Kampagnen umfassen. Jede Kampagne kann jeweils nur zu einer Kampagnengruppe gehören. Weitere Informationen dazu finden Sie in der Google-Hilfe unter *https://support.google.com/google-ads/answer/6393407?hl=de*.

Das Menü »Kampagnenstatusfilter«

Wie schon gesagt, erreichen Sie das Menü über die drei Punkte. Hier stellen Sie ein, was Sie in Ihrer Kampagnenübersicht sehen wollen. Die Möglichkeit der selektiven Ansicht wird im Verlauf Ihrer Arbeit mit dem Google-Ads-Konto zusehends wichtiger, sobald Sie viele verschiedene Kampagnen angelegt haben. Dann kann das Navigationsmenü für die Kampagnen schnell recht voll und komplex werden. Deshalb ist es gut, bestimmte Dinge ausblenden zu können, damit Sie weiterhin den Überblick behalten. So können Sie also entscheiden, ob Sie alle Kampagnen ❶, alle aktivierten ❷, alle bis auf entfernte ❸ Kampagnen oder analog auch Anzeigengruppen sehen wollen. Oder aber Sie konzentrieren sich auf die Entwürfe ❹ bzw. wählen, ob Sie Kampagnentypen ausblenden ❺ oder anzeigen möchten.

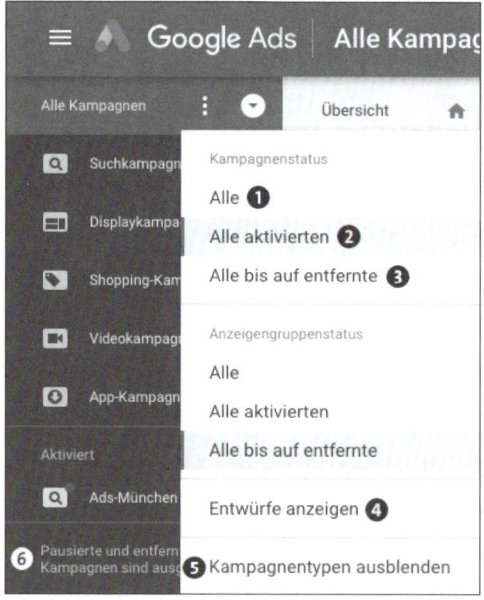

Abbildung 6.3 Das Menü »Kampagnenstatusfilter«

Je nachdem, was Sie anzeigen bzw. ausblenden, sehen Sie dann unterhalb der Kampagnentypen eine entsprechende Überschrift, die Ihnen angibt, welche Kampagnen darunter gelistet sind. Wenn Sie beispielsweise pausierte und entfernte Kampagnen ausblenden, sehen Sie als Überschrift PAUSIERTE UND ENTFERNTE KAMPAGNEN SIND AUSGEBLENDET ❻; sofern Sie mehr anzeigen, verändert sich diese Überschrift entsprechend um die gewählten Elemente.

Verwaltungselemente des Google-Ads-Kontos

Auf der rechten Seite des horizontalen Navigationsbereichs (siehe Abbildung 6.1) finden Sie zusätzlich noch vier Symbole, und zwar von links nach rechts:

▸ ein Chart-Symbol für die benutzerdefinierte Berichterstellung: Hier finden Sie alle gespeicherten Berichte zu Ihrem Google-Ads-Konto wieder. Ihre Berichte können Sie von hier aus verändern oder erneut abrufen.

▸ ein Werkzeugsymbol, hinter dem sich Tools, Abrechnungen und Einstellungen befinden

▸ ein Fragezeichen für die Google-Ads-Hilfe, wo Sie unter anderem unter dem Menüpunkt INTERAKTIVE ANLEITUNGEN mehr über die Verwendung der neuen Google-Ads-Oberfläche und ihre Funktionen erfahren. Außerdem haben Sie die Möglichkeit, den weltweiten Google-Telefonsupport in Anspruch zu nehmen.

▸ eine Glocke, hinter der sich aktuelle Benachrichtigungen verbergen

Der Google-Telefonsupport

Während es früher schwierig war, Ansprechpartner bei Google zu erreichen, klappt dies mittlerweile sehr gut.

Google-Telefonsupport

Google verbirgt zum Teil die Telefonnummer des Supports und möchte Anfragen lieber online über Foren oder die Hilfeseite lösen. Sollten Sie also über das Fragezeichen für die Google-Hilfe keine Telefonnummer angezeigt bekommen, haben Sie hier die letzten aktuellen Support-Nummern als Anhaltspunkt für den Telefonsupport (Mo.–Fr., 9–13 Uhr):

▸ Deutschland: 08005894011

▸ Österreich: 0800080509

▸ Schweiz: 0800002343

Falls Sie also einmal ein Problem haben, sollten Sie sich nicht scheuen, den direkten Kontakt zu suchen. Bitte bedenken Sie jedoch, dass die Google-Mitarbeiter Ihnen eher bei technischen Fragestellungen helfen können. Bei folgenden Punkten sollten Sie auf Ihr eigenes Wissen vertrauen:

▸ spezielle Strategien zu Ihrem Geschäftsmodell

▸ Analyse Ihrer Konkurrenz

- ▶ Auswahl passender Keywords zu Ihren Produkten/Dienstleistungen
- ▶ Optimierung Ihrer Landingpage mit Bezug zu Ihren Anzeigen
- ▶ Auswahl der passenden Google-Ads-Kampagnen

Bedenken Sie immer, dass Sie der Experte für Ihr Unternehmen sind!

6.1.2   Das Seitenmenü – die zweite Navigationsebene

Je nachdem, welches Element Sie in der primären Navigation bzw. im Navigationsbereich auswählen, ändern sich die Inhalte des Seitenmenüs im hellen Fenster rechts
sowie unten im Navigationsbereich geringfügig. Tabelle 6.1 gibt Ihnen einen Überblick über die einzelnen Elemente des Seitenmenüs je nach ausgewählter Rubrik im
Navigationsbereich.

Navigations-elemente	Suchkam-pagnen	Display-kampagnen	Shopping-Kampagnen	Video-kampagnen	App-Kampagnen
Übersicht	X	X	X	X	X
Empfeh-lungen	X	X	X	X	X
Kampagnen	X	X	X	X	X
Anzeigen-gruppen	X	X	X	X	X
Produkt-gruppen			X		
Anzeigen (und Erweite-rungen)	X	X	X	X	
Videos				X	
Landingpages	X	X	X	X	
Keywords	X	X	X	X	
Dynamische Anzeigenziele	X				

Tabelle 6.1 Navigationselemente im Google-Ads-Seitenmenü

Navigations-elemente	Suchkam-pagnen	Display-kampagnen	Shopping-Kampagnen	Video-kampagnen	App-Kampagnen
Zielgruppen	X	X	X	X	
Demografische Merkmale	X	X		X	
Themen		X		X	
Placements	X	X		X	X
Einstellungen	X	X	X	X	X
Standorte	X	X	X	X	X
Werbezeitplaner	X	X	X	X	
Geräte	X	X	X	X	
Erweiterte Gebotsanpassung	X	X		X	
Änderungsverlauf	X	X	X	X	X
Entwürfe und Tests	X	X			

Tabelle 6.1 Navigationselemente im Google-Ads-Seitenmenü (Forts.)

Mit einem Klick auf eine konkrete Kampagne (in unserem Beispiel *Ads-München* ❶) klappt die Kampagne im Navigationsbereich wie ein Ordner im Windows Explorer auf, und die zugehörigen Anzeigengruppen ❷ werden sichtbar. Rechts im hellen Fenster sehen Sie das dazu gehörige detaillierte Seitenmenü ❸ sowie die Übersicht ❹ zu Ihrer gewählten Kampagne (siehe Abbildung 6.4).

In der Übersichtsgrafik können Sie über die drei Punkte ❺ am oberen rechten Rand die Ansicht für die Zeiteinheit bestimmen und durch Anklicken der vier Messkriterien IMPRESSIONEN, KLICKS, CTR, KOSTEN ❻ wählen, welche Angaben grafisch dargestellt werden sollen.

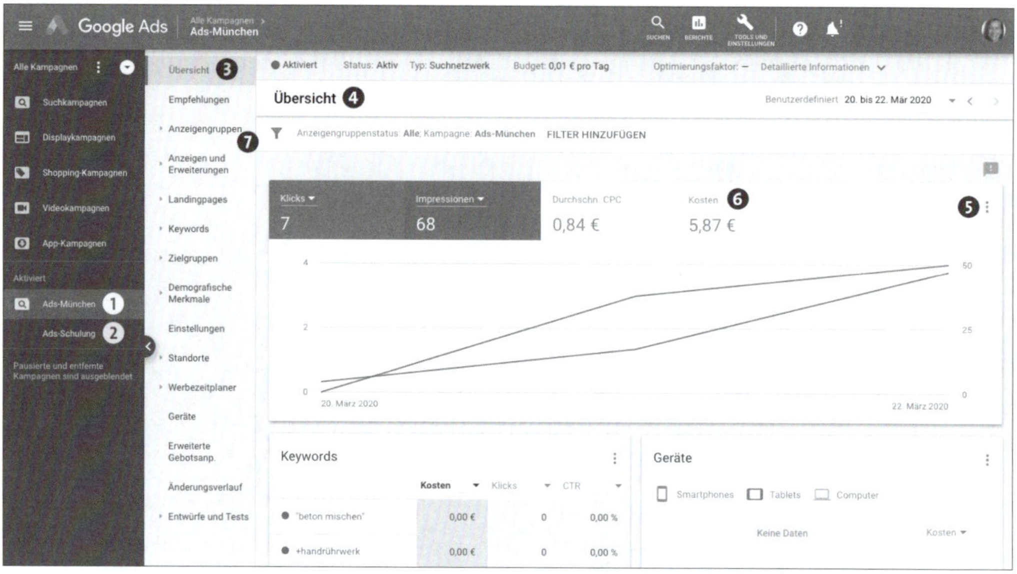

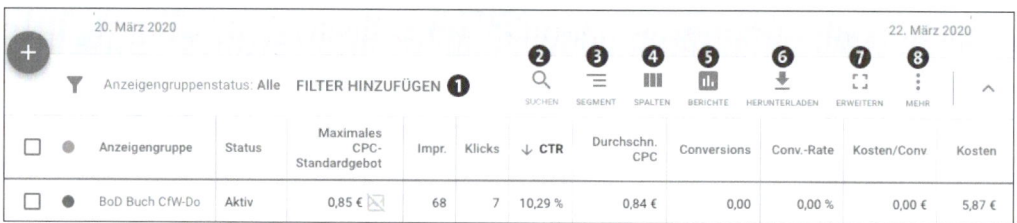

Abbildung 6.4 Ansicht einer konkreten Kampagne mit Anzeigengruppen

Wenn Sie in dem Detailmenü auf ANZEIGENGRUPPEN ❼ klicken, sehen Sie nun alle zu Ihrer Kampagne gehörenden Anzeigengruppen mit Angaben zu Keyword, Anzeigengruppe, Status, Max. CPC usw. Die Darstellung der einzelnen Spalten können Sie zusätzlich individuell anpassen, indem Sie die Symbole am oberen rechten Rand der Tabelle nutzen (siehe Abbildung 6.5). Diese Anpassungen bieten Ihnen abermals die Möglichkeit, die umfangreichen Informationen, die Ihr Google-Ads-Konto liefert, genau an Ihre Bedürfnisse anzupassen, damit Sie den Überblick behalten.

	Anzeigengruppe	Status	Maximales CPC-Standardgebot	Impr.	Klicks	↓ CTR	Durchschn. CPC	Conversions	Conv.-Rate	Kosten/Conv	Kosten
☐ ●	BoD Buch CfW-Do	Aktiv	0,85 €	68	7	10,29 %	0,84 €	0,00	0,00 %	0,00 €	5,87 €

Abbildung 6.5 Optionen und Anpassungen für vorhandene Statistiken

Zunächst haben Sie die Möglichkeit, die Anzeigengruppen nach bestimmten Kriterien zu filtern ❶, sofern Sie mehrere Anzeigengruppen in der Liste darunter sehen. Daneben können Sie mit der Option SUCHEN ❷ konkrete einzelne Anzeigengruppen suchen. Mit der Option SEGMENT ❸ können Sie die Daten der Tabelle nach einer Dimension segmentieren, z. B. nach der Zeit oder dem Gerät, auf dem die Anzeige ausgespielt wurde. Mit der Option SPALTEN ❹ legen Sie fest, welche Spalten in der Tabelle angezeigt werden. Unter BERICHTE ❺ können Sie sich diverse Details ansehen, z. B. zu welcher Tageszeit Ihre CTR (*Click-Through Rate*) am höchsten ist. Sie können sämtliche Berichte auch exportieren. Dazu stehen Ihnen unter HERUNTERLADEN ❻ verschiedene Formate zur Verfügung. Die Schaltfläche ERWEITERN ❼ vergrößert das Anzeigefenster für eine bessere Übersicht. Die drei vertikalen Punkte ❽ enthalten weitergehende Optionen, wie unter anderem das Einfügen von kopierten Inhalten oder das Hochladen von Daten.

Spalten definieren

Beim Klick auf SPALTEN (❹ Abbildung 6.5) können Sie die angezeigten Spalten anpassen. Diese Funktion steht Ihnen bei den meisten Menüpunkten des Seitenmenüs zur Verfügung. In dem Fenster, das sich nun öffnet (siehe Abbildung 6.6), können Sie sich Ihre Spalten mit Leistungsdaten zusammenstellen. Meistens liefern Ihnen kleine Statistiktabellen schneller den gewünschten Überblick als umfangreiche Datenmengen. Über die Bearbeitung der Spalten können Sie beispielsweise die dargestellten Informationen reduzieren.

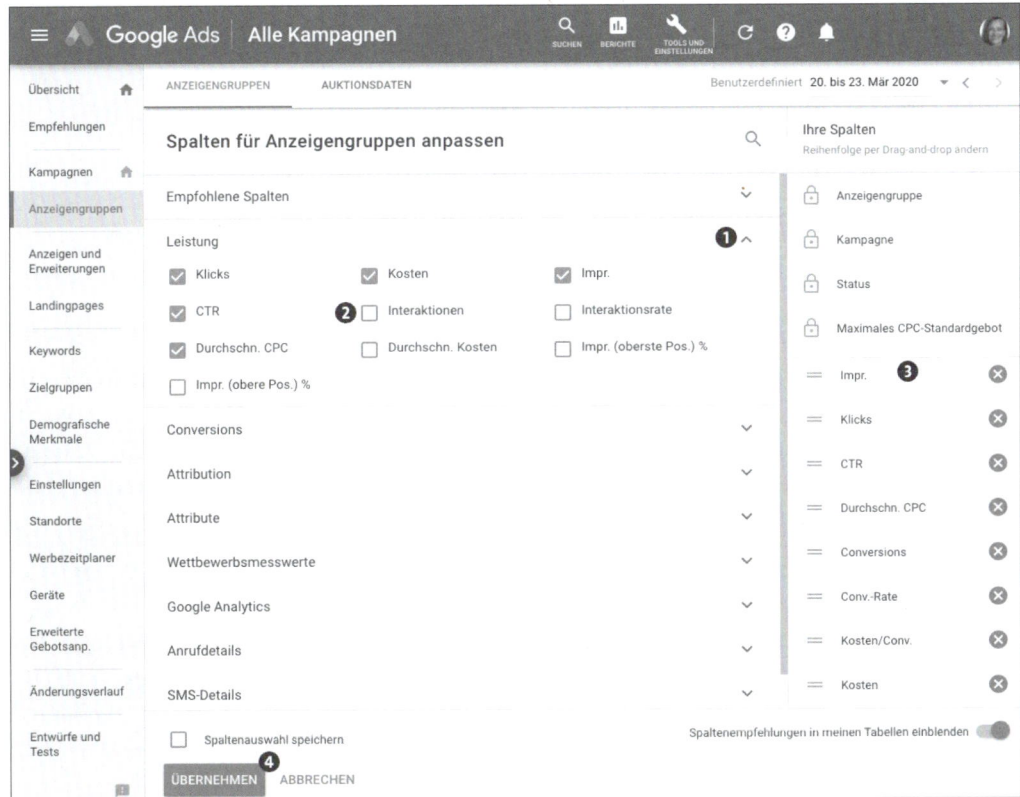

Abbildung 6.6 Spalten zu den gespeicherten Berichten anpassen

Die auswählbaren Spalten sind noch einmal nach übergeordneten Themen gruppiert, z. B. LEISTUNG. Klicken Sie einfach auf den Pfeil ❶ rechts bei der Gruppierung, um weitere Spalten per Haken an- oder abzuwählen ❷. Am rechten Rand des Fensters können Sie zusätzlich per Drag & Drop ❸ die Reihenfolge der angezeigten Spalten bestimmen. Ihre Auswahl bestätigen Sie per Klick auf ÜBERNEHMEN ❹.

6.1.3   Detailansicht der Kampagnen

Über die Elemente des Seitenmenüs gelangen Sie in die jeweilige Detailansicht Ihrer Kampagnen-Elemente, wo Sie Änderungen und/oder Ergänzungen vornehmen können. Dabei fügen Sie in jeder Ansicht neue Elemente (also z. B. neue Keywords oder neue Anzeigen) über das Symbol ⊕ ❶ hinzu. Änderungen nehmen Sie vor, indem Sie auf das Stiftsymbol ❷ klicken (siehe Abbildung 6.7).

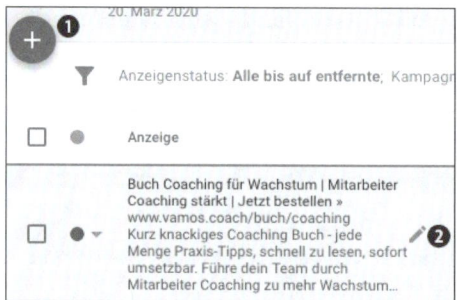

Abbildung 6.7 Ergänzungen und Änderungen vornehmen

6.2   Empfehlungen: Google macht Vorschläge

In einem Google-Ads-Konto gibt es in Bezug auf Kampagnen, das Budget, Keywords etc. immer etwas zu verbessern bzw. zu optimieren. Unter dem Menüpunkt EMPFEHLUNGEN im Seitenmenü (siehe Abbildung 6.8) finden Sie die Google-Vorschläge dazu. Diese sollten Sie sich regelmäßig anschauen, aber nicht einfach kritiklos übernehmen.

Denken Sie immer daran, dass Google Ads letztlich nur ein Programm ist, das anhand von Daten diese sogenannten Chancen (z. B. mehr Besucher zu generieren) erkennen kann. Sie müssen jedoch immer noch selbst analysieren, ob Ihnen das Mehr an Besuchern auch ein Mehr an Umsatz beschert. Sie wissen sicherlich stets besser als das Google-Ads-System, welche Keywords letztlich die Kunden generieren, die Sie benötigen.

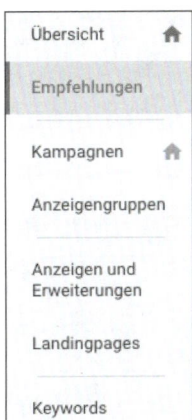

Abbildung 6.8 Die zweite Navigation mit aktivem Tab »Empfehlungen«

So arbeiten Sie am besten mit Google-Ads-Vorschlägen

Klicken Sie zunächst auf den Navigationspunkt EMPFEHLUNGEN. Nun werden Ihnen die einzelnen Empfehlungen für Ihr Konto angezeigt. Sie können sich zu jedem Empfehlungstyp durch Klick auf EMPFEHLUNG ANZEIGEN weitere Details anzeigen lassen bzw. die Empfehlung durch Klick auf ÜBERNEHMEN akzeptieren.

Sie sollten allerdings nicht ungeprüft alle Vorschläge der Empfehlungen überneh-men. So schlägt Google beispielsweise immer die optimierte Anzeigenrotation als Empfehlung vor. In den vorangegangenen Kapiteln haben Sie hingegen gelernt, dass Sie gerade für eine neu angelegte Kampagne eben diese Funktion zunächst deakti-vieren sollten. Denn sonst würde Google zu früh mit der Automatisierung beginnen, also bevor genügend Daten vorhanden sind. Über die drei vertikalen Punkte können Sie zum jeweiligen Empfehlungstyp ALLE LÖSCHEN wählen, sofern Sie diese Empfeh-lung nicht umsetzen möchten. Außerdem können Sie hier die Empfehlungen als Excel-CSV-Datei herunterladen, um sie zu einem späteren Zeitpunkt noch einmal in Ruhe in Ihrer Excel-Tabelle durchzugehen.

Bitte beachten Sie, dass ein Klick auf ALLE LÖSCHEN die Vorschläge nach einer zusätz-lichen Sicherheitsabfrage entfernt. Diese Empfehlungen werden danach unter dem Button ABGELEHNT ❶ angezeigt (siehe Abbildung 6.9). Falls Sie die Vorschläge also zunächst nicht übernehmen, sie aber zu einem späteren Zeitpunkt noch einmal ge-nauer anschauen möchten, so sollten Sie die Vorschläge stehen lassen oder herun-terladen.

Neben den EMPFEHLUNGEN zeigt Google Ihnen auch den Optimierungsfaktor ❷ Ihres Kontos an. Zu jeder Empfehlung erhalten Sie einen Hinweis ❸, um wie viel Pro-zent diese Empfehlung den Optimierungsfaktor Ihres Kontos steigern würde. Der maximale Optimierungsfaktor, den Sie erreichen können, beträgt 100 %.

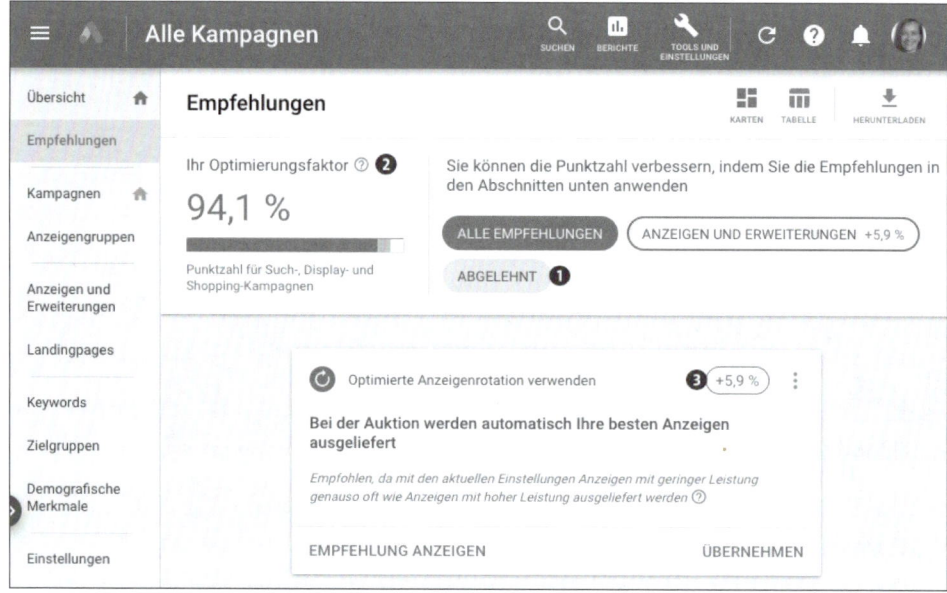

Abbildung 6.9 Übersicht über alle Empfehlungen von Google

Wir möchten Ihnen nun einige Beispiele vorstellen, wobei wir sicherlich nicht alle Möglichkeiten zeigen können. Es gibt ganz unterschiedliche Ideen zu Empfehlungen, und die Google-Ads-Programmierer kreieren auch immer wieder neue Varianten zu diesem Thema. Die folgenden drei Abschnitte enthalten also eine kleine Auswahl typischer Vorschläge, die Google Ads als neue Chancen für Ihre Werbung präsentiert.

6.2.1   Vorschläge zu neuen, relevanten Anzeigengruppen

Bei unserem ersten Beispiel schlägt Google Ads vor, neue Anzeigengruppen anzulegen, die besser auf die Keywords abgestimmt sind und somit themenrelevantere Anzeigen zu den Keywords je Anzeigengruppe liefern.

Dies ist ein interessanter Vorschlag, denn kleinere und somit relevantere Anzeigengruppen bringen Ihnen grundsätzlich Vorteile, wie wir in Kapitel 12, »Google Ads optimieren«, noch ausführlicher erläutern werden. Bei jeder Empfehlung haben Sie die Möglichkeit, sie mit dem Button Übernehmen sofort in Ihrem Google-Ads-Konto zu aktivieren oder sich zunächst über Empfehlung anzeigen weitere Details anzuschauen.

Die automatische Funktion Übernehmen ist zwar sehr praktisch, aber nicht zu empfehlen, da Sie – wie immer, wenn es einfach wird – keine Kontrolle über die Änderungen besitzen. Klicken Sie also auf Empfehlung anzeigen, um die Keywords der neuen Anzeigengruppe aktiv aus bzw. abzuwählen. Außerdem besteht hier die Möglichkeit, eine neue und somit passende Textanzeige für die neue Anzeigengruppe zu erstellen. Danach können Sie den Vorschlag mit Ihren individuellen Anpassungen übernehmen.

6.2.2   Vorschläge zu neuen Keywords

Das Google-Ads-System liefert Ihnen hier wie auch an anderer Stelle immer wieder Vorschläge für neue Keyword-Optionen. Sie finden solche Keyword-Vorschläge zum Beispiel auch, wenn Sie selbst neue Keywords zu einer Anzeigengruppe hinzufügen möchten.

Vor allem bei den Keyword-Vorschlägen sollten Sie jedoch sehr kritisch hinschauen und wirklich nur interessante und passende Ideen übernehmen. Klicken Sie auch hier zur genaueren Analyse der Vorschläge auf den Button EMPFEHLUNG ANZEIGEN. Sie können dann zum einen die Keywords aktiv aus den Vorschlägen auswählen, zum andern können Sie aber auch die Anzeigengruppe bestimmen, in die die Keywords übernommen werden sollen.

Denn die Keywords müssen nicht in die vorgeschlagene neue Gruppe eingestellt werden; Sie können über eine Auswahl auch eine bestehende Anzeigengruppe wählen. Google schlägt Ihnen weitere Möglichkeiten vor, wie Sie mit Keywords Geld sparen können, und zwar, indem Sie leistungsschwache Keywords pausieren bzw. weitere auszuschließende Keywords hinzufügen.

6.2.3   Vorschläge zu Geboten für obere Positionen

Bei den Geboten für obere Positionen sollten Sie wieder ein wenig vorsichtiger sein. Richtig ist, dass Gebote oberhalb der organischen Suchergebnisse in den ersten vier Google-Ads-Positionen, den sogenannten *Top-Positionen*, immer mehr Aufmerksamkeit erzielen und auch mehr Besucher bringen.

Aber auch hier gilt es, wie bei den Keywords genau zu analysieren, ob Sie dadurch auch mehr Umsatz generieren können. Falls dies der Fall ist und Ihre Google-Ads-Kampagnen auf den ersten Plätzen bessere Ergebnisse erzielen, so ist es durchaus sinnvoll, für wichtige Keywords die Gebote für obere Positionen zu verwenden. Mithilfe dieser Gebote erscheinen Ihre Anzeigen zu den jeweiligen Keywords auf einem der ersten drei Plätze.

Bedenken Sie jedoch auch, dass die Erhöhung der Gebote über die Empfehlungen eine einmalige Anpassung ist, sodass sich die Keyword-Positionen je nach Konkurrenz und Klickverhalten auch wieder ändern können. Es gibt jedoch auch Einstellungsmöglichkeiten im Google-Ads-Konto, um ständig flexibel auf Änderungen zu reagieren und somit Ihre Gebote laufend anzupassen. Mehr dazu erfahren Sie in Abschnitt 13.3 bei den automatisierten Regeln.

Abschließend möchten wir nochmals darauf hinweisen, dass die Empfehlungen von Google sicher ein hilfreiches Tool sind, Sie allerdings immer nochmals kritisch prüfen sollten, inwieweit die Vorschläge für Ihre Webseite relevant und sinnvoll erscheinen. Es empfiehlt sich an dieser Stelle nicht, die Empfehlungen einfach unreflektiert zu übernehmen, denn – wie wir schon gesagt haben – ein Algorithmus von Google kann nicht Ihren gesunden Menschenverstand ersetzen.

6.3   Tools und die Verwaltung des Google-Ads-Kontos

Die Verwaltung des Google-Ads-Kontos hat Google in einen speziellen Bereich ausgelagert. Schauen Sie einmal auf Ihrer Google-Ads-Oberfläche nach ganz rechts oben. Dort finden Sie ein Werkzeugsymbol. Ein Klick auf dieses Symbol öffnet das Menü aus Abbildung 6.10, das Sie zur Verwaltung Ihres Google-Ads-Kontos benötigen. Wir werden Ihnen nun die wichtigsten Unterpunkte zur Verwaltung Ihres Kontos kurz vorstellen.

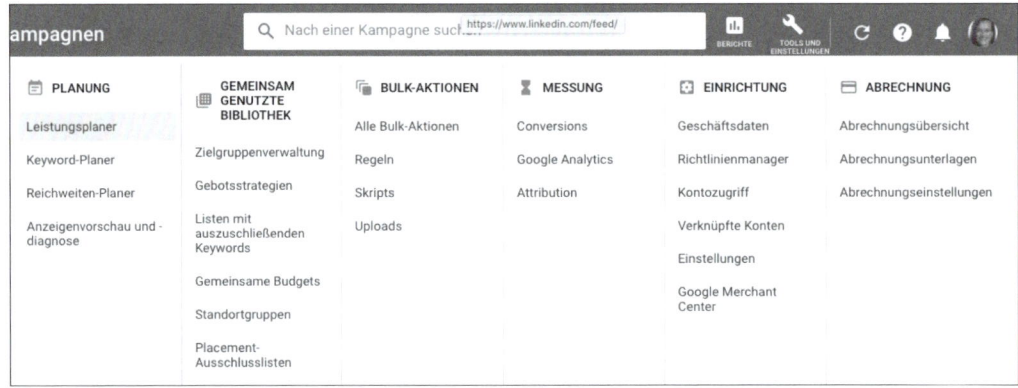

Abbildung 6.10 Menü zur Verwaltung des Google-Ads-Kontos

6.3.1   Planung

Unter PLANUNG finden Sie zwei wichtige Punkte, und zwar zum einen den KEYWORD-PLANER, den wir bereits in Abschnitt 2.7.1 besprochen haben, und zum anderen die ANZEIGENVORSCHAU UND -DIAGNOSE, auf die wir in Abschnitt 9.1.2 näher eingehen werden.

6.3.2   Gemeinsam genutzte Bibliothek

In der gemeinsam genutzten Bibliothek finden Sie unterschiedliche Listen oder Einstellungen, die von mehreren Kampagnen gemeinsam verwendet werden können.

Das Anlegen dieser gemeinsam genutzten Listen oder Einstellungen läuft dabei meistens nach einem ähnlichen Schema ab.

Eine Ausnahme bildet hier der Unterpunkt ZIELGRUPPENVERWALTUNG, der für das sogenannte Remarketing genutzt wird. Zum Thema Remarketing finden Sie mehr in Abschnitt 8.4.

Alle anderen Unterpunkte dienen zum Aufbauen einer Liste, z. B. für GEMEINSAME BUDGETS oder gemeinsame LISTEN MIT AUSZUSCHLIESSENDEN KEYWORDS. Ein Klick auf den Unterpunkt GEBOTSSTRATEGIEN zeigt bereits vorhandene Listen bzw. Gruppen. Wenn Sie eine Gruppe oder Liste per Klick auswählen, so können Sie diese weiter bearbeiten.

Über den Unterpunkt PLACEMENT-AUSSCHLUSSLISTEN können Sie bestimmte Placements im Google Displaynetzwerk ausschließen, wenn Ihre Anzeigen dort nicht zu sehen sein sollen, z. B. Websites oder Domains, die für Ihr Unternehmen ungeeignet sind und nicht zum Verkauf Ihrer Produkte oder Dienstleistungen beitragen.

Eine erstellte Liste kann einer oder mehreren Kampagnen zugeordnet werden oder, einmal erstellt, für mehrere Kampagnen genutzt werden – aus diesem Kontext stammt die Bezeichnung der »gemeinsam genutzten Bibliothek«. Diese Liste und Gruppen sollten Sie auf jeden Fall nutzen, weil Sie durch die Mehrfachnutzung in verschiedenen Kampagnen insgesamt Arbeitszeit einsparen.

6.3.3   Bulk-Aktionen

Der Begriff *Bulk* stammt aus dem Englischen und bedeutet übersetzt »Masse« oder »große Menge«. Unter dem Begriff *Bulk-Aktionen* fasst Google verschiedene Funktionen zusammen, die sich auf die Änderung von größeren Datenmengen im Konto beziehen. Mit Bulk-Aktionen können Sie gleichzeitig mehrere Elemente (Kampagnen, Anzeigengruppen, Keywords oder Textanzeigen) bearbeiten.

Als Unterpunkt finden Sie hier zum einen den Punkt REGELN. Hier können Sie Regeln hinterlegen, die als vorgegebene Templates, z. B. für Kampagnen, Anzeigengruppen und Keywords genutzt werden. Als weiterer Unterpunkt finden Sie den Bereich SKRIPTS, der weitergehende Änderungsmöglichkeiten an Ihren Google-Ads-Kampagnen mithilfe von JavaScript-Programmierung bietet. Der Unterpunkt ALLE BULK-AKTIONEN protokolliert alle automatisierten oder massenhaften Veränderungen in Ihrem Google-Ads-Konto.

Unter UPLOADS können Sie Tabellen in Ihr Google-Ads-Konto hochladen. Dies ist interessant, falls Sie viele Änderungen vornehmen möchten. So können Sie zum Beispiel eine Liste mit Keywords herunterladen und offline die Klickgebote für die Keywords verändern, um danach die Liste mit den veränderten Geboten in Ihr Google-Ads-Konto einzustellen. Die extern (beispielsweise in Excel) veränderten Gebote werden in Ihr Google-Ads-Konto übernommen. Dies erleichtert die Arbeit bei größeren Veränderungen im Konto. Näheres zu Bulk-Aktionen erfahren Sie in Abschnitt 13.1.1.

6.3.4   Messung

Die Funktion des Unterpunkts CONVERSIONS haben wir bereits in Abschnitt 2.6.4 besprochen, und wir werden zusätzlich in Kapitel 9 auf dieses wichtige Thema näher eingehen. Hinter dem Unterpunkt GOOGLE ANALYTICS verbirgt sich der Link zum externen Google-Analytics-Tool. Ein Klick öffnet Google Analytics in einem neuen Browserfenster. Mehr zu Google Analytics erfahren Sie in Kapitel 11. Und auf den Punkt ATTRIBUTION gehen wir detailliert in Abschnitt 9.2 ein.

6.3.5   Einrichtung

Im Bereich EINRICHTUNG des Verwaltungsmenüs finden Sie die wichtigsten Grundeinstellungen zu Ihrem Google-Ads-Konto unter den Menüpunkten mit folgenden Bezeichnungen:

- GESCHÄFTSDATEN
- RICHTLINIENMANAGER
- KONTOZUGRIFF
- VERKNÜPFTE KONTEN
- EINSTELLUNGEN
- GOOGLE MERCHANT CENTER

Diese Optionen erläutern wir in den folgenden Abschnitten.

Geschäftsdaten

Wenn Sie GESCHÄFTSDATEN anklicken, finden Sie unter DATEN-FEEDS alle von Ihnen eingestellten Anruferweiterungen, Snippet-Erweiterungen, Sitelink-Erweiterungen und Erweiterungen mit Zusatzinformationen. Hier können Sie sie zentral verwalten, ändern oder löschen.

Außerdem befindet sich unter GESCHÄFTSDATEN Ihr UPLOAD-VERLAUF, wo Sie einsehen können, wann Sie welche Daten in Ihr Ads-Konto hochgeladen haben.

Richtlinienmanager

Hier finden Sie mögliche RICHTLINIENVERSTÖSSE in Ihrem Google-Ads-Konto aufgelistet. Dabei wird Ihnen angegeben, wo genau sich der Verstoß befindet. Sofern Sie gegen einen Richtlinienverstoß bei Google Einspruch erheben, können Sie diesen unter EINSPRUCHSVERLAUF einsehen. Es empfiehlt sich, Richtlinienverstöße mög lichst umgehend zu beheben, um der Performance Ihres Google-Ads-Kontos nicht zu schaden.

Kontozugriff

Mit KONTOZUGRIFF sehen Sie alle Nutzer Ihres Google-Ads-Kontos. Hier können Sie anderen Personen Zugriff auf Ihr Google-Ads-Konto gewähren und bestehende Zugriffsberechtigungen ändern. Dies ist z. B. für Geschäftspartner oder Mitarbeiter interessant. Je nach gewährter Zugriffsebene besitzen die eingeladenen Personen mehr oder weniger Möglichkeiten, um an Ihrem Google-Ads-Konto mitzuarbeiten (siehe Abbildung 6.11).

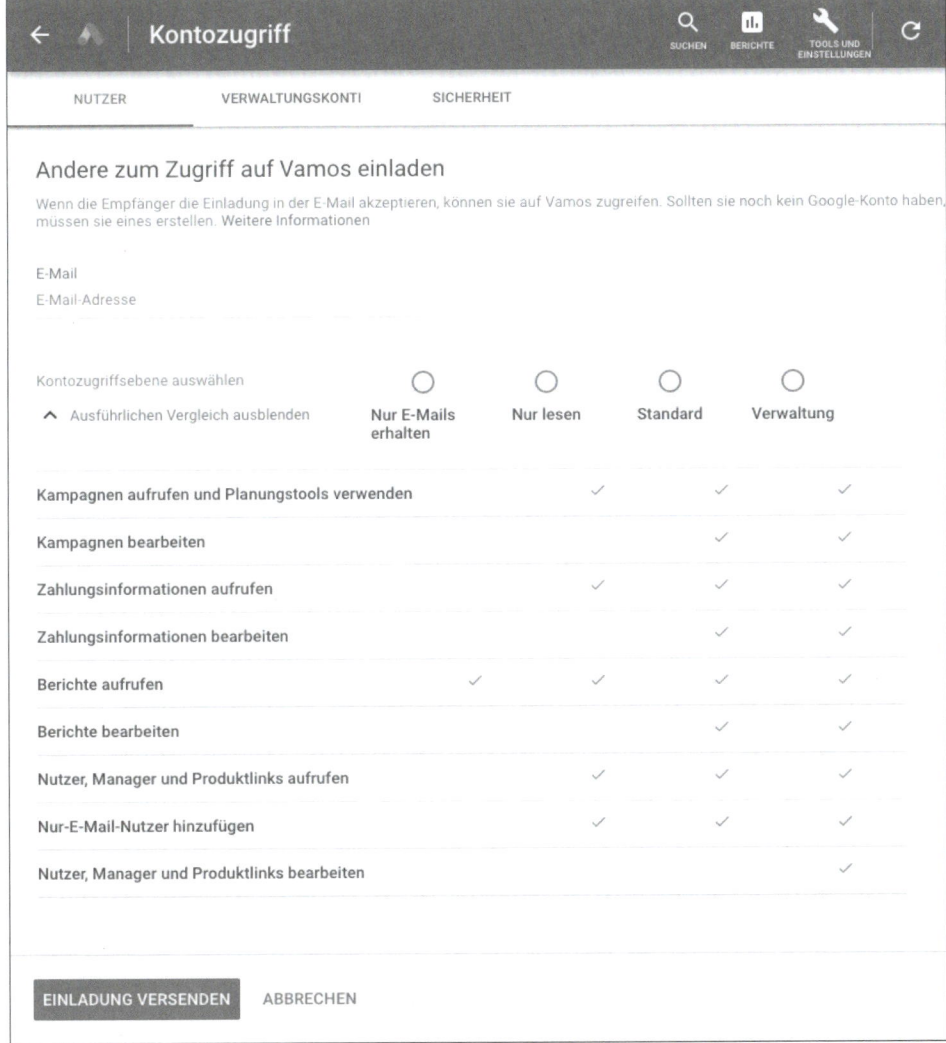

Abbildung 6.11 Verschiedene Zugriffsebenen und Nutzerrechte

Folgende Zugriffsebenen können vergeben werden:

- **Verwaltung**

  Der Punkt VERWALTUNG ist Ihnen eventuell als »Administratorzugriff« bekannt. Der Administrator hat die volle Kontrolle über das Google-Ads-Konto und darf vor allem Kontozugriff erteilen und die Zugriffsebenen ändern. Diese Rechte sollten Sie also nur gezielt vergeben. Der Standardzugriff reicht in den meisten Fällen aus, falls jemand die volle Kontrolle zur Mitarbeit am Google-Ads-Konto benötigt, aber selbst keine anderen Nutzer hinzufügen oder deren Rechte ändern muss.

- **Standard**

  Das Recht zum Standardzugriff sollte Mitarbeitern oder Partnern erteilt werden, die nicht nur Berichte erstellen müssen, sondern aktiv bei der Verwaltung der Google-Ads-Kampagnen mithelfen sollen. Denn die Berechtigung STANDARD erlaubt auch Änderungen der Einstellungen (z. B. Veränderungen des Budgets, der Klickpreise) oder das Hinzufügen neuer Keywords.

- **Nur lesen**

  Die Berechtigung NUR LESEN wird erteilt, damit der Nutzer sich am Konto anmelden und selbst Berichte erstellen kann. Auch die Empfehlungen und die Google-Ads-Tools können mit dieser Berechtigung aufgerufen werden. Der Nutzer kann jedoch keine Einstellungen ändern.

- **Nur E-Mails erhalten**

  Diese Berechtigung wird erteilt, um dem Nutzer E-Mail-Berichte aus Google-Ads zu senden. Mit dieser Berechtigung ist kein Zugriff auf das Konto möglich. Ohne diese Berechtigung können aber auch keine Berichte aus dem Google-Ads-Konto an eine externe E-Mail-Adresse geschickt werden.

Bitte beachten Sie, dass die Nutzer, die eingeladen werden, ein Google-Konto besitzen müssen. Sie fügen einen neuen Nutzer hinzu, indem Sie auf das Symbol ⊕ klicken. Im nächsten Schritt geben Sie die E-Mail-Adresse des Nutzers sowie die gewünschte Zugriffsebene ein. Danach klicken Sie auf EINLADUNG VERSENDEN.

Der eingeladene Mit-Nutzer erhält eine entsprechende E-Mail und muss per Klick auf einen Link der Einladung zustimmen. Danach kann er sich mit seinen Google-Login-Daten in Ihrem Google-Ads-Konto einloggen.

Falls Mit-Nutzer existieren, so finden Sie diese hier auf der Seite KONTOZUGRIFF in der Tabelle. An dieser Stelle können Sie den Zugriff auch jederzeit deaktivieren, indem Sie unter MASSNAHMEN den Punkt ZUGRIFFSRECHTE AUFHEBEN wählen und die Auswahl danach bestätigen.

Eine weitere Möglichkeit, um einen externen Zugriff auf ein Google-Ads-Konto zu gewähren, nennt sich *Verwaltungskontozugriff*. Dieser Zugriff hieß früher MCC (*My Client Center*) und war auch unter dem Namen *Kundencenter* bekannt.

Im Alltag nutzen normalerweise Agenturen ein Verwaltungskonto, um die Google-Ads-Konten ihrer Kunden zu betreuen. Die Funktion des Verwaltungskontos wird ausführlich in Kapitel 14, »Das Google-Ads-Verwaltungskonto«, besprochen. Der Zugriff über ein Verwaltungskonto wird durch eine Anfrage aus dem Konto eingeleitet und dann in Ihrem Konto unter KONTOZUGRIFF bestätigt. Während früher nur ein externes Verwaltungskonto auf ein Google-Ads-Konto zugreifen konnte, ist es mittlerweile möglich, mehrere externe Verwaltungskonten zuzulassen. Auch den Zugriff eines Verwaltungskontos können Sie in der Spalte MASSNAHMEN beenden.

Verknüpfte Konten

Das Google-Ads-Konto kann man mit anderen Google-Produkten und weiteren Produkten von Drittanbietern verknüpfen, damit Daten aus den anderen Anwendungen in die Google-Ads-Berichte eingebunden werden können. Unter dem Unterpunkt VERKNÜPFTE KONTEN sehen Sie die Möglichkeiten der Verknüpfung (siehe Abbildung 6.12).

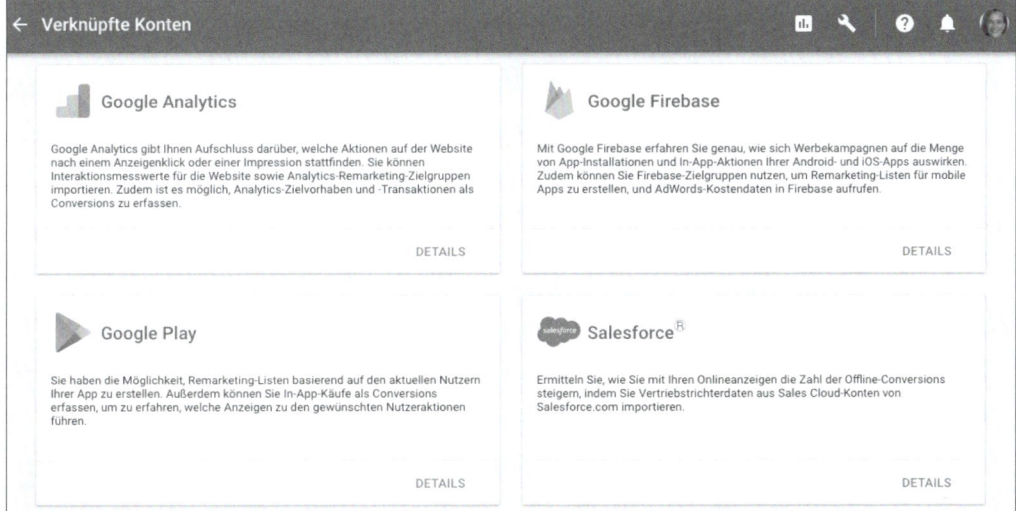

Abbildung 6.12 Verknüpfung mit anderen Systemen von Google oder Drittanbietern

Aktuell stehen folgende Produkte zur Wahl:

▶ Google Analytics

▶ Google Firebase

▶ Google Play

▶ Salesforce

▶ App Analysen von Drittanbietern

▶ Google Hotel Center

- ▶ Google Merchant Center
- ▶ YouTube
- ▶ Search Console
- ▶ Ads Data Hub

Die Vorgehensweise zur Verknüpfung von Google Analytics und der Search Console und Informationen dazu, welche zusätzlichen Berichte eine Verknüpfung liefert, finden Sie in Abschnitt 10.6 und Abschnitt 11.4.2.

Einstellungen

Unter dem Menüpunkt EINSTELLUNGEN finden Sie zum einen die wichtigsten Grundeinstellungen zu Ihrem Google-Ads-Konto, also Ihre KONTOEINSTELLUNGEN, und andererseits die Einstellungen zu den BENACHRICHTIGUNGEN, die Sie erhalten wollen (siehe Abbildung 6.13).

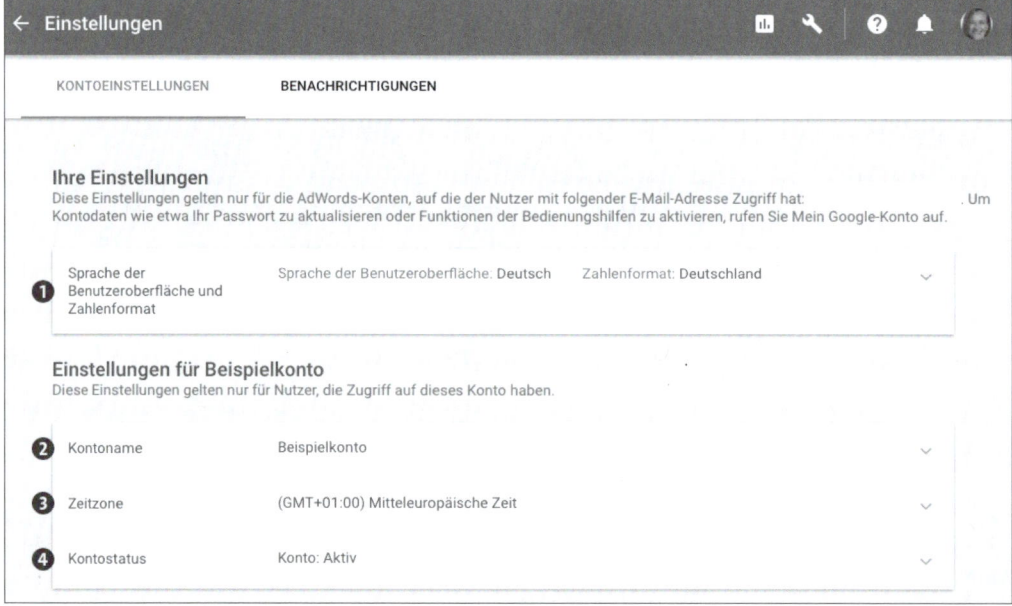

Abbildung 6.13 Kontoeinstellungen und Benachrichtigungen

Bei den Einstellungen zum Konto können Sie z. B. die Sprach- und Zahlenformate ❶ und den Kontonamen ❷ bearbeiten. Die Zeitzone ❸, die auf Ihrem Standort bei der Einrichtung des Google-Ads-Kontos basiert, wird ebenfalls angezeigt. Sie ist jedoch, wie bereits erwähnt, nur einmal nach Osten veränderbar! Dazu müssten Sie den Google Support kontaktieren.

Außerdem wird Ihnen Ihr Kontostatus ❹ angezeigt. Falls Sie Ihr Google-Ads-Konto irgendwann einmal nicht mehr nutzen möchten, so können Sie unter KONTOSTATUS Ihr Konto auflösen. Dazu müssen Sie jedoch zunächst alle Kampagnen pausieren.

Im unteren Bereich der Kontoeinstellungen finden Sie unter REGELN UND BEDINGUNGEN noch einen Link zur Druckversion der Google-Ads-Nutzungsbedingungen sowie einen Hinweis, wann Sie diese akzeptiert haben.

Benachrichtigungen

Neben EINSTELLUNGEN finden Sie einen zweiten Tab mit der Bezeichnung BENACHRICHTIGUNGEN. Hier können Sie festlegen, zu welchen Themen Sie von Google informiert werden möchten (siehe Abbildung 6.14).

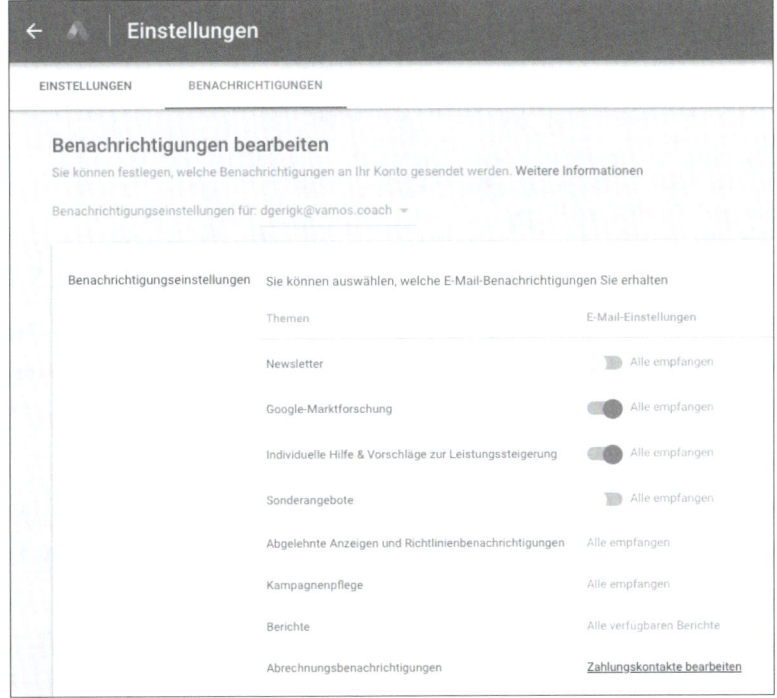

Abbildung 6.14 Verwaltung der Benachrichtigungen zum Google-Ads-Konto

Die verschiedenen Benachrichtigungsmöglichkeiten sind selbsterklärend. Ein Ratschlag zum Umfang der Benachrichtigungen ist an dieser Stelle schwierig. Sie wissen sicher aus eigener Erfahrung, wie viel zusätzliche E-Mails Ihr Mail-Account bzw. Sie verkraften. Sie können die Einstellungen zu jedem Zeitpunkt ändern, indem Sie den Regler ALLE EMPFANGEN aktivieren (also nach rechts schieben, sodass er blau markiert ist) oder deaktivieren (also nach links schieben, sodass er grau gefärbt ist).

Google Merchant Center

Das Google Merchant Center stellen wir Ihnen bei den Shopping-Kampagnen in Abschnitt 8.3.1 vor.

6.3.6   Abrechnung

Der wichtigste Punkt, vor allem aus Google-Sicht, nennt sich ABRECHNUNG. Falls Sie ein neues Konto besitzen und bis dato noch keine Einstellungen zur Abrechnung vorgenommen haben, sollten Sie sich zunächst diesen Punkt anschauen. Denn solange Sie keine Abbuchungsmöglichkeit angegeben haben, werden Ihre Google-Ads-Anzeigen nicht geschaltet.

Nachdem Sie auf ABRECHNUNG geklickt haben, finden Sie drei Navigationsunterpunkte vor:

▶ ABRECHNUNGSÜBERSICHT zeigt die Zusammenfassung.

▶ ABRECHNUNGSUNTERLAGEN zeigt alle Transaktionen.

▶ ABRECHNUNGSEINSTELLUNGEN beinhaltet Ihre Zahlungsdetails.

Diese Punkte stellen wir Ihnen im Folgenden vor.

Abrechnungsübersicht

Unter dem Menüpunkt ZUSAMMENFASSUNG sehen Sie eine Übersicht Ihrer Abrechnungsdaten (siehe Abbildung 6.15). Ein auffälliger blauer Button mit der Bezeichnung ZAHLUNG AUSFÜHREN wird zwar sehr dominant dargestellt, ist jedoch normalerweise nicht von Bedeutung. Über diesen Button können Sie direkte Zahlungen an Google übermitteln. Da jedoch nur noch einige alte Konten aus der Vergangenheit eine Möglichkeit zur Vorabüberweisung besitzen und alle anderen Konten über Bankeinzug oder Kreditkarte abgerechnet werden, ist diese Zahlung nur für wenige Google-Ads-Kunden oder in bestimmten Ausnahmefällen notwendig.

Abbildung 6.15 Zusammenfassung Ihrer Abrechnungsmodalitäten

Eine direkte Zahlung an Google wäre z. B. dann notwendig, falls eine Abbuchung über eine Kreditkarte storniert wurde. Bei überfälligen Zahlungen werden dann nämlich Ihre Kampagnen deaktiviert. Mit einer aktiven Überweisung können Sie die Forderung schnell ausgleichen und so auch Ihre Kampagnen nach kurzer Zeit wieder aktivieren.

Abrechnungsunterlagen

Der Unterpunkt TRANSAKTIONEN enthält alle wichtigen Daten zu Ihren Zahlungen und Kosten, die im Google-Ads-Konto angefallen sind (siehe Abbildung 6.16). So finden Sie hier z. B. die Daten und die Höhe der Abbuchung, die beispielsweise von Ihrer Kreditkarte ❶ vorgenommen wurde. Die wichtigsten Informationen auf dieser Seite sind die monatlichen Rechnungen zu Ihren Google-Ads-Kampagnen.

Ein Klick auf die Rechnungsnummer ❷ unter RECHNUNG MIT EU-UMSATZSTEUER öffnet ein Download-Menü, mit dem Sie die Rechnung zum jeweiligen Monat als PDF-Datei herunterladen können.

Abbuchung und Rechnungsstellung bei Google-Ads-Kampagnen

Es gibt vor allem bei neuen Google-Ads-Nutzern immer etwas Verwirrung in Bezug auf Abbuchung und Rechnungsstellung. Für die Google-Ads-Werbung gibt es Abrechnungsgrenzbeträge, die am Anfang bei 50 € liegen und sich dann auf 200 €, 350 € bzw. 500 € steigern. Die Steigerung geschieht automatisch, wenn die Grenzbeträge innerhalb von 30 Tagen öfter hintereinander erreicht wurden.

Bei neuen Kunden ist Google also vorsichtig und bucht kleine Beträge ab. Bei erfolgreichen Abbuchungen räumt das System Ihnen mit der Zeit immer mehr Kredit ein. Durch dieses System können die Google-Abbuchungen also an unterschiedlichen Tagen und auch mehrmals pro Monat stattfinden.

Die Abrechnung zu den Abbuchungen liegt in Ihrem Konto aber erst am Ende des Monats zum Abruf bereit, und zwar meistens am ersten Werktag des neuen Monats. Es kann also passieren, dass die Kosten für das Werbebudget am 1. Juli abgebucht werden, die entsprechende Abrechnung dazu aber erst am 1. August vorliegt.

Zusätzlich trägt ein weiterer Umstand zur Verwirrung bei: Google nennt aktuell immer zwei Beträge auf den monatlichen Auszügen. Der eine Betrag weist das tatsächlich verbrauchte Werbebudget des Monats aus, der andere Betrag zeigt, was in dem Monat abgebucht wurde – und diese beiden Beträge stimmen nur in sehr seltenen Fällen exakt überein.

Auf der Seite TRANSAKTIONEN finden Sie oberhalb der Tabelle mit Ihren Kosten- und Rechnungsaufstellungen drei Dropdown-Menüs. Diese können Sie folgendermaßen nutzen. In der Dropdown-Liste können Sie neben der Standardeinstellung ALLE TRANSAKTIONEN ❸ bestimmte Gruppen herausfiltern. So können Sie zum Beispiel über Kosten nur die angefallenen Klickkosten, verteilt nach Tagen, auflisten. Über Zahlungen filtern Sie Ihre Abbuchungen oder Kreditkartenzahlungen heraus. Auf diese Weise erhalten Sie einen Überblick über Ihre Daten.

Die erste Dropdown-Liste mit der Standardeinstellung Detaillierte transaktionsübersicht ❹ lässt sich in Zusammenfassungsansicht ändern. Dann erhalten Sie eine komprimierte Darstellung der Daten über einen gewissen Zeitraum. Den Zeitraum (Standard sind die letzten drei Monate) stellen Sie in der Dropdown-Liste Letzte 3 Monate ❺ ein. Darunter enthält jedes Tabellen-Element am rechten oberen Rand ein Symbol für den CSV-Datenexport ❻ bzw. ein Symbol für die Druckversion ❼.

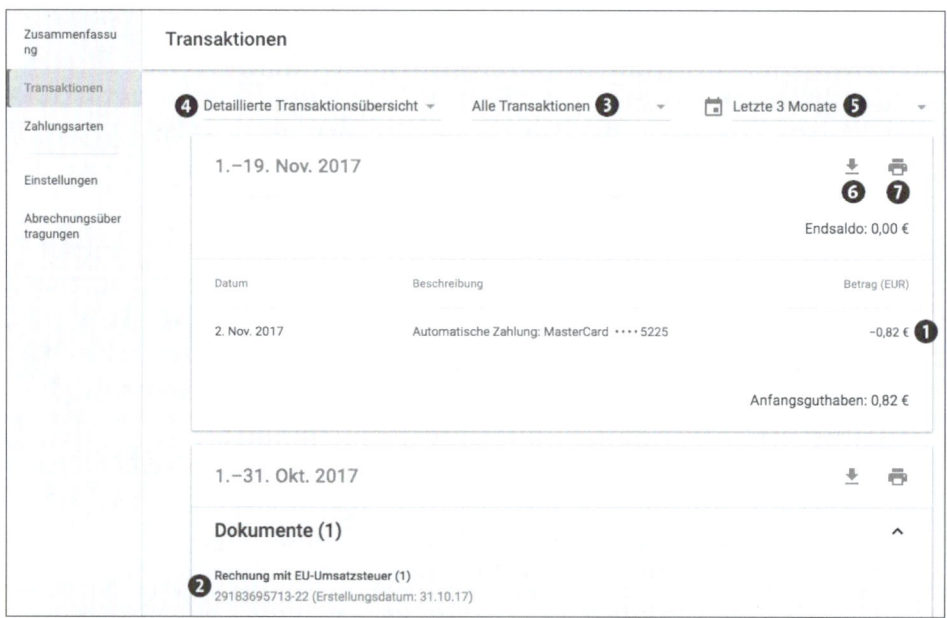

Abbildung 6.16 Informationen zum Transaktionsverlauf

Zahlungsmethoden

Unter Zahlungsmethoden können Sie sehen, welche Zahlungsmittel hinterlegt sind. Im Normalfall finden Sie hier eine Bankverbindung zur Abbuchung oder Daten zu einer Kreditkarte. Alle aktuell für das jeweilige Google-Ads-Konto eingetragenen Zahlungsmittel werden hier angezeigt.

Sie können auch mehrere Zahlungsmittel eingeben, müssen jedoch festlegen, welches das primäre Zahlungsmittel ist. Ein zusätzliches Zahlungsmittel als Backup ist interessant, falls z. B. einmal Ihr Kreditkarten-Limit in einem Monat überschritten wird, weil auch noch andere Zahlungen über die Kreditkarte laufen. In diesem Fall nutzt Google das Backup Zahlungsmittel, und Ihre Anzeigen werden ohne Unterbrechung geschaltet. Ist jedoch keine Alternative vorhanden und wird daher eine Forderung nicht beglichen, so werden die Werbeschaltungen zunächst automatisch deaktiviert.

Möchten Sie einmal ein Zahlungsmittel löschen, so müssen Sie als ersten Schritt ein anderes Zahlungsmittel eingeben und dieses als primäres Zahlungsmittel festlegen. Ein primäres Zahlungsmittel kann nicht gelöscht werden.

Der Klick auf den Link Zahlungsmethode hinzufügen öffnet eine Seite, auf der Sie ein neues Zahlungsmittel eingeben können. Sie haben bei den aktuellen Google-Ads-Konten jedoch nur noch die Wahl zwischen der Eingabe eines Bankkontos oder einer Kredit-/Debitkarte (siehe Abbildung 6.17).

Nach der Auswahl der Zahlungsmittel werden dann in einem Formular die entsprechenden Daten abgefragt, z. B. Kreditkartennummer, Name des Kartenbesitzers etc. Am Ende der Dateneingabe legen Sie zudem noch fest, ob die neue Eingabe als primäres Zahlungsmittel oder als Zweitzahlungsmittel registriert werden soll.

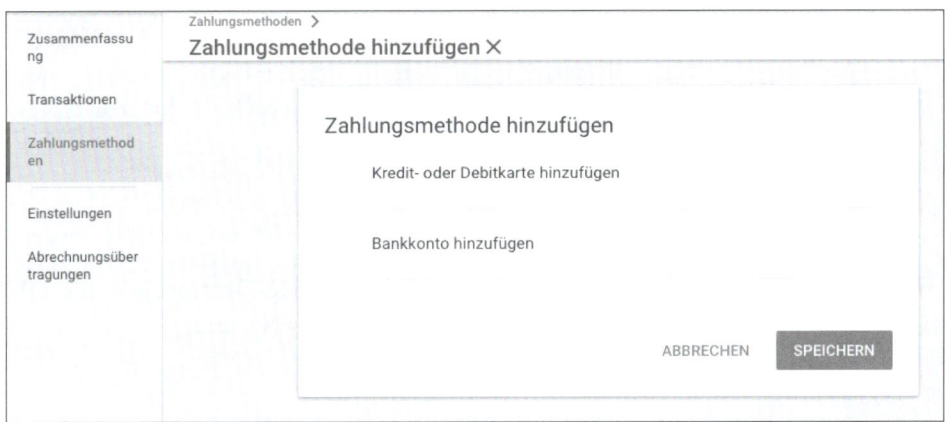

Abbildung 6.17 Ein Zahlungsmethodel hinzufügen

Abrechnungseinstellungen

Unter Einstellungen sehen Sie alle relevanten Abrechnungsdaten zu Ihrem Google-Ads-Zahlungskonto.

Im Zahlungsprofil können Sie unter Steuerinformationen für Deutschland Ihre Umsatzsteuer-ID sowie Name und Adresse des Unternehmens für die Google-Ads-Rechnung eingeben bzw. ändern.

Unter Nutzer des Zahlungsprofils fügen Sie einen Ansprechpartner für die Abrechnung hinzu. Dieser Kontakt erhält z. B. eine E-Mail mit dem Hinweis auf zukünftige Abbuchungen.

Unter Gutscheincodes finden Sie auch die Möglichkeit, Gutscheincodes einzugeben. Durch Klick auf Gutscheincodes verwalten öffnet sich ein neues Fenster, in dem Sie den entsprechenden Code eingeben können.

Google-Gutscheine

Die Google-Gutscheincodes dürften jedem schon einmal begegnet sein. Es gibt sie hauptsächlich für neue Konten. Dies bedeutet, dass ein entsprechender Gutschein-code innerhalb von 14 Tagen auf ein neues Konto eingelöst werden muss. Falls Sie noch keine Google-Ads-Kampagnen geschaltet haben, das Konto aber schon längere Zeit vorher aktiviert war, weil Sie bereits schon einmal eingeloggt waren, so können Sie dieses Konto für den »Standard-Neukunden-Gutschein« nicht mehr nutzen. Sie müssten dann mit einem neuen Google-Login ein ganz neues Google-Ads-Konto starten.

Es gibt jedoch bei speziellen Aktionen auch Gutscheine, die auf bestehende Konten eingelöst werden können. Diese tauchen in der Praxis jedoch sehr selten auf. Bitte beachten Sie bei allen Gutscheinen, dass es immer bestimmte Laufzeiten gibt. Der Gutscheincode muss daher vor Ablauf des vorgegebenen Datums im Konto hinter-legt werden.

Zu jedem Gutschein gehören die Gutscheinbedingungen von Google. Diese finden Sie entweder auf den Gutscheinen selbst, oder es ist lediglich der Hinweis auf eine entsprechende URL aufgedruckt, z. B. *https://www.google.de/adwords/coupons/terms.html*.

Abrechnungsübertragungen

Unter dem Punkt ABRECHNUNGSÜBERTRAGUNGEN sehen Sie als Übersicht die Zah-lungsangaben, die aktuell für das Google-Ads-Konto hinterlegt sind.

6.4   Fazit

In diesem Kapitel haben wir Ihnen den Aufbau des Google-Ads-Kontos nähergebracht. Das Kapitel soll Ihnen einen Überblick über das große Ganze vermitteln. Sie kennen nun alle Seiten und Unterseiten, die teilweise etwas verschachtelt im Konto aufrufbar sind. Wenn Sie bei der Arbeit mit Ihren Google-Ads-Kampagnen zukünftig eine bestimmte Funktion oder Unterseite suchen, so sollten Sie diese nun einfacher finden.

6.5   Checkliste

Sind Sie mit der Navigation im Google-Ads-Konto vertraut? Folgende Bereiche Ihres Google-Ads-Kontos sollten Sie kennen:

Wichtige Bereiche im Google-Ads-Konto	Bekannt (☑)
Navigationsbereich mit der primären Navigation zur Verwaltung der Kampagnen	
Seitenmenü zum Ansehen und Bearbeiten von Detailinformationen zu den Kampagnen	
Tipps zu Empfehlungen	
Google-Ads-Tools	
Verlinkung zu Google Analytics	
Verschiedene Möglichkeiten zur Kontoeinstellung	
Abrechnungseinstellungen	
Google-Ads-Hilfe	
Die Unterpunkte der gemeinsam genutzten Bibliothek	

Tabelle 6.2 Checkliste zu den wichtigsten Unterpunkten im Google-Ads-Konto

Die Navigation im Google-Ads-Konto

Sie sehen, das Google-Ads-Konto bietet umfangreiche Möglichkeiten. Sie werden nicht gleich alle Funktionen von Anfang an brauchen. Also nutzen Sie die einzelnen Funktionen nacheinander, so wie es gerade zu Ihrer Google-Ads-Strategie passt. Das ist die beste Vorgehensweise, um sich Schritt für Schritt damit vertraut zu machen. Sie werden sehen: Mit ein wenig Übung sind Sie schon bald in Ihrem Konto zu Hause.

Kapitel 7
Google Ads goes mobile

Die Zukunft ist mobil! Wir alle gehen immer häufiger über einen Tablet-PC oder ein Smartphone online. Laut Google wurden im Jahr 2017 bereits mehr als die Hälfte aller Suchanfragen über mobile Endgeräte durchgeführt, wobei außerdem etwa ein Viertel aller bezahlten Klicks generiert wurde. Zukünftig wird diese Entwicklung noch rasanter voranschreiten. Daher handelt Google seit circa 2016 nach dem Motto »Mobile First«. Der mobile Index wird zukünftig auch die Grundlage für das Ranking sein. Darum werden die mobilen Ausrichtungsmöglichkeiten der Google-Ads-Kampagnen immer wichtiger.

Da das Internet immer häufiger mobil genutzt wird, werden natürlich auch immer mehr Suchanfragen über mobile Endgeräte gestellt. Dabei unterscheidet sich das Such- und Navigationsverhalten auf den mobilen Geräten in verschiedenen Punkten von dem gewohnten Suchverhalten auf stationären PCs. Während stationäre Computer und Laptops über komfortable Tastaturen bedient werden und aufgrund größerer Bildschirme mehr Informationen auf einen Blick sichtbar sind, unterliegt das Surfverhalten auf Tablet-PCs und vor allem auf Smartphones schon gewissen Einschränkungen. Zudem ist man im Büro oder wenn man zu Hause vor dem Computer sitzt, weniger abgelenkt und kann sich besser auf Suche und Suchergebnisse konzentrieren, als dies beim mobilen Internetsurfen der Fall ist. Die Suche auf einem mobilen Gerät ist daher eine ganz andere Erfahrung als die Suche auf einem Desktop-PC. Dies hat Auswirkungen auf das Verhalten der mobilen User. Daher sollten diese Überlegungen schon bei der Strategie und Planung einer mobilen Kampagne bedacht werden. Folgende Besonderheiten müssen Sie bei der Schaltung von Google-Ads-Anzeigen für mobile Endgeräte berücksichtigen:

1. **Kürzere Suchanfragen**

   Die Suchanfragen auf mobilen Endgeräten sind kürzer, weil weniger Zeit zur Verfügung steht und die Eingabemöglichkeiten meist nicht sehr komfortabel sind. Dies kann und wird sich aber wahrscheinlich zukünftig ändern. Wenn die Spracherkennung stabil und fehlerfrei läuft und sich auf mobilen Geräten durchsetzt, werden zukünftig ganze Sätze als Suchanfrage über die mobile Suche der Normalfall sein. Es gibt schon erste Strategien, bei denen die Keywords auf ganze Sätze ausgerichtet werden.

2. **Mehr scannen als lesen**

Auf mobilen Endgeräten werden Texte meistens gescannt, das heißt, der Bildschirminhalt wird nicht vollständig gelesen. Nutzer achten vor allem auf auffällige Überschriften, fett oder kursiv hervorgehobene Begriffe sowie auf Einleitungen oder den Beginn eines langen Satzes. Kurze, auffällige Werbung und knappe Werbetexte sind somit für eine mobile Kampagne noch wichtiger, als dies bei einer Standard-Google-Ads-Kampagne der Fall ist. Dieses Verhalten sollte natürlich auch bei der Gestaltung der mobilen Landingpage bedacht werden. Auch hier sind kurze Texte sinnvoller.

3. **Es wird weniger gescrollt**

Beim mobilen Surfen steht oft wenig Zeit zur Verfügung. Daher entfällt in vielen Fällen das Scrollen einer Webseite. Falls die gesuchte Information direkt im sichtbaren Bereich verfügbar ist, wird eher auf dieses Ergebnis zugegriffen. In Bezug auf die Werbung bedeutet dies, dass ein vorderer Platz in den Suchergebnissen noch wichtiger wird als auf Desktop-PCs und Laptops. Dies hat aber auch wiederum Auswirkungen auf die Gestaltung Ihrer mobilen Landingpage. Wichtige Informationen und der Call-to-Action-Button müssen unbedingt weit oben im sichtbaren Bereich stehen und direkt ins Auge springen.

4. **Lokale Anfragen**

Internetnutzer suchen auf mobilen Endgeräten Dienstleister oder Produkte in der Nähe ihres Standorts. Lokale, ortsbezogene Werbung, die die Nutzer mobiler Endgeräte erreicht, ist daher für viele Google-Ads-Nutzer eine interessante Strategie.

5. **Passende Antwort**

Mobil wird oft die passende Antwort auf ein aktuelles Problem gesucht. Daher sollten Sie bestimmte Google-Ads-Kampagnen passend auf die jeweilige Region ausrichten. Es ist also sinnvoll, die Angebote eines lokalen Modegeschäfts in der entsprechenden Großstadt mit mobilen Kampagnen zu bewerben oder für eine Autovermietung im engeren Umfeld eines Flughafens oder eines Hauptbahnhofs auf Mobiltelefonen Werbung zu schalten.

Als Google-Ads-Manager müssen Sie sich auf das veränderte Nutzerverhalten einstellen und entsprechende Strategien und kreative Ideen entwickeln. Google Ads hat sich seinerseits auf den aufkeimenden mobilen Suchmarkt vorbereitet und viele unterschiedliche Möglichkeiten der Google-Ads-Steuerung zur Verfügung gestellt. Dabei haben die Google-Entwickler speziell die wechselnde Nutzung der Suchmaschine auf unterschiedlichen Endgeräten, in unterschiedlichen Situationen und unter den besonderen Bedingungen der Werbung auf Smartphones im Blick.

7.1   Mobiles Marketing wird immer wichtiger

Bevor wir Ihnen die Möglichkeiten der mobilen Werbung für Google Ads vorstellen, möchten wir die Bedeutung des mobilen Marketings anhand einiger Kennzahlen belegen, die von der AGOF, der *Arbeitsgemeinschaft Online Forschung e.V.*, im Januar 2020 veröffentlicht wurden. Die AGOF-Untersuchung zeigt das Gewicht, das mobile Internetnutzung und mobiles Marketing bereits besitzen.[1] Hier sind vier wichtige Fakten in Bezug auf mobile Google-Ads-Werbung für den Zeitraum Januar bis Dezember 2019:

▶ Fast alle Altersgruppen waren zu einem hohen Prozentsatz im Internet aktiv[2]:

  – 16 bis 39 Jahre: ca. 99 %

  – 40 bis 49 Jahre: ca. 96 %

  – 50 bis 59 Jahre: ca. 92 %

  – 60 bis 69 Jahre: ca. 82 %

▶ In Deutschland nimmt das Online-Shopping immer stärker zu. Dabei sind vor allem folgende Produktgruppen/Themen besonders interessant (Online-Shopper, Angabe in Mio.):[3]

  – Kleidung (25,74)

  – Schuhe (18,13)

  – Eintrittskarten (16,17)

  – Bücher (13,92)

  – Kosmetik, Parfüm (12,07)

  – Musik (11,07)

  – Filme bzw. Serien, z. B. Streams (9,74)

  – Sportartikel (7,81)

▶ In der Altersgruppe ab 16 Jahren nutzten 28,62 % ein Tablet.

▶ In der Altersgruppe ab 16 Jahren nutzten **56,85 % ein Smartphone** oder ein Handy.

Seit August 2015 veröffentlicht die AGOF ihre *mobile facts* nicht mehr separat, weil der Großteil der stationären Nutzer auch mobile Nutzer sind.

Wir haben im stationären und mobilen Werbebereich mit einer jungen, kaufkräftigen Zielgruppe zu tun. Wie gut sich dort beispielsweise Produkte vermarkten lassen, hängt vor allem davon ab, wie einfach diese bestellt und geliefert werden können.

---

1 Quellen: agof daily digital facts/Jan.–Dez. 2019

2 Quellen: agof daily digital facts/Basis: Nutzer stat. und/oder mobiler Angebote ab 16 J./Jan.–Dez. 2019

3 Quelle: agof daily digital facts/Basis Bevölkerung ab 16 J./Jan.–Dez. 2019

Natürlich zeigen die Zahlen nur eine Momentaufnahme, aber alle Trends in den aktuellen Untersuchungen deuten darauf hin, dass die mobile Nutzung weiter zunehmen wird. Denken Sie zum Beispiel an die sogenannten *Wearables*, also tragbare Computersysteme – die Apple Watch und die Android-Uhren waren hier nur der Einstieg. Das Experiment mit der smarten Datenbrille namens Google Glass zeigt uns, dass Wearables in naher Zukunft wohl nicht nur am Handgelenk getragen werden – auch wenn Google weitere Entwicklungen nach einer ersten Testphase vorerst wieder auf Eis gelegt hat. Mit diesen innovativen Devices und damit noch mehr Bedienkonzepten und Bildschirmgrößen wird sich die mobile Internetnutzung weiter verändern. Das Internet und die mobilen Dienste werden über am Körper getragene Geräte gesteuert und abgerufen. Die Möglichkeiten der mobilen Werbung werden also zukünftig noch weiter wachsen, aber aktuell gibt es mit der Ausrichtung passender Werbung für die Smartphones bereits genug zu tun.

7.2 Prozentuale Gebotsanpassungen – Einführung

Google hat unter dem Schlagwort »Erweiterte Kampagnen« bereits Mitte 2013 zusätzliche prozentuale Gebotsanpassungen im Google-Ads-Konto eingeführt, um auf das veränderte Suchverhalten zu reagieren. Die Grundidee besteht darin, dass der Google-Ads-Kunde mit seinen Anzeigen für seine Zielgruppe immer dann besser sichtbar ist, wenn deren Interesse an seinen Dienstleistungen und/oder Produkten am stärksten ist. Die verbesserte Auslieferung der Anzeigen wird durch prozentuale Anpassungen der CPC-Gebote erreicht.

Die Google-Ads-Werbung geht auf den unterschiedlichen Nutzerkontext ein bzw. bietet dem Manager der Google-Ads-Kampagnen die Möglichkeit, seine Werbung durch Veränderung der Gebote dem Nutzerverhalten anzupassen. Das wird sicherlich in der Praxis noch viel zu selten genutzt! Falls der Werbende bei Google Ads zum Beispiel ein lokales Geschäft besitzt, dann ist eine stärkere Präsenz auf mobilen Geräten für User, die sich in der Nähe des Geschäftes befinden, natürlich viel interessanter als für Nutzer, die zu Hause in einer anderen Stadt vor dem Desktop-PC sitzen. Mithilfe der prozentualen Gebotsanpassung könnten für die mobilen Nutzer vor Ort andere CPC-Gebote eingestellt werden.

Die Steuerung der prozentualen Gebotsanpassung finden Sie vor allem in den drei Bereichen STANDORTE, WERBEZEITPLANER und GERÄTE in der vertikalen mittleren Navigation (siehe Abbildung 7.1). Nach einem Klick auf den jeweiligen Tab können Sie zum einen Anpassungen für regionale Ausrichtungen (STANDORTE), eine Festlegung bestimmter Zeiträume mit speziellen Geboten (WERBEZEITPLANER) oder auch die unterschiedliche Aussteuerung verschiedener Endgeräte (GERÄTE) festlegen.

Abbildung 7.1 Gebotsanpassungen für Standorte, Werbezeiten und Endgeräte

7.3   Ausrichtungsmöglichkeiten mit prozentualer Anpassung

Über Anpassungen auf regionaler Ebene, des Zeitplanes und der Endgeräte bietet Google Ads Ihnen drei Möglichkeiten an, um Ihre Werbung optimal auf das Surfverhalten der potenziellen Kunden auszurichten.

7.3.1   Ausrichtung auf unterschiedliche Standorte

Bei der Ausrichtung auf Standorte können Sie noch zusätzlich Regionen eingeben, auch wenn diese bereits in den übergeordneten Standorten enthalten sind. Sie können also NORDRHEIN-WESTFALEN und HESSEN hinzufügen, obwohl Sie die Region bereits mit der Vorgabe DEUTSCHLAND abgedeckt haben (siehe Abbildung 7.2).

Demografische Merkmale		Zielregion	Gebotsanp.
	☐	**Zielregion**	Gebotsanp.
Einstellungen	☐	Deutschland	–
Standorte	☐	Hessen, Deutschland	-50 %
Werbezeitplaner	☐	Nordrhein-Westfalen, Deutschland	+40 %
Geräte	☐	Österreich	–

Abbildung 7.2 Unterschiedliche Standorte hinzufügen und prozentuale Anpassungen vornehmen

Ein ähnliches Vorgehen gilt auch auf Ebene der Städte oder bestimmter Umkreise. Diese Vorgehensweise ist dann sinnvoll, wenn Sie aus strategischer Sicht für Nutzer in unterschiedlichen Regionen eine spezielle Sichtbarkeit erreichen (oder auch nicht erreichen) möchten. Wenn Sie also zum Beispiel Deutschland als Zielregion ausgewählt haben, aber in den Bundesländern Hessen und Nordrhein-Westfalen individuelle Anpassungen der Rankingposition vornehmen möchten, so müssen Sie diese Bundesländer zusätzlich neben dem Standort Deutschland zur Kampagne hinzufügen.

Möchten Sie in NRW Ihre Position grundsätzlich verbessern, weil dort Ihre wichtigsten Kunden wohnen, so können Sie nun beispielsweise in der Region NORDRHEIN-WESTFALEN, DEUTSCHLAND in der Spalte GEBOTSANP. Ihr Gebot für alle Keywords in der Kampagne um 40 % erhöhen (siehe Abbildung 7.3).

Abbildung 7.3 Gebot um 40 % erhöhen

Sie können die Gebote aber nicht nur erhöhen, sondern auch prozentual verringern. Vielleicht haben Sie in Hessen einen starken lokalen Konkurrenten und darum dort laut Ihrer Statistik bisher kaum Kunden generiert. Mit einer Reduktion um 50 % können Sie beispielsweise die Anzeigen in Hessen nur sporadisch mit geringem Klickpreis ausspielen. Das so gesparte Budget kann dann für die anderen Regionen genutzt werden.

Da die zusätzlich hinzugefügten Standorte in der Übersichtsstatistik getrennt aufgeführt werden, erhalten Sie zudem für jeden einzeln hinzugefügten Standort eine eigene Statistik, sodass Sie die Auswirkungen Ihrer Strategie laufend auf einfache Weise anhand der Leistungsdaten beobachten können.

7.3.2   Werbezeiten

Auch eine Entscheidung zur Ausrichtung auf unterschiedliche Werbezeiten beruht auf Ihrer Google-Ads-Strategie und Ihrer besonderen Situation. Falls Sie einen Lieferservice mit Direktbestellung bewerben möchten, macht eine Werbung außerhalb Ihrer Geschäftszeiten wenig Sinn. Zu diesen Zeiten sollten Sie dann gar keine Werbung schalten. Wenn Sie Büroartikel in einem Webshop bewerben, dann ist eine stärkere Präsenz auf den vorderen Plätzen bei Google während der Arbeitszeiten Ihrer Kunden sinnvoll.

Sie können also den Werbezeitplaner nutzen, um Werbeschaltungen für unterschiedliche Zeiten einzustellen (siehe Abbildung 7.4). Diesen unterschiedlichen Zeiträumen können Sie dann nach dem bekannten Schema über die Gebotsanpassungen entweder erhöhte oder auch reduzierte Klickgebote zuordnen.

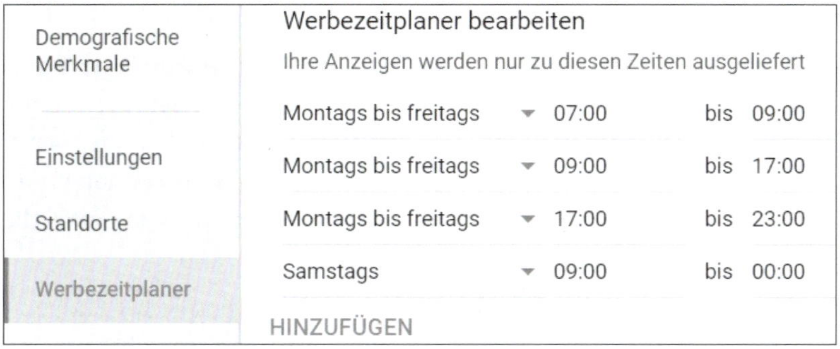

Demografische Merkmale
Einstellungen
Standorte
Werbezeitplaner
Werbezeitplaner bearbeiten
Ihre Anzeigen werden nur zu diesen Zeiten ausgeliefert
Montags bis freitags 07:00 bis 09:00
Montags bis freitags 09:00 bis 17:00
Montags bis freitags 17:00 bis 23:00
Samstags 09:00 bis 00:00
HINZUFÜGEN

Abbildung 7.4 Bestimmen Sie über den Werbezeitplaner unterschiedliche Zeiten zur Schaltung Ihrer Werbung.

Nachdem Sie unterschiedliche Werbezeiten eingegeben und die Klickpreise modifiziert haben, erhalten Sie für die jeweilige Kampagne neben der Tabellenansicht der geplanten Werbezeiten einen grafischen Überblick (siehe Abbildung 7.5), aus dem direkt erkennbar ist, an welchen Tagen und zu welchen Zeiten die Anzeigen ausgespielt werden können. Zusätzlich zeigen kleine gelbe Linien die Zeitfenster an, an denen prozentuale Anpassungen vorgenommen worden sind. Wenn Sie mit der Maus über sie fahren, erhalten Sie weitere Informationen zur Anpassung und eine Leistungskennzahl, sodass Sie einen schnellen Überblick über die aktuell aktivierten Einstellungen erhalten.

Klicks
M
D
M
D
F
S
S
00 Uhr
03 Uhr
06 Uhr
09 Uhr
12 Uhr
15 Uhr
18 Uhr
21 Uhr
00 Uhr

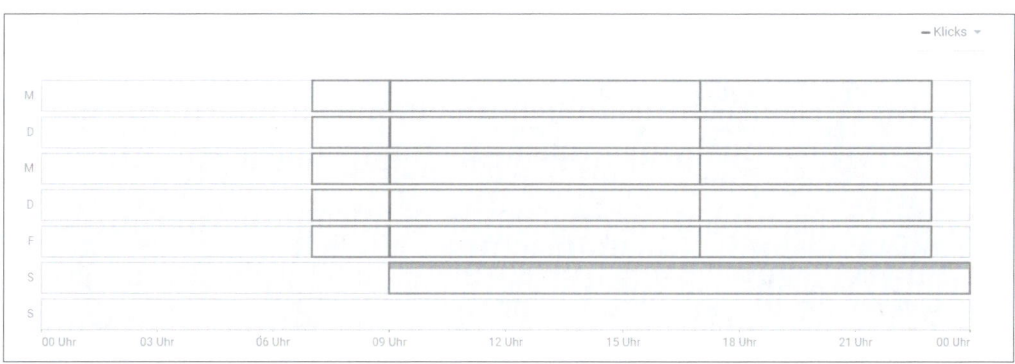

Abbildung 7.5 Die Werbezeitplaner-Übersicht: visuelle Darstellung der Werbezeiten mit Hinweis auf Gebotsanpassungen

Bitte beachten Sie die Einstellungsmöglichkeit rechts oberhalb der Grafik. Dort können Sie die gewünschte Leistungskennzahl (z. B. Klicks, Impressionen, Kosten etc.) vorab für die Statistik auswählen. Wählen Sie diejenige Kennzahl aus, mit der Sie am besten beurteilen können, ob bestimmte Zeitfenster inklusive der prozentualen Anpassung gut oder schlecht performen.

7.3.3 Ausrichtung auf Endgeräte

Die Ausrichtung auf Endgeräte ist die dritte wichtige Möglichkeit, um die Gebote prozentual anzupassen. Während man früher nur Anpassungen für den Bereich (Mobile = Smartphones) vornehmen konnte, sind nun alle drei Gerätekategorien (COMPUTER, SMARTPHONES und TABLETS) anpassbar. Für alle drei Kategorien können Sie eigene Gebotsanpassungen (erhöhen oder verringern) vornehmen und somit auch die Schaltung in gewisser Weise beeinflussen.

Um beispielsweise eine gesonderte Ausrichtung für das Smartphone als Endgerät vorzunehmen, wählen Sie zunächst in der linken Navigation eine Kampagne aus und klicken dann in der mittleren Navigationsebene auf GERÄTE.

Sie erhalten dann eine Übersicht über die drei unterschiedlichen Gerätegruppen, die Google Ads definiert hat (siehe Abbildung 7.6). Unter die Kategorie COMPUTER fallen alle »stationären Computer«, also die sogenannten Desktop-PCs, aber auch Laptops. Die zweite Gruppe besteht aus SMARTPHONES, die zukünftig eine immer wichtigere Rolle im Online-Marketing einnehmen werden. Als dritte Kategorie listet Google noch die TABLETS auf. Darunter fallen alle Tablet-PCs, wie das iPad von Apple. Die Tablets nehmen eine Zwischenstellung ein, da sie von der Grundidee her zwar mobil sind, aber in der Praxis meistens über WLAN zu Hause, am Flughafen, im Hotel etc. genutzt werden. Sie unterscheiden sich daher gravierend von der mobilen Smartphone-Nutzung: Smartphones werden wirklich unterwegs, zum Beispiel beim Gang durch die Stadt oder im Restaurant eingesetzt.

Demografische Merkmale	▼ Ebene: **Kampagne**	FILTER HINZUFÜGEN		
	☐ **Gerät** ↑	Ebene	Hinzugefügt zu	Gebotsanp.
Einstellungen				
Standorte	☐ Computer	Kampagne	Bergschuhe-DE	– ⊠
Werbezeitplaner	☐ Smartphones	Kampagne	Bergschuhe-DE	+25 % ⊠
Geräte	☐ Tablets	Kampagne	Bergschuhe-DE	– ⊠

Abbildung 7.6 Gebotsanpassungen für Endgeräte in der Übersicht

In der Übersichtstabelle finden Sie eine Spalte mit der Bezeichnung GEBOTSANP. (Gebotsanpassungen). Bitte achten Sie auf den kleinen Strich. Dieser zeigt an, dass noch keine Gebotsanpassung vorgenommen wurde. Falls bereits Gebotsänderungen für Smartphones eingetragen worden sind, werden diese Änderungen als Prozentzahl mit einem vorangestellten Plus oder Minus aufgeführt. Möchten Sie hier eine Anpassung vornehmen, so klicken Sie einfach auf die Prozentzahl, im Beispiel aus Abbildung 7.6 also auf +25 %. Ist noch keine Anpassung eingestellt worden, so klicken Sie einfach auf den Strich.

Falls Google bereits genügend Daten zur Verfügung hat, können Sie auch auf das kleine Symbol mit der angedeuteten Datenkurve klicken und den Gebotssimulator öffnen. Sie erhalten dann in einem neuen Fenster ausführliche Hinweise, wie sich die Gebotsanpassungen auf Klicks, Kosten, Impressionen etc. auswirken.

Nachdem Sie also in die entsprechenden Felder unter GEBOTSANP. geklickt haben, erscheint ein kleines Pop-up-Fenster (siehe Abbildung 7.7). Dort legen Sie die prozentuale Veränderung des maximalen CPCs fest. Sie haben zunächst in einer Dropdown-Liste die Möglichkeit, Ihr Standard-CPC-Gebot entweder zu erhöhen oder zu verringern. Nachdem Sie diese Entscheidung getroffen haben, legen Sie noch die Prozentzahl fest, um die Ihr Gebot erhöht oder reduziert werden soll.

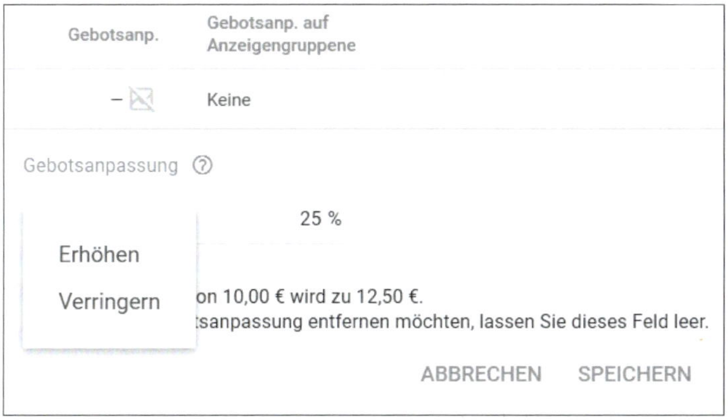

Abbildung 7.7 Gebotsanpassungen für Smartphones erhöhen

Ob Sie das Standardgebot für Ihre Keywords für die Auslieferung auf einem Smartphone erhöhen oder reduzieren, hängt unter anderem von den technischen Voraussetzungen Ihrer Website sowie von Ihrer mobilen Strategie ab. Falls Sie zum Beispiel noch keine Website besitzen, die für Smartphones geeignet ist, sollten Sie auf jeden Fall die Google-Ads-Werbung für Smartphones ganz ausschließen. So verhindern Sie, dass Werbung auf mobilen Endgeräten geschaltet wird und bezahlte Websitebesucher auf Ihre Website bringt, die dann dort schnell aussteigen, weil eine weitere Navigation oder eine Kontaktaufnahme bzw. Anfrage nicht möglich ist. Diese Situation verursacht nur unnötige Kosten.

Um Werbung auf Smartphones auszuschließen, wählen Sie für die Gruppe SMART-PHONES eine Senkung des CPC-Gebots um 100 % (siehe Abbildung 7.8). Ihr Standardgebot für die mobilen Endgeräte wird dadurch auf 0 € gesetzt und löst so auf mobilen Telefongeräten mit vollwertigem Browser keine Anzeigenschaltung aus.

In anderen Situationen kann es jedoch auch interessant sein, das Gebot für Ihre Keywords zur Schaltung auf Smartphones zu erhöhen, um öfter im direkt sichtbaren Bereich mit der Google-Ads-Textanzeige oberhalb der organischen Suchergebnisse angezeigt zu werden. Wenn also eine gute Sichtbarkeit auf Smartphones, vor allem auf den ersten beiden Plätzen erwünscht ist und Sie dazu noch Produkte oder Dienstleistungen anbieten, für die Sie gute Chancen der Kundengenerierung via Smartphone sehen, so sollten Sie für die zugehörigen Suchbegriffe einen höheren Preis auf Smartphones bieten. So haben Sie die Chance, möglichst oft an oberster Position im direkt sichtbaren Bereich geschaltet zu werden.

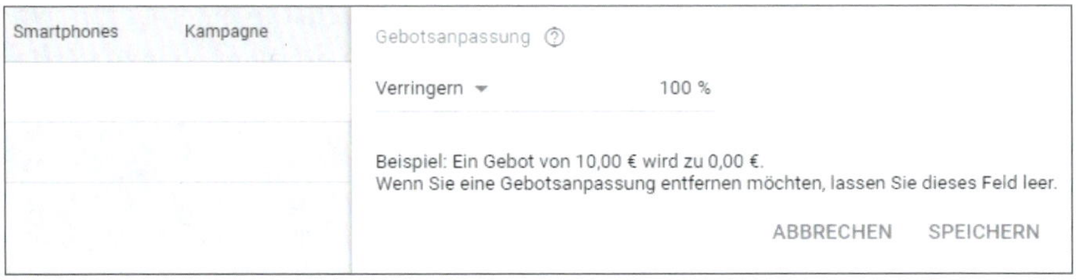

Smartphones	Kampagne	Gebotsanpassung ⓘ
		Verringern ▾ 100 %
		Beispiel: Ein Gebot von 10,00 € wird zu 0,00 €.
		Wenn Sie eine Gebotsanpassung entfernen möchten, lassen Sie dieses Feld leer.
		ABBRECHEN SPEICHERN

Abbildung 7.8 Die Reduzierung des Gebots um 100 % verhindert die Schaltung auf Smartphones.

In diesem Fall sollten Sie daher über die beschriebene Einstellung Ihr Standardgebot um mindestens 20 bis 40 % erhöhen. In diesem Zusammenhang sollten Sie wissen, dass die Klickkosten im Schnitt bei mobilen Anfragen niedriger als bei der Desktop-Suche sind und dass zusätzlich die Klickraten bei geringer Konkurrenz höher sind. Falls Ihre Website mobilfähig und Ihr Produkt für mobile Nutzer interessant ist, macht ein höheres Gebot für die Auslieferung auf Smartphones durchaus Sinn.

7.3.4   Ausrichtung auf unterschiedlichen Ebenen

Von den unterschiedlichen Ebenen des Google-Ads-Kontos haben Sie ja schon öfter gehört. Bei der prozentualen Anpassung müssen Sie wiederum die verschiedenen Ebenen beachten. Während Google-Ads-Manager früher nur Anpassungen auf Kampagnenebene durchführen konnten, kann jetzt noch feiner unterteilt werden. Sie können also prozentuale Anpassungen für die verschiedenen Geräte nun auch für einzelne Anzeigengruppen vornehmen, weil bestimmte Themen, Produkte oder Dienstleitungen für Smartphone-Nutzer interessanter sind als andere. Mit den prozentualen Anpassungen auf Anzeigengruppenebene können Sie darauf sehr zielgerichtet reagieren.

Sie finden die Unterteilung in Kampagnen und Anzeigengruppen, wenn Sie beispielsweise zunächst ALLE KAMPAGNEN ausgewählt haben und dann in der Menüleiste auf GERÄTE klicken. Sie erhalten auf einen Blick alle Anpassungen zu den Geräten für alle Kampagnen. Über den Filter können Sie die Ansicht für Anzeigengruppen hinzufügen oder nur diese Ebene auswählen (siehe Abbildung 7.9).

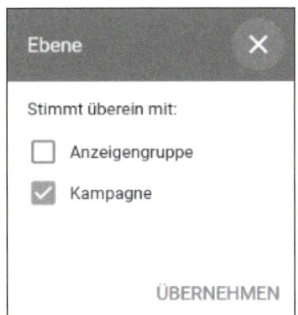

Abbildung 7.9 Die prozentuale Ausrichtung ist auf
Kampagnen- oder Anzeigengruppenebene möglich.

7.3.5 Kombination der prozentualen Ausrichtung

Interessant für die mobile Werbung ist nun vor allem die Kombination der Ausrichtungsmöglichkeiten. Möchten Sie beispielsweise Google-Nutzer auf Smartphones erreichen und sind diese Nutzer noch interessanter, wenn sie in Ihrer Stadt mobil unterwegs sind, so erzielen Sie für diese Kombination einen vorderen Google-Ads-Platz mit Ihrer Anzeige, wenn Sie zum einen die Gebote für Smartphones unter GERÄTE erhöhen und außerdem die Gebote für Nutzer in Ihrer Stadt unter STANDORTE prozentual erhöhen. Beachten Sie, dass mehrere Gebotsanpassungen für unterschiedliche Ausrichtungen multipliziert werden.

Nehmen wir einmal an, dass Ihr Standardgebot 1,00 € beträgt und Sie folgende Anpassungen festgelegt haben:

- Erhöhung auf Smartphones: +10 %
- Erhöhung für den Standort Ihres lokalen Geschäfts: +20 %

Ihr Gebot für das Keyword beträgt dann letztlich:

1,00 € (+10 %) = 1,10 €

1,10 € (+20 %) = 1,32 €

Ein interessanter Nebeneffekt der verschiedenen Ausrichtungsmöglichkeiten sind die Statistiken, die Sie beim Aufruf der jeweiligen Ausrichtung erhalten. Mithilfe dieser Statistik können Sie kontrollieren, ob Sie Ihr Ziel z. B. in Bezug auf Position und Klicks erreichen. Unter GERÄTE finden Sie die Leistungswerte, bezogen auf die jeweilige Gruppe der Endgeräte (siehe Abbildung 7.10).

Bitte denken Sie daran, dass Sie auch hier wieder über das Symbol für die Spalten eine Anpassung der Statistik vornehmen können. So können Sie sich z. B. die durchschnittliche Anzeigenposition je Keyword auf den Smartphones anzeigen lassen, um zu erkennen, ob Sie auch im sichtbaren vorderen Bereich platziert sind.

Gerät	Ebene	Hinzugefügt zu	Gebotsanp.	Gebotsanp. auf Anzeigengruppene	Klicks	Impr.	CTR
Computer	Kampagne	CE-Koordinator-Weitgehend	–	Keine	115	1.649	6,97 %
Smartphones	Kampagne	CE-Koordinator-Weitgehend	+20 %	Keine	8	335	2,39 %
Tablets	Kampagne	CE-Koordinator-Weitgehend	–	Keine	6	106	5,66 %

Abbildung 7.10 Statistiken zu den Endgeräten

Der Unterpunkt STANDORTE liefert die Leistungsdaten zu den ausgewählten Standorten. Auch hier können Sie mithilfe der Daten analysieren, ob die gewünschten Effekte wie mehr Impressionen, Klicks oder Conversions in den wichtigen hinzugefügten Regionen eintreten (siehe Abbildung 7.11).

Zielregion	Gebotsanp.	Klicks	Impr.	CTR
Deutschland	–	84	1.380	6,09 %
Hessen, Deutschland	-50 %	1	51	1,96 %
Nordrhein-Westfalen, Deutschland	+10 %	39	463	8,42 %
Österreich	–	6	196	3,06 %

Abbildung 7.11 Statistik zu den Standorten

Unter dem WERBEZEITPLANER finden Sie dann noch eine entsprechende Statistik, die Leistungsdaten zu den aktivierten Zeiträumen liefert (siehe Abbildung 7.12). Gleichen Sie hier ebenfalls die Daten mit den Ideen aus Ihrer Werbestrategie ab. Erreichen Sie Ihre Zielgruppe in den festgelegten Zeiträumen? Stimmen CTR und Conversions?

Datum und Uhrzeit	Gebotsanp.	Klicks	Impr.	CTR
Montags, 07:00 bis 23:00	–	26	345	7,54 %
Dienstags, 07:00 bis 23:30	0 %	27	352	7,67 %
Mittwochs, 07:00 bis 23:30	0 %	23	325	7,08 %
Donnerstags, 07:00 bis 23:30	0 %	28	444	6,31 %
Freitags, 07:00 bis 23:30	0 %	14	313	4,47 %
Samstags, ganztägig	0 %	8	163	4,91 %
Sonntags, ganztägig	0 %	3	148	2,03 %

Abbildung 7.12 Statistik zu den unterschiedlichen Werbezeiten

7.4   Verschiedene Taktiken

Mobile Google-Ads-Anzeigen haben sich in den letzten Jahren rasant entwickelt. Wir haben für Sie einige Ideen zusammengestellt, um Ihre Werbung auf mobilen Endgeräten zu optimieren, damit Sie besser werden als Ihre Mitbewerber.

7.4.1   Gestaltung mobiler Anzeigen

Da die »Mobile First«-Idee für Google sehr wichtig ist, rücken auch die mobilen Versionen der Google-Ads-Anzeigen immer stärker in den Fokus. Diese Versionen sind quasi zukünftiger Standard. Wahrscheinlich wird darum im neuen Backend keine unterschiedliche Versionierung von Desktop- und Mobil-Textanzeigen mehr angeboten. Beim Anlegen einer neuen Textanzeige wird lediglich eine Vorschau der unterschiedlichen Darstellungen angeboten, wobei interessanterweise die mobile Version (siehe Abbildung 7.13) standardmäßig als erste Vorschaumöglichkeit angezeigt wird. Oberhalb der Vorschau können Sie stets einfach per Klick zwischen der Mobil- und der Desktop-Version sowie einer Vorschau für das Displaynetzwerk wechseln.

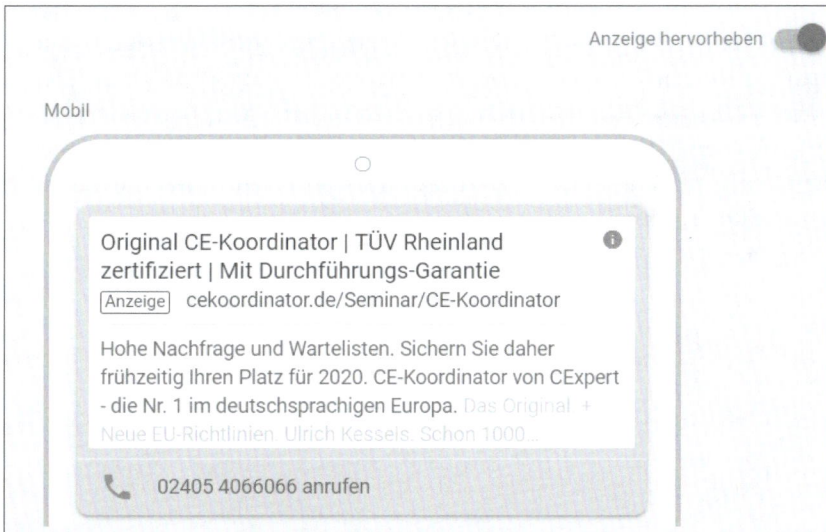

Abbildung 7.13 Anzeigenvorschau der mobilen Version

Obwohl also die Textgestaltung der Anzeigen grundsätzlich nicht mehr zwischen mobiler Version und der Darstellung auf stationären Computern unterscheidet, gibt es noch eine unterschiedliche Einstellungsmöglichkeit: Sie können unterhalb einer neu erstellten Anzeige die URL-Optionen für Anzeigen per Klick öffnen und dort ein Häkchen vor Andere finale URL für Mobilgeräte aktivieren. Im Formularfeld kann dann eine spezielle mobile Landingpage angegeben werden.

Auf diese Weise könnten Sie beispielsweise eine sogenannte AMP-Seite als mobile Landingpage hinterlegen. Google bietet seit Herbst 2017 an, die Auslieferung der Google-Ads-Anzeigen in der mobilen Suche auf AMP-Landingpages weiterzuleiten. Durch die kürzere Ladezeit der AMP-Seiten steigt die Nutzerfreundlichkeit für die Kunden, die Absprungrate sinkt und letztlich steigen auch die Conversion-Chancen auf mobilen Endgeräten.

Was ist AMP?

AMP (*Accelerated Mobile Pages*) sind spezielle Webseiten für Mobilgeräte, die auf ein Minimum an Quellcode reduziert sind. Die Webseiteninhalte werden dazu auf einem Proxyserver in einem *Content Delivery Network* zwischengespeichert. Von dort können die Inhalte der Webseite dann schneller geladen werden, wenn das entsprechende Dokument über das Internet abgerufen wird. Google misst AMP-Seiten immer mehr Bedeutung zu, da diese Seiten zur Verringerung von Ladezeiten und somit auf mobilen Endgeräten zu einer stärkeren Interaktion mit dem Internet führen.

Nutzen Sie mobile Textbausteine mithilfe der IF-Funktion

Mit einem Trick können Sie kleine Passagen Ihrer Textanzeige für mobile Nutzer individuell gestalten. Nutzen Sie bei der Anzeigenerstellung die IF-FUNKTION. Diese rufen Sie auf, indem Sie die geschweifte Klammer { in Ihren Text einbauen und dann die IF-FUNKTION auswählen (siehe Abbildung 7.14). Mit dieser Funktion können Sie neue, potenzielle Kunden mit individuellen Werbeaussagen ansprechen, wenn diese auf mobilen Endgeräten suchen.

Abbildung 7.14 Mit der »IF-Funktion« erstellen Sie spezielle Texte für mobile Nutzer.

7.4.2   Sitelinks für mobile Anzeigen

Helfen Sie Ihren potenziellen Kunden, mit einem Klick via Smartphone möglichst schnell das zu finden, wonach sie suchen. Mithilfe von zusätzlichen Sitelinks können Google-Nutzer direkt tiefer in Ihre Seite einsteigen. Die Sitelinks für Smartphones werden wie die Standard-Sitelinks eingetragen. Hier kann wie bei der Verlinkung der ganzen Anzeige eine abweichende mobil optimierte Landingpage eingetragen werden. Was bei den Textanzeigen nicht mehr geht, ist bei den Sitelinks noch möglich: Sie können durch Aktivierung einer Checkbox bestimmen, dass der jeweilige Sitelink bevorzugt auf Mobilgeräten geschaltet wird (siehe Markierung in Abbildung 7.15).

Bevorzugtes Gerät (Mobil)

Bitte beachten Sie, dass die Aktivierung des bevorzugten Gerätes (Mobil) immer auch bedeutet, dass Sie noch eine Alternative für die anderen Geräte bereitstellen müssen. Wenn Sie im Google-Ads-Konto eine Möglichkeit zur Aktivierung der Bevorzugung sehen, bedeutet dies also nicht die ausschließliche Schaltung der »mobilen Version«. Liegt keine Alternative vor, wird die gleiche Erweiterung sowohl für Mobilgeräte als auch für Desktop-PCs und Tablets ausgespielt. Falls Sie also keine spezielle Unterscheidung beim Inhalt zwischen einer mobilen Version und den anderen Versionen machen, benötigen Sie das Feature der bevorzugten Version nicht!

Bitte beachten Sie, dass bei vielen Anzeigenerweiterungen neben der Auswahl der mobilen Version auch noch ein Start- und/oder Enddatum eingetragen und – falls gewünscht – zusätzlich auch ein individueller Werbeplaner erstellt werden kann.

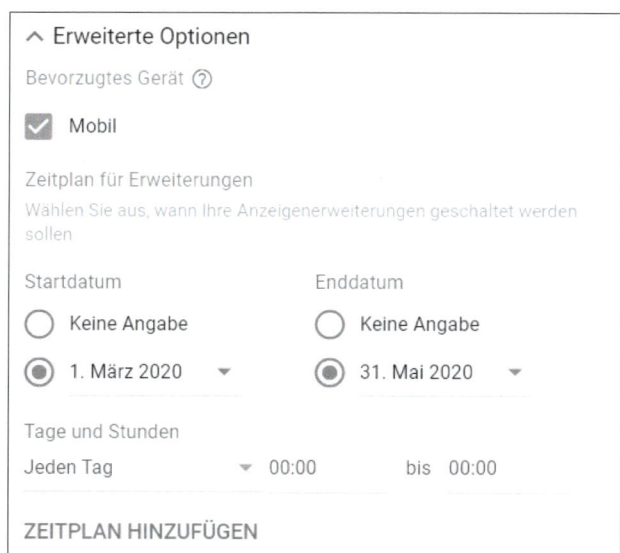

Abbildung 7.15 Sitelinks für mobile Kampagnen mit Start- und Enddatum

Ein Start-/Enddatum ist sehr nützlich, wenn wie im Beispiel aus Abbildung 7.16 die Aktion, die per Sitelink beworben wird, zu einem bestimmten Zeitpunkt endet bzw. später dann nicht mehr interessant ist. Ein individueller Zeitplan macht hingegen Sinn, wenn z. B. ein bestimmter Service nur während der Woche oder vielleicht nur am Wochenende verfügbar ist. Der Sitelink oder eine andere Erweiterung wird dann nur eingeblendet, wenn die Ankündigung in der Google-Ads-Anzeige auch mit den Informationen auf der Webseite zeitlich übereinstimmt, damit potenzielle Kunden nicht verärgert werden.

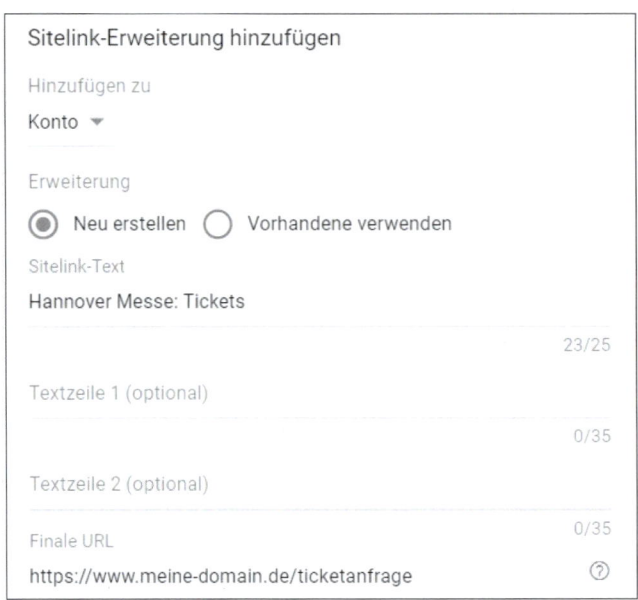

Abbildung 7.16 Zeitlich begrenzte Sitelink-Idee

Wir raten Ihnen grundsätzlich dazu, Ihre Anzeigen so weit wie möglich individuell auf Smartphone-Nutzer auszurichten. Versetzen Sie sich gedanklich in die mobilen Besucher Ihrer Website: Mobile Nutzer suchen stärker nach schnellen Lösungen und möchten direkt handeln. Passen Sie daher Ihre Erweiterungen für mobile Nutzer so an, dass sie besonders auf Ihre Lösungsangebote hinweisen. Arbeiten Sie mehr mit Handlungsaufforderungen, zum Beispiel mit dem Hinweis auf einen direkten Anruf, eine Download-Möglichkeit oder mit dem Verweis auf eine eigene App.

7.4.3   Anruferweiterung

Möchten Sie Ihren potenziellen Kunden die Möglichkeit geben, direkt per Telefon mit Ihnen zu sprechen? Dann sollten Sie die Anruferweiterung für Ihre Google-Ads-Werbung nutzen. Mithilfe dieser Erweiterung verbindet die Google-Ads-Anzeige auf telefonfähigen Endgeräten den Interessenten per Anruf direkt mit Ihrem Büro oder dem Sekretariat.

Klicken Sie zunächst in der Menüleiste auf ANZEIGEN UND ERWEITERUNGEN, wechseln Sie danach im oberen Bereich auf ERWEITERUNGEN. Per Klick auf ⊕ öffnen Sie eine Dropdown-Liste, aus der Sie die ANRUFERWEITERUNG auswählen

Bitte beachten Sie, dass die Anruferweiterung auf Konto-, Kampagnen- oder Anzeigengruppen-Ebene ❶ hinzugefügt werden kann (siehe Abbildung 7.17). Bei einem neuen Konto müssen Sie zunächst eine neue Anruferweiterung anlegen. Nutzen Sie den Radiobutton NEU ERSTELLEN ❷; später können Sie bestehende Anruferweiterungen auch über VORHANDENE VERWENDEN auswählen.

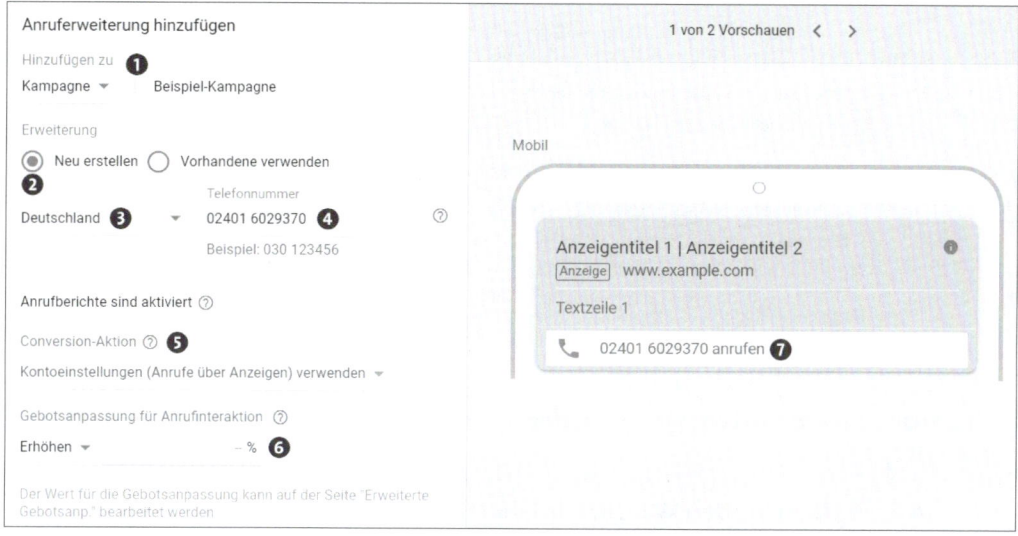

Abbildung 7.17 Anruferweiterung hinzufügen

Um eine Anruferweiterung zu erstellen, müssen Sie zunächst eine Telefonnummer (die Nummer Ihrer Kundenberatung oder Ihres Call-Centers) hinterlegen. Wählen Sie dazu aus der Dropdown-Liste das Land ❸ aus, und geben Sie dann die Telefonnummer ❹ ein. Unter CONVERSION-AKTION ❺ können Sie eine individuelle vorher angelegte Aktion auswählen, um Ihre Conversions zu erfassen. Auf diese Weise werden die Mobilanrufe über die Erweiterung als eigene Ziele (Conversions) gemessen, sodass Sie mehr über den Erfolg der Anruferweiterung erfahren. So können Sie ganz einfach Ihren Erfolg mithilfe der Conversions überprüfen.

Falls Sie selbst keine neue Conversion anlegen möchten, erstellt das Google-Ads-System automatisch eine Conversion mit dem Titel »Anrufe über Anzeigen«, nachdem Sie einen ersten Anruf über die neue Anzeige erhalten haben. Möchten Sie, dass Ihre Anruferweiterung öfter ausgespielt wird, können Sie zusätzlich eine prozentuale Gebotsanpassung für Anrufaktionen hinterlegen ❻. Alle Einstellungen bestätigen Sie am Ende per Klick auf den Button SPEICHERN.

Bitte beachten Sie, dass Sie die Variante als Anruferweiterung mit MOBIL als bevorzugtes Gerät anlegen. Diese Erweiterung wird dann bevorzugt (nicht ausschließlich) für mobile Anzeigen ausgeliefert. Dabei ist die Telefonnummer dann als anklickbarer

Button ❼ unterhalb der Anzeige zu finden. Bei anderen Anzeigen wird die Erweiterung nur genutzt, um Ihre Telefonnummer in der Anzeige darzustellen.

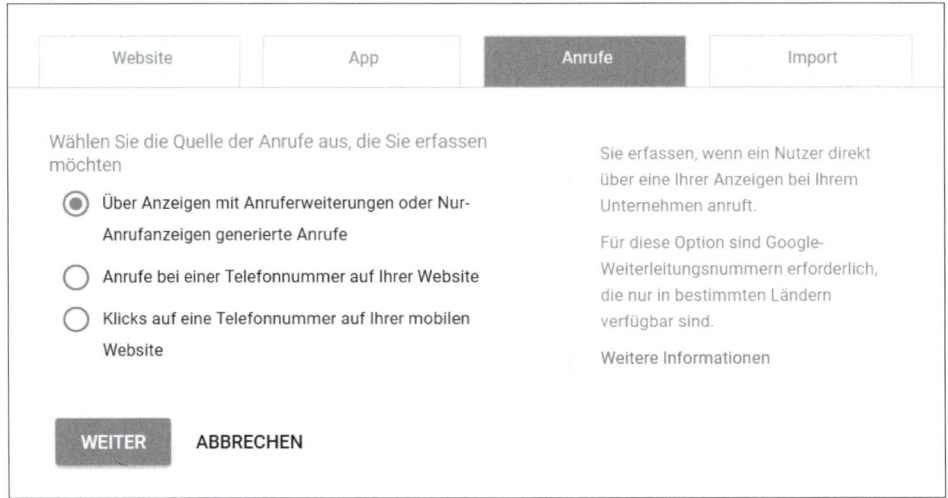

Abbildung 7.18 Conversions für Anruferweiterungen erstellen

7.4.4 Nutzen Sie den Werbezeitplaner für Ihre Anrufanzeigen

Bei einer Anruferweiterung ist es meistens sehr sinnvoll, eine Zeitplanung zu hinterlegen. Es sollte ja nur dann ein Anruf erfolgen, wenn das Büro oder das Service-Center auch entsprechend besetzt ist. Ein Anrufbeantworter ist für diese Werbemöglichkeit keine gute Idee, denn auf diese Weise verlieren Sie zu viele Interessenten, weil diese vorher wieder auflegen. Nutzen Sie daher bei den Anrufanzeigen eine individuelle Einstellung des Werbezeitplaners.

Daher haben wir in Abbildung 7.19 exemplarisch Bürozeiten mit einer entsprechenden Mittagspause als Zeitplan hinterlegt, sodass die Anrufanzeigen zielgerichtet zu den Bürozeiten ausgeliefert werden, damit der Anruf auch entgegengenommen und der potenzielle Kunde direkt richtig betreut werden kann.

Abbildung 7.19 Bürozeiten als Zeitplan hinzufügen

7.4.5   Erweiterte Gebotsanpassung

Neben den drei altbekannten Gebotsanpassungen, also STANDORTE, WERBEZEITPLANER und GERÄTE, gibt es noch eine sogenannte ERWEITERTE GEBOTSANPASSUNG, die später noch hinzugekommen ist. Wenn Sie in der mittleren Menüleiste ganz nach unten scrollen, finden Sie diese Anpassungsmöglichkeit unterhalb der Einstellung für die (End-)Geräte (siehe Abbildung 7.20).

Abbildung 7.20 Der Unterpunkt »Erweitere Gebotsanpassung« in der Menüleiste

Nach dem Klick auf ERWEITERTE GEBOTSANP. erhalten Sie aktuell (Stand: Februar 2020) eine Auflistung zum Interaktionstyp ANRUFE sowie die zugehörige Kampagne. Im nächsten Schritt können Sie nun unter GEBOTSANP. die Gebote beispielsweise prozentual erhöhen (siehe Abbildung 7.21), damit zum einen die Anruferweiterungen verstärkt ausgeliefert werden oder um zum anderen die Nur-Anrufanzeigen bevorzugt ausgespielt werden.

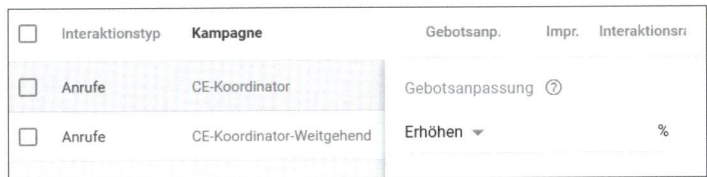

Abbildung 7.21 Nehmen Sie eine Gebotsanpassung für Anrufe unter »Erweiterte Gebotsanpassung« vor.

Für beratungsintensive Produkte und Unternehmen mit starker Ausrichtung auf die telefonische Kundenberatung kann diese Gebotsanpassung sehr interessant sein. Vielleicht findet man zukünftig unter ERWEITERTE GEBOTSANP. noch andere Möglichkeiten, um flexiblere Gebote für unterschiedliche Aussteuerungen zu hinterlegen.

7.4.6   Nur-Anrufanzeige

Eine Steigerung der Ausrichtung auf telefonische Kontakte erreichen Sie mit den Nur-Anrufanzeigen. Diese Anzeigen dienen ausschließlich dazu, einen direkten telefonischen Kontakt herzustellen. Daher werden diese Anzeigen natürlich nur auf an-ruffähigen Mobilgeräten geschaltet. Sie erstellen die Nur-Anrufanzeige in einer Such-netzwerk-Kampagne an gleicher Stelle wie die Textanzeige. Nachdem Sie Kampagne und Anzeigengruppe ausgewählt haben, rufen Sie in der Menüleiste den Unterpunkt Anzeigen und Erweiterungen auf. Danach klicken Sie unter Anzeigen auf 🟢 und wählen + Nur-Anrufanzeige (siehe Abbildung 7.22).

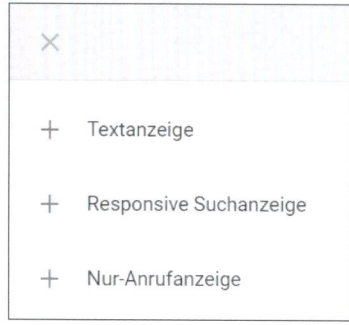

Abbildung 7.22 Nur-Anrufanzeige erstellen

Die Besonderheit dieser Anzeige besteht darin, dass als Ziel keine Webseite, sondern eine Telefonnummer hinterlegt wird (siehe Abbildung 7.23). Für diese Anzeigeform geben Sie zunächst wieder Ihre Telefonnummer ❶ an, wie Sie dies bereits von den Anzeigenerweiterungen kennen.

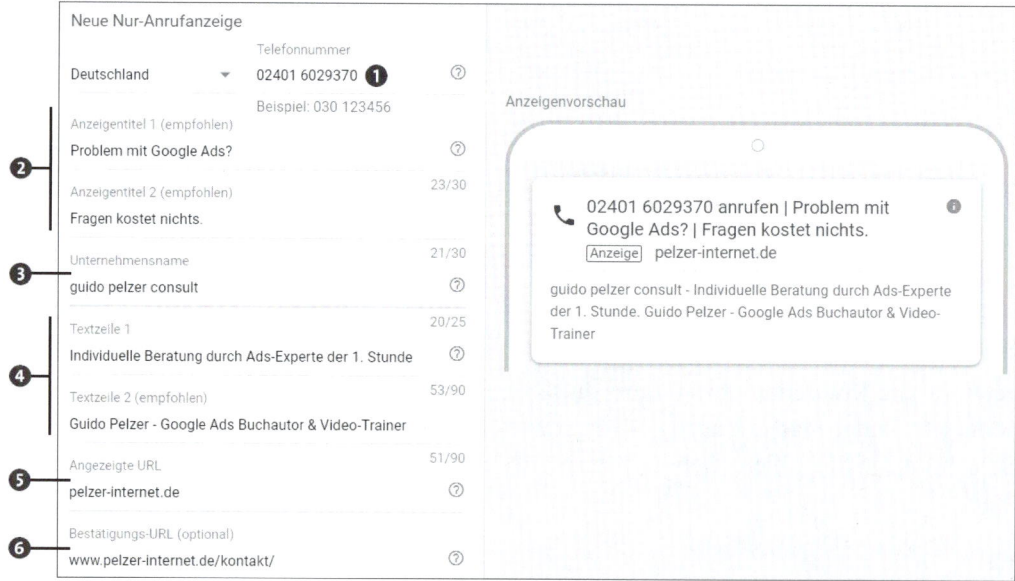

Abbildung 7.23 Formularfelder und Vorschau der Anruf-Anzeige

Im nächsten Schritt erstellen Sie eine Textanzeige mit bis zu zwei ANZEIGETITELN (empfohlen) ❷, Ihrem UNTERNEHMENSNAMEN ❸, den Sie in jedem jeden Fall eintragen müssen, und mit bis zu zwei TEXTZEILEN (empfohlen) ❹. Zur Komplettierung der Anzeige tragen Sie dann noch die ANGEZEIGTE URL ❺ ein. Die Besonderheit einer Anrufanzeige besteht in der BESTÄTIGUNGS-URL ❻, die Sie optional noch angeben können. An dieser Stelle tragen Sie eine Unterseite Ihrer Website ein, die Ihre zuvor angegebene Telefonnummer enthält. Anhand dieser Seite überprüft Google, ob die Nummern übereinstimmen. Mit dieser Bestätigungs-URL schützen Sie sich als davor, dass eine falsch eingetragene Telefonnummer in Ihrer Anzeige erscheint und Sie später für Anrufe bezahlen, die nicht zu Ihrem Unternehmen gehören.

Nachdem Sie die Anzeigen erstellt haben, können Sie direkt in der Anzeigenvorschau rechts neben dem Eingabeformular die Darstellung überprüfen (siehe Abbildung 7.23). Der Telefonhörer zeigt dem Mobilphone-Nutzer an, dass ein Anruf via Smartphone getätigt werden kann. Außerdem erscheint in der Titelzeile eine standardisierte Aufforderung zum Anruf, die Ihre Telefonnummer einbezieht.

Falls Sie die Anrufe tracken möchten, müssen Sie die vorherigen Hinweise zum Tracking der Anruferweiterung beachten. Auch bei einer Nur-Anrufanzeige können Sie in der Dropdown-Liste unter CONVERSION-AKTION eine bestehende Anruf-Conversion auswählen oder über den Link CONVERSIONS VERWALTEN zum Tool MESSUNG • CONVERSIONS springen. Dort können Sie dann eine passende Conversion vom Typ ANRUFE und der Option ANRUFE ÜBER NUR-ANRUFANZEIGEN ODER ANZEIGEN MIT ANRUFERWEITERUNGEN anlegen (siehe Abbildung 7.24).

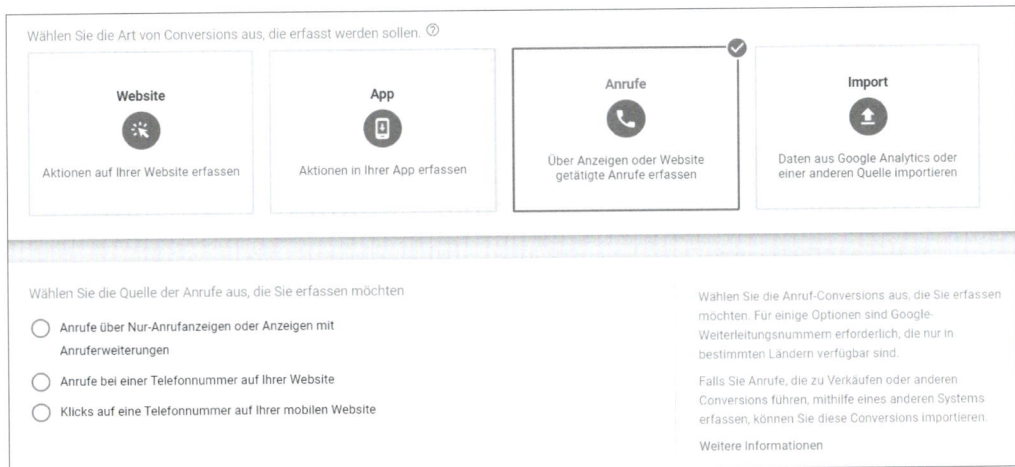

Abbildung 7.24 Erstellen Sie eine Conversion-Messung für Ihre Anrufe.

Beim Anlegen der Anruf-Conversion (siehe Abbildung 7.25) können Sie unter anderem bestimmen, ab welcher Länge ein Anruf als Conversion erfasst werden soll; in unserem Beispiel sind 30 Sekunden eingestellt. Google kann diese Informationen natürlich nur messen, weil der Klick über Google auf Ihre Nummer weitergeleitet wird. Nur in diesem Fall hat Google die Information, ob ein Anruf angenommen wurde und wie lange dieser Anruf gedauert hat. Weitere Informationen zum Anlegen der verschiedenen Conversions finden Sie in Abschnitt 10.2.

Einstellungen	Conversion-Name	Nur-Anruf-Anzeigen
	Kategorie	Lead
	Wert	Keinen Wert verwenden
	Quelle Bearbeiten nicht möglich	Anrufe über Anzeigen
	Zählmethode	Eine Conversion
	Anrufdauer	30 Sekunden
	Conversion-Tracking-Zeitraum	30 Tage
	In "Conversions" einbeziehen	Ja
	Attributionsmodell	Letzter Klick

Abbildung 7.25 Einstellungen der Anruf-Conversions

Egal ob Sie Anruferweiterungen nutzen oder Nur-Anruf-Anzeigen erstellen, Sie sollten diese Google-Ads-Möglichkeiten für Ihre mobile Strategie passend einsetzen. Möchten Sie einen direkten Kontakt zum Kunden bzw. einem Interessenten? Hilft es beim Vertrieb, wenn Fragen persönlich geklärt werden? Dann versuchen Sie immer, Ihre mobilen potenziellen Kunden dazu zu bewegen, Sie direkt per Telefon zu kontaktieren.

7.4.7 Leads und Anrufe als Zielvorgabe

In einer der vorigen Versionen des Google-Ads-Interfaces konnte eine reine Nur-Anruf-Kampagne als spezielle Form einer Suchkampagne erstellt werden. Im neuen Google-Ads-Interface hat Google diese spezielle Kampagne durch die Zielvorgabe LEADS in Kombination mit dem Kampagnentyp SUCHNETZWERK und der Zielerreichung via ANRUFE (siehe Abbildung 7.26) abgedeckt. Wenn Sie bei der Erstellung einer neuen Kampagne diese Kombination wählen, dann können Sie in Ihrer Anzeigengruppe nur noch Nur-Anrufanzeigen erstellen.

Anruferweiterungen oder auch Nur-Anrufanzeigen werden insgesamt gesehen im Google-Ads-Konto eher selten genutzt. Falls Sie jedoch Restaurantbesitzer, Unternehmensberater oder Anwalt sind oder einer ähnlichen Branche angehören, sind die Anrufanzeigen eine sehr interessante Werbemöglichkeit. Sie benötigen keine optimierte Landingpage und haben die potenziellen Kunden direkt an der Strippe.

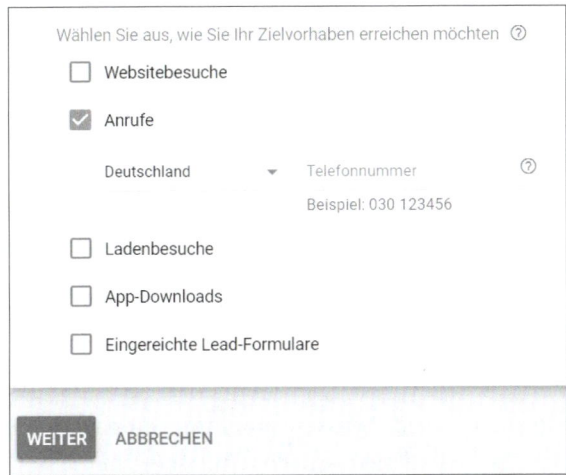

Abbildung 7.26 Anrufe als Kampagnenziele vorgeben

7.4.8   App-Installationsanzeigen

App-Installationsanzeigen nennt sich die Google-Ads-Funktion, bei der auf mobilen Endgeräten eine App beworben wird, die dann direkt per Klick entweder bei iTunes oder aus dem Google Play Store heruntergeladen werden kann. Diese Werbeform ist natürlich nur für diejenigen Google-Ads-Nutzer interessant, die auch eine eigene App besitzen. Abbildung 7.27 zeigt ein Beispiel einer App-Anzeige, die direkt nach Google Play verlinkt.

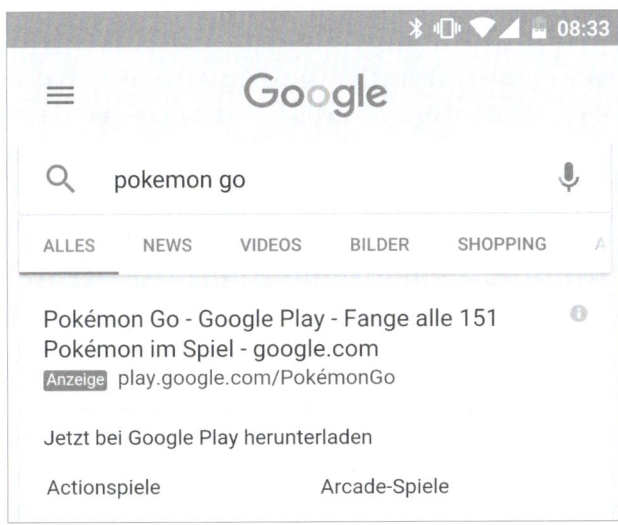

Abbildung 7.27 Beispiel für eine App-Installationsanzeige

Bitte schalten Sie eine App-Anzeige nicht einfach so, weil Sie irgendwann einmal kostenlos eine App erstellen konnten, die nur die Inhalte Ihrer Webseite in verkürzter Form darstellt. Dazu benötigen Sie keine App, das kann Ihre mobiloptimierte Website besser! Eine App mit Google Ads zu bewerben kostet natürlich auch Geld und sollte daher vorher strategisch vorbereitet werden. Am besten erstellen Sie eine App, die einen entscheidenden Vorteil bietet, damit die Smartphone-Nutzer diese App auch nutzen wollen. Dabei sollte das Thema der App jedoch mit Ihrer Marke und Ihrem Produkt in Verbindung stehen, denn letztlich sollte auch die App einen Beitrag zu Ihrem Geschäftserfolg liefern.

Sie könnten beispielsweise als Online-Shop für Mode eine App zur Ermittlung der passenden Konfektionsgröße und zur Umrechnung der verschiedenen Größenangaben erstellen, die dann natürlich auch immer wieder passend auf Ihren Shop verlinkt. Bei dem kleinen Beispiel sehen Sie schon, dass Sie sich zunächst mit dem Thema App und den entsprechenden Möglichkeiten auseinandersetzen müssen, bevor Sie mit der Bewerbung der App via Google Ads starten.

App-Neuinstallation oder Interaktion?

Wenn Sie über Google Ads mit einer neuen App-Kampagne Ihre Firmen-App bewerben möchten, können Sie zunächst nur App-Installationen, also die Neuinstallation Ihrer App, bewerben. Nachdem Sie sich eine Nutzerbasis aufgebaut haben, können Sie auch bestimmte Interaktionen der Nutzer mit der App messen. Nun könnten Sie auch die Steigerung bestimmter Interaktionen über Google Ads bewerben, damit die App-Nutzer sich weiterhin mit der App und somit letztlich mit Ihren Produkten, Ihrer Marke oder ganz einfach mit Ihrem Unternehmen beschäftigen.

In Google Ads können Sie App-Anzeigen entweder als Anzeigenerweiterung zu einer bestehenden Textanzeige schalten, wie Sie dies schon von den Anruferweiterungen her kennen. Alternativ können Sie auch eine eigene App-Kampagne erstellen, um Ihre App im Suchnetzwerk- oder Displaynetzwerk, bei YouTube oder bei Google Play zu bewerben. Das Bewerben einer App innerhalb einer anderen App ist zudem in den Kampagnen des Google Displaynetzwerks möglich. Wir schauen uns die Möglichkeiten *App-Erweiterung* und *Universelle App-Kampagne* nun einmal genauer an.

7.4.9 App-Erweiterung

Die zusätzliche Schaltung der App zu einer normalen Suchanzeige nennt sich *App-Erweiterung*. Wie bei den anderen Erweiterungen zu Ihren Anzeigen klicken Sie zunächst in der Menüleiste auf ANZEIGEN UND ERWEITERUNGEN und wechseln danach im oberen Bereich auf ERWEITERUNGEN. Per Klick auf ⊕ öffnen Sie die Dropdown-Liste, aus der Sie nun die APP-ERWEITERUNG auswählen.

Beim ersten Anlegen belassen Sie die Voreinstellung auf NEU ERSTELLEN und wählen dann die App-Plattform aus. Obwohl es auch viele Apps für Apple in iOS gibt, werden die meisten Apps wohl als Android-Version laufen. Wählen Sie also die Plattform aus, und suchen Sie mithilfe von Namensbestandteilen der App oder des Herstellers nach der gewünschten App, die Sie bewerben möchten. Für unser Beispiel haben wir einfach eine kostenlose App des Bundesligisten Bayer 04 Leverkusen gewählt (siehe Abbildung 7.28).

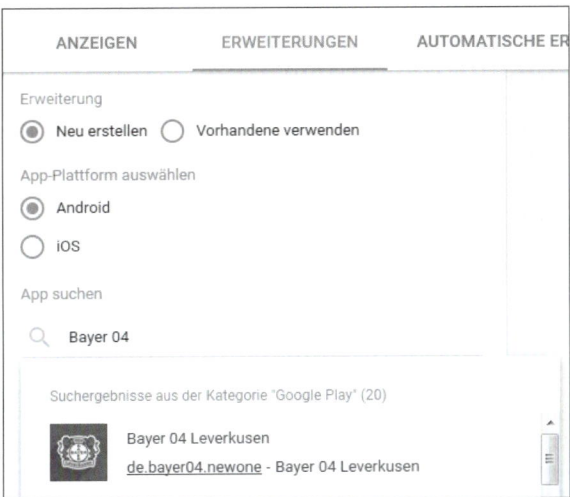

Abbildung 7.28 App bei Google Play oder im Apple Store suchen und als Erweiterung hinzufügen

Falls Sie nicht den genauen Namen der App kennen, müssen Sie durch die angezeigten Suchergebnisse scrollen und die gewünschte App dann per Klick auswählen – bitte beachten Sie, dass ein Klick auf den blauen Link nicht die App markiert, sondern Sie direkt zum Store weiterleitet.

Im nächsten Schritt können Sie unter LINKTEXT den vorgegebenen Call-to-Action ändern, wobei Sie wieder die bekannte Länge von 25 Zeichen nutzen dürfen. Außerdem finden Sie hier auch die bereits bekannte Option des bevorzugten Geräts – hier jedoch in einer etwas anderen Form, als Sie dies bereits kennengelernt haben: Die Apps sind nur für Smartphones und Tablets interessant und werden zunächst für die beiden Geräteformen geschaltet. Durch Aktivierung der Checkbox können Tablets bei dieser Erweiterung explizit ausgeschlossen werden (siehe Abbildung 7.29).

Die APP-URL-OPTIONEN und die ERWEITERTEN OPTIONEN können so genutzt werden, wie Sie es bereits in anderen Erweiterungen gesehen haben. Nachdem die Grundeinstellungen zur App-Erweiterung abgeschlossen sind, zeigt eine Vorschau die mobile Darstellung der App-Erweiterung an, die unterhalb einer Google-Ads-Textanzeige erscheint (siehe Abbildung 7.30).

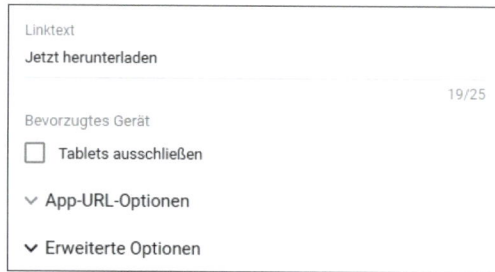

Abbildung 7.29 Vergeben Sie einen eigenen Call-to-Action, und bestimmen Sie das bevorzugte Gerät.

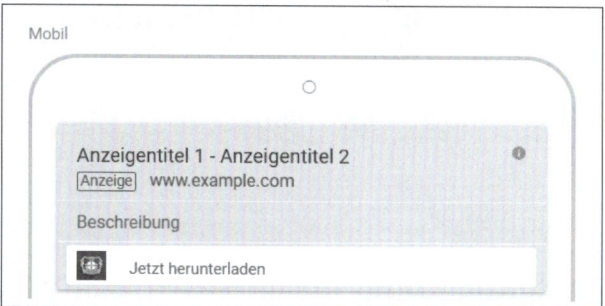

Abbildung 7.30 Vorschauergebnis zur erstellten App-Erweiterung

7.4.10 Universelle App-Kampagne

Die zweite Möglichkeit, Ihre App zu bewerben, nennt sich *App-Kampagnen* oder auch *Universelle App-Kampagne*. Sie müssen dazu eine neue Kampagne erstellen und als Kampagnentyp App auswählen. Dann fügen Sie im ersten Schritt Ihre mobile App so, wie im vorigen Abschnitt beschrieben, hinzu. Sie wählen dazu die App-Plattform aus und suchen Ihre App entweder bei Google Play oder im Apple Store. Natürlich geben Sie danach Ihrer App-Kampagne wieder einen Namen und legen die wichtigen Grundausrichtungen fest, z. B. Standorte, Sprachen, Budget usw.

Eine wichtige Vorgabe für die App-Kampagne ist die Gebotsstrategie. Wenn Sie eine neue Kampagne anlegen, legen Sie die Optimierung zunächst auf Anzahl der Installationen (siehe Abbildung 7.32) fest, weil Sie zunächst möglichst viele neue potenzielle Nutzer gewinnen möchten. Für die Anzahl der (Neu-)Installationen können Sie mit einem Ziel-CPI (Cost-per-Install) bieten. Das heißt übersetzt, dass Sie den Preis angeben, den Ihnen ein neuer App-Nutzer wert ist. Zu Beginn werden natürlich zunächst einmal Alle Nutzer angesprochen.

Später, wenn die App bereits bei vielen Nutzern installiert ist und Sie das Verhalten der Nutzer über Conversions tracken, dann können Sie Ihre Kampagne auch auf In-App-Aktionen ausrichten (siehe Abbildung 7.33). Dabei ist dann das Ziel, Ihre potenziellen Kunden, die Ihre App bereits installiert haben, zu Interaktionen mit Ihrer App »aufzufordern«.

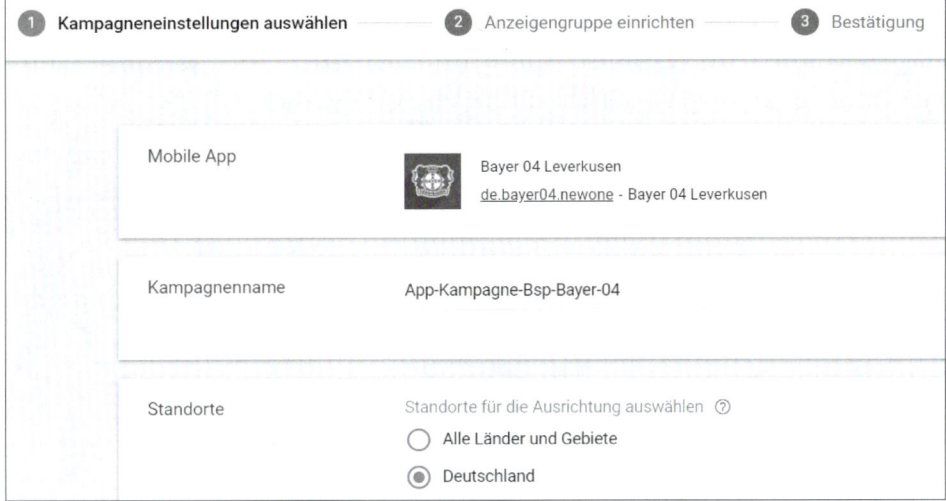

Abbildung 7.31 Neue App-Kampagne erstellen

Abbildung 7.32 Gebotseinstellung mit Ziel-CPI

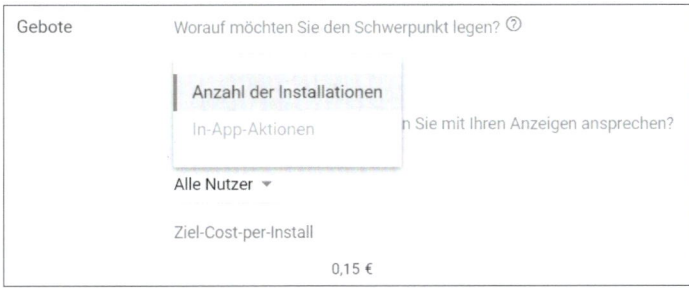

Abbildung 7.33 Alternative Gebotseinstellung für In-App-Aktionen

Während App-Kampagnen früher nicht in Anzeigengruppen unterteilt wurden, hat Google nun (Stand: Februar 2020) die Struktur der Kampagnen vereinheitlicht.

Daher enthält auch jede App-Kampagne nun mindestens eine Anzeigengruppe (siehe Abbildung 7.34), wobei die Aufgabe der Unterteilung nicht ganz klar ist, da man keine spezielle Ausrichtung vorgeben kann. Google sagt dazu nur, dass Sie Ihre Anzeigengruppen zwecks optimierter Ausrichtung basierend auf einem Thema, einer Zielgruppe oder einer Werbebotschaft strukturieren sollen. Dies geht aber aktuell nur, indem man bewusst unterschiedliche Anzeigen entwirft.

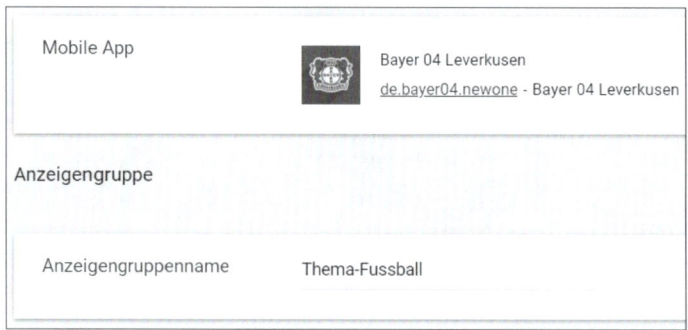

Abbildung 7.34 Eine Anzeigengruppe zur App-Kampagne erstellen

Im nächsten Schritt werden der Anzeigengruppe nun sogenannte Anzeigenassets ❶ hinzugefügt (siehe Abbildung 7.35).

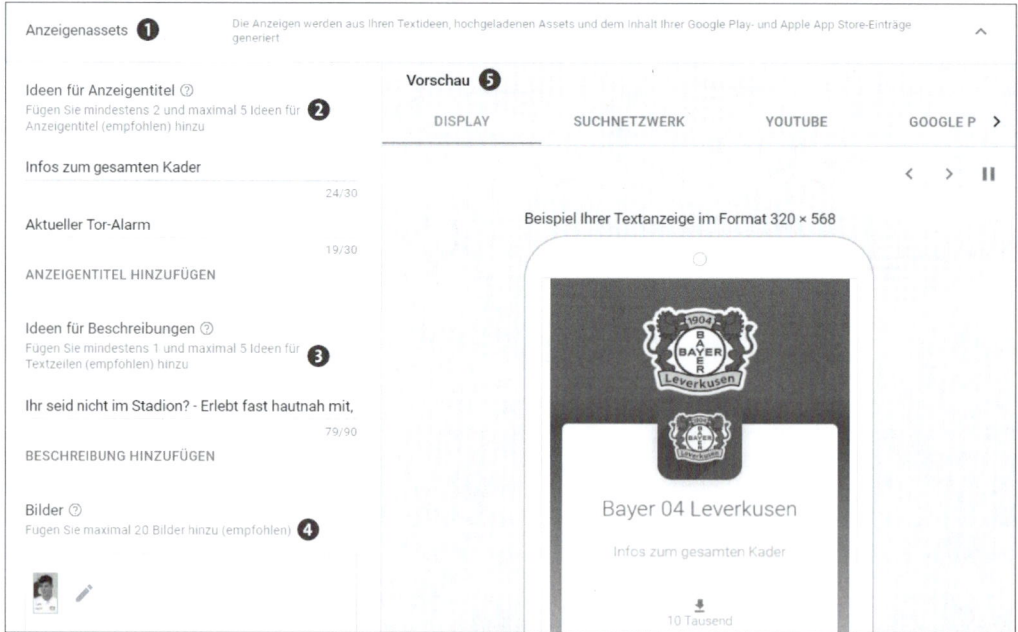

Abbildung 7.35 Textbausteine und Bilder hinzufügen

Diese Assets sind zum einen Textbausteine wie Anzeigentitel ❷ oder Beschreibungen ❸ und zusätzliche Bilder ❹, aber auch Videos, die Ihre Anzeige unterstützen sollen. Nach Eingabe der Assets erhalten Sie direkt wieder rechts neben dem Eingabeformular eine Rückmeldung mit Beispielen ❺, wie Ihre Anzeige im Internet ausgespielt würde.

Die Textbausteine werden in der Anzeige je nach Größe des vorhandenen Werbeplatzes genutzt. Es werden zum Teil mehrere Textbausteine gleichzeitig angezeigt; es kann aber auch sein, dass nur ein Baustein genutzt wird, wie wir das schon von den responsiven Anzeigen im Displaynetzwerk kennen. Zudem testet Google Ads in kleinen A/B-Tests, welche Bausteine am besten funktionieren, und rotiert die Auslieferung entsprechend. Neben dem reinen Text empfiehlt Google noch zusätzlich *HTML5-Code* zu nutzen, um dynamische Elemente in Ihre Anzeige aufzunehmen. Sie können, wie bereits erwähnt, auch bis zu 20 Bilder und zusätzlich noch bis zu 20 passende Videos als Assets hinzufügen, um Ihre Anzeigen aufzuwerten. Für unser Beispiel aus Abbildung 7.35 haben wir ein Beispielvideo bei YouTube (siehe Abbildung 7.36) ausgewählt.

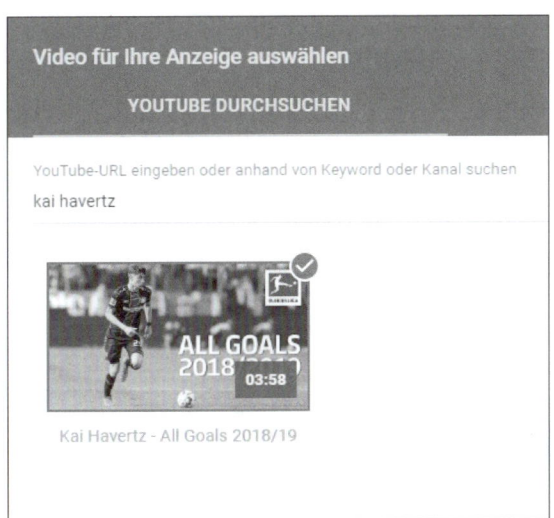

Abbildung 7.36 Video als Anzeigenelement hinzufügen

Sie können, wenn Sie die Rechte haben, hier natürlich jedes Video einfügen. Es macht jedoch Sinn, dass die Videos, die Sie für Ihre Werbung nutzen, bereits zu Ihrem firmeneigenen YouTube-Kanal hinzugefügt wurden.

In einer kleinen Vorschau werden unterschiedliche Anzeigenbeispiele im Wechsel eingeblendet (siehe Abbildung 7.37).

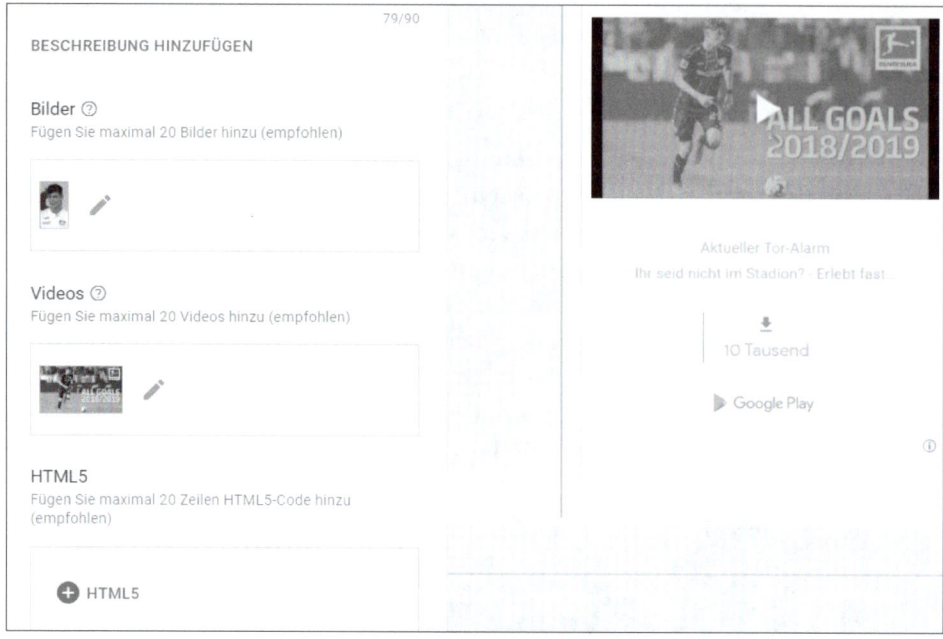

Abbildung 7.37 Nutzen Sie Bilder, Videos und HTML5 für App-Anzeigen

Die folgenden Plattformen für App-Anzeigen bietet Google Ads aktuell an:

► Display

► Suchnetzwerk

► YouTube

► Google Play (Store)

Da auch über das Google Displaynetzwerk Werbung in Apps erscheinen kann, ist es über das GDN möglich, dass die eigene App auch in einer anderen App beworben wird. Sie können für die Werbevorschau die verschiedenen Netzwerke auswählen (siehe Abbildung 7.38) und sich dann noch einmal die Beispiele in der jeweiligen Umgebung präsentieren lassen. Abbildung 7.38 zeigt beispielsweise, wie unsere kleine Testwerbung im Google Play Store ausgeliefert würde.

Die Grundeinstellungen (siehe Abbildung 7.39) Ihrer App-Kampagne können Sie wie gewohnt unter EINSTELLUNGEN betrachten und dort auch jederzeit verändern.

Vorschau
ISPLAY
SUCHNETZWERK
YOUTUBE
GOOGLE PLAY
Bayer 04 Leverkusen
Ad Bayer 04 Leverkusen
Ihr seid nicht im Stadion? · Erlebt fast hautnah ...
3.4 ★
KOSTENLOS

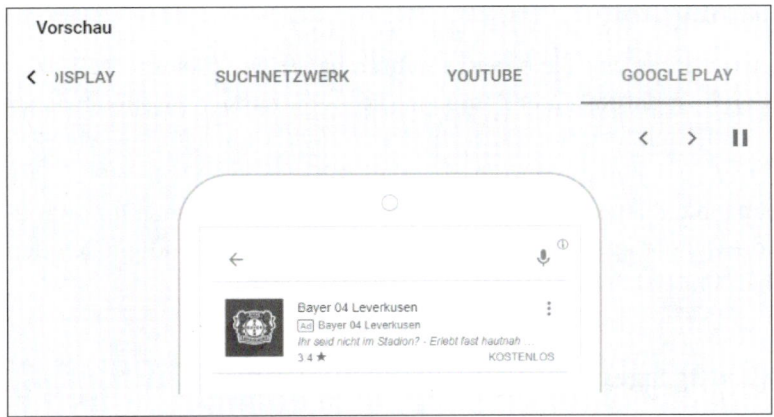

Abbildung 7.38 Vorschau der Anzeige für den Google Play Store

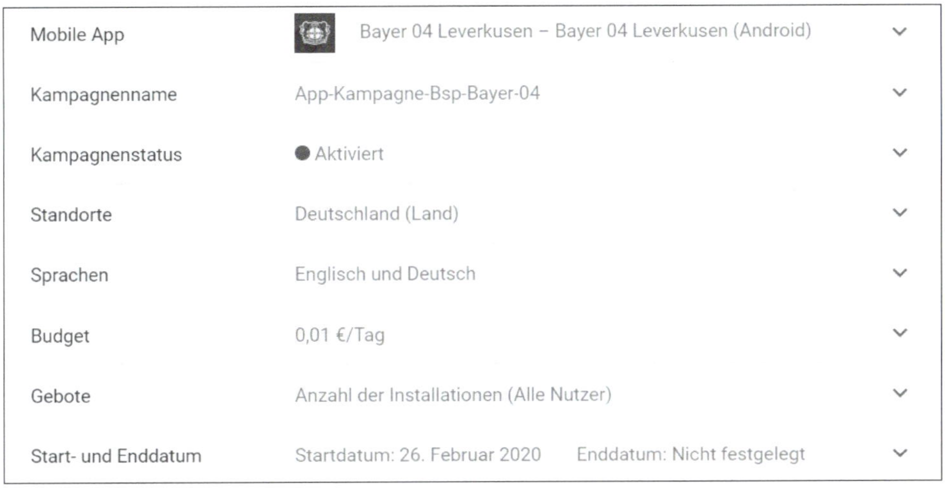
Mobile App
Bayer 04 Leverkusen – Bayer 04 Leverkusen (Android)
Kampagnenname
App-Kampagne-Bsp-Bayer-04
Kampagnenstatus
Aktiviert
Standorte
Deutschland (Land)
Sprachen
Englisch und Deutsch
Budget
0,01 €/Tag
Gebote
Anzahl der Installationen (Alle Nutzer)
Start- und Enddatum
Startdatum: 26. Februar 2020
Enddatum: Nicht festgelegt

Abbildung 7.39 Übersicht zu den Kampagneneinstellungen

Folgende Einstellungen kennen Sie bereits aus anderen Kampagnentypen:

- Standorte
- Sprachen
- Budget
- Gebote
- Start- und Enddatum

7.4.11   Mobil und lokal

Mobile Kampagnen werden, wie Sie bereits erfahren haben, vor allem in Kombination mit der lokalen Ausrichtung einer Kampagne immer wichtiger. Sie sollten daher darauf achten, dass die Standorterweiterung für Ihre mobile Kampagne auf jeden Fall eingestellt wird, wenn Sie einen physischen Standort haben, wo Sie Ihre Produkte oder Dienstleistungen anbieten. Die Standorterweiterung zeigt nämlich Ihre standortbezogenen Adressdaten an, damit potenzielle Kunden schnell und einfach den Weg in Ihr Geschäft finden können.

7.4.12   Mobile Landingpages

Bevor Sie mit mobilen Kampagnen starten, sollten Sie zunächst Ihre Website checken und für mobile Nutzer optimieren. *Responsive Design* ist das Zauberwort, das man heutzutage immer wieder im Zusammenhang mit mobilen Webseiten hört. Aber responsives Design reicht eigentlich nicht, denn neben dem angepassten Design für mobile Geräte ist vor allem passender Inhalt wichtig. Auf einem mittlerweile üblichen 27-Zoll-Bildschirm können Sie natürlich viel mehr Informationen unterbringen als auf einem 4,7 Zoll großen Smartphone-Display. Daher reicht es nicht, nur die Darstellung Ihrer Website anzupassen. Vielmehr sollten Sie überlegen, wie Sie den Inhalt nutzergerecht auf verschiedenen Displaygrößen darstellen. Dies erhöht auf jeden Fall die Chance, auch mobil Ihre Zielgruppe optimal anzusprechen und neue Kunden zu generieren.

Responsive Design

Responsive Design bzw. besser gesagt *responsives Webdesign* sorgt dafür, dass Webseiten so programmiert sind, dass sie auf die Besonderheiten der jeweils benutzten Endgeräte, vor allem Smartphones und Tablet-PCs, reagieren können. Der Aufbau einer responsiven Webseite orientiert sich an den Darstellungsmöglichkeiten auf den Endgeräten und am Nutzerverhalten. Dies betrifft vor allem die Anordnung und Präsentation einzelner Websiteelemente (z. B. eine spezielle Navigation), die Darstellung der Texte sowie die Nutzung spezieller Steuerungs- und Eingabemethoden für Mobilgeräte.

7.4.13   Grundsätzliche Tipps für mobile Webseiten

Achten Sie beim Erstellen einer Website für mobile Geräte auf folgende Punkte:

1. Bieten Sie auf Ihrer mobilen Webseite stets gut sichtbar verschiedene Möglichkeiten zur Kontaktaufnahme an. Die Geschäftsadresse und Telefonnummer sollten prominent und gut sichtbar platziert sein.

2. Die Präsentation Ihrer Produkte oder Dienstleistungen steht im Vordergrund. Die Produkte/Dienstleistungen dürfen nicht zu klein dargestellt sein, sondern sollten in entsprechender Größe präsentiert werden, damit sie auch auf kleinen Displays gut erkennbar sind. Nur wenn Sie es potenziellen Kunden ermöglichen, schnell und unkompliziert Produktinformationen und Sonderangebote auf ihren mobilen Endgeräten zu finden, werden diese auch Interesse zeigen.

3. Seien Sie sehr direkt und präzise; verwenden Sie nicht viel Text, da Text auf mobilen Geräten schwerer zu lesen ist.

4. Verwenden Sie eine große Textdarstellung und auch große Buttons, die leicht mit dem Daumen gedrückt werden können.

5. Achten Sie darauf, dass Ihre Zielseiten schnell geladen werden. Dies gilt natürlich für alle Arten von Webseiten, aber mobile Nutzer sind besonders ungeduldig. Bei einem langsamen Aufbau der Webseite und zusätzlich langsamer Internetverbindung werden viele mobile Websitebesucher abbrechen, bevor sie Ihre Seite gesehen haben.

Webseiten mit Pagespeed testen

Falls Sie nicht sicher sind, ob Ihre mobile Landingpage geeignet ist, so gibt es online verschiedene Tools, die nach Eingabe der URL die Webseiten testen. Google bietet z. B. einen Dienst an, der die Geschwindigkeit einer Website für die Desktop- und die Mobilversion analysiert. Neben dem Speed-Test gibt es zusätzlich für die mobile Webseitenversion noch Hinweise zur Nutzererfahrung. Sie finden den *Pagespeed*-Test unter folgender URL:

https://developers.google.com/speed/pagespeed/insights

7.4.14   Spezielle Design- und inhaltliche Tipps für eine mobile Website

Achten Sie zusätzlich beim Design Ihrer Website auf Folgendes:

1. **Ist der Home-Button gut sichtbar?**
   Zeigen Sie deutlich und an der gewohnten Position, wie der Nutzer wieder auf Ihre Startseite gelangen kann. Im Optimalfall ist der Home-Button links oben positioniert. Oft wird neben den Begriffen *Home* oder *Start* auch das Firmenlogo als Home-Button ❶ genutzt (siehe Abbildung 7.40).

2. **Site-Search**
   Bieten Sie auf Ihrer mobilen Seite eine Site-Search-Funktion ❷ an. Dies ist eine wertvolle Unterstützung für den mobilen Nutzer, der oftmals sehr unter Zeitdruck steht und schnell die gewünschte Information auf Ihrer Seite finden möchte.

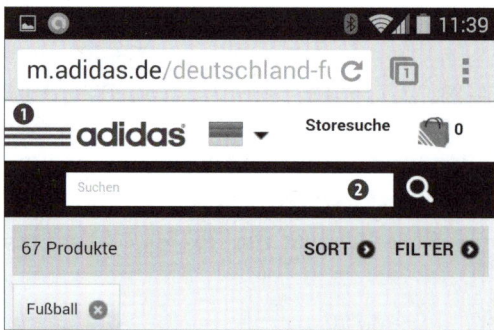

Abbildung 7.40 Mobile Website mit Site-Search

3. **Intuitive Menüführung**

Das Menü Ihrer mobilen Webseite sollte intuitiv mit kurzen und selbsterklärenden Bezeichnungen gestaltet werden (siehe Abbildung 7.41). Nutzen Sie die mobilen Standards; Finger weg von »Design-Experimenten«, die der Nutzer nicht versteht.

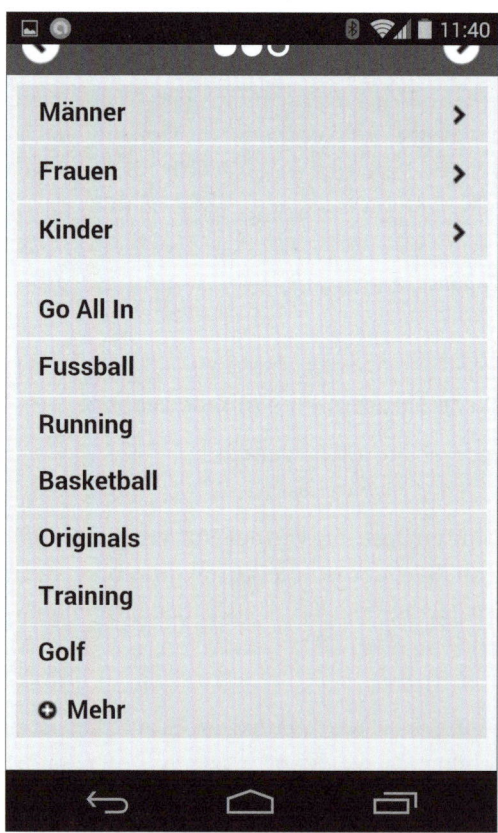

Abbildung 7.41 Einfache, intuitive Menüführung

4. **Einfache Eingabe**

   Bieten Sie einfache Eingabemöglichkeiten an. Versuchen Sie immer, Dropdown-Menüs mit Vorgaben anzubieten, sodass der User möglichst wenig tippen muss.

5. **Radio-Buttons nutzen**

   Falls die Auswahl überschaubar ist und gar nicht oder nur wenig gescrollt werden muss, eignen sich Radio-Buttons, z. B. zur Vorgabe auswählbarer Schuhgrößen (siehe Abbildung 7.42). Auch hier steht die einfache Bedienung im Vordergrund, damit der mobile Nutzer bei Laune gehalten wird und seine Online-Bestellung nicht abbricht.

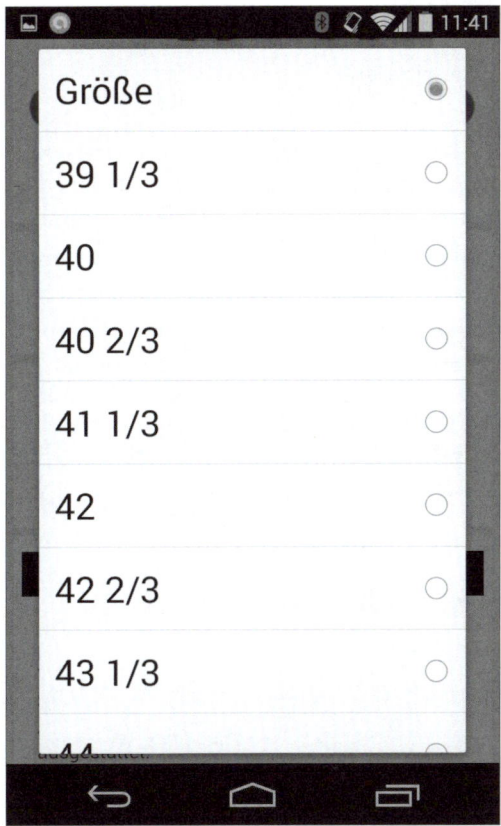

Abbildung 7.42 Schuhgröße per Radio-Button auswählen

6. **Sichtbarer Call-to-Action**

   Platzieren Sie Ihren Call-to-Action-Button gut sichtbar, also ziemlich zentral und relativ groß (siehe Markierung in Abbildung 7.43). Der Button sollte außerdem einfach per Daumen bedienbar sein.

Abbildung 7.43 Call-to-Action gut sichtbar platzieren

7. **Hinweis auf Desktop-Version**
   Oft findet man auf der mobilen Webseite einen Link mit einem Hinweis auf die Desktop- oder PC-Version einer Website (siehe Markierung in Abbildung 7.44). Bitte platzieren Sie *keinen* Verweis auf eine PC/Desktop-Version! Sie haben doch die mobile Version extra für die Smartphone-Nutzer erstellt. Mit dem Hinweis verwirren und verunsichern Sie Ihre User. Diese haben Angst, etwas zu verpassen, und wechseln dann auf die Desktop-Version, was eher Nachteile für Sie hat.

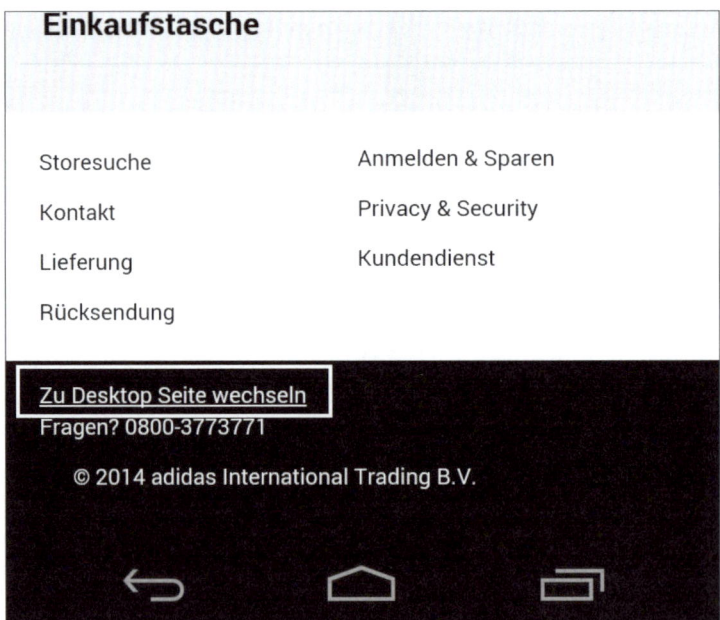

Abbildung 7.44 Ein Verweis auf die Desktop-Seite: Bitte nicht!

8. **Direkte Eingabeprüfung**
    Überprüfen Sie die Eingaben, die Ihre User auf Ihrer mobilen Seite vornehmen, direkt auf Plausibilität. Verhindern Sie damit Fehleingaben, die später zu größeren Änderungen führen können. Eine umständliche Neueingabe verärgert vor allem den mobilen User, weil die Eingabe mehr Mühe verursacht, als dies zu Hause am PC der Fall ist.

9. **Keine externe Werbung**
    Verzichten Sie möglichst auf zusätzliche Werbung auf Ihrer Webseite, da dies den Besucher vom Wesentlichen ablenkt und bei beschränktem Platz nicht zur Übersichtlichkeit beiträgt.

10. **Abschluss auf anderen Geräte ermöglichen**
    Bieten Sie die Möglichkeit an, Produkte vorzumerken oder im sozialen Netzwerk zu teilen. Eingaben auf der mobilen Webseite sollte man speichern bzw. die Vorauswahl per E-Mail verschicken können, sodass die Bestellung von einem anderen Gerät aus einfacher weiterbearbeitet werden kann. Viele Smartphone-User möchten z. B. keine Kreditkartendaten über ihr Telefon eingeben. Durch die Weitergabe der bereits eingestellten Daten besteht daher eine große Chance, dass der potenzielle Kunde Ihnen erhalten bleibt, weil er an anderer Stelle die Bestellung fortsetzen kann.

11. **Mobiler Daumen**
    Optimieren Sie Ihre mobilen Webseiten immer für den mobilen Daumen! Der *mobile Daumen* ist ein wichtiger Begriff im Zusammenhang mit mobilen Webseiten. Viele Aktionen auf Smartphones werden mit dem Daumen durchgeführt, während das Telefon locker in der Handfläche liegt. Beim Design Ihrer mobilen Website sollten Sie daher immer daran denken, dass wichtige Buttons oder Schaltflächen einfach per Daumenklick erreichbar sind. Das erhöht die Usability Ihrer mobilen Webseite und damit auch die Chancen auf viele Conversions.

7.5   Mobile PPC-Keywords

Die Eingabe der Suchbegriffe auf mobilen Geräten gestaltet sich zum Beispiel durch die Daumentechnik und eine kleinere Tastatur schwieriger, als dies am PC der Fall ist. Nutzen Sie daher auch kurze Stichworte als Keywords, und analysieren Sie die Vorschläge von Google Suggest. Auf diese Vorschläge wird bei Smartphones gern zurückgegriffen. Verwenden Sie zusätzliche Ergänzungen zum Haupt-Keyword, die auf eine Aktion zielen. Mobile Benutzer suchen Lösungen, um schnell eine Entscheidung treffen zu können.

Hilfe bietet Ihnen unter anderem die Segmentierung AUFSCHLÜSSELUNG NACH PLATTFORM im Google Ads Keyword-Planer (siehe Abbildung 7.45). Die Segmentierung zeigt unter anderem den aktuellen Anteil, den die Mobiltelefone und die Tablets an der Suche zu den Keywords haben, die Sie im Keyword-Planer recherchieren. So liefern Ihnen die Statistiken zusätzliche Entscheidungshilfen, ob eine mobile Strategie in Ihrer Branche und bei Ihrer Zielgruppe sinnvoll ist.

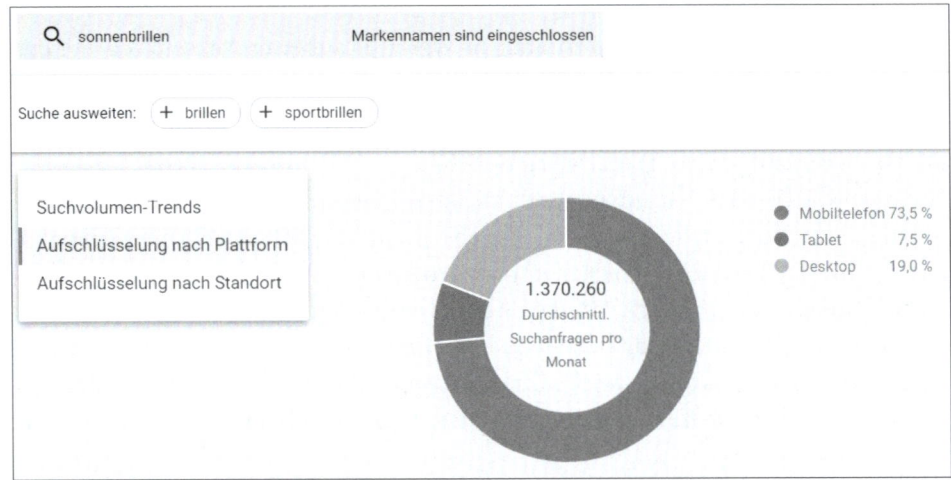

Abbildung 7.45 Aufschlüsselung der Suchanfragen nach Endgerät

Bei der Standardauswahl SUCHVOLUMEN-TRENDS zeigt die Grafik oberhalb der Keyword-Vorschläge den meist hohen Anteil der mobilen Suche zu Ihrer jeweiligen Keyword-Recherche – der mobile Anteil entspricht jeweils dem zweiten Balken in Abbildung 7.46.

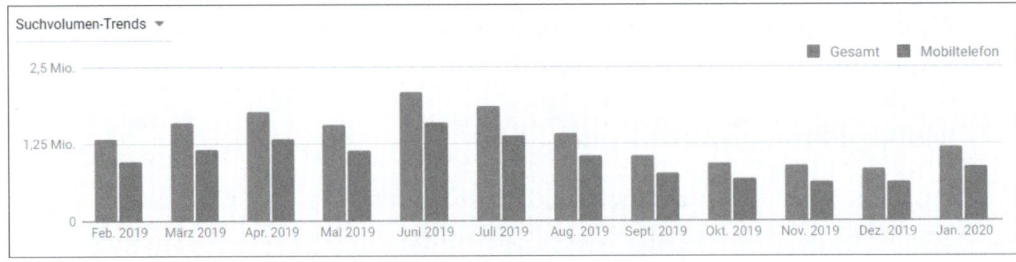

Abbildung 7.46 Trends in der Mobilwerbung im Vergleich zur Gesamtwerbung

---

Unser Tipp: Mobile Ausrichtung im Displaynetzwerk

Denken Sie daran, dass Sie auch für Ihre Kampagnen im Displaynetzwerk eine mobile Strategie nutzen, und testen Sie Ihre Display-Kampagnen speziell mit einer Auslieferung für Mobilgeräte.

7.6   Statistiken zur mobilen Nutzung

Falls Sie wissen möchten, ob eine mobile Nutzung für Ihre Branche, Ihre Themen und Ihre Website interessant ist, so können Sie sich zunächst auch mithilfe Ihres Webanalyse-Tools einen Überblick über die mobile Nutzung Ihrer Website verschaffen. *Google Analytics* hält beispielsweise viele interessante Daten zu den Endgeräten, den Tageszeiten und Regionen sowie zu Absprungraten oder auch zur Anzahl der besuchten Webseiten bereit.

Falls Sie Google Analytics mit der *Google Search Console* verknüpft haben, finden Sie in Google Analytics auch eine Statistik, die Ihnen zeigt, wie oft Ihre Website in den Google-Suchergebnissen auf einem Smartphone (= mobile) ❹ angezeigt wurde. Diese Statistik finden Sie in Google Analytics unter AKQUISITION ❶ · SEARCH CONSOLE ❷ · GERÄTE ❸.

In unserem Beispiel aus Abbildung 7.47 ist zu erkennen, dass ca. 29 % ❺ der Suchanfragen im organischen Ranking zum Unternehmen und den Produkten bzw. Dienstleistungen via Smartphone gestellt wurden. Hier kann eine mobile Anzeige durch eine bessere Sichtbarkeit zusätzlichen zielgerichteten Traffic generieren.

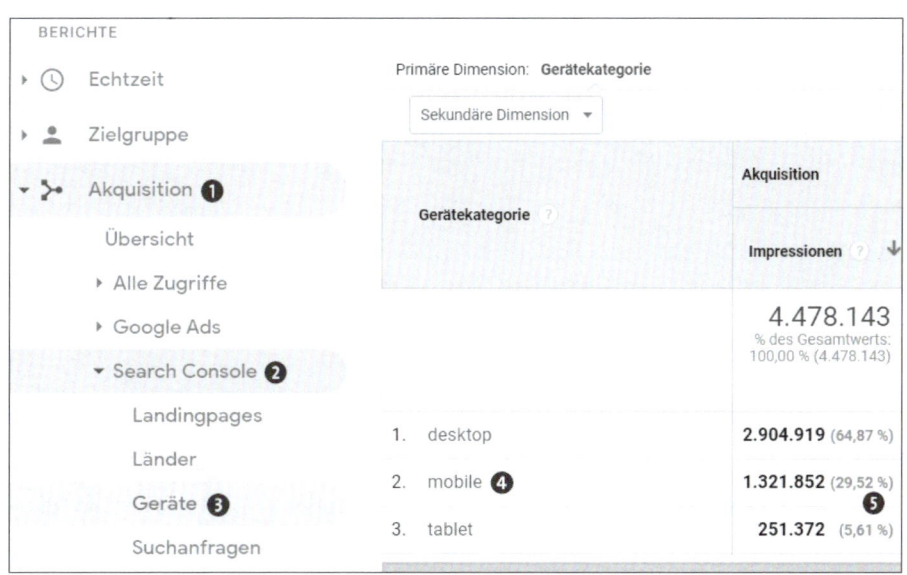

Abbildung 7.47 Nachfrage zu Ihren Keywords via Smartphone

Eine weitere interessante Statistik finden Sie in Ihrem Google-Ads-Konto unter den AUKTIONSDATEN. Die Auktionsdaten enthalten Benchmarks zu Ihren direkten Konkurrenten und können auf Kampagnen-, Anzeigengruppen- und Keyword-Ebene abgerufen werden. Weitere Informationen zu den Auktionsdaten finden Sie in Abschnitt 13.3.8.

Für das Thema »Mobil« werden diese Auktionsdaten jedoch erst interessant, wenn Sie eine Segmentierung nach GERÄT einstellen. Denn anschließend können Sie eine gesonderte Analyse für die Auslieferung auf Smartphones durchführen (siehe Abbildung 7.48). Sie erkennen zum Beispiel dann, wo Ihre direkten Konkurrenten im mobilen Bereich gelistet sind. Als Spalten können Sie beispielsweise RATE FÜR OBERE POSITIONEN oder RATE FÜR OBERSTE POS. wählen. Somit können Sie erkennen, mit wie viel Prozent Sie bzw. Ihre Mitbewerber obere Positionen im gut sichtbaren Bereich bei der Auslieferung auf Mobilgeräten belegen.

▼ FILTER HINZUFÜGEN		☰ SEGMENT ▥ SPALTEN
Domain der angezeigten URL ↓	Rate für obere Positionen	Rate für oberste Pos.
●●●●●●●●com	78,85 %	52,81 %
Computer ⑦	78,45 %	55,05 %
Smartphones ⑦	81,27 %	47,47 %
Tablets ⑦	65,33 %	26,67 %
●●●●●●om	85,23 %	32,02 %
Computer ⑦	83,73 %	29,04 %
Smartphones ⑦	92,28 %	44,14 %
Tablets ⑦	83,21 %	45,42 %
●●●●com	93,03 %	45,83 %
Computer ⑦	92,44 %	44,12 %
Smartphones ⑦	95,80 %	53,78 %
Tablets ⑦	96,45 %	56,03 %

Abbildung 7.48 Benchmark nach Gerät unter »Auktionsdaten«

Dieses Kapitel hat Ihnen die Möglichkeiten der mobilen Werbung gezeigt. Die mobile Nutzung ist eigentlich kein zukünftiger Trend mehr, sondern ist aktuell bereits Wirklichkeit. Es ist daher sehr wichtig, sich mit mobilen Werbekampagnen zu beschäftigen.

Sie kennen nun die Aussteuerungsmöglichkeiten für mobile Kampagnen in Ihrem Google-Ads-Konto und haben sicher einige Ideen für unterschiedliche Strategien gesammelt. Die Einstellungen der *Erweiterten Kampagnen*, die Click-to-Call-Funktion und die Besonderheiten eigener mobiler Anzeigentexte sind wichtige Grundlagen einer mobilen Google-Ads-Strategie. Dabei darf jedoch die Gestaltung der mobilen Webseiten nicht vernachlässigt werden. Nutzen Sie unsere Tipps, und optimieren Sie zusammen mit Ihrem Webadministrator Ihre mobilen Webseiten, damit Sie sich einen Vorsprung vor Ihrer Konkurrenz verschaffen.

Ideen für mobile Kampagnen

▶ Erstellen Sie Suchkampagnen, die Sie speziell auf Smartphone-Nutzer in der Nähe Ihres Geschäfts ausrichten.

▶ Kommunizieren Sie besondere Angebote für Smartphone-Nutzer mithilfe eigener mobiler Textbausteine und einer individuellen mobilen Landingpage.

▶ Nutzen Sie *Nur-Anrufanzeigen* für beratungsintensive Dienstleistungen, damit potenzielle Kunden direkt bei Ihnen anrufen.

▶ Erstellen Sie eine eigene App zur Vertriebsunterstützung, und bewerben Sie diese mit einer *Universellen App-Kampagne*.

▶ Bewerben Sie im zweiten Schritt dann die Interaktion mit der App, um weiter in Kontakt mit potenziellen Kunden zu bleiben.

7.7 Checkliste

Sie möchten eine mobile Kampagne erstellen? Haben Sie an Folgendes gedacht?

Wichtige Punkte zur Erstellung einer mobilen Google-Ads-Kampagne	OK (☑)
Listen Sie Ihre Produkte bzw. Dienstleistungen auf, die für mobile Nutzer interessant sind.	
Bestimmen Sie Ihre mobile Zielgruppe.	
Recherchieren Sie Keywords zu mobilen Nutzern.	
Texten Sie spezielle Textbausteine für die mobile Kampagne.	
Texten Sie spezielle mobile Sitelinks.	
Überlegen Sie, ob und wann direkte Telefonkontakte für Ihre Werbung Sinn machen.	
Optimieren Sie Ihre mobilen Webseiten bzw. Landingpages.	

Tabelle 7.1 Mobile Google-Ads-Kampagne – Checkliste

Kapitel 8
Spezielle Google-Ads-Werbestrategien

Höher, schneller, weiter. Die Konkurrenz schläft auch bei Google Ads nicht. Wie können Sie sich abheben? Nutzen Sie neben der »Standardwerbung« auch die speziellen Möglichkeiten, die Google Ads bietet? Bleiben Sie up to date, und finden Sie die richtigen zusätzlichen Werbestrategien für Ihre Zwecke!

Google Ads besteht nicht nur aus Textanzeigen in der Google-Suche oder aus ein paar statischen Bannern auf den Seiten des Google Displaynetzwerks. Google ist ständig in Bewegung und arbeitet auf Hochtouren an neuen Möglichkeiten, um die Aufmerksamkeit für die Anzeigen zu erhöhen und die Advertiser mit neuen Werbeformen und -formaten zu unterstützen. In diesem Kapitel stellen wir Ihnen wichtige zusätzliche Möglichkeiten und bewährte Werbestrategien vor. Neben den etablierten Formaten finden Sie auch Möglichkeiten, die noch relativ unbekannt sind und Ihnen darum einen Vorsprung vor der Konkurrenz sichern können.

Nicht jede Strategie eignet sich jedoch für jeden Anbieter. Lassen Sie sich inspirieren, und picken Sie sich das Passende für Ihren Bedarf heraus. Natürlich wird Google mit dem Erscheinen dieses Buches nicht aufhören, neue Möglichkeiten zu entwickeln, und es ist auch in der Vergangenheit schon vorgekommen, dass manche Ideen wieder begraben wurden. Wenn Sie über die neuen Google-Ads-Möglichkeiten auf dem Laufenden bleiben möchten, empfehlen wir Ihnen die Seite »Think with Google« (*https://www.thinkwithgoogle.com/intl/de-de*). Sie können die aktuellen Google-Nachrichten dort auch abonnieren.

8.1 Lokale Anzeigen bei Google Maps

Die lokalen Anzeigen, die bei Google Maps oberhalb und zum Teil unterhalb der lokalen Suchtreffer auf der linken Seite (siehe Abbildung 8.1) geschaltet werden, bedürfen eigentlich keiner großen Einstellung. Google schaltet Ihre Anzeigen bei lokalem Interesse auch auf Google Maps. Sie sollten für diese Werbeplätze allerdings die Standorterweiterung aktivieren. Bitte beachten Sie, dass in den Kampagneneinstellungen auch die Checkbox vor GOOGLE SUCHNETZWERK-PARTNER EINBEZIEHEN aktiviert sein muss.

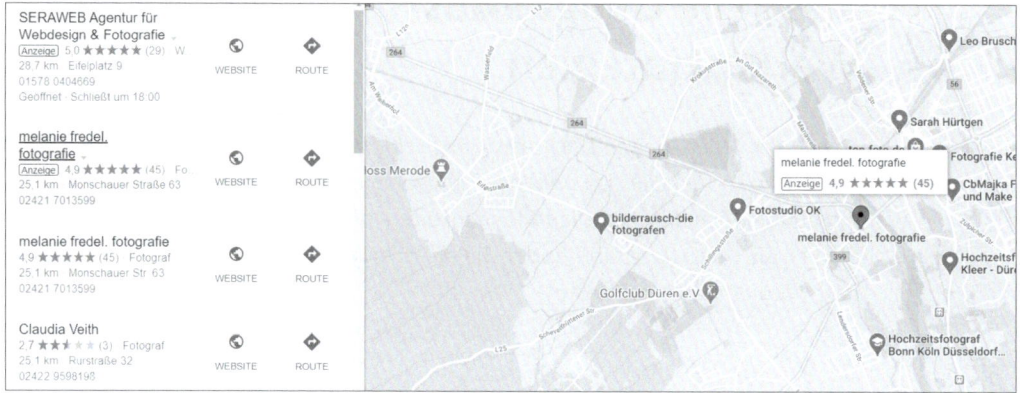

Abbildung 8.1 Lokale Anzeige bei Google Maps

Um die STANDORTERWEITERUNG zu aktivieren, klicken Sie auf den Tab ANZEIGEN UND ERWEITERUNGEN ❶ und wählen danach den Unterpunkt ERWEITERUNGEN ❷ aus. Dann klicken Sie in der Dropdown-Liste den Unterpunkt STANDORTERWEITE-RUNG ❸ an (siehe Abbildung 8.2).

Abbildung 8.2 Eine Standorterweiterung unter »Erweiterungen« hinzufügen

Google Ads schlägt im nächsten Schritt vor, das GOOGLE MY BUSINESS-KONTO mit Ihrem Google-Ads-Konto zu verknüpfen (siehe Abbildung 8.3). Dafür muss natürlich der *Google My Business*-Eintrag schon bestehen. In diesem kostenlosen Google-Branchenbucheintrag haben Sie alle aktuellen Informationen zu Ihrem Unternehmen, z. B. Telefonnummer, Adresse, Öffnungszeiten, aber auch Bilder und Beschreibungen hinterlegt. Bei einer der Verknüpfungen in Google Ads ❶ wird Ihnen ein Standort vorgeschlagen, der mit Ihrem aktuell genutzten Google-Login ❷ erstellt wurde. Falls Sie einen *Google My Business*-Eintrag besitzen, der nicht vorgeschlagen wurde, können Sie auch nach einer Alternative suchen ❸.

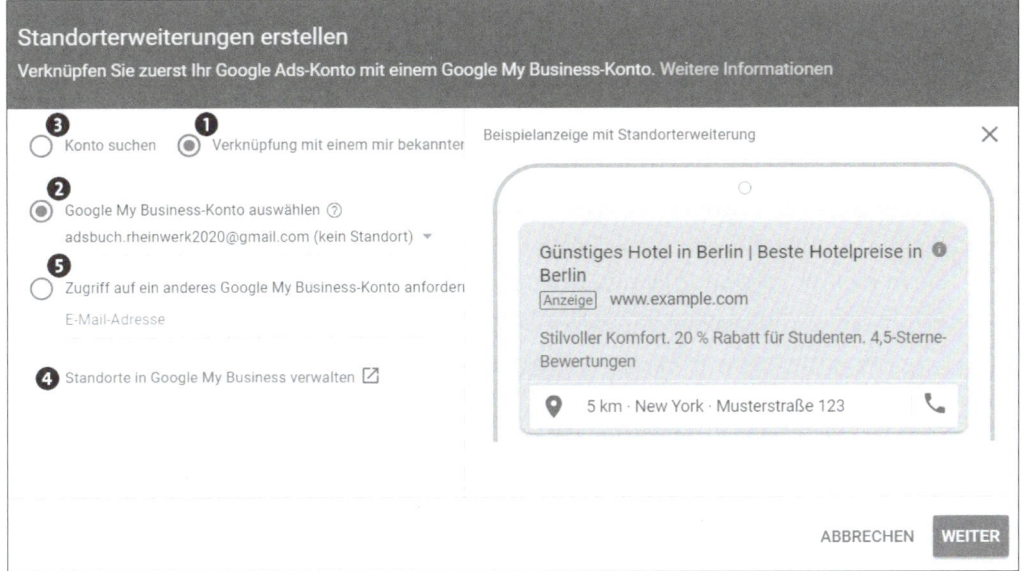

Abbildung 8.3 Google-Ads-Konto und Google My Business-Konto verknüpfen

Über den Link STANDORTE IN GOOGLE MY BUSINESS VERWALTEN ❹ gelangen Sie auf die My Business-Verwaltungsoberfläche. Bitte denken Sie auch hier an den jeweiligen Login. Die Verknüpfung ist nur dann einfach, wenn alle Google-Produkte über einen gemeinsamen Login mit entsprechenden Admin-Rechten bearbeitet werden. Wird der My Business-Bereich wie in unserem Beispiel mit einem anderen Google-Login verwaltet, so muss der Zugriff für die Verknüpfung zunächst von dem jeweiligen Verwalter des My Business-Kontos angefordert werden ❺.

Nachdem Sie die Standorterweiterung zu Ihrem Google-Ads-Konto hinzugefügt haben, wird Google Ihre Anzeigen für eine Schaltung in Google Maps berücksichtigen, wenn die Suchanfrage einen lokalen Hintergrund hat und sich auf die Region Ihres Standorts bezieht. Google hat zwei Möglichkeiten, eine lokale Suchanfrage zu erkennen:

1. Der Google-Nutzer hat den gewünschten Standort bereits in die Suchanfrage eingebaut, also z. B. nach »Fotograf München« gesucht.

2. Google »weiß« natürlich auf Grundlage von Statistiken zum Userverhalten, dass bestimmte Suchbegriffe einen lokalen Hintergrund haben. Zu diesen Begriffen mit lokalem Hintergrund zählen z. B. »Anwalt«, »Friseur«, »Zahnarzt« usw.

Da bei Google Maps die Plätze für lokale Anzeigen sehr beschränkt sind, muss Ihre Anzeige neben der Standorterweiterung auch einen hohen Anzeigenrang besitzen. Dieses Ranking wird zum einen durch den Qualitätsfaktor und zum anderen durch das maximale CPC-Gebot bestimmt. Zur Steigerung des Qualitätsfaktors ist beispielsweise eine passende Landingpage mit einem Hinweis auf den Standort sinnvoll.

Neben einer passenden Textanzeige mit Landingpage kann das Ranking noch über die CPC-Gebote gesteuert werden. Eine Taktik besteht darin, für Standorte, die direkt in der Nähe des lokalen Geschäfts liegen, stets etwas höhere Gebote abzugeben. Dafür werden zusätzliche Zielregionen rund um den Geschäftsstandort hinzugefügt. Diesen Regionen können dann prozentual höhere CPC-Gebote zugewiesen werden. Weitere Informationen zu speziellen Geboten für unterschiedliche Regionen finden Sie in Kapitel 7. Standorterweiterungen werden nicht nur im Google-Suchnetzwerk, sondern auch im Displaynetzwerk oder mit Videoanzeigen ausgeliefert.

Was ist bei mehreren Standorten zu tun?

Sobald in den von Ihnen verwendeten Google My Business-Konten mehr als ein Unternehmensstandort hinterlegt wurde, müssen Sie bei einer Verknüpfung mithilfe der Unternehmensnamen die Standorte auswählen, die mit dem Google-Ads-Konto verknüpft werden sollen. Falls Sie alle My Business-Einträge verknüpfen wollen, können Sie natürlich auch alle Standorte synchronisieren. Die passende Zuordnung des jeweiligen Standorts übernimmt Google dann auf Grundlage des Nutzerstandorts, wenn die User bei Google suchen. Eine Garantie, dass dies immer einwandfrei gelingt, gibt es jedoch nicht.

Abbildung 8.4 Standorte auswählen und synchronisieren

Was sind Affiliate-Standorterweiterungen?

In der neuen Benutzeroberfläche können Sie neben der normalen Standorterweiterung auch sogenannte Affiliate-Standorterweiterungen aktivieren. Mit dieser Erweiterung können Sie Nutzer auch auf Geschäfte hinweisen, in denen Ihre Produkte verkauft werden. Der Unterschied zu den normalen Standorterweiterungen besteht darin, dass bei den Affiliate-Standorterweiterungen auf bestimmte Handelsketten hingewiesen wird (z. B. Aldi, Bauhaus, C&A etc., siehe Abbildung 8.5). Diese Ketten sind vordefiniert und können daher bei der Affiliate-Erweiterung im Google-Ads-Konto nur ausgewählt und nicht selbst bestimmt werden.

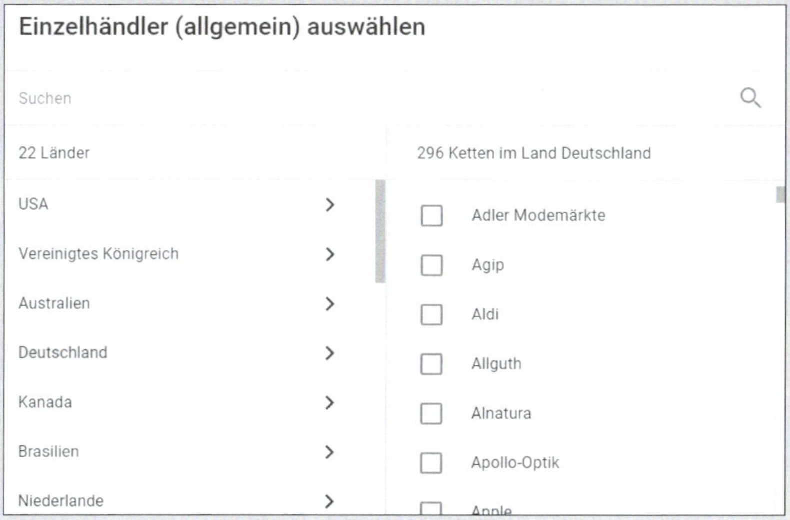

Einzelhändler (allgemein) auswählen

Suchen

22 Länder		296 Ketten im Land Deutschland
USA	>	☐ Adler Modemärkte
Vereinigtes Königreich	>	☐ Agip
Australien	>	☐ Aldi
Deutschland	>	☐ Allguth
Kanada	>	☐ Alnatura
Brasilien	>	☐ Apollo-Optik
Niederlande	>	☐ Apple

Abbildung 8.5 Affiliate-Standorterweiterung

Standorterweiterungen haben auch Einfluss auf die Standardtextanzeigen, denn sie sorgen für die Einblendung der Adresse und Telefonnummer Ihres Unternehmens direkt unterhalb der Textanzeige (siehe Abbildung 8.6). Dem Suchenden und potenziellen Interessenten wird auf diese Weise zunächst die Möglichkeit geboten, anhand der Adresse sofort einen Lageplan Ihres Unternehmensstandortes einzublenden und bei Bedarf gleich einen Routenplaner zu starten. Letzteres ist vor allem auf mobilen Geräten praktisch, wenn Sie nach Ihrer Suchanfrage nicht die Website, sondern gleich den nächsten lokalen Unternehmensstandort besuchen möchten.

Zudem wird über Standorterweiterungen auch die Telefonnummer Ihres Unternehmens dargestellt.

Die Standorterweiterung ist vor allem dann zu empfehlen, wenn Ihr Unternehmensstandort eine unmittelbare Relevanz für den potenziellen Interessenten hat. Bei den folgenden Beispielen ist eine Standorterweiterung sehr sinnvoll und sollte daher unbedingt ergänzt werden:

- Unterkünfte und Gastronomie (z. B. Hotels, Restaurants, Cafés)

- lokale Dienstleistungen (z. B. Banken, Versicherungen, Gesundheit)

- lokale Händler und Geschäfte (z. B. Einzelhandel, Autohäuser, Sportgeschäfte)

In allen diesen Fällen werden Firmenbetreiber die klare Absicht haben, potenziellen Interessenten, die in der Nähe des Unternehmens nach relevanten Produkten und Dienstleistungen suchen, auch den nächsten Unternehmensstandort anzuzeigen.

Anzeige · www.mctrek.de/ ▼ 06181 7014019

Damen Outdoor Jacke günstig kaufen | McTREK

★★★★★ Bewertung für mctrek.de: 4,8 - 5.701 Rezensionen
McTREK **Outdoor** Sports - schnelle Lieferung, Niedrigstpreisgarantie! Jetzt bestellen. McTREK - Über 20 Jahre Erfahrung Ihr **Outdoor**-Spezialist. 42 Filialen. Partner in Sachen **Outdoor**. Ihre Filiale Vor Ort. >10.000 Produkte. Niedrigstpreisgarantie.
📍 Vaalser Straße 236, Aachen - Heute geöffnet · 10:00–19:00 Uhr ▼

Abbildung 8.6 Anzeige mit Adresse und Öffnungszeiten

Es gibt jedoch auch Fälle, in denen die Nutzung von Standorterweiterungen nicht zu empfehlen ist. So möchten Sie beispielsweise als Betreiber eines Online-Shops wohl nicht, dass potenzielle Interessenten plötzlich persönlich bei Ihnen im Büro oder im Versandlager erscheinen. Auch ist bei der Werbung für alle virtuellen Dienstleistungen von der Nutzung dieser Erweiterung abzusehen. Anhand der weiteren Beispiele sollten Sie sehr gut einschätzen können, in welcher Ausgangssituation Sie idealerweise keine Standorterweiterungen angeben:

- Produkte und Dienstleistungen ohne geografischen Bezug
  (z. B.Webshops, Outsourcing-Services)

- Portale und Informationswebsites ohne geografischen Bezug
  (z. B. Job-Portale, Nachrichtenseiten)

- alle virtuellen Güter (z. B. Software-Downloads)

Wann werden Standorterweiterungen eingeblendet?

Google gibt keine Garantie für die Einblendung von Standorterweiterungen in Ihren Google-Ads-Anzeigen. Selbst wenn Sie alle Informationen korrekt hinterlegt haben, werden Adressen und Telefonnummern nicht bei allen Suchanfragen dargestellt. Die Funktionsweise lässt sich kurz wie folgt erklären: Standorterweiterungen kommen nur dann zum Einsatz, wenn Google erkennt, dass der Google-User sich entweder in unmittelbarer Nähe des Unternehmens befindet, nach dessen Angeboten er gesucht hat, oder dass er Produkte bzw. Dienstleistungen in Kombination mit einem standortbezogenen Suchbegriff gesucht hat.

Wenn also beispielsweise im Zentrum von Köln nach einem Hotel gesucht wird, so werden relevante Anzeigen von Kölner Hotels in unmittelbarer Nähe mit Standort-erweiterungen angezeigt. Würde jedoch außerhalb der Stadt nach »Hotel Köln Zen-trum« gesucht, so könnte das Google-Ads-System alternativ ein Interesse an einer bestimmten Region feststellen. Auch in diesem Fall würden dann passende Stand-orterweiterungen angezeigt werden. Zusätzlich hängt deren Einblendung aber von weiteren Faktoren wie dem Anzeigenrang ab.

8.2   Dynamische Suchnetzwerk-Anzeigen – Google Ads ohne Keywords

Dynamische Suchanzeigen sind laut Google »die unkomplizierteste Methode, wenn Sie potenzielle Kunden ansprechen möchten.« Aber Achtung! Immer wenn Google automatisierte Prozesse bewirbt, ist Vorsicht geboten. Wir erklären Ihnen daher in den folgenden Abschnitten nicht nur, wie Sie die dynamischen Anzeigen aufsetzen, sondern auch, wann diese Anzeigenformate überhaupt sinnvoll sind und welche Er-fahrungen wir mit dieser Möglichkeit in der Praxis gemacht haben.

Sie schalten das dynamische Anzeigenformat nicht wie gewöhnliche Textanzeigen auf Basis von eingebuchten Keywords. Stattdessen sucht Google auf Ihrer Website nach einer relevanten Zielseite, die zur jeweiligen Suchanfrage passt. Dazu greift das Google-Ads-System auf den organischen Suchindex von Google oder auf einen spezi-ellen Datenfeed zurück, den Sie vorher in das Google-Ads-Konto hochgeladen haben. Dynamische Suchanzeigen bieten insbesondere für E-Commerce-Unternehmen oder große Websites mit schnell wachsenden oder wechselnden Inhalten eine wirk-same Lösung, um das Keyword-Set ohne viel Aufwand auf dem neuesten Stand zu halten.

8.2.1   Dynamische Suchkampagnen erstellen

Google weist darauf hin, dass sich das Schalten von *Dynamic Search Ads* (DSA) bei allzu kleinen Websites nicht lohnt, da der Mechanismus erst ab einer gewissen Größe in Gang kommt. Aus unserer Sicht kann ein eigener Test jedoch nicht schaden. Da-nach können Sie selbst entscheiden, ob überhaupt genug Nachfrage besteht oder ob Sie Ihr Angebot schon über die Keyword-bezogenen Kampagnen vollständig abge-deckt haben.

Sie erstellen zunächst eine normale Kampagne für das Suchnetzwerk. Wichtig ist, dass Sie bei der Einrichtung der Kampagne unter EINSTELLUNG FÜR DYNAMISCHE SUCHANZEIGEN die Domain ❶ der beworbenen Website und die Sprache ❷ angeben, auf die diese Website ausgerichtet ist (siehe Abbildung 8.7). Als Ausrichtungsquelle ❸ nutzt das System standardmäßig den Google-Index ❹. So weiß das Ads-System, welche Seiten nach entsprechenden Keywords durchsucht werden müssen. Das funktioniert natürlich nur, wenn Ihre Website auch in den Google-Index aufgenommen wurde. Damit das System auch die passenden Themen findet, sollte Ihre Website zusätzliche die wichtigsten Regeln zur Suchmaschinenoptimierung einhalten. Alternativ können Sie auch eigene Datenfeeds mit Unterseiten, den sogenannten Seitenfeed ❺, unter TOOLS UND EINSTELLUNGEN • EINRICHTUNG • GESCHÄFTSDATEN in Ihr Google-Ads-Konto hochladen. Auf diese Seiten kann Google-Ads dann entsprechend zugreifen. Auch eine Kombination von Google-Index und dem hochgeladenen Seitenfeed ist als Grundlage für die dynamischen Anzeigen möglich.

Nachdem Sie die Grundlagen festgelegt haben, erstellen Sie eine eigene Anzeigengruppe. Als Anzeigengruppentyp wird DYNAMISCH vorgeschlagen. Sie können hier auch wieder auf STANDARD wechseln (siehe Abbildung 8.8), um eine normale Anzeigengruppe zu erstellen, wie Sie dies schon von den Standardsuchanzeigen kennen.

Abbildung 8.7 Dynamische Suchanzeigen aktivieren mit Angabe der Domain

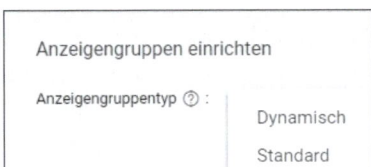

Abbildung 8.8 Anzeigengruppe vom Typ »Dynamisch«

Nach Auswahl der Anzeigengruppe vom Typ DYNAMISCH haben Sie verschiedene Möglichkeiten, um Ihre dynamischen Suchanzeigen auf bestimmte Bereiche Ihrer Website auszurichten.

> **Tipp: Dynamische Anzeigengruppen als Ergänzung**
>
> Testen Sie die Anzeigengruppe mit dynamischen Anzeigen als Ergänzung zu den bestehenden Anzeigengruppen, die durch vorher festgelegt Keywords gesteuert werden. Auf diese Weise haben wir in Tests eine größere Suchanfragenabdeckung erreicht. Sie müssen jedoch laufend kontrollieren, welche Keywords Google automatisiert zur Schaltung Ihrer dynamischen Anzeigen nutzt. Dabei sollten Überschneidungen mit bestehenden Keywords vermieden werden.

Empfohlene Kategorien

Wenn Google Ihre Webseiten im Index findet und die Inhalte zuordnen kann, werden Ihnen die Kategorien hier angezeigt. Zusätzlich schätzt Google die Abdeckung des jeweiligen Themas im Vergleich zur gesamten Website (siehe Abbildung 8.9). Aus den empfohlenen Kategorien können Sie Ihre Favoriten per Checkbox auswählen.

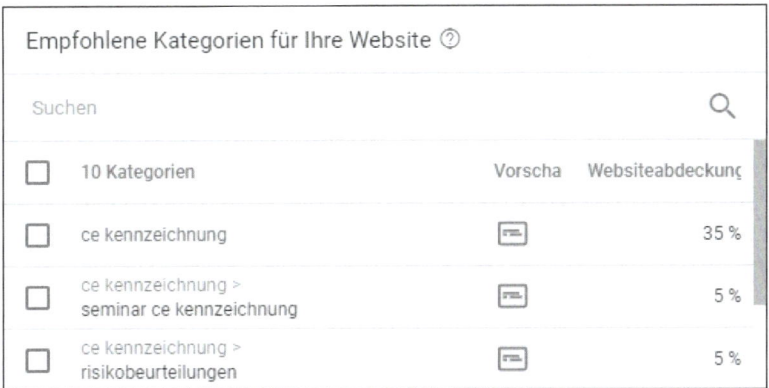

Abbildung 8.9 Empfohlene Kategorien mit prozentualer Websiteabdeckung

Seiteninhalt

Neben der Auswahl von Kategorien können Sie über den Unterpunkt BESTIMMTE WEBSEITEN auch favorisierte Unterseiten Ihrer Webpräsenz auswählen. Bei großen Websites macht es Sinn, nicht jede einzelne Seite, zu der Ihre Werbung geschaltet werden soll, zu bestimmen, sondern ähnliche Seiten zusammenzufassen. Dies funktioniert unter REGELN ZUR AUSRICHTUNG AUF WEBSEITE ERSTELLEN beispielsweise über den SEITENINHALT ❷ (siehe Abbildung 8.10). Eine sinnvolle Gruppierung bestünde darin, alle Seiten zusammenzufassen, auf denen die Zeichenfolge *sofort lieferbar* oder *Sale* zu finden ist. In den Anzeigentexten können Sie offensiv mit diesen Selling-Points werben, weil das System regelmäßig aktualisiert wird und Sie nicht befürchten müssen, dass Produkte ausgespielt werden, auf die diese Versprechen nicht zutreffen.

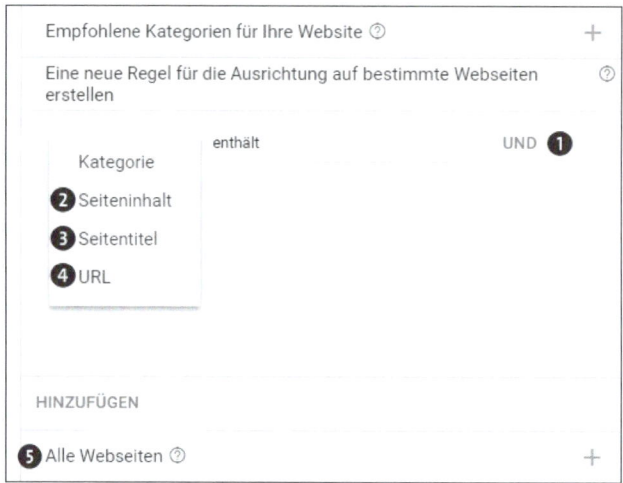

Abbildung 8.10 Einzelne Ausrichtungsmöglichkeiten

Seitentitel

Der Seitentitel einer Unterseite wird Ihnen oben im jeweiligen Browser-Tab angezeigt. Wenn Sie Ihre Anzeigen auf dieses Anzeigenziel ausrichten möchten, wählen Sie das Attribut aus und geben eine Zeichenfolge ein, die im Seitentitel ❸ enthalten sein soll. So können Sie beispielsweise alle Seiten bündeln, deren Seitentitel eine bestimmte Produktgruppe beinhalten.

URL

Ebenfalls möglich ist die Ausrichtung der Anzeigen auf Basis bestimmter URLs bzw. Inhalte in den URLs. Wählen Sie dazu als Attribut URL ❹ aus, und geben Sie in das dafür vorgesehene Feld eine beliebige Zeichenfolge ein, die in der URL enthalten sein soll.

Bitte beachten Sie, dass Sie auch immer Kombinationen ❶ der Seiteninhalte und Seitentitel etc. angeben können.

Alle Webseiten

Schließlich können Sie auch Alle Webseiten ❺ auswählen, wenn Sie sicherstellen möchten, dass alle Webseiten für die dynamischen Anzeigen berücksichtigt werden sollen. Dabei sollten Sie aber bedenken, dass Google dann jedoch auch versucht, auf Seiten wie *Datenschutz* oder *AGB* zu bieten. Sie können dies nur verhindern, indem Sie einzelne Unterseiten wiederum unter Auszuschliessende dynamischen Anzeigenziele eintragen.

8.2.2 Dynamische Anzeigen erstellen

Nach der Auswahl der Webseitenkategorien bzw. bestimmten Seiten erstellen Sie im nächsten Schritt ein Anzeigentemplate (siehe Abbildung 8.11). Dazu fügen Sie lediglich bei Textzeile 1 und Textzeile 2 entsprechende Werbetexte mit einer maximalen Länge von jeweils 80 Zeichen ein. Google wählt später anhand der Suchanfrage des Users und des Contents auf der Zielseite die passende finale URL, den passenden Anzeigentitel und die passende angezeigte URL.

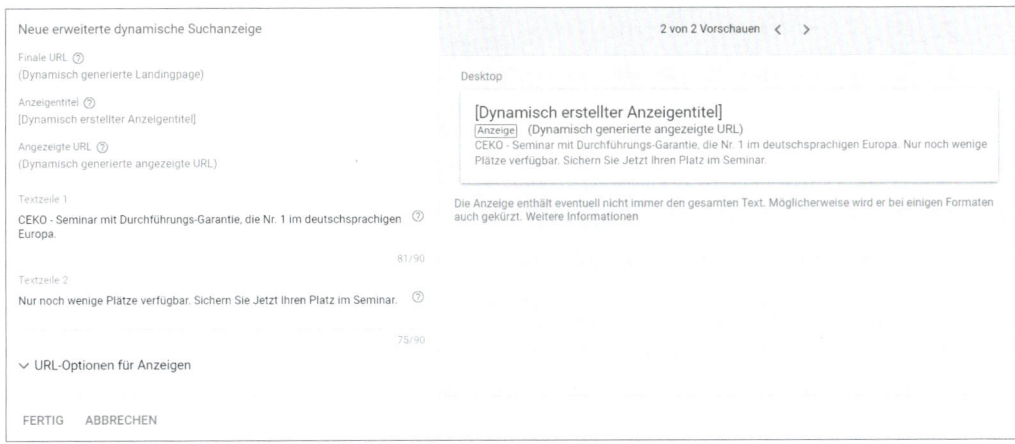

Abbildung 8.11 Gestalten Sie Ihre dynamische Suchanzeige.

8.2.3 Präzisieren Sie die Reichweite durch Ausschlüsse

Wie bei gewöhnlichen Kampagnen mit Keywords sind auch bei diesem Kampagnentyp Ausschlüsse möglich. Zum einen können Sie wie bei den anderen Kampagnen im Suchnetzwerk unter dem Tab Keywords · Auszuschliessende Keywords die Anzeigenausspielung für irrelevante Suchanfragen unterbinden. Zum anderen können Sie wie bereits geschildert Google daran hindern, gewisse Seiten oder Bereiche überhaupt zu besuchen, z. B. das Impressum, die FAQs oder aber alle Artikel, die derzeit nicht auf Lager sind. Das ist besonders wichtig bei der allgemeinen Anzeigengruppe, die auf allen Seiten der Website nach einer potenziellen Zielseite sucht. Dazu stehen Ihnen unter Auszuschliessende dynamsiche Anzeigenziele (siehe Abbildung 8.12) fast die gleichen Attribute wie bei den »positiven« dynamischen Anzeigenzielen zur Verfügung.

8.2.4 Verlieren Sie nicht den Überblick – was wird gesucht?

Um die Kontrolle zu behalten, sollten Sie regelmäßig die Suchbegriffe überprüfen, zu denen Ihre dynamischen Anzeigen geschaltet werden. Unter Suchbegriffe sehen Sie sowohl die tatsächlichen Suchanfragen als auch die von Google dazu ausgewählten Ziel-URLs mitsamt entsprechender Überschrift, dem Zielseitentitel und der zugehörigen Kategorie. Die Suchbegriffe können Sie je nach Bedarf als Keyword zu Ihren Standardanzeigengruppen hinzufügen oder für die gesamte Kampagne ausschließen.

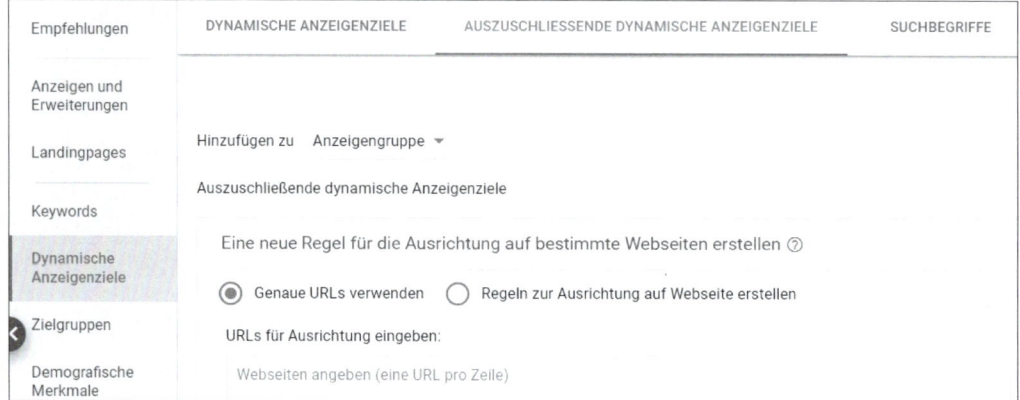

Abbildung 8.12 Auszuschließende Anzeigenziele und Suchbegriffe

Auf diesem Wege stoßen Sie vielleicht auf den einen oder anderen Suchbegriff, den Sie bislang noch nicht eingebucht haben, obwohl er häufig gesucht wird und Ihnen im besten Fall auch gleich Conversions bringt. Oder Sie identifizieren bei der Analyse der Ziel-URLs womöglich Seiten, die eine überdurchschnittlich hohe Conversion-Rate haben und die Sie zukünftig auch für andere Kampagnen nutzen können.

8.2.5   Möglichkeiten, Grenzen und Gefahren von dynamischen Suchanzeigen

Unterm Strich sind dynamische Suchanzeigen ein sehr zeitsparendes Werbeinstrument, um das Keyword-Set von großen Websites auf dem aktuellsten Stand zu halten – speziell für Unternehmen mit häufig wechselndem Angebot. In der Steuerung sind sie zwar ein wenig begrenzt, da wir Google lediglich vorgeben können, auf welchen Seiten gesucht werden soll, aber nicht wonach. Durch die Auswertung der Suchbegriffe und Kategorien lassen sich jedoch Produkte, Marken oder Suchanfragen ermitteln, die von den Nutzern oft gesucht werden und für die es sich lohnen könnte, eventuell sogar eine separate Kampagne mit eigenem Budget anzulegen.

Keyword-bezogene Kampagnen werden priorisiert

Konflikte mit Ihren Keyword-basierten Kampagnen sollen laut Google nicht entstehen. Eingebuchte Keywords sollten stets den dynamischen Suchanzeigen vorgezogen werden. Bei einer Suchanfrage, die aufgrund der Keyword-Option *Weitgehend passend* oder *Passende Wortgruppe* ebenfalls einem gebuchten Keyword zugeordnet wäre, kann es jedoch, wenn der Qualitätsfaktor der dynamischen Suchanzeige höher ist, dazu kommen, dass diese der Keyword-basierten Suchanzeige vorgezogen wird. Außerdem greift die dynamische Kampagne, wenn das Tagesbudget einer Kampagne erschöpft ist und die Anzeigen zu einem geschalteten Keyword nicht mehr ausgespielt werden.

Haben Sie Kampagnen, deren Budgets regelmäßig frühzeitig ausgeschöpft sind? Dynamische Suchkampagnen, die mit einem ausreichenden eigenen Budget ausgestattet sind, können hier als Auffang-Kampagne genutzt werden. Vielleicht ist es strategisch sinnvoll, die dynamischen Suchnetzwerk-Kampagnen mithilfe des Anzeigenplaners nur in den Abendstunden zu schalten und so den Traffic für passende Suchanfragen zu unterschiedlichen Themen noch abzufangen.

Ein Nachteil dieses Anzeigenformats ist sicherlich die fehlende Kontrolle darüber, wann und zu welchen Begriffen die Anzeigen ausgespielt werden und vor allem, auf welche Zielseite von Google weitergeleitet wird. Die Absprungrate ist bei Kampagnen dieses Typs deshalb meist sehr hoch, weil Google nicht selten eine sehr spezifische Detailseite für eine noch recht generische Suchanfrage auswählt. Der Nutzer hätte jedoch viel lieber eine größere Auswahl vorgefunden und verlässt Ihre Website gleich wieder, ohne eine weitere Seite zu besuchen.

Es ist daher von Vorteil, die dynamischen Suchnetzwerk-Kampagnen sehr differenziert aufzusetzen und alle Bereiche in einzelnen Anzeigengruppen mit gesonderten dynamischen Anzeigenzielen und Anzeigentexten abzubilden. Außerdem sollten Sie die Anzeigenausspielung durch Ausschlüsse von vornherein präzisieren und besonders vorsichtig mit geschützten Marken und der Nennung von Herstellern sein, da der dynamische Mechanismus diese automatisch in den Anzeigentitel übernehmen kann.

Wenn Sie also eine komplexe Website wie z. B. einen Online-Shop bewerben, sollten Sie definitiv testen, ob dynamische Suchanzeigen für Sie eine effektive Lösung sind. Für Betreiber von sehr kleinen Websites könnten sie allerdings weniger geeignet sein, ebenso wie für Websites mit Tagesangeboten, die das System bislang noch nicht zuverlässig genug erfassen kann, oder für Preissuchmaschinen und Affiliate-Websites, die ihre Kunden auf Websites von Drittanbietern weiterleiten.

8.3 Google-Shopping-Anzeigen

Längst sind sie aus den Google-Suchergebnissen nicht mehr wegzudenken: PLAs – *Product Listing Ads* oder zu Deutsch *Anzeigen mit Produktinformationen* wurden von Google Ende 2011 in Deutschland eingeführt. Heutzutage nutzt Google meistens den Begriff *Shopping-Anzeigen*. Es handelt sich dabei um die Anzeigen, die ein kleines Produktbild, den Preis, Versandkosten und den Unternehmensnamen enthalten und meistens oberhalb der Top-Positionen erscheinen (siehe Abbildung 8.13). In Ausnahmefällen werden die Shopping-Anzeigen auch noch auf der rechten Seite angezeigt.

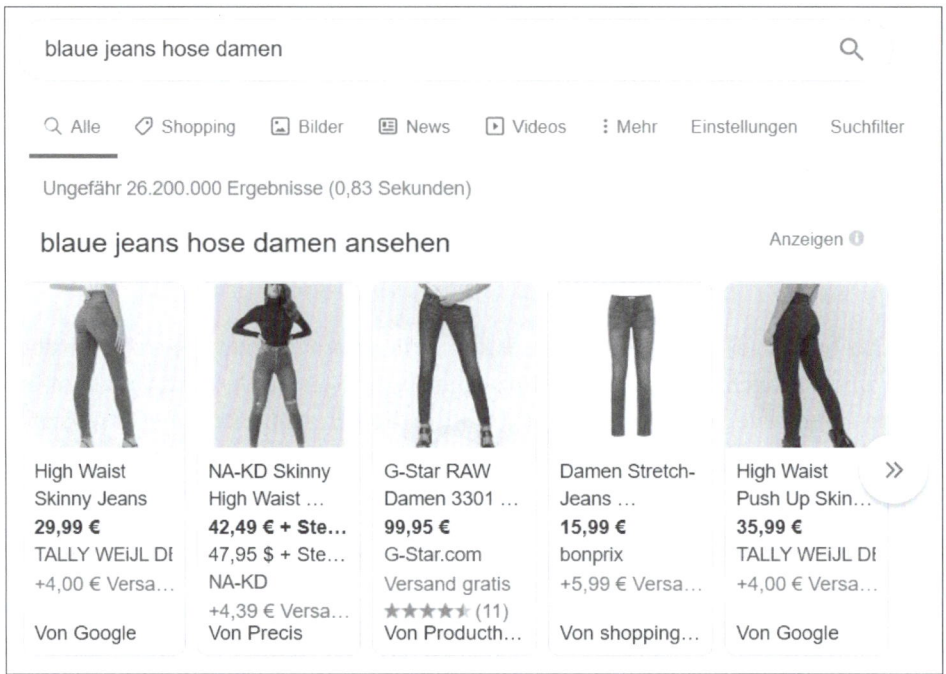

Abbildung 8.13 Shopping-Anzeigen oberhalb der Textanzeigen

Wenn Sie mit der Maus über das Bild fahren, erhalten Sie zusätzliche Informationen, z. B. den vollständigen Produktnamen und die Versandkosten (siehe Abbildung 8.14). In unserem Beispiel finden Sie noch eine Neuerung: Google muss nämlich auch Anzeigen anderer Portale, in diesem Fall z. B. von *Precis* oder auch *Producthero* ausspielen. In den meisten Fällen werden Sie jedoch den Hinweis *Von Google* finden.

Karussell-Darstellung

Bei den aktuellen Shopping-Anzeigen findet man die sogenannte Karussell-Darstellung. Dies bedeutet, dass der Nutzer über die Pfeile an der rechten und linken Seite durch die Angebote wandern kann. Bei Smartphones funktioniert dies mit einer Wischbewegung. Ein Klick auf die einzelne Anzeige leitet den Suchenden dann direkt auf die Artikeldetailseite des entsprechenden Produkts weiter. Dieses Anzeigenformat funktioniert nicht wie sonst über die Buchung von Keywords. Stattdessen liegt den Anzeigen ein Datenfeed mit zahlreichen Informationen zu Ihren Produkten zugrunde, den Google bei jeder Suchanfrage nach relevanten Ergebnissen durchsucht.

Für Online-Händler stellen Shopping-Anzeigen eine ideale Lösung dar, um das gesamte Produkt-Portfolio abzubilden, ohne mühevoll jeden einzelnen Artikel als Keyword einzugeben. Gleichzeitig ziehen Produktbild und Preisangaben die Aufmerksamkeit der Nutzer auf sich und wirken sich erwiesenermaßen positiv auf die Klickrate aus. Zudem wird durch die Schaltung von Shopping-Produkten die Sichtbarkeit in den SERPs gesteigert: Denn für nur eine einzige Suchanfrage kann ein Werbetreibender mit seinem organischen Suchergebnis, seiner Google-Ads-Anzeige und einer oder mehreren Shopping-Anzeigen ausgespielt werden.

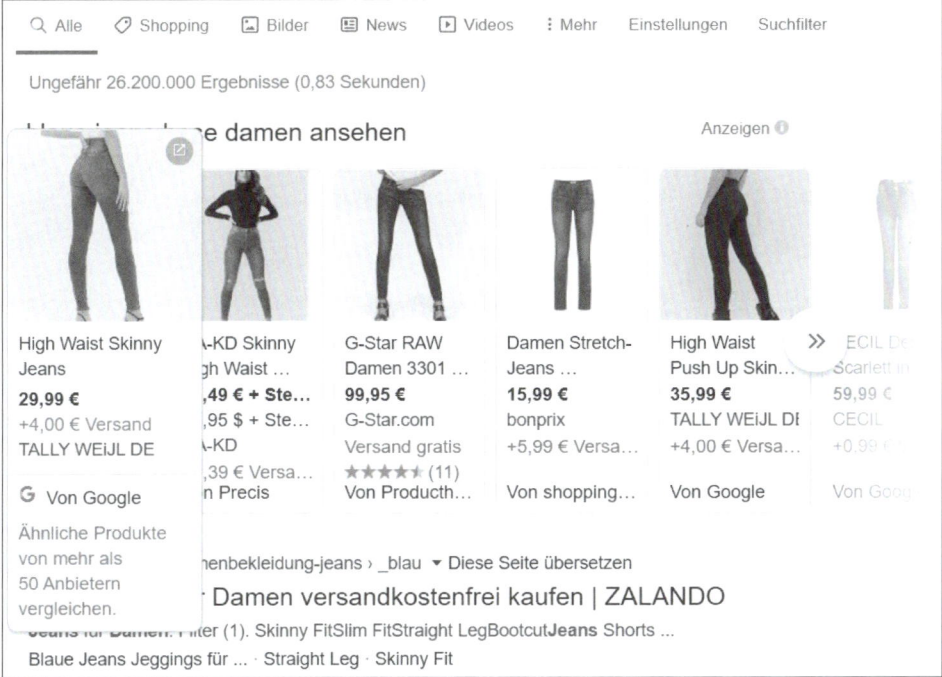

Abbildung 8.14 Shopping-Anzeigen mit Mouse-over-Effekt

Die Relevanz der Anzeigen ist gerade bei längeren Suchphrasen sehr hoch, da Google, wie in Abbildung 8.14 zu sehen ist, bei einer Anfrage nach *blue jeans damen hosen* auch wirklich Jeanshosen für Damen anzeigt. Es werden außerdem nur dann Shopping-Anzeigen eingeblendet, wenn die Suchanfrage produktbezogen ist. Sucht der Nutzer beispielsweise nach *Adidas*, erscheinen keine Shopping-Anzeigen, bei einer Suchanfrage nach *Adidas Laufschuhe* hingegen schon.

Die Abrechnung von Shopping-Anzeigen erfolgt wie üblich auf Cost-per-Click-Basis. Zwar haben wir keine Keywords, ein gut gepflegter Datenfeed beeinflusst jedoch laut Google trotzdem den Qualitätsfaktor der Anzeigen und führt so zu günstigeren Klickpreisen. Die Einrichtung von Google-Shopping-Kampagnen ist nicht sonderlich kompliziert und wird im Folgenden beschrieben. Für Betreiber eines Online-Shops lohnt es sich definitiv, auf Shopping-Kampagnen zu setzen.

8.3.1   Das Google Merchant Center

Im Merchant Center verwalten Sie Ihre Produktdaten, die Google als Grundlage für die Google-Shopping-Anzeigen in der Google-Suche verwendet. Damit Sie die Shopping-Anzeigen für Ihre Zwecke nutzen können, benötigen Sie also zunächst ein Merchant-Center-Konto. Wenn Sie bereits über ein Google-Ads- oder ein Gmail-Konto verfügen, sollten Sie dieselben Zugangsdaten nutzen.

Rufen Sie die Seite *https://merchants.google.com/* auf. Sie werden dann, wie Sie es bei Google gewohnt sind, durch den Anmeldeprozess geführt (siehe Abbildung 8.15).

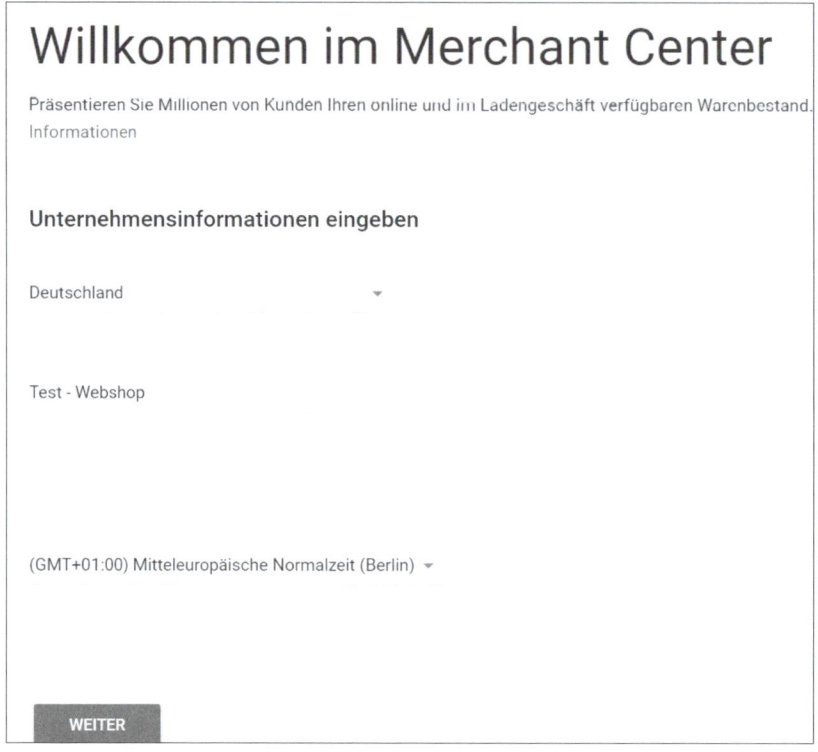

Abbildung 8.15 Anmeldung im »Google Merchant Center«

Nach Eingabe der grundlegenden Informationen, wie Standort, Shop-Name und Zeitzone, müssen Sie festlegen, wofür Sie das Google Merchant Center nutzen möchten (siehe Abbildung 8.16). Es gibt nämlich auch noch eine kostenlose Variante zur Präsentation auf anderen Google-Plattformen, die jedoch aktuell nur in den USA verfügbar ist. Im deutschsprachigen Raum können Sie nur das Kästchen vor SHOPPING-ANZEIGEN aktivieren.

Danach geben Sie Ihre Unternehmensdaten ein (siehe Abbildung 8.17), um im nächsten Schritt die Nutzungsbedingungen zu lesen und zu akzeptieren. Am Ende müssen

Sie Ihre Website bestätigen, damit Google kontrollieren kann, ob die eingereichten Produkte auch zu Ihrer Website gehören.

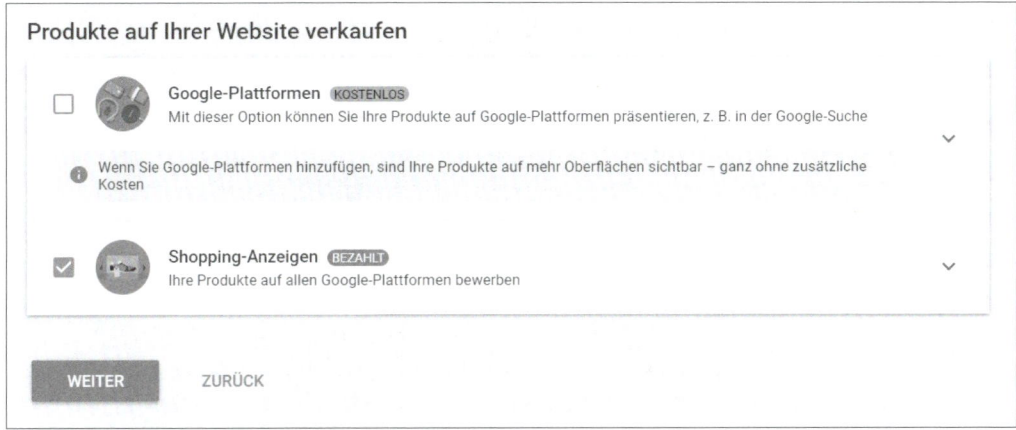

Abbildung 8.16 Nutzung für Shopping-Anzeigen aktivieren

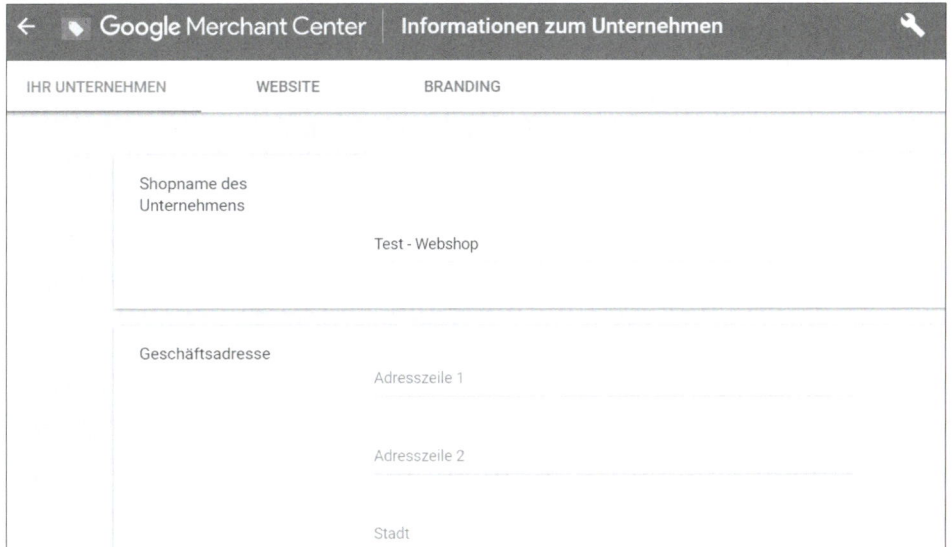

Abbildung 8.17 Eingabe der Unternehmensdaten im Merchant Center

Außerdem müssen Sie im Merchant Center über Einstellungen (Werkzeugschlüssel) • Verknüpfte Konten eine Verknüpfungsanfrage zu Google Ads stellen. Entweder wird Ihr Ads-Konto angezeigt, weil Google die Verbindung über Ihren Google-Login herstellen kann, oder Sie können alternativ über Konto verknüpfen die Kundennummer Ihres Google-Ads-Kontos eingeben und die Verknüpfungsanfrage senden.

Im Ads-Konto muss dann noch die Verknüpfungsanfrage akzeptiert werden. Den Verknüpfungsbereich finden Sie im Google-Ads-Konto unter TOOLS UND EINSTELLUNGEN (Werkzeugschlüssel) · EINRICHTUNG · VERKNÜPFTE KONTEN. Schauen Sie unter GOOGLE MERCHANT CENTER · DETAILS nach. Dort finden Sie die Verknüpfungsanfrage. Wie bei allen Google-Produkten gilt hier auch der Grundsatz, dass Sie mit einem Google-Login, der überall Admin-Rechte hat, den ganzen Verknüpfungsvorgang vereinfachen können.

Wichtige Tipps zum Google Merchant Center

▶ Wenn Sie Hilfe von anderen Mitarbeitern oder Dienstleistern benötigen, so müssen Sie nicht Ihre Login-Daten weitergeben. Sie können unter EINSTELLUNGEN · KONTOZUGRIFF zusätzliche Nutzer zum Merchant Center hinzufügen.

▶ Wenn Sie Ihre Website noch nicht hinterlegt haben, können Sie diese unter EINSTELLUNGEN · TOOLS · INFORMATIONEN ZUM UNTERNEHMEN hinzufügen, indem Sie auf den Tab WEBSITE klicken. Nachdem Sie die URL Ihrer Website eingegeben haben, können Sie die Inhaberschaft via Analytics, GTM oder durch das Hochladen einer Datei auf den Server bestätigen. Diese Überprüfung der Inhaberschaft verläuft also genau so, wie man es beispielsweise von der Einrichtung der *Google Search Console* kennt.

▶ Hinterlegen Sie Ihr Logo mit verschiedenen Seitenverhältnissen und die Informationen zu Ihren Unternehmensfarben im Google Merchant Center. Das Logo wird bei bestimmten neuen Anzeigenformaten noch nützlich sein. Diese Informationen können Sie ebenfalls unter EINSTELLUNGEN · TOOLS · INFORMATIONEN ZUM UNTERNEHMEN einfügen. Sie müssen nun jedoch den Tab BRANDING auswählen.

▶ Die Versandkosten können Sie entweder als Attribut in Ihrem Produktfeed für jedes Produkt hinzufügen oder zentral unter EINSTELLUNGEN · TOOLS · VERSAND UND RÜCKGABEN für alle Produkte verwalten. Neben den Kosten können Sie hier auch Bearbeitungs- und Versandzeiten hinzufügen. Das Attribut *shipping [Versand]* sollten Sie in Ihrem Feed nur nutzen, wenn Sie die Grundeinstellungen für bestimmte Produkte, z. B. für »sperrige Güter«, überschreiben möchten.

8.3.2   Produkte zum Merchant Center hinzufügen

Produkte, die Sie bewerben möchten, fügen Sie im Google Merchant Center auf der linken Seite unter PRODUKTE hinzu. Falls Sie einen kleinen Webshop besitzen oder nur bestimmte Produkte bewerben möchten, können Sie hier einzelne Produkte eintragen, indem Sie auf den Button PRODUKT HINZUFÜGEN klicken. Danach werden Sie mithilfe eines Formulars durch die einzelnen Attribute geleitet, die zu einem Produktfeed gehören (siehe Abbildung 8.18).

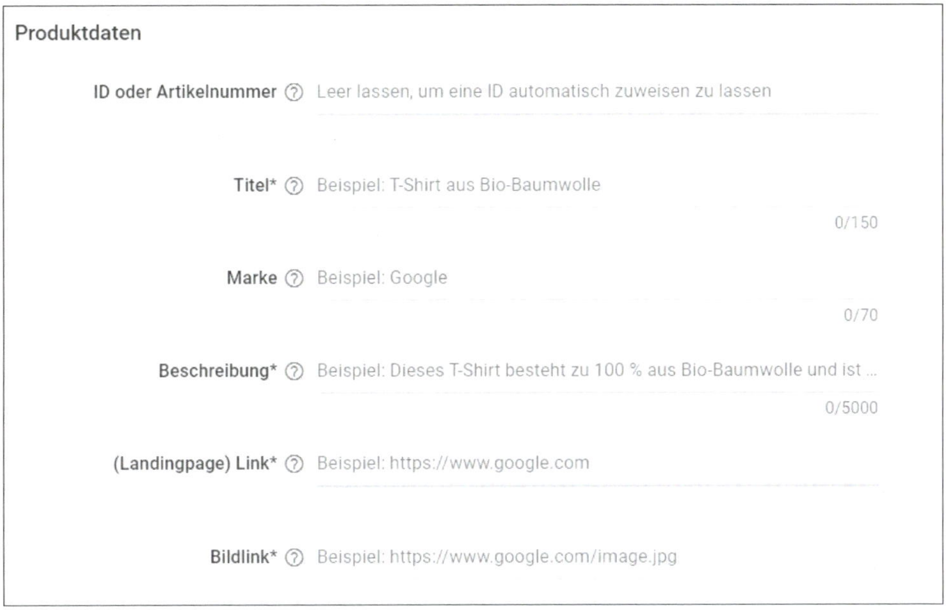

Produktdaten

ID oder Artikelnummer ⊘   Leer lassen, um eine ID automatisch zuweisen zu lassen

Titel* ⊘   Beispiel: T-Shirt aus Bio-Baumwolle

0/150

Marke ⊘   Beispiel: Google

0/70

Beschreibung* ⊘   Beispiel: Dieses T-Shirt besteht zu 100 % aus Bio-Baumwolle und ist …

0/5000

(Landingpage) Link* ⊘   Beispiel: https://www.google.com

Bildlink* ⊘   Beispiel: https://www.google.com/image.jpg

Abbildung 8.18   Produkte in kleinen Mengen manuell einpflegen

Testen Sie die manuelle Eingabe der Produkte

Falls Sie noch nie mit Produktfeeds gearbeitet haben, ist die manuelle Eingabe eine
schöne Möglichkeit, um sich mit den wichtigsten Attributen für die Google-Produkt-
feeds vertraut zu machen. Beim manuellen Anlegen führt das Merchant Center Sie
Schritt für Schritt durch die geforderten Attribute und liefert hinter den jeweiligen
Fragezeichen auch entsprechende Erklärungen. Wenn Sie beispielsweise den Schieberegler bei ICH HABE EIN BEKLEIDUNGSPRODUKT aktivieren, erscheinen weitere Attribute, die speziell für Bekleidungsprodukte ausgefüllt werden müssen. Wenn Sie auf
diesem Weg einmal ein einzelnes Produkte testweise angelegt haben, sind Sie
schnell mit den Google-Vorgaben vertraut und können dann besser den Aufbau Ihrer
Produktfeeds, die meistens automatisiert im Webshop erstellt werden, überprüfen
und beurteilen.

Neben einzelnen Produkten, wie oben beschrieben, können Sie unter PRODUKTE per
Klick auf den Link PRODUKTFEED ERSTELLEN auch Produktfeeds hinzufügen bzw. an-
geben, wo Google Ihren Produktfeed automatisch abholen kann. Nachdem Sie eine
Verknüpfung mit Ihrem Produktfeed im Merchant Center erstellt haben, können Sie
unter PRODUKTE • FEEDS Ihre Produktfeeds bearbeiten und auch wieder entfernen.
Einstellungen und Regeln zu bestehenden Feeds erreichen Sie, indem Sie auf den
Namen des jeweiligen Feeds klicken.

Bitte denken Sie daran, für jedes Land, z. B. Deutschland, Österreich, Schweiz etc., einen eigenen Produktfeed zu erstellen und im Google Merchant Center anzulegen.

8.3.3 So erstellen Sie richtige Produkt-Feeds

Bevor Sie mit der Einrichtung Ihrer Google-Shopping-Kampagnen beginnen, müssen Sie erst einmal die Basis schaffen. Erstellen Sie einen bzw. mehrere Produkt-Feeds, d. h. eine Datei im Text- oder XML-Format. In dieser Datei können Sie Ihr gesamtes Produktsortiment abbilden und die einzelnen Artikel mit einer Reihe nützlicher Informationen anreichern, sodass der Nutzer sie später besser finden kann.

Artikel-Export

Professionelle Webshop-Lösungen enthalten automatisch die Möglichkeit zum Artikel-Export in einen passenden Daten-Feed für das Google-Ads-Programm.

Die Informationen werden im Feed über Attribute übertragen, wie beispielsweise *Verfügbarkeit, Marke* oder *Material*. Einige dieser Attribute sind obligatorisch und müssen angegeben werden. Andere Attribute hingegen sind optional; ihre Angabe wirkt sich jedoch positiv auf die Qualität des Feeds aus. Bitte beachten Sie, dass in vielen Webshops eine entsprechende Exportmöglichkeit bereits vorhanden ist. Sprechen Sie sich hier mit Ihrem Webmaster ab. Dabei sollten Sie beachten, dass ein Standardexport eventuell noch angepasst werden muss, um die Daten zu optimieren.

	B	C	D	
1	title	description	google_product_category	product_type
2	Vollauszug TS 353613-150mm	Vollauszüge bis 35kg	Furniture > Furniture Sets > Kitchen & Dining Furniture Sets	Furniture > Furniture Sets >
3	Teleskopschienen mit Touch to Open 250mm	Teleskopauszug mit Touch to open	Furniture > Furniture Sets > Kitchen & Dining Furniture Sets	Furniture > Furniture Sets >
4	Teleskopauszug TS 454613-350mm SC	Teleskopauszug mit SoftClosing	Furniture > Furniture Sets > Kitchen & Dining Furniture Sets	Furniture > Furniture Sets >
5	Schwerlastauszug TS 1605319-350mm	Schwerlastauszüge bis 160 kg	Furniture > Furniture Sets > Kitchen & Dining Furniture Sets	Furniture > Furniture Sets >
6	Schwerlastauszug TS2207719-406mm mit Verr	Schwerlastauszüge bis 220 kg mit Ver	Furniture > Furniture Sets > Kitchen & Dining Furniture Sets	Furniture > Furniture Sets >
7	Schwerlastauszug TS2207719-508mm	Schwerlastauszug bis 220 kg	Furniture > Furniture Sets > Kitchen & Dining Furniture Sets	Furniture > Furniture Sets >

Abbildung 8.19 Ausschnitt aus einem Produkt-Feed

Vorsicht: Änderungen bei Attributen

Google ändert die Anforderungen an die Attribute in regelmäßigen Abständen. So kann ein empfohlenes Attribut schon bald ein verpflichtendes werden. Haben Sie dann keinen Wert hinterlegt, werden Ihre Produkte womöglich nicht mehr ausgespielt. Halten Sie sich also immer auf dem Laufenden!

Im Folgenden finden Sie eine aktuelle Übersicht der verschiedenen Attribute mit Kurzbeschreibung. Bei Google finden Sie unter dem Link

https://support.google.com/merchants/answer/7052112

eine Zusammenfassung aller Attribute und erfahren, für welche Branche die entsprechenden Attribute *Erforderlich* oder *Optional* sind. Denn hier kann es große Unterschiede geben. So müssen beispielsweise für Produkte aus dem Bereich Bekleidung wesentlich mehr Angaben gemacht werden als für andere.

Grundlegende Produktinformationen

▸ *ID* [id] – Kennzeichnung des Artikels

▸ *Titel* [title] – Titel des Artikels

▸ *Beschreibung* [description] – Beschreibung des Artikels

▸ *Link* [link] – URL, die direkt mit der Artikelseite auf der Website des Händlers verlinkt

▸ *Bildlink* [image_link] – URL von einem Bild des Artikels

▸ *zusätzlicher_Bildlink* [additional_image_link] – zusätzliche URLs zu Bildern des Artikels

▸ *mobiler_Link* [mobile_link] – URLs von mobilen Startseiten

Verfügbarkeit und Preise

▸ *Verfügbarkeit* [availability] – Verfügbarkeit des Artikels

▸ *Verfügbarkeitsdatum* [availability_date] – Tag, an dem ein vorbestelltes Produkt wieder lieferbar ist

▸ *Selbstkosten* [cost_of_goods_sold] – Kosten, die mit dem Verkauf eines bestimmten Artikels verbunden sind. Durch Angabe der Selbstkosten erhält man Einblicke in andere Messwerte, z. B. die Bruttomarge.

▸ *Verfallsdatum* [expiration_date] – Tag, ab dem der Artikel nicht mehr dargestellt wird

▸ *Preis* [price] – Preis des Artikels

▸ *Sonderangebotspreis* [sale_price] – beworbener Sonderangebotspreis für den Artikel

▸ *Sonderangebotszeitraum* [sale_price_effective_date] – Zeitraum, in dem der Artikel als Sonderangebot angeboten wird

▸ *Maß_für_Grundpreis* [unit_pricing_measure] – die Maßeinheit und Menge des Artikels

▸ *Einheitsmaß_für_Grundpreis* [unit_pricing_base_measure] – das Einheitsmaß des Grundpreises für den Artikel

▸ *Rate* [installment] – Details zum Ratenzahlungsplan

▸ *Abopreis* [subscription_cost] – Monatliche oder jährliche Zahlungsbedingungen

▸ *Treuepunkte* [loyalty_points] – Anzahl und Art der Treuepunkte beim Kauf

Produktkategorie

▶ *Google_Produktkategorie* [google_product_category] – von Google definierte Kategorie des Artikels

▶ *Produkttyp* [product_type] – vom Händler vergebene Artikelkategorie

Produktkennzeichnungen

▶ *Marke* [brand] – Marke des Artikels

▶ *GTIN* [gtin] – Global Trade Item Number (GTIN) des Artikels

▶ *MPN* [mpn] – Herstellerteilenummer (Manufacturer Part Number) des Artikels

▶ *Kennzeichnung existiert* [identifier_exists] – Sonderanfertigungen einreichen

Detaillierte Produktbeschreibung

▶ *Zustand* [condition] – Zustand des Artikels

▶ *nicht_jugendfrei* [adult] – sexuell anzügliche Inhalte

▶ *Multipack* [multipack] – Anzahl identischer Artikel

▶ *gehört_zu_Set* [is_bundle] – vom Händler zusammengestellte Gruppe mit unterschiedlichen Artikeln

▶ *Energieeffizienzklasse* [energy_efficiency_class] – Energieeffizienzklasse des Artikels

▶ *Altersgruppe* [age_group] – Alterszielgruppe des Artikels

▶ *Farbe* [color] – Farbe des Artikels

▶ *Geschlecht* [gender] – Geschlechtszuordnung des Artikels

▶ *Material* [material] – Material des Artikels

▶ *Muster* [pattern] – Muster/grafische Gestaltung des Artikels

▶ *Größe* [size] – Größe des Artikels

▶ *Größentyp* [size_type] – Größentyp des Artikels

▶ *Größensystem* [size_system] – Größensystem des Artikels

▶ *Artikelgruppen_ID* [item_group_id] – gemeinsame Kennzeichnung für alle Varianten desselben Produkts

Shopping-Kampagnen und andere Konfigurationen

▶ *Anzeigen_Weiterleitung* [ads_redirect] – URL mit zusätzlichen Parametern

▶ *ausgeschlossenes_Ziel* [excluded_destination] – Ausschluss von Artikeln aus bestimmten Werbekampagnen

▶ *eingeschlossenes_Ziel* [included_destination] – Einbezug von Artikeln in bestimmte Werbekampagnen

▶ *Benutzerdefiniertes Label 0* [custom_label_0] – Kennzeichnung der Artikel mit eigenen Werten wie »saisonal«, Verkaufszahlen, Marge etc.

▶ *Benutzerdefiniertes Label 1* [custom_label_1] – Kennzeichnung der Artikel mit eigenen Werten wie »saisonal«, Verkaufszahlen, Marge etc.

▶ *Benutzerdefiniertes Label 2* [custom_label_2] – Kennzeichnung der Artikel mit eigenen Werten wie »saisonal«, Verkaufszahlen, Marge etc.

▶ *Benutzerdefiniertes Label 3* [custom_label_3] – Kennzeichnung der Artikel mit eigenen Werten wie »saisonal«, Verkaufszahlen, Marge etc.

▶ *Benutzerdefiniertes Label 4* [custom_label_4] – Kennzeichnung der Artikel mit eigenen Werten wie »saisonal«, Verkaufszahlen, Marge etc.

▶ *Angebots_ID* [promotion_id] – Kennzeichnung bestimmter Angebote

Versand

▶ *Versand* [shipping] – überschreibt die Voreinstellung der Versandkosten für einzelne Artikel

▶ *Versandlabel* [shipping_label]

▶ *Versandgewicht* [shipping_weight] – Versandgewicht des Artikels

▶ *Paketlänge* [shipping_length]

▶ *Paketbreite* [shipping_width]

▶ *Pakethöhe* [hipping_height]

▶ *Lieferzeitlabel* [transit_time_label] – individuelle Lieferzeiten pro Artikel

Steuern

▶ *Steuern* [tax] – überschreibt die Steuereinstellungen des Kontos für einzelne Artikel

▶ *Steuerkategorie* [tax_category] – Kategorie, die Artikel nach bestimmten Steuerregeln klassifiziert

Hochladen des Produkt-Feeds

Nachdem Sie Ihren Feed angelegt haben, können Sie die Datei in wenigen Schritten mit Ihrem Merchant Center verknüpfen. Wählen Sie dazu zunächst im Merchant Center in der linken Navigation PRODUKTE aus, und klicken Sie dann auf den Link PRODUKTFEED ERSTELLEN (siehe Abbildung 8.20).

Abbildung 8.20 Produktfeed im Merchant Center erstellen

Im nächsten Schritt (siehe Abbildung 8.21) wählen Sie Ihr Absatzland sowie die Sprache Ihrer Feedinhalte und bestätigen Shopping-Anzeigen per Checkbox als Zielanwendung.

Abbildung 8.21 Absatzland und Sprache wählen

Für die Verknüpfung zwischen Feed und Merchant Center stehen Ihnen die vier Möglichkeiten aus Abbildung 8.22 zur Verfügung:

▶ Google Tabellen: Ihr Feed wird mithilfe von Google-Tabellenvorlagen online in Google-Tabellen in Ihrer Google Drive-Cloud gespeichert und dort durch das Merchant Center regelmäßig abgefragt.

▶ Geplanter Abruf: Dabei bezieht Google die Daten zu einem festgelegten Zeitpunkt über eine vom Händler hinterlegte URL. Der Ordner liegt meistens auf

Ihrem Server. Bei diesem Verfahren müssen Sie neben dem Speicherort auch Nutzername und Passwort hinterlegen, damit das Merchant Center die Daten abfragen kann.

▶ HOCHLADEN: Der Direktupload ist ein manueller Upload und empfiehlt sich für kleinere Dateien.

▶ CONTENT API: Hierbei erfolgt eine direkte Interaktion von Apps mit der Merchant-Center-Plattform; interessant für Programmierer und große Datenmengen.

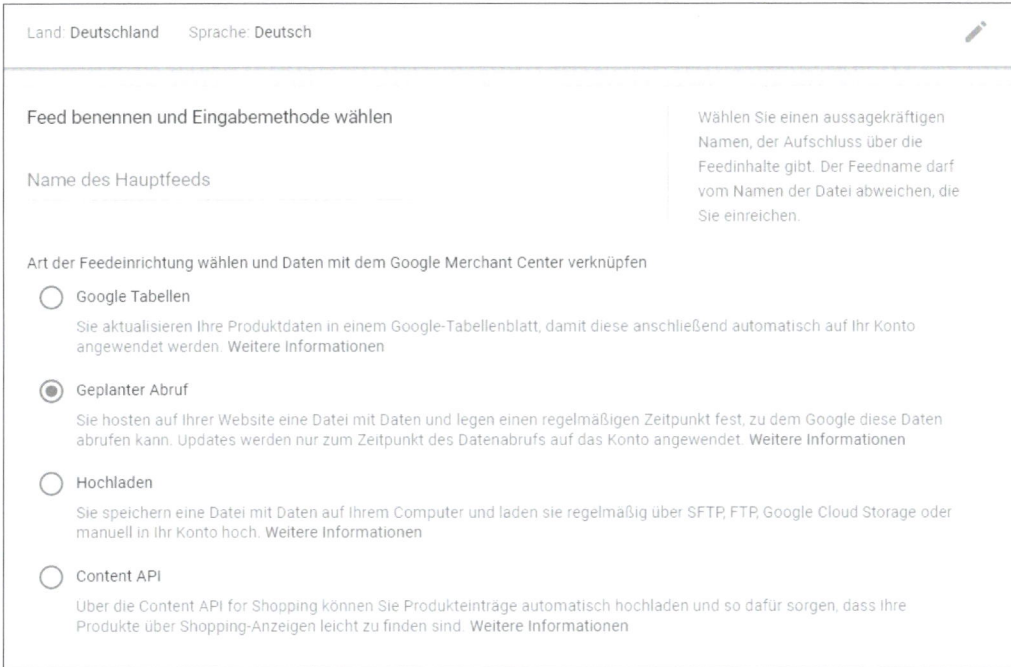

Abbildung 8.22 Möglichkeiten zur Verknüpfung des Datenfeeds mit dem Merchant Center

Damit Ihre Anzeigen in Google Shopping immer auf dem neusten Stand sind und alle Änderungen übernommen werden, sollten Sie den Produkt-Feed in regelmäßigen Abständen aktualisieren. Bei mittleren bis großen Shops ist es ratsam, den Feed mindestens einmal täglich zu synchronisieren. Gerade bei Angaben wie Preis oder Verfügbarkeit ist es sehr wichtig, dass dem Kunden die korrekten Daten ausgespielt werden und er nicht durch falsche Informationen verärgert wird.

8.3.4   Optimierung Ihres Produkt-Feeds

Über eventuelle Fehler in Ihrem Datenfeed werden Sie im Merchant Center unter PRODUKTE • DIAGNOSE informiert. Hier können Sie sich detaillierte Fehlerberichte für Ihre Artikel, Feeds oder auch das Konto anschauen. Überprüfen Sie die Qualität

Ihrer Feeds regelmäßig, damit Sie auf Fehler und Warnungen schnellstmöglich reagieren können. Schauen Sie vor allem unter ARTIKELPROBLEME auf die abgelehnten Artikel.

Häufige Fehler im Merchant Center sind:

- fehlende oder falsche Produktkennzeichnungen
- ungültige oder fehlende Preise
- fehlende GTIN
- zu lange Titel
- Crawl-Probleme
- fehlende Produktlinks
- fehlerhafte Bildlinks
- zu kurze Beschreibungen

Um einen qualitativ hochwertigen Feed zu liefern, sollten Sie sowohl die von Google vorgegebenen Pflichtattribute als auch eine Vielzahl der empfohlenen Attribute pflegen. Achten Sie darauf, dass Ziel- und Bildlinks funktionieren und dass Sie dieselbe Sprache für Spaltenbezeichnungen und Spaltenwerte gebrauchen.

Ein sehr bedeutsames Attribut ist der *Titel*. Er entscheidet maßgeblich über die Relevanz des Artikels im Hinblick auf eine Suchanfrage und nimmt außerdem fast den gesamten Text einer Shopping-Anzeige ein. Der *Titel* sollte daher alle notwendigen Informationen präzise und verständlich ausgedrückt enthalten und dabei aus ca. 70 bis maximal 150 Zeichen bestehen. Nutzen Sie keine Blockschrift und schreiben Sie keine Werbetexte!

Auch bei der *Artikelbeschreibung* lohnt es sich, genauer hinzusehen. Beschreiben Sie das Produkt so ausführlich wie möglich, und sparen Sie dabei nicht an Platz, denn es stehen Ihnen bis zu 5.000 Zeichen zur Verfügung. Richten Sie den Text an Ihre Zielgruppe und nicht an den Google-Robot, und bringen Sie alle Merkmale unter.

Verwenden Sie Keywords und Synonyme

Steigern Sie die Relevanz Ihrer Produkte durch die gezielte Verwendung von Keywords, Marken und Synonymen im Titel sowie in der Artikelbeschreibung, und platzieren Sie die Begriffe möglichst weit vorne. Die höhere Relevanz kann zu günstigeren Klickpreisen führen und zu häufigeren Einblendungen. Übertreiben Sie es jedoch nicht, indem Sie zu viele Keywords aufnehmen oder Keywords ständig wiederholen.

Bei den *Produktbildern* gibt es ebenfalls einige Aspekte zu beachten. Verwenden Sie aussagekräftige Bilder in hoher Bildqualität (Google empfiehlt eine Auflösung von mindestens 800 × 800 Pixeln), und vermeiden Sie Hintergründe oder sonstige Objekte, die vom Produkt ablenken. Außerdem verstoßen Wasserzeichen, Text oder Logos innerhalb der Abbildung gegen die Google-Richtlinien. Ihr *Produktbild* ist der Eye-Catcher der Anzeige, investieren Sie also Zeit und Geld in gute Bilder.

Schnelle Anpassung mit Regeln

Google hat im Merchant Center mithilfe der sogenannten Regeln eine schöne Möglichkeit geschaffen, um Feeds nach dem Export aus dem Webshop-Programm nachträglich noch anzupassen oder um zusätzliche Informationen hinzuzufügen. Sie finden die Regeln, wenn Sie im Merchant Center über PRODUKTE • FEEDS navigieren. Klicken Sie danach auf den Namen des gewünschten Feeds, der als blauer Link gekennzeichnet ist. Wechseln Sie im Kopfbereich auf FEEDREGELN, und klicken Sie zum Schluss auf den blauen Plus-Button (siehe Abbildung 8.23).

Abbildung 8.23 Regeln im Merchant Center erstellen

Bei der Erstellung der Regel gibt es eigentlich nur drei Schritte, die Sie beachten müssen:

1. Legen Sie das Attribut fest, das Sie verändern möchten. In unserem Beispiel aus Abbildung 8.24 möchten wir das leere Attribut BENUTZERDEFINIERTES LABEL 2 ❶ mit Inhalt füllen. Das Attribut finden Sie, indem Sie zunächst nach dem Klick auf den Plus-Button VERARBEITETE ATTRIBUTE auswählen und dann durch die Liste scrollen.

2. Danach können Sie im nächsten Schritt die QUELLE BEARBEITEN ❷, um eine oder mehrere Bedingungen festzulegen, die eine Änderung des Attributwertes auslösen sollen. Im Beispiel suchen wir nach dem Begriff *Skihose* ❸ im Titel der jeweiligen Artikel.

3. Bestimmen Sie aufgrund der Bedingung mit FESTLEGEN AUF ❹ den Wert für das zu Beginn ausgewählte Attribut. Dieses lautet in unserem Fall »Sonderangebot« ❺. Mithilfe des nun festgelegten benutzerdefinierten Labels können wir dann später in der Google-Ads-Shopping-Kampagne die Produkte filtern und dann spezielle Gebote für diese Artikel aus der Werbeaktion abgeben.

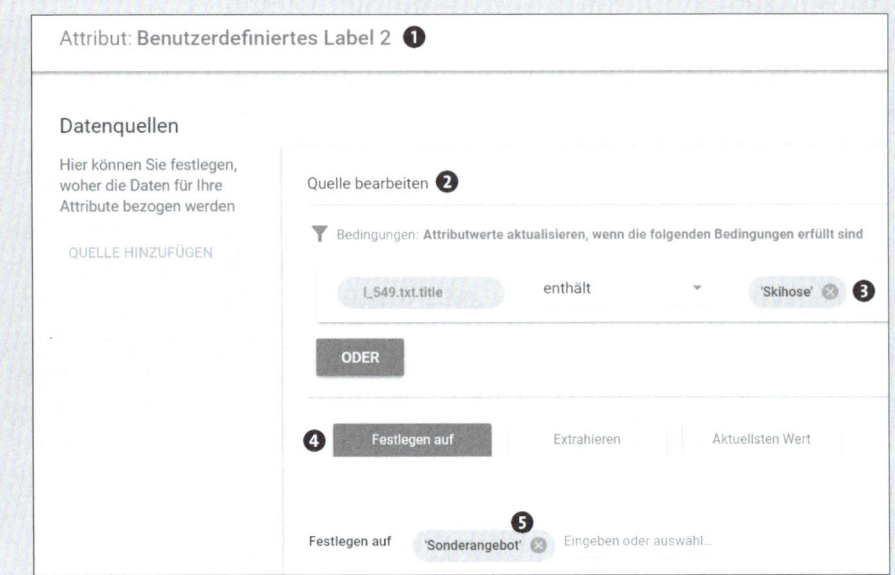

Abbildung 8.24 Beispiel: Bearbeiten Sie ein benutzerdefiniertes Label mithilfe einer Regel.

Folgende Beispiele sollen Ihnen als Anregung dienen, wie Sie die Regeln im Merchant Center nutzen können:

▶ Artikelgruppen über benutzerdefinierte Labels auf Grundlage von Titel oder Beschreibung kennzeichnen

▶ Artikelgruppen über benutzerdefinierte Labels auf Grundlage des Preises kennzeichnen

▶ Werte in Ihrem Feed anhand der Produktdatenspezifikation durch kompatible Werte ersetzen

▶ Individuelle Spaltennamen des Datenexports durch unterstützte Attributsnamen ersetzen

▶ Aktuellsten Preis eintragen, falls es mehrere Feeds mit unterschiedlichen Preisen gibt

Testen Sie Ihre Eingaben

Nachdem Sie Ihre neue Feedregel erstellt haben, können Sie diese zunächst als Entwurf abspeichern. Im Anschluss erhalten Sie noch einmal alle Informationen zu der neuen Regel in einer Vorschau (siehe Abbildung 8.25). Per Klick auf ÄNDERUNGEN TESTEN erhalten Sie einen Bericht, welche Änderungen Ihre Regel auslöst und ob dies zu Problemen führt. Danach können Sie den Entwurf übernehmen oder auch wieder verwerfen, ohne dass Änderungen an Ihrem Feed durchgeführt wurden. Bitte denken Sie immer daran, dass auch nach einem Update Ihres jeweiligen Feeds die Feedregeln weiterhin Gültigkeit haben.

Abbildung 8.25 Feedregel als Entwurf speichern und testen

8.3.5 Erstellen Sie Ihre Google-Shopping-Kampagne

Nach den ganzen Vorbereitungen im Merchant Center können Sie nun im Google-Ads-Konto Ihre Shopping-Kampagne erstellen. Denken Sie jedoch daran, dass Ihr Google Merchant Center, wie in Abschnitt 8.3.1 beschrieben, mit Ihrem Google-Ads-Konto verknüpft sein muss.

Legen Sie nun die Google-Shopping-Kampagne wie gewohnt an: Klicken Sie auf den Button ⊕ und dann unter dem Tab KAMPAGNEN auf + NEUE KAMPAGNE. Wählen Sie KAMPAGNE OHNE ZIELVORHABEN ERSTELLEN, klicken Sie auf WEITER, und wählen Sie danach den Kampagnentyp SHOPPING ❶ aus (siehe Abbildung 8.26). Die Kampagnen müssen Sie mit dem passenden KONTO ❷ aus Ihrem Merchant Center und dem gewünschten ABSATZLAND ❸ verbinden. Das Absatzland ist das Land, in dem die Produkte der Shopping-Kampagne verkauft werden sollen. Es kann im Nachhinein nicht mehr verändert werden und sollte mit den Standortausrichtungen übereinstimmen. Für jedes Land erstellen Sie im Merchant Center vorher einen eigenen Feed.

Im nächsten Schritt können Sie noch zwischen der Standard-Shopping-Kampagne und einer »smarten Version« wählen. Sie sollten zunächst immer die Standard-Version wählen, damit Sie mehr Kontrolle über Ihre Shopping Kampagne und Ihre Gebote haben. Nach Auswahl der Shopping-Kampagnen-Version klicken Sie am Ende auf WEITER (siehe Abbildung 8.27).

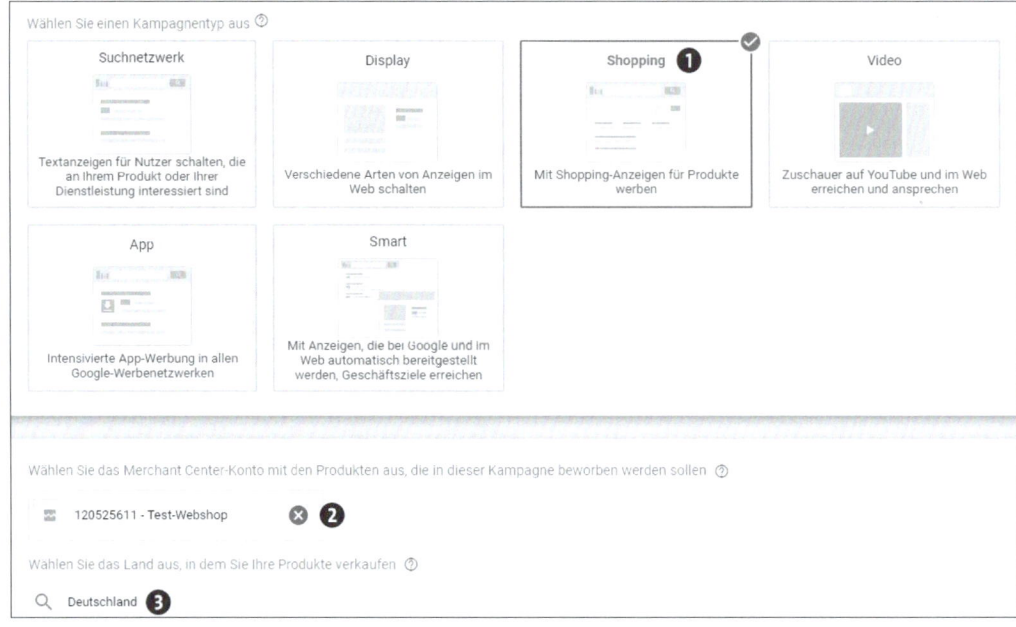

Abbildung 8.26 Anlegen einer Google-Shopping-Kampagne

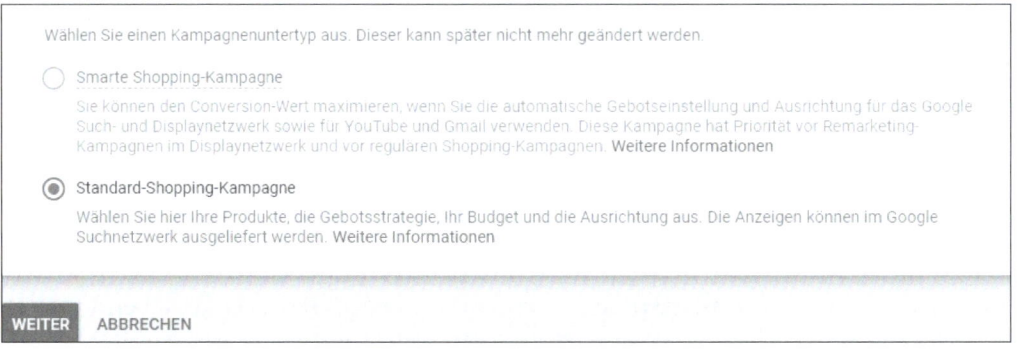

Abbildung 8.27 Standard- vs. smarte Shopping-Kampagne

Was ist eine smarte Shopping-Kampagne?
Bei der smarten Shopping-Kampagne versucht Google, wie bei jeder »smarten Kampagne«, im Ads-Konto die Kontrolle über Ihre Kampagne zu übernehmen und auf Grundlage von Conversions und maschinellem Lernen die passenden Anzeigen mit automatisierten Geboten auszuliefern. Smarte Kampagnen sind eine Kombination einer Shopping-Kampagne mit einer Remarketing-Kampagne im Displaynetzwerk,

bei der Google versucht, den Conversion-Wert zu maximieren. Zum Start einer smarten Shopping-Kampagne müssen folgende Voraussetzungen erfüllt sein:

▶ aktiviertes Conversion-Tracking
▶ Übergabe der Transaktionswerte bei einer Conversion
▶ eine Remarketing-Liste mit mindestens 100 aktiven Nutzern

Im nächsten Schritt können Sie alle notwendigen Einstellungen für Ihre Shopping-Kampagne vornehmen. Dabei gibt es viele Einstellungsmöglichkeiten (z. B. GEBOTE, BUDGET, SUCHNETZWERK-PARTNER, STANDORTE etc.), die Sie aus den Suchnetzwerk-Kampagnen kennen. Es gibt aber auch besondere Einstellungen für Shopping-Kampagnen, die wir uns in den folgenden Abschnitten näher anschauen werden.

Inventarfilter

Den INVENTARFILTER (siehe Abbildung 8.28) finden Sie unter dem Link WEITERE EINSTELLUNGEN. Mithilfe des Inventarfilters können Sie auf die verschiedenen Attribute aus dem Produktdatenfeed zurückgreifen.

Abbildung 8.28 Inventarfilter unter »Weitere Einstellungen«

Der INVENTARFILTER dient dazu, die Produkte Ihres Produkt-Feeds zu selektieren, die Sie in dieser Kampagne bewerben möchten. In der Standardeinstellung werden alle Produkte beworben. Entscheiden Sie sich jedoch für die Option FILTER: NUR FÜR PRODUKTE WERBEN, DIE ALL MEINEN ANFORDERUNGEN ENTSPRECHEN. Schließen Sie hier beim Anlegen der Kampagne diejenigen Produkte aus, die Ihrem Filter nicht entsprechen. So könnten Sie z. B. eine Kampagne für *alle Produkte* erstellen und eine Shopping-Kampagne für alle *Aktionsprodukte*, die Sie z. B. über ein Label gekennzeichnet haben. Die beiden unterschiedlichen Kampagnen können dann auch verschiedene Ausrichtungen, ein unterschiedliches Budget etc. erhalten.

Lokale Artikel

Die Aktivierung der lokalen Artikel oder der lokalen Verfügbarkeit, wie es früher hieß, finden Sie ebenfalls unter Weitere Einstellungen. Falls Sie Ihre Shopping-Produkte auch in lokalen Geschäften verkaufen, ist die Aktivierung der lokalen Artikel interessant, denn Sie zeigen den Nutzern in der Google-Suche, dass die entsprechenden Artikel auch in Ihrem Ladengeschäft in der Nähe vorrätig sind. Wenn Nutzer auf Ihre Anzeige klicken, dann gelangen sie zu einer von Google gehosteten Seite zu Ihrem Geschäft, der sogenannten Verkäuferseite. Auf der Verkäuferseite finden Nutzer unter anderem Informationen zu Produktinventar und Öffnungszeiten sowie eine Wegbeschreibung.

Abbildung 8.29 Die Option »Lokale Artikel« aktivieren

Neben der Aktivierung der lokalen Artikel im Google-Ads-Konto müssen Sie im Merchant Center in der linken Navigation unter Wachstum • Programme verwalten das Programm für die *Anzeigen mit lokalem Inventar* starten (siehe Abbildung 8.30).

Abbildung 8.30 Anzeigen mit lokalem Inventar im Merchant Center starten

Priorität der Kampagne

Unterhalb der Kampagneneinstellungen zum Budget können Sie unter Priorität der Kampagne die Shopping-Kampagne mit einer niedrigen, mittleren oder hohen Priorität einstufen (siehe Abbildung 8.31). Das ist wichtig, wenn Sie mehrere Google-Shopping-Kampagnen erstellen, in denen sich ein und dasselbe Produkt befindet. Unabhängig vom Gebot würde in einem solchen Fall die Kampagne mit der höheren Priorität greifen. Die Höhe der Priorität der Kampagne wäre dann ausschlaggebend dafür, aus welcher Kampagne ein Produkt ausgespielt würde, das in beiden vorhanden wäre. Es wird also zunächst das Gebot der Kampagnen mit der höchsten Priorität abgegeben. Erst wenn das Budget der höher eingestuften Kampagne aufgebraucht ist, gilt dann das Gebot der nächstniedrigeren Kampagne.

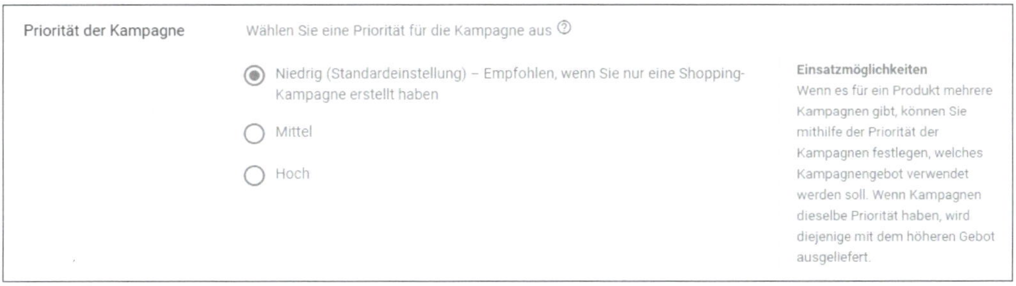

Abbildung 8.31 Legen Sie die Priorität der Shopping-Kampagne fest.

8.3.6   Anzeigengruppe anlegen

Speichern Sie im Anschluss alle Kampagneneinstellungen per Klick auf Speichern und fortfahren. Im nächsten Schritt legen Sie dann eine Anzeigengruppe zur Ihrer Kampagne an. Wählen Sie als Anzeigengruppentyp Produkt-Shopping aus, vergeben Sie einen Namen und ein Standardgebot für die neue Anzeigengruppe, und speichern Sie alles ab. Ihre Shopping-Kampagne ist nun erstellt, doch die Arbeit ist noch nicht getan, denn nun müssen Sie Ihre Anzeigen steuern und auswerten.

8.3.7   Mit Produktgruppen Ihre Produkte optimal steuern

Im Mittelpunkt der Google-Shopping-Kampagnen stehen sogenannte Produktgruppen – nicht zu verwechseln mit Anzeigengruppen. Mithilfe der Produktgruppen strukturieren und priorisieren Sie Ihre Produkte, indem Sie individuell auf einzelne Produktbereiche oder Produkte bieten. Die Unterteilung in Produktgruppen erfolgt über die Attribute Kategorie, Marke, Artikel-ID, Zustand, Produkttyp, Kanal, Exklusivität des Kanals oder auch benutzerdefiniertes Label. Sie können Ihren Produkt-Feed also bis auf Produktebene filtern oder ihn beispielsweise über Benutzerdefiniertes Label nach Farben, Saison, Marge etc. differenzieren. Sie kön-

nen insgesamt fünf Spalten (BENUTZERDEFINIERTES LABEL 0 bis BENUTZERDEFINIER-
TES LABEL 4) selbst definieren.

	Produktgruppe	Max. CPC	Benchmark max. CPC
☐	Alle Produkte	– ☑	0,57 €

Abbildung 8.32 Basis-Produktgruppe »Alle Produkte«

Die erste Produktgruppe ALLE PRODUKTE ist nach dem Anlegen der Anzeigengruppe
direkt vorhanden (siehe Abbildung 8.32). Um mit der Gliederung der obersten Ebene
fortzufahren, klicken Sie auf das Pluszeichen (später bei vorhandenen Untergruppen
auf den Bearbeitungsstift) hinter ALLE PRODUKTE. Dann erscheint der Hinweis PRO-
DUKTGRUPPE HINZUFÜGEN. Wählen Sie im neuen Fenster das Attribut, über das Sie
die vorhandene Produktgruppe aufschlüsseln möchten, aus der Dropdown-Liste im
Kopfbereich aus. Neben den jeweiligen Attributwerten erhalten Sie auch die Information, wie viele Produkte eingereicht wurden (siehe Abbildung 8.33). Falls die Shopping-Kampagne schon eine Zeit lang ausgespielt wurde, finden Sie hier auch Leistungszahlen zu den einzelnen Gruppen. Dies ist interessant, falls Sie einzelne
Produkte nach bestimmten Leistungsmerkmalen weiter unterteilen möchten, damit
Sie z. B. auf einzelne Produkte, die in der Vergangenheit viele Conversions erzielt haben, individuelle Gebote abgeben können.

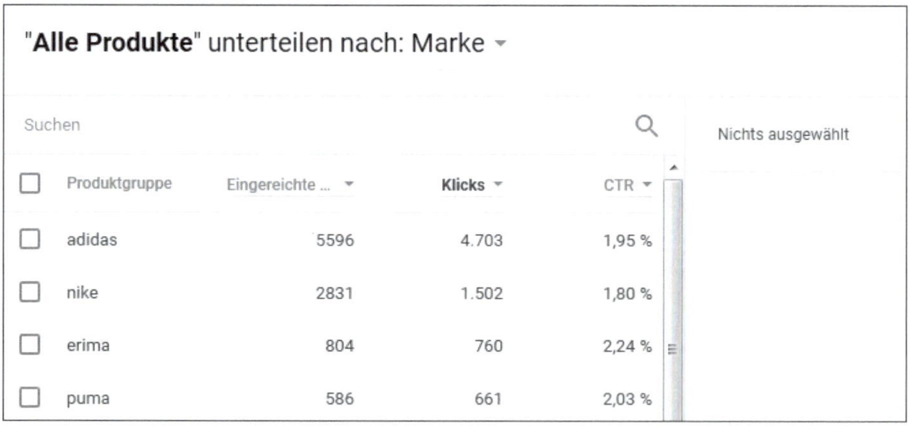

"**Alle Produkte**" unterteilen nach: Marke ▾

	Produktgruppe	Eingereichte ... ▾	Klicks ▾	CTR ▾
☐	adidas	5596	4.703	1,95 %
☐	nike	2831	1.502	1,80 %
☐	erima	804	760	2,24 %
☐	puma	586	661	2,03 %

Abbildung 8.33 Unterteilung der Produkte nach Marke

Wenn Sie eine Produktgruppe unterteilen, wird automatisch eine Produktgruppe
mit dem Namen ALLES ANDERE IN "NAME DER PRODUKTGRUPPE" erstellt, die ebenfalls unterteilt werden kann. Jede Ebene kann beliebig weiter untergliedert werden.
Allerdings ist es nicht möglich, eine Produktgruppe bzw. eine Ebene nach mehreren
Attributen aufzuteilen.

Viel Arbeit bei umfassenden Geflechten

Bei komplexeren Strukturen stößt das System bislang noch an seine Grenzen und der Aufwand ist mitunter sehr groß. Möchten Sie beispielsweise die oberste Ebene nach Marken aufteilen und diese weiter nach Produkttyp und Zustand, dann müssen Sie sich leider die Mühe machen und jede Marke nach Produkttyp gliedern und wiederum jeden Produkttyp nach Zustand.

Wenn Sie ganz fein unterteilen, haben Sie den Vorteil, dass Sie Ihre CPC-Gebote sehr genau auf kleine Gruppen oder sogar einzelne Produkte abstimmen können, Sie müssen dann aber einen hohen Bearbeitungsaufwand in Kauf nehmen. Bei einer gröberen Unterteilung ist es genau andersherum: Sie haben zwar weniger Aufwand, können aber keine zielgerichteten Gebote abgeben. Sie müssen also jedes Mal entscheiden, welchen Aufwand Sie für welches Ziel betreiben möchten.

Sie können den einzelnen Produktgruppen per Klick in die Spalte Max. CPC jeweils ein separates Gebot zuweisen (siehe Abbildung 8.34). Dieses Gebot gilt dann aber automatisch für alle Produkte in der jeweiligen Gruppe. Möchten Sie die Gebote individueller einstellen, so müssen Sie die Gruppe noch weiter unterteilen. Falls Sie nur einige bestimmte Marken bewerben möchten, so wählen Sie diese Gruppen unter der Aufteilung Marken aus. Die restlichen Marken befinden sich dann automatisch in der Produktgruppe Alles andere in "Alle Produkte". Diese schließen Sie dann aus.

Abbildung 8.34 Produktgruppen können auch ausgeschlossen werden.

Auszuschließende Keywords

Vergessen Sie nicht, auch bei den Shopping-Kampagnen negative Keywords hinzuzufügen. Bei mehreren Anzeigengruppen können Sie negative Keywords genauer zuweisen als in nur einer Anzeigengruppe für alle Produkte.

Wenn Sie die ersten Produktgruppen unterteilt haben, besteht die zukünftige Haupt-
aufgabe im Google-Ads-Konto darin, Leistungsdaten zu beobachten und die Max.-
CPC-Gebote anzupassen (siehe Abbildung 8.35).

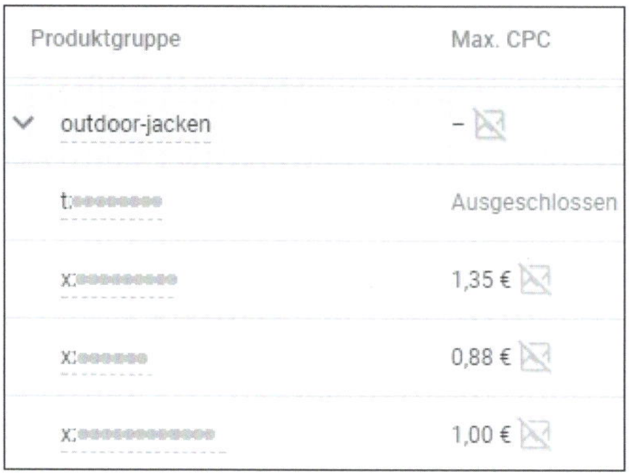

Produktgruppe	Max. CPC
∨ outdoor-jacken	– ⊠
t⬤⬤⬤⬤⬤⬤⬤⬤	Ausgeschlossen
x⬤⬤⬤⬤⬤⬤⬤⬤⬤	1,35 € ⊠
x⬤⬤⬤⬤⬤⬤	0,88 € ⊠
x⬤⬤⬤⬤⬤⬤⬤⬤⬤⬤⬤	1,00 € ⊠

Abbildung 8.35 Der »Max. CPC« kann auch auf Produktebene
per Klick auf das Gebot verändert werden.

Die Anpassung richtet sich zunächst an den eigenen Ergebnissen aus, gleichzeitig
können Sie mithilfe von Benchmarkdaten der Marktbegleiter gewisse Schlüsse in
Hinblick auf Ober- oder auch Untergrenzen ziehen. Über die Max.-CPC-Gebote können Sie die Auslieferung und entsprechende Platzierung der Produkte in Ihrer Shopping-Kampagne schnell und einfach steuern.

8.3.8   Werten Sie Ihre Shopping-Kampagnen aus

Besonders bei der Analyse und Auswertung der Shopping-Kampagnen bietet Google
viele Möglichkeiten, mit denen Sie sich zunächst einmal vertraut machen müssen.
Sie können Ihre Produkte mit ihrer Artikel-ID, einer Beschreibung und ihrem Bereit-
stellungsstatus, die vorher nur im Merchant Center einsehbar waren, jetzt auch im
Google-Ads-Konto in der mittleren Menüleiste unter PRODUKTE anschauen (siehe
Abbildung 8.36). Jedes Produkt enthält auch die jeweiligen Leistungsdaten, sodass Sie
in der Übersicht schnell erkennen können, welche Produkte in den Shopping-Kampagnen gut performt haben.

Wenn Sie im oberen Bereich von PRODUKTE zu DIAGNOSE wechseln, können Sie
auch direkt in einer Übersicht erkennen, wo Probleme bei der Auslieferung Ihrer Produkte in der Shopping-Kampagne bestehen (siehe Abbildung 8.37). Sie sehen auf
einen Blick, wie viele Produkte für die Shopping-Kampagnen genutzt werden können
und wo die Probleme liegen – z. B. aufgrund fehlender Werte. So haben Sie direkt Ansatzpunkte, um beispielsweise die Preise zu aktualisieren oder die Zielseiten einzelner Produkte zu checken und eventuell zu ändern.

Anzeigengruppen	Artikel-ID ↑	Bild	Titel	Status des Produkts
Produktgruppen	128		Stretch Piratenhose Damen Farbe: anthrazit Größe: 34	Bereitstellbar
Anzeigen und Erweiterungen	129		KENORA Full Stretch Piratenhose Damen Farbe: anthrazit Größe: 34	Bereitstellbar
Produkte	13		Winterjacke - Winterparka Damen Waddington Lady Farbe: marine blau Größe: 40	Bereitstellbar
Landingpages			KENORA Full Stretch Piratenhose Damen Farbe: anthrazit Größe: 36	Bereitstellbar
Keywords	130			

Abbildung 8.36 Übersicht über die Produkte aus dem Produkt-Feed

Weitere Auswertungsmöglichkeiten zu Ihren Shopping-Kampagnen finden Sie in den *vordefinierten Berichten*, den früheren *Dimensionen* (siehe Abbildung 8.38).

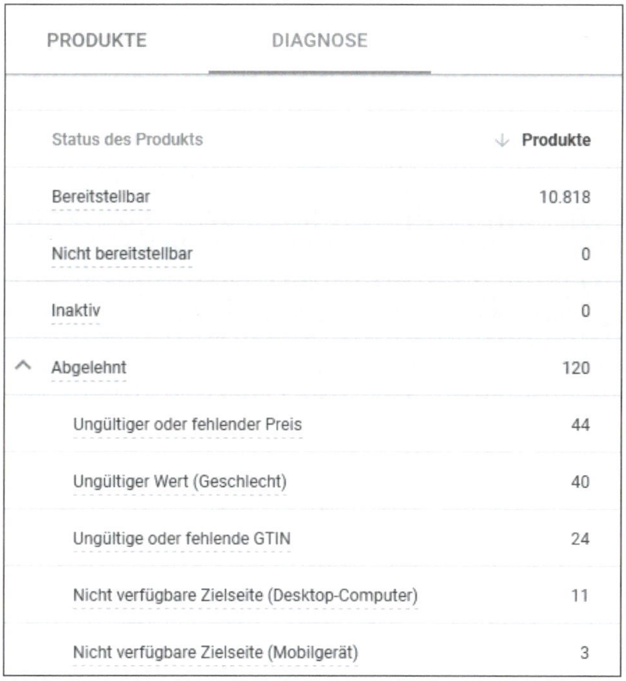

PRODUKTE	DIAGNOSE

Status des Produkts	↓ Produkte
Bereitstellbar	10.818
Nicht bereitstellbar	0
Inaktiv	0
∧ Abgelehnt	120
Ungültiger oder fehlender Preis	44
Ungültiger Wert (Geschlecht)	40
Ungültige oder fehlende GTIN	24
Nicht verfügbare Zielseite (Desktop-Computer)	11
Nicht verfügbare Zielseite (Mobilgerät)	3

Abbildung 8.37 Diagnose der Produkte

Navigieren Sie über das Berichts-Icon auf VORDEFINIERTE BERICHTE, wählen Sie danach den Unterpunkt SHOPPING und dann weiter das gewünschte Attribut, z. B. SHOPPING - PRODUKTTYP, aus. Derzeit fehlen in den vordefinierten Berichten leider ein paar Attribute, z. B. Berichte mit Bezug auf die BENUTZERDEFINIERTEN LABELS, was eine Untersuchung der Top-Seller oder spezieller Farben etc. etwas schwieriger macht. Sie können jedoch die Spalten der Berichte später noch anpassen und dann auch noch die benutzerdefinierten Labels hinzufügen. Hilfreich ist auch eine Analyse der einzelnen Artikel-IDs. Unser Tipp: Nutzen Sie die Auswertung der Attribute, um Hinweise für neue Produktgruppen zu sammeln.

Produkttyp (1. Ebene)	Klicks	Impressionen	CTR
s▨▩▦▦▦	300	11.218	2,67%
s●●●●●●●	149	4.461	3,34%
w●●	101	7.936	1,27%
c●●●●	57	2.260	2,52%
f●●▪●	50	4.662	1,07%

Abbildung 8.38 Auswertung der Attribute, z. B. »Produkttyp«, über vordefinierte Berichte

8.3.9   Wettbewerbsanalyse

Möchten Sie eine Wettbewerbsanalyse durchführen und sich mit Ihren Mitbewerbern aus der Branche vergleichen? Dann rufen Sie in Ihrer Shopping-Kampagne den Tab PRODUKTGRUPPEN aus der mittleren Menüleiste auf. Über die Berichtsspalten können Sie aus der Gruppierung WETTBEWERBSMESSWERTE Benchmarks hinzufügen, also Durchschnittswerte zu Werbetreibenden, die ähnliche Produkte anbieten (siehe Abbildung 8.39). Fügen Sie dazu die drei folgenden Spalten hinzu:

▶ BENCHMARK MAX. CPC: Dies ist der durchschnittliche Klickpreis für die Shopping-Anzeigen in der gleichen Branche. Wenn der eigene CPC deutlich unter dem BENCHMARK MAX. CPC liegt, wäre dies eine wichtige Grenze, bis zu der die eigenen CPCs erhöht werden können, um mehr Impressionen und Klicks zu generieren.

▶ BENCHMARK-KLICKRATE: Gemeint ist hier die durchschnittliche Klickrate für Shopping-Anzeigen zu den einzelnen Produktgruppen in der gleichen Branche. Wenn die eigene CTR deutlich unter der BENCHMARK-KLICKRATE liegt, empfiehlt Google, die maximalen CPCs zu erhöhen und beim Produkt-Feed insbesondere Bilder und Anzeigentitel zu optimieren.

▶ ANTEIL AN MÖGLICHEN IMPRESSIONEN IM SUCHNETZWERK: Dieser Wert ergibt sich aus der Anzahl der von Ihnen generierten Impressionen, geteilt durch die geschätzte Anzahl von Impressionen, die Sie hätten generieren können. Die Daten werden täglich aktualisiert. Wenn Ihr Anteil an möglichen Impressionen sehr gering ist, empfiehlt Google, die maximalen CPCs zu erhöhen und zusätzlich alle Möglichkeiten zur Optimierung der Produkt-Feeds zu nutzen.

Produktgruppe	Anzeig	Max. CPC	Benchmark max. CPC	CTR	Benchmark-Klickrate	↓ Anteil an möglichen Impressionen im Suchnetzwerk
Alle Produkte funkt	Shoppi N1	-	0,55 €	0,81 %	0,90 %	31,98 %
Alle Produkte	Shoppi N1	-	0,71 €	1,09 %	1,02 %	31,63 %
Alle Produkte lljacken	Shoppi N1	-	0,50 €	0,61 %	0,96 %	28,83 %

Abbildung 8.39 Benchmark der Leistungsdaten

8.3.10 Gebotssimulator für Shopping-Kampagnen

Als Entscheidungshilfe bei der Veränderung ihrer Max.-CPC-Gebote stellt Google den Google-Ads-Nutzern in der Spalte MAX. CPC den GEBOTSSIMULATOR für Shopping-Kampagnen zur Verfügung. Google errechnet mit dem Simulator, welche Gebote zu welchen Veränderungen bei den Impressionen, den Klicks, den Kosten etc. in den letzten sieben Tagen geführt hätten. Zukünftige Daten werden nicht prognostiziert. Als visuelle Unterstützung werden oberhalb der Daten die Veränderungen in einer Grafik dargestellt. Für die Darstellung können Sie verschiedene Leistungsdaten (z. B. Impressionen, Klicks etc.) auswählen (siehe Abbildung 8.40).

Wie auch die Benchmark-Daten ist der GEBOTSSIMULATOR ein Google-Instrument, das Sie im Zweifelsfall ermutigen soll, Ihre Gebote zu erhöhen. Wenn Sie sich dafür entscheiden, Ihre Gebote dementsprechend anzupassen, sollten Sie von Zeit zu Zeit Ihre tatsächliche Performance mit den simulierten Daten vergleichen.

Max. CPC	Klicks	Kosten	Impr.	Anteil an möglichen Klicks
2,15 €	54	73,50 €	10.937	100,00 %
1,81 €	44	54,00 €	8.674	73,33 %
1,52 €	35	37,50 €	6.266	49,27 %
1,39 €	29	29,70 €	5.214	38,21 %
1,26 €	24	22,50 €	4.263	29,43 %
1,13 €	19	16,10 €	3.265	20,65 %
1,00 € (aktuell)	14	10,90 €	2.502	13,01 %
0,78 €	8	4,63 €	1.525	3,45 %
0,50 €	3	1,08 €	584	0,68 %
0,01 €	0	0,00 €	7	0,00 %
Anderes Gebot festleg... €				

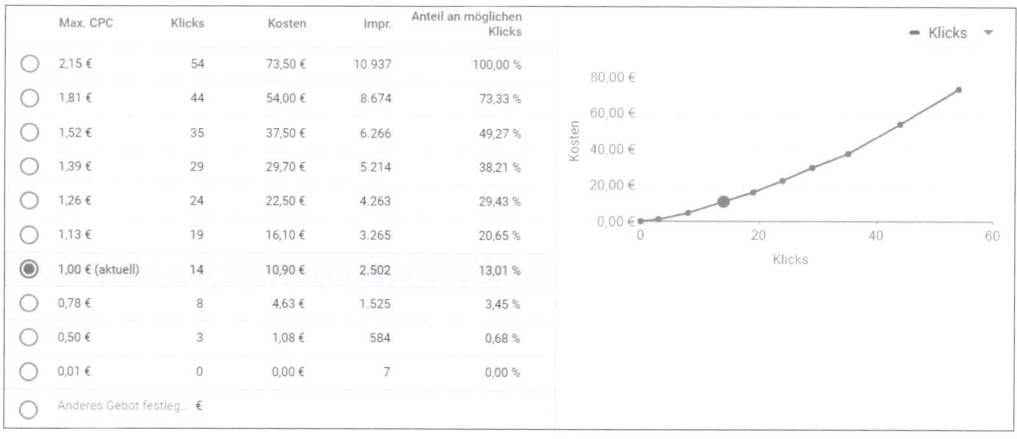

Abbildung 8.40 Gebotssimulator mit Gebotsvorschlägen, Klickprognosen und mehr

Daten mit Vorsicht genießen

Wie immer, wenn Google Gebotsempfehlungen gibt, sollten Sie diese kritisch hinter-
fragen, denn letztlich profitiert davon in erster Linie immer Google. Es ist nicht ausreichend bekannt, wen Google zur Vergleichsgruppe zählt, und die Erfahrung hat gezeigt, dass Kategorien häufig sehr weitläufig zusammengefasst werden.

Präsentieren Sie Ihre Marke mit den »Showcase Ads«

Google bietet noch eine spezielle Möglichkeit im Shopping-Bereich an, die Sie auf
jeden Fall einmal testen sollten, falls Sie Shopping-Anzeigen für Ihr Unternehmen
nutzen. Diese Möglichkeit nennt sich *Showcase Ads*. Die Showcase Ads tauchen in
den Google-Suchergebnissen bei eher unspezifischen Suchanfragen auf, z. B. bei
»Sommerkleider«, »Laufschuhe«, »Rucksäcke« etc. Die Showcase Ads machen nur
auf eine Marke aufmerksam. Ein Klick auf die Showcase-Anzeigen präsentiert dann
im zweiten Schritt erst eine Auswahl an Produkten der Marke. Diese Anzeigenform
erstellen Sie auf folgende Weise:

1. Im Merchant Center müssen Sie zunächst Ihr Unternehmenslogo einstellen, falls
   dies noch nicht geschehen ist. Das Logo laden Sie im Google Merchant Center
   unter EINSTELLUNGEN (Werkzeugschlüssel) • TOOLS • INFORMATIONEN ZUM UNTER-
   NEHMEN • BRANDING hoch (siehe Abbildung 8.41).

Abbildung 8.41 Unternehmenslogo für die Anzeige im Merchant Center hochladen

2. Erstellen Sie eine neue Kampagne vom Typ SHOPPING.
3. Legen Sie eine Anzeigengruppe an, und wählen Sie dabei die Variante SHOWCASE-
   SHOPPING (siehe Abbildung 8.42).
4. Für die Anzeigengruppe müssen Sie ein CPE-Gebot (Cost-per-Engagement) abgeben, das für Ihre Showcase-Shopping-Anzeige übernommen wird. Beim CPE-
   Gebot zahlen Sie zum einen, wenn Nutzer auf Ihre Anzeige klicken, um sie zu maximieren und sie sich dann zehn Sekunden lang anzusehen, oder zum anderen,
   wenn Nutzer auf einen Link klicken, der dann zu Ihrer Website führt.

Abbildung 8.42 »Showcase-Shopping« als Anzeigenformat wählen

5. Wählen Sie danach die Produktgruppen aus Ihrem Feed aus, die Sie mit der Showcase-Anzeige bewerben möchten. Sie können zunächst auch mit allen Produkten starten und dann später die gut performenden Produkte selektieren.

6. Laden Sie für Ihre Anzeige mindestens ein Header-Bild mit einer Auflösung von 1.200 × 628 Pixel (Empfehlung von Google) hoch.

7. Formulieren Sie dazu optional eine Anzeige mit einem Titel und einer Beschreibung, die auf Ihre Produkte abgestimmt ist.

8. Für eine gültige Anzeige müssen Sie in jedem Fall noch eine angezeigte und eine finale URL hinzufügen.

8.4   Remarketing – holen Sie den Besucher zurück

Der Begriff *Remarketing* wird synonym mit dem Begriff *Retargeting* genutzt. Das Wort Retargeting setzt sich zusammen aus *Target* (engl. *das Ziel*) und der Vorsilbe *re* (für *wieder*).

Das Ziel sind hier die potenziellen Kunden, die wieder erreicht und zurückgewonnen werden sollen. Mit Retargeting/Remarketing wird Ihre Zielgruppe erneut mit Ihrer Werbung, Ihrem Produkt oder Ihrer Marke konfrontiert. Somit sollen Kunden, die schon »verloren« waren, weil sie Ihre Webseite verlassen haben, wieder aktiviert werden.

Sie haben dieses Phänomen vielleicht selbst schon erlebt, wenn Sie einmal die Webseite eines großen Online-Shops für Schuhe besucht haben. Surfen Sie später mit dem gleichen Computer und dem gleichen Browser auf anderen Webseiten (z. B. Nachrichtenportalen oder beim Wetterdienst), so leuchten Ihnen die Werbebanner des Schuh-Shops entgegen.

Diese spezielle Werbemaßnahme basiert technisch auf sogenannten *Cookies*, die in Ihrem Browser abgelegt werden. Falls Sie also einmal selbst von den ständigen Werbeinblendungen des Schuhportals (oder anderer Webseiten) genervt sind, so löschen Sie einfach einmal die Cookies in Ihrem Browser: Die Werbeeinblendungen des Webshops verschwinden.

Denken Sie an die Datenschutzhinweise zum Remarketing

Da Sie für das Remarketing Ihre Webseitenbesucher mit Cookies kennzeichnen, muss ein entsprechender Hinweis zu dieser Vorgehensweise auf Ihrer Website vorhanden sein. Leider gibt es dazu keine verbindlichen Vorgaben von Google, sondern nur Hinweise, was auf Ihrer Website im Bereich Impressum oder Datenschutz aufgeführt sein sollte. Die entsprechenden Google-Hinweise finden Sie auf folgender Internetseite:

https://support.google.com/google-ads/answer/2549063?hl=de

Wir empfehlen, vor dem Einsatz des Remarketing-Codes die Hinweise zum Datenschutz auf Ihrer Website zu hinterlegen. Falls Sie Ihren Shop bei einem Dienstleister, wie z. B. Trusted Shops (*https://www.trustedshops.de/*), zertifizieren lassen, gibt es dort ebenfalls Juristen, die Ihnen bei der Formulierung der Hinweise zu Cookies, Remarketing und zum Datenschutz helfen.

8.4.1   Rechtliche Aspekte des Remarketings

Im Zentrum der rechtlichen Auseinandersetzung um die Zulässigkeit von Remarketing-Maßnahmen stehen immer wieder die Cookies. Was Cookies sind und wie sie funktionieren, wissen Sie bereits. Erklärungsbedarf besteht meist im Hinblick auf deren rechtssichere Anwendung. Denn aktuelle europäische Gesetzesreformen und Entscheidungen des Europäischen Gerichtshofs (EuGH) beeinflussen künftig auch direkt deutsche Websitebetreiber. Was es damit genau auf sich hat, möchten wir – Christian Solmecke und Sibel Kocatepe – Ihnen in diesem Abschnitt einmal überblicksartig erläutern.

Christian Solmecke und Sibel Kocatepe über SEO und Recht

Rechtsanwalt **Christian Solmecke** ist Partner der Kanzlei Wilde Beuger Solmecke (*www.wbs-law.de*) und betreut zahlreiche SEO-Agenturen, Medienschaffende und Web-2.0-Plattformen. Regelmäßig nimmt er als Redner am *SEO DAY* teil, der Fachkonferenz für die Suchmaschinen-Optimierung. Neben seiner Kanzleitätigkeit ist Christian Solmecke auch Geschäftsführer des *Deutschen Instituts für Kommunikation und Recht im Internet* (DIKRI) an der *Cologne Business School*.

Sibel Kocatepe ist Volljuristin und befasst sich als Doktorandin an der Universität Siegen mit urheberrechtlichen Fragestellungen im Hinblick auf aktuelle Medienpraktiken im internationalen Vergleich.

Im Rheinwerk Verlag ist von beiden Autoren das Buch »Recht im Online-Marketing« erschienen. Darin finden Sie auch ein eigenes Kapitel zur Suchmaschinenwerbung (SEA).

Bisher wurde für die Verwendung von Cookies in Deutschland oftmals die sogenannte *Opt-Out-Lösung* angewandt. Das heißt, es wurden Nutzungsprofile auf pseudonymer Basis erstellt und der Nutzer wurde lediglich in der Datenschutzerklärung oder durch eine entsprechende Einblendung darüber informiert, dass er dem widersprechen kann. Von der Widerspruchsmöglichkeit Gebrauch gemacht haben wohl nur die wenigsten Nutzer – was ganz im Interesse der Websitebetreiber ist.

Das könnte sich jedoch schon bald ändern: Der Grund dafür ist neben der europäischen Datenschutz-Grundverordnung (DSGVO), die seit dem Jahr 2018 in aller Munde ist, einerseits auch die jüngste Entscheidung des EuGH (Urt. v. 1.10.2019, Az. C-673/17) und des BGH (Urt. v. 28. Mai 2020, Az. I ZR 7/16) zu Cookies und andererseits die sogenannte *ePrivacy-Verordnung*.

Der Einfluss der Datenschutz-Grundverordnung

Zunächst ergibt sich die datenschutzrechtliche Relevanz von Cookies immer dann, wenn diese personenbezogene Daten von Nutzern speichern. Im Falle von personenbezogenen Daten benötigen diejenigen, die Cookies einsetzen möchten, nach den Regelungen der Datenschutz-Grundverordnung entweder eine Einwilligung des Betroffenen oder eine andere gesetzliche Ausnahmevorschrift, die ihnen den Einsatz von Cookies auch ohne Betroffenen-Einwilligung erlaubt.

Cookies fallen grundsätzlich unter den weiten Anwendungsbereich der Datenschutz-Grundverordnung. Denn Art. 4 Nr. 1 DSGVO greift ausdrücklich die »Kennnummer« und die »Online-Kennung« als personenbeziehbare Daten auf. Das betrifft auch Cookies, die es ermöglichen, das Gerät des Nutzers zu identifizieren. Dies kann bereits ausreichen, um eine Zuordnung zu ermöglichen. Zum rechtskonformen Einsatz von Cookies enthält die Datenschutz-Grundverordnung jedoch keinerlei spezielle Regelung. Als Rechtmäßigkeitsgrundlage für die Nutzung von Cookies, die der Webanalyse dienen, kommt nach den Regelungen der DSGVO grundsätzlich nur die (freiwillige) Einwilligung gemäß Art. 6 Abs. 1 lit. a DSGVO in Betracht.

Einfluss der Cookies-Entscheidung des EuGH und BGH

Von einem Einwilligungserfordernis für Werbecookies geht nicht nur die *Konferenz der unabhängigen Datenschutzbehörden des Bundes und der Länder* (DSK) schon seit längerer Zeit aus (*http://wbs.is/dsk-cookie*), sondern nun auch der EuGH (Urt. v. 1.10.2019, Az. C-673/17) und der BGH (Urt. v. 28. Mai 2020, Az.?I ZR 7/16).

Der EuGH hat im Oktober 2019 in umstrittenen Fragen des Schutzes der Privatsphäre im digitalen Raum sowie auch im Datenschutzrecht Klarheit geschaffen. Unter anderem entschied das Gericht, dass in den Fällen, in denen Cookies nicht technisch für den Betrieb der Webseite notwendig sind (anders z. B. bei Warenkorb- oder Login-Cookies), Nutzer die Einwilligung aktiv setzen müssten. Hingegen gelte eine Einwilligung durch ein voreingestelltes Ankreuzkästchen, das der Nutzer zur Verweigerung seiner Einwilligung abwählen muss, nicht als wirksam erteilte Einwilligung (siehe eingehend dazu auch die vertiefte Auseinandersetzung auf *http://wbs.law/cookies*).

In der Folge entschied sodann auch der BGH den Rechtsstreit am 28. Mai 2020 (Az.?I ZR 7/16) erwartungsgemäß im Interesse der Nutzer: Derjenige, der Cookics auf Internetseiten setzen will, benötigt in jedem Fall die aktive Zustimmung des Nutzers, so die Karlsruher Richter. Ein voreingestellter Haken im Feld zur Cookie-Einwilligung benachteilige den Nutzer unangemessen. Damit hat er zugleich Cookie-Banner für unrechtmäßig erklärt, wenn diese nur »weggeklickt« werden können.

Einfluss der ePrivacy-Verordnung

Neuerungen könnten sich zudem in Zukunft auch noch durch die europäische ePrivacy-Verordnung ergeben, die den Datenschutz in der Privatsphäre und der elektronischen Kommunikation regelt. Der äußerst nutzerfreundliche Entwurf der Verordnung wurde zwar zunächst im Oktober 2017 vom EU-Parlament verabschiedet und sah ebenfalls ein Einwilligungserfordernis für Cookies zu Werbezwecken vor, führte aber zu erheblichen Widerständen mancher Mitgliedstaaten, weshalb grundlegende Änderungen am Text vorgeschlagen wurden. Obwohl die ePrivacy-Verordnung ursprünglich zusammen mit der DSGVO in Kraft treten sollte, ist damit nun eher im Jahr 2021 zu rechnen.

Hinweis

Bis die e-Privacy-Verordnung in Kraft tritt, sollten Sie die Entwicklungen unbedingt mitverfolgen und auch die Reaktionen der Aufsichtsbehörden auf diese Änderung im Blick behalten, um entsprechend reagieren zu können. Wir helfen Ihnen dabei, indem wir stets aktuelle Informationen für Sie auf der Kanzlei-Website zusammenstellen und über den Link *http://wbs.is/eprivacy* abrufbar halten.

Anforderungen an ein rechtskonformes Remarketing

Zur Umsetzung des Einwilligungserfordernisses ist es zunächst einmal besonders wichtig, dass die Einwilligung bereits beim ersten Aufrufen der Seite erfragt werden muss und der Nutzer zuvor über die Datenverarbeitung sowie über seine jederzeitige Widerspruchsmöglichkeit informiert werden muss.

Hinweis

Eine detaillierte Erläuterung der weitergehenden Datenverarbeitung und die Einbindung einer Widerspruchsmöglichkeit sollten Sie in jedem Falle in Ihre Datenschutzerklärung aufnehmen.

Die Einwilligung muss der Nutzer weiterhin ausdrücklich erklären, wozu sich das sogenannte *Opt-In-Verfahren* anbietet – vorangekreuzte Kästchen (Opt-Out) sind nicht zulässig. Bevor diese Einwilligung nicht erteilt wird, dürfen keine Cookies gesetzt und keine personenbezogenen Daten verarbeitet werden. Dies ist aber auch dann nicht zulässig, wenn der Nutzer die Einwilligung verweigert hat. Denn künftig muss der Nutzer eine ernsthafte Alternative zur Einwilligung haben – und die muss darin bestehen, dass er die Website auch ohne Cookie-Einwilligung nutzen kann. Bisher in Cookie-Bannern verwendete Hinweise, wonach die Seite nur funktioniert, wenn der Nutzung von Cookies zugestimmt wird, gehören damit nun der Vergangenheit an.

8.4.2   Eine Remarketing-Kampagne aufsetzen

Nachdem Sie die juristischen Voraussetzungen geklärt haben, läuft das Aufsetzen einer Remarketing-Kampagne in folgenden Schritten ab:

1. Sie erstellen zunächst einen Remarketing-Code in Ihrem Google-Ads-Konto.
2. Das Code-Snippet wird auf jeder Unterseite Ihrer Website eingebaut.
3. Neue Besucher erhalten ein Cookie in ihrem Browser und werden gleichzeitig in der Standardliste ALLE BESUCHER (GOOGLE ADS) im Google-Ads-Konto registriert.
4. Ausgehend von der Standardliste können später spezielle Listen für bestimmte Zielgruppen erstellt werden, also z. B. für Besucher bestimmter Unterseiten.
5. Diese Remarketing-Listen dienen dann als Ausrichtungen im Google Displaynetzwerk.

8.4.3   Remarketing-Listen erstellen

Sie legen eine Remarketing-Liste auf folgende Weise an: Navigieren Sie über den Werkzeugschlüssel (TOOLS UND EINSTELLUNGEN) in die GEMEINSAM GENUTZTE BIBLIOTHEK • ZIELGRUPPENVERWALTUNG. Wenn Sie diesen Bereich das erste Mal aufrufen, kann er schon Listen enthalten (siehe Abbildung 8.43), die von Google automatisch erstellt wurden.

Abbildung 8.43 Google Ads erstellt automatisch eigene Zielgruppenlisten.

Um eine Remarketing-(Zielgruppen-)Liste anzulegen, klicken Sie auf den ⊕-Button. Im nächsten Schritt können Sie aus verschiedenen Möglichkeiten wählen. Wenn Sie beispielsweise auf + WEBSITEBESUCHER klicken, können Sie die Besucher näher definieren, z. B.:

▶ Besucher einer Seite, die auch eine andere Seite besucht haben

▶ Besucher einer Seite, die keine andere Seite besucht haben

▶ Besucher einer Seite in einem bestimmten Zeitraum

Am einfachsten ist es, wenn Sie zu Beginn die Auswahl

▶ BESUCHER EINER SEITE

nutzen. Hiermit können Sie ganz einfach bestimmen, dass Sie die Nutzer Ihrer Website tracken möchten, die eine bestimmte (wichtige) Unterseite besucht haben. Neben den Websitebesuchern können Sie aber auch Listen aus dem App-Tracking oder von Besuchern Ihres YouTube-Kanals nutzen (siehe Abschnitt 8.5.3). Zudem können Sie auch eigene Kundenlisten hochladen, die dann über Gmail-Adressen oder Google-Logins zugeordnet werden. Diese Variante ist aus Datenschutzsicht aber nicht zu empfehlen.

Wichtig ist, dass Sie als Grundlage für das Tracking der Websitebesucher noch einen Remarketing-Code im Google-Ads-Konto erstellen und in Ihre Website einfügen müssen. Dieser Arbeitsschritt entfällt nur dann, wenn Sie Google Analytics schon in Ihre Website eingebaut haben und das Remarketing via Analytics durchführen möchten.

Falls Sie also noch keinen Remarketing-Code im Google-Ads-Konto erstellt haben, dann klicken Sie zunächst in der linken Navigation auf ZIELGRUPPENQUELLEN und danach unter GOOGLE ADS-TAG auf TAG EINRICHTEN. Danach werden Sie durch die Einrichtung geführt. Sie müssen grundsätzlich zwei Möglichkeiten unterscheiden:

▶ **Standarddaten erfassen = allgemein verfügbare Besuchsdaten erfassen:** Mit diesem Analytics-Code, den wir zunächst anlegen, wird nur der Besucher einer Webseite registriert.

▶ **Dynamischer Remarketing-Code = Daten zu bestimmten Aktivitäten erfassen:** Diese Möglichkeit werden wir in Abschnitt 8.4.8 noch vorstellen. Mit diesem Code werden zusätzlich bestimmte Attribute erfasst, zum Beispiel, welches Produkt (erfasst über die Produkt-ID) sich ein Besucher angeschaut hat.

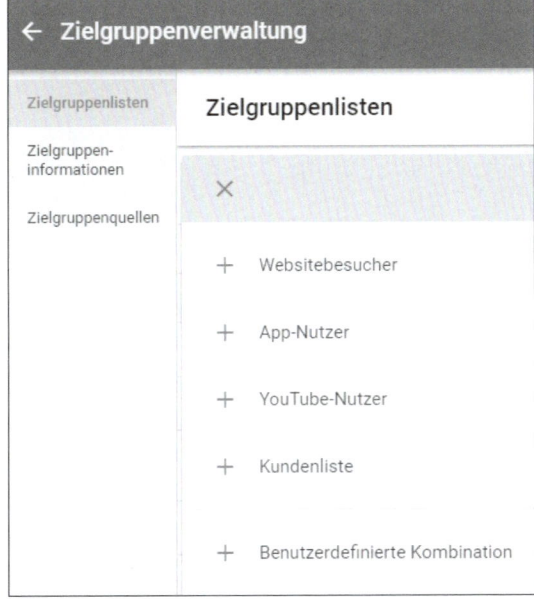

Abbildung 8.44 Verschiedene Möglichkeiten, um Remarketing- bzw. Zielgruppenlisten zu erstellen

8.4.4   Das Remarketing-Tag

Seit Oktober 2017 erstellt Google ein allgemeines Website-Tag als Remarketing-Code für Ihre Website. Den Code können Sie abrufen, wenn Sie nach dem Anlegen des Google-Ads-Tags zum Schluss unter TAG-EINRICHTUNG auf TAG SELBST EINFÜGEN klicken. Wurde das Remarketing-Tag in einem bestehenden Konto bereits erstellt, dann klicken Sie auf ZIELGRUPPENQUELLEN • DETAILS (unter GOOGLE ADS-TAG) und dann auf TAG-EINRICHTUNG • TAG SELBST EINFÜGEN. Der Code sollte im Header jeder Unterseite zwischen den <head></head>-Tags eingefügt werden. Diese Arbeit übertragen Sie wieder Ihrem Webmaster, falls Sie die Website nicht selbst bearbeiten können. Das neue, allgemeine Tag muss für jedes Ads-Konto nur einmal eingefügt werden und kann dann sowohl mit dem Ereignis-Snippets für das Remarketing als auch für das Conversion-Tracking verwendet werden.

Der folgende Code ist ein Beispiel für ein globales Site-Tag. Die Tags werden natürlich jedes Mal individuell für ein Google-Ads-Konto erzeugt und unterscheiden sich in der Tag-ID (830 xxxxxx), die in unserem Beispiel maskiert wurde. Das Tag sollte wie erwähnt grundsätzlich auf jeder Unterseite Ihrer Internetpräsenz eingefügt werden, um alle Besucher Ihrer Website mit einem Cookie zu kennzeichnen. Auf diese Weise entsteht eine Besucherliste, die in Google Ads die Bezeichnung *Alle Besucher* trägt.

```
<!-- Global site tag (gtag.js) - Google Ads: 830 xxxxxx -->
<script async src="https://www.googletagmanager.com/gtag/js?id=AW-
830xxxxxx"></script>
<script>
  window.dataLayer = window.dataLayer || [];
  function gtag(){dataLayer.push(arguments);}
  gtag('js', new Date());

  gtag('config', 'AW-830xxxxxx');
</script>
```

Listing 8.1 Beispiel eines allgemeinen Website-Tags für das Remarketing

Nachdem der Code auf Ihrer Webseite eingefügt wurde, können Sie in Ihrem Google-Ads-Konto unter ZIELGRUPPENVERWALTUNG • ZIELGRUPPENQUELLEN kontrollieren, ob der Code auch funktioniert. Sie erhalten eine Statistik zu Ihrem Google-Ads-Tag mit den Treffern der letzten 24 Stunden (siehe Abbildung 8.45).

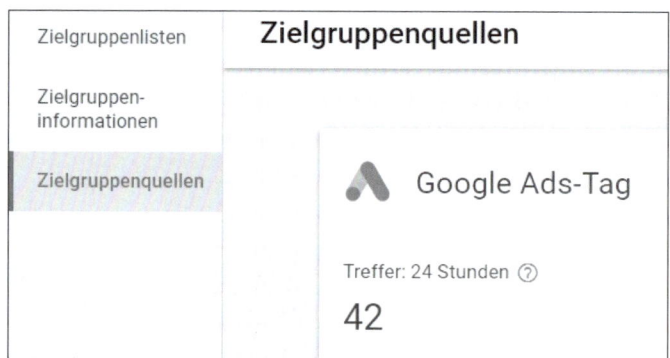

Abbildung 8.45 Überprüfung des Google-Ads-Tags

Unter DETAILS können Sie sich die Anzahl der Treffer (also der verteilten Cookies) auch für einen längeren Zeitraum anschauen. Weiter unter finden Sie dann noch einmal eine Anleitung zum Einbau des Tags. Dort können Sie das Tag-Snippet auch herunterladen oder per E-Mail verschicken, falls Sie diesen Code noch einmal benötigen

Nachdem das Tag richtig eingebaut wurde und die ersten Webseitenbesucher markiert wurden, finden Sie beim Unterpunkt ZIELGRUPPENVERWALTUNG den Eintrag mit der Bezeichnung ALLE BESUCHER (GOOGLE ADS). Früher hieß diese Liste auch »Hauptliste«, daher findet man in manchen Konten auch noch diese Bezeichnung. Diese Liste registriert jeden Besucher auf Ihrer Webpräsenz, der mit dem Cookie gekennzeichnet wurde, und zwar von allen Seiten, in die das Tag integriert wurde.

Es gibt aber auch Listen, die Bezeichnungen wie ÄHNLICH WIE … oder manchmal auch die englische Bezeichnung SIMILAR TO … enthalten (siehe Abbildung 8.46). Diese »Similar-to-Listen« wurden von Google generiert und beinhalten Google-Nutzer, die sich ähnlich verhalten wie die Nutzer, die Sie mit einem Cookie gekennzeichnet haben. Falls Sie also eine Webseite zum Thema Sonnenbrillen besitzen, dann haben die Nutzer, die in der »Similar-to-Liste« gezählt werden, ebenfalls zum Thema Sonnenbrille recherchiert bzw. Seiten mit diesem Thema besucht. Diese User müssen also nicht zwingend auf Ihrer Website gewesen sein. Diese Liste können Sie trotzdem als Targeting-Möglichkeit nutzen und auch diese potenziellen Kunden mit Ihrer Werbung ansprechen.

☐ Name der Zielgruppe ↑	Typ
In Verwendung	
☐ Ähnlich wie All visitors (AdWords)	Ähnliche Zielgruppe Automatisch erstellt
☐ Ähnlich wie Alle Nutzer	Ähnliche Zielgruppe Automatisch erstellt
☐ Alle Besucher (Google Ads) Personen, die Seiten mit Ihren Remarketing-Tags besucht haben	Websitebesucher Automatisch erstellt
☐ Alle Besucher (Google Analytics) Personen, die Seiten mit Ihren Remarketing-Tags besucht haben	Websitebesucher Automatisch erstellt

Abbildung 8.46 »Alle Besucher«- und die »Ähnlich wie«-Listen

Die Unterscheidung der verschiedenen Listen ist jedoch wichtig, wenn Sie diese für bestimmte Werbekampagnen einsetzen. Bei Ihrer Hauptliste können Sie davon ausgehen, dass der Besucher Ihre Webseite schon kennt. Bei der »Similar-to-Liste« ist dies nicht unbedingt der Fall. Sie müssen also die Gruppen eventuell auf andere Weise ansprechen.

Zu den Listen finden Sie auch Informationen über den sogenannten Umfang. Er besagt, wie viele Nutzer über die Remarketing-Liste erreicht werden können. Der Umfang kann in den verschiedenen Netzwerken unterschiedliche Größen aufweisen. Bitte beachten Sie, dass die Remarketing-Listen, die auf das Display-Netzwerk ausgerichtet sind, mindestens 100 aktive Besucher oder Nutzer für die letzten 30 Tage enthalten müssen, damit Sie das Remarketing auch nutzen können. Für das Suchnetzwerk benötigen Sie sogar mindestens 1.000 aktive Besucher oder Nutzer aus den letzten 30 Tagen.

8.4.5 Spezielle Remarketing-Listen

Ihre Hauptliste sammelt, wie gesagt, alle Besucher Ihrer Webseite und wächst daher auch am schnellsten. Diese Liste ist jedoch weniger geeignet, um sie für eine Remarketing-Strategie zu verwenden: Sie sagt lediglich aus, dass jemand Ihre Webseite besucht hat, aber nicht mehr. Der registrierte User der Hauptliste könnte jedoch bereits Ihr Produkt gekauft haben und ist daher als potenzieller Kunde vielleicht gar nicht mehr interessant. Falls Sie z. B. nur Waschmaschinen verkaufen, so nützt Ihnen diese Remarketing-Liste wenig, denn die Chance, dass ein Besucher, der gerade eine Waschmaschine bei Ihnen gekauft hat, durch Remarketing eine zweite Waschmaschine kauft, ist doch sehr gering, auch wenn Ihre Werbung noch so gut ist. Die Bewerbung dieser Zielgruppe kann sogar negative Effekte haben: Durch die ständige Werbung zu einer Maschine, die bereits im Keller steht, ist Ihr neuer Kunde eventuell sogar verärgert und empfiehlt Sie nicht weiter.

Remarketing sollte also intelligent genutzt werden, sonst schadet diese Strategie mehr, als sie nützt. Es ist daher taktisch klüger, wenn Sie, ausgehend von Ihrer Hauptliste, eine Spezialliste generieren. Sie könnten z. B. eine Liste erstellen, mit der Sie alle Besucher erfassen, die zwar schon etwas in den Einkaufswagen Ihres Webshops gelegt haben, aber dann nicht bis zum Ende geblieben sind und Ihre Webseite vorzeitig verlassen haben. Diese sogenannten Warenkorb- oder Kaufabbrecher sind eine beliebte Zielgruppe im Remarketing. Damit Sie diese Gruppe speziell mit Werbung ansprechen können, müssen Sie zunächst eine eigene Liste zu dieser Gruppe erstellen.

Navigieren Sie dazu zunächst wieder zu ZIELGRUPPENVERWALTUNG • ZIELGRUPPENLISTEN. Klicken Sie auf den Button ⊕ und danach auf + WEBSITEBESUCHER. Nun können Sie eine individuelle Liste anlegen. Geben Sie Ihrer neuen Liste einen Namen ❶ (siehe Abbildung 8.47). Als Nächstes bestimmen Sie, dass die Liste für Nutzer erstellt werden soll, die eine bestimmte Webseite besucht, eine andere Seite jedoch nicht besucht haben ❷.

Dann werden die entscheidenden Regeln festgelegt:

1. Der Nutzer soll als BESUCHTE SEITE ❸ eine SEITEN-URL mit dem Begriff ❹ aufgerufen haben. Dadurch wissen wir, dass er etwas in den Warenkorb gelegt hat.

2. Der Nutzer soll jedoch nicht auf der Seite ❺ mit dem Parameter *danke* ❻ gewesen sein. Dies bedeutet, dass der Kauf nicht abgeschlossen wurde, da die Seiten-URL

einkauf.html?danke in unserem fiktiven Beispiel immer am Ende nach einem Kaufabschluss aufgerufen wird.

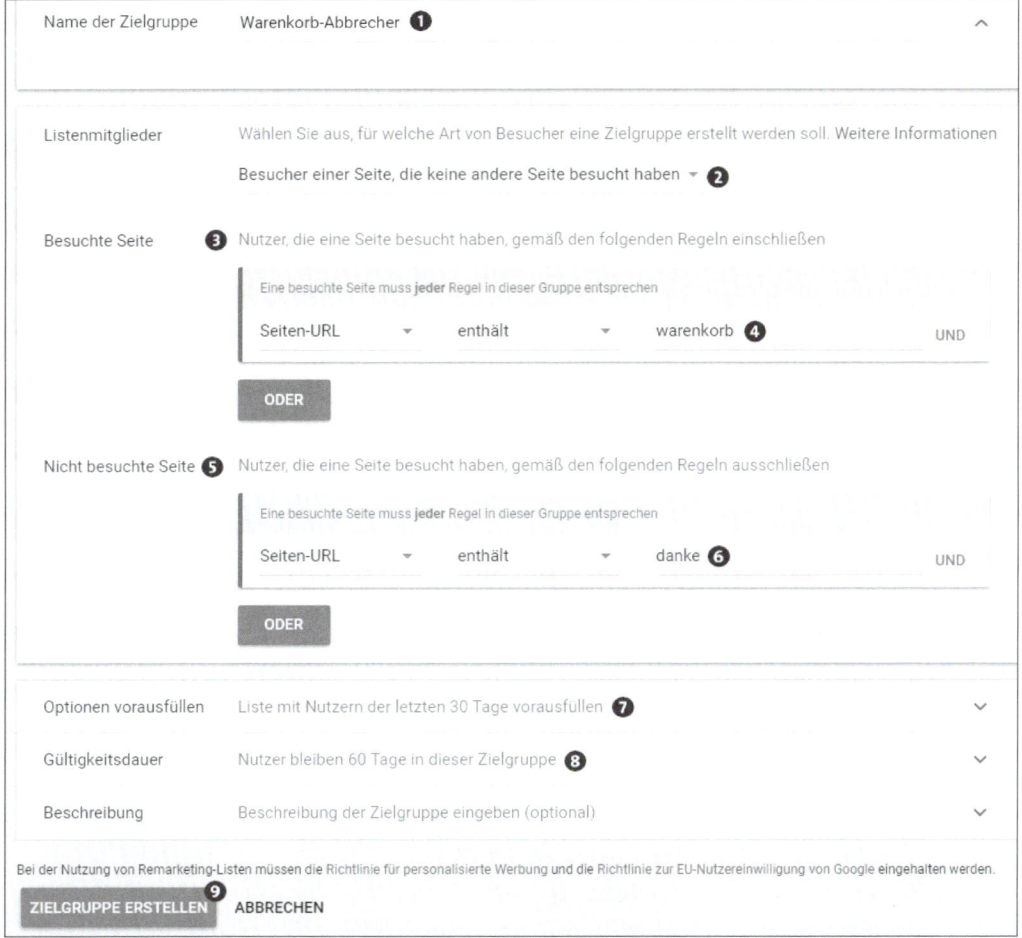

Abbildung 8.47 Bedingungen für Warenkorb-Abbrecher festlegen

> **Hinweis:**
>
> Alle Nutzer werden auch in der Hauptliste *Alle Besucher* aufgelistet. Die neue Liste ist quasi nur ein Filter auf die Hauptliste. Falls Sie die neue Liste schneller füllen möchten, können Sie frühere Nutzer der letzten 30 Tage ❼ in die neue Remarketing-Liste aufnehmen.

Der Punkt GÜLTIGKEITSDAUER ❽ legt fest, für wie viele Tage das Cookie aktiv sein soll. Standardmäßig werden 30 Tage vorgegeben, Sie können jedoch wie in unserem Beispiel auch einen längeren Zeitraum eingeben. Durch einen längeren Zeitraum wird die Liste natürlich größer. Ein gekennzeichneter Besucher fällt bei der Standard-einstellung nach 30 Tagen aus der Liste, falls er vorher nicht wieder die Website be-sucht hat. Wird der Zeitraum von 30 auf 60 Tage erhöht, bleibt jeder User also dop-pelt so lange in der Liste und die Größe verdoppelt sich im Normalfall.

Bei zu langen Zeiträumen sollten Sie jedoch bedenken, dass der gewünschte Remar-keting-Effekt sich wahrscheinlich nicht mehr einstellt. Falls Sie z. B. einen Kaufabbre-cher erst nach zwei oder drei Monaten mit einer Gutscheinaktion ansprechen, so kann es durchaus sein, dass er Ihr Produkt schon längst bei der Konkurrenz gekauft hat und mit Ihrer Aktion nichts mehr anfangen kann. Dies bedeutet, dass ein Remar-keting grundsätzlich zeitnah erfolgen sollte, um einen möglichst hohen Effekt zu er-zielen und wirklich den zunächst verlorenen Kunden wieder zurückzuholen.

Zum Schluss speichern Sie Ihre neue Liste noch mit ZIELGRUPPE ERSTELLEN **❾** ab.

Mit dieser Kombination von Webseiten haben wir also die Besuchergruppe der Wa-renkorbabbrecher definiert, die zwar etwas in den Warenkorb gelegt, aber dennoch nichts gekauft hat. Nachdem Sie Ihre Remarketing-Liste definiert und abgespeichert haben, wird diese ebenfalls unter ZIELGRUPPENLISTEN angezeigt. Wird nun z. B. eine Gutscheinaktion mit versandkostenfreier Bestellung für die Zielgruppe der Waren-korbabbrecher geplant, so können Sie Ihre neue Remarketing-Liste als Zielvorgabe nutzen.

Unser Beispiel zeigt jedoch nur eine mögliche Zielgruppe, die Sie mit bestimmten Kombinationen ansprechen können. In der Google-Ads-Hilfe finden Sie unter

https://support.google.com/google-ads/answer/6297549?hl=de&ref_topic=3122877

noch weitere Beispiele, um die für Ihre Strategie passenden Listen zu genieren.

Testen Sie verschiedene Cookie-Laufzeiten

Je nach Produktart, die Sie bewerben möchten, sind unterschiedliche Cookie-Laufzei-ten interessant. Bei Produkten, die dringend benötigt werden, sollten Sie generell mit kurzen Laufzeiten (ca. 7 Tage) arbeiten, bei längerfristigen Entscheidungen wie z. B. einer Urlaubsbuchung sind durchaus längere Cookie-Laufzeiten als die Standardein-stellung von 30 Tagen sinnvoll.

Unser Tipp: Testen Sie kurze Laufzeiten (z. B. 7 Tage) im Vergleich mit längeren Lauf-zeiten (z. B. 30 Tage), und untersuchen Sie danach die Performance Ihrer Google-Ads-Kampagnen. Überprüfen Sie also, wie gut Ihre vorher definierten Ziele erreicht wurden.

Remarketing-Listen via Google Analytics

Als Alternative zu dem Code, den Sie unter Google Ads erstellen können, ist auch eine Definition von Zielgruppen in Google Analytics möglich. Der Vorteil dieser Vorgehensweise besteht zum einen darin, dass Sie keinen zusätzlichen Code in Ihre Webseite einbauen müssen, wenn der Analytics-Code schon vorhanden ist. Zum anderen haben Sie über Analytics viel weitreichendere Möglichkeiten, um eine Zielgruppe zu definieren.

Mit folgenden Schritten erstellen Sie eine Zielgruppenliste via Google Analytics:

1. Stellen Sie zunächst sicher, dass im Analytics-Konto unter VERWALTUNG • PROPERTY • PRODUKTVERKNÜPFUNG Ihr Analytics-Konto mit Ihrem Google-Ads-Konto verknüpft ist.

2. Rufen Sie danach in Analytics ebenfalls unter PROPERTY die ZIELGRUPPENDEFINITIONEN auf, und klicken Sie auf ZIELGRUPPEN (siehe Abbildung 8.48).

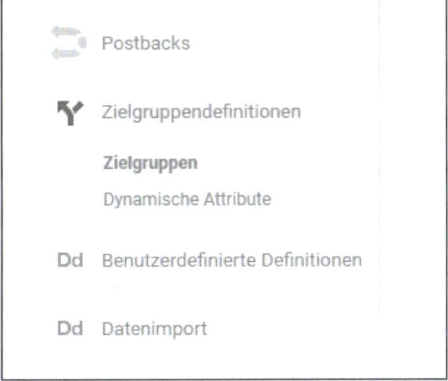

Abbildung 8.48 Zielgruppen in Analytics definieren

3. Erstellen Sie über + NEUE ZIELGRUPPE eine Remarketing-Gruppe, wobei Sie fast alle Dimensionen und Metriken in die Definition einbeziehen können.

4. Wählen Sie zum Abschluss des Prozesses bei ZIELGRUPPENZIELE unter + ZIELE HINZUFÜGEN das verknüpfte Google-Ads-Konto aus, und veröffentlichen Sie Ihre neue Zielgruppe.

5. Kontrollieren Sie danach noch zur Vorsicht im Google-Ads-Konto, dass die Ziele auch importiert werden. Unter TOOLS UND EINSTELLUNGEN • EINRICHTUNG • VERKNÜPFTE KONTEN • GOOGLE ANALYTICS • DETAILS sollten Sie in der Spalte ZIELGRUPPEN einen Hinweis auf Ihre Remarketing-Listen finden. Achtung: Falls Sie mehrere Datenansichten in Analytics erstellt haben, achten Sie bitte auch auf den Namen der verknüpften Datenansicht.

Nachdem Sie diese Schritte durchgeführt haben, werden auch die Zielgruppen aus Analytics in den ZIELGRUPPENLISTEN aufgeführt und können für das Remarketing eingesetzt werden.

Hier folgen ein paar Ideen zu Remarketing-Listen, die Sie einfach mithilfe von Analytics erstellen könnten:

▶ User, die aus einer Facebook- oder einer E-Mail-Kampagne auf Ihre Seite kamen

▶ User, die eine Conversion oder Transaktion durchgeführt haben

▶ User, die ein PDF heruntergeladen oder ein Video gestartet haben

▶ User, die eine bestimmte Zeit auf Ihrer Website waren oder beispielsweise mindestens vier Unterseiten besucht haben

8.4.6 Remarketing im Displaynetzwerk

Alle Listen, die unter ZIELGRUPPENLISTEN aufgeführt sind und mindestens 100 aktive Nutzer für die letzten 30 Tage enthalten, können im Google Displaynetzwerk (GDN) als Ausrichtung für eine neue Kampagne oder als zusätzliche Ausrichtung für eine bestehende Kampagne genutzt werden. Die Remarketing-Listen sind eine Möglichkeit der Zielgruppenausrichtung. Im GDN aktivieren Sie eine Remarketing-Liste, indem Sie zunächst eine Anzeigengruppe in einer Displaynetzwerk-Kampagne erstellen und im ersten Abschnitt unter Zielgruppen (siehe Abbildung 8.49) unterhalb von AUSGEWÄHLTE ZIELGRUPPEN BEARBEITEN auf den Tab SUCHEN klicken. Dort wählen Sie die Kategorie BISHERIGE INTERAKTIONEN MIT IHREM UNTERNEHMEN und erhalten eine Übersicht zu verschiedenen Zielgruppen, wenn diese vorher in der Zielgruppenverwaltung Ihres Google-Ads-Kontos angelegt worden sind. Wählen Sie die gewünschten Zielgruppen aus, und speichern Sie Ihre Einstellung ab.

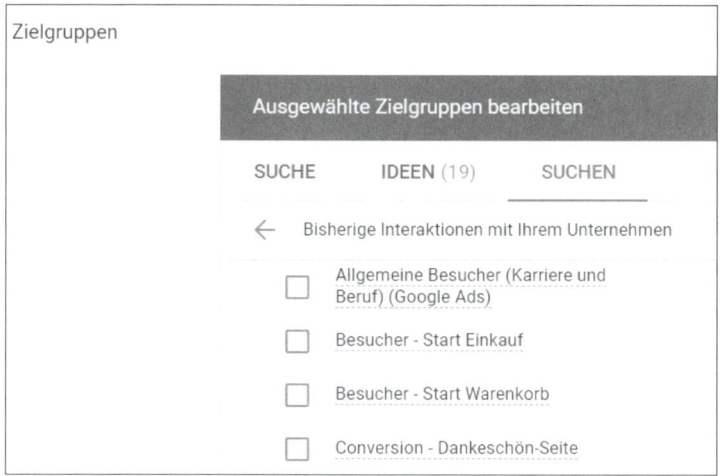

Abbildung 8.49 Remarketing unter »Zielgruppen« auswählen

Sie können die Remarketing-Listen aber auch nutzen, um eine bestehende Anzeigengruppe im Displaynetzwerk, die schon eine andere Ausrichtung besitzt, zusätzlich noch mit einer Remarketing-Liste zu verknüpfen. Dazu gehen Sie folgenermaßen vor: Navigieren Sie zunächst zur gewünschten Displaynetzwerk-Anzeigengruppe, und wählen Sie dann in der mittleren Navigation den Tab ZIELGRUPPEN ❶ aus (siehe Abbildung 8.50). Danach klicken Sie auf + ZIELGRUPPEN HINZUFÜGEN. Sie sollten die empfohlene Option AUSRICHTUNG ❷ wählen. Mit dieser Einstellung beschränken Sie die Ausspielung Ihrer Anzeigen nur auf Ihre ehemaligen Webseitenbesucher, die in der Remarketing-Liste markiert sind. Im nächsten Schritt klicken Sie zunächst auf SUCHEN ❸ und danach auf BISHERIGE INTERAKTIONEN MIT IHREM UNTERNEHMEN ❹ und wählen aus den angebotenen Google-Remarketing-Listen ❺ eine oder mehrere Listen aus. Zum Schluss speichern Sie die neue, zusätzliche Ausrichtung für Ihre Anzeigengruppe ab.

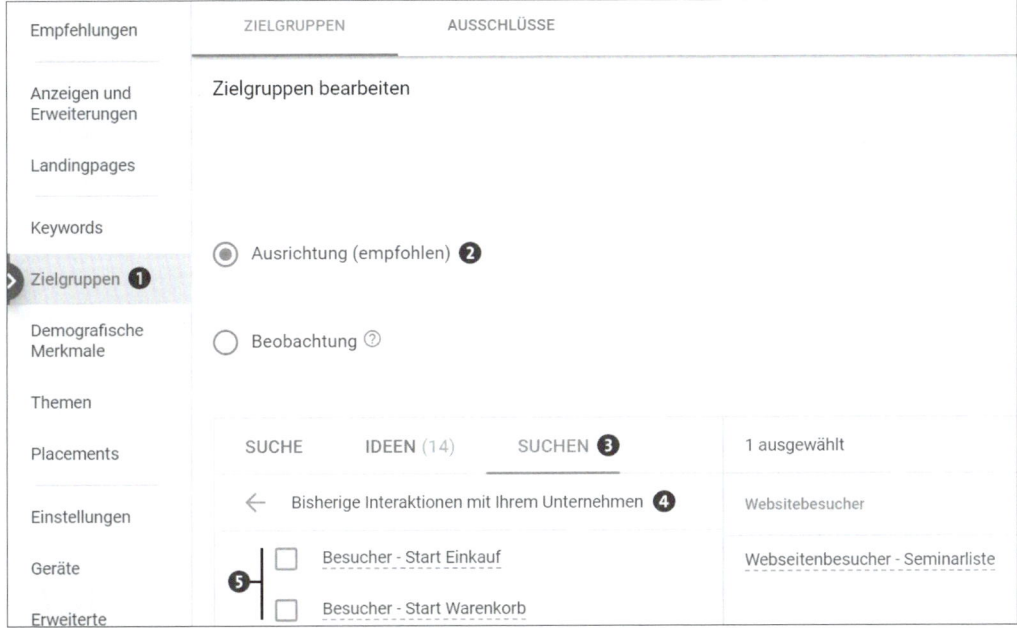

Abbildung 8.50 Zielgruppen-Targeting hinzufügen

Hinweis

Wenn Sie nach Aufruf des Tabs ZIELGRUPPEN im oberen Bereich von ZIELGRUPPEN auf AUSSCHLÜSSE wechseln, können Sie Remarketing-Listen für Kampagnen oder Anzeigengruppen auch auf negative Weise nutzen, indem Sie bestimmte Gruppen ausschließen. Diese Funktion wird leider zu selten genutzt, ist jedoch in vielen Situationen sehr nützlich, da Sie auf diese Weise die Auslieferung Ihrer Anzeigen für bestimmte Gruppen verhindern, die Sie vorher als nicht relevant bestimmt haben.

Remarketing kann Kunden nerven

Bitte beachten Sie, dass Remarketing für viele potenzielle Kunden sehr nervig sein kann, falls es übertrieben wird. Google Ads bietet daher eine gute Möglichkeit an, um die Auslieferung individuell einzustellen. Diese Möglichkeit nennt sich *Frequency Capping*.

Rufen Sie dazu zunächst bei einer Displaynetzwerk-Kampagne die Kampagneneinstellungen auf, und klicken Sie danach auf den Link WEITERE EINSTELLUNGEN. Dort finden Sie den Unterpunkt FREQUENCY CAPPING, den Sie einfach per Klick öffnen und wo Sie dann die Option BESCHRÄNKUNG FÜR SICHTBARE IMPRESSIONEN ANWENDEN aktivieren. Danach können Sie pro Anzeige, Anzeigengruppe oder Kampagne bestimmen, wie oft die Werbung, bezogen auf einen bestimmten Zeitraum (z. B. »pro Tag«) erscheinen soll.

In Abbildung 8.51 haben wir beispielsweise festgelegt, dass pro Kampagne pro Tag für einen bestimmten Nutzer nur sechs Anzeigen ausgeliefert werden sollen. Das reduziert den »Nervfaktor« erheblich und hilft trotzdem, das Branding zu stärken. Google hat mittlerweile gelernt, dass eine zu große Penetration mit Werbung mehr schadet als nützt, und beschränkt nun eigenständig die Anzeigenauslieferung. Bei dieser empfohlenen Variante wissen Sie jedoch nicht genau, was Google als für die Zielgruppe verträglich erachtet.

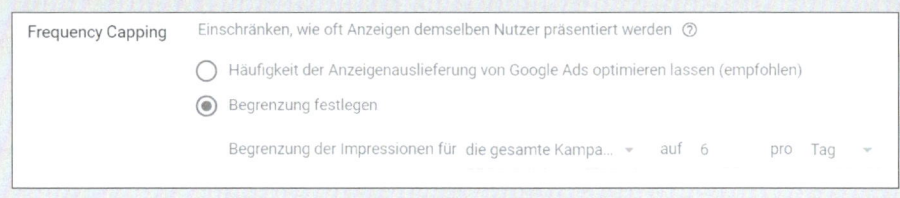

Abbildung 8.51 Die Anzahl der Werbeeinblendungen begrenzen

8.4.7 Benutzerdefinierte Kombinationen

Eine besondere Möglichkeit, um individuelle Zielgruppen zu erstellen, ist die sogenannte *Benutzerdefinierte Kombination*. Um eine solche Kombination zu erstellen, beginnen Sie zunächst genauso wie bei der Erstellung einer Remarketing-Liste und öffnen die ZIELGRUPPENVERWALTUNG. Nach dem Klick auf ⊕ wählen Sie den Unterpunkt + BENUTZERDEFINIERTE KOMBINATION am Ende des Auswahlmenüs. Sie können wieder auf alle bereits erstellten Remarketing-Listen zurückgreifen und diese mit drei unterschiedlichen Kombinationen verknüpfen (siehe Abbildung 8.52):

▶ UND-Verknüpfung (alle gewählten Zielgruppen)

▶ ODER-Verknüpfung (eine der Zielgruppen)

▶ keine der ausgewählten Zielgruppen

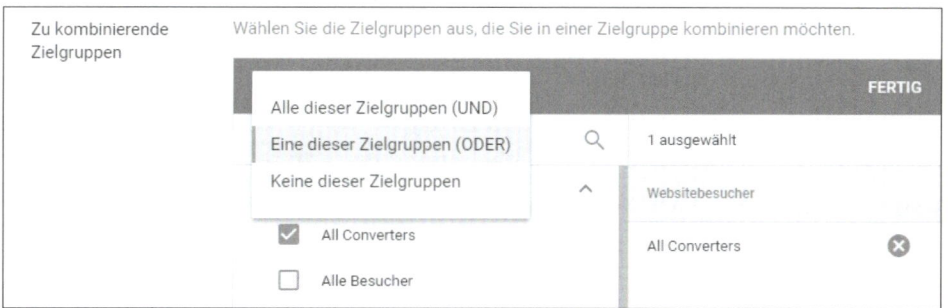

Abbildung 8.52 Eine benutzerdefinierte Kombination anlegen

Nach der Auswahl der vorgeschlagenen Listen vergeben Sie noch einen Namen und optional eine Beschreibung für Ihre neue Zielgruppenkombination, damit Sie diese später beim Targeting auch richtig zuordnen können. Ihre neue Zielgruppe speichern Sie per Klick auf ZIELGRUPPE ERSTELLEN ab.

Am besten probieren Sie die verschiedenen Möglichkeiten aus und erstellen sich die passende Zielgruppe für Ihre Strategie. Wenn Sie die neu erstellte Kombination für Ihr Targeting nutzen möchten, so finden Sie diese in der Zielgruppenliste wieder und können sie wie eine Standard-Remarketing-Liste nutzen.

8.4.8   Was ist dynamisches Remarketing?

Das dynamische Remarketing ist eine besondere Version des Remarketings. Dabei wird nicht nur der Besuch eines Users registriert, sondern zusätzlich noch, welche Produkte etc. er sich auf den Webseiten angeschaut hat. Dynamisches Remarketing funktioniert übrigens auch für bestimmte Dienstleistungen, z. B. für Seminare. Diese Produkte oder Dienstleistungen werden dann individuell für bestimmte User ausgespielt.

Für das dynamische Remarketing wird ein spezielles Code-Snippet benötigt, das Sie im Google-Ads-Konto in der *gemeinsam benutzten Bibliothek* unter ZIELGRUPPEN-VERWALTUNG generieren können. Dazu können Sie zum einen beim Neuanlegen des Google-Ads-Remarketing-Tags die zweite Option (siehe Abbildung 8.53) wählen.

Abbildung 8.53 Die Einstellung zum Google-Ads-Tag ändern

Wenn das Tag hingegen schon besteht, müssen Sie dieses bearbeiten, indem Sie in der Zielgruppenverwaltung beim Unterpunkt ZIELGRUPPENQUELLEN das Google-Ads-Tag wählen und in der linken oberen Ecke auf die drei vertikal angeordneten Punkte klicken, um QUELLE BEARBEITEN zu aktivieren. Bei der Bearbeitung können Sie die zweite Variante mit der Datenerhebung zu bestimmten Aktivitäten wählen.

Damit das dynamische Remarketing Ihre Shopping-Produkte bewirbt, muss ein Merchant Center existieren, das mit dem Google-Ads-Konto verknüpft ist. Alternativ können Sie aber auch Produkte oder Dienstleistungen unter GESCHÄFTSDATEN in Ihr Google-Ads-Konto hochladen und diese dann dynamisch in den Anzeigen präsentieren. Schauen wir einmal gemeinsam, wie das alles zusammenspielt, damit das dynamische Remarketing funktioniert.

8.4.9   Eine Kampagne mit dynamischem Remarketing – so geht's

Da das dynamische Remarketing schon etwas komplexer ist und verschiedene Komponenten zusammenspielen müssen, haben wir die einzelnen Bereiche unterteilt, damit Sie die Kampagnen mit dynamischem Remarketing Schritt für Schritt vorbereiten können.

Tracking-Code auf der Webseite

Zunächst muss ein spezieller Remarketing-Code in die Webseite eingebaut werden. Dazu rufen Sie wie oben beschrieben Ihren Standard-Remarketing-Code unter ZIELGRUPPENVERWALTUNG • ZIELGRUPPENQUELLEN • GOOGLE ADS-TAG auf. Wählen Sie über die drei vertikalen Navigationspunkte QUELLE BEARBEITEN aus. Sie können dann auf die zweite Option mit der Erhebung bestimmter Aktivitäten wechseln. Danach wählen Sie noch einen oder mehrere UNTERNEHMENSTYPEN aus, z. B. BILDUNG (siehe Abbildung 8.54). Die Auswahl bestimmt dann die Parameter, die Sie in dem zugehörigen Code erfassen. In unserem Beispiel werden durch die Auswahl von BILDUNG die Parameter zur Bildung aktiviert. So wird beispielsweise eine ID zu einem Seminar im Code übergeben, damit das auf der Webseite betrachtete Seminar später im Remarketing wieder präsentiert werden kann.

Grundsätzlich gleicht das dynamische Remarketing-Snippet dem Standard-Remarketing-Snippet. Der erste Teil bleibt bestehen, so wie wir es in Abschnitt 8.4.4 aufgezeigt haben. Zusätzlich wird dann noch ein Event-Skript hinzugefügt, das natürlich je nach Auswahl des Unternehmenstyps andere Parameter besitzt. Das Skript wird automatisch auf Grundlage der Vorauswahl erzeugt und kann dann auch wieder inklusive des vorgeschalteten Standard-Codes heruntergeladen werden.

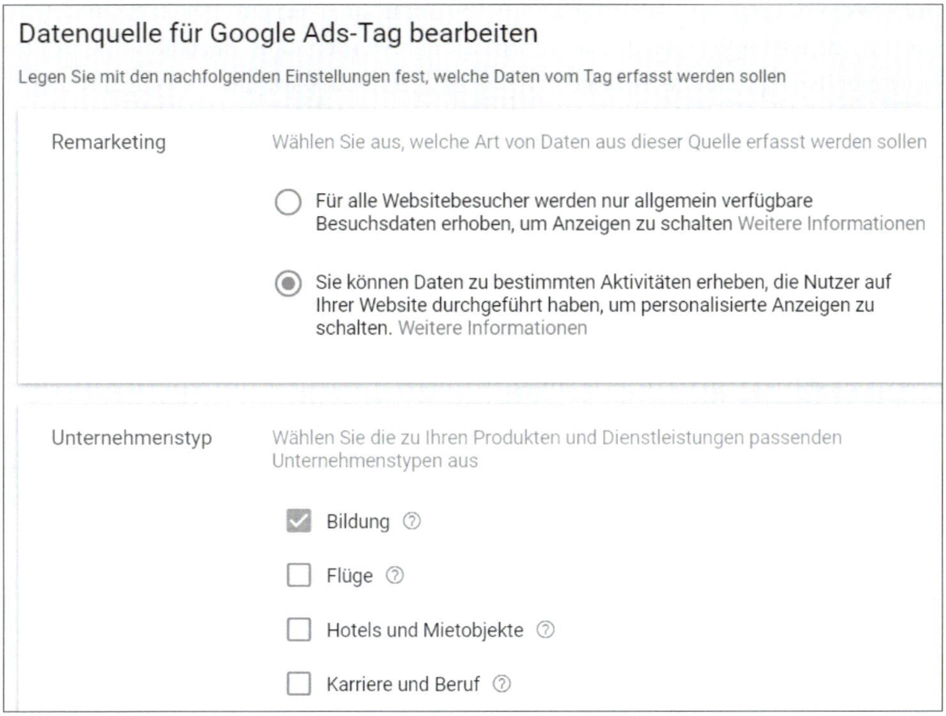

Datenquelle für Google Ads-Tag bearbeiten

Legen Sie mit den nachfolgenden Einstellungen fest, welche Daten vom Tag erfasst werden sollen

| Remarketing | Wählen Sie aus, welche Art von Daten aus dieser Quelle erfasst werden sollen |

○ Für alle Websitebesucher werden nur allgemein verfügbare Besuchsdaten erhoben, um Anzeigen zu schalten Weitere Informationen

◉ Sie können Daten zu bestimmten Aktivitäten erheben, die Nutzer auf Ihrer Website durchgeführt haben, um personalisierte Anzeigen zu schalten. Weitere Informationen

| Unternehmenstyp | Wählen Sie die zu Ihren Produkten und Dienstleistungen passenden Unternehmenstypen aus |

☑ Bildung ⑦

☐ Flüge ⑦

☐ Hotels und Mietobjekte ⑦

☐ Karriere und Beruf ⑦

Abbildung 8.54 Dynamisches Remarketing unter »Zielgruppen« einrichten

Der Code aus Listing 8.2 zeigt nur den Event-Teil zum Thema Bildung mit den Parametern 'id', 'location_id' und 'google_business_vertical'. Der Platzhalter 'replace with value' wird dabei später auf der Website mit individuellen Werten zu den jeweiligen Nutzer-Aktionen gefüllt. Der Wert eines Produktes oder einer Dienstleistung wird im Code immer mit 'value' übergeben.

```
<script>
  gtag('event', 'page_view', {
    'send_to': 'AW-830xxxxxx ',
    'value': 'replace with value',
    'items': [{
      'id': 'replace with value',
      'location_id': 'replace with value',
      'google_business_vertical': 'education'
    }]
  });
</script>
```

Listing 8.2 Skript-Beispiel einer Ergänzung für das dynamische Remarketing-Tag

Über das Skript werden also Informationen zum Besuch des potenziellen Kunden an Google Ads weitergegeben. Diese Informationen werden dann dazu genutzt, um im GDN möglichst passende Anzeigen zu präsentieren. Die Parameter aus unserem Beispiel haben folgende Bedeutung:

1. Die ID (`id`) steht für eine »Seminar-ID« oder eine andere eindeutige Kennzeichnung für ein Bildungsprogramm. Diese ID muss mit dem Attribut "Program ID" aus dem Geschäftsdatenfeed übereinstimmen, damit die dynamische Anzeige den Internetnutzern genau das zuvor aufgerufene Seminar in der Werbung präsentieren kann. Ist die Produkt-ID im Feed nicht vorhanden, wird eine ähnliche ID aus der Produktgruppe genommen. Diese Vorgehensweise ist jedoch nicht optimal, da das Produkt bzw. das Seminar von dem abweicht, was vorher betrachtet wurde.

2. Die (`location_id`) steht für die eindeutige Standortkennzeichnung zum Bildungsprogramm. Falls vorhanden, muss der Wert mit dem Attribut "Location ID" Ihres Geschäftsdatenfeeds für Bildung übereinstimmen.

3. Der Parameter (`google_business_vertical`) gibt letztlich den jeweiligen Feedtyp an, der für die Suche nach dem Produkt verwendet wird. Dieser Wert muss für unser Beispiel aus dem Bildungsbereich auf `'education'` eingestellt sein.

Weitere Infos finden Sie in der Google-Ads-Hilfe unter *https://support.google.com/ google-ads/answer/7305793?hl=de*.

Die Übergabe der Werte ist nun die Aufgabe Ihres Programmierers. Teilweise gibt es Erweiterungen für Shop-Systeme, die die entsprechenden Parameter übergeben, oder die Informationen müssen durch zusätzliche Skripte übertragen werden. Die ID des aktuell sichtbaren Produkts, der aktuelle Webseitentyp etc. dürften für die Programmierer keine Schwierigkeit darstellen, da die Informationen ja grundsätzlich auf der Website vorhanden sind.

Datenfeed bereitstellen

Die zweite Komponente ist der passende Datenfeed. Dieser wird benötigt, damit Google Ads dynamisch die richtigen Anzeigen für den User auf Grundlage seines vorherigen Surfverhaltens zusammenstellen kann. Wenn Sie bereits *Google Shopping* nutzen und einen Datenfeed über das Merchant Center mit Google Ads verbunden haben, dann müssen Sie an dieser Stelle nichts mehr veranlassen. Die Produkt-IDs sind im Shopping-Feed enthalten und können so zugeordnet werden. Für alle anderen Unternehmenstypen müssen Sie passende Datenfeeds in das Google-Ads-Konto hochladen. Dazu navigieren Sie über den Werkzeugschlüssel (TOOLS UND EINSTELLUNGEN) und rufen dann EINRICHTUNG · GESCHÄFTSDATEN auf. Klicken Sie auf ⊕, und wählen Sie im nächsten Schritt dann FEED FÜR DYNAMISCHE DISPLAYANZEIGEN (siehe Abbildung 8.55) sowie den Typ aus. Für unser Beispiel wäre das also der Typ BILDUNG.

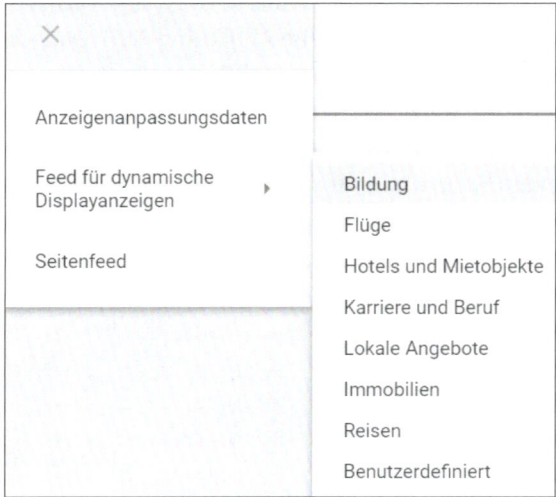

Abbildung 8.55 »Feed für dynamische Displayanzeigen«
unter »Geschäftsdaten« hochladen

Im nächsten Schritt können Sie die Daten auf Ihrem Computer auswählen und dann hochladen. Falls Sie noch keine Datei erstellt haben, können Sie sich an dieser Stelle auch ein Template mit einem Beispieldatensatz herunterladen und diesen dann an Ihre Produkte bzw. Dienstleitungen anpassen.

Abbildung 8.56 zeigt einen kleinen Ausschnitt aus einer solchen Datentabelle. Die Spaltenüberschriften stammen aus dem Beispiel-Template und sollten so übernommen werden. Manche Werte müssen ausgefüllt werden, andere sind optional. Auf Grundlage der eindeutigen Programm-ID zu Beginn jeder Datenzeile können beispielsweise verschiedene Seminare identifiziert und den entsprechenden IDs aus dem Remarketing-Tracking-Code zugeordnet werden.

	A	B	C	D
1	Program ID	Location ID	Program name	Final URL
2	1245	BW	Google Ads Seminar	https://www.google-schulung.com/ads-seminar

Abbildung 8.56 Ausschnitt aus einem Datenfeed mit »Program ID«

Remarketing-Kampagnen aufsetzen

Nachdem das Tracking und der Datenfeed eingerichtet sind, müssen Sie noch die passende Kampagne aufsetzen. Erstellen Sie für das dynamische Remarketing eine eigene Kampagne vom Typ DISPLAYNETZWERK. Wenn Sie mit Zielvorhaben arbeiten, dann wählen Sie UMSÄTZE aus. Sie können aber auch eine Kampagne ohne Zielvor-

453

haben erstellen. Erstellen Sie Ihre Standard-Display-Kampagne wie gewohnt. Der entscheidende Punkt ist, dass Sie bei dem Anlegen der Kampagne unter WEITERE EINSTELLUNGEN den Punkt DYNAMISCHE ANZEIGEN wählen und dort DATENFEED FÜR PERSONALISIERTE ANZEIGEN VERWENDEN aktivieren (siehe Abbildung 8.57). Danach können Sie den Datenfeed auswählen, den Sie unter Geschäftsdaten hochgeladen haben. In unserem Beispiel hat der Datenfeed den Namen *Seminare* und die ID *67106283*. Wenn Sie Google-Shopping-Kampagnen nutzen und Ihr Merchant Center mit Google Ads verknüpft haben, finden Sie in dieser Auswahl auch Ihre Webshop-ID aus dem Merchant Center. Auf diese Weise können Sie auch Ihre Shopping-Produkte via Remarketing bewerben.

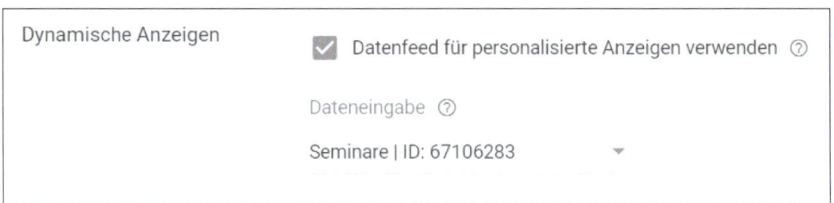

Abbildung 8.57 Einen Datenfeed unter »Dynamische Anzeigen« verknüpfen

Damit das Remarketing funktioniert, müssen Sie noch eine Anzeigengruppe erstellen und als Targeting unter ZIELGRUPPEN wie oben beschrieben eine passende Remarketing-Liste hinzufügen, z. B. die Liste *Alle Besucher*.

Anzeige für dynamisches Remarketing

Zu einer guten Kampagne mit dynamischem Remarketing gehört natürlich auch noch eine Anzeige. Für diesen Kampagnentyp erstellen Sie am besten eine responsive Displayanzeige, wie Sie dies auch bei einer regulären Display-Kampagne gewohnt sind. Als Besonderheit erhalten Sie hier nun den Hinweis, dass der Anzeige der zuvor verknüpfte Datenfeed zugeordnet ist (siehe Abbildung 8.58). Somit kann Google neben den in der responsiven Anzeige eingestellten Texten und Bildern auch Informationen aus dem Datenfeed übernehmen, um für den jeweiligen Betrachter der Anzeige das jeweils passende Produkt oder die passende Dienstleistung auszuspielen.

Damit haben Sie alle Komponenten für Ihre dynamische Remarketing-Kampagne erstellt:

1. einen Code, der Ihre Zielgruppen-Listen mit zusätzlichen Parametern füllt

2. einen Datenfeed, der die passenden Produkte oder Dienstleistungen mit Landingpage, Beschreibungen und eventuellen Produktbildern beinhaltet, damit diese passend ausgespielt werden können

3. eine Displaynetzwerk-Kampagne, die den Remarketing-Code und den Datenfeed verbindet

4. die responsiven Anzeigen in der Kampagne, die das passende Produkt oder auch die Dienstleistung automatisch präsentieren

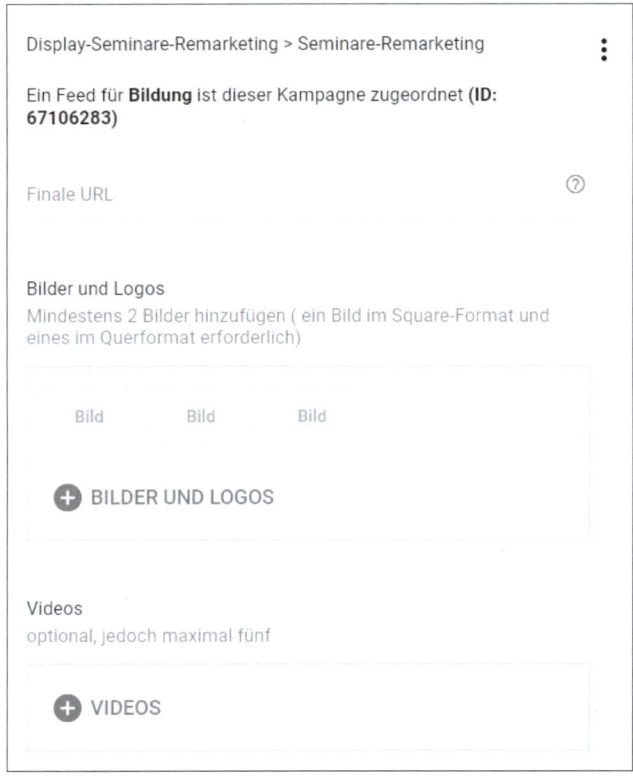

Abbildung 8.58 Hinweis auf die Verknüpfung zum passenden Datenfeed

8.4.10 RLSA – Remarketing funktioniert auch im Suchnetzwerk

Wir haben das Thema Remarketing bzw. Retargeting bisher nur in Verbindung mit dem Google Displaynetzwerk vorgestellt. Historisch betrachtet, war das auch der Ausgangspunkt der Remarketing-Idee, und lange Zeit konnte man mit Google Ads die potenziellen Kunden über eine Remarketing-Strategie nur im Google Display-netzwerk ansprechen.

Mitte 2013 hat Google unter dem Stichwort RLSA (*Remarketing Lists for Search Ads*) jedoch eine neue Möglichkeit zur Nutzung von Remarketing-Listen eingeführt. Diese Listen bzw. einige Remarketing-Listen können nun auch für Werbung im Google-Suchnetzwerk genutzt werden.

RLSA ist eine Strategie, um Nutzer, die Ihre Website schon einmal besucht haben, auch im Suchnetzwerk gezielt mit eigenen Angeboten anzusprechen. Außerdem können Sie spezielle Gebote für diese Gruppe abgeben oder die Liste nutzen, um die Auslieferung der Anzeigen für bestimmte Nutzergruppen auszuschließen.

Im Suchnetzwerk greifen Sie auf die gleichen Targeting-Listen zurück, die Sie auch für das Displaynetzwerk nutzen. Eine Liste für das Suchnetzwerk muss jedoch mindestens 1.000 Cookies von aktiven Nutzern/Besuchern aus den letzten 30 Tagen umfassen, da Google die Daten der Personen schützen möchte, was bei zu kleinen Gruppen und bestimmten Suchanfragen schwierig ist. Auch die benutzerdefinierten Kombinationen können Sie als Remarketing-Liste für die Suche nutzen.

8.4.11   Remarketing-Liste für Suchnetzwerk-Kampagne aktivieren

Eine Ausrichtung Ihrer Suchkampagnen nehmen Sie unter dem Tab ZIELGRUPPEN vor, nachdem Sie zunächst eine einzelne Suchnetzwerk-Kampagne ausgewählt haben. Unter ZIELGRUPPEN klicken Sie zuerst auf den blauen Button mit dem Bearbeitungsstift.

Bitte beachten Sie, dass Sie mittlerweile das Targeting nicht nur auf Kampagnen-, sondern auch auf Anzeigengruppenebene einstellen können. Dazu müssen Sie direkt unter der Überschrift ZIELGRUPPEN BEARBEITEN eine Auswahl zwischen Kampagne und Anzeigengruppe treffen. Als Nächstens müssen Sie entscheiden, wie Sie die Remarketing-Listen nutzen möchten. Dazu gibt es zwei Optionen:

▸ Die erste Option nennt sich AUSRICHTUNG. Bei dieser Auswahl wird Ihre Anzeigengruppe nur auf die gewählte Zielgruppe (Remarketing-Liste) ausgerichtet. Die Anzeigen können bei der Suche dann nur für diese Gruppe erscheinen.

▸ Die zweite Auswahl trägt die Bezeichnung BEOBACHTUNG. Bei dieser Auswahl werden die Anzeigen für alle Google-Nutzer ausgespielt. Für die spezielle Remarketing-Gruppe erscheint dann jedoch eine eigene Statistik mit den gewohnten Leistungskennzahlen. Daher stammt die Bezeichnung BEOBACHTUNG. Im zweiten Schritt können Sie bei dieser Ausrichtung nach der reinen Beobachtung für die jeweilige Remarketing-Gruppe die bereits bekannten Gebotsanpassungen (Erhöhen oder Verringern) vornehmen. Wenn Sie die Gebote erhöhen, so erscheinen Ihre Anzeigen für diese Gruppe öfter und auf besseren Anzeigepositionen; bei einer Reduzierung sind Ihre Anzeigen dementsprechend weniger präsent.

Bitte beachten Sie immer die beiden Möglichkeiten (AUSRICHTUNG vs. BEOBACHTUNG), wenn wir Ihnen im folgenden Abschnitt einige Ideen zur Nutzung von RLSA in der Praxis vorstellen. Die beiden Optionen AUSRICHTUNG oder BEOBACHTUNG (siehe Abbildung 8.59) spielen eine wichtige Rolle bei der Nutzung der Remarketing-Listen.

Google empfiehlt die Beobachtung

Bei den Suchnetzwerk-Kampagnen empfiehlt Google im Gegensatz zum Remarketing im Displaynetzwerk die Beobachtung. Durch die Beobachtung verändern Sie zunächst einmal nichts an Ihrer Suchnetzwerk-Kampagne. Daher empfehlen wir Ihnen zu Beginn auch diese Einstellung, die Sie gefahrlos nutzen können, ohne Traffic abzuschneiden. Bei der Option Ausrichtung müssen Sie sich ganz sicher sein, dass Sie auch nur diese Gruppe ansprechen möchten, da Sie schließlich einen Großteil der möglichen Impressionen verlieren.

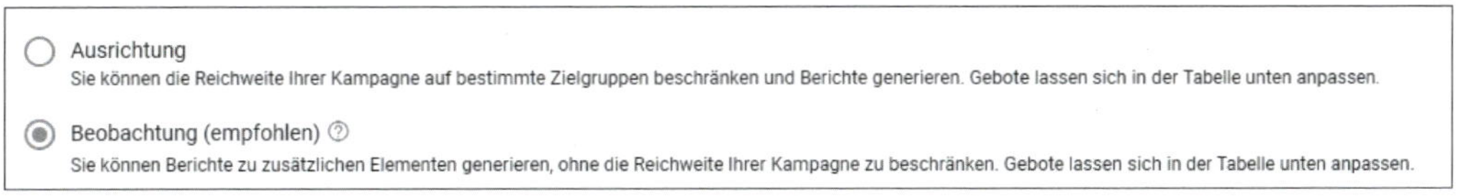

○ Ausrichtung
Sie können die Reichweite Ihrer Kampagne auf bestimmte Zielgruppen beschränken und Berichte generieren. Gebote lassen sich in der Tabelle unten anpassen.

◉ Beobachtung (empfohlen) ⑦
Sie können Berichte zu zusätzlichen Elementen generieren, ohne die Reichweite Ihrer Kampagne zu beschränken. Gebote lassen sich in der Tabelle unten anpassen.

Abbildung 8.59 Ausrichtung oder Beobachtung?

Nachdem Sie die Entscheidung für Ausrichtung oder Beobachtung getroffen haben, wählen Sie noch die Remarketing-Liste aus, indem Sie zunächst auf Suchen klicken und dort den Unterpunkt Bisherige Interaktionen mit Ihrem Unternehmen auswählen (siehe Abbildung 8.60). Dort können Sie die gewünschte Remarketing-Liste per Checkbox aktivieren.

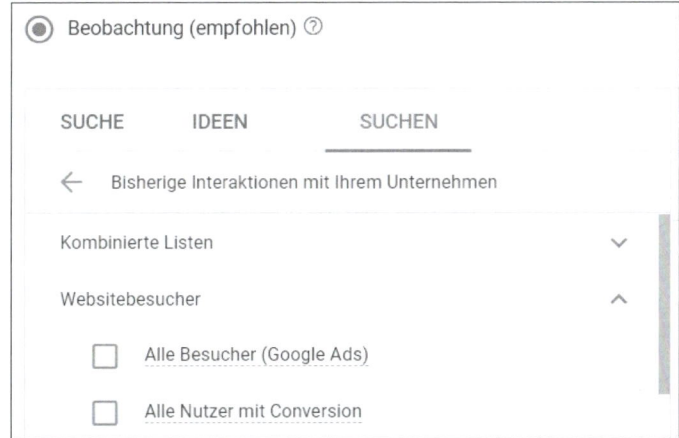

Abbildung 8.60 Remarketing-Liste unter den bisherigen Interaktionen auswählen

Tipp 1: Ausschlüsse nutzen

Denken Sie daran, dass Sie die Remarketing-Listen nicht nur positiv, sondern auch negativ nutzen können, indem Sie auf dem Tab Zielgruppen im Kopfbereich von Zielgruppen auf Ausschlüsse wechseln (siehe Abbildung 8.61). Unter Ausschlüsse können Sie analog zu dem geschilderten Ablauf Remarketing-Listen für den Ausschluss auswählen.

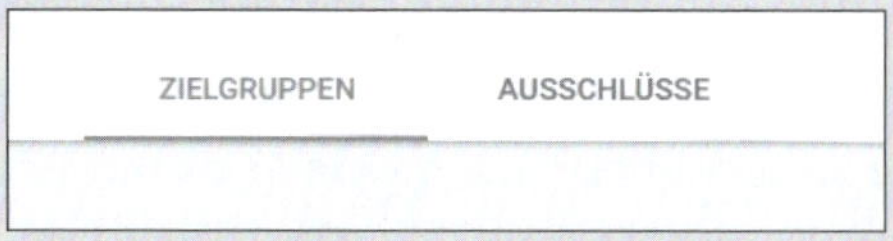

ZIELGRUPPEN	AUSSCHLÜSSE

Abbildung 8.61 Remarketing-Listen können auch ausgeschlossen werden.

Tipp 2: Kombination von Zielgruppen und demografischen Merkmalen

Außer mit ZIELGRUPPEN können Sie Kampagnen oder Anzeigengruppen für das Suchnetzwerk auch stärker auf bestimmte DEMOGRAFISCHE MERKMALE wie Alter und Geschlecht ausrichten (siehe Abbildung 8.62), indem Sie auch hier Gebotsanpassungen vornehmen. Außerdem können Sie einzelne demografische Merkmale auch von AKTIV auf AUSSCHLUSS setzen. Unter MEHR • AUSSCHLÜSSE finden Sie auch noch einen eigenen Bereich, der den Ausschluss der gewünschten demografischen Merkmale ermöglicht. Durch diese unterschiedlichen Anpassungsmöglichkeiten können Sie Ausrichtungen für ausgefeilte Strategien vornehmen.

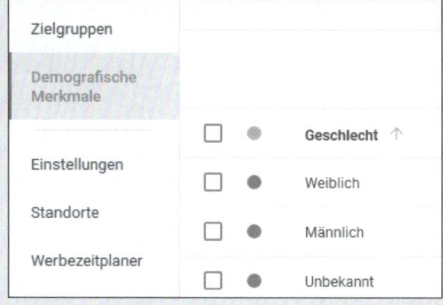

Abbildung 8.62 Gruppen anhand demografischer Merkmale ausschließen

8.4.12   Möglichkeiten des Remarketings für die Suche

Mithilfe der Remarketing-Listen und der zusätzlichen Optionen ergeben sich verschiedene Strategien für Ihre Suchkampagnen. Wir stellen Ihnen im Folgenden einige Beispiele als Anregung vor.

Auf teurere Keywords für wiederkehrende Besucher bieten (Beobachtung)

Erhöhen Sie nur für Ihre Remarketing-Gruppe die Keyword-Gebote. Sie schonen so das Gesamtbudget, da Sie nur für eine begrenzte Gruppe (z. B. Webseitenbesucher, die noch nicht zur Gruppe der Kunden gehören) Anzeigen zu wichtigen Keywords in einer Top-Position präsentieren.

Diese Option ist vor allem für kleinere Unternehmen mit geringem Budget interessant. Sehr allgemeine und daher oft sehr teure Keywords können sich kleinere Unternehmen im Positionskampf mit finanzstarken Konkurrenten meistens nicht leisten. Durch diese Remarketing-Strategie können jedoch auch kleine Unternehmen für ihre Zielgruppe auf den »Top-3-Positionen« erscheinen – bei begrenztem finanziellen Risiko, denn die Gebote gelten ja nur für eine festgelegte Gruppe aus der Remarketing-Liste. Die »teuren Keywords« werden in gesonderte Anzeigengruppen verteilt, auf die dann das Targeting mit der Option angewandt wird.

Bieten Sie Kunden spezielle Angebote an (Ausrichtung)

Sie können einer Gruppe ehemaliger Webseitenbesucher spezielle Angebote machen, indem Sie eine Anzeigengruppe mit neuen Anzeigentexten entwerfen und diese Besucher zu einer speziellen Landingpage schicken. Unser Tipp: Schließen Sie die Gruppe der ehemaligen Webseitenbesucher gleichzeitig für Ihre Standardkampagne oder Anzeigengruppen zusätzlich aus.

Gespiegelte Kampagne für Kaufabbrecher aufsetzen (Ausrichtung)

Sie können eine bestehende Kampagne komplett kopieren und für alle ehemaligen Besucher, die einen Kauf auf Ihrer Webseite abgebrochen haben, höhere Gebote abgeben, um mit höheren Anzeigenpositionen die ehemaligen Besucher mit hohem Interesse an Ihren Produkten besser erreichen zu können. Gleichzeitig schließen Sie diese Gruppe auch hier für Ihre normale Google-Ads-Kampagne aus.

Branding-Kampagnen – nur für neue Besucher (Ausrichtung)

Erstellen Sie eine Kampagne mit Konkurrenz-Keywords, die nur für Google-User ausgespielt wird, die noch nicht auf Ihrer Webseite waren. Die Chance ist also groß, dass diese Ihre Seite noch nicht kennen. Dazu kann eine Remarketing-Liste mit Webseitenbesuchern erstellt werden, die eine möglichst lange Cookie-Laufzeit besitzt. Ehemalige Besucher werden also bei dieser speziellen Branding-Kampagne ausgeschlossen.

Testen Sie Zusatzangebote für ehemalige Käufer (Ausrichtung)

Setzen Sie eine spezielle Kampagne mit Keywords auf, die Ihre Produkte ergänzt oder einen zusätzlichen Service anbietet und die dann nur für bestehende Kunden ausgespielt wird, die in den letzten Wochen ein Produkt gekauft haben.

Spezielle Gebote für aktuelle, interessierte Besucher erhöhen (Beobachtung)

Erhöhen Sie Ihre CPC-Gebote prozentual für Besucher, die in den letzten Tagen auf Ihrer Seite waren und sich Produkte oder Ihre spezielle Dienstleistungsseite angeschaut haben. Hier sollte eine Remarketing-Liste mit einer sehr kurzen Cookie-Laufzeit (7 bis 4 Tage) aufgesetzt werden. Für diese aktuell interessierten Besucher sind Sie mit dieser Strategie zu Ihrem Keyword-Thema immer gut sichtbar.

Anzeigen für aktuelle Kunden verbergen (Ausrichtung)

Schließen Sie die Remarketing-Liste mit aktuellen Käufern aus, wenn Sie keine zusätzlichen Angebote für aktuelle Kunden besitzen. Für eine Serviceanfrage oder zum Aufruf des Kunden-Logins sollten bestehende Kunden dann über die organischen Ergebnisse zu Ihre Seite gelangen und nicht über die kostenpflichtigen Google-Ads-Anzeigen.

Sie finden sicher anhand dieser Beispiele eigene Strategien, wie Sie die *Remarketing-Lists for Search-Ads* in Kombination mit dem Targeting auf ZIELGRUPPEN nutzen können. Diese Strategien sind vor allem interessant, um ein knappes Budget sehr sparsam und zielgerichtet einzusetzen.

8.5   Videokampagnen

Neben den Videoanzeigen, die Sie innerhalb der Displaynetzwerk-Kampagnen schalten können, bietet auch die Google-Tochter YouTube viele Möglichkeiten der Videowerbung. Diese Werbeform unterscheidet sich grundsätzlich von den Google-Ads-Textanzeigen. Videokampagnen sind schon eher mit den Image-Anzeigen im Displaynetzwerk vergleichbar. Die Videokampagnen sind ein spezieller Kampagnentyp, der ebenfalls über das Google-Ads-Konto gesteuert wird.

Falls Sie sich dazu entschließen, auch mit Videokampagnen über Google-Ads zu werben, so sollten Sie zunächst jedoch in ein gutes Werbevideo investieren. Es nützt Ihnen nichts, wenn Ihr Video bei YouTube geschaltet und angeklickt wird, Sie jedoch daraus keine interessierten Besucher für Ihre Website und letztlich Kunden generieren können. Bei der Videowerbung muss das Interesse an Ihren Produkten, Dienstleistungen oder allgemein an Ihrem Unternehmen im Videoclip selbst erzeugt werden.

Achten Sie bei der Erstellung des Videos darauf, dass der Clip nur ein bis höchstens zwei Minuten dauert und Ihre wichtigste Botschaft möglichst weit vorn im Video genannt wird. Ihr Video sollte natürlich auch einen Call-to-Action enthalten. Insgesamt muss das Ziel sein, dass die Betrachter des Videos sich im Anschluss verstärkt für Ihre Produkte und Ihre Website interessieren. Dies erreichen Sie z. B. durch die Ankündigung eines speziellen Werbeangebots im Videoclip oder am Ende des Videos.

8.5.1 YouTube-Konto mit Google Ads verknüpfen

Für eine gute Online-Marketingstrategie mit eigenen Videos, die Sie dann auch auf Ihrer Webseite verlinken können, sollten Sie am besten alle Werbevideos und auch alle anderen Videos (z. B. spezielle Produktvideos) in einem eigenen YouTube-Kanal zusammenführen. Diesen Kanal können Sie dann mit Ihrem Google-Ads-Konto verknüpfen. Diese Verknüpfung ist zwar keine Voraussetzung für die Schaltung von Videokampagnen, bietet aber viele Vorteile, beispielsweise beim Aufbau von Remarketing-Listen im YouTube-Kanal. Wir empfehlen daher eine Verknüpfung zwischen Google Ads und YouTube.

Durch die Verknüpfung von YouTube und Google Ads haben Sie unter anderem folgende Vorteile:

- zusätzliche Statistiken zu Videoaufrufen
- Remarketing-Liste aus YouTube
- Daten zu Interaktionen mit den Videos in Google Ads

Es gibt laut Google aktuell zwei Möglichkeiten, um die Konten zu verknüpfen:

- den YouTube-Kanal mit dem Google-Ads-Konto verknüpfen
- das Google-Ads-Konto mit dem YouTube-Kanal verknüpfen

Die Verknüpfung aus dem YouTube-Kanal heraus erscheint einfacher, da Sie über Ihre Google-Ads-Kundennummer direkt das richtige Konto identifizieren können. Die Verknüpfungsmöglichkeit ist im YouTube-Kanal jedoch leider etwas versteckt. So führen Sie die Verknüpfung durch:

1. Melden Sie sich bei YouTube mit Ihrem Google-Login an, der auch Admin-Rechte besitzt.
2. Beginnen Sie auf der YouTube-Eingangsseite, und klicken Sie unterhalb Ihres Login-Bildes auf YOUTUBE STUDIO.
3. Im YouTube Studio klicken Sie in der linken Navigation auf EINSTELLUNGEN (neben dem bekannten Zahnrad-Symbol, siehe Abbildung 8.63).
4. In dem neuen Pop-up-Fenster klicken Sie dann links auf KANAL und in der Header-Navigation auf ERWEITERTE EINSTELLUNGEN (siehe Abbildung 8.64).
5. Wenn Sie dann noch etwas nach unten scrollen, finden Sie die Möglichkeit zur Google-Ads-Kontoverknüpfung.
6. Im nächsten Schritt klicken Sie auf den Link KONTO VERKNÜPFEN.
7. Geben Sie danach der Verknüpfung einen Namen. Tragen Sie Ihre Google-Ads-Kundennummer ein, und klicken dann auf FERTIG.
8. Bestätigen Sie Ihre Eingaben mit SPEICHERN.

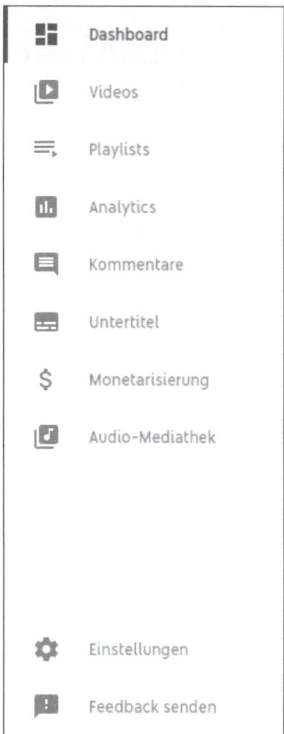

Abbildung 8.63 Navigationsmenü im »YouTube Studio«

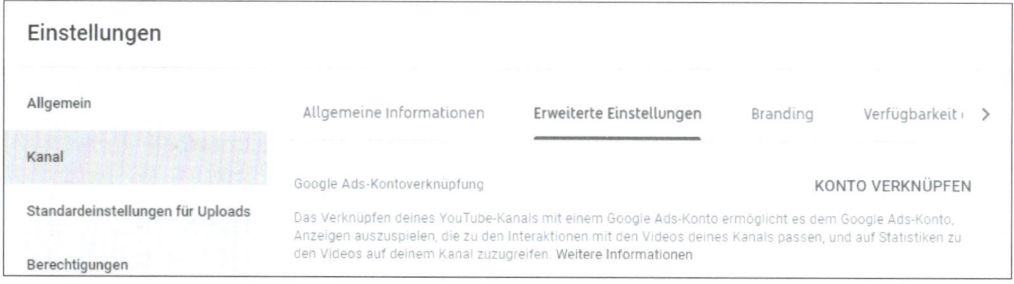

Abbildung 8.64 Die Google-Ads-Kontoverknüpfung im »YouTube Studio«

Die YouTube-Verknüpfung finden Sie danach in Ihrem Google-Ads-Konto wieder, indem Sie auf den Werkzeugschlüssel klicken und dann zu TOOLS UND EINSTELLUNGEN • EINRICHTUNG • VERKNÜPFTE KONTEN navigieren. Im Abschnitt YOUTUBE klicken Sie dann auf DETAILS (siehe Abbildung 8.65).

Falls Sie den Weg nicht über den YouTube-Kanal gehen, können Sie auch an dieser Stelle starten, indem Sie unter Details auf ⊕ klicken und in dem neuen Pop-up-Fenster nach Ihrem YouTube-Kanal suchen. Nachdem Sie den richtigen Kanal gefunden und angeklickt haben, müssen Sie Google Ads mitteilen, ob Sie Inhaber des YouTube-

Kanals sind bzw. nicht der Inhaber sind. Die zweite Möglichkeit wird gerne genutzt, falls eine Agentur den YouTube-Kanal für ihren Kunden verknüpfen möchte. Über die E-Mail-Adresse des Kanalbesitzers wird dann die Verknüpfung angefragt. Bei diesem Weg muss man natürlich vorher den YouTube-Kanal und die zugehörige E-Mail-Adresse kennen – aber auch dieser Verknüpfungsweg funktioniert.

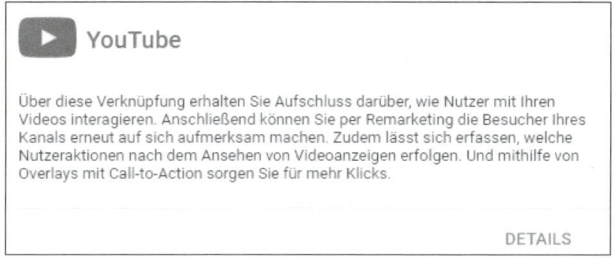

Abbildung 8.65 Den verknüpften YouTube-Kanal finden Sie unter »Details«.

8.5.2 Videokampagne erstellen

Nachdem die Konten verknüpft sind, erstellen Sie nun eine erste Videokampagne. Die Erstellung dieses Kampagnentyps gleicht der Erstellung einer Google-Ads-Such- oder Displaynetzwerk-Kampagne. Sie legen die Kampagne wie gewohnt über den Tab KAMPAGNEN an, also mit einem Klick auf den Button ⊕ und dann auf + NEUE KAMPAGNE. Im nächsten Schritt wählen SIE KAMPAGNE OHNE ZIELVORHABEN ERSTELLEN und danach als Kampagnentyp noch VIDEO (siehe Abbildung 8.66).

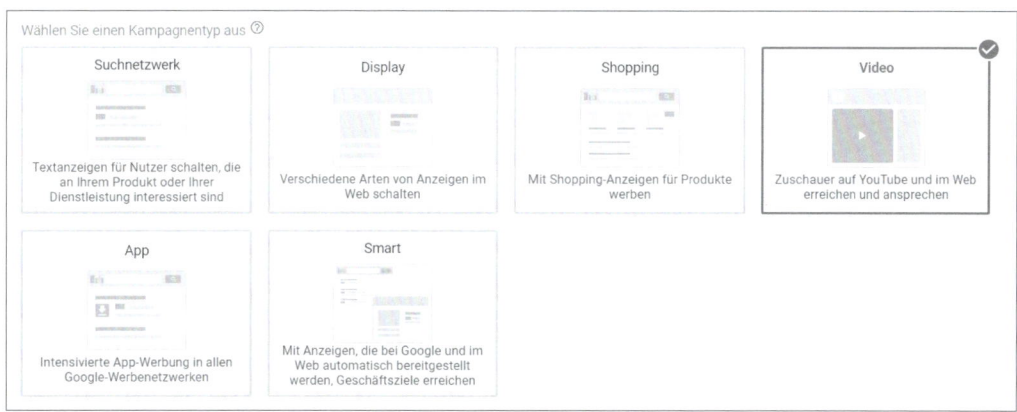

Abbildung 8.66 Kampagne vom Typ »Video« auswählen

Da es mittlerweile für Videokampagnen die verschiedensten Möglichkeiten gibt, müssen Sie nun zunächst eine Vorauswahl treffen, indem Sie den Kampagnenuntertyp bestimmen. Sie sollten hier zunächst die BENUTZERDEFINIERTE VIDEOKAMPAGNE wählen.

Werfen wir noch kurz einen Blick auf die anderen Möglichkeiten (siehe Abbildung 8.67):

▶ IN-STREAM (NICHT ÜBERSPRINGBAR): Diese Anzeigen sind höchstens 15 Sekunden lang und werden vor, während oder nach anderen Videos gezeigt.

▶ OUT-STREAM: Dieses Format ist ausschließlich für Mobilgeräte konzipiert und wird nur auf Websites und in Apps von Google-Videopartnern ausgeliefert. Out-Stream-Anzeigen werden anfangs ohne Ton wiedergegeben. Betrachter müssen die Stummschaltung aktiv aufheben. Mit Out-Stream-Anzeigen sollen Markenbekanntheit und Reichweite gesteigert werden.

▶ MEHR CONVERSIONS: Videoanzeigen, um mehr Klicks und relevante Conversions zu generieren

▶ ANZEIGENSEQUENZ: Mit diesem Format stellen Sie mehrere Videos in gewünschter Reihenfolge ein, um Nutzern Ihr Produkt oder Ihre Marke zu präsentieren.

▶ SHOPPING: Bei diesem Format können Sie neben den Videoanzeigen auch andere relevante Produkte bewerben. Dazu ist natürlich auch wieder ein Google Merchant Center mit entsprechenden Produkt-Feeds erforderlich.

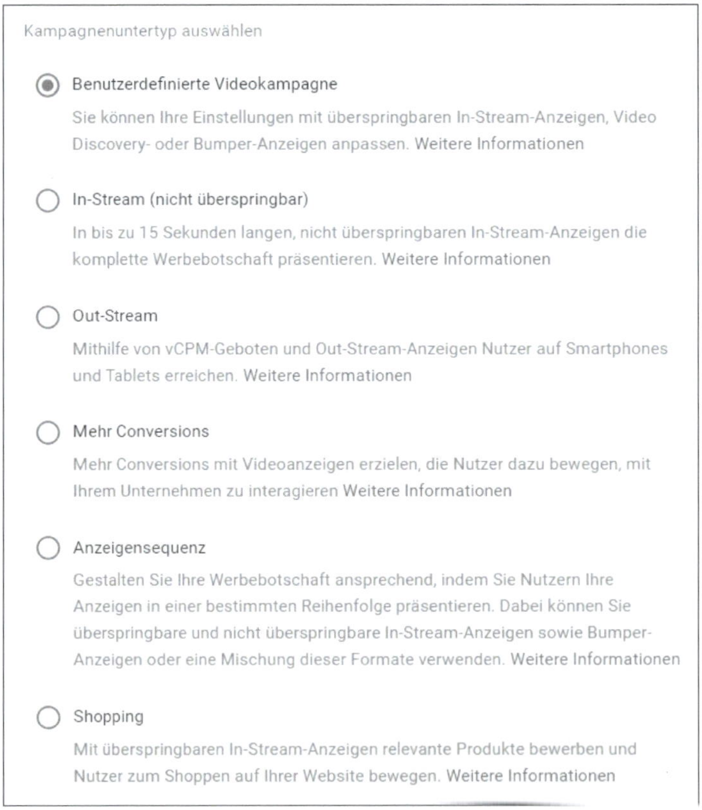

Abbildung 8.67 Verschiedene Untertypen zur Video-Kampagne

Lassen Sie, wie empfohlen, die Vorauswahl BENUTZERDEFINIERTE VIDEOKAMPAGNE stehen, und klicken Sie dann auf WEITER. Danach öffnet sich das bekannte Formular, um die Grundeinstellungen einer Kampagne festzulegen. Einige Einstellungen (wie der Kampagnenname, Sprachen, Standorte etc.) sind bereits aus anderen Kampagnen bekannt. Wir schauen uns daher in den folgenden Abschnitten nur die Besonderheiten bei den Grundeinstellungen einer Videokampagne an.

Gebotsstrategie

Unter der Gebotsoption wird im Gegensatz zum bekannten CPC (Cost-per-Click) ein CPV- oder ein CPM-Gebot abgegeben:

▶ *CPV* steht für *Cost-per-View*. Dies ist somit der maximale Betrag, der fällig wird, sobald sich ein Nutzer Ihr Video ansieht. Hiermit generieren Sie – im Gegensatz zu den Klicks auf Google-Ads-Text- oder -Image-Anzeigen – also noch keine Besucher Ihrer Website. Darum ist es umso wichtiger, dass die Videos sehr früh Ihre Werbebotschaft transportieren und zum Besuch Ihrer Website auffordern. Denn erst auf Ihrer Website haben Sie die Möglichkeit, den Interessenten in einen Kunden zu »verwandeln«.

▶ *CPM* steht für *Cost-per-Mille* und ist somit der Tausend-Kontakt-Preis. Sie bieten also direkt für 1.000 Impressionen. Dies ist vor allem dann interessant, wenn Sie möglichst viele Nutzer mit Ihren Videos erreichen möchten. Für Ihre Videokampagnen können Sie einen sogenannten ZIEL-CPM angeben. Das ist dann der durchschnittliche Betrag, den Sie für 1.000 Auslieferungen Ihrer Video-Anzeigen bezahlen möchten.

Neben den beschriebenen Gebotsstrategien können Sie je nach Videountertyp auch noch folgende Strategien wählen, die Sie bereits von anderen Kampagnen kennen:

▶ MAXIMALER CPM

▶ SICHTBARER CPM

▶ ZIEL-CPA

▶ CONVERSIONS MAXIMIEREN

Abbildung 8.68 Gebotsstrategie festlegen

465

Budget

Für Videokampagnen existiert eine besondere Budgetoption, die Google normalerweise nicht anbietet – das Gesamtbudget (siehe Abbildung 8.69). Bei den Grundeinstellungen Ihrer Videokampagnen können Sie im Bereich BUDGET UND DATUM von der gewohnten Einstellung des Tagesbudgets auch auf GESAMTBUDGET DER KAMPAGNE wechseln.

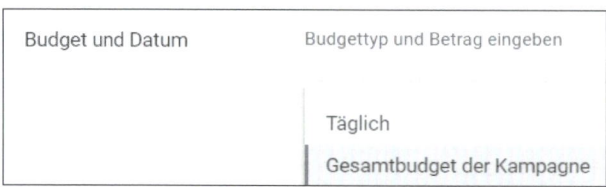

Abbildung 8.69 Budgetvorgaben können Sie von »Täglich« auf »Gesamtbudget« ändern.

Wenn Sie dann das Gesamtbudget eingegeben haben, müssen Sie dieses Budget noch mit einer festgelegen Laufzeit kombinieren. Google berechnet und präsentiert zum Schluss das zugehörige Tagesbudget (siehe das Beispiel in Abbildung 8.70).

Abbildung 8.70 Gesamtbudget und Zeitraum für eine Videokampagne festlegen

Werbenetzwerke

Die Videokampagnen können Sie für die drei folgenden Werbenetzwerke aktivieren:

▸ YOUTUBE-SUCHERGEBNISSEITE: Die Anzeigen erscheinen auf den Suchergebnisseiten bei der YouTube-Suche.

▸ YOUTUBE-VIDEOS: Die Anzeigen erscheinen auf den YouTube-Kanälen, auf der YouTube-Startseite oder als eingebettete Videos.

▸ VIDEOPARTNER IM DISPLAYNETZWERK: Das Google Displaynetzwerk kennen Sie bereits von den Image-Werbekampagnen. Neben der Schaltung im YouTube-Universum können die Videoclips mit dieser Netzwerkauswahl dann auch auf den Seiten der Google-Werbepartner erscheinen.

Die verschiedenen Netzwerke können alle per Checkbox aktiviert oder deaktiviert werden (siehe Abbildung 8.71), wobei entweder YOUTUBE-SUCHERGEBNISSEITE oder YOUTUBE-VIDEOS ausgewählt sein muss.

Abbildung 8.71 Verschiedene Werbenetzwerke stehen zur Auswahl.

Inventartyp und Label

Beim Anlegen Ihrer Videokampagnen sollten Sie auch einen Blick auf das festgelegte Inventar und die Inhaltstypen bzw. Labels werfen, die Sie ausschließen können. In diesen Bereich können Sie festlegen, in welchem Umfeld Ihre Videos erscheinen sollen. Google kennt drei grundsätzliche Inventartypen:

▸ Erweitertes Inventar

▸ Standardinventar

▸ Begrenztes Inventar

Wenn Sie ERWEITERTES INVENTAR ausgewählt haben, erscheinen Ihre Videos vielleicht im Zusammenhang mit Inhalten (Gewalt, Pornografie, vulgäre Sprache etc.), die nicht mit Ihrem Unternehmen und Ihrer Werbebotschaft im Einklang stehen. Je nach ausgewählter Stufe wird dies immer weiter eingeschränkt, was natürlich auch gleichzeitig zur Einschränkung der Reichweite führt. Obwohl Google die mittlere Einstellung (STANDARDINVENTAR) empfiehlt, sollten Sie erwägen, ob nicht das begrenzte Inventar besser für Sie ist. Zusätzlich können Sie noch Inhaltstypen festlegen und mit der Label-Einstellung auch Altersbeschränkungen aktivieren (siehe Abbildung 8.72). Wichtig für das Verständnis: Zunächst ist alles freigegeben; die Einschränkungen erfolgen erst durch Aktivierung der jeweiligen Checkbox.

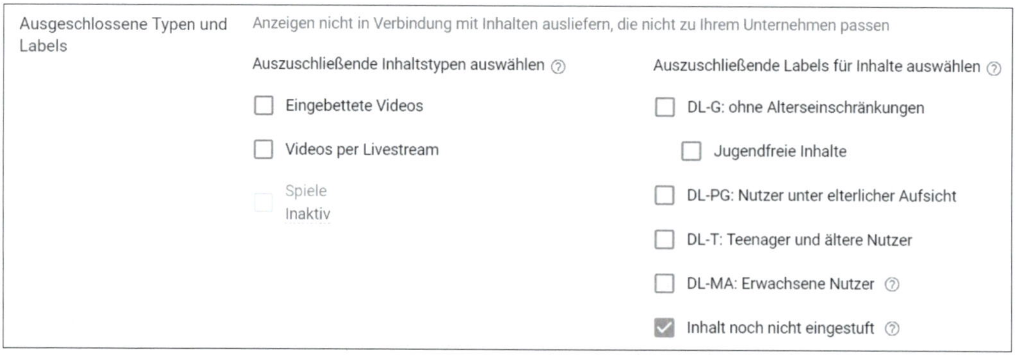

Ausgeschlossene Typen und Labels	Anzeigen nicht in Verbindung mit Inhalten ausliefern, die nicht zu Ihrem Unternehmen passen	
	Auszuschließende Inhaltstypen auswählen ⑦	Auszuschließende Labels für Inhalte auswählen ⑦
	☐ Eingebettete Videos	☐ DL-G: ohne Alterseinschränkungen
	☐ Videos per Livestream	☐ Jugendfreie Inhalte
	☐ Spiele Inaktiv	☐ DL-PG: Nutzer unter elterlicher Aufsicht
		☐ DL-T: Teenager und ältere Nutzer
		☐ DL-MA: Erwachsene Nutzer ⑦
		☑ Inhalt noch nicht eingestuft ⑦

Abbildung 8.72 Typen und Labels per Checkbox ausschließen

TV-Bildschirme als Endgeräte

Bitte beachten Sie, dass bei der Ausrichtung auf Endgeräte für Videokampagnen auch TV-Bildschirme möglich sind.

Alle weiteren Grundeinstellungen einer Videokampagnen kennen Sie bereits aus den bekannten Such- und Displaynetzwerk-Kampagnen. Nachdem Sie wie eben gezeigt die Grundeinstellungen vorgenommen haben, müssen Sie nun noch Ihre erste Anzeigengruppe mit der zugehörigen Targeting-Einstellung eingeben.

8.5.3   Ausrichtung von Videoanzeigen

Die Ausrichtung der Videokampagne funktioniert nach dem gleichen Prinzip wie die Ausrichtung im Displaynetzwerk. Sie können Ihre Videokampagnen nach demografischen Merkmalen, Zielgruppen, Keywords, Themen und Placements ausrichten (siehe Abbildung 8.73).

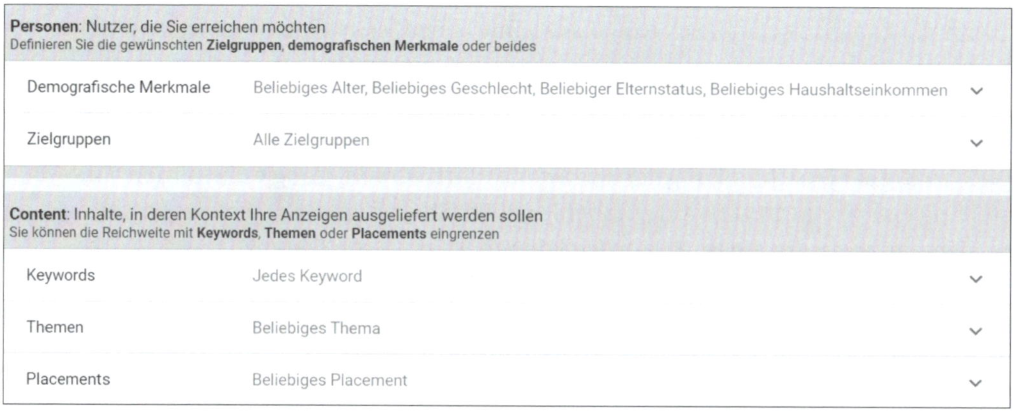

Personen: Nutzer, die Sie erreichen möchten Definieren Sie die gewünschten **Zielgruppen, demografischen Merkmale** oder beides	
Demografische Merkmale	Beliebiges Alter, Beliebiges Geschlecht, Beliebiger Elternstatus, Beliebiges Haushaltseinkommen ⌄
Zielgruppen	Alle Zielgruppen ⌄
Content: Inhalte, in deren Kontext Ihre Anzeigen ausgeliefert werden sollen Sie können die Reichweite mit **Keywords, Themen** oder **Placements** eingrenzen	
Keywords	Jedes Keyword ⌄
Themen	Beliebiges Thema ⌄
Placements	Beliebiges Placement ⌄

Abbildung 8.73 Ausrichtungsmöglichkeiten für Videokampagnen

468

Bei der Erstellung Ihrer Videokampagne können Sie zunächst eine oder auch mehrere Ausrichtungen bestimmen, die Sie später noch verändern und bearbeiten können.

Möchten Sie z. B. Ihre Videoclips im Zusammenhang mit bestimmten Themen präsentieren, so klicken Sie zunächst auf THEMEN und wählen ein Thema oder auch mehrere Themen per Checkbox aus (siehe Abbildung 8.74).

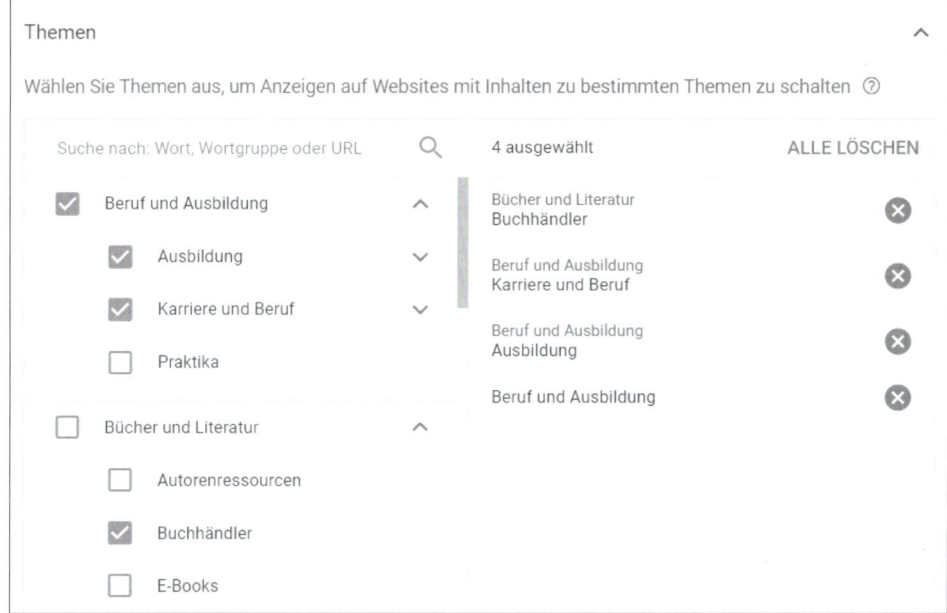

Abbildung 8.74 Beispiel: Themenauswahl zu Ausbildung und Büchern

Gebote

Wenn Sie als Gebotsstrategie MAXIMALER CPV vorgegeben haben, dann müssen Sie in der Anzeigengruppe nach den Angaben zum Targeting noch Ihr maximales CPV-Gebot eintragen. Wenn Sie noch keine Erfahrung mit Videokampagnen haben, dann sollten Sie zunächst einmal mit kleinen Geboten um die 0,20 bis 0,30 € per View starten. Neben dem maximalen CPV können Sie zusätzlich Ihr Gebot für Videos, die bei YouTube sehr beliebt sind, prozentual anpassen (siehe Abbildung 8.75). Damit erhöhen Sie natürlich die Chance, dass Ihre Videos von vielen YouTube-Nutzern gesehen werden. Sie müssen jedoch immer abwägen, ob die beliebten Videos auch von der Zielgruppe betrachtet werden, die für Ihr Geschäftsmodell interessant ist.

Abbildung 8.75 CPV-Gebot und Gebotsanpassung für beliebte Videos

8.5.4   Video auswählen und Videoformate festlegen

Zur Komplettierung Ihrer Videokampagne fehlen jetzt noch die Anzeigen mit den jeweiligen Videos in Kombination mit dem gewünschten Videoanzeigenformat. Wie bereits erwähnt, sollten Sie ein Video aus Ihrem YouTube-Kanal wählen. Rein technisch könnten Sie wie in unserem Beispiel auch nach Videos auf YouTube suchen und ein fremdes Video auswählen. Aus Marketingsicht ist dies natürlich nicht sinnvoll.

Ihr Video finden Sie über die Sucheingabe. Wenn Sie das richtige Video bei YouTube gefunden haben, können Sie dies per Klick bestätigen. Unter IHR YOUTUBE-VIDEO erscheinen dann ein Thumbnail, der Titel (siehe Abbildung 8.76) und weitere Kurzinfos zum ausgewählten Video.

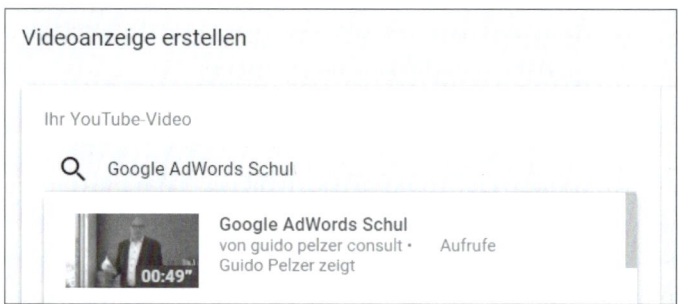

Abbildung 8.76 YouTube-Video auswählen

Nach der Auswahl des Videos müssen Sie noch das gewünschte Anzeigenformat festlegen (siehe Abbildung 8.77). Google hat in der Vergangenheit die Bezeichnungen immer mal wieder geändert. Falls Sie bei der Erstellung der Kampagne als Kampagnenuntertyp die Standardvorgabe, also die BENUTZERDEFINIERTE VIDEOKAMPAGNE, gewählt haben, dann können Sie aktuell aus den folgenden drei Formaten auswählen:

- ▶ ÜBERSPRINGBARE IN-STREAM-ANZEIGE: Das sind wahrscheinlich die bekanntesten Anzeigen, weil diese vor, während oder nach Videos ausgeliefert werden. Der Zuschauer kann sie nach fünf Sekunden überspringen. In-Stream-Anzeigen finden Sie auf YouTube oder bei Partnern im Displaynetzwerk.

- ▶ VIDEO DISCOVERY-ANZEIGE: Diese Anzeigen erscheinen in den YouTube-Suchergebnissen oder neben ähnlichen Videos. Außerdem können Sie diese Anzeigen für die Startseite von YouTube schalten. Um das Video zu starten, klickt der Nutzer zunächst auf ein Thumbnail, das aus einem Text und einem Bild besteht.

- ▶ BUMPER-ANZEIGE: Dies ist eine kurze Videoanzeige, die auf YouTube oder im Displaynetzwerk vor, während oder nach einem anderen Video wiedergegeben wird. Ein Bumper-Video darf höchstens sechs Sekunden dauern. Daher müssen Sie für diese Form der Anzeige wahrscheinlich ein spezielles Video erstellen lassen. Die Besonderheit bei den Bumper-Anzeigen besteht darin, dass ein Nutzer die Anzeige nicht überspringen kann.

Überspringbare In-Stream-Videoanzeige

Nachdem Sie Ihr Video bei YouTube ausgewählt haben, aktivieren Sie zunächst als Anzeigenformat ÜBERSPRINGBARE IN-STREAM-ANZEIGE ❶. Danach geben Sie die finale URL ❷ und die angezeigte URL ❸ ein, wie Sie dies schon aus anderen Anzeigenformaten kennen. Wenn Sie die Checkbox vor CALL-TO-ACTION ❹ aktivieren, können Sie Ihrer Anzeige auch noch eine Handlungsaufforderung ❺ hinzufügen. Zudem erhält die Anzeige noch einen Titel ❻ und ein sogenanntes *Companion-Banner*. Das Companion-Banner ist ein Bild oder auch eine Gruppe von Bildern, die neben der Anzeige erscheinen. Google empfiehlt, dieses Bild automatisch erstellen zu lassen ❼, damit eine einfache Integration in verschiedene Plattformen gewährleistet ist. Sie können aber auch selbst ein passendes Bild hochladen. Zum Schluss erhält Ihre Anzeige noch einen Namen, damit sie jederzeit einfach zu identifizieren ist. Danach können Sie Ihre neue In-Stream-Videoanzeige abspeichern.

Neben dem Eingabeformular können Sie wie gewohnt auf der rechten Seite das Erscheinungsbild Ihrer Anzeige schon einmal begutachten (siehe Abbildung 8.78). Sie können dabei zum einen zwischen den Plattformen (YouTube und Google-Videopartner) wechseln und zum anderen die Darstellung auf den unterschiedlichen Endgeräten (Mobil und Desktop) vergleichen.

Mit den In-Stream-Anzeigen erreichen Sie eine große Zielgruppe, weil die Videos anderen Videos vorgeschaltet werden. Sie müssen jedoch auch damit rechnen, dass die überwiegende Anzahl der erreichten User die Anzeige überspringt. Es ist daher sehr wichtig, dass Sie ein Video auswählen, das direkt zu Beginn großes Interesse weckt und dass Sie die passende Zielgruppenausrichtung einstellen bzw. durch Tests die richtige Ausrichtung auf Ihre Zielgruppe herausfinden.

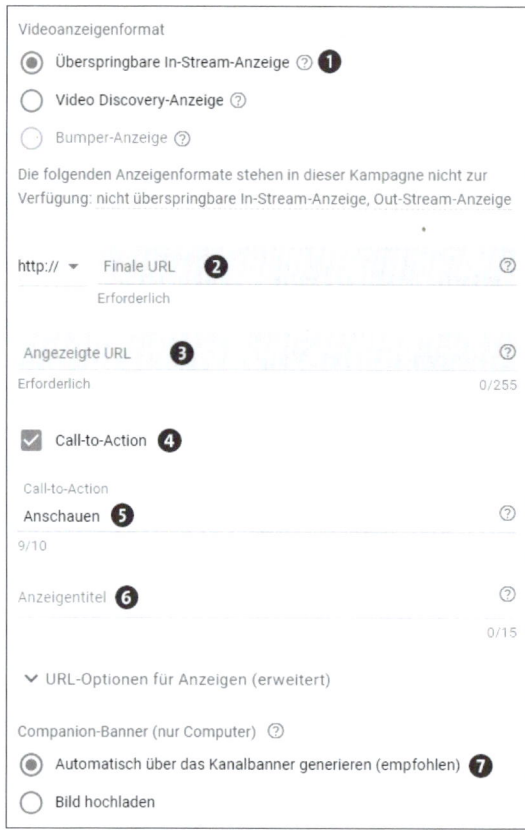

Abbildung 8.77 Eine In-Stream-Anzeige für Videokampagnen erstellen

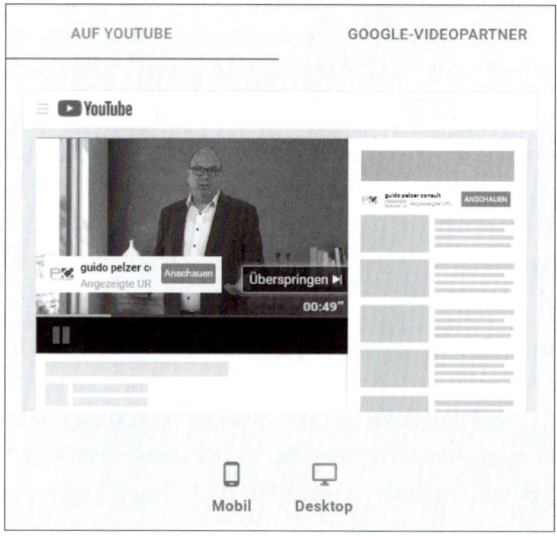

Abbildung 8.78 Vorschau: In-Stream-Anzeige in der »Desktop-Version« auf YouTube

Video Discovery-Anzeige

Das zweite Format nennt sich *Video Discovery-Anzeige*. Eine solche Anzeige kann als eigenständiger Videoclip neben YouTube-Videos, als Teil eines YouTube-Suchergebnisses oder auf der Startseite von YouTube geschaltet werden.

Für das Discovery-Format ❶ müssen Sie zusätzlich einen Anzeigentitel ❸ und zwei Textzeilen ❹ hinzufügen, wie Sie dies von den Google-Ads-Textanzeigen kennen (siehe Abbildung 8.79). Sie bezahlen bei diesem Format pro Klick auf die Anzeige, mit dem Ziel, Ihr Werbevideo einer bestimmten Zielgruppe zu präsentieren, die Sie vorher über das Targeting bestimmt haben. Das Video wird dann auf der YouTube-Wiedergabe- bzw. -Kanalseite abgespielt. Zur Ihrer Anzeige gehört auch ein passendes Vorschaubild, das Sie aus vier Video-Thumbnails ❷ auswählen können. Damit Sie Ihre Anzeige auch später identifizieren können, sollten Sie wie immer natürlich noch einen passenden Namen ❺ vergeben.

Auch die Darstellung Ihrer neu erstellten Video Discovery-Anzeige können Sie über die Vorschau in den unterschiedlichen Netzwerken und auf den verschiedenen Endgeräten betrachten (siehe Abbildung 8.80).

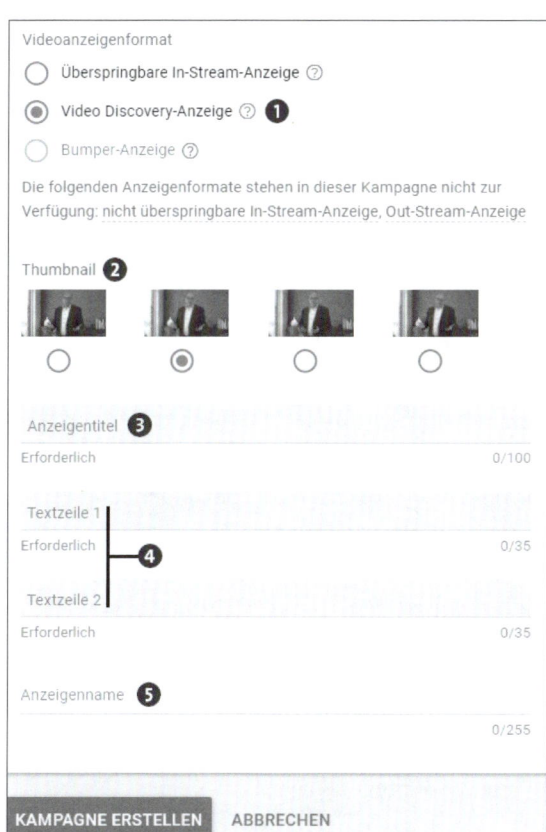

Abbildung 8.79 Einstellungen für eine »Video Discovery-Anzeige«

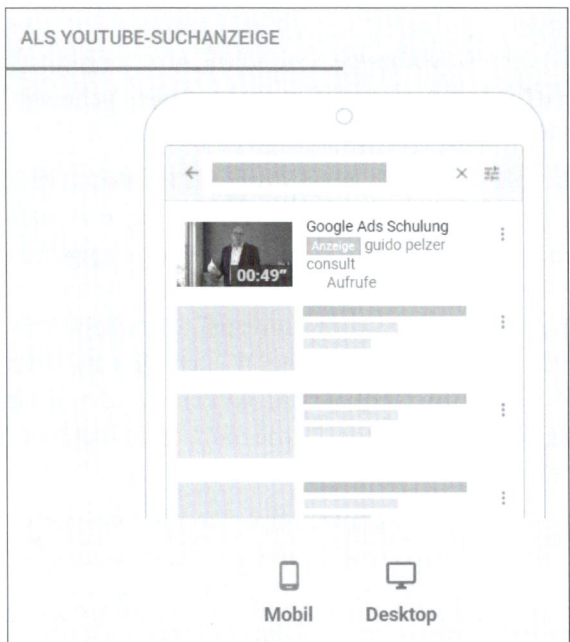

Abbildung 8.80 Vorschau: eine »Video Discovery-Anzeige« als YouTube-Suchergebnis auf einem mobilen Endgerät

---

TrueView-Anzeigenformate auf Cost-per-View-Basis (CPV)

Die Anzeigen, die Sie als In-Stream-Anzeigen in der Videokampagne erstellen, werden als *TrueView-Anzeigenformate* bezeichnet. Bei diesen Anzeigen zahlen Sie nur, wenn sich der Nutzer das Video 30 Sekunden lang bzw. bis zum Ende ansieht und so mit dem Video interagiert.

Die Kosten für Videoanzeigen sind teilweise etwas unübersichtlich und werden von Google gerne mal neu definiert. Darum hier noch ein kurzer Überblick zu den unterschiedlichen Formaten (Stand: April 2020):

▶ Nicht überspringbare In-Stream-Anzeigen sind höchstens 15 Sekunden lang und es entstehen jedes Mal Kosten auf Ziel-CPM-Basis, wenn die Anzeige ausgeliefert wird.

▶ Bumper-Anzeigen gehören ebenfalls nicht zu den TrueView-Anzeigen, sondern werden auch nach Impressionen bezahlt, da die Videos nicht beendet werden müssen bzw. übersprungen werden können.

▶ Out-Stream-Anzeigen werden nur auf Mobilgeräten ausgeliefert. Die Abrechnung basiert auf dem sichtbaren CPM. Es entstehen daher Kosten, wenn das Video mindestens zwei Sekunden lang wiedergegeben wird.

Remarketing für Videoanzeigen

Remarketing ist auch für Ihre Videowerbung möglich. Das heißt, Sie können Ihre Videoclips gezielt bei YouTube oder im GDN auf vorher erfasste Zielgruppen ausrichten.

Beim Targeting über Remarketing-Listen können Sie zum einen auf vorhandene Listen aus den Standard-Google-Ads-Kampagnen zurückgreifen, Sie können aber auch zusätzliche Remarketing-Listen zu den Nutzern des verbundenen YouTube-Kanals erstellen. Rufen Sie dazu die ZIELGRUPPENVERWALTUNG unter TOOLS UND EINSTELLUNGEN • GEMEINSAM GENUTZTE BIBLIOTHEK auf, und klicken Sie auf den Button ⊕. Danach wählen Sie als Unterpunkt + YOUTUBE-NUTZER. Unter LISTENMITGLIEDER können Sie eine Dropdown-Liste zum Nutzerverhalten öffnen (siehe Abbildung 8.81). Die Video-Remarketing-Listen beziehen sich auf das Nutzerverhalten in Ihrem YouTube-Kanal bzw. auf Interaktionen zu Ihren Videos. So sollten Sie beispielsweise Nutzer-Listen zu folgenden Aktionen erstellen:

▶ Nutzer, die Ihren YouTube-Kanal besucht haben

▶ Nutzer, die Ihren YouTube-Kanal abonniert haben

▶ Nutzer, die sich bestimmte Videos aus Ihrem Kanal angesehen haben

▶ Nutzer, die bestimmte Videos als Anzeige angesehen haben

Es gibt natürlich noch weitere Möglichkeiten, aber mithilfe dieser vier Beispielgruppen können Sie schon sehr gezielt bestimmte Nutzer mit Ihren Werbevideos ansprechen. Nachdem Sie eine Gruppe aus Abbildung 8.81 ausgewählt haben, können Sie je nach Auswahl noch Kanäle oder Videos markieren, um die Liste genauer zu definieren.

Abbildung 8.81 YouTube-Remarketing-Listen

Für die Video-Remarketing-Listen können Sie, wie von den Standard-Remarketing-Listen bekannt, ebenfalls eine Nutzungsdauer (bis zu 540 Tage) angeben. Zusätzlich können Sie auch noch vorherige Nutzer bis zu einem Zeitraum von 30 Tagen in die neue Liste aufnehmen. So erhöhen Sie die Chance, schnell 100 User aufzubauen, die Sie benötigen, um die neue Video-Remarketing-Liste nutzen zu können. Per Klick auf Erstellen schließen Sie den Vorgang ab. Eine Video-Remarketing-Liste steht nach der Erstellung dann auch als Targeting für Google-Ads-Kampagnen im Displaynetzwerk zur Verfügung.

Nachdem Sie die Video-Remarketing-Listen erstellt haben, können Sie diese über den Tab Zielgruppen wie gewohnt per Klick auf + Zielgruppen hinzufügen oder alternativ per Klick auf den blauen Button mit dem Bearbeitungsstift hinzufügen. Wählen Sie nun jedoch unter Suchen • Bisherige Interaktionen mit Ihrem Unternehmen die Vorschläge unter YouTube-Nutzer aus (siehe Abbildung 8.82).

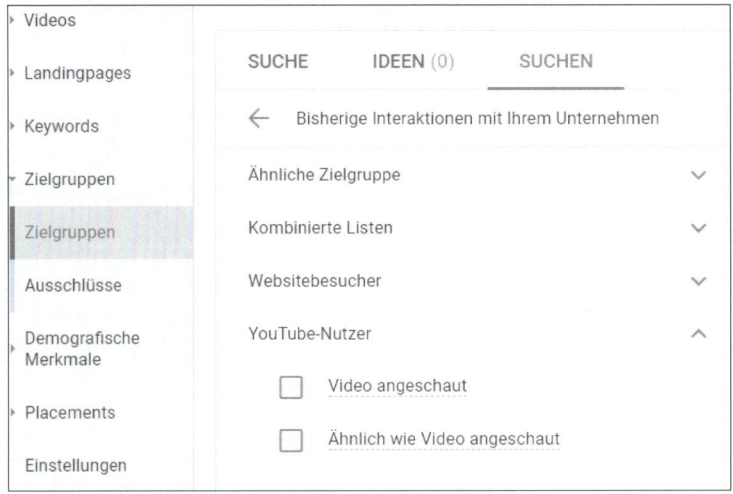

Abbildung 8.82 YouTube-Remarketing-Listen unter »Zielgruppen«

8.5.5 Auswertungen zur Videowerbung

Auch für Ihre Videokampagnen stehen zahlreiche Auswertungsberichte zur Verfügung. Sie können Ihre Berichte zu den Videokampagnen wie gewohnt über das Icon zu den Berichtspalten und mit der Auswahl Spalten anpassen ganz individuell zusammenstellen.

Für die Videokampagnen sind jedoch spezielle Kennzahlen verfügbar, die Sie je nach Informationsbedarf für Ihre Berichte nutzen sollten. Folgende Spalten für Ihre Videokampagnen finden Sie z. B. unter Erzielte YouTube-Aktionen:

- Erzielte Aufrufe
- Erzielte positive Bewertungen

▶ Erzielte Playlist-Hinzufügungen

▶ Erzieltes Teilen

▶ Erzielte Abonnenten

Einen besonderen Leistungsindikator können Sie sich beispielsweise zu den Berichten beim Tab VIDEOS (siehe Abbildung 8.83) hinzufügen. Wenn Sie dort unter LEISTUNGEN die Spalte VIDEOWIEDERGABE ZU … ❶ aktivieren, erhalten Sie eine Statistik, die aufzeigt, wie viel Prozent Ihrer Besucher welchen Anteil Ihrer Videos betrachtet haben.

Die Videowiedergabe wird dazu in vier Teile zu je 25 % unterteilt. In Abbildung 8.83 erkennen Sie, dass nur ca. 3 % ❸ der Videoaufrufer das ganze Video, also 100 %, angeschaut haben. 12 % ❷ wiederum haben sich nur das erste Viertel des Videoclips angeschaut. Diese Statistik sagt also etwas über die Leistung Ihrer Videos aus. Falls der überwiegende Anteil der Videoaufrufer Ihren Clip nicht zu Ende schaut, so sollten Sie andere und eventuell auch kürzere Videos testen und dann diejenigen Videos herausfiltern, die einen Betrachter möglichst lange bei der Stange halten.

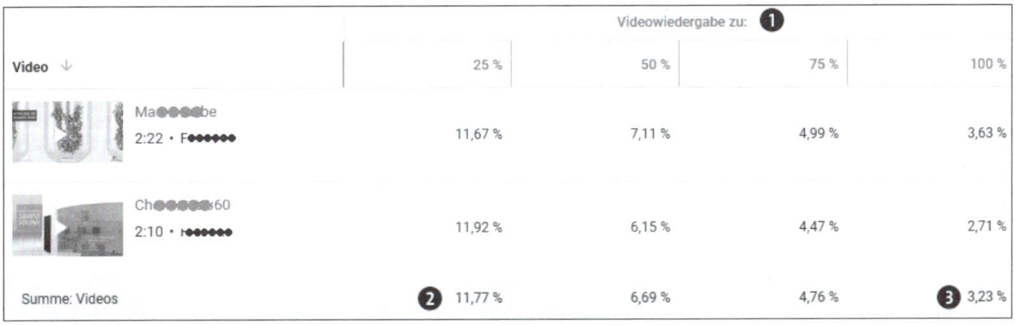

Video		25 %	50 %	75 %	100 %
	Ma●●●●be 2:22 · F●●●●●●●	11,67 %	7,11 %	4,99 %	3,63 %
	Ch●●●●●60 2:10 · ●●●●●●●	11,92 %	6,15 %	4,47 %	2,71 %
Summe: Videos	❷ 11,77 %	6,69 %	4,76 %	❸ 3,23 %

Abbildung 8.83 Statistik zum Anteil der Videowiedergabe

8.6 Checkliste

Sie möchten alle Möglichkeiten von Google Ads optimal nutzen? Mit folgender Checkliste finden Sie die passende Google-Ads-Werbemöglichkeit für Ihren Bedarf.

Meine Ziele	Google-Ads-Werbung
Bewerbung des Geschäfts vor Ort	Lokale Anzeigen bei Google Maps
Individuelle Anzeigen für einen großen Online-Shop mit wenig Aufwand erstellen	Dynamic Search Ads

Tabelle 8.1 Ziele und Google-Ads-Werbemöglichkeiten

Meine Ziele	Google-Ads-Werbung
Anzeigen inklusive Produktfoto für einen Online-Shop bei der Google-Suche	Google-Shopping-Anzeigen
Anzeigen inklusive Unternehmenslogo und Firmenbranding mit Links zu einzelnen Produkten und Produktbildern präsentieren	Google-Shopping-Anzeigen vom Typ *Showcase Ads*
Anzeigen für ehemalige Webseitenbesucher im GDN schalten	Remarketing mit Google Ads
Anzeigen mit passendem Produkt aus dem Online-Webshop für ehemalige Webseitenbesucher	Dynamisches Remarketing mit Google Ads
Anzeigen für ehemalige Webseitenbesucher zur Google-Suche schalten	Remarketing im Suchnetzwerk (RLSA)
Werbung mit eigenen Videos	Videokampagnen im GDN, Videokampagnen bei YouTube

Tabelle 8.1 Ziele und Google-Ads-Werbemöglichkeiten (Forts.)

Kapitel 9
Google-Ads-Tools

Tools sind die kleinen Helferlein, die Ihren Google-Ads-Alltag einfacher machen. In Ihrem Google-Ads-Konto gibt es viele verschiedene Tools, die Ihnen bei der Analyse, bei der Planung und bei der täglichen Verwaltung Ihrer Google-Ads-Kampagnen helfen. Manche Tools sind leicht erkennbar, andere sind etwas versteckt oder sind so weit in die Google-Ads-Oberfläche integriert, dass sie nur noch aktiviert werden müssen. In diesem Kapitel haben wir die wichtigsten und interessantesten Tools für Sie zusammengestellt.

Die Google-Ads-Tools kann man eigentlich nicht ganz isoliert betrachten, da sie meistens im Zusammenhang mit speziellen Einstellungen oder bei Analysesaufgaben genutzt werden. Falls die Tools in einer praktischen Anwendung an anderer Stelle ausführlich beschrieben werden, erhalten Sie hier nur den Verweis auf das entsprechende Kapitel im Buch.

9.1 Zusätzliche Google-Ads-Tools

Wenn Sie in Ihrem Google-Ads-Konto am oberen Bildschirmrand auf das Werkzeugsymbol klicken (siehe Abbildung 9.1), finden Sie dort neben Einträgen, die wir bereits in Kapitel 6, »Navigation im Google-Ads-Konto«, erläutert haben, unter anderem die Google-Ads-Tools:

▶ Der KEYWORD-PLANER ist ein Tool zur Analyse interessanter Suchbegriffe. Ihn haben wir schon in Abschnitt 2.7.1 vorgestellt.

▶ ANZEIGENVORSCHAU UND -DIAGNOSE: Nährers dazu folgt gleich in Abschnitt 9.1.2.

▶ Was CONVERSIONS sind und wie Sie sie in Ihrem Google-Ads-Konto einrichten, haben Sie bereits in Abschnitt 2.6.3 und Abschnitt 2.6.4 erfahren. In Abschnitt 9.2 gehen wir zusätzlich dazu detailliert auf die ATTRIBUTION ein.

▶ GOOGLE ANALYTICS
Der Unterpunkt GOOGLE ANALYTICS besteht nur aus einem Link, der auf das Tool *Google Analytics* verlinkt. Google Analytics wird analog zu Google Ads über ein Online-Tool verwaltet. Weitere Informationen zu Google Analytics finden Sie in Kapitel 11, »Google Analytics«.

Alle anderen Tools werden wir in diesem Kapitel vorstellen. Dazu geben wir auch Tipps zu ihrer praktischen Anwendung.

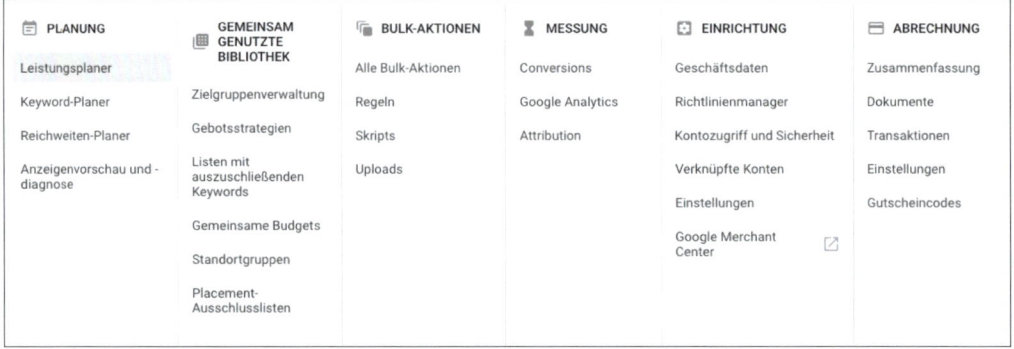

Abbildung 9.1 Die Google-Ads-Tools im Google-Ads-Konto

9.1.1   Änderungsverlauf: Wer hat etwas im Google-Ads-Konto geändert?

An dieser Stelle möchten wir auf den Änderungsverlauf eingehen. Sie finden zu jedem Element des Navigationsbereichs ❶ im Seitenmenü ❷ ganz unten den Änderungsverlauf ❸ (siehe Abbildung 9.2). Hier sehen Sie sämtliche Änderungen, die an Ihrem Google-Ads-Konto vorgenommen wurden.

Vor allem, wenn Sie mit mehreren Administratoren an einem Konto arbeiten oder falls ein Verwaltungskonto (MCC) auf Ihr Google-Ads-Konto zugreift, ist es interessant zu wissen, wer was wann geändert hat.

Nachdem Sie den ÄNDERUNGSVERLAUF aufgerufen haben, erhalten Sie eine Übersicht zu den Änderungen, die aktuell in Ihrem Google-Ads-Konto vorgenommen wurden, wobei die zeitlich letzten Änderungen an oberster Stelle stehen. Um die Anzahl der dargestellten Daten zu reduzieren, können Sie Filter einsetzen (siehe Abbildung 9.3), indem Sie auf das Filtersymbol ❶ klicken. In dem Menü, das sich dann öffnet ❷, wählen Sie aus verschiedenen vorgegebenen Filtern aus. Standardmäßig sind alle Änderungsarten aktiviert. Nachdem Sie auf die vorgegebenen Filter geklickt haben, werden die Daten in übersichtlicher Form in der Tabelle unter dem Filter sowie oberhalb als Leistungsgrafik eingeblendet. Über das Icon HERUNTERLADEN am rechten Rand können Sie den aktuellen Bericht exportieren, und über das Icon zum AKTUALISIEREN können Sie die Seite neu laden, wenn Sie nachträglich Änderungen an Ihrem Filter vorgenommen haben. Die Übersichtsgrafik ist vor allem bei größeren Änderungen interessant, da Sie hier im Verlauf analysieren können, ob diese Änderungen im Google-Ads-Konto zu Leistungsänderungen (positiven oder negativen) geführt haben.

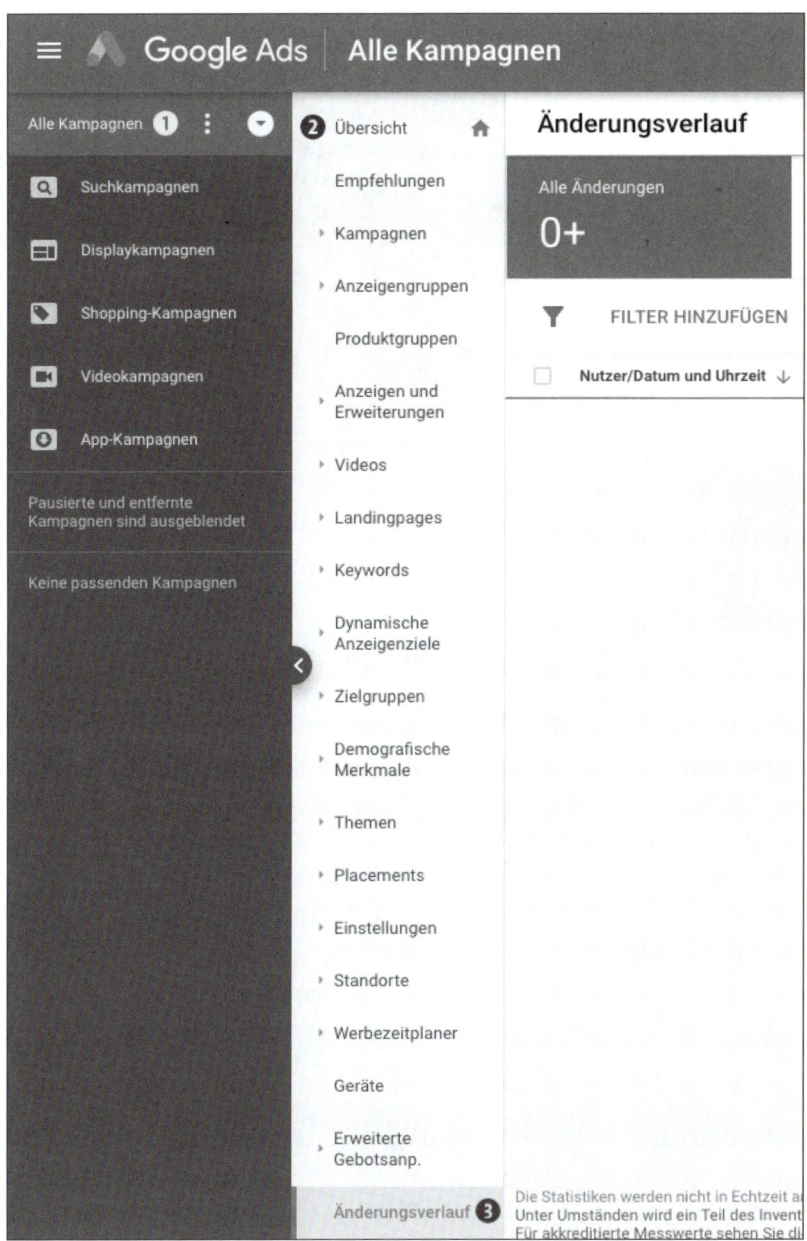

Abbildung 9.2 Änderungsprotokoll aufrufen

Der Zeitraum für das Änderungsprotokoll

Bitte denken Sie daran, dass Sie auch im Änderungsprotokoll nur eine Auflistung der Änderungen für denjenigen Zeitraum erhalten, der rechts oben in Ihrem Google-Ads-Konto gerade eingestellt ist.

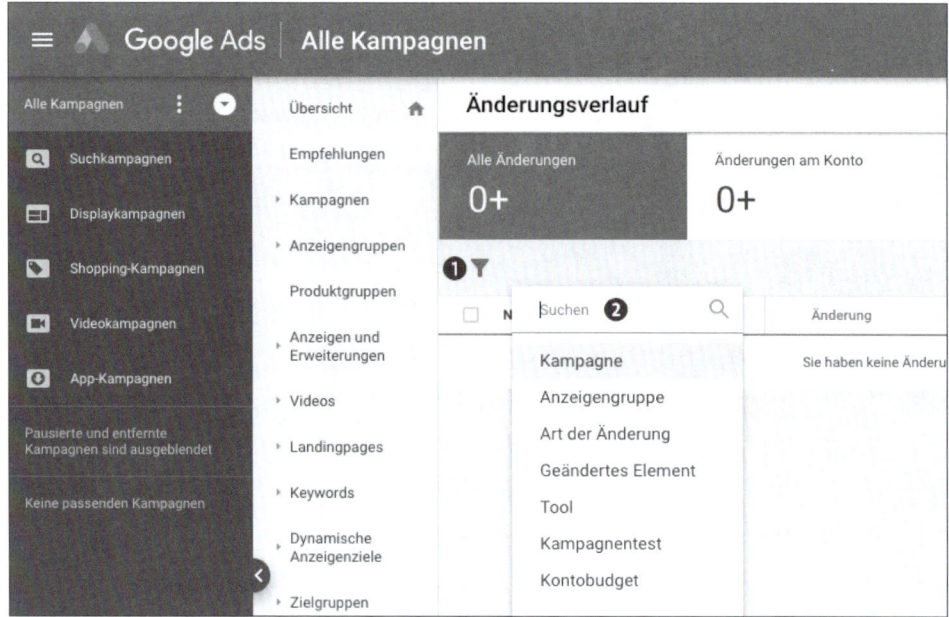

Abbildung 9.3 Filtereinstellungen für das Änderungsprotokoll

In der Tabelle mit den Änderungen können Sie durch einen Klick auf den Pfeil vor einer Änderung ❶ weitere Details zu dieser Veränderung anschauen (siehe Abbildung 9.4). Wenn Sie Details für mehrere Änderungen sehen wollen, dann wählen Sie alle relevanten Änderungen per Checkbox ❷ aus und klicken danach auf den Link DETAILS ANZEIGEN ❸. Sofern Sie eine bestimmte Änderung nicht mehr wünschen oder fälschlicherweise eine Änderung durchgeführt wurde, können Sie über den Link RÜCKGÄNGIG MACHEN ❹ diese Änderung widerrufen.

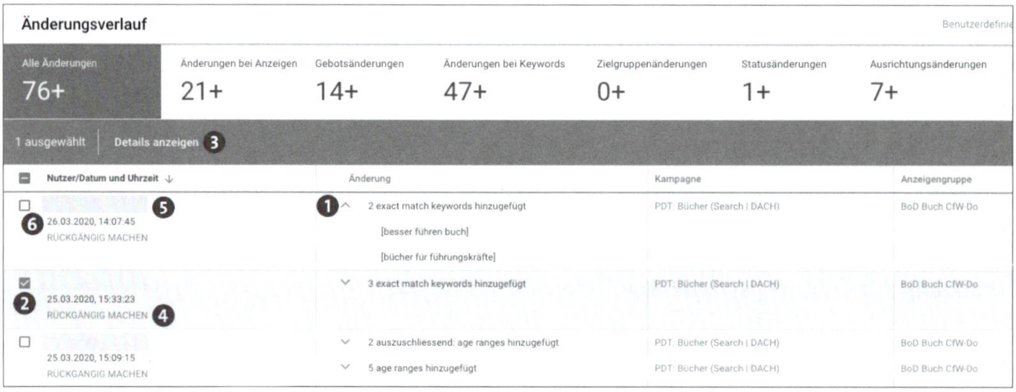

Abbildung 9.4 Tabelle mit Änderungen im Google-Ads-Konto

Zusätzlich zu den Beschreibungen der Veränderungen werden am Anfang jeder Zeile die E-Mail-Adresse ❺ (hier aus Datenschutzgründen unkenntlich gemacht) des Logins, der für die Veränderung verantwortlich ist, sowie der Tag und der Zeitpunkt ❻ der Änderung angezeigt. Falls mehrere Administratoren an einem Google-Ads-Konto arbeiten, ist es daher auf jeden Fall empfehlenswert, dass jeder Administrator einen eigenen Login erhält. So ist später immer nachvollziehbar, wer eine Änderung bewusst oder versehentlich durchgeführt hat, und die Verantwortung für bestimmte Aktionen kann einfacher ermittelt werden.

Tipp

Dadurch, dass jeder Administrator einen eigenen Login erhält, vermeiden Sie Streitigkeiten und Diskussionen.

Speichern Sie Filter für Änderungen, die Sie häufig nutzen

Wenn Sie bestimmte Änderungen aus dem Änderungsprotokoll regelmäßig anschauen möchten, dann haben Sie die Möglichkeit, Ihren einmal definierten Filter zu speichern, um ihn zu einem späteren Zeitpunkt jeweils wieder aufzurufen, ohne alle Einstellungen erneut vornehmen zu müssen (siehe die Markierung in Abbildung 9.5).

Abbildung 9.5 Änderungsfilter speichern

9.1.2   Anzeigenvorschau und -diagnose: die schnelle Anzeigen-Analyse

Die Anzeigenvorschau und -diagnose (siehe Abbildung 9.6) hat, wie der Name es schon andeutet, zwei Funktionen. Zum einen können Sie die Anzeigenvorschau dazu nutzen, die Darstellung Ihrer Anzeigen bei Google zu testen, ohne dass echte Impressionen durch eine eigene Anfrage über die Google-Suche erzeugt werden.

Dabei können Sie auch andere Regionen und Geräte simulieren, um Situationen zu testen, die Sie selbst nicht durch eine einfache Google-Abfrage herstellen können. Wenn Sie beispielsweise mit Ihrem Laptop in Hamburg sitzen, können Sie nicht so einfach durch den Aufruf der Google-Seite testen, welche Ergebnisse ein Smartphone-Nutzer in München sieht. Mit der Anzeigenvorschaufunktion geht das sehr wohl: Sie erhalten ein echtes Google-Ergebnis, das jedoch keine Impressionen erzeugt. Somit haben Ihre Keyword-Tests keinen negativen Einfluss auf den Qualitätsfaktor Ihrer Keywords in Ihren Kampagnen!

Der zweite Punkt, die Diagnose, überprüft gleichzeitig mit der Abfrage, ob das getestete Keyword in Ihrem Google-Ads-Konto auch eine Schaltung auslösen kann. Sofern dies nicht der Fall ist, erhalten Sie Hinweise, welche Bedingungen eine Schaltung verhindern.

Das Tool *Anzeigenvorschau- und -diagnose* können Sie folgendermaßen nutzen (siehe Abbildung 9.6).

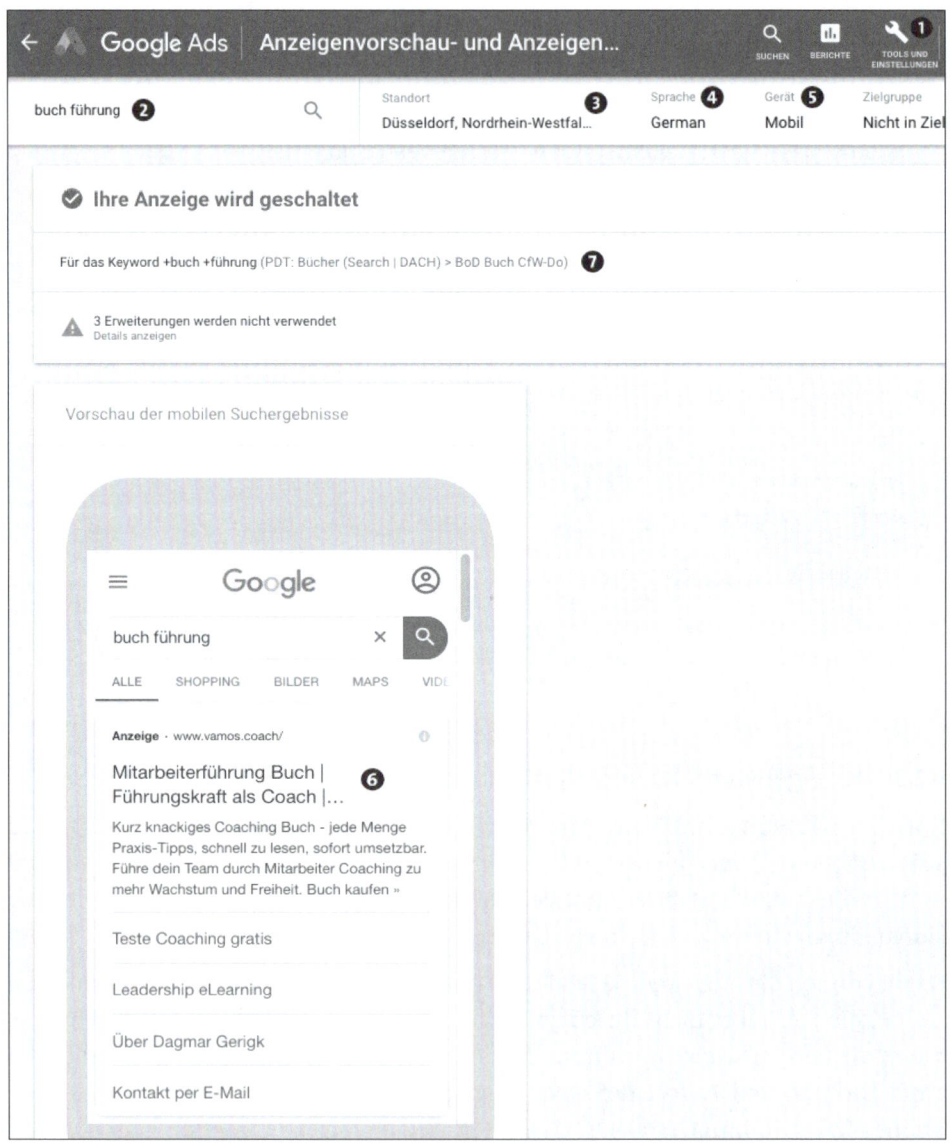

Abbildung 9.6 Eingaben zum Tool »Anzeigenvorschau- und -diagnose«

Nachdem Sie über das Werkzeugsymbol ❶ den Unterpunkt ANZEIGENVORSCHAU UND -DIAGNOSE aufgerufen haben, geben Sie in das Suchfeld ❷ das Keyword ein, das Sie analysieren möchten. Danach können Sie rechts daneben verschiedene Suchanfragen simulieren. Unter STANDORT können Sie analog zu der regionalen Ausrichtung in den Kampagneneinstellungen Städte, Bundesländer, Regionen oder auch Länder als Testregion auswählen, indem Sie im entsprechenden Feld ❸ einfach lostippen und Google Ihnen über Auto-Suggest passende Vorschläge macht. Auf diese Weise simulieren Sie ganz spezifische Nutzerstandorte, um zu erfahren, ob und in welchem Konkurrenzumfeld Ihre Anzeige ausgespielt wird.

Unter SPRACHE ❹ nehmen Sie die gewünschte Spracheinstellung vor. Auf diese Weise könnten Sie also auch Anfragen in Deutschland von Usern simulieren, die als Spracheinstellung Englisch eingestellt haben.

Beim Unterpunkt GERÄT ❺ können Sie zusätzlich das gewünschte Endgerät eingeben, das Sie testen möchten.

Die wichtigsten Einstellungen sehen Sie im Beispiel in Abbildung 9.6. Wir simulieren eine Anfrage aus Düsseldorf ❸ über ein Mobilgerät ❺. Die Diagnose zeigt nach Eingabe des Suchbegriffs ❷ und einem Klick auf ⏎ direkt das Ergebnis. In unserem Beispiel wird also zum Suchbegriff *buch führung* eine Anzeige geschaltet ❻. Der Diagnosebericht ❼ zeigt außerdem die auslösenden Keywords für die Anzeigenschaltung. Zusätzlich werden hier die Kampagne und die Anzeigengruppe genannt, wo das auslösende Keyword in Ihrem Google-Ads-Konto zu finden ist. Dieser Hinweis ist besonders wichtig, wenn gleiche oder ähnliche Keywords im Konto verteilt sind und Sie nicht genau nachvollziehen können, welches Keyword die Anzeige ausgelöst hat. Kampagne und Anzeigengruppe sind übrigens entsprechend verlinkt, sodass Sie aus dieser Diagnose heraus direkt in die Kampagnen oder Anzeigengruppen springen können, um eventuell notwendige Änderungen vorzunehmen.

Unterhalb der Analyse finden Sie dann in der Vorschau das visuelle Ergebnis, und zwar so, als wenn die Anzeige auf einem Mobilgerät in Düsseldorf aufgerufen worden wäre. Neben der eigenen Anzeige – falls diese geschaltet wird – finden Sie in der Vorschau auch die direkten Konkurrenten sowie die organischen Ergebnisse zur Suchanfrage.

Ändern wir nun die Anfrage in unserem Beispiel ein wenig, indem wir statt eines Mobilgeräts die Option DESKTOP und statt des Standortes Düsseldorf den Standort Paris auswählen, so erhalten wir ein anderes Vorschauergebnis (siehe Abbildung 9.7).

Diesmal wird die Anzeige nicht geschaltet, was daran liegt, dass für die Kampagne die Zielregion »Deutschland, Österreich, Schweiz« ausgewählt wurde.

Dieses kleine Beispiel zeigt schon, dass Sie mit diesem Tool echte Live-Ergebnisse abbilden können, die sich bei veränderten Vorgaben jeweils anders darstellen.

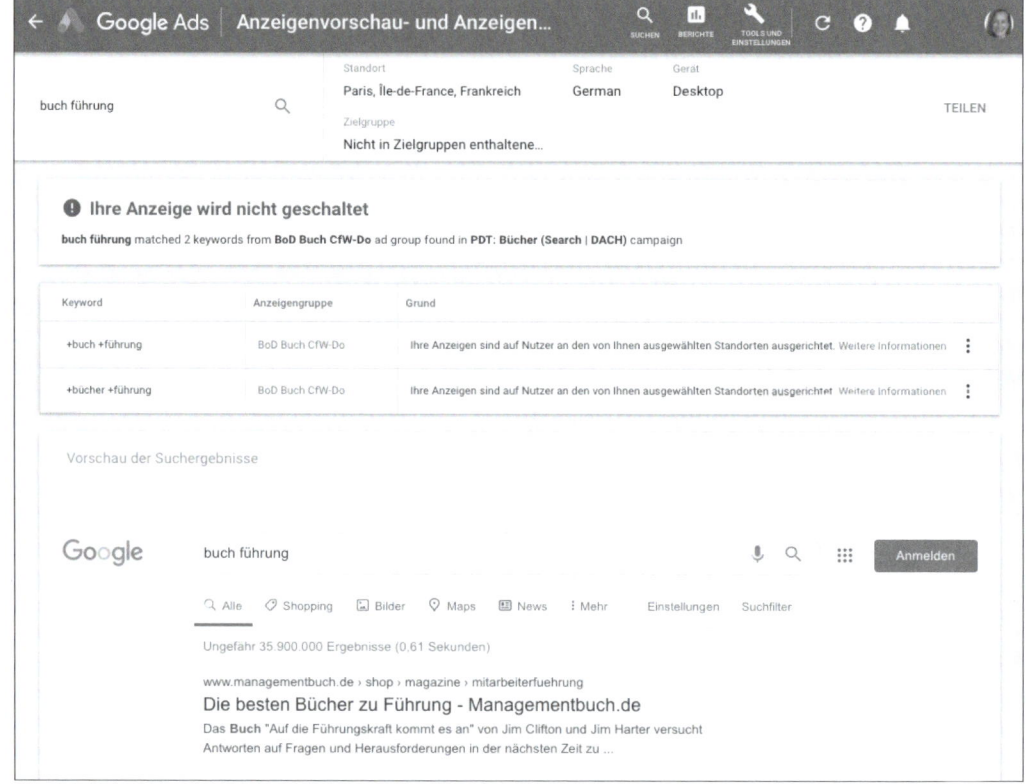

Abbildung 9.7 Weil der Standort nicht passt, erfolgt keine Anzeigenschaltung.

Diese Methode ist auf jeden Fall der sonst üblichen Live-Abfrage der eigenen Keywords in der Google-Suche vorzuziehen. Bei einem Live-Test erzeugen Sie nämlich zusätzlich Impressionen, die sich letztlich negativ auf Ihre Keywords und Kampagnen auswirken – vor allem, wenn Sie diese Abfragen sehr häufig durchführen und Ihre Anzeigen dabei nicht klicken. Ein gelegentlicher Klick auf Ihre Anzeige würde zwar Ihre Klickrate verbessern, führt jedoch zu unnötigen Klickkosten und ist daher nicht zu empfehlen.

9.2   Conversions und »ATTRIBUTION«

Ein sehr wichtiges Tool verbirgt sich hinter dem Unterpunkt CONVERSIONS. Mithilfe dieses Tools lässt sich das Conversion-Tracking einrichten, wie wir es in Abschnitt 2.6.4 näher beschrieben haben.

An dieser Stelle möchten wir Ihnen ein zusätzliches Tool zur Analyse der Conversions näherbringen, und zwar die ATTRIBUTION, die Sie wiederum über das Werkzeugsymbol, und zwar beim Unterpunkt MESSUNG am oberen Bildrand aufrufen. Mithilfe der Analysen im Unterpunkt ATTRIBUTION lassen sich tiefergehende Untersuchungen zu den erzeugten Conversions durchführen, um Rückschlüsse auf das Kundenverhalten zu ziehen.

Die ATTRIBUTION können Sie jedoch erst nutzen, wenn Sie zuvor Conversions eingerichtet und auch erzielt haben. Genauer gesagt müssen folgende zwei Bedingungen erfüllt sein, um die Berichte nutzen zu können:

1. Ein vorher eingerichtetes Ziel wurde erreicht. Das heißt, eine Conversion wurde ausgelöst.

2. Zusätzlich waren mindestens zwei Klicks auf Ihre Anzeige nötig, um diese Conversion zu erzielen.

Denn der Hauptgrund für die Berichte zur ATTRIBUTION ist die Diskussion darüber, welcher Klick letztlich den neuen Kunden generiert hat: War es der »erste Klick« oder der »letzte Klick«, und welchen Anteil haben die Klicks, die eventuell noch dazwischen liegen? Falls Sie im Idealfall nur jeweils einen Klick auf Ihre Google-Ads-Anzeige benötigen, damit ein Kunde eine Bestellung, eine Anfrage oder eine Kontaktaufnahme etc. durchführt, so entsteht natürlich erst gar kein Suchtrichter. Denn der Erfolg (Kundenkontakt, Kauf etc.) kann dann eindeutig einem Keyword, einer Anzeige usw. zugeordnet werden. Komplizierter wird das Ganze jedoch, wenn, wie so oft im Leben, der Weg zum Kunden über mehrere Umwege führt.

Bei unseren Google-Ads-Anzeigen bedeutet dies, dass der Kunde nicht beim ersten Klick die Bestellung durchführt, sondern dass er nach dem zweiten, dem dritten oder sogar erst nach weiteren Klicks auf die Google-Ads-Werbung zum Kunden wird. In dieser Situation stellt sich die Frage, welche Kampagne, welche Anzeigengruppe, welche Anzeige und welches Keyword denn nun verantwortlich dafür ist, dass ein Google-User letztlich Kunde geworden ist.

Standardmäßig, auch bei Google Ads, wird die Conversion immer dem letzten Klick zugeordnet (»last click counts«). Es ist aber nicht immer so, dass der letzte Klick der wichtigste ist. Die sogenannten vorbereitenden Klicks sind genauso wichtig oder eventuell sogar noch wichtiger. Für viele Marketingexperten ist vor allem der erste Klick, der einen zukünftigen Kunden auf die ihm bis dato unbekannte Webseite aufmerksam gemacht hat, der wichtigste Klick. Denn falls der Kunde sich beim ersten Besuch den Namen des Produkts oder des Unternehmens gemerkt hat, so erfolgt später der Kauf vielleicht, nachdem nur noch ein Marken- oder Firmenname eingegeben wurde. In der Praxis könnte dies zu dem Trugschluss führen, dass man nur noch unter seinem Unternehmensnamen oder mit seinem Produktnamen gefunden werden muss. Dies würde jedoch dazu führen, dass zukünftig Kunden wegfallen, die allgemeine Suchbegriffe nutzen und das Produkt oder das Unternehmen noch gar nicht kennen.

Die ATTRIBUTION enthält daher verschiedene Berichte (siehe Abbildung 9.8), die die Problematik des ersten und letzten Klicks sowie die verschiedenen Suchpfade beleuchten und somit Hilfe bei der Auswahl zukünftiger Kampagnen und Keywords bieten. Wir stellen Ihnen die verschiedenen Berichte der ATTRIBUTIONSÜBERSICHT nun kurz vor. Wählen Sie, abhängig von Ihrer Fragestellung, die Berichte aus, die für Ihre Fragestellung und Analyse wichtig sind.

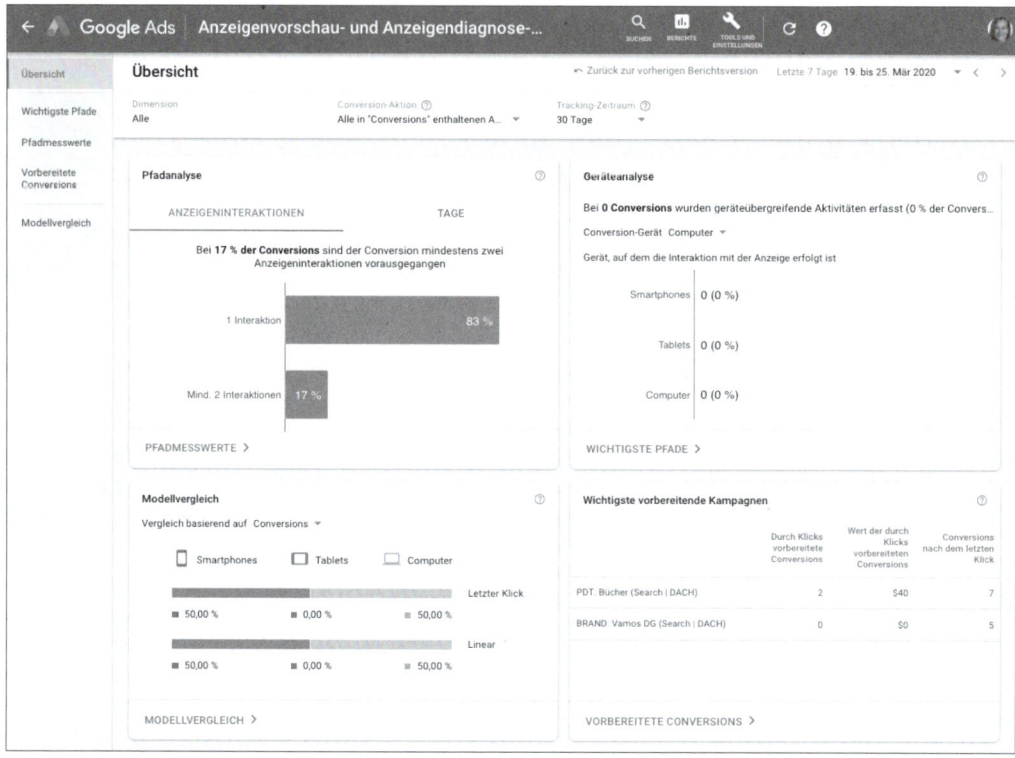

Abbildung 9.8 Attributionsübersicht

9.2.1   Pfadanalyse

Die Pfadanalyse gibt Ihnen Aufschluss darüber, wie viele Interaktionen mit Ihren Anzeigen nötig waren, bis eine Conversion zustande kam. Im Beispiel aus Abbildung 9.8 sehen Sie, dass 83 % aller Conversions nach einer Interaktion zustande kamen. Damit wäre das Standard-Attributionsmodell von Google passend, bei dem alle Conversions dem letzten Klick zugeordnet werden. Im Reiter TAGE erhalten Sie eine Information dazu, wie viele Tage bis zur Conversion verstreichen. Unter PFADMESSWERTE sehen Sie die entsprechenden Details dazu.

Der aus unserer Sicht interessanteste Bericht verbirgt sich hinter der Bezeichnung WICHTIGSTE PFADE in der linken Navigation. Auch bei diesem Bericht können Sie wieder aus verschiedenen Dimensionen auswählen. So finden Sie auf Kampagnen-, Anzeigengruppen- und Keyword-Ebene die Pfade, die letztendlich zum Kundenkontakt geführt haben (siehe Abbildung 9.9).

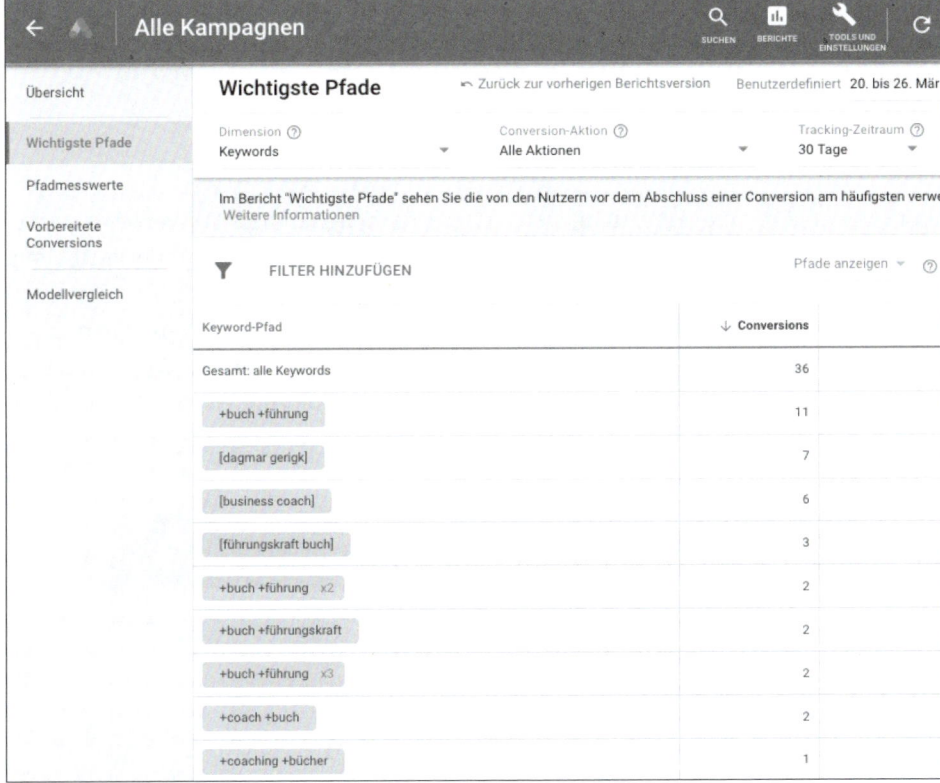

Abbildung 9.9 Pfade in der Dimension »Keywords«, die zu Conversions geführt haben

Im gezeigten Beispiel ist jeweils nur ein einziges Keyword nötig gewesen, um zu einer Conversion zu führen. Teilweise kam es allerdings mehrfach zum Einsatz, bevor die Conversion zustande kam. Die Häufigkeit können Sie an den Zahlen hinter dem Keyword ablesen.

In anderen Kampagnen kann ein Pfad durchaus aus mehreren Keywords bestehen. Hier können Sie dann ablesen, wie lang die Pfade sind, und unter PFADMESSWERTE sehen Sie, wie viel Zeit zwischen den einzelnen Schritten vergeht.

9.2.2 Geräteanalyse

Die Geräteanalyse gibt an, ob es bei mehreren Aktivitäten gegebenenfalls auch zu geräteübergreifenden Aktivitäten kam. Das bedeutet, dass ein Nutzer Ihre Anzeige beispielsweise zunächst auf dem Desktop gesehen hat, die Conversion allerdings schließlich auf dem Smartphone durchgeführt hat.

Sofern Sie in Ihren Anzeigen geräteübergreifende Aktivitäten haben, sehen Sie unter WICHTIGSTE PFADE genau, wie diese verlaufen sind. Diese Information ist insofern wertvoll, als die User-Journey, also der Weg des Besuchers Ihrer Webseite, mittlerweile in der Regel über mehrere Endgeräte führt.

9.2.3   Wichtigste vorbereitende Kampagnen

Hier sehen Sie in einer Übersicht, welche Ihrer Kampagnen Ihre Conversions vorbereitet und welche letztlich die Conversions nach dem letzten Klick generiert haben. Für mehr Details klicken Sie auf VORBEREITETE CONVERSIONS. Daraufhin öffnet sich ein neues Fenster. Hier sind abermals Ihre Kampagnen aufgelistet. Wenn Sie nun auf einzelne Kampagnen klicken, wechselt die Ansicht zu den jeweiligen Anzeigengruppen dieser Kampagne. Durch einen Klick auf die Anzeigengruppe sehen Sie dann die Details, welche Keywords in welchem Maße zu den Conversions beigetragen haben (siehe Abbildung 9.10).

Abbildung 9.10 Vorbereitete Conversions – Detailansicht

Die Statistik zeigt, wie oft die jeweiligen Dimensionen an der Vorbereitung zum Abschluss beteiligt waren und welche Bedeutung sie einen Schritt vorher in der Vorbereitung des Abschlusses gehabt haben – als sogenannte *vorbereitende Klicks* oder auch *vorbereitende Impressionen*.

Die jeweiligen Dimensionen rufen Sie über das Dropdown-Menü DIMENSION auf. Die hier genannten Kampagnen, Keywords etc. haben zu einer Conversion auf Ihrer Webseite geführt. Mit den Berichten können Sie analysieren, was die Conversion positiv beeinflusst hat.

Tipp

Nutzen Sie die Analyse zu Pfadmesswerten auch für Entscheidungen zum Design Ihrer Remarketing-Kampagne. Falls das Zeitintervall bis zum Kauf bei Ihren Produkten bzw. Dienstleistungen immer sehr kurz ist, können Sie auch die Cookie-Laufzeit für das Remarketing auf sehr kurze Zeiträume einstellen, z. B. maximal 7 Tage.

Wenn Sie die Pfadmesswerte mit der Pfadlänge in Verbindung setzen, überlegen Sie, welche Strategie aus den Daten abgeleitet werden kann. Falls die Zeitintervalle beispielsweise insgesamt sehr lang sind und die Anzahl der Klicks bis zur Conversion sehr hoch ist, sollten Sie Strategien entwickeln, die zu einem schnelleren Abschluss führen. Als Anregung können wir Ihnen folgende Tipps an die Hand geben:

1. Versuchen Sie, durch eine künstliche Verknappung Ihr Produkt bzw. Ihre Dienstleistung interessant zu machen. Damit erhöhen Sie den Druck, einen schnelleren Kaufabschluss zu tätigen.

2. Bieten Sie spezielle Aktionen oder Angebote an, die zeitlich befristet sind. Auch hierdurch erhöhen Sie den Druck, eine Entscheidung zu treffen, und reduzieren somit das Zeitintervall.

3. Ist Ihr spezielles Angebot konkurrenzfähig und besitzt es ein sehr gutes Preis-Leistungs-Verhältnis, so sollten Sie den Preis oder den prozentualen Vorteil zum Standardpreis direkt in der Anzeige nennen. Auch dies führt am besten in Kombination mit einer beschränkt verfügbaren Leistung zu schnelleren Conversions.

4. Bieten Sie zusätzlichen Service für bestimmte, beschränkte Zeiten an.

Kontrollieren Sie danach die neuen Strategien durch die Berichte WICHTIGSTE PFADE und PFADMESSWERTE. Strategien, die die Zeitintervalle und/oder die Pfadlänge verkürzen, sollten Sie auch für andere Google-Ads-Kampagnen nutzen.

9.2.4 Modellvergleich

Der Modellvergleich zeigt an, wie sich eine unterschiedliche Attribution auf Ihre Kampagnen auswirkt. Sie können verschieden Attributionsmodelle miteinander vergleichen. Dazu wählen Sie die entsprechende DIMENSION ❶, die CONVERSION-AKTION ❷, den TRACKING-ZEITRAUM ❸ und schließlich die beiden miteinander zu vergleichenden Werte ❹ und ❺. Im Dropdown-Menü haben Sie verschiedene Attributionsmodelle zur Wahl ❻ (siehe Abbildung 9.11).

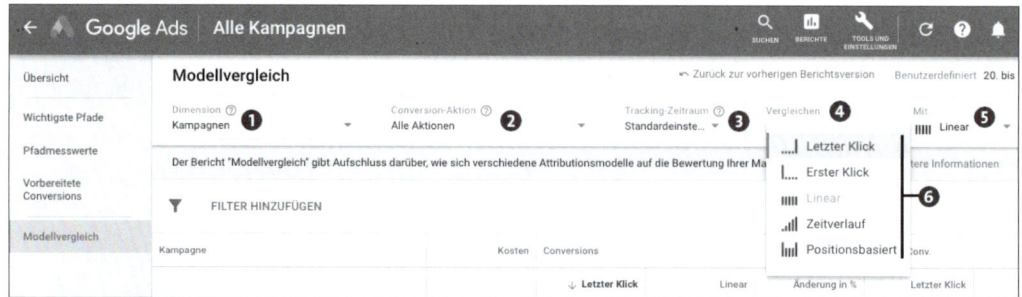

Abbildung 9.11 Attributionsmodelle miteinander vergleichen

Aussagekraft der Statistiken

Bitte beachten Sie immer dabei, welche Aussagekraft diese Statistiken haben. Da die Zuordnung auf Cookies basiert, bedeutet dies, dass Sie nur Conversions auf diese Weise analysieren können, wenn der Kunde letztlich vom ersten Klick bis zur Conversion seine Cookies nicht gelöscht hat.

Diese Erkenntnis führt dazu, dass Sie nur Trends mithilfe von großen Datenmengen analysieren sollten. Aussagen zu einzelnen Kunden sind daher nicht sinnvoll, da sie nicht immer so genau gemessen werden können.

Welcher Klick ist denn nun wichtig?

Ist es der erste oder der letzte? Oder sind alle gleich wichtig? Diese Fragen lassen sich nicht so einfach beantworten. Denn es hängt sicher auch immer vom Produkt, von der Branche und vom Verhalten der Zielgruppe ab.

Im Modellvergleich können Google-Ads-Nutzer mit den verschiedenen Modellen »spielen« bzw. verschiedene Modelle miteinander vergleichen. Anhand der konkreten Beispiele versteht man die verschiedenen Zuordnungsmodelle besser und kann in Kombination mit den eigenen Kunden- und Branchenerfahrungen das beste Modell für die eigene Google-Ads-Werbung herausfiltern.

Die verschiedenen Modelle können Sie wiederum für die drei Dimensionen Kampagne, Anzeigengruppen oder Keywords aufrufen. Beim Vergleich zweier Zuordnungsmodelle werden die unterschiedlichen Wertzuordnungen deutlich.

Zuordnungsmodelle

Google Ads bietet folgende fünf Zuordnungsmodelle ❻ an (siehe Abbildung 9.11):

1. Letzter Klick
2. Erster Klick
3. Linear

4. Zeitverlauf

5. Positionsbasiert

▶ LETZTER KLICK

Das Zuordnungsmodell *Letzter Klick* wird standardmäßig bei Google Ads verwendet: Die gezählten Conversions werden dem letzten Klick zugeordnet. Eine Auswertung nach diesem Modell zeigt eindeutig, welche Kampagne, welche Anzeigengruppe oder welches Keyword tatsächlich eine Conversion erzielt hat.

▶ ERSTER KLICK

Mit der Wahl des Zuordnungsmodells *Erster Klick* wird die Conversion dem ersten Klick zugeordnet. Dies legt den Fokus auf die Suchanfragen, die zunächst auf das Angebot aufmerksam gemacht haben. Ohne den Kontakt über den ersten Klick käme es möglicherweise erst gar nicht zu einer Conversion. Aber nicht alle Erstkontakte führen später zu einer Kundenbeziehung. Mit dem Zuordnungsmodell *Erster Klick* erkennen Sie also auch, welche Keywords in Bezug auf zukünftige Kunden wertvoll sind und welche Keywords nur Kosten verursachen.

▶ LINEAR

Das lineare Zuordnungsmodell ist interessant, falls Ihre Werbekampagnen bewusst entlang eines mehrstufigen Prozesses aufgebaut sind und jeder einzelne Schritt, z. B. der Download einer kostenlosen Testversion, vor dem Kauf wichtig ist. Falls jeder Schritt gleich wichtig ist, wird dies im linearen Modell abgebildet. Wurde die Conversion beispielsweise nach vier Klicks durchgeführt, so werden jedem Klick 25 % der Conversion sowie 25 % des gesamten Conversion-Wertes zugeordnet.

▶ ZEITVERLAUF

Das Zuordnungsmodell ZEITVERLAUF verteilt demgegenüber die Wertigkeit nicht gleichmäßig, sondern unterstellt, dass ein Klick umso wertvoller wird, je näher er am Abschluss liegt. Der zeitlich letzte Klick vor der Conversion erhält also den höchsten Wert, die vorangegangenen Klicks sind in einer entsprechenden Abstufung immer weniger wert, je früher sie getätigt wurden. Der erste Klick besitzt also den geringsten Wert. Auch eine solche Abstufung klingt plausibel.

▶ POSITIONSBASIERT

Das positionsbasierte Zuordnungsmodell legt demgegenüber mehr Wert auf den ersten Klick, der neue Interessenten auf die Website gebracht hat, und den letzten Klick, der die Conversion erzielt hat. Der erste und der letzte Klick erhalten daher je 40 % des Conversion-Wertes zugesprochen. Alle anderen Klicks zwischen den beiden teilen sich die restlichen 20 % untereinander auf. Diese Klicks sind in diesem Modell also weniger wichtig und dienen nur dazu, den Kontakt zum potenziellen Kunden aufrechtzuerhalten. Dieses Modell ist also eine Mischung aus den Modellen *Letzter Klick* und *Erster Klick*.

Es bietet sich natürlich an, das Standardmodell *Letzter Klick* gegen die anderen Modelle zu testen. Sie können hier aber auch jeden anderen Vergleich einstellen. Nachdem Sie zwei Modelle ausgewählt haben, erhalten Sie eine neue Statistik, die entsprechende Kennzahlen beinhaltet, z. B. die Kosten, die totalen Conversions, den prozentualen Anteil aller Conversions und den jeweiligen Conversion-Wert.

Die letzte Spalte zeigt außerdem die prozentuale Veränderung (positiv oder negativ) im Vergleich der beiden ausgewählten Modelle. Signifikate Veränderungen werden zudem mit einem farbigen Punkt in Grün für positive und in Rot für negative Veränderungen gekennzeichnet.

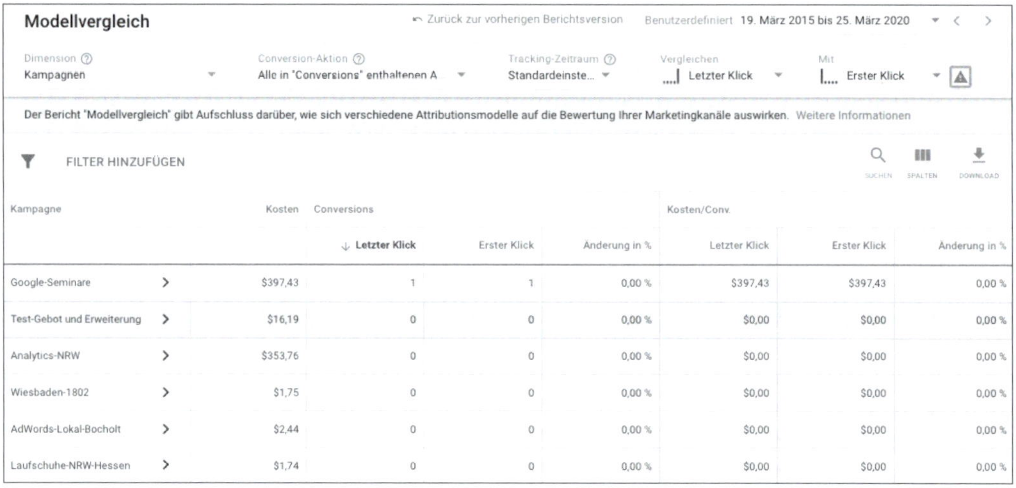

Abbildung 9.12 Verschiedene Zuordnungsmodelle vergleichen

Beachten Sie bitte, dass Sie für den Modellvergleich mindestens 600 Conversions und 15.000 Klicks brauchen.

9.3   Der Google Ads Editor – ein Offline-Tool

Der Google Ads Editor ist ein zusätzliches kostenloses Google-Tool, das im Gegensatz zu den anderen vorgestellten Tools nicht online genutzt wird. Es ist vor allem deshalb so interessant, weil es die Möglichkeit bietet, ein Google-Ads-Konto herunterzuladen und offline zu bearbeiten. Mit dem Editor können Sie auch außerhalb Ihres Google-Ads-Accounts Ihre Kampagnen verwalten und optimieren. Außerdem können Sie hier Bulk-Bearbeitungen durchführen.

Die aktuelle Version des Google Ads Editors finden Sie unter:

https://ads.google.com/intl/de_de/home/tools/ads-editor/

Bitte beachten Sie, dass die Versionen laufend aktualisiert werden, weil die Änderungen im Google-Ads-Backend mit zeitlicher Verzögerung auch in den Editor aufgenommen werden. Neue Versionen können durch eine Aktualisierung aufgespielt werden. Die Erfahrung zeigt jedoch, dass es beim Update öfter einmal hakt. In solch einem Fall hilft nur eine komplette Deinstallation der alten und das Aufspielen der neuen Version. Da der Editor nicht sehr groß ist, funktioniert dieser Weg schneller als die Ursachenforschung zum Update-Fehler.

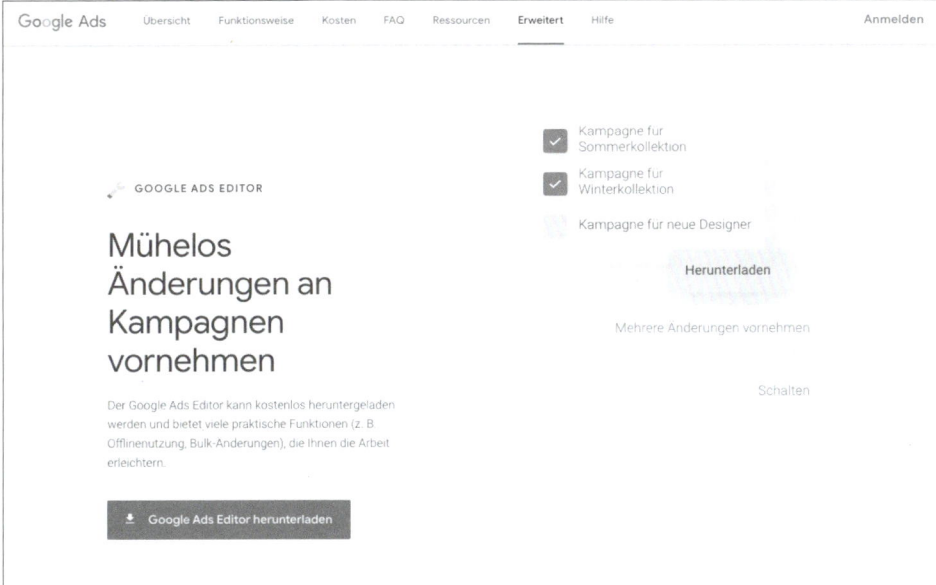

Abbildung 9.13 Download des Google Ads Editors

9.3.1   Starten des Google Ads Editors

Nachdem Sie den Google Ads Editor heruntergeladen und installiert haben, können Sie das Programm auf Ihrem Computer unter ALLE PROGRAMME • GOOGLE ADS EDITOR • ADWORDS EDITOR aufrufen. Wenn Sie das Programm zum ersten Mal öffnen, befinden sich natürlich noch keine Kampagnen im Editor. Das Programm führt Sie jedoch durch ein Setup, das den Editor mit Ihrem Google-Ads-Konto oder Ihrem Client-Center (MCC) verbindet. Dafür benötigen Sie lediglich Ihren Google-Login, der Sie als Administrator identifiziert.

Danach können Sie Ihr Konto oder bestimmte Kampagnen aus dem Konto in den Editor herunterladen. Als Google-Ads-User werden Sie bereits über ein Google-Ads-Konto verfügen, das Sie im Editor optimieren oder bearbeiten möchten. Darum wählen Sie also die Funktion + HINZUFÜGEN (siehe Abbildung 9.14) und melden sich wahlweise über den Browser oder den In-App-Browser an Ihrem Konto an. Sie erhalten dort nach der Anmeldung einen Code, den Sie in die Google-Ads-Editor-Anwendung kopieren müssen.

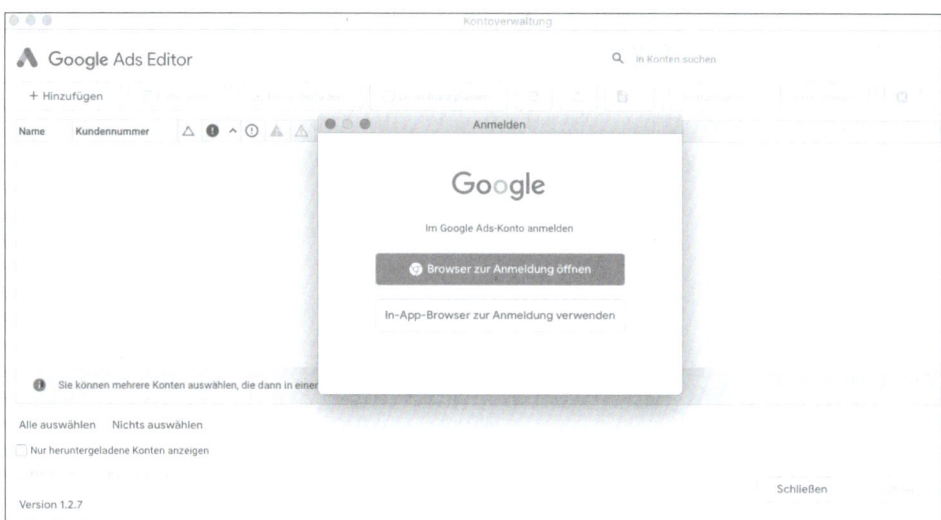

Abbildung 9.14 Anmeldung im Google-Ads-Konto über den Google Ads Editor

Nach der Eingabe Ihrer Kontozugangsdaten können Sie entscheiden, ob Sie alle Kampagnen Ihres Kontos herunterladen wollen oder nur einige ausgewählte bzw. eine einzelne Kampagne.

Hinweis

Bitte denken Sie daran, stets den aktuellen Stand Ihres Google-Ads-Kontos herunterzuladen (siehe Abbildung 9.15), bevor Sie Änderungen im Editor durchführen. Auf diese Weise vermeiden Sie ungewollte Synchronisationsfehler.

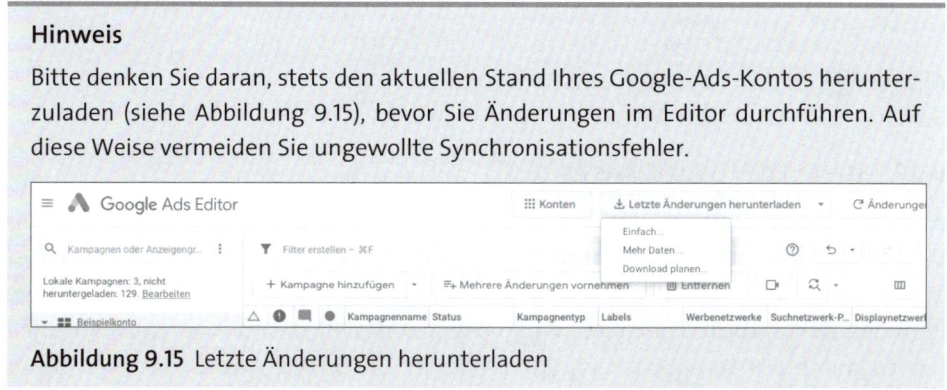

Abbildung 9.15 Letzte Änderungen herunterladen

Nachdem Sie die gewünschte(n) Kampagne(n) im Editor heruntergeladen haben, finden Sie diese sowohl im linken Strukturbaum ❶ als auch im oberen rechten Fenster ❷ (siehe Abbildung 9.16). Für die Bearbeitung Ihrer Kampagnen, Anzeigengruppen, Keywords etc. wählen Sie links unten in der Navigation unter Verwalten ❸ den entsprechenden Unterpunkt aus. Hier finden Sie auch die Einstellungsmöglichkeiten zu Gemeinsam genutzte Bibliothek sowie Benutzerdefinierte Regeln ❹, die sich über den Pfeil links als Dropdown-Menü öffnen lassen.

Über die primäre horizontale Navigation ❺ im rechten Fenster lassen sich nun je nach gewählter Ansicht neue Elemente HINZUFÜGEN, MEHRERE ÄNDERUNGEN VORNEHMEN, Elemente ENTFERNEN, Videos überprüfen ❻ bzw. Text in ausgewählten Elementen ersetzen ❼. Letzteres ist eine hilfreiche Funktion, die es Ihnen ermöglicht, bestimmte Texte auf einmal an mehreren Stellen zu ersetzen. Eine Steuerung über Shortcuts ist ebenfalls möglich. Die Tastenkombination ⌈Strg⌉ + ⌈N⌉ bzw. bei Apple ⌈Cmd⌉ + ⌈N⌉ fügt z. B. ein neues Element hinzu. Die sekundäre Navigation ❽ im rechten Fenster lässt sich per Rechtsklick individuell einstellen, ähnlich wie im Online-Konto bei der Spaltenanpassung. Im rechten Fenster ❾ haben Sie nun zu jeder Ansicht die Möglichkeit, detaillierte Änderungen vorzunehmen.

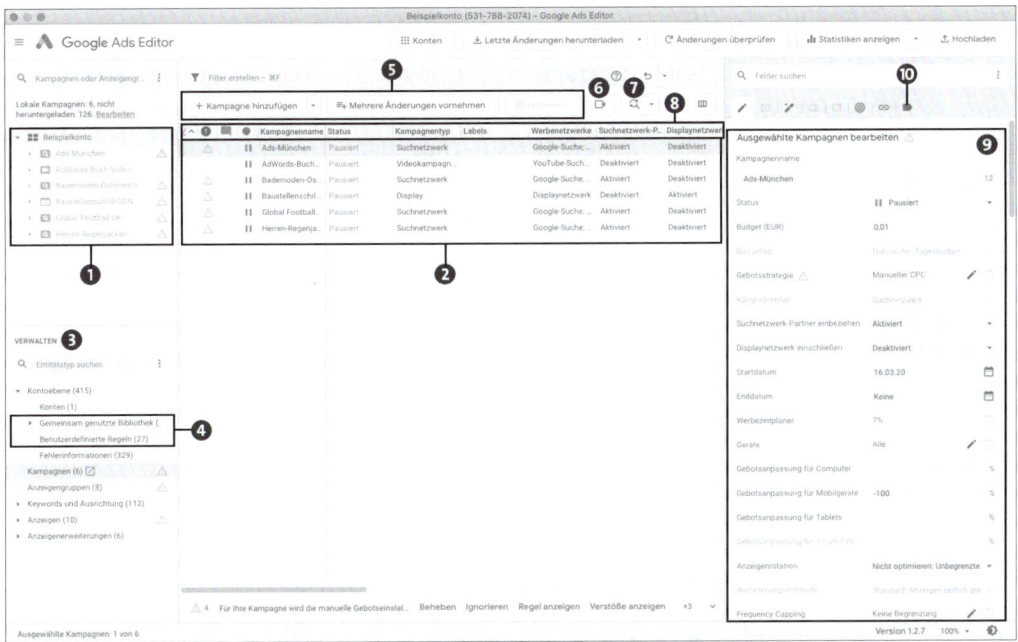

Abbildung 9.16 Kontonavigation mit Bearbeitungsfunktion im Google Ads Editor

9.3.2 Besonderheiten des Google Ads Editors

Welche Vorteile bietet der Google Ads Editor? Was macht ihn zu einem besonderen Helfer, den viele Google-Ads-Administratoren nicht missen möchten? Eine Anmerkung vorweg: Um alle Funktionen des Google Ads Editors zu beschreiben, benötigt man fast ein eigenes Buch. Wir zeigen Ihnen hier als Anregung elf wichtige Funktionen, die den Editor für manche Administratoren unentbehrlich machen. Auf dieser Grundlage finden Sie sicher noch weitere Möglichkeiten, um Ihre Kampagnen zu bearbeiten.

Eine sehr hilfreiche Änderung im neuen Google Ads Editor ist die ausführliche Suchfunktion, die es an verschiedenen Stellen im Editor gibt. Damit können Sie Kampagnen, Anzeigengruppen und Keywords ganz einfach durchsuchen und schneller
finden.

Interessanterweise hat Google mittlerweile bereits einige Funktionen des Google Ads
Editors in die Google-Ads-Online-Verwaltung eingebaut, die früher nur im Google
Ads Editor möglich waren. Dies hat die Anzahl der aktiven, regelmäßigen Editor-User
sicher reduziert. Wir sind aber der Überzeugung, dass sich ein Blick in den Editor auf
jeden Fall lohnt, denn er kann Ihnen im Google-Ads-Alltag viel wertvolle Zeit sparen.

Sehen wir uns nun die elf Funktionen an:

1. **Backup Ihrer Google-Ads-Kampagnen**
   Nachdem Sie den aktuellen Stand Ihres Google-Ads-Kontos mit dem Google Ads
   Editor heruntergeladen haben, können Sie dieses Konto oder nur ausgewählte
   Kampagnen über einen Export ❶ als Backup sichern (siehe Abbildung 9.17). Auf
   diese Weise erhalten Sie eine Offline-Sicherung Ihrer Google-Ads-Kampagnen, in
   die Sie schließlich vorab viel Zeit und Hirnschmalz investiert haben. Ebenso können Sie an dieser Stelle auch einen Import ❷ vornehmen.

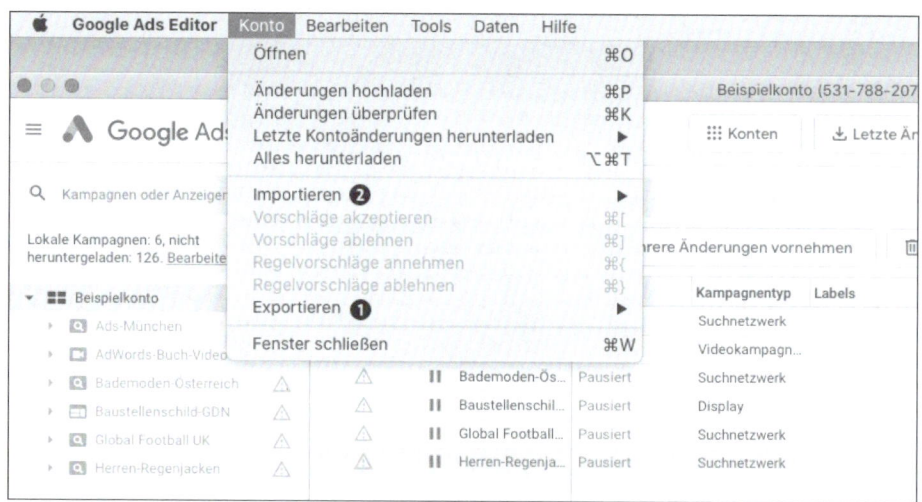

Abbildung 9.17 Export- und Import-Funktionen des Google Ads Editors

2. **Gemeinsame Bearbeitung eines Kontos**
   Mit dem Editor haben Sie auch die Möglichkeit, Ihre Kampagnenstruktur oder vorgenommene Optimierungen an den Kampagnen von einem Kollegen prüfen oder
   bewerten zu lassen. Mehrere Kollegen können verschiedene Kampagnen in einem
   großen Konto bearbeiten.

Außerdem haben Sie die Möglichkeit, den aktuellen Stand Ihrer Kampagnenplanung Ihrem Kunden vorzulegen. Der Austausch funktioniert ganz einfach, indem Sie den aktuellen Stand zur gemeinsamen Verwendung aus dem Editor exportieren und per E-Mail an Ihren Kunden bzw. Kollegen weiterschicken. Die Export-Datei (*.csv*-Datei) kann dann von den Kollegen oder Kunden ebenfalls mithilfe des Google Ads Editors importiert und bei Bedarf bearbeitet werden. Mithilfe der Kommentarfunktion können zudem Notizen zu den Vorschlägen oder Änderungen eingegeben werden. Die Eingabe lokaler Kommentare erfolgt im rechten Fenster über das Icon Labels und Kommentare ❿ (siehe Abbildung 9.16).

3. **Mehrere Google-Ads-Konten parallel öffnen und bearbeiten**

   Ein neues Feature des Google Ads Editors ist, dass Sie gleichzeitig mehrere Konten bearbeiten können. So können Sie nämlich Kampagnen, Anzeigengruppen oder Anzeigen zwischen den unterschiedlichen Konten kopieren. Vor allem für Agenturen ist es sehr interessant, eine bestehende Kampagne in ein anderes Konto zu kopieren, weil die Agentur zum Beispiel verschiedene Kunden aus der gleichen Branche in unterschiedlichen Regionen betreut. Eine kopierte Kampagne, die dann nur noch individuell angepasst werden muss, spart viel Zeit.

   Um mehrere Konten gleichzeitig zu öffnen, gehen Sie über den Button Konten ❶ und dann auf Konto öffnen. Jedes Konto öffnet sich so in einem neuen Fenster ❷ und ❸, die Sie auf Ihrem Bildschirm beliebig anordnen können (siehe Abbildung 9.18).

4. **Einfaches Kopieren, Verschieben, Bearbeiten**

   Das große Plus des Google Ads Editors ist seine Kopierfunktion – sowohl innerhalb eines Kontos als auch über Konten hinweg. Diese erleichtert vor allem die Erstellung von großen Kampagnen mit vielen Anzeigengruppen. Kampagnen, Anzeigengruppen oder Anzeigen können Sie einfach mit der linken Maustaste einzeln bzw. für mehrere Elemente mit der linken Maustaste uns der `Strg`-Taste (auf Windows-Rechnern) oder mit der `Cmd`-Taste (auf Apple-Rechnern) markieren. Wenn Sie nun auf die rechte Maustaste drücken, können Sie die gewählten Elemente im dann geöffneten Menü ❹ (siehe Abbildung 9.18) mit dem gewünschten Befehl bearbeiten. Hier können Sie unter anderem wählen, ob Sie die Elemente kopieren, aktivieren oder entfernen möchten. Sofern Sie Kopieren wählen, können Sie die Elemente über dasselbe Prozedere an anderer Stelle – im selben Konto oder in einem anderen Konto – wieder einfügen.

   Wollen Sie mehrere Kampagnen oder Anzeigen gleichzeitig von einem Konto ins andere kopieren, dann brauchen Sie das nicht händisch und einzeln zu tun. Vielmehr exportieren Sie die Kampagnen oder Anzeigen zunächst als CSV-Datei ❶ aus einem Konto und importieren sie dann über die Importfunktion ❷ des Google Ads Editors in ein anderes Konto (siehe Abbildung 9.17).

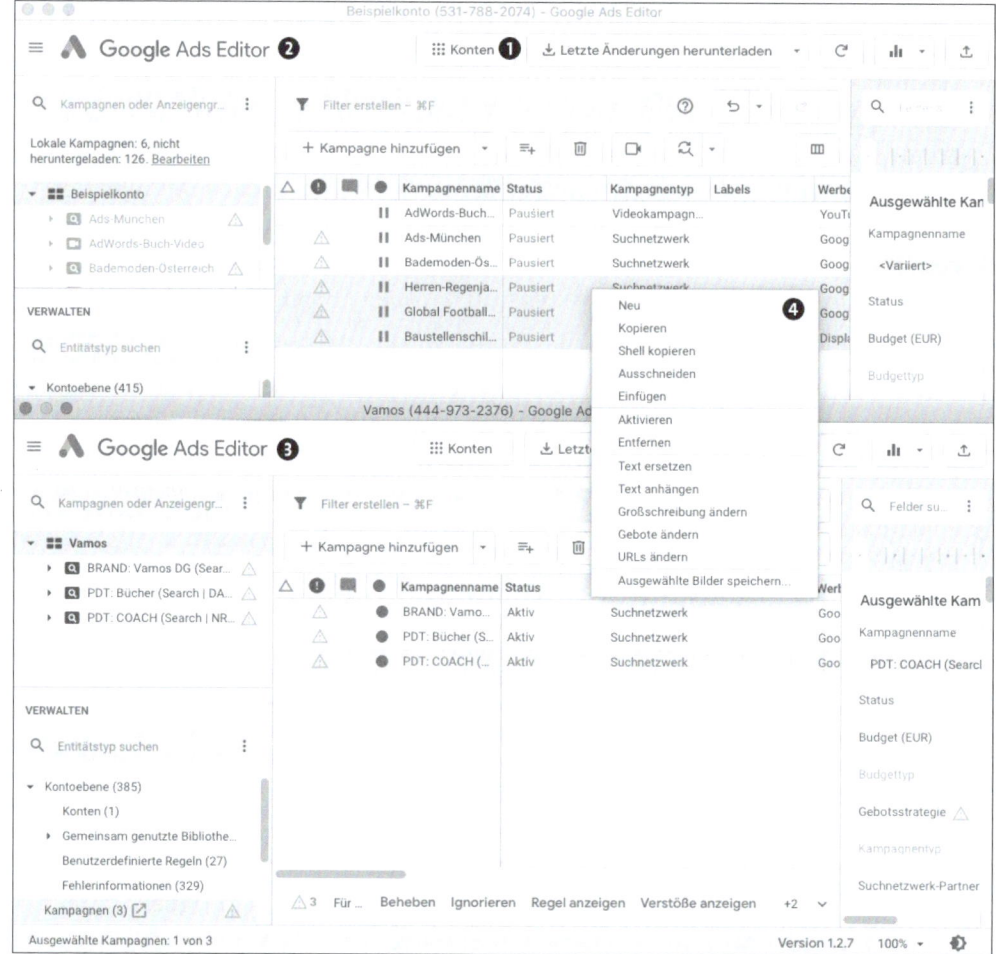

Abbildung 9.18 Mehrere Google-Ads-Konten parallel öffnen und bearbeiten

Tipp

Verschieben Sie die Anzeigen einer laufenden Anzeigengruppe so einfach in eine neu erstellte Anzeigengruppe. Selbst wenn die Anzeigentexte im Detail variieren, so sparen Sie doch einiges an »Schreibarbeit«, vor allem, wenn mehrere Anzeigentexte erstellt werden müssen. Mit Suchen und Ersetzen können zudem bestimmte Textbausteine ausgetauscht werden, und durch Fein-Tuning lassen sich die kopierten Anzeigen dann schnell individualisieren.

5. **Rückmeldung bei Fehlern**

Während Sie Ihre Kampagnen, Anzeigengruppen, Keywords etc. anlegen, blendet der Google Ads Editor immer wieder Warnungen oder auch Fehlermeldungen ein

Über ein Ausrufezeichen in einem gelben Dreieck (Warnung) oder ein Ausrufezeichen in rotem Kreis (Fehler) werden Sie darauf hingewiesen. Wenn Sie mit der Maus über diese Zeichen fahren, zeigt der Ads Editor Ihnen die entsprechenden Fehler oder Warnungen an. Durch Klick auf die einzelnen Inhalte der Meldung gelangen Sie zu den Ebenen, auf denen gerade ein Problem auftritt.

In dem Beispiel aus Abbildung 9.19 erinnert uns der Google Ads Editor unter anderem daran, dass wir die manuelle Gebotseinstellung statt der von Google standardmäßig vorgeschlagenen automatischen Gebotsstrategie verwenden. An diesem Beispiel sehen Sie wieder schön, dass nicht jede Warnung automatisch bedeutet, das Sie sie umsetzen müssen. Denn wie bereits in vergangenen Kapiteln beschrieben, hatten wir die Gebotseinstellung ja bewusst so gewählt.

Anders verhält es sich aber mit der Warnung, dass die Suchkampagne keine Snippet-Erweiterung enthält. Hier gibt Ihnen der Editor wertvolle Hinweise, wie Sie mehr Aufmerksamkeit für Ihre Anzeigen generieren können. Der Google Ads Editor – mit gesundem Menschenverstand angewandt – kann durch seine Warnungen und Fehlermeldungen also zu Ihrem »Helfer« werden, der alle wichtigen Infos zur Verfügung stellt, damit Sie nichts bei der Kampagnenerstellung vergessen.

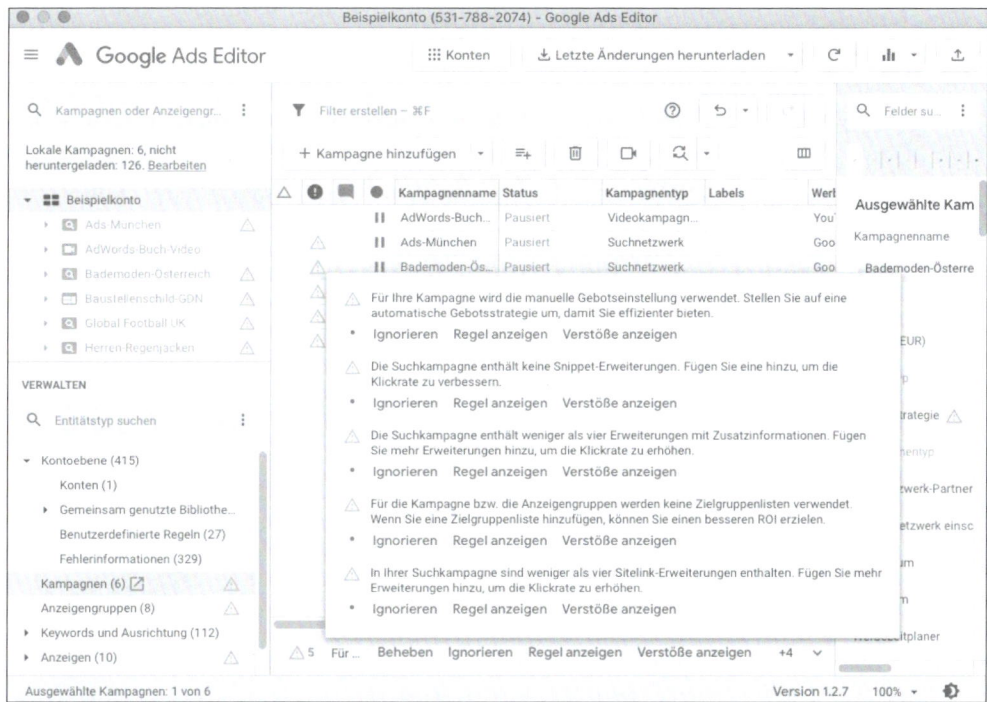

Abbildung 9.19 Warnmeldungen für eine bestehende Kampagne

6. **Fehlerprüfung**

Im Editor vorgenommene Optimierungen können Sie schnell und einfach per Knopfdruck in Ihr Google-Ads-Konto HOCHLADEN ❶ (siehe Abbildung 9.20). Bevor Sie jedoch mit Ihren Änderungen »live gehen«, sollten Sie diese zunächst mithilfe der Schaltfläche ÄNDERUNGEN ÜBERPRÜFEN ❷ kontrollieren.

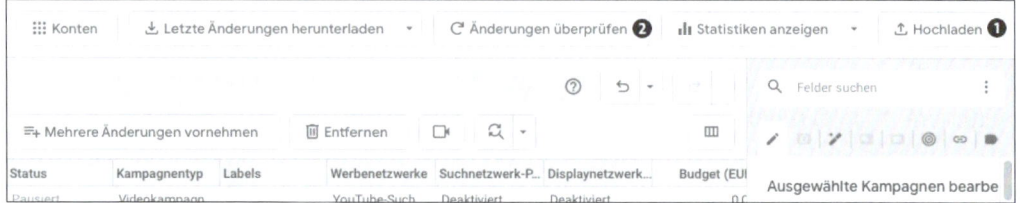

Abbildung 9.20 Änderungen überprüfen und hochladen

Es könnte zum Beispiel sein, dass Sie mit bestimmten Einstellungen gegen Google-Richtlinien verstoßen. Die Überprüfung kann Ihnen wertvolle Zeit sparen, weil Sie auf inhaltliche Fehler sofort und ohne Verzögerung aufmerksam gemacht werden. Sie können den Fehler vor dem Upload beheben, und die Ausspielung Ihrer Anzeigen wird nicht verzögert, wenn Sie später im Google-Ads-Account Ihre Kampagne aktivieren möchten.

Klicken Sie also vor dem Hochladen zunächst auf den Button ÄNDERUNGEN ÜBER-PRÜFEN, wählen Sie aus, ob Sie alle Kampagnen oder nur ausgewählte Kampagnen überprüfen möchten, und klicken Sie auf ÄNDERUNGEN ÜBERPRÜFEN. Im Anschluss erhalten Sie eine Auflistung, wie sie in Abbildung 9.21 dargestellt ist.

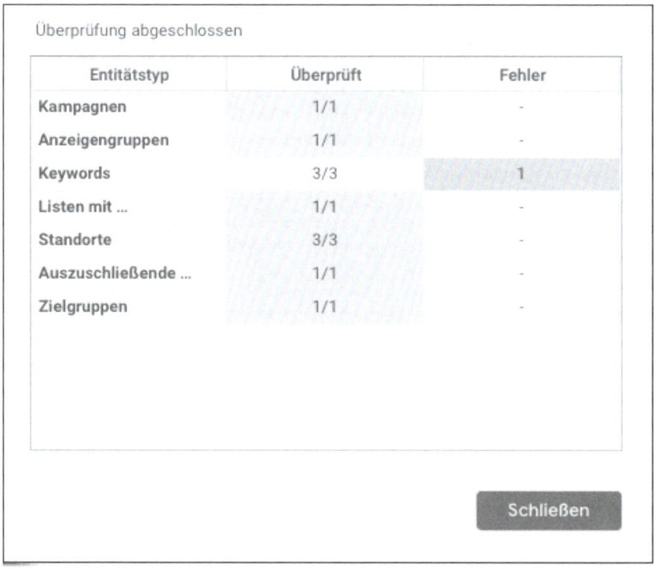

Überprüfung abgeschlossen

Entitätstyp	Überprüft	Fehler
Kampagnen	1/1	-
Anzeigengruppen	1/1	-
Keywords	3/3	1
Listen mit …	1/1	-
Standorte	3/3	-
Auszuschließende …	1/1	-
Zielgruppen	1/1	-

Schließen

Abbildung 9.21 Ergebnis der Prüfung der Änderungen

In grüner Farbe werden die Änderungen aufgelistet, die der Überprüfung stand-gehalten haben. Rot unterlegt werden die Fehler aufgelistet. Außerdem werden Ihnen Details zu den jeweiligen Fehlern angegeben. Da der Google Ads Editor in jedem Eingabefeld eine Plausibilitätsprüfung eingebaut hat und schon Ihre Einga-ben prüft und gegebenenfalls Fehler anmerkt, erhalten Sie bei dieser zentralen Prüfung der Änderungen nur selten gravierende Fehler.

7. **Gleichzeitige Bearbeitung mehrerer Elemente**
Eine sehr nützliche und zeitsparende Funktion im Editor ist die gleichzeitige Bear-beitung mehrerer Elemente (siehe Abbildung 9.22). Werden zum Beispiel mehrere Keywords gleichzeitig markiert ❶, so kann der Status ❷ mehrerer Keywords im rechten Bearbeitungsfenster mit einem Klick von AKTIV in PAUSIERT oder ENT-FERNT geändert werden. Ebenso können Sie die Keyword-Option ❸ und vieles mehr aller markierten Keywords ändern.

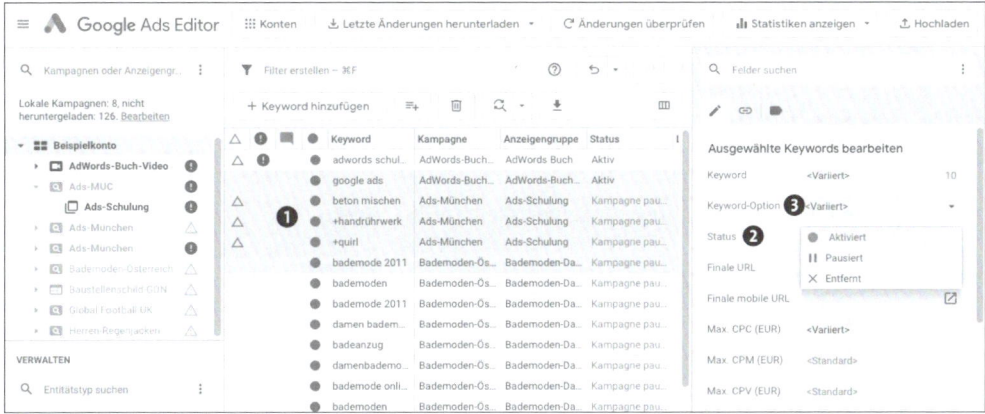

Abbildung 9.22 Mehrere Keywords gleichzeitig ändern

Diese Funktion lässt sich für alle Ebenen und verschiedene Einstellungen nutzen. So können Sie beispielsweise saisonale Anzeigen Jahr für Jahr mit wenig Aufwand anpassen, indem Sie die FINALE URL anpassen und gegebenenfalls auch den Call-to-Action. Schauen wir uns das am Beispiel in Abbildung 9.23 an.

Sie markieren zunächst die »alten« Anzeigen ❶ im mittleren Fenster. Im rechten Bearbeitungsfenster ändern Sie nun im Feld FINALE URL ❷ die Jahreszahl *2012* in die aktuelle Jahreszahl *2020*. Schließlich ändern Sie den Call-to-Acion in TEXTZEILE 2 ❸ von *Online-Rabatt sichern* in *Frühlingsrabatt sichern*. Die Änderungen werden dann automatisch für alle markierten Textanzeigen übernommen. Der Hinweis <VARIIERT> ❹ zeigt, dass die ausgewählten Anzeigen für diese Bereiche unter-schiedliche Inhalte bzw. Inhaltstypen aufweisen.

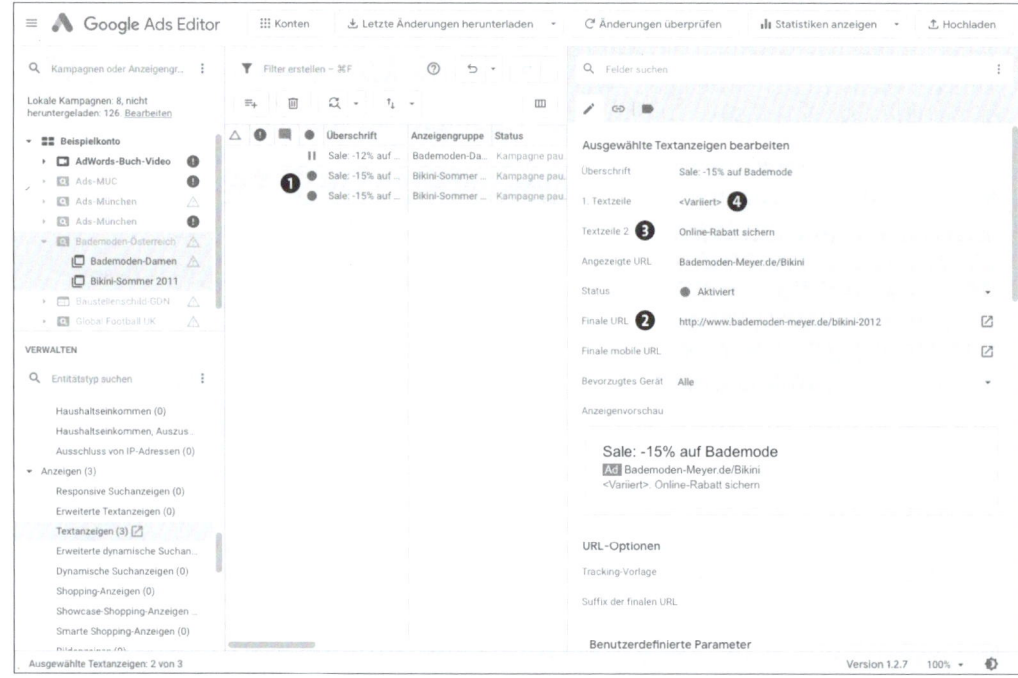

Abbildung 9.23 Mehrere Anzeigen gleichzeitig ändern

8. **Mehrere Änderungen vornehmen**

Die Bezeichnung dieser Option ist etwas irreführend, da es hier weniger um das Ändern als vielmehr um das Hinzufügen von neuen Elementen geht. In dem Fenster, das sich öffnet, wenn Sie in der oberen Navigation auf MEHRERE ÄNDERUNGEN VORNEHMEN klicken (siehe Abbildung 9.24), sehen Sie oben links, auf welchem Bearbeitungslevel Sie sich gerade befinden ❶. Darunter ❷ können Sie auswählen, wo Sie neue Elemente hinzufügen möchten.

Im rechten Teil wählen Sie zunächst die Art der Bearbeitung ❸ aus. Über die Dropdown-Menüs an jedem Spaltenkopf ❹ können Sie die korrekte Zuordnung Ihrer eingefügten Daten vornehmen (siehe Abbildung 9.25). Darunter ❺ geben Sie nun die entsprechenden Daten ein oder kopieren sie aus einer zuvor angefertigten Excel-Tabelle hierher. Auf diese Art und Weise können Sie sehr schnell und einfach weitere Textanzeigen Ihrem Konto hinzufügen.

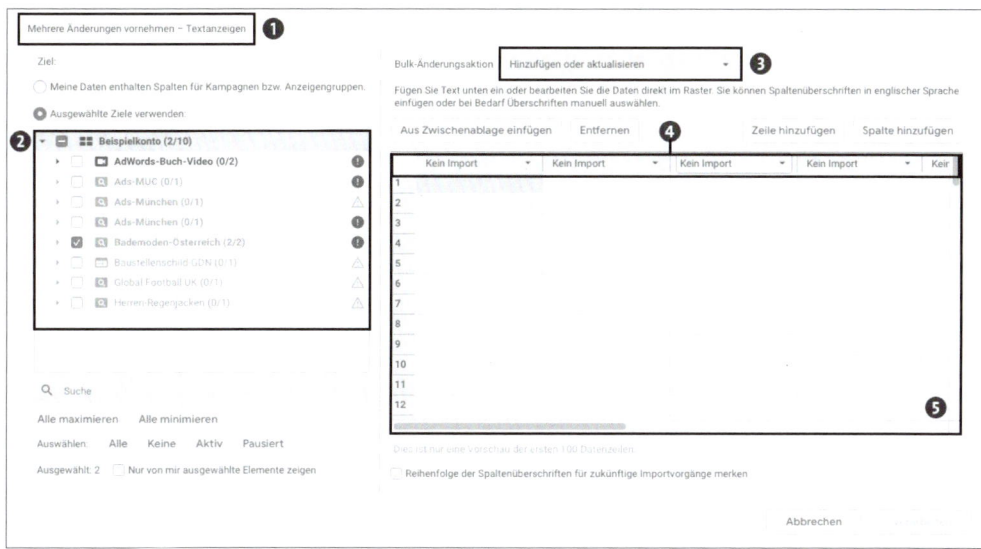

Abbildung 9.24 Mehrere Textanzeigen gleichzeitig hinzufügen

Abbildung 9.25 Optionen im Dropdown-Menü je Spaltenkopf

9. **Text ersetzen**

Die Funktion »Suchen und Ersetzen« kennen Sie sicher auch aus Ihrem Textbear-
beitungsprogramm, z. B. MS Word. Auch der Google Ads Editor hält mit Text
ersetzen ❶ diese Funktion bereit (siehe Abbildung 9.26).

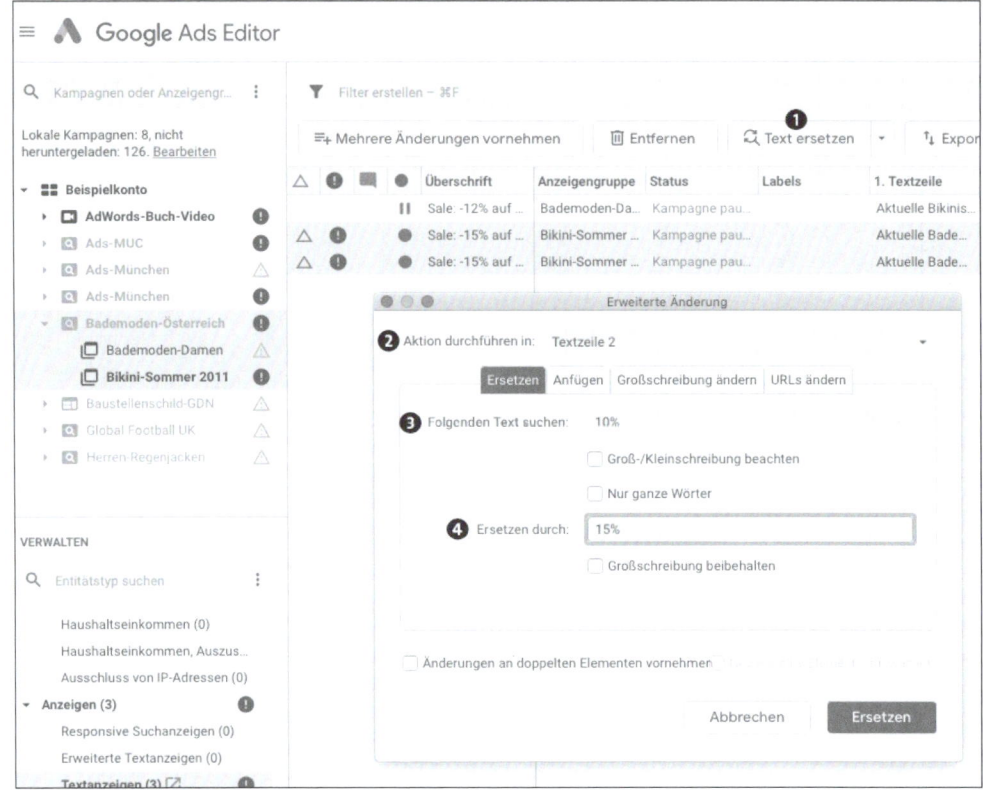

Abbildung 9.26 Suchen und Ersetzen von Textbausteinen

Mit dieser Funktion können Sie auf Kampagnen-, Anzeigen- und Keyword-Level bestimmte Begriffe in definierten Feldern automatisiert suchen und durch andere ersetzen. Wenn sich beispielsweise Ihr Online-Rabatt von 10 % auf 15 % erhöht hat und eine Rabattaussage in fast jeder Ihrer Textanzeigen vorkommt, dann spart TEXT ERSETZEN viel Zeit. In Abbildung 9.26 sehen Sie, wie einfach nach der Zeichenfolge »10 %« gesucht und diese dann durch »15 %« ersetzt werden kann. Zuvor sollten Sie im Feld AKTION DURCHFÜHREN IN: ❷ bestimmen, wo die Ersetzung stattfinden soll: ob in allen Feldern, in denen der Begriff gefunden wird, oder eben nur in bestimmten Feldern, wie in unserem Beispiel nur in TEXT-ZEILE 2. Danach geben Sie unter FOLGENDEN TEXT SUCHEN: ❸ den Text ein, den Sie ersetzen wollen, und unter ERSETZEN DURCH: ❹ den Text, der stattdessen erscheinen soll.

10. **Anfügen von Textbausteinen**

Eine Abwandlung von »Suchen und Ersetzen« ist das Hinzufügen von Textbausteinen an bestimmten Stellen. Auch dies funktioniert mit dem Google Ads Editor reibungslos. Wieder mit der Funktion TEXT ERSETZEN können Sie z. B. zusätzliche Informationen oder Ihr wichtigstes Keyword bei mehreren Textanzeigen an die FINALE URL anhängen (siehe Abbildung 9.27). Dazu machen Sie im Pop-up-Fenster im Reiter URLS ÄNDERN die nötigen Angaben. Ebenso können Sie über den Reiter ANFÜGEN an beliebigen Stellen Textbausteine anfügen.

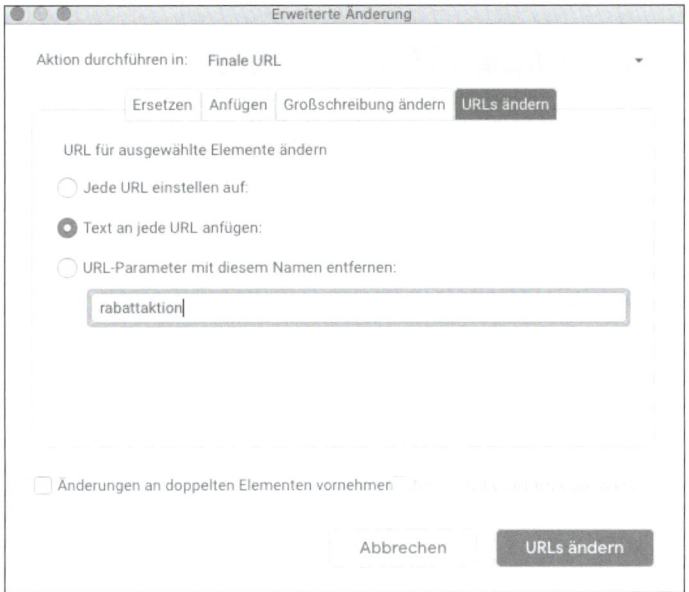

Abbildung 9.27 Erweitern der angezeigten URL

11. **Aufspüren doppelter Keywords**

Ein wichtiges Tool, das in Ihrem Google-Ads-Konto online nicht verfügbar ist, nennt sich IDENTISCHE KEYWORDS SUCHEN. Im Editor können einzelne Kampagnen oder auch Ihr komplettes Konto nach doppelten Keywords durchsucht werden.

Doppelte Keywords sind ein Problem, sofern sie in Ihrem Konto in mehreren Anzeigen, Anzeigengruppen oder Kampagnen für die gleiche Zielregionen auftreten. Denn aus einem Google-Ads-Konto heraus wird zu einem Keyword immer nur eine Anzeige geschaltet. Falls Sie doppelte Keywords in Ihrem Konto haben, so löst nur ein Keyword eine Anzeige aus! Aber Sie können nicht bestimmen bzw. vorhersehen, welches der doppelten Keywords die Anzeigenschaltung auslöst. Somit werden doppelte Keywords untereinander zu Konkurrenten. Ihre Google-Ads-Werbung wird dadurch zum Teil nicht vorhersehbar bzw. nicht steuerbar. Anders verhält es sich natürlich, wenn Sie für unterschiedliche Zielregionen identische Keywords benutzen. Dann besteht keine Konkurrenz.

Die Konflikte mit doppelten Keywords für dieselbe Region können Sie mit dem Tool aus dem Google Ads Editor aufspüren und bei Bedarf beheben. Sie starten das Tool im Editor, indem Sie am oberen Bildschirmrand in der Taskleiste TOOLS aufrufen und aus der Dropdown-Liste den Unterpunkt IDENTISCHE KEYWORDS SUCHEN auswählen (siehe Abbildung 9.28).

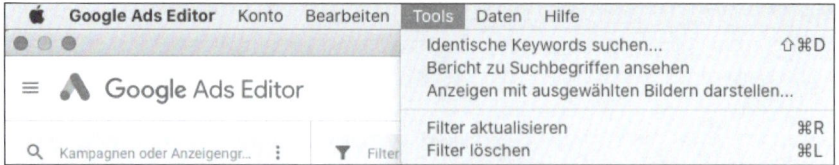

Abbildung 9.28 Die Funktion »Identische Keywords suchen« aufrufen

Danach können Sie in einem neuen Fenster (siehe Abbildung 9.29) im linken Menü ❶ bestimmen, ob das ganze Konto oder nur ausgewählte Kampagnen durchsucht werden sollen.

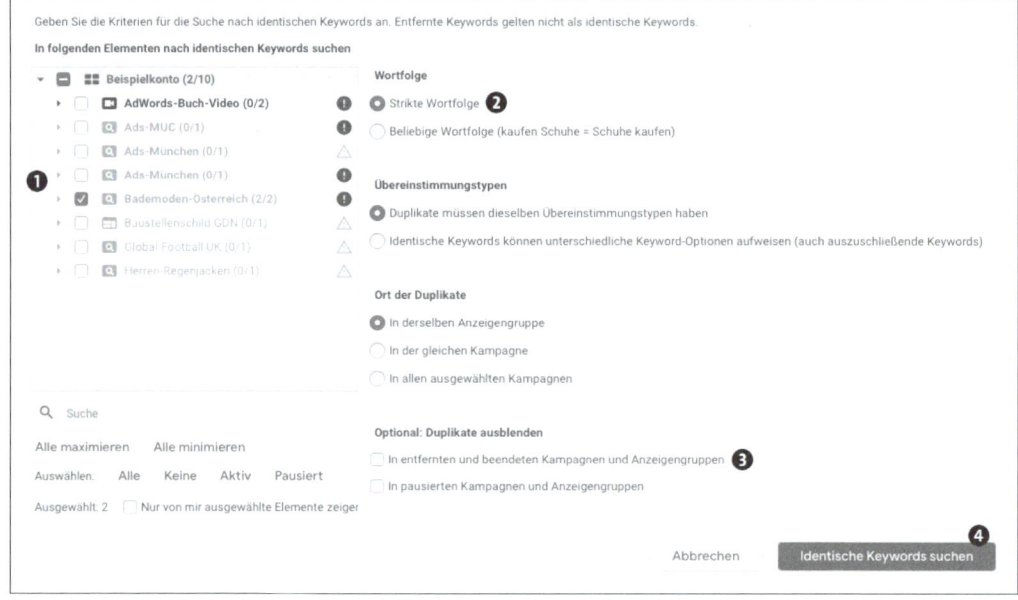

Abbildung 9.29 Auswahl der Kampagnen und Filtereinstellungen

Auf der rechten Seite können Sie verschiedene Suchbedingungen, z. B. STRIKTE WORTFOLGE ❷, festlegen. Sie können auch bestimmen, ob pausierende Kampagnen bzw. Anzeigengruppen ❸ in die Suche einbezogen werden oder nicht. Nachdem Sie Ihre Einstellungen vorgenommen haben, klicken Sie auf den Button IDENTISCHE KEYWORDS SUCHEN ❹ und erhalten als Ergebnis eine entsprechende Liste mit Duplikaten, falls doppelte Keywords vorhanden sind.

Wir haben Ihnen hier eine kleine Auswahl an wichtigen Funktionen vorgestellt, die der Google Ads Editor zu bieten hat. Falls bestimmte Möglichkeiten des Editors interessant, dann sollten Sie auf jeden Fall den Google Ads Editor einmal testen. Beachten Sie dabei, dass der Google Ads Editor genau wie das Google-Ads-Backend ständig neue Funktionen erhält. Dabei läuft der Editor den Entwicklungen des Google-Ads-Online-Tools immer etwas hinterher.

9.3.3   Stirbt der Google Ads Editor?

Viele Funktionen, die der *Google Ads Editor* bereithält, sind mittlerweile auch schon online im Backend von *Google Ads* enthalten. So können Sie im Gegensatz zu den Anfangszeiten von Google Ads jetzt im Konto Ihre Kampagnen, Anzeigengruppen, Keywords und Anzeigentexte ganz einfach kopieren und an anderer Stelle wieder einfügen. Außerdem ist es möglich, durch »Suchen und Ersetzen« Textbausteine zu verändern. Auch ein Hinzufügen von zusätzlichen Texten an verschiedenen Stellen ist möglich. Diese Funktionen waren früher ein starkes Argument für den Editor.

Da diese zusätzlichen Möglichkeiten Schritt für Schritt dem Backend hinzugefügt wurden, gibt es einige Google-Ads-Administratoren, die vermuten, dass die Tage des Google Ads Editors gezählt sind. Aktuell sind dies jedoch nur Spekulationen und es gibt keine Ankündigung von Google, das Google-Ads-Editor-Projekt einzustellen. Als Offline-Ergänzung und vor allem für die Zusammenarbeit verschiedener Administratoren ist das Tool auf jeden Fall eine sinnvolle Sache.

Im Alltag müssen Sie je nach Situation entscheiden, ob Sie den zunächst längeren Weg gehen, also einmal den aktuellen Stand des Kontos in den Editor herunterladen, die Änderungen durchführen und das Ganze wieder per Upload ins Konto verschieben. Alternativ können Sie viele Änderungen direkt im Konto durchführen. Die Arbeit mit dem Editor ist jedoch vor allem dann sinnvoll, wenn sehr viele Änderungen anstehen – und natürlich für die beschriebenen Aufgaben, die noch nicht online im Backend gelöst werden können. Dazu zählen zum Beispiel das Aufspüren doppelter Keywords im Google-Ads-Konto sowie der Austausch ganzer Kampagnen zwischen verschiedenen Konten.

9.4   Conversions maximieren

Nun gehen wir wieder zurück ins Google-Ads-Online-Konto und schauen uns weitere Ads-Tools an. Die Funktion CONVERSIONS MAXIMIEREN finden Sie in den Kampagneneinstellungen beim Unterpunkt GEBOTE. Den Weg dahin haben wir Ihnen in Abbildung 9.30 kurz skizziert.

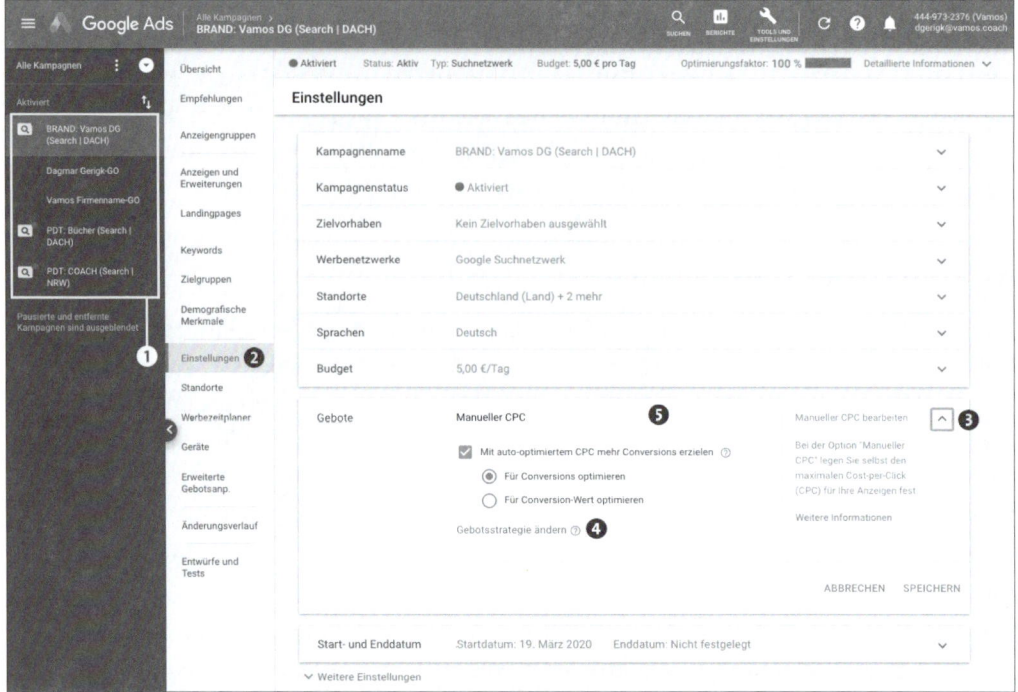

Abbildung 9.30 Klickpfad zu Gebotsstrategie »Conversions maximieren«

Zunächst wählen Sie im Navigationsbereich eine bestimmte Kampagne ❶ aus, dann klicken Sie im Seitenmenü auf Einstellungen ❷. Danach klappen Sie das Menü GEBOTE ❸ auf. Wenn Sie nun auf den Link GEBOTSSTRATEGIE ÄNDERN ❹ klicken, erscheint oben im Gebote-Fenster ein Dropdown-Menü ❺. Wenn Sie das öffnen, finden Sie AUTOMATISCHE GEBOTSSTRATEGIEN, aus denen Sie wählen können (siehe Abbildung 9.31).

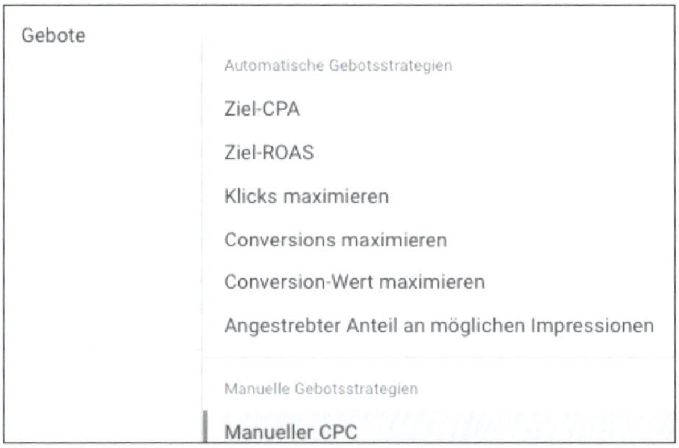

Gebote	
	Automatische Gebotsstrategien
	Ziel-CPA
	Ziel-ROAS
	Klicks maximieren
	Conversions maximieren
	Conversion-Wert maximieren
	Angestrebter Anteil an möglichen Impressionen
	Manuelle Gebotsstrategien
	Manueller CPC

Abbildung 9.31 »Automatische Gebotsstrategien« im Dropdown-Menü

Das *Conversions maximieren*-Tool soll Ihnen dabei helfen, für Ihre festgelegten (Cost-per-Acquisition-)Ziele besonders viele Conversions zu erzielen. Dies funktioniert jedoch nur zufriedenstellend, falls Sie lediglich einige wenige Makro-Conversions bestimmt haben, die Ihnen auch tatsächlich Kunden bringen. Für Mikro-Conversions macht es eher wenig Sinn.

Zusätzlich müssen laufend genügend Conversions erzielt werden, denn das Tool *Conversions maximieren* ist nur so gut wie die zugrunde liegenden Daten. Nachdem das Tool aktiviert wurde, ermittelt es anhand der bisherigen Leistungen Ihrer Kampagne bei jeder Anzeigenschaltung automatisch das entsprechende optimale CPC-Gebot, um weitere Conversions bei geringen Kosten zu erzielen.

> **Was bedeutet Cost-per-Acquisition?**
>
> Cost-per-Acquisition (*CPA*) in Google Ads sind die Kosten, die Sie durch Ihre Werbung investieren, um eine Conversion zu generieren. Die Akquise wird also mit dem Erreichen eines Ziels gleichgesetzt. Darum ist es wichtig, dass Sie hauptsächlich Ihre wichtigsten Ziele, also die sogenannten Makro-Conversions dem Google-Ads-System bereitstellen. Eine Bestellung, eine Buchung, ein Auftrag etc. wären jeweils solche Marko-Conversions. Bei Google Ads wird zwischen *Ziel-CPA* und *maximalem CPA* unterschieden. Dabei steht der Ziel-CPA für den durchschnittlichen Betrag, den Sie für eine Conversion zu zahlen bereit sind, während der Höchstbetrag, den Sie für eine Conversion ausgeben möchten, als maximaler CPA bezeichnet wird.

9.5   Optimierungstool für Displaynetzwerk-Kampagnen

Das *Optimierungstool für Displaynetzwerk-Kampagnen* funktioniert ähnlich wie das *Conversions maximieren*-Tool. Bei diesem Tool werden jedoch die Ausrichtung und Gebotsfestlegung für die Kampagnen im Google Displaynetzwerk verwaltet, damit diese zu mehr Conversions führen. Um das Optimierungstool für Displaynetzwerk-Kampagnen zu nutzen, legen Sie einfach Ihren gewünschten Cost-per-Acquisition (CPA) fest. Danach ermittelt das Tool für Sie automatisch die besten Placements, um Ihre Conversions, basierend auf Ihren CPA-Zielen, zu steigern.

Dieses Tool ist jedoch nur für eine kleine Gruppe von Werbetreibenden verfügbar. Überprüfen Sie, ob unter den Kampagneneinstellungen ein Link AUTOMATISCHE KAMPAGNENOPTIMIERUNG angezeigt wird. Falls Sie ihn sehen, ist das Tool für Ihr Konto freigeschaltet.

9.6   Google-Ads-Kampagnentests

Mithilfe der Google-Ads-Kampagnentests können Sie Änderungen an Ihrem Konto für ausgewählte Elemente testen. Die Tests werden live im Wechsel mit den Standardeinstellungen durchgeführt. Die Kampagnentests werden wir in Abschnitt 13.3.10 noch näher beschreiben.

9.7   Google-Ads-Shortcuts

Ähnlich wie im Google Ads Editor können Sie auch in der Online-Version des Google-Ads-Kontos mit Shortcuts arbeiten, um Zeit zu sparen. Abbildung 9.32 zeigt Ihnen die gängigsten Tastenkombinationen. Sie finden diese Übersicht in Ihrem Online-Konto, indem Sie auf das Hilfesymbol ❶ klicken und dann TASTENKOMBINATIONEN auswählen. Dadurch öffnet sich ein separates Fenster ❷.

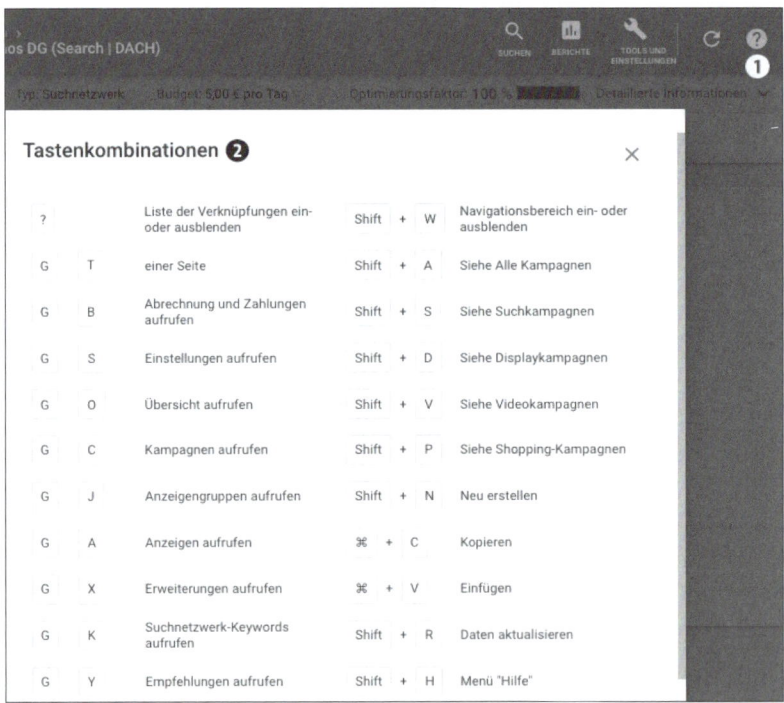

Abbildung 9.32 Tastenkombinationen für Shortcuts im Google-Ads-Konto

9.8   Fazit

Dieses Kapitel hat Ihnen einen Überblick über die verschiedenen Tools vermittelt, die für Google Ads verfügbar sind. Neben den Tools, die als eigenständiger Unterpunkt im Google-Ads-Konto aufgeführt sind, kennen Sie nun auch die Tools, die quasi im Verborgenen helfen. Mit dem Google Ads Editor haben wir Ihnen auch ein Google-Tool vorgestellt, mit dem Sie offline Ihre Google-Ads-Kampagnen bearbeiten und optimieren können. Schauen Sie sich die verschiedenen vorgestellten Tools an, und nutzen Sie sie bei Bedarf, um sich die Arbeit zu erleichtern und Zeit zu sparen.

Klickpreise: Teuer ist nicht gleich besser

Top-Positionen in den Google-Suchergebnissen sind je nach Branche verhältnismäßig teuer und oftmals gar nicht unbedingt erstrebenswert. Denn häufig können hier reine Informationsanfragen zu Klicks führen, während es bei den Positionen darunter durchaus eher Kaufinteressenten sein können: Diejenigen, die hier klicken, haben sich die Ergebnisse oft genauer angeschaut, sind also spezifischerer Traffic, sprich: Diese Nutzer haben ein konkreteres Interesse an Ihren Produkten oder Dienstleistungen.

Eine gute Möglichkeit, um Kosten zu senken, besteht darin, die Liste der auszuschließenden Keywords kontinuierlich zu pflegen und zu ergänzen. Neben Begriffen, zu denen Ihre Anzeige nicht erscheinen soll, gehören auch Tippfehler zu diesen Keywords auf diese Liste, denn die Google-Suche hat eine hohe Fehlertoleranz. Das bedeutet, dass im Positivfall auch bei Tippfehlern meist das richtige Ergebnis angezeigt wird. Allerdings funktioniert das im Negativfall eben nicht. Das heißt, ein auszuschließendes Keyword wird nur dann berücksichtigt, wenn die Schreibweise exakt identisch ist. Ansonsten wird die Anzeige trotz gesetzter Ausschlusskriterien ausgespielt.

An einem Beispiel erklärt: Wenn Sie als auszuschließendes Keyword »Rollschuhe« in Ihrer Liste haben, wird Ihre Anzeige bei der Eingabe von »Rolschuhe« oder »Rollschue« dennoch ausgespielt. Um das zu vermeiden, lohnt es sich, die Liste der auszuschließenden Keywords um mögliche Tippfehler zu ergänzen.

9.9   Checkliste

Sind Sie mit den Tools im Google-Ads-Konto vertraut? Folgende Tools sollten Sie kennen:

Wichtige Tools im Google-Ads-Konto	Bekannt (☑)
Änderungsverlauf	
Keyword-Planer	
Anzeigenvorschau und -diagnose	

Tabelle 9.1 Checkliste zu den wichtigsten Tools im Google-Ads-Konto

Wichtige Tools im Google-Ads-Konto	Bekannt (☑)
Attribution	
Google Ads Editor	
Conversions maximieren	
Optimierungstool für Displaynetzwerk-Kampagnen	
Google-Ads-Kampagnentests	

Tabelle 9.1 Checkliste zu den wichtigsten Tools im Google-Ads-Konto (Forts.)

Kapitel 10
Reporting und Conversion-Tracking

Ohne Controlling sind Sie blind! Eine schöne Eigenschaft des Online-Marketings ist die Möglichkeit, die Strategien und getroffenen Entscheidungen schnell und einfach kontrollieren zu können. Werden die gewählten Keywords auch gesucht? Welche Anzeigen funktionieren besser? Und vor allem: Werden die gesteckten Ziele auch erreicht?

Conversion-Tracking ist ein Muss bei der Schaltung von Google-Ads-Anzeigen, denn ohne Conversion-Tracking können Sie keine Aussage über den Erfolg Ihrer Google-Ads-Werbung machen. Zum Controlling gehören aber auch Berichte, die Ihnen zeigen, was gesucht wurde, auf welchen Geräten Ihre potenziellen Kunden über Google suchen und wo und zu welchen Zeiten diese hauptsächlich im Netz unterwegs sind. Zur Beantwortung dieser und weiterer Fragen müssen Sie die Daten zu Ihren Google-Ads-Kampagnen mit Berichten erfassen und dann analysieren.

In diesem Kapitel zeigen wir Ihnen zum einen, welche Informationen Sie zum Conversion-Tracking erhalten, und zum anderen, welche wichtigen Kennzahlen Sie mithilfe der Berichtsfunktionen zusammenstellen können. Im Google-Ads-Konto besteht die Möglichkeit, Daten auf allen Ebenen wie Kampagnen, Anzeigengruppen, Keywords und den Anzeigen zu erfassen. Dabei gibt es unzählige Informationen, die Sie abrufen können. Es macht jedoch Sinn, sich auf das Wichtigste zu beschränken und lieber verschiedene, übersichtliche Spezialberichte zu erstellen, als alle Informationen in einen Bericht zu packen, der dann schnell unübersichtlich wird. Wir haben einige Tipps und Beispiele für Sie zusammengestellt.

Der Online-Marketingprozess mit Google-Ads-Anzeigen besteht aus drei grundlegenden Schritten:

1. Planung der Marketingkampagnen mit Zielvorgaben, Keyword-Recherche und Targeting-Ideen
2. Aufsetzen der Google-Ads-Kampagnen anhand der Vorgaben
3. Controlling durch Datenerfassung und Erfolgsmessung

Dieses Kapitel befasst sich also mit dem dritten Punkt. Anhand der eingehenden Daten können die Erfolge oder Misserfolge gemessen werden. Natürlich endet der Prozess hier nicht: Die Berichte und Statistiken bieten Ihnen fast immer neue Ansatzpunkte für die nächsten Optimierungsschritte.

10.1   Messen Sie Ihren Erfolg mit Conversion-Tracking

Vergessen Sie auf keinen Fall Ihre Ziele! Conversion-Tracking ist der wichtigste Parameter bei der Auswertung Ihrer Google-Ads-Kampagnen. Mit dem Conversion-Tracking messen Sie, ob Ihre Werbekampagnen auch das erreichen, wofür sie angelegt worden sind. Bei einer Conversion wird aus einem Besucher ein Interessent oder sogar ein Kunde. Wurde die Conversion erreicht, so löst der integrierte Google-Code (Google-Ads-Conversion-Code oder alternativ der Google-Analytics-Code aus dem verknüpften Analytics-Konto) eine Rückmeldung an das Google-Ads-System aus.

Somit kann nachvollzogen werden, welche Anzeige, welches Keyword etc. die Conversion ausgelöst hat. Sie als Google-Ads-Manager können dann aufgrund dieser Informationen entscheiden, welche Keywords besonders wichtig sind, welche Anzeigen Kunden generieren und in welcher Anzeigengruppe, in welcher Kampagne das meiste Potenzial zur Erreichung der Werbeziele steckt – und natürlich auch, welche Keywords, Anzeigentexte etc. nicht funktionieren.

Darum noch einmal der Hinweis: Conversions sind extrem wichtig. Leider ist es in der Praxis jedoch oft so, dass in vielen Google-Ads-Konten die Conversions nicht gemessen werden. Sie sollten es jedoch besser machen und bereits beim Aufsetzen der Google-Ads-Kampagnen Ihre Ziele definieren und überlegen, durch welche Messung Sie diese kontrollieren können.

10.2   Conversion-Tracking in Google Ads einrichten

Wie Sie das Conversion-Tracking einrichten, haben wir in Abschnitt 2.6.4 bereits erläutert. Grundsätzlich gibt es drei Möglichkeiten, die Conversion für Ihre Google-Ads-Kampagnen aufzusetzen:

1. Sie erstellen einen Code in Google Ads.
2. Sie erstellen Ziele in Google Analytics, die Sie danach in Ihr Google-Ads-Konto importieren.
3. Sie laden Conversions in Google Ads hoch (siehe Abbildung 10.1).

Die dritte Möglichkeit ist für Conversions interessant, die nicht online über JavaScript gemessen werden können, sondern offline erfasst werden. Die Herausforderung bei dieser Methode besteht jedoch darin, den Klick auf die Google-Ads-Anzeige mit den entsprechenden Kundendaten zu verbinden. Dies funktioniert z. B., indem ein ausgefülltes Anfrageformular oder ein generierter Rabatt-Code auf der Webseite mit der Google-Click-ID (GCLID) aus der Google-Ads-Anzeige verknüpft wird. Wird dann der Rabatt-Code offline im Geschäft vorgelegt, so kann er mit der Google-Click-ID und somit folglich auch mit Ihren Google-Ads-Kampagnen, Anzeigengruppen,

Keywords und Anzeigentexten verknüpft werden. Auf diese Weise kann ein Offline-Einkauf einer Google-Ads-Anzeige zugeordnet werden. Die Daten werden also in das Google-Ads-Konto hochgeladen und erscheinen in der Statistik als Conversions.

Bitte beachten Sie, dass Sie immer zwischen Mikro- und Makro-Conversions unterscheiden sollten. Die Makro-Conversions sind die wichtigsten Ziele: Mit ihnen werden Bestellungen, Kundenanfragen, Kundendaten etc. gemessen. Mikro-Conversions sind auch wichtig, denn mit diesen Conversions können Sie das Verhalten potenzieller Kunden auf Ihrer Website messen, um so abzuschätzen, ob ein grundsätzliches Interesse besteht. Beachten Sie jedoch, dass bei den Mikro-Conversions noch kein zählbares Ergebnis entsteht, das zum Geschäftserfolg beiträgt. Trotzdem sind diese Conversions auch wichtig. Denken Sie immer daran: Es ist besser, Mikro-Conversions zu messen als gar keine Conversions!

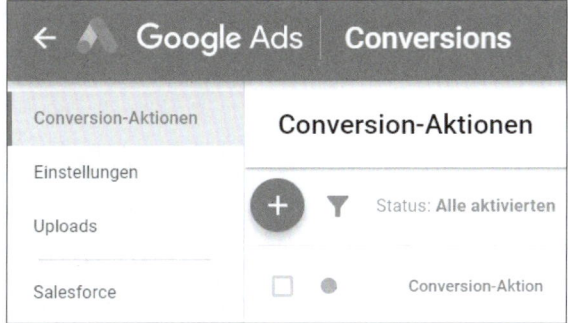

Abbildung 10.1 Conversion in Google Ads erstellen oder hochladen

Nachdem Sie den Conversion-Code erstellt und eingebaut haben und die ersten Ziele erreicht wurden, sollten Sie auch die entsprechenden Conversion-Spalten in Ihre Google-Ads-Berichte aufnehmen, um die Ergebnisse zu dokumentieren. Dabei können Sie die Conversions aus verschiedenen Blickwinkeln und in den unterschiedlichen Ebenen analysieren. Auf Kampagnenebene können Sie z. B. Conversions und die Conversion-Rate hinzufügen, um zunächst in der Übersicht die Erfolge der einzelnen Kampagnen zu vergleichen. Falls Sie Ihre Kampagnen nach Ländern aufgeteilt haben, können Sie auf dieser Ebene kontrollieren, ob Ihre Google-Ads-Werbung z. B. in Deutschland, Österreich und der Schweiz vergleichbare Conversion-Raten erzielt oder ob es länderspezifische Unterschiede gibt. Haben Sie Ihre Kampagnen nach wichtigen Produktgruppen aufgeteilt, so könnten Sie anhand der Conversions die Erfolge der einzelnen Produkte vergleichen.

Je nach Aufteilung der Kampagnen fallen Ihnen sicher noch weitere Möglichkeiten ein, wie die Conversions bereits auf der obersten Ebene erste Hinweise auf Erfolg oder Misserfolg geben können. Die gewünschten Informationen fügen Sie Ihren Berichten hinzu, indem Sie zunächst im Kopf Ihres jeweiligen Berichtes auf das Icon mit der Bezeichnung SPALTEN klicken und danach den Unterpunkt SPALTEN ANPASSEN auswählen. Ein Klick auf die Kategorie CONVERSIONS öffnet eine Liste mit den verfügbaren Spalten zu diesem Thema (siehe Abbildung 10.2). Bitte beachten Sie, dass Google, wie bereits erwähnt, laufend neue Berichtsspalten hinzufügt, sodass Ihre Auswahl vielleicht noch größer ist.

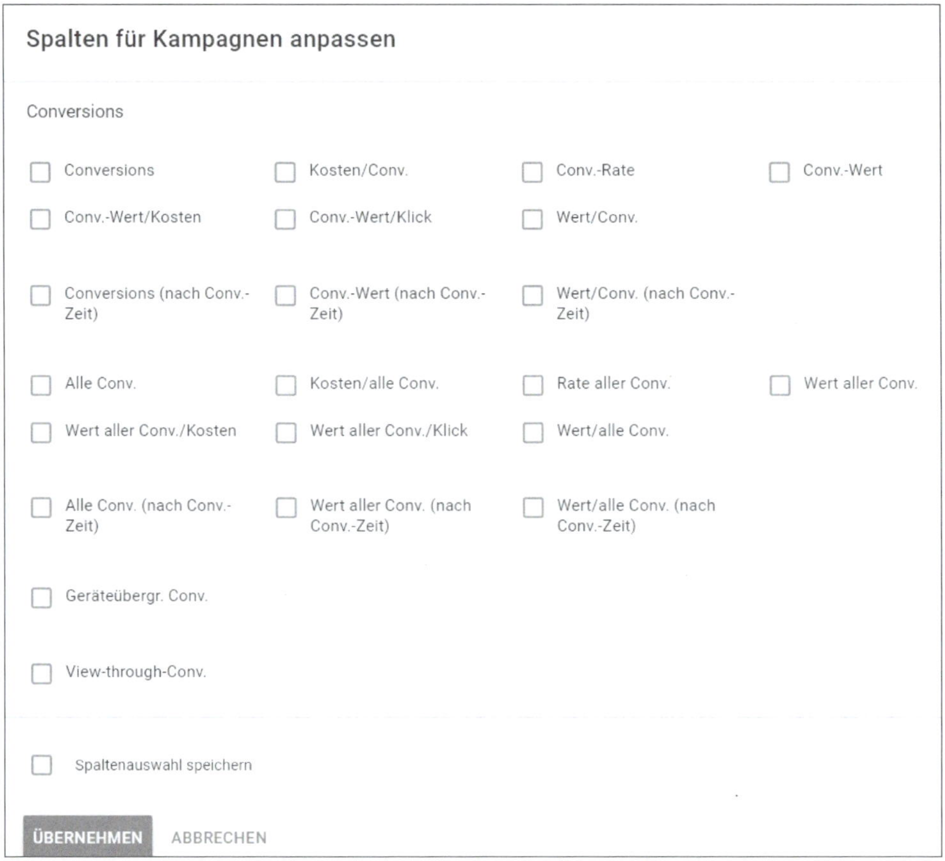

Abbildung 10.2 Daten zu Conversions in den Google-Ads-Berichten

Im Mai 2020 gab es 22 unterschiedliche Spalten zum Thema CONVERSIONS. Diese sollten Sie jedoch – in Hinblick auf die Übersichtlichkeit – nicht alle in einen Bericht einfügen. Hinzu kommt, dass manche Spalten nur einen Sinn ergeben, wenn sie auch nützliche Daten enthalten. Spalten mit dem Bezug zum Conversion-Wert sind beispielsweise nur dann sinnvoll, falls Sie einer Conversion auch einen realistischen Wert zuordnen können.

Weitere Informationen zu den einzelnen Berichtsspalten erhalten Sie, wenn Sie bei der Auswahl einfach mit der Maus über die Spaltenbezeichnung fahren. Im Bericht selbst ziehen Sie den Mauszeiger ebenfalls einfach über die jeweilige Bezeichnung im

Tabellenkopf. Wir stellen Ihnen nun zunächst einmal vier wichtige Berichtsspalten vor, die auch in der Praxis öfter zum Einsatz kommen:

1. **Conversions**

   Diese Spalte zeigt, vereinfacht gesagt, an, wie viele Kunden Sie generiert haben. Genau genommen erfahren Sie, wie viele Webseitenbesucher über die Google-Ads-Werbung kamen und eine Conversion-Aktion ausführten. Mit Conversions sind hier wichtige, sogenannte Makro-Conversions gemeint. Dazu müssen Sie, wenn Sie die Conversion anlegen, im Google-Ads-Konto die Checkbox IN "CONVERSIONS" EINBEZIEHEN aktivieren. Bitte beachten Sie, dass der Conversion-Tracking-Zeitraum üblicherweise 30 Tage beträgt. Eine Conversion wird also innerhalb der 30 Tage gezählt, nachdem auf die Google-Ads-Anzeige geklickt wurde. Danach wird die gleiche Person aus Conversion-Sicht als neuer Kunde betrachtet.

2. **Alle Conv.**

   Diese Spalte zählt alle Conversions auf. Hier werden auch Mikro-Conversions mitgezählt, also Conversions, die weniger wichtig sind.

»Conversions« versus »Alle Conversions«

Die Unterscheidung zwischen *Conversions* und *allen Conversions* treffen Sie, wenn Sie eine neue Conversion einrichten. Jede Conversion, die Sie im Google-Ads-Konto anlegen oder auch aus Ihrem Analytics-Konto importieren, wird zunächst einmal als Conversion registriert. Achten Sie auf die Checkbox bei den Conversion-Einstellungen unter IN "CONVERSIONS" EINBEZIEHEN. Ist die Checkbox aktiviert, dann wird diese Conversion-Aktion unter CONVERSIONS aufgelistet. Ist eine Conversion angelegt, aber mit deaktivierter Checkbox (also eine Mikro-Conversion), dann wird diese Conversion-Aktion nur unter ALLE CONV. angezeigt.

Wichtig: ALLE CONV. beinhaltet also sowohl die wichtigen Makro- als auch die Mikro-Conversions. Wenn also eine Conversion für Sie sehr wichtig ist, z. B. eine Bestellung oder eine Kundenanfrage, dann aktivieren Sie in jedem Fall die Checkbox bei den Conversion-Einstellungen unter IN "CONVERSIONS" EINBEZIEHEN. Auf Grundlage dieser Conversions können Sie dann auch automatisch Ihre Gebotsstrategie optimieren, z. B. *Conversions maximieren*.

---

3. **Conv.-Rate**

   Die Conversion-Rate ist mit der CTR der Klicks vergleichbar. Hier wird nun jedoch berechnet, wie viele Klicks auf Ihre Google-Ads-Werbung am Ende zu einer Conversion geführt haben. Wenn von 100 Besuchern, die über eine Google-Ads-Anzeige auf Ihre Webseite gelangen, 5 Conversions erzielt werden, dann haben Sie also eine Conversion-Rate von 5 %.

4. **Conv.-Wert**

   Der Conversion-Wert gibt den Wert aller Conversions an, z. B. der jeweiligen Kampagne. Dafür müssen Sie jedoch beim Anlegen einer Conversion den Wert bestimmen. Dabei können Sie den Wert pro Conversion selbst festlegen, indem Sie zum Beispiel den Durchschnittswert einer Seminarbuchung als Conversion-Wert für eine Seminaranmeldung nehmen. Sie können aber auch über die Programmierung den echten Wert einer Bestellung auslesen und übergeben.

Das Beispiel aus Abbildung 10.3 zeigt, wie eine spezielle Conversion-Statistik auf Kampagnenebene aussehen kann. Hierbei werden die Leistungen von drei verschiedenen Kampagnen verglichen. Dabei sind die Kampagnen 1 und 2 vom Typ Suchnetzwerk, während die dritte eine Displaynetzwerk-Kampagne ist. Diesen Vergleich würde man in der Praxis eher mit Kampagnen vom gleichen Typ durchführen. Wie bereits beschrieben, würde man dann dabei noch unterschiedliche Zielregionen oder Produkte vergleichen. Unser Beispiel zeigt erwartungsgemäß, dass die Conversion-Rate bei der Displaynetzwerk-Kampagne viel schlechter ist als bei den Kampagnen mit Beteiligung des Suchnetzwerkes. Dies ist durch das unterschiedliche Such- und Surfverhalten zu erklären. Kampagnen im Suchnetzwerk liefern eher interessierte Besucher, die vorher bewusst nach Firmen, Marken, Produkten, Dienstleistungen oder Lösungen gesucht haben.

Kampagne ↑	Impr.	Klicks	CTR	Conv.-Rate	Conversions	Alle Conv.
Kampagne 1	4.557	537	11,78 %	4,84 %	26,00	227,00
Kampagne 2	25.604	1.797	7,02 %	4,12 %	74,00	748,00
Display	91.926	181	0,20 %	1,66 %	3,00	40,00

Abbildung 10.3 Verschiedene Daten zu Conversions auf Kampagnenebene

Wenn Sie das Conversion-Tracking für Ihre Google-Ads-Kampagnen nutzen, sollten Sie auch die folgenden Spalten (siehe Abbildung 10.4) mit interessanten Conversion-Daten kennen und Ihren Leistungsberichten hinzufügen:

▶ KOSTEN/CONV.
Diese Spalte zeigt, wie viel Sie durchschnittlich für eine Conversion bezahlt haben. Dazu werden die Gesamtkosten der Google-Ads-Werbung durch die gesamten Conversions geteilt. Beachten Sie, dass mit Conversions die sogenannten Makro-Conversions gemeint sind. An diesem Wert können Sie dann erkennen, ob Ihre Werbung noch rentabel ist. Müssen Sie z. B. 100 € für einen neuen Kunden ausgeben, der eine Schulung für 150 € bucht, dann ist dies sicher auf Dauer nicht rentabel. Bestellt ein Kunde im Schnitt jedoch Produkte für 5.000 €, dann könnten die hohen Conversion-Kosten trotzdem noch eine lohnende Investition sein.

▶ WERT/CONV.
Beim Wert pro Conversion wird der Gesamtwert aller Conversions durch die Ge-

samtanzahl an Conversions geteilt. Sie wissen also, welchen monetären Gegenwert eine Conversion im Schnitt hat.

▶ Conv.-Wert/Kosten
Mit diesem Wert können Sie den Return on Investment abschätzen. Hier wird der Gesamtwert, den die Conversions erzielt haben, durch die Gesamtkosten aller Anzeigeninteraktionen geteilt, die zu einer Conversion führen können. Dazu muss natürlich wieder der Wert einer Conversion bekannt sein und gemessen werden.

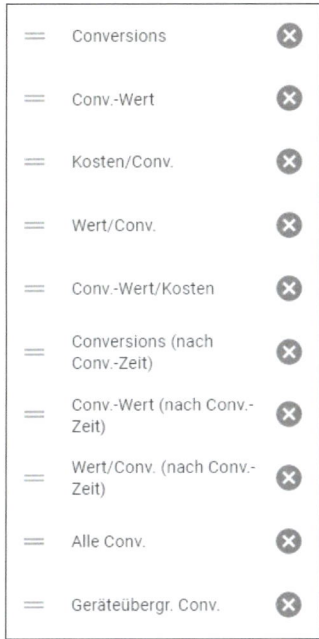

Abbildung 10.4 Liste mit Spalten für Conversion-Kennzahlen

Bitte beachten Sie wieder die Unterscheidung zwischen *Conversion* und *Alle Conversions*. Die vorgestellten Spalten gibt es auch jeweils mit der Bezeichnung ALLE CONV.; in diesem Fall werden dann auch die Mikro-Conversions bei der Berechnung der Leistungsdaten berücksichtigt.

Zum Schluss möchten wir Ihnen noch zwei Conversion-Arten vorstellen, die Google erst im Jahr 2019 zur Verfügung gestellt hat:

▶ Conversions (nach Conv.-Zeit)
Seit Herbst 2019 hat Google Ads sechs zusätzliche Spalten mit der Ergänzung (nach Conv.-Zeit) zu den Berichten hinzugefügt. In diesen Spalten findet man nun Daten mit Bezug zum Zeitraum, der für den Bericht ausgewählt wurde. Das sind wichtige Daten, wenn man beispielsweise bestimmte Werbeaktionen beobachten möchte. Normalerweise werden die Conversions in den Berichten dem

Zeitpunkt des Ad-Klicks zugeordnet, was ja nicht immer mit dem Conversion-Zeitpunkt übereinstimmen muss.

▶ GERÄTEÜBERGR. CONV.
Für diesen Messwert beobachtet Google geräte- oder browserübergreifende Aktionen, die zu Conversions führen. Hierbei werden jedoch alle Conversions erfasst. Der Hinweis auf IN "CONVERSIONS" EINBEZIEHEN hat also für diese Art der Conversions keine Auswirkungen.

10.3   Weitere wichtige Kennzahlen

Neben den Conversions gibt es weitere wichtige Kennzahlen, die Sie sich auf den verschiedenen Ebenen anzeigen lassen können. Die drei wichtigsten Leistungskennzahlen neben den Conversions sind:

▶ Impr. (Impressionen)

▶ Klicks

▶ CTR (Click-Through-Rate)

Dabei gibt die CTR das Verhältnis zwischen Impressionen und Klicks an. Als Prozentzahl zeigt die CTR, wie viele Google-Nutzer bei 100 Werbeeinblendungen auf die jeweilige Anzeige geklickt haben bzw. wie oft ein Keyword einen Klick ausgelöst hat.

Neben diesen Hauptkennzahlen gibt es jedoch noch weitere interessante Kennzahlen, zum Beispiel an welcher durchschnittlichen Position eine Anzeige ausgeliefert wurde oder wie viel Prozent der möglichen Impressionen mit der Anzeige erreicht wurden. Wichtig sind natürlich auch die Kosten, zum einen pro Klick und zum anderen auch die Gesamtkosten pro Anzeigengruppe oder Kampagne.

Auf den unterschiedlichen Ebenen eines Google-Ads-Kontos sind auch unterschiedliche Kennzahlen wichtig. Wir können jedoch nicht grundsätzlich sagen, welche Daten für jeden Google-Ads-Nutzer interessant sind. Dies hängt zu sehr von der Art der Kampagne und der jeweiligen Strategie ab. Daher stellen wir Ihnen in den folgenden Abschnitten eine Auswahl interessanter Spalten vor. Nutzen Sie diese Anregungen, um sich Ihre individuellen Kampagnenberichte zusammenzustellen.

10.3.1   Wichtige Kennzahlen auf Kampagnenebene

Es gibt ganz viele Kennzahlen, die Sie auf Kampagnenebene analysieren können. Diese Ebene sollte Ihnen jedoch zunächst einen Überblick zur grundsätzlichen Performance Ihrer Google-Ads-Werbung bieten. Neben den Standardleistungswerten gibt es für jeden Kampagnenmanager eigene Kennzahlen, die wichtig bzw. in der jeweiligen Situation von Bedeutung sind. Dies bedeutet auch, dass am Anfang einer Werbekampagne andere Zahlen interessanter sein können, als dies im weiteren Verlauf der Fall ist.

Außerdem kann es sein, dass Vorgesetzte oder Kunden spezielle Fragestellungen haben, die mit passenden Kennzahlen zu beantworten sind. Darum gibt es für unterschiedliche Situationen auch unterschiedliche Berichte, die mit entsprechenden Daten zusammengesetzt werden. Es macht jedoch keinen Sinn, zu viele Kennzahlen in einen Bericht zu packen, weil dann diese Statistik zu unübersichtlich wird. Da es je nach Bedarf unterschiedliche Spalten gibt, die interessant sind, sollten Sie sich verschiedene Berichtstemplates zusammenstellen und abspeichern. So können Sie immer einfach auf die Templates zugreifen, ohne mühsam wieder die einzelnen Spalten hinzuzufügen bzw. andere Spalten zu entfernen.

Die folgenden Beispiele sind Anregungen zu Aspekten, die Sie aus den verschiedenen Ebenen analysieren können. So sollten Sie sich auf Kampagnenebene von Zeit zu Zeit einmal die Anzahl der UNGÜLTIGEN KLICKS ❶ inklusive der Klickrate an ungültigen Klicks, also dem ANTEIL UNGÜLTIGER KLICKS ❷ anschauen (siehe Abbildung 10.5). Die ungültigen Klicks sind zunächst nichts, was Sie beunruhigen sollte, da sie normalerweise während einer Recherche entstehen. Einen Klick bezeichnet Google dann als ungültig, wenn während einer Session derselbe Google-User mehrmals über einen Anzeigenklick auf Ihre Webseite gelangt. Diese Klicks werden übrigens direkt abgezogen und erzeugen keine Kosten.

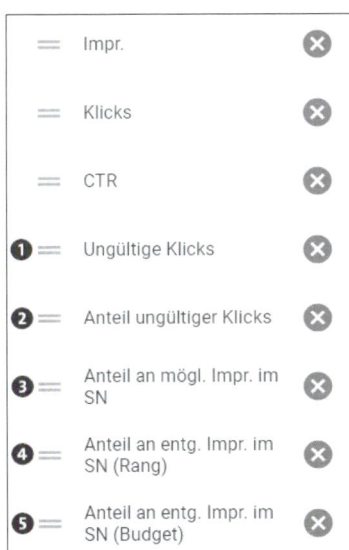

Abbildung 10.5 Spalten auf Kampagnenebene inklusive der Spalten zu ungültigen Klicks und dem Anteil an Impressionen

Eine ungültige Klickrate bis durchschnittlich 10 % ist noch als normal einzustufen. Finden Sie in Ihrer Statistik jedoch sehr hohe Klickraten an ungültigen Klicks von 50 % und mehr, so könnte dies als erstes Anzeichen auf ein aus finanzieller Sicht unschädliches, aber bewusstes Klicken Ihrer Google-Ads-Anzeigen hindeuten. Diese Vorgänge sollten Sie im Auge behalten und mithilfe Ihres Administrators die IP-Adressen ermitteln, von denen aus häufiger auf Ihre Anzeige geklickt wurde. Alle Versuche von bewusstem Klickbetrug sollten Google gemeldet werden. Unter dieser Adresse finden Sie Informationen zum weiteren Vorgehen:

https://www.google.de/ads/adtrafficquality/advertisers/click-investigation-request.html

Möchten Sie erfahren, wie groß der Anteil Ihrer Werbeschaltung an der Gesamtheit der Anfragen im Suchnetzwerk ist und welche Gründe dafür verantwortlich sind, dass Ihr Anteil an der Gesamtnachfrage geringer ist, so sollten Sie folgende drei Spalten in Ihren Kampagnenbericht aufnehmen:

▶ Anteil an möglichen Impressionen im Suchnetzwerk ❸
▶ Anteil an entgangenen Impressionen im Suchnetzwerk (Rang) ❹
▶ Anteil an entgangenen Impressionen im Suchnetzwerk (Budget) ❺

Wir haben die vorgestellten Spalten in einem Kampagnenbericht aktiviert und schauen nun einmal auf die Statistik für zwei Beispielkampagnen (siehe Abbildung 10.6). Beide Kampagnen besitzen eine ungültige Klickrate von unter 7 % ❶. Bei diesen Kampagnen besteht also kein Grund zur Sorge. Wenn wir uns nun im nächsten Schritt anschauen, wie oft die Kampagnen zu ihren jeweiligen Keyword-Anfragen »geschaltet« wurden, so sehen diese Kennzahlen bei der oberen Kampagne sehr gut aus. Der Anteil an Impressionen im Suchnetzwerk liegt hier bei fast 90 % ❷ – viel mehr ist kaum erreichbar. Die Anzeigen wurden also bei den vorgegebenen Keywords dieser Kampagnen bei fast jeder Suchanfrage geschaltet. Bei der zweiten Kampagne liegt der Anteil der möglichen Impressionen jedoch nur bei ca. 41 % ❸. Hier verpasst der Werbende also mehr als die Hälfte aller möglichen Suchanfragen. In der Praxis sollten Sie sich diese Berichtsspalten, die Sie unter WETTBEWERBSMESSWERTE finden, regelmäßig anschauen, damit Sie ein Gefühl dafür erhalten, in welchem Umfang Ihre Anzeigen überhaupt ausgespielt werden. Falls Sie den Anteil, der nicht ausgespielt wurde, noch tiefergehender analysieren möchten, so müssen Sie sich den Anteil der entgangenen Impressionen anschauen. Dieser ist aufgeteilt in den Anteil, der aufgrund eines zu niedrigen Rankings keine Impressionen ❹ erzeugt hat, und in den Anteil, der aufgrund eines zu niedrigen Budgets ❺ nicht ausgespielt wurde. Alle drei Spalten mit den Informationen zu den erreichten und den entgangenen Impressionen müssen dann in der Summe 100 % ausmachen.

In unserem Beispiel spielt das Budget bei beiden Kampagnen nur eine kleine Rolle. Circa 9 % der möglichen Impressionen gehen hier aufgrund des zu geringen Budgets verloren. Bei der unteren Kampagne gibt es jedoch ein Rankingproblem! Ein zu niedriges Ranking war zu ca. 50 % der ausschlaggebende Grund für verpasste Werbeeinblendungen.

Falls Sie ebenfalls Kampagnen besitzen, die Impressionen aufgrund eines zu niedrigen Rankings verpassen, so sollten Sie zunächst Ihre Keywords analysieren. Vielleicht gibt es eine bestimmte Gruppe von Keywords, die ständig zu niedrige Rankings besitzen. Meistens müssen dann Keywords entfernt werden, die zu allgemein sind oder nicht zur Textanzeige passen. Im nächsten Schritt sollten Sie dann das CPC-Gebot für Ihre wichtigsten Keywords mit schlechten Rankings erhöhen. Bei dieser Maßnahme müssen Sie jedoch stets die Rentabilität Ihrer Keywords beachten. Setzen Sie sich eine Obergrenze für Ihren Klickpreis. Wird ein wichtiges Keyword zu teuer, so muss auch dieses kurzfristig entfernt bzw. zunächst einmal deaktiviert werden. Langfristig sollten Sie natürlich immer auf die Optimierung setzen. Weitere Informationen zur Optimierung finden Sie in Kapitel 12, »Google Ads optimieren«.

Impr.	Klicks	CTR	Ungültige Klicks	Anteil ungültiger Klicks	↓	Anteil an mögl. Impr. im SN	Anteil an entg. Impr. im SN (Rang)	Anteil an entg. Impr. im SN (Budget)
3.796	834	21,97 %	60	6,71 % ❶	❷	88,36 %	2,23 %	9,40 %
62.789	2.632	4,19 %	159	5,70 %	❸ 41,16 %	❹ 50,63 %	❺ 8,21 %

Abbildung 10.6 Beispieldaten zu ungültigen Klicks und ihrem Anteil an den Impressionen

Für die Anzeigengruppen sind zunächst natürlich auch die Standardleistungszahlen wichtig, also IMPR. (Impressionen) ❶, KLICKS ❷ und CTR ❸ (siehe Abbildung 10.7). Da es die Berichtsspalte mit der durchschnittlichen Anzeigenposition nicht mehr gibt, empfehlen wir zur Kontrolle des Anzeigenrankings die beiden Kennzahlen IMPR. (OBERSTE POS.) % ❹ und IMPR. (OBERE POS.) % ❺. Zur Qualitätskontrolle sollte man immer auch die Ziele im Blick haben, daher haben wir Conversion-Daten, wie die wichtigsten CONVERSIONS ❻ und zusätzlich die CONVERSION-RATE ❼, in den Auswertungsbericht übernommen. Außerdem schauen wir uns aus dem Bereich *Wettbewerbsmesswerte* noch einmal den ANTEIL AN MÖGLICHEN IMPRESSIONEN ❽ an. Dies ist vor allem für Kampagnen interessant, die viele Impressionen verpassen. Während die Statistik auf Kampagnenebene ja nur die kumulierten Daten zeigt, erfahren wir über die Anzeigengruppen dann mehr über die einzelnen Themen, wo wir Impressionen verlieren. Wie bereits erwähnt, sollten im letzten Schritt dann die Keywords separiert werden, die für die größten Verluste an Impressionen verantwortlich sind.

Abbildung 10.7 Zusammenstellung eines Beispiel-Templates für Anzeigengruppen

In dem Ausschnitt aus unserem Beispielbericht, den Sie in Abbildung 10.8 sehen, erkennen Sie zunächst bei der oberen Anzeigengruppe eine recht gute Conversion-Rate. Bei den Conversions ist es sehr schwierig, Durchschnittswerte anzugeben, da dies sehr stark von der Art der gemessenen Conversions abhängt. Eine Conversion-Rate von über 7 % deutet entweder auf eine Conversion hin, die sehr einfach zu erzielen ist, oder ist ein Beleg für eine gut optimierte Zielseite. Eine Conversion-Rate ab 5 % muss allgemein schon als sehr gut bewertet werden.

Impr. (oberste Pos.) %	Impr. (obere Pos.) %	Conversions	Conv.-Rate	Anteil an mögl. Impr. im SN
32,61 %	72,24 %	31,00	7,26 %	79,44 %
33,97 %	70,01 %	11,00	1,31 %	54,91 %

Abbildung 10.8 Beispieldaten auf Anzeigengruppenebene: Anzeigepositionen, Conversion und Anteil an möglichen Impressionen

Außerdem können wir sehen, dass sich die beiden Anzeigengruppen bei den möglichen Impressionen im Suchnetzwerk unterscheiden. Daher sollte man nach der ersten Einschätzung auf Kampagnen-Ebene auch noch tiefer in die Statistiken ein dringen, um der Ursache für die kumulierten Daten auf den Grund zu gehen. Vielleicht kann man bei der unteren Anzeigengruppe ja noch mehr herausholen? Optimierung bedeutet also nicht nur, dass Sie Dinge entfernen, die schlecht laufen, sondern dass Sie versuchen, auch aus guten Anzeigengruppen oder Keywords noch mehr herauszuholen.

Nun schauen wir noch auf die beiden ersten Spalten unseres kleinen Beispiels. Die durchschnittliche Position, die uns immer ein vermeintlich sicheres Gefühl für die Rankingposition unser Anzeigen gegeben hat, wird von Google nicht mehr angeboten, da dieser Durchschnittswert aus Google-Sicht nicht so aussagekräftig war, wie er schien. Es gibt nun zwei andere Berichtsdaten, und zwar die prozentualen Angaben zu den Impressionen an erster Stelle der Suchergebnisse, das entspricht der Angabe zu (OBERSTE POS.), und die Angabe zur Auslieferung einer Anzeige auf den ersten vier oberen Plätzen. Das wäre dann die Angabe zu (OBERE POS.) %. Wenn man sich erst einmal an diese Darstellung gewöhnt hat, helfen die beiden Berichtsspalten, mehr über das Ranking zu erfahren. Die oberste Position, also Platz eins bei den bezahlten Suchergebnissen, ist mit Ausnahme von Brand-Werbung vielleicht nicht immer erstrebenswert. Wenn wir hier z. B. öfter einen Wert von über 70 % erreichen, so können wir durch langsame Reduktion der CPC-Gebote auch niedrigere Positionen anstreben und unseren Wert zur obersten Position mit der Zeit vielleicht auf 20 % senken. Wenn wir jedoch andererseits immer im oberen Bereich, also über den organischen Ergebnissen, auftauchen möchten, dann sollte der Wert in der Spalte IMPR. (OBERE POS) % bei ca. 70 bis 80 % oder höher liegen. Auf diese Weise können wir mithilfe dieser beiden Berichtsspalten unsere durchschnittliche Anzeigenposition einfach abschätzen und durch Erhöhen oder Reduzieren der Gebote die gewünschten Durchschnittspositionen erreichen.

Für unser nächstes Beispiel (siehe Abbildung 10.9) haben wir Spalten ausgewählt, die interessante Informationen über die Anzeigengruppen im Displaynetzwerk liefern. Hier sollten wir auch einmal die VIEW-THROUGH-CONVERSIONS ❶ erwähnen. Dies sind Conversions, die einer Einblendung im Displaynetzwerk zugeordnet werden, weil der potenzielle Kunde zwar die Anzeige im Displaynetzwerk gesehen, aber nicht darauf geklickt hat. Später hat dieser Nutzer dann eine Conversion auf der Webseite ausgeführt. Alle Kunden, die zusätzlich auf eine Suchanzeige geklickt und danach die Conversion durchgeführt haben, werden bei den Daten zur View-through-Conversion nicht berücksichtigt! Darum kann das Google-Ads-System von einem bestimmten Einfluss der Anzeige im Displaynetzwerk ausgehen.

Google legt viel Wert auf diese Conversions, weil sie natürlich zeigen, dass das Displaynetzwerk auch indirekt seinen Beitrag zu Conversions liefern kann, ohne viele zusätzliche Klicks. Werden View-through-Conversions gemessen, ist dies natürlich für Google ein Anlass, auf die Bedeutung des GDN als Werbeumfeld hinzuweisen. In der Praxis spielt die View-through-Conversion zumindest für kleine und mittelständische Unternehmen kaum eine Rolle. Analog zum Anteil der Impressionen im Suchnetzwerk gibt es diese Berichtsspalte zu den Impressionen auch für das Displaynetzwerk ❷. Außerdem möchten wir bei unserem Beispiel die sichtbaren Impressionen ❸ im Vergleich zu den nicht sichtbaren Impressionen ❹ analysieren.

Abbildung 10.9 Beispiel-Kennzahlen für das Displaynetzwerk

Wendet man den erstellten Bericht auf ein Beispiel an (siehe Abbildung 10.10), so erkennt man den praktischen Nutzen. Die Beispielauswertung zeigt eine relativ geringe CTR ❶ von 0,59 %, die jedoch im Displaynetzwerk nicht ungewöhnlich ist. Der Anteil der möglichen Impressionen liegt bei dieser Anzeigengruppe im Displaynetzwerk bei ca. 20 % ❷. Dieser Wert ist schon relativ hoch und zeigt an, dass man die Einstellungen für das Targeting bewusst sehr eng eingegrenzt hat. Wird eine größere Abdeckung gewünscht und liegt das Problem nicht beim Budget, so könnte man als Gegenmaßnahme kurzfristig die Gebote für die Display-Kampagnen erhöhen. Außerdem sollten zusätzliche Anzeigen mit anderen Bildmotiven, Vorteilen und Calls-to-Action getestet werden, um Qualität und CTR zu erhöhen. Der Wert der sichtbaren Impressionen ❸ zeigt an, dass diese Anzeigen mindestens zu 50 % ihrer Fläche und mindestens eine Sekunde lang auf dem Bildschirm sichtbar waren. Diese Aussage ist natürlich wertvoller als die reine Angabe der Impressionen. In der letzten Spalte des Beispiels finden wir eine vergleichbar hohe Anzahl von Anzeigen mit nicht sichtbaren Impressionen ❹. Diese Anzeigen wurden nicht wahrgenommen, da sie mit weniger als 50 % ausgespielt wurden oder keine Sekunde sichtbar waren. Bei der tieferen Analyse geht es nun darum, die Gründe und die Webseiten zu finden, wo Anzeigen im Displaynetzwerk nicht sichtbar waren.

Wenn wir die beiden Spalten zu *sichtbar* und *nicht sichtbar* addieren und mit den gesamten Impressionen vergleichen, dann erkennen wir deutlich, dass uns noch ein sehr großer Anteil an Impressionen fehlt, der in der Statistik nicht eingeordnet wurde. Google sagt dazu: »Wenn eine Impression nicht messbar ist, wurde die Anzeige auf Websites, Apps oder Geräten ausgeliefert, auf denen keine Sichtbarkeitsinformationen für Active View erfasst werden.«

Die Informationen zu *sichtbar* und *nicht sichtbar* können also nur Hinweise für erste Einschätzungen sein, bis eine bessere Messbarkeit verfügbar ist.

Impr.	↓ Klicks	❶ CTR	Anteil an mögl. Impr. im GDN ❷	❸ Sichtbare Impr.	❹ Nicht sichtbare Impr.
375.931	2.219	0,59 %	20,44 %	46.369	44.813

Abbildung 10.10 Daten zur Werbung im Displaynetzwerk

10.3.2   Wichtige Kennzahlen auf Keyword-Ebene

Für die Analyse von Keywords werden oft andere Berichtsspalten als bei Kampagnen oder Anzeigengruppen genutzt (siehe Abbildung 10.11). Hier ist vor allem der Quali-tätsfaktor ❶ zu nennen, der im Google-Ads-Konto nur auf Keyword-Ebene angezeigt wird. Dies sind natürlich nicht die Werte, mit denen Google rechnet. In die Berechnungen für das Ad-Ranking fließen viel feinere Werte ein, die Google natürlich nicht nennt. Trotzdem sollten Sie die Berichtsspalte für Ihre Keyword-Berichte aktivieren, damit Sie die Qualität Ihrer Keywords schon einmal grob einschätzen können.

Sie erhalten noch tiefergehende Informationen zu den Ursachen für gute oder schlechte Qualität, wenn Sie die folgenden drei Spalten hinzufügen, die Sie bei der Auswahl der Berichtsspalten ebenfalls in dem Unterpunkt mit der Bezeichnung Qualitätsfaktor finden:

► Erwartete CTR

► Anzeigenrelevanz

► Nutzererfahrung mit der Zielseite

Am besten ordnen Sie sich diese Spalten immer in dieser Reihenfolge an, denn diese Anordnung spiegelt den logischen Verlauf eines Kundenkontaktes mithilfe der Suchanzeigen wider: von der guten CTR der Anzeige im Hinblick auf die ausgespielten Keywords über die passende Anzeige bis zur qualitativ hochwertigen Landingpage. Für diese Spalten gibt Google Ads die Werte Unterdurchschnittlich, Durchschnittlich oder Überdurchschnittlich an. Bei der Optimierung sollten Sie immer dort beginnen, wo Sie unterdurchschnittliche Ergebnisse erzielen. Danach können Sie zusätzlich versuchen, die durchschnittlichen Ergebnisse zu verbessern.

Für alle Spalten zur Qualität gibt es noch als Ergänzung die gleichen Bezeichnungen mit dem Zusatz (Verlauf) ❷. Der Verlauf zeigt immer an, wie der Wert beim letzten Mal war, als die Google Ads-Crawler die Keywords bewertet haben. Sind die aktuellen Daten und der Verlauf unterschiedlich, dann wissen Sie, dass es Änderungen im Bezug auf die bewertete Qualität gab. Das ist im Idealfall eine positive, kann aber auch eine negative Veränderung sein. Die Beobachtung des Verlaufs ist wichtig, da es keine festen Besuchsintervalle der Ads-Crawler zur Qualitätskontrolle gibt.

Zur besseren Beurteilung bestimmter Leistungswerte wie Klicks und CTR spielt die durchschnittliche Position eines Keywords eine wichtige Rolle. Diese Position gibt es, wie bereits erläutert, nicht mehr. Daher müssen wir auf die prozentualen Werte der obersten ❸ und oberen ❹ Positionen schauen. Werden Ihre Anzeigen auf niedrigeren Positionen ausgeliefert, so sollte auch die CTR viel geringer als auf einer oberen Position sein. Möchten Sie vor allem auf den Top-Positionen oberhalb der organischen Suchergebnisse erscheinen? Dann ist eine Aussage zum geschätzten Gebot für die oberen Positionen ❺ interessant. In diesem Fall gehört auch diese Spalte in einen Keyword-Bericht.

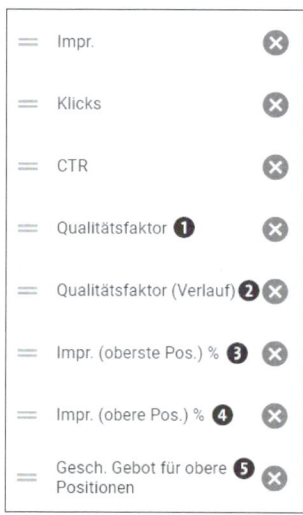

Abbildung 10.11 Kennzahlen auf Keyword-Ebene

In unserem Beispielbericht aus Abbildung 10.12 finden Sie nun zu jedem Keyword den entsprechenden Qualitätsfaktor ❷ mit dem Hinweis, dass 10 das Maximum ist. Ein Vergleich der Spalten CTR ❶ und Qualitätsfaktor ❷ ist recht interessant, weil er zeigt, dass die Verkürzung von Qualität im Hinblick auf die CTR falsch ist! Die CTR ist zwar ein wichtiges Indiz, aber nicht das alleinige Kriterium zur Qualitätsbestimmung. Zwei Keywords mit fast identischer CTR von ca. 14,6 % ❻ erzielen in unserem Beispiel recht unterschiedliche Qualitätsfaktoren ❼ von 10 und 7. Bitte denken Sie daran, dass eine überdurchschnittlich gute CTR für jedes Keyword von Google unterschiedlich festgelegt wird und dass es neben der CTR noch weitere Faktoren zur Bestimmung der Qualität gibt. Wenn Sie an den Qualitätsfaktoren gearbeitet haben, dann kontrollieren Sie auch immer zusätzlich den Verlauf des Qualitätsfaktors ❸.

Das geschätzte Gebot für die obere Position ❺ gibt einen Hinweis darauf, welche Gebote eingestellt werden sollten, um stets einen vorderen Platz zu erreichen. Das kann für Keywords mit niedrigen Prozentwerten für die Spalte IMPR. (OBERE POS.) % ❹ ein interessanter Hinweis sein.

Das Beispiel aus der letzten Zeile unseres echten Berichts zeigt, dass dieses Keyword nur zu ca. 58 % ❽ eine Anzeigenschaltung auf den oberen Positionen auslöst. Bei einer Einstellung des Gebotes auf 0,97 € ❾ oder höher würden die Chancen für eine obere Position stark steigen. Dieses Ergebnis ist natürlich sehr individuell und hängt auch mit den jeweiligen aktuellen Geboten für die einzelnen Keywords zusammen. Ein Blick auf die Vorschläge zur Gebotsanpassung oder die Nutzung des Keyword-Gebotssimulators macht jedoch von Zeit zu Zeit Sinn, um entsprechende Gebotsanpassungen auf Keyword-Ebene durchzuführen.

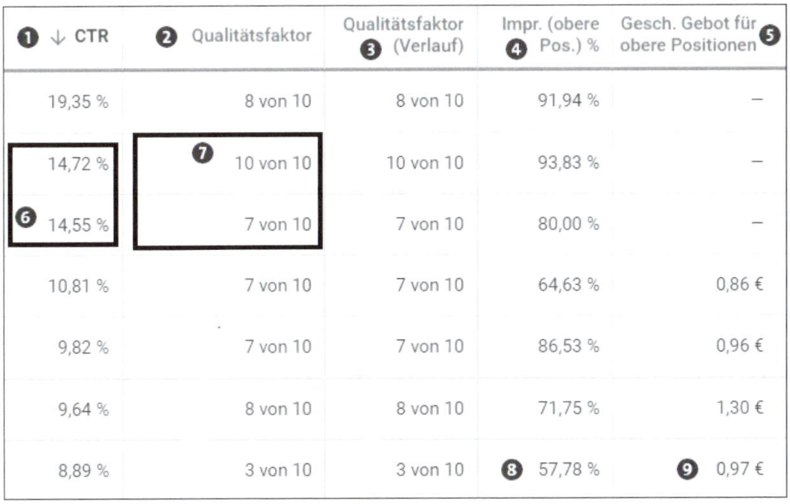

❶ ↓ CTR	❷ Qualitätsfaktor	Qualitätsfaktor ❸ (Verlauf)	Impr. (obere ❹ Pos.) %	Gesch. Gebot für ❺ obere Positionen
19,35 %	8 von 10	8 von 10	91,94 %	—
14,72 %	❼ 10 von 10	10 von 10	93,83 %	—
❻ 14,55 %	7 von 10	7 von 10	80,00 %	—
10,81 %	7 von 10	7 von 10	64,63 %	0,86 €
9,82 %	7 von 10	7 von 10	86,53 %	0,96 €
9,64 %	8 von 10	8 von 10	71,75 %	1,30 €
8,89 %	3 von 10	3 von 10	❽ 57,78 %	❾ 0,97 €

Abbildung 10.12 Beispieldaten mit Qualitätsfaktor und Gebotsschätzung

10.3.3   Wichtige Kennzahlen auf Anzeigenebene

Für den Anzeigenbericht sind als Leistungsdaten auf jeden Fall wieder die Klickraten (CTR) ❶ der einzelnen Anzeigen interessant (siehe Abbildung 10.13). Dieser Wert sollte regelmäßig kontrolliert werden, weil die CTR einer Anzeige Einfluss auf den Qualitätsfaktor und natürlich auch auf die Gewinnung neuer Kunden hat. Es sollten stets die Anzeigen mit der besten Klickrate weitergeführt werden, während die anderen Anzeigenvarianten nach einer Testphase deaktiviert und dann gelöscht werden können.

Falls Sie regelmäßig neue Anzeigen einstellen, ist es Ihnen sicher schon passiert, dass eine Anzeige abgelehnt wurde. Wenn Sie mehr über die Gründe erfahren möchten, so sollten Sie Ihrem Anzeigenbericht die Spalte RICHTLINIENDETAILS ❷ hinzufügen. Dort werden die Gründe für eine Ablehnung näher erläutert, und zusätzlich wird auf eine passende Unterseite der Google-Hilfe verlinkt.

Abbildung 10.13 Berichtsspalten für Anzeigen

Als wichtiger Leistungsaspekt für Textanzeigen ist zunächst die CTR ❶ interessant (siehe Abbildung 10.14).

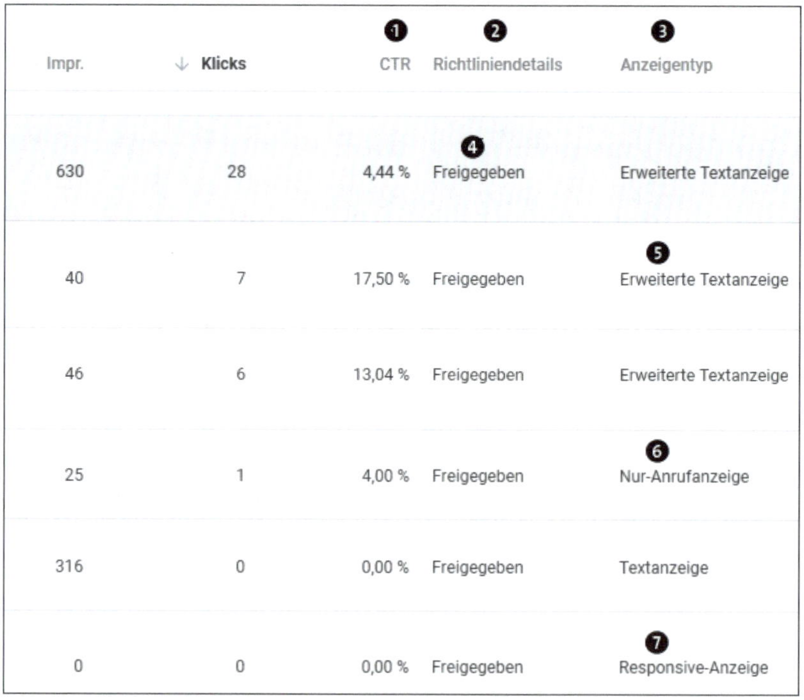

Impr.	↓ **Klicks**	CTR ❶	Richtliniendetails ❷	Anzeigentyp ❸
630	28	4,44 %	Freigegeben ❹	Erweiterte Textanzeige
40	7	17,50 %	Freigegeben	Erweiterte Textanzeige ❺
46	6	13,04 %	Freigegeben	Erweiterte Textanzeige
25	1	4,00 %	Freigegeben	Nur-Anrufanzeige ❻
316	0	0,00 %	Freigegeben	Textanzeige
0	0	0,00 %	Freigegeben	Responsive-Anzeige ❼

Abbildung 10.14 Beispieldaten für Google-Anzeigen

Die Anzeige mit der besten CTR enthält wahrscheinlich gute Argumente oder einen passenden Call-to-Action und weckt stärkeres Interesse bei den Google-Nutzern. Mithilfe der Spalte ANZEIGENTYP ❸ können Sie schnell erkennen, ob die Leistungsdaten zu einer Textanzeige ❺, zu einer Display-Anzeige ❼ oder zum Beispiel zu einer reinen Anrufanzeige ❻ gehören. Hier gibt es ja bekanntlich große Unterschiede in der Performance. Dies sollten Sie bei einer Analyse berücksichtigen. Die RICHTLINIEN-DETAILS ❷ zeigen im aufgeführten Beispiel einer laufenden Kampagne den normalen Status FREIGEGEBEN ❹.

Weil im laufenden Google-Ads-Betrieb der Anzeigenstatus normalerweise auf FREI-GEGEBEN steht, haben wir einmal unseren Google-Ads-Account nach gelöschten Anzeigen mit Ablehnung durchsucht. In Abbildung 10.15 finden Sie zwei Beispiele, wie die Details zur Richtline bei einer abgelehnten Textanzeige aussehen. Neben dem Wort ABGELEHNT finden Sie den Ablehnungsgrund mit einer kurzen Beschreibung.

Dieser Text ist dann mit dem passenden Hilfebereich unter

https://support.google.com/adspolicy/answer/6008942

verlinkt. Unser Beispiel zeigt zwei typische Gründe für eine Ablehnung:

▶ Zeichensetzung und Symbole
▶ Nicht funktionierendes Ziel

Das Problem bei der Zeichensetzung besteht darin, dass Google hier mit der Zeit immer wieder neue Vorgaben festgelegt hat. Während man früher die Fortsetzung eines Satzes wie »weitere Infos...« mit drei Punkten andeuten durfte, ist dies nun nicht mehr erlaubt. Die letzte Fehlermeldung aus Abbildung 10.15 entsteht häufig, wenn die Adresse der Landingpage geändert wird und die neue Ziel-URL nicht in die Google-Ads-Anzeigen übertragen wird.

Status	Kampagne	Anzeigengruppe	Richtliniendeta
Abgelehnt: Zeichensetzu und Symbole + 1 weitere			Abgelehnt Zeichensetzung und Symbole (Abgelehnt, "...") Nicht funktionierendes Ziel (Abgelehnt)
Abgelehnt: Ni funktionierenc Ziel			Abgelehnt Nicht funktionierendes Ziel (Abgelehnt)

Abbildung 10.15 Details zu den Google-Richtlinien bei abgelehnten Anzeigen

10.4   Gruppieren Sie Ihre Berichtsdaten mit Segmenten

Mithilfe der Segmentierung können Sie Ihre Berichtsdaten nach verschiedenen interessanten Aspekten gruppieren. Nutzen Sie dazu das Icon für die Segmentierung ≣ oberhalb Ihrer Google-Ads-Berichte (siehe Abbildung 10.16).

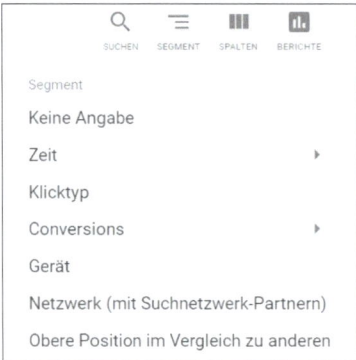

Abbildung 10.16 Verschiedene Gruppierungsmöglichkeiten über Segmente

Eine Segmentierung ist vor allem dann sinnvoll, wenn bestimmte Fragestellungen beantwortet werden sollen, bei denen unterschiedliche Aspekte verglichen werden müssen. In Tabelle 10.1 haben wir einige Fragestellungen aufgelistet, die in der Praxis häufiger vorkommen. Daneben finden Sie die Segmentierung, die bei der Beantwortung der Frage hilft.

Fragestellung	Segmentierung
Gibt es Leistungsunterschiede in Bezug auf Zeiträume?	ZEIT • TAG/WOCHE etc.
Gibt es Leistungsunterschiede bei den Wochentagen?	ZEIT • WOCHENTAG
Gibt es Leistungsunterschiede in Bezug auf die Uhrzeit?	ZEIT • TAGESZEIT
Welche Leistungen erzielen unterschiedliche Netzwerke?	NETZWERK (MIT SUCH-NETZWERK-PARTNERN)
Welches Ziel wurde erreicht?	CONVERSIONS • CONVERSION-AKTION
Welche Leistungsunterschiede bestehen mit Blick auf die unterschiedlichen Endgeräte?	GERÄT
Welche Leistungsunterschiede bestehen zwischen der Top-Position im oberen Bereich und den anderen Anzeigenpositionen?	OBERE POSITION IM VERGLEICH ZU ANDEREN

Tabelle 10.1 Fragestellung und passende Segmentierung

Das Beispiel aus Abbildung 10.17 zeigt eine Gruppierung der Leistungen in Bezug auf Impressionen, Klicks, CTR und durchschnittlichen Klickpreis nach Monaten. Als Zeitraum wurde vorher ein ganzes Jahr, also der 1. Januar bis 31. Dezember 2019 angegeben. Eine solche Segmentierung nach Monaten hilft bei der Analyse von externen Einflüssen, Messeauftritten, Pressemeldungen etc. auf die Werbung. Zudem können Sie über die Segmentierung in Monaten die Auswirkungen von Optimierungsmaßnahmen an der Google-Ads-Kampagne untersuchen.

Kampagne	Budget	Status	Impr.	↓ Klicks	CTR	Durchschn. CPC
Januar 2019			541	41	7,58 %	1,58 €
Februar 2019			2.929	186	6,35 %	2,57 €
März 2019			3.051	216	7,08 %	1,93 €
April 2019			2.205	122	5,53 %	1,41 €
Mai 2019			2.450	147	6,00 %	1,40 €
Juni 2019			1.507	76	5,04 %	1,44 €
Juli 2019			1.381	72	5,21 %	1,54 €
August 2019			1.019	45	4,42 %	1,31 €
September 2019			1.609	108	6,71 %	2,14 €
Oktober 2019			1.453	97	6,68 %	1,54 €
November 2019			1.739	116	6,67 %	1,31 €
Dezember 2019			957	68	7,11 %	1,32 €
Gesamt: Gefilterte Ka... ⑦			20.841	1.294	6,21 %	1,73 €

Abbildung 10.17 Segmentierung nach Monaten

Um in eine andere Segmentierung zu wechseln, wählen Sie aus der Dropdown-Liste einfach den neuen Unterpunkt entsprechend aus. Ein Klick auf KEINE ANGABE hebt die Segmentierung wieder komplett auf.

Das Beispiel aus Abbildung 10.18 zeigt die Ergebnisse einer Segmentierung nach Gerät. Diese Analyse gibt zum Beispiel Hinweise darauf, ob sich die Aktivierung der mobilen Werbung auf Smartphones lohnt. Sie sollten aber auch die Leistungen für die Tablets genau kontrollieren: Gibt es deutliche Leistungsunterschiede bei den Conversions zwischen Computern und Tablets, so sollten Sie – Stichwort *Responsive Design* – entsprechende Anpassungen an dem Webdesign der verlinkten Seite vornehmen.

Optimieren Sie Ihre Landingpage, um auf allen Endgeräten mehr Kunden zu gewinnen, wenn die Kampagne grundsätzlich erfolgreich ist. Falls bestimmte Endgeräte immer schlechtere Leistungsdaten zeigen, so ist natürlich auch der Ausschluss dieser Endgeräte eine Option. Das eingesparte Budget kann vielleicht sinnvoller für die anderen Endgeräte genutzt werden.

Kampagne	Budget	Status	Impr.	Klicks	CTR	Durchschn. CPC	Conversions
🔍 C.	... ✉	Aktiv	6.742	598	8,87 %	1,52 €	61,00
Computer ⑦			5.250	446	8,50 %	1,55 €	56,00
Smartphones ⑦			1.294	129	9,97 %	1,43 €	5,00
Tablets ⑦			198	23	11,62 %	1,49 €	0,00
Gesamt: Alle aktivierten Kampagnen			6.742	598	8,87 %	1,52 €	61,00

Abbildung 10.18 Segmentierung nach (End-)Gerät

10.5 Berichte erstellen

Mithilfe der vorgestellten Spaltenauswahl stellen Sie sich die Berichte zunächst so zusammen, dass diese Ihren Informationsbedarf optimal erfüllen. Ihre Google-Ads-Berichte sind kein Selbstzweck, sondern sollen Sie dabei unterstützen, die passenden Antworten auf Ihre Fragen zu finden. Möchten Sie Ihre Berichte mit bestimmten Informationen regelmäßig nutzen, so können Sie die Auswahl Ihrer Spalten und die Reihenfolge unter einem individuellen Namen abspeichern, bevor Sie den Bericht nach der Auswahl der Spalten abrufen. Die Namen zu den gespeicherten Spalten finden Sie in Form von Berichts-Templates danach als Unterpunkte im Dropdown-Menü wieder, nachdem Sie auf das Icon für die Berichtsspalten geklickt haben (siehe Abbildung 10.19).

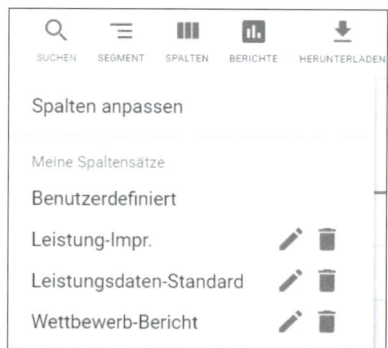

Abbildung 10.19 Gespeicherte Berichts-Templates

Mithilfe dieser Templates können Sie einfach und schnell Ihren Wunschbericht abrufen. Falls Sie den Bericht nicht mehr benötigen, löschen Sie ihn an dieser Stelle über das entsprechende Icon.

10.5.1   Download der Berichte

Nachdem Sie einen Bericht ausgewählt oder in der gewünschten Form zusammengestellt haben, können Sie ihn in verschiedenen Formaten zur weiteren Bearbeitung oder für einen Ausdruck herunterladen (siehe Abbildung 10.20). Dazu klicken Sie einfach auf den Button mit dem Download-Symbol ❶. Im nächsten Schritt können Sie das gewünschte Berichtsformat auswählen ❷. Ein Klick auf das jeweilige Format löst dann den Download aus. Es gibt verschiedene Formate, daher sollten Sie Ihre Auswahl davon abhängig machen, was Sie mit dem jeweiligen Bericht machen möchten. Dient er beispielsweise als reine Informationsquelle oder wollen Sie die Daten weiterbearbeiten?

10.5.2   Auswahl der Berichtsformate

Sie können Ihre Berichte in unterschiedlichen Formaten erstellen. Für den täglichen Gebrauch sind folgende drei Formate interessant, wobei das Excel- und das PDF-Format am häufigsten genutzt werden:

1. **Excel-Format**
   Die Excel-Formate, entweder als CSV-Format für Excel ❸ oder direkt als Excel-Datei mit der Endung *.xlsx* ❼ sind vor allem dann interessant, wenn Sie mit den Berichten weiterarbeiten möchten. Mithilfe der Office-Software Excel können Sie die heruntergeladenen Google-Ads-Daten später weiter sortieren, gruppieren oder farblich kennzeichnen. Sie können zusätzliche Berechnungen durchführen oder auch verschiedene Daten in einer Excel-Tabelle zusammenfügen. Wenn Sie das Excel-Format direkt in Ihr Google-Drive-Konto importieren möchten, dann können Sie auch direkt GOOGLE TABELLEN ❾ auswählen.

2. **PDF-Format**
   Benötigen Sie nur einen Bericht, den Sie zum Beispiel Ihren Vorgesetzen oder einem Kunden vorlegen möchten, so können Sie die Daten als PDF-Datei ❻ herunterladen.

3. **CSV- bzw. TSV- oder XML-Format**
   Möchten Sie Ihre Daten in andere Programme oder Datenbanken importieren, so sind die Datenformate CSV ❹ (die Datensätze werden durch Kommas getrennt), TSV ❺ (die Datensätze werden durch Tabulatoren getrennt) oder auch das XML-Format ❽ sehr nützlich.

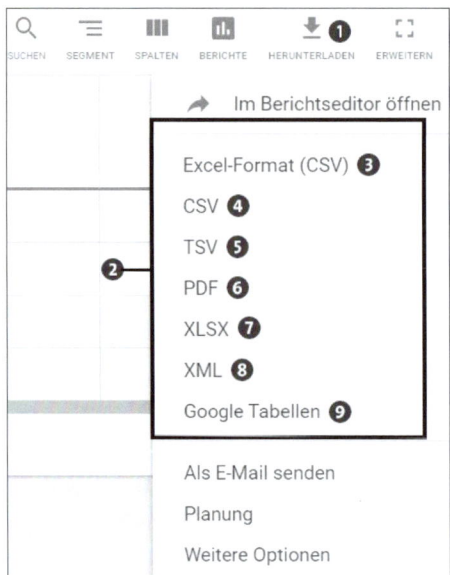

Abbildung 10.20 Berichte im gewünschten Format herunterladen

10.5.3 Berichte per E-Mail senden

Die zweite Möglichkeit neben dem direkten Download besteht darin, die Berichte per E-Mail zu versenden. Wenn Sie diese Option bevorzugen, so klicken Sie auf den Unterpunkt ALS E-MAIL SENDEN. Sie können dann verschiedene Mail-Adressen auswählen oder an alle Berechtigten verschicken. Die Voraussetzung dafür ist jedoch, dass die E-Mail-Adressen unter TOOLS UND EINSTELLUNGEN • EINRICHTUNG • ZUGRIFF UND SICHERHEIT als Nutzer angelegt sind. Es reicht jedoch die Zugriffsebene NUR E-MAILS ERHALTEN, damit diese Nutzer als Empfänger ausgewählt werden können.

Segmentierung

Auf Ihre Berichte können Sie stets auch Segmentierungen anwenden. Der Vorteil bei den Downloads und verschickten Berichten im Gegensatz zu den Live-Kontoberichten besteht darin, dass auch mehrere Segmente gleichzeitig angegeben werden können. Sie sollten jedoch sparsam mit den Segmenten umgehen, da jede Gruppierung unterhalb einer Gruppierung Ihren Bericht aufbläht und irgendwann unübersichtlich macht. Bei mehr als drei Segmentierungen gibt Google auch eine entsprechende Warnung aus.

Überlegen Sie vorher genau, welche Segmente für Ihre Analyse gerade sinnvoll sind. Wenn Sie beispielsweise die Hauptzeiten für Kundenanfragen des letzten Monats sehen möchten, dann segmentieren Sie Ihren Monatsbericht nach TAGESZEIT (siehe Abbildung 10.21). Wenn Sie mehrere Möglichkeiten für Conversions erstellt haben, dann können Sie hier beispielsweise auch noch nach CONVERSION-AKTION segmentieren.

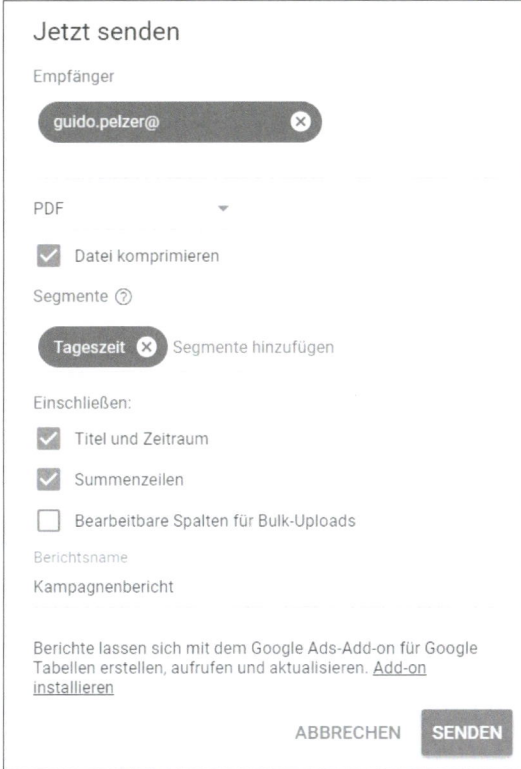

Abbildung 10.21 Verschicken Sie Ihre Berichte direkt per E-Mail.

Nachdem Sie alles eingestellt haben, können Sie Ihren Bericht versenden. Bitte beachten Sie, dass dieser Bericht im Gegensatz zum direkten Download zusätzlich unter BERICHTE gespeichert werden muss. Tragen Sie vor dem Absenden in das Feld unter BERICHTSNAME noch einen individuellen Namen für den Bericht ein, damit Sie diesen auch unter BERICHTE wiederfinden können.

> **Wichtig:**
> Der Bericht wird nämlich nicht direkt per E-Mail versendet, vielmehr enthält die E-Mail einen Link, der dann zu dem gespeicherten Bericht führt.

10.5.4   Sparen Sie Zeit mit automatisierten Berichten

Falls Sie Ihre Berichte (bzw. die Links zu den Berichten) regelmäßig per E-Mail zugeschickt bekommen möchten, können Sie sogenannte automatisierte Berichte in Google Ads erstellen, indem Sie bei den Download-Einstellungen PLANUNG aus-wählen.

Daraufhin öffnet sich ein neuer Bereich, in dem Sie die Einstellungen für die automatisierten Berichte vornehmen können (siehe Abbildung 10.22). Zunächst können Sie bestimmen, an welche E-Mail-Adresse(n) ❶ der automatisierte Bericht versandt werden soll. Dabei können Sie, wie bereits erläutert, nur E-Mail-Adressen auswählen, die dem aktuellen Google-Ads-Konto als Nutzer hinzugefügt worden sind.

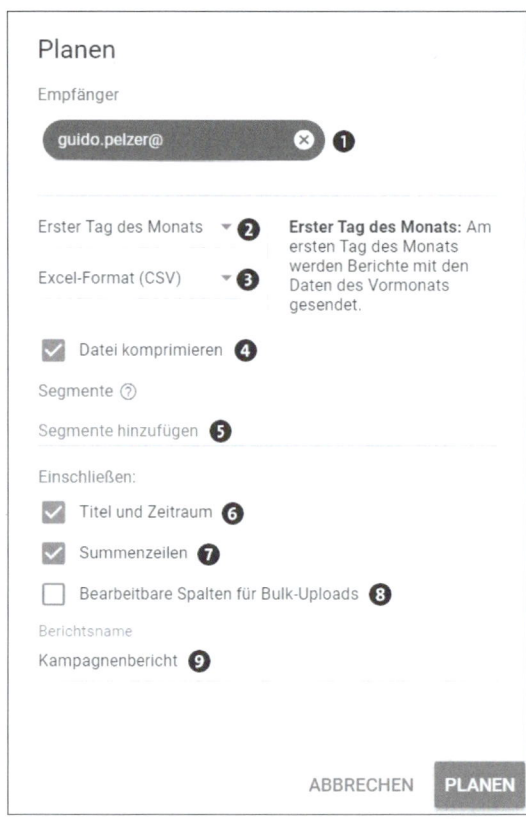

Abbildung 10.22 Automatisierte Planung der Berichte

Als Nächstes legen Sie fest, wann die E-Mails verschickt werden soll. Da diese Berichte meistens Monatsberichte zum vorangegangenen Monat sind, wird hier oft ERSTER TAG DES MONATS ❷ ausgewählt.

Folgende Angaben müssen Sie zudem noch eintragen, damit Ihre E-Mail mit dem Link zum jeweiligen Bericht zum Versand bereit ist:

▸ Welches Berichtsformat wünschen Sie? ❸

▸ Soll die Datei komprimiert werden? ❹

▸ Sollen Segmente hinzugefügt werden? ❺

▶ Sollen Anzeigentitel und Zeitraum im Bericht erscheinen? ❻

▶ Benötigen Sie die kumulierten Daten als Summenzeile? ❼

▶ Sollen Spalten für den Bulk-Upload hinzugefügt werden? ❽

▶ Unter welchem Namen soll der Bericht gespeichert werden? ❾

Zum Schluss können Sie per Klick auf PLANEN die automatisierte Berichtsplanung abschließen. Danach erhalten Sie dann regelmäßig den entsprechenden Bericht per E-Mail.

Berichte speichern

Alle erstellten Berichte werden wie erwähnt auch abgespeichert, um sie zu einem späteren Zeitpunkt noch einmal abrufen oder auch verändern zu können. Wir empfehlen, dass Sie Ihrem Bericht einen individuellen Namen geben, damit Sie ihn dann besser zuordnen können. Alle gespeicherten Berichte finden Sie dann in Ihrem Google-Ads-Konto im Header unter dem Berichts-Icon beim Unterpunkt BERICHTE (siehe Abbildung 10.23) wieder.

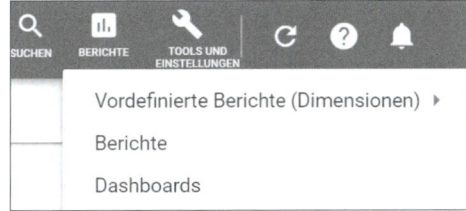

Abbildung 10.23 Gespeicherte Berichte aufrufen

Die gespeicherten Berichte werden in einer Tabelle aufgelistet (siehe Abbildung 10.24).

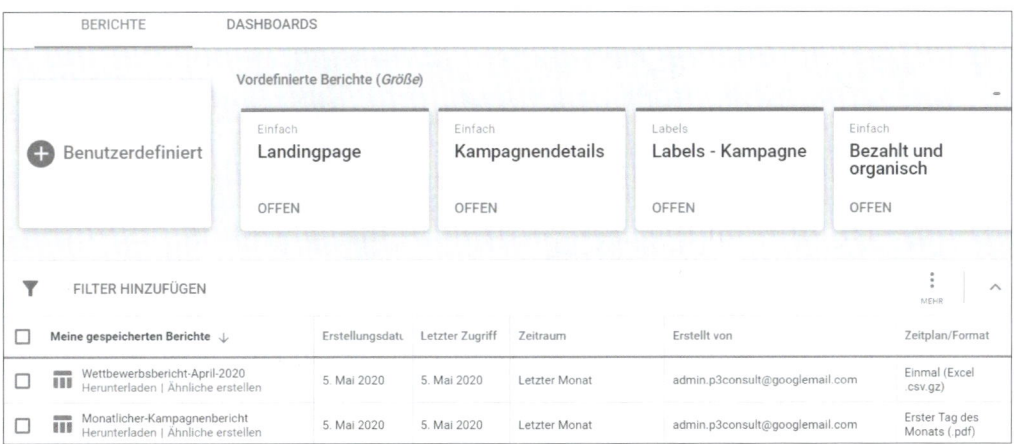

Abbildung 10.24 Liste mit gespeicherten Berichten

Diese Liste enthält unter anderem den individuellen Namen, das Datum der Berichtserstellung und den Autor. Am Ende finden Sie das Berichtsformat und den aktuellen Zeitplan. Per Mouse-over erscheint ein Bearbeitungsstift, mit dem Sie den Zeitplan und auch das Berichtsformat verändern können. Möchten Sie den bestehenden Bericht nur herunterladen oder einen ähnlichen Bericht erstellen, so finden Sie unterhalb der Berichtsnamen die entsprechenden Links.

10.5.5   Dashboards erstellen

Seit 2017 bietet Google innerhalb der BERICHTE (Icon im Kopfbereich des Ads-Kontos) neben den gespeicherten und den vordefinierten Berichten auch noch den Unterpunkt DASHBOARDS an. Hier können Sie sich eigene Dashboards zusammenstellen, wie Sie das vielleicht bereits schon von Google Analytics kennen. Wichtige Übersichtsstatistiken können als Berichte oder auch Diagramme in unterschiedlichen Dashboards zusammengestellt werden. Zusätzlich können Sie auch Notizen oder eine Kurzübersicht hinzufügen. Diese Dashboards können dann auch per E-Mail in regelmäßigen Abständen mit anderen geteilt werden.

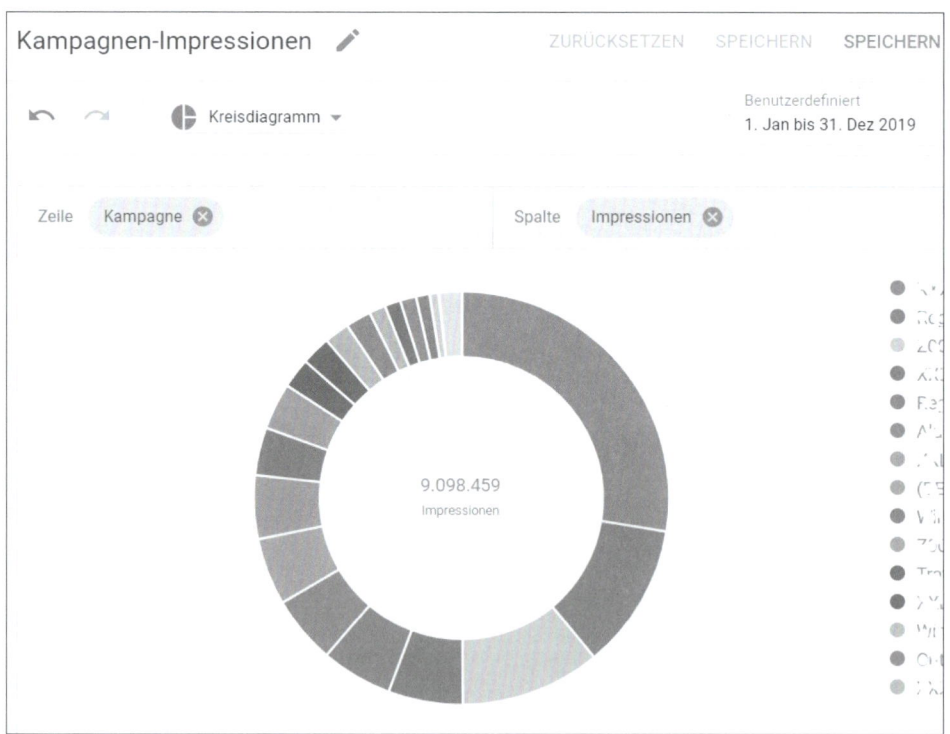

Abbildung 10.25 Bunte Übersicht – Dashboards erstellen

10.6 Finden Sie spannende Infos in den vordefinierten Berichten

Das Icon zu den Berichten enthält auch das Unterregister VORDEFINIERTE BERICHTE, das früher von Google als »Dimensionen« bezeichnet wurde, weshalb Google dies als Anmerkung hinter die vordefinierten Berichte gesetzt hat (siehe Abbildung 10.23).

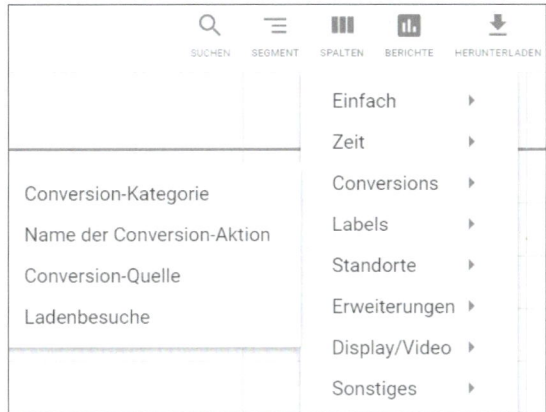

Abbildung 10.26 Spezialberichte finden Sie unter »Vordefinierte Berichte«.

Bitte beachten Sie folgende Doppelung der Berichte, die leicht zu Verwirrung führen kann: Da Google ständig an Veränderungen arbeitet, gibt es das Icon mit der Bezeichnung BERICHTE auch direkt über den Statistiken. Auch über diesen Weg erreichen Sie die *vordefinierten Berichte*, die aber an dieser Stelle nur als *Berichte* bezeichnet werden.

Unter der Bezeichnung *vordefinierte Berichte* finden sich viele interessante Berichte, auf die wir an verschiedenen Stellen in diesem Buch schon hingewiesen haben. Sie können die Statistiken aufrufen, indem Sie zunächst auf das BERICHTE-Icon im schwarzen Header klicken und danach den Unterpunkt VORDEFINIERTE BERICHTE (DIMENSIONEN) auswählen. Danach navigieren Sie über die erste Ebene auf der rechten Seite und wählen dann im nächsten Schritt den einzelnen Bericht aus. Wahrscheinlich wird Google diesen Navigationsweg zukünftig entfernen. Dann sind die vorgefertigten Berichte nur noch über das Icon BERICHTE im Kopf der Statistiken erreichbar.

Alle Berichte können Sie noch einmal individuell per Klick auf ein Berichtsspalten-Symbol anpassen. Außerdem können Sie auch bei diesen Berichten individuelle Filter setzen und die Daten über einen Download-Button herunterladen oder über einen Zeitplan verschicken. Die Anzahl der vordefinierten Berichte hat sich im Laufe der Zeit regelmäßig erweitert, sodass auch hier vermutet werden kann, dass zukünftig noch weitere Berichte hinzukommen. Da Google laufend an dem Erscheinungsbild des Ads-Kontos arbeitet, kann es auch passieren, dass sich besonders beliebte Berichte dann später an einer anderen prominenten Stelle im Konto wiederfinden.

Aus der Vielzahl der aktuellen Berichte haben wir einige Beispiele ausgewählt, um die grundsätzlichen Möglichkeiten zu demonstrieren. Wenn Sie kein Freund von reinen Datentabellen sind, können Sie sich die Berichte auch in Diagrammform anzeigen lassen. Diagramme sind jedoch für manche Informationen nicht das passende Format.

10.6.1 Statistiken zu Tag und Zeiten erstellen

Unter VORDEFINIERTE BERICHTE finden Sie verschiedene Statistiken, die bestimmte Zeiten oder Zeiträume näher analysieren. So können Sie zum Beispiel mithilfe des Berichts WOCHENTAG (unter ZEIT • WOCHENTAG) ermitteln, ob es ein unterschiedliches Such- und Klickverhalten in Bezug auf die verschiedenen Wochentage gibt. Dieser Bericht hilft bei der Beurteilung, ob die Anzeigen eher am Wochenende oder während der Woche geschaltet werden sollten oder ob bei größerer Nachfrage der Klickpreis erhöht werden sollte, um die Sichtbarkeit zu verbessern. Die Erkenntnisse aus diesem Bericht helfen also bei der Feineinstellung Ihrer Google-Ads-Werbung.

In unserem Fall aus Abbildung 10.27 erkennt man beispielsweise, dass die Nachfrage am Wochenende ganz deutlich abnimmt. Bei beschränktem Budget könnte man die Werbung am Wochenende reduzieren und diese Klicks für zusätzliche Einblendungen während der Woche nutzen.

Wochentag	Klicks	Impressionen	CTR
Dienstag	526	22,321	2,36%
Montag	476	22,675	2,10%
Mittwoch	475	22,716	2,09%
Donnerstag	470	21,899	2,15%
Freitag	352	18,093	1,95%
Sonntag	119	8,147	1,46%
Samstag	97	6,236	1,56%

Abbildung 10.27 Statistik zu den beliebtesten Wochentagen

10.6.2 Statistiken zu verschiedenen Orten und Regionen

Die Statistiken zu den Orten und Regionen der Suchanfragen sind ein Beispiel für Berichte, die in der aktuellen Google-Ads-Version an anderer Stelle im Konto zu finden

sind. Wir haben die Beschreibung jedoch hier noch im Abschnitt zu den vordefinierten Berichten untergebracht, da die Statistiken zu den Standorten hier auch immer
noch angezeigt werden. Ein Aufruf der Berichte an dieser Stelle erzeugt aber leider die
Fehlermeldung »Keine Statistiken entsprechen Ihren Filtern«. Den wichtigen Bericht
zu den Nutzerstandorten rufen Sie daher besser folgendermaßen auf (siehe Abbildung 10.28): Klicken Sie in der hellgrauen, mittleren Navigation auf STANDORTE ❷
(falls Sie die STANDORTE nicht direkt sehen, müssen Sie vorher noch auf + MEHR
klicken).

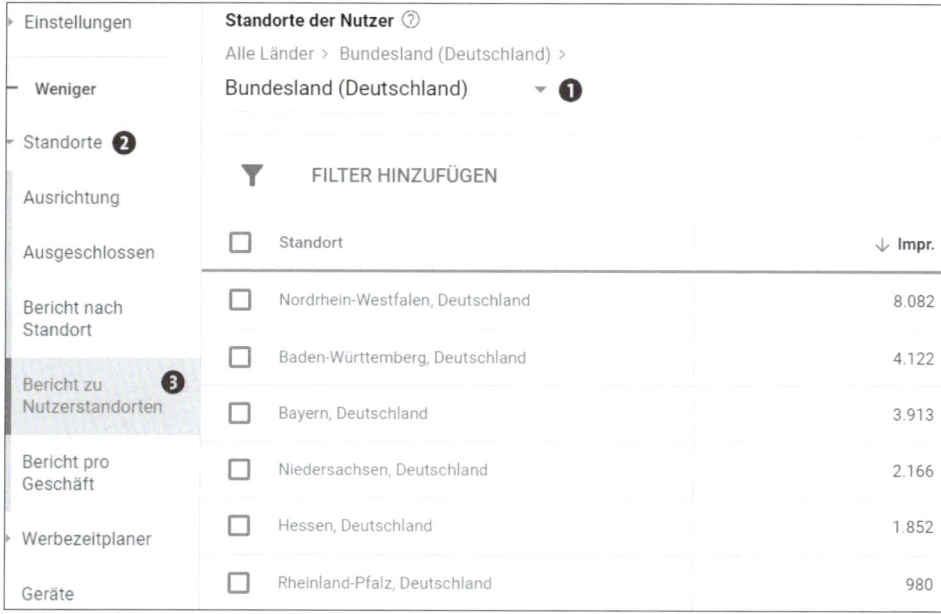

Abbildung 10.28 Bericht zu den Standorten der Suchenden

Über den Unterpunkt BERICHT ZU NUTZERSTANDORTEN ❸ können Sie die Regionen
ermitteln, aus denen die Suchanfragen zu Ihren Google-Ads-Kampagnen kamen. Die
Statistik zeigt Nutzer zunächst auf der Länderebene an. Sie können jedoch im nächsten Schritt die Darstellung bis auf Städteebene, Postleitzahlen, Bezirke etc. ändern,
um besser zu erkennen, woher die Suchanfragen und Webseitenbesucher kamen.
Dazu klicken Sie zunächst in dem Bericht unter STANDORT auf den Link mit dem Ländernamen (z. B. Deutschland), zu dem Sie tiefergehende Infos wünschen. Im nächsten Schritt wählen Sie dann die Darstellungsebene, z. B. das Bundesland aus. Die
Auswahl können Sie jederzeit im Berichtskopf ❶ wieder verändern. Wenn Sie einen
größeren Zeitraum untersuchen und entsprechende Conversions eingebaut sind, so
können Sie beispielsweise herausfinden, wo Ihre wichtigsten Zielgruppen beheimatet sind. Zu Ihrer Statistik können Sie wie gewohnt unterschiedliche Spalten hinzufügen. Mithilfe der Information aus diesem Bericht können Sie auch entscheiden, ob

Sie in bestimmten Zielregionen höhere CPC-Gebote abgeben möchten, weil dort die Chance auf neue Kunden am größten ist. Zudem finden Sie vielleicht auch Regionen, wo Ihre Werbung nicht so richtig funktioniert. Diese können Sie dann zukünftig ausschließen.

Ein weiterer interessanter Bericht unter VORDEFINIERTE BERICHTE gibt Auskunft über das Verhältnis zwischen bezahlter Suchmaschinenwerbung (SEA) und dem organischen Traffic (Suchmaschinenoptimierung, SEO). Dieser Bericht nennt sich BEZAHLT UND ORGANISCH, und Sie finden ihn beim Unterpunkt EINFACH.

Bitte beachten Sie, dass Sie die Leistungszahlen aus der organischen Suche nur erhalten, wenn Sie Ihr Google-Ads-Konto mit Ihrem Google-Webmaster-Tools-Konto verknüpft haben. Diese Verknüpfung können Sie in den Kontoeinstellungen beim Unterpunkt VERKNÜPFTE KONTEN vornehmen. Unser Beispiel in Abbildung 10.29 zeigt, wie dieser Bericht die Suchbegriffe aus SEA- und SEO-Sicht beleuchtet. (Bitte haben Sie Verständnis, dass wir die Keywords anonymisiert haben.)

Suchbegriff	Suchergebnistyp	Klicks	Impressionen	Durchschn. Position	Organische Einträge	Organische Suchanfragen
	Nur die Anzeige ist erschienen.	251	1 383	1,05	0	0
	Nur die Anzeige ist erschienen.	146	1 311	1,09	0	0
	Beide sind erschienen.	54	243	1,00	243	243
	Nur die Anzeige ist erschienen.	38	105	1,22	0	0
ce koordinator	Beide sind erschienen.	30	187	1,06	187	187

Abbildung 10.29 Impressionen und Klicks im Vergleich »SEA vs. SEO«

Interessant ist vor allem das Klickverhalten, wenn zu einer Suchanfrage Ergebnisse aus Anzeigen und dem organischen Bereich vorliegen. Eine gleichzeitige Auslieferung von organischen und bezahlten Ergebnissen erhöht die gemessenen Klicks. Durch die zweifache Einblendung von Firmenname, Domain etc. wird das Vertrauen gestärkt, was zu einem besseren Klickverhalten führt.

Bitte beachten Sie, dass Sie in der Statistik nicht eine komplette Auflistung Ihrer organischen Rankings erhalten. Dafür ist der Bereich SEO inklusive der Personalisierung der Ergebnisse zu komplex. Für eine erste Analyse und die Betrachtungen der verschiedenen Rankings sowie des Klickverhaltens reichen die angezeigten Daten jedoch. Sie können hier im Vergleich von SEO und SEA noch einmal Ihre Keywords überprüfen und eventuell Keyword-Ideen hinzunehmen. Außerdem zeigen die Daten, wo es sinnvoll ist, das organische Ranking zu stärken und zusätzliche Anstrengung in SEO-Maßnahmen zu stecken.

10.7   Keyword-Bericht: Der wichtigste Bericht im Google-Ads-Konto

Der vielleicht wichtigste Bericht in Ihrem Google-Ads-Konto ist der sogenannte *Keyword-Bericht* oder *Bericht zu den Suchanfragen*. In diesem Bericht erfahren Sie, welche Suchanfragen Ihre potenziellen Kunden wirklich in das Google-Suchfeld eingegeben haben. Auf diese Weise erhalten Sie einen tieferen Einblick in das Suchverhalten Ihrer Zielgruppe.

Sie finden diesen wichtigen Bericht, der im Konto die Bezeichnung SUCHBEGRIFFE besitzt, an zwei Stellen: zum einen unter den VORDEFINIERTEN BERICHTEN hinter dem Berichts-Icon beim Unterpunkt EINFACH (siehe Abbildung 10.26). In Praxis rufen Sie den Bericht aber am besten beim Unterpunkt KEYWORDS in der mittleren Menüleiste auf (siehe Abbildung 10.30), weil Sie in diesem Bereich öfter Anpassungen vornehmen oder Statistiken aufrufen.

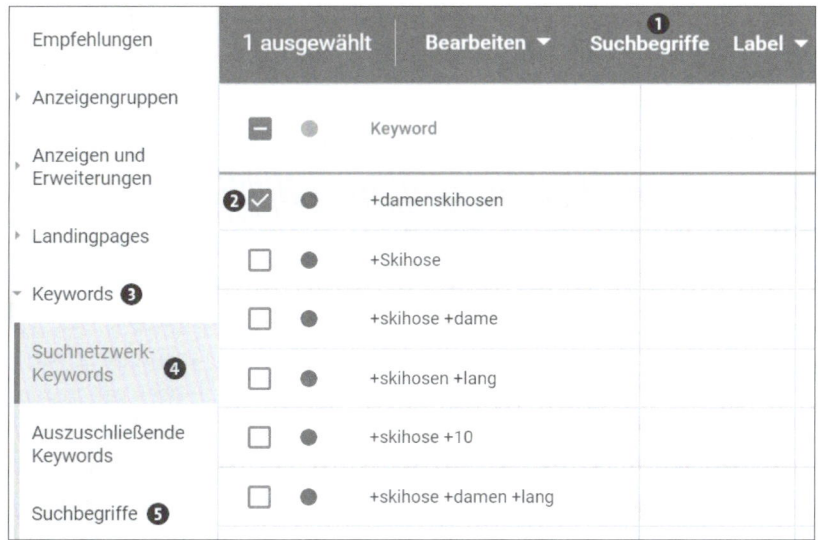

Abbildung 10.30 Bericht zu den Suchbegriffen unter »Keywords«

Um einen Suchanfragenbericht zu erstellen, navigieren Sie also zunächst in der mittleren Menüleiste auf das Unterregister KEYWORDS ❸ und wählen dann als Unternavigation die SUCHBEGRIFFE ❺ aus.

> **Achtung: Veränderte Navigation**
>
> Google hat die Navigationsstruktur geändert: Was früher im Kopfbereich oberhalb der Berichte zu finden war, ist nun eine Unternavigation im mittleren Navigationsmenü! Da dies jedoch noch nicht immer konsequent umgesetzt wurde, müssen Sie immer auf beide Navigationsmöglichkeiten achten.

Die Statistik zeigt zunächst immer die Suchbegriffe zu den Kampagnen oder Anzeigengruppen, die Sie aktuell ausgewählt haben (zur Orientierung hilft hier bei der Betrachtung der aktuellen Statistik ein Blick nach oben in den schwarzen Header). Zudem sehen Sie immer die Informationen mit Bezug auf den Zeitraum, der rechts oben in Ihrem Ads-Konto angegeben wird.

Manchmal kommt es aber auch vor, dass nur wenige Keywords für Sie gerade interessant sind oder dass nur ein einziges, häufig gesuchtes Keyword für Ihre Analyse wichtig ist. In diesem Fall markieren Sie im Bericht zu Ihren Suchnetzwerk-Keywords ❹ zunächst ein ❷ oder auch mehrere Keywords per Checkbox und klicken dann in der blauen Leiste auf SUCHBEGRIFFE ❶. Nun erhalten Sie nur noch einen Bericht mit den Suchanfragen zum ausgewählten Keyword oder zur Keyword-Gruppe.

Nach der Aktivierung der Auswahl erhalten Sie den Suchanfragenbericht, der in der ersten Spalte die wirklichen Suchanfragen zeigt, die auf Grundlage der Keyword-Vorgaben eine Anzeigenschaltung ausgelöst haben. Auch die Darstellung dieser Tabelle können Sie über das Berichtsspalten-Icon und die Auswahl SPALTEN ANPASSEN verändern. Wir empfehlen Ihnen auf jeden Fall, noch eine weitere Spalte mit der Bezeichnung KEYWORD in den Bericht aufzunehmen. Diese Spalte finden Sie unter AT-TRIBUTE. Platzieren Sie die Spalte KEYWORD per Drag & Drop möglichst weit vorne in Ihrem Bericht. Auf diese Weise können Sie mit einem Blick den gesuchten Begriff und das zugehörige Keyword erfassen und vergleichen. Sie werden schnell erkennen, wie Google mit den verschiedenen Keyword-Optionen umgeht, denn Sie sehen direkt, welche Suchbegriffe bei welcher Keyword-Option eine Anzeigenschaltung ausgelöst haben.

In dem Beispielbericht aus Abbildung 10.31 sehen Sie eine Auswahl an Suchbegriffen, die zu unserem weitgehend passenden Beispiel-Keyword *damenskihosen* mit vorangestelltem Modifizierer eine Anzeige ausgelöst haben. In unserem kleinen Ausschnitt aller Suchanfragen zum Thema Damenskihosen erkennen Sie an zwei Beispielen, wie die Suchanfragen variieren. Google ordnet dem vorgegebenen Keyword verschiedene Suchanfragen zu. Es kann daher im Zusammenhang mit *damenski-hosen* auch Suchanfragen zu Größen, zu bestimmten Farben oder zu Marken geben – aber auch Tippfehler lösen eine Anzeigenschaltung aus. Falls Sie in den Berichten zu den Suchanfragen unpassende Anfragen oder auch besonders gute Keyword-Phrasen entdecken, dann wären dies ganz wichtige Erkenntnisse aus dem Suchanfragenbericht, die Sie zur Optimierung Ihrer Google-Ads-Kampagne nutzen sollten. Die zwei grundsätzlichen Wege stellen wir Ihnen im Folgenden vor.

Der Suchanfragenbericht liefert grundsätzlich zwei Erkenntnisse, die in verschiedene Richtungen weisen:

1 ausgewählt	Als Keyword hinzufügen	Als auszuschließendes Keyword hinzufügen		
☐ Suchbegriff	Keyword-Option	Hinzugefügt/Ausges	Anzeigengruppe	Keyword
Gesamt: Gefilterte Suchbegriffe				
☐ guenstie damenskihosen	Passende Wortgruppe	Keine Angabe	Skihosen Damen	+damenskihosen
☑ jetset damenskihosen	Passende Wortgruppe	Keine Angabe	Skihosen Damen	+damenskihosen

Abbildung 10.31 Keyword-Bericht zu ausgewähltem Keyword

Zunächst einmal geht es darum, unpassende Suchanfragen zu finden und somit die Keywords zu eliminieren, die nicht zum Produkt oder zur Dienstleistung passen. Falsche Suchbegriffe haben neben unnötigen Klickkosten den Effekt, dass insgesamt die Klickrate sinkt, weil der Suchende seine Anfrage bzw. die Antwort auf seine Frage nicht im Text der Anzeige wiederfindet. In unserem Beispiel aus Abbildung 10.31 wäre »jetset damenskihose« eine Suchanfrage, die vielleicht nicht richtig zu den Produkten aus unserem Webshop passt. Diese Suchanfrage müsste für die Zukunft ausgeschlossen werden. Sie können nun aus dem Suchanfragenbericht heraus das falsche Keyword per Klick markieren und oberhalb des Berichtes auf den Button ALS AUSZUSCHLIESSENDES KEYWORD HINZUFÜGEN klicken. Danach kann dieses Keyword entweder auf Anzeigengruppenebene oder auch auf Kampagnenebene ausgeschlossen werden. Außerdem kann es direkt in eine vorhandene Liste mit negativen Keywords übernommen werden.

Das große Problem besteht jedoch darin, dass Google markierte Suchbegriffe nur *genau passend* ausschließen möchte (siehe Abbildung 10.32). Ein genau passender Ausschluss hat aber den Nachteil, dass zusätzlich noch alle möglichen Varianten rund um den Begriff, der ausgeschlossen werden soll, hinzugefügt werden müssen. In unserem Beispiel würden wir jedoch mit dem Ausschluss des einzelnen Begriffes *jetset* die meisten Suchanfragen rund um dieses Thema ausschließen. Ein exakter Ausschluss der Suchanfrage *jetset damenskihosen* würde jedoch zukünftig nur exakt diese Suchanfrage ausschließen. Falls eine andere Anfrage beispielsweise dann *goldene jetset damenskihosen* lautet, so würde die Anzeige wieder ausgelöst. Dies kann man nur durch einen *weitgehend passenden* Ausschluss verhindern, wobei am besten auch noch zusätzlich einzelne verwandte Begriffe rund um das Thema sowie Falschschreibweisen hinzugefügt werden sollten.

Aus diesem Grund ist der genau passende Ausschluss aus dem Suchbericht heraus nicht zu empfehlen. Besser ist es, die komplette Liste der Suchanfragen herunterzuladen und in einem Editor so zu bearbeiten, dass nur noch die einzelnen negativen

Begriffe übrig bleiben, die zukünftig möglichst viele Suchanfragen ausschließen. Diese bereinigte Liste wird dann zu der Keyword-Liste mit auszuschließenden Keywords hinzugefügt.

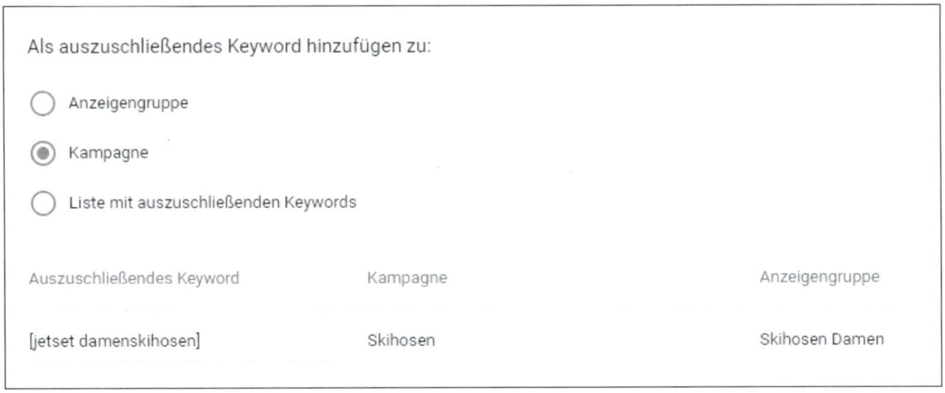

Abbildung 10.32 Unpassendes Keyword ausschließen

10.7.1   So helfen Ihre Besucher mit neuen Keyword-Ideen

Der Bericht mit den Suchanfragen hilft jedoch auch in positiver Weise. Falls zum vorgegebenen Keyword *damenskihosen* beispielsweise auch viele Anfragen nach *damenskihose pink* zu verzeichnen sind (siehe Abbildung 10.33), dann scheint es dafür einen Bedarf zu geben. Wenn dieser Bedarf durch unsere Produkte befriedigt werden kann, dann liegt darin der zukünftige Ansatz zur Optimierung.

Für unserer fiktives Beispiel müsste nun eine eigene Anzeigengruppe zum Thema »Pinke Damenskihosen« erstellt werden – und natürlich zusätzlich zu allen anderen beliebten Farben. Alle Keywords der Anzeigengruppe drehen sich dann jeweils nur um dieses eine Thema und in der Anzeige werden speziell die einzelnen Farben für Damenskihosen beworben. Vielleicht gibt es sogar noch eine besondere Angebotsaktion zu diesen Produkten?

Zusätzlich würde eine Anzeige natürlich direkt auf die spezielle Unterseite zu der jeweiligen Farbe der Damenskihose verlinken. Auf diese Weise kann man in Zukunft einen großen Teil der vorhandenen Nachfrage auf die eigene Webseite lenken. Die CTR und auch der Qualitätsfaktor für die neue Anzeigengruppe werden wahrscheinlich viel besser sein als die aktuellen Werte, die das Thema sehr allgemein bewerben.

Abbildung 10.33 Neue Keyword-Idee aus dem Suchbericht extrahieren

Analog zu diesem Beispiel sollten Sie nun regelmäßig zu Ihren Kampagnen Berichte mit Suchanfragen aufrufen, diese durchsuchen und dann neue Anzeigengruppen zu speziellen, häufig angefragten Themen erstellen – natürlich nur für die Anfragen, zu denen Sie auch passende Produkte oder Dienstleistungen anbieten.

Sie sollten also zukünftig mindestens einmal pro Monat Suchanfragenberichte erstellen und analysieren. Dabei sollten Sie eine Liste mit Keywords erstellen, die Sie in Zukunft ausschließen können. Dadurch erhöhen Sie Ihre zukünftige Klickrate und verhindern unnötige Klicks auf Ihre Anzeige. Andererseits sollten Sie aber auch mithilfe der Berichte interessante Suchanfragen erkennen, für die Sie dann eigene Anzeigengruppen mit passenden Anzeigentexten und individuellen Landingpages erstellen. Nutzen Sie diesen Bericht. Er ist ein sehr wertvoller Helfer für jeden Google-Ads-Manager.

10.7.2   Welcher Bericht beantwortet meine Fragen?

Zum Abschluss haben wir in Tabelle 10.2 noch einige Beispiele für wichtige Fragestellungen aufgeführt und dahinter die passenden Berichtsformen aufgelistet, die dabei helfen, die Fragen zu beantworten.

Informationsbedarf/Fragestellung	Passende Berichte
Besteht eine Nachfrage nach meinen Produkten bzw. Dienstleistungen?	Bericht mit Angabe der Impressionen auf Kampagnen-, Anzeigengruppen- und Keyword-Ebene
Besteht Interesse an meinen Produkten bzw. Dienstleistungen?	Bericht mit Angabe der CTR auf Kampagnen-, Anzeigengruppen- und Keyword-Ebene
Lohnt sich die Google-Ads-Werbung?	Berichte zu Conversions, Conversion-Rate und Conversion-Wert auf allen Ebenen
Erreiche ich alle potenziellen Kunden zu meinen Keywords?	Kampagnenbericht mit Berichtsspalte zum Anteil der Impressionen im Suchnetzwerk oder Displaynetzwerk
Lohnen sich höhere Gebote, um mehr Kunden zu erreichen?	Bericht auf Keyword-Ebene mit Berichtsspalten zum Gebotssimulator
Welchen Qualitätsfaktor besitzen meine Keywords?	Bericht auf Keyword-Ebene mit Berichtsspalten zum Qualitätsfaktor

Tabelle 10.2 Informationsbedarf und passender Bericht im Google-Ads-Konto

Informationsbedarf/Fragestellung	Passende Berichte
Was muss mit Blick auf den Qualitätsfaktor optimiert werden?	Bericht auf Keyword-Ebene mit Berichtsspalten zu ERWARTETER CTR, ANZEIGENRELEVANZ und LANDINGPAGE unter QUALITÄTSFAKTOR
Zu welchen Zeiten erreiche ich die meisten Besucher über Google Ads?	Unter VORDEFINIERTE BERICHTE den Bericht ZEIT • TAGESZEIT aufrufen
An welchen Wochentagen erreiche ich die meisten Besucher über Google Ads?	Unter VORDEFINIERTE BERICHTE den Bericht ZEIT • WOCHENTAG aufrufen
Aus welchen Regionen und Orten erhalte ich die meisten Kundenanfragen?	Bericht unter STANDORTE • BERICHT ZU NUTZERSTANDORTEN aufrufen
Funktioniert die Werbung besser über PC, Tablet oder Smartphone bzw. welchen Anteil am Erfolg haben die einzelnen Endgeräte, die die Werbung ausliefern?	Standardbericht unter KAMPAGNEN mit Leistungskennzahlen aufrufen und über das Segment-Icon nach GERÄT gruppieren
Funktioniert die Werbung im Partnernetzwerk genauso gut wie bei der Google-Suche?	Standardbericht unter KAMPAGNEN mit Leistungskennzahlen aufrufen und über den Button SEGMENT nach NETZWERK (MIT SUCHNETZWERK-PARTNERN) gruppieren
Funktioniert die Google-Ads-Werbung auf einer Top-Position besser als auf den anderen Anzeigepositionen?	Standardbericht unter KAMPAGNEN mit Leistungskennzahlen aufrufen und über Segment-Icon nach OBERE POSITION IM VERGLEICH ZU ANDEREN gruppieren

Tabelle 10.2 Informationsbedarf und passender Bericht im Google-Ads-Konto (Forts.)

10.8   Fazit

In diesem Kapitel haben Sie gelernt, wie Sie in Ihrem Google-Ads-Konto interessante Statistiken erstellen können. Wir haben verdeutlicht, wie wichtig die Informationen zu den Conversions für jeden Google-Ads-Manager sind. Nutzen Sie in jedem Fall die verschiedenen Möglichkeiten, um individuelle Berichte zu erstellen, die Ihre Fragen beantworten. Mithilfe der Berichte können Sie das Verhalten Ihrer Zielgruppe besser verstehen und zukünftig die Google-Ads-Kampagnen noch genauer auf diese Gruppe ausrichten.

Wir haben Ihnen mit dem Bericht zu den Suchanfragen auch den wichtigsten Bericht im Google-Ads-Konto vorgestellt. Sie wissen nun, wie Sie diesen Bericht in zweifacher Hinsicht für sich nutzen können. Sie haben mit diesem Bericht zum einen ein Tool, um negative Keywords zu ermitteln, und zum anderen eine Statistik, die aufzeigt, welche Anfragen häufig gestellt worden sind. Sie haben in diesem Kapitel gesehen, dass die Berichte keinen Selbstzweck erfüllen, sondern Ihnen vor allem helfen sollen, Ihre Anzeigen weiter zu optimieren, indem Sie Ihre Google-Ads-Kampagnen sehr zielgerichtet auf potenzielle Neukunden ausrichten.

10.9   Checkliste

Gute Berichte bzw. Reports sind eine wichtige Grundlage zur Optimierung Ihrer Kampagnen. Nutzen Sie die Möglichkeiten des Google-Ads-Kontos.

Wichtige Vorbereitung für gute Google-Ads-Reports	Erledigt (☑)
Conversion-Tracking einrichten	
Google Ads und Google Analytics verknüpfen	
Google Ads und Google Search Console verknüpfen	
Spalten zur Analyse der Conversion-Daten hinzufügen	
Wichtige Kennzahlen für die einzelnen Ebenen hinzufügen	
Berichtstemplates anlegen	
Segmentierungen hinzufügen	
Automatisierte Berichte anlegen	
Zusätzliche Kontoanalyse über BERICHTE/VORDEFINIERTE BERICHTE nutzen	
Monatliche Auswertung des Suchanfragenberichts	

Tabelle 10.3 Berichte in Google Ads – Checkliste

Kapitel 11
Google Analytics

Die in Google Ads integrierten Mess- und Optimierungstools sind sehr hilfreich, zugleich aber in ihrem Umfang limitiert. Ein Maximum aus den Kampagnen herauszuholen, gelingt Ihnen erst beim zusätzlichen Einsatz eines Webanalyse-Tools wie Google Analytics.

Das Conversion-Tracking, das wir in Kapitel 10 vorgestellt haben, ist eine praktische Möglichkeit, um Google-Ads-Kampagnen nicht nur nach ausgelieferten Klicks, sondern darüber hinaus auch nach messbaren Zielen wie qualifizierten Leads (beispielsweise versendete Anfrageformulare) oder verbindlichen Bestellungen in einem Online-Shop zu bewerten. Sie wollen schließlich mit Google Ads nicht nur die Besucherfrequenz auf Ihrer Webseite erhöhen und den Umsatz von Google steigern, sondern vor allem Neukunden für die beworbenen Produkte oder Dienstleistungen gewinnen.

Viele dieser Neukunden *konvertieren* jedoch nicht sofort nach dem ersten Klick auf eine Anzeige, und nicht immer muss eine erfolgreiche Google-Ads-Kampagne primär in einem Formularversand oder einer unmittelbaren Online-Bestellung gipfeln. Es ist daher nicht weniger wichtig, sogenannte *Micro-Conversions* in Ihre Erfolgsmessung mit einzubeziehen. Und genau an dieser Stelle knüpfen Sie mit der Verwendung eines Webanalyse-Tools an, wenn die Google-Ads-internen Mess- und Optimierungstools bei folgenden Fragestellungen an ihre Limits stoßen:

► Wie lange bleiben über Google Ads generierte Besucher auf meiner Webseite?

► Welche Seiten werden von meinen Kampagnenbesuchern nach ihrem Einstieg auf der Landingpage noch besucht?

► Bei welchen Themen und Keywords passt die Zielseite eventuell nicht zur Erwartungshaltung der Besucher und sorgt somit für sofortige Absprünge?

► Wie viele Klicks auf ein Video, einen Button oder wie viele PDF-Downloads konnten über meine Kampagne generiert werden?

Das heißt, ein Webanalyse-Tool in Kombination mit Ihren Google-Ads-Kampagnen liefert all jene wertvollen Informationen darüber, was unmittelbar *nach dem Klick* auf die Anzeigen passiert.

Neben diesen erweiterten Leistungsdaten zur Webseitenbenutzung ist auch noch der folgende Faktor ein maßgebliches Argument, warum Sie Ihre Kampagnen mithilfe eines Webanalyse-Tools auswerten und optimieren sollten. Schließlich werden Sie ja auch an der Beantwortung dieser Frage interessiert sein: »Wie verhält sich der Kampagnen-Traffic im Gesamtkontext aller Besucherquellen meiner Webseite?«

Google Ads ist zugegebenermaßen eine sehr effiziente Möglichkeit zur Gewinnung von Webseitenbesuchern und potenziellen Neukunden. Bezahlte Suchmaschinen-werbung wird jedoch meist nur eines von vielen »Puzzleteilen« in Ihrer professionellen Onlinemarketing-Strategie sein. Unterschiedliche Kampagnen und Maßnahmen beeinflussen sich nachweislich gegenseitig, weshalb es nicht richtig wäre, auch im fortgeschrittenen Optimierungsprozess ausschließlich durch die »Google-Ads-Brille« zu blicken. Mithilfe eines Webanalyse-Tools können Sie also auf die Wechselwirkungen Ihrer SEA-Kampagnen beispielsweise mit organischem Suchmaschinen-Traffic, Displaynetzwerk-Kampagnen oder Social-Media-Aktivitäten näher eingehen.

Nachdem wir Ihnen die Notwendigkeit eines Webanalyse-Tools als Basis für sämtliche fortgeschrittenen Mess- und Optimierungsabläufe nicht nur schmackhaft gemacht, sondern hoffentlich auch als unabdingbar präsentiert haben, gehen wir nun darauf ein, welche konkreten Tools diese Aufgaben bestmöglich erfüllen und wie Sie diese Werkzeuge in der Praxis einsetzen.

11.1   Webanalyse mit Google Analytics

Die Auswahl des Tools gestaltet sich fürs Erste sehr einfach. Wie es der Kapitelname bereits unmissverständlich verrät, werden wir primär auf das Webanalyse-Tool *Google Analytics* eingehen (siehe Abbildung 11.1). Dieses bringt unter anderem folgende Alleinstellungsmerkmale und Vorteile mit sich:

▸ »hauseigenes« Google-Produkt für eine einfache und nahtlose Integration aller Traffic- und kostenrelevanten Kampagnendaten

▸ umfangreiche vorgefertigte Google-Ads-Kampagnenberichte

▸ benutzerdefinierte Berichterstellung für Google-Ads-Daten

▸ Besucher- und Kampagnenanalysen in Echtzeit

▸ E-Commerce- und Ereignis-Tracking

▸ kostenlos verfügbar[1]

---

1 Das gilt für das Standardprodukt *Google Analytics*. Eine kostenpflichtige Premiumversion mit umfangreicheren Analyse-Tools und erweiterten Support- und Garantieleistungen ist darüber hinaus verfügbar.

Einige alternative Tools stellen wir Ihnen der Vollständigkeit halber in einer kurzen Übersicht am Ende dieses Kapitels vor. Vorab sei erwähnt, dass diese weiteren, selbstverständlich ebenfalls allesamt professionellen Webanalyse-Werkzeuge, was Integrationstiefe und Preis-Leistungs-Verhältnis betrifft, nur schwer mit dem Google-eigenen Analyseinstrument mithalten können.

Abbildung 11.1 Professionelle Website- und Kampagnenanalysen mit dem kostenlosen Tool »Google Analytics«

11.1.1 Einstieg in Google Analytics

Um mit der Nutzung von Google Analytics zu beginnen, klicken Sie entweder in der Navigation Ihres Google-Ads-Kontos auf das Werkzeugsymbol am oberen Bildschirmrand und dann in dem Menü, das sich nun öffnet, unter MESSUNG auf GOOGLE ANALYTICS, oder Sie geben die folgende Adresse in Ihren Browser ein:

https://analytics.google.com/analytics

Da wir davon ausgehen, dass Sie an dieser Stelle – weil es auch für die Verwendung von Google Ads obligatorisch ist – bereits über ein Google-Konto verfügen, überspringen wir dessen Erstellung und wenden uns gleich jenen Details zu, die Sie nach einem erfolgreichen Login erwarten.

Sofern Sie mit Ihrem Google-Konto erstmalig in Analytics einsteigen und noch keinen Zugriff auf andere Analysekonten haben, führt Google Sie per Assistent Schritt für Schritt durch die initiale Kontoeinrichtung.

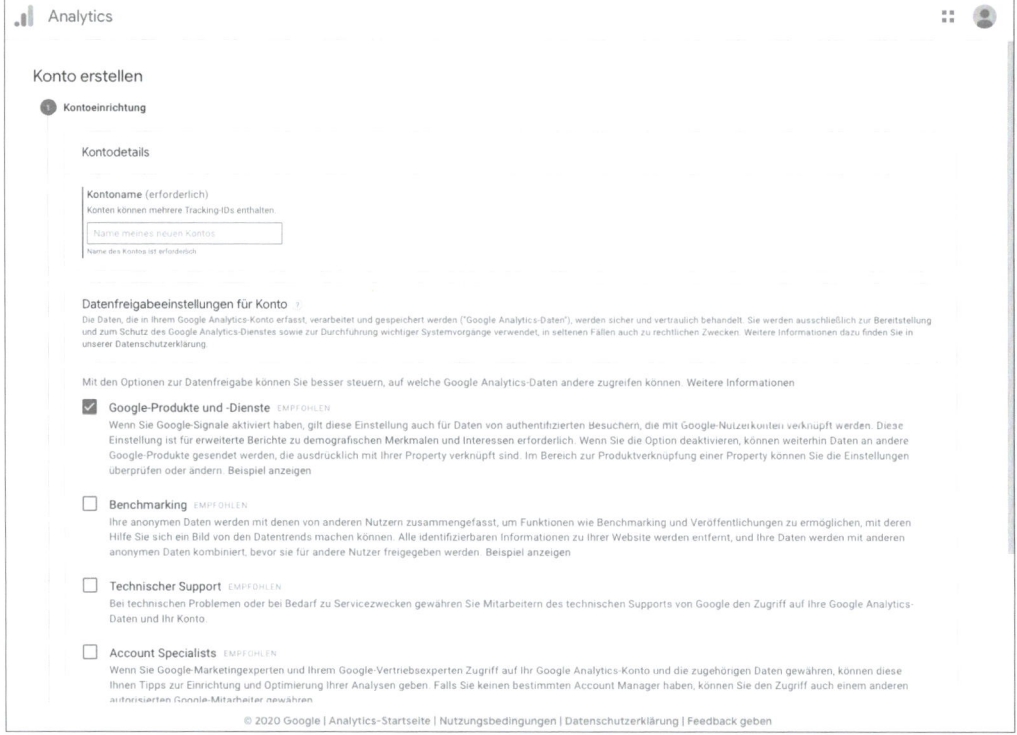

Abbildung 11.2 Datenfreigabeeinstellungen für Google Analytics

Zunächst vergeben Sie einen KONTONAMEN für Ihr Konto (siehe Abbildung 11.2). Wählen Sie eine sprechende, eindeutige Bezeichnung für Ihr Analytics-Konto. Beachten Sie dabei, dass zu einem späteren Zeitpunkt eventuell auch weitere Nutzer darauf Zugriff haben, und vermeiden Sie generische Namen wie beispielsweise »Meine Webseiten«, »Alle Konten« oder »Kundenkonto 01«.

Im Anschluss fragt Google Sie nach den DATENFREIGABEEINSTELLUNGEN FÜR KONTO. Google weist zunächst darauf hin, dass alle Analytics-Daten in Ihrem Konto vertraulich behandelt werden.

Bei der Einrichtung des Kontos finden Sie vier Checkboxen mit unterschiedlichen Datenfreigaben vor, von denen vor allem die erste wichtig für die Zusammenarbeit mit Google Ads ist:

▸ GOOGLE-PRODUKTE UND -DIENSTE: Wollen Sie ein reibungsloses Zusammenspiel weiterer Google-Produkte – zu denen auch die hier relevanten Google Ads und beispielsweise auch AdSense zählen – mit Google Analytics, stimmen Sie dieser Freigabe unbedingt durch Markieren der Checkbox zu.

▸ BENCHMARKING: Diese Freigabe erlaubt es Google, über die reine Integration mit anderen hauseigenen Tools und Produkten hinaus, durch anonymisierte Methoden Benchmarks zu erstellen. Zu diesem Zweck kommt auch die zuvor genannte optionale Branchenkategorie zum Einsatz. So hat Google beispielsweise die Möglichkeit, einen Vergleich aller der Branche »Reisen« zugeordneten Analytics-Propertys hinsichtlich diverser On-Page-Kennzahlen oder Conversion- und E-Commerce-Daten auf nationaler oder internationaler Basis anzustellen. Möchten Sie Ihre Daten hiervon ausnehmen, lassen Sie diese zweite Checkbox deaktiviert. Auf die Funktion von Google Analytics im Zusammenspiel mit Google Ads hat dies keinerlei negative Auswirkungen.

▸ TECHNISCHER SUPPORT: Diese dritte Checkbox muss nur dann markiert werden, wenn Sie Unterstützung vom Analytics-Support zur Klärung von Problemen mit dem Konto benötigen. Unsere Empfehlung ist, auch sie zunächst deaktiviert zu lassen und diese Freigabe nur zu erteilen, wenn es einen konkreten Anlass gibt – was bei den meisten Lesern recht unwahrscheinlich sein bzw. selten vorkommen dürfte.

▸ ACCOUNT SPECIALISTS: Die vierte und letzte Datenfreigabeeinstellung würde Ihr Konto bei Google nicht nur für Analytics-, sondern auch für Google-Ads-Mitarbeiter öffnen. »Marketing- und Vertriebsexperten geben Ihnen Tipps zur Optimierung« wird diese Freigabe recht blumig umschrieben. Unsere Empfehlung lautet, auch diese Checkbox nicht zu markieren. Eine Aktivierung könnte zur Folge haben, dass Sie – ungewünscht und unaufgefordert – kontaktiert werden, um »neue Möglichkeiten« bei Google Ads kennenzulernen und damit einhergehend wohl auch unmittelbar höhere Ausgaben bei Google zu generieren. Wir möchten davon ausgehen, dass Sie als Leser dieses Buches das Potenzial des Google-Ads-Werbeprogramms mittlerweile sehr gut kennen und somit nicht unbedingt auf das Google-Vertriebsteam angewiesen sind, um die für Sie idealen Kampagnenstrategien und Werbe-Tools zu nutzen.

Haben Sie diese wesentlichen Konto- und Datenfreigabeeinstellungen vorgenommen und die Nutzungsbedingungen akzeptiert, können Sie durch Klick auf den blauen Button WEITER fortfahren.

Nun gelangen Sie zum zweiten Schritt des Google-Analytics-Einrichtungsassistenten (siehe Abbildung 11.3). Hier legen Sie fest, was Sie mit Ihrem Analytics-Konto messen wollen. Sie können zwischen drei Optionen wählen: WEB für Website-Analysen, GOOGLE APPS oder auch APPS UND WEB, wobei Letztere aktuell noch eine Beta-Version ist. Für unseren Fall wählen wir an dieser Stelle die erste Option, nämlich WEB. Das alternative Tracking von Mobile-Apps lassen wir an dieser Stelle außen vor.

Durch Klick auf den blauen Button WEITER am unteren Rand des Screens gelangen Sie zum dritten Schritt des Assistenten, der PROPERTY-EINRICHTUNG (siehe Abbildung 11.4).

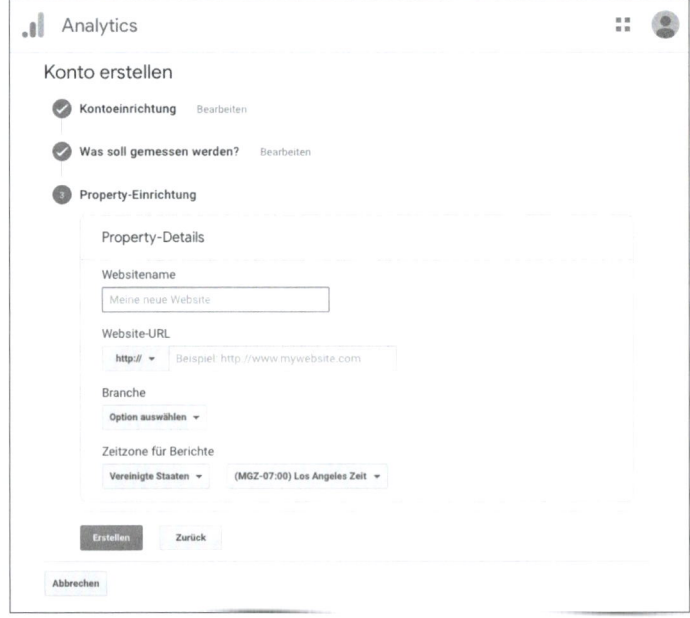

Abbildung 11.3 Definition der zu messenden Daten in Google Analytics

Abbildung 11.4 Property-Einrichtung in Google Analytics

Hier machen Sie Angaben zu folgenden Punkten:

▶ WEBSITENAME (erforderlich): Jeder einzelne Tracking-Code ist einer Property im Analytics-Konto zugeordnet. Deren Name ist somit idealerweise eindeutig der Webseite zuzuordnen, auf der der Tracking-Code eingebaut ist. Dabei ist es möglich, aber nicht zwingend nötig, als Property-Namen einfach die (Sub-)Domain der erfassten Webseite oder Landingpage zu verwenden. Zum Verständnis: Sie können in einem Analytics-Konto mehrere Tracking-Codes und Propertys erstellen und so mehrere Domains oder Kanäle wie beispielsweise Ihren YouTube-Kanal tracken.

▶ WEBSITE-URL (erforderlich): Die korrekte Eingabe der Website-URL ist an dieser Stelle unter anderem auch deshalb wichtig, um später die in den Content-Berichten integrierten Hyperlinks für weitere Analysen direkt anklicken zu können.

▶ BRANCHE (optional): Wählen Sie hier eine Kategorie, die am besten dem Themenbereich und Zweck Ihrer Website zuzuordnen ist. Diese optionale Information nutzt Google vor allem zu internen Benchmarking-Zwecken, wie bereits bei den Datenfreigabeeinstellungen angesprochen.

▶ ZEITZONE FÜR BERICHTE (erforderlich): Eine sehr wichtige Entscheidung treffen Sie an dieser Stelle vor allem dann, wenn Sie eine internationale Kampagnenstrategie verfolgen. Nicht immer ist die Zeitzone, von der aus Sie Ihre Website betreiben und Ihre Anzeigen schalten, auch jene, in der sich Ihre potenziellen Webseitenbesucher und Neukunden zum Zeitpunkt ihrer Online-Recherchen befinden. Wählen Sie hier die passende Bericht-Zeitzone, und stimmen Sie diese unbedingt mit der in Google Ads gewählten Zeitzone ab. Das ist vor allem dann unerlässlich, wenn Sie fortgeschrittene Analysen und Optimierungen auf Tageszeitenbasis vornehmen möchten.

Nach einem Klick auf den blauen Button ERSTELLEN erscheint ein neues Fenster mit den GOOGLE ANALYTICS-NUTZUNGSBEDINGUNGEN (siehe Abbildung 11.5). Dort wählen Sie zunächst über das Dropdown-Menü ❶ Ihr Land aus. Anschließend müssen Sie den beiden Abschnitten bezüglich der DSGVO (Datenschutzgrundverordnung) zustimmen, indem Sie die Kästchen ❷ und ❸ anklicken. Erst dann dürfen Sie Google Analytics nutzen. Sie können die DATENVERARBEITUNGSBEDINGUNGEN von Google über den gleichnamigen Link bei der ersten Einwilligung einsehen *https://privacy. google.com/businesses/processorterms/*. Abschließend klicken Sie unten am Ende des Formulars auf den Button ICH STIMME ZU.

Abbildung 11.5 Die Nutzungsbedingungen von Google Analytics

11.1.2   Informationspflicht auf der Website

An dieser Stelle möchten wir Sie dringend darauf aufmerksam machen, dass Sie die Datenschutzgrundverordnung (DSGVO) einhalten und auf Ihrer Website eine sachgerechte Datenschutzerklärung vorhalten müssen, in der Sie explizit auf den Einsatz von Google Analytics hinweisen.

Die Gesetzeslage im Zuge der DSGVO unterliegt einer ständigen Änderung. Daher würde es den Rahmen dieses Buches sprengen, im Detail auf die Datenschutzverpflichtungen im Zuge der Datenschutzgrundverordnung einzugehen. Außerdem sind wir nicht befugt, an dieser Stelle eine Rechtsberatung zu geben.

Daher empfehlen wir Ihnen, einen Datenschutzexperten dazu zu konsultieren. Ein guter Datenschutzexperte ist stets auf der Höhe der dauernden Änderungen in der Gesetzeslage und wird Sie entsprechend beraten können. Diese Investition rechnet sich auf jeden Fall, denn das Missachten der DSGVO kann empfindliche Vertragsstrafen nach sich ziehen.

11.1.3 Das neue Analytics-Konto

Nachdem Sie den Nutzungsbedingungen zugestimmt haben, werden Sie zu Ihrem neuen Analytics-Konto weitergeleitet. Zunächst fragt Google Sie in einem Pop-up-Fenster, ob und welche E-Mail-Benachrichtigungen Sie von Google Analytics erhalten wollen (siehe Abbildung 11.6). Hier haben Sie die die Wahl, ob Sie alle, einzelne oder keine Kommunikation wünschen.

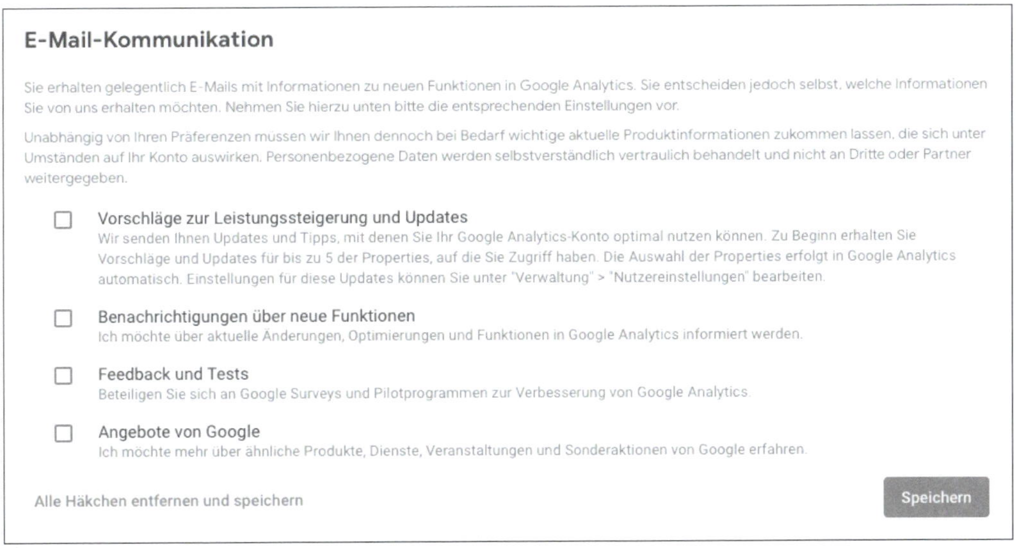

E-Mail-Kommunikation

Sie erhalten gelegentlich E-Mails mit Informationen zu neuen Funktionen in Google Analytics. Sie entscheiden jedoch selbst, welche Informationen Sie von uns erhalten möchten. Nehmen Sie hierzu unten bitte die entsprechenden Einstellungen vor.

Unabhängig von Ihren Präferenzen müssen wir Ihnen dennoch bei Bedarf wichtige aktuelle Produktinformationen zukommen lassen, die sich unter Umständen auf Ihr Konto auswirken. Personenbezogene Daten werden selbstverständlich vertraulich behandelt und nicht an Dritte oder Partner weitergegeben.

☐ Vorschläge zur Leistungssteigerung und Updates
Wir senden Ihnen Updates und Tipps, mit denen Sie Ihr Google Analytics-Konto optimal nutzen können. Zu Beginn erhalten Sie Vorschläge und Updates für bis zu 5 der Properties, auf die Sie Zugriff haben. Die Auswahl der Properties erfolgt in Google Analytics automatisch. Einstellungen für diese Updates können Sie unter "Verwaltung" > "Nutzereinstellungen" bearbeiten.

☐ Benachrichtigungen über neue Funktionen
Ich möchte über aktuelle Änderungen, Optimierungen und Funktionen in Google Analytics informiert werden.

☐ Feedback und Tests
Beteiligen Sie sich an Google Surveys und Pilotprogrammen zur Verbesserung von Google Analytics.

☐ Angebote von Google
Ich möchte mehr über ähnliche Produkte, Dienste, Veranstaltungen und Sonderaktionen von Google erfahren.

Alle Häkchen entfernen und speichern   Speichern

Abbildung 11.6 E-Mail-Kommunikation von Google Analytics wählen

Anschließend bietet Google Ihnen an, zusätzlich zur Desktop-Version auch die Mobile-App von Google Analytics zu nutzen (siehe Abbildung 11.7). Das ist durchaus empfehlenswert, da Sie mit der App auch von unterwegs die Performance Ihrer Seite testen können. Google bietet die App sowohl für Android- als auch iOS-Geräte an.

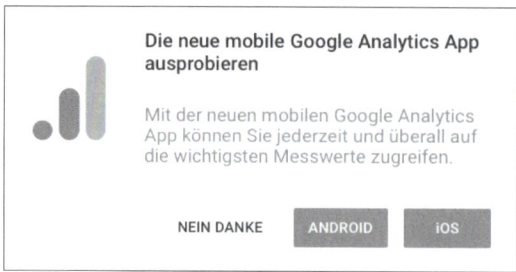

Abbildung 11.7 Wollen Sie die mobile »Google Analytics App« ausprobieren?

11.1.4   Der Tracking-Code

Als Nächstes sehen Sie nun den für Ihr neues Konto gültigen Tracking-Code (siehe Abbildung 11.8). Diesen Code müssen Sie jetzt in Ihre Website einbauen, damit Google Analytics bereits nach wenigen Stunden erste Daten erfassen kann.

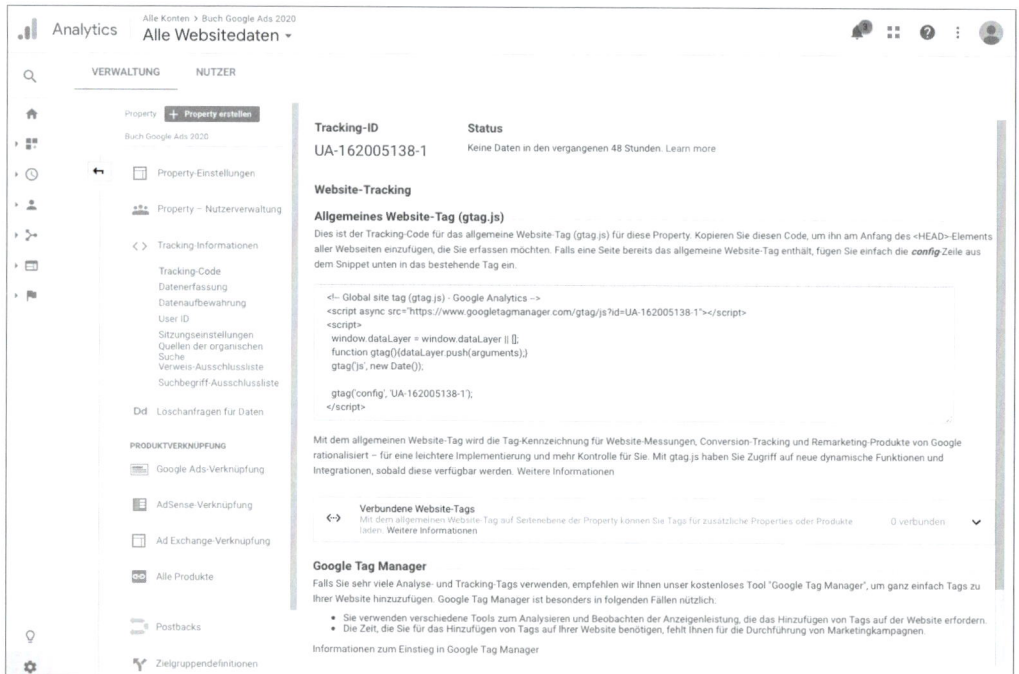

Abbildung 11.8 Google Analytics Tracking Code des neuen Kontos

Einer der Vorteile von Google Analytics ist ein sehr kompakter Code für das Standard-Tracking.

```
<!-- Global site tag (gtag.js) - Google Analytics -->
<script async src="https://www.googletagmanager.com/gtag/js?id=UA-162005138-1">
```

```
</script>
<script>
  window.dataLayer = window.dataLayer || [];
  function gtag(){dataLayer.push(arguments);}
  gtag('js', new Date());
  gtag('config', 'UA-xxxxxxxxx-1');
</script>
```

Listing 11.1 zeigt ein Beispiel, wie dieser Code grundlegend aufgebaut ist:

```
<!-- Global site tag (gtag.js) - Google Analytics -->
<script async src="https://www.googletagmanager.com/gtag/js?id=UA-162005138-1">
</script>
<script>
  window.dataLayer = window.dataLayer || [];
  function gtag(){dataLayer.push(arguments);}
  gtag('js', new Date());
  gtag('config', 'UA-xxxxxxxxx-1');
</script>
```

Listing 11.2 Der Tracking-Code von Google Analytics

Google empfiehlt, den Tracking-Code in Ihrem zentralen Website-Template am Seitenanfang (unmittelbar vor dem schließenden </head>-Tag) so zu platzieren, dass jede einzelne Unterseite diesen Code korrekt aufrufen kann. Vereinfacht gesagt, lädt das oben gezeigte Skript zunächst den Google-Analytics-Tracking-Code, um anschließend ein Tracking-Objekt für die mit UA- beginnende Tracking-ID zu erzeugen. Schließlich wird ein Seitenaufruf (*Pageview*) für die Seite aufgezeichnet, die den Code erzeugt.

Bitte beachten Sie, dass in Ihrem individuellen Tracking-Code anstelle des oben genannten xxxxxxxxx eine mehrstellige Konto-ID zu finden sein wird. Diese Konto-ID ergibt mit dem vorangestellten UA- und dem nachfolgenden -1 (bzw. -2, -3, -n für weitere Propertys) die vollständige Tracking-ID der Web-Property.

Wenn Sie an weiterführenden Informationen zum *analytics.js*-Skript von Universal Analytics interessiert sind, möchten wir Sie auf das *Google Developer Center* verweisen:

https://developers.google.com/analytics/devguides/collection/analyticsjs

Viele von Ihnen werden sich an dieser Stelle wohl damit begnügen, den Tracking-Code dem zuständigen Webmaster zur Verfügung zu stellen und einfach darauf zu vertrauen, dass dieser den Einbau rasch und unkompliziert erledigt. Nach dem Motto »Vertrauen ist gut, Kontrolle ist besser« möchten wir Ihnen aber noch schnell ein paar einfache Möglichkeiten nennen, um den korrekten Code-Einbau zu überprüfen:

- **Webseite, Variante 1**: Wenn Sie den Quellcode der zu analysierenden Seiten öffnen, muss an der zuvor genannten Stelle Ihr individueller Tracking-Code auffindbar sein. Dazu können wir Ihnen empfehlen, einfach eine Suche nach UA- durchzuführen. Oben haben Sie ja gelernt, dass diese eindeutige Zeichenfolge ein Teil der erforderlichen Tracking-ID ist und somit unbedingt im Code vorhanden sein muss.

- **Webseite, Variante 2**: Das Analytics-Tracking wird oft auch über entweder von Google (*Google Tag Manager*) oder von Drittanbietern bereitgestellte sogenannte *Tag Management Tools* implementiert. Das hat zur Folge, dass die erstgenannte manuelle Überprüfungsvariante nicht funktioniert, weil der standardmäßige Tracking-Code für Sie nicht offensichtlich im Code lesbar ist. In diesem Fall schaffen einfache Browsererweiterungen zur Tracking-Überprüfung Abhilfe. Für unsere Anforderungen ist beispielsweise der im folgenden Kasten kurz beschriebene *Tag Assistant* von Google ein willkommener Helfer, um bei Tracking-Codes näher hinzuschauen, die von Webseiten richtig, falsch oder gar nicht aufgerufen werden.

- **Analytics-Berichte, Variante 1**: Wechseln Sie bei den Berichten in den Bereich ECHTZEIT, um die Funktion Ihres Tracking-Codes unmittelbar nach seinem Einbau zu überprüfen. Zeigen die Echtzeit-Reports nicht mindestens eine Besuchersitzung, obwohl Sie sich auf der auszuwertenden Webseite aufhalten, ist dies ein eindeutiger Hinweis auf einen fehlenden oder falsch implementierten Tracking-Code.

- **Analytics-Berichte, Variante 2**: Wenn Sie etwas geduldiger sind oder den Code-Einbau bereits mithilfe einer der zuvor genannten Varianten grundlegend überprüft haben, können Sie natürlich auch nach ein paar Stunden Wartezeit die normalen Analytics-Berichte aufrufen, um die ersten Daten abzurufen. Bleiben diese Berichte selbst nach mehr als 24 Stunden leer, ist auch das ein Hinweis, dass mit der Implementierung des Tracking-Codes etwas nicht stimmt.

Der Tag Assistant (by Google)

Eine kleine, aber feine und zudem kostenlose Erweiterung für Googles Chrome-Browser nennt sich *Tag Assistant*. Sie finden diesen Assistenten im Chrome Web Store unter folgender URL:

https://chrome.google.com/webstore/detail/tag-assistant-by-google/ kejbdjndbnbjgmefkgdddjlbokphdefk

Einmal heruntergeladen und installiert, hilft er Ihnen beim Troubleshooting von unterschiedlichen Tracking-Codes vieler bekannter Google-Produkte. Neben dem hier vordergründig relevanten Check von Analytics-Tracking- und Google-Ads-Conversion-Codes können Sie mit ihm auch das Vorhandensein und die Funktion weiterer Codes (beispielsweise des Google Tag Managers, von Google AdSense oder von DoubleClick-Werbeprodukten) einfach und ohne Coding-Kenntnisse überprüfen.

Nachdem Sie sichergestellt haben, dass der Tracking-Code korrekt eingebaut wurde und die Berichte erste Besucherdaten zeigen, möchten wir Sie noch kurz mit den grundlegenden Verwaltungsmöglichkeiten von Analytics vertraut machen. Danach werden wir uns auf die Google-Ads-spezifischen Funktionen und Berichte konzentrieren.

11.1.5   Einstellungen im Analytics-Konto

Abbildung 11.9 bietet Ihnen einen kompletten Überblick über die Verwaltungsmöglichkeiten in Ihrem Analytics-Konto. Von links nach rechts aufgegliedert, finden Sie die Einstellungsmöglichkeiten jeweils für KONTO, PROPERTY und DATENANSICHT vor. In den zentralen Kontoeinstellungen finden Sie zum Beispiel die zuvor beschriebenen Datenfreigabeeinstellungen wieder, die Sie selbstverständlich auch jederzeit im Nachhinein bearbeiten können.

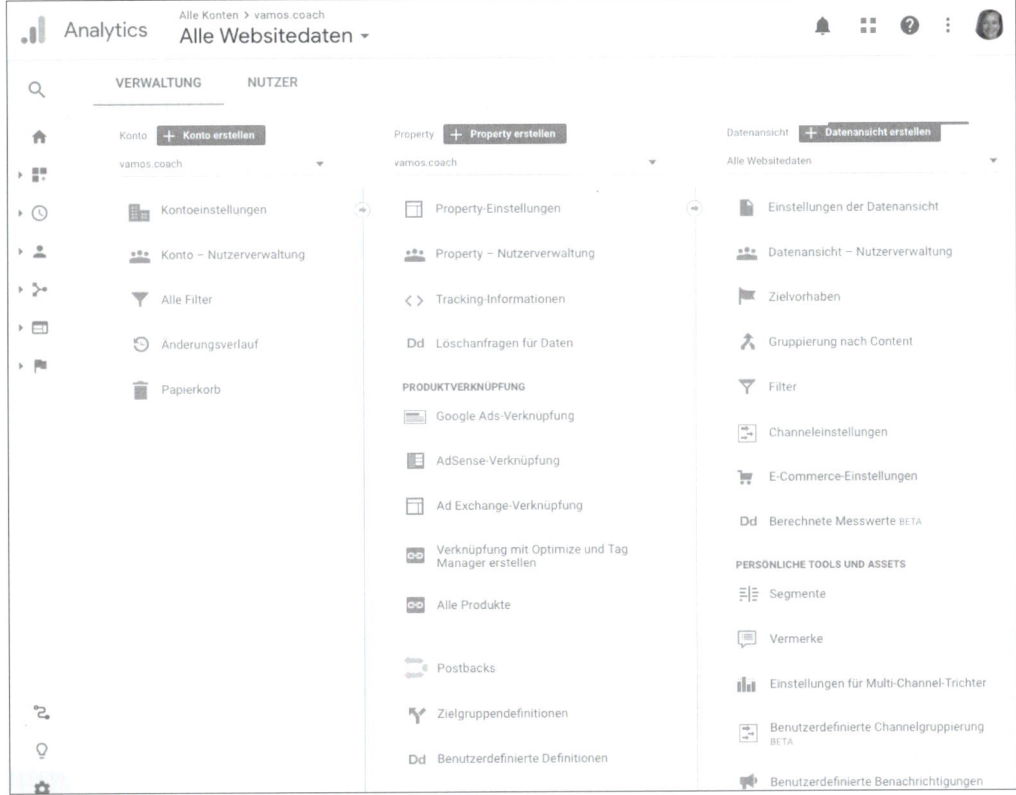

Abbildung 11.9 Die Verwaltung von Analytics-Konten im Überblick

Ebenfalls in der Kontoverwaltung befindet sich der praktische ÄNDERUNGSVERLAUF. Dort haben Sie jeweils für die zurückliegenden 180 Tage im Überblick, welcher Nutzer an welchem Datum welche Änderungen am Konto durchgeführt hat. Das ist praktisch, wenn mehrere Nutzer über einen Kontozugriff verfügen, um damit beispielsweise individuelle Ziele, Datenansichten oder Filter zu verwalten. Für den Fall, dass sich solche Konfigurations-Updates auf Ihre Google-Ads-Berichte auswirken würden, könnten Sie so in jedem Fall deren Urheber und den Zeitpunkt bestimmen.

In der PROPERTY-Spalte finden Sie nicht nur Ihren Tracking-Code wieder, sondern auch die für Sie unmittelbar relevanten Menüpunkte zur Google-Ads-Verknüpfung. Auf Ebene der Datenansicht können Sie zum Beispiel deren Namen bearbeiten. Bei der grundlegenden Kontoeinrichtung vergibt Analytics für die erste Datenansicht standardmäßig die Bezeichnung ALLE WEBSITE-DATEN. Das ist insofern korrekt, als dass sie zunächst ungefiltert erstellt wird und somit tatsächlich alle Website-Daten beinhalten sollte. In der Praxis können Sie bei der Benennung mehrerer Datenansichten zur optimalen Unterscheidung wie in folgendem Beispiel vorgehen:

- webseite.com – Alle Daten (ungefiltert)
- webseite.com – Google-Ads-Traffic (Kampagnenfilter)
- webseite.com – Desktop/Tablet-Traffic (Gerätefilter)
- webseite.com – Smartphone-Traffic (Hostname-Filter)
- webseite.com – Backup

Die Namen von Datenansichten sollten Sie in jedem Fall so wählen, dass diese – auch von allen weiteren Personen mit Einblick in die Analytics-Daten – schnell und jederzeit mithilfe der Suchfunktion erreicht werden können. Dieser Hinweis richtet sich vor allem an Konten größerer Unternehmen oder Agenturen, in denen es schnell mal unübersichtlich werden kann, wenn dort Dutzende Datenansichten mit der Standardbezeichnung »Alle Website-Daten« erscheinen.

Neben den grundlegenden Einstellungen der Datenansicht werden die Bereiche FILTER und ZIELVORHABEN im Verlauf dieses Kapitels noch eine wichtige Rolle spielen (siehe Abschnitt 11.4 und Abschnitt 11.6.1).

11.2   Die Analytics-Berichte im Überblick

In diesem Kapitel gehen wir überwiegend auf Google-Ads-relevante Einstellungen, Features und Berichte ein. An dieser Stelle möchten wir darauf verweisen, dass es zum Thema Web-Analyse im Allgemeinen und Google Analytics im Speziellen weitere Bücher gibt, die den Arbeitsbereich sowie das Tool umfangreich beschreiben. Im Rheinwerk Verlag ist dazu 2020 in vierter Auflage das Buch »Google Analytics – Das umfassende Handbuch« erschienen (*https://www.rheinwerk-verlag.de/google-analytics_5083*)

Vorab: Die Google-Ads-Berichte verbergen sich hinter dem Menüpunkt AKQUISI-TION. Sie werden jedoch im Laufe dieses Kapitels rasch herausfinden, dass sich Google-Ads-relevante Auswertungsmöglichkeiten praktisch in allen Berichtsebenen wiederfinden. Wir hoffen, dass wir Ihnen auf den folgenden Seiten ein paar wertvolle Ideen und Ansätze für solche Analysen liefern können. Schließlich soll Ihnen in Analytics kein einziger Google-Ads-Klick zur besseren Auswertung und effizienten Optimierung Ihrer Kampagnen entgehen.

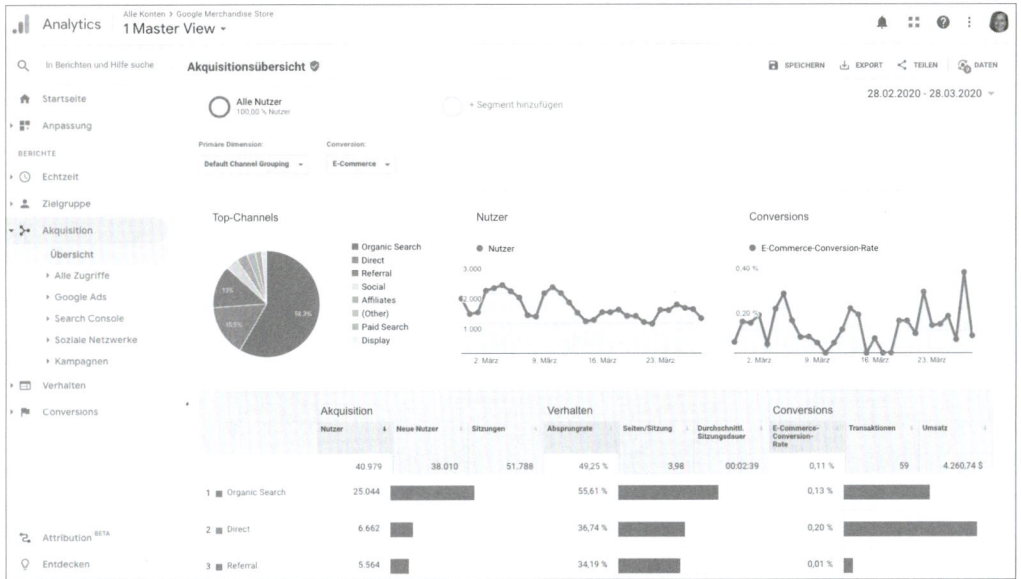

Abbildung 11.10 Der Navigationspunkt »Akquisition« für Google-Ads-Berichte

11.2.1   Echtzeit

Schauen wir uns nun die Berichte in Google Analytics an – sichtbar getrennt in der Navigation durch die Überschrift BERICHTE (siehe Abbildung 11.11). Bei den ECHT-ZEIT-Berichten wartet Google mit einem weiteren praktischen Analyse-Tool auf. Noch dazu ist es kostenlos, denn viele Drittanbieter bieten kostenpflichtige Lösungen zur Echtzeitanalyse von Website-Traffic an. Innerhalb von Sekunden werden hier aktuelle Besuchersitzungen und im Detail die folgenden weiteren Auswertungen angezeigt:

▸ ÜBERSICHT: Wie viele aktive Nutzer bewegen sich im Moment auf Ihrer Webseite?

▸ STANDORTE: Aus welchen Ländern und Regionen kommen die aktiven Nutzer?

▸ BESUCHERQUELLEN: Ist Google, eine Online-Kampagne oder etwa ein soziales Netzwerk wie Facebook der Ursprung der aktiven Nutzer?

▸ CONTENT: Welche Inhalte sind im Moment am beliebtesten?

▶ EREIGNISSE: Welche und wie viele Ereignisse wie zum Beispiel Videoansichten oder PDF-Downloads werden von den derzeitigen Nutzern generiert?

▶ CONVERSIONS: Sorgen die aktiven Nutzer für Leads und Umsätze?

Übrigens, seien Sie nicht enttäuscht, wenn die Echtzeitberichte in bestimmten Phasen nicht allzu aussagekräftige Daten oder nur geringe Nutzerzahlen darstellen. Sie dürfen Folgendes nicht vergessen: Auch wenn Ihre Website eine dreistellige tägliche Nutzerzahl aufweist, kann das bedeuten, dass sich zu bestimmten Tagesabschnitten nur wenige Besucher zeitgleich dort aufhalten. Echtzeitberichte sind vor allem dann »spannend«, wenn Sie beispielsweise die Auswirkung einer Offline-Maßnahme wie eines TV- oder Radiospots auf die Website live im Auge behalten oder wenn Sie das Feedback auf einen gerade an Tausende Empfänger versendeten E-Mail-Newsletter beobachten möchten.

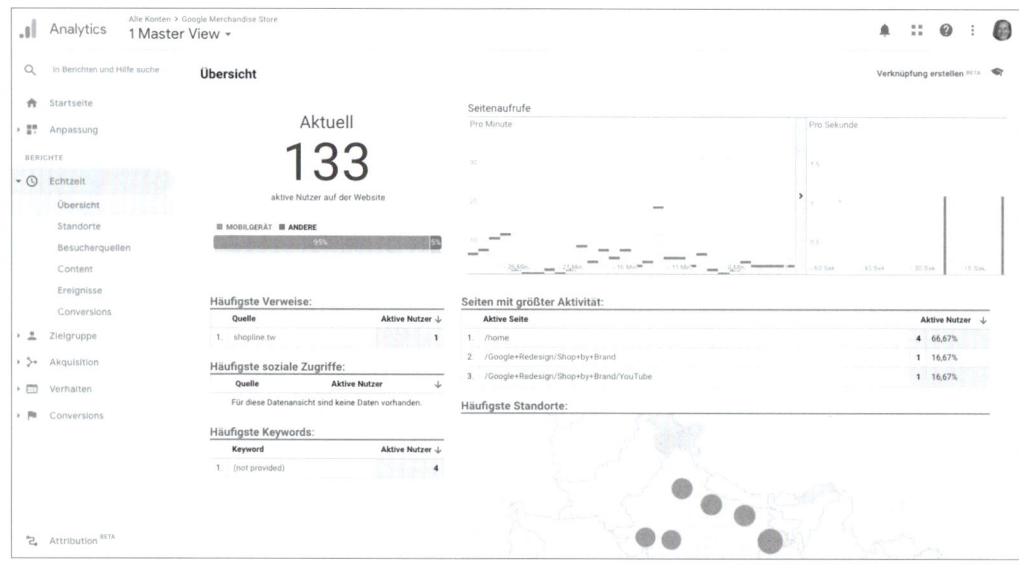

Abbildung 11.11 Echtzeitberichte zeigen das aktuelle Traffic-Aufkommen just in diesem Moment.

11.2.2   Zielgruppe

Dieser Bericht liefert Ihnen Antworten auf die Frage: »*Wer* sind meine Besucher?« Hier sehen Sie alle Details zu Demografie, Geografie und Technologie. Wenn Sie in eine Analytics-Datenansicht einsteigen, dient die ÜBERSICHT im jeweiligen Menüpunkt als Ihre Startseite, die standardmäßig mit Daten für die zurückliegenden 30 Tage aufwartet (siehe Abbildung 11.12). Die Daten für den Berichtszeitraum ❶ können Sie individuell anpassen.

Die Zielgruppenübersicht zeigt Ihnen auf einen Blick, wie viele Nutzer im gewählten Zeitraum Ihre Website besucht haben, wie lange und tief ihre Sitzungen im Durchschnitt waren, woher sie kommen (Land, Region, Sprache) und mit welcher Technologie (Browser, Betriebssystem, Gerätekategorie) sie auf Ihre Seite zugreifen.

Sie erkennen in Abbildung 11.12 rasch die benutzerfreundliche Bedienphilosophie von Google Analytics: Während der hellgrau hinterlegte linke Navigationsbalken nur wenig Platz einnimmt und auf Wunsch sogar ausgeblendet werden kann ❷, bleibt im zentralen Bereich eine große Fläche für aussagekräftige Grafiken, Datenbereiche und Tabellen. Sie erkennen außerdem, dass nach der Zielgruppenübersicht eine große Zahl an weiteren Untermenüpunkten folgt, die wiederum durch Klick auf den jeweiligen Link noch weitere Zahlen, Daten und Details liefern.

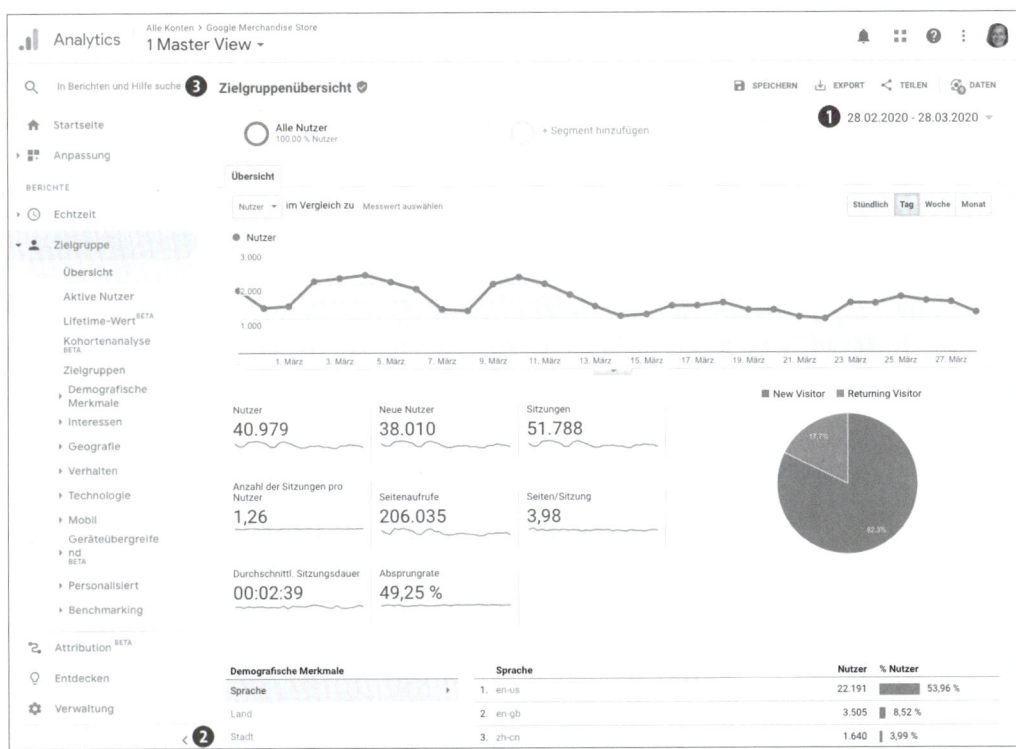

Abbildung 11.12 Die Zielgruppenübersicht mit Nutzerdaten

Wir werden weder bei diesem noch bei den weiteren Menüpunkten in die Tiefe aller Untermenüs gehen, da das den Rahmen dieses Kapitels sprengen würde. Sie sollten jedoch mithilfe unserer Kurzbeschreibung grob zuordnen können, in welchen Berichten Sie bei Bedarf welche Details zu Ihrem Website-Traffic wiederfinden.

Sitzungen (Besuche) vs. Nutzer (eindeutige Besucher)

Aus eigener Erfahrung mit Kollegen und Kunden wissen wir, dass die Kenngrößen Sitzungen und Nutzer (vormals Besuche und eindeutige Besucher) bei einigen Analytics-Anwendern nach wie vor regelmäßig für Verwirrung sorgen. Im April 2014 hat Google hier die Terminologie verändert: War zuvor von *Besuchen* (engl.: *visits*) und *eindeutigen Besuchern* (engl.: *unique visitors*) die Rede, findet man seitdem in der Berichtoberfläche ausschließlich Sitzungen (engl.: *sessions*) und Nutzer (engl.: *user*) vor. Im Folgenden finden Sie die Erklärung zu den aktuellen Begriffen.

Wenn Sie eine mit dem Analytics-Tracking-Code ausgestattete Webseite besuchen, starten Sie zunächst eine Sitzung. Diese wird standardmäßig 30 Minuten lang aufrechterhalten. Das heißt, alle auf der Webseite getätigten Aktionen, die innerhalb dieses Zeitfensters liegen, ordnet Analytics dieser Sitzung zu. Lassen Sie beispielsweise eine Webseite im Hintergrund bzw. in einem ausgeblendeten Browser-Tab länger als 30 Minuten ohne Interaktion geöffnet und klicken Sie erst später wieder auf einen Menüpunkt oder ein Bedienelement, so würden Sie damit eine neue, zweite Sitzung starten.

Da Analytics die Informationen zu Sitzungen und Nutzern in separaten Cookies abspeichert, würden Sie auch bei weiteren Sitzungen als derselbe Nutzer identifiziert werden können. Das Nutzer-Cookie hat ein Ablaufdatum von 2 Jahren, wodurch Sie auch bei weiteren Webseitenbesuchen stets als derselbe (wiederkehrende) Nutzer – natürlich mit jeweils neuen Sitzungen – erfasst werden. Voraussetzung dafür ist jedoch, dass Sie weder den Browser wechseln noch die Analytics-Cookies regelmäßig löschen. Somit ist in Kürze erklärt, warum die Daten für Sitzungen und Nutzer im Normalfall voneinander abweichen, wobei die Zahl der Sitzungen stets höher als die Zahl der Nutzer sein wird. Besuchen Sie eine Webseite mit einer »Pause« von 30 Minuten vom selben Browser aus zweimal, so würden Sie in den Berichten für zwei Sitzungen sorgen, die jedoch nur von einem (eindeutigen) Nutzer generiert werden.

Die Abweichung zwischen Sitzungen und Nutzern sowie die Kennzahl Anzahl der Sitzungen pro Nutzer gibt oft auch rasch über den Typ bzw. Zweck einer Webseite Auskunft: Während beispielsweise ein Nachrichtenportal seine User binden möchte, wird man sich dort zum Ziel setzen, den Anteil der wiederkehrenden Nutzer hochzuhalten. Misst man im Gegenzug die Landingpage einer Online-Kampagne, muss man dort die Zielsetzung verfolgen, einen möglichst hohen Prozentsatz an neuen Sitzungen zu erreichen, um mit der Kampagne überwiegend neue Nutzer anzusprechen, die die Marke und/oder das beworbene Produkt noch nicht kennen.

An dieser Stelle möchten wir auch auf die praktische Suchfunktion In Berichten & Hilfe Suchen ganz oben in der linken Navigation ❸ verweisen (siehe Abbildung 11.12).

Anstatt sich mühsam durch alle Menüpunkte zu klicken, können Sie hier über die Suchfunktion alle Reports schnell erreichen, indem Sie den entsprechenden Suchbegriff eingeben. Wenige Buchstaben reichen aus, damit Sie eine sofortige Auflistung relevanter Berichte eingeblendet bekommen (siehe Abbildung 11.13).

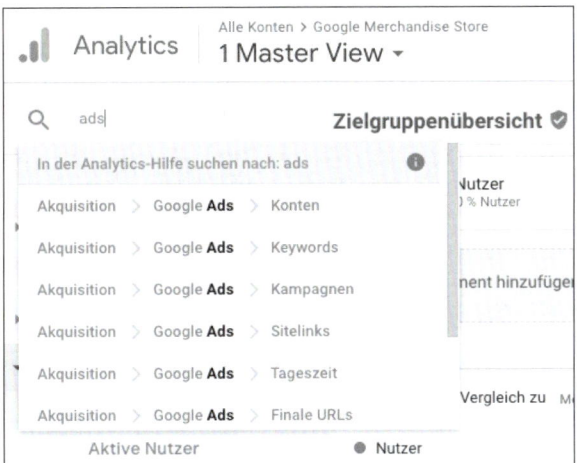

Abbildung 11.13 Über die Suchfunktion Berichte schnell finden

Abschließend lässt sich der Menüpunkt ZIELGRUPPE als jener zusammenfassen, der Ihnen Antworten auf die Fragen zur *Eigenschaft* Ihrer Webseitenbesucher liefert, also *wer* (Demografie) *woher* (Geografie) und *womit* (Technologie) Ihre Webseite besucht hat.

11.2.3   Akquisition

Hier erfahren Sie weitere Details zur Frage: »*Woher* kommen meine Besucher?« Und zwar geht es im Menüpunkt AKQUISITION nicht um die lokale geografische Herkunft, sondern vielmehr um die Quellen, Kanäle und Kampagnen, die Ihnen Webseiten-Besucher liefern (siehe Abbildung 11.14).

Schließlich möchten Sie nicht nur herausfinden, *dass* Sie Besucher, Anfragen und Verkäufe mit Ihrer Webseite generieren, sondern auch bewerten, *welche* Maßnahmen dafür maßgeblich verantwortlich sind.

Beispielsweise lässt die Höhe des organischen (»SEO«-) Traffics auf den Erfolg Ihrer Suchmaschinenoptimierungsstrategie schließen. Wie viele direkte Zugriffe gibt es, welche Verlinkungen sorgen für ebenso wichtigen Verweis-Traffic? Und nicht zuletzt finden Sie in den Akquisitionsberichten heraus, wie Ihre Kampagnen funktionieren: Von Newsletter-Aussendungen über Display-Banner und Online-Promotions bis hin zu Google Ads sollte es Ihr übergeordnetes Ziel sein, jede bezahlte Maßnahme in Analytics individuell analysieren und bewerten zu können.

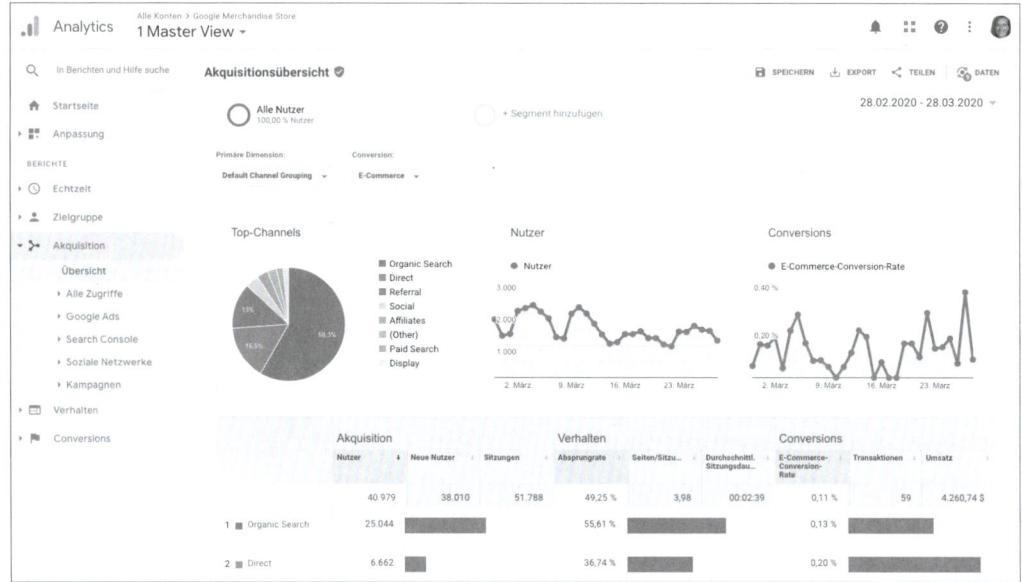

Abbildung 11.14 Akquisitionsübersicht mit den verschiedenen Top-Channels

Folglich befindet sich unter den Akquisitionsberichten auch der Bereich GOOGLE ADS. Dieser wird nach einer korrekten Verknüpfung der beiden Tools (Details dazu folgen in Abschnitt 11.3) mit wertvollen Daten gefüllt, die Sie zur Optimierung Ihrer Kampagnen heranziehen können. Hier finden Sie Angaben zur Leistung Ihrer Kampagnen und Keywords.

Kampagne (not set) und Keywords (not provided)?

In den Akquisitionsberichten finden Sie Daten zu Kampagnen und Keywords vor, sowohl für organische als auch für solche von bezahlten Suchmaschinenkampagnen wie Google Ads. Wenn Sie bei Kampagnen den Eintrag (NOT SET) sehen, dann bedeutet das, dass der Tracking-Code für eine Dimension keinen Wert gefunden hat, die im aktuellen Bericht erwartet wird. So weist Analytics in der Auflistung Ihrer Kampagnen für diejenigen Besucher ein (NOT SET) aus, die nicht über einen Kampagnen-Link auf Ihre Website kamen, sondern per Direktaufruf oder organischer Suche.

In den organischen Suchbegriffen unter KEYWORDS wird vermutlich Ihr erster Eintrag (NOT PROVIDED) lauten. Das bedeutet, dass das entsprechende Keyword-Detail von Google nicht mitgeliefert wird. Dies ist seit mehreren Jahren eine bewusste Entscheidung von Google, die das Unternehmen damit begründet, die Daten seiner Nutzer besser schützen zu wollen. Welche Alternativen es zur Analyse von Keyword-Details trotz dieses Einschnitts für Sie als Kampagnenmanager gibt, werden wir Ihnen in Abschnitt 11.5, »Google-Ads-Berichte: Alles im Überblick«, noch aufzeigen.

Außerdem können Sie unter SUCHANFRAGEN einsehen, welche konkreten Suchanfragen neue Nutzer auf Ihre Seite geführt haben. Unter SITELINKS sehen Sie, welche Anzeigenerweiterungen Ihnen Klicks gebracht haben. Somit können Sie die Wirksamkeit Ihrer Google-Ads-Kampagnen überprüfen.

11.2.4   Verhalten

Diese Berichte im Bereich VERHALTEN beantworten Ihnen die Frage: »*Was* interessiert meine Besucher?« Hier erhalten Sie alle Details zu Webseiteninhalten, internen Suchfunktionen (SITE SEARCH) und Ereignissen. Die Berichte im Menüpunkt VERHALTEN geben Ihnen Aufschluss darüber, an welchen Inhalten Ihrer Website die Besucher besonders interessiert sind. Bereits in der Übersicht erhalten Sie eine tabellarische Auflistung der beliebtesten Seiten mit den meisten Aufrufen im ausgewählten Berichtszeitraum (siehe Abbildung 11.15).

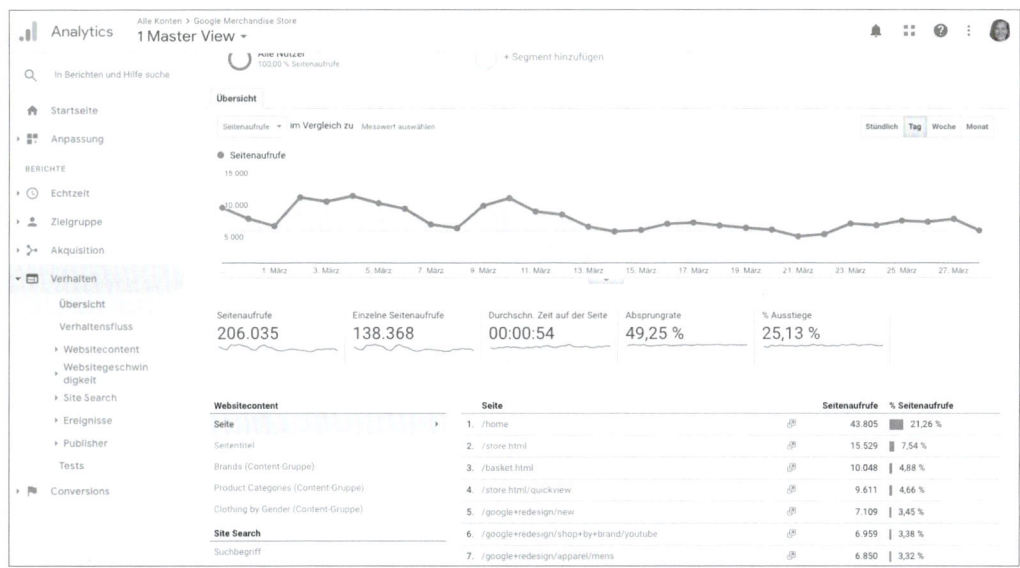

Abbildung 11.15 Die Rubrik »Verhalten« liefert Details zu den aufgerufenen Inhalten Ihrer Website.

Mit diesen Berichten können Sie Fragen beantworten wie: »Ist die Startseite tatsächlich auch die am meisten besuchte? Oder gibt es über organische Suchmaschinenzugriffe und bezahlte Kampagnen womöglich mehr Seitenaufrufe für untergeordnete Detailseiten sowie spezielle Landingpages?« Darüber hinaus können Sie das Verhalten Ihrer Besucher beim Benutzen der internen Suchfunktion auf Ihrer Website analysieren – vorausgesetzt, Ihre Website verfügt über eine Suchfunktion, die von den Besuchern verwendet wird. Suchanfragen, Suchbegriffe und Suchtiefe helfen Ihnen auf die Sprünge, um eventuelles Optimierungspotenzial für Ihre Websiteinhalte zu finden.

11.2.5   Conversions

Unter CONVERSIONS erfahren Sie Details zu der Frage: »*Wie viel* bringen meine Besucher?« Der Bereich liefert alle Details zu Zielvorhaben-Conversions und E-Commerce-Transaktionen. Unter dem Menüpunkt CONVERSIONS finden Sie unseres Erachtens einige der wichtigsten Analytics-Berichte (siehe Abbildung 11.16).

Wir empfehlen Ihnen, für jede Webseite, die Sie betreiben oder mit Google-Ads-Kampagnen bewerben, mindestens ein Zielvorhaben einzurichten. Haben Sie nur eine kompakte Landingpage oder Microsite ohne Formulare und Möglichkeiten zum Online-Kauf als Zielseite hinterlegt, sollten Sie auch Micro-Conversions wie weiterführende Klicks, PDF-Downloads oder Video-Ansichten als Conversion definieren.

Haben Sie noch keine Conversion-Ziele eingerichtet, werden die Berichte zunächst leer und der Menüpunkt vorläufig wertlos für Sie sein. In Abschnitt 11.4 erklären wir Ihnen, wie Sie ZIELVORHABEN definieren und einrichten, um die Conversion-Berichte mit Daten zu füllen und diesem Analysebereich damit so rasch wie möglich Leben einzuhauchen.

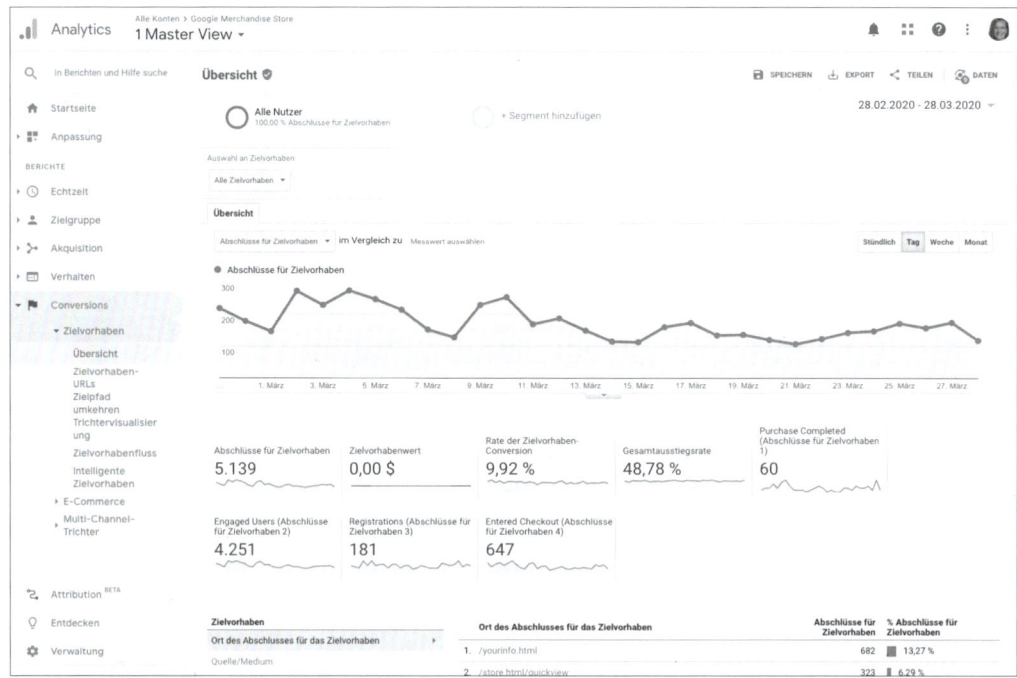

Abbildung 11.16 In den »Conversion«-Berichten können Sie Zielvorhaben und deren Erreichung einsehen.

11.2.6   Fazit zu den Google-Analytics-Berichten

Alle diese fünf vorgestellten Menüpunkte beinhalten Möglichkeiten, Ihren Google-Ads-Traffic im Detail zu analysieren. Somit ist es sowohl für die Google-Ads-Daten, die den Akquisitionsberichten zugeordnet sind, als auch bei einer Analytics-übergreifenden Segmentierung und Auswertung zwingend erforderlich, dass Sie beide Tools miteinander verknüpfen. Dazu sind einige Maßnahmen bei der Einrichtung Ihrer Google-Ads- und Analytics-Konten erforderlich, die wir Ihnen nun Schritt für Schritt näherbringen werden.

11.3   Google Ads und Google Analytics verknüpfen

Das Google-Ads-Programm ist, wie Sie mittlerweile wissen, ein sehr umfangreiches und mächtiges Online-Marketinginstrument. Während alle klick- und kostenrelevanten Kampagnendaten sowie auch zählpixelbasierende Conversions beispielsweise für Formularanfragen, Online-Käufe oder auch Telefonanrufe mit Bordmitteln sehr gut erfasst werden können, enden die Möglichkeiten von Google Ads rasch, wenn es darum geht, herauszufinden, was der Benutzer nach dem Klick auf eine der Anzeigen tut.

Analytics kommt dann ins Spiel, wenn es einerseits darum geht, dieses On-Page-Verhalten näher zu betrachten. Andererseits hilft es Ihnen, den Google-Ads-Traffic im Gesamtkontext aller Besucher zu analysieren. Wie Sie dafür sorgen, dass Ihr Google-Ads-Traffic eindeutig als solcher in den Analytics-Berichten erscheint, zeigen wir Ihnen nun im Folgenden.

11.3.1   Allgemeines zu Google-Ads-Traffic in Google Analytics

Ihr Ziel ist es, sämtlichen Google-Ads-Klicks mindestens die korrekten Informationen zu den Dimensionen *Quelle* und *Medium* in Analytics zuzuordnen. Bei einer automatischen Verknüpfung wird jeder über Google Ads generierte Webseitenbesucher der Quelle *google* und dem Medium *cpc* zugeordnet. Wir empfehlen Ihnen, dieses Schema auch bei einem alternativen manuellen Kampagnen-Tagging beizubehalten – Details dazu finden Sie ebenfalls auf den folgenden Seiten. Damit stellen Sie sicher, dass Analytics Ihren Kampagnen-Traffic bei allen standardmäßig vorhandenen Akquisitionsberichten, Channel-Zuordnungen und Segmenten automatisch korrekt zuordnen kann. Selbst kleine Abweichungen in der manuellen Variante (beispielsweise *google-ads/ppc* als Quelle und Medium) können die Berichte durcheinanderbringen, weshalb wir Ihnen eine solche Vorgehensweise nicht empfehlen möchten.

Der *Worst Case* tritt ein, wenn Sie weder die automatische Verknüpfung noch ein manuelles Tagging berücksichtigen: In diesem Fall teilt sich der Google-Ads-Traffic auf mehrere Quellen auf und ist in den Analytics-Berichten praktisch nicht mehr auswertbar. Vielmehr macht eine solche Konstellation auch die Daten aller weiteren Channels und Zugriffsquellen mehr oder weniger wertlos. Denn ein Großteil der Suchnetzwerk-Kampagnen erscheint dann erfahrungsgemäß in den Berichten zum organischen Traffic. Dieses Verhalten können wir leider immer wieder bei vielen Analytics-Consulting-Projekten beobachten: Vergisst eine Google-Ads-Agentur bei neu aktivierten Kampagnen das entsprechende URL-Tagging, so freuen sich SEO-Dienstleister fälschlicherweise über einen plötzlichen Besucheranstieg in den Analytics-Berichten. Ein Teil der Displaynetzwerk-Kampagnen erscheint in den Akquisitionsberichten wiederum unter den Verweisen. Dort finden sich bei falscher oder fehlender Kampagnenzuordnung die Quellen *googleads* oder *doubleclick* wieder.

Sie verstehen hoffentlich rasch, warum Sie ein solches Szenario – sobald Sie irgendwie auf die Analytics-Berichte angewiesen sind – unbedingt vermeiden müssen. Schon kleinste Fehler im Tracking-Setup der Google-Ads-Kampagnen können die Akquisitionsberichte praktisch wertlos machen. Schauen wir uns deshalb nun an, wie Sie richtig vorgehen.

11.3.2 Automatische Google-Ads-Verknüpfung

Die automatische Google-Ads-Verknüpfung können Sie mittlerweile bequem und von einer zentralen Stelle aus in der Analytics-Verwaltung erledigen. Mit nur wenigen Klicks ordnen Sie ein oder mehrere Google-Ads-Konten einer oder mehreren Propertys und Datenansichten zu. Beachten Sie dabei, dass sich eine Verknüpfung nicht rückwirkend auswirkt. Erst nach deren erfolgreichem Abschluss werden die Google-Ads-Kampagnen, wie oben beschrieben, den korrekten Quell- und Mediendimensionen zugeordnet. Gleiches gilt für die Aufhebung von Verknüpfungen: Sobald die Verbindung entfernt wird, verändern sich auch die Verweisquellen sofort.

Eigenschaften und Vorteile

Nach der Verknüpfung beider Konten können Sie Ihre Kampagnen mithilfe der Analytics-Daten noch besser optimieren. Es eröffnen sich unter anderem die folgenden Möglichkeiten:

▸ Die Google-Ads-Berichte in Analytics werden automatisch mit Daten zur Anzeigen- und Webseiten-Leistung gefüllt.

▸ Sie können Analytics-Ziele und E-Commerce-Transaktionen bequem in Ihr Google-Ads-Konto zurückführen.

- ▶ Weitere Analytics-Kennzahlen wie Absprungrate oder die durchschnittliche Dauer einer Sitzung lassen sich nun ebenfalls in Google Ads importieren.
- ▶ Erweiterte Remarketing-Funktionen stehen Ihnen zur Verfügung.

Voraussetzungen

Für die Verknüpfung ist es erforderlich, dass Ihr Google-Konto sowohl einen Google-Ads-Zugriff als auch einen Analytics-Administratorzugriff besitzt. Wenn Sie das Analytics-Konto nicht selbst verwalten oder nicht ausreichende Rechte besitzen, müssen Sie dafür sorgen, dass Sie diese Rechte entweder bekommen oder dass jemand über ein Google-Konto mit den erforderlichen Zugriffsrechten für beide Tools die im Folgenden beschriebene Verknüpfung vornimmt.

Vorgehensweise

Navigieren Sie in Google Analytics über VERWALTUNG ❶ zur PROPERTY-Ansicht ❷ und dort auf den Menüpunkt GOOGLE ADS-VERKNÜPFUNG ❸. In der Ansicht, die sich jetzt öffnet, klicken Sie auf den roten Button + NEUE GRUPPE VON VERKNÜPFUNGEN. Jetzt öffnet sich die Ansicht, in der Sie eine neue Verknüpfung erstellen können (siehe Abbildung 11.17).

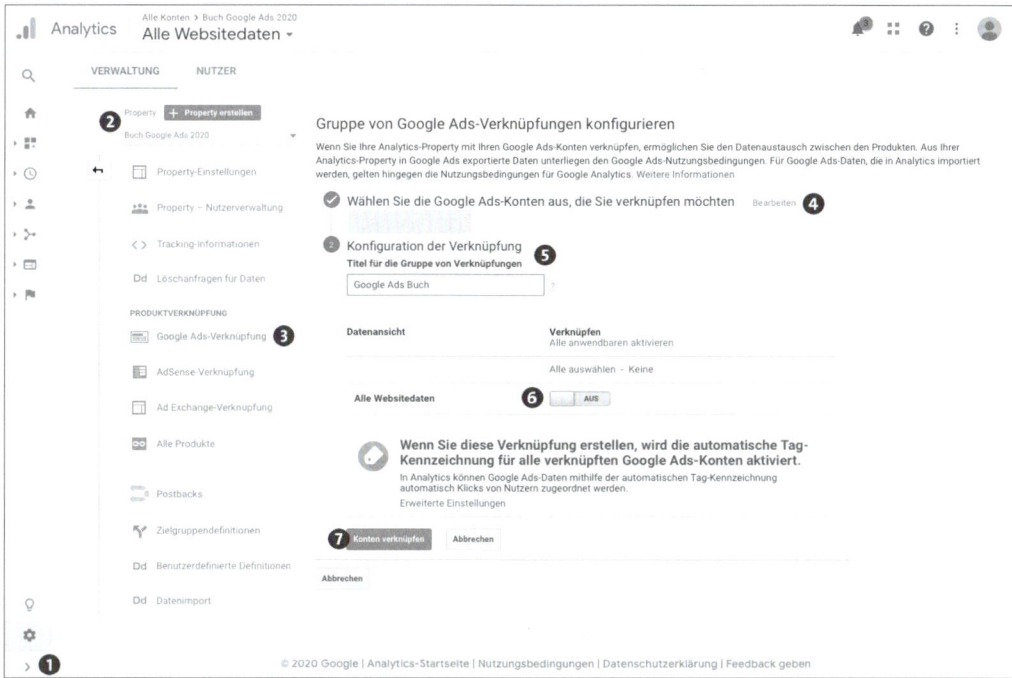

Abbildung 11.17 In Google Analytics das Google-Ads-Konto verknüpfen

Hier wählen Sie nun eines der Google-Ads-Konten ❹ aus, für die Sie mit Ihrem bei Analytics genutzten Google-Konto die erforderlichen Zugriffsrechte besitzen. Wählen Sie eines oder mehrere dieser Google-Ads-Konten aus, um deren Daten mit Analytics zu teilen. In den meisten Fällen wird hier lediglich ein Konto erscheinen.

Im zweiten Schritt vergeben Sie den Titel für die Gruppe von Verknüpfungen ❺. Nutzen Sie hierfür einen eindeutigen Namen. Das hilft Ihnen vor allem dann, wenn Sie Verknüpfungen über mehrere Konten und Propertys hinweg anlegen.

Danach wählen Sie im selben Schritt die verknüpften Datenansichten ❻ aus. Auch hier können Sie individuell entscheiden, in welchen Ansichten die Google-Ads-Daten dargestellt werden sollen bzw. dürfen. Berücksichtigen Sie bitte, dass alle Nutzer mit Zugriff auf die hier ausgewählten Datenansichten – auch jene mit lediglich untergeordneten Berechtigungen zum Lesen und Analysieren – ab diesem Zeitpunkt einen umfassenden Einblick in alle verknüpften Google-Ads-Daten haben. Sie können beispielsweise eine zweite, nicht mit Google Ads verknüpfte Datenansicht erstellen, um alle Kampagnendetails inklusive Kostendaten für bestimmte Nutzer zu verbergen. Diese Nutzer würden in der weiteren Ansicht den Google-Ads-Traffic lediglich auf allgemeiner Basis zuordnen können; alle Details zu Kampagnen- und Anzeigengruppenstruktur, Impressionen und CPCs würden ohne Verknüpfung nicht übertragen werden.

Durch den abschließenden Klick auf Konten verknüpfen ❼ schließen Sie den Vorgang ab. Mit diesem Schritt wird auch Google-Ads-seitig eine wichtige weitere Einstellung vorgenommen: die automatische Tag-Kennzeichnung. Dabei handelt es sich um eindeutige IDs, die das Google-Ads-System selbstständig an Ihre Ziel-URLs anhängt. Mithilfe dieser IDs werden zu den verknüpften Analytics-Datenansichten detaillierte Informationen zu jedem Klick übertragen. Überprüfen können Sie dies, indem Sie nach einem Klick auf eine beliebige Google-Ads-Anzeige den Parameter *&gclid=12345* als Bestandteil der Ziel-URL ausfindig machen. Fehlt diese Kennzeichnung, ist die Verknüpfung unvollständig. Sie können übrigens den Status der automatischen Tag-Kennzeichnung, wie in Abbildung 11.18 ersichtlich, in den Einstellungen Ihrer Google-Ads-Konten jederzeit überprüfen und bearbeiten, indem Sie in Ihrem Google-Ads-Konto auf das Werkzeugsymbol Tools und Einstellungen klicken und dort unter Einrichtung auf Verknüpfte Konten klicken und im nächsten Fenster bei Google Analytics auf den Link Details klicken.

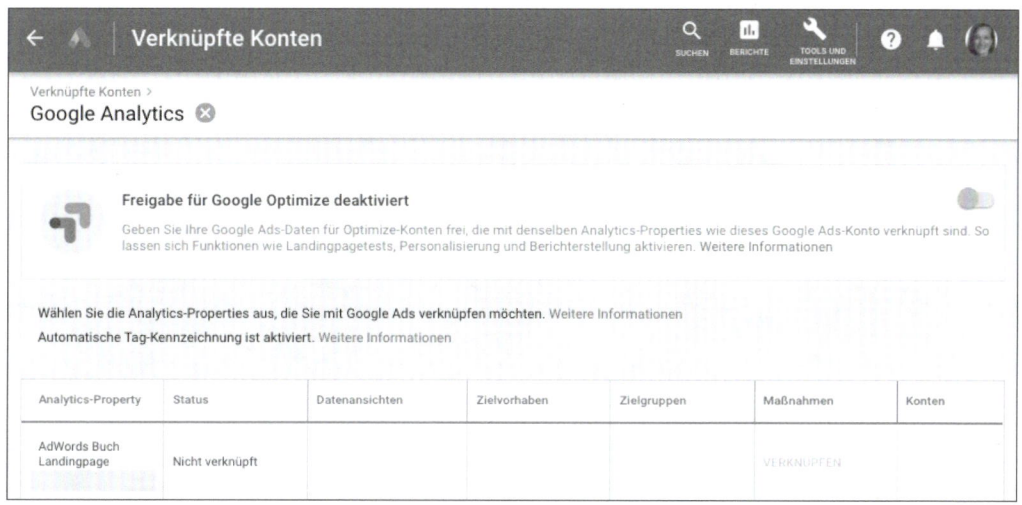

Abbildung 11.18 Verknüpfung von Google Ads und Google Analytics im Ads-Konto einsehen, wodurch die automatische Tag-Kennzeichnung aktiviert ist

Nicht nur im Analytics-Konto wirkt sich eine erfolgreiche Verknüpfung auf die dort zur Analyse bereitgestellten Kampagnendaten aus. Auch in Google Ads haben Sie nach der Verknüpfung die Möglichkeit, sich zusätzlich einige Analytics-Messwerte direkt in Ihrem Google-Ads-Interface anzeigen zu lassen. Klicken Sie dazu in den Kampagnenberichten auf das Icon für SPALTEN, und wählen Sie dann SPALTEN ANPASSEN. Jetzt öffnet sich eine neue Ansicht, in der Sie unter GOOGLE ANALYTICS aus vier Messwerten wählen können (siehe Abbildung 11.19):

▶ ABSPRUNGRATE

▶ SEITEN/SITZUNG

▶ DURCHSCHNITTLICHE SITZUNGSDAUER (SEKUNDEN)

▶ NEUE SITZUNGEN IN %

Nachdem Sie Ihre Wahl getroffen haben, klicken Sie abschließend auf den blauen Button ÜBERNEHMEN. Die zusätzlichen Daten werden nun in Ihren Kampagnenberichten angezeigt.

Berücksichtigen Sie dabei bitte, dass anschließend alle Nutzer mit Zugriff auf Ihr Google-Ads-Konto die Analytics-Daten dort einsehen können, auch wenn sie zu Analytics keinen direkten Zugang haben.

11

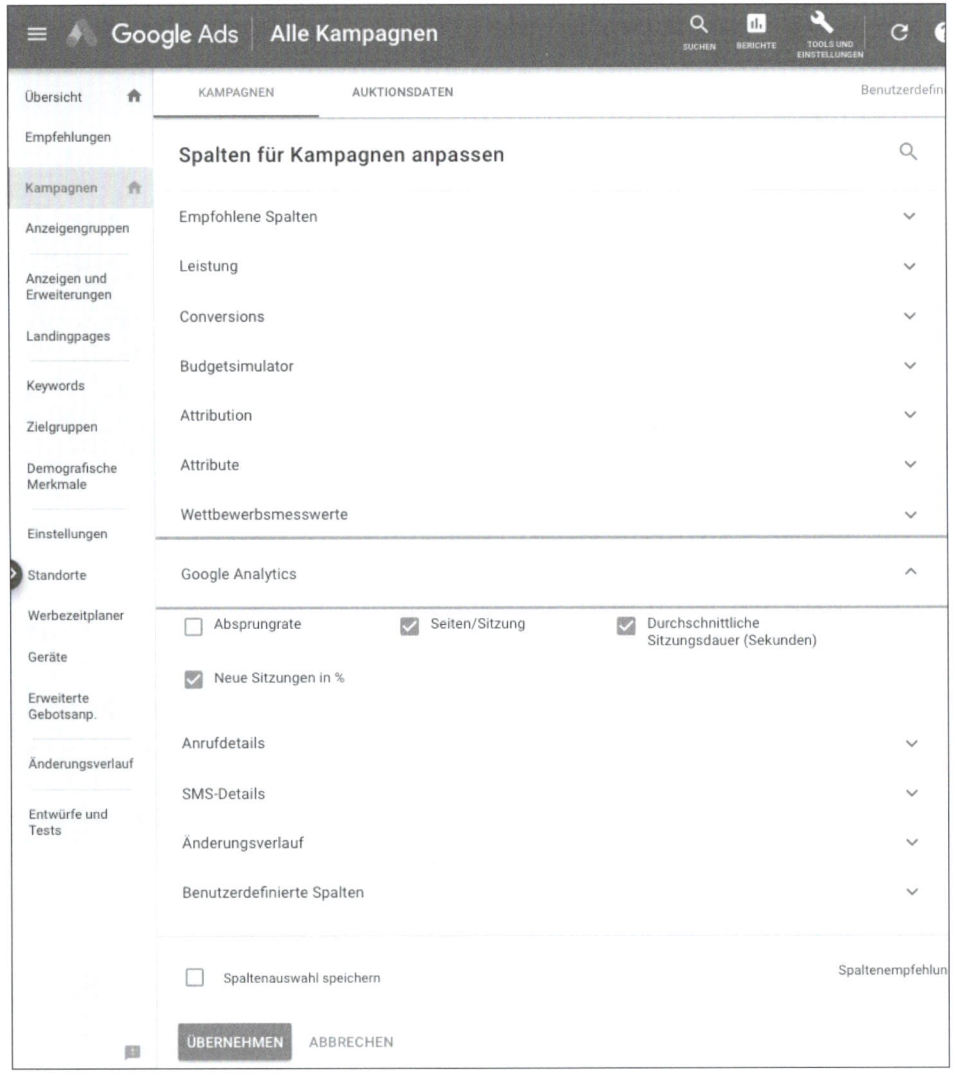

Abbildung 11.19 Im Google-Ads-Konto zusätzlich Google-Analytics-Daten anzeigen lassen

Rückgängig machen

Natürlich lassen sich die Datenverknüpfungen im Nachhinein jederzeit bearbeiten und auch wieder entfernen. In der Analytics-Verwaltung haben Sie Zugriff auf alle relevanten Verknüpfungsgruppen und sehen auf einen Blick, wie viele Konten und Datenansichten miteinander verknüpft sind. Klicken Sie eine Verknüpfungsgruppe an, wenn Sie die Konfiguration verändern oder löschen möchten. Gehen Sie jedoch behutsam vor, denn beim Entfernen der Verknüpfung gehen unter anderem folgende Daten unmittelbar verloren.

▶ alle Klicks, Impressionen und Kosten in Analytics-Berichten

▶ neue Nutzer für Analytics-basierende Remarketing-Listen

▶ importierte Ziele und E-Commerce-Daten sowie weitere Messwerte in Google-Ads-Berichten

Berücksichtigen Sie bitte auch die kurz zuvor erwähnte automatische Tag-Kennzeichnung im Google-Ads-Konto, die Sie in diesem Zusammenhang ebenfalls bearbeiten und wieder entfernen können.

Selbst wenn Sie aus organisatorischen oder datenschutzrechtlichen Gründen die in diesem Abschnitt beschriebene Kontoverknüpfung nicht durchführen können, müssen Sie Ihre Google-Ads-Kampagnen, was Analytics betrifft, nicht komplett im »Blindflug« durchführen. Natürlich ist diese direkte Verknüpfung nicht nur am einfachsten, sondern auch hinsichtlich Datenquantität und -qualität am umfangreichsten, weshalb wir sie in den meisten Fällen auch als die für alle Beteiligten praktischste Variante empfehlen können. Ist sie nicht möglich, empfehlen wir die im Folgenden beschriebene Alternative.

11.3.3   Manuelles Tagging von Kampagnen

Wie Sie bereits zuvor in diesem Kapitel lernen konnten, spielen die Dimensionen *Quelle* und *Medium* eine bedeutende Rolle in den Analytics-Akquisitionsberichten. Nur wenn Sie – und alle weiteren für den Kampagnen-Traffic verantwortlichen Personen und Agenturen – diese Dimensionen korrekt und vollständig zuweisen, bleiben die Berichte so umfangreich und aussagekräftig wie möglich. Das hier beschriebene manuelle Tagging von Kampagnen lässt sich nicht nur für Google-Ads-Traffic, sondern auch für viele weitere Online-Maßnahmen wie E-Mail-Newsletter oder Displaynetzwerk-Kampagnen einsetzen und ist eine gleichermaßen bequeme wie mächtige Möglichkeit, den Akquisitionsberichten in Analytics (und dort vor allem dem Menüpunkt KAMPAGNEN) mehr Aussagekraft zu verleihen. Schauen wir uns nun an, was das manuelle Tagging auszeichnet und wie einfach es funktioniert.

Eigenschaften und Vorteile

Im Unterschied zum zuvor beschriebenen automatischen Google-Ads-Kampagnen-Tagging und auch zu anderen Webanalyse-Tools entsteht beim manuellen Tagging von Kampagnen keinerlei zusätzlicher Verwaltungsaufwand im Analytics-Interface. Sobald Sie die Webseiten-URL mit den ergänzten Kampagnen-Tags (zusätzlichen URL-Parametern) aufrufen, erfolgt im Analytics-Cookie die individuelle Quell- und Medienzuordnung und in den Berichten die separate Darstellung dieses manuell gekennzeichneten Traffics. Hier sind die wichtigsten weiteren Eigenschaften auf einen Blick:

- ▸ Kampagnen-Tagging mit bis zu fünf unterschiedlichen Parametern
- ▸ unmittelbares Erscheinen des gekennzeichneten Traffics in Echtzeit- und Akquisitionsberichten
- ▸ einfaches Umsetzen individueller Tracking-Strategien und Kampagnenbenennungen
- ▸ kein Setup erforderlich, d. h. kein Anlegen, Ändern oder Löschen von Kampagnen-Tags

Voraussetzungen

Die Voraussetzungen sind denkbar einfach: Jede mit einem individuellen Kampagnenparameter versehene URL wird in den relevanten Analytics-Berichten entsprechend zugeordnet. Da sich bereits kleine Unterschiede in den Schreibweisen der Parameter – beispielsweise Groß-/Kleinschreibung oder Trennzeichen – auf die Berichte auswirken können, möchten wir Ihnen an dieser Stelle zusätzlich den Rat geben, als weitere wichtige Voraussetzung sowohl absolute Konsequenz als auch Präzision beim manuellen Kampagnen-Tagging walten zu lassen. Kleine Tippfehler bei Ihnen oder anderen involvierten Kampagnenmanagern können sich schnell unvorteilhaft auswirken, was nachträgliche Berichte zur Erfolgsmessung und Kampagnenoptimierung entweder aufwendiger oder im schlimmsten Fall sogar unmöglich macht.

Vorgehensweise

Um benutzerdefinierte Kampagnen zu erstellen, müssen Sie alle der jeweiligen Kampagne zuzuordnenden Ziel-URLs um individuelle Parameter ergänzen. Das macht zum Beispiel Sinn, wenn Sie Druckmaterialien mit QR-Codes versehen. Sofern Sie diesen QR-Codes eine Ziel-URL mitgeben, die durch individuelle Parameter ergänzt wurde, können Sie später in Google Analytics Zugriffe auf diese Webseite messen und eindeutig Ihren Offline-Druckmaßnahmen zuordnen.

Sehen wir uns die folgende exemplarische Ziel-URL an, um Ansatz und Aufbau dieses manuellen Kampagnen-Taggings in Analytics besser zu verstehen:

www.ziel-url.com?utm_source=google&utm_medium=cpc&utm_campaign=adwords-brand-2020

Nach der eigentlichen Ziel-URL folgen die Kampagnenparameter, auch *utm-Parameter* genannt. Diese Bezeichnung ergibt sich aus dem Präfix der jeweiligen Paare aus Variablen und Werten und basiert auf jenem Tool, aus dem Analytics im Jahr 2005 hervorging: *Urchin* (bei den Präfixen steht somit *utm* für »Urchin Tracking Module«).

Welche unterschiedlichen Parameter gibt es nun? Welche sind zwingend erforderlich und wozu dienen sie? Lassen Sie uns einen Blick auf die fünf verfügbaren *utm*-Tags werfen, wobei die Reihenfolge, in der Sie diese an die Kampagnen-URLs anhängen, keine Rolle spielt:

▶ **utm_source** (erforderlich): die *Quelle*, die Ihren Traffic näher identifiziert. Im Fall von Google Ads ist dies *google*, bei anderen Kampagnen wählen Sie hier am besten den Namen der Plattform zur einfachen Zuordnung aus.

▶ **utm_medium** (erforderlich): das *Medium* Ihrer Marketingaktion. Bei Google Ads ist das *cpc*, bei anderen Maßnahmen beispielsweise *cpm* (für Display-Banner) oder *e-mail* (für Newsletter-Aussendungen).

▶ **utm_campaign** (erforderlich): der Name Ihrer *Kampagne*. Bei Google Ads lautet er beispielsweise *adwords-brand* oder *adwords-search-generic* für generische Such-netzwerk-Kampagnen. Es ist durchaus praktisch, wenn Sie den Kampagnennamen für eine optimale Unterscheidung in den Berichten zusätzlich auch um Angaben zu Zeiträumen oder Flights (*-januar-2020*) und/oder um geografische Informatio-nen (*-de*) erweitern. Speziell bei Newsletter-Kampagnen hilft ein ergänzter Ver-sandzeitpunkt, bei internationalen Kampagnen oft eine geografische Ergänzung.

▶ **utm_term** (optional): eine ergänzende Angabe von *Keywords*, die vor allem bei manuell gekennzeichneten Suchnetzwerk-Kampagnen wie Google Ads, aber auch beispielsweise bei Bing Ads hilfreich ist.

▶ **utm_content** (optional): der *Anzeigeninhalt*. Machen Sie von diesem Parameter beispielsweise dann Gebrauch, wenn Sie im Zuge einer Kampagne auf dieselbe Ziel-URL mehrere parallel eingesetzte Werbemittel oder bei einer E-Mail-Aussen-dung die Wirkung einzelner Inhalte oder unterschiedlicher »Call-to-Action«-Vari-anten separat analysieren möchten.

Abschließend möchten wir Sie noch einmal darauf hinweisen, dass alle Parameter case-sensitive sind. Das bedeutet, dass Groß- und Kleinschreibung relevant sind. Zwei Links, die sich beispielsweise nur durch die Variablenwerte *utm_campaign=Newsletter-Februar-2020* bzw. *utm_campaign=newsletter-februar-2020* unterschei-den, würden somit als zwei unterschiedliche Kampagnen in den Analytics-Berichten erscheinen.

Ebenso möchten wir nicht unerwähnt lassen, dass Sie bei diesen Tracking-Parame-tern keinerlei personenbezogene Daten (beispielsweise die Empfängeradresse bei E-Mail-Aussendungen) angeben dürfen. Das wäre ein klarer Verstoß gegen die Ana-lytics-Nutzungsbedingungen.

Google bietet übrigens ein einfaches Tool zur URL-Erstellung als Online-Dienst unter der folgenden Adresse an:

https://support.google.com/analytics/answer/1033867?hl=de

Nutzen Sie dieses, um Ihre individuellen Kampagnen-URLs in wenigen Schritten zu generieren – ohne lästiges, möglichweise fehlerbehaftetes Tippen der *utm*-Parameter von Hand.

Als Best Practices möchten wir Ihnen abschließend noch Folgendes mitgeben:

- **So viele Tags wie nötig, so wenige wie möglich**: Vermeiden Sie bitte, zu viele Ziel-URLs manuell als Kampagnen zu kennzeichnen. Organischer Suchmaschinen-Traffic und die meisten Verweise von anderen Portalen und Webseiten (beispielsweise aus Kooperationen, Backlinks oder PR-Artikeln) lassen sich automatisch bereits sehr gut auswerten.

- **Automatische Linkerstellung**: Vermeiden Sie manuelles Tippen der URL-Parameter, da dabei erfahrungsgemäß immer wieder Fehler auftreten können. Nutzen Sie dazu entweder das zuvor beschriebene Google-Tool oder behelfen Sie sich mit einem Tabellendokument, wo Sie mit ein paar Spalten und einfachen Formeln Ihre individuellen Kampagnenlinks erstellen. Ein solches Dokument ist übrigens auch im späteren Analyseprozess hilfreich, wenn Sie vor allem bei umfangreicheren Kampagnen einen Überblick über alle Plattformen und die unterschiedlichen verwendeten Anzeigeninhalte behalten möchten.

- **Nur die mindestens erforderlichen Variablen verwenden**: Erfassen Sie nicht mehr Daten als nötig, und halten Sie die Ziel-URLs damit so kurz wie möglich. Erstellen Sie keine individuellen Parameter für Informationen, die Sie im Nachhinein ohnehin nicht analysieren möchten oder können.

- **Schreiben Sie keine personenbezogenen Informationen in die Werte der Kampagnenvariablen**: Namen oder E-Mail-Adressen sind an dieser Stelle theoretisch möglich, aber ein absolutes Tabu.

Rückgängig machen

Das manuelle Tagging rückgängig zu machen, ist genauso simpel wie dessen Einrichtung: Entfernen oder ändern Sie die individuellen Parameter in Ihren Ziel-URLs, und schon wird der jeweilige Traffic anderen oder keinen Kampagnen mehr zugeordnet. Natürlich sollten Sie beachten, dass auch nach dem Entfernen der Tags Ihrer »beendeten« Kampagnen diese noch weitere Sitzungen in Analytics verursachen können. Denn hat ein Nutzer seine vorhergehende Sitzung über eine dieser Kampagnen gestartet und besucht er Ihre Webseite ohne neue Quelle noch ein weiteres Mal (beispielsweise durch einen erneuten direkten Aufruf der URL), so bleibt die ursprüngliche Herkunftsquelle erhalten. Somit ist es völlig normal, dass auch Bannerkampagnen, die seit Tagen und Wochen beendet sind, noch immer mit neuen Sitzungen in den Berichten erscheinen.

Nachdem Sie nun die Möglichkeiten kennen, sowohl Google-Ads- als auch weitere Kampagnen individuell zu kennzeichnen, kommen wir zum nächsten Schritt: zur

Analyse von Conversion-Zielen. Schließlich werden die Berichte der nun sauber aufgeschlüsselten Kampagnen, Quellen und Anzeigenvarianten noch aussagekräftiger, wenn Sie deren Erfolgsquote (oder Conversion-Rate) auf einen Blick auswerten und vergleichen können.

11.4   Conversions und Zielvorhaben: Erfolgsmessung Hand in Hand

Google-Ads-Conversions, die zählpixelbasierende Methode zur Erfolgsmessung auf Webseiten und Landingpages, haben Sie bereits in Kapitel 10 ausführlich kennengelernt. Mithilfe der in Analytics verfügbaren *Zielvorhaben* können Sie auf einfache Art und Weise noch eine Menge weiterer sogenannter Mikro- und Makro-Conversions in die Analyse und Optimierung Ihrer Google-Ads-Kampagnen mit einbeziehen.

Auch hier hat Google seine Tools enger miteinander verzahnt, sodass Sie nicht nur die erreichten Ziele Ihres Kampagnen-Traffics in Analytics messen können, sondern diese auch bequem – und ohne die Einrichtung zusätzlicher Tracking-Pixel – in Google Ads als Conversions importieren können.

Das hat vor allem dann Vorteile, wenn Ihre Erfolgsziele statt auf abgeschickten Formularen oder erfolgreichen Online-Transaktionen auf einfachen Webseiten-Interaktionen (Aufenthaltsdauer, Klicks auf Videos oder PDF-Dokumente) basieren: Sie sparen sich die Konfiguration aufwendiger Google-Ads-Conversion-Pixel und können vorhandene Analytics-Zielvorhaben schnell und einfach als Google-Ads-Conversion einrichten.

In diesem Abschnitt gehen wir zunächst auf die Analytics-Ziele und deren allgemeine Einrichtung sowie später auf den Import dieser Ziele als Conversions in Ihrem Google-Ads-Konto ein.

11.4.1   Zielvorhaben in Analytics einrichten

Auch wenn Sie mit Ihrer Webseite keine unmittelbaren Online-Umsätze oder Formularanfragen generieren möchten, legen wir Ihnen die Konfiguration mindestens eines Zielvorhabens in Analytics unbedingt nahe (siehe Abbildung 11.20). Sollen sich die Besucher ausführlich mit Ihrer Website, Ihrer Marke und/oder Ihren Produkten beschäftigen? Dann wählen Sie die Aufenthaltsdauer oder die durchschnittlich pro Sitzung besuchten Seiten als Zielvorhaben aus. Geht es auf einer Microsite ausschließlich darum, ein kostenloses PDF herunterzuladen? Erfassen Sie dessen Download als Analytics-Ereignis, und richten Sie Ihr Zielvorhaben-Tracking auf dieses aus! Selbst wenn manche Ziel-Conversion-Raten für sich allein wenig Aussagekraft haben, für ein Benchmarking der unterschiedlichen Quellen in den Akquisitions- und Kampagnenberichten helfen diese unbedingt weiter!

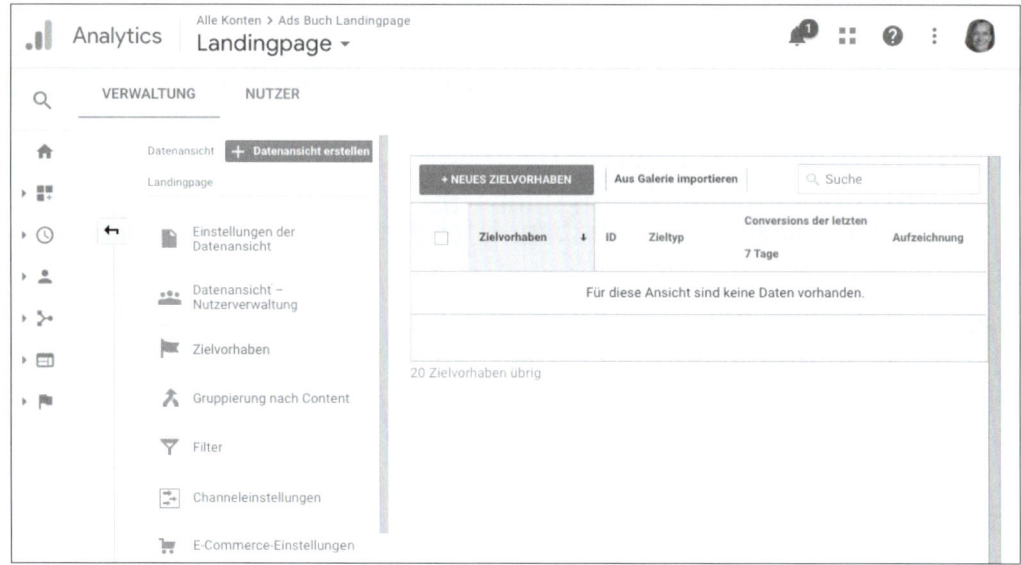

Abbildung 11.20 Die Einrichtung von Analytics-Zielvorhaben erfolgt über die Verwaltungsoberfläche auf Ebene der Datenansicht.

Allgemeines

Analytics-Zielvorhaben legen Sie im Verwaltungsbereich auf Datenansichtsebene unter dem eigenen Menüpunkt ZIELVORHABEN fest. Sie haben dabei vier Möglichkeiten:

1. **Einrichtung des Zielvorhabens über Vorlagen**: Hier versucht Google, vor allem Einsteigern die ersten Schritte in der Zieleinrichtung zu erleichtern, indem für unterschiedliche Arten von Zielen vorgefertigte Namen und vorausgewählte Typen angeboten werden. Der Rest der Einrichtung erfolgt hingegen wie bei Punkt 2.

2. **Intelligente Zielvorhaben**: Intelligente Zielvorhaben können Sie dann einrichten, wenn über das verknüpfte Google-Ads-Konto in den vergangenen 30 Tagen mindestens 500 Klicks an die ausgewählte Analytics-Datenansicht gesendet wurden. Bei dieser Funktion werden durch maschinelles Lernen zahlreiche Signale von Sitzungen auf Ihrer Website untersucht, um die Sitzungen mit der höchsten Conversion-Wahrscheinlichkeit zu ermitteln. Mehr dazu erfahren Sie unter *https://support.google.com/analytics/answer/6153083?hl=de&utm_id=ad*.

3. **Benutzerdefinierte Zieleinrichtung**: Diese klassische Variante der Zieleinrichtung wird wohl von den meisten erfahrenen Nutzern verwendet. Lesen Sie gleich unten, welche vier Zielvorhaben-Typen Ihnen bei der benutzerdefinierten Einrichtung zur Auswahl stehen.

4. **Import von Zielen aus der Solutions Gallery**: Diese Möglichkeit bietet Ihnen eine große Auswahl an praktischen, von anderen Nutzern zur Verfügung gestellten Einzel-Zielen und Ziel-Sets, die Sie mit einem Klick in Ihre Datenansicht laden können. Sie finden diese Vorlagen unter *https://analytics.google.com/analytics/ gallery*.

Alle Möglichkeiten teilen sich eine Eigenschaft: Sie müssen einen von vier Zieltypen festlegen, auf die wir nun kurz eingehen möchten (siehe Abbildung 11.21).

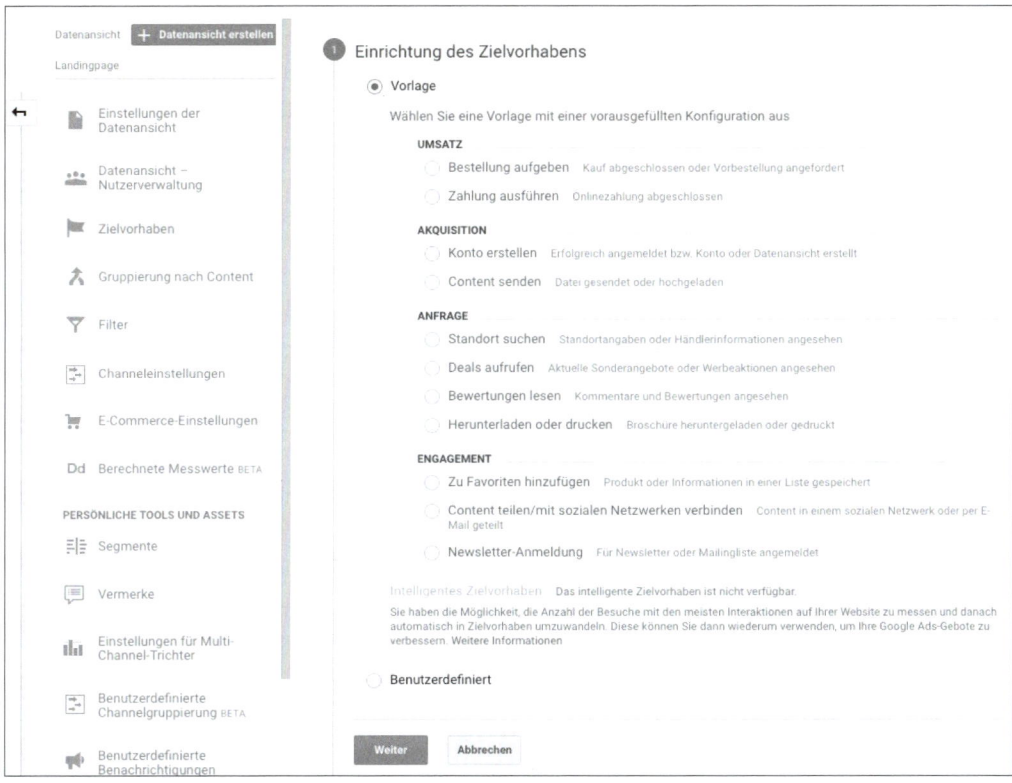

Abbildung 11.21 Vier mögliche Zieltypen und deren Details

Dabei listet Google zunächst vier Vorlagen für mögliche Zielvorhaben auf. Die Reihenfolge dieser vier Zielvorhaben gibt die Interaktionsintensität eines Besuchers mit der jeweiligen Webseite wieder. Während die Interaktion beim Zu Favoriten hinzufügen noch verhältnismäßig gering ist, ist sie beim Konto erstellen schon deutlich höher und am höchsten natürlich beim eigentlichen Bestellung aufgeben.

Umsatz

Der erste Typ beschreibt das ultimative Ziel der meisten online Werbetreibenden, nämlich Umsatz zu generieren. Hier wird der Kauf eines Produkts oder einer Dienstleistung durch die Aufgabe einer Bestellung oder die Ausführung einer Onlinezahlung erfasst. Der Besucher der Webseite ist an diesem Punkt final zum Kunden konvertiert.

Akquisition

Akquisition fasst die Aktivitäten zusammen, die zwar nicht unmittelbar zu Umsatz führen, allerdings eine wertvolle Vorstufe dessen sein können, weil sie bereits eine intensive Interaktion des Benutzers mit der Website bedeuten. Dazu gehört beispielsweise das Erstellen eines Kontos oder das Senden bzw. Hochladen einer Datei.

Anfrage

Unter Anfrage sind die Aktivitäten gelistet, die noch ein gesteigertes Interesse des Benutzers, allerdings noch keine besonders intensive Interaktion mit der Website zeigen. Dazu gehören Dinge wie das Suchen eines Standortes, das Lesen von Bewertungen oder das Herunterladen einer Broschüre.

Engagement

Engagement beschreibt die Aktivitäten, die einen einfachen Websitebesucher von einem potenziellen Interessenten unterscheiden. Denn ein Interessent geht über das reine Konsumieren von Webseiteninhalten hinaus, indem er Dinge zu seinen Favoriten hinzufügt, um sie später nochmals aufzurufen. Oder aber er teilt Inhalte in seinen sozialen Netzwerken bzw. meldet sich zum Newsletter auf der Website an. Das heißt, er gibt schon ein wenig Information freiwillig über sich preis – die E-Mail-Adresse und ggf. auch seinen Namen.

Benutzerdefiniert

Wenn keine der Zielvorhaben-Vorlagen für Sie passt, dann können Sie auch ein benutzerdefiniertes Zielvorhaben erstellen, indem Sie den Radiobutton vor BENUTZERDEFINIERT wählen und auf den blauen WEITER-Button klicken. Danach erscheint eine neue Eingabemaske (siehe Abbildung 11.22).

Hier vergeben Sie zunächst einen möglichst sprechenden Namen für Ihr Ziel und wählen dann aus vier verschiedenen Zieltypen aus.

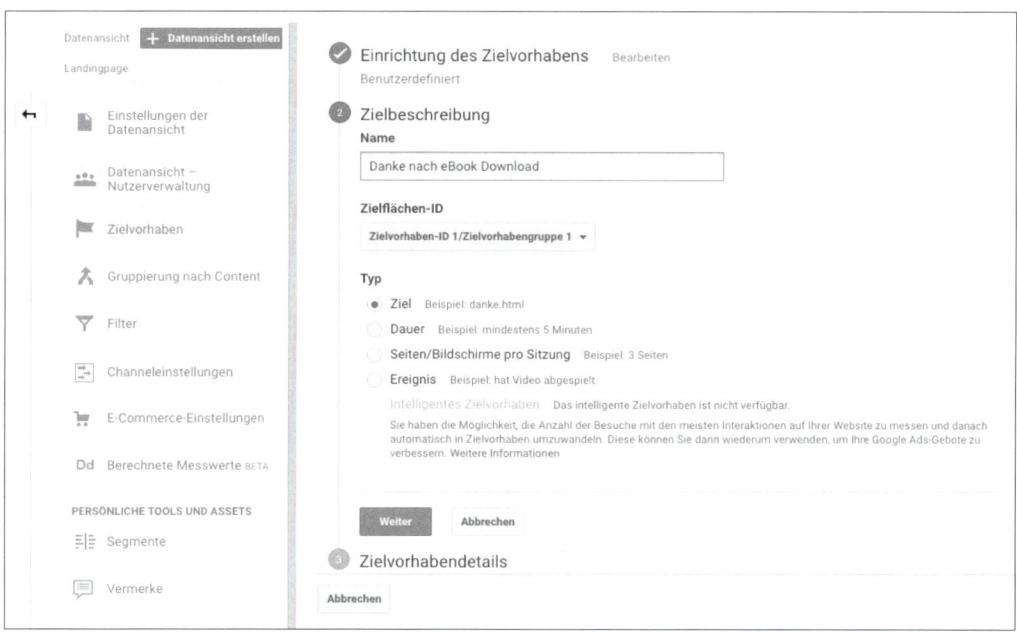

Abbildung 11.22 Benutzerdefiniertes Zielvorhaben erstellen

Ziel

Das Ziel beschreibt den Aufruf einer bestimmten Unterseite Ihrer Website, meist einer »Danke«-Seite nach einem erfolgreichen Formularversand oder einer abgeschlossenen Online-Transaktion. Bei den Zieldetails müssen Sie folgende Informationen angeben:

▶ **Zielseite** (erforderlich): Tragen Sie hier die URL Ihrer Zielseite ein (und zwar exakt als Ist gleich, Beginnt mit oder Regulärer Ausdruck, sprich die relative URL).

▶ **Wert** (optional): Hier können Sie Ihrem Ziel einen Geldwert zuweisen. Bitte beachten Sie, dass der hier eingetragene Wert für alle Vorkommnisse dieses Ziels gleich ist und nicht dynamisch verändert werden kann. Wenn Sie individuelle Umsätze von Online-Shops erfassen möchten, müssen Sie E-Commerce-Tracking einrichten. An dieser Stelle könnten Sie beispielsweise einem Ziel »Newsletter-Anmeldung« den fiktiven Wert von 5 € mitgeben, wenn Sie wissen, dass Nutzer, die sich dafür registrieren, im Durchschnitt und auf lange Sicht diesen Betrag »wert« sind. Das Einrichten von Zielwerten können wir Ihnen vor allem dann empfehlen, wenn Sie keinen Online-Shop betreiben. Mithilfe der Zielwerte füllen sich die ROI-Berichte in Analytics, und selbst wenn die absoluten Zahlen wenig aussagen, eignen sich diese Daten wiederum sehr gut für das Benchmarking der Nutzer auf z. B. geografischer oder Kampagnenbasis.

▶ **Trichter** (optional): Wenn Besucher, um das Ziel zu erreichen, einen oder mehrere vorhergehende Webseiten aufrufen (müssen), kann Ihnen die Einrichtung eines Zieltrichters zur Conversion-Optimierung sehr gut weiterhelfen. Führt zum Beispiel ein Anfrageziel im Vorfeld über eine Angebotsseite sowie über ein zweiteiliges Formular, richten Sie diese drei Schritte als Trichter ein. Berichte zu Trichter-Conversion- und Ausstiegsraten können Ihnen aufschlussreiche Informationen zur Optimierung Ihrer Ziele liefern – für Google-Ads-Kampagnen und/oder allgemein.

Eine relativ neue praktische Methode finden Sie am Ende des Einrichtungsprozesses: Sie können das eben konfigurierte Ziel automatisch überprüfen lassen. Mit einem Klick auf DIESES ZIELVORHABEN BESTÄTIGEN wertet Analytics aus, wie oft Ihr neu eingerichtetes Ziel, basierend auf den Daten der letzten 7 Tage, zu einer Conversion geführt hätte. Das funktioniert natürlich nur dann, wenn Ihre ausgewählte Zielseite bereits länger vorhanden ist, hat sich aber in der Praxis als bequem und zeitsparend für einen Schnell-Check erwiesen, ob man auch alles richtig eingetragen hat.

Dauer

Wenn sich der Typ Ihres Zielvorhabens nicht über den Besuch einer speziellen Seite, sondern vielmehr über die Dauer der Besuchersitzung definiert, wählen Sie diese Variante aus. Sie müssen hier lediglich (in Stunden, Minuten bzw. Sekunden) angeben, ab welcher Dauer ein erreichtes Ziel ausgelöst werden soll. Wie beim vorherigen Typ haben Sie auch hier die Möglichkeit, einen optionalen Zielwert zu vergeben und mithilfe der Schnellüberprüfung das Ziel kurz zu bestätigen, bevor Sie es erstellen.

Seiten/Bildschirme pro Sitzung

Auch die besuchten Seiten pro Sitzung können für Ihre Analysen und Optimierungsschritte ein wichtiges Ziel darstellen. Legen Sie fest, ab welcher Anzahl besuchter Seiten Sie dieses Ziel erfassen möchten. Auch sind ein optionaler Zielwert sowie die Schnellüberprüfung im Zuge der Zieleinrichtung möglich.

Ereignis

Neben den Seitenansichten gewinnen Ereignisse in den Analytics-Berichten zunehmend an Bedeutung, vor allem dann, wenn es sich bei aktuellen Webseiten und Landingpages um sogenannte »One-Page«-Designs handelt. Bei diesen steht weniger der Aufruf von einzelnen Unterseiten und URLs im Vordergrund. Vielmehr wird die Interaktion der Besucher durch das Scrollen durch Tabs und Inhaltsblöcke auf einer einzigen, langen Seite bewertet. Um auch dort den Aufruf der einzelnen Blöcke und Elemente in Analytics auswerten zu können, lassen sich auf beliebige Interaktionen wie Klicken oder Scrollen sogenannte Analytics-Ereignisse legen. Hierbei handelt es sich um kleine JavaScript-Codes, die nach folgendem Muster aufgebaut sind:

- ▶ **Kategorie:** button
- ▶ **Aktion:** click
- ▶ **Label:** nav buttons
- ▶ **Wert:** 4

Ein Implementierungsbeispiel zur Erfassung eines Klickereignisses auf einen Navigationsbutton würde demnach so aussehen:

```
ga('send', 'event', 'button', 'click', 'nav buttons', 4);
```

Mithilfe eines individuellen Tracking-Konzeptes von Ereignissen auf Ihrer Webseite legen Sie fest, welche dieser vier Messwerte für welche Art von Webseiteninteraktion festgelegt werden. Die Implementierung kann direkt im Quellcode oder alternativ über den *Google Tag Manager* erfolgen. Details zur Einrichtung von Ereignissen finden Sie in diesem umfangreichen Hilfe-Artikel:

https://developers.google.com/analytics/devguides/collection/analyticsjs/events

Beim Einrichten eines Zielvorhabens vom Typ EREIGNIS können Sie dann eine oder mehrere Bedingungen auswählen, die für die Ereignis-Messwerte zutreffen müssen, um das Ereignis auszulösen. In Abbildung 11.23 sehen Sie ein zur oben stehenden Erklärung passendes Beispiel für die Einrichtung eines Ereignis-Zielvorhabens.

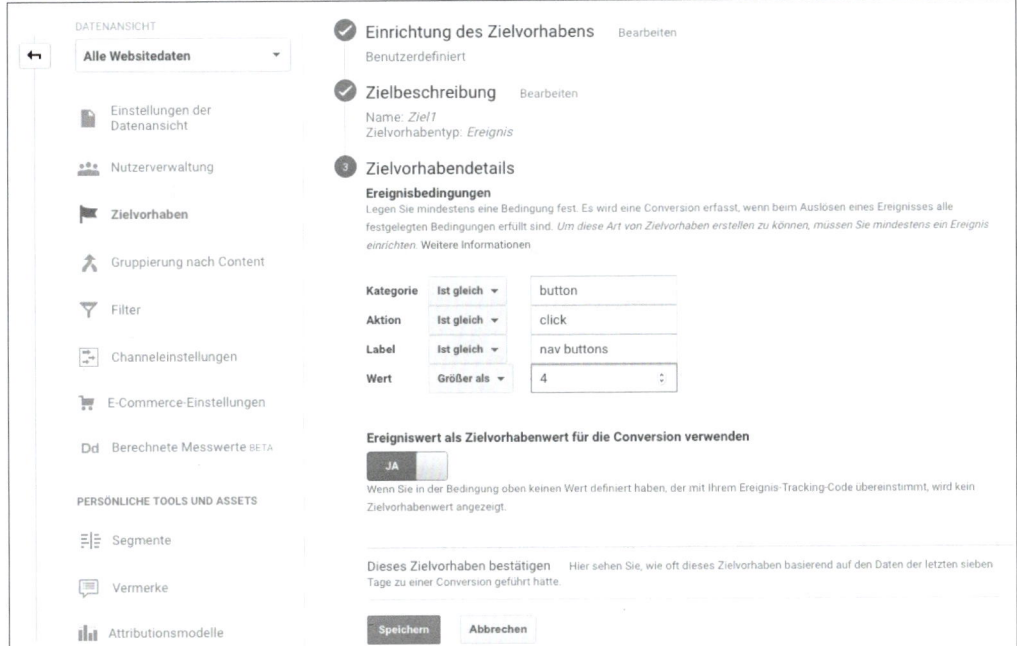

Abbildung 11.23 Einrichtung eines Ereigniszieles mit Bedingungen

Nun, da Sie alle verfügbaren Zielvorhaben-Typen in Analytics kennengelernt haben und diese auch einrichten können, möchten wir noch auf ein weiteres wichtiges Feature zur Erfolgsmessung und -optimierung eingehen, das in einem anderen Bereich zu konfigurieren ist.

11.4.2   E-Commerce-Tracking

Als Betreiber eines Online-Shops möchten Sie bestimmt nicht nur analysieren, *dass* jemand bei Ihnen eingekauft hat (so etwas wäre einfach mit einem Seitenziel für die Bestätigungsseite des Einkaufsprozesses möglich), sondern Sie wollen auch erfahren, *welche* Produkte gekauft wurden und *wie viel* Umsatz bei einer Online-Transaktion entstanden ist.

Dafür bietet Analytics ein eigenes E-Commerce-Tracking-Modul an, dessen Funktion Sie auf Datenansichtsebene in der Analytics-Verwaltung einmalig aktivieren müssen. Darüber hinaus müssen Sie den Code Ihres Shop-Systems adaptieren, wofür Google Ihnen einen ausführlichen Leitfaden bereitstellt:

https://developers.google.com/analytics/devguides/collection/analyticsjs/ecommerce

Einmal eingerichtet, füllt sich der E-Commerce-Bericht im Menüpunkt CONVERSIONS mit wertvollen Daten zu Transaktionen, Produkten und Umsätzen. Mit deren Hilfe können Sie anschließend jeweils den Beitrag einzelner Verweisquellen und Marketingkampagnen – inklusive Google Ads – zum Gesamterfolg Ihres Online-Shops auswerten und optimieren.

Tipp: Erweiterte E-Commerce-Berichte

Zur besseren Analyse von Online-Shops bietet Google die sogenannten *erweiterten E-Commerce-Berichte* an: Damit ist es möglich, noch mehr aufschlussreiche Daten zur Auswertung des Kaufverhaltens der Shop-Besucher zu gewinnen.

Beispielsweise können damit in den E-Commerce-Berichten auch Warenkorb-Abbrecher analysiert oder die Effizienz von Gutscheinen bewertet bzw. Retouren berücksichtigt werden.

Wir möchten Ihnen als Betreiber eines Online-Shops nahelegen, diese erweiterte Analysefunktion zu nutzen. Details zur Einrichtung finden Sie in der Analytics-Hilfe unter der folgenden URL:

https://support.google.com/analytics/answer/6014841?hl=de

11.4.3   Analytics-Zielvorhaben in Google Ads importieren

Die zuvor vorgestellten Analytics-Zielvorhaben lassen sich wie die E-Commerce-Transaktionen als Conversions in die Google-Ads-Berichte importieren. Wechseln Sie dazu im Google-Ads-Interface unter dem Werkzeugsymbol zu den CONVERSIONS, klicken Sie auf das Symbol ⊕, und wählen Sie als Conversion-Art IMPORT aus. In dem Tab, der sich dann öffnet, wählen Sie GOOGLE ANALYTICS als Quelle (siehe Abbildung 11.24). Beachten Sie dabei bitte, dass sowohl die Kontoverknüpfung als auch die Zielvorhabenmessung in Analytics bereits mindestens 30 Minuten aktiv sein müssen und dass das zu importierende Zielvorhaben mindestens einmal erreicht worden sein muss, um diesen Vorgang abschließen zu können. Es kann bis zu neun Stunden dauern, bis Zielvorhaben- und Transaktionsdaten in Google Ads verfügbar sind.

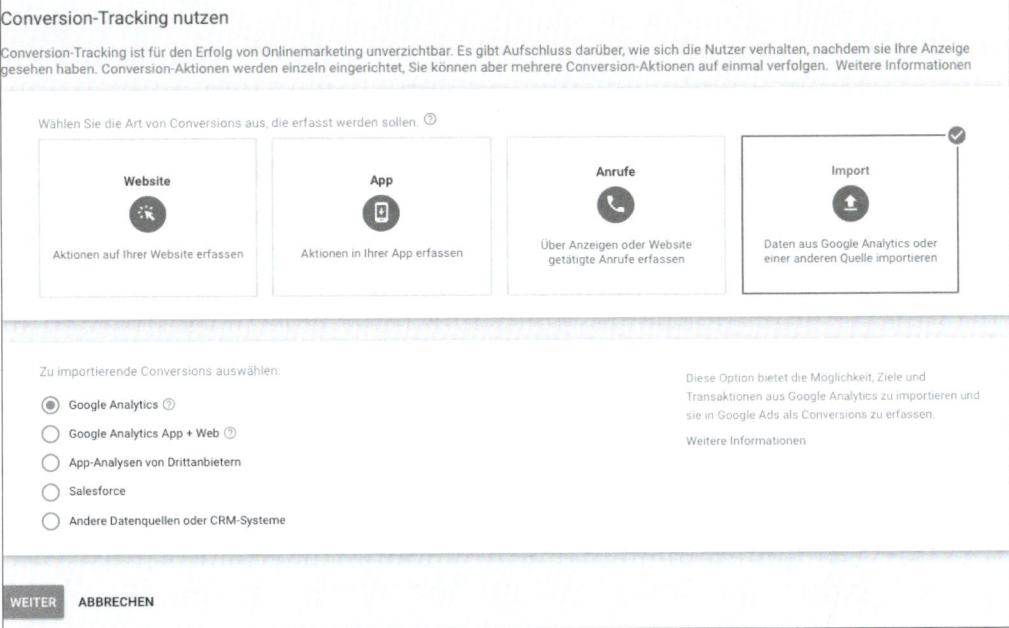

Abbildung 11.24 Funktion zum Import von Analytics-Conversions

Nach einem Klick auf WEITER können Sie auf der nächsten Seite dann gezielt einzelne Zielvorhaben und Transaktionen auswählen, die Sie in Ihr Google-Ads-Konto importieren möchten. So können Sie alle Ziele – von Seiten über Ereignisse bis hin zu E-Commerce-Transaktionen – bequem und ohne die Erstellung von Google-Ads-Tracking-Pixeln als Google-Ads-Conversion einrichten.

Abschließend möchten wir Sie darauf hinweisen, dass dieser praktische Import auch einen kleinen Nachteil hat: Im Vergleich zu den mit Zählpixeln gemessenen Google-Ads-Conversions gibt es bei der Darstellung der importierten Analytics-Conversion-Daten in den Berichten eine Verzögerung von bis zu zwei Tagen. Berücksichtigen Sie diese – in der Praxis oft leider etwas lästige – Tatsache bitte im Zuge Ihrer Auswertungen und Analysen.

Tipp: Importieren Sie nicht alle Analytics-Ziel-Conversions in Google Ads

Zur schnellen Analyse im Konto ist es nicht immer hilfreich, wenn Leistungsdaten wie Conversion-Raten oder Kosten/Conversions jede noch so kleine Makro-Conversion (wie Webseitenklicks, Downloads oder Video-Ansichten) beinhalten.

Nachdem wir Ihnen nun umfassend einige grundlegende Informationen zu den Analytics-Berichten sowie viele einmalig erforderliche Konfigurationsschritte beschrieben haben, kommen wir im nächsten Abschnitt zum Kern dieses Kapitels: zu den Google-Ads-Berichten. Die umfangreichen Erklärungen und Einrichtungsmaßnahmen zu Ihrem Analytics-Konto im Vorfeld dienten dazu, dass Sie beim Blick auf Ihre Google-Ads-Kampagnen auch alle wichtigen Kennzahlen »griffbereit« haben, die Zielvorhaben-Conversions und E-Commerce-Transaktionen betreffen.

Bitte berücksichtigen Sie dabei, dass Google permanent daran arbeitet, sowohl den Aufbau als auch die Inhalte der Google-Ads-Berichte im Analytics-Interface zu optimieren. Es kann daher vorkommen, dass Sie eines Tages einen oder mehrere der nun beschriebenen Berichte an anderer Stelle, mit anderer Bezeichnung oder gar nicht mehr vorfinden – genauso wie Sie eventuell auf neue Möglichkeiten stoßen, die wir an dieser Stelle nicht beschrieben haben. Erfahrungsgemäß bleiben trotz dieser oft sehr kurzfristigen Interface-Optimierungen die wesentlichen Berichte unverändert, sodass Ihnen die folgenden Seiten auf jeden Fall dabei helfen werden, Ihre Google-Ads-Kampagnen mithilfe von Analytics besser zu verstehen.

11.5   Google-Ads-Berichte: Alles im Überblick

In den folgenden Berichten finden Sie nun umfassende Möglichkeiten vor, um Ihre Google-Ads-Kampagnen mithilfe von Google Analytics auszuwerten und zu optimieren. Kennzahlen und Messwerte stehen dabei sowohl für Suchnetzwerk- als auch für Displaynetzwerk-, Video- und Shopping-Kampagnen zur Verfügung. Sie finden die Berichte unter dem Menüpunkt AKQUISITION in einem eigenen Untermenü GOOGLE ADS. Das Untermenü lässt sich wiederum aufklappen, um alle hier beschriebenen Detailberichte zu erreichen.

Der ebenfalls unter diesem Menüpunkt vorhandene Bericht KAMPAGNEN würde zusätzlich zu Ihren Google-Ads-Kampagnen auch sämtliche anderen manuell gekennzeichneten Kampagnen beinhalten (das Prozedere haben wir in Abschnitt 11.3.3 beschrieben). Während Sie dort also einen direkten Vergleich beispielsweise zwischen Google-Ads-, Newsletter- und Banner-Traffic anstellen können, liefern die hier erklärten Berichte ausschließlich Google-Ads-Details. Blicken wir nun gemeinsam auf die einzelnen Untermenupunkte, die Ihnen Analytics bei den Google-Ads-Berichten anbietet.

11.5.1   Konten

Dieser Punkt wird allen Google-Ads-Kunden dargestellt, die mehrere ihrer Konten mit Analytics verknüpft haben. Unabhängig davon, ob sich diese in einem Verwaltungskonto (MCC) befinden oder über mehrere unterschiedliche Benutzerkonten hinzugefügt wurden, erhalten Sie in diesem Bericht einen Überblick über die Leistungskennzahlen aller verknüpften Google-Ads-Konten, die im ausgewählten Zeitraum Klicks und Sitzungen generiert haben (siehe Abbildung 11.25). Starten Sie hier, um die unterschiedlichen Konten (z. B. eines für Suchnetzwerk- und eines für Displaynetzwerk-Kampagnen) miteinander zu vergleichen und, davon ausgehend, in die Kampagnendetails einzusteigen.

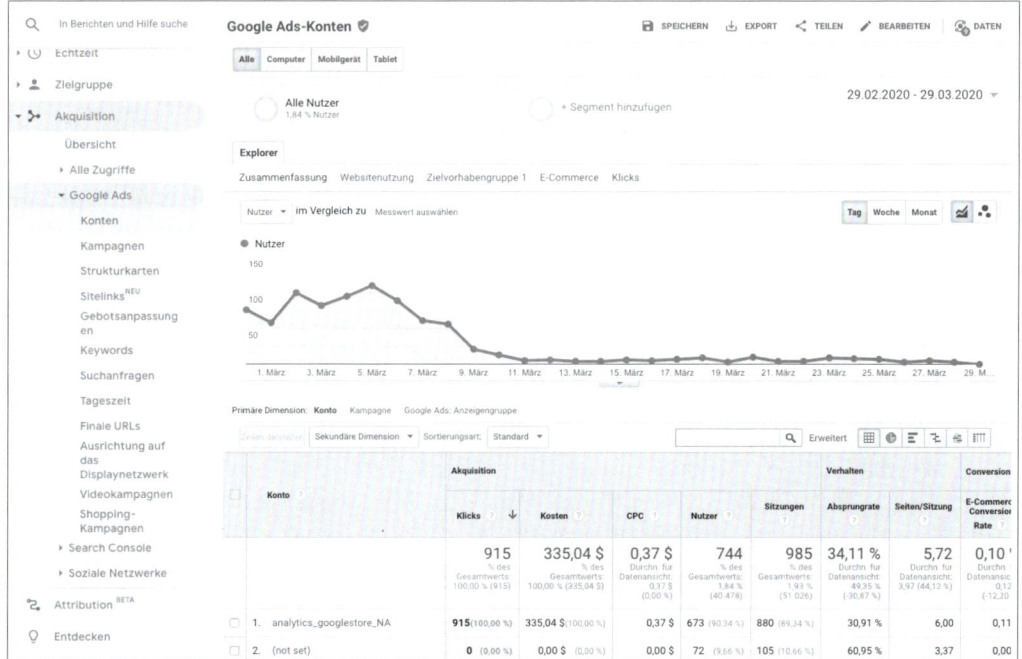

Abbildung 11.25 Die Konten-Berichte als übersichtlicher Ausgangspunkt

> **Wichtig**
>
> Wenn Sie nur ein einziges Google-Ads-Konto mit Analytics verknüpft haben, wird dieser Menüpunkt nicht angezeigt und Sie starten Ihre Auswertung direkt mit den Kampagnenberichten.

11.5.2   Kampagnen

Die folgenden Berichte ermöglichen Ihnen eine Auswertung auf Kampagnenbasis (siehe Abbildung 11.26). Starten Sie hier mit Ihren Analysen, um einen schnellen

Überblick und Vergleich der jeweiligen Kampagnenleistung hinsichtlich der wichtigsten Kennzahlen zu erhalten.

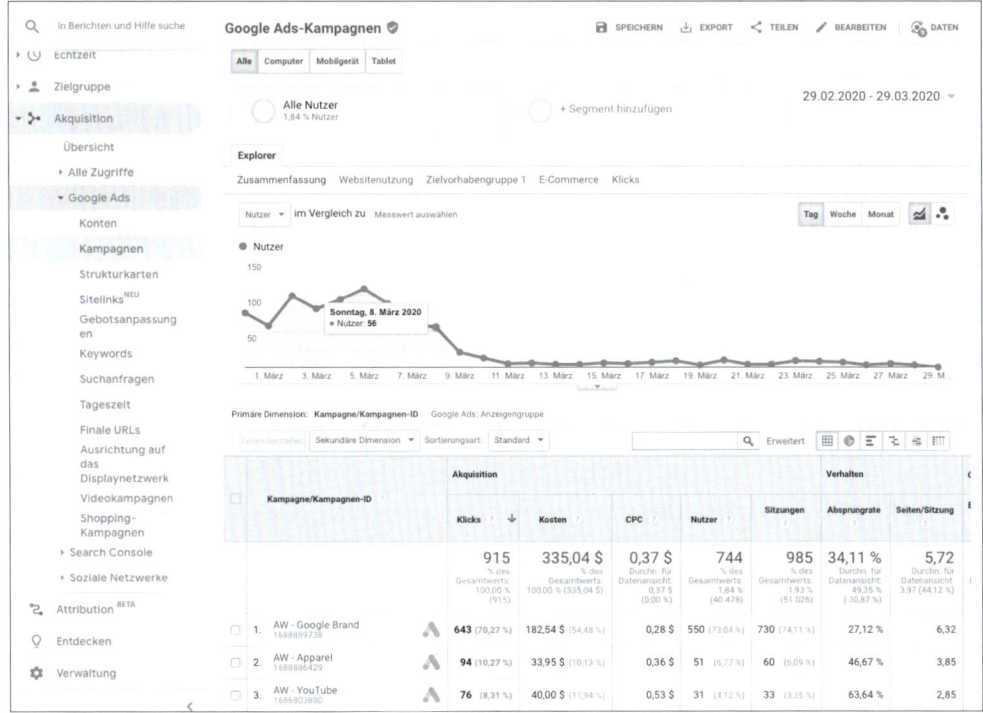

Abbildung 11.26 Kampagnenberichte als Einstieg in die Detailanalyse Ihrer Google-Ads-Aktivitäten

Berücksichtigen Sie die Möglichkeit, im Explorer über der grafischen Darstellung des Traffic-Verlaufs nicht nur die Zusammenfassung auszuwerten, sondern auch die weiteren Detailberichte zur Websitenutzung (inklusive Sitzungsdauer und Absprungraten), zu Zielvorhabengruppen, E-Commerce und Klicks aufzurufen.

Darüber hinaus können Sie in vielen Google-Ads-Berichten mit den oberhalb des Explorers platzierten Menübuttons jederzeit den Traffic nach unterschiedlichen Internet-Devices auswerten und bequem zwischen Alle, (Desktop-)Computer, Mobilgerät (Smartphones) und Tablet umschalten. Mithilfe dieser Funktion erhalten Sie wertvolle Einblicke in Ihre erweiterten Google-Ads-Kampagnen und können diese geräteabhängig optimal aussteuern.

Dabei können Sie sich in allen Detailberichten schrittweise in die Tiefe einzelner Kampagnen klicken und so auch die folgenden Ebenen analysieren und optimieren:

► **Kampagne**: Wie verhalten sich die Kampagnen untereinander? Welche liefern den meisten, welche den günstigsten Traffic? Welche Kampagne sorgt für Zielabschlüsse?

- **Google-Ads-Anzeigengruppe**: Wie ist die Performance der einzelnen Anzeigengruppen in einer Kampagne? Wie ausgewogen ist der Traffic? Welche Anzeigengruppen müssen optimiert werden?

- **Keyword**: Wie performen die einzelnen eingebuchten Keywords hinsichtlich CPCs, Klick- und Conversion-Raten? Welche Keywords müssen deaktiviert oder eventuell in andere bzw. neue Anzeigengruppen eingeordnet werden?

- **Anzeigeninhalt** (erste Zeile des Anzeigentextes bzw. Name der Bildanzeige): Wie ist die Leistung der eingebuchten Anzeigen? Wie lassen sich mithilfe dieser Berichte Anzeigentexte und Bildanzeigen optimieren?

Dieser Kampagnenbericht bietet gleich sehr umfangreiche und tiefgehende Analysemöglichkeiten. Wir möchten Ihnen an dieser Stelle auch die SEKUNDÄRE DIMENSION kurz näher beschreiben, die nicht nur hier, sondern in den meisten Analytics-Berichten zur Verfügung steht. Sie werden überrascht sein, wie viele Details sich Ihnen damit innerhalb weniger Klicks eröffnen.

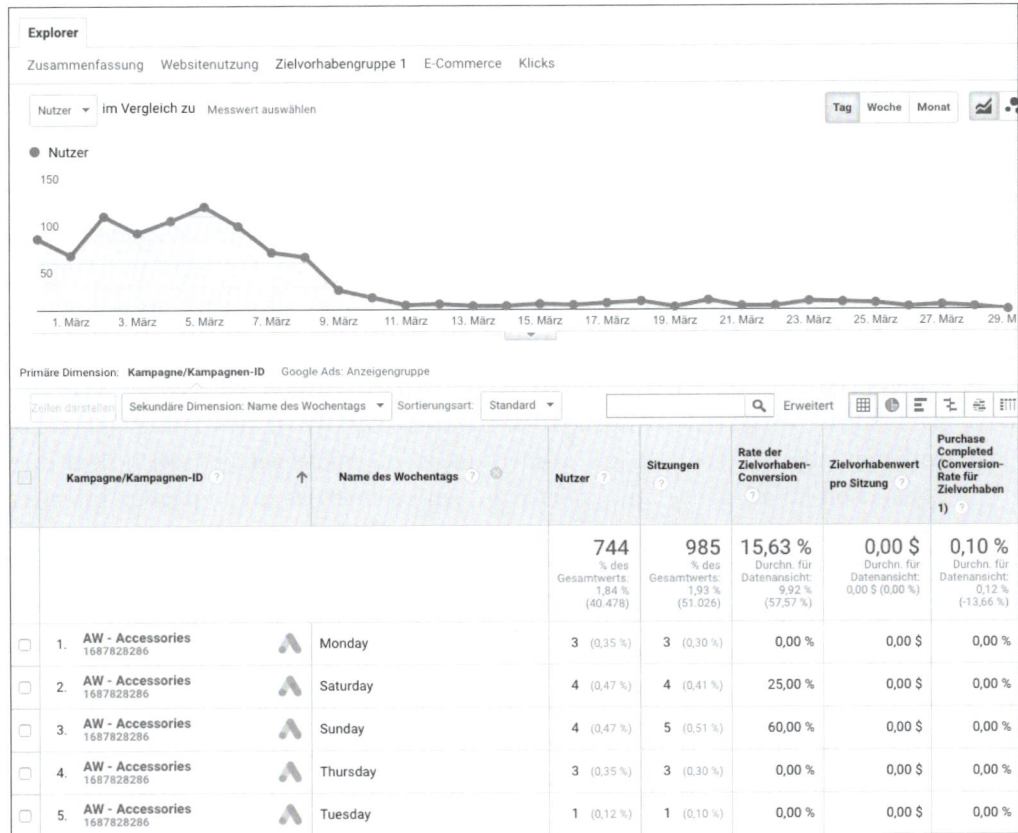

Abbildung 11.27 »Sekundäre Dimensionen« liefern weitere Dimensionen zur Kampagnenanalyse.

In Abbildung 11.27 haben wir beispielsweise als sekundäre Dimension NAME DES WO-CHENTAGS ausgewählt, um die Performance der ausgewählten Brand-Kampagne nach Wochentagen auszuwerten. Sie erkennen rasch, dass es große Abweichungen in der Rate der Zielvorhaben-Conversion gibt und dass wir diese Kampagne wohl eher mit dem Schwerpunkt auf Samstag und Sonntag schalten und uns gleichzeitig ein paar Optimierungsschritte für die übrigen Wochentage einfallen lassen müssen.

Experimentieren Sie mit dieser Möglichkeit, gleich mehrere Dimensionen auf einen Blick darzustellen – Sie werden bestimmt auch bei Ihren Kampagnen gleichermaßen überraschende wie wichtige Erkenntnisse und Einblicke erhalten.

11.5.3   Strukturkarten

Der Strukturkarten-Bericht liefert eine interaktive Datenansicht Ihrer Google-Ads-Daten zur visuellen Prüfung und Optimierung der Kampagnen. Dabei werden die Informationen in Form von Rechtecken dargestellt, deren Größe und Farbe auf die Performance der ausgewählten Messwerte schließen lässt:

- primärer Messwert: Größe des Feldes
- sekundärer Messwert: farbliche Abstufung

In Abbildung 11.28 können Sie beispielsweise erkennen, dass sowohl Brand- als auch generische Suchnetzwerk-Kampagnen (links) einen hohen Anteil an Sitzungen mit vergleichsweise hohen Conversion-Raten generieren. Kampagnen aus dem Google Displaynetzwerk finden sich in den kleineren rot markierten Rechtecken wieder und sorgen nicht nur für weniger Sitzungen, sondern weisen auch geringere Conversion-Raten auf.

Im vorliegenden Fall würde dieses Verhalten grundsätzlich der gewählten Kampagnenstrategie entsprechen – wohl wissend, dass Displaynetzwerk-Kampagnen eine vorbereitende Aufgabe erfüllen würden und somit nicht ausschließlich über ihre Conversion-Performance im Vergleich zu den Suchnetzwerk-Kampagnen bewertet werden können.

Lediglich für die im mittleren unteren Bereich dargestellte, hellrot hinterlegte Suchkampagne ist auf den ersten Blick Optimierungspotenzial erkennbar, da die Conversion-Rate bei einem verhältnismäßig hohen Traffic-Anteil deutlich von der Conversion-Rate bei den anderen Kampagnen im Suchnetzwerk abweicht.

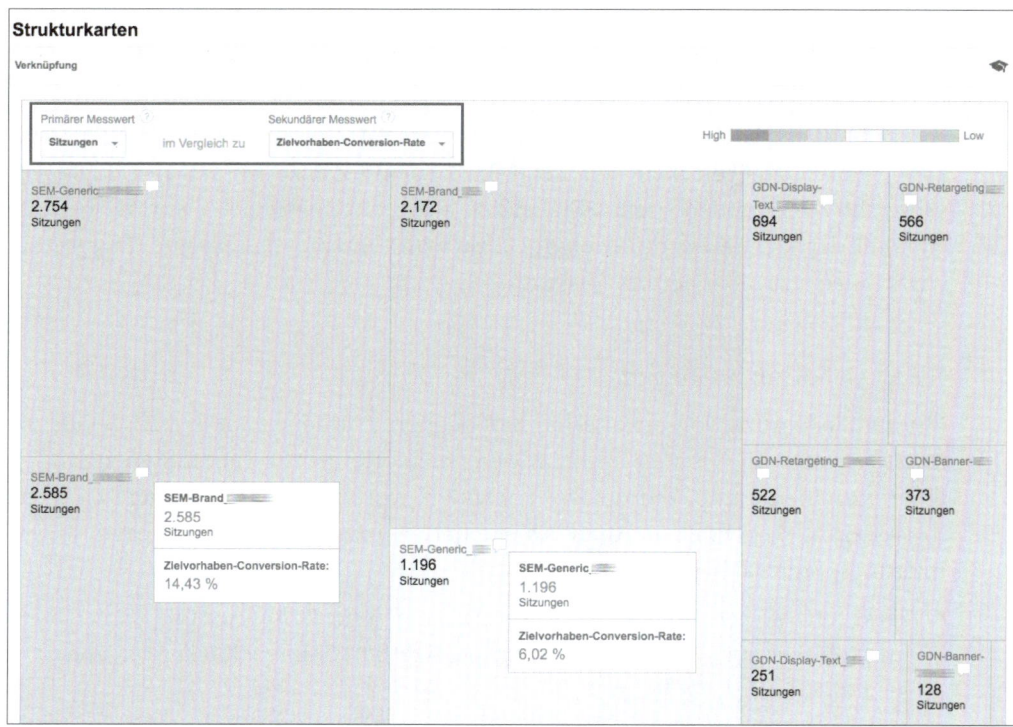

Abbildung 11.28 Visuelle Überprüfung der Google-Ads-Leistungsdaten mithilfe der Strukturkarten-Berichte

> **Tipp**
>
> Experimentieren Sie mit diesen Berichten, und finden Sie so den bestmöglichen individuellen Nutzen für Ihre Einsatzzwecke heraus. Details zu den Strukturkarten können Sie in der nützlichen Google-Ads-Hilfe nachlesen:
>
> *https://support.google.com/analytics/answer/6101804?hl=de#6101804*
>
> Eine Verknüpfung von Google-Ads-Konto und Analytics-Property ist für die Verfügbarkeit dieses Berichts unbedingt erforderlich.

11.5.4 Sitelinks

Dieser neue Bericht gibt Ihnen Auskunft darüber, wie gut die Sitelinks funktionieren, die Sie in Ihren Anzeigen definiert haben. Sitelinks führen Nutzer Ihrer Anzeige direkt auf eine bestimmte Unterseite Ihrer Website. Sie können Sitelinks beim Erstellen einer Google-Ads-Kampagne hinzufügen und dabei den Linktext sowie die URL Ihres Sitelinks bearbeiten. Wenn Sie nun anhand des Sitelink-Berichts feststellen, dass ein Sitelink wesentlich bessere Ergebnisse aufweist als ein anderer, dann können Sie diesen Sitelink an weiteren Stellen in Ihrem Google-Ads-Konto einbinden. Umgekehrt können Sie weniger gut funktionierende Sitelinks ersetzen oder löschen.

Im Sitelink-Bericht von Google Analytics werden nur Klicks direkt auf Sitelinks berücksichtigt. Klicks auf den Titel der Suchnetzwerk-Anzeige, in dem der Sitelink vorkam, werden dagegen nicht angezeigt. Im Gegensatz dazu werden in Google Ads sämtliche Klicks in den Sitelink-Statistiken aufgeführt, ganz gleich auf welchen Bestandteil der Suchnetzwerk-Anzeige geklickt wurde. An dieser Stelle gibt Google Analytics Ihnen also detailliertere Auskunft.

11.5.5   Gebotsanpassungen

Mit der Einführung von erweiterten Kampagnen, mit denen Sie in Google Ads die Aussteuerung von Geboten nach Geräten, Standorten sowie Tageszeiten zentral in einer einzelnen Kampagne umsetzen können, wurde der Bericht zu den GEBOTS-ANPASSUNGEN ebenfalls in Analytics etabliert. Nutzen Sie ihn, um folgendes Optimierungspotenzial herauszufinden:

▸ **Gerät**: Wie wirken sich Ihre Gebotsanpassungen für Computer und Tablets bzw. Smartphones aus? Wie unterscheiden sich Traffic-Volumen, Klickpreise und Conversion-Raten?

▸ **Gerät (Anzeigengruppenebene)**: Gibt es bezüglich der genutzten Geräte Unterschiede auf Anzeigengruppenebene?

▸ **Standort**: Woher kommen Ihre wertvollsten bzw. günstigsten Google-Ads-Besucher? Müssen Sie die standortabhängigen Gebote verändern oder lassen sich diese noch granularer unterteilen (beispielsweise statt nach Ländern auch nach Regionen und Städten)?

▸ **Werbezeitplaner**: Wie funktioniert Ihre Strategie der dynamischen Gebotsanpassung auf Wochentags- und Tageszeitenebene?

▸ **Remarketing-Liste für Suchnetzwerk-Anzeigen**: Wie können Sie die Kampagnen im Suchnetzwerk für Nutzer anpassen, die Ihre Website schon einmal besucht haben?

11.5.6   Keywords

In den Google-Ads-Reports werden bei einer direkten Kontoverknüpfung nach wie vor alle relevanten Keyword-Daten inklusive Übereinstimmungstypen und konkreten Suchanfragen dargestellt. Im Unterschied zu den organischen Keyword-Berichten – Sie erinnern sich an die bereits beschriebene (*Not provided*-)Thematik – können Sie hier somit auch weiterhin wertvolle Erkenntnisse für die Analyse und Optimierung Ihrer Kampagnen gewinnen.

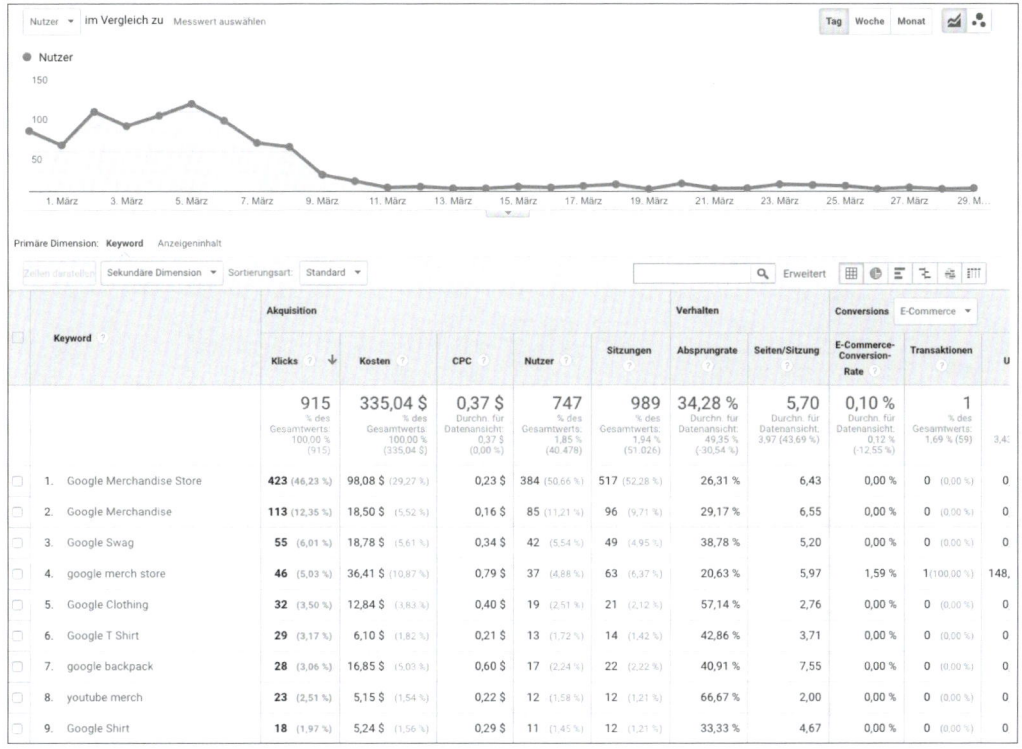

Abbildung 11.29 Auswertung der Leistung nach Übereinstimmungstypen durch Keyword-Berichte

Wir empfehlen Ihnen auch an dieser Stelle die Nutzung von Filtern und sekundären Dimensionen, damit Sie Ihre eingebuchten Keywords im Detail – beispielsweise nach Keyword-Übereinstimmungstyp – analysieren können. In Abbildung 11.29 können Sie unter anderem schnell den Unterschied in der Conversion-Leistung zwischen genau passenden und weitgehend passenden Keywords erkennen. Verwenden Sie diese Berichte zum Beispiel dafür, sehr gute Keywords in Ihrer Gebotsstrategie zu stärken und andere Keywords zu optimieren.

11.5.7   Suchanfragen

Während Sie im vorherigen Bericht die von Ihnen aktiv eingebuchten Keywords unter die Lupe nehmen konnten, gibt Ihnen Analytics beim Bericht SUCHANFRAGEN Einblicke in die tatsächlich von den Nutzern eingegebenen Suchanfragen, die zu einer Anzeigenschaltung geführt und einen Besuch auf Ihrer Webseite initiiert haben (siehe Abbildung 11.30).

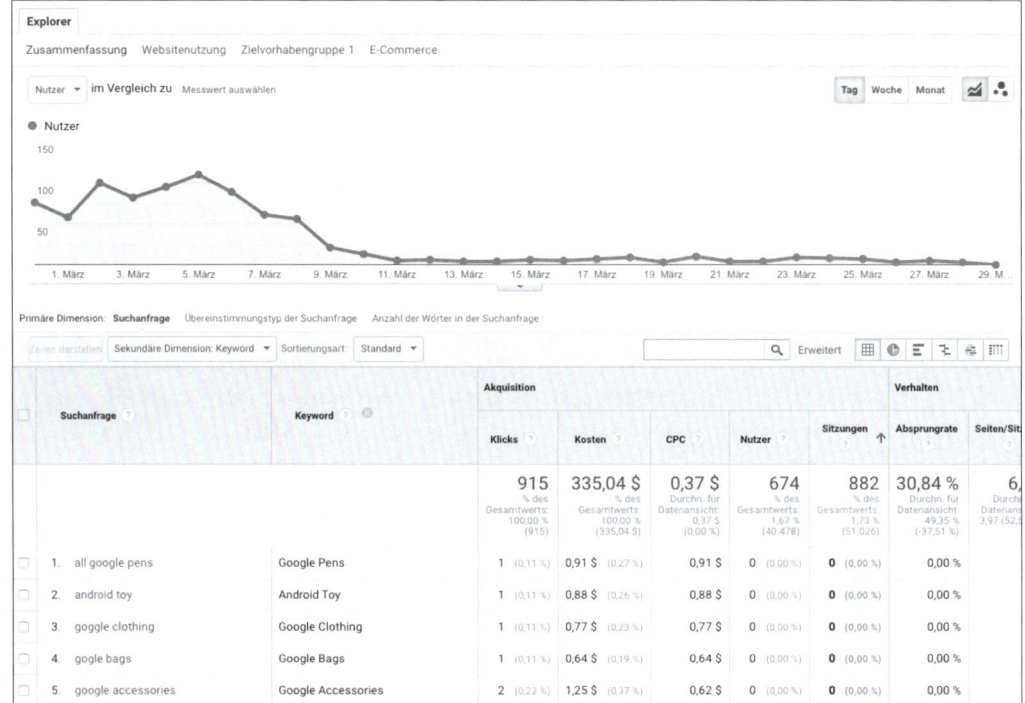

Abbildung 11.30 Suchanfragen mit wertvollen Erkenntnissen über neues Keyword-Potenzial

Wir empfehlen Ihnen, diesen Bericht zu nutzen, um sowohl Ideen für neue, genau passende als auch Informationen über auszuschließende negative Keywords zu gewinnen. Dazu sortieren Sie die Berichte am besten nicht absteigend, sondern aufsteigend nach Sitzungen und blenden als sekundäre Dimension das von Ihnen eingebuchte Google-Ads-Keyword ein. So finden Sie schnell heraus, welche konkreten Suchanfragen mit den als *Weitgehend passend* und *passende Wortgruppe* eingebuchten Keywords tatsächlich abgeholt werden und welche Optimierungsschritte Sie anschließend umsetzen können.

Filtern Sie die Berichte beispielsweise nach Sitzungen ohne Zielvorhaben-Conversions, um überwiegend auf neue auszuschließende Keywords zu stoßen. Sortieren Sie die Berichte absteigend nach der Ziel-Conversion-Rate, um viele einzelne Suchbegriffe zu entdecken, die mit hundertprozentigen Conversion-Raten bereits mit einer einzigen Nutzer-Sitzung für den erfolgreichen Abschluss einer Formularanfrage oder eines Online-Kaufs verantwortlich sind.

11.5.8   Tageszeit

Die Tageszeit-Berichte zeigen Ihnen nicht nur an, zu welcher Stunde des Tages Sie den meisten Traffic mit Ihren Kampagnen erzielen, sondern geben Ihnen auch Einblick in die Conversion-Leistungen einzelner Tagesabschnitte oder Wochentage. Werten Sie tabellarisch oder grafisch Ihre Kampagnenleistung im Tages- oder Wochenverlauf aus, um wertvolle Erkenntnisse über die zeitlich abhängige Quantität und Qualität Ihrer Besucher zu erhalten. Wenn Sie Produkte und Dienstleistungen für Unternehmen bewerben, stellen Sie sicher, dass die Kampagnenleistung während Ihrer Bürozeiten Ihrer Zielsetzung entspricht.

Bei einer überwiegend auf private Zielgruppen ausgerichteten Werbestrategie dürfen Sie auch Pausen- und Pendlerzeiten (beispielsweise für Recherchen unterwegs am Mobilgerät) nicht vernachlässigen. Ebenso empfehlen wir Ihnen, die Tagesbudgets so zu verteilen, dass Ihre Kampagnen auch am Abend und am Wochenende unbedingt aktiv sind, weil viele Privatpersonen dann beispielsweise am Tablet ihre Recherchen durchführen. Welche Wochentage oder Tageszeiten schließlich am wertvollsten für Sie sind, finden Sie mithilfe dieser Berichte rasch heraus. Für den Zusammenhang zwischen Zeiten und Geräten nutzen Sie einfach wieder die sekundären Dimensionen.

11.5.9   Finale URLs

Der Bericht zu FINALE URLs hilft Ihnen dabei, die optimalen Einstiegsseiten zu identifizieren, über die neue Google-Ads-Nutzer auf Ihre Webseite gelangen. Vor allem die folgenden Kennzahlen sollten Sie hier bei der Kampagnenoptimierung beobachten:

▶ **Absprungrate**: Welche finale URL sorgt für viele Absprünge? Hohe Absprungraten sind oft ein Hinweis darauf, dass die Zielseite nicht der Erwartungshaltung der Nutzer nach einem Klick auf Ihre Anzeige entspricht. Womöglich passt der Anzeigentext nicht zu den Inhalten auf der Zielseite, weil beispielsweise ein Angebotspreis nicht mehr gültig oder ein beworbenes Produkt nicht mehr auffindbar ist.

▶ **Seiten/Sitzung und durchschnittliche Sitzungsdauer**: Welche finale URL sorgt für eine lange Interaktion der Besucher mit Ihrer Webseite? Beispielsweise muss der Wert einer Brand-Kampagne nicht immer in direkten Conversions bemessen werden. Auch die Beschäftigung mit Marke, Dienstleistungen und Produkten kann in diesem Fall bereits als Erfolg zählen.

11

▸ **Rate der Zielvorhaben-Conversion**: Über welche Einstiegsseite werden die meisten Zielvorhaben-Conversions erzielt? Nutzen Sie diese Kennzahl, beispielsweise um zu überprüfen, ob sich bei Online-Shops der direkte Link auf Produkte und Angebote oder ein Einstieg auf Übersichtsseiten und Auflistungen fördernd auf unmittelbar erzielte Transaktionen und Umsätze auswirkt.

11.5.10   Ausrichtung auf das Displaynetzwerk

Mit diesem Bericht wechseln Sie von den überwiegend auf Suchnetzwerk-Kampagnen ausgerichteten Auswertungen auf solche, die Ihnen Einblicke in Ihre AUSRICHTUNG AUF DISPLAYNETZWERK geben. Wie Sie bereits in diesem Buch gelernt haben, unterscheiden sich Displaynetzwerk-Kampagnen grundlegend von jenen für das Suchnetzwerk, weshalb Google auch separate Berichte zu deren Auswertung in Analytics bereitstellt. Nutzen Sie diese Displaynetzwerk-Berichte für die Bewertung der Kampagnenleistung nach folgenden Gesichtspunkten:

▸ **Displaynetzwerk-Keywords**: Welche Keywords sorgen für eine häufige Anzeigenschaltung (Impressionen), welche liefern Traffic mit welcher Leistung (Klicks, CPCs, Zielvorhaben-Conversions)?

▸ **Ausgewählte Placements**: Auf welchen Plattformen, Portalen und Blogs im Displaynetzwerk erscheinen Ihre Anzeigen, und welche davon sind am erfolgreichsten? Welche Placements können mithilfe dieses Berichts ausgeschlossen werden? Werten Sie sowohl automatische als auch manuell gewählte Placements aus, um Optimierungspotenzial zu erkennen.

▸ **Themen bzw. Interessen und Remarketing**: Bei der Verwendung dieser Ausrichtungsmethoden gewinnen Sie an dieser Stelle ebenfalls detaillierte Einblicke, mit denen Sie beispielsweise über das aktive Einbuchen oder Ausschließen einzelner Zielgruppen entscheiden können.

▸ **Alter bzw. Geschlecht**: Haben Sie die Display-Features in Analytics aktiviert, erhalten Sie auch hier zusätzliche Einblicke in weitere demografische Eigenschaften Ihrer Zielgruppe. Nutzen Sie diese unmittelbar dafür, um die alters- und geschlechtsspezifischen Ausrichtungseinstellungen Ihrer Displaynetzwerk-Kampagnen im Google-Ads-Interface zu optimieren.

11.5.11   Videokampagnen

Der vorletzte Google-Ads-Bericht widmet sich den VIDEOKAMPAGNEN. In Abschnitt 8.5 haben Sie erfahren, wie Sie Videokampagnen aufsetzen. In Analytics finden Sie auch deren Leistungsdaten wieder, um die Performance einzelner Kampagnen und

Spots übersichtlich gegenüberzustellen und auch im zeitlichen Verlauf bewerten zu können. Der Bericht VIDEOKAMPAGNEN zeigt Ihnen viele Informationen darüber, wie die Nutzer auf Ihre Spots reagiert haben.

So finden Sie in diesen Berichten zum Beispiel nicht nur Details dazu, wie viele Videoaufrufe zu welchen Kosten generiert wurden, sondern auch dazu, wie lange die Videos durchschnittlich abgespielt wurden. Hier können Sie für den Fall, dass Sie denselben Spot in mehreren Ländern zeigen (beispielsweise in Deutschland und Österreich), sehen, ob Daten in puncto Abspieldauer oder Kosten pro Videoansicht abweichen. Anhand der Erkenntnisse können Sie wiederum definieren, wo Sie am besten Ihre Kampagnen mit welchem Budget bestücken wollen.

11.5.12   Shopping-Kampagnen

Last, but not least widmet sich der letzte Google-Ads-Bericht den SHOPPING-KAMPAGNEN. Auch dieser Bericht füllt sich nur dann mit Daten, wenn Sie solche gemäß unseren Informationen aus Abschnitt 8.3 aufgesetzt haben und wenn diese Kampagnen im ausgewählten Auswertungszeitraum auch Klicks und Sitzungen generiert haben.

Neben den Analysen nach Shopping-Kategorien und Shopping-Produkttypen erweist sich in diesen Berichten vor allem die Auswertung nach der Shopping-Artikel-ID als sehr hilfreich, um Ihre Kampagneneffizienz zunächst einfach und übersichtlich auszuwerten sowie anschließend im Detail zu optimieren.

11.5.13   Fazit zu den Google-Ads-Berichten

Nachdem Sie nun erfahren haben, welche Analyse- und Optimierungsmöglichkeiten Sie mit den spezifischen Google-Ads-Berichten vorfinden, möchten wir Ihnen im folgenden Abschnitt noch einige Tool-übergreifend zur Verfügung stehende Berichtsfunktionen vorstellen, die darüber hinaus auch für die Kampagnenanalyse bereitstehen. Lernen Sie kurz die Möglichkeiten kennen, wie Sie Ihre Analyseschritte mithilfe von Filtern, Segmenten und benutzerdefinierten Berichten gleichermaßen hinsichtlich Zeitaufwand und Detailtiefe weiter optimieren können.

11.6   Individuelle Auswertungen

Bei den folgenden drei Funktionen handelt es sich weniger um einzelne Berichte als vielmehr um Filter- und Segmentierungsmöglichkeiten, die Ihnen an vielen Stellen im Analytics-Interface zur Verfügung stehen.

11.6.1   Filter

In allen tabellarischen Berichten haben Sie die Möglichkeit, Informationen mithilfe einfacher oder erweiterter Filter einzuschränken. Verwenden Sie beispielsweise folgende Filterkriterien:

▶ Filtern Sie im Zugriffsbericht nach *cpc*-Traffic, um Google-Ads- und weitere klickbasierende Kampagnen auf einen Blick darzustellen.

▶ Schließen Sie im Keyword-Bericht Ihren *Markennamen* über einen Filter aus, um Informationen über generische Suchbegriffe zu erhalten.

▶ Filtern Sie in Content-Berichten nach bestimmten *URL-Mustern*, um Berichte zu bestimmten Zielseiten oder Seitenbereichen zu erhalten. Durch die gleichzeitige Verwendung von *sekundären Dimensionen* finden Sie zusätzlich heraus, über welche Quellen oder Kampagnen der Traffic auf die gefilterten Zielseiten generiert werden konnte.

In Abbildung 11.31 erkennen Sie sowohl das einfache Filterfeld, das sich neben der Lupe ❶ befindet, als auch die erweiterten Filtermöglichkeiten, die Sie über den Link ERWEITERT ❷ erreichen. Sie bieten Ihnen zusätzliche Möglichkeiten zur Definition und Verknüpfung von Ein- und Ausschlusskriterien.

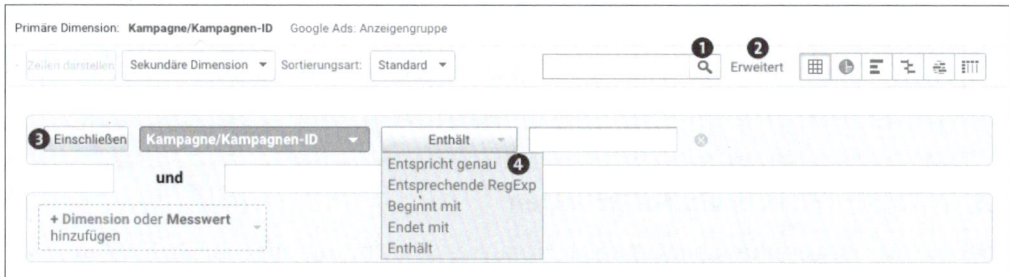

Abbildung 11.31 Mithilfe von Filtern können Sie Inhalte nach bestimmten Kriterien aus Ihren Berichten ein- und ausschließen.

In der Filterzeile definieren Sie über den ersten Button EINSCHLIESSEN ❸, ob Sie Begriffe einschließen oder ausschließen möchten. Über das Dropdown-Menü ❹ können Sie auch nur Teile eines Begriffs definieren. Für fortgeschrittene Filtermethoden können Sie sogenannte reguläre Ausdrücke verwenden. Wie Sie damit arbeiten, lesen Sie bitte im folgenden ausführlichen Hilfeartikel von Analytics nach:

https://support.google.com/analytics/answer/1034324?hl=de

11.6.2   Segmente

Während Filter Ihre Berichte ausschließlich einschränken, helfen Ihnen Segmente dabei, bestimmte Eigenschaften Ihrer Websitebesucher zu gruppieren und entweder einzeln oder im unmittelbaren Vergleich gleichzeitig in den Berichten darzustellen. Dabei können Sie aus vorgegebenen Systemsegmenten wählen, benutzerdefinierte Segmente selbst erstellen oder auf die *Solutions Gallery* zurückgreifen, um wiederum von anderen Usern geteilte Segmente in Ihre Datenansicht zu importieren. Die Auswahl und Einrichtung von Segmenten führen Sie durch, indem Sie oberhalb des Explorers auf die Schaltfläche SEGMENT HINZUFÜGEN klicken. Dann öffnet sich der umfangreiche Konfigurationsdialog aus Abbildung 11.32.

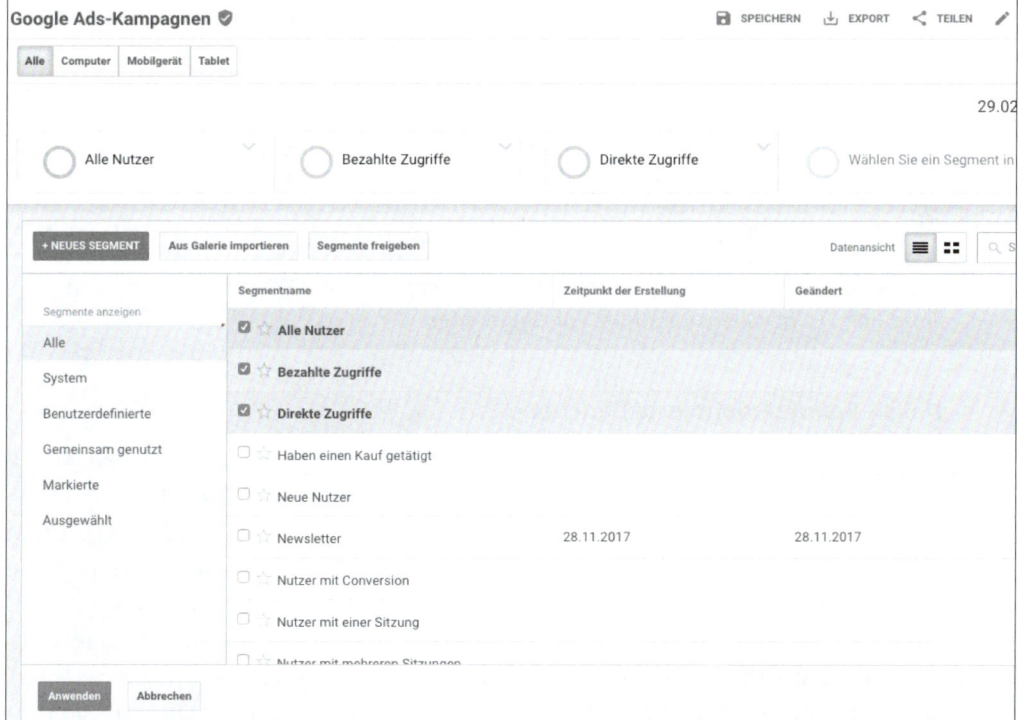

Abbildung 11.32 Segmente gruppieren die Analytics-Daten nach unterschiedlichen Kriterien.

Abbildung 11.32 zeigt Ihnen ein Beispiel, bei dem Sie verschiedene Segmente für einen übersichtlichen Performance-Vergleich nutzen können. Während die beiden Segmente für bezahlte und organische (direkte) Zugriffe (sie werden über *Medium= cpc* bzw. *Medium=organic* definiert) bereits automatisch vorliegen, können Sie zusätzlich individuelle Segmente anlegen. Ein individuelles Segment kann beispielsweise ein Newsletter-Segment sein, in dem Sie nur denjenigen Traffic einschließen, der eindeutig der Quelle *newsletter* und dem Medium *email* zugeordnet werden kann.

609

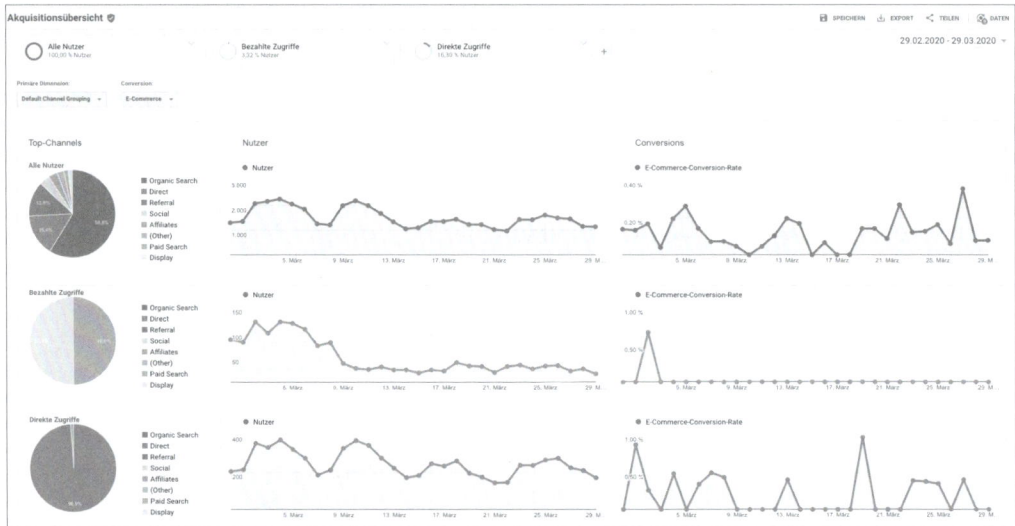

Abbildung 11.33 Gegenüberstellung von Ziel-Abschlüssen und Conversion-Raten von einzelnen Traffic-Quellen mithilfe von Segmenten

11.6.3   Benutzerdefinierte Berichte

Während wir uns bisher nur mit vorgefertigten Berichten beschäftigt haben, bieten benutzerdefinierte Berichte eine Vielzahl an weiteren Möglichkeiten, Ihre Analytics-Daten noch individueller zu nutzen. Sie finden diese im Menüpunkt ANPASSUNG in der linken Navigationsleiste von Analytics. Auf diese Berichte sollten Sie dann zurückgreifen oder mit ihnen experimentieren, sobald Sie *andere* – sowohl weniger als auch mehr – Daten als in den Standardberichten auswerten oder individuelle Kombinationen aus Dimensionen und Messwerten auf einen Blick darstellen möchten. Wir möchten Ihnen folgende Beispiele als Ideen für solche individuellen Berichte nennen:

▶ **Erfolgsberichte**: Marketingleiter und Führungskräfte möchten wöchentlich einen einfachen Bericht erhalten, der nur Sitzungen, Aufenthaltsdauer und Transaktionen nach Herkunftsländern geordnet übersichtlich darstellt.

▶ **Finanzberichte**: Ihre Finanzabteilung benötigt einen monatlichen Bericht zur Entwicklung von Google-Ads-Budget-CPCs.

▶ **Kampagnenberichte**: Kampagnenmanager wollen die Leistung der unterschiedlichen, in einer bestimmten Kampagne gebuchten Plattformen, Quellen und Maßnahmen rasch gegenüberstellen, indem sie Sitzungen, Absprung- und Conversion-Raten auf einen Blick vergleichen können.

Alle benutzerdefinierten Berichte können übrigens nicht nur an mehrere Analytics-Nutzer verteilt, sondern auch per E-Mail einmalig oder periodisch an individuelle

Empfänger versendet werden. Wir empfehlen Ihnen, sich dieser individuellen Berichts- und automatischen Versandmöglichkeiten zu bedienen, um sich und/oder Ihren Kunden wertvolle Zeit und Kosten zu sparen.

Wenn Sie mehr über die Einrichtung und den Einsatz von benutzerdefinierten Berichten erfahren möchten, finden Sie in der Analytics-Hilfe dazu mehr Informationen:

https://support.google.com/analytics/answer/1033013?hl=de

11.7 Alternativen zu Google Analytics

Es steht außer Frage, dass Google Analytics – dank eines derzeit unschlagbaren Pakets aus Leistungsumfang, Implementierungsphilosophie und Preis – sowohl international als auch im deutschsprachigen Raum die erste Wahl bei Webanalyse-Tools darstellt. Unterschiedliche Statistiken bestätigen, dass sich Google Analytics mit einem Markanteil von über 80 % klar von allen Mitbewerbern abhebt. Dennoch gibt es weitere, teils kostenlose Alternativen zu Google Analytics.

Im Folgenden listen wir Ihnen einige Alternativen auf, die Sie gegebenenfalls für Ihre Kampagnen-Analysen zurate ziehen können. Beim folgenden Blick auf alternative Systeme werden wir in der Reihenfolge ihrer Verbreitung vorgehen (siehe Tabelle 11.1). Die Liste erhebt keinen Anspruch auf Vollständigkeit.

Tool	URL	Pricing	Google-Ads-Integration
Google Analytics	*https://analytics.google. com/analytics/web/*	Kostenlose Basisversion	Vollständig (Kontoverknüpfung)
Matomo (ehemals Piwik)	*https://matomo.org/ free-software/*	Kostenlos/ Open Source	Basis-Tracking via AOM-Plug-in
etracker	*https://www.etracker.com*	Kostenpflichtig (Preis auf Anfrage)	Synchronisierung via SEA-Schnittstelle
econda	*https://www.econda.de*	Kostenpflichtig (Preis auf Anfrage)	Synchronisierung via Schnittstelle

Tabelle 11.1 Überblick über die führenden Web-Analytics-Tools im deutschsprachigen Raum

Tool	URL	Pricing	Google-Ads-Integration
Mapp Intelligence (ehemals Webtrekk)	https://www.webtrekk.com/index-de.html	Kostenpflichtig (Preis auf Anfrage)	Synchronisierung via Schnittstelle
Adobe Analytics (Omniture)	https://www.adobe.com/de/analytics/adobe-analytics.html	Kostenpflichtig (Preis auf Anfrage)	k. A.

Tabelle 11.1 Überblick über die führenden Web-Analytics-Tools im deutschsprachigen Raum (Forts.)

Fazit zu den Google-Analytics-Alternativen

In der Praxis können wir bei vielen Kunden den parallelen Einsatz mehrerer Analytics-Tools beobachten. Oft hat es historische Gründe, oft sind es die individuellen Features bestimmter Tools, die den zusätzlichen Einbau rechtfertigen. Auch wenn in Sachen Einfachheit und Detailtiefe der Google-Ads-Integration Google Analytics das klar führende Produkt ist, können wir Ihnen nur empfehlen, einen genaueren Blick auf die hier vorgestellten Alternativen zu werfen. Vielleicht werden Sie dort ein oder mehrere attraktive und für Sie zusätzlich nützliche Features entdecken.

11.8   Die Analytics-App: Google Analytics mobil nutzen

Auch wenn wir bisher in diesem Kapitel ausschließlich auf den enormen Funktionsumfang von Google Analytics auf Desktop-Browsern – dem wohl gängigsten und effizientesten Zugang zu Berichten und Daten – eingegangen sind, möchten wir Ihnen abschließend nicht vorenthalten, dass Sie einige Basisauswertungen auch über mobile Apps auf Ihrem Smartphone durchführen können.

Google bietet mittlerweile selbst eine kostenlose Analytics-App an. Selbst bei dem geringen Platz auf den kleinen Smartphone-Displays müssen Sie dort nicht auf Echtzeit-, Conversion- und Kampagnenberichte verzichten und bleiben auf diese Weise bequem auch unterwegs über Ihre Webseiten- und/oder Google-Ads-Performance auf dem Laufenden.

Laden Sie die Apps unter den folgenden Links herunter oder machen Sie sich einfach auf die Suche nach dem Stichwort *Analytics* in den jeweiligen App-Stores:

▶ **Google Play**

https://play.google.com/store/apps/details?id=com.google.android.apps.giant&hl=de

▶ **iTunes App Store**

https://apps.apple.com/at/app/google-analytics/id881599038

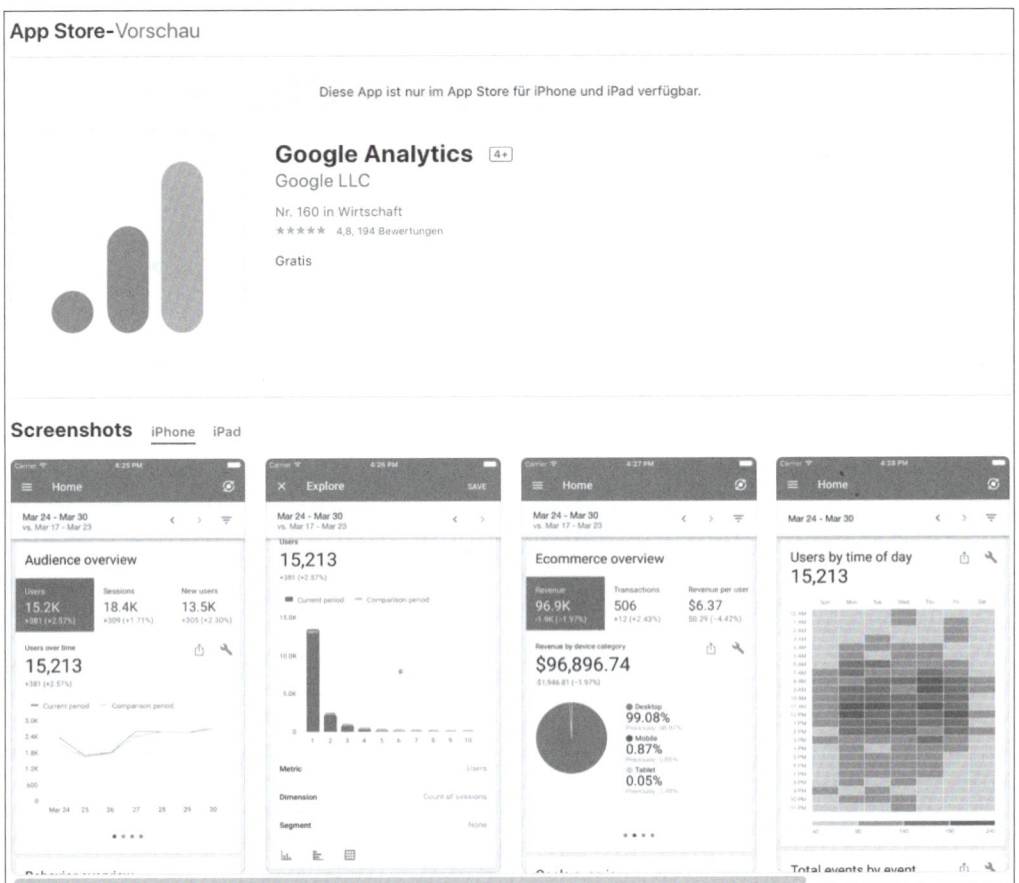

Abbildung 11.34 Die mobilen Analytics-Apps liefern auch unterwegs einen raschen Überblick.

11.9   Fazit

Wir haben Ihnen in diesem Kapitel einen kurzen Einblick in die Möglichkeiten von Google Analytics gegeben, wobei wir überwiegend auf die Vorzüge und Eigenschaften im Zusammenspiel mit Google Ads eingegangen sind. Die Berichte und Analysen, die Sie mit dem mächtigen Google-Web-Analyse-Tool erstellen können, helfen Ihnen, viele neue Optimierungsansätze für Google Ads zu finden. Wir wünschen Ihnen daher stets ein »Happy Analyzing«!

Praktische Tipps zu Google Analytics

Das Fragezeichen-Symbol am oberen Bildschirmrand führt Sie zur Google-Analytics-Hilfe. Dort finden Sie wertvolle Informationen, die Ihnen gerade am Anfang, wenn Sie noch nicht so erfahren im Umgang mit Google Analytics sind, gute Unterstützung und Erklärungen liefern.

Google-Analytics-Demo-Account: Gerade am Anfang bietet der Analytics-Demo-Account von Google Ihnen eine große Hilfe, wenn Sie die in diesem Kapitel beschriebenen Details nachvollziehen wollen. Google stellt hier als Demo-Version einen vollwertigen Analytics-Account mit Daten zur Verfügung. Die Screenshots aus diesem Kapitel stammen fast alle aus diesem Demo-Account. Sie finden den Google-Analytics-Demo-Account unter:

https://support.google.com/analytics/answer/6367342?hl=de

Kapitel 12
Google Ads optimieren

Zurücklehnen und laufen lassen – das ist keine gute Idee! Nutzen Sie jede Chance, um Ihre Kampagnen zu optimieren und Ihr Budget mithilfe einiger Tipps und Tricks noch besser auszusteuern. Die Optimierung Ihrer Google-Ads-Kampagnen schont zum einen das Budget und steigert zum anderen die Chancen, mehr Kunden zu generieren.

Ihr Google-Ads-Konto ist aufgesetzt und Sie haben Ihre Kampagnen gestartet. Die ersten Euros sind investiert und Sie werden mit den ersten Websitebesuchen und Conversions belohnt. Doch damit ist die Arbeit nicht getan. Jetzt geht es erst richtig los! Sie haben das nötige Werkzeug an der Hand. Steigen Sie jetzt in die Analyse Ihrer Kampagnen ein, um an der einen oder anderen Stellschraube zu drehen und Ihren Erfolg weiter auszubauen.

Die eine oder andere Maßnahme sollten Sie gleich nach dem Start Ihrer Kampagne durchführen; die meisten Schritte hingegen erfordern eine vernünftige Datengrundlage, und dazu sollten Sie zunächst ein wenig Zeit verstreichen lassen. Ein wichtiges Optimierungskriterium stellt der *Qualitätsfaktor* dar, eine Kennzahl, mit der Google jedes Keyword bewertet und die sich aus verschiedenen Komponenten zusammensetzt. Ein hoher Qualitätsfaktor wird laut Google mit günstigeren Klickpreisen und besseren Positionierungen honoriert. Entscheidend dabei sind Faktoren wie die Klickrate, die Relevanz der Anzeigentexte und die Wahl der Zielseite, aber auch die Verwendung von sogenannten Anzeigenerweiterungen wird immer bedeutender. Lesen Sie in diesem Kapitel, welche Wege sich Ihnen bieten, um durch die richtigen Optimierungen Geld zu sparen und Ihr Budget so effektiv wie möglich einzusetzen.

12.1 Erste Schritte nach dem Kampagnenstart

Die Basis jeder Optimierung ist eine gewisse Vorlaufzeit, die eine valide Analyse überhaupt erst möglich macht. Beginnen Sie daher nach dem Start einer Kampagne nicht sofort, wie wild »daraufloszuoptimieren«, sondern konzentrieren Sie sich erst einmal auf ganz elementare Dinge.

12.1.1   Abgelehnte Anzeigen oder Keywords

Prüfen Sie als Erstes, ob alle Anzeigen und Keywords FREIGEGEBEN wurden oder ob einige ABGELEHNT sind. Dazu rufen Sie den jeweiligen Navigationspunkt auf und sortieren Anzeigen oder Keywords nach STATUS, indem Sie entweder auf den Spaltenkopf klicken oder die Filterfunktion nutzen. Fügen Sie als Filter den RICHTLINIEN-FREIGABESTATUS vom Typ ABGELEHNT hinzu. Sollten Anzeigen oder Keywords abgelehnt sein, sehen Sie in der Spalte STATUS einen entsprechenden Vermerk »Abgelehnt« in roter Schrift, gefolgt von dem Grund für die Ablehnung. Per Mouse-over öffnet sich ein Pop-up-Fenster, das Sie wie in Abbildung 12.1 informiert, weshalb das Element abgelehnt wurde. Wenn Sie auf den darin enthaltenen Link klicken, erhalten Sie ausführlichere Details und Tipps, wie Sie das Problem beheben können.

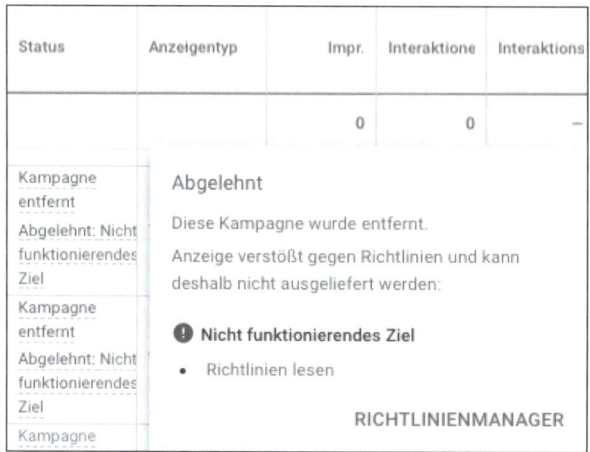

Abbildung 12.1 Anzeigen mit dem Status »Abgelehnt«

Google benachrichtigt Sie außerdem durch eine Meldung rechts oben in Ihrem Google-Ads-Konto über abgelehnte Anzeigen oder Keywords.

> **Achtung: Keine Anzeigenschaltung für abgelehnte Elemente**
>
> Abgelehnte Anzeigen werden nicht geschaltet. Dies ist ein zusätzlicher Grund dafür, beim Start einer neuen Anzeigengruppe mehrere Anzeigen ins Rennen zu schicken, um trotz einer Ablehnung zum gewünschten Suchbegriff zu erscheinen. Werden alle Keywords oder Anzeigen einer Anzeigengruppe abgelehnt, nehmen Sie natürlich auch an keiner Auktion teil.

12.1.2   Positionen anpassen

Bei der Einrichtung Ihrer Anzeigengruppen sind Sie dazu verpflichtet, ein Standardgebot festzulegen, das an alle in der Anzeigengruppe enthaltenen Keywords vererbt wird. Dabei können Sie im Grunde nur schätzen oder auf grobe Schätzungen aus dem Keyword-Planer zurückgreifen, die Google dort zur Verfügung stellt.

Wie hoch die Kosten für einen Klick auf einer bestimmten Position tatsächlich sind, stellt sich erst heraus, wenn Sie mit der Werbung beginnen. Nachdem die ersten Impressionen und Klicks für Ihre Suchbegriffe eingegangen sind, sollten Sie deshalb unbedingt überprüfen, für welche Anzeigenpositionen Ihre Keywords eine Schaltung auslösen. Dazu filtern Sie Ihre Keywords in einem ersten Schritt nach STATUS vom Typ UNTER DEM GEBOT FÜR DIE ERSTE SEITE. Diesen Typ finden Sie als Unterpunkt von EINGESCHRÄNKT (siehe Abbildung 12.2). In der Spalte STATUS sehen Sie nun alle Keywords, die diesem Filterkriterium entsprechen. Sie werden abermals mit einem rot geschriebenen Hinweis versehen und liefern in Klammern zusätzlich ein geschätztes Gebot für die erste Seite, an dem Sie sich orientieren können. Ändern Sie Ihr Gebot auf das von Google geschätzte Gebot oder höher, dann wechselt der Status wieder in AKTIV.

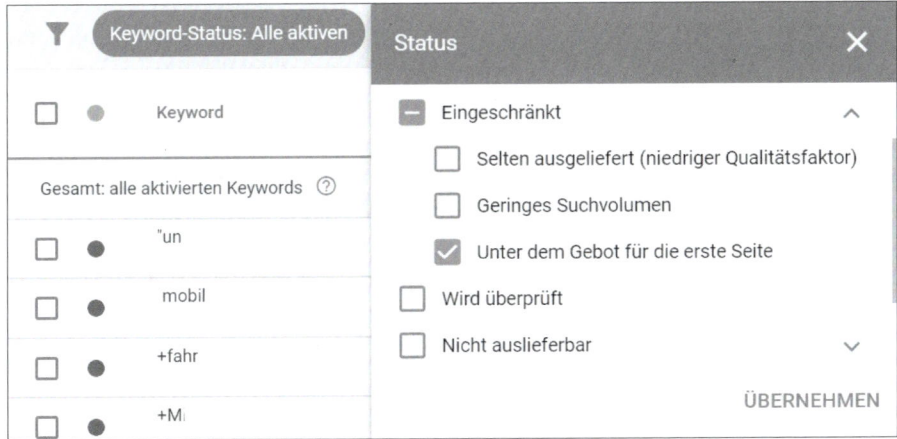

Abbildung 12.2 Filtern nach Status »Unter dem Gebot für die erste Seite«

Gebote für mehrere Keywords gleichzeitig anpassen

Wenn Sie eine große Liste mit Keywords finden, die ein zu niedriges Gebot besitzen, so können Sie auch alle Keywords markieren und über BEARBEITEN • MAX. CPC-GEBOTE ÄNDERN die Gebote mit einem Klick durch die Auswahl des Radiobuttons GEBOTE AUF CPC FÜR ERSTE SEITE ERHÖHEN anpassen.

Im nächsten Schritt richten Sie Ihr Augenmerk auf die Auslieferungspositionen Ihrer Anzeigen. Da für das Ranking wiederum die Keywords verantwortlich sind, benötigen Sie einen Bericht auf Keyword-Ebene. Sie können dazu die KEYWORDS für Ihre kompletten Kampagnen anschauen oder gehen »Step by Step« durch die wichtigsten Anzeigengruppen. Fügen Sie Ihrem Keyword-Bericht die Spalte IMPR (OBERE POS.) %

617

hinzu. Die angezeigte Prozentzahl vermittelt Ihnen ein Gefühl, zu wie viel Prozent Ihre Suchanzeigen auf den oberen Positionen, das heißt oberhalb der organischen Ergebnisse, ausgespielt worden sind. Sortieren Sie die Keywords über die Spalte IMPR (OBERE POS.) % aufsteigend, so zeigt der obere Bereich Ihrer Statistik die Keywords, die nur im geringen Umfang oberhalb der organischen Ergebnisse zu Anzeigenschaltungen führten. Sie können alternativ auch einen Filter erstellen, der Ihnen die Keywords anzeigt, die beispielsweise weniger als 25 % im oberen Bereich ausgespielt wurden. Das sind dann die Keywords, die es zu optimieren gilt.

Sie sehen bestimmte Spalten nicht?

Falls Sie einige hier erwähnte Spalten in Ihren Google-Ads-Berichten nicht direkt sehen, können Sie diese über das SPALTEN-Menü einblenden. Wie das genau funktioniert, haben wir in Abschnitt 6.1.2 beschrieben.

Besonders in der ersten Zeit nach dem Kampagnenstart sollten Sie mit Ihren Anzeigen nicht zu weit hinten erscheinen, denn sie generieren auf den hinteren Plätzen weniger Klicks. Ein primäres Ziel in der Anfangszeit ist es jedoch, Daten zu sammeln, und das klappt auf den letzten Plätzen erfahrungsgemäß nicht so gut. Es ist aber auch nicht notwendig, dass Ihre Anzeigen bei jeder Suchanfrage auf dem ersten Platz erscheinen. Daher sollten Sie neben der Spalte IMPR (OBERE POS.) % auch die Spalte IMPR (OBERSTE POS.) % hinzufügen und kontrollieren (siehe Abbildung 12.3).

Keyword	Anzeigengruppe	Status	↑	Impr. (obere Pos.) %
" ment software"	Software	Aktiv		4,30 %
" tation software"	Software	Aktiv		6,25 %
" softwareentwicklung"	Software	Aktiv		6,67 %
software	Software	Aktiv		9,52 %

Abbildung 12.3 Keywords nach »Auslieferung auf oberen Positionen« sortieren

Betrachten Sie die Positionen Ihrer Keywords am besten auf Anzeigengruppenebene. So wird schnell deutlich, ob Sie sich mit dem Standardgebot verschätzt haben, weil Keywords eine besonders schlechte Position, also nicht im oberen Bereich, aufweisen. Ist dies der Fall, so erhöhen Sie das Gebot für diese Keywords gleichzeitig, indem Sie die vorher gefilterten Keywords auswählen ❺, auf BEARBEITEN klicken und den Unterpunkt GEBOTE AUF CPC FÜR OBERE POSITIONEN ERHÖHEN ❻ aktivieren (siehe Abbildung 12.4). Alternativ können Sie die Gebote für die ausgewählten Keywords nach eigenem Wunsch erhöhen ❶ (um einen bestimmten Geldbetrag oder auch prozentual). In diesem Falle sollten Sie aber immer daran denken, auch ein Höchstgebot zu aktivieren ❷, um nicht unliebsame Überraschungen zu erleben. Am Ende bestätigen Sie Ihre Auswahl mit ÜBERNEHMEN ❹.

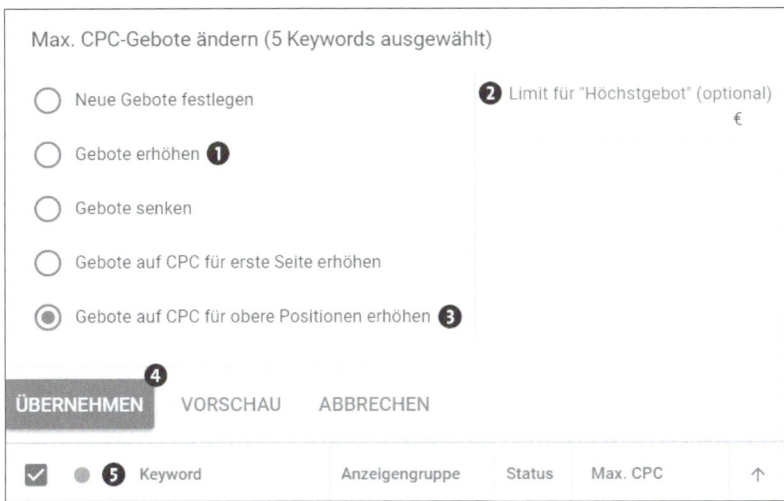

Abbildung 12.4 Gebotsanpassung für obere Positionen

Geht es nur um einige Ausreißer, können Sie die Gebote wie in Abbildung 12.5 durch einen Klick auf das Gebot in der Spalte MAX. CPC manuell für das jeweilige Keyword anpassen. Google hat hier einen Sicherheitsmechanismus eingebaut, der Sie davor schützt, versehentlich ein zu hohes Gebot einzutragen. Sofern Sie den MAX. CPC deutlich erhöhen, erhalten Sie von Google einen Hinweis, dass Sie diese Erhöhung doppelt bestätigen müssen. Bitte denken Sie daran, dass Sie bei bestimmten Vorgaben durch Gebotsstrategien, wie z. B. *Ziel-CPA*, die Gebotseinstellungen nicht ändern können, da das Google-System die Gebote automatisiert in Abhängigkeit von der Strategie steuert.

		Keyword	Anzeigengruppe	Status	Max. CPC		
☐	●						
☐	●▾	[google ads seminar] ✏	Google Ads-Seminar	Aktiv	Max. CPC		
☐	●	"ads seminar"	Google Ads-Seminar	Aktiv		8,00 €	
☐	●	[google ads schulung]	Google Ads-Schulung	Aktiv	Um das Standardgebot für die Anzeigengruppe von 5,00 € zu verwenden, lassen Sie dieses Feld leer		
☐	●	"ads schulungen"	Google Ads-Schulung	Aktiv			
						ABBRECHEN	SPEICHERN

Abbildung 12.5 »Max. CPC« für einzelne Keywords einstellen

> **Tipp: Überzeugen Sie sich selbst**
>
> Oft lohnt ein prüfender Blick ins ANZEIGENVORSCHAU UND -DIAGNOSE-Tool oder in die Google-Suche selbst, bevor Sie Ihre Gebote erhöhen. Es kommt durchaus vor, dass eine Anzeige für einen Suchbegriff mit dem Keyword-Status UNTER DEM GEBOT FÜR DIE ERSTE SEITE sehr wohl auf den vorderen Plätzen erscheint und die Angaben trügen. Wie Sie zur ANZEIGENVORSCHAU UND -DIAGNOSE gelangen, haben Sie bereits in Abschnitt 9.1.2 erfahren.

12.2   Der Qualitätsfaktor spart bares Geld

Eines der wohl brisantesten Themen im Zusammenhang mit Google Ads ist der Qualitätsfaktor. Der *Qualitätsfaktor* ist eine Kennzahl, mit der Google Ihre Keywords auf einer Skala von 1 (schlecht) bis 10 (sehr gut) bewertet. Seit seiner Einführung im Jahr 2005 wird in der Google-Ads-Szene heftig darüber diskutiert, was genau der Qualitätsfaktor ist und welche Kriterien in seine Berechnung einfließen. Google verspricht, dass ein hoher Qualitätsfaktor zu günstigeren Klickpreisen und besseren Positionierungen führt.

12.2.1   Lassen Sie sich den Qualitätsfaktor im Konto anzeigen

Sie können sich den Qualitätsfaktor Ihrer Keywords in Ihrem Google-Ads-Konto anzeigen lassen. Dazu rufen Sie den Navigationspunkt KEYWORDS auf, klicken zunächst auf das Spalten-Symbol und fügen unter SPALTEN ANPASSEN (siehe auch Abschnitt 6.1.2) die Spalte QUALITÄTSFAKTOR (aus der Gruppe QUALITÄTSFAKTOR) hinzu. Ziehen Sie die Spalte wie in Abbildung 12.6 via Drag & Drop am besten ganz nach oben, so haben Sie den jeweiligen Qualitätsfaktor immer im Blick.

Abbildung 12.6 Fügen Sie die Spalte »Qualitätsfaktor« hinzu.

Vergabe des Qualitätsfaktors durch Google

Der Qualitätsfaktor ist kein konstanter Wert, sondern kann sich auch laufend verändern. Die gleichnamige Spalte im Konto gibt Ihnen den aktuellen Durchschnittswert an (siehe Abbildung 12.7). Google bietet Ihnen innerhalb der Gruppe QUALITÄTS-FAKTOR auch eine Berichtsspalte mit dem Namen QUALITÄTSFAKTOR (VERLAUF) an. Diese zeigt dann den letzten bekannten vorangegangenen Qualitätsfaktor. Auf diese Weise können Sie vergleichen, ob sich der Qualitätsfaktor grundsätzlich seit der letzten Google-Bewertung positiv oder negativ verändert hat. Da Google die Bewertung nicht immer nach einem bestimmten Zeitraum vornimmt, ist die Information in dieser Spalte ein wichtiger Anhaltspunkt, um einzuschätzen, wie die Maßnahmen zur Qualitätsverbesserung wirken.

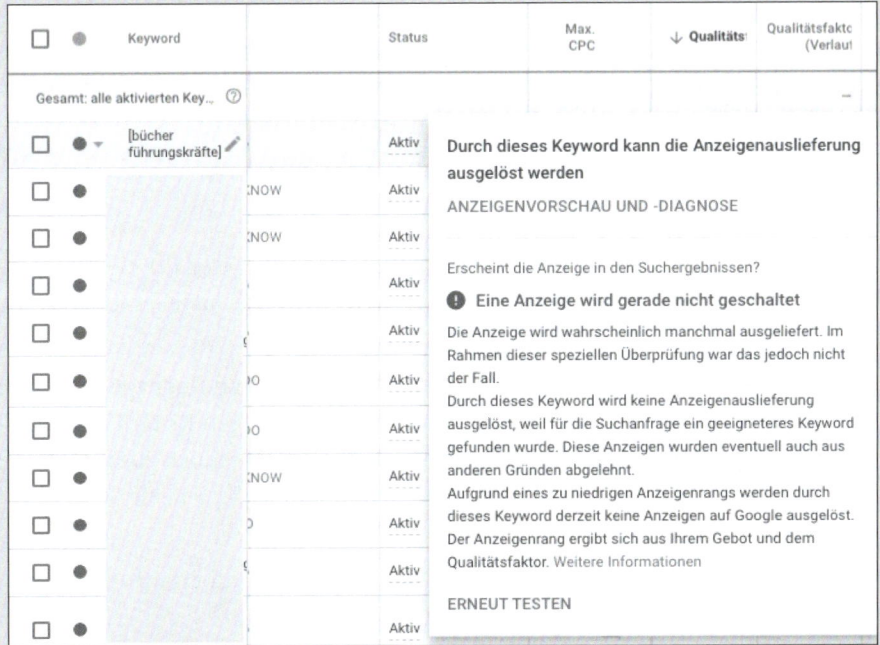

Abbildung 12.7 Keyword-Auswertung mit der Spalte »Qualitätsfaktor«

Neben dem Qualitätsfaktor gibt Google uns in drei Berichtsspalten Hinweise auf die Ursachen eines guten oder schlechten Qualitätsfaktors. Diese Informationen können als Berichtsspalten hinzugefügt werden. Die folgenden drei Kriterien sind danach die entscheidenden Komponenten und beeinflussen die Berechnung des Qualitätsfaktors maßgeblich:

▶ ERWARTETE CTR: Die Wahrscheinlichkeit, mit der Ihre Anzeigen bei der Google-Suche zu dem Keyword angeklickt werden, ergibt die erwartete Klickrate. In die Ermittlung fließt die bisherige Klickrate des Keywords, der Kampagne und sogar des gesamten Kontos ein.

▶ ANZEIGENRELEVANZ: Mit Anzeigenrelevanz ist die Verbindung von Anzeigen und Keyword gemeint. Passen die Anzeigentexte zu den eingebuchten Suchbegriffen?

▶ NUTZERERFAHRUNG MIT DER LANDINGPAGE: Bei diesem Faktor geht es um die Beziehung zwischen Suchbegriff, Anzeige und Zielseite. Hält die ausgewählte Seite, was Sie in der Anzeige versprechen? Ist die Seite übersichtlich und gut strukturiert? Ein wichtiger Punkt zur Verbesserung der Qualität ist hier auch die Ladezeit der Landingpage.

Die Komponenten können den Status UNTERDURCHSCHNITTLICH, DURCHSCHNITT oder ÜBERDURCHSCHNITTLICH zugewiesen bekommen. Der Status »unterdurchschnittlich« ist ein klares Zeichen dafür, dass Sie Optimierungen vornehmen sollten. Auch für die drei Kriterien, die den Qualitätsfaktor beeinflussen, gibt es weitere Spalten mit dem Zusatz (VERLAUF). So kann auch hier wieder überprüft werden, ob eine Optimierung, beispielsweise der Landingpage, zu einer Änderung geführt hat, indem man die Berichtsspalten NUTZERERFAHRUNG MIT DER ZIELSEITE und NUTZERERFAHRUNG MIT DER ZIELSEITE (VERLAUF) miteinander vergleicht.

12.2.2 Qualität aus Google-Sicht

Googles oberstes Ziel lautet nach eigenen Aussagen, dem User die relevantesten Suchergebnisse zu liefern und ihn damit langfristig zufriedenzustellen und als Nutzer zu halten.

Mit den drei Spalten zur CTR, der Anzeigenrelevanz und der Landingpage erhält man als Google-Ads-Admin schon einige Hinweise, welche wichtigen Kriterien in die Berechnung des Qualitätsfaktors einfließen. Laut Google spielt jedoch zusätzlich noch eine Reihe anderer Faktoren eine Rolle, die den Qualitätsfaktor beeinflussen. Dies sind beispielsweise:

▶ **die bisherige Klickrate Ihrer angezeigten URL**: Historie und Erfahrung mit Ihrer angezeigten URL

▶ **das Kontoprotokoll**: Historie und Erfahrung mit Ihrem gesamten Konto

▶ **die Keyword-/Suchrelevanz**: Das ist die Relevanz des gebuchten Keywords zur tatsächlichen Anfrage des Users. Dabei bezieht sich Google auch auf die Erfahrung anderer Konten mit diesem Keyword.

Nutzererfahrung mit anderen Konten

Google nutzt auch die Erfahrungen mit anderen Konten und aus der organischen Suche. Falls Sie zum Beispiel auf die Idee kommen, zum genau passenden Keyword *Mallorca* Ihr Hotel auf Mallorca zu bewerben, ist es sehr wahrscheinlich, dass Sie keinen höheren Qualitätsfaktor als 4 mit diesem Keyword erreichen. Denn Google hat die Erfahrung gemacht, dass Nutzer, die nur *Mallorca* in die Suche eingeben, hauptsächlich nach Informationen zur Insel und Ähnlichem suchen, aber kein Hotel buchen möchten.

- ▶ **geografische Leistung**: der Erfolg Ihres Kontos in der Zielregion
- ▶ **Ihre Anzeigenleistung auf einer Website**: der Erfolg auf Seiten im Displaynetzwerk
- ▶ **die Geräteausrichtung**: der Erfolg auf dem entsprechenden Gerät; der Qualitätsfaktor wird für jedes Gerät separat vergeben.

In diesem Fall helfen Ihnen alle Optimierungsmöglichkeiten nichts. Testen Sie doch mal die Google-Suche, und schauen Sie, was Google bei den organischen Treffern zum Thema *Mallorca* anbietet. Dies spiegelt sehr gut wider, was die Google-Nutzer als Ergebnis erwarten. Bitte beachten Sie, dass sich die Anzeige zum exakten Keyword *Mallorca* als Google-Ads-Anzeige trotzdem für Sie lohnen kann – nur der Qualitätsfaktor wird niedrig bleiben.

Auf die folgenden Kriterien hat der Qualitätsfaktor laut Google direkten Einfluss:

- ▶ **Aktivierung für die Teilnahme an Anzeigenauktionen**: Je höher der Qualitätsfaktor ist, umso wahrscheinlicher ist es, dass Sie überhaupt an einer Auktion für das entsprechende Keyword teilnehmen. Keywords mit einem Qualitätsfaktor von 2 oder 3 werden beispielsweise selten bis gar nicht ausgespielt.
- ▶ **der tatsächliche Cost-per-Click (CPC) des Keywords**: Je höher der Qualitätsfaktor ist, desto geringer ist der Preis pro Klick für das Keyword.
- ▶ **die Gebotsschätzung für die erste Seite für Ihr Keyword**: Je höher der Qualitätsfaktor ist, umso geringer fällt die Gebotsschätzung für die erste Seite für das Keyword aus.
- ▶ **die Gebotsschätzung für die oberen Positionen und die oberste Position**: Je höher der Qualitätsfaktor ist, umso geringer fällt die Top-of-Page-Gebotsschätzung für das Keyword aus.
- ▶ **Anzeigenposition**: Der Qualitätsfaktor beeinflusst den Anzeigenrang und somit auch die Anzeigenposition. Ein hoher Qualitätsfaktor hat somit eine bessere Position zur Folge.
- ▶ **Eignung für Anzeigenerweiterungen und andere Anzeigenformate**: Für einige Anzeigenformate gibt es einen Mindestqualitätsfaktor. Einige Anzeigenerweiterungen erscheinen nur auf der obersten Position, deshalb ist der Qualitätsfaktor auch dafür ein wichtiger Faktor, da er entscheidenden Einfluss auf die Position hat.

12.2.3 Skepsis gegenüber dem Qualitätsfaktor

Google betont stets, dass Qualität mit günstigeren Klickpreisen bzw. besseren Positionen belohnt wird. Da nicht alle Faktoren der Formel transparent sind, besteht bei vielen Online-Marketing-Experten eine gewisse Skepsis, ob die Qualitätsformel immer das hält, was sie verspricht. Viele Faktoren (wie die Ladezeiten Ihrer Webseiten oder auch die Klickrate Ihrer Anzeigen) helfen Ihnen jedoch, auch mehr Kunden via Internet zu erreichen, die schnell die gewünschte Information finden und somit auch zufrieden sind. Selbst wenn die Qualitätsvorgaben für Google weniger wichtig sind, mit Blick auf Ihre Kunden machen sie auf jeden Fall Sinn.

Schauen wir uns also die Kriterien genauer an, die für einen guten Qualitätsfaktor ausschlaggebend sind, so stellen wir fest, dass sie auch unabhängig vom Google-Qualitätsfaktor für die Performance unserer Kampagnen von zentraler Bedeutung sind:

▸ Natürlich sollten Ihre Anzeigen Aufmerksamkeit erzeugen, denn nur so generieren sie Klicks.

▸ Natürlich sollte eine Relevanz zwischen dem Suchbegriff, Ihren Keywords und Ihren Anzeigen gegeben sein, denn nur so erreichen Sie die passende Zielgruppe.

▸ Und natürlich sollte Ihre Zielseite zu Keyword und Anzeigen passen, denn nur so kann der kostenpflichtige Klick zur gewinnbringenden Conversion werden.

Betrachten Sie die Qualität Ihrer Kampagnen also ganz logisch, und überlegen Sie, was zum Erfolg Ihrer Werbung führt. Nehmen Sie die Optimierungen unter diesen Voraussetzungen vor, dann wird sich dies auch auf den Qualitätsfaktor von Google auswirken. Im Folgenden gehen wir mit Ihnen eine Reihe von Maßnahmen durch, die Sie in regelmäßigen Abständen an den einzelnen Elementen Ihrer Google-Ads-Kampagnen durchführen sollten.

Vorsicht: Wir haben keine Patentlösung

Leider können wir Ihnen keine Zauberformel liefern, mit der Sie sicher sein können, dass Ihre Kampagnen binnen kürzester Zeit die besten Performance-Daten aufweisen. Jede Branche, jedes Konto und vor allem jeder User tickt anders, und daher funktionieren Optimierungsmaßnahmen nicht überall gleich. Wie so oft heißt es auch bei Google Ads: Probieren geht über Studieren.

12.3 Optimierung Ihrer Keywords

Keywords bilden die Grundlage der Anzeigenschaltung und bestimmen darüber, zu welchen Suchanfragen dem User Ihre Werbung eingeblendet wird. Daher bieten sie im Hinblick auf eine rentable Werbekampagne auch ein erhebliches Optimierungs-potenzial. Die folgenden Maßnahmen gehören zur laufenden Kampagnenpflege und sollten regelmäßig wiederholt werden. Sie haben direkten Einfluss auf die wichtigs-ten KPIs wie CPC, CTR und die Gesamtkosten und somit letztlich auch auf Ihren ROI (Return-on-Investment) bzw. Ihre KUR (Kosten-Umsatz-Relation).

12.3.1 Analyse der tatsächlichen Suchanfragen

Unter dem Navigationspunkt KEYWORDS im Seitenmenü erhalten Sie, wie in Abbil-dung 12.8, einen Überblick über die Performance Ihrer eingebuchten Suchbegriffe. Welche Suchanfrage aber gibt der User tatsächlich in die Suche ein? Wenn Sie bei-spielsweise das Keyword *Nike Schuhe* in der Keyword-Option WEITGEHEND PASSEND eingebucht haben, so wird Ihre Anzeige auch eingeblendet, wenn der User nach *Nike Laufschuhe* sucht.

		Keyword	Status	Max. CPC	Qualitätsfaktor	Impr.	Klicks	↓ CTR
☐	●	Gesamt: alle aktivierten Keywords ⑦						
☐	●	al	Aktiv	0,38 €	–	3.313	18	0,54 %
☐	●	al .de	Aktiv	0,33 €	6 von 10	4.821	26	0,54 %
☐	●	al rges	Aktiv	0,50 €	8 von 10	3.053	16	0,52 %
☐	●	al wasserdicht	Unter dem Gebot für die erste Seite (1,00 €)	0,38 €	9 von 10	1.006	4	0,40 %

Abbildung 12.8 Keyword-Auswertung

Wenn Sie also nicht ausschließlich die Keyword-Option GENAU PASSEND verwenden, können die tatsächlichen Suchanfragen der User von Ihren Keywords abweichen bzw. diese ergänzen. Dabei kann es sich um sinnvolle Suchbegriffe handeln, die es eventuell ins Keyword-Set aufzunehmen lohnt. Ihre Anzeige könnte jedoch auch für völlig unpassende Suchanfragen wie zum Beispiel *Nike T-Shirt* erscheinen, obwohl Sie ausschließlich Schuhe anbieten, wodurch Sie wiederum Geld verlieren.

Um die Kontrolle über die Anzeigenschaltung durch Ihre Keywords zu behalten, soll-te die Überprüfung der Suchbegriffe in regelmäßigen Abständen auf Ihrem Zeitplan stehen. Den Suchanfragenbericht können Sie einerseits über das Berichterstellungs-symbol ❶ rechts oben in Ihrem Konto unter dem Navigationspunkt VORDEFINIERTE BERICHTE (DIMENSIONEN) · EINFACH ❷ · SUCHBEGRIFFE ❸ aufrufen und herunter-laden (siehe Abbildung 12.9).

Abbildung 12.9 Keyword-Details im vordefinierten Bericht zu den Suchbegriffen

Andererseits finden Sie die Information zu Suchbegriffen direkt unter dem Reiter KEYWORDS auf zwei unterschiedlichen Wegen: Erstens können Sie unterhalb von KEYWORDS auf die Subnavigation SUCHBEGRIFFE klicken (dies war früher im Header oberhalb der Statistik abrufbar), um alle Suchbegriffe für Ihre Keywords anzuzeigen. Zweitens können Sie ein oder mehrere Keywords per Checkbox vor dem Keyword aktivieren. Dann öffnet sich eine zusätzliche blaue Navigationsleiste (siehe Abbildung 12.10), in der Sie sich für die ausgewählten Keywords dann die SUCHBEGRIFFE anzeigen lassen. Nachdem Sie in der blauen Navigationsleiste auf SUCHBEGRIFFE geklickt haben, erscheinen die entsprechenden Suchbegriffe zu Ihren definierten Keywords. Die vorherige Keyword-Auswahl entspricht somit einem Filter in dem Bericht zu den Suchbegriffen.

2 ausgewählt	Bearbeiten ▼	Suchbegriffe	Label ▼	Auktionsdaten
☐ ● Keyword			Kampagne	Anzeigengruppe
Gesamt: Gefilterte Keywords ⑦				
☐ ● [google ads seminar]			Google Ads-Seminar-Saarland	Google Ads-Seminar
☑ ● "ads seminar"			Google Ads-Seminar-Saarland	Google Ads-Seminar
☑ ● "adwords seminar"			AdWords-Lokal Saarbrücken	AdWords-Saarbrücken

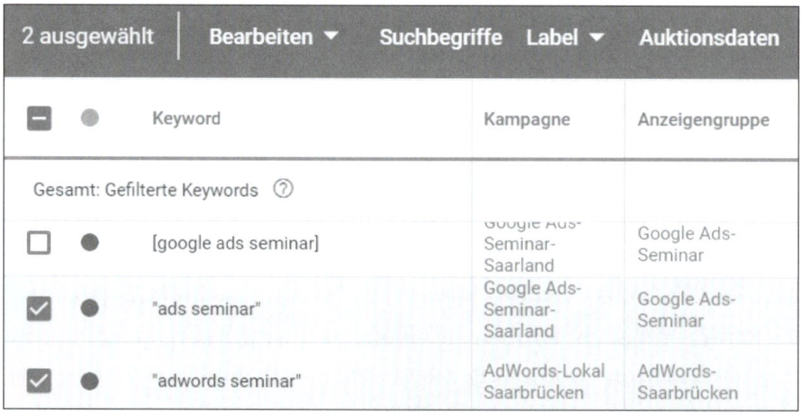

Abbildung 12.10 Suchbegriffe unter »Keywords« via Checkbox aufrufen

> **Tipp: Fügen Sie die Spalte »Keyword« hinzu**
>
> Wenn Sie sich die Berichte zu den Suchbegriffen anschauen, dann sollten Sie für diese Berichte immer die Spalte KEYWORD hinzufügen. Sie finden die Berichtsspalte, wenn Sie SPALTEN • SPALTEN ANPASSEN wählen und dann die Gruppe ATTRIBUTE aufrufen. Mit der zusätzlichen Spalte KEYWORD erfahren Sie, welches Keyword zu welchem Suchbegriff gehört, und können so besser entscheiden, ob dies in Ihrem Sinne ist. Sortieren Sie die Suchbegriffe am besten nach KLICKS, IMPR. oder KOSTEN, sodass zuerst diejenigen angezeigt werden, die am meisten Traffic oder Kosten generieren.

Beim Setup Ihrer Kampagnen haben Sie vermutlich schon einige Ausschlüsse vorgenommen, doch gerade wenn Sie die etwas weitgehenderen Keyword-Optionen gebrauchen, werden Sie immer wieder auf Suchanfragen stoßen, die nicht wirklich zu Ihrem Angebot passen. Ähnlich verhält es sich auch mit relevanten Suchanfragen, die Sie bislang noch nicht eingebucht haben, die aber häufig von den Usern gesucht und geklickt werden. Es empfiehlt sich, diese Keywords aufzunehmen, um im Weiteren von ihrer Performance zu profitieren und ihnen gegebenenfalls eine separate Ziel-URL geben zu können.

Setzen Sie vor die Suchbegriffe, die Sie hinzufügen bzw. ausschließen möchten, ein Häkchen, und führen Sie dann durch einen Klick auf den Link ALS KEYWORD HINZUFÜGEN oder ALS AUSZUSCHLIESSENDES KEYWORD HINZUFÜGEN die gewünschte Aktion aus (siehe Abbildung 12.11).

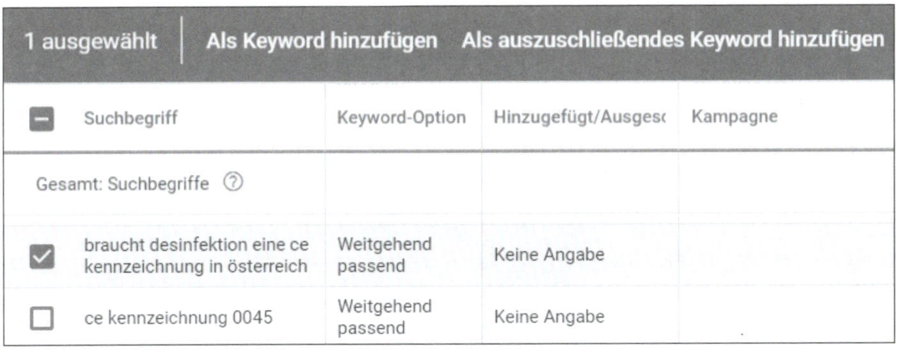

1 ausgewählt	Als Keyword hinzufügen	Als auszuschließendes Keyword hinzufügen	
☐ Suchbegriff	Keyword-Option	Hinzugefügt/Ausgesc	Kampagne
Gesamt: Suchbegriffe ⑦			
☑ braucht desinfektion eine ce kennzeichnung in österreich	Weitgehend passend	Keine Angabe	
☐ ce kennzeichnung 0045	Weitgehend passend	Keine Angabe	

Abbildung 12.11 Anfragen aus der Liste der Suchbegriffe auswählen

Neue Keywords in den Keyword-Pool aufzunehmen bzw. unpassende auszuschließen, ist besonders bei sehr teuren und häufig gesuchten Keywords ratsam. Diese Maßnahme hilft Ihnen dabei, Ihre Keywords präziser auszurichten und auf diese Weise Streuverluste zu reduzieren.

Wenn Sie neue Keywords Ihrem Pool hinzufügen, haben Sie bei Bedarf gleichzeitig die Möglichkeit, jeweils pro Keyword individuell eine FINALE URL (OPTIONAL) bzw.

einen MAX. CPC (OPTIONAL) zu vergeben, sofern er denn vom Standard-Anzeigen-gruppengebot abweichen soll (siehe Abbildung 12.12).

Abbildung 12.12 Keywords hinzufügen und optional CPC sowie URL bestimmen

Bei auszuschließenden Keywords können Sie definieren, ob Sie sie auf Anzeigen-gruppen- oder Kampagnenebene bzw. zu Ihrer Liste mit auszuschließenden Key-words hinzufügen möchten (siehe Abbildung 12.13).

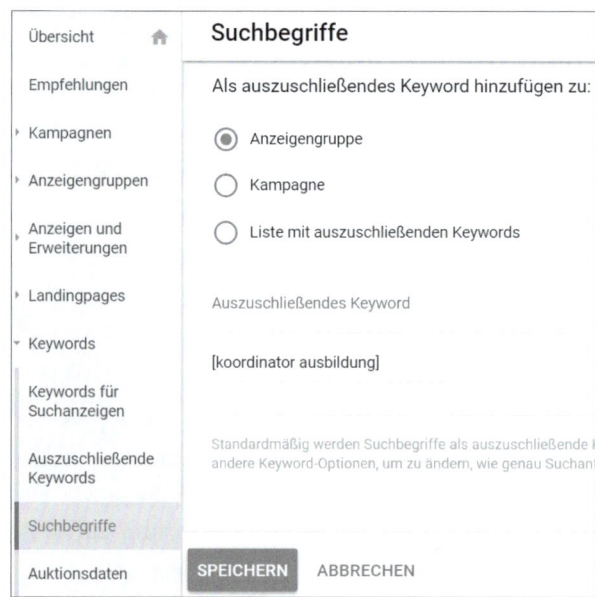

Abbildung 12.13 Auszuschließende Keywords hinzufügen

12.3.2 Keyword-Optionen

Wie wir schon gesagt haben, ist es zu Beginn einer Werbekampagne mit Google Ads zunächst wichtig, viele Klicks zu erzeugen und eine valide Datenbasis aufzubauen. Dabei kann es von Vorteil sein, die Keyword-Optionen nicht zu eng zu fassen und die Ausspielung nicht so sehr einzugrenzen. Je nach Zielsetzung und Branche kann es natürlich auch von Anfang an sinnvoll sein, Ihre Anzeigenschaltung durch die Verwendung der Keyword-Optionen PASSENDE WORTGRUPPE oder GENAU PASSEND zu kontrollieren. Prinzipiell sind für den Anfang die Option WEITGEHEND PASSEND und der Modifizierer für WEITGEHEND PASSEND jedoch keine schlechte Wahl, wobei das Hinzufügen von auszuschließenden Keywords eine wichtige Ergänzung darstellt.

Keyword-Optionen bei der Eingabe definieren

Durch die Eingabe des Keywords definieren Sie, wie das Keyword behandelt werden soll. Wenn Sie nur einen Suchbegriff eingeben, wird er als weitgehend passend behandelt; geben Sie ihn in Anführungsstrichen ein, handelt es sich um eine passende Wortgruppe, und in eckigen Klammern ist es dann eine genau passende Wortgruppe.

- ▶ Keyword = weitgehend passend
- ▶ "Keyword" = passende Wortgruppe
- ▶ [Keyword] = genau passend
- ▶ +Keyword = Modifizierer für »weitgehend passend«

Ohne festgelegte Keyword-Option wird ein Keyword von Google immer als weitgehend passend behandelt. Weitere Informationen zu den Keyword-Optionen finden Sie in Abschnitt 4.4.3.

Spätestens dann, wenn Ihnen eine ausreichende Datengrundlage zur Verfügung steht, sollten Sie Ihre Keywords genau analysieren und zumindest den Anteil der WEITGEHEND PASSEND-Keywords nach und nach reduzieren. So sparen Sie Geld, das Sie an anderer Stelle gewinnbringender einsetzen können.

Viele Werbetreibende haben jedoch Angst, dadurch relevante Suchanfragen und somit potenzielle Kunden zu verlieren. Um diese Verluste so gering wie möglich zu halten, die Anzeigen gleichzeitig aber zielgerichteter und effektiver zu schalten, bedarf es einer gut durchdachten Strategie.

Gehen Sie also überlegt an die Sache heran, und ändern Sie nicht einfach kopflos alle Keyword-Optionen. Nutzen Sie stattdessen die Werkzeuge, die Google Ads Ihnen für eine erfolgreiche Umstellung bereitstellt.

Ein solches Werkzeug steht Ihnen unter dem Navigationspunkt VORDEFINIERTE BERICHTE (DIMENSIONEN) · EINFACH · SUCHBEGRIFFE zur Verfügung. Betrachten Sie Ihre Keywords am besten auf Anzeigengruppenebene. Erfahren Sie, in welcher Option das Keyword am häufigsten gesucht bzw. geklickt wurde und wann der Klick am günstigsten und die Klickrate am höchsten war bzw. wann die meisten Bestellungen generiert wurden.

Ermitteln Sie auf diese Weise, bei welchen Keywords die präzisere Anzeigenschaltung in den Keyword-Optionen PASSENDE WORTGRUPPE oder GENAU PASSEND die erfolgreichere Wahl ist, und verzichten Sie dort auf die weitgefasste Ausrichtung, die lediglich Kosten verursacht. Prüfen Sie vor der Umstellung die Suchbegriffe für das entsprechende Keyword, und fügen Sie die relevanten Suchbegriffe hinzu, die die Anzeigenschaltung am häufigsten ausgelöst haben. So sind Sie auf der sicheren Seite und verlieren keine relevanten Besucher.

Den Bericht »Suchbegriffe« anpassen

Damit Sie die Keyword-Optionen im Bericht angezeigt bekommen, klicken Sie zunächst auf das Symbol für SPALTEN ❷ und wählen danach in der linken Spalte z. B. die Dimension KEYWORD-OPTION DES SUCHBEGRIFFS ❸ aus. Diese ziehen Sie einfach per Drag & Drop in den Bereich ZEILE. Ebenso können Sie rechts daneben Messwerte zu den Spalten ❹ hinzufügen. Wenn Sie beispielsweise Informationen zu den Conversions benötigen, so nutzen Sie die Suchfunktion ❶ und passen dann wieder per Drag & Drop die Spalten individuell nach Ihren Bedürfnissen an (siehe Abbildung 12.14).

Abbildung 12.14 Anpassen der Spalten im Bericht »Suchbegriffe«

12.3.3   Setzen Sie auf Longtail-Keywords

Generische, also sehr allgemeine Keywords erzielen meist viel und nicht unbedingt qualitativ hochwertigen Traffic und sind daher sehr kostspielig. Zu Anfang haben Sie aber sicher einige etwas allgemeinere Keywords eingebucht, um Ihre Marke in gewissen Bereichen bekannter zu machen. Es gibt viele Unternehmen, die das Suchnetzwerk zusätzlich als Branding-Kanal nutzen und für bestimmte Suchbegriffe stets auf einer der Top-Positionen präsent sind. Dafür eignen sich separate Kampagnen mit einem eigenen Budget. So vermeiden Sie, dass diese Keywords den anderen gewinnbringenderen Keywords das Budget »wegfressen«.

Sobald die Rentabilität Ihrer Werbung mehr in den Fokus rückt, sind die generischen Keywords ein wichtiger Optimierungsansatz. Wie schon erwähnt, erzeugen sie meistens hohe Kosten und bringen oft wenig Umsatz. Wesentlich effektiver sind dagegen Longtail-Keywords (siehe Abbildung 12.15). Das sind konkretere Phrasen, die aus mehreren Wörtern bestehen. Dies zeigt sich Ihnen auch, wenn Sie Ihren Suchanfragenbericht überprüfen.

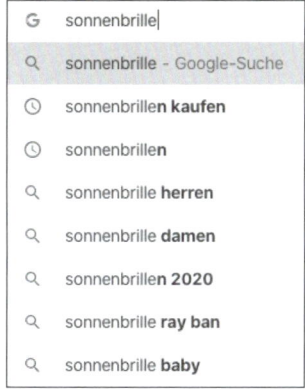

Abbildung 12.15 Longtail-Suchvorschläge in der Google-Suche

Ermitteln Sie die relevanten Longtail-Keywords, die hinter Ihren generischen Keywords stecken, und fügen Sie diese Ihrem Keyword-Pool hinzu. Gleichzeitig sollten Sie die sehr allgemeinen Suchbegriffe nach und nach minimieren oder sie zumindest mithilfe von Keyword-Optionen in ihrer Reichweite eingrenzen oder sie, wie beschrieben, in separate Kampagnen auslagern.

12.3.4   Gute Keywords – schlechte Keywords

Nicht zuletzt müssen Sie in die genaue Analyse Ihrer Keywords einsteigen, um den Erfolg Ihrer Kampagnen gemäß Ihrer Zielsetzung zu beurteilen. Unterm Strich wollen Sie diesen ja weiter ausbauen und den Return-of-Investment sowie die Kosten-Umsatz-Relation (KUR) verbessern.

Dazu müssen Sie die Performance Ihrer einzelnen Keywords bewerten und die Top-Performer fördern, während Sie sich von den Low-Performern trennen. In Ihrem Keyword-Bericht können Sie über SPALTEN • SPALTEN ANPASSEN in der Gruppe CONVERSIONS sogar Spalten, z. B. CONV.-WERT/KOSTEN, hinzufügen, die Ihnen etwas über das Verhältnis Ihres Umsatzes und der Werbekosten verraten (siehe Abbildung 12.16). Mit diesen Informationen finden Sie vereinfacht gesagt Keywords, die zu teuer sind. Bei dieser Vorgehensweise sollten Sie jedoch bedenken, dass aufgrund von technischen Beschränkungen nicht alle Conversions erfasst werden können.

Durch die Analyse der wichtigsten KPIs wie CPC, CTR oder CONV.-WERT/KOSTEN lassen sich die Keywords mit einer guten bzw. schlechten Performance identifizieren. Es könnte sich lohnen, bei den erfolgreichen Keywords das Gebot zu erhöhen und dadurch ihr Potenzial noch weiter auszuschöpfen. Bei den schlechteren Keywords müssen Sie genauer hinschauen: Versuchen Sie herauszufinden, was hinter der negativen Performance steckt. Ist vielleicht die Position so schlecht, dass der User Ihre Anzeigen gar nicht registriert, und ist Ihre Klickrate deshalb so schlecht? Passt die Zielseite womöglich nicht zu Ihrem Keyword, und verlassen die Nutzer aus diesem Grund Ihre Seite ohne Aktion?

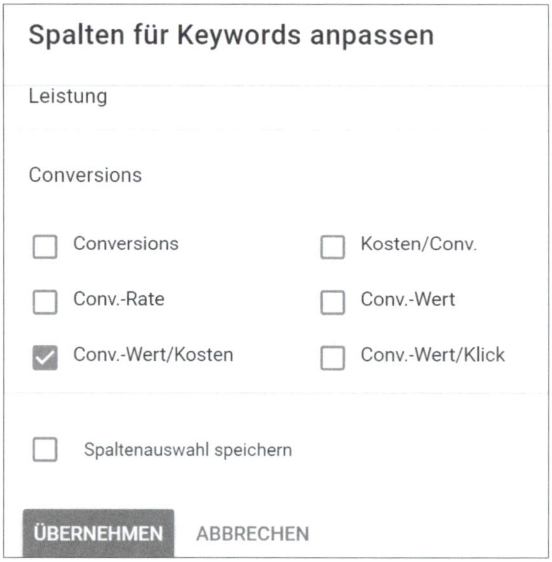

Abbildung 12.16 Spalte zu Conversion-Wert und Kosten zufügen

Viele Faktoren lassen sich beheben und optimieren, manchmal aber passt ein Keyword auch einfach nicht. Zögern Sie nicht, von Zeit zu Zeit Keywords zu deaktivieren oder zumindest Ihre Gebote radikal zu reduzieren, wenn sie Ihnen nichts außer Kosten bringen.

> **Tipp: Räumen Sie regelmäßig auf**
>
> Scheuen Sie sich nicht davor, zwischendurch einmal ordentlich auszumisten. Wählen Sie einen Zeitraum von drei bis sechs Monaten aus, und löschen Sie alle Keywords, die in diesem Zeitraum keine Impressionen erzielt haben, denn Sie können davon ausgehen, dass dies auch zukünftig nicht geschieht.

12.4   Optimierung Ihrer Kampagnenstruktur

Schon vor dem Aufsetzen Ihrer Werbekampagne im Google-Ads-Programm haben Sie sich intensiv damit beschäftigt, wie die Struktur Ihres Kontos aussehen könnte und wie Sie Ihre Kampagnen untergliedern. Je mehr Zeit und Grips Sie darauf verwendet haben, desto weniger Gedanken müssen Sie sich darüber nach dem Start Ihrer Kampagne machen. Dennoch gibt es auch auf dieser Ebene weiterhin viel zu tun und es müssen Aufgaben erledigt werden, damit Sie die Qualität Ihrer Kampagnen halten und noch verbessern.

Das Ziel dabei bleibt stets eine thematisch sinnvolle und granulare Kampagnenstruktur. Aber erst durch die Maßnahmen, die Sie im Laufe der Zeit treffen, und durch die Daten, die Sie sammeln, stellt sich heraus, ob sich Ihre Struktur bewährt hat oder ob einzelne Themenbereiche vielleicht doch besser in einer separaten Kampagne oder Anzeigengruppe aufgehoben sind.

12.4.1   Anzeigengruppen in eine eigene Kampagne ausgliedern

Wie Sie Ihren Auswertungen entnehmen können, generieren einige Anzeigengruppen mehr Traffic als andere. Häufig kristallisieren sich einige Themenbereiche als so gefragt heraus, dass es sich lohnt, diese in eine separate Kampagne mit einem eigenen Budget auszulagern. Da Budgets bislang nur auf Kampagnenebene zugewiesen werden können, ist dies manchmal notwendig, damit das Budget nicht nur von einer einzigen Anzeigengruppe aufgebraucht wird.

Das Budget ist nicht die einzige Einstellung, die Sie lediglich auf Kampagnenebene vornehmen können. Auch geografische Ausrichtungen, Spracheinstellungen sowie die Ausrichtungen auf Endgeräte oder Netzwerkpartner lassen sich nur für die ganze Kampagne einstellen. Daher ist es durchaus sinnvoll, aus bestimmten Anzeigengruppen eigene Kampagnen zu erstellen.

Beispiel: Anzeigengruppe auf Kampagne umstellen

Ihre Daten zeigen, dass das Budget der Kampagne A hauptsächlich durch die Anzeigengruppe C ausgeschöpft wird; Anzeigengruppe A und Anzeigengruppe B gehen meistens leer aus. Zudem finden Sie heraus, dass Anzeigengruppe A in einer bestimmten Region besonders gut funktioniert, und möchten diese Region für diesen Themenbereich priorisieren. Dazu lagern Sie die Anzeigengruppe C in eine separate Kampagne aus, der Sie ein eigenes Budget und eine individuelle geografische Ausrichtung zuweisen können. Davon profitieren auch die übrigen Anzeigengruppen in Kampagne A.

12.4.2   Keywords in eigene Anzeigengruppen ausgliedern

Behalten Sie die Anzahl der Keywords in Ihren Anzeigengruppen im Blick. Eine Anzeigengruppe sollte in der Regel nicht mehr als 10 bis 15 Keywords enthalten, die thematisch zusammenpassen, damit die Anzeigentexte inhaltlich auf sie abgestimmt werden können. Gerade zu Anfang fügt man auf Grundlage neuer Google-Vorschläge und auf Basis des Suchanfragenberichts dem Keyword-Pool häufig neue Keywords hinzu. Dadurch steigt die Anzahl der Keywords, und oftmals entstehen mehrere Themenbereiche innerhalb einer Anzeigengruppe, die problemlos in eine eigene Anzeigengruppe ausgegliedert werden können.

> **Beispiel: Entstehung neuer Themenbereiche in einer Anzeigengruppe**
>
> Sie haben eine Anzeigengruppe für Jacken mit Keywords wie »Sommerjacken«, »Winterjacken«, »Strickjacken«, »Jeansjacken« etc. Mit der Zeit fügen Sie weitere Keywords hinzu, die auf den tatsächlichen Suchanfragen der User basieren. Sie bemerken, dass der Bereich »Strickjacken« sehr gefragt ist, und entscheiden, eine neue Anzeigengruppe für Strickjacken einzurichten. Mit den passenden Anzeigentexten können Sie die Suchenden nun viel gezielter ansprechen.

12.5   Optimierung Ihrer Kampagneneinstellungen

Eventuell bemerken Sie im Rahmen Ihrer Analysen, dass sich Ihre Werbung zu bestimmten Tageszeiten überhaupt nicht lohnt oder dass in manchen Bundesländern mehr Nachfrage besteht als in anderen. Nutzen Sie diese Erkenntnisse, und optimieren Sie die unterschiedlichen Kampagneneinstellungen Ihres Kontos.

12.5.1   Überprüfen Sie Ihre Werbenetzwerke

Die Anzeigenschaltung im Google-Partner-Suchnetzwerk kann eine vorteilhafte Ergänzung zur Google-Suche sein. Oft sind die Klickpreise bei T-Online & Co. um ein Vielfaches günstiger, eventuell ist die Performance dort jedoch auch schlechter. Das hängt immer von der Branche und dem Produkt ab.

Um sich die Performance der Suchnetzwerke anzeigen zu lassen, gehen Sie wie folgt vor: Wählen Sie im Navigationsbereich links SUCHKAMPAGNEN aus, und klicken Sie im Seitenmenü auf KAMPAGNEN. Jetzt wählen Sie über das Segment-Icon (siehe Markierung in Abbildung 12.17) den Punkt NETZWERK (MIT SUCHNETZWERK-PARTNERN) aus. So sehen Sie zu jeder Kampagne die entsprechende Information, wie diese jeweils in der Google-Suche und den Suchnetzwerken funktioniert.

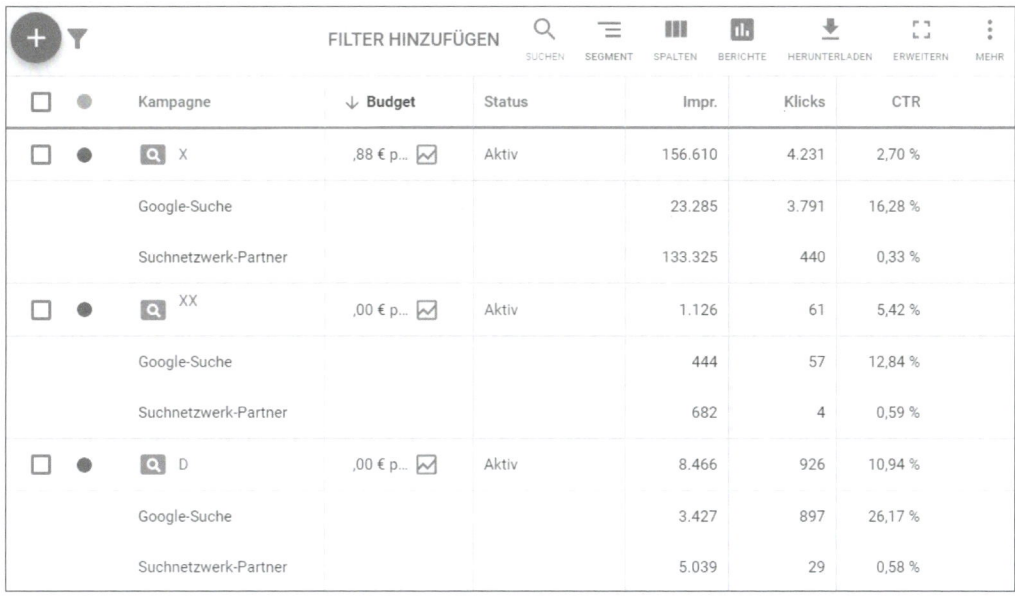

Abbildung 12.17 Segmentieren nach Suchnetzwerken

Auffällig sind häufig die vergleichsweise schlechten Klickraten (CTR) im Partner-Suchnetzwerk, ausgelöst durch eine immens hohe Anzahl an Impressionen. Dadurch entstehen Ihnen zwar auf den ersten Blick keine Kosten, die schlechte Klickrate wirkt sich aber auf die Gesamtklickrate aus, was wiederum den Qualitätsfaktor beeinflusst, der laut Google Einfluss auf die Klickpreise hat. Möchten Sie ein wenig Budget einsparen, stellt das Abschalten der Partner-Suchnetzwerke einen möglichen Ansatz dar. Entfernen Sie dazu in Ihren Kampagneneinstellungen beim Unterpunkt WERBE-NETZWERKE das Häkchen vor GOOGLE SUCHNETZWERK-PARTNER EINBEZIEHEN wie in Abbildung 12.18.

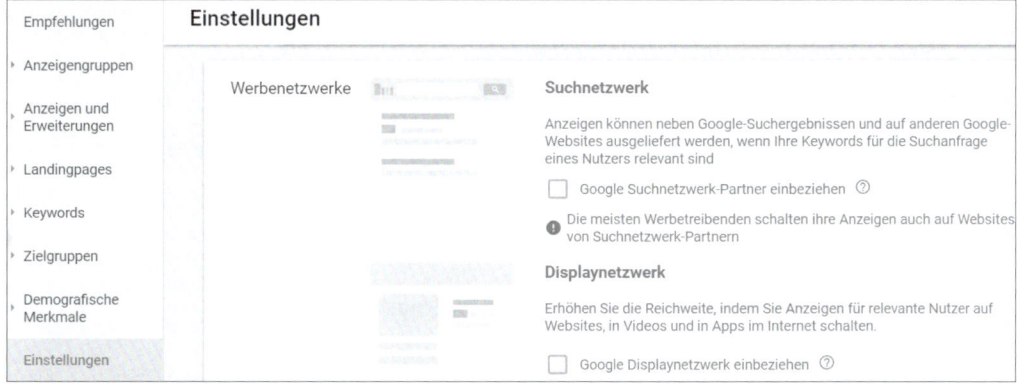

Abbildung 12.18 Ausrichtung der Werbenetzwerke

Unterschied zwischen Placements und Suchnetzwerk-Partnern

Bei *Placements*, die Sie durch einen Klick auf den gleichnamigen Link im Seitenmenü Ihrer Displaykampagnen einsehen und bearbeiten können, handelt es sich um meist große und stark frequentierte Webseiten, die Inhalte liefern. Auf diesen Seiten können Sie Ihre Google-Ads-Werbung in verschiedenen Formaten ausspielen, z. B. als Textanzeigen, Imageanzeigen oder Videos. Nachrichtenseiten wie DER SPIEGEL, das Handelsblatt oder Focus Online, aber auch Portale wie T-Online, Chefkoch.de und andere sind Beispiele für die Google-Werbepartner. Zu den Placements gehören auch kleine Blogs und Foren, die über Google AdSense die Schaltung von Werbung auf ihren Seiten erlaubt haben.

Suchnetzwerk-Partner von Google sind hingegen solche Seiten und Portale, die die Google-Suche als integralen Bestandteil auf ihrer Seite anbieten. Im Suchschlitz steht dann meist »Websuche mit Google«. Wenn Sie hier einen Suchbegriff eingeben, erscheint eine Google-Suchergebnisseite, ähnlich wie auch in der eigentlichen Google-Suche. Ein Unterschied besteht darin, dass bei den Partnern die Suchergebnisseiten ganz anders aufgebaut sein können. So können beispielsweise zunächst bis zu 10 Google-Ads-Anzeigen oberhalb der organischen Suchergebnisse erscheinen, die auch anders gekennzeichnet sind. Ein Beispiel für eine Suchnetzwerk-Partnerseite wäre wiederum T-Online. Hier können Sie sowohl Placement-Anzeigen im redaktionellen Teil als auch Suchnetzwerk-Partner-Anzeigen bei der Suche schalten.

Prüfen Sie also über die Segmentierung nach Suchnetzwerken genau, welche für Sie rentabel sind und zur gewünschten Conversion führen und welche nicht.

12.5.2   Passen Sie die regionale Ausrichtung an

Wenn Sie in der Hauptnavigation zu STANDORTE • BERICHT NACH STANDORTE gehen, können Sie sich unter anderem die Performance Ihrer Kampagnen in den verschiedenen Ländern, Bundesländern bis hin zu einzelnen Städten anzeigen lassen (siehe Abbildung 12.19).

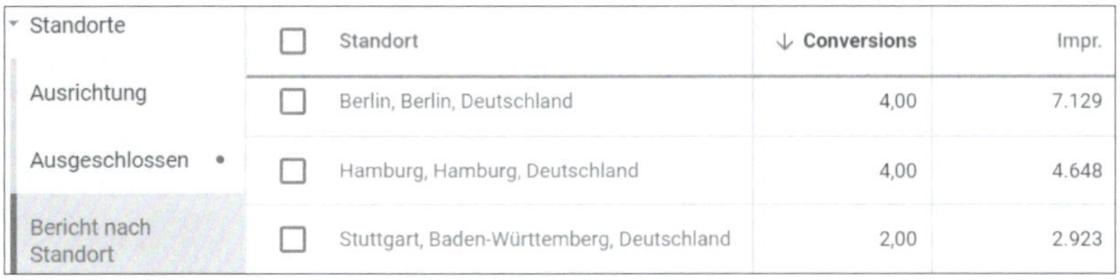

▾ Standorte		Standort	↓ Conversions	Impr.
Ausrichtung	☐	Berlin, Berlin, Deutschland	4,00	7.129
Ausgeschlossen •	☐	Hamburg, Hamburg, Deutschland	4,00	4.648
Bericht nach Standort	☐	Stuttgart, Baden-Württemberg, Deutschland	2,00	2.923

Abbildung 12.19 Segmentierung der Performance nach Stadt

Diese Daten bieten Hinweise darauf, in welchen Regionen die meiste Nachfrage nach Ihrem Angebot besteht und wo sich die Werbung rentiert bzw. weniger auszahlt. Vielleicht wird deutlich, dass Sie auf bestimmte Regionen verzichten und das gesparte Budget besser an anderer Stelle investieren könnten.

Der Bericht gibt zudem Aufschluss darüber, wo der Wettbewerbsdruck gegebenenfalls höher ist als in anderen Regionen und wo der Klick deshalb teurer ist. In diesem Fall oder auch, wenn Sie einzelne Regionen priorisieren möchten, haben Sie die Möglichkeit, unter STANDORTE · AUSRICHTUNG die Gebote wie in Abbildung 12.20 für bestimmte Regionen prozentual zu erhöhen oder auch gegebenenfalls zu senken. Falls Sie bestimmte Bundesländer oder auch Städte noch nicht beim Anlegen der Kampagne individuell hinzugefügt hatten, müssen Sie diese natürlich vorher noch unter STANDORTE · AUSRICHTUNG per Klick auf den großen Bearbeitungsstift hinzufügen.

Demografische Merkmale		Zielregion	Gebotsanp.	Klicks	↓ Impr.	CTR	Durchschn. CPC
	☐	Niederlande	–	6	74	8,11 %	0,92 €
Einstellungen	☐	Belgien	–	3	47	6,38 %	0,77 €
Weniger	☐	Luxemburg	–	1	23	4,35 %	1,60 €
Dynamische Anzeigenziele	☐	Berlin, Berlin, Deutschland	Gebotsanpassung ⑦				
Standorte		Gesamt: Standorte ⑦	Erhöhen ▾		30 %		
Ausrichtung		Gesamt: andere Stando... ⑦	Beispiel: Ein Gebot von 10,00 € wird zu 13,00 €.				
Ausgeschlossen		Gesamt: Kampagne ⑦	Wenn Sie eine Gebotsanpassung entfernen möchten, lassen Sie dieses Feld leer.				
Bericht nach			ABBRECHEN SPEICHERN				

Abbildung 12.20 Gebote für ausgewählte Orte bzw. Regionen anpassen

12.5.3   Grenzen Sie Ihre Ausspielung zeitlich ein

In der Hauptnavigation finden Sie unter WERBEZEITPLANER eine zeitliche Auswertung Ihrer Kampagnen, z. B. nach:

▶ TAG & UHRZEIT

▶ TAG

▶ STUNDE

Sie können sich die Leistung aller oder einzelner Kampagnen (je nachdem, was Sie vorher ausgewählt haben) zu den unterschiedlichen Tageszeiten und/oder Wochentagen (siehe Abbildung 12.21) ansehen. Sie erhalten auf diese Weise einen Einblick, wann Ihre Kunden nach Ihnen suchen und ob es Zeiten oder Tage gibt, an denen kaum Nachfrage besteht und die Sie eventuell aussparen könnten. Unter Umständen fällt Ihnen dadurch auf, dass Ihr Budget schon in den frühen Abendstunden verbraucht ist.

Nutzen Sie das gewonnene Wissen, und passen Sie Ihre Einstellungen dementsprechend an. Wie in Abbildung 12.22 können Sie im Seitenmenü unter WERBEZEITPLA-
NER Gebotsanpassungen für unterschiedliche Zeiten vornehmen und die Gebote
einzelner Intervalle erhöhen bzw. reduzieren.

Weniger	▼ FILTER HINZUFÜGEN		
Standorte •	Tag	↓ Klicks	Impr.	CTR
Werbezeitplaner	Sonntag	3.199	88.325	3,62 %
Werbezeitplaner	Montag	3.119	86.107	3,62 %
Tag & Uhrzeit	Dienstag	2.840	82.364	3,45 %
Tag	Samstag	2.765	78.136	3,54 %
Stunde •	Mittwoch	2.632	77.359	3,40 %
Geräte	Donnerstag	2.492	75.590	3,30 %
Erweiterte Gebotsanp. •	Freitag	2.283	68.210	3,35 %

Abbildung 12.21 Auswertung der Wochentage

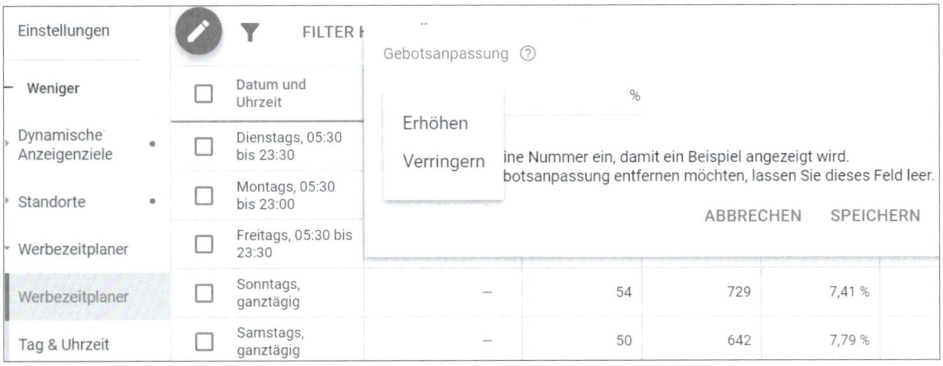

Einstellungen	✏ ▼ FILTER				
Weniger	☐ Datum und Uhrzeit	Gebotsanpassung ⑦			
Dynamische Anzeigenziele •	☐ Dienstags, 05:30 bis 23:30	Erhöhen	%		
Standorte •	☐ Montags, 05:30 bis 23:00	Verringern ine Nummer ein, damit ein Beispiel angezeigt wird.			
Werbezeitplaner	☐ Freitags, 05:30 bis 23:30	botsanpassung entfernen möchten, lassen Sie dieses Feld leer.			
			ABBRECHEN	SPEICHERN	
Werbezeitplaner	☐ Sonntags, ganztägig	—	54	729	7,41 %
Tag & Uhrzeit	☐ Samstags, ganztägig	—	50	642	7,79 %

Abbildung 12.22 Gebotsanpassung einzelner Zeitintervalle

Tipp: Budget automatisch erhöhen

Hat sich herausgestellt, dass die Nachfrage sonntags besonders hoch ist und Sie
dann gleichzeitig den meisten Umsatz erzielen, sind Sie eventuell bereit, an diesem
Wochentag etwas mehr Geld zu investieren.

Sie können eine automatisierte Regel erstellen, indem Sie die gewünschte(n) Kam-
pagne(n) markieren und danach auf BEARBEITEN klicken und in der Auswahl den Unterpunkt AUTOMATISIERTE REGEL ERSTELLEN wählen. Bestimmen Sie BUDGETS ÄNDERN

---

als ART DER REGEL, und legen Sie eine Regel fest, die das Budget wie in Abbildung 12.23 jede Woche am Sonntag um 01:00 Uhr erhöht. Vergessen Sie nicht, eine zweite Regel aufzusetzen, die das Budget am Montagmorgen dann wieder senkt.

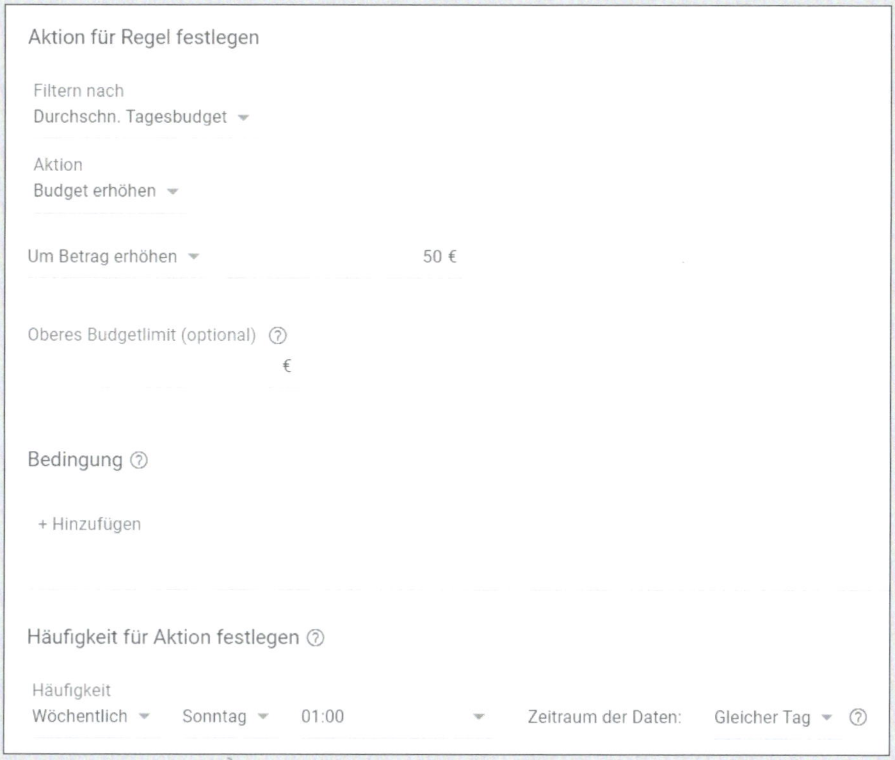

Aktion für Regel festlegen

Filtern nach
Durchschn. Tagesbudget ▾

Aktion
Budget erhöhen ▾

Um Betrag erhöhen ▾   50 €

Oberes Budgetlimit (optional) ⑦
                                €

Bedingung ⑦

+ Hinzufügen

Häufigkeit für Aktion festlegen ⑦

Häufigkeit
Wöchentlich ▾   Sonntag ▾   01:00   ▾   Zeitraum der Daten: Gleicher Tag ▾ ⑦

Abbildung 12.23 Automatisierte Regel zur Budgeterhöhung am Sonntag

12.5.4 Aussteuerung der Geräte

Schauen Sie sich an, wie Ihre Kampagnen auf den unterschiedlichen Geräten und besonders auf Mobiltelefonen funktionieren, indem Sie die Kampagnen nach Geräten segmentieren (siehe Abbildung 12.24). Klickraten und Klickpreise sind oft von Gerät zu Gerät verschieden.

Sie können die Einstellungen für Computer, Smartphones und Tablets individuell bearbeiten. Bewerten Sie also die Leistung, die Ihre Anzeigen auf den unterschiedlichen Geräten erzielen, und ziehen Sie Ihre Konsequenzen daraus.

Ist die Leistung nur mittelmäßig und verfügt Ihr Unternehmen noch nicht über eine mobile Website, so könnten Sie darüber nachdenken, ob Sie bis dahin von Werbung auf Mobiltelefonen absehen, um ein wenig Geld auf die anderen Geräte umzuverteilen. Dazu verringern Sie das Gebot für Mobiltelefone unter dem Navigationspunkt

GERÄTE durch Klick in die Spalte GEBOTSANP.. Verringern Sie einfach die Gebotsanpassung um 100 %. Steht die Werbung auf Smartphones hingegen im Fokus, können
Sie das Gebot für Mobilgeräte auf die gleiche Weise prozentual erhöhen.

Kampagne	↓ Budget	Status	Impr.	Klicks	CTR	Durchschn. CPC
🔍 Kampagne-Suche-G	90,00 € pro Tag 📈	Aktiv	878.209	29.722	3,38 %	0,54 €
Computer ⑦			380.586	15.539	4,08 %	0,61 €
Smartphones ⑦			407.756	11.506	2,82 %	0,44 €
Tablets ⑦			89.867	2.677	2,98 %	0,53 €

Abbildung 12.24 Segmentierung nach Gerät

12.6   Optimierung Ihrer Anzeigen

Ihre Anzeigen sind der erste Kontakt, den Sie mit Ihren potenziellen Kunden haben.
Ihnen bleiben nur wenige Augenblicke, um den User davon zu überzeugen, sich für
Ihre Anzeige zu entscheiden. Daher müssen Ihre Anzeigen einiges leisten, denn ihr
Erfolg ist die Voraussetzung dafür, dass der User weiter auf Ihre Website klickt und
dort im besten Falle eine Conversion auslöst.

Ein Blick auf Ihre Klickrate verrät Ihnen, ob Ihre Anzeigentexte funktionieren oder ob
die erste Kontaktaufnahme fehlgeschlagen ist. Selbst wenn die Klickraten gut sind,
bieten die Anzeigentexte ein großes Optimierungspotenzial. Es gibt einige Möglichkeiten, um Tests durchzuführen und aus den dadurch gewonnenen Erkenntnissen
Konsequenzen zu ziehen

12.6.1   Lassen Sie mehrere Anzeigen gegeneinander laufen

Die erste Regel, die Sie hoffentlich schon beim Aufsetzen Ihrer Kampagnen beherzigt
haben, lautet, stets drei bis maximal sechs Anzeigen pro Anzeigengruppe gegeneinander laufen zu lassen. Das ist nicht nur deshalb von Vorteil, weil immer mal eine
Anzeige abgelehnt werden kann und Sie auf diese Weise sicher sind, dass trotzdem
eine Anzeige greift.

Außerdem haben Sie so die Möglichkeit, die verschiedenen Texte zu testen und ihre
Leistung gegenüberzustellen. Um hier die gleichen Bedingungen zu schaffen, sollten
Sie bei Ihren Kampagnen unter EINSTELLUNGEN • ANZEIGENROTATION die Auswahl
wie in Abbildung 12.25 auf NICHT OPTIMIEREN: UNBEGRENZTE ANZEIGENROTATION
setzen – auch wenn Google dies nicht mag und mit einer kleinen Information von
dieser Einstellung abrät. Für Admins, die ihre Kampagnen nicht regelmäßig kontrol-

lieren, ist die erste Variante OPTIMIEREN auch die bessere Wahl. Für ausgiebige Tests ist allerdings die von uns empfohlene Option die bessere Variante.

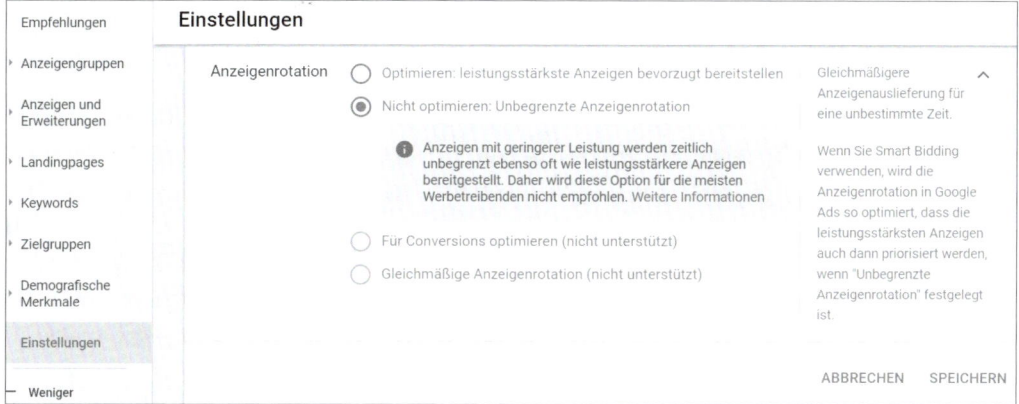

Abbildung 12.25 Zwei Auswahloptionen für die Anzeigenrotation auf Kampagnenlevel

Falls Sie Ihre Anzeigen nur in bestimmten, z. B. neuen Anzeigengruppen testen möchten, ist die Ausrichtung der Anzeigenrotation auch auf Anzeigengruppenlevel möglich (siehe Abbildung 12.26). Falls Sie stets die gleiche Anzeigenrotation bevorzugen und hier nicht individuelle Anpassungen vornehmen möchten, können Sie auch die Einstellung der Kampagnenebene überall übernehmen und auf Anzeigengruppenebene nichts zusätzlich verändern.

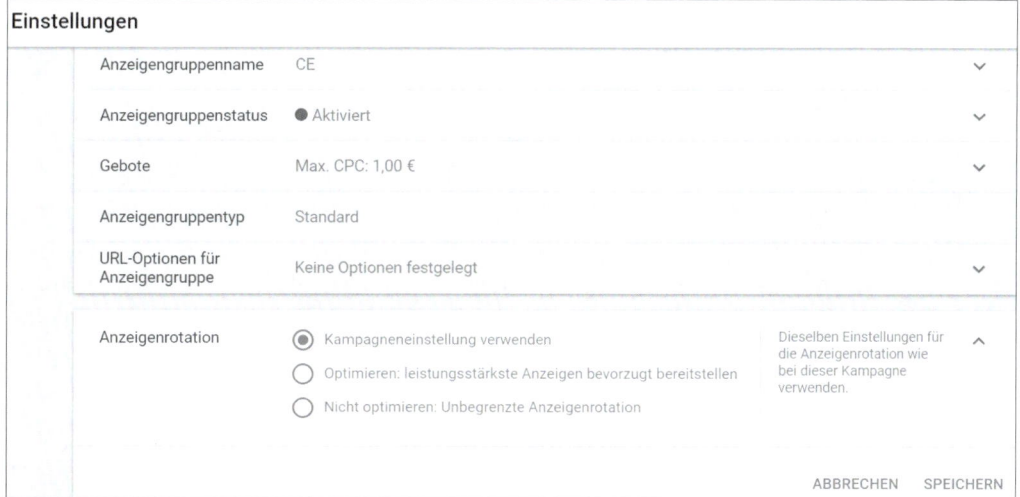

Abbildung 12.26 Anzeigenrotation auf Anzeigengruppenlevel festlegen

Nachdem Sie neue Anzeigen getestet und beobachtet haben, können Sie auch die von Google empfohlene Option OPTIMIEREN: LEISTUNGSSTÄRKSTE ANZEIGEN BE-

VORZUGT BEREITSTELLEN aktivieren. Damit werden diejenigen Anzeigen bevorzugt ausgespielt, die die meisten Klicks bzw. Conversions generieren. Um jedoch eine gleichberechtigte Ausgangsbasis für einen Test zu erhalten, sollten Sie wie erwähnt zunächst einmal die Option NICHT OPTIMIEREN: UNBEGRENZTE ANZEIGENROTATION einstellen.

Um Ihre Anzeigentexte miteinander zu vergleichen, betrachten Sie die Performance der einzelnen Anzeigen in den Statistiken unter dem Navigationspunkt ANZEIGEN UND ERWEITERUNGEN • ANZEIGEN. Fügen Sie Ihrem Bericht via SPALTEN • SPALTEN ANPASSEN bei der Untergruppierung LEISTUNG die Spalte SCHALTUNG IN % hinzu (siehe Abbildung 12.27). Diese Berichtspalte gibt das Verhältnis wieder, in dem die Anzeige im Vergleich zu den anderen Anzeigen geschaltet wurde, und zeigt Ihnen, ob Sie beim Vergleich der anderen Leistungskennzahlen tatsächlich von gleichen Bedingungen ausgehen.

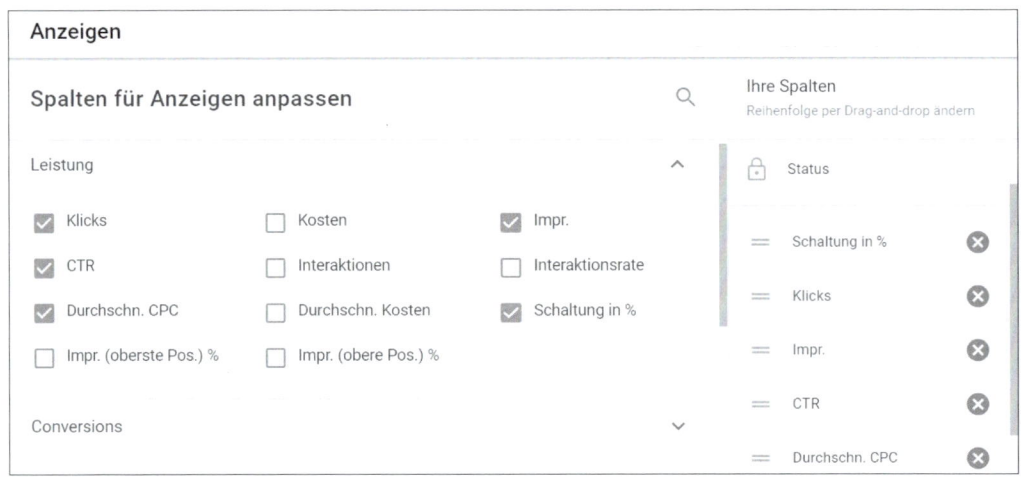

Abbildung 12.27 »Schaltung in %« gibt Auskunft über die Anzeigen-Performance im Vergleich.

Optimieren Sie die Anzeigen, die bei den wichtigen KPIs wie CTR oder CONVERSIONS schlechter abschneiden als die Top-Anzeigen, und ändern Sie die Texte entsprechend.

12.6.2   Testen Sie verschiedene Verkaufsargumente

Was bewegt den User dazu, sich für eine bestimmte Anzeige zu entscheiden? Wie können Sie ihn von Ihrem Angebot überzeugen? Sind es die Rabatte, mit denen Sie ihn locken, oder die schnellen Lieferzeiten oder doch der kostenlose Versand? Es kann durchaus von Nutzen sein, wenn Sie wissen, worauf der Nutzer anspringt.

Erstellen Sie deshalb Labels für die einzelnen Verkaufsargumente oder Formulierungen. Sie können jeweils Labels für Kampagnen, Anzeigengruppen, Anzeigen oder Keywords vergeben. Dazu setzen Sie einen Haken in die Checkbox vor der gewünschten Anzeige und wählen über die dann erscheinende blaue Navigation unter LABEL ein vorhandenes Label aus oder vergeben ein neues (siehe Abbildung 12.28).

Abbildung 12.28 Vergabe der Labels

Werten Sie Ihre Anzeigen später aus, indem Sie sich die Statistiken zu den vergebenen Labels nach einem ausreichenden Testzeitraum anschauen und diese auswerten. Die Statistiken zu den gelabelten Anzeigen finden Sie bei den Berichten ❶ unter dem Navigationspunkt VORDEFINIERTE BERICHTE (DIMENSIONEN) ❷ · LABELS ❸ · LABELS - ANZEIGE ❹ (siehe Abbildung 12.29).

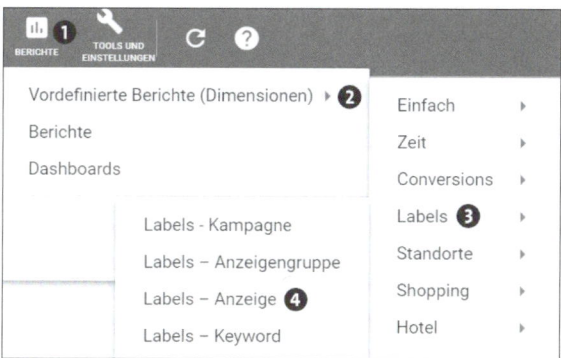

Abbildung 12.29 Berichte zur Auswertung der einzelnen Labels aufrufen

Durch die Auswertung erfahren Sie, welche Argumente die meiste Überzeugungskraft haben, indem Sie die KPIs wie Klickrate, Klickpreis oder Umsatz miteinander vergleichen. Bringen Sie die Verkaufsargumente, die nachweislich gut funktionieren, auch in anderen Anzeigen unter, und verzichten Sie auf die Argumente, die keinen Anklang finden.

12.7   Optimierung durch Anzeigen mit dynamischen Elementen

Erfahrungsgemäß werden Anzeigen mit einem unmittelbaren Bezug zu den gesuchten Inhalten, Produkten und Dienstleistungen besser geklickt als solche, die nur generische Aussagen beinhalten. Hinzu kommt, dass jedes übereinstimmende Wort der Suchanfrage in den Anzeigen automatisch fett markiert wird. Sie haben somit in Überschrift, Anzeigentext und auch in der angezeigten URL die Möglichkeit, mit dem geschickten Einsatz von dynamischen Anzeigenelementen von dieser automatischen Hervorhebung zusätzlich zu profitieren. Selbst wenn Sie mit einem sehr granularen Set aus Anzeigengruppen mit jeweils nur wenigen Keywords arbeiten, wird es Ihnen unmöglich sein, für praktisch jeden Suchbegriff eine optimal passende Anzeige zu texten. Hier kommen die Keyword-Platzhalter (engl. *Dynamic Keyword Insertion*, DKI) ins Spiel. Mithilfe dieser praktischen Google-Ads-Automatik können Sie Ihre Anzeigentexte nämlich individuell auf jedes einzelne gebuchte Keyword abstimmen.

Doch wie bei jedem Automatismus entstehen damit nicht nur Vorteile. Worauf Sie beim Einsatz von Keyword-Platzhaltern und weiteren dynamischen Anzeigen-Elementen achten sollten, möchten wir Ihnen hier im Zuge einer kurzen Funktionsbeschreibung anhand von Tipps und praktischen Beispielen erklären.

12.7.1   Dynamische Elemente für Textanzeigen

Dynamische Elemente wie die Keyword-Platzhalter können für viele Arten von Textanzeigen verwendet werden. So können Sie diese sowohl bei Desktop- und Tablet- als auch bei mobilen Anzeigen einsetzen. Bitte beachten Sie, dass grundsätzlich jedes gebuchte Keyword im Anzeigentext erscheinen kann, weshalb Sie speziell beim Einsatz von DKI unbedingt doppelt überprüfen sollten, wie sinnvoll solche dynamischen Ersetzungen für jedes einzelne Keyword ausfallen können.

In Abbildung 12.30 finden Sie ein einfaches Beispiel, wie Sie in der Praxis mit Keyword-Platzhaltern in Anzeigentexten arbeiten und wie sich diese abhängig von den gebuchten Keywords auf die tatsächlich dargestellten Anzeigen auswirken. DKI definieren Sie über sogenannte Keyword-Klammern, deren konkreten Aufbau wir uns nun im Detail ansehen:

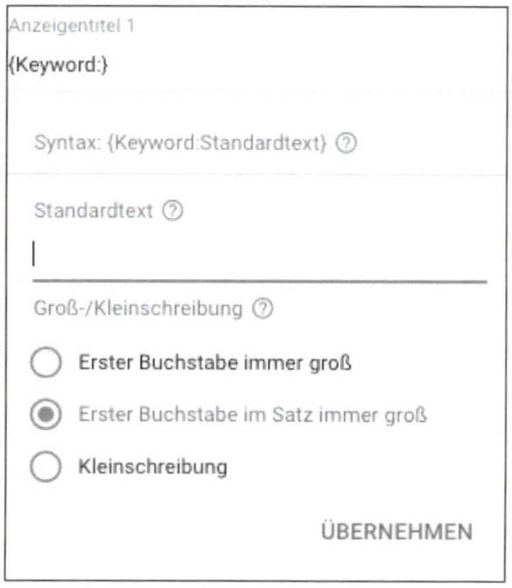

Abbildung 12.30 So funktionieren Keyword-Platzhalter im Anzeigentext.

Dynamische Elemente platzieren Sie mittels geschwungener Klammern {} und der Auswahl von KEYWORD-PLATZHALTER an jeder beliebigen Stelle in den Anzeigen-titeln, den URL-Pfaden oder der Beschreibung, wo Sie später eine dynamische Erset-zung durch den jeweiligen individuellen Suchbegriff durchführen möchten. Im Fall von dynamischen Keywords steht in den geschweiften Klammern zusätzlich der Er-satztext, der immer dann in der Anzeige dargestellt wird, wenn ein Keyword nicht dynamisch eingefügt werden kann. Meist ist das der Fall, wenn die Länge dieses Key-words die erlaubte Zeichenlänge für das jeweilige Feld überschreiten würde.

> **Tipp**
>
> Berücksichtigen Sie unbedingt die möglichen Textlängen, wenn Sie mit DKI arbeiten. Dessen Einsatz macht zum Beispiel wenig Sinn, wenn Sie ausschließlich lange Mehr-phrasen-Keywords gebucht haben, mit denen ohnehin nur Platz für den Ersatztext in den jeweiligen Feldern der Textanzeige bleiben würde. Speziell in den beiden Anzei-gentiteln wird das 30-Zeichen-Limit schnell dafür sorgen, dass bei einem verwende-ten Keyword-Platzhalter nicht mehr viel Platz für weitere fixe Textelemente bleibt. Ebenso sind die beiden möglichen Felder für angezeigte Pfade auf 15 Zeichen limi-tiert.

12.7.2   Dynamische Elemente einfügen

Sobald Sie in einem der Anzeigen-Felder (Titel, Pfad, Beschreibung) eine öffnende ge-schweifte Klammer { einfügen, klappt ein Menü auf, in dem Sie weitere Optionen auswählen können (siehe Abbildung 12.31). Google führt Sie hier bei den einzelnen Optionen Schritt für Schritt durch die Erstellung. Anders als in der Vergangenheit müssen Sie nun nichts mehr manuell mit Programmiercode hinterlegen.

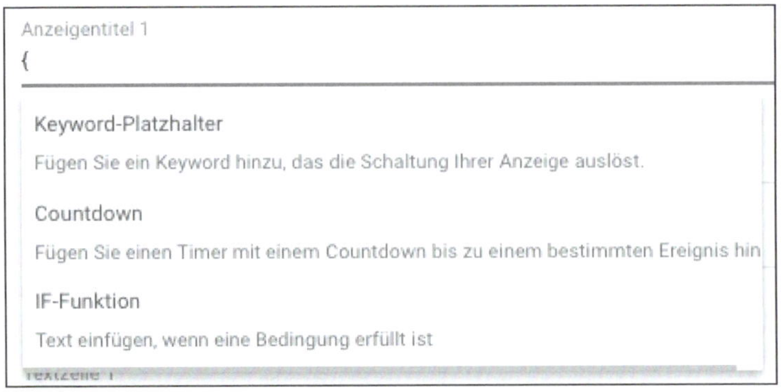

Abbildung 12.31 Optionen für Keyword-Platzhalter (DKI)

Keyword-Platzhalter

Als Text geben Sie Ihren Keyword-Platzhalter ein, also den Ersatztext bzw. den Begriff, der erscheinen soll, sofern das Keyword nicht dynamisch ersetzt werden kann. Danach wählen Sie über die Radiobuttons darunter aus, wie das Keyword sich in puncto Groß-/Kleinschreibung verhalten soll, sprich ob es immer mit einem Großbuchstaben anfangen soll oder nur dann, wenn es am Satzanfang steht, bzw. ob es immer kleingeschrieben werden soll. Diese Entscheidung ist insofern relevant, als es sonst vielleicht zu unschönen Darstellungen oder grammatikalischen Fehlern in der Anzeige kommen kann. Nachdem Sie über dieses Auswahlmenü Ihren Keyword-Platzhalter definiert haben und auf ÜBERNEHMEN geklickt haben, erstellt Google automatisch die entsprechende Syntax, die früher manuell eingegeben werden musste (siehe Listing 12.1).

```
{KeyWord:Ersatztext}
```

Listing 12.1 Beispiel für Keyword-Platzhalter in Textanzeigen

Countdown

Die Countdown-Funktion können Sie nutzen, um eine Verknappung in Ihre Anzeigen einzubauen. Im Marketing arbeitet man gern mit einer Restlaufzeit, weil diese, genau wie Angaben zu Restposten von Produkten oder noch verfügbaren Seminarplätzen, das Motiv der Verknappung aufgreift. Dies erzeugt Aufmerksamkeit und hilft somit auch bei der Optimierung Ihrer Google-Ads-Anzeige.

Über einen Countdown können Sie angeben, wie lange ein bestimmter Aktionspreis oder ein Rabatt noch verfügbar ist. Sie können aber auch auf ein bevorstehendes Ereignis hinweisen, um eine gewisse Spannung aufrechtzuerhalten. Mit der Option COUNTDOWN ENDET stellen Sie ein, an welchem Datum und zu welcher Uhrzeit der Countdown enden soll. Bei COUNTDOWN BEGINNT tragen Sie ein, wie viele Tage vor diesem Datum die Anzeige geschaltet werden soll. Standardmäßig sind hier fünf

Tage eingestellt, die Sie natürlich verändern können. Zudem wählen Sie noch die ZEITZONE sowie die SPRACHE für die Ausgabe der Anzeige aus.

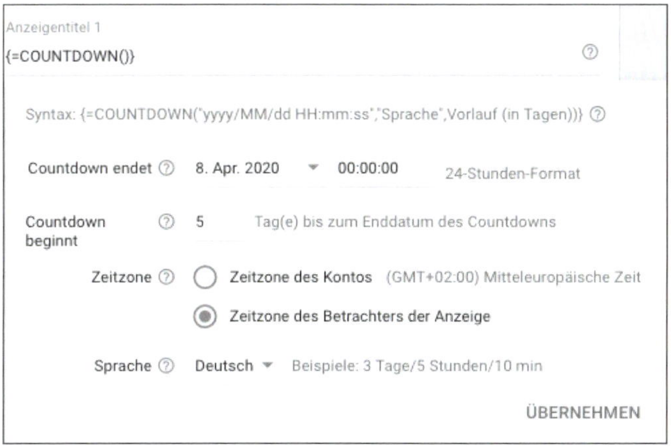

Abbildung 12.32 Countdown-Einstellungen für DKI

Google Ads passt auf Grundlage des Termins den Anzeigentext an. Am letzten Tag zählt Google auch die einzelnen Stunden und Minuten herunter, bis der Countdown endet. Ist der Countdown-Termin schließlich erreicht, so wird die Anzeige automatisch deaktiviert.

Anzeigenanpassung

Über ANZEIGENANPASSUNG können Sie ein Attribut bzw. mehrere Attribute einfügen, die Sie vorher unter TOOLS UND EINSTELLUNGEN • EINRICHTUNG • GESCHÄFTS- DATEN als Daten-Feed hinterlegt haben. Wie Sie den Daten-Feed hochladen, erfahren Sie in Abschnitt 12.8.

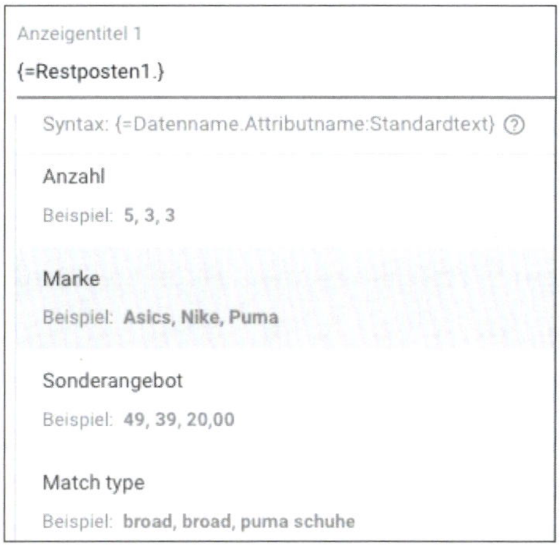

Abbildung 12.33 Anzeigenanpassung mit Attributen aus Daten-Feeds

Unter ANZEIGENANPASSUNG wählen Sie zunächst den gewünschten Daten-Feed und dann daraus das gewünschte einzufügende Attribut aus wie in unserem Beispiel aus Abbildung 12.33 Hier wählen wir aus dem Daten-Feed Restposten 1 das Attribut MARKE aus. Das Attribut entspricht der Spaltenbezeichnung der Datentabelle, die Sie vorher unter GESCHÄFTSDATEN hochgeladen haben.

Sie können an einer oder auch mehreren Stellen innerhalb der Anzeige Daten aus Ihren Daten-Feeds aufnehmen. In unserem Beispiel aus Abbildung 12.34 werden neben der Marke ❶ der Angebotspreis ❷ sowie die Anzahl ❸ der verbliebenen Laufschuhe aus der Datentabelle in die Anzeige übernommen. Beim Erstellen der Anzeige zeigt die Vorschau im rechten Teil des Fensters den Anzeigentext inklusive der entsprechenden Platzhalter.

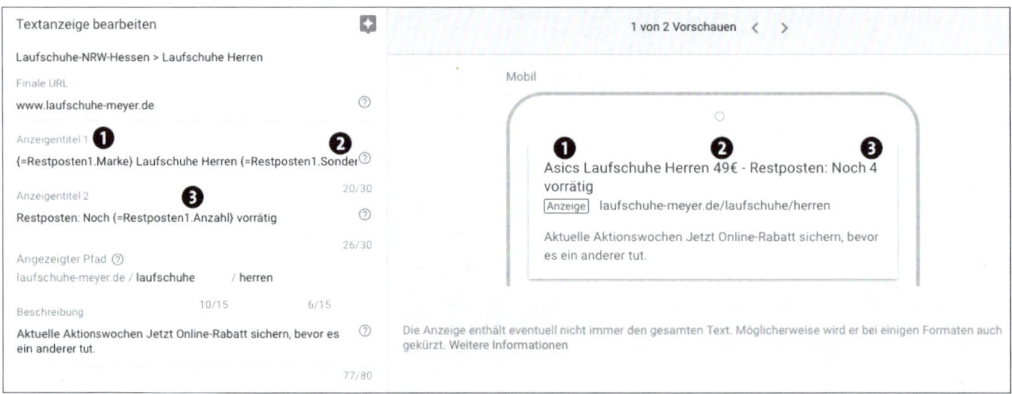

Abbildung 12.34 Anzeige inklusive Vorschau mit Anzeigenanpassungen

Bitte beachten Sie, dass Sie parallel immer noch eine Anzeige ohne dynamische Eingabewerte aktivieren sollten, damit Google Ihre Google-Ads-Anzeigengruppe auch ausliefert. Die neuen Anzeigen werden von Google noch einmal zusätzlich überprüft und sind daher nicht direkt verfügbar.

Mit drei Platzhaltern haben wir in unserem Beispiel die Möglichkeiten der dynamischen Anzeigenanpassungen schon sehr ausgereizt. Sie können natürlich auch nur einen oder zwei Platzhalter pro Anzeige nutzen. Folgende Liste soll Ihnen Anregungen liefern, wie Sie mithilfe der dynamischen Anzeigentexte interessante und passende Anzeigen für Ihre Google-Ads-Kampagnen erstellen können. Erstellen Sie mit dieser Technik zum Beispiel Anzeigen mit:

▶ unterschiedlichen Preisangaben für einzelne Produkte

▶ Angaben zu besonderen Merkmalen für individuelle Produkte

▶ Angaben zu speziellen Rabatten

▶ Hinweisen auf bestimmte Veranstaltungstermine

▶ Nennung individueller Ansprechpartner für bestimmte Produktgruppen

▶ Angaben zu Restlaufzeiten für aktuelle Werbeaktionen

Die IF-Funktion

Mit der IF-FUNKTION können Sie unterschiedliche dynamische Anzeigentexte individuell ausspielen, je nachdem, ob die Anzeige auf einem mobilen Endgerät bzw. von einer speziellen Zielgruppe gesehen wird. In unserem Beispiel aus Abbildung 12.35 wollen wir der Zielgruppe »Aktuelle Seminarbucher«, also denjenigen, die auf unserer »Conversion – Dankeschön-Seite« waren, einen speziellen Kunden-Rabatt für eine zusätzliche Buchung aus dem Unternehmen anzeigen. Alle anderen Betrachter der Anzeige erhalten nur den Hinweis auf aktuelle Sonderpreise.

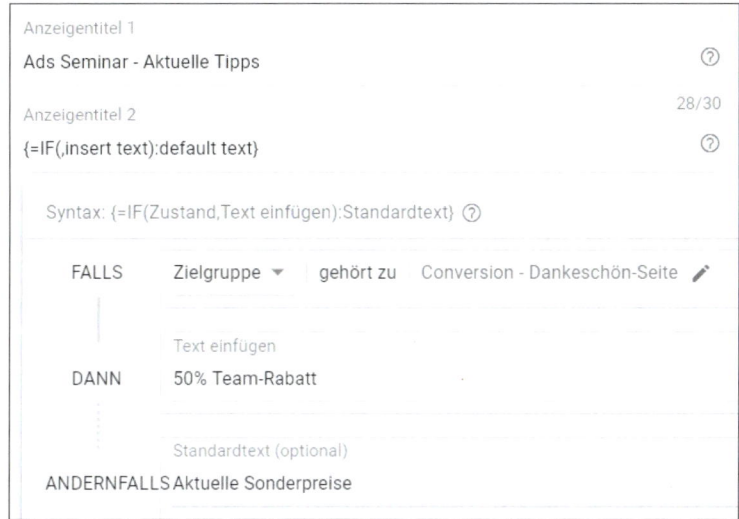

Abbildung 12.35 Dynamische Anzeigentexte mit der IF-Funktion einrichten

Die IF-Funktion greift an dieser Stelle auf die Zielgruppen zu, die Sie im Vorfeld in Ihren Tools unter GEMEINSAM GENUTZTE BIBLIOTHEK · ZIELGRUPPENVERWALTUNG definiert haben. Eine weitere mögliche Zielgruppe für eine individuelle Ansprache wären z. B. auch Warenkorb-Abbrecher, denen Sie ein besonderes Angebot unterbreiten wollen, damit sie beim folgenden Besuch doch den Warenkorb mit einem Kauf abschließen.

12.7.3   Groß- und Kleinschreibung von Keyword-Platzhaltern

Hinter der Schreibweise des Keyword-Begriffs stecken die verschiedenen Möglichkeiten der Groß- und Kleinschreibung, deren unterschiedliche Auswirkungen wir Ihnen anhand von Tabelle 12.1 aufzeigen möchten. Gehen wir davon aus, dass ein Suchmaschinennutzer nach »grüner tee« gesucht und damit eine Anzeigenschaltung ausgelöst hat.

Keyword-Platzhalter-Code	Groß-/Kleinschreibung	Darstellung in der Anzeige
{KeyWord:Teesorten} aus aller Welt	Der erste Buchstabe aller Keywords wird großgeschrieben.	Grüner Tee aus aller Welt
{Keyword:Teesorten} aus aller Welt	Großschreibung am Satzanfang: Nur der erste Buchstabe des ersten Keywords wird großgeschrieben.	Grüner tee aus aller Welt
{keyword:Teesorten} aus aller Welt	Durchgehend klein, es werden keine Großbuchstaben bei Keywords verwendet.	grüner tee aus aller Welt

Tabelle 12.1 Überblick und Beispiele zur Groß- und Kleinschreibung von Keyword-Platzhaltern

12.7.4   Vorteile von Keyword-Platzhaltern

Der Einbau von Keyword-Platzhaltern erfordert etwas mehr Planung. Diese Option bietet aber einige Vorteile, die wir Ihnen in Folgenden kurz vorstellen möchten.

Anzeigenrang steigern, Klickpreise senken

Einer der unmittelbaren Vorteile und Gründe für die Verwendung von DKI ist die Steigerung der Anzeigenrelevanz: Wenn sich der Wortlaut der Suchanfrage direkt im Anzeigentext wiederfindet und noch dazu möglichst viele übereinstimmende Begriffe fett hervorgehoben sind, dann sticht die Anzeige deutlicher hervor und bringt wohl in vielen Fällen eine höhere Klickrate mit sich als generische Anzeigen, in denen keine Textinhalte zur Suchanfrage passen. Höhere Klickraten wirken sich unmittelbar auf den Qualitätsfaktor aus, weshalb Sie mittelfristig durch den geschickten Einsatz von DKI nicht nur von einem besseren Anzeigenrang, sondern auch von günstigeren Klickpreisen profitieren sollten.

Zeit sparen ohne Relevanzeinbußen

Ein weiterer Vorteil ist natürlich der reduzierte Zeitaufwand. In der Praxis werden Sie selbst bei einem granularen Anzeigengruppen-Setup nicht auf jedes einzelne Keyword mit einer individuell getexteten Anzeige eingehen können. Auch wenn sich Ihr zu bewerbendes Angebot nur durch kleine Faktoren oder ausschließlich über Modell-

oder Versionsnummern (wie beispielsweise im Sortiment großer Online-Shops) voneinander unterscheidet, können Sie durch den Einsatz von DKI ohne große Einbußen in der Anzeigenrelevanz eine Menge Zeit sparen.

12.7.5 Nachteile und Grenzen von Keyword-Platzhaltern

Bis zu dieser Stelle könnten Sie leicht der Überzeugung sein, dass Sie von DKI ausschließlich profitieren können. Allerdings müssen Sie auch die folgenden Überlegungen zu den Schwächen dieses Systems berücksichtigen, damit der Einsatz von Keyword-Platzhalten für Sie nicht nach hinten losgeht.

Widersprüchliche Kombinationen

Vor allem Anbieter mit einem sehr großen Sortiment müssen sich öfter mit gänzlich unpassenden Auswirkungen von DKI auseinandersetzen. Erfahrungsgemäß betreffen solche Fehler oft Unternehmen wie eBay oder Amazon, die automatisiert mit wohl Abertausenden von Anzeigenvariationen auf Millionen von Keywords bieten. So ist es auch schon passiert, dass eine passende Anzeige bei der Suchanfrage nach »geklaute handys« ausgespielt wurde und wahrscheinlich die falsche »Zielgruppe« auf die Webseite gelockt hat. Beschränken Sie daher durch eine bewusste Vorauswahl die Suchbegriffe, die automatisch in Ihre Anzeigen übernommen werden können.

Probleme mit Marken

Erscheinen geschützte Marken-Keywords durch die Nutzung von DKI in den Anzeigentexten, so kann das Ihnen bzw. Ihren Kunden große Probleme bereiten. Sie können zwar in bestimmten Fällen Begriffe der Konkurrenz nutzen, mit DKI könnten diese aber auch in Ihren Anzeigen erscheinen.

Dies würde Ihnen nicht nur verärgerte Nutzer bringen, die auf Ihrer Zielseite nicht das gewünschte Angebot bzw. Unternehmen finden. Zu den unnötigen Kosten durch solche irreführenden Klicks könnten auch noch Probleme mit der Rechtsabteilung des fälschlicherweise genannten Unternehmens kommen. Erfahrungsgemäß kann die Kontaktaufnahme unterschiedlich ausfallen: von freundlichen E-Mails inklusive Beleg-Screenshots mit der Bitte, den Eintrag zu entfernen, bis hin zu sofortigen Abmahnungen und Unterlassungsklagen inklusive Zahlungsaufforderung.

> **Tipp**
>
> Buchen Sie unpassende Produkt- und Markennamen nicht in Kombination mit DKI, und fügen Sie zur Sicherheit Konkurrenzmarken als auszuschließende Keywords (am besten in zentralen Listen auf Kontoebene) ein, wenn Sie dazu keine Werbung schalten möchten.

Auch wenn wir auf den vorigen Seiten bereits einige Tipps zum Umgang mit DKI direkt bei den passenden Themenbereichen gegeben haben, möchten wir hier abschließend noch einmal ein paar der wichtigsten Punkte zusammenfassen, die Sie berücksichtigen sollten.

Auch die angezeigte URL optimieren

Denken Sie daran, dass DKI auch in der angezeigten URL eingesetzt werden kann. Damit nutzen Sie zusätzlichen Platz im Anzeigentext aus, um passende Suchbegriffe unterzubringen und noch einmal die Relevanz der Anzeige zu steigern. Auch durch Leerzeichen getrennte Keyword-Kombinationen sind kein Problem, da sie von Google in der angezeigten URL automatisch durch Ersatzzeichen aufgefüllt werden. Zu beachten ist hierbei nur, dass Sie pro Pfad – Google erlaubt zwei Pfade zur URL-Erweiterung – nur 15 Zeichen zur Verfügung haben. Wenn also Ihre gebuchten Keyword-Phrasen von Haus aus bereits sehr lang ausfallen, sollten Sie auf deren Verwendung über DKI an dieser Stelle verzichten und gleich eine generische, gut passende »Angezeigte URL« hinterlegen.

Formulierungen mit Keyword-Beispielen prüfen

Auch hier zeigt unsere Erfahrung, dass der Teufel im Detail stecken kann. Bleiben wir bei unserem Tee-Beispiel aus Tabelle 12.1. Während {KeyWord:Teesorten} aus aller Welt für den Suchbegriff »*Grüner Tee*« zu einem grammatikalisch passenden *Grüner Tee aus aller Welt* in der Anzeigenüberschrift führen würde, hätten Sie und Ihre potenziellen Interessenten mit folgender Formulierung weniger Freude, da es aus grammatikalischer Sicht hier ein wenig hakt: {KeyWord:Teesorten} online kaufen würde nämlich dazu führen, dass die Überschrift *Grüner Tee online kaufen* lauten würde. Es gibt leider immer wieder Kombinationen, die am Ende im Suchergebnis einen unprofessionellen Eindruck hinterlassen.

Vorsicht mit der eigenen Marke

Dass Sie bei DKI in Kombination mit Fremdmarken vorsichtig sein müssen, haben wir bereits ausführlich behandelt. Aber auch für den Umgang mit eigenen Marken- und Produktnamen haben wir noch einen Tipp parat: Verzichten Sie bei allen konkreten Brand- oder Produktkampagnen auf DKI, um in solchen Anzeigentexten ausschließlich Ihre gewünschten Marken- und Produktbezeichnungen oder auch die unveränderten Werbeclaims anzeigen zu lassen.

Individuelle Anzeigen schrittweise ausbauen

DKI eignet sich sehr gut dafür, zunächst generischere Kampagnen- und Anzeigen-Setups schrittweise auszubauen. Haben Sie mithilfe der Keyword-Platzhalter über einen längeren Zeitraum herausgefunden, mit welchen Anzeigentexten Ihre Kampagnen die besten Leistungsdaten erzielen, dann ersetzen Sie die DKI-Anzeigen schrittweise durch die passend formulierten Anzeigenvarianten *ohne* DKI.

12.8 Geschäftsdaten hochladen

Ein wichtiger Faktor für den Einsatz der dynamischen Möglichkeiten sind unter anderem die GESCHÄFTSDATEN, die Sie über TOOLS UND EINSTELLUNGEN • EINRICHTUNG • GESCHÄFTSDATEN (siehe Abbildung 12.36) hochladen können.

Unter diesem Navigationspunkt finden Sie zudem alle wichtigen Datentabellen, die Sie für Google Ads benötigen. An dieser Stelle sind unter anderem die Daten-Feeds zu Ihren Sitelinks, Ihre Informationserweiterungen, Ihre Adressdaten sowie die geschäftlichen Telefonnummern, die Sie hinzugefügt haben, aufgelistet.

Abbildung 12.36 Geschäftsdaten unter »Einrichtung« aufrufen

Zusätzlich können Sie nun jedoch in diesem Bereich auch eigene Daten-Feeds einstellen. Sie können sogar den Aufbau der eigenen Daten-Feeds in gewissem Umfang frei gestalten. Das eröffnet mit einem Mal ganz neue Möglichkeiten, weil nun spezielle Zusatzinformationen, die auf einzelne Produkte abgestimmt sind, automatisiert in Textanzeigen dargestellt werden können.

Werfen Sie zunächst einmal einen Blick auf den Unterpunkt GESCHÄFTSDATEN. Bereits beim ersten Öffnen finden Sie, wie bereits erwähnt, Daten-Feeds mit Daten zu Ihrem Google-Ads-Konto, falls Sie diese zum Beispiel über die Anzeigenerweiterungen hinzugefügt haben. Sie finden dort unter anderem Ihre Zusatzinformationen, die sogenannten Callouts, nach einem Klick auf den STANDARDFEED FÜR ZUSATZINFORMATIONEN ❶ wieder (siehe Abbildung 12.37). In dieser Ansicht können Sie nun per Klick auf das Symbol ⊕ ❷ auch neue Callout-Texte hinzufügen.

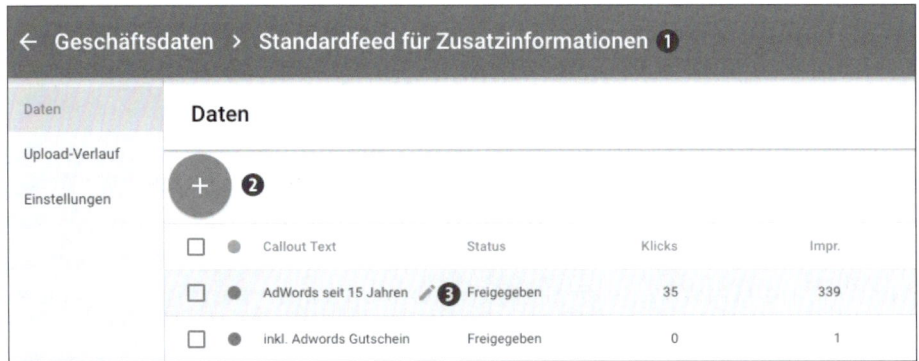

Abbildung 12.37 Blick in den »Standardfeed für Zusatzinformationen«

Dies bedeutet, dass Sie nicht mehr über die Anzeigenerweiterungen navigieren müssen, um neue Elemente hinzuzufügen. Natürlich können die Elemente auch über den Bearbeitungsstift ❸ geändert werden, der bei einem Mouse-over erscheint.

Sie können zwar auch über andere Funktionen verschiedene Feeds in Ihrem Konto anlegen. Unter GESCHÄFTSDATEN haben Sie aber die Möglichkeit, sogenannte *Anzeigenanpassungsdaten* hinzuzufügen. Diese Datentabelle benötigen Sie als Grundlage für die dynamischen Anzeigentexte. Schauen wir uns einmal an, wie Sie diese Datenfeeds anlegen. Dies ist immer der erste Schritt, wenn Sie später Anzeigen mit dynamischen Textbausteinen (die im vorherigen Abschnitt beschriebenen Anzeigenanpassungen) erstellen möchten.

Wir klicken im Bereich GESCHÄFTSDATEN auf das Symbol ⊕ und wählen aus der Liste den Unterpunkt ANZEIGENANPASSUNGSDATEN aus. Möchten Sie dynamische Textanzeigen mit Echtzeitinformationen generieren, so müssen Sie eine Datentabelle bzw. einen Daten-Feed mit Ihren Anzeigenanpassungsdaten hochladen. Da dieser Datenfeed einer vorgegebenen Form entsprechen muss, können Sie per Klick auf den Link VORLAGE ZU DEN DATEN FÜR DIE ANZEIGENANPASSUNG (CSV HERUNTERLADEN) in einem kleinen Infotext eine Vorlage zur Erstellung des Daten-Feeds herunterladen. Als Ausgangspunkt für eine dynamische Textanzeige mit Echtzeit-Updates wird mittels dieser CSV-Vorlage ein individueller Daten-Feed erstellt. Am einfachsten geht das mit Excel (importieren Sie dazu die CSV-Datei in eine leere Excel-Tabelle) oder mit einem anderen Tabellenkalkulationsprogramm. Die Vorlage enthält in den Spalten A bis E Beispiele für benutzerdefinierte Attribute. Ersetzen Sie die Werte durch eigene Attribute, und löschen Sie Spalten, die Sie nicht benötigen.

In die ersten Zeilen werden also die Attribute eingestellt. Dabei gehört zu jedem Attribut, das später in die Textanzeige übernommen werden soll, noch eine Angabe zu dem dazugehörigen Format bzw. dem Attribut-Typ. Das Format wird dabei in Klammern hinter den Attributnamen geschrieben. Für eine Zahl bekommt die Kopfspalte in der Tabelle zum Beispiel folgende Bezeichnung: *Anzahl (number)*. Unter folgendem Link finden Sie eine Liste der möglichen Attribut-Typen sowie der Dateneingabeformate, die genutzt werden können:

https://support.google.com/google-ads/answer/6093368

Neben den Werten, die Sie in den Anzeigen nutzen möchten, können Sie der Tabelle auch Ausrichtungselemente mitgeben. Auf diese Weise ist eine Ausrichtung über ausgewählte Kampagnen (*Target campaign*) oder Anzeigengruppen (*Target ad group*) in bestimmten Kampagnen möglich. Mit *Target location* ist eine Ausrichtung auf bestimmte Regionen möglich und mit *Target keyword* können die Werte in den Anzeigen auf die auslösenden Keywords ausgerichtet werden.

In unserem Beispiel geben wir die Kampagne, die Anzeigengruppe und die Keywords vor. Mithilfe der Satzzeichen für Keyword-Optionen wird bestimmt, ob es sich um *weitgehend passende Keywords mit Modifizierer* (dargestellt mit einem +-Zeichen wie +nike schuhe), um eine *passende Wortgruppe* (dargestellt mit Zitatzeichen wie "adidas laufschuhe") oder um *genau passende Keywords* handelt (dargestellt mit eckigen Klammern wie [asics laufschuhe]).

In unserem Beispiel aus Abbildung 12.38 soll, ausgehend von einer bestimmten Anfrage ❹, ein Text ausgespielt werden, der das Modell oder die Marke ❶ und die restliche Anzahl ❷ der vorhandenen Produkte enthält. Zusätzlich soll der aktuelle Angebotspreis ❸ in der Anzeige erscheinen. Diese Daten werden bei jeder Anzeige aus den Geschäftsdaten ausgelesen. Unser Beispiel soll Ihnen die Möglichkeiten aufzeigen, was Sie mit dieser neuen Funktion alles »anstellen« können. Natürlich ist es in der Praxis schwierig, die Anzahl der vorhandenen Produkte auf diesem Weg stets aktuell zu halten. Für kleinere Shops wäre aber auch die Angabe eines Restpostens über diese Funktion vorstellbar – unter Berücksichtigung eines bestimmten Puffers und eines täglichen Updates. Für große Shops würde man hier jedoch wieder mithilfe einer Programmierschnittstelle live auf das Shop-System zugreifen.

	A	B	C	D	E	F
	Modell (text)	Anzahl (number)	Sonderpreis (price)	Target campaign	Target ad group	Target keyword
1		❶	❷	❸			❹
2	Asics		5	79,99 €	Laufschuhe	Restposten	[asics laufschuhe]
3	Adidas		9	69,99 €	Laufschuhe	Restposten	(„adidas laufschuhe")
4	Nike		7	69,99 €	Laufschuhe	Restposten	+nike schuhe

Abbildung 12.38 Daten-Feed in Excel erstellen

Nachdem eine Excel-Tabelle erstellt und abgespeichert wurde, kann diese Datei als Feed in den Bereich GESCHÄFTSDATEN eingestellt werden (siehe Abbildung 12.39). Dazu erhält der Daten-Feed einen individuellen Namen ❶.

Per Klick auf den Button DATEI AUSWÄHLEN öffnet sich ein Fenster, in dem Sie diejenige Datei ❷ vom eigenen Computer auswählen, die Sie hochladen wollen. Mithilfe des Links VORSCHAU ❸ wird überprüft, ob der Daten-Feed den Anforderungen entspricht. Eventuelle Fehler werden Ihnen in einem separaten Fenster angezeigt. Dort erhalten Sie mit einem Klick auf DETAILS weitere Informationen zu diesen Fehlern und erfahren, wie Sie sie beheben können. Ist alles in Ordnung, so können Sie danach den Feed mit ÜBERNEHMEN ❹ speichern. Ein erfolgreicher Upload der Geschäftsdaten erscheint dann automatisch in Ihrer Liste mit Daten-Feeds.

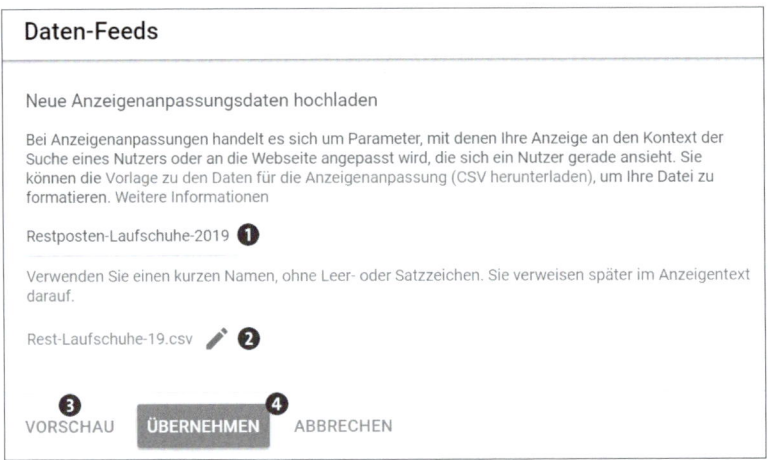

Abbildung 12.39 Daten-Feed auswählen und hochladen

In der Liste der aktuellen Geschäftsdaten werden die Daten-Feeds für die dynamischen Anzeigen unter TYP als ANZEIGENANPASSUNGSDATEN (oder auch AD CUSTOMIZER DATA) bezeichnet (siehe Abbildung 12.40).

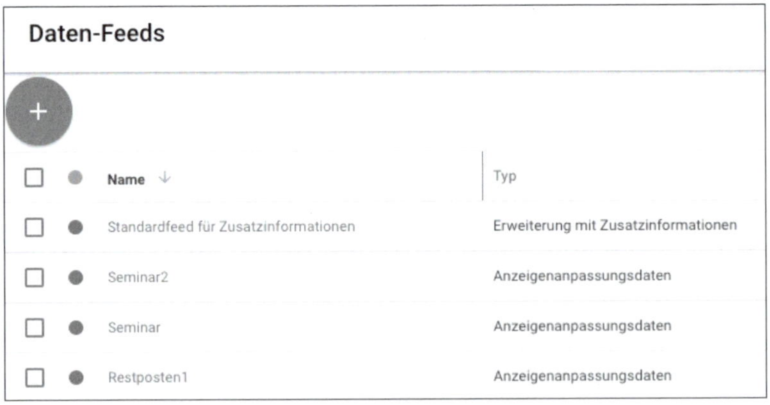

Daten-Feeds

		Name ↓	Typ
☐	●	Standardfeed für Zusatzinformationen	Erweiterung mit Zusatzinformationen
☐	●	Seminar2	Anzeigenanpassungsdaten
☐	●	Seminar	Anzeigenanpassungsdaten
☐	●	Restposten1	Anzeigenanpassungsdaten

Abbildung 12.40 Liste mit Anzeigenanpassungsdaten

Für einen Zugriff aus der Textanzeige heraus auf die Daten ist der Name des Daten-Feeds wichtig. Notieren Sie diesen Namen, da Sie ihn später bei der Anpassung der

Textanzeige benötigen. Neben dem Namen des Daten-Feeds benötigen Sie auch die genaue Bezeichnung der Datenspalten aus dem Tabellenkopf.

Alle Daten-Feeds, die Sie in Google Ads hochgeladen haben, können per Klick auf den Namen des Daten-Feeds betrachtet, bearbeitet sowie über das Symbol + mit neuen Daten versehen werden (siehe Abbildung 12.41).

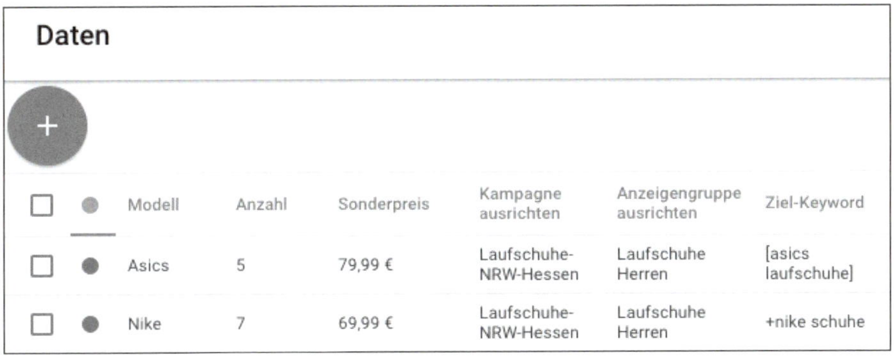

Daten

		Modell	Anzahl	Sonderpreis	Kampagne ausrichten	Anzeigengruppe ausrichten	Ziel-Keyword
		Asics	5	79,99 €	Laufschuhe-NRW-Hessen	Laufschuhe Herren	[asics laufschuhe]
		Nike	7	69,99 €	Laufschuhe-NRW-Hessen	Laufschuhe Herren	+nike schuhe

Abbildung 12.41 Bearbeitung der Daten-Feeds direkt im Google-Ads-Konto

Laufende Aktualisierung Ihrer Geschäftsdaten und Anzeigentexte

Sie können die Informationen in Ihren Anzeigen auch regelmäßig aktualisieren, um auf diese Weise zum Beispiel den Restbestand Ihrer Ware oder der noch verfügbaren Seminarplätze aktuell in Ihrer Anzeige wiederzugeben. Navigieren Sie dazu in Ihren Google-Ads-Tools zu GESCHÄFTSDATEN, und klicken Sie auf den entsprechenden Datenfeed vom Typ ANZEIGENANPASSUNGSDATEN. Danach können Sie in der linken Navigation ZEITPLÄNE auswählen. Klicken Sie auf + NEUER ZEITPLAN. Sie haben dann folgende Möglichkeiten zur Auswahl, um auf die aktuellen Daten zuzugreifen und sie nach Google Ads zu importieren:

- Zugriff auf eine Google-Tabelle in Ihrem Google-Drive-Konto
- Zugriff auf Excel-Dateien auf Ihrem Server via HTTP, HTTPS, FTP oder SFTP

Zudem geben Sie hier die Häufigkeit der Zugriffe an. Dabei können Sie als kürzesten Zeitraum ALLE 6 STUNDEN auswählen.

In der Praxis wäre also folgendes Szenario möglich: Sie exportieren circa viermal pro Tag über Ihr Warenwirtschafts- oder Buchungssystem aktuelle Daten in eine Tabelle. Diese Daten werden dann alle 6 Stunden von Google als Geschäftsdaten-Feed nach Google Ads importiert. Die Google-Ads-Anzeigen greifen auf diese Daten-Feeds zu und können so dynamisch auf die Suchanfragen reagieren. Damit können Sie beinahe »Echtzeitdaten« zu Produktbestand, freien Seminarplätzen etc. in einer Anzeige ausspielen.

12.9 Optimierung durch kreative Textanzeigen

Testen Sie verschiedene Anzeigenvariationen, und seien Sie kreativ. Wenn Ihre Anzeige auf der Suchergebnisseite aus den Konkurrenzanzeigen hervorsticht, dann haben Sie schon einen kleinen Vorteil. Sie erzeugen mehr Aufmerksamkeit, Ihre Klickrate steigt, Sie erhalten mehr potenzielle Kunden und so weiter. Aus Optimierungssicht ist vor allem eine höhere Klickrate (CTR) erstrebenswert. Diese wird die Klickpreise Ihrer Keywords auf Dauer senken. Wir haben Ihnen einige Beispiele als Anregung zusammengestellt. Diese Ideen helfen dabei, die Aufmerksamkeit der Google-User in Bezug auf Ihre Anzeigen zu steigern.

12.9.1 Nutzen Sie Sonderzeichen

Auf der Suchergebnisseite halten sich die Nutzer nur wenige Sekunden auf. Als Werbender müssen Sie Aufmerksamkeit erzeugen und den Blick der Google-Nutzer auf Ihre Anzeige lenken. Sonderzeichen bieten sich hier als Blickfang (Eyecatcher) an!

Leider hat Google die Möglichkeit zur Nutzung von Sonderzeichen stark eingeschränkt. Die Möglichkeiten, die noch übrig sind, sollten Sie jedoch an passender Stelle nutzen. Bauen Sie die Sonderzeichen & € % ! © ? + * sinnvoll in Ihre Anzeigentexte ein! Abbildung 12.42 zeigt ein Beispiel mit & und +.

Wir haben versucht, live aktuelle Beispiele zu finden, was nicht immer ganz einfach ist. Daher finden Sie hier bei den Abbildungen zum Teil auch Darstellungen mit älteren Anzeigenbeispielen - die von der Herangehensweise in puncto Optimierung jedoch noch topaktuell sind.

Anzeige · www.stylight.de/sonnenbrillen ▾

Sonnenbrillen Trends 2020 | Kostenloser Versand | stylight.de

Shoppe **Sonnenbrillen** bei Stylight. Große Auswahl & Tiefpreise. Die aktuellste Mode. Top Preise. 150+ Online Shops. Viele Sale-Produkte. Top-Trends **2020**. Alle Trends.

Abbildung 12.42 Erregen Sie Aufmerksamkeit durch Sonderzeichen.

Da manche Symbole nur bei bestimmten Kombinationen genutzt werden dürfen, sollten Sie immer einen Blick in die Google-Ads-Richtlinien werfen:

https://support.google.com/adspolicy/answer/6008942

12.9.2 Abkürzungen als Blickfang nutzen

Weil die Textanzeigen nur wenig Platz bieten (je 30 Zeichen in Anzeigentitel 1, 2 und 3, je 80 Zeichen in den Beschreibungstexten 1 und 2 sowie je 15 Zeichen in Pfad 1 und 2 der angezeigten URL), müssen Sie sehr kreativ mit den Anzeigentexten umgehen.

Hier helfen bekannte Abkürzungen (`kg`, `u.`, `unverb.`, `usw.`), weil sie die Textmenge erheblich reduzieren und gleichzeitig auch für eine schnellere Aufnahme der Information sorgen können, denn Google-Ads-Textanzeigen werden mehr gescannt als gelesen.

Neben bekannten Abkürzungen können Sie auch eigene Kreationen schaffen. Das Beispiel aus Abbildung 12.43 nutzt einfach `JoJo` statt dem längeren Begriff `Jo-Jo-Effekt`, und trotzdem weiß der User, was gemeint ist. Nutzen Sie also die Möglichkeit der schnellen Kommunikation mithilfe von Abkürzungen!

15 kg in nur 1 Monat abnehmen | Jetzt schnell gesund abnehmen | Worauf wartest du?
Anzeige
www.fettkiller/abnehmen/einfach
In nur 4 Wochen zur Traumfigur - ohne JoJo und mit 100% Garantie. Bist du bereit für die Bikini-Figur? Dann sichere dir jetzt dein Paket.

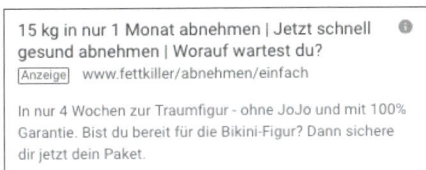

Abbildung 12.43 Abkürzungen helfen beim Anzeigen-Scan.

12.9.3 Setzen Sie Akzente

Texten Sie Anzeigen mit Großbuchstaben, wie immer es geht – auch an Stellen, wo es von der Rechtschreibung her nicht erlaubt ist!

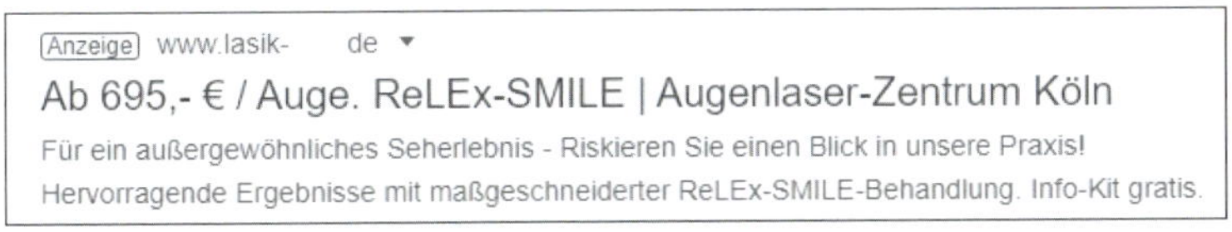

Anzeige
www.lasik- de
Ab 695,- € / Auge. ReLEx-SMILE | Augenlaser-Zentrum Köln
Für ein außergewöhnliches Seherlebnis - Riskieren Sie einen Blick in unsere Praxis!
Hervorragende Ergebnisse mit maßgeschneiderter ReLEx-SMILE-Behandlung. Info-Kit gratis.

Abbildung 12.44 Aufmerksamkeit durch Großbuchstaben

12.9.4 Zaubern Sie mit Zahlen in den Anzeigen

Visuelle Effekte durch die verstärkte Nutzung von Zahlen heben Ihre Anzeigen aus der Masse hervor (siehe Abbildung 12.45)!

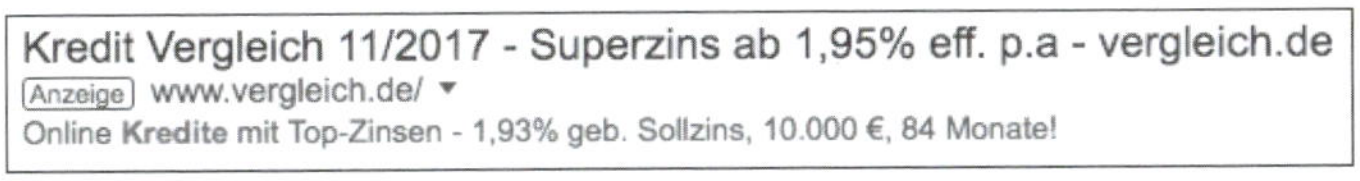

Kredit Vergleich 11/2017 - Superzins ab 1,95% eff. p.a - vergleich.de
Anzeige
www.vergleich.de/
Online Kredite mit Top-Zinsen - 1,93% geb. Sollzins, 10.000 €, 84 Monate!

Abbildung 12.45 Zahlen benötigen wenig Platz bei hohem Informationsgehalt.

12.9.5 Zeigen Sie Ihren Preis

Arbeiten Sie mit Preisen und Prozenten. Verwandeln Sie Ihre Google-Ads-Anzeigen in Werbeplakate, die Aufmerksamkeit erregen. Dabei müssen Sie jedoch unbedingt wissen, was Ihre Konkurrenz bewirbt! Selbst 25 % Preisnachlass ist dann zu wenig, wenn direkt neben Ihrer Anzeige mit der Reduzierung um 27 % geworben wird. Dies ist kein Plädoyer für ruinöse Rabattschlachten, sondern ein Hinweis, dass Sie bei ungünstigeren Rabattmöglichkeiten einen anderen Vorteil in den Vordergrund stellen sollten, z. B. die kostenlose Lieferung. Hält Ihr Preis einem Vergleich stand oder sind Sie sogar günstiger? Dann sollten Sie Ihren Preis auch zeigen (siehe Abbildung 12.46)!

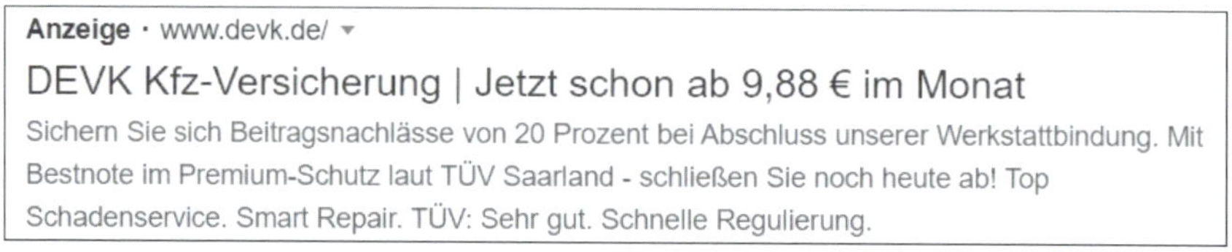

Anzeige · www.devk.de/ ▾

DEVK Kfz-Versicherung | Jetzt schon ab 9,88 € im Monat

Sichern Sie sich Beitragsnachlässe von 20 Prozent bei Abschluss unserer Werkstattbindung. Mit Bestnote im Premium-Schutz laut TÜV Saarland - schließen Sie noch heute ab! Top Schadenservice. Smart Repair. TÜV: Sehr gut. Schnelle Regulierung.

Abbildung 12.46 Mit Preisen werben

12.9.6   Übertreiben Sie einfach mal

Bei bestimmten Zielgruppen können Sie auch durch leichte Provokation oder mit einer Übertreibung Aufmerksamkeit erregen (siehe Abbildung 12.47). Beobachten Sie dabei immer die Anzeigen der Konkurrenz, und stimmen Sie Ihre Google-Ads-Anzeigen entsprechend ab.

Anzeige www.ra   /bei-google-vorn/das-original ▾

Ihre Website ganz oben | ohne teure Agenturen, ab 30€

Ihre Website ganz einfach selbst optimieren - jetzt kostenlos testen! Mehr Klicks - Mehr Besucher - Mehr Umsatz. Seo selber machen. Nur hier die Vollversion. Alle Optimierungstipps.

Abbildung 12.47 Inflation der Steigerungsmöglichkeiten – ganz einfach

12.9.7   Nutzen Sie das Prinzip der Verknappung

Ist ein Angebot knapp und nur noch kurze Zeit verfügbar, erhöht dies den Druck auf die Interessenten. Kommunizieren Sie knappe Ressourcen und eine beschränkte Reaktionszeit, um potenzielle Kunden zum Handeln zu bewegen (siehe Abbildung 12.48). Bauen Sie einfach einmal Druck auf.

Die Toten Hosen Tickets 2020 | Bald ausverkauft ⓘ | Jetzt Top-Tickets sichern!
Anzeige viagogo.de/Die-Toten-Hosen/Tickets

Wahnsinns-Nachfrage! Nur noch heute Tickets sichern. Danach ausverkauft. Beste Plätze - Online bestellen - Sofort ausdrucken. Jetzt Ticket sichern!

Abbildung 12.48 Kurzentschlossenes Handeln ist gefragt.

12.10   Optimierung Ihrer Ziel-URLs

Was passiert nach dem Klick? Ist der User zufrieden mit der Seite, auf die Sie ihn geleitet haben, oder findet er dort nicht das, was Sie ihm in Ihrer Anzeige versprochen haben? Das Zusammenspiel von Keyword, Anzeige und Zielseite ist ein essenzieller Faktor für den Erfolg Ihrer Kampagnen, den Sie im Optimierungsprozess nicht vernachlässigen sollten.

12.10.1   Überprüfen der Absprungrate

Sie können noch so gute Anzeigen schreiben und die besten Klickraten verzeichnen – wenn Ihre Zielseite schlecht gewählt ist, wird der User Ihre Seite ohne eine Aktion verlassen. Sie verschwenden dann nicht nur Zeit, sondern auch Geld. Wenn ein Keyword zwar häufig geklickt wird, daraus aber nie eine Conversion resultiert, ist dies ein erster Hinweis darauf, dass Sie sich die Ziel-URL eines Keywords gründlicher anschauen sollten.

Mithilfe externer Webanalyse-Tools wie Google Analytics, Matomo, Piwik, Econda, Adobe Analytics etc. können Sie die Absprungraten Ihrer Kampagnen, Anzeigengruppen und Keywords kontrollieren.

Was ist die Absprungrate?

Die Absprungrate oder Bounce-Rate beschreibt das Verhältnis zwischen der Anzahl der Klicks oder Besuche einer Seite und der Anzahl der Besucher, die diese Seite gleich wieder verlassen, ohne eine weitere Seite aufzurufen.

Liegt die Absprungrate über dem Durchschnitt, passt die Seite wahrscheinlich nicht zu Ihrem Keyword und/oder Ihrer Anzeige. Dies kann auch einer sehr breiten Anzeigenschaltung mit generischen Keywords oder weitgefassten Keyword-Optionen geschuldet sein. Wenn Sie jedoch die tatsächlichen Suchanfragen häufig prüfen und durch Ausschlüsse optimieren und die Absprungrate ist dennoch sehr hoch, dann dürfte etwas mit Ihren Zielseiten nicht stimmen.

Wenn Sie Google Analytics verwenden, haben Sie die Möglichkeit, Ihr Google-Ads-Konto mit dem Analytics-Konto zu verknüpfen. Dann stehen die Informationen zur Absprungrate direkt im Google-Ads-Konto zur Verfügung. Lesen Sie mehr dazu in Abschnitt 11.5.9, »Finale URLs«.

12.10.2   Zu allgemeine Zielseiten

Vielleicht vergeben Sie Ihre Ziel-URLs ausschließlich über die Anzeigen auf Anzeigengruppenebene und die Zielseite ist sehr allgemein, weil sie zu einer Vielzahl von Key-

words passen muss. Der User hat aber bereits eine konkretere Suchanfrage eingegeben und findet auf Ihrer Zielseite nicht das, wonach er gesucht hat.

Beispiel: Schlechte Nutzererfahrung durch zu allgemeine Seite

Ein User sucht nach Strickjacken. Sie haben die Keywords zum Thema *Strickjacken* in
der Anzeigengruppe *Jacken* untergebracht, mit einer Zielseite, die Ihr gesamtes Jacken-
angebot abbildet. Der User gelangt auf diese Seite und wundert sich, dass er nicht
auf einer spezifischeren Seite gelandet ist. Jetzt geht er davon aus, dass Sie keine
Strickjacken im Sortiment haben. Oder er übersieht die Kategorie *Strickjacken*
schlichtweg. Schneller, als Sie denken, hat der User Ihre Seite wieder verlassen.

Weisen Sie für solche Fälle Ihre Zielseiten direkt auf Keyword-Ebene den einzelnen
Keywords zu. Das geht ganz einfach, indem Sie die Spalte FINALE URL hinzufügen
(siehe Abbildung 12.49) und nach einem Klick darauf eine passende Zielseite für das
Keyword eingeben.

Alternativ funktioniert auch folgender Weg, der vor allem dann interessant ist, wenn
Sie die finale URL für mehrere Keywords gleichzeitig ändern möchten:

1. Keywords via Checkbox auswählen

2. Klick auf BEARBEITEN

3. Auswahl: FINALE URLS ÄNDERN

4. Option: URLS FESTLEGEN und unter NEUE URL Eintrag vornehmen

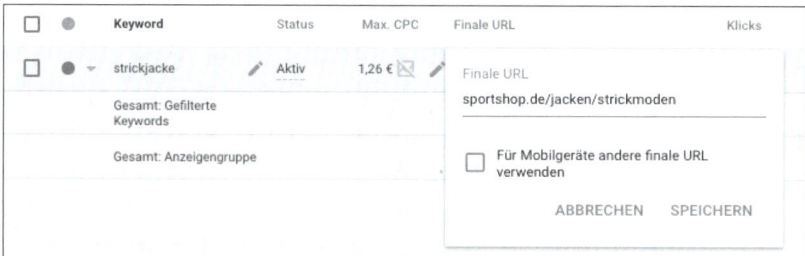

Abbildung 12.49 Verlinken Sie Ihr Keyword mit der richtigen Zielseite.

12.10.3   Zu spezifische Zielseite

Auch das Gegenteil kann der Fall sein: Ihre Zielseite ist dem User zu spezifisch.

Beispiel: Der User erwartet mehr Auswahl

Nehmen wir an, Sie haben fünf Strickjacken von fünf verschiedenen Marken im Angebot. Der User sucht nach der Strickjacke einer bestimmten Marke und Sie leiten
ihn direkt auf die Produktdetailseite. Der User hätte aber gern mehr Auswahl gehabt

---

und entscheidet sich, die Seite wieder zu verlassen, da er annimmt, dass dies Ihre einzige Strickjacke ist.

Manchmal kann es also auch sinnvoll sein, dem User Alternativen zu seiner konkreten Suchanfrage zu bieten.

12.11 Anzeigenerweiterungen als Qualitätsmerkmal

Eine gute Möglichkeit, die Aufmerksamkeit und Relevanz Ihrer Anzeigen zu erhöhen, bieten Ihnen Google-Ads-Anzeigenerweiterungen. Dabei handelt es sich um kleine Features wie etwa eine Service-Telefonnummer, zusätzliche Deep Links oder Ihre Unternehmensadresse, mit denen Sie Ihre Anzeigen anreichern. Meistens spielt Google mehrere Anzeigenerweiterungen gleichzeitig aus.

> **Anzeige** · kredit.check24.de/kreditvergleich/best-zins ▾
>
> CHECK24 Kreditvergleich 2020 - Testsieger - TÜV: "sehr gut"
>
> TÜV "sehr gut". **Kreditvergleich** Testsieger exkl Tief-Zinsen & Best-Zins Garantie
> ★★★★★ Bewertung für check24.de: 4,9 - 135.130 Rezensionen
> **Angebot:** Bis zu 35% auf Kredit Zinsen sparen

Abbildung 12.50 Klickaktivierende Anzeigen mit Seller-Ratings und Angebotserweiterung

Wir unterscheiden zwischen aktiven und passiven Anzeigenerweiterungen. Aktive Anzeigenerweiterungen richten Sie in Ihrem Konto aktiv ein, z. B. Sitelinks oder Standorterweiterungen. Passive Anzeigenerweiterungen blendet Google automatisch ein, sobald Sie gewisse Voraussetzungen erfüllen, wie beispielsweise Seller-Ratings.

Welche Anzeigenerweiterung von Google wann ausgesucht wird, können Sie leider nicht beeinflussen.

Die wichtigsten zusätzlichen Informationen gewinnen

Generell entscheidet Google bei jeder Anfrage, welche Zusatzinformation für den User im Moment seiner Suche die relevanteste ist. Deshalb finden sich bei Smartphone-Nutzern häufig eine Telefonnummer oder Angaben zum Unternehmensstandort in den Anzeigen. Sucht der User nach Produktangeboten, werden häufig Sitelinks oder Verkäuferbewertungen in Form von kleinen Sternchen eingeblendet. Eine Anzeige kann dabei nur eine oder mehrere Erweiterungen erhalten. Es gibt aber auch Anzeigen, die ohne Erweiterung ausgeliefert werden. Dies können Sie als Ads-Manager nicht steuern. Sie können Google nur möglichst viele unterschiedliche und sinnvolle Erweiterungen anbieten.

Mit Anzeigenerweiterungen schaffen Sie sich also mehr Platz und Aufmerksamkeit in den SERPs und außerdem bieten Sie den Nutzern mehr Informationen und Relevanz. Dadurch erhöhen Sie Ihre Klickrate, was als Folge davon den Qualitätsfaktor Ihrer Anzeigen erhöht. Somit optimieren Sie die gesamte Kampagnenleistung.

> **Verbessern Sie mit Anzeigenerweiterungen Ihren Ad Rank**
>
> Mittlerweile berücksichtigt Google die Verwendung von Anzeigenerweiterungen auch direkt bei der Berechnung des sogenannten *Ad Ranks*, also des Anzeigenrangs, der die Grundlage für die Positionierung Ihrer Anzeigen bildet. Sind der Qualitätsfaktor und das maximale Gebot zweier konkurrierender Anzeigen gleich, ist die Nutzung der »richtigen« Anzeigenerweiterung ausschlaggebend dafür, welche Anzeige auf der höheren Position platziert wird.

Anzeigenerweiterungen sind daher zu einem unverzichtbaren Element für Ihre Google-Ads-Strategie geworden. Wir empfehlen, pro Kampagne mindestens drei bis vier Anzeigenerweiterungen einzurichten. Überlegen Sie sich genau, welche Anzeigenerweiterung sich in der jeweiligen Kampagne am besten für die entsprechende Zielgruppe eignet. Die meisten Anzeigenerweiterungen können Sie direkt bei den Anzeigen vergeben, indem Sie im Seitenmenü ANZEIGEN UND ERWEITERUNGEN • ERWEITERUNGEN auswählen und dann über das Symbol ⊕ eine neue Erweiterung hinzufügen (siehe Abbildung 12.51).

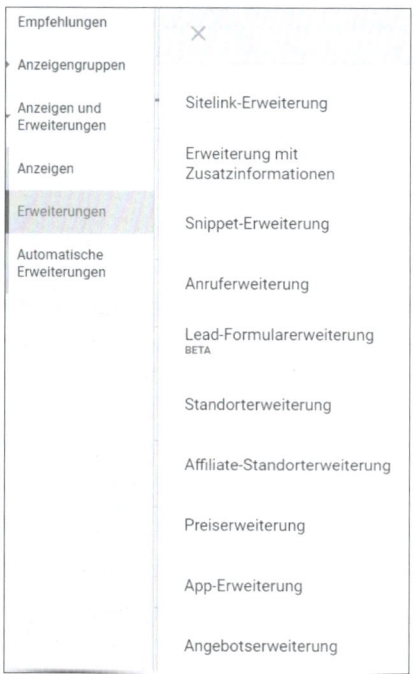

Abbildung 12.51 Anzeigenerweiterung hinzufügen

Jede Erweiterung können Sie wahlweise auf Konto-, Kampagnen- oder Anzeigengruppenebene einstellen. Dazu wählen Sie im jeweiligen Erweiterungsfenster die gewünschte Ebene aus (siehe Abbildung 12.52). Die Nutzung von Anzeigenerweiterungen erzeugt für Sie keine Extrakosten: Wie bei ganz gewöhnlichen Textanzeigen
zahlen Sie für den bloßen Klick auf die Anzeige oder auf den Sitelink, falls dieser als
Erweiterung genutzt wird.

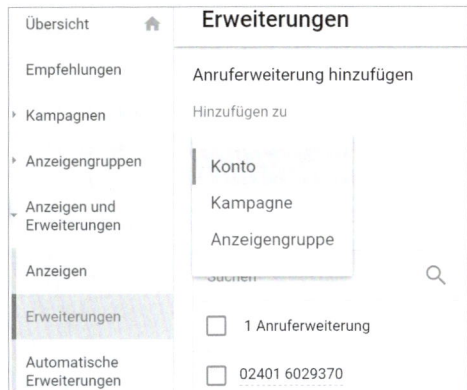

Abbildung 12.52 Anzeigenerweiterung für unterschiedliche Ebenen verwenden

> **Tipp: Anzeigenerweiterungen nur für kurze Zeit**
>
> Sie können die Laufzeit der einzelnen Anzeigenerweiterungen zeitlich begrenzen.
> Dies ist zum Beispiel dann sinnvoll, wenn Sie in Ihren Sitelinks auf ein Gewinnspiel
> hinweisen, an dem der User nur für einen kurzen Zeitraum teilnehmen kann.
>
> Außerdem können Sie die Anzeigen auf bestimmte Tageszeiten ausrichten. Das ist
> etwa ratsam bei einer Anruferweiterung mit der Telefonnummer Ihrer Hotline, die
> nur zu bestimmten Tageszeiten besetzt ist. Bei der Einrichtung einer neuen Erweite-
> rung ❶ klappen Sie ERWEITERTE OPTIONEN auf (wie im Beispiel der Anruferweiterung
> in Abbildung 12.53) und geben dort die gewünschten Daten, wie Start-/Enddatum ❷,
> Wochentage und Uhrzeiten ❸ für die Laufzeit der Erweiterung an. Für den Wochen-
> zeitplaner können Sie wie gewohnt auch mehrere Zeitfenster via ZEITPLAN HINZUFÜ-
> GEN ❹ angeben.

Die meisten Anzeigenerweiterungen können Sie, sind sie erst einmal angelegt, auch
für andere Kampagnen oder Anzeigengruppen verwenden. Dazu wählen Sie die Erweiterung per Haken in der Checkbox aus, woraufhin sich ein blaues Navigationsmenü öffnet, in dem Sie per HINZUFÜGEN ZU Ihr Konto bzw. eine spezifische
Kampagne oder Anzeigengruppe auswählen können. Sobald Sie Ihre Anzeigenerweiterungen eingerichtet haben, können Sie sich die Leistungsdaten der jeweiligen
Erweiterung unter dem Navigationspunkt ANZEIGEN UND ERWEITERUNGEN • ERWEI-
TERUNGEN ansehen und analysieren.

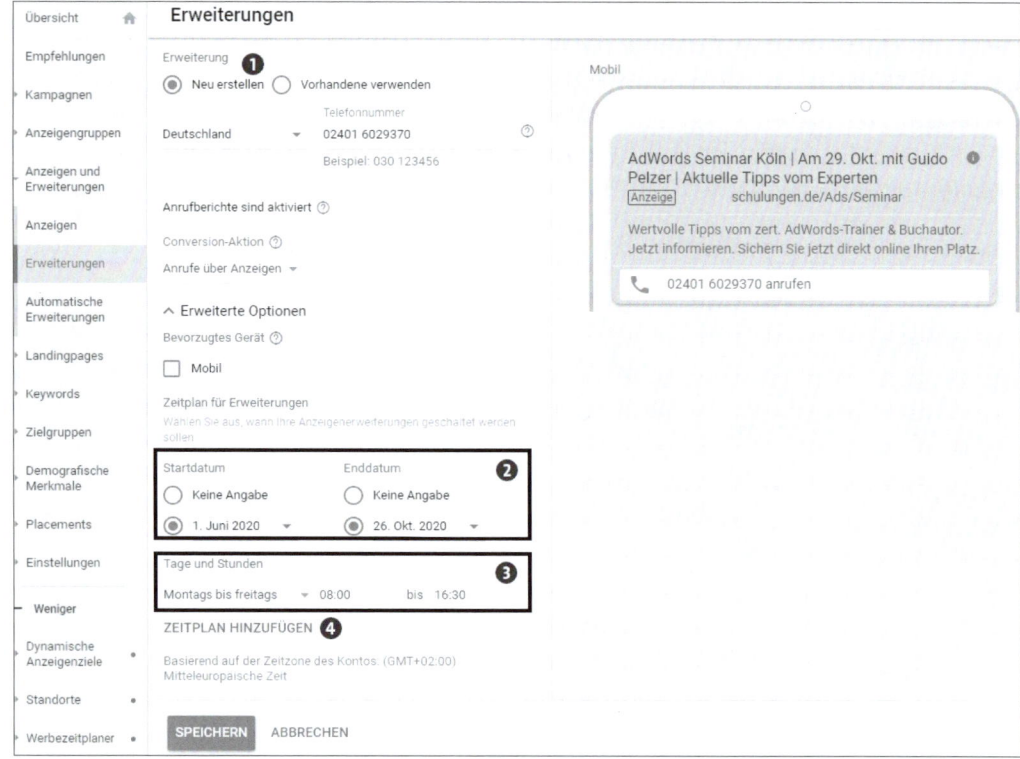

Abbildung 12.53 Anruferweiterung mit Zeitplan

12.11.1   Sitelinks als wichtige Anzeigenfaktoren

Die populärste und wichtigste Anzeigenerweiterung in den SERPs ist die Sitelink-Erweiterung (siehe Abbildung 12.54). Mit kurzen Linktexten innerhalb Ihrer Anzeigen machen Sie den User auf Unterkategorien, einzelne Produkte, Marken, Rabatte oder Ähnliches aufmerksam und leiten ihn direkt auf die passende Seite. Oberhalb und unterhalb der organischen Suchergebnisse werden in ein oder zwei Zeilen zwei bis sechs Sitelinks ausgespielt. Die Reihenfolge der Sitelinks bestimmt Google automatisch, darauf haben Sie leider keinen Einfluss.

Anzeige · www.kapten-son.com/ ▾
Kapten & Son Sonnenbrille - Style mit durchdachtem Design.
Selbstbewusst und stilsicher durch die sonnigen Tage: Deine **Sonnenbrillen** von Kapten.
Kapten & Son **Sonnenbrillen**: Das perfekte Accessoire für den Sommer. Schneller Versand.
Sofort auf Lager. Versandkostenfrei. Moderne Styles. Typen: Uhren, Rucksäcke.
★★★★★ Bewertung für kapten-son.com: 4,7 · 14.452 Rezensionen
London Sonnenbrillen · Fitzroy Sonnenbrillen · Paris Sonnenbrillen · Maui Sonnenbrillen

Abbildung 12.54 Anzeigen mit Sitelink-Erweiterung

Wählen Sie also unter ANZEIGEN UND ERWEITERUNGEN • ERWEITERUNGEN, und klicken Sie im nächsten Schritt auf das Symbol ⊕. Aus den vorgestellten Erweiterungsmöglichkeiten wählen Sie SITELINK-ERWEITERUNG. Für diese Erweiterung benötigen Sie einen SITELINK-TEXT mit maximal 25 Zeichen sowie optional zwei Textzeilen mit maximal 35 Zeichen und eine FINALE URL, zu der der Nutzer nach einem Klick auf den Sitelink weitergeleitet wird (siehe Abbildung 12.55).

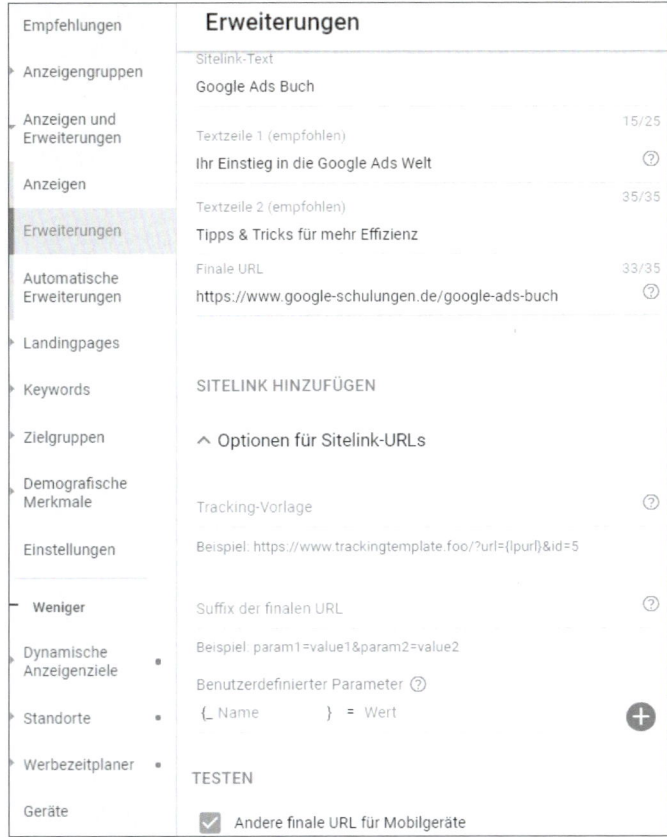

Abbildung 12.55 Einrichtung von Sitelinks

Beachten Sie bei der finalen URL, dass diese URL nicht mit der Ziel-URL der Anzeige übereinstimmt. Außerdem darf kein anderer Link in der gleichen Sitelink-Gruppe (egal ob auf Kampagnen- oder Anzeigengruppenebene) auf die gleiche Zielseite verlinken.

Zudem können Sie entscheiden, ob der Sitelink bevorzugt auf mobilen Endgeräten ausgespielt werden soll. Dies ist besonders dann empfehlenswert, wenn Sie beispielsweise auf ein Gewinnspiel, das sich nur an mobile Nutzer richtet, oder auf die Adresse Ihres nächsten Stores hinweisen möchten.

Tipp: Nutzen Sie separate Sitelinks für Mobilgeräte

Grundsätzlich fahren Sie gut damit, unabhängig von den Sitelinks für Tablets und Desktop-PCs ein separates Sitelink-Set für Mobilgeräte als bevorzugtes Endgerät anzulegen. Nicht selten variiert der Erfolg eines Sitelinks von Gerät zu Gerät: Während ein Sitelink auf PCs überhaupt nicht funktioniert, zieht er über das Smartphone viele Nutzer auf Ihre Website oder umgekehrt. Ohne die Trennung der Sitelinks nach Gerät sind Sie nicht in der Lage, diese Unterschiede zu messen und zu beurteilen. Sie können für jeden Sitelink einen alternativen mobilen Link angeben, indem Sie ein Häkchen bei ANDERE FINALE URL FÜR MOBILGERÄTE setzen (siehe Abbildung 12.55).

Während Google die beiden optionalen Textzeilen früher fast nur bei Schaltung von Anzeigen zum Brand ausgeliefert hat, taucht dieser Text mittlerweile immer häufiger auf. Daher empfehlen wir Ihnen, hier ein wenig mehr Zeit zu investieren und die beiden Textzeilen für sinnvolle, interessante Zusatzinformationen zu nutzen (siehe Abbildung 12.56).

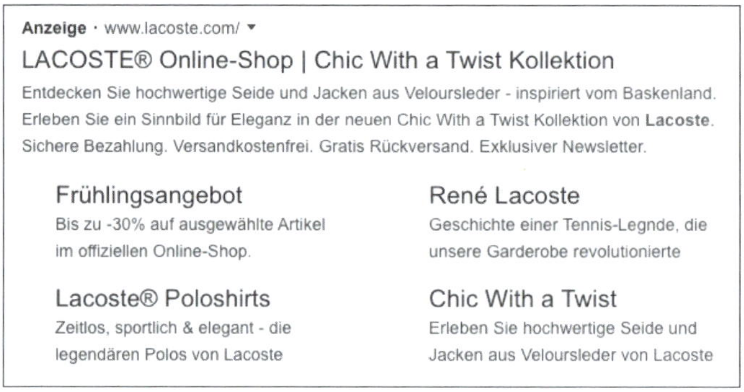

Abbildung 12.56 Sitelinks mit Beschreibungstext

Auswertung der Sitelinks

Unter dem Navigationspunkt im Seitenmenü ANZEIGEN UND ERWEITERUNGEN • ERWEITERUNGEN können Sie die Performance Ihrer Sitelinks einsehen. Die Auswertung kann leicht missverstanden werden. Die Daten beziehen sich nämlich immer auf das gesamte Sitelink-Set innerhalb einer Kampagne bzw. Anzeigengruppe. Es wird in der Standard-Darstellung nicht zwischen dem Klick auf den Titel einer Anzeige oder dem Klick auf einen Sitelink unterschieden.

Mit einer Segmentierung ❸ DIESE ERWEITERUNG IM VERGLEICH ZU ANDEREN ❻ ist nun eine detailliertere Analyse der Sitelink-Klicks möglich. Das Segment DIESE ERWEITERUNG ❺ bildet die Performance des einzelnen Sitelinks ab, während SONSTIGES ❹ die Performance der Anzeige bzw. anderer Erweiterungen zusammenfasst (siehe Abbildung 12.57).

668

Mithilfe dieser Segmentierung können Sie testen, welche Link- oder Beschreibungs-texte am besten funktionieren. Für eine übersichtlichere Analyse sollten Sie vorher noch die SITELINK-ERWEITERUNG ❶ und die passende EBENE ❷ (Konto, Kampagne oder Anzeigengruppe) herausfiltern!

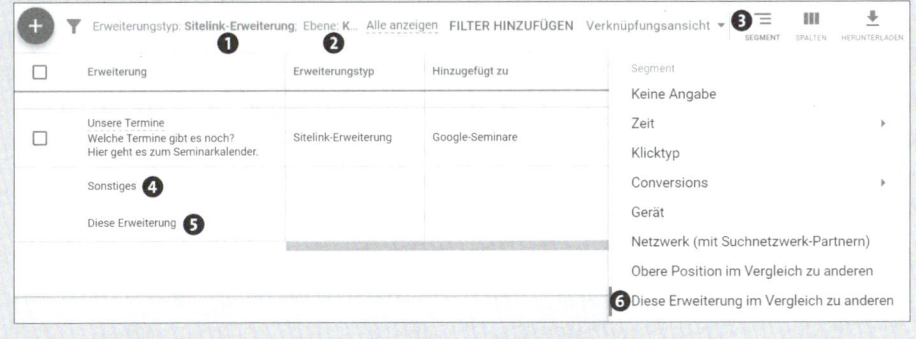

Abbildung 12.57 Segmentieren nach einzelnen Sitelinks

Sitelinks sind eine gute Möglichkeit, um Aktionen, Rabatte und weitere Webseitenbe-reiche etc. ohne großen Aufwand zu bewerben und ohne dafür ein separates Budget einzuplanen. Diese Anzeigenerweiterung sollten Sie in jedem Fall nutzen.

12.11.2   Automatische Erweiterungen

Google hat im Laufe der Zeit auch immer mehr automatische Erweiterungen einge-führt, die Sie im Gegensatz zu den gewöhnlichen Erweiterungen nicht aktiv einrich-ten können. Sie werden bei verschiedenen Kampagnentypen und Endgeräten ausge-spielt, wenn Google dies als sinnvolle Erweiterung erachtet. Aktuell (Stand: Juli 2020) gibt es acht dieser automatischen Erweiterungen:

▶ Dynamische Erweiterungen mit Zusatzinformationen

▶ Dynamische Sitelinks

▶ Dynamische Snippet-Erweiterungen

▶ Verkäuferbewertungen

▶ Längerer Anzeigentitel

▶ Automatische App-Erweiterungen

▶ Automatische Standorterweiterungen

▶ Automatische Anruferweiterungen

Auf Basis des Such- und Klickverhaltens des Nutzers ermittelt Google laut eigener Aussage, welche Erweiterungen für den Google-User relevant sein könnten. Weitere

Informationen und Beispiele zum Thema automatische Erweiterungen finden Sie unter:

https://support.google.com/google-ads/answer/7175034

Beispiel: Wie wählt Google die passende Seite für dynamische Sitelinks?

Nehmen wir an, dass ein Google-Nutzer wiederholt nach Tablets gesucht und sich immer wieder zu Tablets der Firma Samsung durchgeklickt hat. Google wird dann, wenn es Ihre Anzeige diesem Google-User präsentiert, einen dynamischen Sitelink zu Ihrer Samsung-Tablet-Unterseite hinzufügen – falls Sie diese Tablets in Ihrem Shop gelistet haben.

Dynamische Sitelinks kommen besonders häufig zum Einsatz, wenn statische Sitelinks fehlen oder die Performance des dynamischen Sitelinks voraussichtlich besser sein sollte als die des eigenen Sitelinks. Die reine Anzeige der dynamischen Sitelinks ist kostenlos, Klicks darauf sind wie alle übrigen Bestandteile der Anzeige kostenpflichtig.

Wie gewöhnliche Erweiterungen erhöhen auch automatische Erweiterungen die Sichtbarkeit der Anzeigen und können daher für Werbetreibende, die keine Erweiterungen eingerichtet haben, eine wenig aufwendige Alternative darstellen. Sie haben allerdings keinerlei Kontrolle darüber, welche Linktexte und welche Zielseiten Google tatsächlich auswählt. Auch die Übersicht, die Sie unter ANZEIGEN UND ERWEITERUNGEN • AUTOMATISCHE ERWEITERUNGEN aufrufen können, gibt wenig Aufschluss. Sie bekommen zwar Zahlen zu den dynamischen Kategorien geliefert, wissen aber nicht, wofür diese Daten im Einzelnen stehen.

Vorsicht: Rechtlich nicht ganz sicher!

Gerade auf der rechtlichen Seite kann es bei der Verwendung der dynamischen Sitelinks zu Problemen kommen, wenn etwa der Name einer Marke durch einen dynamischen Sitelink in der Anzeige einer anderen Marke auftaucht.

Die Anzeigenerweiterung können Sie daher wahlweise auch deaktivieren. Gehen Sie folgendermaßen vor:

1. Rufen Sie ANZEIGEN UND ERWEITERUNGEN • AUTOMATISCHE ERWEITERUNGEN auf.
2. Klicken Sie auf MEHR • ERWEITERTE OPTIONEN über die drei vertikalen Punkte auf der rechen Seite oberhalb der Tabelle.
3. Wählen Sie BESTIMMTE AUTOMATISCHE ERWEITERUNGEN DEAKTIVIEREN.
4. Wählen Sie die passende Erweiterung aus der Dropdown-Liste aus. Das muss für jede Erweiterung individuell durchgeführt werden.
5. Fügen Sie eine Begründung für die Deaktivierung hinzu, und bestätigen Sie diese zum Schluss per Klick auf TURN OFF.

12.11.3 Erweiterung mit Zusatzinformationen

Nutzen Sie in jedem Fall auch die Erweiterung um Zusatzinformationen (siehe Abbildung 12.58). Hierbei werden direkt nach dem Beschreibungstext zwei bis vier kurze Zusatzinformationen ausgespielt. Diese sogenannten Callouts sind nur durch Punkte getrennt und optisch kaum von dem Beschreibungstext zu unterscheiden. In unserem Beispiel finden Sie typische Aussagen, wie »Kostenlose Stornierung« oder auch »Bestpreisgarantie«. Nutzen Sie diese Callouts, um mit kurzen, knackigen Hinweisen zusätzlichen Anzeigenplatz und Aufmerksamkeit zu gewinnen.

Abbildung 12.58 Anzeige mit Zusatzinformation-Erweiterungen

Heben Sie mithilfe der Zusatzinformationen wichtige Alleinstellungsmerkmale Ihres Unternehmens oder Verkaufsargumente hervor. Um eingeblendet zu werden, müssen mindestens zwei Zusatzinformationen hinterlegt sein, und diese dürfen die Länge von jeweils 25 Zeichen nicht überschreiten. Kürzere Texte sind in jedem Fall zu bevorzugen.

Beginnen Sie mit der Einrichtung unter ANZEIGEN UND ERWEITERUNGEN • ERWEITERUNGEN. Klicken Sie auf das Symbol ⊕ und dann auf ERWEITERUNG MIT ZUSATZINFORMATIONEN. Geben Sie die gewünschten Callouts ein (siehe Abbildung 12.59), und priorisieren Sie je nach Bedarf die Zusatzinformation für Mobilgeräte oder nutzen Sie den Werbezeitplaner unter ERWEITERTE OPTIONEN. Vermeiden Sie zusätzliche Symbole. Bei den Zusatzinformationen gelten dieselben Regeln wie für Textanzeigen, d. h., Ausrufezeichen, Prozentzeichen etc. sind auch hier erlaubt.

Beachten Sie bei der Einrichtung, dass sich der Text einer Zusatzinformation weder im Anzeigentext noch in den Sitelinks wiederfinden sollte. Problematisch wird es, wenn Sie nun alle Verkaufsargumente über die Erweiterung mit Zusatzinformationen präsentieren und aus den Anzeigentexten entfernen. Dann würden sie fehlen, sobald die Zusatzinformationen nicht ausgespielt werden. Versuchen Sie hier, einen Kompromiss zu finden und die Verkaufsargumente in Ihren Anzeigentexten zum Beispiel etwas anders als in Ihren Zusatzinformationen zu formulieren.

Die Erweiterung mit Zusatzinformationen bietet Ihnen mehr Platz, um Ihre Vorzüge in Ihre Anzeigen einzubauen. Daher sollten Sie sich die Zeit nehmen, sie zu integrieren, was ohne viel Aufwand möglich ist – auf den beiden Ebenen Anzeigengruppen und Kampagnen ebenso wie auf Kontoebene.

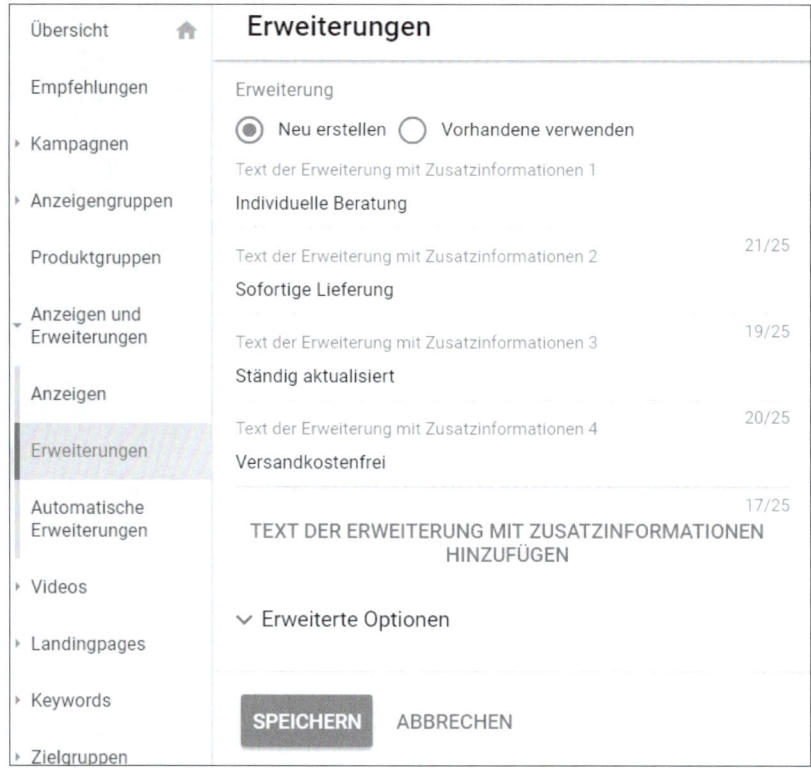

Abbildung 12.59 Erweiterung mit Zusatzinformation einrichten

12.11.4   Standorterweiterung hinzufügen

Mit der Standorterweiterung wird dem User bei seiner Suche die Adresse Ihres nächstgelegenen Unternehmensstandortes unter der Anzeige angezeigt. Außerdem wird die Adresse auf einer eingeblendeten Google-Maps-Karte markiert und als Zieladresse im Routenplaner definiert. Auf Mobilgeräten wird dem Nutzer seine aktuelle Entfernung in Kilometern und ein Link mit einer Wegbeschreibung zu Ihrem Unternehmensstandort ausgeliefert (siehe Abbildung 12.60).

Die STANDORTERWEITERUNG wird ebenfalls unter ANZEIGEN UND ERWEITERUNGEN • ERWEITERUNGEN hinzugefügt. Hierbei wird der kostenlose lokale Brancheneintrag, der *Google My Business*-Account (siehe *https://www.google.com/intl/de_de/business*), mit dem Google-Ads-Konto verknüpft. Standorterweiterungen funktionieren im gesamten Suchnetzwerk, d. h. im Google-Suchnetzwerk und im Google-Partner-Suchnetzwerk, wozu auch Google Maps zählt. Auch im Displaynetzwerk können Textanzeigen durch Standorterweiterungen ergänzt werden.

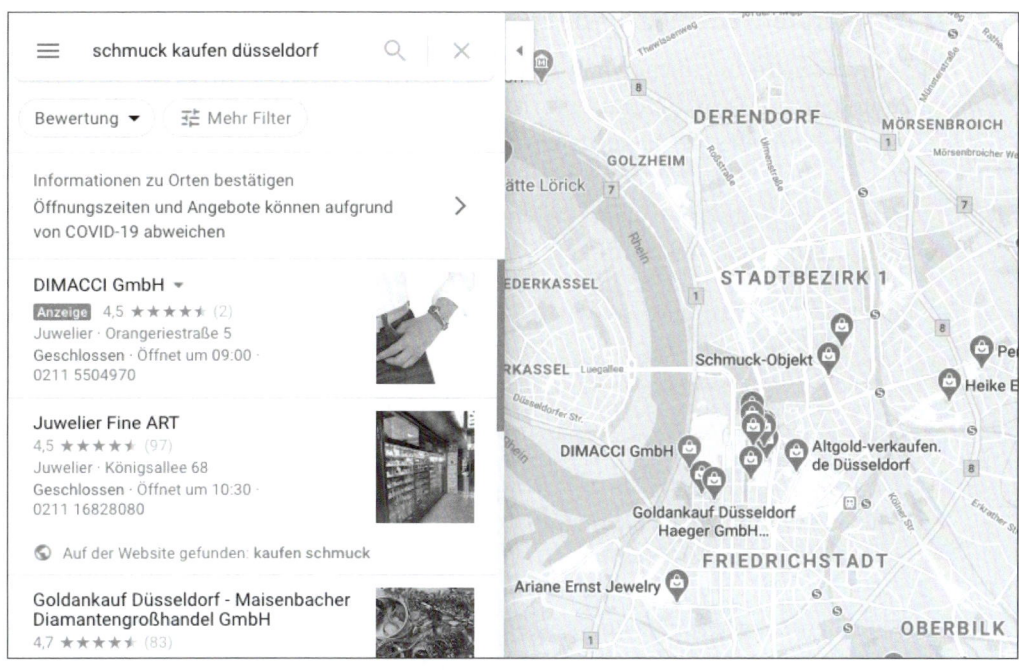

Abbildung 12.60 Anzeigen mit Standorterweiterung in Google Maps

Versäumen Sie es unter keinen Umständen, diese Erweiterung einzurichten, wenn Sie über einen Unternehmensstandort verfügen, den Ihre Kunden besuchen können. Denn insbesondere von unterwegs sucht der User oft nach dem nächsten Fotografen, Blumen- oder Bekleidungsgeschäft und Sie brauchen ihn mit der Standorterweiterung nur noch in Ihren Laden leiten (siehe Abbildung 12.61).

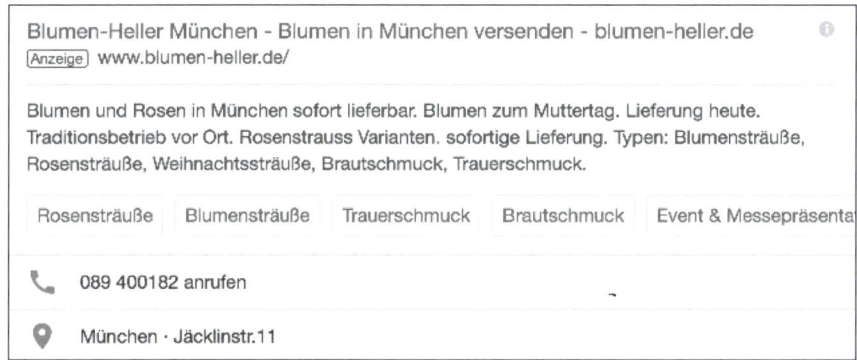

Abbildung 12.61 Standorterweiterung und Click-to-Call-Button auf dem Smartphone

12.11.5 Anruferweiterung hinzufügen

Die Anruferweiterung ermöglicht es Ihnen, eine Telefonnummer in Ihre Anzeigen einzubinden. Auf Desktop-Computern wird Ihre Telefonnummer innerhalb der Anzeige eingeblendet, sofern angegeben, oder eben nicht angezeigt, falls Sie die Anruferweiterung nur für Mobilgeräte definiert haben (siehe Abbildung 12.62). Mobile Nutzer haben die Möglichkeit, Sie mit einem Klick auf den Anruf-Button, der auch Click-to-Call-Button genannt wird, direkt zu kontaktieren (siehe Abbildung 12.61).

Abbildung 12.62 Anzeigen mit Standortinformationen und ohne Anruferweiterung auf dem Desktop

Für Sie fallen dabei die gleichen Kosten an wie bei einem Klick auf die Anzeige; die reine Nutzung der Anruferweiterung bleibt kostenfrei.

Anruferweiterungen lassen sich sowohl im Suchnetzwerk als auch im Displaynetzwerk einsetzen. Im Displaynetzwerk funktionieren sie jedoch nur auf Mobiltelefonen mit vollwertigem Internetbrowser, also den Smartphones.

Sie können die Anruferweiterung auf Konto-, Kampagnen- oder Anzeigengruppenebene einrichten. Starten Sie unter ANZEIGEN UND ERWEITERUNGEN • ERWEITERUNGEN, klicken Sie auf das Symbol (+), dann auf ANRUFERWEITERUNG, und wählen Sie zunächst die jeweilige Ebene aus. Markieren Sie, ob Sie eine Telefonnummer NEU ERSTELLEN oder eine VORHANDENE VERWENDEN wollen (siehe Abbildung 12.63). Wählen Sie im Dropdown-Menü das Land aus, in dem Sie Ihren Sitz haben. Beachten Sie, dass die Richtlinien gerade bei dieser Anzeigenerweiterung von Land zu Land variieren.

In das Feld gleich daneben geben Sie Ihre Telefonnummer ein. Wenn Sie als bevorzugtes Gerät MOBIL anklicken, wird diese Erweiterung in erster Linie auf Mobiltelefonen ausgeliefert. Es ist allerdings nicht ausgeschlossen, dass sie auch auf Desktop-Geräten, Tablets oder Laptops gezeigt wird.

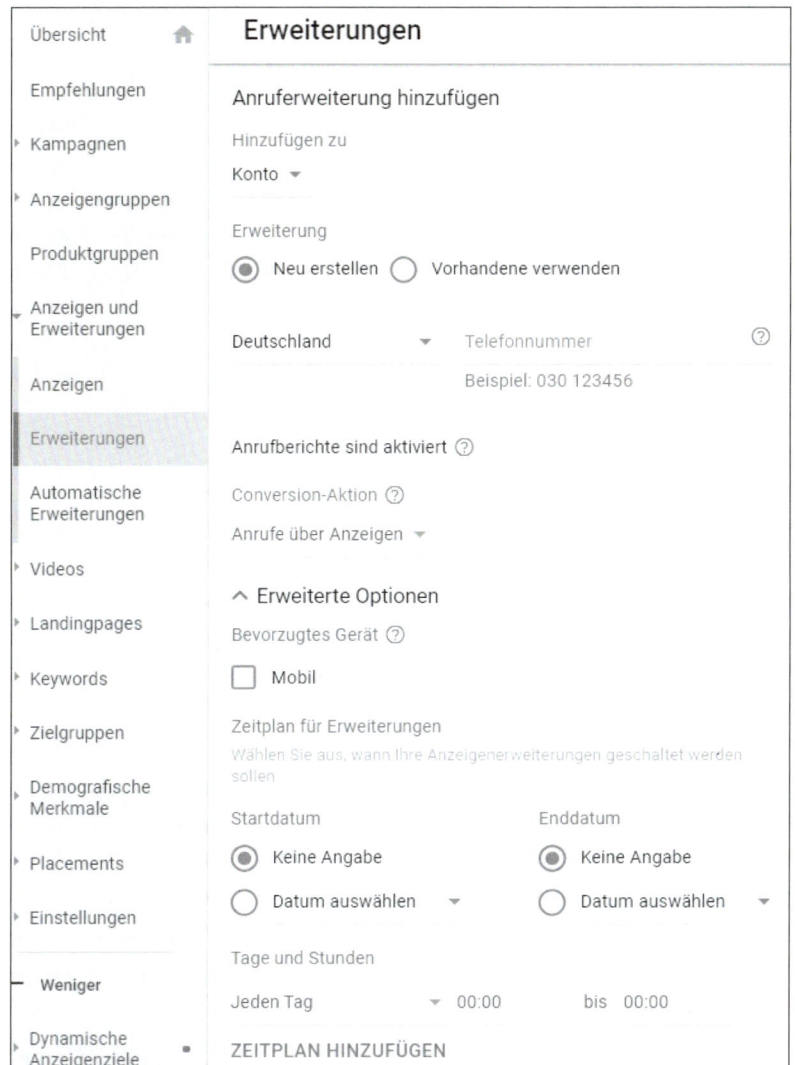

Abbildung 12.63 Fügen Sie Ihren Anzeigen eine Telefonnummer hinzu.

Um aus dieser ANRUFERWEITERUNG nun Conversions zu erfassen, legen Sie zunächst über das Werkzeugsymbol und MESSUNG · CONVERSIONS sowie mit dem Symbol ⊕ eine Anruf-Conversion an (siehe Abschnitt 2.6.5). Nehmen Sie die üblichen Einstellungen vor, und bestimmen Sie unter ANRUFDAUER die Dauer, ab wann der Anruf als Conversion gewertet werden soll (siehe Abbildung 12.64).

Abbildung 12.64 Einstellungen für Anruf-Conversions

Bei der Einrichtung einer neuen Telefonnummer mit Google-Weiterleitungsrufnummer müssen Sie nur noch unter CONVERSION-AKTION die gewünschte Conversion für die Anruferweiterung auswählen. Bitte beachten Sie, dass Google bereits eine Standard-Anruf-Conversion für das Konto hinterlegt hat. Wenn Sie diese für Ihre Anrufe wählen, so sollten Sie sich später die genauen Einstellungen im Bereich TOOLS UND EINSTELLUNGEN • MESSUNG • CONVERSIONS noch einmal genau anschauen und nach Ihren Wünschen anpassen.

Möchten Sie die Leistungen Ihren Anruferweiterung analysieren, so rufen Sie BERICHTE oben in der Navigation VORDEFINIERTE BERICHTE (DIMENSIONEN) • ERWEITERUNGEN • ANRUFDETAILS auf. Hier können Sie wie bei anderen Berichten auch über das Symbol SPALTEN Ihre Berichtsansicht individuell festlegen. Sie finden dort unter anderem folgende Spalten für Ihre Auswertung:

▶ LEISTUNG • TELEFON-IMPRESSIONEN: So häufig wurde Ihre Anruferweiterung mit Weiterleitungsrufnummer ausgespielt.

▶ LEISTUNG • ANRUFE: So häufig wurde die Google-Weiterleitungsrufnummer entweder durch Click-to-Call oder durch die manuelle Eingabe gewählt. Unter SEGMENTE • KLICKTYP können Sie sich anzeigen lassen, zu welchen Anteilen ein Klick auf den Click-to-Call-Button, ein Anruf nach dem Klick auf den Click-to-Call-Button und ein Telefonanruf mit manueller Wahl erfolgte.

▶ Durchschn. CPP: Verhältnis der Telefonkosten zur Anzahl der Anrufe

In der Zeilenansicht können Sie ferner weitere Informationen wie beispielsweise folgende anzeigen lassen (siehe Abbildung 12.65):

▶ Dauer (Sekunden)

▶ Status (Anruf entgangen oder erhalten)

▶ Quelle des Anrufs

▶ Ortsvorwahl des Anrufers

▶ Anruftyp (Click-To-Call oder manuell gewählt)

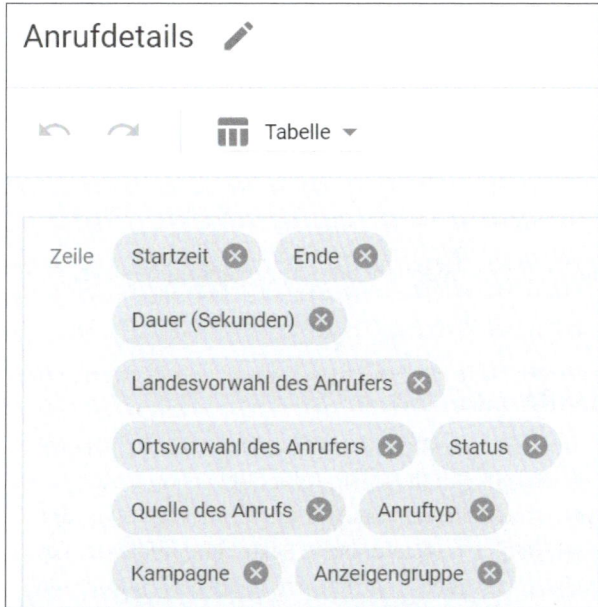

Abbildung 12.65 Bericht zu »Anrufdetails«

Anrufdetails als Berichtsspalten

Außer durch die Auswahl über Vordefinierte Berichte (Dimensionen) können Sie sich bestimmte Anrufdetails auch direkt in Ihrer Kampagnen- oder Anzeigengruppen-Ansicht anzeigen lassen, indem Sie dort auf Spalten • Spalten anpassen klicken und dann unter Anrufdetails entsprechend auswählen, was Sie sehen möchten.

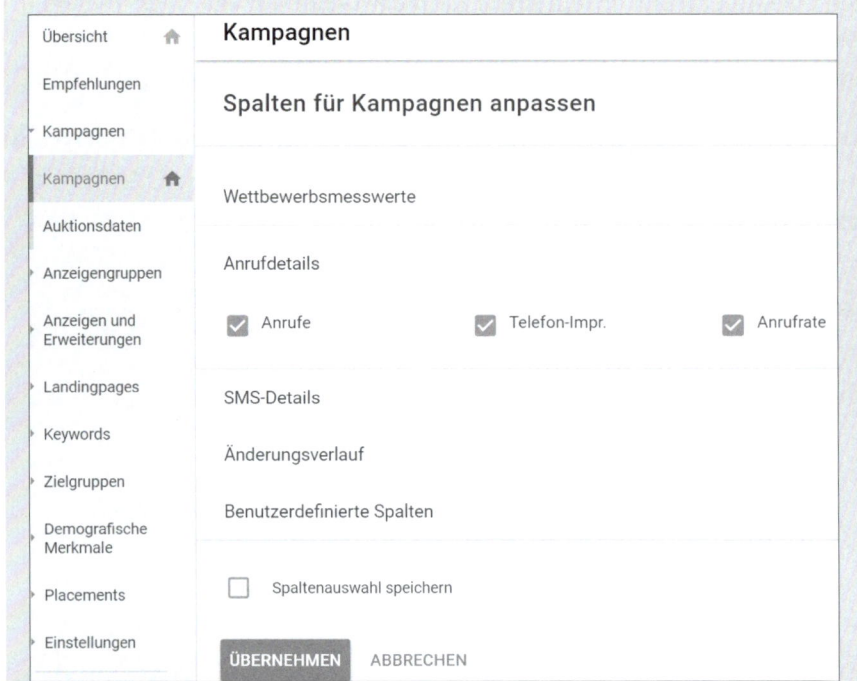

Abbildung 12.66 Anrufdetails direkt auf Kampagnen- oder Anzeigengruppenlevel einblenden

---

Wie aussagekräftig ist eine Anruf-Conversion?

Die Fülle der Daten, die Google über Google-Weiterleitungsrufnummern zur Verfügung stellt, ist beeindruckend. Doch wie gehaltvoll sind die Conversion-Daten tatsächlich? Können wir eine Conversion wirklich an der Anrufdauer messen oder führt das nicht eher zu einem verzerrten Bild? Eine telefonische Bestellung und eine wutentbrannte Beschwerde dürften sich, was die Dauer betrifft, nicht groß unterscheiden. Auch Beratungsgespräche, die nicht zwingend zu einer Bestellung führen, erfordern eine gewisse Zeit. Daher ist, was die Wertigkeit einer Anruf-Conversion angeht, Vorsicht geboten. Wenn Sie mit Anruf-Conversions arbeiten, sollten Sie die Anrufe auswerten, um zu beurteilen, welche Ziele durch sie erfüllt wurden.

Sie können auch mithilfe der Segmentierung Ihrer Ads-Berichte erfahren, wie sich die Anruferweiterungen auswirken. Wenn Sie das Segment KLICKTYP (siehe Abbildung 12.67) für Kampagnen oder auch Anzeigengruppen nutzen, so sehen Sie, wie viele Nutzer via Click-to-Call Kontakt mit Ihnen aufgenommen haben.

Ob nun mit eigener Telefonnummer oder Google-Weiterleitungsrufnummer, diese Anzeigenerweiterung ist schnell eingerichtet und spätestens in Zeiten der mobilen Suche unverzichtbar geworden.

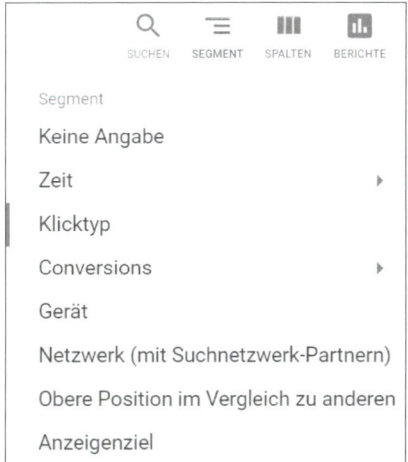

Abbildung 12.67 Segmentierung nach Klicktyp

12.11.6   App-Erweiterung: Smartphone-User zum App-Store führen

Wenn Sie über eine eigene App verfügen, dann sollten Sie die App-Erweiterung in Ihre Anzeigen einbauen. Ein separater Link in Ihren Anzeigen leitet den User sofort in den App Store von Apple bzw. zu Google Play, wo er sich Ihre App herunterladen kann. Bei einem Klick auf den Anzeigentitel landet er hingegen auf Ihrer Website. Sie zahlen dabei, wie gewohnt, nur den Klick.

> **Tipp: Google erkennt das Betriebssystem des Users**
>
> Ist Ihre App mit beiden Betriebssystemen kompatibel, sollten Sie je eine App pro Betriebssystem anlegen. Das Google-Ads-System erkennt automatisch, von welchem Betriebssystem und welchem Gerät aus der User sucht, und zeigt ihm die passende App an.

Für Werbetreibende mit einer App im Angebot ist diese Anzeigenerweiterung eine komfortable Lösung, um die Nutzer innerhalb ihrer Anzeigen auf diese App aufmerksam zu machen.

12.11.7   Sterne in den Anzeigen: Verkäuferbewertungserweiterung

Ein sehr vertrauenswirksames Feature sind die kleinen Sterne, die durch die *Verkäuferbewertungserweiterung*, die auch *Seller-Rating* genannt wird, in Ihre Anzeige eingebettet werden (siehe Abbildung 12.68).

> **Anzeige** · www.brille24.de/ ▾
>
> Deutschland testet Brille24 | Mit Geld-zurück-Garantie
>
> **Brillen** inkl. Qualitätsgläser ab 39,90€. Warum woanders teuer kaufen. Inkl. Entspiegelung.
> Brille24-Optiker vor Ort. Inkl. UV-Schutz. Inkl. Oberflächen-Härtung. Dünne Kunststoffgläser.
> ★★★★★ Bewertung für brille24.de: 4,6 - 959 Rezensionen - Rückgabebedingungen: Mehr al…
> Gleitsichtbrillen · Brille24 Outlet · Kauf auf Rechnung

Abbildung 12.68 Seller-Ratings sind aus den SERPs nicht mehr wegzudenken.

Wundern Sie sich nicht, dass Ihnen diese Erweiterung unter Erweiterungen nicht angezeigt wird. Diese Anzeigenerweiterung gehört zu den automatischen Anzeigenerweiterungen, die Sie nicht aktiv über die Google-Ads-Oberfläche einrichten können. Google zeigt die Verkäuferbewertungen bei Suchnetzwerk-Kampagnen automatisch an, sobald mindestens 100 Rezensionen von verschiedenen Nutzern aus einem Land in den letzten 12 Monaten vorliegen. Zusätzlich muss die durchschnittliche Gesamtbewertung mindestens 3,5 Sterne aufweisen. Der Durchschnitt der Bewertungen wird dann in Form der bekannten 1 bis 5 Sternchen in Ihren Anzeigen eingeblendet. Inwieweit Sie bereits über genügend Bewertungen für eine Anzeige verfügen, können Sie unter der URL

https://www.google.com/shopping/ratings/account/lookup?q={IhreWebsite}

prüfen, wobei Sie »*IhreWebsite*« durch Ihre Domain ersetzen. Bitte beachten Sie, dass Sie, selbst wenn Sie alle Voraussetzungen erfüllen, nicht automatisch bei jeder Anzeigenauslieferung auch mit den Verkäuferbewertungen ausgespielt werden. Die Statistik zu den angezeigten Sternen (= Verkäuferbewertungen) finden Sie unter Anzeigen und Erweiterungen • Automatische Erweiterungen.

Quellen für Verkäuferbewertungen

Google übernimmt die Bewertungen unverändert von verschiedenen unabhängigen Bewertungsportalen, beispielsweise von *Ausgezeichnet.org*, *eKomi* und *Trusted Shops*, um nur die bekanntesten zu nennen. Außerdem bietet Google selbst ein kostenloses Programm, *Google Kundenrezensionen*, an, über das Sie Rezensionen nach dem Kauf erfassen lassen können, sofern Sie ein Google-Merchant-Konto besitzen. Weitere Informationen zu Quellen für Verkäuferbewertungen sowie die Google-Kundenrezensionen finden Sie unter:

https://support.google.com/google-ads/answer/2375474

Die Sterne sind für viele Nutzer mittlerweile ein bewährtes Trust-Element, das ihr Klickverhalten maßgeblich beeinflusst. Deshalb sollten Sie auf keinen Fall darauf verzichten, die Voraussetzungen für die Verkäuferbewertungserweiterung zu schaffen, damit Sie mit Ihren Produkten bzw. Dienstleistungen über die entsprechenden Bewertungsportale auch bewertet werden können.

12.12   Optimierungen im Google Displaynetzwerk

Für die Werbung im Google Displaynetzwerk (GDN) gibt es natürlich andere Optimierungsansätze als die Möglichkeiten, die wir für das Suchnetzwerk vorgestellt haben. In einem ersten Schritt schauen wir uns nun an, welche der bekannten Möglichkeiten auch für das GDN funktionieren.

An erster Stelle sind alle Hinweise für die unterschiedlichen, kreativen Gestaltungsmöglichkeiten für die Textbausteine der Responsive-Anzeigen zu nennen. Da die Anzeigen im Displaynetzwerk jedoch nicht durch eine Suche ausgelöst werden, können Sie diese Texte ruhig etwas allgemeiner gestalten. Sie müssen sie nicht so stark auf eine bestimmte Suchphrase hin optimieren. Zudem setzt Google die Responsive-Anzeigen unterschiedlich zusammen, sodass Sie nie den ganzen optimalen Text betrachten können. Bei den Möglichkeiten zur Anzeigenerweiterung ist Google im GDN etwas zurückhaltender. Zur Optimierung können Sie im GDN nur die Standort- und Telefonerweiterung nutzen.

Auf der anderen Seite können Sie im Displaynetzwerk mit Imageanzeigen punkten und diese entsprechend optimieren. Eine Optimierungsmöglichkeit besteht zum Beispiel darin, passende emotionale Bilder und klickaktivierende Informationen einzubauen. Es ist auch sinnvoll, den Nutzen für einen Besuch der Website hervorzuheben. Falls Sie nach den ersten Tests im GDN wichtige Placements selektiert haben, können Sie zur weiteren Optimierung auch individuelle Imageanzeigen für die wichtigsten Placements erstellen, die zum Beispiel inhaltlich und farblich auf die jeweiligen Webseiten abgestimmt sind. Für diese Werbung würden dann eigene Anzeigengruppen erstellt, die eventuell jeweils nur auf ein Placement ausgerichtet sind.

12.12.1   Optimierung durch Ausschluss

Außer durch die Gestaltung der Anzeigen können Sie im GDN auch über den Ausschluss bestimmter Parameter optimieren. Zur effizienteren Ausrichtung auf Ihre gewünschten Anzeigenziele und Ihre Zielgruppe können Sie folgende Targeting-Parameter nicht nur einschließen, sondern auch jeweils ausschließen:

▶ Keywords

▶ Zielgruppen

▶ demografische Merkmale

▶ Placements

▶ Inhalte

▶ Standorte

Diese Punkte sehen wir uns jetzt genauer an.

Auszuschließende Keywords

Sie können auch für das Displaynetzwerk Begriffe festlegen, zu denen Ihre Anzeigen *nicht* ausgespielt werden sollen. Bei den Displaynetzwerk-, aber auch bei den Video-Kampagnen haben diese negativen Keywords jedoch nichts mit der Suche zu tun. Es geht hier eher um die gezeigten Inhalte der Werbeseiten. Mit den negativen Keywords definieren Sie also vereinfacht gesagt, bei welchen Inhalten Ihre Anzeigen nicht erscheinen sollen. Zum Ausschluss wählen Sie im Seitenmenü KEYWORDS · AUSZUSCHLIESSENDE KEYWORDS ❹ (siehe Abbildung 12.69).

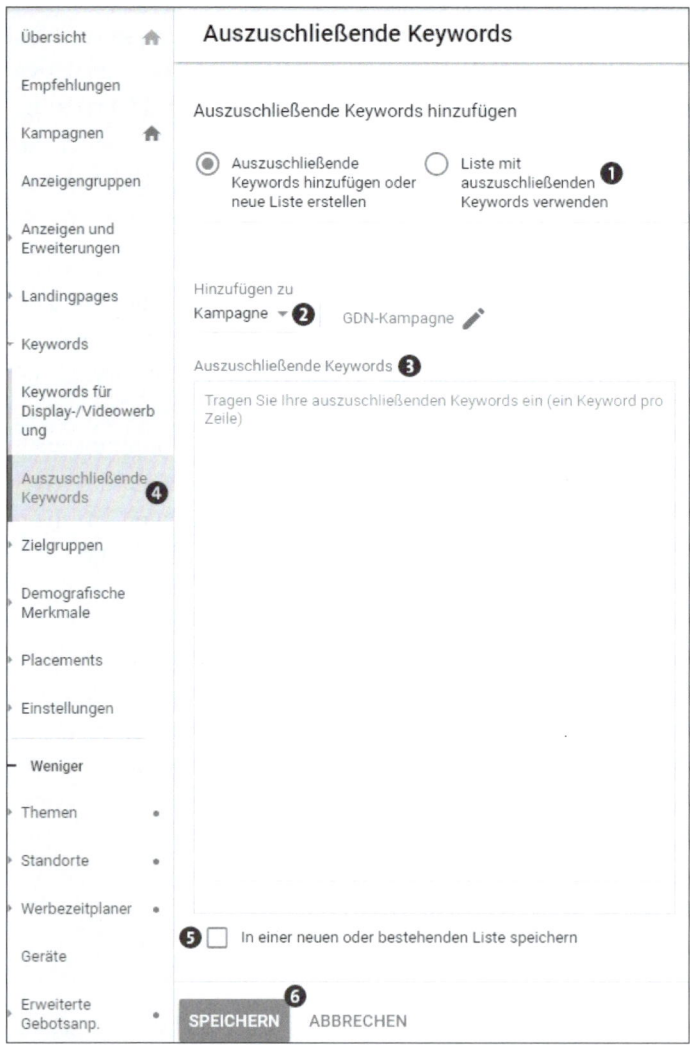

Abbildung 12.69 Auszuschließende Keywords hinzufügen

Hier fügen Sie in dem Formularfeld ❸ neue auszuschließende Keywords entweder auf Kampagnen- oder auf Anzeigengruppenebene ❷ hinzu. Alternativ können Sie diese Keywords auch in eine neue oder bestehende Liste ❺ speichern, damit sie auch für andere Kampagnen genutzt werden können. Für eine neue Liste wählen Sie einen Listennamen, und für eine bestehende Liste wählen Sie die entsprechende Liste aus dem Dropdown-Menü aus. Abschließend klicken Sie noch auf SPEICHERN ❻. Alternativ können Sie auch eine bereits bestehende LISTE MIT AUSZUSCHLIESSENDEN KEYWORDS VERWENDEN ❶. Bitte denken Sie daran, dass Sie die auszuschließenden Keywords für Displaynetzwerk-Kampagnen eher allgemeiner fassen sollten. Es ist daher sinnvoll, für das Google Displaynetzwerk eigene »Negativ-Listen« zu erstellen.

Zielgruppen ausschließen

Ein ganz wichtiger Punkt für Display-Kampagnen ist der Ausschluss von Zielgruppen. Auf diese Weise können Sie die vielfältigen Möglichkeiten der Anzeigenschaltung im Display-Netzwerk viel besser steuern. Rufen Sie zunächst im Seitenmenü ZIELGRUPPEN · AUSSCHLÜSSE ❹ auf (siehe Abbildung 12.70).

Auch hier fügen Sie eine neue auszuschließende Zielgruppe über das Symbol ⊕ hinzu und wählen dann + ZIELGRUPPEN AUSSCHLIESSEN. Alternativ können Sie auch + ZIELGRUPPENAUSSCHLÜSSE wählen. Danach bestimmen Sie wie gewohnt die Ebene, für die Sie die Ausschlüsse definieren möchten. Wenn Sie im nächsten Schritt auf SUCHEN ❶ klicken, haben Sie die Möglichkeit, aus vier Bereichen Ausschlüsse zu definieren:

- ▶ Zielgruppen auf Grundlage demografischer Merkmale
- ▶ Zielgruppen, die Interesse an bestimmten Produkten/Dienstleistungen haben
- ▶ Zielgruppen, die durch Ihr Verhalten ein starkes Kaufinteresse signalisiert haben
- ▶ Ehemalige Besucher der beworbenen Website, die mithilfe von Remarketing erfasst wurden

Sie können mehrere Zielgruppen aus unterschiedlichen Bereichen mischen und sollten auch möglichst viele Zielgruppen auf diese Weise ausschließen. Mit dieser Taktik können Sie Ihre Werbung im Displaynetzwerk viel effizienter einsetzen und häufiger Ihre Zielgruppen mit den potenziellen Kunden bespielen. Gewünschte Ausschlüsse markieren Sie per Checkbox ❸. Gewählte Zielgruppen erscheinen dann automatisch im rechten Fenster ❷. Durch einen Klick auf SPEICHERN ❺ schließen Sie den Ausschluss der Zielgruppen ab.

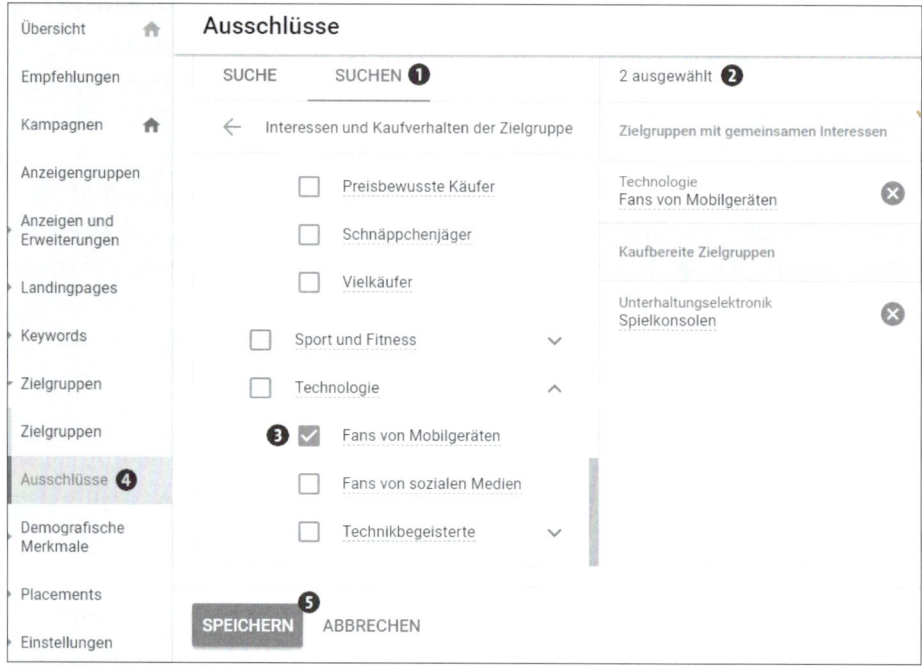

Abbildung 12.70 Zielgruppen ausschließen

Demografische Merkmale ausschließen

Über den Pfad DEMOGRAFISCHE MERKMALE • AUSSCHLÜSSE und mit einem anschließenden Klick auf + AUSSCHLUSS DEMOGRAFISCHER MERKMALE gelangen Sie zur Eingabe der demografischen Ausschlusskriterien. Hier markieren Sie die Ausschlüsse für die Bereiche GESCHLECHT, ALTER und ELTERNSTATUS nach Ihren Wünschen einfach per Checkbox. Die Option HAUSHALTSEINKOMMEN ist derzeit nicht im deutschsprachigen Raum und Europa verfügbar und kann daher nicht markiert werden. Schließen Sie den Dialog durch einen Klick auf SPEICHERN ab. Denken Sie daran, dass Sie durch den Ausschluss unpassender Gruppen am Ende mehr Werbemöglichkeiten bei Ihren potenziellen Kunden erhalten.

Placements-Ausschlüsse

Über PLACEMENTS • AUSSCHLÜSSE können Sie ganz bewusst bestimmte Placements im Displaynetzwerk und auf YouTube ausschließen. Klicken Sie dazu auf den großen Bearbeitungsstift und dann auf PLACEMENTS AUSSCHLIESSEN. Bestimmen Sie die Ebene (ANZEIGENGRUPPE, KAMPAGNE ❶ oder KONTO über die Dropdown-Liste), und geben Sie dann an, welche Placements Sie ausschließen möchten. Dabei können Sie die Placements unter Websites ❷, YouTube-Kanäle ❸, einzelnen YouTube-Videos ❹, Apps ❺ oder App-Kategorien ❻ suchen und auswählen. Falls Sie einzelne Placements kennen, wo Ihre Anzeigen erschienen sind, können Sie diese auch direkt ❼ eintragen. Falls Sie in den Placement-Berichten viele Klicks in Apps finden, die Ihnen keine Anfragen oder Kunden gebracht haben, so sollten Sie auf jeden Fall den Ausschluss verschiedener App-Kategorien vornehmen, vor allem aus dem Spielebereich.

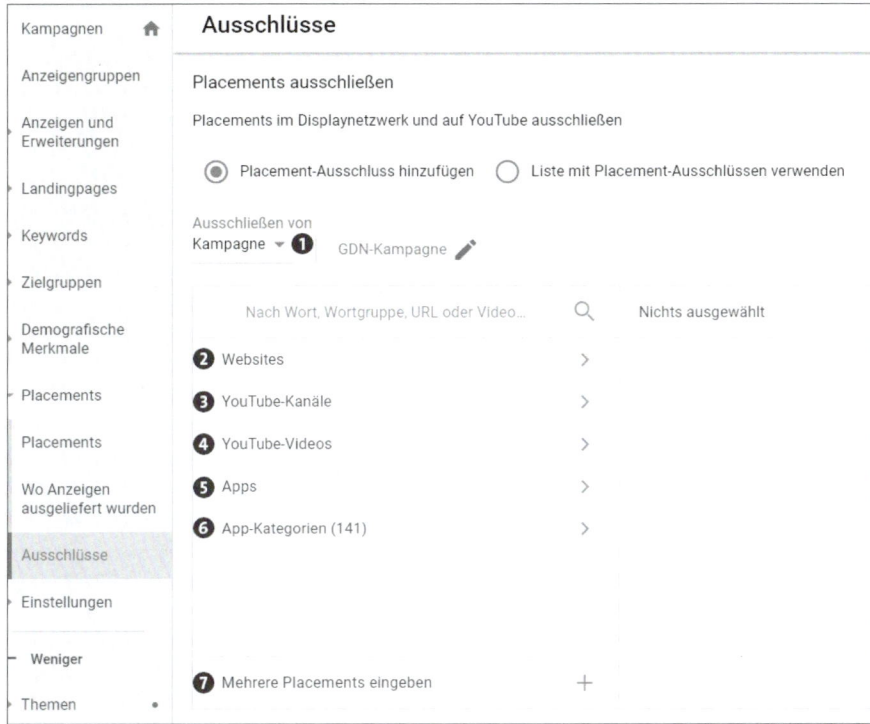

Abbildung 12.71 Placements-Ausschlüsse definieren

Auszuschließende Inhalte

Zusätzlich zu den oben genannten Ausschlussmöglichkeiten konkreter Placements oder Kategorien haben Sie auch in den Kampagneneinstellungen die Möglichkeit, bestimmte Inhalte, z. B. Webseiten mit sensiblen Inhalten, zu deaktivieren. Sie erreichen diese Ausschlussmöglichkeit nach Auswahl der gewünschten Kampagne über EINSTELLUNGEN beim Unterpunkt AUSZUSCHLIESSENDE INHALTE (siehe Abbildung 12.72). In der Grundeinstellung ist an dieser Stelle nichts vorausgewählt. Sie müssen also bewusst per Checkbox die Webseiteninhalte, -typen etc. markieren, wo Sie nicht erscheinen möchten!

Ausgeschlossene Standorte

Durch den Ausschluss bestimmter Standorte können Sie Ihre Displaykampagnen weiter optimieren. Dazu wählen Sie zunächst Ihre Kampagnen aus und dann im Seitenmenü den Tab STANDORTE · AUSGESCHLOSSEN ❸. Nutzen Sie die Suchfunktion, und bestimmen Sie Standorte, die Sie ausschließen wollen, z. B. »Kaiserslautern« ❶ in unserem Beispiel aus Abbildung 12.73. Ausgeschlossene Orte und Regionen werden in einer Karte farblich markiert ❷. Vergessen Sie nicht, Ihre Auswahl abzuspeichern ❹, nachdem Sie alle gewünschten Ausschlussorte hinzugefügt haben.

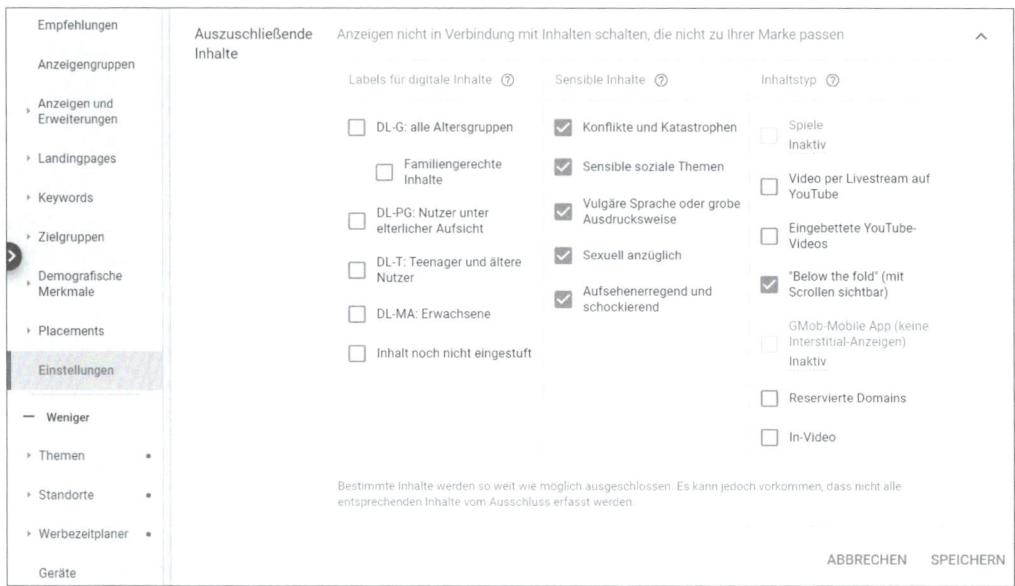

Abbildung 12.72 Bestimmte Inhalte ausschließen

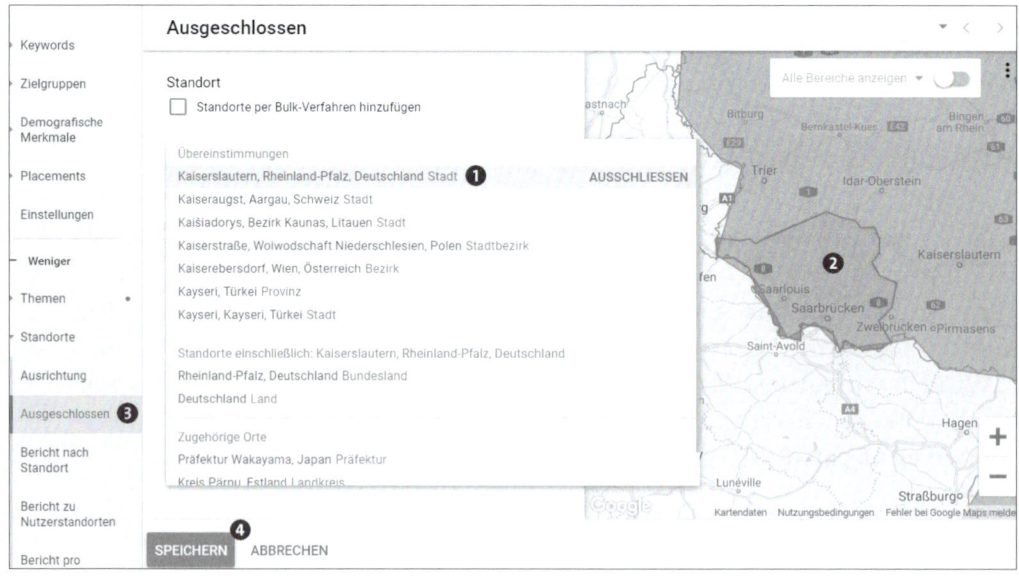

Abbildung 12.73 Standorte ausschließen

12.12.2   Ausrichtung im GDN kontrollieren

Im Displaynetzwerk möchte Google, genau wie bei den anderen Kampagnentypen, immer möglichst viele Anzeigen schalten. Kontrollieren Sie daher alle Stellen, wo Google automatisiert noch zusätzliche Zielgruppen mit ausgedehnter Werbung ansprechen möchte. Checken Sie bei den Displaykampagnen konkret in den Einstellungen der Anzeigengruppen den Unterpunkt AUSWEITUNG DER AUSRICHTUNG. Wählen Sie dazu die gewünschte Anzeigengruppe, und klicken Sie im Navigationsmenü auf EINSTELLUNGEN. Danach klicken Sie auf den Bearbeitungsstift mit der Bezeichnung AUSRICHTUNG DER ANZEIGENGRUPPE BEARBEITEN (siehe Abbildung 12.74).

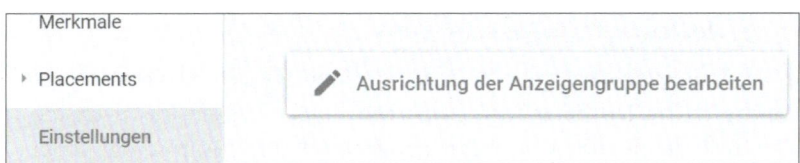

Abbildung 12.74 Einstellungen der Anzeigengruppe

Scrollen Sie danach zum Unterpunkt AUSWEITUNG DER AUSRICHTUNG. Dort können Sie per Schieberegler definieren, welche zusätzliche, automatisierte Ausrichtung Sie wünschen. Sie können den Regler von DEAKTIVIERT bis GRÖSSERE REICHWEITE einstellen (siehe Abbildung 12.75). Während Google natürlich die größere Reichweite bevorzugt, sollten Sie eher defensiv beginnen bzw. diese zusätzliche Reichweite zunächst deaktivieren. Wenn sich die Displaykampagne in der jeweiligen Anzeigengruppe nach Ihren Wünschen entwickelt, können Sie auch die Ausrichtung an dieser Stelle langsam erhöhen. Sie erhalten dadurch dann mehr Reichweite, müssen aber darauf achten, dass Sie nicht nur zusätzliche Kosten ohne weitere Conversions erzeugen.

Abbildung 12.75 »Ausweitung der Ausrichtung« kontrollieren

12.13   Fazit

In diesem Kapitel haben Sie die wichtigsten Stellschrauben zur Optimierung Ihrer Google-Ads-Kampagnen kennengelernt. Nutzen Sie die verschiedenen Optimierungsansätze – von der Kontostruktur über die Optimierung von Keywords und

Textanzeigen bis hin zur Webseitengestaltung. Arbeiten Sie auf jeden Fall mit den Möglichkeiten der Anzeigenerweiterung, die Google Ads bietet. Und denken Sie immer daran, dass Sie durch die Optimierung echtes Geld sparen können. Der weitaus wichtigere Grund ist jedoch, dass Sie durch eine laufende Optimierung letztlich mehr Interessenten und Kunden gewinnen.

Anzeigenerweiterungen strategisch planen

Google bietet eine Fülle von Erweiterungen, die Sie selbst einrichten können (»manuelle Erweiterungen«), und ergänzt darüber hinaus Ihre Anzeigen um Erweiterungen, die auch ohne manuelle Einrichtung (»automatische Erweiterungen«) ausgeliefert werden, wie beispielsweise die Seller-Ratings.

Bei der Fülle der manuellen Anzeigenerweiterung sollten Sie sich zunächst offline überlegen, welche davon Sie für Ihr Unternehmen nutzen wollen. Als nächsten Schritt definieren Sie dann, auf welcher Ebene (also auf Konto-, Kampagnen- oder Anzeigengruppenebene) Sie die Anzeigenerweiterung hinzufügen.

Bitte bedenken Sie dabei, dass Sie keinen Einfluss darauf haben, welche der einzelnen Erweiterungen Google ausspielt, wohl aber darauf, auf welchem Level – sprich in welchem inhaltlichen Kontext – möglicherweise welche Ergänzung erscheint. Gerade weil Sie nicht genau definieren können, was wann wie als Ergänzung erscheint, ist es ratsam, vor dem Erstellen der Anzeigenerweiterungen in einer Matrix alle Eventualitäten durchzuspielen, damit Ihre Anzeigen sowohl mit als auch ohne Erweiterungen eine starke Aussagekraft haben und den Betrachter zum Klick animieren. Erweiterungen sollten sinnvolle Ergänzungen zu Ihrem Anzeigentext liefern, die zusätzlich Aufmerksamkeit und Klicks generieren.

Wie schon eingangs bei den Keywords, ist es bei Anzeigenerweiterungen ebenfalls wichtig, dass Sie sie analog zu Ihrer jeweiligen Zielsetzung nutzen. Haben Sie beispielsweise das Ziel, Nutzer zum Kauf an Ihrem Geschäftsstandort zu motivieren, so bieten sich Standorterweiterungen und Erweiterungen mit Zusatzinformationen an. Ist Ihr Ziel hingegen, Nutzer dazu anzuregen, auf Ihrer Website eine Conversion durchzuführen, dann sind Sitelink-Erweiterungen sowie Erweiterungen mit Zusatzinformationen und Snippet-Erweiterungen das Mittel der Wahl. Sie sehen, eine sorgfältige Planung zahlt sich an dieser Stelle ebenfalls aus.

12.14 Checkliste

Optimieren Sie Ihr Google-Ads-Konto regelmäßig. Am besten führen Sie jedes Quartal oder mindestens jedes Halbjahr einen Fitness-Check für Ihr Google-Ads-Konto durch. Wenden Sie dazu die Fragen aus Tabelle 12.2 an.

Daran sollten Sie denken, wenn Sie Ihr Google-Ads-Konto optimieren	Kontrolliert (☑)
Ist die Kampagnenstruktur noch sinnvoll?	
Gibt es neue Möglichkeiten zur Unterteilung der Anzeigengruppen?	
Stimmt die Performance der Zielregionen?	
Stimmt die Performance der Partnernetzwerke?	
Funktioniert die Werbung auf den Smartphones?	
Welches Ergebnis liefert der A/B-Test der Textanzeigen?	
Können neue Anzeigen getestet werden?	
Gibt es optimale Werbezeiten?	
Soll das Werbebudget auf bestimmte Zeiträume konzentriert werden?	
Funktioniert das Conversion-Tracking?	
Müssen zusätzliche oder neue Ziele gemessen werden?	
Kann das Budget reduziert oder anders verteilt werden?	
Muss das Budget erhöht werden?	
Gibt es neue Keyword-Vorschläge?	
Stimmen die Keyword-Optionen?	
Wurden die negativen Keywords regelmäßig erweitert?	
Müssen doppelte Keywords im Konto ausgeschlossen werden?	
Stimmen die Keyword-Gebote?	
Gibt es Probleme mit dem Qualitätsfaktor?	
Stimmt der Anteil der möglichen Impressionen?	
Können neue Anzeigenerweiterungen hinzugefügt werden?	
Gibt es neue Möglichkeiten für Anzeigenerweiterungen?	

Tabelle 12.2 Optimierungspotenzial für Ihr Google-Ads-Konto – Checkliste

Kapitel 13
Bearbeiten und Analysieren

In Ihrem Google-Ads-Konto gibt es immer etwas zu tun. Darum sollten Sie alle Tipps und Tricks kennen, die Ihnen dabei helfen, Ihre Einstellungen schnell zu verändern — oder Informationen zu filtern oder zu gruppieren, um eine schnelle Ad-hoc-Analyse durchzuführen. Wenn man das Google-Ads-Konto aus den Anfangsjahren mit dem aktuellen Konto vergleicht, so hat sich bereits einiges getan und es werden auch bestimmt noch weitere Analysemöglichkeiten hinzukommen. Daher sollten Sie sich auf jeden Fall die Grundprinzipien der Analyse aneignen.

Dieses Kapitel vermittelt Ihnen die nötigen Kenntnisse, um schnell und effektiv im Alltag in Ihrem Google-Ads-Konto zu arbeiten. Wir zeigen Ihnen Einstellungen, Filter- und Bearbeitungsmöglichkeiten, die Sie entweder regelmäßig oder immer mal wieder benötigen, um Ihr Konto mit geringem Aufwand zu analysieren. Es kann sein, dass bestimmte Möglichkeiten bereits an anderer Stelle direkt im Zusammenhang mit einer bestimmten Aufgabenstellung beschrieben worden sind. Diese Möglichkeiten werden jedoch auch hier noch einmal kurz vorgestellt, damit Sie einen Überblick über die verschiedenen Bearbeitungs-, Sortierungs- und Filtermöglichkeiten erhalten.

Ein wichtiger Teil dieses Kapitels beschreibt die Möglichkeiten zur Automatisierung Ihres Google-Ads-Kontos. Sie können Kontrollaufgaben, Änderungen oder auch Datensammlungen durch *automatisierte Regeln* oder *Google-Ads-Skripte* steuern. Die Übertragung von manuellen Arbeiten in automatisierte Prozesse nimmt Ihnen viel Arbeit ab und spart Zeit, die Sie wieder in andere wichtige Tätigkeiten (z. B. Recherche, Optimierung und Tests) stecken können.

13.1   Tricks, um Zeit zu sparen

Sie können zum einen Zeit sparen, wenn Sie mehrere Änderungen in einem Schritt zusammenfassen oder Aufgaben im Google-Ads-Konto automatisieren. Vor den Änderungen steht aber die Analyse. Ausgangspunkte sind dabei oft bestimmte Fragestellungen, die bei der Betrachtung Ihrer Google-Ads-Daten entstehen. Zu diesen Fragen zählen zum Beispiel:

- ▶ Welche Keywords funktionieren in meiner Kampagne, welche haben die besten Klickraten?

- ▶ Welche Keywords erzeugen Anzeigenpositionen, bei denen die Werbung nicht so gut gesehen wird, weil z. B. Ranking-Positionen nicht im oberen Bereich liegen?

- ▶ Welche Keywords haben grundsätzlich eine schlechte Performance?

- ▶ Welche Anzeigengruppen haben die meisten Kosten verursacht?

Wenn Sie sich durch Sortierung, Filtern oder Gruppierung Ihrer Google-Ads-Daten einen Überblick verschaffen können, sind viele Fragen schnell zu beantworten. Diese Möglichkeiten zur Datenanordnung und zu Veränderungen haben wir Ihnen in diesem Abschnitt zusammengefasst. Wir zeigen Ihnen:

- ▶ das gleichzeitige Ändern mehrerer Elemente

- ▶ das einfache Sortieren und Filtern

- ▶ die Nutzung komplexer Filter mit mehreren Bedingungen

- ▶ den Aufruf versteckter Dateninformationen

- ▶ die Gruppierung von Informationen

- ▶ das Filtern und Zuordnen über Kampagnen- und Anzeigengruppen hinweg

- ▶ die Möglichkeit zur Automatisierung Ihrer Kontobearbeitung

- ▶ die Erstellung automatisierter Benachrichtigungen

- ▶ die Schnelldiagnose von Keywords

- ▶ die Schnelldiagnose Ihrer Kampagnen im Konkurrenzvergleich

- ▶ die Erstellung automatisierter A/B-Tests in Ihren Kampagnen

13.1.1   Schnelle Bearbeitungsmöglichkeiten (Bulk-Edit)

Das sogenannte Bulk-Editing ermöglicht es Ihnen, mehrere Elemente (Kampagnen, Anzeigengruppen, Keywords oder Textanzeigen) gleichzeitig zu bearbeiten. Das Wort »Bulk« steht für »Masse« oder »Menge«. Bulk-Bearbeitung beschreibt also die gleichzeitige Veränderung einer größeren Datenmenge (siehe Abbildung 13.1).

Bei einer Bulk-Bearbeitung arbeiten Sie immer nach folgendem Ablaufschema:

1. Elemente auswählen – Entweder wählen Sie alle Elemente ❷ einer Tabelle aus oder markieren einzelne Elemente, indem Sie die vorangestellte Checkbox ❸ aktivieren.

2. Klick auf BEARBEITEN ❶ in der blauen Kopfleiste

3. Auswahl der gewünschten Aktion (AKTIVIEREN ❹, PAUSIEREN ❺ etc.) aus der Dropdown-Liste

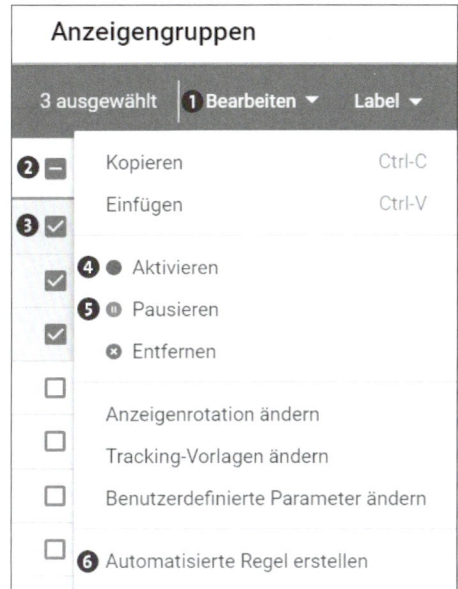

Abbildung 13.1 Mehrere Anzeigengruppen bearbeiten

Auf diese Weise können Sie auch via AUTOMATISIERTE REGEL ERSTELLEN ❻ passende Regeln für Anzeigengruppen aufsetzen.

Die Möglichkeit der Bulk-Änderung gibt es für alle Ebenen Ihres Google-Ads-Kontos, wobei auf den unterschiedlichen Ebenen verschiedene Aktionen wählbar sind. Während, wie in Abbildung 13.1 erkennbar, auf der Ebene der Anzeigengruppen relativ wenige Wahlmöglichkeiten bestehen, sieht dies auf der Ebene der Keywords ganz anders aus (siehe Abbildung 13.2). Hier sind vor allem die Möglichkeiten zur Änderung der Keyword-Texte ❶ und der Keyword-Optionen ❷ interessant. Falls Sie einzelne Keywords mit eigenen Landingpages (Finale URLs) ❸ verknüpfen möchten, so funktioniert dies auch über die Bulk-Änderung auf Keyword-Ebene.

Wahrscheinlich vermuten Sie es schon: Auch die Ebene der Anzeigentexte hält eigene Bulk-Änderungen bereit. Wenn Sie Ihre Anzeigentexte öfter anpassen müssen, verbirgt sich hier eine große Hilfe. Denn mit den Bulk-Änderungen lassen sich auch gleichzeitige Textänderungen in mehreren Anzeigen zeitsparend umsetzen. Falls Sie z. B. eine neue Rabattaktion in Höhe von 20 % planen und Ihr aktueller Anzeigentext in zig Anzeigen einen anderen Rabatt (z. B. in Höhe von 15 %) anzeigt, so können Sie mithilfe der Suchen-und-ersetzen-Funktion für Textanzeigen viel Zeit sparen. Markieren Sie zunächst per Checkbox alle Textanzeigen, für die eine Textpassage geändert werden soll (siehe Abbildung 13.3).

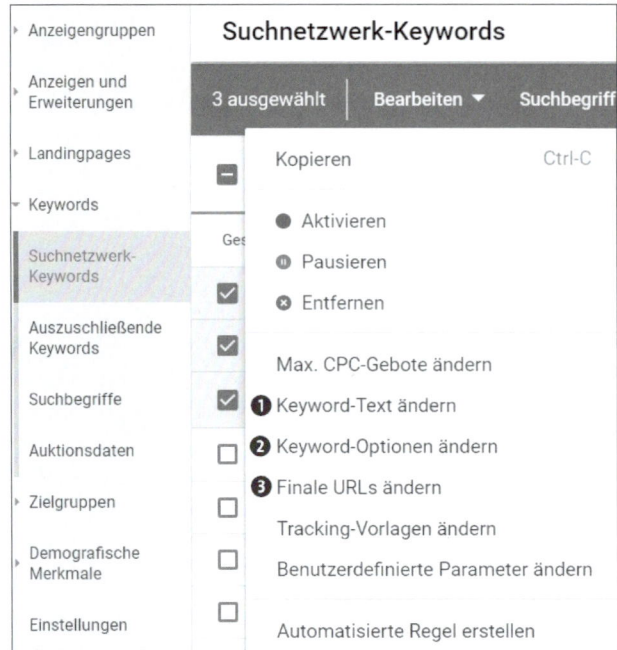

Abbildung 13.2 Mehrere Keywords bearbeiten und Optionen ändern

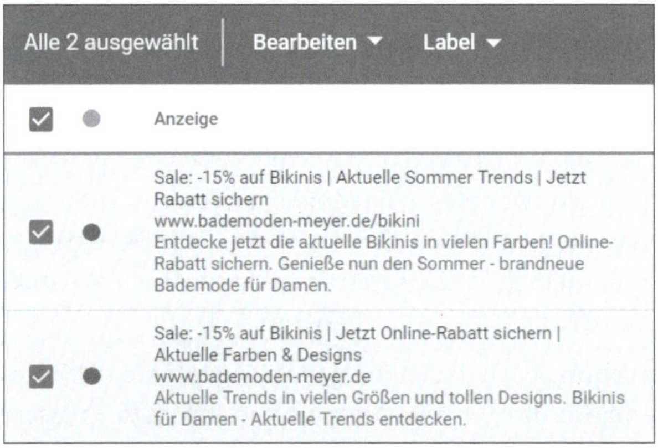

Alle 2 ausgewählt	Bearbeiten ▼ Label ▼
☑ ●	Anzeige
☑ ●	Sale: -15% auf Bikinis | Aktuelle Sommer Trends | Jetzt Rabatt sichern www.bademoden-meyer.de/bikini Entdecke jetzt die aktuelle Bikinis in vielen Farben! Online-Rabatt sichern. Genieße nun den Sommer - brandneue Bademode für Damen.
☑ ●	Sale: -15% auf Bikinis | Jetzt Online-Rabatt sichern | Aktuelle Farben & Designs www.bademoden-meyer.de Aktuelle Trends in vielen Größen und tollen Designs. Bikinis für Damen - Aktuelle Trends entdecken.

Abbildung 13.3 Anzeigentext vor der Bulk-Änderung: 15 % Rabatt

Danach klicken Sie wieder auf die bereits bekannte Schaltfläche Bearbeiten und wählen im nächsten Schritt den Unterpunkt anzeigen ändern aus dem Dropdown-Menü. Nun öffnet sich das Fenster aus Abbildung 13.4.

Bestimmen Sie dann zunächst die Art der Anzeige, die Sie ändern möchten. In unserem Fall ist dies der Typ Textanzeigen ❸. Da im Konto hier von Google der Typ Responsive Suchanzeige voreingestellt wurde, ist das immer eine Fehlerquelle, auf die Sie achten sollten. Falls an dieser Stelle der falsche Typ ausgewählt ist, ändert sich später nichts in der Anzeige! Nach der Auswahl des Anzeigentyps bestimmen Sie noch als Aktion SUCHEN UND ERSETZEN ❹. Danach können Sie festlegen, worauf sich diese Aktion beziehen soll, indem Sie rechts oben neben TEXT SUCHEN unter IN innerhalb der Dropdown-Liste das passende Element auswählen. Für unser Beispiel haben wir ALLE ANZEIGENTITEL UND BESCHREIBUNGEN ❻ ausgewählt. Mit dieser Einstellung können Sie die Texte gleich an fast allen Stellen in den Anzeigen in einem Schritt verändern. Diese Auswahl ist vor allem dann interessant, wenn Sie nicht ganz sicher sind, ob mehrere Bereiche betroffen sind. Sie können aber auch ganz bewusst einzelne Teile der Anzeige, z. B. nur ANZEIGENTITEL 1 ❷, auswählen, damit nur dort die gewünschten Änderungen vorgenommen werden. Unter TEXT SUCHEN geben Sie dann zuerst den Text ein, der ersetzt werden soll. In unserem Beispiel sind dies die 15 % ❶. Bei ERSETZEN DURCH notieren Sie den neuen Begriff. Im Beispiel ist dies die neue Prozentzahl ❺. Der Austausch der Textstellen wird zum Abschluss per Klick auf ÜBERNEHMEN ❼ bestätigt.

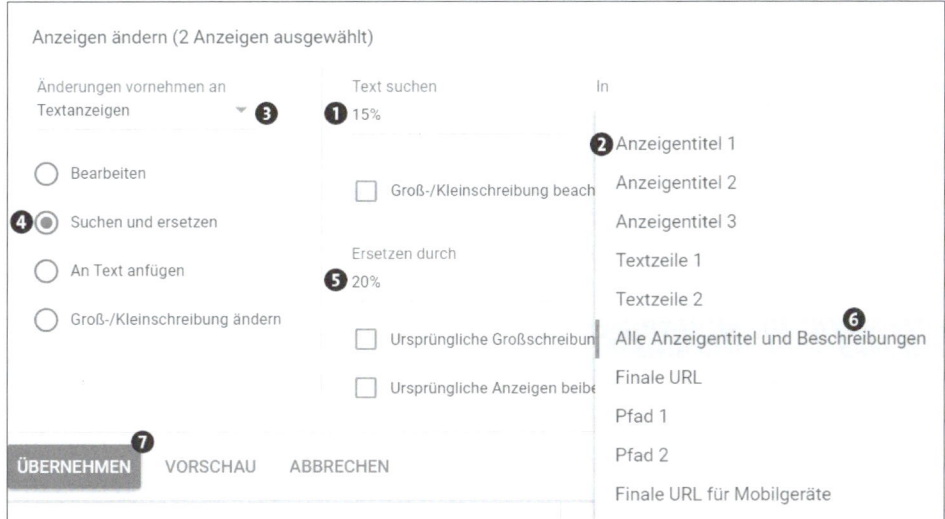

Abbildung 13.4 Bulk-Änderungen mit »Suchen und ersetzen«

Danach erscheint als Ergebnis die veränderte Anzeige (siehe Abbildung 13.5). In unserem Beispiel haben wir die Vorgehensweise mit zwei Anzeigen demonstriert. Ein Austausch dieser zwei Textstellen wäre wahrscheinlich in der gleichen Zeit auch auf herkömmliche Weise zu bewältigen. Wenn Sie jedoch einmal eine große Anzahl von Textanzeigen nach einem bestimmten Schema ändern müssen, so werden Sie die beschriebene Massenänderungsfunktion nicht mehr missen wollen! Diese Möglichkeit sollten Sie auch nutzen, wenn Sie immer die aktuelle Jahreszahl in Ihrer Anzeige ausspielen möchten. Dann können Sie zu Beginn eines neuen Jahres die aktualisierte Jahreszahl mit einer Aktion in alle Anzeigen übernehmen.

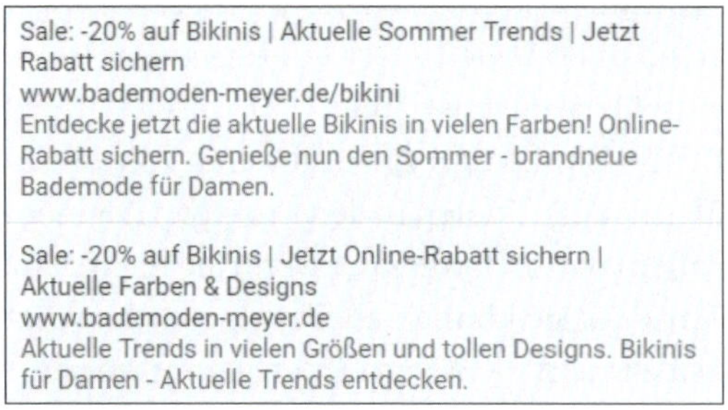

Sale: -20% auf Bikinis | Aktuelle Sommer Trends | Jetzt
Rabatt sichern
www.bademoden-meyer.de/bikini
Entdecke jetzt die aktuelle Bikinis in vielen Farben! Online-
Rabatt sichern. Genieße nun den Sommer - brandneue
Bademode für Damen.

Sale: -20% auf Bikinis | Jetzt Online-Rabatt sichern |
Aktuelle Farben & Designs
www.bademoden-meyer.de
Aktuelle Trends in vielen Größen und tollen Designs. Bikinis
für Damen - Aktuelle Trends entdecken.

Abbildung 13.5 Anzeigentexte nach der Bulk-Änderung:
15 % wurden gegen 20 % ausgetauscht.

13.1.2   Richtig sortieren und filtern

Im Kopf Ihrer Google-Ads-Statistiken befinden sich neben einem Suchfeld noch verschiedene Möglichkeiten der Sortierung, Gruppierung und Filterung.

Filter in der Navigationsleiste

Google Ads hat die Filter zu den aktiven, pausierten und entfernten Elementen in zwei Bereiche aufgeteilt. Neben der Möglichkeit oberhalb der Statistiken, die wir gleich vorstellen, gibt es also noch eine weitere Möglichkeit. Sie sollten sich angewöhnen, zunächst den Filter in der linken Navigationsleiste zu nutzen. Dort können Sie grundsätzlich die Kampagnen und Anzeigengruppen aktivieren, mit denen Sie gerade arbeiten möchten, um sich auf die wesentlichen Daten zu konzentrieren (siehe Abbildung 13.6).

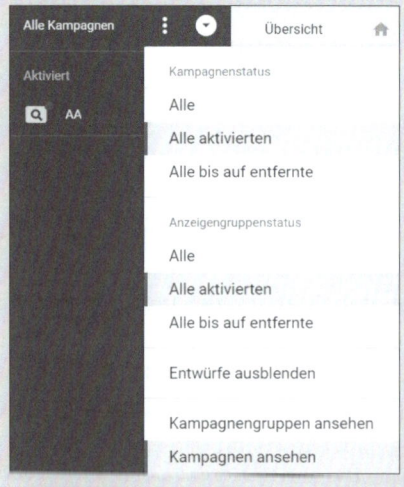

Abbildung 13.6 Filterfunktion in der Navigationsleiste

> Neben dem Hinweis Alle Kampagnen gibt es eine Auswahl, die Sie über die drei Navigationspunkte erreichen. Dort können Sie z. B. bestimmen, dass nur die aktivierten Kampagnen und Anzeigengruppen eingeblendet werden.

Nun aber zu den Einstellungen, die Sie immer oberhalb der Statistiken finden. Ganz links finden Sie einen Filter, der je nach Ebene Kampagnenstatus, Anzeigengruppenstatus etc. lautet. An dieser Stelle befindet sich neben der eben beschriebenen Hauptnavigation die zweite Möglichkeit zur Filterung der angezeigten Daten. Mit diesem Filter können Sie drei unterschiedliche Darstellungen bestimmen (siehe Abbildung 13.7):

1. Alle Elemente anzeigen: So verschaffen Sie sich einen guten Überblick.

2. Alle aktivierten Elemente: Das sollte die bevorzugte Einstellung sein.

3. Alle bis auf entfernte Elemente: Wichtig, wenn Sie alte Elemente wieder aktivieren möchten.

Nutzen Sie auf jeden Fall die Möglichkeit, unnötige Elemente herauszufiltern, denn dies reduziert bei großen Konten mit vielen pausierten und/oder entfernten Elementen die Anzahl der aufgelisteten Datensätze erheblich – und schärft so den Blick für das Wesentliche.

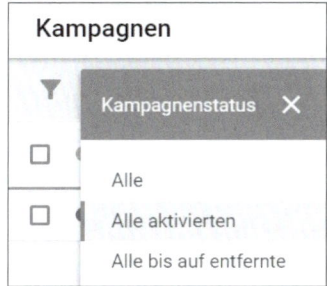

Abbildung 13.7 Filterfunktion im Tabellenkopf

Wir stellen Ihnen nun die fünf wichtigsten Elemente bzw. Funktionen vor, die Sie immer im Kopfbereich Ihrer Google-Ads-Tabellen finden und die Sie bei der Zusammenstellung und Analyse Ihrer Online-Statistiken täglich benötigen (siehe Abbildung 13.8).

1. **Filter**
   Filter sind vor allem dann sehr nützlich, wenn es darum geht, aus großen Datenmengen überschaubare Listen zu genieren, die einer bestimmten Schnittmenge von Leistungsmerkmalen entsprechen. Sie können zwar die Keywords mit der höchsten CTR oder die Keywords mit mindestens 200 Klicks im letzten Monat über die Sortierung einer Tabelle und durch eventuell zusätzliches Scrollen der Er-

gebnisse relativ einfach finden, dennoch ist die Kombination beider Vorgaben ohne die Filterfunktion nicht so einfach möglich oder nimmt auf jeden Fall mehr Zeit in Anspruch. Über FILTER HINZUFÜGEN ❶ können Sie Kombinationen von Bedingungen erstellen. Die genaue Vorgehensweise zeigen wir Ihnen im nächsten Abschnitt.

2. **Suchfeld**

   Die Funktion SUCHEN ❷ ist vereinfacht gesagt auch ein Filter, wobei hier nach dem eingegebenen Begriff bzw. einer Begriffskombination gefiltert wird. Sie finden diese Suchfunktion in jeder Ebene oberhalb Ihrer Daten, wobei Sie auf Kampagnenebene nach Kampagnen suchen und auf Anzeigengruppenebene entsprechend nach Anzeigengruppen.

   Haben Sie beispielsweise eine große Keyword-Liste aufgerufen, so können Sie auf Keyword-Ebene über die Sucheingabe einen Begriff vorgeben und bekommen dann alle Keywords oder Keyword-Kombinationen angezeigt, die das vorgegebene Wort enthalten. Diese Funktion erleichtert die Recherche in Ihren Kampagnen erheblich.

3. **Segmentierung**

   Per Klick auf SEGMENT ❸ erhalten Sie verschiedene Möglichkeiten zur Segmentierung. Dies kann man mit einer Gruppierung von Daten gleichsetzen. Mit Segmenten können Sie Ihre Daten zu verschiedensten Gruppen zusammenfassen, um danach die Leistung der einzelnen Gruppen zu vergleichen. Dabei sind unter anderem Segmentierungen nach Wochentagen, Uhrzeiten, Endgeräten und verschiedenen Conversions möglich. Die unterschiedlichen Möglichkeiten zur Segmentierung sollten Sie in Ihren Berichten immer dann nutzen, wenn Sie Daten gegenüberstellen bzw. vergleichen möchten.

4. **Berichte**

   Das Icon BERICHTE ❹ enthält wahrscheinlich die wichtigste Funktion der Kopfzeile. Über diesen Button erhalten Sie in allen Berichten die Möglichkeit, neue Datenspalten zu Ihrer aktuellen Ansicht hinzuzufügen oder auch zu entfernen, falls der vorliegende Bericht zu unübersichtlich ist. Falls Sie bereits Berichts-Templates gespeichert haben, so finden Sie auch diese als Navigationspunkte in der Dropdown-Liste unter dem Spaltensymbol.

5. **Mehr (weitere Möglichkeiten)**

   Achten Sie im Google-Ads-Konto immer auf die drei Navigationspunkte und den Hinweis MEHR ❺. Dort finden Sie zusätzliche Möglichkeiten, die aufgrund des beschränkten Platzangebotes nicht angezeigt werden können. Im Kopf der Berichtstabellen findet sich hier der Link zu den automatisierten Regeln, die wir in Abschnitt 13.3 noch erläutern werden.

Abbildung 13.8 Tabellenkopf: die erste Zeile mit Such-, Gruppierungs- und weiteren Funktionen

Alle Statistiken im Google-Ads-Konto können Sie, wie bereits erwähnt, ganz einfach per Klick auf die Spaltenbezeichnung auf- oder absteigend sortieren. Ein Klick in den Spaltenkopf markiert zunächst die Spalte, angezeigt durch eine fette Überschrift (siehe Abbildung 13.9). Der Pfeil neben der Spaltenbezeichnung zeigt zudem die Richtung der Sortierung an (auf- oder absteigend). Diese Funktion ist sehr intuitiv und wird auch in anderen Google-Produkten, z. B. bei Google Analytics, für die Datensortierung genutzt.

Qualitätsfaktor	Impr.	↓ Klicks	CTR	Impr. (obere Pos.) %
8 von 10	979	142	14,50 %	94,38 %
7 von 10	1.837	120	6,53 %	77,72 %
8 von 10	754	72	9,55 %	70,82 %
5 von 10	792	48	6,06 %	88,62 %
7 von 10	492	46	9,35 %	87,60 %
8 von 10	676	36	5,33 %	52,37 %
8 von 10	150	32	21,33 %	99,33 %

Abbildung 13.9 Sortieren nach Spaltenüberschriften

13.1.3   Filter

Filter sind vor allem dann interessant, wenn Sie aus großen Datenmengen eine bestimmte Datengruppe extrahieren möchten. Die Filter erweisen sich als besonders wertvoll, wenn zwei, drei oder noch mehr Bedingungen für Ihre Datensätze kombiniert werden sollen. Hier wird die Filterfunktion zu einem mächtigen Werkzeug, das sehr schnell die passende Schnittmenge zu Ihren Vorgaben liefert.

Nachdem Sie die Filterfunktion per Klick auf FILTER HINZUFÜGEN aktiviert haben, können Sie in der Dropdown-Liste verschiedene Filtervorgaben suchen oder innerhalb der unterschiedlichen Gruppierungen auswählen und so kombinieren. Das folgende Beispiel, bei dem der Filter aus einer Kombination von vier Vorgaben erstellt wird, zeigt eindrucksvoll, wie Sie mit den Filtern arbeiten können. Unser Beispielfilter (siehe Abbildung 13.10) soll aus einer großen Keyword-Liste diejenigen Suchbegriffe herausfiltern, für die die folgenden vier Bedingungen gelten:

1. Die Keywords sollen eine schlechte Klickrate von unter 1 % besitzen ❶.
2. Gleichzeitig sollen die Keywords aber bereits genügend Anzeigenschaltungen ausgelöst haben, um statistisch verlässlich Daten zu erhalten. Als Vorgabe wählen wir einen Grenzwert von mindestens 200 Impressionen ❷ aus. Hierbei ist natürlich wichtig, den Zeitraum zu bedenken, auf den der Filter angewendet wird!
3. Da die Klickraten an unterschiedlichen Positionen auch unterschiedlich bewertet werden müssen, konzentrieren wir uns auf Keywords im oberen Teil der Suchergebnisseite. Dies bedeutet, dass wir nur Keywords herausfiltern, die zu 60 % ❸ im oberen Bereich ausgespielt wurden.
4. Wir sind auf der Suche nach Keywords, die nicht gut funktionieren. Darum spielt auch die Anzahl der Conversions eine wichtige Rolle. Die Keywords in unserem Filter sollten daher keine Conversion erzielt haben. Auch diese Bedingung wird noch in den Filter aufgenommen ❹.

Wenn Sie die Gruppe der gefilterten Elemente noch weiter verfeinern möchten, so können Sie über FILTER HINZUFÜGEN ❺ weitere Filterbedingungen erstellen. Nachdem Sie alle Bedingungen für einen Filter eingestellt haben, speichern Sie den neuen Filter für zukünftige Nutzungen. Dazu klicken Sie auf das SPEICHERN-Symbol ❻ und geben dem neuen Filter danach einen Namen. Sie aktivieren Ihre Auswahl anschließend per Klick auf SPEICHERN.

Sie können den Filter auch zurücksetzen ❼ und das Filterfeld am Ende schließen ❽, wenn Sie die Filtermöglichkeit nicht mehr benötigen.

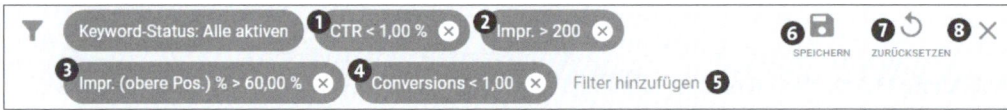

Abbildung 13.10 Komplexe Filter erstellen

Mit einem Filter reduzieren Sie die angezeigte Datenmenge erheblich. Falls Sie jedoch zu viele Vorgaben kombinieren und zudem extreme Werte vorgeben, erzeugen Sie eine leere Datentabelle, weil kein Element der Kombination der Filtervorgaben entspricht. Ihr Filter sollte außerdem immer auf einen bestimmten Analysezweck ausgerichtet sein. Unserem Beispiel lag die Idee zugrunde, dass Keywords herausgefiltert werden sollten, die eine schlechte Performance (niedrige Klickrate und kaum bzw. keine Conversions) besitzen.

Bei den so ermittelten Keywords besteht auf jeden Fall Handlungsbedarf. Diese Keyword-Gruppe sollte möglichst schnell optimiert werden. Falls alle Optimierungsmöglichkeiten ausgeschöpft sind, sollten Sie sich letztlich von diesen Keywords mit der schlechten Performance trennen. Die Suchbegriffe, die unseren Filtervorgaben aus dem Beispiel entsprechen, kosten nur Geld und erzielen fast keine Conversions. Zudem senken die schlechten Klickraten die Qualität Ihrer Anzeigengruppe und Kampagne. Somit schaden die Keywords Ihrer Google-Ads-Werbung mehr, als sie nützen.

13.1.4   Was verbirgt sich hinter den Spalten?

Auf allen Ebenen und zu allen Berichten, die Sie in Ihrem Google-Ads-Konto finden, werden Sie in der Kopfzeile oberhalb der Berichte das Icon mit den drei Balken entdecken, das als Symbol für die Berichtsspalten steht. Die Anpassung der Berichte über die Spalten hat Google Ads irgendwann einmal eingeführt, als klar wurde, dass die Anzahl der Informationsspalten ständig zunimmt und die Berichte mit zu vielen Informationen überladen sind. Auch Google wurde schnell klar, dass nicht alle User alle Informationen zu einem bestimmten Zeitpunkt in jedem Bericht sehen müssen. Durch die Freiheit der Informationsauswahl sind die Berichte viel effektiver.

Wenn Sie längere Zeit mit Google Ads in der Praxis arbeiten, so werden Sie erkennen, dass die Anzahl der Info-Spalten fast quartalsweise zunimmt. Daher ist es eine gute Entscheidung, über die Spaltenauswahl individuell den eigenen Informationsbedarf festzulegen (siehe Abbildung 13.11).

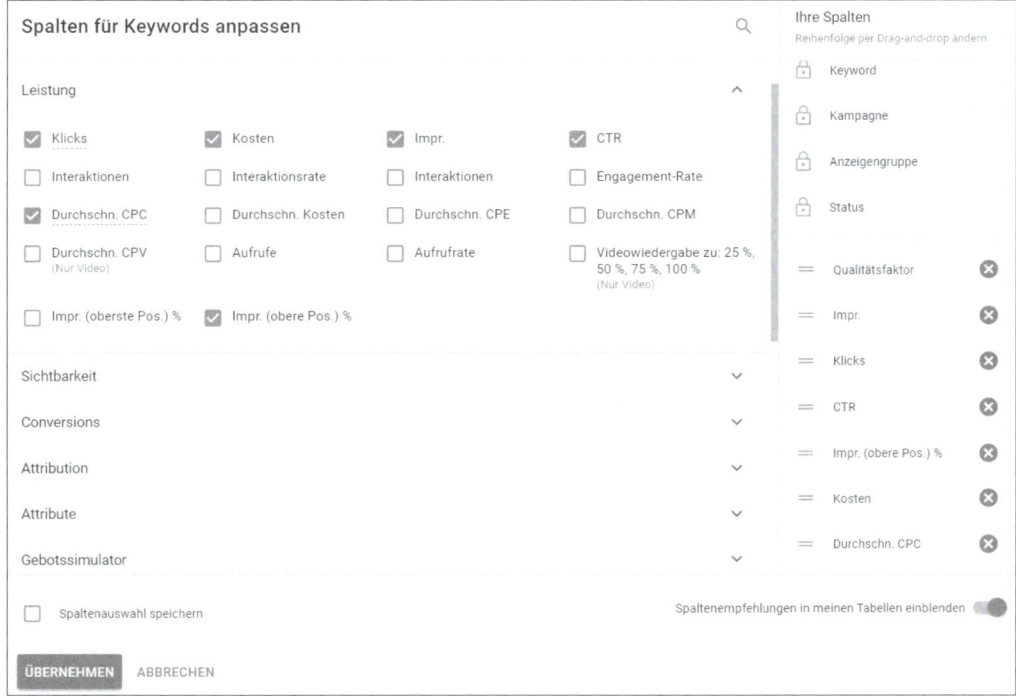

Abbildung 13.11 Individuelle Messwerte für Berichte zusammenstellen

Mit Blick auf die Überschrift dieses Kapitels können wir jedoch nicht wirklich sagen, was sich hinter den Spalten verbirgt, da für jedes Element bestimmte, teilweise unterschiedliche Daten verfügbar sind und stets neue Spalten hinzukommen. Die Frage »Was verbirgt sich hinter den Spalten?« soll also mehr eine Aufforderung an Sie sein, sich mit den Auswahlmöglichkeiten der Spalten zu beschäftigen und herauszufinden, welche Informationen Sie für Ihre Berichte benötigen. Schauen Sie sich also regelmäßig den Bereich SPALTEN • SPALTEN ANPASSEN an, damit Sie wissen, welche Daten für Ihre Berichte aktuell verfügbar sind.

13.1.5   Benutzerdefinierte Spalten

Google hat vor einigen Jahren zusätzlich zu den bereits vielfältig vorhandenen Spalten noch die Möglichkeit geschaffen, benutzerdefinierte Spalten anzulegen. Mithilfe dieser Spalten können Sie eigene Spaltenbezeichnungen erstellen und Messwerte mit spezieller Segmentierung hinzufügen oder auch Werte berechnen lassen. Sie finden diese Möglichkeiten, wenn Sie unter SPALTEN ANPASSEN ganz nach unten scrollen und den Unterpunkt BENUTZERDEFINIERTE SPALTEN öffnen. Zum Schluss wählen Sie noch + BENUTZERDEFINIERTE SPALTE.

Sie können auf diese Weise z. B. eine Spalte definieren, die nur Klicks von Smartphones auflistet, und diese Spalte SMARTPHONE-KLICKS nennen (siehe Abbildung 13.12). Wählen Sie dazu als Messwert KLICKS aus, und segmentieren Sie diese Klicks nach GERÄT vom Typ SMARTPHONES. Da Sie die Anzahl der Klicks in Ihrem Bericht ausgeben möchten, wählen Sie als Spaltenformat ZAHL (123).

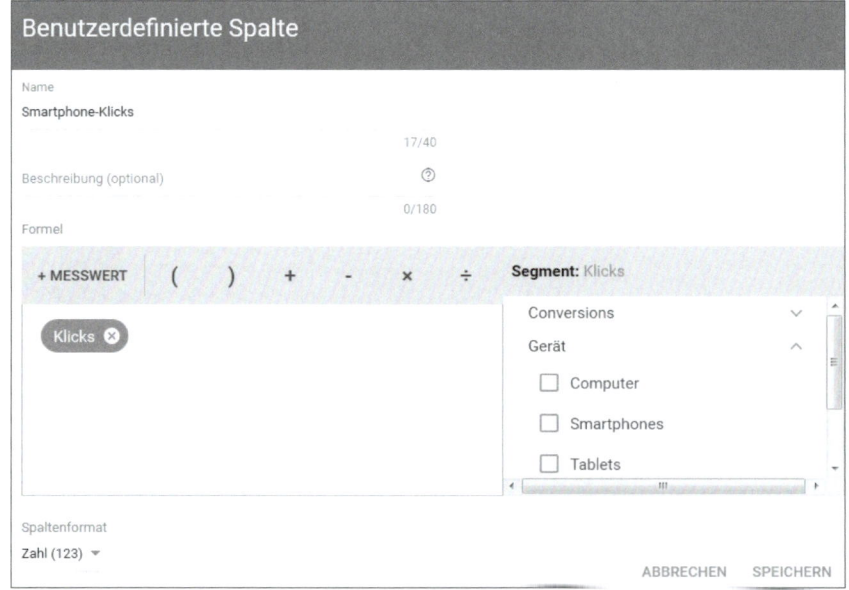

Abbildung 13.12 Eine benutzerdefinierte Spalte für »Smartphone-Klicks« anlegen

Abbildung 13.13 zeigt die neu kreierte Spalte SMARTPHONE-KLICKS im entsprechenden Bericht.

CTR	Impr. (obere Pos.) %	Smartphone-Klicks	Klicks
11,57 %	92,13 %	44,00	266
7,57 %	72,41 %	78,00	318

Abbildung 13.13 Google-Ads-Bericht mit benutzerdefinierter Spalte »Smartphone-Klicks«

13.2 Nutzen Sie Labels

Labels sind eine Besonderheit im Google-Ads-Konto, mit deren Hilfe Sie den Blick auf Ihre Google-Ads-Daten noch individueller gestalten können. Denn das Anlegen und Zuordnen der Labels schafft eine eigene Struktur für Ihre Berichte. Sie erstellen mithilfe der Labels eigene Gruppen, die Sie dann für Ihre Berichte und somit Ihre Analyse nutzen können.

Stellen Sie sich vor, Sie bewerben verschiedene MS-Office-Schulungen in Kombination mit den Begriffen »Seminar«, »Workshop« und »Schulung«. Die einzelnen Office-Schulungen zu Word, Excel oder PowerPoint haben Sie auf verschiedene Anzeigengruppen verteilt. Da jedes Thema ein eigenes Budget besitzt, haben Sie auch noch verschiedene Kampagnen erstellt. Nun benötigen Sie am Ende des Monats einen Bericht, der alle Ihre Schulungsthemen auflistet, aber nur in Kombination mit dem Begriff »Seminar«, also »Excel Seminar«, »Word Seminar«, »Powerpoint Seminar«. Da jede Kampagne und jede Anzeigengruppe mit unterschiedlichen Begriffen aufgebaut ist, ist es schwierig, einen Bericht in dieser Kombination zusammenzustellen.

Diese Aufgabe könnten Sie aber mithilfe von Labels lösen. Dazu markieren Sie zunächst Ihre Keyword-Kombinationen, die den Begriff »Seminar« enthalten, mit einem Label, das Sie passend benannt haben (siehe Abbildung 13.14). Dann können Sie diese Keyword-Kombinationen später über das Label filtern und in einem eigenen Bericht zusammenfassen. Auf diese Weise erhalten Sie einen Bericht, der nur den Suchbegriff »Seminar« berücksichtigt.

Folgende Berichtsideen können Sie unter anderem mit Labels umsetzen:

▶ Markieren und gruppieren Sie alle Kampagnen, die auf bestimmte Regionen verweisen.

▶ Markieren und gruppieren Sie alle Anzeigengruppen, die ein aktuelles Saisonangebot bewerben.

- ▶ Markieren und gruppieren Sie alle Anzeigengruppen, die nur genau passende Keywords enthalten.

- ▶ Markieren und gruppieren Sie alle Keyword-Kombinationen, die Ihren Firmennamen enthalten.

- ▶ Markieren und gruppieren Sie alle Anzeigentexte, die auf bestimmte Zielseiten verweisen.

- ▶ Markieren und gruppieren Sie alle Anzeigentexte mit emotionalen Textbausteinen.

- ▶ Markieren und gruppieren Sie alle Anzeigentexte, die Fakten und Zahlen nutzen.

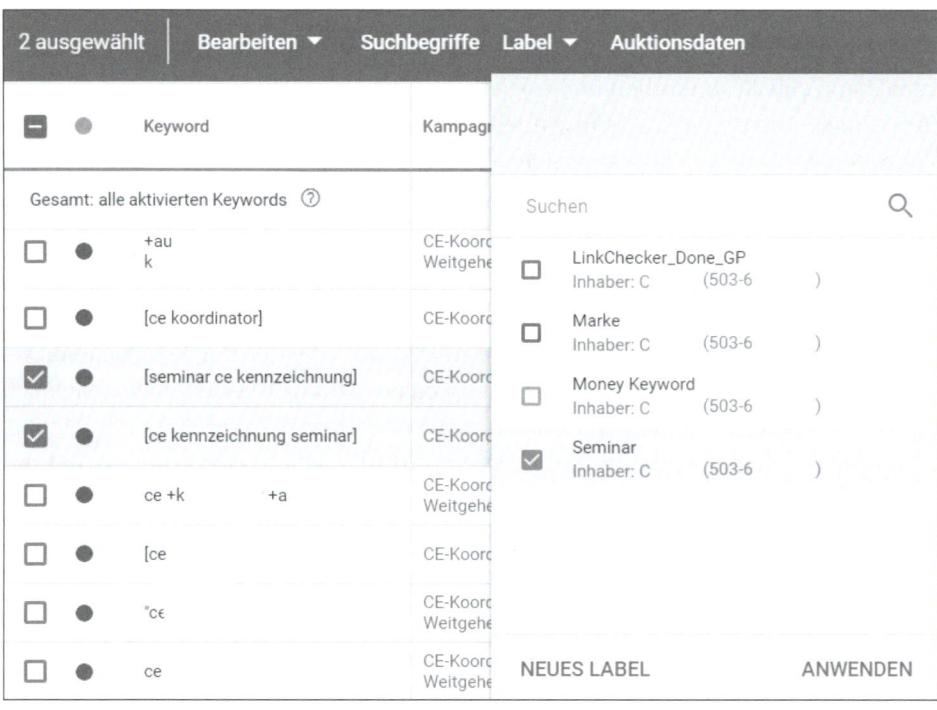

Abbildung 13.14 Labels im Google-Ads-Konto

Anhand dieser kleinen Beispielliste haben Sie sicher bereits eigene Ideen entwickelt, wie Sie die Labels in Ihrem Konto einsetzen können, um eigene Berichtsstrukturen zu bilden. Mit den Labels sind Sie in gewisser Weise unabhängig von den technischen Google-Ads-Vorgaben und können schnell die für Sie interessanten Informationen zusammenstellen. Falls Sie die speziellen »Label-Berichte« nicht nur einmalig verwenden, sondern öfter nutzen, dann ist auch der etwas höhere Aufwand für ihre Einrichtung gerechtfertigt.

13.2.1 Labels zuordnen

Wenn bereits Labels vorhanden sind, können Sie diese ganz einfach in drei Schritten zuordnen:

1. Markieren Sie zunächst auf entsprechender Ebene (Kampagnen, Anzeigengruppen, Keywords, Anzeigen) über die Checkbox diejenigen Elemente, die Sie unter einem Label verbinden möchten.

2. Klicken Sie dann im blauen Kopfbereich auf LABEL, und markieren Sie in dem neu geöffneten Feld ein oder mehrere der vorhandenen Label per Checkbox (siehe Abbildung 13.14).

3. Bestätigen Sie Ihre Wahl per Klick auf ANWENDEN.

Falls Sie noch kein Label erstellt haben oder ein neues Label hinzufügen möchten, müssen Sie natürlich zunächst ein neues Label kreieren.

13.2.2 Labels erstellen

Sie erstellen ein neues Label, indem Sie nach dem Aufruf von LABEL im Kopfbereich links unten auf den Link NEUES LABEL klicken. Geben Sie dem Label einen Namen und optional eine eigene Beschreibung (siehe Abbildung 13.15). Durch einen Klick auf ERSTELLEN wird das neue Label angelegt und kann nun sofort genutzt werden.

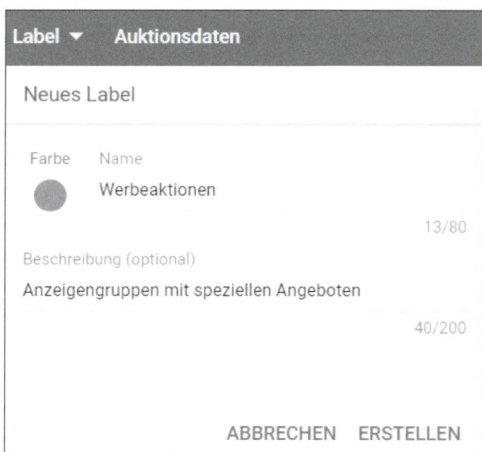

Abbildung 13.15 Ein neues Label mit Namen und Beschreibung erstellen

Jedes Label erhält automatisch eine individuelle Farbkennzeichnung, die Sie bei Bedarf ändern können. Klicken Sie dazu einfach auf die Label-Farbe, und wählen Sie aus einer Farbpalette die gewünschte Markierung aus. Wenn Sie eine große Datentabelle in Ihrem Konto und viele Labels besitzen, so können Sie über die Farbe die gekennzeichneten Elemente für spezielle Gruppen schneller identifizieren.

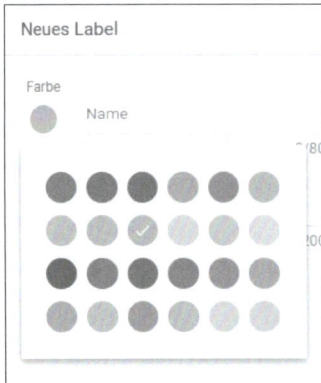

Abbildung 13.16 Individuelle Farbe für Labels vergeben

13.2.3   Labels anzeigen und filtern

Bei Ihren Berichtsspalten finden Sie in der Gruppe ATTRIBUTE auch die Spalte mit der Bezeichnung LABEL. Mithilfe dieser Spalte können Sie sich die Labels zu den einzelnen Elementen in Ihren Berichten anzeigen lassen. Um den erwünschten Effekt der neu gruppierten Berichte zu nutzen, müssen Sie die Labels jedoch als Filterelement einsetzen.

Wählen Sie im Kopf FILTER HINZUFÜGEN, geben Sie in das Suchfeld *Label* ein, und wählen Sie LABEL aus. Sie können nun ein oder auch mehrere Labels per Checkbox auswählen (siehe Abbildung 13.17).

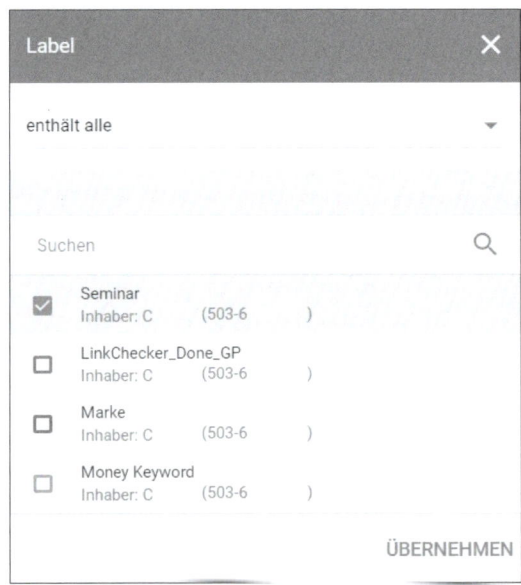

Abbildung 13.17 Auf der Grundlage von Labels filtern

Bitte beachten Sie, dass Sie die Filterfunktion mit ENTHÄLT, ENTHÄLT ALLE oder ENT-HÄLT NICHT noch verfeinern können. Die Filterauswahl bestätigen Sie wieder mit ÜBERNEHMEN. Danach enthält Ihr Bericht nur die zuvor mit den Labels gekennzeichneten Elemente.

13.3   Google Ads arbeiten lassen – automatisierte Regeln

Vor allem von Besitzern größerer Google-Ads-Konten im Mittelstand hören wir oft die Aussage, dass bei der Verwaltung eines Google-Ads-Kontos eine Menge Arbeit anfällt. Viele kleine Schritte, die für eine Kontrolle und Bearbeitung notwendig sind, müssen regelmäßig durchgeführt werden. Es gibt jedoch verschiedene Möglichkeiten, um Google Ads mehr in diese Arbeit einzubinden. Diese werden jedoch oft nicht genutzt. Darum unser Tipp: Nutzen Sie alle Möglichkeiten, um durch automatisierte Prozesse Zeit zu sparen.

Eine wichtige Hilfe stellen wir Ihnen mit den automatisierten Regeln vor. Mit diesen Regeln können Sie auf verschiedenen Ebenen Prozesse automatisieren, die dann für Sie Budgetanpassungen vornehmen, Kampagnen stoppen und aktivieren, schlechte Keywords aussortieren, Klickpreise erhöhen oder senken, automatisierte Nachrichten verschicken und noch viele weitere Vorgänge steuern.

Sie können automatisierte Regeln auf verschiedene Weise erstellen. Wenn Sie die Datenansicht einer bestimmten Ebene (z. B. KAMPAGNEN) aufgerufen haben, können Sie auf der rechten Seite die drei vertikalen Navigationspunkte anklicken und den Unterpunkt AUTOMATISIERTE REGEL ERSTELLEN auswählen. Nun werden Ihnen die zur Ebene passenden Regeln angeboten; auf Kampagnenebene werden also entsprechende Regeln für die Kampagnen aufgelistet (siehe Abbildung 13.18).

Abbildung 13.18 Auswahl an automatisierten Regeln auf Kampagnenebene

Sie können aber auch auf AUTOMATISIERTE REGEL ERSTELLEN zugreifen, wenn Sie zunächst Elemente per Checkbox markieren und dann auf BEARBEITEN klicken. Bitte beachten Sie, dass es auf unterschiedlichen Ebenen auch andere Regeln gibt und Ihnen die jeweils passenden Regeln von Google Ads vorgeschlagen werden.

13.3.1 Regeln erstellen

Navigieren Sie zunächst über einen der vorab genannten Wege zur automatisierten Regel, und bestimmen Sie die Art der Regel, z. B. BUDGETS ÄNDERN auf Kampagnenebene. Danach können Sie die Regeln in einem neuen Fenster näher definieren (siehe Abbildung 13.19).

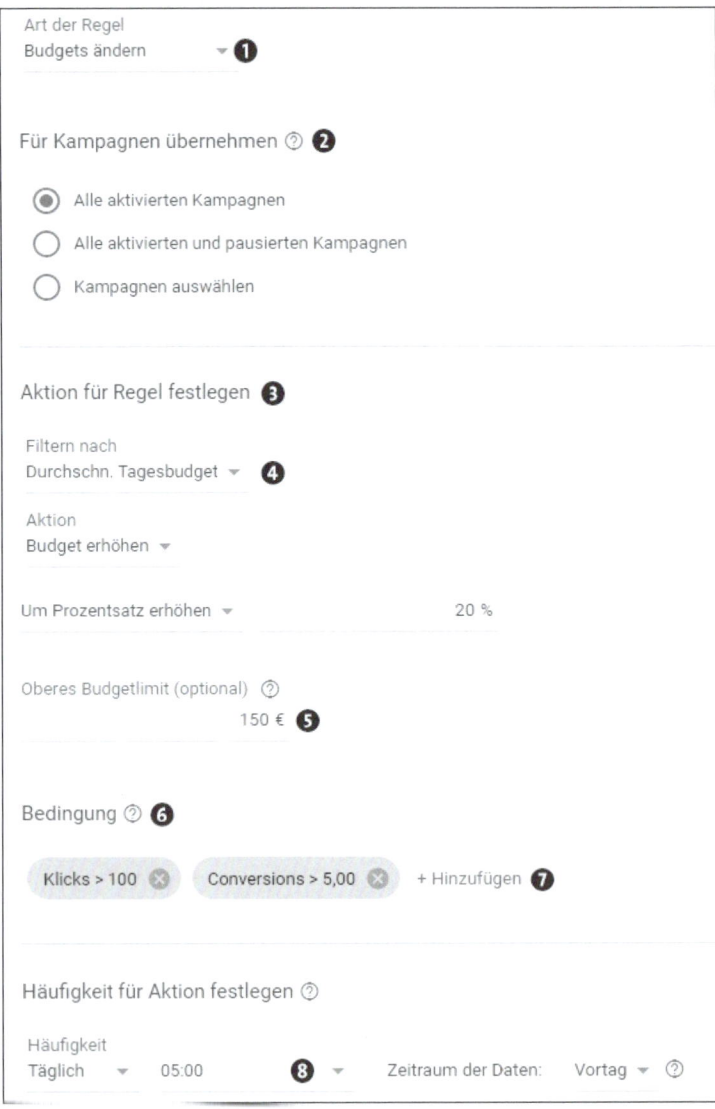

Abbildung 13.19 Angaben zur Erstellung einer automatisierten Regel

Falls Sie beispielsweise das Template für die Regel BUDGETS ÄNDERN ❶ ausgewählt haben, so müssen Sie zunächst festlegen, für welche Kampagnen die Regel gelten soll ❷. Hierbei können Sie alle aktivierten oder alle aktivierten und pausierten Kampagnen bestimmen oder einzelne Kampagnen gezielt auswählen. Für die letzte Variante sollten Sie aber besser den anderen Weg gehen, indem Sie vorher die Kampagnen per Checkbox markieren und danach erst die automatisierten Regeln über BEARBEITEN aktivieren.

Nachdem die Regel nun den Geltungsbereich kennt, müssen Sie festlegen, welche Aktion ❸ durchgeführt werden soll. Hier könnten Sie beispielsweise bestimmen, dass Ihr Tagesbudget für die ausgewählten Kampagnen automatisch um 20 % erhöht werden soll. Bitte beachten Sie, dass Sie mittlerweile bei Google zwischen Tagesbudget ❹ und Gesamtbudget unterscheiden können. Außerdem sollten Sie bei Regeln, die automatisiert das Budget oder die Gebote erhöhen, auf jeden Fall immer ein Limit ❺ einbauen, damit die Kosten nicht durch die Decke gehen.

Nachdem Sie nun angegeben haben, was passieren soll, müssen Sie als Nächstes die Bedingungen ❻ festlegen. Das Budget könnte z. B. in Abhängigkeit von den erzielten Klicks sowie von den damit verbundenen Conversions erhöht werden. Zusätzliche Anforderungen können per Klick auf + HINZUFÜGEN ❼ eingestellt werden.

Den Abschluss der Regel bildet die zeitliche Steuerung. In dieser Zeile müssen Sie festlegen, wann und mit welcher Regelmäßigkeit Ihre automatische Regel ausgelöst werden soll. Hier kann z. B. vorgegeben werden, dass täglich um 5 Uhr ❽ die Regel »abgefeuert« wird, wie die Programmierer sagen würden. In dieser Zeile wird zudem noch vermerkt, auf welche Vergleichsdaten die Regel schauen soll, um die Anforderungen zu überprüfen.

Damit Sie immer auf dem Laufenden sind, sollten Sie sich über Änderungen oder Fehler beim Auslösen der Regel per Mail informieren lassen. Jede Regel erhält zum Schluss noch einen eindeutigen Namen, der später auch leicht dem Zweck der automatisierten Regel zugeordnet werden kann. Dies erleichtert vor allem dann den Überblick, wenn viele Regeln erstellt werden. Per Klick auf den Button REGEL SPEICHERN bestätigen Sie zum Schluss die neue Regel.

Nach dem gerade aufgezeigten Schema läuft die Regelerstellung auf jeder Ebene ab. Da wir bisher ausführlich die Einstellungen für eine Regel auf Kampagnenebene erläutert haben, stellen wir noch kurz weitere Möglichkeiten als Anregung für eigene Ideen vor.

Auf Keyword-Ebene könnte z. B. eine Regel erstellt werden, die täglich Ihre Keywords kontrolliert und jeweils diejenigen Keywords pausiert, die eine CTR unter 1 % aufweisen (siehe Abbildung 13.20). Da die Performance dieser Keywords nicht gut ist, sollten sie zunächst pausiert werden. Anschließend sollten Sie gezielt nach der Ursache für die schlechte CTR forschen.

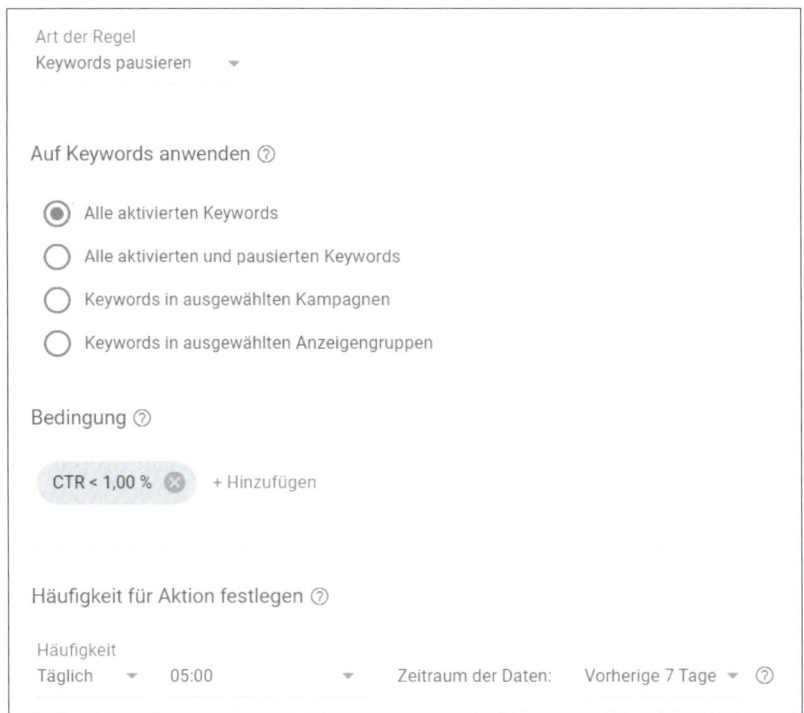

Abbildung 13.20 Keywords mit schlechter Klickrate via Regel automatisch pausieren

Eine andere Regel könnte CPC-Gebote für Keywords erhöhen, die unter ein bestimmtes Ranking gefallen sind, d. h. nur selten Anzeigenschaltungen im oberen Bereich auslösen (siehe Abbildung 13.21). Mithilfe der automatischen Anpassung werden die Anzeigen zu den Keywords häufiger den Suchenden präsentiert. Eine solche Regel ist sicher für die wichtigsten Keywords Ihrer Google-Ads-Kampagne sehr sinnvoll.

Eine weitere interessante automatisierte Funktion ist der Versand von E-Mail-Benachrichtigungen, die durch vorher definierte Ereignisse ausgelöst werden (siehe Abbildung 13.22). Durch diese Funktion können Sie sich über Entwicklungen in Ihrem Google-Ads-Konto informieren lassen, ohne dass Sie täglich in Ihre Kampagnen schauen müssen. Sie könnten z. B. jeden Morgen kontrollieren lassen, ob Ihre Werbung auch bei Google wie gewünscht ausgespielt wird. Falls Ihre Google-Ads-Werbung z. B. viel weniger Impressionen erzeugt, als dies im Durchschnitt um eine bestimmte Tageszeit der Fall ist, so sollten Sie das Google-Ads-Konto kontrollieren.

Damit Sie dies jedoch zunächst einmal erfahren, benötigen Sie eine automatisierte Nachricht über die geringe Auslieferung. Es gibt verschiedene Gründe, warum keine oder nur wenige Anzeigen ausgeliefert werden. So könnten wichtige Keywords unter eine bestimmte Ranking-Position gefallen sein, oder das Gebot für die erste Seite hat sich bei Ihren wichtigsten Keywords geändert. Eventuell gibt es neue Anzeigentexte, die die Google-Prüfung nicht bestanden haben und nun nicht ausgeliefert werden. Es ist auch schon häufiger passiert, dass Google die Auslieferung der Kampagnen eingestellt hat, weil es Probleme mit der Abbuchung oder dem Limit der Kreditkarte gab.

Abbildung 13.21 CPC-Gebote für Keywords mit niedrigem Ranking erhöhen

Natürlich können Sie Benachrichtigungen oder Kontroll-Mails für jeden einzelnen Punkt einstellen, aber bei einer übergeordneten Kontrolle der geringen Impressionen legen Sie mehr Wert auf die Auswirkungen (keine Auslieferung Ihrer Anzeigen), während die Ursache zunächst zweitrangig ist. Sie decken mit einer Regel also viele Eventualitäten gleichzeitig ab.

Wie funktioniert dieses Benachrichtigungssystem? Auf Grundlage der erzeugten Impressionen der aktuellen Kampagnen wird automatisiert eine E-Mail-Benachrichtigung an die hinterlegte Mail-Adresse geschickt. Dann kann der Mail-Empfänger, z. B. der Kampagnenmanager, eine entsprechende Kontrolle im Google-Ads-Konto durchführen.

Falls mehrere Kampagnen in einem Google-Ads-Konto vorhanden sind, ist es durchaus sinnvoll, jede einzelne Kampagne mithilfe dieses »Frühwarnsystems« zu beobachten. Es kann ja sein, dass die Auslieferung der Anzeigen nur bei einer Kampagne problematisch ist. Falls Sie jedoch nur kontrollieren möchten, ob insgesamt Anzeigen in Ihrem Konto geschaltet werden, so reicht es aus, wenn Sie mit einer Benachrichtigungsregel alle Kampagnen beobachten. Für einen klugen Einsatz der automatisierten Regeln müssen Sie also vorher genau festlegen, was Ihr Ziel ist.

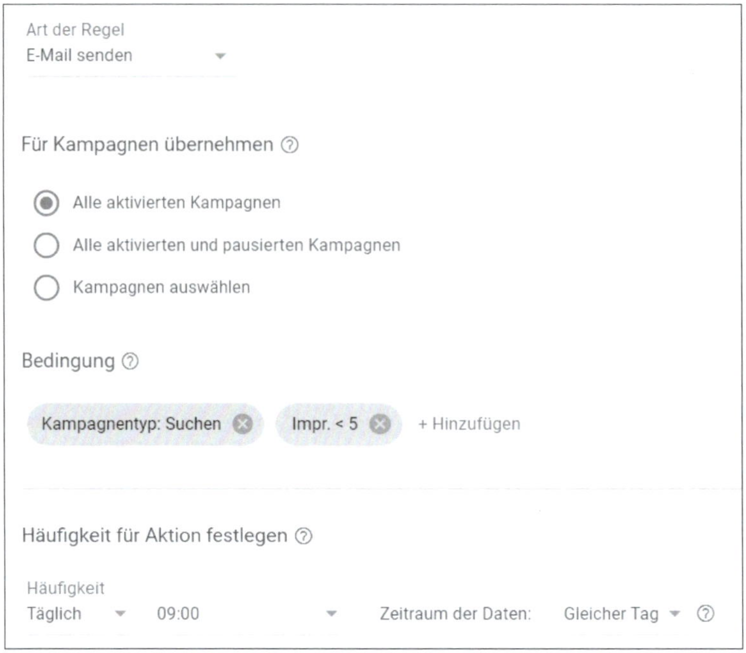

Art der Regel
E-Mail senden ▾

Für Kampagnen übernehmen ⑦

◉ Alle aktivierten Kampagnen

◯ Alle aktivierten und pausierten Kampagnen

◯ Kampagnen auswählen

Bedingung ⑦

Kampagnentyp: Suchen ⊗   Impr. < 5 ⊗   + Hinzufügen

Häufigkeit für Aktion festlegen ⑦

Häufigkeit
Täglich ▾   09:00   ▾   Zeitraum der Daten: Gleicher Tag ▾   ⑦

Abbildung 13.22 E-Mail-Benachrichtigung bei geringen Impressionen

---

Benachrichtigung zu den automatisierten Regeln

Bitte beachten Sie, dass Sie zusätzlich zu jeder Regel immer eine E-Mail-Benachrichtigung erhalten können. Diese Funktion legen Sie am Ende der Regelerstellung bei ERGEBNISSE PER E-MAIL SENDEN vor der Speicherung an.

Sie können dabei unter anderem die Option BEI JEDER AUSFÜHRUNG DIESER REGEL aktivieren. Diese sollten Sie aber nicht wählen, da ansonsten Ihr Mail-Konto vollläuft. Denn bei dieser Option wird jedes Mal bei Auslösung einer Regel die E-Mail versandt. Falls die Regel häufig ausgelöst wird, erhalten Sie folglich viele nichtssagende E-Mail-Informationen.

Interessanter ist schon die Benachrichtigung zu Änderungen, die durch Ihre Regel ausgelöst wurden. Die Option NUR BEI ÄNDERUNGEN ODER FEHLERN informiert Sie zusätzlich, falls es Probleme mit der automatisierten Regel gibt.

13.3.2   Regeln zeitlich steuern

Die zeitliche Steuerung einer Regel wird, wie Sie bereits gesehen haben, direkt bei der Regelerstellung festgelegt. Die vorhandenen Möglichkeiten sind dabei leider nicht sehr flexibel und auf vier Wahlmöglichkeiten beschränkt (siehe Abbildung 13.23). Dies ist auf jeden Fall ein Nachteil der automatisierten Regeln.

Falls Sie nun beispielsweise eine stündliche Ausführung Ihrer Regel benötigen, so müssten Sie 24 eigene Regeln nur für diesen einen Fall erstellen. Jede dieser 24 Regeln würde zunächst gleich angelegt, aber dann stündlich mit einem anderen Zeitpunkt definiert. Dafür müssten Sie einen großen Aufwand betreiben.

Die automatisierten Regeln eignen sich also weniger für Funktionen, die in kurzen Zeitintervallen ausgelöst werden müssen, sondern für größere Intervalle wie Wochen oder Monate. Möchten Sie Kontrollregeln nutzen, die jede Stunde ausgelöst werden sollen, so sind wahrscheinlich die Skripte, die wir in Abschnitt 13.3.4 bis Abschnitt 13.3.6 vorstellen werden, die bessere Lösung.

Abbildung 13.23 Zeitliche Steuerungsmöglichkeiten für automatisierte Regeln

13.3.3   Regeln verwalten

Eine Verwaltungsmöglichkeit zu den automatisierten Regeln finden Sie in Ihren Tools und Einstellungen (Navigation über den Werkzeugschlüssel) unter BULK-AKTIONEN • REGELN (siehe Abbildung 13.24).

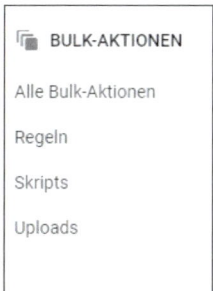

Abbildung 13.24 Verwaltung der Regeln unter »Bulk-Aktionen«

Nach Aufruf des Unterpunktes erhalten Sie eine Tabelle, die alle bereits erstellten automatisierten Regeln mit verschiedenen Informationen auflistet (siehe Abbildung 13.25). Unter anderem sehen Sie, wer die Regel zu welchem Zeitpunkt erstellt hat. In der Spalte AKTIONEN finden Sie einen Link BEARBEITEN, um Änderungen an der bestehenden Regel vorzunehmen.

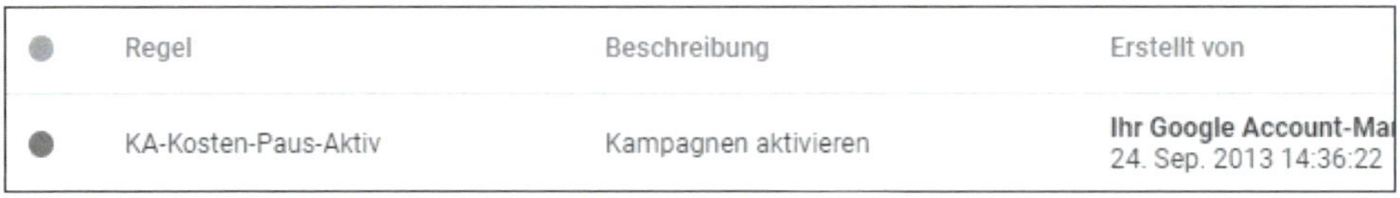

●	Regel	Beschreibung	Erstellt von
●	KA-Kosten-Paus-Aktiv	Kampagnen aktivieren	**Ihr Google Account-Ma** 24. Sep. 2013 14:36:22

Abbildung 13.25 Tabelle mit allen erstellten Regeln unter »Bulk-Aktionen«

Wenn Sie viele Regeln erstellt haben, ist vielleicht die Filtermöglichkeit zu dieser Übersichtstabelle für Sie interessant (siehe Abbildung 13.26). Sie können nach REGEL-STATUS, NAME DER REGEL, E-MAIL-BENACHRICHTIGUNG und REGEL-ID (jede Regel ist über eine ID eindeutig identifizierbar) filtern. Auf diese Weise können Sie z. B. einen Filter setzen, der nur die aktuell aktivierten Regeln erfasst.

Vor jeder Regel wird der Aktivierungsstatus angezeigt. Der bekannte grüne Punkt gibt an, dass die Regel gerade aktiviert ist. Mithilfe dieses Symbols können Sie eine aktivierte Regel dann auch pausieren oder entfernen.

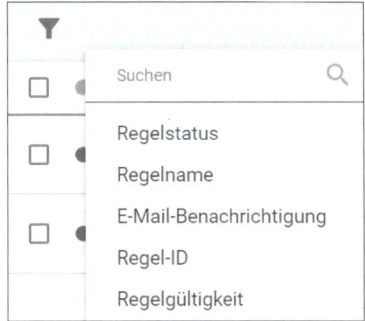

Abbildung 13.26 Regeln können auch gefiltert werden.

Im Kopfbereich können Sie vom Unterpunkt AUTOMATISIERTE REGELN zum REGEL-VERLAUF wechseln (siehe Abbildung 13.27). Dort finden Sie eine Protokollliste zu den erstellten Regeln. Neben dem Datum und dem Namen der Regel wird hier angezeigt, ob eine Änderung im Konto durchgeführt wurde oder nicht.

Auf diese Liste sollten Sie in regelmäßigen Abständen einen Kontrollblick werfen. Auch wenn Sie keine regelmäßige Kontrolle durchführen können, so kennen Sie nun zumindest die Stelle, wo Sie nachschauen können, falls sich signifikante Änderungen im Konto zeigen, z. B. geringere Impressionen, steigende CPCs oder ein höheres Budget. Eventuell haben bestimmte Änderungen ihren Ursprung in automatisierten Regeln, mit denen Sie schon gar nicht mehr rechnen.

Falls Änderungen durchgeführt wurden, finden Sie in der Spalte ERGEBNISSE einen entsprechenden Hinweis mit der Anzahl der durchgeführten Änderungen (siehe Abbildung 13.28).

AUTOMATISIERTE REGELN		REGELVERLAUF		
Name der Regel	Nutzer/Datum und Uhrzeit	Status	Beschreibung	Ergebnisse
KA-Kosten-Paus-Aktiv	**guido.pelzer...** 29. Dez. 2017 ...	Abgeschlossen	Kampagnen aktivieren	Keine Änderungen
KA-Kosten-Paus-Aktiv	**guido.pelzer...** 28. Dez. 2017 ...	Abgeschlossen	Kampagnen aktivieren	Keine Änderungen

Abbildung 13.27 Protokolle zu den automatisierten Regeln

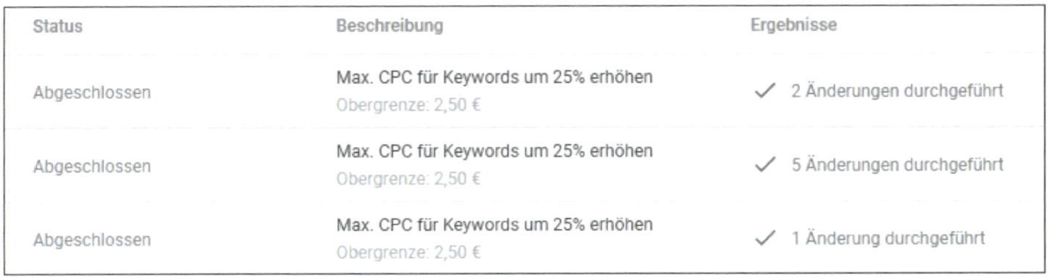

Status	Beschreibung	Ergebnisse
Abgeschlossen	Max. CPC für Keywords um 25% erhöhen Obergrenze: 2,50 €	✓ 2 Änderungen durchgeführt
Abgeschlossen	Max. CPC für Keywords um 25% erhöhen Obergrenze: 2,50 €	✓ 5 Änderungen durchgeführt
Abgeschlossen	Max. CPC für Keywords um 25% erhöhen Obergrenze: 2,50 €	✓ 1 Änderung durchgeführt

Abbildung 13.28 Hinweise auf Änderungen durch automatisierte Regeln

Ein Klick auf den Link X ÄNDERUNGEN DURCHGEFÜHRT öffnet weitere Informationen zu den Änderungen (siehe Abbildung 13.29). Sie erkennen beispielsweise, in welcher Kampagne, welcher Anzeigengruppe und für welches Keyword der maximale CPC automatisiert verändert wurde. Im Kopfbereich sehen Sie zudem auf einen Blick die Anzahl der gesamten Änderungen, der erfolgreichen Änderungen und eventueller Fehler.

Falls die Regeln öfter auch ohne Änderungen ausgelöst werden, entstehen schnell endlose Protokoll-Listen. Um eine sinnvolle Übersicht zu erhalten, können Sie, wie bei allen Berichten, den Zeitraum in der rechten oberen Ecke anpassen und sich auf diese Weise z. B. nur die Protokolle der letzten Woche anschauen.

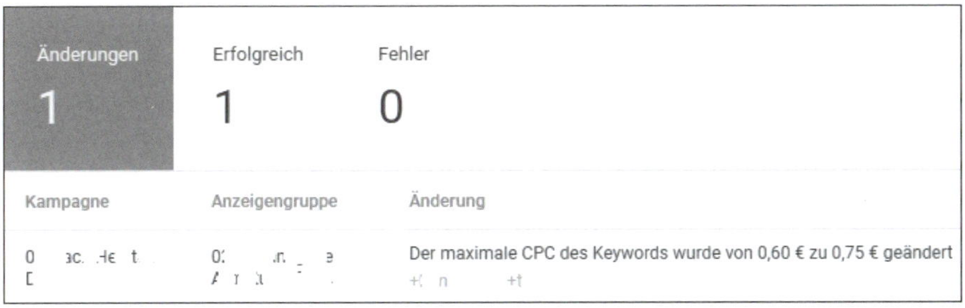

Änderungen	Erfolgreich	Fehler
1	1	0

Kampagne	Anzeigengruppe	Änderung
		Der maximale CPC des Keywords wurde von 0,60 € zu 0,75 € geändert

Abbildung 13.29 Detaillierte Informationen zu den durchgeführten automatisierten Änderungen

13.3.4 Stärker als Regeln – Google-Ads-Skripte

Die automatisierten Regeln, die wir gerade vorgestellt haben, sind eigentlich auch Google-Ads-Skripte (offiziell heißen sie *Ads Scripts*), die sich jedoch einfach über fertige Menüs und Dropdown-Listen steuern lassen. Möchten Sie Ihre Google-Ads-Kampagnen direkt über die viel mächtigeren Google-Ads-Skripte steuern, so gibt es leider eine schlechte Nachricht: Sie benötigen dazu grundlegende Programmierkenntnisse in JavaScript.

Nur mit Programmierfähigkeiten können Sie alle Möglichkeiten nutzen, die die Skripte bereithalten. Falls Sie jedoch JavaScript-Programme lesen können und ein wenig verstehen, so könnten Sie eventuell auch auf der Grundlage der vielen Skript-Beispiele, die man im Internet findet, eigene Skripte für kleine Aufgaben in Google Ads erstellen und testen.

Internet-Quellen für Google Ads Scripts (Stand: Mai 2020)

▶ *https://developers.google.com/google-ads/scripts/docs/solutions*

▶ *https://www.brainlabsdigital.com/google-ads-scripts/*

▶ *https://www.koozai.com/blog/pay-per-click-ppc/google-adwords/ 100-google-adwords-scripts-using/*

▶ *http://www.freeadwordsscripts.com/*

Ein Skript anlegen

Sollten Sie die Beispielskripte lesen können, so reichen kleine Anpassungen im Programmcode, um ein funktionierendes Skript zu erstellen. Um ein neues Skript unter ALLE BULK-AKTIONEN • SCRIPTS anzulegen, beginnen Sie mit einem Klick auf den Button ⊕ (siehe Abbildung 13.30).

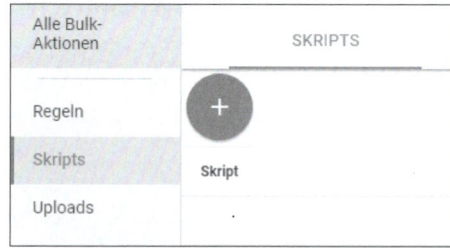

Abbildung 13.30 »Skripts« unter »Alle Bulk-Aktionen«

Nach dem Klick können Sie in dem Formularfeld, das sich nun öffnet (siehe Abbildung 13.31), direkt mit der Programmierung beginnen oder einen fertigen Code in das Feld kopieren, wobei Sie den vorgegebenen Beispiel-Code einfach überschreiben.

Wenn Sie selbst einen Code einstellen oder einen Beispiel-Code in das Feld kopieren, so sollte jedes neue Skript einen eigenen Namen erhalten. Diesen hinterlegen Sie, indem Sie die Standardvorgabe UNBENANNTES SKRIPT überschreiben. Außerdem müssen Sie jedes neue Skript autorisieren, weil die Skripte ja eventuell Änderungen an Ihrem Konto vornehmen, teilweise auf Ihr Google Drive zugreifen oder auch automatisiert E-Mails verschicken können.

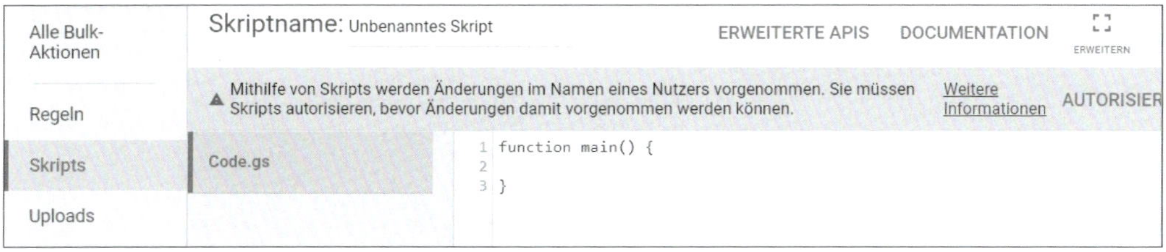

Alle Bulk-Aktionen	**Skriptname:** Unbenanntes Skript		ERWEITERTE APIS DOCUMENTATION ⌐⌐ ERWEITERN
Regeln	⚠ Mithilfe von Skripts werden Änderungen im Namen eines Nutzers vorgenommen. Sie müssen Skripts autorisieren, bevor Änderungen damit vorgenommen werden können.		Weitere Informationen AUTORISIER
Skripts	Code.gs	1 function main() { 2 3 }	
Uploads			

Abbildung 13.31 Skript mit individuellem Namen erstellen und autorisieren

Sie finden unterhalb des Eingabeformulars mehrere blaue Links (siehe Abbildung 13.32). Nachdem Sie Ihr Skript programmiert bzw. angepasst haben, können Sie es per Klick auf den Link VORSCHAU testen. Sie erhalten dann ein Ergebnis in Form eines Protokolls. Daneben finden Sie auch den Link zum Abspeichern des neuen Skripts. Mit AUSFÜHREN starten Sie das neue Skript, und über SCHLIESSEN können Sie das Eingabeformular auch ohne Speicherung wieder verlassen.

SCHLIESSEN   AUSFÜHREN   SPEICHERN   VORSCHAU

Abbildung 13.32 Vorschau und Speichermöglichkeit für neue Skripts

13.3.5   Ein Beispielskript für Ihr Google-Ads-Konto

Das folgende Skriptbeispiel kontrolliert die Kosten einer Kampagne und pausiert die Kampagnen bei Bedarf. Dieses Skript kann sehr nützlich sein, wenn man die Grenzen einer Kampagne testen, das finanzielle Risiko jedoch begrenzen möchte. Wir möchten Ihnen die Funktionsweise des Skripts kurz erläutern. Anhand der Beschreibung lassen sich die Elemente im JavaScript-Code leicht wiederfinden.

Dieses Skript kontrolliert eine vorgegebene Kampagne (XYZ-Kampagne). Die Kampagne wird in Hinblick auf das am gleichen Tag (TODAY) ausgegebene Budget (Cost) überprüft. Die Budgetgrenze wurde auf 200 € festgelegt (Cost > 200). Wird der Wert 200 überschritten, so wird die Kampagne gestoppt (campaign.pause) und gleichzeitig eine E-Mail an eine vorgegebene Mail-Adresse (max.mustermann@meine-domain.de) übermittelt (MailApp.sendEmail). Der Titel (var subject) und der Inhalt (var body) der E-Mail werden ebenfalls durch das Skript vorgegeben.

```
function main() {
var recipient = "max.mustermann@meine-domain.de";
var subject = "Kampagne XYZ pausiert";
var body = "Kampagne wurde durch Skript pausiert";
var campaignName = "XYZ-Kampagne";
var campaignIterator = AdWordsApp.campaigns()
        .withCondition("Name = '" + campaignName + "'")
        .withCondition("Cost > 200")
        .forDateRange("TODAY")
        .get();

  while (campaignIterator.hasNext()) {
    var campaign = campaignIterator.next();
    campaign.pause();
    MailApp.sendEmail(recipient, subject, body);
  }
}
```

Listing 13.1 Beispiel-Skript zur automatischen Kostenkontrolle

---

Das Skript zur Kostenkontrolle im Praxiseinsatz

Dieses Skript ist interessant, wenn Sie die Limits einer Kampagne austesten möchten. Falls Sie für eine Kampagne z. B. ein extrem hohes Tagesbudget ansetzen, ist dies ein Zeichen an Google, dass Ihre Anzeige für alle passenden Suchanfragen zu den vorgegebenen Keywords geschaltet werden soll. Die Anzahl der möglichen Schaltungen kann das Google-Ads-System ja immer nur anhand der Impressionen und Klickraten schätzen. Ein sehr hohes Budget wird also mit großer Wahrscheinlichkeit alle Suchanfragen des Tages zu Ihren Keywords abdecken und dabei das Budget zum großen Teil auch nicht ausschöpfen.

Damit Sie trotzdem nicht in die Situation kommen, dass durch unvorhergesehene Suchanfragen das Tagesbudget komplett ausgenutzt wird, kann ein Skript mit Budgetüberwachung eingesetzt werden. Dadurch haben Sie eine Reißleine eingebaut, die gezogen wird, falls Ihre Budget-Schmerzgrenze erreicht wird. Dazu muss die Kontrolle natürlich mindestens stündlich ausgelöst werden. Skripte unterscheiden sich in diesem Punkt von den automatisierten Regeln, denn sie können über eine Zeitsteuerung auch stündlich ausgelöst werden.

13.3.6   Skripte verwalten

Alle erstellten Skripte zu Ihrem Google-Ads-Konto finden Sie ebenfalls in Ihren Tools unter BULK-AKTIONEN • SKRIPTS. Falls Sie bereits viele Skripte erstellt und getestet haben, können Sie zunächst über die drei vertikalen Navigationspunkte auf der rechten Seite deaktivierte Skripte aus- bzw. auch wieder einblenden. Über die Schaltfläche FILTER HINZUFÜGEN können Sie zusätzlich nach Namensbestandteilen von Skripten oder auch nach dem Namen (Login-Name bzw. E-Mail-Adresse) des Skriptbesitzers (ERSTELLT VON) filtern, wie Sie in Abbildung 13.33 sehen. Die zweite Möglichkeit ist eher für große Agenturen interessant, wo mehrere Nutzer an den Konten arbeiten.

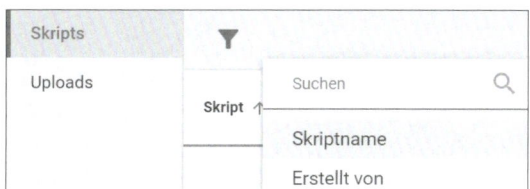

Abbildung 13.33 Filter für erstellte Skripte

Die Liste mit den erstellten Skripten enthält neben dem Namen des Skripts und des Autors auch das Datum und die Uhrzeit der letzten Bearbeitung sowie den aktuellen Status, z. B. AKTIVIERT. Eine Tabellenspalte trägt die Bezeichnung AKTIONEN: Hier können die Skripte bearbeitet werden. Ein Klick auf OPTIONEN öffnet eine Dropdown-Liste mit vier Bearbeitungsmöglichkeiten (siehe Abbildung 13.34).

Über BEARBEITEN öffnen Sie das Skript, sodass Sie im Skript-Editor Anpassungen vornehmen können. Achtung: Ein Klick auf AUSFÜHREN startet das Skript zum aktuellen Zeitpunkt!

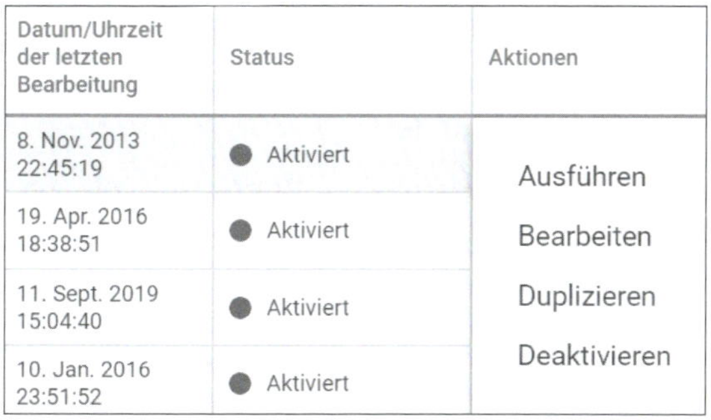

Datum/Uhrzeit der letzten Bearbeitung	Status	Aktionen
8. Nov. 2013 22:45:19	● Aktiviert	Ausführen
19. Apr. 2016 18:38:51	● Aktiviert	Bearbeiten
11. Sept. 2019 15:04:40	● Aktiviert	Duplizieren
10. Jan. 2016 23:51:52	● Aktiviert	Deaktivieren

Abbildung 13.34 Skripte bearbeiten und steuern

13.3.7   Zeitliche Steuerung der Skripte

Möchten Sie eine zeitliche Steuerung Ihres Skripts vornehmen, so navigieren Sie mit der Maus innerhalb der Tabellenspalte HÄUFIGKEIT in die Zeile, die Sie bearbeiten möchten. Klicken Sie auf den jeweiligen Bearbeitungsstift, und wählen Sie dann die gewünschte Häufigkeit (siehe Abbildung 13.35).

Abbildung 13.35 Zeitplan für Skripte erstellen

In dem neuen Bearbeitungsfeld (siehe Abbildung 13.36) können Sie dabei zwischen fünf verschiedenen Möglichkeiten zur Steuerung Ihrer Skripte auswählen:

- Einmal
- Stündlich
- Täglich
- Wöchentlich
- Monatlich

Je nach Auswahl können Sie den Zeitpunkt über das Datum, den Wochentag und die Uhrzeit näher bestimmen. *Uhrzeit* bedeutet bei den Skripts, wie übrigens auch bei den automatisierten Regeln, dass das Ereignis in der angegebenen Stunde ausgeführt wird, aber nicht genau beim Wechsel auf die volle Stunde.

Die stündliche Variante der Ausführung ist für alle Aufgaben interessant, die eine laufende Beobachtung des Google-Ads-Kontos benötigen, wie z. B. die Budgetüberwachung aus Listing 13.1.

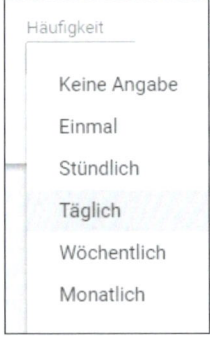

Abbildung 13.36 Häufigkeit der Skript-Ausführung wählen

Testen Sie doch einmal folgende Skripte für Ihre Kampagnen

▶ **Link-Prüfung**

Ein sinnvolles Skript ist der sogenannte *Link-Checker Report*. Dieses Skript kontrolliert, ob es in Ihrer Kampagne Zielseiten gibt, die nicht mehr funktionieren. Ein Beispiel-Skript finden Sie unter:

https://developers.google.com/adwords/scripts/docs/solutions/link-checker

▶ **Kontoübersicht**

Mit diesem Skript erhalten Sie täglich einen übersichtlichen Bericht zu der Leistung Ihres Google-Ads-Kontos und eine entsprechende Information per E-Mail. Die Kennzahlen werden in einem Spreadsheet in Ihrem Google-Drive-Konto gespeichert. Somit sind Sie stets über die aktuellen Entwicklungen in Ihrem Ads-Konto informiert, ohne selbst aktiv die unterschiedlichen Statistiken im Konto aufzurufen. Das Beispielskript finden Sie unter:

https://developers.google.com/google-ads/scripts/docs/solutions/
account-summary

▶ **Keywords Labeler**

Dieses Skript versieht Ihre Keywords auf Grundlage vorher definierter Leistungsziele mit entsprechenden Labels. Auf diese Weise finden Sie Keywords mit schlechter oder auch guter Performance auf einfache Weise wieder, ohne dass Sie vorher Leistungsberichte auswerten müssen. Das entsprechende Skript finden Sie unter:

https://developers.google.com/google-ads/scripts/docs/solutions/labels

Diese drei Beispiele sollten nur eine kleine Inspiration sein, um die vielfältigen Möglichkeiten der Google-Ads-Skripts anzudeuten. Im Bereich *Google Developers* (*https://developers.google.com/google-ads/scripts*) finden Sie noch weitere Ideen für Google-Ads-Skripte.

13.3.8   Kontoanalyse mit Auktionsdaten: Wo steht die Konkurrenz?

Die Kontoanalyse zu den Auktionsdaten ist sehr spannend, weil Sie sich hier mit Ihrer direkten Konkurrenz bei der Google-Ads-Werbung vergleichen können. Die Konkurrenz ist in diesem Fall natürlich Ihre »Keyword-Konkurrenz« bei Google. Bei der Analyse mit der Bezeichnung *Auktionsdaten* nennt Google Ihnen die Domainnamen derjenigen, die zu Ihren wichtigsten Keywords ebenfalls Google-Ads-Anzeigen schalten.

Die Analyse zu den Auktionsdaten starten Sie, indem Sie zunächst z. B. die Kampagnenebene aufrufen und dann in die Unternavigation AUKTIONSDATEN wechseln (siehe Abbildung 13.37). Bitte beachten Sie, dass Google inzwischen den Navigationspunkt AUKTIONSDATEN aus dem Kopfbereich entfernt und ihn nun als Unterpunkt in die mittlere Navigation eingefügt hat.

Denken Sie daran, dass Sie die Auktionsdaten nicht nur für die Kampagnen, sondern auch für Anzeigengruppen und Keywords analysieren können. Darum müssen Sie immer zunächst schauen, welche Ebene bzw. welchen Unterpunkt Sie aktuell aufgerufen haben, damit Sie immer genau wissen, welchen Bereich Sie gerade analysieren.

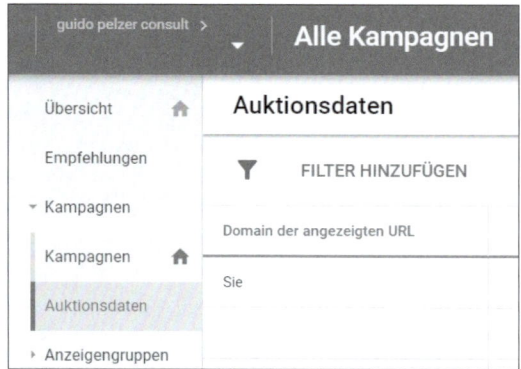

Abbildung 13.37 Auktionsdaten – Aktivitäten der Konkurrenz auf Kampagnenebene analysieren

In die Analyse der Auktionsdaten können Sie grundsätzlich alle Kampagnen einbeziehen, wenn Sie vorher alle Kampagnen ausgewählt hatten und dann unter Kampagnen auf AUKTIONSDATEN ❷ wechseln. Bei der Auswahl bestimmter Kampagnen per Checkbox ❸ erscheint im oberen Bereich eine blaue Leiste. Dort können Sie ebenfalls AUKTIONSDATEN ❶ anklicken (siehe Abbildung 13.38). Dann werden jedoch nur die Daten zu den ausgewählten Elementen analysiert. Dies funktioniert auf die gleiche Weise natürlich auch mit Anzeigengruppen und Keywords.

Übersicht 🏠	2 ausgewählt	Bearbeiten ▼	Label ▼	Notiz hinzufügen	❶ Auktionsdaten
Empfehlungen					
▾ Kampagnen	⊟ ●	Kampagne		Budget	Status
Kampagnen 🏠	❸☑ ●	🔍 X		4,88 € pro Tag ☑	Aktiv
Auktionsdaten ❷	☑ ●	🔍 S		1,00 € pro Tag ▨	Aktiv
▸ Anzeigengruppen	☐ ●	🏷 X	-Shopping	4,00 € pro Tag	Aktiv

Abbildung 13.38 Auktionsdaten zu ausgewählten Kampagnen

Auf beiden Wegen erhalten Sie als Ergebnis einen Auktionsdatenbericht, der Ihre Google-Ads-Aktivitäten mit der Konkurrenz vergleicht (siehe Abbildung 13.39). Ihre

Kampagnenleistung ist in der Spalte zur DOMAIN DER ANGEZEIGTEN URL ❶ mit der Bezeichnung »Sie« ❹ gekennzeichnet. Bei der Konkurrenz ist in dieser Spalte die entsprechende Domain ❸ aufgeführt, die in Google Ads beworben wird.

❶ Domain der angezeigten URL ↓	Anteil an möglichen Impressionen	❷ Überschneidungsrate	Rate der Position oberhalb	Rate für obere Positionen	Rate für oberste Pos.	Anteil an möglichen Impressionen gegenüber Mitbewerber
happy-size.de ❸	44,54 %	37,24 %	71,73 %	72,05 %	36,77 %	17,44 %
ullapopken.de	35,91 %	34,26 %	61,91 %	61,49 %	17,78 %	18,74 %
sheego.de	34,70 %	25,36 %	75,19 %	72,38 %	32,44 %	19,25 %
bonprix.de	27,28 %	22,95 %	67,36 %	65,55 %	25,22 %	20,11 %
Sie ❹	23,79 %	–	–	48,61 %	17,78 %	–

Abbildung 13.39 Die eigene Kampagne im Vergleich zur Konkurrenz

Die Prozentzahl unter ÜBERSCHNEIDUNGSRATE ❷ zeigt an, zu welchem Anteil die Keywords der Konkurrenz mit Ihren übereinstimmen. Falls dort also z. B. 50 % steht, so haben Sie die Hälfte Ihrer Keywords mit dem entsprechenden Konkurrenten gemeinsam. Die weiteren Spalten bieten Ihnen verschiedene Leistungsdaten im Konkurrenzvergleich. Bei den Auktionsdaten auf Kampagnenebene erhalten Sie folgende Leistungsdaten:

▸ **Anteil an möglichen Impressionen**
Die Prozentzahl gibt an, wie viel Prozent aller möglichen Impressionen mit den Anzeigen dieser Kampagne erzielt wurden.

▸ **Rate der Position oberhalb**
Diese Prozentzahl zeigt, wie häufig eine Anzeige der Konkurrenz über der eigenen Anzeige in einer gemeinsamen Auktion geschaltet wurde.

▸ **Rate für obere Position**
Diese Prozentzahl gibt an, wie häufig eine Anzeige ganz oben bzw. oberhalb der organischen Suchergebnisse geschaltet wurde.

▸ **Rate für oberste Position**
Diese Prozentzahl gibt an, wie häufig eine Anzeige an Position 1 geschaltet wurde.

▸ **Anteil an möglichen Impressionen gegenüber Mitbewerber**
Dieser Wert gibt an, zu wie viel Prozent Sie Ihren Mitbewerber bei der Impression, also der Auslieferung der Anzeige, geschlagen haben – weil Ihre Anzeige über der Anzeige des Mitbewerbers stand oder Ihre Anzeige ohne die Einblendung der Konkurrenzanzeige geschaltet wurde.

Anhand der unterschiedlichen Leistungsdaten können Sie nun einschätzen, ob Sie in Bezug zur Konkurrenz besser oder schlechter dastehen und in welchem Umfang Sie dies zukünftig ändern möchten. Wollen Sie beispielsweise durch höhere CPC-Gebote und weitere Optimierungsmaßnahmen bei verbessertem Qualitätsfaktor die Konkurrenten in Bezug auf die durchschnittliche Auslieferung auf bestimmten Ranking-Position überflügeln? Oder stehen Sie aktuell schon besser da als die Konkurrenz und müssen daher aus dieser Sicht zunächst nichts ändern?

Auf Keyword-Ebene können Sie mit dem Bericht AUKTIONSDATEN überprüfen, ob und in welchem Umfang Ihre Konkurrenz zu Ihren Markennamen bei Google Ads aktiv ist (siehe Abbildung 13.40). Falls Sie eine »Markenkampagne« besitzen, so wählen Sie aus dieser Kampagne Ihre Marken-Keywords aus und wechseln dann in der blauen Leiste auf AUKTIONSDATEN.

Domain der angezeigten URL	↓	Anteil an möglichen Impressionen	Rate für oberste Pos.	Überschneidungsrate
Sie		80,91 %	85,97 %	–
se .com		22,91 %	14,14 %	26,59 %
si .de		11,19 %	25,84 %	8,51 %

Abbildung 13.40 Beobachtung der Konkurrenz zum eigenen Markennamen – die Domain-Namen werden hier nicht verraten.

Zeigt Google Ads Ihnen danach eine Statistik mit Domain-Namen an, so wissen Sie, dass diese Konkurrenten ebenfalls zu Ihrem Markennamen in gewissem Umfang Werbung schalten. Dabei muss natürlich nicht genau Ihre Marke genutzt werden, denn Synonyme und Ergänzungen fallen ebenfalls in diese Statistik. Sie können jedoch anhand der Überschneidungsrate Ihre stärksten Keyword-Konkurrenten zu Ihren Marken-Keywords identifizieren.

Diese Statistik ist insofern interessant, weil man ja bei Google nicht so häufig nach seinem eigenen Markennamen sucht. Falls man jedoch mal nach seiner eigenen Brand sucht, könnte die Live-Suche trotzdem kein Ergebnis liefern, weil Ihre Mitbewerber den Sitz Ihres Unternehmens als Standort bei Google ausgeschlossen haben, um ganz bewusst die Schaltung der Google Ads zu Ihrer Marke zu verschleiern.

13.3.9   Entwürfe und Tests

»Testen, testen, testen« ist ein wichtiges Grundprinzip bei Google Ads, wie Sie vielleicht schon aus den unterschiedlichen Beispielen in diesem Buch gelernt haben. Auch Google selbst setzt auf Tests und hat daher im Laufe der Zeit sowohl bei Google Ads als auch bei Google Analytics verschiedene Möglichkeiten angeboten, um Werbeeinstellungen und Landingpages zu testen, die jedoch nie richtig von der Masse angenommen wurden.

Mit dem Tool ENTWÜRFE UND TESTS unternimmt Google einen weiteren Versuch, die Google-Ads-Administratoren für Tests zu sensibilisieren. Wir empfehlen Ihnen ebenfalls, sich diesen Bereich einmal näher anzuschauen und eigene Tests durchzuführen, um bestehende Kampagnen noch weiter zu verbessern.

Bitte beachten Sie, dass momentan ENTWÜRFE UND TESTS nur für das Suchnetzwerk und das Displaynetzwerk verfügbar sind. Für Video-, App- und Shopping-Kampagnen können Sie keine Entwürfe oder Tests erstellen.

Die Tests in Ihrem Google-Ads-Konto können Sie dazu nutzen, um unterschiedliche Einstellungen, Gebote oder Texte in Ihrem Google-Ads-Konto im gleichen Zeitraum zu testen. Wenn Sie z. B. erfahren möchten, wie sich unterschiedliche CPC-Gebote für Ihre Keywords auf Position, Klickverhalten und vor allem auf Conversions auswirken, so könnten Sie natürlich die Berichte zweier Monate mit den jeweils unterschiedlichen CPC-Geboten vergleichen.

Das Problem bei dieser Vorgehensweise besteht jedoch darin, dass Sie die externen Faktoren nicht ausschließen können. Falls in einem Monat gerade Urlaubszeit ist oder ein großes Sportereignis stattfindet, wie eine Fußballweltmeisterschaft, so wird dies Auswirkungen auf Anfragen und Klickverhalten haben. Sie sprechen dann eventuell auch unterschiedliche Internet-User an. Auch die Wetterlage kann z. B. die Nachfrage nach Sonnenbrillen oder Regenschirmen positiv oder negativ beeinflussen.

Das Fazit aus diesen Beispielen lautet: Ein echter Vergleich sollte im selben Zeitraum stattfinden. Wenn Sie Kampagnentests aufsetzen, entfallen die äußeren Faktoren, weil diese Tests zeitgleich durchgeführt werden. Unterschiedliche CPC-Gebote würden innerhalb eines Tests also immer im Wechsel zwischen dem niedrigen und dem höheren Gebot geschaltet. Externe Einflüsse verändern somit die Statistik nicht.

Wenn Sie sich zu einem Test entschließen, sind die Vorüberlegungen jedoch ganz wichtig. Sie müssen genau festlegen, was Sie verändern und testen möchten. Wir empfehlen Ihnen außerdem, jeweils nur eine Änderung gleichzeitig zu testen, da Sie ansonsten nicht wissen, was das Ergebnis (positiv oder auch negativ) beeinflusst hat.

Natürlich ist es Ihrer Fantasie überlassen, was Sie testen möchten. Wir haben jedoch ein paar Ideen, was üblicherweise mit Kampagnentests geprüft wird, für Sie als Anregung aufgelistet:

- ▶ andere Gebote für Keywords
- ▶ andere Landingpage
- ▶ andere Keywords
- ▶ andere Regionen
- ▶ andere Endgeräte (z. B. Ausschluss von Smartphones)
- ▶ neue Placement-Ideen im Vergleich zu laufenden Placements
- ▶ neue Zielgruppen im Vergleich zu bestehenden Zielgruppen

Bevor wir uns gemeinsam anschauen, wie ein Kampagnentest angelegt wird, sollte Ihnen der Unterschied zwischen Entwürfen und Tests ganz klar sein.

Entwürfe

Sie benötigen zunächst immer einen Entwurf, um damit im zweiten Schritt einen Test durchzuführen. Sie können aber Entwürfe auch ohne Tests nutzen. Der Entwurf ist zunächst nur eine neue Idee zu einer bestehenden Kampagne. Der Entwurf kann also auch genutzt werden, um eine neue Kampagne auf Grundlage einer bestehenden aufzusetzen und so beispielsweise eigene Keyword-Ideen oder neue Anzeigentexte einzubauen. Danach kann dann nach Rücksprache mit Kollegen oder Vorgesetzten der Entwurf direkt als neue Kampagne in das Konto übernommen werden.

Tests

Nachdem Sie einen Entwurf erstellt haben, können Sie als zweite Möglichkeit diesen neuen Entwurf in einem Test mit der bestehenden Kampagne vergleichen, um dann anhand der Leistungsdaten später zu entscheiden, welche Variante zukünftig genutzt werden soll.

13.3.10   Kampagnentest erstellen

Sie erstellen in Ihrem Google-Ads-Konto einen Kampagnentest, indem Sie zunächst die gewünschte Kampagne (nur Suchnetzwerk- oder Displaynetzwerk-Kampagnen) aufrufen und in der mittleren Menüleiste im unteren Bereich auf den Tab ENTWÜRFE UND TESTS klicken (siehe Abbildung 13.41).

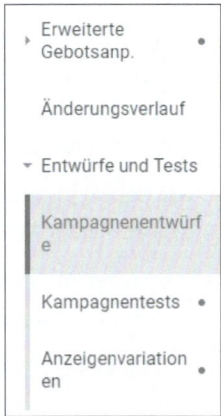

Abbildung 13.41 Der Tab für »Entwürfe und Tests« im Google-Ads-Konto

Beim Unterpunkt KAMPAGNENENTWÜRFE legen Sie zunächst einen neuen Entwurf mit dem ⊕-Button an (siehe Abbildung 13.42).

Abbildung 13.42 Einen neuen Entwurf anlegen

In unserem Beispiel aus Abbildung 13.43 haben wir zu der bestehenden Kampagne einen Kampagnenentwurf mit dem Namen *Google Ads-Saarland-ohne-Mobil* erstellt. In diesem Kampagnenentwurf ändern wir nun unter GERÄT die Gebote für Smartphones auf –100%, um die Entwicklung der Kampagne ohne die Auslieferung auf Smartphones zu testen.

	Ebene: **Kampagne** FILTER HINZUFÜGEN			
	Gerät	Ebene	Hinzugefügt zu	↓ **Gebotsanp.**
☐	Smartphones	Kampagne	Google Ads-Saarland-ohne-Mobil	-100 %
☐	Computer	Kampagne	Google Ads-Saarland-ohne-Mobil	–
☐	Tablets	Kampagne	Google Ads-Saarland-ohne-Mobil	–

Abbildung 13.43 Änderung im Kampagnenentwurf durch Gebotsanpassung für Geräte

Den geänderten Entwurf können Sie nun im Kopfbereich durch einen Klick auf den Link ÜBERNEHMEN als neue Kampagne einsetzen.

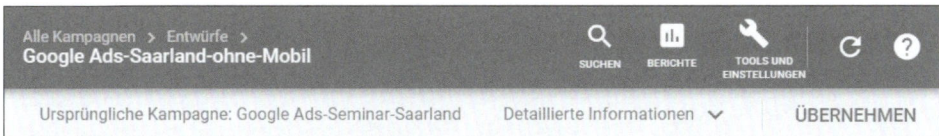

Abbildung 13.44 Kampagnenentwurf übernehmen

Abbildung 13.45 zeigt den entscheidenden Schritt. Sie können nämlich einerseits nach dem Klick auf ÜBERNEHMEN den Entwurf komplett als neue Kampagne übernehmen, wie wir schon ausführlich beschrieben haben. Sie können andererseits aber auch durch Auswahl von TEST AUSFÜHREN den Kampagnentest starten.

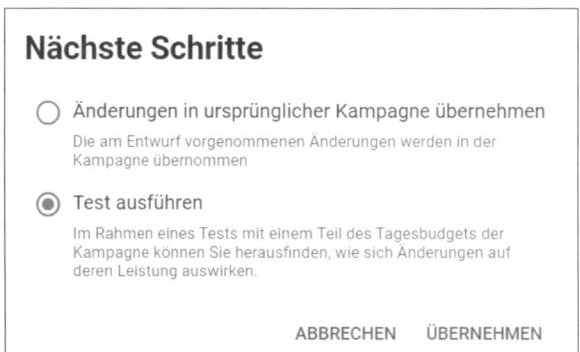

Abbildung 13.45 Übernehmen Sie die Änderung aus dem Entwurf oder führen Sie einen Test durch.

Falls Sie einen Test ausführen, erhält der Test ebenfalls einen Namen, den Sie frei wählen können. Am besten beziehen Sie sich aber auf den Namen des Entwurfs, um den Test einfacher zuordnen zu können. Außerdem müssen Sie die Laufzeit des Tests über ein Start- und Enddatum festlegen (siehe Abbildung 13.46).

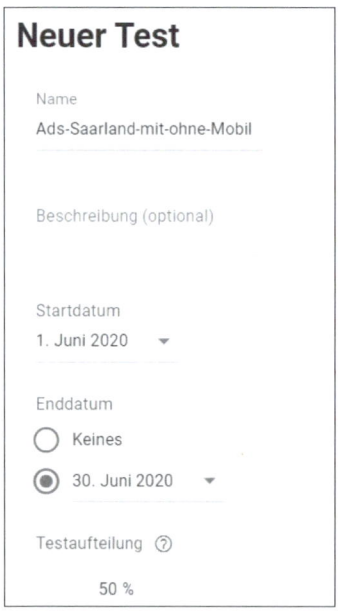

Abbildung 13.46 Legen Sie die Dauer und die Testaufteilung fest.

Die TESTAUFTEILUNG sollte im Normalfall bei 50 % liegen. Es sind jedoch auch andere Verteilungsmöglichkeiten denkbar, wobei die Ergebnisse dann schwerer zu beurteilen sind. Außerdem dauert ein Test immer länger, wenn nur ein kleiner Teil der Auktionsdaten in den Test einfließt. Je größer der Anteil relevanter Daten ist, umso aussagekräftiger sind hingegen die Testergebnisse.

Sie können das aktuelle Datum als Startdatum vorgeben und somit Ihren Kampagnentest direkt starten oder auch ein späteres Startdatum vorgeben. Denkbar wäre hier z. B., einen Test immer direkt am ersten Tag eines neuen Monats zu starten, sodass die Testergebnisse in die automatisierten Monatsberichte aufgenommen werden können.

Als Testende schlägt Google 30 Tage nach Testbeginn vor. Ein Test sollte also mindestens einen Monat laufen. Für ein aussagekräftiges Testergebnis benötigen Sie immer eine möglichst große Datenmenge. Daher kann es sinnvoll sein, für einen Test auch zwei oder sogar drei Monate anzusetzen. Nach Eingabe der Grundkonfiguration speichern Sie Ihren Test ab.

In der Kampagnenübersicht (siehe Abbildung 13.47) erkennen Sie Ihre laufenden Tests an dem vorangestellten Experiment-Icon (es stellt einen Erlenmeyerglaskolben dar). Während Ihr Test läuft, können Sie ihn jederzeit pausieren oder entfernen, indem Sie die Checkbox aktivieren und BEARBEITEN wählen.

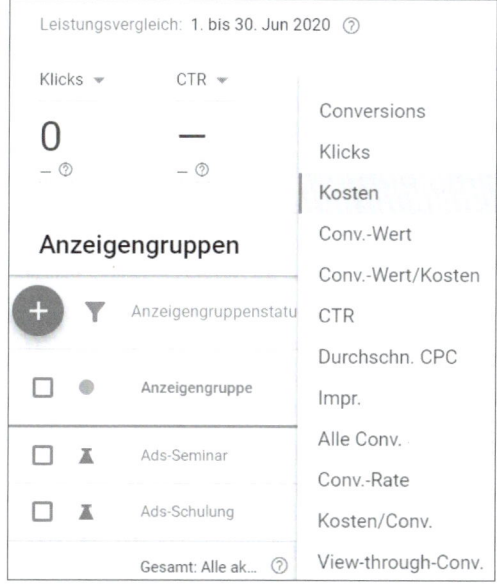

Abbildung 13.47 Statistiken zu den Tests mit Leistungsvergleich

Wenn Sie die Test-Kampagne oder auch die Anzeigengruppe aufrufen, erhalten Sie im oberen Bereich eine Statistik mit Informationen zu den Leistungsänderungen der Testkampagne im Vergleich zur Ausgangskampagne. Neben den vorgegebenen Leistungsdaten können Sie selbst auch eigene Daten wählen.

Anhand dieser Leistungsdaten müssen Sie dann letztlich entscheiden, ob Sie die Testeinstellungen für Ihre laufende Kampagne übernehmen oder beenden möchten. Rechts neben den Leistungsdaten können Sie dazu auf ÜBERNEHMEN oder ABBRE-CHEN klicken. Sie können übrigens auch Tests markieren und wieder entfernen, falls Sie zwar einen Test erstellt haben, ihn aber dann doch nicht durchführen möchten. Löschen Sie diese »Testleichen« lieber, damit die Darstellung unter KAMPAGNEN-TESTS nicht zu unübersichtlich wird.

13.3.11   Test mit Anzeigenvariationen

Unter ENTWÜRFE UND TESTS finden Sie unterhalb von KAMPAGNENTESTS auch noch den Unterpunkt ANZEIGENVARIATIONEN (siehe Abbildung 13.48). Die Einstellungen der Anzeigentests funktionieren nach dem gleichen Prinzip, das Sie von den Kampagnentests kennen. Sie wählen die Kampagne (oder auch alle Kampagnen) aus, bei der Sie eine neue Anzeigenvariation testen möchten.

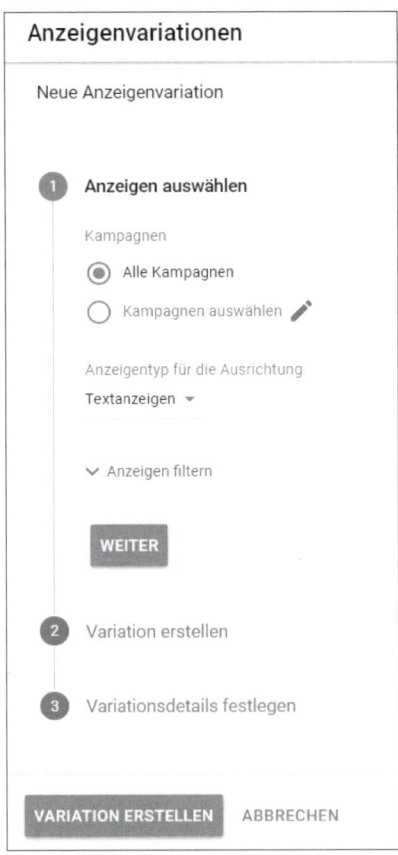

Abbildung 13.48 Erstellen Sie Anzeigenvariationen zu Ihren Tests.

Danach können Sie entweder nur einzelne Textbausteine der Anzeige (z. B. Titel, Beschreibung oder Pfade) ändern oder aber auch die komplette Anzeige neu texten. Als speziellen Test können Sie auch nur die Reihenfolge der Anzeigentitel 1 und 2 vertauschen. Zum Schluss erhält der erstellte Anzeigentest ebenfalls einen Namen, eine Laufzeit und eine prozentuale Testaufteilung.

Warum sollten Sie für Anzeigen einen Test erstellen? Die Google-Ads-Anzeigen werden normalerweise doch schon in einem A/B- bzw. Split-Test innerhalb der Anzeigengruppen getestet. Ein Anzeigentest über das Kampagnentest-Tool ist daher doch nicht notwendig, oder?

Tipp: Nutzen Sie Kampagnentests zum Testen neuer Ideen

Falls Sie ein bestehendes Google-Ads-Konto von Ihrem Vorgänger übernehmen, als Agentur oder Freelancer ein bestehendes Kundenkonto bearbeiten müssen oder nach der Lektüre dieses Buches Ihr eigenes Konto vollkommen neu strukturieren bzw. neue Strategien testen möchten, so können Sie sich die Möglichkeiten der Entwürfe und Tests zunutze machen. Eine radikale Umstellung in einem Konto kann zu ungewollten Brüchen führen, z. B. durch einen niedrigeren Qualitätsfaktor, höhere CPC-Gebote oder sinkende Impressions durch zu viele auszuschließende Keywords. Unser Tipp zur Vermeidung einer radikalen Umstellung wäre eine fließende Umstellung mithilfe eines Kampagnentests.

Gehen Sie dabei folgendermaßen vor:

1. Erstellen Sie neue Entwürfe zu den bestehenden Kampagnen.

2. Ändern Sie die Entwürfe nach Ihren Vorstellungen ab.

3. Erstellen Sie einen Kampagnentest mit den veränderten Entwürfen.

4. Setzen Sie die Testaufteilung zunächst nur auf 20 %.

5. Beobachten Sie die Performance Ihrer neuen Ideen. Sind die ersten Ergebnisse zufriedenstellend, können Sie die Testaufteilung monatlich langsam steigern.

6. Beobachten Sie schließlich die 50-%-Aufteilung ebenfalls einen Monat lang.

7. Liefern Ihre neuen Entwürfe dann die besseren Ergebnisse als die Ausgangskampagnen, so können Sie die neuen Einstellungen ganz übernehmen.

Die Tests mit den Anzeigenvariationen können trotzdem sinnvoll und hilfreich sein. Falls beispielsweise laufende Anzeigen schon gut funktionieren, besteht beim Hinzufügen einer neuen Anzeige immer die Gefahr, dass diese schlechter als die existierenden Varianten performt. In diesem Fall können Sie mit dem »externen Test« über die Anzeigenvarianten und der zusätzlichen Bestimmung der Verteilungsverhältnisse das Risiko mindern und nur mit einem kleinen Anteil an der Anzeigenauslieferung die neuen Anzeigen über einen längeren Zeitraum testen.

Zudem können Sie über die Anzeigenvariationen Ihre Tests viel strukturierter auch für mehrere Anzeigen durchführen. Sie können mithilfe von SUCHEN UND ERSETZEN neue Verkaufsargumente sehr schnell in alle Ihre Anzeigen einbauen und so über die eigene Statistik der Anzeigenvariationen ganz gezielt testen. Diese Tests eignen sich also vor allem dann, wenn Sie grundsätzliche Überlegungen klären möchten, z. B. »Soll mein Brand in den Titel aufgenommen werden?« oder »Soll ich Preise im Titel nennen?«.

13.4   Fazit

In diesem Kapitel haben Sie erfahren, wie Sie schnell mithilfe der verschiedenen Einstellungsmöglichkeiten im Kopf der Statistikberichte Ihre Daten sortieren und filtern können. Zusätzlich können Sie nun über sogenannte Labels eigene Strukturen in Ihrem Google-Ads-Konto abbilden und in Berichten über Kampagnen und Anzeigengruppen hinweg zusammenfassen. Sie wissen nun, wie Sie über Spalten die unterschiedlichsten Daten zu Ihren Berichten hinzufügen und entfernen können.

Wir haben Ihnen zudem wertvolle Möglichkeiten zur Automatisierung Ihrer Google-Ads-Werbung gezeigt, wobei Sie mit den Google-Ads-Skripten ein sehr mächtiges Werkzeug kennengelernt haben. Sie haben außerdem erfahren, was Auktionsdaten sind und wie Sie diese Angaben nutzen können, um interessante Schnellanalysen zu Ihrem Google-Ads-Konto durchzuführen. Zum Schluss haben Sie mit den Google-Ads-Kampagnentests eine wichtige neue Möglichkeit kennengelernt, um verschiedene Tests in Ihrem Konto durchzuführen, die unabhängig von externen Einflüssen im gleichen Zeitraum ablaufen können.

Kapitel 14
Das Google-Ads-Verwaltungskonto

Arbeiten Sie in einer Agentur oder betreuen Sie als Consultant mehrere Google-Ads-Konten? Dann sollten Sie sich das Verwaltungskonto für Google Ads einmal näher anschauen. (Es hieß früher einmal »My Client Center«, MCC.) Dort erhalten Sie mit einem Login einen übergeordneten Zugriff auf alle Ihre Google-Ads-Konten. Zusätzlich stellt Google auf Verwaltungsebene verschiedene Tools bereit, um mehrere Konten gleichzeitig zu verwalten. Dies erleichtert die praktische Arbeit und schafft Übersicht bei der Betreuung mehrerer Konten. Dieses Kapitel zeigt Ihnen, wie Sie das Google-Ads-Verwaltungskonto nutzen können und welche Tools Google für Google-Ads-Kontenmanager bereithält.

Das Google-Ads-Verwaltungskonto können Sie sich als übergeordneten Google-Ads-Account vorstellen. Mit diesem Backend bietet Google Ihnen die Möglichkeit, mehrere Google-Ads-Konten über einen Login und mit einem zentralen Backend zu verwalten. Sie erreichen das Kundencenter über folgenden Link:

https://ads.google.com/intl/de_de/home/tools/manager-accounts

Nachdem Sie die Webseite aufgerufen haben, können Sie sich wie bei einem Standard-Google-Ads-Konto rechts oben mit einem Google-Login anmelden. Mittlerweile können Sie bei Google aktuell bis zu zwanzig Google-Ads-Konten mit einem Login verwalten. Dabei ist es egal, ob dies einfache Google-Ads-Konten oder Google-Ads-Verwaltungskonten sind. Wir empfehlen Ihnen jedoch, einen eigenen Login für das Verwaltungskonto anzulegen, damit Sie einfacher zwischen dem Google-Ads-Konto und dem Google-Ads-Verwaltungskonto unterscheiden können und es nicht zu Verwechslungen kommt. Bei mehreren Google-Logins ist es außerdem sinnvoll, verschiedene Browser zu nutzen. So können Sie einfach und schnell von einem Google-Login zu einem anderen wechseln, ohne sich stets neu einzuloggen. Ansonsten müssen Sie immer rechts oben in Ihrem Browser in das gewünschte Konto wechseln bzw. immer darauf achten, welches Konto gerade aktiv ist. Das ist oft sehr verwirrend.

So erhalten Sie zusätzliche Mail-Adressen für Google-Logins

Normalerweise benötigt man im digitalen Leben nur ein bis zwei Mail-Adressen. Wenn Sie jedoch mit mehreren Google-Ads-Konten oder Kundenverwaltungskonten arbeiten, so kann es passieren, dass Sie noch zusätzliche E-Mail-Adressen zur Generierung neuer Logins benötigen. Mit folgenden Tipps erhalten Sie bei Bedarf einfach weitere Mail-Adressen.

Zunächst können Sie einen kostenlosen E-Mail-Dienst, wie z. B. Gmail, Web.de oder GMX nutzen, um weitere Adressen zu erstellen. Falls Sie Ihre E-Mail-Adresse von Ihrem Webhoster erhalten haben, können Sie dort meistens auch noch zusätzliche Adressen genieren, die dann an Ihre Standard-E-Mail-Adresse weitergeleitet werden.

In vielen Fällen werden die Möglichkeiten zur Generierung von Mail-Adressen bei einem Webhoster nicht ausgeschöpft. Aber auch, wenn die Anzahl der zur Verfügung stehenden Mail-Adressen beschränkt ist, funktioniert bei vielen Mail-Anbietern folgende Mail-Gestaltung: Fügen Sie Ihrer Standardadresse ein +, gefolgt von weiteren Zahlen und/oder Buchstaben hinzu. Schon haben Sie eine neue E-Mail-Adresse, um einen Google-Login zu generieren. Sie können also die Standardadresse, wie zum Beispiel *guido.pelzer@meinedomain.de* mit *+1* zu *guido.pelzer+1@meinedomain.de* erweitern, ohne dass sich die Zieladresse für die E-Mail ändert: *guido.pelzer+1@ meinedomain.de* wird also an *guido.pelzer@meinedomain.de* weitergeleitet. Trotzdem kann die neue +1-Adresse als Login-Mail-Adresse für ein zusätzliches Google-Ads-Konto bzw. Verwaltungskonto genutzt werden.

Wir raten folgenden Nutzergruppen, ein Google-Ads-Verwaltungskonto anzulegen:

- ▶ Agenturen für Online-Marketing
- ▶ große Unternehmen mit mehreren Google-Ads-Konten
- ▶ Online-Marketingexperten oder Consultants, die mehrere Kundenkonten verwalten

Abbildung 14.1 zeigt die einfache Beziehung zwischen einem Google-Ads-Verwaltungskonto als übergeordnetem Konto und drei verschiedenen Google-Ads-Konten. In der Praxis wird ein Verwaltungskonto noch viel mehr Google-Ads-Konten beherbergen. Die Höchstzahl hat Google auf 85.000 Ads-Konten (aktive und aufgelöste (!) Konten) festgelegt – bis dahin gibt es also viel zu tun.

Der Administrator des Kundencenters kann von der Weboberfläche des Verwaltungskontos alle Einstellungen, Änderungen und die Berichterstellung in den einzelnen Google-Ads-Konten durchführen. Es ist jedoch auch im Verwaltungskonto möglich, verschiedene Rechte der Verwaltung bzw. einen reinen Lesestatus zu vergeben. Durch diese Rechtebeschränkung sind dann nur bestimmte Aktionen in den einzelnen Konten erlaubt. Was das Google-Ads-Verwaltungskonto über die normale Kontenverwaltung hinaus noch anbietet, zeigen wir Ihnen in diesem Kapitel.

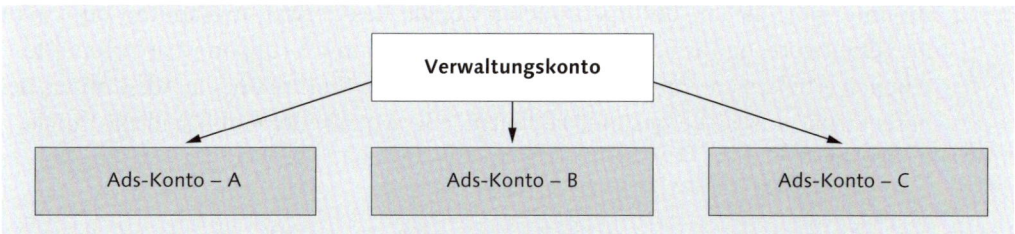

Abbildung 14.1 Struktur des Verwaltungskontos und der verbundenen Google-Ads-Konten

Neben der Standardstruktur, bei der über ein Verwaltungskonto mehrere Google-Ads-Konten verwaltet werden, gibt es auch die Möglichkeit, dass ein oder mehrere Verwaltungskonten einem anderen Verwaltungskonto untergeordnet sind. Die untergeordneten Verwaltungskonten steuern dabei jeweils eigene Google-Ads-Konten, wobei das Verwaltungskonto an oberster Stelle den Zugriff auf alle Google-Ads-Konten besitzt.

Eine solche Struktur, die in Abbildung 14.2 als Beispiel dargestellt ist, wird in größeren Unternehmen oder Agenturen mit unterschiedlichen Abteilungen genutzt. Dabei können einzelne Abteilungen mehrere Google-Ads-Konten über ihr Verwaltungskonto verwalten, aber die untergeordneten Verwaltungskonten können nicht gegenseitig ihre Kunden einsehen oder bearbeiten. Das übergeordnete Kundencenter dient dem Unternehmensverantwortlichen quasi als Kommandobrücke, da dieses Verwaltungskonto Zugriff auf alle untergeordneten Verwaltungskonten und somit auch auf die jeweiligen Google-Ads-Kundenkonten erhält.

14

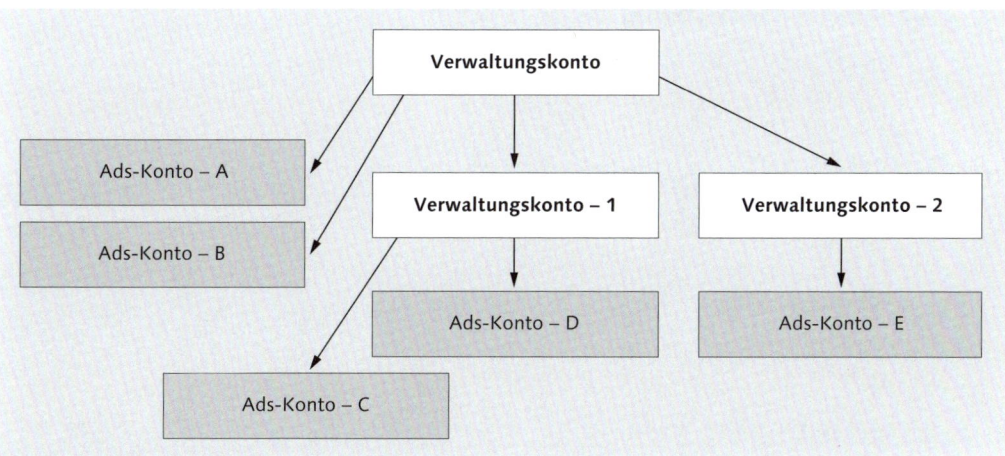

Abbildung 14.2 Struktur eines Verwaltungskontos mit untergeordneten Verwaltungs- und Standard-Google-Ads-Konten

Mit unterschiedlichen, untergeordneten Google-Ads-Verwaltungskonten kann man die Verantwortung für einzelne Konten auf bestimmte Gruppen übertragen. Diese Gruppen erhalten entsprechende Admin-Rechte nur für Ihre Google-Ads-Konten. Bei dieser Struktur ist sichergestellt, dass nicht jeder Mitarbeiter Einblick in alle Kundenkonten erhält.

14.1 Aufbau eines Google-Ads-Verwaltungskontos

Nachdem Sie sich in Ihr Verwaltungskonto eingeloggt haben, erkennen Sie, dass eine ähnliche Struktur wie in einem Google-Ads-Konto vorhanden ist. Auf der linken Seite gibt es jedoch nur noch eine Menüleiste. Diese enthält fünf Hauptbereiche (siehe Abbildung 14.3):

1. Übersicht
2. Empfehlungen
3. Konten
4. Kampagnen
5. Einstellungen

Zusätzlich enthält sie noch den ÄNDERUNGSVERLAUF und das GOOGLE PARTNER-PROGRAMM.

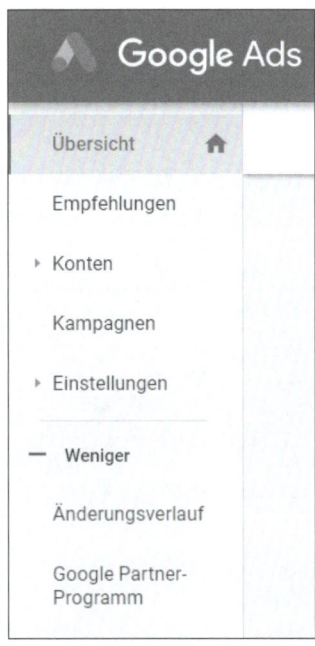

Abbildung 14.3 Die linke Menüleiste im Google-Ads-Verwaltungskonto

Der Headerbereich mit der Lupe, dem Berichte-Icon, dem Werkzeugschlüssel, dem Aktualisierungsbutton, der Hilfe und den Benachrichtigungen entspricht genau dem Aufbau des Standardkontos. In der linken Menüleiste finden Sie unter KONTEN verschiedene Übersichten, die dann alle verknüpften Konten beinhalten. Den wichtigsten Punkt in der Übersicht finden Sie unter EINSTELLUNGEN, da Sie hierüber verschiedene Einstellungen für das Verwaltungskonto und vor allem Einstellungen für ein oder mehrere Unterkonten vornehmen können!

14.1.1 Filtern und Suchen im Verwaltungskonto

Wenn Sie mehrere Konten verknüpft haben, gibt es verschiedene Möglichkeiten, um schnell das richtige Konto zu finden. Wählen Sie zunächst die Dropdown-Funktion im Kopf neben Ihrer Verwaltungskontonummer ❶.

1. Blenden Sie über die drei vertikalen Navigationspunkte ❷ bestimmte Kontenarten (ausgeblendet, aufgelöst) ein und aus ❸. So finden Sie im nächsten Schritt auch verschollen geglaubte Konten wieder.
2. Suchen ❹ Sie über Namensbestandteile nach dem gewünschten Konto.
3. Unter LETZTE ❺ finden Sie die Konten, die Sie zuletzt aufgerufen haben.
4. Alternativ können Sie hier auch durch alle Konten scrollen.

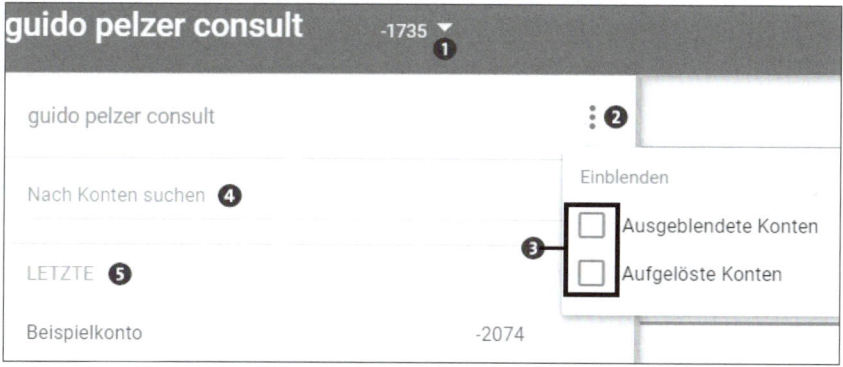

Abbildung 14.4 Kontenverwaltung mit Filterfunktion

14.1.2 Wichtige Informationen zu Ihren Konten

Das Verwaltungskonto enthält ähnliche Berichte und Statistiken wie ein Standard-Google-Ads-Konto, nur werden die Berichte über mehrere Konten hinweg erhoben. Falls Sie ein Verwaltungskonto öffnen, das bereits mit verschiedenen Einzelkonten verbunden ist, so erscheint beim Unterpunkt ÜBERSICHT ein Dashboard mit Kennzahlen zu den verbundenen Google-Ads-Konten (siehe Abbildung 14.5). Sie finden hier Informationen zu Leistungsdaten wie Impressionen und Klicks sowie zu den aufgelaufenen Kosten. Analog zu den Berichten im Google-Ads-Konto kann der Berichtszeitraum in der rechten oberen Ecke eingestellt werden. Sie finden unter ÜBERSICHT zusätzlich sowohl Berichte zu einzelnen Konten als auch zu wichtigen Kampagnen aus dem gesamten Bereich der verknüpften Konten.

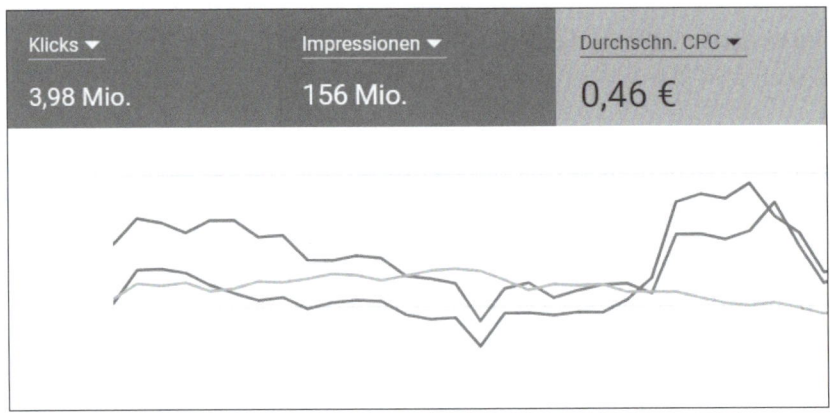

Abbildung 14.5 Ein statistischer Überblick über alle Konten

Die EMPFEHLUNGEN im Verwaltungskonto geben erste Hinweise auf die wichtigsten Optimierungsmöglichkeiten für alle Konten, die Sie dann noch einmal nach bestimmten Themenbereichen, z. B. GEBOTE UND BUDGETS oder ANZEIGEN UND ERWEITERUNGEN etc., filtern können (siehe Abbildung 14.6).

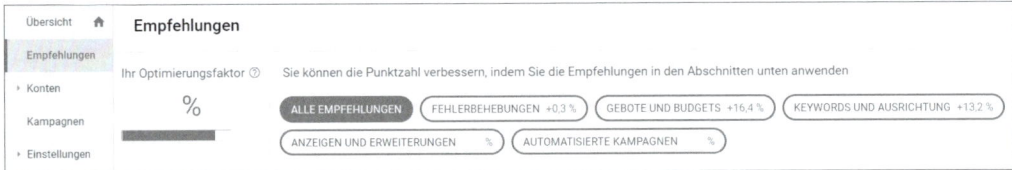

Abbildung 14.6 Empfehlungen auf Ebene des Verwaltungskontos

Der Konten-Optimierungsfaktor

In Google Ads stoßen Sie aktuell immer wieder auf den *Optimierungsfaktor*, der Ihnen auch im Verwaltungskonto als gemeinsamer Faktor für alle Ihre verknüpften Konten angezeigt wird. Bei den zugehörigen Empfehlungen sehen Sie dann, wie Sie den Optimierungsfaktor prozentual verbessern können.

Es ist jedoch wichtig zu verstehen, dass dies zunächst kein Optimierungsfaktor für Ihre Google-Ads-Kampagnen ist, sondern ein Optimierungsfaktor, bezogen auf die Empfehlungen von Google. In unserem Beispiel (siehe Abbildung 14.6) erkennen Sie, dass der Optimierungsfaktor um ca. 16 % erhöht werden kann, wenn die GEBOTE UND BUDGETS angepasst werden. Das bedeutet aus Google-Sicht unter anderem, dass mehr Budget bereitgestellt werden soll. Dies ist aber vielleicht aus Sicht der Werbenden aktuell nicht möglich. Für neue KEYWORDS UND AUSRICHTUNG gibt es in dem Beispiel noch weiteres Optimierungspotenzial von ca. 13 %. Auch hier kann es sein, dass die neuen Keywords dann auch noch zusätzliche Kosten verursachen – und dann das Budget zu knapp wird.

Vereinfacht gesagt bedeutet daher ein Optimierungsfaktor von 100 %, dass Sie alles so gemacht haben, wie Google es wünscht. Das ist aber vielleicht aus Ihrer Sicht nicht optimal. Sie sollten also ruhig die Empfehlungen auf Ebene des Verwaltungskontos anschauen, aber nicht alles ungeprüft übernehmen und vor allem nicht alles übernehmen, nur um den Optimierungsfaktor von 100 % zu erreichen!

Neben einem ersten statistischen Überblick (ÜBERSICHT) und den Google-Vorschlägen zu den wichtigsten Optimierungsmaßnahmen (EMPFEHLUNGEN) finden Sie in der linken Navigation auch noch die beiden Navigationspunkte KONTEN und KAMPAGNEN. Wenn Sie KONTEN aufrufen, erhalten Sie Informationen zu den wichtigsten Leistungsdaten im Überblick sowie Infos zu BUDGETS und BENACHRICHTIGUNGEN, die wir in Abschnitt 14.4 und 14.5 noch kurz vorstellen.

Unter KAMPAGNEN können Sie aus übergeordneter Sicht Berichte zu allen Kampagnen der verknüpften Konten erstellen. Dies wird bei großen Verwaltungskonten natürlicherweise schnell unübersichtlich, sodass es meistens sinnvoller ist, diese Berichte auf Kontoebene zu erstellen. Sie können unter KAMPAGNEN aber auch automatisierte Regeln erstellen. So lassen sich bestimmte Aufgaben und vor allem automatisierte E-Mail-Benachrichtigungen für mehrere Kampagnen einfach erstellen. Wählen Sie dazu per Checkbox die Kampagnen aus, die Sie mit einer entsprechenden Regel versehen möchten, und klicken Sie danach, wie in Abschnitt 13.3 beschrieben, auf BEARBEITEN und AUTOMATISIERTE REGEL ERSTELLEN. Danach können Sie die Regel wie gewohnt, aber für viele Kampagnen gleichzeitig, erstellen und sparen so jede Menge Arbeit.

Das Herzstück des Google-Ads-Verwaltungskontos befindet sich aber hinter dem Navigationspunkt EINSTELLUNGEN • EINSTELLUNGEN FÜR UNTERKONTEN. Hier können Sie unter anderem:

▶ ein neues Google-Ads-Konto aus Ihrem Verwaltungskonto heraus erstellen

▶ ein vorhandenes Google-Ads-Konto verknüpfen

▶ Konten aus- und einblenden

▶ Kontoverknüpfungen aufheben

▶ Einstellungen für Anzeigenvorschläge ändern

▶ Konten auflösen

Falls Sie gerade ein neues Verwaltungskonto angelegt haben und noch kein Google-Ads-Konto mit diesem Kundencenter verknüpft ist, so möchten Sie sicher wissen, wie Sie Ihr Verwaltungskonto mit den Google-Ads-Konten verbinden. Dazu haben Sie grundsätzlich zwei Möglichkeiten: Zum einen können Sie direkt aus dem Verwaltungskonto ein neues Google-Ads-Konto anlegen, zum anderen können Sie bereits bestehende Google-Ads-Konten mit dem Verwaltungskonto verknüpfen.

14.2 Ein neues Kundenkonto im Verwaltungskonto erstellen

Sie möchten als Agentur oder Consultant Ihren Kunden die Arbeit zur Erstellung eines Google-Ads-Kontos abnehmen? Oder möchten Sie als verantwortlicher Marketingleiter eines großen Unternehmens verschiedene Google-Ads-Konten zu unterschiedlichen Geschäftsbereichen erstellen? Neue Google-Ads-Konten können Sie ganz einfach aus dem Kundencenter heraus anlegen. Dazu benötigen Sie keinen zusätzlichen Google-Login und daher auch keine weitere E-Mail-Adresse.

Falls Sie ein neues Konto für einen Kunden anlegen, sollten Sie jedoch bedenken, dass dieses Konto zunächst Ihnen gehört und der Kunde keinen eigenen Login dazu besitzt. Einem im Kundencenter erstellten Google-Ads-Konto ist nicht automatisch ein weiterer Nutzer zugewiesen. Möchten Sie das Konto später einmal aus dem Verwaltungskonto entfernen, um es Ihrem Kunden in alleiniger Verantwortung zu übergeben, so müssen Sie diesen Kunden entweder direkt als Nutzer mit Administratorzugriff hinzufügen oder ihn später als Administrator in das Konto einladen.

Der Kunde kann dann als Admin Ihren Zugriff über das Verwaltungskonto entfernen und ist danach eigenständiger Administrator seines Kontos.

Um ein neues Google-Ads-Konto aus dem Verwaltungskonto heraus anzulegen, rufen Sie unter EINSTELLUNGEN ❷ den Unterpunkt EINSTELLUNGEN FÜR UNTERKONTEN ❸ auf (siehe Abbildung 14.7). Das Anlegen eines Kontos starten Sie wie gewohnt mit einem Klick auf ⊕ ❶.

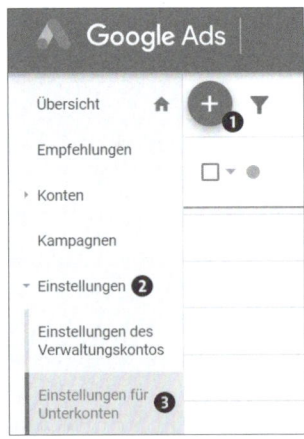

Abbildung 14.7 Navigieren Sie zu »Einstellungen für Unterkonten«.

Im nächsten Schritt haben Sie nun beide Optionen: Sie können ein neues Konto anlegen oder ein bestehendes Konto mit Ihrem Google-Ads-Verwaltungskonto verknüpfen (siehe Abbildung 14.8).

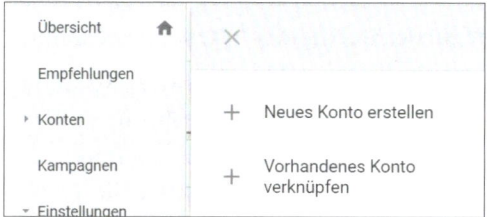

Abbildung 14.8 Erstellen Sie ein neues Konto oder verknüpfen Sie ein vorhandenes Konto.

Nach dem Klick auf + Neues Konto erstellen öffnet sich das Formular aus Abbildung 14.9, in dem Sie die wichtigsten Grundeinstellungen für Ihr neues Google-Ads-
Konto eintragen müssen.

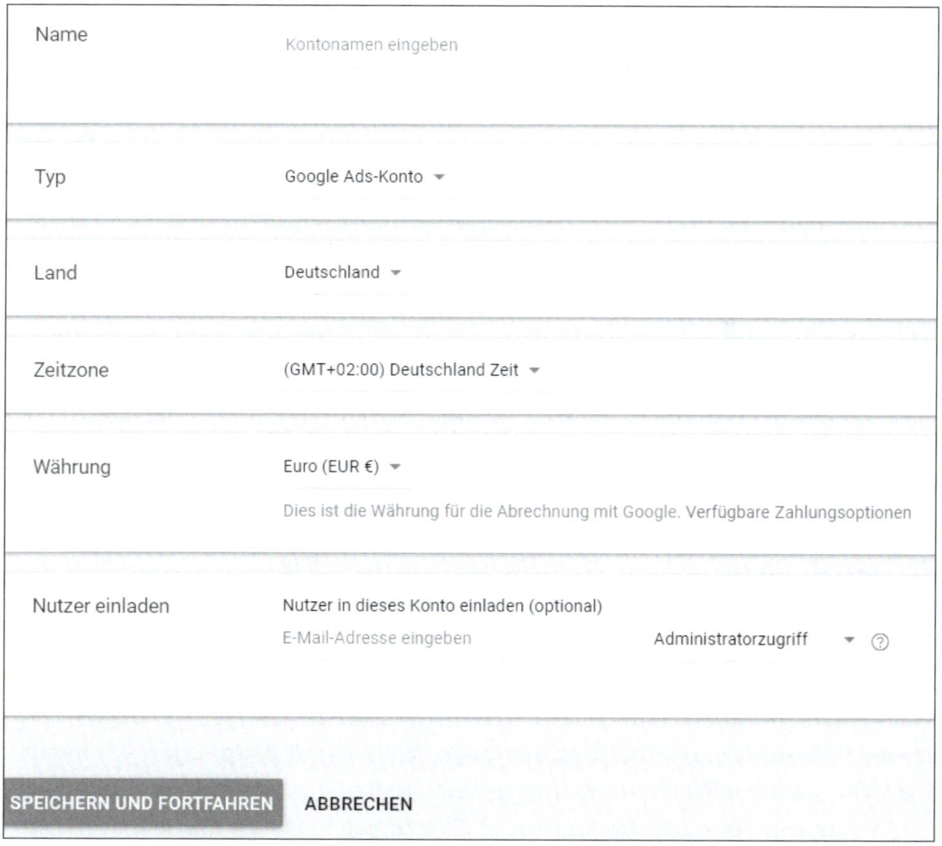

Name	Kontonamen eingeben
Typ	Google Ads-Konto ▾
Land	Deutschland ▾
Zeitzone	(GMT+02:00) Deutschland Zeit ▾
Währung	Euro (EUR €) ▾
	Dies ist die Währung für die Abrechnung mit Google. Verfügbare Zahlungsoptionen
Nutzer einladen	Nutzer in dieses Konto einladen (optional)
	E-Mail-Adresse eingeben Administratorzugriff ▾ ⑦

SPEICHERN UND FORTFAHREN   ABBRECHEN

Abbildung 14.9 Formular zur Neuanlage eines Google-Ads-Kontos

Nachdem Sie einen Namen für Ihr neues Konto vergeben haben, bestimmen Sie zunächst, ob Sie ein Standard-Google-Ads-Konto oder ein Konto für smarte Kampagnen, d. h. für lokale Suchanfragen (diese Version hieß früher Google-AdWords-Express), einrichten möchten (siehe Abbildung 14.10). Sie können über das Verwaltungskonto also auch die abgespeckte Version der Google-Ads-Werbung verwalten.

Nach der Auswahl bestimmen Sie das Land, die Zeitzone und die Währung für das neue Konto (siehe Abbildung 14.9). Die Angaben für die Kontoeinrichtung entsprechen den Standardangaben, die jeder neue Google-Ads-Nutzer festlegen muss. Eine Agentur oder ein Consultant kann optional unter Nutzer einladen die E-Mail-Adresse zum Google-Login des Kunden hinterlegen, damit dieser später auch die volle Kontrolle über das neue Konto hat. Dies ist wichtig, wenn der Kunde später einmal das Ads-Konto übernehmen soll. Den erforderlichen Admin-Zugriff kann man natürlich auch jederzeit später noch hinzufügen.

Typ	Google Ads-Konto
	Konto für smarte Kampagne

Abbildung 14.10 Kontoauswahl: Standard oder »smart«?

Nach diesen relativ schnellen und einfachen Schritten ist das Konto noch nicht aktiv, weil natürlich ein entscheidender Punkt fehlt: die Einstellung der Zahlungsmodalitäten, ohne die Sie natürlich bei Google keine Werbung schalten können. Die Einstellung des sogenannten *Zahlungsprofils* mit Rechnungsadresse, Steuerinformationen und der Bankverbindung bzw. den Kreditkarteninformationen folgt natürlich als nächster Schritt. Falls Sie die Daten aktuell nicht zur Hand haben, können Sie diesen Schritt abbrechen und später nachholen.

Diese Zahlungseinstellungen müssen Sie dann wie gewohnt im neuen Konto über den Werkzeugschlüssel (Tools und Einstellungen) unter Abrechnung • Abrechnungseinstellungen vornehmen. Als Agentur müssen Sie dabei grundsätzlich entscheiden, ob die Bezahlung über den Kunden (per Abbuchung oder Kreditkarte) abgerechnet wird oder ob Sie zunächst für das Werbebudget geradestehen und dies dann später mit Ihrem Kunden abrechnen.

Ein neues Konto aus dem Verwaltungskonto heraus anzulegen, kann aus Agentursicht interessant sein, wenn man nach Beendigung einer Kundenbeziehung mit einem anderen Kunden zum gleichen Thema weiterarbeiten möchte. Die Kampagnen inklusive Keywords und Optimierungsarbeiten sind dann schon vorbereitet. Aus Sicht des ehemaligen Kunden ist genau das aber ein entscheidendes Problem: Der Ex-Kunde müsste sich das Konto und die Kampagnen neu aufbauen. Grundsätzlich sollte die weitere Verwendung des Kontos direkt beim Anlegen besprochen werden, damit es später keine Unstimmigkeiten gibt.

Für einen Endkunden ist es immer besser, zunächst ein eigenes Google-Ads-Konto anzulegen und dieses dann bei Bedarf mit einem Verwaltungskonto zu verknüpfen. Daher erläutern wir nun, wie eine Verknüpfung bestehender Google-Ads-Konten mit dem Verwaltungskonto funktioniert. Während übrigens früher nur jeweils ein Verwaltungskonto pro Google-Ads-Konto zugelassen war, können nun mehrere Verwaltungskonten auf ein einzelnes Konto zugreifen.

14.3   Bestehende Konten oder Verwaltungskonten verknüpfen

Die zweite und oft genutzte Möglichkeit zur externen Verwaltung eines bestehenden Google-Ads-Kontos ist die Verknüpfung von Verwaltungskonto und Google-Ads-Konto. Als Agentur oder Besitzer mehrerer Konten ist dies eine komfortable Möglichkeit, alle Konten unter einem Zugriff zu vereinen. Dabei erhält der Admin des Verwaltungskontos die volle Kontrolle über die Google-Ads-Kampagnen, trotzdem bleibt der Kontenbesitzer weiterhin der wichtigste Administrator. Denn er kann selbst aus seinem Google-Ads-Konto heraus die Verwaltung wieder aufheben.

Die Verknüpfung funktioniert folgendermaßen: Sie befinden sich in Ihrem Verwaltungskonto im Untermenü EINSTELLUNGEN • EINSTELLUNGEN FÜR UNTERKONTEN. Klicken Sie nun auf den Button für das Neuanlegen ⊕. Im nächsten Schritt wählen Sie + VORHANDENES KONTO VERKNÜPFEN. In einem neuen Fenster erscheint ein Eingabefeld, in das Sie die zehnstellige Google-Ads-Kundennummer nach dem Schema **XXX-XXX**-XXXX eintragen (siehe Abbildung 14.11). Sie können in einem Schritt auch mehrere Google-Ads-Konten verknüpfen, indem Sie in das Formularfeld mehrere Kundennummern (jeweils nur eine Nummer pro Zeile) eintragen.

Abbildung 14.11 Bestehendes Konto über die Google-Ads-Kundennummer verknüpfen

Zum Abschluss des Verknüpfungsprozesses klicken Sie auf den Button ANFRAGE SENDEN.

Der eingeladene Nutzer erhält dann in seinem Konto eine Verknüpfungsanfrage unter TOOLS UND EINSTELLUNGEN • EINRICHTUNG • KONTOZUGRIFF UND SICHERHEIT beim Unterpunkt VERWALTUNGSKONTEN, die er akzeptieren oder auch ablehnen kann (siehe Abbildung 14.12).

Abbildung 14.12 Anfrage im Konto des Kunden, also im zu verknüpfenden Konto

In Ihrem Konto werden Ihnen unter EINSTELLUNGEN • EINSTELLUNGEN FÜR UNTERKONTEN die aktuell ausstehenden Verknüpfungsanfragen angezeigt (siehe Abbildung 14.13). Dort können Sie noch vor Annahme die Anfrage jederzeit widerrufen, falls Sie die Verknüpfung nicht nutzen möchten.

Ausstehende Verknüpfungsanfragen		
Kundennummer	Gültigkeitsdatum	Maßnahmen
285-286-3095	12. Juni 2020	WIDERRUFEN

Abbildung 14.13 Aktueller Stand der Verknüpfungsanfrage unter »Verwaltung«

Das verknüpfte Konto bzw. der Admin dieses Kontos kann jederzeit bei Bedarf unter TOOLS UND EINSTELLUNGEN • EINRICHTUNG • KONTOZUGRIFF UND SICHERHEIT beim Unterpunkt VERWALTUNGSKONTEN den Zugriff beenden. Auf diese Weise bleibt der ursprüngliche Besitzer des Google-Ads-Kontos jederzeit Herr der Lage.

Die Auflösung der Verknüpfung kann jedoch auch aus dem Verwaltungskonto heraus erfolgen. Dazu wählen Sie unter EINSTELLUNGEN • EINSTELLUNGEN FÜR UNTERKONTEN per Checkbox-Klick ein oder mehrere Konten aus, die Sie aus Ihrem Verwaltungskonto entfernen möchten. Danach klicken Sie im Kopfbereich der Tabelle auf BEARBEITEN. Aus der Dropdown-Liste wählen Sie VERKNÜPFUNG AUFHEBEN aus (siehe Abbildung 14.14). Über diese Bearbeitungsschritte können Sie unter anderem auch Konten aus- bzw. einblenden oder das Google-Ads-Konto komplett auflösen.

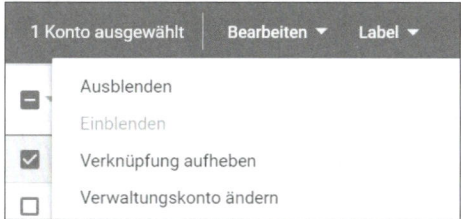

Abbildung 14.14 Verknüpfung aufheben

Ausstehende Einladungen

Falls Sie eine Verknüpfung durchgeführt haben und der Besitzer des Google-Ads-Kontos diese nicht bestätigt, so spricht man von einer *ausstehenden Einladung*. Wenn Sie nur ein Konto verknüpfen möchten, so erkennen Sie selbst schnell in der Übersicht, ob dieses schon bestätigt und somit der Liste hinzugefügt wurde. Falls Sie jedoch mehrere Anfragen zu Kontoverknüpfungen gestellt haben, kann schnell der Überblick verloren gehen. Anhand der Informationen unter EINSTELLUNGEN • EINSTELLUNGEN FÜR UNTERKONTEN können Sie bei Bedarf den Kontobesitzer, der Ihre Anfrage noch nicht bestätigt hat, entsprechend informieren bzw. an die ausstehende Verknüpfung erinnern.

14.4   Budgets im Verwaltungskonto

Die Informationen zu den Zahlungsprofilen und den Budgets finden Sie in Ihrem Verwaltungskonto unter KONTEN • BUDGETS. Dort wird für die verknüpften Konten z. B. die ZAHLUNGSEINSTELLUNG oder das KONTOBUDGET angezeigt (siehe Abbildung 14.15). Die meisten Konten werden eine automatische Zahlung nutzen, es gibt aber noch Konten, die manuell aufgeladen werden. Bei ihnen finden Sie den Hinweis MANUELLE ZAHLUNGEN in der Spalte ZAHLUNGSEINSTELLUNG.

Zahlungseinstellung	Kontobudget	Verbleibendes Kontobudget	% ausgegeben
Automatische Zahlungen	Keine Einschränkung der Ausgaben	–	–
Manuelle Zahlungen	86.365,73 €	687,02 €	99,20 %

Abbildung 14.15 Der Unterpunkt »Budgets« im Google-Ads-Verwaltungskonto

Wichtig ist vor allem der Blick auf das verbleibende Budget, das aktuell zur Verfügung steht. Hier kann eine Budgetbeschränkung z. B. vorliegen, wenn manuelle Vorauszahlungen geleistet werden und das meiste Geld bereits für Klicks ausgegeben wurde.

Kontobudgets festlegen

Große Unternehmen arbeiten bei den Werbeausgaben oft mit Jahresbudgets oder zumindest mit Monatsbudgets. Bei Google Ads ist die Kontrolle der Ausgaben normalerweise nur über Tagesbudgets möglich, die dann auf den Monat hochgerechnet werden. Für große Kunden können aber unter bestimmten Umständen auch Monatsbudgets oder allgemein Budgets für bestimmte Zeiträume festgelegt werden. Dazu muss das Konto jedoch zunächst auf eine monatliche Abrechnung umgestellt werden.

Die Voraussetzungen für eine monatliche Abrechnung, bei der Google dem Google-Ads-Nutzer einen Kreditrahmen einräumt, sind:

▶ Der Nutzer ist mindestens ein Jahr als Unternehmen registriert.

▶ Das Ads-Konto gibt es mindestens seit einem Jahr und es befindet sich – Zitat Google – »in einem einwandfreien Zustand«.

▶ Der Ads-Nutzer hatte mindestens 5.000 € Werbeausgaben für mindestens drei Monate der letzten zwölf Monate.

▶ Er stellt einen Antrag auf Rechnungsstellung bei Google.

(Ausführlichere Informationen zu dem Vorgang finden Sie unter der URL *https:// support.google.com/google-ads/answer/2375377.*)

Ein Unternehmen mit monatlicher Abrechnung kann dann auch ein Werbebudget für einen bestimmten Zeitraum festlegen. So können Sie z. B. ein vom Kunden vorgegebenes Budget für eine Winterwerbeaktion für den Zeitraum vom 1. November bis zum 28. Februar im Verwaltungskonto auf 2.000 € pro Monat festsetzen. Sobald die Budgetgrenze erreicht wird, erfolgt ein automatischer Stopp der Werbekampagne(n). Das Budget gilt also pro Kunde für alle Kampagnen. Durch diese Einstellung können Sie auch bei Umstellungen und Budgetänderungen in einer oder mehreren Kampagnen nicht mehr Geld für die Google-Ads-Werbung ausgeben, als vorher für den Zeitraum mit dem Kunden vereinbart wurde. Das Start- und Enddatum für die Budgetvorgabe sind frei wählbar.

Außerdem können Sie als Agentur oder Reseller eine sogenannte *konsolidierte Abrechnung* nach dem gleichen Muster wie die individuelle Rechnungsstellung beantragen. Diese Rechnungsform gilt dann für das Google-Ads-Verwaltungskonto, sodass Sie Ihr Abrechnungswesen vereinfachen können, weil Sie nur noch eine Rechnung für alle Konten erhalten. Die untergeordneten Konten können somit ebenfalls auf monatliche Rechnungsstellung umgestellt werden. Außerdem können Sie die Budgets dann auch für Ihre verwalteten Konten festlegen.

14.5   Benachrichtigungen im Verwaltungskonto

Wichtige Benachrichtigungen können Sie sich im Google-Ads-Verwaltungskonto ebenfalls an einer Stelle anschauen. Navigieren Sie dazu in der linken Menüleiste zu KONTEN • BENACHRICHTIGUNGEN. Sie erhalten auf einen Blick die wichtigsten Nachrichten zu den einzelnen Google-Ads-Konten mit einem entsprechenden Link in der Spalte AKTION (siehe Abbildung 14.16). Dieser Link führt entweder zu einer Lösung des Problems oder zu weiterführenden Informationen.

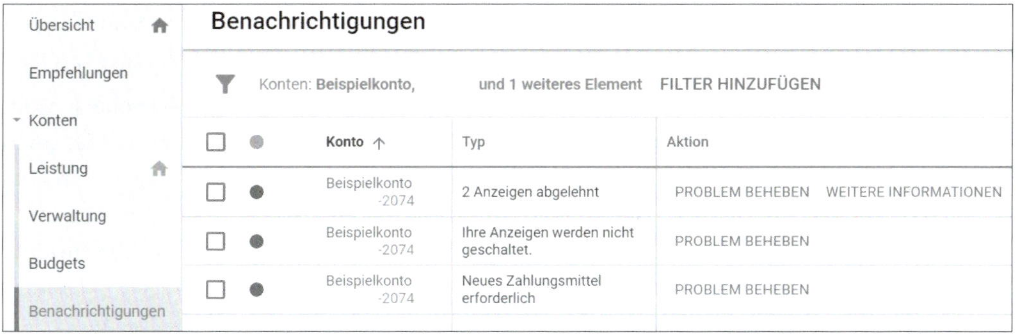

		Konto ↑	Typ	Aktion
Übersicht 🏠	**Benachrichtigungen**			
Empfehlungen	▼ Konten: **Beispielkonto,** und 1 weiteres Element FILTER HINZUFÜGEN			
▾ Konten	☐ ●	**Konto ↑**	Typ	Aktion
Leistung 🏠	☐ ●	Beispielkonto -2074	2 Anzeigen abgelehnt	PROBLEM BEHEBEN WEITERE INFORMATIONEN
Verwaltung	☐ ●	Beispielkonto -2074	Ihre Anzeigen werden nicht geschaltet.	PROBLEM BEHEBEN
Budgets	☐ ●	Beispielkonto -2074	Neues Zahlungsmittel erforderlich	PROBLEM BEHEBEN
Benachrichtigungen				

Abbildung 14.16 Benachrichtigungen mit einem Link zu weiterführenden Infos

Damit Sie nicht von den Informationen erschlagen werden, können Sie vor Ansicht der Benachrichtigungen nicht nur die Konten selektieren – siehe den Filter in Abbildung 14.16, sondern auch den Typ bzw. das Thema der Nachricht bestimmen, über die Sie sich näher informieren möchten (siehe Abbildung 14.17).

Abbildung 14.17 Benachrichtigungsthemen filtern

Auf diese Weise haben Sie an einer Stelle im Verwaltungskonto alle wichtigen Infos im Blick und können Schritt für Schritt die gewünschten Ads-Konten auswählen und die wichtigsten Themen überprüfen, um Fehler schnell zu beheben.

Sie können nicht nur Informationen in Ihrem Konto aufrufen; es ist auch möglich, dass Sie bestimmte Nachrichten zu Ihrem Google-Ads-Verwaltungskonto per E-Mail erhalten. Damit Sie aber nicht in einer Benachrichtigungsflut versinken, können Sie natürlich bestimmen, welche Informationen Sie regelmäßig erhalten möchten. Klicken Sie dazu auf TOOLS UND EINSTELLUNGEN (Werkzeugschlüssel) im Headerbereich, und wählen Sie als Unterpunkt EINRICHTUNG • EINSTELLUNGEN aus.

Danach klicken Sie im Kopfbereich auf BENACHRICHTIGUNGEN (DIESES KONTO) (siehe Abbildung 14.18). Nun können Sie zum einen bestimmen, an welche E-Mail-Adresse ❶ die Benachrichtigungen gesendet werden. Zum anderen können Sie auch bestimmen, welche Informationen ❷ Sie erhalten möchten. Mit dem An/Aus-Schalter ❸ können Sie einzelne Themen aktivieren. Bei dem Unterpunkt BERICHTE können Sie noch zwischen allen verfügbaren Berichten und eigenen Berichten ❹ wählen.

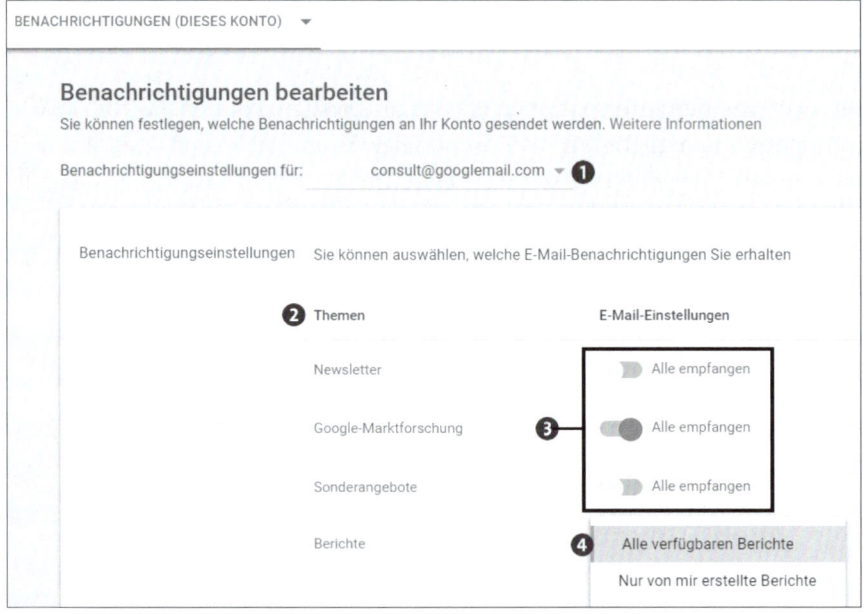

Abbildung 14.18 Themen für E-Mail-Benachrichtigung festlegen

Wenn Sie im Kopfbereich von BENACHRICHTIGUNGEN (DIESES KONTO) auf BENACHRICHTIGUNGEN (GANZE HIERARCHIE) umschalten, können Sie sich auch Informationen zu einzelnen Konten senden lassen. Dazu markieren Sie zunächst ein oder mehrere Google-Ads-Konten und geben über BEARBEITEN an, welche Benachrichtigungen Sie wünschen, z. B.:

- ▶ Abgelehnte Anzeigen und Richtlinienbenachrichtigungen
- ▶ Kampagnenpflege
- ▶ Individuelle Hilfen und Vorschläge zur Leistungssteigerung

14.6   Automatisieren – Zeit bei der Kundenverwaltung sparen

Viele Einstellungen und Berichte lassen sich im Google-Ads-Konto automatisieren. Eine ausführliche Beschreibung zu den Möglichkeiten der Automatisierung finden Sie in Kapitel 13, »Bearbeiten und Analysieren«, ab Abschnitt 13.3. Grundsätzlich sollten Sie jedoch wissen, dass Sie die Möglichkeiten, die Sie im einzelnen Google-Ads-Konto besitzen, auch übergeordnet im Verwaltungskonto nutzen können. Für die Automatisierung stehen bei Google-Ads grundsätzlich zwei Tools zur Verfügung:

- ▶ automatisierte Regeln
- ▶ Skripte

Die beiden Wege sind jedoch gar nicht so verschieden, da die automatisierten Regeln auf Skripten basieren. Der Unterschied besteht darin, dass automatisierte Regeln quasi Templates sind, die Sie ohne Programmierkenntnisse anpassen können. Sie müssen nur verschiedene Parameter eingeben. Mit Skripten können Sie hingegen noch viel weitreichendere automatisierte Steuerungen durchführen und Berichte erstellen lassen. Dadurch sind Sie bei der Steuerung über Skripte viel flexibler. Der Nachteil von Skripten besteht jedoch darin, dass Programmierkenntnisse in Java-Script notwendig sind. Sowohl die Regeln als auch die Skripte finden Sie im Google-Ads-Verwaltungskonto unter den BULK-AKTIONEN, die Sie über den Werkzeugschlüssel hinter den Tools erreichen (siehe Abbildung 14.19)

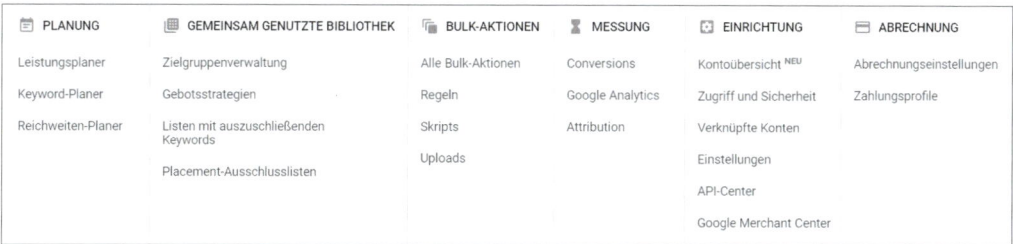

Abbildung 14.19 Tools im Verwaltungskonto

14.6.1   Automatisierte Regeln

Schauen wir uns zum besseren Verständnis ein Beispiel für eine automatisierte Regel auf der Ebene des Verwaltungskontos an. Nehmen wir an, dass Sie nicht jeden Tag Zeit haben, um alle Keywords zu kontrollieren. Sie möchten jedoch, dass diejenigen

Keywords, die am Vortag im Durchschnitt unter eine bestimmte Anzeigenposition gefallen sind, zunächst einmal pausiert werden. Durch die Deaktivierung des Keywords verhindern Sie, dass ein Keyword mit einem schlechten Ranking niedrige Klickraten erzeugt, was sich dann auf die ganze Anzeigengruppe oder Kampagne auswirken kann. Die Ursache für das schlechte Ranking können Sie dann später in Ruhe analysieren.

Für dieses Beispiel können Sie über die automatisierten Regeln eine Kontrolle definieren, die Keywords pausiert, sobald diese unter eine festgelegte Position fallen. Als Admin eines Kundencenters können Sie nun diese Regel für alle oder mehrere Kunden definieren. Im Vergleich zur Bearbeitung einzelner Kampagnen oder Konten erleichtert dies Ihre Arbeit sehr. Das Anlegen und Pflegen einer kontoübergreifenden Regel nimmt erheblich weniger Zeit in Anspruch als das Anlegen einer solchen Regel für jedes einzelne Konto.

Eine automatisierte Regel im Verwaltungskonto erstellen Sie, indem Sie zunächst unter TOOLS UND EINSTELLUNGEN • BULK-AKTIONEN die REGELN auswählen. Klicken Sie auf ⊕, und wählen Sie z. B. + KEYWORD-REGELN, um die Performance von Keywords über mehre Konten hinweg zu beobachten und zu steuern. Unter ART DER REGEL wählen Sie dazu im nächsten Schritt beispielsweise KEYWORDS PAUSIEREN (siehe Abbildung 14.20).

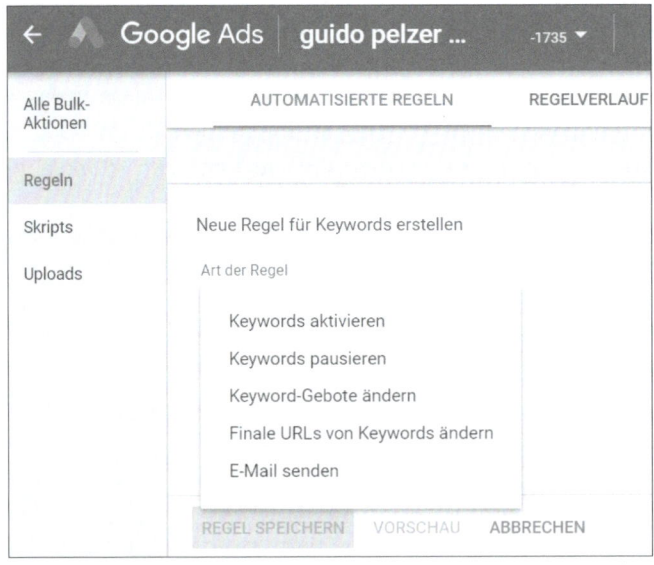

Abbildung 14.20 Die »Art der Regel« für eine automatisierte Regel wählen

Klicken Sie danach auf den Bearbeitungsstift oder den Link BITTE KONTEN AUSWÄHLEN, und wählen Sie per Checkbox die Google-Ads-Konten (siehe Abbildung 14.21) aus, auf die Ihre neue Regel angewendet werden soll. Danach wird die Regel mithilfe der Bedingungen und der Häufigkeit der Aktion etc. definiert. Den genauen Ablauf haben wir in Abschnitt 13.3 beschrieben. Alle Regeln, die Sie im Verwaltungskonto erstellt haben, finden Sie später unter TOOLS UND EINSTELLUNGEN • BULK-AKTIO-NEN • REGELN wieder. Dort können Sie die Regeln bearbeiten, aktivieren, pausieren und entfernen.

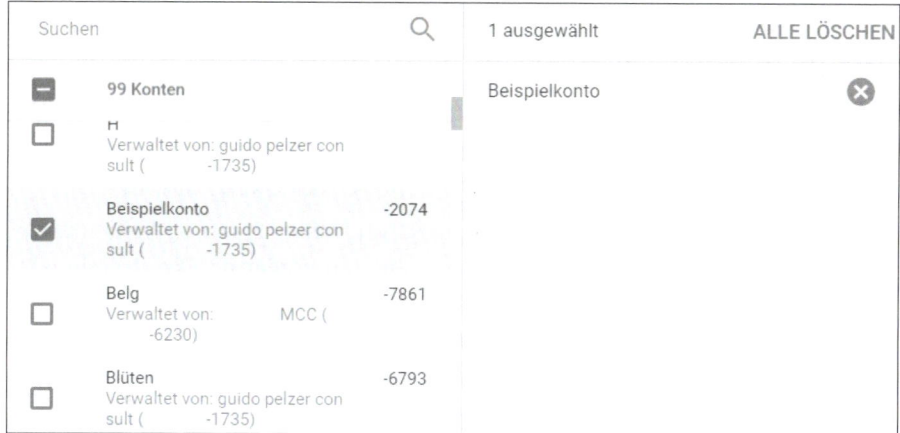

Abbildung 14.21 Auswahl der Google-Ads-Konten zur Anwendung einer Regel

Ein neuer Weg für automatisiere Regeln im Verwaltungskonto

Wenn Sie eine Regel erstellen möchten können Sie nun (Stand: Mai 2020) auch folgendermaßen vorgehen:

1. Wählen Sie zunächst im Verwaltungskonto in der linken Navigation die gewünschte Ebene aus (Kampagnen, Anzeigengruppen, Anzeigen, Keywords etc.).
2. Filtern Sie über FILTER HINZUFÜGEN im Kopfbereich die gewünschten Konten.
3. Markieren Sie über die Checkboxen die gewünschten Elemente.
4. Klicken Sie danach auf BEARBEITEN.
5. Wählen Sie aus der Dropdown-Liste AUTOMATISIERTE REGEL ERSTELLEN aus.
6. Erstellen Sie zum Schluss wie gewohnt die neue Regel über die ART DER REGEL und die Vorgaben zu den Bedingungen und zur HÄUFIGKEIT.

14.6.2 Skripte

Die Skripte erstellen Sie ebenfalls unter TOOLS UND EINSTELLUNGEN • BULK-AKTIO-NEN, und zwar direkt im Unterpunkt SKRIPTS. Klicken Sie zunächst auf diesen Unterpunkt. Wie Sie vielleicht schon wissen, benötigen Sie zur einwandfreien Erstellung eines funktionierenden Skripts Programmierkenntnisse in JavaScript. Google Ads hilft Ihnen jedoch auch hier, indem es Beispiele zur Verfügung stellt.

Die Beispiele können Sie für Ihre eigenen Zwecke anpassen und nutzen, wozu Sie jedoch gewisse Grundkenntnisse in Programmiersprachen besitzen sollten. Viele Skriptbeispiele der Google Developer Community finden Sie im Internet unter:

https://developers.google.com/google-ads/scripts/docs/solutions?hl=de

Für das Verwaltungskonto können Sie die fertigen Vorlagen aus dem Bereich *Manager Accounts* nutzen. Diese Vorlagen können Sie einfach kopieren und dann in Ihr Google-Ads-Konto in das Formularfeld für neue Skripte einfügen. Die Skripte müssen Sie dann meistens noch ein wenig an Ihre eigene Situation anpassen.

So erstellen Sie ein neues Skript in Ihrem Google-Ads-Verwaltungskonto:

1. Rufen Sie die Tools auf, und navigieren Sie zu Bulk-Aktionen • Skripts.

2. Klicken Sie zunächst auf den blauen Button ⊕, und geben Sie Ihrem neuen Skript einen eindeutigen Namen ❶. Danach fügen Sie den kopierten Skript-Code oder auch Ihr eigenes Skript in das Formularfeld ein (siehe Abbildung 14.22).

3. Sobald Sie ein Skript eingefügt oder selbst erstellt haben, erscheint ein Hinweis auf die Autorisierung des Skripts. Diesen Hinweis müssen Sie Autorisieren und im nächsten Schritt unter Angabe Ihrer Login-E-Mail mit Allow (Erlauben) positiv bestätigen. Ansonsten kann das Skript nicht ausgeführt werden. Für weitere Erklärungen zur Erstellung von Skripten möchten wir Sie auf Abschnitt 13.3.4 verweisen.

Jetzt sehen wir uns einmal unser Beispielskript an. Wir haben dazu eine einfache Kontenabfrage ausgewählt (siehe Abbildung 14.22). Bei unserem Beispiel müssen keine Anpassungen durchgeführt werden, sodass das Skript nach dem Einfügen direkt gespeichert werden kann. Unser Skript ist eine einfache Abfrage, die alle vorhandenen Google-Ads-Konten im Verwaltungskonto auflistet. Dabei werden die Google-Ads-Kundennummer (CustomerID) ❷, die Standard-Login-Mail-Adresse (loginEmail) ❸, der Name des Google-Ads-Kontos (accountName) ❹ sowie die Zeitzone (getTimeZone) ❺ und die Kontowährung (getCurrencyCode) ❻ aufgeführt, wie Sie in Abbildung 14.22 sehen.

Skriptname: * Kampagnen-Laender ❶

```
1
2  function main() {
3      var accountIterator = MccApp.accounts().get();
4
5    while (accountIterator.hasNext()) {
6      var account = accountIterator.next();
7      var loginEmail = account.getLoginEmail() ? account.getLoginEmail() : '--';
8      var accountName = account.getName() ? account.getName() : '--';
9
10   Logger.log('%s,%s,%s,%s,%s', account.getCustomerId(), loginEmail,
11               accountName, account.getTimeZone(), account.getCurrencyCode());
12
```

Abbildung 14.22 Beispielskript zur Abfrage der Kundenkonten im Verwaltungskonto

Obwohl dies ein ganz einfaches Skript ist, das wir vor allem ausgesucht haben, weil es nur wenig Quellcode enthält, liefert das Skript ein interessantes Ergebnis, das man im Alltag selten im Verwaltungskonto kontrollieren würde. Das Ergebnis aus Abbildung 14.23 zeigt, dass zwei Konten mit Firmenstandort in Deutschland beim Anlegen des Ads-Kontos als Standort den damaligen Vorschlag von Google, nämlich »Los Angeles«, übernommen haben! Dies findet man leider immer wieder in der Praxis. Der falsche Standort führt spätestens dann zu Problemen, wenn wir den Werbezeitplaner als Steuerungsinstrument nutzen möchten.

Unterhalb des Formularfeldes zur Eingabe des Skripts können Sie vier Aktionen starten:

▶ SCHLIESSEN: Das Formularfeld wird wieder geschlossen.

▶ AUSFÜHREN: Das Skript wird ausgeführt.

▶ SPEICHERN: Das Skript wird unter dem vorgegebenen Namen gespeichert.

▶ VORSCHAU: Das Skript wird in einem Testlauf ausgeführt.

Das Ergebnis der Vorschau können Sie sich unter PROTOKOLLE anschauen (siehe Abbildung 14.23), während alle Veränderungen im Konto unter ÄNDERUNGEN wiederzufinden sind. Sie können also auf jeden Fall nachvollziehen, was ein Skript mit Ihrem Google-Ads-Konto »angestellt« hat.

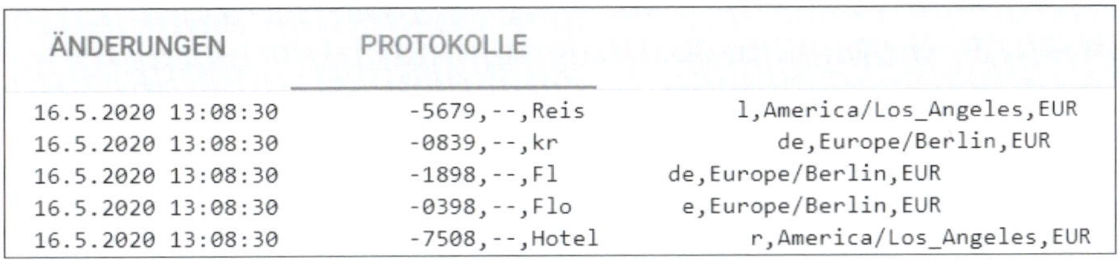

ÄNDERUNGEN	PROTOKOLLE	
16.5.2020 13:08:30	-5679,--,Reis	l,America/Los_Angeles,EUR
16.5.2020 13:08:30	-0839,--,kr	de,Europe/Berlin,EUR
16.5.2020 13:08:30	-1898,--,Fl	de,Europe/Berlin,EUR
16.5.2020 13:08:30	-0398,--,Flo	e,Europe/Berlin,EUR
16.5.2020 13:08:30	-7508,--,Hotel	r,America/Los_Angeles,EUR

Abbildung 14.23 Auszug aus dem Ergebnisprotokoll der Kontenabfrage

Unter dem Menüpunkt SKRIPTS (siehe Abbildung 14.20) können Sie nicht nur neue Skripte erstellen, Sie finden dort auch eine Liste mit den bereits erstellten Skripten, die Sie in der Spalte AKTIONEN beispielsweise bearbeiten, aktivieren oder deaktivieren können. Bitte beachten Sie, dass die deaktivierten Skripts über die drei vertikalen Navigationspunkte an der rechten Seite wieder eingeblendet werden können. Zusätzlich können Sie zu jedem Skript mithilfe des Bearbeitungsstiftes in der Spalte HÄUFIGKEIT einen Zeitplan erstellen. Unter dem Navigationspunkt SKRIPTVERLAUF im Header finden Sie die Ausführungsprotokolle. Zu jedem Skript ist dort aufgelistet, wann es ausgeführt wurde und wie der aktuelle Status ist. Zusätzlich finden Sie einen Link zu den jeweiligen Protokollen und Änderungen. Bitte beachten Sie, dass sich die Übersicht zum Skriptverlauf immer auf den aktuell ausgewählten Zeitraum bezieht.

Unser Beispiel zur Kontoabfrage war wie erwähnt nicht sehr spektakulär. Wir erhalten mit diesem Skript nur eine Liste von Google-Ads-Konten, die mit dem Verwaltungskonto verknüpft sind, sowie die wichtigsten Stammdaten zu den Konten. Mit ein paar zusätzlichen Zeilen Code kann man jedoch ein Skript generieren, das schon etwas mehr Informationen zusammenträgt. Das folgende Beispielskript setzt auf die Kontoabfrage auf und enthält noch einige interessante Ergänzungen.

Nach der Auflistung der Grunddaten

```
account.getCustomerId(), loginEmail,
            accountName, account.getTimeZone(), account.getCurrencyCode()
```

wird für jedes Konto die Anzahl der Kampagnen ermittelt:

```
campaignIterator.totalNumEntities()
```

Zusätzlich wird jeder Kampagnenname aufgeführt:

```
campaign.getName()
```

Es folgen alle Zielregionen (Länder bis hin zu Städten)

```
campaign.targeting().targetedLocations().get()
```

sowie der Ländercode, der der Zielregion zugeordnet ist:

```
targetedLocation.getCountryCode()
```

Hier sehen Sie das veränderte Beispielskript:

```
function main() {
    var accountIterator = MccApp.accounts().get();
  while (accountIterator.hasNext()) {
    var account = accountIterator.next();
    var loginEmail = account.getLoginEmail()
? account.getLoginEmail() : '--';
    var accountName = account.getName()
 ? account.getName() : '--';
 Logger.log('%s,%s,%s,%s,%s', account.getCustomerId(),
loginEmail, accountName, account.getTimeZone(), account.getCurrencyCode());
  MccApp.select(account);
  var campaignIterator = AdWordsApp.campaigns().get();
  Logger.log('Total campaigns found : ' +
     campaignIterator.totalNumEntities() + '    ###########');
  while (campaignIterator.hasNext()) {
    var campaign = campaignIterator.next();
    Logger.log(campaign.getName());
  var locationIterator = campaign.targeting().targetedLocations().get();
    while (locationIterator.hasNext()) {
```

```
      var targetedLocation = locationIterator.next();
      Logger.log('Location name: ' +
         targetedLocation.getName() + ', country code: ' +
         targetedLocation.getCountryCode());
   }
  }
 }
}
```

Listing 14.1 Beispielskript zur Abfrage von Konten im Verwaltungskonto

14.7 Conversions

Analog zu den Skripten bietet Google mit der Funktion *Conversions* ein Tool an, das auch für jedes einzelne Google-Ads-Konto zur Verfügung steht. (Weitere Informationen zu Conversions und dem Conversion-Tracking finden Sie in Abschnitt 2.6.3 und Abschnitt 10.2.) Conversions sind die wichtigen Ziele, die mit der Google-Ads-Werbung erreicht werden sollen. Diese Ziele sollten stets in jedem Google-Ads-Konto hinterlegt sein, um den Erfolg einer Werbekampagne messen und kontrollieren zu können.

Der Menüpunkt CONVERSIONS im Verwaltungskonto bietet Ihnen die Möglichkeit, eine Conversion anzulegen, die dann für mehrere Google-Ads-Kontos genutzt werden kann. Falls z. B. ein Unternehmen mehrere Google-Ads-Konten nutzt und in einem Verwaltungskonto betreut, so kann eine Conversion zum Ziel »Einkauf abgeschlossen« anlegt werden. Ein einziger Conversion-Code würde dann die Verkaufsabschlüsse messen und könnte für alle Konten, die im Verwaltungskonto zusammengefasst sind, kontrollieren, ob und wie oft das wichtigste Ziel erreicht wurde. Die Einrichtung eines kontoübergreifenden Conversion-Trackings erfolgt in den folgenden vier Schritten:

1. **Conversion-Code im Verwaltungskonto erstellen**
   Sie finden den Unterpunkt CONVERSIONS in Ihrem Verwaltungskonto unter Ihren Tools und Einstellungen bei MESSUNGEN. Dort erstellen Sie eine kontoübergreifende Conversion-Aktion genau so wie andere Conversion-Aktionen. Beginnen Sie wie gewohnt mit einem Klick auf ⊕.

2. **Conversion-Code in die Conversion-Seite einbauen**
   Fügen Sie das neue Conversion-Tracking-Tag zu allen Webseiten hinzu, die Sie mit dem neuen Code tracken möchten, und lassen Sie bestehende Conversion-Codes auf der Seite, damit Sie keine Conversion-Daten verlieren.

3. **Konten zuordnen**
   Rufen Sie im Verwaltungskonto EINSTELLUNGEN · EINSTELLUNGEN FÜR UNTER-

KONTEN auf, und markieren Sie per Checkbox die Konten, für die das kontoüber-greifende Conversion-Tracking verwendet werden soll. Klicken Sie danach auf BEARBEITEN, und wählen Sie den Unterpunkt CONVERSION- UND ZIELGRUPPEN-KONTEN ÄNDERN aus. Unter KONTO selektieren Sie noch CONVERSION und unter ÄNDERN ZU das gewünschte Verwaltungskonto (siehe Abbildung 14.24). Die Con-version-Aktionen werden dann in dem jeweiligen Konto in den Tools und Einstel-lungen unter CONVERSIONS mit dem Hinweis auf das Verwaltungskonto ange-zeigt.

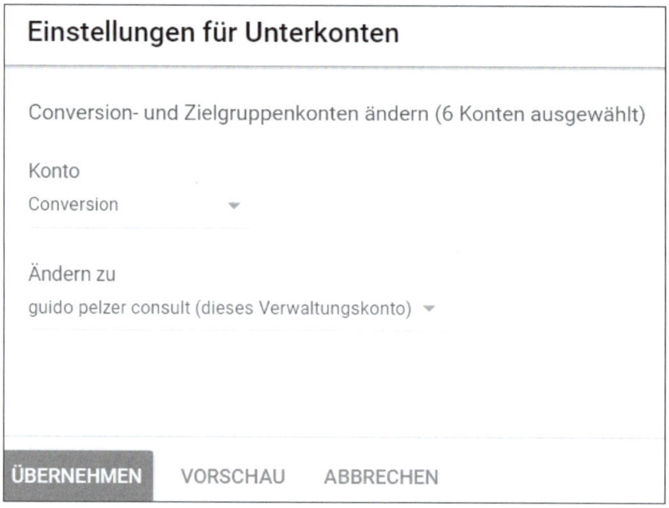

Abbildung 14.24 Conversions aus dem Verwaltungskonto zuordnen

4. **Die kontospezifischen Conversion-Aktionen deaktivieren**
   Falls in dem jeweiligen Kundenkonto bereits Conversion-Aktionen mit dem glei-chen Ziel vorhanden sind, so sollten Sie diese Conversions stoppen, wenn Sie alter-nativ die kontoübergreifenden Conversion-Aktionen verwenden.

   Falls Sie einmal Änderungen an den Conversions vornehmen möchten, z. B. einen anderen Tracking-Zeitraum angeben, so müssen Sie dies dann natürlich auf Ebene des Verwaltungskontos durchführen. Ein Schloss weist als Icon darauf hin, dass die Einstellung der Conversions im jeweiligen Unterkonto nicht verändert werden können.

   Möchten Sie das kontoübergreifende Conversion-Tracking irgendwann nicht mehr nutzen und lieber wieder die Conversions individuell für ein Kundenkonto erstellen, so können Sie natürlich die Verknüpfung mit dem Verwaltungskonto wieder rückgängig machen. Dazu klicken Sie in dem jeweiligen Kundenkonto bei den Conversion-Aktionen in der linken Navigation auf EINSTELLUNGEN und öff-nen den Unterpunkt CONVERSION-KONTO (siehe Abbildung 14.25). Dort wechseln

Sie von dem Verwaltungskonto auf DIESES KONTO und speichern die Auswahl ab. Die kontoübergreifende Conversions sind danach im Kundenkonto nicht mehr sichtbar.

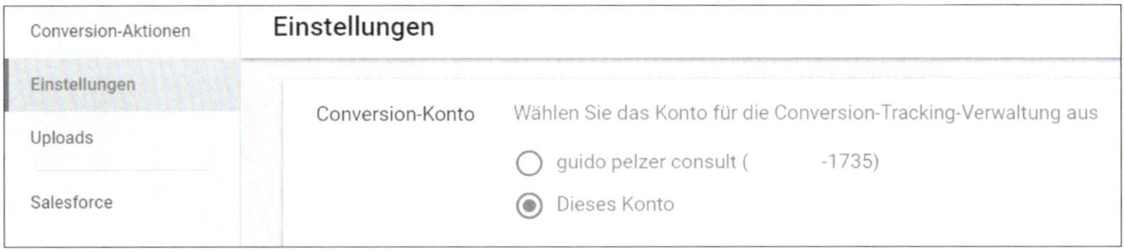

Conversion-Aktionen	**Einstellungen**
Einstellungen	
Uploads	Conversion-Konto Wählen Sie das Konto für die Conversion-Tracking-Verwaltung aus
	○ guido pelzer consult (-1735)
Salesforce	◉ Dieses Konto

Abbildung 14.25 Deaktivierung des kontoübergreifenden Conversion-Trackings

14.8   Mit Labels arbeiten

Labels dienen zur Gruppierung verschiedener Elemente, wie Kampagnen, Anzeigengruppen, Keywords etc. Labels sind vor allem dann hilfreich, wenn Elemente wie z. B. Keywords, die über unterschiedliche Kampagnen verstreut sind, gemeinsam analysiert werden sollen. Das Anlegen und die Funktionsweise von Labels haben wir in Abschnitt 13.2 schon gesondert besprochen.

Auf der Ebene des Verwaltungskontos dienen die Labels zur Gruppierung und Kennzeichnung verschiedener Kunden- bzw. Kontengruppen. Sie können für einzelne Kundenkonten ein oder auch mehrere Labels vergeben. Diese Labels werden dann zur Filterung in der Kontenübersicht genutzt. Sie könnten z. B. alle Ihre Kunden mit Webshops labeln und diese dann herausfiltern. So erhalten Sie schneller einen Überblick zu einer speziellen Kundengruppe, vor allem wenn Sie eine große Anzahl von Google-Ads-Konten betreuen.

Außerdem können Sie die Kundenkonten zu einem gemeinsamen Thema analysieren oder bestimmte Konten labeln, die Sie dann mit automatisierten Skripts beobachten. Damit Sie eine Idee vom Nutzen der Labels erhalten, haben wir hier vier Beispielvorschläge zur Kennzeichnung verschiedener Gruppen zusammengestellt:

1. Art der Kundenwebseite:
   - Webshop
   - Seminaranbieter
   - Freiberufler

2. Priorisierung von Kundenkonten:
   - Konten mit großen Budgets
   - Konten mit teuren Keywords
   - Konten mit kleinen Budgets

3. Kontenverwaltung:
   - aktuell
   - Archiv (keine Verwaltung)
4. Kontokontrolle:
   - tägliche Kontrolle
   - wöchentliche Kontrolle
   - monatliche Kontrolle
5. Anstehende Kundenberichte für bestimmte Kunden:
   - Suchbegriffe
   - Conversions
   - Kosten

Um Ihre Kundenkonten mit einem Label zu versehen, markieren Sie das oder die ausgesuchten Konten in der Übersicht unter KONTEN. Aktivieren Sie dazu die vorangestellte Checkbox ❷. Danach klicken Sie im Kopfbereich auf LABEL ❶ (siehe Abbildung
14.26). Falls bereits Labels vorhanden sind, finden Sie diese in der nun geöffneten
Dropdown-Liste. Hier können Sie per Checkbox die Label aktivieren, die Sie für die
ausgewählten Konten vergeben möchten, wenn Sie z. B. die ausgewählten Konten als
aktiv betreute Konten (GOOGLE-BETREUUNG) ❸ kennzeichnen möchten.

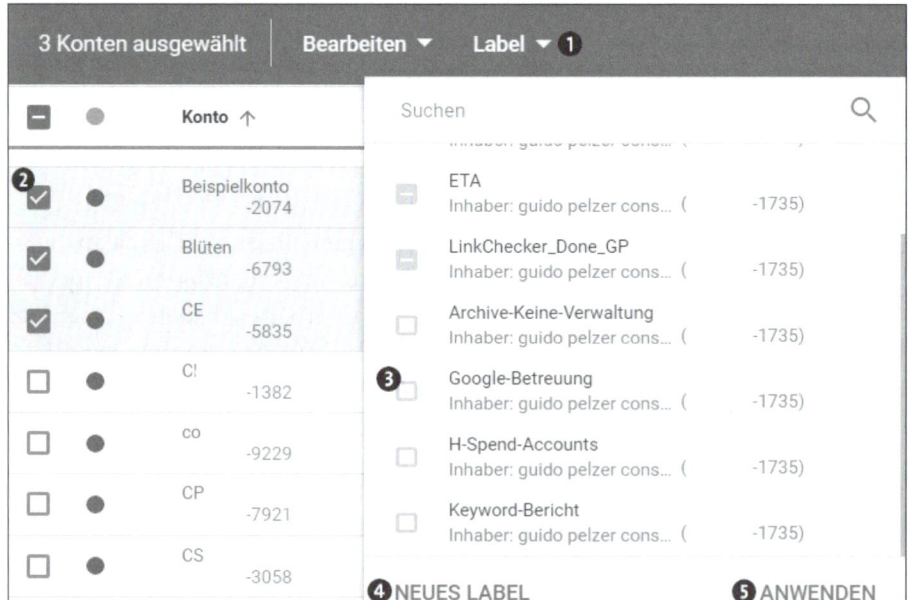

Abbildung 14.26 Labels für Kundenkonten vergeben oder erstellen

Sie können auch mehrere Label in einem Durchgang vergeben. Falls Sie einmal den Namen des Labels verändern oder sogar das Label löschen möchten, klicken Sie einfach auf den Bearbeitungsstift, der erscheint, wenn Sie mit der Maus über den Namen des jeweiligen Labels fahren. Die Auswahl der Kontolabels bestätigen Sie zum Schluss noch mit ANWENDEN ❺.

Falls Sie noch nicht das passende Label erstellt haben, können Sie auf NEUES LABEL ❹ klicken. In dem neuen Fenster vergeben Sie einen Namen für das Label und klicken auf ERSTELLEN (siehe Abbildung 14.27).

Abbildung 14.27 Neue Labels für Kundenkonten erstellen

Nachdem Sie die Labels den Konten zugeordnet haben, können Sie diese einfach über die Filterfunktion nutzen, um so die gewünschten Kundengruppen als Liste zusammenzustellen. Klicken Sie dazu auf FILTER HINZUFÜGEN oberhalb der Kontenliste. Suchen und wählen Sie dann KONTOLABELS als Filtermöglichkeit aus. In dem neuen Fenster (siehe Abbildung 14.28). können Sie Ihre Filteranfrage mit

▸ ENTHÄLT

▸ ENTHÄLT ALLE

▸ ENTHÄLT NICHT

verfeinern und die gewünschten Labels per Checkbox aktivieren. Die Auswahl bestätigen Sie wieder mit ÜBERNEHMEN. Die aktuellen Kontolabels Ihrer Konten können Sie sich übrigens auch in der Übersichtsstatistik anzeigen lassen, indem Sie aus der Gruppierung ATTRIBUTE die KONTOLABELS als Spalte hinzufügen.

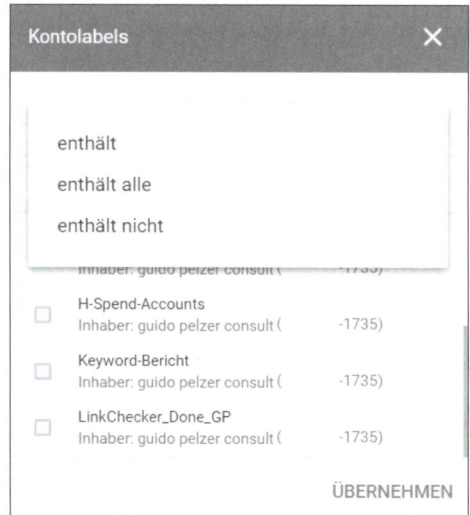

Abbildung 14.28 Kundenkonten mit Labels filtern

14.9   Berichte im Verwaltungskonto

Rufen Sie über die linke Menüleiste KONTEN · LEISTUNG auf, um einen statistischen Überblick über die von Ihnen verwalteten Konten zu erhalten. Über die bekannten Links und Icons im Kopfbereich der Tabelle können Sie die gewünschten Spalten auswählen, die Berichte segmentieren oder filtern (siehe Abbildung 14.29).

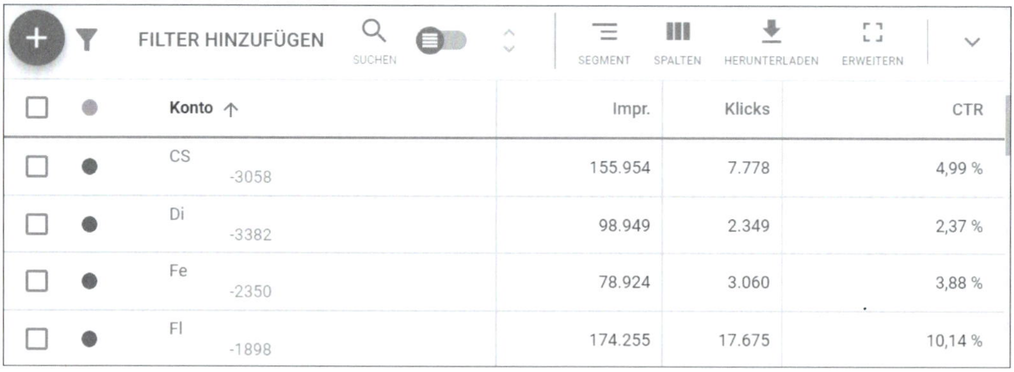

		Konto ↑	Impr.	Klicks	CTR
☐	●	CS -3058	155.954	7.778	4,99 %
☐	●	Di -3382	98.949	2.349	2,37 %
☐	●	Fe -2350	78.924	3.060	3,88 %
☐	●	Fl -1898	174.255	17.675	10,14 %

Abbildung 14.29 Leistungsberichte zu den Konten

Neben der Kontostatistik können Sie zudem bei den Unterpunkten KAMPAGNEN, ANZEIGENGRUPPEN, ANZEIGEN und KEYWORDS auch die Leistungsberichte zu allen Kampagnen, Anzeigengruppen etc. aus den verwalteten Konten erhalten. Auch hier können Sie wieder filtern und segmentieren. Wichtige Berichte können Sie zudem herunterladen oder sich per E-Mail zuschicken lassen.

Automatisierte Kontrolle Ihrer Google-Ads-Konten

Wenn Sie stets mehrere Google-Ads-Konten beobachten müssen, Ihnen aber oft die Zeit für eine laufende Kontrolle fehlt, dann könnte ein Skript auf Ebene Ihres Verwaltungskontos genau die richtige Lösung für Sie sein.

Dieses Skript findet und informiert Sie über Unregelmäßigkeiten in Ihrem Konto. Sie finden dieses Skript im Internet auf der Google-Developers-Seite bei GOOGLE ADS SCRIPTS • SOLUTIONS • MANAGER ACCOUNTS (siehe Abbildung 14.30).

https://developers.google.com/google-ads/scripts/docs/solutions/adsmanagerapp-account-anomaly-detector?hl=de

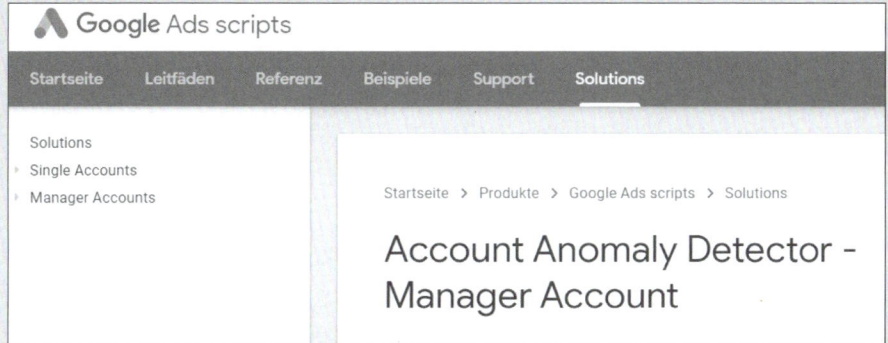

Abbildung 14.30 Google-Ads-Skript zur Kontoüberwachung

Zur Einrichtung der Kontoüberwachung sind vier grundlegende Schritte notwendig:

1. Erstellen Sie unter Ihrem Google-Ads-Admin-Login in Ihrem Google-Drive-Konto eine Kopie der Spreadsheet-Vorlage. Einen entsprechenden Link zum Template gibt es auf der Google-Developer-Seite (siehe den oben genannten Link).

2. Passen Sie in Ihrer Spreadsheet-Kopie die Vorgaben nach Ihren Wünschen an, und hinterlegen Sie Ihre E-Mail-Adresse (siehe Abbildung 14.31).

Weeks to look at	52 (full year)		The longer the better
Impressions too low		80% ▾	% of historical average
Clicks too low		80% ▾	% of historical average
Conversions too low		50% ▾	% of historical average
Cost too high		150% ▾	% of historical average
Email	kontakt@pelzer-internet.de		Enter a valid email address

Abbildung 14.31 Einstellungen zur Kontoüberwachung im Google-Spreadsheet

3. Kopieren Sie das Skript von der Google-Developer-Seite, und nehmen Sie folgende Anpassungen vor:

   – Zeile 45: Geben Sie Ihre Spreadsheet-URL mit den individuellen Vorgaben ein.

   – Zeile 47/48: Geben Sie ein ACCOUNT_LABEL an, falls Sie nur bestimmte Konten überwachen möchten.

Natürlich müssen Sie zuvor die jeweiligen Konten mit dem entsprechenden Label, in unserem Beispiel also H-Spend-Accounts, versehen haben (siehe Abbildung 14.32).

```
44
45 var SPREADSHEET_URL = 'https://docs.google.com/spreadsheets/d/17Nxxxxxxxx/edit#gid=0';
46
47 var CONFIG = {
48 ACCOUNT_LABEL: 'H-Spend-Accounts'
49 };
50
51 var CONST = {
52   FIRST_DATA_ROW: 12,
53   FIRST_DATA_COLUMN: 2,
54   MCC_CHILD_ACCOUNT_LIMIT: 50,
55   TOTAL_DATA_COLUMNS: 9
56 };
57
```

Abbildung 14.32 Anpassungen im Google-Ads-Skriptcode

4. Aktivieren Sie das Skript, und erstellen Sie eine zeitliche Regel zur Ausführung (siehe Abbildung 14.33). Die Kontrolle sollte täglich am Ende des Tages, z. B. um 20:00 Uhr, durchgeführt werden, da der aktuelle Tag dann mit den Werten der gleichen Wochentage aus der Vergangenheit abgeglichen wird. Am nächsten Morgen können Sie reagieren, falls Unregelmäßigkeiten aufgetaucht sind.

Abbildung 14.33 Setzen Sie die Häufigkeit der Ausführung auf »Täglich«.

Als Ergebnis der Kontrolle erhalten Sie zwei Hinweise. Zum einen werden Unregelmäßigkeiten im Spreadsheet protokolliert und durch entsprechende Farbgebung deutlich gekennzeichnet (siehe Abbildung 14.34).

Wednesday, 10:00			Today
Customer ID	Impressions	Clicks	
1⋯ ⋯ ⋯1	2		
5 ⋯ ⋯ ⋯1	5		
3⋯ ⋯ ⋯2	7038		

Abbildung 14.34 Die Ergebnisse zur Kontounregelmäßigkeit werden im Google-Spreadsheet rot markiert.

Zum anderen erhalten Sie eine E-Mail-Warnung an die eingetragene Mail-Adresse. Dort wird mit Konto-ID, Leistungswerten und Abweichungen auf Anomalien hingewiesen (siehe Abbildung 14.35).

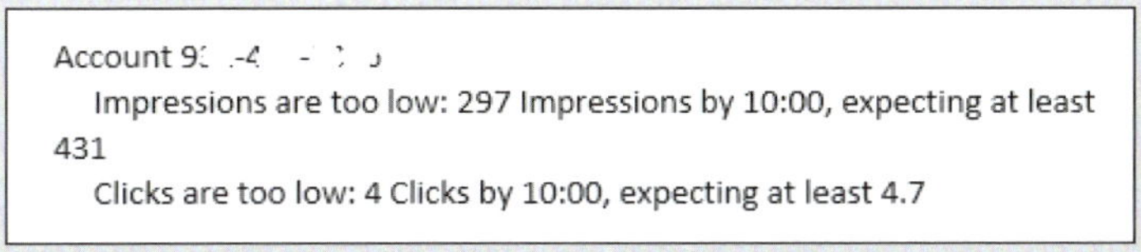

```
Account 9: .-4  - : j
    Impressions are too low: 297 Impressions by 10:00, expecting at least
431
    Clicks are too low: 4 Clicks by 10:00, expecting at least 4.7
```

Abbildung 14.35 Zusätzlich werden Warnungen per E-Mail verschickt.

Mit diesem Skript können Sie Ihre Zeit für andere Aufgaben nutzen und müssen nur einschreiten, wenn bestimmte kritische Werte angezeigt werden. Das Skript ersetzt natürlich nicht eine regelmäßige Kontrolle zur Optimierung Ihrer Kampagnen.

Noch zwei interessante Navigationspunkte in Ihrem Verwaltungskonto

Wir möchten Sie zum Schluss noch kurz auf zwei Punkte aus dem Verwaltungskonto aufmerksam machen, die relativ spät von Google hinzugefügt wurden (siehe Abbildung 14.36).

- ÄNDERUNGSVERLAUF: Hier behalten Sie den Überblick, wenn Sie Einstellungen und Änderungen aus dem Verwaltungskonto heraus vorgenommen haben. Diese Funktion entspricht der Änderungsverfolgung, die Sie bereits von den einzelnen Kundenkonten kennen.

- GOOGLE PARTNER-PROGRAMM: Dieser Punkt ist nur interessant, falls Sie an dem Google Partner-Programm teilnehmen. Unter diesem Punkt finden Sie Ihren Partnerstatus mit entsprechendem Logo. Interessant für Ihre Neukunden ist aber das Thema Werbeangebote. Wenn Sie ein neues Konto erstellen oder verknüpfen, werden Ihnen hier die entsprechen Werbeangebote (bekannt unter dem Namen »AdWords-Gutscheine«) angezeigt.

```
—  Weniger

    Änderungsverlauf

    Google Partner-
    Programm
```

Abbildung 14.36 Änderungsverlauf und Partner-Programm im Verwaltungskonto

Vorteile der Verwendung eines Verwaltungskontos

Verwaltungskonten sind nicht für jeden Google-Ads-Nutzer interessant. Falls Sie als Ads-Manager jedoch mehrere Konten betreuen, ist ein Verwaltungskonto für Sie unbedingt zu empfehlen, da Sie

- mit einem Login auf alle Ihre Google-Ads-Konten zugreifen können,
- neue Google-Ads-Konten einfach über das Verwaltungskonto anlegen können,

- ▸ die Budgets der verwalteten Konten auf einen Blick einsehen können,
- ▸ die Leistung mehrerer Konten über eine gemeinsame Conversion steuern können und
- ▸ über ein gemeinsames Skript oder automatisierte Regeln mehrere Konten auswerten und/oder steuern können.

14.10   Fazit

In diesem Kapitel haben wir Ihnen das Google-Ads-Verwaltungskonto oder kurz *Verwaltungskonto* (frühere Bezeichnung: *My Client Center*) vorgestellt. Dies ist ein wichtiges Tool für alle Ads-Kampagnenmanager, die mehr als ein Google-Ads-Konto betreuen. Wir haben Ihnen gezeigt, wie Sie aus dem Verwaltungskonto heraus ein neues Ads-Konto anlegen oder ein bestehendes Konto einfach verknüpfen können.

Sie haben Tools kennengelernt, wie z. B. automatisierte Regeln oder Skripte, die es auch für die Standard-Ads-Konten gibt. Diese Tools sind jedoch im übergeordneten Verwaltungskonto besonders interessant, da hier mit einem Schritt viele Konten gleichzeitig bearbeitet und analysiert werden können. Diese Vorgehensweise spart Zeit, reduziert den Verwaltungsaufwand und erleichtert Ihnen somit das Leben als Google-Ads-Administrator.

Kapitel 15
Die größten Google-Ads-Fehler

»Aus Fehlern lernt man« lautet die Devise, doch das kann bei Google Ads richtig teuer werden. Daher sollten Fehler schnellstmöglich erkannt und behoben werden. Am besten ist es jedoch, wenn man von anderen lernen kann und die größten Fehler direkt von Anfang an vermeidet. Dafür haben ja schon andere Google-Ads-Nutzer bezahlen müssen.

Auch bei Google Ads lernen wir aus den eigenen Erfahrungen und mitunter aus unseren Fehlern. Wir möchten Sie in diesem Kapitel auf einige Fehler aufmerksam machen, sodass Sie vielleicht aus unseren Erfahrungen lernen und diese Fehler von vornherein vermeiden können. So sparen Sie Zeit und Geld. Wenn Sie Ihre Kampagnen schon gestartet haben, ist es trotzdem noch nicht zu spät. Prüfen Sie Ihr Konto im Detail, und korrigieren Sie Ihre Fehler frühzeitig.

15.1   Falsche Keyword-Vorgaben – Ego-Keywords

Wir haben den Begriff *Ego-Keywords* aus dem Englischen übernommen und bezeichnen damit sehr allgemeine Keywords, die bei Unternehmern häufig sehr beliebt, dabei aber sehr kostspielig und wenig zielführend sind. Selbstverständlich möchte eine Bank gern bei der Suchanfrage »Kredit« auf Position eins erscheinen und ein Anwalt für den Begriff »Recht«. Eine Versicherung verspricht sich großen Erfolg bei der Buchung des Keywords »Versicherung« und ein Autohändler, wenn er bei einer Suche nach dem Begriff »Kleinwagen« weit oben steht.

Auf den ersten Blick scheint all das verständlich – schauen Sie jedoch genauer hin. Generische Begriffe wie die oben genannten werden oft gesucht und meistens ist der Wettbewerbsdruck sehr groß. Deshalb kommt es zu überteuerten Klickpreisen und ein Klick kann Sie schnell einmal an die 10 € oder mehr kosten.

Keyword ↑	Anzeigengruppe	Impressionen	Klicks	Kosten	Durchschn. CPC
anwalt	Ego-Keyword-Ideen	321.175,38	11.719,87	39.333,87 €	3,36 €
arzt	Ego-Keyword-Ideen	566.279,44	11.240,01	7.570,81 €	0,67 €
auto	Ego-Keyword-Ideen	158.667.728,00	228.678,39	126.629,51 €	0,55 €
bank	Ego-Keyword-Ideen	2.202.670,75	32.940,38	100.170,55 €	3,04 €
cabrio	Ego-Keyword-Ideen	4.053.397,75	8.413,44	10.172,25 €	1,21 €
flüge	Ego-Keyword-Ideen	5.671.266,50	216.846,20	473.651,23 €	2,18 €
kleinwagen	Ego-Keyword-Ideen	982.060,63	10.123,39	21.624,53 €	2,14 €
kombi	Ego-Keyword-Ideen	1.262.128,25	7.180,64	12.052,08 €	1,68 €
kredit	Ego-Keyword-Ideen	2.030.149,88	99.865,72	774.595,04 €	7,76 €
rechtsanwalt	Ego-Keyword-Ideen	644.362,44	20.354,04	54.425,87 €	2,67 €
sofa	Ego-Keyword-Ideen	9.256.338,00	71.512,31	164.773,82 €	2,30 €
urlaub	Ego-Keyword-Ideen	4.154.945,00	152.052,61	360.113,60 €	2,37 €
versicherung	Ego-Keyword-Ideen	714.820,69	32.171,20	82.828,40 €	2,57 €

Abbildung 15.1 Schätzungen für einige Ego-Keywords im Keyword-Planer

Außerdem handelt es sich bei Ego-Keywords um sehr unspezifische Anfragen, aus denen sich noch nicht wirklich ergibt, worauf genau der Nutzer hinaus möchte (siehe Abbildung 15.1). Vielleicht benötigt er einen Anwalt für Familienrecht, ein Gebiet, das Sie in Ihrer Kanzlei gar nicht abdecken. Der Nutzer stellt das aber erst nach dem Klick auf Ihrer Website fest. Er verlässt Ihre Seite wieder und Sie zahlen dafür einen hohen Preis.

Ego-Keywords fressen also einen großen Teil Ihres Budgets und führen häufig nicht zur gewünschten Conversion. Vielmehr versuchen viele Werbetreibende mit der Bewerbung solcher Keywords, ihre Marke für vermeintlich wichtige Branchenbegriffe zu stärken. Diese Branding-Maßnahmen sind aber vor allem eine Budgetfrage und nicht immer sinnvoll. Hier ist eine Branding-Kampagne im Displaynetzwerk empfehlenswerter.

Vermeiden Sie teure Ego-Keywords

Besonders wenn Ihnen nur ein begrenztes Werbebudget zur Verfügung steht, sollten Sie auf Ego-Keywords verzichten. Nutzen Sie diese Begriffe als Ausgangsbasis für Ihre Keyword-Recherche, und setzen Sie auf konkretere Keywords, die zu Ihrem Angebot passen. So sprechen Sie diejenigen Nutzer an, die Sie auch zu Ihren Kunden machen können.

Wenn Sie die Anweisung bekommen, bestimmte Ego-Keywords zu schalten, machen Sie Ihren Vorgesetzten deutlich, welche Konsequenzen dies nach sich zieht. Legen Sie am besten eine separate Kampagne für die generischen Keywords an, sodass sie den effizienten Keywords nicht das Budget wegfressen. Außerdem sollten Sie die Reichweite der Ego-Keywords möglichst durch die Keyword-Option "PASSENDE WORTGRUPPE", besser [GENAU PASSEND] einschränken.

15.2   Die Werbeausrichtung ist zu allgemein

Quantität ist nicht gleich Qualität. Es ist nicht förderlich, zu jeder Zeit an jedem Ort für jeden Begriff, der vielleicht nur am Rande etwas mit Ihrem Angebot zu tun hat, mit Anzeigen präsent zu sein. Die Ausrichtung ihrer Anzeigen ist also ein wichtiger Faktor, den viele Werbetreibende vernachlässigen, wodurch sie Geld verschwenden.

15.2.1   Zu allgemeine Keywords

Ego-Keywords haben Sie ja bereits im vorigen Abschnitt kennengelernt, aber es gibt noch weitere Abstufungen von allgemeinen Keywords, die nicht den gewünschten Effekt wie Abverkauf oder Kontaktaufnahme bewirken. Vielmehr verursachen sie hohe Kosten für viele Klicks, die keine Relevanz haben. Daher setzen Sie besser auf Longtail-Keywords und bieten auf Nutzer, die speziellere Suchanfragen eingeben.

Außerdem sollten Sie nicht vergessen, die Keywords in den Keyword-Optionen "PASSENDE WORTGRUPPE" und [GENAU PASSEND] einzubuchen. So behalten Sie die Kontrolle darüber, zu welchen Suchanfragen Ihre Anzeigen ausgespielt werden, und reduzieren Streuverluste. Buchen Sie Ihre Keywords immer in der Option WEITGEHEND PASSEND, erreichen Sie zwar eine hohe Anzahl von Usern. Die Klickrate bleibt aber vermutlich gering und Sie zahlen für viele Klicks, die nicht relevant sind.

Wichtig ist es – besonders bei der Nutzung der Optionen WEITGEHEND PASSEND und "PASSENDE WORTGRUPPE" –, dass Sie sich regelmäßig die Suchanfragenberichte (im Seitenmenü unter KEYWORDS · SUCHBEGRIFFE) ansehen und auszuschließende Keywords hinzufügen. So können Sie von vornherein verhindern, dass Ihre Anzeigen für Anfragen erscheinen, die nichts mit Ihrem Angebot zu tun haben. Es empfiehlt sich, gewisse Begriffe (zum Beispiel *gebraucht*, wenn Sie nur Neuware anbieten) von Anfang an über eine Liste für alle Kampagnen auszuschließen.

15.2.2   Zu große Zielregion

Mit nur wenig Aufwand können Sie Ihre Kampagnen in ganz Deutschland, Europa oder sogar weltweit schalten. Sie werden dadurch viele Klicks generieren, aber nicht immer ist das auch von Vorteil. Nehmen wir zum Beispiel an, Sie besitzen einen Friseursalon in Düsseldorf. Dann brauchen Sie Ihren Laden nicht in ganz Nordrhein-

15

Westfalen oder gar deutschlandweit zu bewerben. Sie sollten sich vielmehr auf Düsseldorf beschränken und allenfalls noch angrenzende Ortschaften hinzuziehen.

Unter STANDORTE können Sie bei jeder einzelnen Kampagne sehr präzise festlegen, auf welche Region(en) Sie Ihre Anzeigen ausrichten möchten. Hier können Sie nicht nur einzelne Bundesländer, Städte etc. auswählen, Sie können auch einen Umkreis definieren, in dem Sie Ihre Anzeigen schalten (siehe Abbildung 15.2).

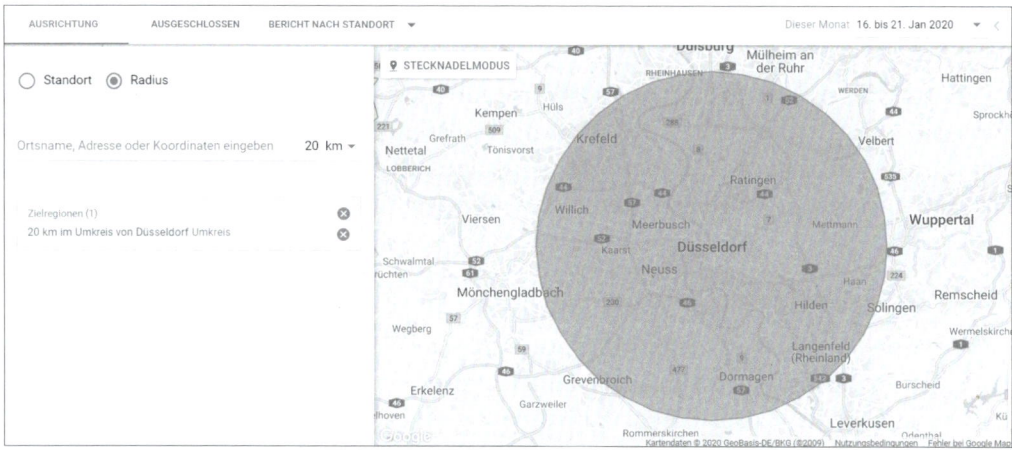

Abbildung 15.2 Einstellungen zur geografischen Ausrichtung

Wenn Sie international agieren, sollten Sie im besten Falle separate Kampagnen oder gegebenenfalls sogar Konten pro Zielland anlegen und Ihre Anzeigen nicht in mehreren Ländern gleichzeitig ausspielen. Schalten Sie beispielsweise Ihre deutschen Anzeigen in Spanien, so können die spanischen Nutzer Sie nicht verstehen. Aber selbst wenn es von der Sprache passt, funktionieren Anzeigen häufig in jedem Land unterschiedlich, und außerdem hat jedes Land seine eigenen Richtlinien und Bestimmungen.

15.2.3 Zu breite zeitliche Ausrichtung

Standardmäßig laufen Ihre Anzeigen 24 Stunden an sieben Tagen die Woche. Das ist nicht immer notwendig. Richten Sie sich ausschließlich an B2B-Kunden, reicht es aus, wenn Ihre Anzeigen zu den üblichen Bürozeiten von 8 bis 18 Uhr erscheinen und Sie die Anzeigen am Wochenende und nach Feierabend deaktivieren. Vor allem bei einem eingeschränkten Budget ist es grundsätzlich ratsam, die Anzeigen nicht rund um die Uhr zu schalten. Lassen Sie sie etwa am späten Abend bis zum frühen Morgen pausieren.

Im Seitenmenü unter WERBEZEITPLANER können Sie pro Kampagne die Zeiten festlegen, zu denen Ihre Anzeigen ausgespielt werden sollen (siehe Abbildung 15.3).

Abbildung 15.3 Einstellungen zur zeitlichen Schaltung

15.2.4   Zu viele Keywords in einer Anzeigengruppe

Ein häufiger Fehler, der meistens auf einer unzureichenden Vorbereitung und auf Zeitmangel basiert, ist das Einbuchen etlicher Keywords in nur eine einzige Anzeigengruppe. Dabei werden Begriffe zusammengezogen, die zwar im weitesten Sinne zusammengehören, jedoch eben nur im weitesten Sinne: Ein Couchtisch und ein Teppich sind zwar beide im Wohnzimmer zu finden, aber trotzdem komplett unterschiedliche Produkte. Daher sollten auch beide Produkte in einer separaten Anzeigengruppe beworben werden, mit Anzeigen, die den Nutzer zielgerichtet ansprechen, und einer Zielseite, die ihn zum gesuchten Produkt führt.

Das ist bei Kampagnen, die unzählige Keywords in nur einer Anzeigengruppe beinhalten, nicht möglich, weil die Anzeigen alle Keywords bedienen müssen. Dementsprechend sind Klickraten und Qualitätsfaktoren sehr gering, und der Klickpreis ist möglicherweise höher als notwendig.

Investieren Sie also von Anfang an Zeit und Muße in die Struktur Ihrer Kampagnen. Erstellen Sie Anzeigengruppen, die auf etwa 10 bis maximal 15 Keywords beschränkt sind. Falls Sie eine größere Keyword-Liste besitzen, denken Sie über sinnvolle Untergruppierungen zu den Keywords nach.

> **Vorsicht mit dem Keyword-Planer**
>
> Der Keyword-Planer verspricht Unterstützung bei der Strukturierung Ihrer Kampagnen. Er sucht Ihnen Keywords und entwirft Ihnen inzwischen sogar schon eine Struktur, indem er die Keywords in unterschiedliche Anzeigengruppen unterteilt. Prüfen Sie hier immer kritisch, und übernehmen Sie nur sinnvolle Vorschläge. Investieren Sie etwas mehr Zeit, und erstellen Sie zusätzlich eigene Anzeigengruppen. Ihre Branche und Zielgruppe kennen Sie sicher besser als das Google-Tool.

15.3   Messen vergessen – Google Ads im Blindflug

Vertrauen ist gut – Kontrolle ist besser. Lassen Sie Ihre Kampagnen nach dem Setup nicht einfach laufen, sondern nehmen Sie sich regelmäßig Zeit, um die Performance zu überprüfen. Google hat das Berichte-Center in Google Ads inzwischen sehr professionell gestaltet und entwickelt es laufend weiter. Nutzen Sie die vielen Möglichkeiten, um Ihr Google-Ads-Konto mit wenig Aufwand stets im Blick zu behalten.

Einen ersten Überblick, ob das Verhältnis zwischen Keywords und Anzeigen funktioniert, bietet die Klickrate. Mit dem Google-Ads-Conversion-Tracking erhalten Sie Aufschluss darüber, ob sich Ihre Werbung lohnt und ob die Besucher auf Ihrer Website das finden, wonach sie gesucht haben. Lassen Sie sich die Performance Ihrer Werbung bis auf Keyword-Ebene aufschlüsseln, und nutzen Sie die Ergebnisse als Basis für Ihre Optimierungen.

Die Grafik ÜBERSICHT (auswählbar im Seitenmenü) in der Google-Ads-Oberfläche kann eine erste Tendenz aufzeigen. Dabei können Sie bis zu vier Werte auswählen, gegeneinander laufen lassen und Unregelmäßigkeiten auf diese Weise schnell erkennen, wie in Abbildung 15.4 zum Beispiel die Impressionen, der Wert der Verkäufe, die Conversions und die Kosten pro Conversion. Die Werte können Sie wahlweise ändern, indem Sie in jeder der vier bunten Boxen über das Dropdown-Menü den gewünschten Wert auswählen.

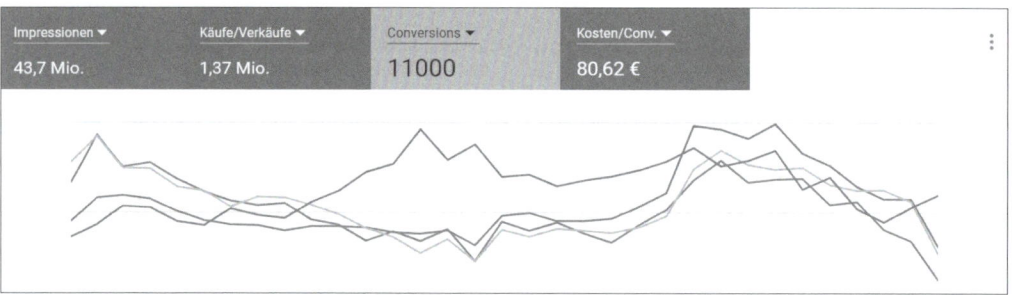

Abbildung 15.4 Verlauf von Impressionen, Verkäufen, Conversions und Kosten/Conversion

Eine gute Kontrolle bietet auch der Vergleich zweier Zeiträume (siehe Abbildung 15.5). Es ist möglich, die Daten des aktuellen Monats mit denen des Vormonats zu vergleichen, Abweichungen frühzeitig zu ermitteln, zu bewerten und gegebenenfalls gegenzusteuern.

Vernachlässigen Sie also nicht die regelmäßige Kontrolle Ihrer Kampagnen. Detailliertere Ausführungen zum Thema Tracking lesen Sie in Abschnitt 2.6.4 und Kapitel 10.

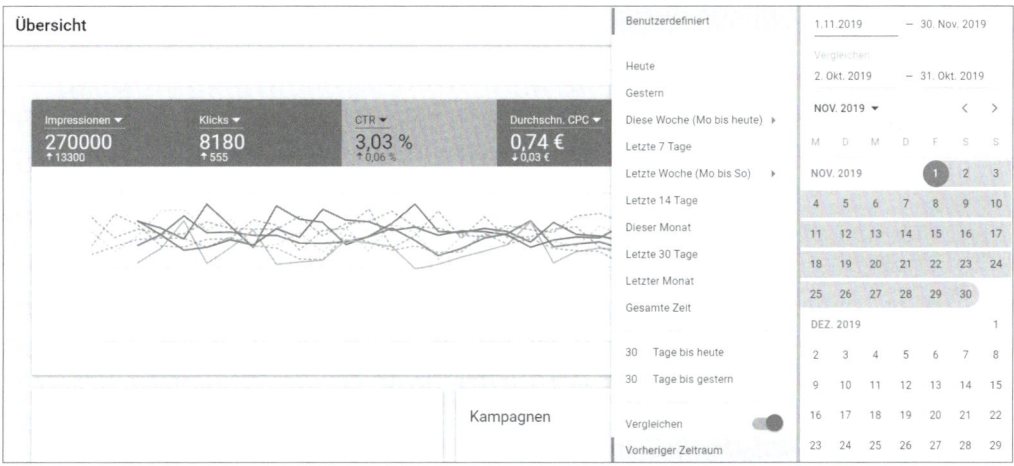

Abbildung 15.5 Zeiträume vergleichen

Tipp: Automatisierte Berichte

Damit es etwas schneller geht mit der Kontrolle, können Sie sich Ihre Berichte individuell zusammenstellen und dann regelmäßig (beispielsweise jeden Montag) per E-Mail zuschicken lassen. Dazu klicken Sie im jeweiligen Bericht in der Kopfzeile auf das Download-Icon (HERUNTERLADEN) und wählen danach im Pop-up-Fenster den Unterpunkt PLANUNG. Nun stellen Sie ein, an wen Sie den Bericht wann und in welchem Format schicken möchten (siehe Abbildung 15.6).

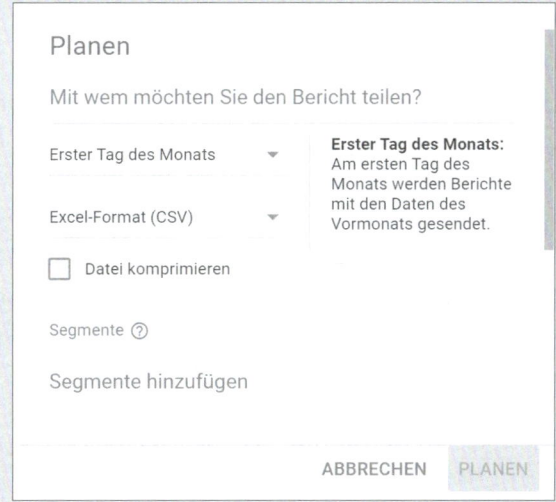

Abbildung 15.6 Berichte planen und regelmäßig per E-Mail versenden

15.4   Das Ziel aus dem Blick verloren?

Wen möchten Sie mit Ihrer Werbung ansprechen? Was möchten Sie maximal investieren? Möchten Sie neben der Werbung in der Suche auch Display-Werbung schalten? Möchten Sie auch auf mobilen Endgeräten erscheinen? Welches Angebot möchten Sie wo und wann bewerben?

Dies sind alles Fragen, mit denen Sie sich vor dem Start Ihrer Google-Ads-Werbung auseinandersetzen sollten. Das Erstellen eines Google-Ads-Kontos erfordert eine genaue Planung und Zielsetzung. Es kann sich schnell rächen, wenn Sie ohne Konzeption direkt zu Werke gehen. Machen Sie sich lieber zu Anfang über einige Punkte Gedanken, und erleichtern Sie sich dadurch langfristig das Management Ihrer Kampagnen. Lesen Sie Tipps und Tricks zur Planung Ihrer Google-Ads-Werbung in Kapitel 2, »Google Ads – die Vorbereitung«.

> **Achtung: Google Ads leicht gemacht**
> Google macht Ihnen die Einrichtung eines Google-Ads-Kontos sehr einfach. Mit diversen Voreinstellungen werden Sie durch die Anmeldung geführt, ohne dass Sie viel nachdenken müssen, damit Ihre Kampagnen schnellstmöglich live sind. Das ist natürlich nicht unbedingt zu Ihrem Vorteil. Mit konkreten Zielvorgaben machen Sie sich das Leben leichter und richten Ihr Konto nach Ihrer eigenen Zielsetzung und nicht nach der von Google ein.

15.5   Falsche Zielvorgaben: Besucher statt Kunden

Werbetreibende geben sich häufig mit sehr wenig zufrieden. Es reicht ihnen schon, den Traffic auf der Website zu steigern. Das sollte die Werbung natürlich ebenfalls zur Folge haben, es sollte sich aber um qualitativen Traffic handeln. Sie möchten ja Kunden gewinnen und nicht bloß die Besuche Ihrer Website erhöhen: Das wäre zu einfach und Sie würden ganz nebenbei Ihr Geld verschwenden.

Besonders Unternehmen, die ihre Marketingmaßnahmen in Agenturen auslagern, sollten ihre Ziele ausführlich mit der Agentur definieren. Für Agenturen ist es natürlich am einfachsten, über Ego-Keywords oder andere generische Keywords Traffic zu generieren und damit ihre Aufgabe erledigt zu haben. Sicher genügt dieses Ziel jedoch nicht den Ansprüchen der allermeisten Agenturen, in denen Qualität großgeschrieben wird.

Die Zielsetzung sollte vielmehr im Zusammenhang mit Conversions wie Abverkäufen oder Kontaktaufnahmen stehen. Sie können in Ihrem Webanalyse-Tool auch andere Ziele definieren. So kann z. B. ein Ziel erreicht sein, wenn ein Besucher etwas in den Warenkorb legt oder sich registriert. Diese Zwischenziele geben ebenfalls Auskunft darüber, ob Ihre Werbung zielführend ist und die richtigen Besucher auf Ihre Website lenkt. Stecken Sie sich also in jedem Fall klare Ziele, sodass Sie die Leistung Ihrer Marketingmaßnahmen sinnvoll bewerten können.

15.6   Thema verfehlt – die Wahl der richtigen Landingpage

Leiten Sie Ihren Besucher auf die richtige Seite und bringen Sie ihn dadurch Ihrem gemeinsamen Ziel – dem Ausführen einer Conversion – einen Schritt näher? Auf der Zielseite, die Sie in Google-Ads hinterlegen, macht sich der Besucher seinen ersten Eindruck von Ihrem Unternehmen. Dieser Eindruck entscheidet häufig schon, ob Sie Ihren Besucher zum Kunden machen werden oder ob er Ihre Seite ohne Aktion wieder verlässt.

Über die Eingabe einer Suchanfrage hat der Nutzer seinen Bedarf bereits geäußert, nun erwartet er, dass dieser auf der Webseite befriedigt wird. Wenn er in den Suchschlitz »Couchtisch« eingegeben hat, sollte er auf eine Seite mit einer Auswahl von Couchtischen geführt werden und nicht bei Teppichen landen. Ebenso ungeeignet ist in den meisten Fällen die Startseite Ihrer Website, da sich der User trotz konkreter Anfrage selbstständig auf die Suche nach dem gewünschten Produkt machen muss.

Der User erwartet Service, und je passender die Zielseite ist, desto höher ist die Wahrscheinlichkeit, dass Sie den Nutzer halten können. Auch Google stellt Ansprüche an Ihre Ziellinks. Falls Google Ihre Landingpage als nicht relevant einstuft, so wirkt sich das negativ auf den Qualitätsfaktor und damit auch auf Ihre CPCs aus. Somit werden Sie für schlechte Zielseiten gleich doppelt bestraft: Google verlangt mehr Geld und Ihr Besucher springt gleich wieder ab.

> **Tipp: Zielseite auf Keyword-Ebene**
>
> Im Normalfall bestimmen Sie eine Zielseite pro Anzeigengruppe, die Sie in Ihren Anzeigen hinterlegen. Alle Keywords, die in dieser Anzeigengruppe enthalten sind, werden auf diese Zielseite weitergeleitet. Sie können auch Zielseiten für einzelne Keywords vergeben. Haben Sie in der Anzeigengruppe für Couchtische zum Beispiel das Keyword »*Couchtisch weiß*« geschaltet, sollten Sie das Keyword mit einer separaten Zielseite mit nur weißen Couchtischen verlinken. Der Besucher wird es Ihnen danken.

Verknüpfen Sie Ihre Anzeigen und Keywords mit relevanten Zielseiten, um Ihre Conversion-Rate zu erhöhen. Einen guten Hinweis, ob die ausgewählten Zielseiten funktionieren, bieten Ihnen Webanalyse-Tools. Hier können Sie sich die Bounce-Rate bzw. Absprungrate Ihrer Zielseiten für jedes Keyword anzeigen lassen. Eine hohe Absprungrate deutet darauf hin, dass Sie eine alternative Zielseite auswählen sollten.

15.7   Ist Design wichtiger als Usability?

Ihre Werbung kann noch so gut sein – wenn Ihre Seite unstrukturiert und nicht selbstverständlich zu bedienen ist, werden Sie trotz klickaktivierender Anzeigen und schicken Designs Ihre Ziele nicht erreichen. Was Gewohnheiten angeht, sind User einfach gestrickt und vor allem bequem: Bestimmte Funktionalitäten setzen sie voraus und erwarten sie an gewohnter Stelle.

Die *Usability* oder *Bedienbarkeit* Ihrer Website bestimmt also im hohen Maße auch den Erfolg Ihrer Google-Ads-Kampagnen. Sie sollte bei der Planung Ihrer Website im Mittelpunkt stehen – und nicht nur das Design, wie es häufig der Fall ist und von vielen Webdesignern vorangetrieben wird.

Im Folgenden finden Sie nur einige Beispiele für eine schlechte Website-Usability:

- Die Navigation befindet sich nicht links oder oberhalb des Inhalts.
- Das Firmenlogo ist nicht klickbar.
- Die Links auf Ihrer Website sind nicht als solche erkennbar.
- Es gibt falsche Links, d. h., Textelemente sehen wie Links aus, sind aber nicht klickbar.
- Bilder und Buttons sind nicht klickbar.
- Die Schriftfarben haben kaum Kontrast zur Hintergrundfarbe.
- Die Website hat lange Ladezeiten.

15.8   Fazit

Sie kennen nun die größten Fehler, die zumindest zu Beginn bei Google Ads begangen werden, und haben einige Tipps erhalten, wie Sie diese Fehler vermeiden können. Setzen Sie diese Tipps um, und sparen Sie bares Geld bei Ihren ersten Schritten mit Google Ads.

> **Tipp: Testen, testen, testen**
>
> Unterziehen Sie Ihre Website doch einmal einem *Fünf-Sekunden-Test*. Bitten Sie Freunde oder Bekannte, Ihre Website fünf Sekunden lang zu betrachten und Ihnen dann fünf Dinge zu nennen, an die sie sich erinnern. Ist das Thema, Produkt oder Angebot Ihrer Seite deutlich geworden?
>
> Sie denken, fünf Sekunden seien zu kurz? Doch das ist die durchschnittliche Dauer, in der ein User entscheidet, ob er die richtige Seite aufgerufen hat. In dieser Zeit entscheidet sich, ob er auf der Seite bleibt oder nicht.
>
> Auch ein *Klicktest* einer unabhängigen Person kann helfen. Stellen Sie dieser Person verschiedene Aufgaben, die sie auf Ihrer Website durchführen soll. Diese Aufgaben

sollten dem entsprechen, was Sie von Ihren neuen Webseitenbesuchern und zukünftigen Kunden erwarten. Das könnte zum Beispiel das Ausfüllen und Absenden eines Kontaktformulars oder der Kauf eines Artikels sein. Aber auch das Auffinden bestimmter Produktinformationen kann eine Aufgabe für Ihren Tester darstellen. Beobachten Sie, an welchen Stellen er Probleme hat; bestimmt können Sie die Prozesse durch diesen Test optimieren.

15.9   Checkliste zur Fehlervermeidung in Google Ads

In Tabelle 15.1 haben wir Ihnen eine Checkliste zusammengestellt. Arbeiten Sie diese durch, und vermeiden Sie auf diese Weise schon einmal die größten Google-Ads-Fehler.

To-do-Liste zur Fehlervermeidung	Erledigt (☑)
Genaue Zielvorgaben erstellt?	
Zwischenziele formuliert?	
Zielgruppe analysiert?	
Keyword-Optionen eingestellt?	
Liste mit auszuschließenden Keywords eingepflegt?	
Kampagnen räumlich begrenzt?	
Kampagnen zeitlich begrenzt?	
Anzeigengruppen fein unterteilt?	
Keywords und Landingpage abgeglichen?	
Anzeigentexte und Landingpage abgeglichen?	
Klicktest für Landingpage durchgeführt?	
Monatliche Kontrolle der Kontostatistik geplant?	
E-Mail-Versand monatlicher Google-Ads-Berichte erstellt?	
Monatliche Optimierung geplant?	

Tabelle 15.1 Checkliste zur Fehlervermeidung

Kapitel 16

Wichtige Fragen und Antworten rund um Google Ads

FAQ (Frequently Asked Questions) sind Fragen, die häufig zu einem Thema gestellt werden. Vielleicht finden Sie in unseren Top-Fragen eine Google-Ads-Frage wieder, die Ihnen auch schon einmal in den Sinn gekommen ist.

Es gibt viele Fragen zu Google Ads, die teilweise sehr speziell sind. Viele dieser grundsätzlichen Fragen werden natürlich in dem vorliegenden Google-Ads-Buch beantwortet. Für dieses Kapitel haben wir noch einmal diejenigen Fragen aufgelistet, die häufiger in Zusammenhang mit Google Ads auftauchen und verschiedenste Aspekte des Google-Ads-Werbeprogramms und der zugehörigen Themen beleuchten. Wir haben 22 Fragen ausgewählt, die wir so oder so ähnlich schon häufiger gehört oder in Google-Ads-Foren gelesen haben.

16.1   Was sind Google-Gutscheine und wie kann ich diese im Konto aktivieren?

Die Werbung für das Google-Ads-Programm wurde und wird in abgeschwächter Form über Gutscheine befeuert, die Google in der Zielgruppe verteilt. Zur Zielgruppe gehören z. B. alle Unternehmen, die über die Google-Business-Einträge identifiziert werden können. Auch die Nutzer von Google-Analytics-Konten sind potenzielle Kunden und erhalten Google-Ads-Gutscheine (*Voucher*). Zusätzlich wird der Gutschein bei manchen Aktionen zur stärkeren Kundenakquise direkt auf der Google-Ads-Startseite beworben.

Im Laufe der Zeit haben sich die Art der Gutscheine und die zugehörigen Bedingungen zur Einlösung der Gutschriften mehrfach verändert. Während man in den Anfangszeiten von Google Ads die Anmeldegebühr und ein bestimmtes Werbekontingent als geldwerten Vorteil ohne Gegenleistung erhielt, sind die neuesten Gutscheine so ausgelegt, dass ein neuer Google-Ads-Kunde zunächst einmal Werbung schalten und bezahlen muss, bevor er dann zusätzliches Werbebudget erhält. Aktuell ist die Höhe des Werbebudgets sogar abhängig von den vorher getätigten

Ausgaben: Je mehr ausgegeben wurde, desto mehr Budget erhält man als Geschenk für die zukünftige Nutzung!

Früher haben es wohl einige Neukunden übertrieben und immer wieder mal neue Konten angelegt, nur um die Gutscheine für Neukunden nutzen zu können. Nachdem die Gutschrift verbraucht war, haben sie einfach wieder ein neues Google-Ads-Konto eröffnet. Dies geht seit einigen Jahren nicht mehr bzw. es kostet zusätzlich das eigene Geld. Mit den neuen Gutscheinen wird von jedem Neukunden zunächst einmal eine Vorleistung in Form einer Google-Ads-Werbeausgabe verlangt. Denn grundsätzlich sind alle Gutscheine nur für Neukunden und neue Google-Ads-Konten gedacht. Das bedeutet jedoch auch, dass ein Google-Ads-Konto, das vor einiger Zeit angelegt, aber nicht aktiv genutzt wurde, bereits ein Ausschlusskriterium für einen Neukundengutschein darstellt.

Die Eingabe eines Gutscheincodes hat Google im Google-Ads-Konto etwas versteckt. Sie geben Ihren Gutscheincode ein, indem Sie in der rechten oberen Ecke des Google-Ads-Kontos zunächst auf den Werkzeugschlüssel (TOOLS UND EINSTELLUNGEN) klicken. Dann wählen Sie unter ABRECHNUNG den Unterpunkt ABRECHNUNGSEINSTELLUNGEN aus. Am unteren Ende der Seite finden Sie den Unterbereich GUTSCHEIN-CODES. Klicken Sie auf den Link GUTSCHEINCODES VERWALTEN, um einen neuen Gutschein einzugeben (siehe Abbildung 16.1).

Abbildung 16.1 Gutscheincodes im Konto eingeben

Einige Bestandskunden freuen sich, wenn Google ihnen einen Google-Ads-Gutschein anbietet. In den meisten Fällen freuen sie sich jedoch zu früh, da ein Gutschein nur für Neukunden gilt. Das CRM (*Customer Relationship Management*) scheint bei Google oft nicht wirklich gut zu funktionieren, sodass auch Bestandskunden immer wieder einmal Gutscheine erhalten, die jedoch leider nicht nutzbar sind. Gutschein-codes sind ja eigentlich nicht mehr das große Thema, da man in Vorleistung gehen muss und Gutscheine für die bestehenden Konten nicht mehr eingelöst werden können. Google-Partner vererben Ihren neuen Kunden aber automatisiert über das Verwaltungskonto einen Gutschein, wenn ein neues Kundenkonto über das Verwaltungskonto erstellt wird oder ein bestehendes neues Konto ohne bisherige Werbeaktionen mit dem Verwaltungskonto verknüpft und aktiviert wird.

Zusätzlich zu den Neukundengutscheinen gibt es in vereinzelten Fällen auch Gutscheine für bestehende Konten. Damit will Google langfristige Kundenbeziehungen wieder aktivieren oder Kunden für Ihre Treue und das getätigte Werbebudget belohnen. Die Bedingungen für die Gutscheine sind zwar unterschiedlich; wenn ein Gutschein jedoch einmal eingelöst wurde, so kann er nicht wieder dem Konto entzogen werden. Gutschriften, die einmal gutgeschrieben wurden, stehen auch nach einer längeren Pause im Konto als Budget zur Verfügung. Ein aktuelles Beispiel für Bestandskundengutscheine sind die Werbegutscheine, die auf Grund der Coronakrise im Sommer 2020 an die Google-Ads-Kunden verteilt wurden.

16.2   Warum sehe ich meine Anzeigen nicht?

Eine sehr häufige Frage bei Google Ads bezieht sich auf den Umstand, dass die eigenen Anzeigen nicht bei der Google-Suche auftauchen. Hierzu zunächst ein ganz wichtiger Hinweis: Googeln Sie nicht in der »Live-Google-Suche« nach Ihren Keywords. Grundsätzlich verschlechtern Sie damit die Performance Ihrer Google-Ads-Anzeigen! Außerdem können Sie so keine objektive Aussage treffen. Auf diesem Weg können Sie nicht entscheiden, ob Ihre Anzeigen wirklich nicht geschaltet werden oder ob Sie die Anzeige nur gerade nicht sehen. Was Sie als Ergebnis auf Ihrem Computer in Ihrem Browser sehen, ist nicht die objektive Wahrheit, sondern zum Teil ein Suchergebnis, das genau auf Sie und Ihre aktuelle Situation zugeschnitten ist.

Die Antwort auf die Ausgangsfrage lautet: Es können sehr unterschiedliche Gründe dafür existieren, dass Ihre Suchanzeige gerade nicht auf der Suchergebnisseite zu sehen ist. Unter anderem folgende Gründe könnten infrage kommen:

▶ Ihre Google-Ads-Anzeigen sind nicht auf Ihren aktuellen Standort ausgerichtet.

▶ Die Google-Ads-Anzeigen werden zur aktuellen Tageszeit gar nicht geschaltet.

▶ Die Google-Ads-Anzeigen wurden gerade erst aktiviert und nehmen noch nicht an der Auktion teil.

▶ Das Tagesbudget ist so knapp bemessen, dass die Anzeigen nicht bei jeder Anfrage erscheinen, sondern über den Tag verteilt ausgespielt werden.

▶ Auszuschließende Keywords auf Anzeigengruppen- oder Kampagnen-Ebene verhindern die Auslieferung der Anzeige zum eingegebenen Suchbegriff.

▶ Neue Textanzeigen wurden von Google noch nicht freigegeben.

▶ Keywords wurden abgelehnt, sind inaktiv oder werden aufgrund eines schlechten Qualitätsfaktors nur selten geschaltet.

16

- Die Keywords haben ein sehr schlechtes Anzeigenranking, sodass die Anzeigen weit unten oder erst auf der zweiten Seite auftauchen und so bei der Kontrolle übersehen wurden.

- Es besteht ein Abbuchungs- oder Kreditkartenproblem, sodass Google die Anzeigenschaltung kurzfristig abgeschaltet hat.

Wie Sie sehen, gibt es viele Gründe (und sicher noch einige mehr) für eine fehlende Anzeige – und wir haben schon fast alles erlebt. Ein einfacher Weg, um herauszufinden, ob Ihre Anzeigen geschaltet werden oder ob es ein Problem gibt und was letztlich die Ursache für das Problem ist, wäre eine schnelle Keyword-Analyse.

Sie haben in diesem Buch bereits das Tool zur ANZEIGENVORSCHAU UND -DIAGNOSE kennengelernt. Mit diesem Tool können Sie einzelne Keywords abfragen. Der Vorteil der Google-Ads-Analyse-Tools besteht darin, dass keine Impressionen erzeugt werden und Ihre Statistik somit nicht verfälscht wird.

Weiterhin können Sie in Ihrem Konto auf Kampagnenebene nachschauen, ob einige Tagesbudgets als beschränkt ausgewiesen werden. Auf Keyword-Ebene gibt es Hinweise zu Keywords, die Probleme bei der Ausspielung haben. Außerdem können Sie auf Keyword-Ebene in der Spalte STATUS den Mauszeiger über den aktuellen Status bewegen und auf diese Weise einzelne Keywords genauer analysieren.

16.3   Wieso finde ich Anzeigen, die ich nicht erstellt habe?

Google erstellt eigene Anzeigenvorschläge, die dann nach einer gewissen Testphase automatisch aktiviert werden. Vielleicht sind diese Anzeigen für Ihre Ads-Kampagne interessant und nützlich? Dann können Sie aus diesen Vorschlägen Ideen für Ihre eigenen Anzeigen ziehen oder die Anzeigen aktiviert lassen. Es kann aber auch sein, dass Sie dies nicht wollen, weil Google beispielsweise, wie wir es schon »live erlebt«, in Ihrer Anzeige eine individuelle Beratung am Telefon anpreist, die Sie aber nicht leisten können oder wollen. Spätestens dann ist die Automatisierung Ihrer Anzeigen nicht mehr lustig.

Die gute Nachricht: Sie können die automatischen Anzeigenvorschläge für Ihr Konto abstellen. Dies ist jedoch, wie Sie sich sicher denken können, wieder etwas versteckt im Konto untergebracht. Klicken Sie daher zunächst in der linken Navigation auf ALLE KAMPAGNEN. Danach selektieren Sie EINSTELLUNGEN in der mittleren Navigation. Nun können Sie oben im Register auf KONTOEINSTELLUNGEN wechseln (siehe Abbildung 16.2). Im nächsten Schritt ändern Sie unter ANZEIGENVORSCHLÄGE Ihre Auswahl auf ANZEIGENVORSCHLÄGE NICHT AUTOMATISCH ANWENDEN.

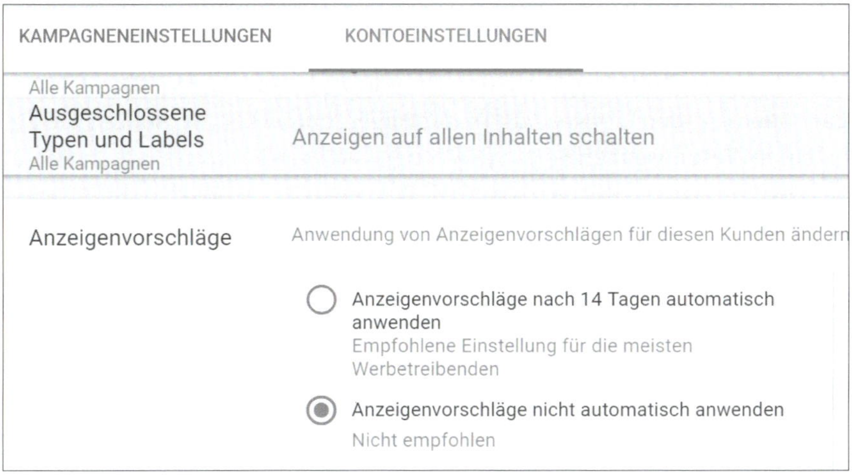

Abbildung 16.2 Die automatische Auslieferung von Anzeigenvorschlägen abbestellen

16.4   Wieso sehe ich Anzeigen mit unbekannten Zusatzinformationen?

Sie können über die Anzeigenerweiterungen viele zusätzliche Informationen zu Ihren Anzeigen hinzufügen. So werden beispielsweise die Bewertungssterne und einige andere Hinweise manchmal automatisch von Google zu Ihren Anzeigen hinzugefügt. Auch den Namen der beworbenen Domain fügt Google zusätzlich in die Titelzeile ein, falls dort noch Platz ist. Sie finden in Ihrem Konto im Menüpunkt ANZEIGEN UND ERWEITERUNGEN unter AUTOMATISCHE ERWEITERUNGEN eine Statistik, die Ihnen anzeigt, ob Google solche Erweiterungen hinzugefügt hat.

Diese Erweiterungen können Sie wiederum deaktivieren. Dazu klicken Sie beim Unterpunkt AUTOMATISCHE ERWEITERUNGEN unter ANZEIGEN UND ERWEITERUNGEN in der rechten oberen Ecke auf die drei vertikalen Punkte und wählen dann ERWEITERTE OPTIONEN aus. Nun können Sie BESTIMMTE AUTOMATISCHE ERWEITERUNGEN DEAKTIVIEREN (siehe Abbildung 16.3). Sie müssen aber jede Erweiterung einzeln auswählen und einen Grund für die Deaktivierung nennen.

Manchmal erscheinen aber auch Anzeigen mit speziellen Erweiterungen in den Google-Suchergebnissen, die weder als Standard- noch als automatische Erweiterung im Konto zu finden sind. Hinter diesem Phänomen steckt dann ein »Beta-Test«: Google führt regelmäßig spezielle Beta-Tests mit ausgesuchten Partnern durch. Dabei werden bestimmte Erweiterungen oder neue Features live getestet. Es kann

16

also sein, dass Sie in Ihrem Konto keine Möglichkeit finden, eine Zusatzinformation einzufügen, weil diese einfach noch nicht besteht. Falls Sie also zukünftig zusätzlichen Text, Bilder, Symbole, Eingabefelder, Dropdown-Listen oder vielleicht in Zukunft sogar Videos in den Google-Ads-Textanzeigen entdecken, so sollten Sie zunächst von einem Test ausgehen.

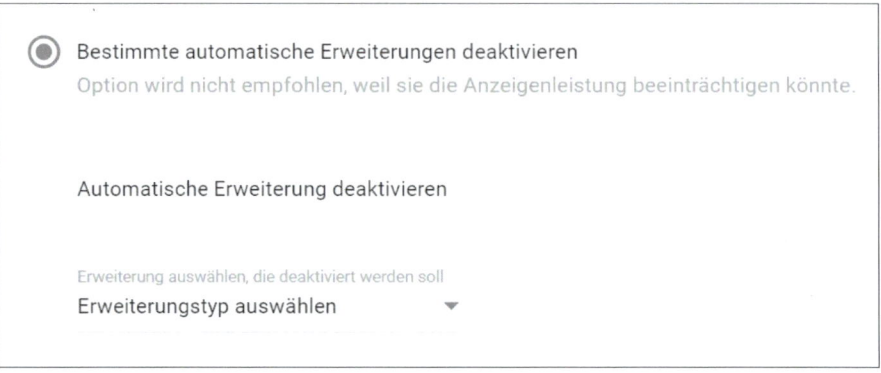

Abbildung 16.3 Automatische Erweiterungen können deaktiviert werden.

Informieren Sie sich daher zusätzlich regelmäßig über die aktuellen Änderungen in Google Ads, z. B. im *AdWords Inside Blog*. Neue Einstellungsmöglichkeiten oder Features, die für deutsche Google-Ads-Nutzer verfügbar sind, werden dort angekündigt, wie z. B. in folgendem Beitrag:

http://adwords-de.blogspot.de/2014/08/jetzt-neu-anruf-conversions-fur-websites.html

Der aktuelle Blog für Google-Ads-Themen ist laut Google:

https://www.thinkwithgoogle.com/intl/de-de

16.5   Wie lande ich auf den oberen Positionen?

Eine Top-Position bei Google Ads, also eine der Positionen oberhalb der organischen Suchergebnisse, kann man nicht bestimmen oder speziell buchen. Eine Top-Position ist immer das Ergebnis einer Kombination aus guter Qualität und dem maximalen Klickpreis, den man zu zahlen bereit ist.

So können Sie z. B. automatisierte Regeln erstellen, damit Sie Ihre Gebote für die Positionen oberhalb der organischen Ergebnisse automatisiert anpassen. Das kann auf Dauer recht teuer werden, oder irgendwann wird Ihre Anzeige trotz hoher Gebote nicht mehr ausgespielt. Darum kann ein guter Qualitätsfaktor nie schaden.

16.6   Soll ich mehrere Keyword-Optionen zum gleichen Keyword einstellen?

In der Praxis buchen viele Google-Ads-Nutzer wichtige Keywords parallel als WEIT-GEHEND PASSEND, PASSENDE WORTGRUPPE und GENAU PASSEND. Die Idee dahinter ist, dass alle Anfragen möglichst mit der jeweils passenden Keyword-Option »beant-wortet« werden, damit beispielsweise bei der genau passenden Anfrage ein Klick günstiger wird.

Diese Idee bzw. Hoffnung kann in der Praxis nicht eindeutig bestätigt werden: Ein »genau passendendes« Keyword muss im Vergleich zur »passenden Wortgruppe« oder der »weitgehend passenden« Schaltung nicht immer günstiger sein. Außerdem gibt es keine Garantie dafür, dass Google bei einer Anfrage auch das genau passende Keyword schaltet; es kann auch sein, dass die weitgehend passsende Keyword-Op-tion der Anfrage zugeordnet wird.

Sie sollten darum Ihre Keyword-Varianten auf eigene Anzeigengruppen verteilen. Versuchen Sie, die Intention des Suchenden zur jeweiligen Keyword-Option zu erah-nen, und antworten Sie mit einer passenden Anzeigenvariante in der jeweiligen An-zeigengruppe darauf. Bei sehr allgemeinen Anfragen nutzen Sie allgemeine Anzei-gentexte, bei speziellen, genau passenden Anfragen gehen Sie mit Textbausteinen und der verlinkten Landingpage stärker auf das spezielle Thema ein.

Arbeiten Sie zusätzlich mit auszuschließenden Keywords auf Ebene der Anzeigen-gruppen, um eine falsche Zuordnung der Suchanfrage zu verhindern. Schließen Sie daher die genau passende Variante für die Anzeigengruppen mit der passenden Wortgruppe aus. Und für die Anzeigengruppe mit der weitgehend passenden Varian-te schließen Sie noch die passende Wortgruppe aus. Beobachten Sie die Ergebnisse in den unterschiedlichen Anzeigengruppen, und pausieren bzw. löschen Sie nach einer ausreichenden Beobachtungsphase die Keyword-Optionen, die nicht den gewünsch-ten Erfolg erzielen.

16.7   Wieso ist mein Tagesbudget höher als das von mir eingestellte Tagesbudget?

Das Tagesbudget, das Sie als Obergrenze vorgeben, ist im Normalfall auch die täg-liche Ausgabenobergrenze. Technisch ist es jedoch so, dass das Google-Ads-System über den Klickpreis und die prognostizierte Klickrate die Impressionen abschätzen muss, die abhängig vom Tagesbudget pro Tag zu Ihren Keywords ausgeliefert werden können.

Während Google früher das Tagesbudget schon einmal um 20 % überschreiten konnte, wurde im Herbst 2017 angekündigt, dass bei hoher Nachfrage und guter Performance an einzelnen Tagen auch das Doppelte des Tagesbudgets automatisch von Google ausgegeben werden kann. Das System muss jedoch diese Mehrausgaben später wieder einsparen, sodass am Ende des Monats das vorgegebene Tagesbudget, multipliziert mit 30,4, die Grenze der monatlichen Ausgaben für die jeweilige Kampagne bildet.

Es kann also sein, dass Ihr Tagesbudget an einigen Tagen zwar überschritten wird, aber das wird durch eine niedrigere Ausgabe in den nächsten Tagen wieder ausgeglichen.

16.8   Wieso kann ich bestimmte Einstellungen, z. B. den Werbezeitplaner oder das CPC-Gebot, nicht mehr ändern?

Dieses Phänomen tritt relativ häufig im Google-Ads-Konto auf. Der Grund ist ganz einfach: Sie haben sicher eine der vielen Automatisierungsoptionen in Google Ads aktiviert. Damit haben Sie Google Ads die Verwaltung und Verantwortung übertragen und können nun nicht mehr zusätzlich eigene Einstellungen vornehmen. Falls Sie z. B. die Conversion-Optimierung aktiviert haben, so entscheidet Google Ads von da an selbst, wann die Anzeigen geschaltet werden. Wurden z. B. in der Vergangenheit die besten Ergebnisse nach 18 Uhr erzielt, dann wird Google Ads den größten Anteil des Werbebudgets in dieser Zeit einsetzen. Diese Zeiten können Sie dann nicht mehr mithilfe des Werbezeitplaners selbst überschreiben. Wenn Sie die automatisierten Gebote wieder in eine manuelle Gebotsstrategie ändern, können Sie natürlich auch wieder Einstellungen wie gewünscht ändern.

16.9   Warum verändert sich mein »max. CPC« plötzlich automatisch?

Diese Frage aus der Google-Ads-Community hat uns schon sehr verwundert! Wir wissen daher nicht, ob dies wirklich so geschehen ist oder ob nur die Beobachtung falsch war. Es passiert jedem Google-Ads-Admin schon einmal, dass der Blick auf eine falsche Kampagne, Anzeigengruppe oder auf falsche Keywords fällt – und daher eine Beobachtung nicht richtig zugeordnet wird. Zurück zur Frage: Das maximale CPC-Gebot legen Sie selbst fest und es kann nicht einfach durch Google verändert werden.

Es gibt jedoch eine Ausnahme, die entweder mit automatisierten Regeln oder mit Google-Ads-Skripten zu tun hat. Diese Regeln oder der aktivierte Programmcode kann natürlich in Ihre Einstellungen eingreifen und diese verändern. Wenn sich also das maximale CPC-Gebot aus Ihrer Sicht selbstständig gemacht hat, dann sollten Sie zunächst einmal prüfen, ob nicht eine automatisierte Regel oder ein Skript hinter dieser Änderung steckt.

16.10   Impressionen sind geringer bei gleichen bzw. besseren Klicks/Conversions – warum?

Ihr Google-Ads-Konto sollte normalerweise ständig bearbeitet und optimiert werden. Wenn die richtigen Optimierungsmöglichkeiten genutzt werden, so kann es z. B. durch die Veränderungen der Keyword-Optionen oder durch die Aufnahme neuer »negativer Keywords« dazu kommen, dass insgesamt die Impressionen in Ihren Kampagnen abnehmen. Ihre Anzeigen werden dann weniger bei den sehr allgemeinen Suchanfragen geschaltet, sondern dafür häufiger bei spezielleren Anfragen, die besser zu Ihren Produkten oder Dienstleistungen passen.

Aus diesem Grund ist es auch normal, dass Ihre Klickrate bzw. besser gesagt Ihre Click-Through-Rate steigt. Denn wenn die Textanzeigen besser zur Nachfrage der Suchenden passen, dann erhöht dies auch die Wahrscheinlichkeit, dass öfter auf die Anzeigen geklickt wird. Wenn der Google-User auf Ihrer Seite auch noch das passende Produkt bzw. die passende Lösung für seine Suchanfrage findet, so steigen die Conversions ebenfalls. Aus diesem Grund ist es also ganz natürlich, dass durch eine Optimierung die Impressionen zurückgehen, aber die CTR und auch die Conversions steigen.

16.11   Was ist der Unterschied zwischen Anzeigenrang und Anzeigenposition?

Das Google-Ads-System berechnet den sogenannten Anzeigenrang, das *Ad Ranking*, vereinfacht gesagt das Produkt aus dem Qualitätsfaktor und der maximalen CPC. Bei einer Auktion, also jedes Mal, wenn eine Suchanfrage an Google gestellt wird, erfolgt zunächst eine Berechnung des Ad Rankings. Der Anzeige mit dem besten Ranking wird danach die höchste Anzeigenposition zugeordnet.

Das folgende Beispiel zeigt die Berechnung des Anzeigenrankings und die daraus abgeleitete Anzeigenposition. Wir nehmen dazu an, dass drei Google-Ads-Kunden mit ihren Keywords eine Anzeige bei Google schalten möchten. Es gelten folgende Voraussetzungen:

- ▸ Google-Ads-Kunde A besitzt einen Qualitätsfaktor von 5 und bietet für das Keyword 0,80 €.

- ▸ Google-Ads-Kunde B besitzt einen Qualitätsfaktor von 6 und bietet für das Keyword 0,20 €.

- ▸ Google-Ads-Kunde C besitzt einen Qualitätsfaktor von 7 und bietet für das Keyword 0,50 €.

Das Ranking und die Anzeigenposition berechnen sich wie in Tabelle 16.1 dargestellt.

Google-Ads-Kunde	Qualitäts-faktor	Max. CPC in €	Anzeigen-ranking	Anzeigen-position
A	5	0,80	4,0	1
B	6	0,20	1,2	3
C	7	0,50	3,5	2

Tabelle 16.1 Berechnung von Anzeigenranking und -position

16.12   Warum sehe ich keine Google-Ads-Daten in Google Analytics?

Viele Unternehmen, die sowohl ein Google-Ads- als auch ein Google-Analytics-Konto besitzen, haben diese beiden Konten oft nicht richtig verknüpft oder erfüllen nicht alle Voraussetzungen für eine richtige Verknüpfung. Daher kann es passieren, dass die Google-Ads-Daten nicht in Google Analytics angezeigt werden, obwohl Google-Ads-Anzeigen geschaltet und Klicks auf die Anzeigen generiert werden. Falls keine Google-Ads-Daten in Google Analytics zu sehen sind, sollten Sie folgende Punkte kontrollieren:

1. Ist auf jeder Webseite, auch auf den speziellen Landingpages, der Google-Analytics-Code auch richtig eingebaut?

2. Ist in Google Ads die automatische Tag-Kennzeichnung aktiviert? Diese Kennzeichnung können Sie in Ihrem Google-Ads-Konto in den Kontoeinstellungen kontrollieren und bearbeiten.

   Rufen Sie dazu zunächst ALLE KAMPAGNEN auf und klicken Sie in der mittleren Navigation auf EINSTELLUNGEN, danach wechseln Sie im Header auf das Register KONTOEINSTELLUNGEN. Dort können Sie dann den Unterpunkt AUTOMATISCHE TAG-KENNZEICHNUNG bearbeiten (siehe Abbildung 16.4).

   Durch die Aktivierung der Tag-Kennzeichnung wird der sogenannte *Google Click Identifier* (GCLID) an den Link angehängt, der von der Google-Ads-Anzeige zur Webseite führt. Dies zeigt dem Analytics-System dann an, dass der Verweis aus der

Google-Ads-Werbung kam. Zusätzlich sind die Informationen zu Kampagne, Keyword usw. enthalten.

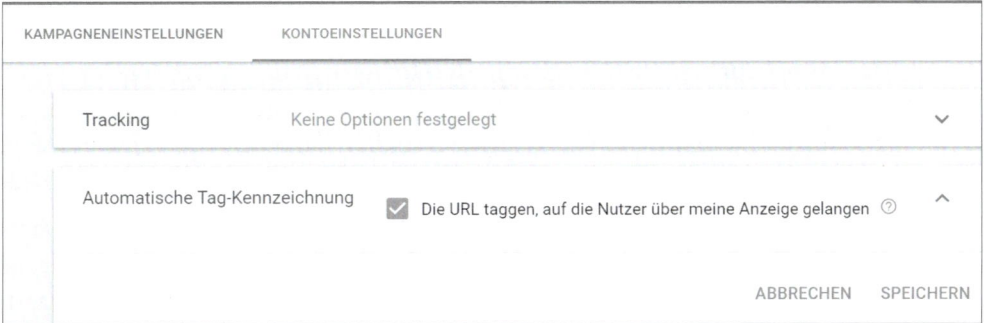

Abbildung 16.4 Automatische Tag-Kennzeichnung mit dem »Google Click Identifier« aktivieren

3. Wird der GCLID auf dem eigenen Server richtig weitergeleitet oder wird der Anhang automatisch entfernt? Auch das kann passieren und führt dann dazu, dass der Webseitenbesuch nicht mehr der Google-Ads-Werbung zugeordnet wird, sondern nur noch als ein normaler Besuch von Google gekennzeichnet wird.

4. Letztlich muss im Google-Analytics-Konto auf der Property-Ebene die Verknüpfung mit Google Ads aktiviert sein. Dies können Sie in Google Analytics kontrollieren, indem Sie zunächst in der linken Navigation die Verwaltungseinstellung aufrufen und danach unter Property den Unterpunkt Google Ads-Verknüpfung anklicken. Dort finden Sie den Hinweis auf das verknüpfte Google-Ads-Konto. Falls noch keine Verknüpfung besteht, können Sie an dieser Stelle auch eine neue Verknüpfungsgruppe erstellen. Bitte beachten Sie, dass Sie nur dann eine Verknüpfung erstellen können, wenn Sie mit Ihrem Google-Login für beide Konten die Administratorrechte besitzen.

16.13   Warum sehe ich meine Analytics-Daten nicht in den Google-Ads-Berichten?

Sie können in Ihrem Google-Ads-Konto verschiedene Analytics-Daten, wie z. B. *Absprungrate*, *Seiten/Sitzung*, *Durchschnittliche Sitzungsdauer* und *Neue Sitzungen in %* anzeigen lassen. Falls Sie Ihre Konten verknüpft haben und hier keine Daten sehen, müssen Sie noch folgende Einstellung vornehmen. Gehen Sie zu Tools und Einstellungen • Verknüpfte Konten, und klicken Sie dann unter Analytics auf den Link Details. Über den Bearbeitungsstift in der Spalte Datenansichten können Sie den Schalter bei Websitemesswerte importieren aktivieren. Jetzt finden Sie die importierten Analytics-Daten auch wieder in Ihren Google-Ads-Berichten.

16.14   Warum sehe ich unterschiedliche Daten in Google Ads und Analytics?

Wenn Sie ein Google-Ads- und ein Google-Analytics-Konto besitzen, so sollten Sie Daten immer nur innerhalb des gleichen Kontos analysieren. Beim Vergleich zwischen Google Ads und Google Analytics gibt es auf jeden Fall Unterschiede. Das hat letztlich immer damit zu tun, wie Daten gemessen werden – und beide Systeme messen die Daten unterschiedlich. Es gibt unter anderem folgende Gründe für die Unterschiede:

1. Während Google Ads Klicks auf die Anzeigen erfasst, werden in Google Analytics Webseitenbesuche protokolliert. Klickt also jemand auf Ihre Google-Ads-Anzeige, kommt aber nicht auf der Webseite an, weil z. B. die Netzwerkverbindung gestört wurde oder der Suchende auf die Browser-Schaltfläche ZURÜCK klickt, so wird zwar der Anzeigenklick gezählt, aber kein Webseitenbesuch. Das Gleiche gilt auch, falls der JavaScript-Code noch nicht vollständig geladen ist oder auf bestimmten Unterseiten einfach fehlt.

2. Andererseits kann Google Ads mehrere Klicks auf die Anzeigen aufzeichnen, während Analytics den Besuch der Webseite während einer Session nur als einen Besuch bewertet. Klickt also z. B. ein Besucher während eines Webseitenbesuchs zweimal auf Ihre Anzeige, ohne dabei zwischendurch sein Browserfenster zu schließen, so zählt Analytics einen Besuch und Google Ads zwei Klicks.

3. Ein weiterer Grund, der zu unterschiedlichen Ergebnissen führt, besteht darin, dass Google Ads bestimmte Klicks herausfiltert, die nicht in Rechnung gestellt werden. Diese werden bei Analytics trotzdem als Seitenaufruf und somit als Besuch gezählt.

4. Es kann auch sein, dass ein Nutzer durch sein Verhalten mehrere Google-Ads-Sitzungen bei Analytics auslöst, indem er zunächst auf eine Anzeige klickt und in einer späteren Sitzung über ein Lesezeichen auf die Website navigiert. Dies würde in Google Ads als ein Klick registriert, in Analytics aber als mehrere Sitzungen.

5. Es gibt auch Unterschiede beim Conversion-Tracking. Während Google Ads die Conversions dem Tag des Klicks zuordnet, ist für Google Analytics das Tag der Conversion das entscheidende Datum. Darum wird eine Conversion-Kontrolle über einen bestimmten Zeitraum immer unterschiedliche Ergebnisse anzeigen.

16.15   Warum sind manchmal die Daten aus den Berichten verschwunden?

Es gibt eine Einstellung, die auch von erfahrenen Google-Ads-Managern schon mal übersehen wird: die Filtereinstellung. Wenn Sie also einmal Daten in einem Bericht vermissen, dann sollten Sie auf jeden Fall zunächst einen Blick in den Headerbereich werfen und prüfen, ob dort Filter eingestellt sind – und was aktuell gefiltert wird. Oft genügt eine entsprechende Filteränderung, um Ihre Daten auch wieder in den Berichten »erscheinen« zu lassen.

16.16   Wie kann man bestehende Google-Ads-Kampagnen in ein neues Konto übernehmen?

Manchmal macht es Sinn, eine komplette Kampagne in ein neues Google-Ads-Konto zu übernehmen. Dies ist jedoch nicht so einfach möglich, wie Sie vielleicht zunächst annehmen. Sie können zwar Kampagnen innerhalb eines Kontos kopieren und einfügen, dies gilt jedoch nicht für Kopien zwischen verschiedenen Google-Ads-Konten, auch wenn diese über ein Verwaltungskonto miteinander verbunden sind.

Für diese Kopie muss man einen Umweg über den *Google Ads Editor* nehmen. Laden Sie dafür zunächst Ihre Kampagne, die kopiert werden soll, in den Google Ads Editor herunter, und exportieren Sie diese Kampagne dann in eine CSV-Datei. Danach öffnen Sie mit dem Editor das neue Konto, in das die Kampagne eingefügt werden soll. Nun importieren Sie die CSV-Datei wieder über den Editor in das neue Konto. Die Kampagne können Sie bei Bedarf im Editor weiterbearbeiten und dann in Ihr Google-Ads-Konto hochladen. Über den Google Ads Editor können Sie auch Ihr gesamtes Konto in eine CSV-Datei exportieren und extern sichern, damit Sie auf die Keywords, Anzeigen und die Struktur auch später, unabhängig von einem Google-Ads-Login, zugreifen können.

16

16.17   Wie kann ich mehrere Google-Ads-Konten mit einem Login verwalten?

Die Verwaltung mehrerer Konten funktioniert am einfachsten über das Google-Ads-Verwaltungskonto (früher: *My Client Center*, MCC). Erstellen Sie unter

https://ads.google.com/home/tools/manager-accounts

ein Google-Ads-Verwaltungskonto mit einem neuen Google-Login. Danach verknüpfen Sie Ihre bestehenden Google-Ads-Konten mit dem Verwaltungskonto. Auf diese Weise können Sie über einen Login im Verwaltungskonto alle Ihre Konten bearbeiten und steuern.

16.18   Warum werden meine Anzeigen von Google abgelehnt?

Die Ablehnung einer Google-Ads-Anzeige kann verschiedene Gründe haben und kommt häufiger vor, als man zunächst annimmt. Da meistens keine böswillige Absicht des Google-Ads-Administrators dahintersteckt, wirkt die E-Mail von Google, die bei einer Ablehnung direkt verschickt wird, schon sehr übertrieben und bedrohlich. Wir haben für Sie einmal die wichtigsten Ursachen aufgelistet, die in der Praxis zu einer Ablehnung führen:

- **ungültiger HTTP-Statuscode**: Alle Anzeigen müssen auf eine Webseite weiterleiten, die unabhängig von Browser, Standort oder Gerät für alle Nutzer funktioniert.
- **mehr als eine Domain in der Ziel-URL pro Anzeigengruppe**: In einer Anzeigengruppe muss immer auf die gleiche Domain verlinkt werden.
- **ein Verstoß gegen die umfangreichen Google-Richtlinien, z. B.**:
  - ein Verstoß gegen das Markenrecht: Geschützte Marken dürfen nicht in Anzeigen verwendet werden.
  - ein Begriff, der nicht erlaubt ist, z. B.: *Glücksspiel*
  - übermäßige Großschreibung im Text, z. B.: *TOP Bewertung*
  - mehrere Ausrufezeichen in einer Anzeige
  - wiederholte Satzzeichen oder Symbole, z. B.: *Hier finden Sie weitere Infos …*
  - nicht unterstützte Superlative, z. B.: *das beste Produkt*
  - vergleichende Werbeaussagen
  - unverständliche oder sinnlose Werbung

Falls Sie unsicher sind, was Sie in der Anzeige nutzen dürfen, sollten Sie einfach noch einmal in den Google-Richtlinien nachschauen. Sie finden alle Informationen auf folgender Webseite:

https://support.google.com/adspolicy/answer/6021546

16.19   Warum ist das Anfangsgebot so hoch, obwohl keine Konkurrenz vorhanden ist?

Es gibt Google-Ads-Nutzer, die sich wundern, dass sie relativ hohe Gebote für Google-Ads-Keywords bezahlen sollen (Stichwort: Mindestgebot), für die jedoch aktuell keine Konkurrenz vorhanden ist. Es gibt also keine Mitbieter zu bestimmten Keywords, und trotzdem soll für einen Klick 1 bis 2 € oder mehr als maximaler CPC eingestellt werden. Warum ist das so? Ein hohes Mindestgebot ohne Konkurrenz ist ein Hinweis auf Keywords, zu denen aus Google-Sicht keine Werbeeinblendung erfolgen soll. Hier scheint eine Werbeeinblendung für die Google-Nutzer nicht sinnvoll und hilfreich zu sein.

Wir haben einmal als Beispiel die Suchanfrage »*letzter Schultag*« getestet. Hierzu wird keine Werbung eingeblendet, obwohl man sich schon vorstellen könnte, dass Geschenke zum Abschluss der Grundschule oder einer weiterführenden Schule ein

Werbethema sein könnten. Google weiß (aus Tests, Statistiken, Nutzerbefragungen etc.), dass hier Werbung zu einer schlechten User-Experience führt. Falls der hohe Klickpreis nicht abschreckt und im Live-Test die Erwartung durch eine geringe CTR bestätigt wird, wird das Google-Ads-System immer höhere CPCs fordern. Letztlich werden die Keywords auch bei extrem hohen CPCs nicht mehr geschaltet.

Natürlich möchte Google mit Google Ads Geld verdienen, aber nicht um jeden Preis: Langfristig verdient Google mehr, wenn auch die Werbeeinblendungen analog zu den organischen Suchergebnissen eine gewisse Qualität besitzen und die Ergebnisse insgesamt dem entsprechen, was der Google-Nutzer zu seiner Suche erwartet.

16.20   Wo finde ich meine Rechnung?

Das Thema Google-Rechnung führt vor allem bei mittelständischen Unternehmen immer zu großen Diskussionen und vielen Fragen. Es gibt tatsächlich Unternehmer, die erst dann nach der Google-Rechnung suchen, wenn ihr Steuerberater beim Jahresabschluss danach fragt. Die Rechnungen zu Ihren Google-Ads-Kampagnen werden jedoch monatlich nach Monatsende durch Google erstellt und sind dann ungefähr ab dem 2. Werktag des Monats im Konto abrufbar. Alternativ können Sie als Großkunde eine Rechnungsstellung beantragen. Dies ist jedoch nur möglich, wenn Sie in den letzten zwölf Monaten mindestens drei Monate mit Werbeausgaben von mehr als 5.000 € bei Google Ads vorweisen können.

Infos zur Beantragung der monatlichen Rechnungsstellung finden Sie unter:

https://support.google.com/google-ads/answer/2375377?hl=de

Alle anderen Google-Ads-Nutzer finden die Rechnung zu den jeweiligen Monaten im Konto unter Tools und Einstellungen • Abrechnung. Klicken Sie dort auf Abrechnungsunterlagen, und wählen Sie in der linken Navigation den Unterpunkt Transaktionen aus. Navigieren Sie zu dem gewünschten Monat, und klicken Sie im Kopf der Monatsübersicht auf den blauen Link unter Rechnung mit EU-Umsatzsteuer. Die ausgewählte Rechnung wird dann automatisch auf Ihren Rechner im PDF-Format heruntergeladen. Bitte beachten Sie noch, dass die Rechnungen von Google keine Mehrwertsteuer ausweisen und dem sogenannten *Reverse-Charge-Verfahren* unterliegen – Ihr Steuerberater weiß dann Bescheid.

16.21   Wie erhalte ich eine Google-Ads-Zertifizierung?

Die Google-Ads-Zertifizierungen sind aktuell (Stand: Juli 2020) nur über den *Google Skillshop* möglich. Sie müssen sich also zunächst mit Ihrem Google-Login unter *https://skillshop.withgoogle.com/intl/de_ALL* einloggen.

Dort können Sie dann in E-Learning-Kursen grundlegende und erweiterte Kenntnisse über Google Ads erwerben und danach verschiedene Online-Prüfungen zu unterschiedlichen Google-Ads-Themen ablegen.

Sie können die Prüfungen natürlich auch ohne vorherige Bearbeitung des Online-Kurses ablegen, die Prüfungen sind aber nicht ganz trivial.

Außerdem finden Sie im Google Skillshop auch noch Zertifizierungsmöglichkeiten zu anderen Google-Themen wie:

- Google Analytics
- Google Marketing Platform
- YouTube
- Google Ad Manager

Alle Prüfungen im Google Skillshop können ohne zusätzliche Kosten absolviert werden.

16.22   Wie werde ich Google-Partner?

Google vergibt für Google Ads zwei Partner-Logos:

- *Google Partner*: Logo mit blauem Rand auf der linken Seite)
- *Premium Google Partner*: Logo mit rotem Rand auf der linken Seite und dem Hinweis *Premier*

Um Mitglied bei Google Partners zu werden, benötigen Sie einen Google Login, der Zugriff auf ein Verwaltungskonto hat. Dann können Sie sich unter *https://www.google.com/partners/signup* anmelden.

Aktuell (Stand: Juli 2020) müssen Google-Partner die folgenden vier Bedingungen erfüllen:

- **Google-Ads-Verwaltungskonto:** Sie brauchen ein Verwaltungskonto mit einem oder mehreren Google-Ads-Konten.
- **Bestehen der Zertifizierungsprüfung:** Sie bzw. ein Mitarbeiter muss für Google Ads zertifiziert sein (siehe Abschnitt 16.21). Als Partner muss man mindestens eine der Google-Ads-Zertifizierungen bestanden haben. Die Prüfungen müssen danach jährlich wiederholt werden.
- **Budgetverwaltung:** Die im Verwaltungskonto betreuten Konten müssen innerhalb der letzten 90 Tage insgesamt mindestens 10.000 USD für Google Ads ausgegeben haben.

- **Der »Best Practice-Nachweis«:** Dabei kontrolliert Google die richtige Betreuung der Kundenkonten, die über das Verwaltungskonto verknüpft sind. Umsatz und Wachstum im Verwaltungskonto sind Google dabei wichtig.

Neben dem Standard-Google-Partner-Logo für Freelancer und kleinere Agenturen gibt es für größere Agenturen wie bereits erwähnt das Siegel *Google Ads Premium Partner*. Dafür müssen mindestens zwei Mitarbeiter zertifiziert sein und es müssen höhere Werbeausgaben als die oben genannten 10.000 US-Dollar über die Kundenkonten erreicht werden. Für beide Partnerschaften gilt (Original-Zitat von der Google-Partner-Webseite):

> *»Ihr Google Ads-Gesamtumsatz und -wachstum muss stabil sein und Sie müssen einen treuen und wachsenden Kundenstamm nachweisen ...«*

Die Bedingungen werden laufend geprüft. Falls Google feststellt, dass ein Teil nicht erfüllt wird bzw. eine Frist (z. B. die Prüfungsfrist) demnächst abläuft, so erscheint im Google-Partners-Programm zuerst eine Vorwarnung mit dem Hinweis, dass der Partnerstatus gefährdet ist. Reagiert man nicht auf diese Warnung, kann man den Partnerstatus auch ganz schnell wieder verlieren.

Die Startseite für die Google-Partnerschaft finden Sie unter:

https://www.google.com/intl/de_at/partners/about/join

Neue Google-Partner-Bedingungen – und das Problem für Ads-Kunden

Für das Jahr 2021 hat Google angekündigt, dass die Bedingungen für die Google-Partnerschaft noch einmal angepasst werden.

Leider führen die Änderungen am Ende nicht zu großen Vorteilen für die Google-Ads-Nutzer, also die Kunden der Google-Partner-Agenturen – und bringen nur zum Teil Vorteile für die Agenturen selbst. Die Agenturen und andere Google-Ads-Admins mit Partner-Status müssen nach den Änderungen mehr Umsatz mit Google Ads vorweisen, was im Zweifel darauf hinauslaufen kann, dass insgesamt die Kampagnenbudgets steigen werden. Außerdem werden die Google-Partner heruntergestuft, wenn sie nicht den Google-Vorschlägen zur Optimierung der Ads-Kampagnen folgen. Aber auch das ist am Ende ein Problem für die Ads-Kunden, da die Google-Vorschläge nicht immer den besten Erfolg, aber meistens die höchsten Kosten verursachen. Es gibt schon Agenturen, die angekündigt haben, dass sie zukünftig lieber auf das Google-Partner-Logo verzichten möchten, als die Kontrolle über die Kampagnen abzugeben und am Ende mehr Kosten für ihre Ads-Kunden zu generieren.

Kapitel 17
Die Zukunft von Google Ads – wie geht es weiter?

Wohin wird sich das Suchmaschinenmarketing und speziell Google Ads entwickeln? Natürlich können wir das nicht wissen. Google weiß es teilweise selbst nicht und ist immer für eine Überraschung gut! Aber es gibt interessante Hinweise, wie es weitergehen könnte.

Das vorliegende Buch stellt anschaulich dar, dass Online-Marketing immer in Bewegung ist. Dies wird am Beispiel von Google Ads durch die vielen neuen Werbemöglichkeiten deutlich, die laufend hinzukommen. Google hat mit den Videokampagnen über YouTube und den Google-Shopping-Kampagnen immer wieder das klassische Google-Ads-Werbeprogramm erweitert. Da wir Google Ads schon seit der Einführung in Deutschland begleiten und nutzen, haben wir die vielen Veränderungen in der Vergangenheit in eigenen Projekten miterlebt.

Wir sind daher überzeugt, dass auch der aktuelle Stand sich stetig weiterentwickeln wird, wobei zukünftige Änderungen von Google grundsätzlich nicht mit langen Vorlaufzeiten angekündigt werden. Die hier erläuterten Ideen sind also auch ein wenig Spekulation. Wir können aber sicher sein, dass der aktuelle Stand nicht das Ende der Entwicklung darstellt. Schon während wir an dem Buch gearbeitet haben, hat sich die Entwicklung durch kleine Veränderungen mit zusätzlichen Werbemöglichkeiten fortgesetzt. Google wird daher auch zukünftig neue Möglichkeiten anbieten. Wir wollen in diesem Kapitel ein wenig in die nähere und teilweise auch ferne Zukunft blicken, damit Sie wissen, was auf Sie zukommen kann. Seien Sie darauf vorbereitet, dass Sie stets auf dem aktuellen Stand sein müssen. Nutzen Sie neue Google-Werbemöglichkeiten möglichst früh, um einen Vorsprung vor der Konkurrenz zu erzielen.

17.1 Die mobile Nutzung nimmt zu

Die Internetnutzung auf mobilen Endgeräten ist aktuell bereits ein wichtiges Thema. Die Entwicklung geht aber sicher noch weiter – und es werden neben dem Smartphone noch andere Endgeräte hinzukommen.

Der gesamte Anteil der mobilen Internetnutzer in Deutschland lag laut einer Unter-suchung der *Statista GmbH* im Jahr 2018 bei rund 68 %.[1] Die mobile Nutzung und das Suchverhalten stellen neue Anforderungen an die Unternehmenswebsites, die so-wohl technisch als auch inhaltlich an die mobile Nutzung angepasst werden müssen. Google stellt beispielsweise sogenannte Responsive-Design-Webseiten, also Seiten, die sich automatisch der jeweiligen Größe des Endgerätes anpassen, bevorzugt in den Suchergebnissen dar. Google konzentriert sich unter dem Schlagwort *Mobile first* beim organischen Ranking an dem mobilen Index der Webseiten. Wer also mobil nicht von Google als wertvoll eingestuft wird, wird demnächst auch nicht mehr mit seiner Desktopversion punkten. Zusätzlich hat der Hinweis auf die Bevor-zugung verschlüsselter Webseiten einen Run auf SSL-Zertifikate ausgelöst. Die mo-bile Internetnutzung mit schnellen, »sicheren« Webseiten wird zukünftig der Stan-dard sein. Da Google sich verstärkt dem Bereich der mobilen Werbung zuwendet, werden wir hier sicher noch weitere, neue Werbemöglichkeiten erwarten können.

Dabei zeigt die Möglichkeit, über Google Analytics den Kunden vom Desktop über das Smartphone bis hin zum lokalen Kauf zu tracken, wohin die Reise gehen wird. Ein wichtiges Thema ist für Google die Verknüpfung der mobilen Suche, z. B. auf Smart-phones, in Kombination mit einem Kauf vor Ort. Wenn ein Nutzer das Internet quasi immer in der Hosentasche dabeihat, so wird er viel öfter im Internet nach lokalen Geschäften oder *Points of Interest* suchen. Hier arbeitet Google an neuen Werbe-möglichkeiten, die eine Integration von Online- und Offline-Werbung ermöglichen. Viele Nutzer suchen mobil auf dem Smartphone, bevor sie ein Geschäft betreten. Hierzu bietet Google bereits die Anzeigen mit lokalem Inventar an, mit denen Ge-schäfte ihre lokal verfügbaren Artikel den Nutzern in der Nähe des Ladenlokals prä-sentieren können.

Hinzu kommt, dass Unternehmen wie Google oder Apple zunehmend mit neuen in-ternetfähigen Endgeräten wie Uhren oder Brillen (Smartwatches, Apple Watch, Google Glass) aufwarten. Auch mobile Bezahlsysteme (wie Google Wallet oder Apple Pay) sind auf dem Vormarsch, um nicht nur die reine Internetnutzung, sondern viel-mehr das komplette Shopping- und Kauferlebnis mit dem Smartphone noch beque-mer zu gestalten. Die genannten Innovationen zeigen, dass mobile Werbestrategien bald wohl mehr als nur die derzeit bekannten Smartphone-Devices berücksichtigen werden müssen.

---

1 https://de.statista.com/statistik/daten/studie/633698/umfrage/anteil-der-mobilen-internet-nutzer-in-deutschland/

17.2 Bilder in den Textanzeigen

Eine Entwicklung in Google Ads ist schon viel konkreter, weil sie teilweise bereits in den Ergebnissen zu beobachten ist. Wir werden wahrscheinlich zukünftig vermehrt auch Bilder in den Textanzeigen vorfinden – eine Vorstellung, die vor Jahren noch unmöglich schien, weil Google immer die spartanische Gestaltung der Google-Suche (weiße Fläche mit Suchfeld) und der Google-Ergebnisseite (einfache Textanzeigen und organische Ergebnisse mit einer zweizeiligen Beschreibung) in den Vordergrund gestellt hat. Mittlerweile sieht man am Erfolg der Google-Shopping-Anzeigen, dass Bilder in den Textanzeigen bei den Nutzern gut ankommen und sich auch für die Werbenden lohnen. Dies sind wichtige Signale für Google, diese Idee weiter voranzutreiben. Es ist daher sehr wahrscheinlich, dass die Einblendungen von Bildern in Kombination mit Anzeigen zunehmen werden.

Im Beta-Test wurde bereits mit sogenannten *Image Extensions* experimentiert. Bei dieser Werbeform wurden drei zusätzliche Bilder zur Position eins in den Top-Ergebnissen eingeblendet (siehe Abbildung 17.1). Es ist durchaus denkbar, dass auch irgendwann zusätzliche Bilder in den Standardtextanzeigen zugelassen werden.

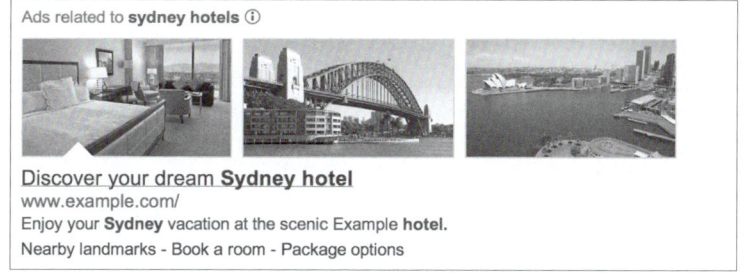

Abbildung 17.1 Werbung mit Image Extension

Seit Ende 2019 bietet Google nun Ads für die mobilen Endgeräte an, auf denen sich, wie bereits erwähnt, zukünftig der überwiegende Teil der Internetnutzung abspielen wird. Diese sogenannten Galerieanzeigen (*Gallery Ads*), die aktuell (Stand: Juli 2020) noch nicht für alle Ads-Konten freigeschaltet sind, können neben drei Anzeigentiteln außerdem noch vier bis acht Bilder mit zusätzlicher Beschreibung enthalten (siehe Abbildung 17.2).

Es wäre auch denkbar, dass Google zukünftig noch zusätzliche Bereiche auf der Google-Suchergebnisseite – zwischen den organischen Ergebnissen – als Werbebereiche festlegt, die eine Kombination von Text- und Bildinformationen enthalten. Interessanterweise hat Google vor Jahren die Einblendung der Autorenbilder in der organischen Suche wieder zurückgenommen, obwohl diese organischen Ergebnisse mit Bildern der Autoren (Websitebesitzer, die sich über Google+ identifiziert hatten) sehr erfolgreich waren. Diese organischen Ergebnisse verzeichneten höhere Klickraten als vergleichbare Ergebnisse ohne Bild. Hier liegt die Vermutung nahe, dass die Ergebnisse mit den Bildern zu stark von der Google-Ads-Werbung abgelenkt haben und daher von Google wieder ausgeschlossen wurden. Dies würde jedoch auf der anderen Seite bedeuten, dass solche Bilder als Werbung innerhalb der organischen Treffer interessant für Google sein könnten, weil sie auch zu einer höheren Klickrate führen würden – und eine höhere Klickrate bei der Google-Ads-Werbung ist ja durchaus gewollt. Vielleicht werden eines Tages sogar kleine Videoclips als Werbung in den Google-Ads-Anzeigen oder zwischen den organischen Ergebnissen erscheinen?

Abbildung 17.2 Vorschau einer Galerieanzeige im Ads-Konto

17.3   Lokale Ergebnisse

Lokale Käufe und damit die Verknüpfung von Online- und Offline-Verkauf werden in den kommenden Jahren neben dem reinen Online-Kauf auch immer wichtiger werden. Diese Entwicklung steht natürlich im engen Zusammenhang mit der zunehmenden Mobilität des Internets. Nutzer suchen natürlich auf Ihrem Smartphone oder den anderen zukünftigen mobilen Endgeräten nach Produkten, Restaurants, Hotels etc. in ihrer Nähe, und die Suchmaschine lenkt über organische Ergebnisse, aber auch mithilfe der Werbung die Aufmerksamkeit auf das passende Ergebnis in der direkten Umgebung. Aktuell (Stand: Juli 2020) präsentiert Google bereits sogenannte *Anzeigen mit lokalem Inventar*. Wenn Google-User auf diese Werbeanzeigen klicken, gelangen sie zur Verkäuferseite, einer von Google gehosteten Website zum jeweiligen Geschäft. Dort finden Nutzer zum einen Informationen zum Produktinventar, das mithilfe von Produkt-Feeds bei Google Ads eingestellt wurde, und zum anderen zusätzliche Infos zu Öffnungszeiten und eine Wegbeschreibung zum lokalen Geschäft in der Nähe.

17.4   Weitere Features in Textanzeigen

Im Juli 2020 gab es – inklusive der verschiedenen Anzeigenerweiterungen bei Google Ads und der optischen Aufwertung durch die Bewertungssterne in den Anzeigen – etwa zwölf Features, die als Ergänzung zu den bis zu drei Titelzeilen – und den bis zu zwei mal 90 Textzeichen in den Google-Anzeigen auftauchen können.

Google testet bei den Erweiterungen ständig neue Möglichkeiten, die zum Teil dann auch wieder verworfen werden. So wurden z. B. die Suchfunktion oder auch die Drop-down-Funktion wieder verworfen, die innerhalb der Google-Ads-Anzeige angezeigt wurde, um den Nutzer noch schneller auf eine Spezialseite zum gesuchten Produkt zu führen. Die Suchfunktion (siehe Abbildung 17.3) bot die Möglichkeit, aus der allgemeinen Anzeige heraus ein besonderes Produkt zu finden. Ähnliche Erweiterungen zu den Textanzeigen werden jedoch auch zukünftig immer mal wieder auftauchen.

Abbildung 17.3 Google-Ads-Test mit Suchfeld in der Textanzeige

Durch die längeren Anzeigentexte und die zusätzlichen Erweiterungen nehmen die Textanzeigen als Nebeneffekt einen immer größer werdenden Raum auf der Suchergebnisseite ein. Hier besteht jedoch für Google die Gefahr, dass die Nutzer sich gegen ein Übermaß an Werbung wehren und von Google abwenden. Google wird also auch zukünftig immer die optimale Verteilung zwischen einer möglichst großen Werbefläche für Google Ads und der User-Experience bzw. der Zufriedenheit der Nutzer testen und entsprechende Ergebnisse präsentieren. Unserer Ansicht nach werden wir hier zukünftig noch viele interessante Erweiterungen der Google-Ads-Anzeigen sehen. Wir dürfen gespannt sein, welche Anzeigenformate sich letztlich durchsetzen werden.

17.5   Vertrauen in die Werbung – Bewertungen

Die bereits angesprochenen Bewertungssterne stehen für einen großen Erfolg der zusätzlichen Google-Features. Grundsätzlich spielen Bewertungen eine wichtige Rolle, weil dadurch Vertrauen aufgebaut wird, und das Vertrauen ist für den Erfolg des Online-Marketings ganz wichtig, wenn es darum geht, Kunden zu gewinnen. Das Internet ist trotz Anstrengungen der Werbung und ansprechender Webseiten für viele Nutzer immer noch ein sehr anonymes Medium, und aufseiten der Kunden herrscht großes Misstrauen. Berichte über unseriöse Firmen, Schadsoftware, Spam-E-Mails und die Diskussion über Datenklau verstärken dieses Misstrauen. Für die Online-Wirtschaft ist es daher sehr wichtig, dass zusätzliche Möglichkeiten zum Aufbau von Vertrauen geschaffen werden.

Google sammelt die Bewertungssterne, die automatisch zum Anzeigentext hinzugefügt werden können, aus unterschiedlichen Quellen von Drittanbietern. Seit September 2014 hat Google aber auch ein eigenes Bewertungsprogramm, nämlich *Google Kundenrezensionen* (früher *Google Zertifizierte Händler*) für alle Google-Ads-Kunden an den Start gebracht. Die bekannte Marke Google soll so Vertrauen bei Shop-Kunden aufbauen. Da Bewertungen eine große Rolle spielen, sind die markanten gelborangenen Sterne auch schon im nicht bezahlten Bereich der Google-Ergebnisse aufgetaucht. Zudem fragt Google bei eingeloggten Usern regelmäßig Bewertungen zu lokalen Geschäften und Orten ab.

Das Thema »Bewertung und Vertrauensaufbau« ist vor allem im Online-Marketing sehr wichtig, und es wird mit großer Wahrscheinlichkeit zukünftig noch weitere Google-Initiativen geben, die alle von der Idee getragen werden, das Vertrauen in die Werbeanzeigen bzw. die Händler hinter den Werbeanzeigen zu erhöhen, um insgesamt Umsatz und Gewinn im Online-Marketing und speziell im Suchmaschinenmarketing zu steigern. Steigt der Gewinn bei den Google-Ads-Nutzern, so stehen natürlich auch höhere Budgets für die Google-Ads-Werbung zur Verfügung.

17.6   Vergleichsportale in Google Ads

Google übernimmt immer mehr die Funktion eines Vergleichsportals. Dieser Trend zeichnet sich sehr deutlich auf den Suchergebnisseiten ab. So finden Sie z. B. bei der Suche nach Flügen ein eigenes Google-Angebot mit Flugterminen und Preisangeboten (siehe Abbildung 17.4).

Bei der Suche nach einem Hotel in einer bestimmten Stadt taucht ebenfalls neben den Google-Ads-Anzeigen eine Google-Maps-Karte mit Markierungen auf sowie darunter eine Liste mit verfügbaren Hotels inklusive Bewertungen, Preisen und Kurzbeschreibung. Außerdem kann der Nutzer noch in der Google-Oberfläche eine Suche für einen konkreten Zeitraum eingeben (siehe Abbildung 17.5).

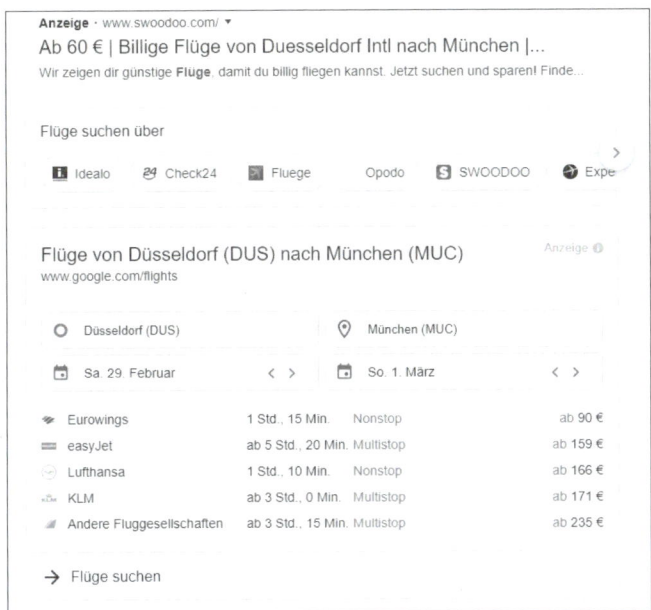

Abbildung 17.4 Google-Flugsuche als Werbemöglichkeit

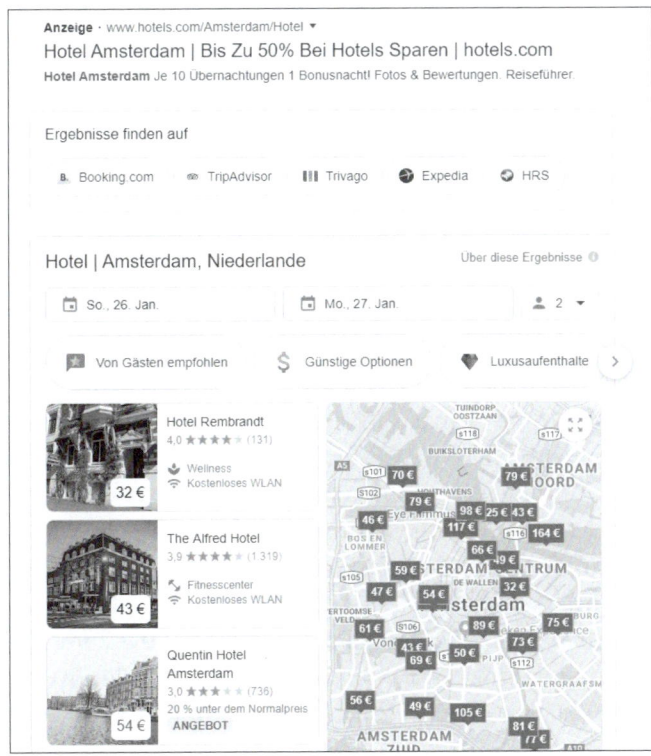

Abbildung 17.5 Google-Anzeigen und Google-Hotelsuche auf den ersten Positionen

Ausgehend von diesen Beispielen, kann man sich für die Zukunft natürlich auch weitere Möglichkeiten ausdenken. Warum sollte Google nicht auch bei der Neu- oder Gebrauchtwagen-Suche mitmischen, Strom- und Gaspreise vergleichen oder bei der Suche nach Immobilien, günstigen Versicherungen, Seminaren usw. in Form von zusätzlichen Auflistungen helfen?

Google zeigt sich momentan unbeeindruckt vom lauten Prostest der Vergleichsportale und Spezialsuchmaschinen. Google möchte, dass die wichtigen Informationen für die Google-Nutzer möglichst schnell auffindbar und mit wenigen Klicks erreichbar sind. Dabei stört natürlich der Umweg über ein Vergleichsportal. Außerdem kann Google über das eigene Vergleichsangebot zusätzliche Werbefläche vermarkten.

17.7   Dynamische und personalisierte Anzeigen

Ein wichtiger Bereich der Online-Werbung, den Sie in diesem Buch auch schon kennengelernt haben, besteht aus personalisierter Werbung. Die Strategie des Retargetings beruht auf der Idee, Werbung sehr individuell für den einzelnen Nutzer zu schalten. Hinzu kommen dann noch die dynamischen Anzeigen, die genau das Produkt präsentieren, das vorher auf einer Webseite betrachtet wurde. Es geht bei diesen Ideen immer darum, dass die Anzeigen für einzelne Nutzer auf das individuelle Nutzerverhalten abgestimmt werden.

Diese Werbeform ist natürlich sehr erfolgreich und beruht letztlich auf dem Prinzip, mit dem Google gestartet ist. Die Idee von Google bestand von Anfang an darin, dem Suchenden möglichst schnell genau das passende Suchergebnis zu seiner Anfrage und letztlich zu seinem Problem zu liefern. Beim Retargeting und den dynamischen Anzeigen, die sowohl als Text- als auch als Bildanzeige geschaltet werden, geht es auch darum, genau das passende Produkt oder die passende Dienstleistung zu präsentieren, jedoch ohne dass der Google-Nutzer vorher etwas gefragt hat. Diese Einblendungen beruhen eher auf dem Surfverhalten jedes Einzelnen. Google möchte aber insgesamt mit seiner Suchmaschine noch einen Schritt weitergehen, nämlich Ergebnisse präsentieren, bevor der Nutzer danach gefragt hat! In diese Richtung wird sich die Werbung sicher noch weiterentwickeln. Sie wird also zukünftig verstärkt Produkte oder Dienstleistungen aufgrund des Kauf- und Surfverhaltens anbieten. Google bietet mittlerweile nicht nur für die Displayanzeigen, sondern auch für die Suche unterschiedliche Zielgruppen an, die ständig erweitert werden. Auf diese Weise kann man auch die Textanzeigen der Google-Suche auf Gruppen mit bestimmten Interessen, Verhalten oder demografischen Vorgaben ausrichten. Hier kommen gefühlt jedes Quartal neue Gruppen hinzu, z. B. »Singles«, die Gruppe der »Wohnungseigentümer«, »Fans von sozialen Medien« oder auch die Einteilung in »Geschäftsleute«.

Zu der Personalisierung gibt es jedoch eine mächtige Gegenbewegung, die durch die Datenschützer vorangetrieben wird und mit der *Europäischen Datenschutz-Grund-verordnung* (DSGVO) ihren aktuellen Höhepunkt erlebt. Datenschutz ist etwas, was Google und allgemein die amerikanischen Unternehmen nicht auf dem Schirm haben, weswegen sie die Aufregung auch nicht verstehen. Da die Rechtsprechung neben dem berechtigten Interesse des Datenschutzes auch ein berechtigtes Interesse der werbenden Unternehmen sieht, wird es sehr spannend sein, zu sehen, wohin die Reise geht.

17.8   Optimierung des Einkaufserlebnisses

Bei allem Hype um die verschiedenen Werbemöglichkeiten bei Google geht es für den kommerziellen Websitebetreiber am Ende immer noch um Kunden und Verkäufe. Daher kümmert sich Google auch darum, dass die Websitebesitzer und vor allem die Webshop-Betreiber möglichst erfolgreich sind (bzw. werden), und fördert das optimierte, reibungslose Einkaufserlebnis für den Endkunden. Mit *Google Shopping Actions* will Google 2020 das *Sucherlebnis* bei der Google-Suche mit dem *Einkauferlebnis* verknüpfen, das man beispielsweise von Plattformen wie Amazon kennt. Für die Google-Nutzer soll dann die sofortige Kaufabwicklung erleichtert und das Einkaufserlebnis gesteigert werden. Es könnte sein, dass sich Google in bestimmten Bereichen zu einer mit Amazon vergleichbaren Einkaufsplattform entwickelt.

17.9   Verschmelzung oder Kooperation von Suchmaschinen-Marketing mit anderen Werbeformen im Online-Marketing

Während Facebook es (noch) nicht geschafft hat, eine eigene Suchmaschine zu entwickeln, ist auch das Google+-Experiment gescheitert. Google löste bereits Ende 2017 die *Google+ Community* für Google-Ads-Partner auf und zog mit der Google-Ads-Partner-Gruppe zu XING um. Danach folgte dann auch bald das Ende von Google+, der großen Social-Media-Hoffnung. Es gibt aber immer noch Bestrebungen bei Google, auch zukünftig mit einer Social-Media-Plattform aktiv zu sein. Die Vergangenheit hat jedoch gezeigt, dass es immer schwer ist, die gleiche oder eine ähnliche neue Plattform als Konkurrenz zu einer bestehenden im Internet zu etablieren.

Es wird daher auch interessant sein zu sehen, wie bestehende Plattformen zukünftig kooperieren werden. Facebook und WhatsApp haben sich beispielsweise schon länger zusammengeschlossen. Bei dieser Liaison ging es vor allem darum, das Verhalten und die Vorlieben von Nutzern mithilfe der Daten einer sozialen Plattform zu analysieren und dann für die Schaltung passender Werbung zu nutzen. Vielleicht findet ja auch Google noch andere Partner in der bestehenden Social-Media-Welt – oder viel-

17

leicht bei einer neuen Plattform, die zukünftig noch entsteht? Aus unserer Sicht macht diese Suche auf jeden Fall Sinn, da über das soziale Netzwerk eine Verbindung mit potenziellen Kunden und zusätzlich auch noch Vertrauen zu einem Unternehmen aufgebaut werden kann.

Eine gute Sichtbarkeit über Google Ads in der Google-Suche, verknüpft mit einer Social-Media-Plattform, wird sich auf jeden Fall positiv auf den Vertrieb eines Produkts oder auch einer Dienstleistung auswirken. Soziale Netzwerke werden zukünftig noch stärkeren Einfluss auf die Meinung und das Kaufverhalten im Internet haben. Marken, Produkte und lokale Geschäfte, die von »Freunden« aus dem sozialen Netzwerk empfohlen wurden, werden häufiger angeklickt und können zudem häufiger in der passenden Zielgruppe beworben werden. Dadurch sinkt die Hemmschwelle für einen Online-Kauf. Eine Verbindung oder vielleicht sogar Verschmelzung von Suche und Social Media kann auch zukünftig immer noch ein interessantes Thema für Google sein.

17.10   Video-Ads

Google betont bei Hinweisen auf zusätzliche Werbemöglichkeiten immer stärker den Bereich Multimedia. Dabei spielt vor allem YouTube eine wichtige Rolle. Die Erstellung professioneller Videoclips als Voraussetzung guter Videowerbung wird sicherlich in Zukunft von Google noch weiter gefördert. YouTube und andere Videoplattformen werden zum Teil das Fernsehen als Werbeplattform verdrängen. Es sind weiterhin interessante Verbindungen von Google Ads und Videowerbung zu erwarten. Sicherlich besteht die Möglichkeit, dass die Videos nicht nur bei YouTube und im Displaynetzwerk, sondern vielleicht sogar in bestimmten Bereichen der Google-Suche geschaltet werden.

17.11   Sprachsuche

Alexa, Google Home & Co. werden die Nutzung des Internets verändern. Bei der Google-Suche auf mobilen Geräten wird die Sprachsuche zukünftig zunehmen und somit zumindest die Keyword-Suchphrasen verändern, weil die Suchanfragen länger werden und öfter Fragen formuliert werden.

17.12   Smart Bidding und AI

In der Tendenz sieht man im Google-Konto immer wieder neue Möglichkeiten, smarte Kampagnensteuerung und automatisierte Gebotsstrategien zu nutzen. Diese

Möglichkeiten der Werbeausspielung und Gebotsfestlegung, die mithilfe von künstlicher Intelligenz (AI, *Artificial Intelligence*) und *Machine Learning* Vorhersagen zu Klicks und Conversion erstellen, um dann möglichst effizient Kunden zu gewinnen, wird noch stärker zunehmen. Selbst im organischen, dem nicht bezahlten Bereich hat Google schon länger angekündigt, die optimale Reihenfolge der Rankings mithilfe von künstlicher Intelligenz, dem *RankBrain*, zu ermitteln. Die Tendenz, dass smarte Kampagnen und smarte Gebotsstrategien zunehmen, wird sich in jedem Fall zukünftig weiterentwickeln.

Think with Google

Mit *Think with Google* (*https://www.thinkwithgoogle.com*) liefert Google Ihnen Einblicke und Daten für Ihre Marketingstrategie. Von hier aus können Sie unter anderem auf das bereits erwähnte *Google Trends* zugreifen sowie mit *Test My Site* die mobile Ladegeschwindigkeit Ihrer Website überprüfen und einen Verbesserungsbericht erhalten, sofern sie über 3 Sekunden liegt – das ist nämlich der Wert, ab dem laut Google vermehrt mobile Nutzer abspringen. Think with Google liefert Ihnen aktuelle Fallstudien sowie Infografiken zu Trendthemen. Ein Blick auf Think with Google ist also in jedem Fall lohnenswert, vor allem dann, wenn Sie neue Kampagnen planen.

17.13   Fazit

In diesem Kapitel haben wir Ihnen einen kleinen spekulativen Ausblick auf die weiteren Entwicklungen gegeben. Auch wenn nicht alles genau so umgesetzt wird, so sind die Tendenzen dennoch erkennbar. Wir können Ihnen nur empfehlen, die Entwicklungen zu beobachten und frühzeitig zu reagieren, falls sich neue Möglichkeiten für Ihre Branche ergeben.

Eine Quelle für aktuelle Informationen zum Online-Marketing wäre die Seite *Think with Google*, wo beispielsweise die relevanten Zukunftstrends für 2020 in einem Artikel (natürlich aus Google-Sicht) aufgezählt werden:

https://www.thinkwithgoogle.com/intl/de-de/insights/markteinblicke/marketing-trends-2020-google-guide-mittelstand/

Wenn Sie eine etwas neutralere Quelle im Internet suchen, dann schauen Sie sich einmal die verschiedenen News-Artikel zu SEA im deutschsprachigen Fachportal *Online-Marketing.de* an. Diese Beiträge finden Sie unter folgender URL im Internet:

https://onlinemarketing.de/news/category/suchmaschinenmarketing/sea

Kapitel 18

Was ist was? Buttons, Symbole und mehr im Google-Ads-Konto

Machen Sie sich mit den verschiedenen Einstellungen, Buttons, Symbolen und Hilfsfunktionen von Google Ads vertraut – ein wichtiger Vorteil, wenn es mal schnell gehen muss.

In diesem Kapitel erfahren Sie, welche Funktionen sich hinter den verschiedenen Buttons, Symbolen und Einstellungsmöglichkeiten verbergen. Wir stellen Ihnen Symbole und Anwendungen vor, die immer wieder in den unterschiedlichen Ebenen und Unterseiten des Google-Ads-Kontos auftauchen. Die verschiedenen Funktionen benötigen Sie vor allem zur Analyse und Optimierung Ihres Google-Ads-Kontos.

18.1 Benachrichtigungen zu Google Ads

Google Ads liebt es, Benachrichtigungen und Hinweise zu Ihrem Konto zu erstellen. Es gibt regelmäßig neue Vorschläge zu Keywords, die noch hinzugefügt werden könnten, oder zu Kampagnen, die mehr Budget vertragen würden. Diese Benachrichtigungen werden rechts oben in Ihrem Google-Ads-Konto eingeblendet. Alternativ können Sie auf die Glocke klicken (siehe Abbildung 18.1). Per Klick auf den Button AUFRUFEN können Sie in der Vorschau entscheiden, ob die Vorschläge für Sie interessant sind. Alternativ können Sie die Empfehlungen aber auch ohne weitere Infos einfach durch einen Klick auf ÜBERNEHMEN aktivieren. Eine ungeprüfte Übernahme der Google-Vorschläge ist jedoch nicht empfehlenswert. Falls die Google-Tipps für Sie nicht relevant sind, klicken Sie einfach auf SCHLIESSEN.

Bitte denken Sie unbedingt daran, dass Sie nicht alle Vorschläge unreflektiert übernehmen sollten. Der Job von Google besteht natürlich darin, Ihnen viele neue Dinge und Möglichkeiten vorzuschlagen. Ihr Job besteht jedoch darin, nur das für Sie Notwendige auszuwählen. Es ist also wichtig, dass Sie die Vorschläge selbst beurteilen und nur solche Keywords oder Budgetempfehlungen übernehmen, die Sie selbst für sinnvoll erachten.

Falls Sie die Nachrichten gelesen, aber keine Schaltfläche angeklickt haben, bleiben die Nachrichten in Ihrem Konto erhalten. Möchten Sie die Benachrichtigung noch einmal anschauen, dann klicken Sie einfach wieder auf die Glocke. Sind aktuelle, ungelesene Nachrichten vorhanden, so werden diese durch ein rotes Ausrufezeichen neben der Glocke signalisiert.

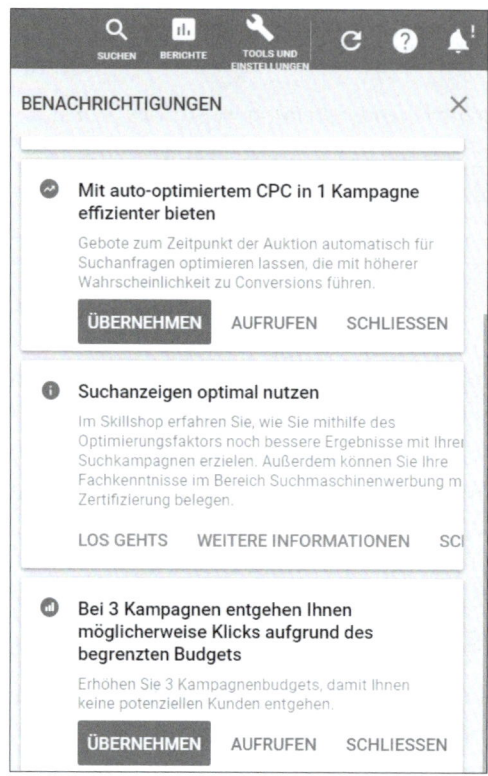

Abbildung 18.1 Neue Nachrichten und Empfehlungen von Google Ads

18.2   Auf den aktuellen Zeitraum achten

Hinweis

Achten Sie immer auf den aktuell festgelegten Zeitraum Ihrer Datenansicht im Google-Ads-Konto!

Bevor Sie sich eine Statistik genauer anschauen, sollten Sie sich immer zuerst vergewissern, welchen Zeitraum Sie aktuell betrachten (siehe Abbildung 18.2.). In der rechten oberen Ecke Ihres Google-Ads-Kontos finden Sie den Zeitraum, der gerade für Ihre Statistiken aktiviert ist.

Es kann schnell zu einer Schrecksekunde kommen, falls Sie nicht genau wissen, welchen Zeitraum Sie gerade in Ihrem Google-Ads-Konto betrachten, und Sie plötzlich höhere Ausgaben als erwartet in Ihren Berichten sehen. Bevor Sie also Ihre Daten anschauen, sollten Sie immer kurz den aktuell aktivierten Zeitraum kontrollieren. Standardmäßig sind in Google Ads beim Aufruf eines neuen Berichts die letzten 7 Tage eingestellt.

Abbildung 18.2 Den Zeitraum für die Statistiken festlegen

Nachdem Sie den Zeitraum ausgewählt und bestätigt haben, erscheint die aktuelle Auswahl in der rechten oberen Ecke des Google-Ads-Kontos unterhalb der Kopfleiste. Achten Sie auch auf die kleinen Navigationspfeile neben der Zeitauswahl (siehe Abbildung 18.3). Hier können Sie einfach per Klick rückwärts und auch vorwärts springen. Die jeweiligen Zeitfenster haben dann immer die gleiche Größe wie der zuvor ausgewählte Zeitraum.

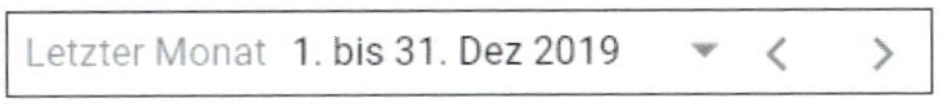

> Letzter Monat 1. bis 31. Dez 2019   ▾ < >

Abbildung 18.3 Zeiträume wechseln

> **Diese Standardeinstellungen sollten Sie nutzen**
>
> Sie sollten als Standardzeiteinstellung für Ihre Berichte den aktuellen Monat oder die letzten 30 Tage wählen. Nur bei sehr großen Konten oder aktuellen Veränderungen, die Sie vorgenommen haben, machen auch kürzere Zeiträume Sinn. Zum Beginn eines neuen Monats sollten Sie dann immer die Zahlen des vorherigen Monats kontrollieren. Zur Analyse längerer Zeiträume wählen Sie dann die benutzerdefinierte Zeitauswahl.

Um die benutzerdefinierte Zeitauswahl zu nutzen, klicken Sie einfach zunächst auf das kleine Dreieck neben dem ausgewählten Zeitraum. Im nächsten Schritt folgt der Klick auf BENUTZERDEFINIERT ❶. Dann können Sie direkt neben BENUTZERDEFINIERT das Start- und Enddatum ❷ im Zahlenformat eingeben oder die praktische Kalenderfunktion nutzen (siehe Abbildung 18.4). Tipp: Ein Klick auf das Dreieck ❸ neben der Monatsbezeichnung öffnet eine Liste, um schnell zurückliegende Monate ❹ und Jahre ❺ auszuwählen und so große Zeiträume zu bestimmen.

Abbildung 18.4 Benutzerdefinierte Zeitauswahl mit Kalenderfunktion

18.3   Filter: Alle – Alle aktivierten – Alle bis auf entfernte

Die wichtigsten Funktionen sind die Filtermöglichkeiten, denn in Ihrem Google-Ads-Konto geht nichts verloren! Kampagnen, Anzeigengruppen, Keywords oder auch Anzeigentexte, die Sie gerade pausieren, aber auch Elemente, die Sie bereits gelöscht haben, sind stets in Ihrem Google-Ads-Konto zugegen.

Dies hat zum einen den Vorteil, dass Sie auch zu einem späteren Zeitpunkt noch auf Ihre Statistiken zugreifen können – auch wenn das Element bereits gelöscht wurde. Es hat jedoch auf der anderen Seite den Nachteil, dass Ihr Google-Ads-Konto schnell durch viele Daten aufgebläht werden kann. Dies passiert vor allem, wenn Kampagnen, Anzeigengruppen oder Keywords öfter gelöscht worden sind. Viele Zeilen mit aktuell ungenutzten Daten machen die Statistiken in Ihrem Google-Ads-Konto dann sehr schnell unübersichtlich. Zu diesem Zweck gibt es jedoch eine geniale Möglichkeit, die Sie auf jeden Fall anwenden sollten: die Filter. Sie finden Filtermöglichkeiten an verschiedenen Stellen, die wir Ihnen im Folgenden vorstellen wollen.

Hauptfilter in der Navigationsleiste

Auf der linken Seite finden Sie oberhalb der Navigation drei vertikale Navigationspunkte ❶ (siehe Abbildung 18.5). Ein Klick öffnet eine Dropdown-Liste, mit der Sie Ihre aktuelle Ansicht filtern können. Sie können hier die beiden Ebenen *Kampagnenstatus* und *Anzeigengruppenstatus* ansprechen und nach den drei folgenden Kriterien filtern:

- ▶ ALLE
- ▶ ALLE AKTIVIERTEN
- ▶ ALLE BIS AUF ENTFERNTE

Zusätzlich können Sie an dieser Stelle auch noch *Entwürfe* und *Kampagnentypen* ein- bzw. ausblenden.

Sie können mit dieser Funktion z. B. für die Kampagnenebene festlegen, ob Sie alle Kampagnen sehen möchten, die gerade aktiviert sind, oder ob Sie nur die gelöschten ausschließen möchten. In der Standardeinstellung sollten Sie über den Filter ALLE AKTIVIERTEN ❸ (siehe Abbildung 18.6) nur die Kampagnen auswählen, die gerade aktiviert sind. So erhalten Sie einen Überblick über die wichtigsten Daten für Ihren normalen »Google-Ads-Alltag«.

An dritter Stelle finden Sie die Filtermöglichkeit ALLE BIS AUF ENTFERNTE ❹. Bei dieser Auswahl werden neben den Kampagnen, die gerade aktiviert sind, zusätzlich diejenigen Kampagnen angezeigt, die gerade pausieren. Diese Auswahl macht vor allem dann Sinn, wenn Sie Ihr Konto nach solchen Kampagnen durchsuchen möchten, die Sie z. B. nach einer Optimierungsmaßnahme wieder aktivieren wollen.

18

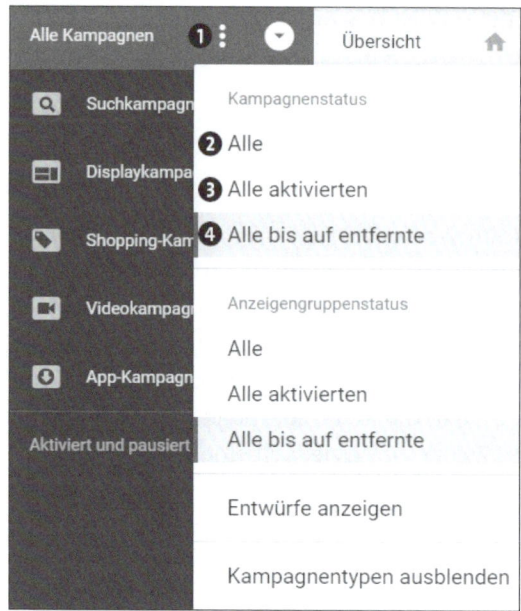

Abbildung 18.5 Hauptfilter im Google-Ads-Konto

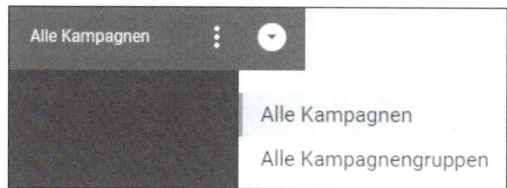

Abbildung 18.6 Filtern nach Kampagnen oder Kampagnengruppen

Falls Sie ALLE ❷ ausgewählt haben, so sehen Sie wirklich alle Kampagnen, egal ob diese aktuell pausiert sind oder auch schon zu einem früheren Zeitpunkt von Ihnen gelöscht wurden. Diese Ansicht verwirrt viele Google-Ads-Nutzer, weil allgemein angenommen wird, dass gelöschte Elemente auch wirklich gelöscht und somit nicht mehr sichtbar sind. In Ihrem Google-Ads-Konto können Sie die gelöschten Elemente jedoch nur »unsichtbar machen«, indem Sie diese über die Filtereinstellungen ausschließen.

Filtern nach Kampagnengruppen

Oberhalb der Navigationsleiste finden Sie neben den drei vertikalen Punkten auch noch ein Dreieck, das ebenfalls eine Dropdown-Liste öffnet und oft mit der Standard-filtermöglichkeit verwechselt wird. Hier kann aber nur ein Filter auf ALLE KAMPAGNEN bzw. ALLE KAMPAGNENGRUPPEN gesetzt werden (siehe Abbildung 18.6).

Was sind Kampagnengruppen?

Verschiedene Kampagnen können zu Kampagnengruppen zusammengefasst werden, um Leistungsziele zu überwachen, die für diese Gruppe festgelegt worden sind. Dabei können Leistungsziele beispielsweise eine bestimmte Anzahl von Klicks, Conversions oder ein Conversion-Wert sein.

Durch die Gruppierung und das zugehörige Leistungsziel kann die Google-Ads-Werbung einfacher kontrolliert werden. Es ist sogar möglich, eine einzelne Kampagne zu hinterlegen, um so das Leistungsziel der einzelnen Kampagne besser zu kontrollieren.

Filtern nach Kampagnentypen

Wenn Sie neben den Kampagnen für das Suchnetzwerk auch noch andere Kampagnentypen nutzen (z. B. Display- oder Shopping-Kampagnen), dann werden Sie diese Filtereinstellungen lieben. In der Navigationsleiste können Sie nämlich einfach den jeweiligen Kampagnentyp auswählen (siehe Abbildung 18.7). So setzen Sie einen Filter, der die Übersicht erleichtert, wenn viele unterschiedliche Kampagnentypen erstellt worden sind.

In Kombination mit dem vorher besprochenen Aktivierungsstatus der Kampagnen und/oder Anzeigengruppen erhalten Sie auf diese Weise schnell einen Überblick über die aktuell wichtigen Kampagnen, die Sie dann genauer analysieren können. Möchten Sie wieder alle Kampagnen sehen? Dann klicken Sie im Kopf der Navigationsleiste einfach auf Alle Kampagnen.

Abbildung 18.7 Filtern nach Kampagnentypen

Individuelle Filterfunktionen

Last, but not least gibt es in jeder Statistik noch einmal die individuellen Filtermöglichkeiten. So können Sie beispielsweise auf das Filtersymbol oberhalb der Statistik klicken und über den Status festlegen, dass Sie nur aktive und freigegebene Keywords im Bericht angezeigt bekommen (siehe Abbildung 18.8).

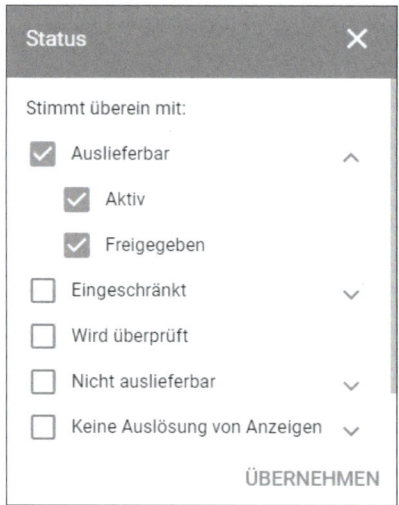

Abbildung 18.8 Keywords nach Status filtern

18.4   Die Suchfunktion im Google-Ads-Konto

Da Google quasi für den Begriff »Suche« steht, ist es nicht verwunderlich, dass auch im Google-Ads-Konto verschiedene Suchfunktionen integriert sind. Sie finden beispielsweise eine Suchfunktion in Ihrem Google-Ads-Konto jeweils oberhalb Ihrer Statistiken. Abhängig vom jeweiligen Bericht ist bereits vorgegeben, wonach man per Eingabe suchen kann, z. B. nach Kampagnen (siehe Abbildung 18.9).

Abbildung 18.9 Suchfunktion auf Kampagnenebene

Oder Sie suchen nach Anzeigengruppen (siehe Abbildung 18.10).

Abbildung 18.10 Suchfunktion auf Anzeigenebene

Die Suchfunktion ist vor allem bei großen Konten interessant, wenn Sie eine bestimmte Kampagne oder Anzeigengruppe schnell finden müssen. In diesem Zusammenhang sei noch einmal darauf verwiesen, dass aussagekräftige Namen für Kampagnen und Anzeigengruppen immer hilfreich sind, um sich schnell zu orientieren oder wie hier schnell das Gesuchte zu finden. Nur wenn Sie die Namen von Kampagnen und Anzeigengruppen sinnvoll vergeben haben, können Sie diese über die Suchfunktion auch einfach wiederfinden.

Die Suchfunktion im Google-Ads-Konto wird in der Praxis öfter auf Keyword-Ebene eingesetzt. Da die Liste der Keywords meistens einen sehr großen Umfang besitzt, bietet die Suchfunktion hier eine sinnvolle Unterstützung, weil Sie auf diese Weise große Datenmengen zu bestimmten Begriffen schnell durchforsten können.

> **Beispiel: So nutzen Sie das Suchfeld**
>
> Sie möchten innerhalb Ihrer Keyword-Liste in Ihrem Konto alle Suchbegriffe finden, die mit dem Begriff »Seminar« verbunden sind. Geben Sie dazu oberhalb der Keyword-Statistik einfach das Wort *seminar* in das Suchfeld ein, und bestätigen Sie dies mit ⏎ auf Ihrer Tastatur.

Die Suchfunktion verhält sich wie ein gesetzter Filter, der für alle Elemente überprüft, ob der vorgegebene Begriff enthalten ist (siehe Abbildung 18.11). Haben Sie das gesuchte Element gefunden, z. B. alle Keywords, die den Begriff »Seminar« enthalten, so können Sie den Filter wieder aufheben, indem Sie einfach auf den Begriff klicken und dann den Begriff ändern oder indem Sie über einen Klick auf das X die Eingabe verlassen und dann mit dem zweiten Klick auf das X hinter dem gesuchten Keyword die Suche entfernen.

18

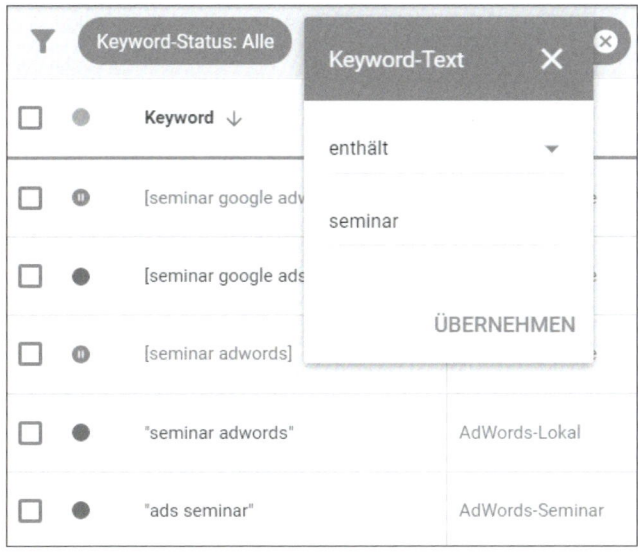

Abbildung 18.11 Aktivierte Suchfunktion mit eingeblendetem Filter

> **Weitere Tipps zur Suchfunktion**
>
> Sobald Sie einen neuen Begriff eingeben, überschreibt dieser den gesetzten Filter. Falls Sie zwei oder mehr Begriffe eingeben, so müssen die eingegebenen Begriffe auch in dieser Reihenfolge vorkommen, damit sie angezeigt werden. Es werden jedoch auch Keywords angezeigt, die den gesuchten Begriff als Teilelement enthalten.

Sie können die Suchfunktion auch übergeordnet nutzen, selbst wenn Sie schon eine bestimmte Kampagne oder Anzeigengruppe gewählt haben. Geben Sie dazu die Begriffe nur in das Suchfeld ein. Google Ads erstellt direkt auch Vorschläge zu anderen Kampagnen, die den gesuchten Begriff enthalten (siehe Abbildung 18.12). Ein Klick auf das jeweilige Ergebnis verlinkt dann direkt in den zugehörigen Bereich.

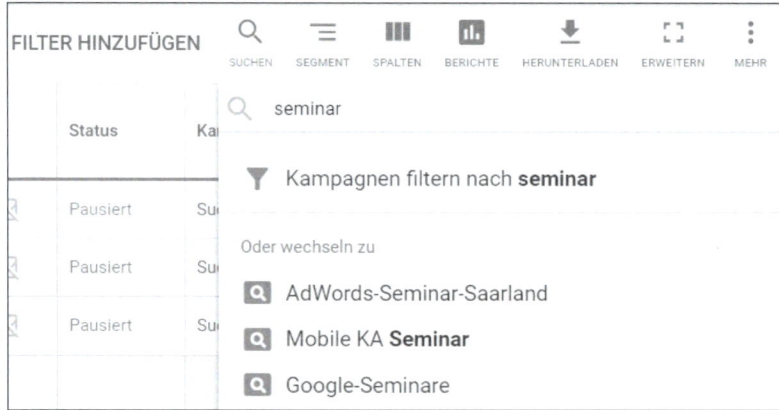

Abbildung 18.12 Allgemeine Suchfunktion mit Vorschlägen zu anderen Kampagnen

> **Achten Sie auf die aktuell gefilterten Kampagnen**
>
> Bitte beachten Sie die Einstellungen der aktuell gefilterten Kampagnen in der linken Navigationsleiste. Sie finden am unteren Ende beispielsweise den Hinweis PAUSIERTE UND ENTFERNTE KAMPAGNEN SIND AUSGEBLENDET, falls Sie sich nur die aktiven Kampagnen anschauen. Im Kopfbereich finden Sie quasi als Breadcrumb-Navigation den Hinweis auf den aktuell ausgewählten Kampagnentyp, z. B. ALLE KAMPAGNEN ▸ SUCHKAMPAGNEN. Da Sie nur Elemente der vorgefilterten Bereiche anschauen können, ist es wichtig zu wissen, was Sie gerade betrachten.

18.5   Suche und Tastenkombinationen

Google hat im Headerbereich noch eine Suchfunktion eingebaut, damit Sie schnell einen gewünschten Bereich, z. B. die Grundeinstellungen, Abrechnungen oder die Bibliothek etc., aufzurufen können, ohne sich durch die Navigation klicken zu müssen. Ein Klick auf die Lupe im Headerbereich öffnet wie gewohnt eine Sucheingabe (siehe Abbildung 18.13).

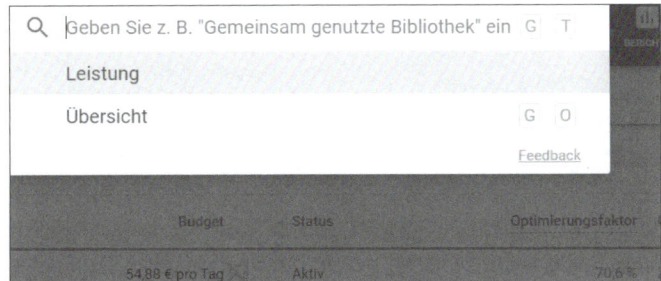

Abbildung 18.13 Suchfunktion im Header

Nachdem Sie die ersten Buchstaben getippt haben, schlägt Google, wie Sie das von Google-Suggest in der Online-Suche schon kennen, erste passende Begriffe vor – hier dann Bereiche aus dem Google-Ads-Konto. Falls Sie wie in unserem Beispiel »Anzei« eingetippt haben (siehe Abbildung 18.14) und zum Anzeigenbereich in Ihrem Konto navigieren möchten, können Sie ganz einfach auf den Vorschlag ANZEIGEN klicken.

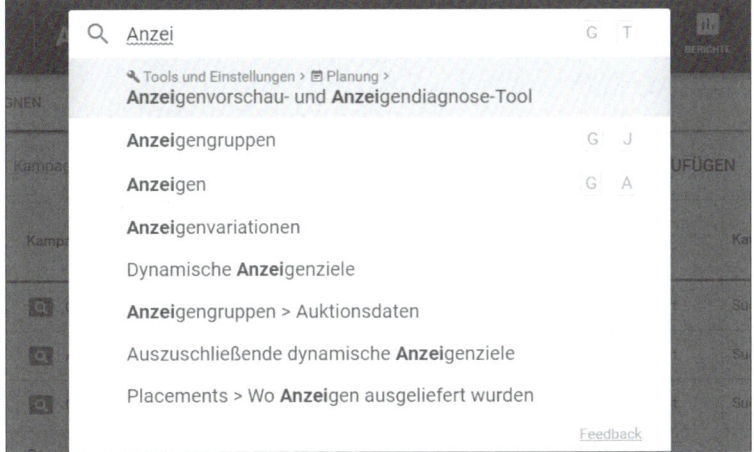

Abbildung 18.14 Google schlägt Bereiche aus dem Google-Ads-Konto vor.

Es gibt jedoch noch eine andere Möglichkeit, um schnell zu einem bestimmten Bereich im Google-Ads-Konto zu gelangen, ohne die Navigation zu nutzen: Sie können auch sogenannte Shortcuts eingeben. In Abbildung 18.15 sehen Sie, welche Abkürzungen Google Ads für Sie bereithält. Möchten Sie beispielsweise den Bereich der »Abrechnungen und Zahlungen« in Ihrem Ads-Konto aufrufen, so halten Sie die Taste [Alt Gr] gedrückt und geben dann zusätzlich die Buchstabenkombination [G] + [B] ein. Die Tastenkombination [⇧] + [A] ruft wiederum alle Kampagnen auf. Wenn Sie die wichtigsten Shortcuts verinnerlicht haben, ist das natürlich die einfachste Möglichkeit, um schnell in Ihrem Ads-Konto zu navigieren.

?		Liste der Verknüpfungen ein- oder ausblenden	Shift	+	W	Navigationsbereich ein- oder ausblenden
G	T	einer Seite	Shift	+	A	Siehe Alle Kampagnen
G	B	Abrechnung und Zahlungen aufrufen	Shift	+	S	Siehe Suchkampagnen
G	S	Einstellungen aufrufen	Shift	+	D	Siehe Displaykampagnen
G	O	Übersicht aufrufen	Shift	+	V	Siehe Videokampagnen
G	C	Kampagnen aufrufen	Shift	+	P	Siehe Shopping-Kampagnen
G	J	Anzeigengruppen aufrufen	Shift	+	N	Neu erstellen
G	A	Anzeigen aufrufen	Ctrl	+	C	Kopieren
G	X	Erweiterungen aufrufen	Ctrl	+	V	Einfügen
G	K	Suchnetzwerk-Keywords aufrufen	Shift	+	R	Daten aktualisieren
G	Y	Empfehlungen aufrufen	Shift	+	H	Menü "Hilfe"
			Shift	+	M	Kontoauswahl öffnen

Abbildung 18.15 Tastenkombinationen (Shortcuts) zum direkten Aufruf einer Funktion oder eines Bereichs im Ads-Konto

18.6 Spalten aktivieren und sortieren

Möchten Sie einzelne Kennzahlen in Ihrem Google-Ads-Konto näher analysieren und dazu bestimmte Daten auf- oder absteigend sortieren, so ist dies einfach über einen Klick auf die Spaltenbezeichnung im Kopf der Statistiken möglich (siehe die Markierung in Abbildung 18.16).

Klicken Sie im Header auf den Namen der Datenspalte, die sortiert werden soll. In der ausgewählten Zelle im Headerbereich erscheint ein Pfeil, der anzeigt, ob die Spalte auf- oder absteigend sortiert wird. Ein weiterer Klick in die jeweilige Zelle ändert die Sortierungsrichtung. Möchten Sie z. B. in einer Kampagnenübersicht sehen, welche Kampagne die meisten Kosten verursacht hat, so klicken Sie einfach in die Zelle Kosten und sortieren Ihre Kampagnen auf- bzw. absteigend nach Kosten.

↓ Kosten	Impr.	Klicks	CTR
8.921,57 €	1.095.979	19.227	1,75 %
753,43 €	56.220	1.694	3,01 %
403,27 €	29.358	746	2,54 %
313,10 €	35.598	526	1,48 %
308,45 €	48.555	435	0,90 %
306,14 €	30.939	451	1,46 %
299,69 €	37.431	451	1,20 %

Abbildung 18.16 Aktivierte Spalten sortieren

18.7   Wichtige Funktionen und Tools

Das Google-Ads-Konto verändert sein Aussehen mit der Zeit, denn es kommen öfter neue Tools, Icons oder grundsätzliche Funktionalitäten hinzu. Wenn Sie die Funktionen der verschiedenen Symbole kennen, so ist es für Sie zukünftig auch einfacher, die Neuerungen im Konto intuitiv zu nutzen.

Einheitliche Symbole in verschiedenen Google-Tools

Viele Google-Programmierer arbeiten an unterschiedlichen Tools. Dadurch haben sich in der Vergangenheit unterschiedliche Icons und Bearbeitungsmöglichkeiten entwickelt. In letzter Zeit ist jedoch erkennbar, dass eine bessere Abstimmung der Entwickler untereinander stattgefunden hat. Durch diese Abstimmung haben sich Buttons, Symbole und Bearbeitungsmöglichkeiten etabliert, die Sie auch in anderen Google-Tools wiederfinden, z. B. in Google-Analytics:

https://analytics.google.com/analytics/web/

18.7.1   Die Dropdown-Listen

Viele Buttons, die Sie im Google-Ads-Konto anklicken können, entpuppen sich als sogenannte Dropdown-Listen. Diese Listen sind durch ein kleines Dreieck auf der rechten Seite gekennzeichnet (siehe Abbildung 18.17). Nach dem Klick auf das Dreieck bzw. auf die zugehörige Schaltfläche können Sie eine Funktionsauswahl in der Dropdown-Liste treffen, die dann entweder direkt ausgeführt wird (wie z. B. KOPIEREN) oder den nächsten Schritt einleitet (beispielsweise die Auswahl von MAX. CPC-GEBOTE ÄNDERN). In unserem Beispiel wurden zunächst drei Keywords ausgewählt, die dann entsprechend bearbeitet werden können.

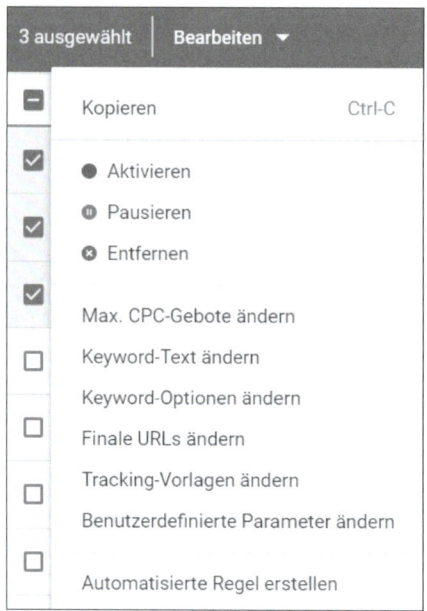

Abbildung 18.17 Dropdown-Liste mit Funktionsauswahl

Es kann auch vorkommen, dass Sie innerhalb der Dropdown-Liste über ein Dreieck auf der rechten Seite weiter zur Auswahl eines untergeordneten Tools oder einer Einstellungsmöglichkeit geführt werden (siehe Markierung in Abbildung 18.18).

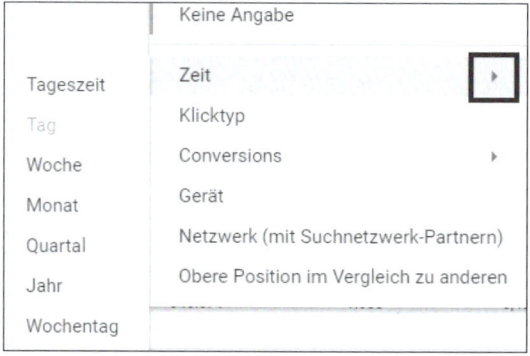

Abbildung 18.18 Unterordner in der Dropdown-Liste

Google nutzt das kleine Dreieck aber auch, wenn bestimmte Unterpunkte aus Platzmangel nicht mehr dargestellt werden können. Wenn beispielsweise wie in Abbildung 18.19 in der oberen Navigation neben SUCHBEGRIFFE kein Platz mehr für den Unterpunkt AUKTIONSDATEN vorhanden ist, dann können Sie über das Dreieck zu AUKTIONSDATEN navigieren.

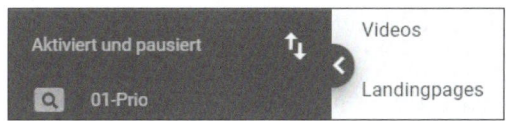

Abbildung 18.19 Weitere Navigationspunkte verstecken sich hinter dem Dreieck.

Schließlich wird das Dreieck, das nach verschiedenen Design-Updates nun eine spitze Klammer ist, auch zum Ein- und Ausklappen von Menüleisten verwendet. Dieses Symbol finden Sie in der Mitte der linken Menüleiste. An dieser Stelle kann das linke Navigationsmenü ein- und ausgeklappt werden (siehe Abbildung 18.20).

Abbildung 18.20 Ein- und Ausklappen der Navigationsleiste

Wussten Sie, dass Sie Ihre Kampagnenliste im linken Menü nicht nur alphabetisch, sondern auch nach Kosten, Impressionen, Budget und noch vielen weiteren Attributen (siehe Abbildung 18.21) sortieren können? Auch hier finden Sie das kleine Dreieck wieder. Hinter dem Dreieck versteckt sich die jeweilige Bedingung, nach der dann sortiert wird.

Sortierkriterium für die Kampagnen	
Alphabetisch	▶
Kosten	▶
Status	▶
Conversions	▶
Impressionen	▶
Budget	▶

Abbildung 18.21 Kampagnen nach unterschiedlichen Kriterien sortieren

18.7.2   Etwas »Neues« anlegen – so geht's

Möchten Sie in Google Ads etwas Neues anlegen, dann müssen Sie im neuen Google-Ads-Interface auf den blauen Kreis achten ⊕, während Sie früher auf einen roten Plus-Button geklickt haben. Google Ads »freut sich«, wenn etwas Neues angelegt werden soll. Das Google-Ads-Konto lebt von neuen Kampagnen, Anzeigengruppen oder Keywords. Daher wird die Möglichkeit zum Neuanlegen immer recht groß und prominent dargestellt.

Im Google-Ads-Konto können Sie über den Kreis ⊕, der etwas an das alte Google+-Design erinnert, alle Standardelemente neu anlegen, also z. B. Kampagnen, Anzeigengruppen, Keywords (siehe Abbildung 18.22) und Textanzeigen.

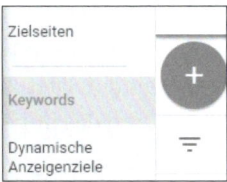

Abbildung 18.22 Button zum Einfügen neuer Keywords auf Keyword-Ebene

Der blaue Kreis mit dem Plus wird im Google-Ads-Konto jedoch nicht immer konsequent für alle Bereiche genutzt, wo etwas Neues angelegt werden soll. Abbildung 18.23 zeigt den Button zwar als Start zum Anlegen einer neuen Liste für auszuschließende Keywords.

Abbildung 18.23 Button zum Erstellen einer neuen Keyword-Liste

Andererseits finden Sie bei den Anzeigenerweiterungen auch einmal einen Radiobutton mit der Bezeichnung NEU ERSTELLEN (siehe Abbildung 18.24). Hier wird kein blauer Kreis benötigt. Falls Sie keine der vorhandenen Erweiterungen nutzen möchten, reicht es, NEU ERSTELLEN anzuklicken, um das Formular für das Neuanlegen zu starten.

Abbildung 18.24 Auch der Radiobutton kann als Start für ein neues Element dienen.

18.7.3   Funktion der Checkboxen im Google-Ads-Konto

Checkboxen besitzen im Google-Ads-Konto eine wichtige Funktion, da die Nutzer über sie Elemente auswählen können, um diese dann im nächsten Schritt zu bearbeiten. Aktivieren Sie die Checkboxen vor mehreren Keywords, so können diese beispielsweise gleichzeitig bearbeitet, korrigiert oder gelöscht werden (siehe Abbildung 18.25).

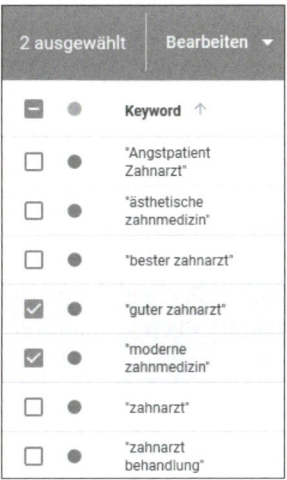

Abbildung 18.25 Checkboxen zur Markierung von Keywords

Markieren Sie einzelne Keywords zur Anpassung der CPC-Gebote

Die Auswahl bestimmter Keywords können Sie beispielsweise nutzen, wenn Sie die maximalen CPC-Gebote mehrerer ausgewählter Keywords gleichzeitig verändern möchten.

Wenn Sie die Checkbox im Header einer Tabelle aktivieren, so werden alle Elemente innerhalb dieser Tabelle markiert (siehe die Markierung in Abbildung 18.26).

18

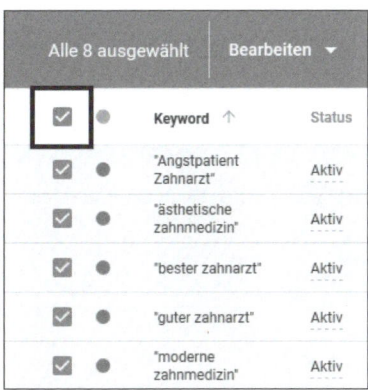

Abbildung 18.26 Aktivierung der Checkbox im Header

Diese Elemente können dann ebenfalls bearbeitet werden. Sie können die Checkbox im Header aber auch nutzen, um eine Auswahl bestimmter Keywords wieder aufzuheben. Klicken Sie einfach zweimal in die Header-Checkbox. Beim ersten Mal werden alle Elemente markiert, beim zweiten Klick werden diese wieder deaktiviert.

> **Markieren Sie alle Keywords zur Änderung aller Keyword-Optionen**
>
> Die Auswahl aller Keywords einer Anzeigengruppe ist nützlich, wenn Sie mit einem Arbeitsschritt die Keyword-Optionen aller Keywords dieser Anzeigengruppe gleichzeitig ändern möchten.

Im neuen Google-Ads-Design finden Sie die Checkboxen aber auch noch an vielen anderen Stellen. Sie können mithilfe der Checkboxen sowohl Einstellungsoptionen (wie z. B. bei Kampagnen im Displaynetzwerk, siehe Abbildung 18.27) als auch die Auswahl der Berichtsspalten (siehe Abbildung 18.28) in Ihren Statistiken vornehmen.

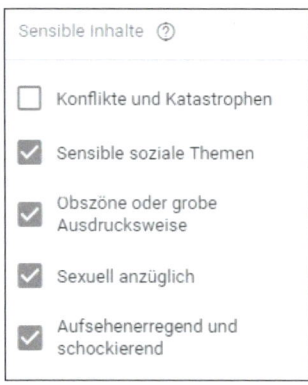

Abbildung 18.27 Checkboxen zur Auswahl unerwünschter Inhalte bei Werbepartnern im Displaynetzwerk

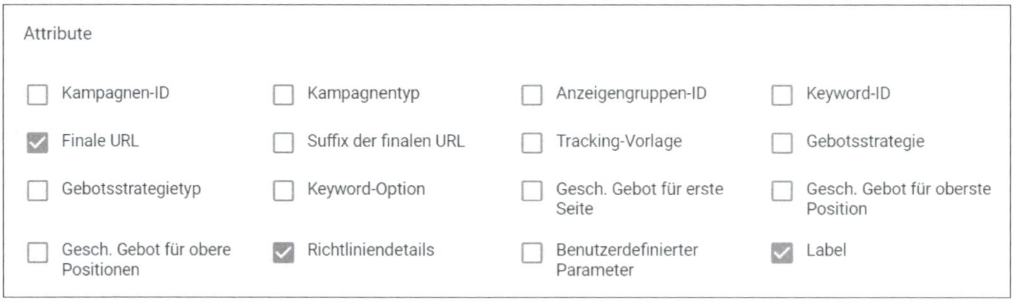

Attribute			
☐ Kampagnen-ID	☐ Kampagnentyp	☐ Anzeigengruppen-ID	☐ Keyword-ID
☑ Finale URL	☐ Suffix der finalen URL	☐ Tracking-Vorlage	☐ Gebotsstrategie
☐ Gebotsstrategietyp	☐ Keyword-Option	☐ Gesch. Gebot für erste Seite	☐ Gesch. Gebot für oberste Position
☐ Gesch. Gebot für obere Positionen	☑ Richtliniendetails	☐ Benutzerdefinierter Parameter	☑ Label

Abbildung 18.28 Checkboxen bei der Spaltenauswahl

18.7.4   Der Stift zur Bearbeitung

An vielen Stellen in Ihrem Google-Ads-Konto finden Sie einen kleinen Stift ❸, hinter dem sich eine Bearbeitungsfunktion verbirgt (siehe Abbildung 18.29). Dieser Stift erscheint, wenn Sie mit Ihrer Maus über eine Fläche fahren, z. B. über die Texte Ihrer Anzeigen.

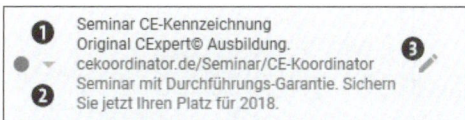

Abbildung 18.29 Stiftfunktionen zur Bearbeitung von Textanzeigen

Bei der Bearbeitung von Textanzeigen kommen jedoch mehrere Funktionen zusammen. Ein Klick auf den blauen Link ❶ im Titel der Textanzeigen öffnet in einem neuen Fenster die Landingpage, die als Ziel-URL in der Anzeige hinterlegt ist. Dieser Klick verursacht übrigens keine Kosten. Um die Bearbeitungsfunktion über den Stift ❸ zu erreichen, müssen Sie weiter rechts neben dem Titel klicken.

Durch die beiden Funktionen in der kleinen Anzeigenbox kann es schon mal passieren, dass ungewollt die Landingpage aufgerufen wird, obwohl die Anzeige nur bearbeitet werden sollte.

Als dritte Möglichkeit finden Sie links neben der Anzeige dann auch noch ein kleines Dreieck ❷. Dort können Sie über eine Dropdown-Liste eine Einstellung zum AKTIVIEREN oder PAUSIEREN der Anzeige auswählen.

Es gibt Flächen im Konto, wo Sie zunächst nicht direkt erkennen können, dass es eine Bearbeitungsmöglichkeit gibt. Sie müssen daher manchmal mit der Maus über eine Spalte oder Tabellenzelle fahren, damit der Stift und somit die Bearbeitungsfunktion erscheint.

Neben dem eher unscheinbaren Bearbeitungsstift zur Änderung von Textanzeigen finden wir im Google-Ads-Konto auch eine große Version, mit der die Ausrichtungsmöglichkeiten im Displaynetzwerk bearbeitet werden können (siehe Abbildung 18.30). Es könnte sein, dass Google dieses Symbol zukünftig stärker nutzt, weil es sich vom Design her an den Plus-Button zum Anlegen neuer Elemente anlehnt.

Abbildung 18.30 Großer Bearbeitungsstift im Google-Ads-Konto

18.7.5   Pluszeichen

Das Hinzufügen neuer Keywords wird durch das vorangestellte Plus symbolisiert (siehe Abbildung 18.31).

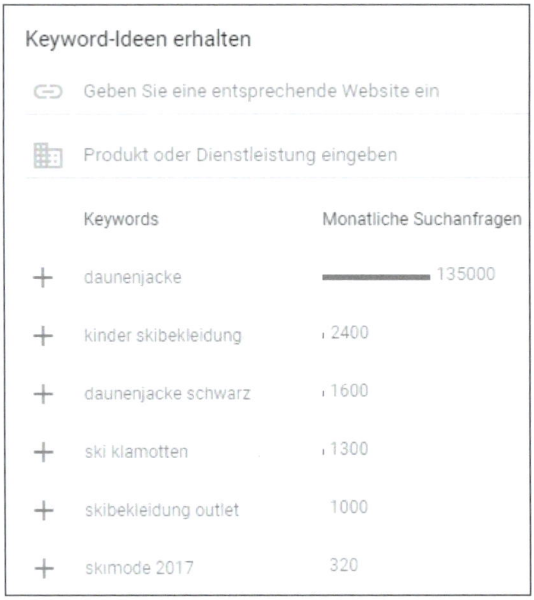

Keyword-Ideen erhalten

⊂⊃   Geben Sie eine entsprechende Website ein

⊞   Produkt oder Dienstleistung eingeben

Keywords	Monatliche Suchanfragen
+ daunenjacke	▬▬▬▬ 135000
+ kinder skibekleidung	⊦ 2400
+ daunenjacke schwarz	⊦ 1600
+ ski klamotten	⊦ 1300
+ skibekleidung outlet	1000
+ skimode 2017	320

Abbildung 18.31 Klicken Sie auf das Plus, um neue Keywords hinzuzufügen.

18.7.6   Fragezeichen – versteckte Informationen finden

Wenn Sie hinter einer Bezeichnung im Google-Ads-Konto ein Fragezeichen sehen, können Sie sie mit Ihrem Mauszeiger ansteuern (Mouse-over). Sie erhalten dann weitere Informationen, sogenannte Tool-Tipps, zu dem entsprechenden Begriff oder der entsprechenden Funktion (siehe die Markierung in Abbildung 18.32).

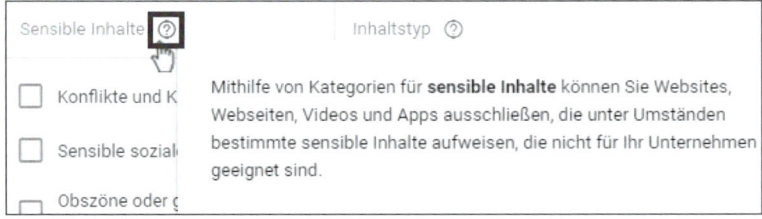

Abbildung 18.32 Fragezeichen rufen Zusatzinformationen auf.

Bei vielen Symbolen im Konto (z. B. beim Gebotssimulator) oder auch bei den Spalten der Google-Ads-Statistiken fehlt jedoch ein Fragezeichen. Hier können Sie trotzdem per Mouse-over Informationen und Definitionen abrufen. Wenn Sie beispielsweise mit Ihrer Maus in den Kopf der Berichtsspalten fahren, erhalten Sie eine Erklärung zur jeweiligen Spalte. Mithilfe dieser Funktion werden im Google-Ads-Konto z. B. Begriffe wie *Impressionen*, *CTR* oder auch *Max. CPC* erklärt und zum Teil anhand zusätzlicher Beispiele näher erläutert (siehe Abbildung 18.33).

Abbildung 18.33 Rufen Sie eine Erklärung einfach per Mouse-over ab.

18.7.7   Simulationen im Konto

An manchen Stellen finden Sie in Ihrem Google-Ads-Konto ein kleines Kästchen mit einem angedeuteten Liniendiagramm (siehe Abbildung 18.34). Dahinter verbergen sich die sogenannten Simulatoren, z. B. in Form des Budgetsimulators auf Kampagnenebene.

Abbildung 18.34 Budgetsimulator auf Kampagnenebene

Häufiger finden Sie jedoch den Gebotssimulator auf Keyword-Ebene direkt hinter dem aktuellen CPC-Gebot (siehe Abbildung 18.35).

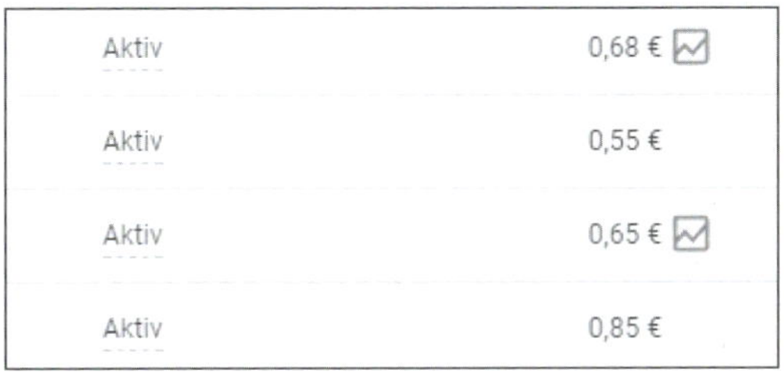

Aktiv	0,68 € ☑
Aktiv	0,55 €
Aktiv	0,65 € ☑
Aktiv	0,85 €

Abbildung 18.35 Gebotssimulator auf Keyword-Ebene

Beide Simulatoren enthalten Tipps zu veränderten Budgets bzw. Geboten und simulieren, wie sich bestimmte Veränderungen auf Ihre Werbekampagnen auswirken. Wenn Sie beispielsweise den Budgetsimulator anklicken, sehen Sie wie in Abbildung 18.36, wie sich unterschiedliche – meistens höhere – Budgets auf Kosten und Interaktionen (Klicks) auswirken.

Google baut jedoch laufend neue Simulatoren ein. So wurden Ende 2019 verschiedene *Smart Bidding-Simulatoren* zum Google-Ads-Konto hinzugefügt.

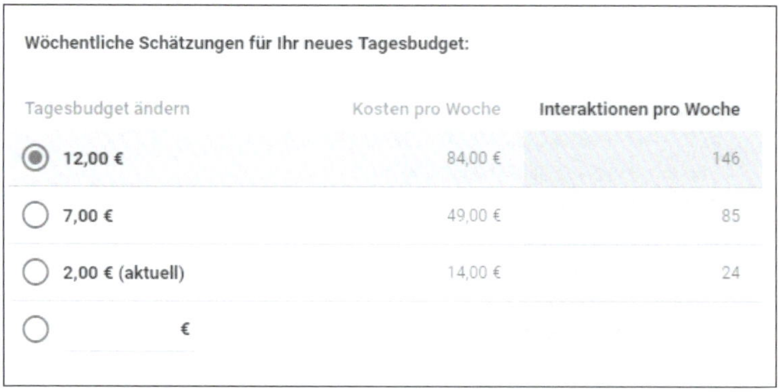

Wöchentliche Schätzungen für Ihr neues Tagesbudget:

Tagesbudget ändern	Kosten pro Woche	Interaktionen pro Woche
⦿ 12,00 €	84,00 €	146
○ 7,00 €	49,00 €	85
○ 2,00 € (aktuell)	14,00 €	24
○ €		

Abbildung 18.36 Beispiel für verschiedene Schätzungen im Budgetsimulator

18.7.8   Interne und externe Verlinkung

Elemente im Google-Ads-Konto, die in blauer Farbe dargestellt werden, fungieren – wie meistens in der Internetwelt – als Link. Ein Klick auf diese Links führt Sie zu untergeordneten Navigationsebenen oder öffnet weiterführende Informationen bzw. Bearbeitungsmöglichkeiten. Sie können über die Links auch auf andere Ebenen navigieren.

Wenn Sie beispielsweise alle Kampagnen aufgerufen haben, können Sie per Klick auf einen Kampagnennamen in die jeweilige Kampagne navigieren und über einen weiteren Klick auf den Namen einer Anzeigengruppe die ausgewählte Gruppe aufrufen. Im Google-Ads-Backend gibt es auch ausgehende Links, z. B. zu Google Analytics oder zum Google Merchant Center. Wenn Sie mit der Maus über diese Links fahren, erscheint als Symbol ein Kästchen mit einem Pfeil (siehe Abbildung 18.37). Die ausgehende Verlinkung wird dann in einem neuen Tab geöffnet.

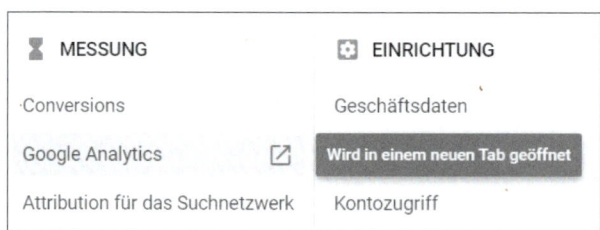

Abbildung 18.37 Die ausgehende Verlinkung öffnet einen neuen Tab.

18.7.9   Symbole: Aktivieren, Pausieren, Entfernen

Im Google-Ads-Konto finden Sie an vielen Stellen die drei Symbole aus Abbildung 18.38. Mithilfe dieser Auswahlmöglichkeiten können Elemente aktiviert, pausiert oder gelöscht werden.

- Aktivieren
- Pausieren
- Entfernen

Abbildung 18.38 Symbole zum »Aktivieren«, »Pausieren« und »Entfernen«

Bei der Bezeichnung der Symbole war Google in der Vergangenheit nicht immer einheitlich. Falls Sie also irgendwo einmal statt ENTFERNEN die Begriffe GELÖSCHT oder LÖSCHEN finden, dann steckt dahinter eigentlich immer die gleiche Funktion! Der grüne Kreis aktiviert, der Doppelstrich pausiert und das rote X entfernt das zugehörige Element. Mit diesen drei Funktionen werden im Google-Ads-Alltag meistens Kampagnen, Anzeigengruppen, Keywords oder Anzeigen gesteuert. Es können aber auch andere Elemente, z. B. die automatisierten Regeln, über diese Symbole aktiviert, pausiert oder entfernt werden.

18.7.10   Icons für verschiedene Kampagnentypen

Alle Kampagnen, die nur auf das Suchnetzwerk ausgerichtet sind, werden mit einem Lupensymbol markiert. Reine Displaynetzwerk-Kampagnen erhalten ein Icon, das an eine Website mit unterschiedlichen Inhaltsblöcken erinnert. Ein Preisschild dient als Symbol für eine Shopping-Kampagne. Eine Videokamera ist natürlich das passende Icon für die Videokampagnen, und ein Download-Symbol steht für die universelle App-Kampagne.

18

Achten Sie auf die Icons vor den Kampagnennamen

Falls Sie in der linken Navigationsleiste mit einem Blick wissen möchten, zu welchem Kampagnentyp eine bestimmte Kampagne gehört, so finden Sie diese Information vor dem Kampagnennamen. Die einzelnen Kampagnentypen werden nämlich durch vorangestellte Icons (siehe Abbildung 18.39) gekennzeichnet.

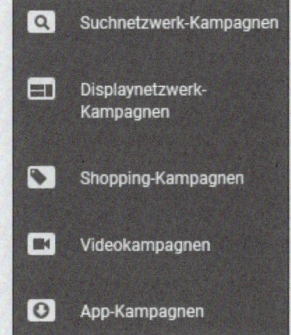

Abbildung 18.39 Icons zu den verschiedenen Kampagnentypen

18.7.11   Ein Werkzeugschlüssel ersetzt das Zahnrad

In vielen Google-Tools finden Sie ein Zahnrad-Symbol, das im Jahr 2013 von Google eingeführt wurde. Das Zahnrad-Symbol deutet immer auf grundlegende Einstellungsmöglichkeiten hin. So ist z. B. die Verwaltung in Google Analytics mit dem Zahnrad gekennzeichnet, aber auch viele Einstellungsmöglichkeiten im Google Tag Manager nutzen das Zahnrad-Symbol.

Google Ads hat im Headerbereich das Zahnrad durch einen Werkzeugschlüssel ersetzt (siehe Abbildung 18.40). Dahinter finden Sie alle wichtigen Tools, eine Bibliothek mit vielen Listen, die Einstellung zur Abrechnung der Werbekosten, aber auch alle wichtigen Kontoeinstellungen, wie z. B. den KONTOZUGRIFF.

Abbildung 18.40 Der Werkzeugschlüssel ersetzt das Zahnrad.

Bitte denken Sie daran, dass Google stets an seinen Tools arbeitet und auch das neue Interface immer noch weitere neue Features und Funktionen erhält. Somit finden Sie sicher noch zusätzliche Symbole, die hier nicht besprochen wurden. Eines der letzten neuen Icons, das wir im Google-Ads-Konto gesehen haben, war das Home-Symbol (siehe Abbildung 18.41).

Mit diesem Home-Icon können Sie die Startseite Ihres Google-Ads-Kontos festlegen. Nach dem Einloggen können Sie sich also wahlweise das Dashboard mit den wichtigsten Statistiken (Übersicht) anzeigen lassen oder den Bereich mit Ihren Kampagnen. Standardmäßig ist die ÜBERSICHT als Startseite eingestellt, das Haus wird dann in blauer Farbe angezeigt. Per Klick auf das Home-Symbol hinter KAMPAGNEN ändern Sie für den nächsten Login den Startbildschirm auf KAMPAGNEN.

Abbildung 18.41 Es tauchen immer wieder neue Symbole auf.

18.8   Was bewirken Segmente?

Mit Segmenten können Sie die Informationen in den Google-Ads-Berichten gruppieren. So können Sie z. B. die Google-Ads-Berichte nach einzelnen Wochentagen, nach
den Endgeräten oder vielen anderen Gruppen unterteilen. Sie erhalten eine Seg-
mentauswahl zum einen als Dropdown-Liste per Klick auf das Symbol ❶ oberhalb
Ihrer Kontostatistiken (siehe Abbildung 18.42) oder als zusätzliche Einstellung im
Download-Bereich Ihrer Berichte (siehe Abbildung 18.43).

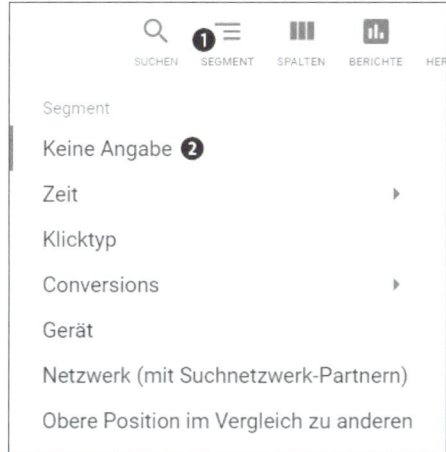

Abbildung 18.42 Segmente für Statistiken im Google-Ads-Konto auswählen

18

Segmentierung aufheben

Eine Segmentierung in Ihrem Google-Ads-Konto heben Sie per Klick auf KEINE AN-
GABE ❷ wieder auf.

Anders als bei der Segmentierung in der Live-Ansicht der Google-Ads-Statistiken
können Sie in Ihren Berichten, die Sie herunterladen, mehrere Segmentierungen hinzufügen. Sie können also z. B. eine Gruppierung nach Wochentag und noch zusätzlich nach der Stunde des Tages vornehmen. Bitte beachten Sie jedoch, dass dadurch
die Berichte immer weiter aufgebläht und somit auch unübersichtlicher werden.

Wie viele Segmentierungen kann man maximal einstellen?

Die Segmentierungen im Download-Bereich der Berichte waren in der alten Google-
Ads-Version auf maximal drei beschränkt. Nun sind noch mehr Segmentierungen
möglich, wobei Google jedoch ab der vierten Segmentierung warnt, dass der Download des Berichts eventuell nicht abgeschlossen werden kann. Sie sollten daher äußerst selten die maximale Anzahl der Segmentierungen ausreizen. Diese Art der Be-
richtsdarstellung erschwert zudem eine Auswertung eher, als dass sie nützt.

Abbildung 18.43 Segmentierung in der Download-Funktion eines Berichts

18.9 Grafiken – der schnelle Google-Ads-Überblick

Benötigen Sie einen schnellen Überblick zur Leistung Ihrer Werbekampagnen? Dann nutzen Sie einfach die Grafikfunktion oberhalb Ihrer Google-Ads-Statistiken. In der Standardeinstellung ist die Grafik eingeblendet. Mithilfe des kleinen Dreiecks (der spitzen Klammer), das Sie rechts unten neben der Grafik finden, können Sie diese ausblenden (siehe Abbildung 18.44). Zum Einblenden nutzen Sie wieder die spitze Klammer, die nun rechts oberhalb der Statistik platziert ist.

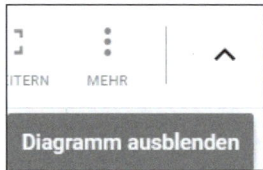

Abbildung 18.44 Diagramm einblenden

Konzentration auf das Wesentliche

Die Grafik ist zwar in der Standardansicht eingeschaltet, es hat sich jedoch bewährt, die Grafikansicht für die tägliche Arbeit auszublenden. Möchten Sie hingegen einen intensiveren Blick auf die Grafikdarstellung werfen, so können Sie diese per Klick auf das kleine Quadrat maximieren und später über diesen Weg auch wieder minimieren.

18.9.1 Daten als Grafik anzeigen

Nutzen Sie die Grafikübersicht in Ihrem Google-Ads-Konto, wenn Sie den Verlauf Ihrer Daten über einen gewissen Zeitraum beobachten mochten. Falls Sie z. B. sehen möchten, wie sich die Klickrate und die Kosten nach den Änderungen Ihrer Keyword-

Optionen verhalten oder ob die Klickkosten für Ihre Kampagnen langfristig gestiegen sind, so finden Sie in der Übersichtsgrafik erste Hinweise, die Sie dann näher analysieren sollten.

Bitte beachten Sie auch hier, dass die Grafik immer abhängig vom eingestellten Zeitraum dargestellt wird.

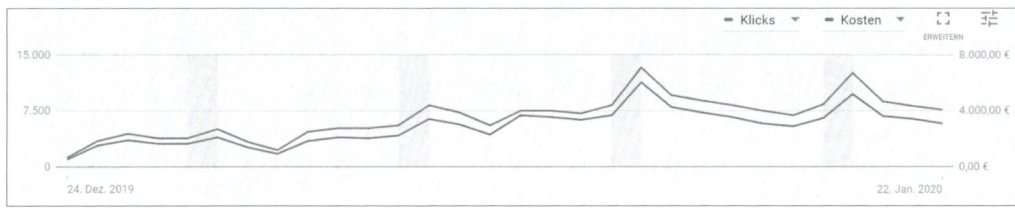

Abbildung 18.45 Infografik im Google-Ads-Konto

18.9.2   Die Infografik bearbeiten

Sie können Ihre Infografik bearbeiten, indem Sie die farbig markierten Dropdown-Listen oberhalb der Grafik anklicken und die gewünschten Kennzahlen auswählen (siehe Abbildung 18.46). Dabei können Sie entweder nur eine Kennzahl auswählen oder zwei Kennzahlen im Vergleich aktivieren. Auf diese Weise analysieren Sie einfach bestimmte Entwicklungen durch die grafische Unterstützung.

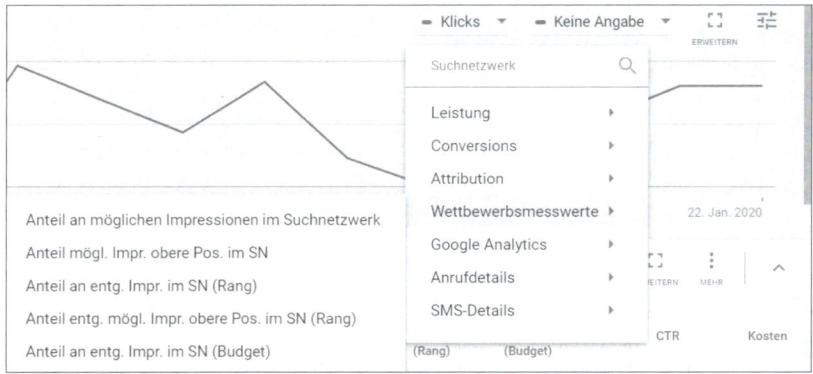

Abbildung 18.46 Kennzahlen für die Infografik auswählen

Die Darstellung der Liniendiagramme können Sie über die Zeitauswahl der Datenpunkte steuern. Während bei der täglichen Darstellung viele kleine Veränderungen bei den Daten anzeigt werden, »glätten« Sie Ihre Diagrammlinien durch die Auswahl der wöchentlichen oder monatlichen Durchschnittswerte. Zur Zeitauswahl gelangen Sie über die Diagrammoptionen rechts oberhalb der Grafik. Je nach gewähltem Datenzeitraum können Sie die Darstellung in der Dropdown-Liste auf TÄGLICH, WÖCHENTLICH, MONATLICH, VIERTELJÄHRLICH oder JÄHRLICH ändern.

So nutzen Sie die Grafikeinstellungen sinnvoll

Sie können in den Grafiken beliebige Werte kombinieren. Sie sollten jedoch nur Kombinationen nutzen, die sinnvoll sind und aus denen Sie Ihre Schlussfolgerungen ziehen können. Wenn Sie z. B. Ihre Klicks und Ihre Kosten vergleichen, so sollten sich die beiden Linien einigermaßen parallel bewegen. Falls die Kostenlinie größere Ausschläge besitzt als die Diagrammlinie zu Ihren Klicks, so werden Sie sicher einige Keywords in Ihrem Konto finden, die einen Anstieg des Klickpreises zu verzeichnen haben. Hier gilt es dann, die näheren Ursachen zu analysieren.

18.10   Zeiträume vergleichen

Sie können die Google-Ads-Grafik auch nutzen, um die Entwicklung zweier Zeiträume zu analysieren. Den Vergleich der Zeiträume aktivieren Sie in der Zeitauswahl (siehe Abbildung 18.47). Hier bestimmen Sie dann, ob z. B. der vorherige Zeitraum ❷ zum aktuell ausgewählten Zeitraum analysiert wird.

Interessanter für ältere Konten ist jedoch auch der Vergleich zum letzten Jahr ❸. Dies ist sinnvoll, wenn Sie jahreszeitliche Aspekte berücksichtigen möchten. Als dritte Variante können Sie immer auch einen benutzerdefinierten Zeitraum ❹ als Vergleich auswählen.

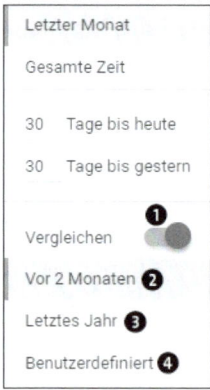

Abbildung 18.47 Vergleichszeitraum einstellen

Die Aktivierung zum Vergleich von Zeiträumen ist ganz einfach: Klicken Sie auf den Schieberegler ❶ neben VERGLEICHEN, und wählen Sie danach den gewünschten Vergleichszeitraum aus den angebotenen Möglichkeiten aus. Zum Schluss aktivieren Sie den Vergleich noch per Klick auf ÜBERNEHMEN.

Nach der Aktivierung der Vergleichszeiträume enthält Ihre Google-Ads-Grafik nun weitere, gestrichelte Linien, die sich auf den hinzugefügten Vergleichszeitraum beziehen (siehe Abbildung 18.48). Die Darstellung erfolgt jeweils in der gleichen Farbe der aktivierten Kennzahlen. In unserem Beispiel werden die Klicks durch blaue und die Kosten durch rote Linien dargestellt.

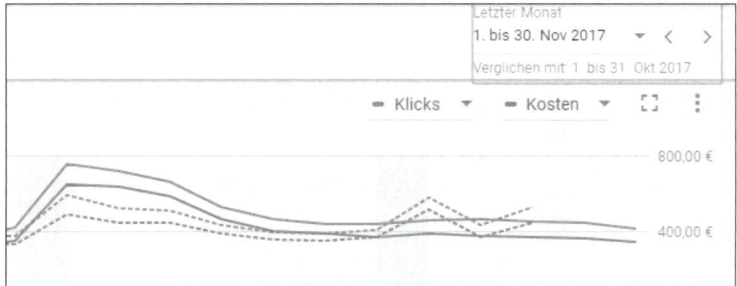

Abbildung 18.48 Grafik mit Vergleichszeiträumen

Vergleich von Zeiträumen in den Google-Ads-Statistiken

Sie finden einen Vergleich der Zeiträume auch in Ihren Statistikberichten. Klicken Sie zur Darstellung der Vergleichsdaten einfach auf die kleinen Pfeile im Headerbereich der jeweiligen Spalte, und die Vergleichszeiträume werden mit entsprechendem Datum angezeigt (siehe Markierung in Abbildung 18.49). Analog können Sie den Vergleich auch wieder schließen und sehen nur die Daten des ausgewählten Zeitraums ohne die Vergleichsdaten.

↓ Impr. ‹ ›				Klicks › ‹
	1.11.2017–30.11.2017	1.10.2017–31.10.2017	Änderung	Veränderung (%)
6.357	380	370	10	2,70 %

Abbildung 18.49 Aktivierung des Zeitraumvergleichs in den Statistiken

---

Tipp: Das Google-Standardsymbol

Falls Sie einmal eine bestimmte Einstellungsmöglichkeit oder eine Bearbeitungsfunktion nicht auf Anhieb sehen, lohnt sich immer ein Klick auf die drei vertikalen Navigationspunkte. Diese finden Sie auch in vielen anderen Google-Produkten. Hier »verstecken« die Google-Entwickler alles, was sie sonst nicht mit eigenen Icons versehen und in der Hauptnavigation unterbringen können. Die drei Navigationspunkte sind also das Standardsymbol, hinter dem sich viele interessante Möglichkeiten verbergen.

⋮

Abbildung 18.50 Die Standardlösung von Google: drei vertikale Punkte

18

18.11 Fazit

In diesem Kapitel haben Sie gelernt, welche speziellen Aktionen das Google-Ads-Konto bereithält. Sie wissen nun, mit welchen Klicks Sie wichtige Einstellungen oder Darstellungen aktivieren können und was sich hinter den verschiedenen Icons verbirgt, die im Konto immer wieder auftauchen. Mit diesem Wissen können Sie nun Ihre Aufgaben im Google-Ads-Konto schneller und effektiver durchführen und gewünschte Informationen leichter finden.

Tabelle 18.1 zeigt noch einmal die wichtigsten Aufgabenstellungen und Lösungen in der Zusammenfassung.

Aufgabenstellung	Hilfe oder Tool
Ich möchte schnell zu einer bestimmten Ebene navigieren.	Nutzen Sie die Suchfunktion im Header des Kontos, oder nutzen Sie die Shortcuts für die Aktionen, die Sie häufiger im Ads-Konto aufrufen.
Ich möchte schnell bestimmte Kampagnen, Anzeigengruppen etc. finden.	Nutzen Sie dazu die Suchfunktion oberhalb jeweiligen Statistik.
Ich möchte nur die aktivierten Kampagnen und Anzeigengruppen sehen.	Wählen Sie oberhalb des linken Navigationsmenüs den Filter ALLE AKTIVIERTEN über die drei Navigationspunkte aus.
Ich möchte die Google-Ads-Statistiken schnell nach Impressionen, CTR, Klicks etc. sortieren.	Klicken Sie in die gewünschte Headerspalte, und sortieren Sie mit einem weiteren Klick auf- oder absteigend.
Ich möchte etwas Neues anlegen, z. B. eine neue Kampagne erstellen oder neue Keywords hinzufügen etc.	Klicken Sie auf den blauen, runden Button mit dem Pluszeichen.
Ich möchte mehrere Kampagnen, Anzeigengruppen, Keywords etc. bearbeiten.	Aktivieren Sie die Checkbox vor den entsprechenden Elementen, und klicken Sie danach auf BEARBEITEN.
Ich möchte alle aktivierten Checkboxen einer Tabelle wieder deaktivieren.	Klicken Sie zweimal nacheinander in die Checkbox, die sich im Header der Tabelle befindet.

Tabelle 18.1 Tipps zu Einstellungen und Vorgehensweisen im Google-Ads-Konto

Aufgabenstellung	Hilfe oder Tool
Ich möchte weitere Informationen zu bestimmten Begriffen oder Spaltenbezeichnungen erhalten.	Fahren Sie mit Ihrem Mauszeiger über das Fragezeichen, falls vorhanden. Weitere Infos zu den Tabellenspalten erhalten Sie, wenn Sie mit Ihrer Maus über die Spaltenbezeichnungen fahren.
Ich möchte Kampagnen, Anzeigengruppen, Keywords, Textanzeigen etc. aktivieren bzw. pausieren.	Ändern Sie die Icons (grüner Punkt und Doppelstrich) vor dem jeweiligen Element.
Ich suche ein Unterregister oder einen Navigationspunkt, der mir aktuell nicht angezeigt wird.	Klicken Sie auf das kleine Dreieck, und suchen Sie in der Dropdown-Liste nach dem vermissten Element.
Ich suche einen schnellen Hinweis zum Kampagnentyp einer Kampagne.	Achten Sie auf die Icons, die vor den Kampagnennamen stehen.
Ich möchte mehrere Segmentierungen gleichzeitig für meine Berichte nutzen.	Nutzen Sie die Segmentierungsmöglichkeit im Download-Bereich der Berichte.
Ich benötige einen schnellen Überblick zur Entwicklung meiner Google-Ads-Werbung.	Nutzen Sie die Grafikfunktion oberhalb Ihrer Statistiken, und wählen Sie die gewünschten Kennzahlen aus.
Ich möchte die Leistung meiner Google-Ads-Kampagnen in Bezug auf zwei unterschiedliche Zeiträume vergleichen.	Aktivieren Sie einen Vergleichszeitraum in der Einstellung zur Zeitauswahl.

Tabelle 18.1 Tipps zu Einstellungen und Vorgehensweisen im Google-Ads-Konto (Forts.)

18

Kapitel 19
Optimierungstipps für Google-Ads-Kampagnen

Sie haben in diesem Buch an unterschiedlichen Stellen schon viele Tipps zur Optimierung erhalten. Im Laufe der mittlerweile schon über 18 Jahre, die wir mit Google AdWords – nun Google Ads – verbracht haben, konnten wir verschiedene Ideen und Taktiken testen. Hier finden Sie unsere Favoriten.

Die folgenden Tipps haben wir für fortgeschrittene Nutzer als To-do-Liste notiert. Es sind daher nicht alle Schritte haarklein beschrieben, so wie Sie das aus dem restlichen Buch gewohnt sind. Die folgenden Tipps sollten Sie daher erst testen, wenn Sie grundsätzlich mit der Handhabung und den Kniffen des Google-Ads-Kontos vertraut sind.

19.1 Buchen Sie doch alle drei Keyword-Optionen

Diese Taktik haben Sie wahrscheinlich schon genutzt. Sie wird auch von vielen Agenturen praktiziert.

Die Idee: Für die wichtigsten Keywords soll durch die Schaltung aller drei Keyword-Optionen ein möglichst breites Spektrum an Suchanfragen abgedeckt werden. Bei genau passenden Suchanfragen zu den Keywords soll aufgrund der genau passenden Schaltung die optimale Qualität mit dem geringsten CPC erzielt werden.

Schalten Sie also Ihre wichtigsten Keywords in Ihrer Kampagne gleichzeitig mit den Optionen:

► Weitgehend passend
► "Passende Wortgruppe
► [Genau passend]

> **Wichtiger Zusatztipp**
>
> Verteilen Sie die drei Optionen in drei Anzeigengruppen, und schließen Sie zusätzlich das jeweilige Keyword aus der folgenden Anzeigengruppe aus. Das klingt etwas kompliziert, darum schauen wir einmal ein Praxisbeispiel an. Das sieht dann am Beispiel der Keyword-Phrase »sonnenbrillen damen« folgendermaßen aus:

Anzeigengruppe 1

Keyword u. Option	Auszuschließendes Keyword	Gewünschte Ergebnisse
sonnenbrillen damen	"sonnenbrillen damen"	Alle Suchanfragen nach dem Keyword-Thema inklusive verwandter Begriffe, aber ohne die vorgegebene Suchphrase

Anzeigengruppe 2

Keyword	Auszuschließendes Keyword	Gewünschte Ergebnisse
"sonnenbrillen damen"	[sonnenbrillen damen]	Alle Suchanfragen nach der vorgegebenen Suchphrase zuzüglich Ergänzungen

Anzeigengruppe 3

Keyword	Auszuschließendes Keyword	Art der Suchanfrage
[sonnenbrillen damen]	–	Nur Suchanfragen, die genau zu der vorgegebenen Suchphrase passen

Durch die Aufteilung der Keywords auf Anzeigengruppen in Kombination mit den Ausschlüssen auf Anzeigengruppen-Ebene können Sie genau steuern, welche Suchanfragen für die jeweilige Anzeigengruppe ausgelöst werden. Suchen Ihre potenziellen Kunden genau passend, dann erhalten Sie den Klick zu einem günstigen Klickpreis. Auf der anderen Seite verpassen Sie durch die weitgehende Schaltung der Suchphrase keine Suchanfragen, die thematisch zu Ihren Keywords passen. Je nach Budget und/oder Auftragslage können Sie zudem noch durch die gezeigte Aufteilung nach Anzeigengruppen die weitgehende und kostenintensivere Anzeigengruppe gezielt pausieren, während die Anzeigengruppen mit den passenderen Suchanfragen weiterlaufen. Bei Bedarf werden später die Keywords mit den weitgehenden Optionen wieder zugeschaltet, wenn man die Reichweite der Anzeigen wieder steigern möchte.

19.2 Was sind SKAG?

SKAG steht für **S**ingle **K**eyword **A**dGroup. Die simple Idee besteht darin, nur ein einzelnes Keyword in eine Anzeigengruppe zu stecken, damit die Anzeigentexte und auch die Landingpage ganz genau auf das jeweilige Keyword bzw. Keyword-Thema abgestimmt werden können. Die Strategie der SKAG macht natürlich nur Sinn, wenn hinter dem Keyword-Thema auch ein größeres Potenzial an Suchanfragen steht, ansonsten ist der Aufwand zur Separierung einzelner Keywords einfach zu groß. Wenn Sie die SKAG-Taktik für Ihr Konto einmal testen möchten, dann starten Sie zunächst mit den wichtigsten Keywords (d. h. den häufig gesuchten Keywords mit guter CTR).

Am besten erstellen Sie für diesen Test eine eigene Kampagne und fügen für jedes Keywords eine eigene Anzeigengruppe hinzu. Als Keyword-Option sollten Sie [genau passend] festlegen. Ist dann das Suchvolumen zu klein, können Sie die Option auch auf "Passende Wortgruppe" ändern. Wenn Sie die Keywords in der alten Kampagnen einfach nur pausieren, können Sie immer wieder einfach zu dem alten Zustand zurückkehren.

19.3 Spiegeln Sie Ihre Kampagnen

Bei dieser Strategie gehen wir zunächst davon aus, dass Ihre Kampagnen schon eine Zeit lang ausgespielt wurden und Sie bei den Keyword-Themen Gewinner und Verlierer bzw. Kampagnen, die nicht so gut performen, identifizieren können. Durch das Kopieren einer Kampagne können Sie nun mit zwei Kampagnen fortfahren, die zunächst die gleiche Ausrichtung haben.

In der Ausgangskampagne bleiben die »Gewinner-Keywords« mit »Genau passender« und eventuell »Passender Wortgruppen«-Ausrichtung. In der Kopie nutzen Sie die Keywords, die bis jetzt nicht so gut performt haben, in weitgehender oder modifizierter Ausrichtung. Diese Kampagnenkopie ist Ihre zukünftige Test-Kampagne. Hier können Sie zukünftig verschiedene Optimierungsmöglichkeiten testen oder über die weitgehenden Keywords neue Suchanfragen der Zielgruppe finden. Die Ausgangskampagne kann dann zukünftig quasi ohne große Beobachtung und Bearbeitung mit genau passenden Keyword-Optionen weiterlaufen. Da in dieser alten Kampagne die schlechter performenden Keywords zunächst nur pausiert worden sind, können Sie später immer wieder zu dem alten Zustand zurückkehren, indem Sie die gespiegelte Kampagne pausieren oder löschen und die Keywords in der Ausgangs-kampagne wieder aktivieren.

19.4   Eine eigene Kampagne – nur für Smartphones

Diese Strategie der mobilen Kampagnen setzt auf die gespiegelte Kampagne auf. Bei dieser Strategie wird aber nicht nach Keywords und Keyword-Optionen unterschie-den, sondern nach Endgeräten. Erstellen Sie eine Suchkampagne, die Sie über die Ge-botsanpassung der unterschiedlichen Geräte nur auf Smartphones ausrichten, indem Sie Computer und Tablets auf -100 % Gebotsanpassung setzen. Für die neue Smartphone-Kampagne können Sie nun bestimmte Keywords, Anzeigentexte, Lan-dingpages, Zielgruppen etc. bestimmen, sodass Sie ganz bewusst Ihre potenziellen Kunden in den Situationen erreichen, wenn diese via Smartphone zum Beispiel un-terwegs nach Ihren Produkten, Dienstleistungen, Geschäften etc. suchen.

19.5   Trennen Sie die Kampagnen nach Geschlecht

Bei der geschlechterspezifischen Ausrichtung der Suchkampagnen geht es um die Idee, eine bestimmte Zielgruppe viel genauer ansprechen zu können. Versuchen Sie das gleiche Produkt (oder auch die gleiche Dienstleistung) einmal speziell für Frauen und einmal speziell für Männer zu bewerben. Ändern Sie hierfür die Ansprache in den Textanzeigen und die Ansprache auf der Landingpage. Eventuell können Sie auch noch die vorgegebenen Keywords nach den Vorlieben der Zielgruppe anpassen. Bei einer Displaykampagne können Sie zudem die Bildmotive in den Anzeigen an-passen.

Verteilen Sie die beiden Werbekampagnen in unterschiedliche Anzeigengruppen, und bestimmen Sie über die demografischen Merkmale, für welches Geschlecht

- ▶ WEIBLICH
- ▶ MÄNNLICH

die jeweilige Anzeigengruppe ausgespielt werden soll bzw. welches Geschlecht auf Ebene der Anzeigengruppe ausgeschlossen wird (siehe Abbildung 19.1). Natürlich kennt Google nicht immer das jeweilige Geschlecht der Suchenden, sondern ordnet auch viele Nutzer der Kategorie UNBEKANNT zu. Diese unbekannte Gruppe ordnen Sie in Ihren Anzeigengruppen einfach der größten Nutzergruppe des jeweiligen Pro-duktes bzw. der jeweiligen Dienstleistung zu. Wenn Sie wie in unserem Beispiel aus Abbildung 19.1 Werkzeuge bewerben, so sollten statistisch gesehen mehr Männer in-teressiert sein. Daher lassen Sie die unbekannte Gruppe in der Anzeigengruppen ak-tiviert, die Sie den Männern zugeordnet haben. Auch bei dieser Taktik geht es wieder nur um statistische Größen. Sie können natürlich nicht treffgenau jeden potenziellen Kunden ansprechen. Aber das gezeigte Beispiel hat in der Praxis funktioniert. Mit zielgenauer Ansprache in den Anzeigen und einer individuellen Präsentation der Produkte auf der Landingpage für die jeweiligen Zielgruppen konnten im Vergleich zur Ausgangskampagne mehr Werkzeuge online verkauft werden.

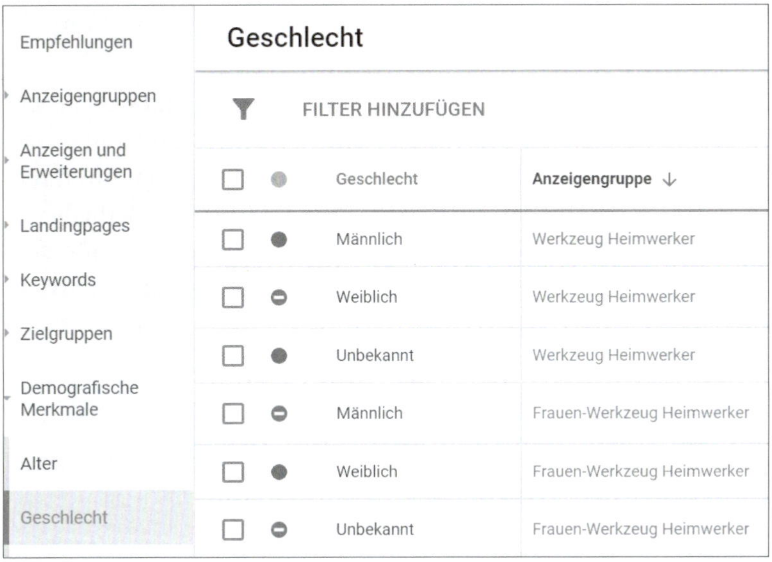

Empfehlungen	Geschlecht		
Anzeigengruppen	▼ FILTER HINZUFÜGEN		
Anzeigen und Erweiterungen	☐ ●	Geschlecht	**Anzeigengruppe** ↓
Landingpages	☐ ●	Männlich	Werkzeug Heimwerker
Keywords	☐ ⊖	Weiblich	Werkzeug Heimwerker
Zielgruppen	☐ ●	Unbekannt	Werkzeug Heimwerker
Demografische Merkmale	☐ ⊖	Männlich	Frauen-Werkzeug Heimwerker
Alter	☐ ●	Weiblich	Frauen-Werkzeug Heimwerker
Geschlecht	☐ ⊖	Unbekannt	Frauen-Werkzeug Heimwerker

Abbildung 19.1 Anzeigengruppen – getrennt nach Geschlecht

Falls Sie zusätzlich bestimmte Budgets, Regionen und Zeiten für die geschlechtsspezifischen Gruppen individualisieren möchten, reicht die Verteilung in den Anzeigengruppen natürlich nicht – dann benötigen Sie zwei unterschiedliche Kampagnen. Bei der Aufteilung der Ausgangskampagne können Sie dann wie in Abschnitt 19.3 beschrieben vorgehen.

19.6   Optimieren Sie auf Regionen und Uhrzeiten

Arbeiten Sie in Ihren Suchkampagnen mit Conversions (Mikro- und Makro-Conversions)? Dann sollten Sie sich die Statistiken dieser Kampagnen im Hinblick auf die Conversions über für einen längeren Zeitraum (mindestens drei Monate) einmal anschauen. Erkennen Sie bei dieser Analyse bestimmte Regionen und/oder Uhrzeiten, die für Ihre Kampagnen besonders gut funktionieren? In diesem Fall sollten Sie zur Optimierung mit prozentualen Anpassungen arbeiten und die Gebote für gute Regionen und Zeiten prozentual erhöhen (siehe Abbildung 19.2). Andererseits können Sie die Gebote reduzieren, wenn es in bestimmten Regionen oder zu bestimmten Zeiten nicht so gut funktioniert.

Die Anpassungen für Regionen ändern Sie unter dem Navigationspunkt STANDORTE • AUSRICHTUNG; und unter WERBEZEITPLANER • WERBEZEITPLANER stellen Sie Anpassungen für ausgewählte Tage und Zeiträume ein.

Noch zwei Anmerkungen zu diesen Optimierungsmöglichkeiten:

1. Diese Taktik ist vor allem dann sinnvoll, wenn Sie nicht auf die automatischen Gebotsstrategien von Google setzen möchten, weil diese beispielsweise für Ihre Branche und Ihre Kampagnen nicht funktioniert haben.

2. Wenn Sie nicht mit Conversions arbeiten können oder wollen und daher nicht wissen, welche Region und welche Zeit für die Kampagnen gut funktioniert hat, dann besteht natürlich immer die Möglichkeit, wichtige Informationen aus Ihrem Kundenmanagement-System zu erhalten. Stellen Sie sich dort, außerhalb von Google Ads, eine Liste mit den Regionen Ihrer Kunden zusammen. Außerdem können Sie vielleicht analysieren, zu welchen Zeitpunkten verstärkt Bestellungen oder E-Mail-Anfragen eintreffen. Sie wissen ja, es geht immer nur um statistische Abschätzungen.

Standorte		Zielregion	Gebotsanp.
Ausrichtung	☐	Deutschland	–
Ausgeschlossen	☐	Hessen, Deutschland	+30 %
Bericht nach Standort	☐	Nordrhein-Westfalen, Deutschland	-20 %
Bericht zu Nutzerstandorten	☐	München, Bayern, Deutschland	+40 % ✎
		Gesamt: Standorte ⑦	
Bericht pro Geschäft		Gesamt: andere Stando... ⑦	
Werbezeitplaner •		Gesamt: Kampagne ⑦	

Abbildung 19.2 Gebotsanpassungen nach Regionen nutzen

19.7 Setzen Sie auf Smart-Bidding-Strategien

Wenn Sie verschiedene Conversion-Ziele hinterlegt und eine ausreichende Anzahl erhalten haben (ca. 30 Conversions in den letzten 30 Tagen), dann können und sollten Sie natürlich immer testen, ob das Google-System mithilfe der automatischen Gebotsstrategien (*Smart Bidding*) bessere Conversions erzielt. Starten Sie diesen Test nicht mit den aggressivsten Gebotssteigerungen, sondern gehen Sie in folgender Reihenfolge vor, nachdem Sie die manuellen Gebote zu Beginn eingestellt haben:

1. Aktivieren Sie den auto-optimierten CPC für manuelle Gebote (siehe Abbildung 19.3).

2. Wenn die Gebotsstrategie positive Ergebnisse erzielt, wechseln Sie zu CONVERSIONS MAXIMIEREN oder CONVERSION-WERT MAXIMIEREN.

3. Nach den allgemeinen Optimierungsstrategien können Sie dann im dritten Schritt die speziellen Gebotsstrategien testen:

   – ZIEL-ROAS: Beim Verkauf von verschiedenen Produkten mit identifizierbaren Werten, die beim Conversion-Tracking übergeben werden, ist der Ziel-ROAS ein gute Bidding-Strategie. Hiermit können Sie das Verhältnis der Ads-Ausgaben zum Umsatz mit den Produkten festlegen.

   – ZIEL-CPA: Wenn Sie für sich den Wert eines Kundenkontaktes oder einer Kundenaktion genau kennen, dann ist der Ziel-CPA eine gute Möglichkeit, um die Ads-Gebote automatisch zu steuern.

Bitte denken Sie jedoch immer daran, dass nicht alle Conversions gezählt werden. Tasten Sie sich langsam an die Optimierung heran, und gleichen Sie die Daten auch mit Ihren echten Verkäufen aus Ihrem Warenwirtschaftssystem ab.

Falls Sie keine Makro-Conversions, also Käufe oder Kundenanfragen, auf Ihrer Website generieren, können Sie testweise auch die Mikro-Conversion, also beispielsweise das Engagement der Webseitenbesucher, als Ziel-Conversion einstellen, damit das Ads-System darauf optimiert. Beobachten Sie jedoch ganz engmaschig, was passiert. Kommt es im Zusammenhang mit Ihrer Google-Ads-Werbung und den interessierten Besuchern auf Ihrer Website zu vermehrten Kundenanfragen oder Telefonanrufen, dann sind Sie auf dem richtigen Weg.

19

Abbildung 19.3 Kampagnen mit Gebotsstrategien steuern

19.8   Schließen Sie konsequent aus

Das konsequente Ausschließen ist eine Optimierungstaktik, die leider zu selten genutzt wird. Am häufigsten werden noch Keywords ausgeschlossen. Denken Sie jedoch auch daran, dass Sie die Ausschlussmöglichkeiten bei allen Ausrichtungen nutzen können – und sollten! Schließen Sie daher auch immer, sofern dies sinnvoll ist, bestimmte Zielgruppen aus (siehe Abbildung 19.4). Nutzen Sie die Ausschlussmöglichkeiten bei allen Kampagnentypen – also außer für die Suche auch für das Displaynetzwerk, die Shopping- und die Video-Kampagnen.

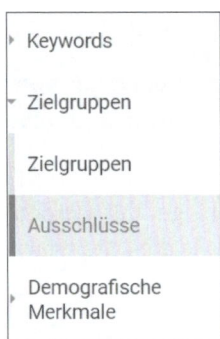

Abbildung 19.4 Ausschlüsse von Zielgruppen sinnvoll einsetzen

19.9   Kombinieren Sie Ausrichtungen im GDN

Wenn Sie bei Ihren Displaykampagnen wie empfohlen eine Targeting-Möglichkeit pro Anzeigengruppe nutzen und bei der regelmäßigen Analyse feststellen, dass viele Anzeigen auf unpassenden Placements ausgeliefert werden und die Interaktion mit Ihren Anzeigen nicht so wie gewünscht funktioniert, dann können Sie Ihr Targeting mit zusätzlichen Ausrichtungen weiter eingrenzen. Gehen Sie dazu folgendermaßen vor:

1. Navigieren Sie zur Anzeigengruppe der Displaykampagne, die Sie zusätzlich eingrenzen möchten.
2. Klicken Sie danach im Navigationsmenü auf die aktuell genutzte Ausrichtungsmethode, z. B. KEYWORDS.
3. Klicken Sie dann (je nach Ausrichtungsmethode) auf den blauen Plus-Button oder den großen Bearbeitungsstift, und wählen Sie im nächsten Schritt AUSRICHTUNG DER ANZEIGENGRUPPE BEARBEITEN.
4. Wählen Sie AUSRICHTUNGSKRITERIEN EINGRENZEN aus.
5. Danach können Sie zur Eingrenzung aus der Dropdown-Liste eine zusätzliche Targeting-Möglichkeit auswählen (siehe Abbildung 19.5) und wie gewohnt bearbeiten.

Die Eingrenzung wirkt dann wie eine Schnittmenge. Sie richten Ihre Werbung damit nur noch auf Placements aus, die beide (oder auch mehr) Kriterien des Targetings erfüllen. Somit können Sie die Werbung für Ihre potenziellen Kunden zielgerichteter ausspielen.

Abbildung 19.5 Ausrichtungskriterien mit zusätzlichem Targeting eingrenzen

19.10   Schalten Sie nur für spezielle Placements in GDN

Falls Sie nur gezielte Botschaften für bestimmte Interessenten ausliefern möchten und mit der breiten Auslieferung im Displaynetzwerk nicht zufrieden sind, weil Sie dort zwar eine große Sichtbarkeit erhalten, aber viele Einblendungen Ihrer Marketing-Kampagne nicht helfen, dann sollten Sie gezielt einzelne Placements (Webseiten) auswählen und nur dort Ihre Anzeigen schalten. Die Recherche ist zwar etwas aufwendiger, aber Sie können damit genau vorherbestimmen, wo Ihre Werbung im GDN ausgespielt wird.

19.11   Schalten Sie Videoanzeigen auf speziellen YouTube-Kanälen

Es kann auch sehr lohnend sein, mit Videoanzeigen nicht in die Breite zu gehen, sondern gezielt bestimmte Kanäle oder interessante Videos auszuwählen. Auf diese Weise können Sie Ihre Videobotschaften sehr gezielt für Ihre potenziellen Kunden ausliefern.

In Abbildung 19.6 können Sie erkennen, dass man neuerdings auch ausgewählte VIDEO-PAKETE buchen kann. Aktuell (Stand: Juli 2020) wird diese Ausrichtung noch nicht für den deutschsprachigen Raum angeboten. Video-Pakete kombinieren verschiedene beliebte Videos zu bestimmten Themen. Dies kann zukünftig eine interessante, zusätzliche Möglichkeit sein, die man als Google-Ads-Admin testen sollte. Das Beispiel zeigt, dass man auch bei bestehenden Kampagnen im Laufe der Zeit immer wieder neue Ausrichtungsmöglichkeiten entdecken kann.

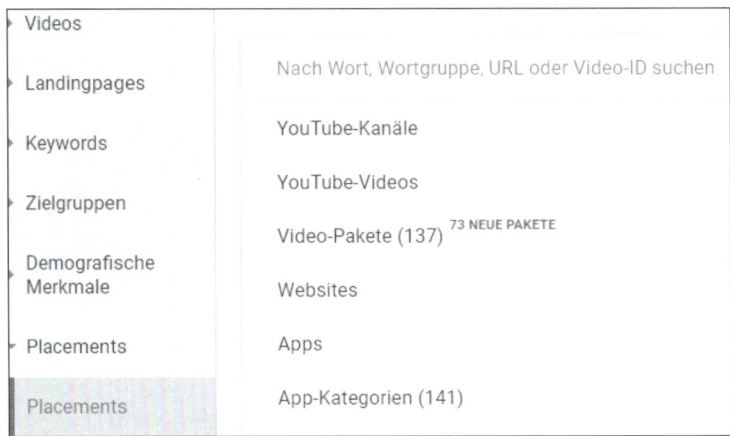

Abbildung 19.6 Wählen Sie YouTube-Kanäle, Videos und Video-Pakete bewusst als Targeting-Möglichkeit.

19.12   Nutzen Sie Dynamic Search

Im Suchnetzwerk sollten Sie dynamische Suchkampagnen (*Dynamic Search*) als Ergänzung zu Ihren Standardsuchkampagnen mit vorgegebenen Keywords nutzen. Bei Dynamic Search (siehe Abschnitt 8.2) erkennt das Google-Ads-System, welche Themen auf Ihrer Website zu finden sind. Keywords, Landingpage und Anzeigentexte werden dann dynamisch gefüllt. Dies gibt Ihnen die Möglichkeit, neue Themen und eventuell neue Zielgruppen für Ihre Produkte bzw. Dienstleistungen zu entdecken.

Denken Sie daran, dass Dynamic Search immer nur eine Ergänzung zu Ihren Standardsuchkampagnen darstellen sollte: Verlassen Sie sich nicht nur auf Google.

19.13   Testen Sie auch smarte Kampagnen

Google findet *smarte Kampagnen* toll, weil Sie damit einen großen Teil Ihrer Verantwortung an Google abgeben. Außer um die Steuerung der Kampagnen geht es aber auch um die Kontrolle über den Budgeteinsatz. Daher sind wir der Meinung, dass die »smarte Suchkampagne«, die früher *AdWords Express* hieß und via *Google MyBusiness* oft beworben wird, keine echte Ads-Kampagne ist, und raten von der Schaltung dieses Kampagnentyps ab.

Andere smarte Kampagnen, z. B. die smarte Shopping-Kampagne oder die smarte Displaykampagne (siehe Abbildung 19.7) haben durchaus eine Chance verdient. Sie sollten dabei jedoch immer beobachten, ob die smarten Kampagnen die gewünschten Ziele erreichen oder ob auf diese Weise nur zusätzliches Budget verbraucht wird.

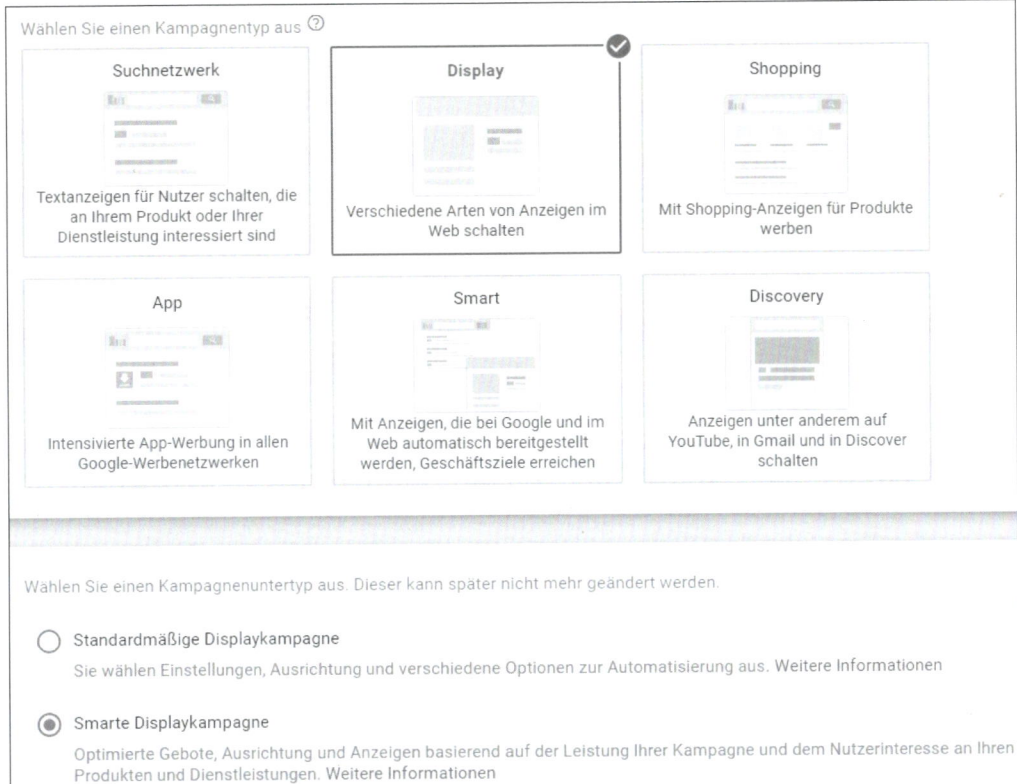

Abbildung 19.7 Bei smarten Kampagnen übernimmt Google mehr Kontrolle.

19.14 Fazit

In diesem Kapitel haben wir Ihnen unsere wertvollsten Tipps zur Optimierung Ihrer Google-Ads-Kampagnen verraten. Schauen Sie, welche Taktik für Ihre Kampagnen am besten passt, und testen Sie verschiedene Dinge aus. Sie wissen ja, im Online-Marketing geht es immer um das eine: testen, testen, testen.

Index

Das SEO-Standardwerk – komplett aktualisiert!

Die neue Auflage des SEO-Bestsellers von Sebastian Erlhofer. Setzen Sie auf das Wissen des SEO-Experten und bringen Sie Ihre Website ganz nach vorne. Lernen Sie, wie Sie Texte schreiben, die Google liebt (und Ihre Besucher auch). Machen Sie sich mit den professionellen SEO-Werkzeugen vertraut, durchleuchten Sie Ihre Seite gezielt auf Schwachstellen und erfahren Sie, wie Sie SEO-Fehler sicher beheben. Unverzichtbar in der Online-Marketing-Ausbildung!

1.100 Seiten, gebunden, 49,90 Euro, ISBN 978-3-8362-7674-0
www.rheinwerk-verlag.de/5116

Das Webanalyse-Buch,
das Sie zuerst lesen sollten!

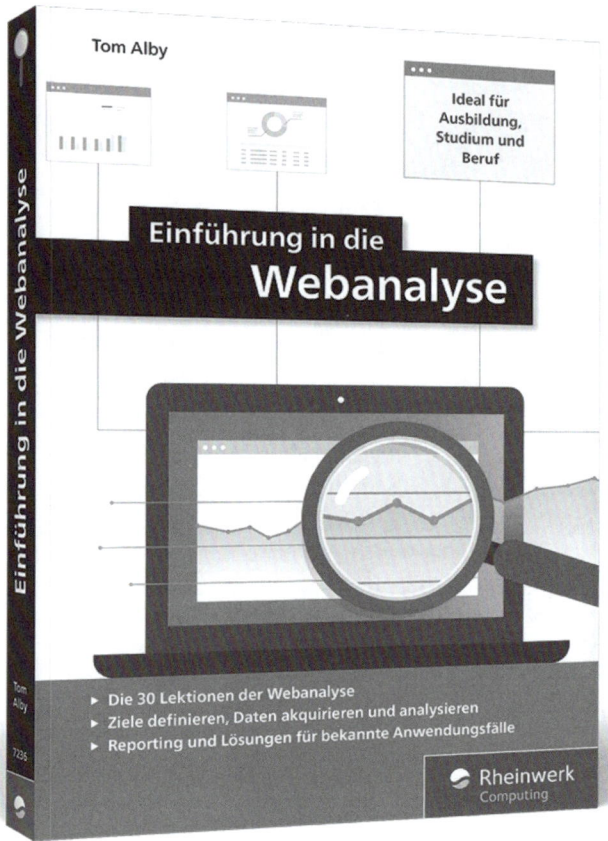

Das ganze Wissen zu Google Analytics

Bilden Sie sich weiter zum Webanalysten und lernen Sie, wie Sie mit Google Analytics Ihr Marketing messbar machen, Ihre Ziele kontrollieren und Ihre Maßnahmen optimieren. Dieses bewährte Nachschlagewerk zeigt Ihnen, wie Sie Google Analytics professionell einsetzen und alle Funktionen voll ausnutzen – vom Tracking über die Konversionsanalyse bis hin zu benutzerdefinierten Auswertungen. Viele anschauliche Beispiele erleichtern Ihnen den Einstieg.

881 Seiten, gebunden, 49,90 Euro, ISBN 978-3-8362-7564-4
www.rheinwerk-verlag.de/5083

So visualisieren Sie Ihre Monitoring-Berichte

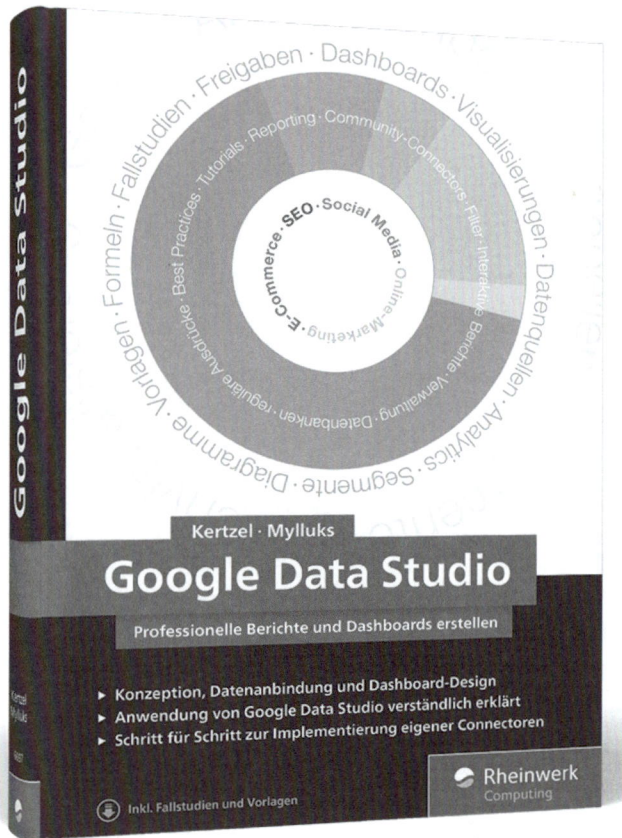

Mit Google Data Studio können Sie die Daten aus Ihren Marketing-kanälen und E-Commerce-Systemen aufbereiten und visualisieren. Dieses Handbuch zeigt Schritt für Schritt, wie Sie die Plattform einsetzen. Sie lernen, wie Sie Dashboards konzipieren, Berichte und Datenquellen verwalten und im Team arbeiten. Nutzen Sie die naht-lose Integration in Google Analytics und erfahren Sie, wie Sie auch andere Datenbanken oder Dienste anbinden. Von jetzt an präsen-tieren Sie Ihre Daten so, dass sie jeder versteht!

391 Seiten, gebunden, 39,90 Euro, ISBN 978-3-8362-6097-8
www.rheinwerk-verlag.de/4576

Online-Marketing

Bücher für Ihre Weiterbildung

Social Media, Content-Strategie, Storytelling, Web Analytics, SEO, E-Commerce, Storytelling: Wir bieten Ihnen zu allen Marketing-Disziplinen das fundierte Know-how der Branchenprofis.

Nehmen Sie Ihre Weiterbildung in die Hand!

Mit unseren Büchern sparen Sie sich teure Kurse. Oder lesen sie als wertvolle Ergänzung zu Seminar und Konferenz.

Hochwertiges Marketing-Wissen

Unsere Autoren zählen zu den führenden Marketing-Experten. Lernen Sie, wie Sie Ihre Kampagnen erfolgreich umsetzen.

Offline und online weiterbilden

Unsere Bücher gibt es in der Druckausgabe, als E-Book und als Online-Buch. Lernen Sie jederzeit und überall im Browser.

www.rheinwerk-verlag.de/marketing